"十二五"国家重点出版物出版规划项目

现代气象业务丛书

现代天气业务

（上）

主　编　矫梅燕

副主编　章国材　曲晓波

气象出版社

China Meteorological Press

内容简介

《现代天气业务》是《现代气象业务丛书》中的一卷，重点阐述了灾害性天气监测和短时临近预报、中期天气和延伸期预报以及台风、暴雨、强对流、大雪、大雾、沙尘暴、寒潮、冰冻、高温等灾害性天气和气象要素预报，同时对现代天气动力学理论和应用也作了简要的介绍。海洋气象、交通气象、水文气象、环境气象、健康气象、能源与电力气象等专业气象及气象灾害预报是天气预报业务的重要延伸，本分卷对近些年来这些专业气象及气象灾害预报的进展进行了全面的总结和提炼，阐述了它们所使用的技术和方法。本书不仅可以作为预报员的业务用书，而且对于从事天气和专业气象研究和教学的人员也有重要的参考价值。

图书在版编目(CIP)数据

现代天气业务/矫梅燕主编.—北京：气象出版社，2009.12(2014.7 重印)
(现代气象业务丛书)
ISBN 978-7-5029-4910-5

Ⅰ.现… Ⅱ.①矫…②章…③曲… Ⅲ.天气预报 Ⅳ.P45

中国版本图书馆 CIP 数据核字(2009)第 231255 号

出版发行：气象出版社

地　　址：北京市海淀区中关村南大街 46 号　　**邮政编码**：100081
总 编 室：010-68407112　　**发 行 部**：010-68409198
网　　址：http://www.cmp.cma.gov.cn　　**E-mail**：qxcbs@cma.gov.cn
责任编辑：张　斌　　**终　　审**：周诗健
封面设计：博雅思企划　　**责任技编**：吴庭芳
责任校对：赵　瑗
印　　刷：北京京华虎彩印刷有限公司
开　　本：889 mm×1194 mm　1/16　　**印　　张**：41.25
字　　数：1270 千字
版　　次：2010 年 3 月第 1 版　　**印　　次**：2014 年 7 月第 4 次印刷
定　　价：180.00 元

《现代气象业务丛书》编写委员会成员

主　　任　郑国光
常务副主任　许小峰
副 主 任　矫梅燕　高学浩　胡　鹏　李　刚
委　　员（按姓氏笔画为序）
王式功　王晓云　刘燕辉　孙　健
宋连春　张人禾　张庆红　张俊霞
李国平　杨　军　杨修群　肖子牛
陈洪滨　赵立成　程建军　端义宏

《现代气象业务丛书》审定专家组成员

（按姓氏笔画为序）

丁一汇　丑纪范　王守荣　伍荣生　宇如聪　许健民
吴国雄　李泽椿　沈晓农　陈联寿　赵柏林　徐祥德
涂传诒　陶诗言　陶祖钰　巢纪平

《现代气象业务丛书》编写委员会办公室成员

主　任　高学浩（兼）
副主任　陈云峰　于玉斌　胡丽云　郑有飞
成　员　章国材　董一平　曹晓钟　刘莉红　俞小鼎
俞卫平　邹立尧　罗林明　董章杭　成秀虎
孙博阳　马旭玲　张　德　赵亚南

《现代天气业务》分卷编写人员

主　编　矫梅燕

副主编　章国材　曲晓波

撰稿人（按姓氏笔画排列）

马学款	孔　期	尹尽勇	王　志	王秀文
王　慧	叶金印	乔　林	刘伟东	刘　涛
刘震坤	孙　军	孙明华	汤　杰	许凤雯
许映龙	严明良	何立富	余　晖	吴　昊
吴　震	寿绍文	张小玲	张芳华	张金艳
张　玲	张晓红	李月安	李　军	李宇梅
李青青	李　磊	杨贵名	邵明轩	陈　辉
周曾奎	宗志平	罗　兵	苗世光	金荣花
俞小鼎	姚秀萍	胡　雯	赵素蓉	赵普生
赵琳娜	赵鲁强	唐文苑	袁成松	钱传海
高拴柱	康志明	盛绍学	黄小玉	焦圣明
董　林	解以扬	鲍媛媛	薛建军	

总　序

《国务院关于加快气象事业发展的若干意见》(国发〔2006〕3 号，以下简称“国务院 3 号文件”)明确要求，新时期气象事业发展要以邓小平理论和“三个代表”重要思想为指导，全面贯彻落实科学发展观，坚持公共气象的发展方向，按照一流装备、一流技术、一流人才、一流台站的要求，进一步强化观测基础，提高预报预测水平，加快科技创新，建设具有世界先进水平的气象现代化体系，提升气象事业对经济社会发展、国家安全和可持续发展的保障与支撑能力，为构建社会主义和谐社会，全面建设小康社会提供一流的气象服务。到 2020 年，建成结构完善、功能先进的气象现代化体系，使气象整体实力接近同期世界先进水平，若干领域达到世界领先水平。

发展现代气象业务，是气象现代化体系建设的中心任务。为此，中国气象局党组认真总结中国特色气象事业发展改革的经验，深入分析我国经济社会发展对气象事业发展的需求，坚持“公共气象、安全气象、资源气象”发展理念，扎实推进业务技术体制改革，加快推进现代气象业务体系建设，努力实现国务院 3 号文件提出的实现气象现代化的战略目标，并下发了《中国气象局关于发展现代气象业务的意见》(气发〔2007〕477 号)。

现代气象业务体系主要由公共气象服务业务、气象预报预测业务和综合气象观测业务构成，各业务间相互衔接、相互支撑。现代气象业务体系建设要以公共气象服务业务为引领、气象预报预测业务为核心、综合气象观测业务为基础。做好现代气象业务体系的顶层设计，扎实推进现代气象业务体系的建设，是当前和今后一个时期气象现代化体系建设，推动气象事业科学发展的重点任务。而编写一套能够体现现代气象科技水平和成果的《现代气象业务丛书》(以下简称《丛书》)，以满足各类从事气象业务、科研、管理以及教育培训等人员的实际需要，是中国气象局党组推进现代气象业务体系建设的具体举措。

《丛书》遵循先进性、实用性和前瞻性的原则，紧密围绕建设现代气象业务体系的总体要求，以适应新形势下气象业务技术体制改革需要和以提高气象业务科技水平和气象服务能力为宗旨，立足部门，面向行业，总结分析了国内外现代气象科技发展的最新成果和先进的业务技术体制与流程。《丛书》的编写过程是贯彻落实科学发展观和国务院 3 号文件的具体实践，也是科学推进现代气象业务体系建设的重要内容。

《丛书》共计十五分册，分别是《现代天气业务》、《现代数值预报业务》、《现代气候业务》、《气候变化业务》、《现代农业气象业务》、《大气物理与人工影响天气》、《大气成分与大气环境》、《气象卫星及其应用》、《天气雷达及其应用》、《空间天气》、《航空气象业务》、《综合气象观测》、《气象信息系统》、《现代气象服务》和《气象防灾减灾》。

《丛书》编写工作是在气象部门科研业务单位、高等院校和科研院所以及气象行业管理专家、科技工作者的参与和大力支持下，在《丛书》编委会办公室的精心组织下进行的，凝聚了各方面的智慧。在此，我对为《丛书》编写工作付出辛勤劳动的专家、学者及参与编写工作的单位和有关人员表示诚挚的谢意！

郑国光

2009 年 12 月于北京

前　言

《现代天气业务》分卷(以下简称《分卷》)是《现代气象业务丛书》(以下简称《丛书》)的一部分。近些年来,国内外天气业务获得了长足的进步,特别是数值天气预报、集合预报、短时临近预报、气象灾害预报、专业气象预报等的迅速发展,迫切需要编撰一部关于现代天气业务的书,以充分反映国内外现代天气业务的最新进展,阐述天气业务领域的现代科学知识、预报技术、方法和经验。

从业务的角度阐述现代天气业务这是第一次,此前已经有《天气学原理与方法》、《动力气象学》等教科书,也有《中国之暴雨》、《中小尺度天气动力学》等专著,但是如何阐述现代天气业务,对编著者来说是一个挑战,我们力图从理论与实践相结合的高度阐述现代天气业务应当做什么、怎样做,也试图回答大家关心的诸如精细预报、预报员在天气业务中的作用等问题,使《分卷》既紧密贴近业务实际,有较强的业务指导性;又立足于现代天气业务的发展,满足提高业务科研人员素质的需求。

由于在《丛书》中数值预报业务已单独立卷,因此《分卷》不包含资料同化和数值模式等内容,但对数值分析预报产品的解释应用进行了阐述。此外,《分卷》重点阐述了灾害性天气监测和短时临近预报、短期天气预报、中期天气和延伸期预报,对现代天气动力学理论和应用也作了简要的介绍。海洋气象、交通气象、水文气象、环境气象、健康气象、能源与电力气象等专业气象业务和气象灾害预报业务是天气预报业务的重要延伸,已经在各级气象台站逐步开展起来,但是我国至今没有这方面的教科书或专著,《分卷》对近年来这些专业气象和气象灾害预报的进展进行了总结和提炼,首次界定了这些专业气象和气象灾害预报的内涵,阐述了它们所使用的技术和方法,填补了专业气象和气象灾害预报用书的空白。

本《分卷》撰写从 2007 年年底启动,主编矫梅燕对《分卷》编写大纲的结构、主要内容等提出了重要意见,副主编章国材据此提出了编写细纲,2008 年 1 月经《丛书》编委会办公室批准后开始组织编写。《分卷》在编写过程中,遇到 2008 年初南方低温雨雪冰冻、“5·12”汶川特大地震、2008 年北京奥运会、2009 年初北方冬麦区严重干旱和 2009 年国庆 60 周年庆典等重大气象服务保障工作,跨越两年汛期。为了使《分卷》能真正成为预报员的可用之书,编撰人员克服时间紧、任务重等种种困难,一方面认真总结业务工作经验,一方面查阅了大量与天气业务有关的教科书、专著和文章等参考资料,于 2008 年 11 月 15 日前完成各章初稿,经《分卷》编写组讨论后形成了《分卷(征求意见稿)》。按照《丛书》编委会办公室的要求,在将该《分卷(征求意见稿)》向中国气象局预测减灾司、全国 19 个省(区、市)气象局及南京信息工程大学征求修改意见的同时,《丛书》编委会办公室组织专家初审。《分卷》编写组于 2009 年 2 月 16 日召开会议,副主编曲晓波组织编写组对各单位的反馈意见和 8 位专家评审意见进行分析,提出了修改要求,各章负责人按照要求于 3 月底形成《分卷(修改稿)》。《丛书》编委会办公室在 5 月初组织了第一次专家评审会。之后《分卷》编写组根据专家评审的意见及矫梅燕主编的具体要求,组织对《分卷(修改稿)》进行了重大修改,大大丰富了短期天气预报有关章节的内容,吸收了近年来灾害性天气个例研究成果。为使各章的篇幅大致平衡,经研究,对《分卷(修改稿)》的结构进行了较大调整。矫梅燕、章国材、曲晓波对全书进行认真的统稿和审稿后,于 11 月 23 日向编委会办公室提交了《分卷(送审稿)》。在听取了复审专家意见后,编写组对内容进行了再次修改,于 12 月 15 日完成最终修改稿交出版社出版。

《分卷》共分 22 章,各章撰稿人如下:第 1 章和第 22 章由章国材撰写;第 2 章由中国气象局公共气象服务中心姚秀萍、南京信息工程大学寿绍文撰写;第 3 章由中国气象局培训中心俞小鼎撰写;第 4 章 4.1 节由曲晓波、章国材撰写,4.2、4.3 节由宗志平、邵明轩撰写;第 5 章由许映龙、刘震坤、高拴柱、张玲、上海台风研究所余晖、李青青和汤杰撰写；第 6 章由杨贵名、张芳华、马学款、董林撰写；第 7 章由何立富撰写；第 8 章由杨贵名撰写；第 9 章由黄小玉、鲍媛媛、唐文苑撰写；第 10 章由孙军撰写；第 11 章由孙军、赵琳娜撰写；第 12 章 12.1 节由何立富撰写，12.2、12.3 节由乔林、孔期撰写；第 13 章由金荣花、王秀文、康志明撰写；第 14 章 14.1、14.2、14.3 节由李宇梅撰写，14.4 节由赵素蓉撰写，14.5 节由天津市气象局解以扬撰写，14.6 节由许凤雯、李宇梅撰写；第 15 章由钱传海、尹尽勇、刘涛、王慧撰写；第 16 章由安徽省气象局胡雯、盛绍学、叶金印、张晓红撰写；第 17 章由江苏省气象局严明良、袁成松、焦圣明、周曾奎、吴震撰写；第 18 章由吴昊、孙明华，北京城市气象研究所张小玲、刘伟东、苗世光、赵普生，北京市气候中心李磊撰写；第 19 章由陈辉、王志、许凤雯、赵琳娜撰写；第 20 章由赵鲁强、李军撰写；第 21 章 21.1 节由罗兵撰写，21.2 节由李月安撰写，21.3 节由张金艳撰写。全书由矫梅燕、章国材、曲晓波统稿和审稿，薛建军联络协调，张亚妮、唐文苑、董全排版校对(上述未特别注明人员的单位均为国家气象中心)。

本书不仅可以成为预报员的业务用书，而且对于从事天气和专业气象研究和教学的人员也有重要的参考价值。由于我们水平所限和编撰本书的时间要求所限，全书一定存在不少错误，欢迎读者不吝赐教。

编者

2009 年 12 月

目录

第1章 绪论

天气业务是气象业务中最早发展起来的业务,至今仍然是主要的气象业务之一。天气业务起源于19世纪,进入20世纪七八十年代,由于数值天气预报投入业务使用,天气业务获得了快速的发展。

1.1 天气业务的内涵和方法

1.1.1 天气业务的内涵

"天气"是由各种气象要素和现象所共同表现的大气状态,它是随时、随地变化的。天气业务是分析气象要素、天气现象及其演变规律,并据此预报未来天气变化的业务。

天气业务按预报对象划分,可以分为气象要素预报、天气现象特别是灾害性天气监测和预报、天气引发的气象灾害预报。

航空气象属于天气业务的范畴,虽然它关注的是机场和航线上的天气,但是航空气象制作的产品全部属于天气产品。交通气象要制作的产品是公路、黄金水道、轨道交通线上低能见度天气(强降水、雾、沙尘暴)、大风、高温、路面热力状况等的监测和预报,因此属于天气业务。海洋气象中海上风、雾、温度、结冰等都是气象要素或天气现象,因此它们的监测和预报自然属于天气业务;海浪、风暴潮等是水文现象,其监测和预报便不属于天气业务。水文气象中面(体积)雨量的监测和预报等属于天气业务,流量及水位的监测和预报是水文业务。但是,为了完整起见,本书都作了介绍。另外,本书还对环境气象、健康气象、电力和能源气象都作了比较全面的介绍,虽然它们的预报对象不是天气,但是它们都是由气象条件引起的,只要找到相关的临界气象条件(它们都是天气业务中要预报的气象要素和天气现象),就可以制作相关的预报产品。

天气业务按预报时效划分,又可以分为天气及其引发的灾害的监测、临近预报(0~2小时)、短时预报(2~12小时)、短期预报(1~3天)、中期预报(4~10天)和延伸期预报(11~30天),其中延伸期预报目前尚未真正形成业务。

按发展阶段划分,天气业务可划分为两个阶段:传统天气业务和现代天气业务。进入现代天气业务的标志是数值天气分析预报产品在天气预报中广泛应用并成为天气预报的基础。第一阶段开始于19世纪中叶,第二阶段发达国家大约开始于20世纪70年代末80年代初,我国则开始于20世纪90年代初。

1.1.2 天气业务方法

天气业务所用的方法主要有天气图分析和预报,雷达、卫星等资料与产品的分析和预报,数值天气分析和预报以及灾害性天气临近预报等。

天气图分析和预报是传统天气业务中的主导方法，它需要分析地面天气图上的等压线、等温线、3小时变压线、锋面，并标出高压、低压中心和不同天气区等；还需要分析高空等压面上的等高线、等温线、槽线和切变线，并标出高压、低压中心的位置等，再根据天气动力学理论外推预报未来的天气。数值天气预报问世后，预报员虽然不需要靠主观外推去预报天气形势（但仍需要做误差订正），但天气图分析仍然是不可或缺的，数值模式提供了许多时次的天气形势预报，预报员应当在数值预报的天气图分析的基础上，根据天气动力学理论预报未来的天气。在目前天气业务中，天气分析是一个薄弱环节，有些预报员过多地依赖数值分析预报产品，忽视了天气图的分析，有的预报员不会定锋面，常常漏分析高空小槽和地面中尺度系统，对天气图上云和天气现象的符号不甚了解，对从稠密自动气象站来的高时空分辨率资料不作必要的中分析，因而在天气业务中常常漏掉了引发灾害性天气的中尺度系统。

天气图及其辅助图表以前是、现在仍然是天气分析和预报的重要工具。虽然数值天气预报已经成为天气业务的基础，但是目前数值模式对气象要素的预报水平还不高，需要预报员进行订正。目前数值预报直接输出的产品中还没有天气现象，特别是没有灾害性天气的预报，更需要预报员去制作这些预报。数值天气预报的分析场和预报场都是天气图，预报员根据气旋学说、锋面学说、长波理论、不稳定理论、降水学说等天气学知识和各种分析工具，依靠自身的经验，在这些“天气图”上画出灾害性天气的落区，制作灾害性天气预报。

天气雷达资料分析、卫星资料分析、风廓线分析、GPS/MET 资料分析、闪电资料分析等是灾害性天气监测和临近预报的主要工具。天气雷达反射率回波不仅强度与灾害性天气紧密相关，而且回波的形态也是不同强对流天气的识别器；多普勒雷达径向风场包含着丰富的识别灾害性天气的信息，例如逆风区是强降水的信号，中气旋是强风的指标等等。可见光、红外和水汽云图配合天气图分析以及物理量的诊断可以提供许多有用的天气诊断和预报信息。目前我国预报员对天气雷达和卫星资料的分析应用水平不高，影响了我国灾害性天气的监测和临近预报水平的提高。随着我国气象探测系统的发展，新资料不断涌现，分析和应用好这些资料是提高灾害性天气监测率和预报准确率的必由之路。

数值天气分析预报产品包括分析和预报两个部分。数值天气分析就是要得到一个接近真实的初始场，这是近十年来各国提高数值天气预报水平的关键，数值天气分析包括观测资料的质量控制和资料同化，我国已经建立三维变分同化业务，四维变分同化已经成为发达国家的业务；数值天气预报就是用数值模式从初始场开始积分预报未来的天气形势和天气。数值预报中的天气形势预报水平早已超过有经验的预报员的水平，因而数值天气预报成为天气业务的基础。

数值分析预报产品解释应用是制作站点和格点气象要素预报的重要方法，使用的方法包括 MOS、PP、SVM、神经元网络等。

近年来各国发展的集合预报业务对于延长预报时效和提高灾害性天气概率预报水平已经并将发挥重要的作用。大气是一个高度非线性的系统，数值预报对初值非常敏感，由于气象观测总是存在误差和时空覆盖上的很多空隙，我们不可能获得一个完全真实的初值，再加上模式的误差、模式过程的误差和计算的误差，完全确定性的预报是可望而不可求的事情，3 天之内的预报确定性较高，3 天之后的数值解就发散了，因此，集合预报就成为必然的选择。集合预报分为多初值、多过程、多模式的集合，各国业务中心用得最多的是多初值集合预报，其中的初值扰动方法分为奇异向量法和增长模繁殖法；预报员用得最多的是多模式的集合，预报员面对许多业务中心的数值分析预报产品，根据多年积累的经验进行主观集成，制作预报产品。如果能在检验各家模式优劣的基础上，发展客观定量的集合预报方法，一定会提高 3～5 天灾害性天气的预报水平。

由于数值模式与初始场相协调需要一定的时间，再加上数值预报对灾害性天气的预报准确率和时空分辨率不高，因此临近预报业务发展起来。目前临近预报主要使用的方法是利用天气雷达、气象卫星、自动气象站、闪电定位等实况资料对灾害性天气进行识别，然后根据过去位置的变化规律进行外推预报。利用雷达资料进行外推的方法主要有 TREC、TITAN 等。尽管临近预报的平均预报时效只有 1 小时，但是临近预报的准确率和时空分辨率高，因此在气象防灾减灾中具有特殊的作用，为了延长预报时效，外推预报必须与数值分析预报产品相结合。

1.2　传统天气业务

1.2.1　天气业务的诞生和发展

古希腊大哲学家亚里士多德在约公元前350年就有《气象学》问世，虽然该书综合论述了水、空气和地震等现象，但并不意味着气象学就此真的诞生了。就像远在3000年前，我国殷代甲骨文已有关于风、云、雨、雪、虹、霞、龙卷、雷暴等文字记载，还常卜问未来10天的天气（称为“卜旬”），并将实况记录下来以资验证，但不能称之为天气预报业务一样，因为它们都没有科学技术基础。

科学意义上的天气业务起源于19世纪中叶，此时欧洲资本主义国家已经实现了工业革命，国力大为强盛，为了获取更多的资源和更大的利润，他们实行了大规模的海外扩张和掠夺的战略，海上航行迫切需要气象资料和天气预报，欧洲和北美地面气象观测台、站相继建立，形成了地面气象观测网。他们还在他们的殖民地、半殖民地建立地面气象观测站。同时，无线电技术的发明，使地面观测资料可以快速传输到各地，为绘制天气图创造了条件，在1860—1865年间欧洲和北美各国纷纷绘出了天气图，并用天气图来作天气预报，标志着天气业务的诞生。

传统天气业务的发展大致经历了三个阶段。在初期，人们只能对地面的气象资料进行分析与研究，预报员们只能采用非常简单的外推法去预报气旋与反气旋的移动。第一次世界大战以后，极锋和气团学说出现了，个别的气象台站开始有了高空观测，这时候便进入了第二阶段，在这个时期，锋和气团成为天气学中的基本观念，所以，在天气预报方面，也以锋和气团的移动及变性作为主要的根据。第二次世界大战以后，世界上高空观测台站大大增加，同时动力气象学也有了非常迅速的发展。这时候天气学里的新的事实与问题也大大地增多了，而且天气学也从过去的间接高空天气学时代进入到直接的三度空间的天气学时代，而动力气象学中的许多新成就也已被吸取到天气学中去，因此，就使得天气学与动力气象学间的距离愈来愈缩短。在天气预报工作中，预报员一方面固然还要沿用过去的一些老方法，但更重要的是要广泛采用从动力气象学新近发展中所得出来的许多运动学或动力学的方法及法则。例如，预报员在作形势预报或者作气压系统的发生及发展预报时，常常得考虑辐合、辐散及涡度等。

1.2.2　天气图分析和预报

传统天气业务的标志是天气图分析和预报。

常规天气图分为地面天气图和高空天气图，是按照世界气象组织规定的填图模式，将观测资料填在站点上。在地面天气图上需要分析等压线和等温线，用规定的颜色线画出不同天气现象出现的区域，并在该区域内用规定的符号标明该天气现象，在地面天气图上需要重点分析的天气系统是高压、低压和锋面等。高空天气图一般是指等压面天气图，这是因为求一定气压的高度比求一定高度的气压容易，另外在等压面天气图上地转风（或梯度风）风速可以用等压面上等高线的间隔来表示，而且间隔和风速的关系与等压面的气压无关，因此在各等压面上可使用同样的地转风速尺，但高度不同风速和等气压线间隔的关系就不一样了。在高空图上需要绘制等高线和等温线，需要重点分析的天气系统是高空槽、切变线、低压和高压（脊）等。

天气图是展现同一时刻不同地区气象要素和天气现象分布的很好工具。现代天气观测的工具和手段多种多样，各种常规和非常规探测资料的分布图都是“广义的天气图”，通过它们可以看到各种“天气系统”以及与其相联系的天气现象的发生、发展和演变过程，因而使我们能“纵观世界，一览天下”的风云变幻。

气象要素也称为气象变量。把确定时间的气象要素的空间分布称为气象变量场，气象要素是一种场变量。天气图所表现的就是某一时刻的气象变量场，“天气系统”就是气象变量场上的某种基本特征。通过连续的天气图分析就可以了解气象变量场特征和天气系统随时间的变化，天气图分析和预报就是通过分析各种气象变量场特征的发生、发展和演变的规律，来预报未来的天气。

天气图分析包括辅助图表的分析，例如 T-ln$P$ 图、各种剖面图和时间演变图等，在传统天气业务中还需要分析各种稳定度、涡度、散度、垂直速度、水汽通量和散度等物理量，以制作天气预报。

1.2.3 传统天气业务的理论和方法

支持传统天气业务的理论和方法有很多，首先是锋面/气旋理论。1918 年 J. 皮叶克尼斯首先将锋与锋面的概念引入气象学文献和预报实践中，1928 年贝吉隆对锋的形成和消失提出了一个运动学的解释，贝吉隆通过研究得出结论，锋是由于在具有温度对比的区域中气流的汇合运动造成的。那时还没有高空观测，但是他们根据地面图分析所推论得到的概念却完全是三度空间的，特别是将广义的锋看做为一条斜压带，位能通过垂直环流转变为动能。1918 年 J. 皮叶克尼斯还提出了一个气旋模式，这个模式除概述了气旋的典型结构之外，还阐述了气旋动力学过程。他发现冷空气像一个楔子位于暖空气下方，其间分界面的坡度为 1:100，云雨区的典型分布可以用冷暖锋上暖空气绝热上升冷却的结果来解释。

其次是波动理论。20 世纪 30—40 年代，由于要求能早期预报出灾害性天气，同时无线电探空及高空测风业务普遍发展，能够分析出较好的高空天气图，罗斯贝等研究大气环流，提出了长波理论，为进行 1～3 天的天气预报奠定了理论基础。产生大气波动的因子很多，如大气温度层结、可压缩性、重力、惯性力等。不同因子形成的波动的性质有很大差别，不同类型的波动对天气的影响也极不相同。有些类型的波动对天气变化及一些天气现象的产生起着重要的作用，有些则不然。对于小尺度运动，主要是重力内波（由大气的稳定层结和重力的作用而形成）起作用；对于中尺度运动，主要是惯性-重力内波起作用；对于大尺度运动，主要是长波（由 β 效应而形成的）起作用。短期天气过程主要取决于长波，中期天气过程主要决定于长波与超长波，超长波由冷热源及地形的强迫作用通过 β 效应而产生。

第三是不稳定理论。不稳定是实际天气系统发生和发展的一个重要的动力机制，正压不稳定扰动发展的能源主要来自基本气流的动能，斜压不稳定扰动发展的能源主要来自有效位能的释放，对于对流性较强的系统（如台风）的发生发展，潜热能的释放也是扰动发展的重要能量来源。这里要特别提到对斜压不稳定和 CISK（第二类条件不稳定）作出突出贡献的气象学家，1949 年 Eady 首先讨论了长波和气旋波动的不稳定问题（以后就称为 Eady 模式），以后郭晓岚、Charney、Green 也先后对斜压不稳定研究作出了贡献，说明斜压性是大气中系统发生发展的主要因子。1964 年 Charney 和 Eliassion 以及 Ooyama 首先讨论了小尺度积云对流加热与大尺度流场演变的相互作用，是使得大尺度系统不稳定增长的一个具体物理机制，并称之为 CISK。1973 年 J. R. Bates 同时考虑边界层摩擦辐合以及变压风辐合，提出了广义的第二类条件不稳定；1974 年 Lindzen 提出大气中的内波尤其是重力内波提供了在 CISK 过程中启动积云对流的上升运动，并称此为波型第二类条件不稳定，从而进一步完善了第二类条件不稳定理论。

1.3 现代天气业务

现代天气业务的标志是数值天气分析和预报成为天气业务的基础。

1.3.1 数值天气预报发展历程

数值预报是集大气探测、天气学、动力气象以及计算机、通信技术为一体的综合性科学。它的模式是建立在大气动力学基础上，有赖于对大气动力过程物理本质的理解和认识，依据现实的大气状况，借助反映大气动量、能量、质量守恒和水汽守恒的运动方程组来外推未来时刻大气状态。

早在 1904 年 V. Bjerknes 首次提出数值天气预报的理论思想：将预测大气未来时刻的状态（即天气预报）问题提为一组数学物理方程的初值问题。之后 1922 年 Richardson 首次尝试实践 V. Bjerknes 的数值天气预报的理论思想，从一组不经过任何处理的大气原始方程组出发，利用数值计算的方法，试图计算出未来天气的变化，但是以失败告终。直至 1954 年数值天气预报的实际业务应用才首先在瑞典得以实现。自此，随着超级计算机、大规模并行处理技术和互联网的问世与发展，以及探测技术、新计算方法和地球科学本身的进步，业务数值天气预报就走上了一条不断发展的轨道。特别是近十几年来，变分资料同化技术的应用和卫星遥感资料的使用，使数值天气预报的水平又上了一个新台阶。现在，作为被人们所普遍接受的观念，数值预报已成为现代气象预报业务的基础和提高准确率与服务水平的最根本科学途径。以数值分析预报技术为基础，结合其他方法建立起来的现代综合气象预报系统，已成为气象工作者进行天气分析和预报的重要而有效的手段。

与先进国家相比，我国的业务数值预报起步较晚，1956 年我国中央气象局气象科学研究所成立了由著名气象学家顾震潮主持的数值预报研制小组，并于 1959 年将研制的第一张正压模式的欧亚形势预报图向国庆 10 周年献礼。此后，1961 年提高为北半球模式，1969—1978 年运用 DJS-6 平均运算速度为 6 万次/s 的计算机，制作三层原始方程模式(A 模式)72 小时短期业务预报。改革开放后，1982 年根据全国灾害性天气预报服务工作会议上提出的重点发展数值预报，逐步实现天气预报客观、定量的精神，我国的数值预报业务迅速发展起来。1981—1982 年在百万次速度的 M170 机上先后建立了分辨率为 381 km、5 层原始方程的半球预报模式(B 模式)和分辨率小于 200 km、垂直层次为 15 层的亚洲有限区域模式预报系统。而后，又引进 ECMWF 预报模式分别于 1990，1992 和 1997 年建立了 T42 半球、T63 全球和 T106 全球预报模式。自 1999 年峰值速度为 760 亿次/s 的 SP 并行机在国家气象中心落户后，数值预报工作者一鼓作气将并行算法的 T213 模式在 2002 年 3 月实现了业务运行。之后又经过 5 年的攻关，全球资料(特别是卫星资料)三维变分同化和全球谱模式 T213L31 升级为 T639L60 的研发工作取得重大进展，2006 年开展业务试验，2008 年已投入业务运行；为 2008 年北京奥运会服务的精细模式(最高水平分辨率达到 3 km)在引进、吸收、消化的基础上进行创新，在解决多普勒雷达等资料的变分同化和开发符合我国天气实际情况的物理过程等方面取得了实质性进展。T106 全球集合预报也于 1998 年上业务，2007 年又升级为 T213 全球集合预报业务。

由于数值预报在气象业务服务中的基础性作用以及数值模式在大气与地球科学研究中的重要地位，自主发展我国的数值天气预报系统成为世纪之交我国大气科学界与气象管理部门共同关注的一个热点。2001 年中国气象局把数值预报系统创新技术的发展列为气象科技创新的最重要项目之一，组织了数值预报技术创新的专门队伍与机构，同时，科技部在“十五”国家重点科技攻关计划中启动了“中国气象数值预报系统技术创新研究”项目，开始自主研究开发我国新一代全球/区域同化预报系统(GRAPES，Global/Regional Assimilation PrEdiction System)。

经过 5 年的联合攻关，完全依靠我国科学家自己的力量，研究建立了一套新的数值预报系统，它以变分同化和全可压非静力平衡模式的理论为基础，并将全球/区域的资料同化、预报模式“一体化”的思想贯穿于系统设计和工程实现之中。目前 GRAPES 系统已在全国业务、科研、教学等许多单位得到了多方面的应用。

以上数值天气预报系统的研究和开发，大大提高了我国数值天气预报业务水平，缩短了与世界先进水平的差距。

1.3.2 气象要素和灾害性天气的中短期预报

数值天气分析预报产品虽然为天气业务提供了很好的基础，但是气象要素和灾害性天气中短期预报最终还要靠预报员来完成。在天气业务中，预报员既要充分重视数值天气分析预报产品的应用，又不能完全依赖它。预报员应当发挥主观能动性，不仅要分析和统计数值分析预报产品的误差并据此订正它，还要应用多种技术和方法对数值分析预报产品进行解释应用；与此同时，还要综合应用多种技术和方法，制作气象要素和灾害性天气预报。

随着我国数值预报业务的建立，数值分析预报产品解释应用工作也逐步开展起来，在天气业务中可以制作数值天气预报可用时效内逐日的气象要素预报，国家气象中心已经建立全国近 2500 个站点 1～7 天降水、最高最低温度、风向风速、相对湿度、云等气象要素预报业务，24 小时之内可提供 3 小时间隔的预报产品；各省(区、市)气象局在国家气象中心指导产品的基础上，正在发展乡镇、风景名胜地的气象要素预报业务。

集合预报已经成为发达国家灾害性天气中短期概率预报的主要工具，我国正在发展该项业务，天气气候统计方法和动力统计方法仍然是灾害性天气中短期预报的重要工具。

1.3.3 灾害性天气短时临近预报

发达国家在20世纪90年代已经建立强对流天气临近预报业务，这些临近预报系统在2000年在悉尼奥运会上进行了预报示范。我国最早的临近预报系统研发是“北京奥运气象保障技术研究”项目的一个课题，从2002年开始由北京市气象局组织开发，这个系统在北京奥运会中发挥了较好的作用，接着湖北、广东、上海也开发了临近预报系统，这些系统目前是靠外推作预报的，平均的可用预报时效约为1小时左右，进一步提高预报可用时效必须将雷达、卫星资料的外推方法与中尺度数值预报（包括快速更新分析和预报）正确结合起来。2008年中国气象局为了集成全国临近预报优秀成果，设立了“灾害性天气短时临近预报系统（SWAN）建设和改进”项目，相信在不久的将来我们一定能够推出具有自主知识产权和国际先进水平的短时临近预报系统。

1.3.4 天气的可预报性

大气是一个复杂的非线性系统，由于其存在内在的随机性，它的预报时效有一定的范围，超出这个范围，预报将完全失去技巧。大气系统存在可预报性是其固有的属性，是客观存在的。确定和估计这种预报时效的大小、探索造成可预报期限的物理原因、研究误差增长和传播的规律、寻找延长模式可预报时效的途径等构成了可预报性理论研究的主要内容。自从Thompson（1957）和Lorenz（1963）开创确定性系统的可预报性研究以来，非线性确定性系统中存在可预报性的问题已经成为一个不能回避的事实。

定量地估计可预报时效（或称可预报期限）是可预报性研究中的一个重要课题。在这方面主要有三种方法：经验方法、动力学方法和动力学-经验方法。这些研究表明大气系统或海-气耦合系统具有非常复杂的非线性动力系统行为，但就其统计特性而言，仍存在一定的可预报性。利用动力系统的理论和方法，通过考察系统误差的增长来确定可预报性期限和研究可预报性问题是一个有发展前景的途径。

李建平等（2006）和丁瑞强等（2009）利用非线性误差增长理论研究了天气尺度可预报期限的时空分布。他们对非线性系统的误差发展方程不作线性化近似，而是直接用原始的误差发展方程来研究初始误差的发展，提出了误差非线性增长理论。误差非线性增长理论可以应用于有限尺度大小初始扰动的可预报性研究，较误差线性增长理论有明显的优越性。

在此基础上，他们利用大气位势高度场的实际观测资料，结合大气的动力学特征，给出了利用大气的实际观测资料估计大气可预报期限的计算方法，然后讨论了逐日时间尺度的大气可预报期限随空间、季节的变化特征，得到了一些有意义的结果，如：

（1）在水平方向上，全球位势高度场的可预报性表现为一定的南北纬向带状分布，热带地区和南北极地区的可预报期限都比较长，最长处达到了2周，而在南北半球的中高纬度地区可预报期限较短。随着季节变化，可预报期限的分布中的区域特征会有一定变化，即一些可预报性期限高值区和低值区所在的纬度和经度发生了改变，总体来说，全球大部分地区的可预报性在冬季都大于夏季，尤其在南极、热带印度洋、北太平洋和北大西洋地区。

（2）在垂直方向上，位势高度场的可预报期限随高度升高而增加，高层的可预报期限明显大于低层，可预报期限从对流层下层的2周以下增加到平流层下层的1个月左右。

丁瑞强等（2009）还对大气500 hPa位势高度场、温度场、纬向风场、经向风场等要素场天气可预报性的时空分布进行了研究，结果表明：

（1）对于不同的要素场，其可预报期限的长短及时空分布规律都不一样，因此表明可预报性不仅依赖于时间和空间，还依赖于具体的要素场。在500 hPa高度层上，全球大部分地区位势高度场可预报期限最长，温度场和纬向风场次之，而经向风场的可预报期限最短；位势高度场的可预报期限最大值在2周以上，温度场和纬向风场可预报期限最大值接近于2周，而经向风场可预报期限最大值为10天左右。

(2)在500 hPa高度层上,位势高度场和温度场的纬向平均可预报期限基本上表现为一定的南北纬向带状分布,热带地区和南极地区的可预报期限最长,北极地区次之,北半球中高纬度地区可预报期限相对较短,而南半球中纬度地区的可预报期限最短。纬向风场可预报期限在热带地区最高,但是南北极地区可预报期限与邻近的中高纬度地区差别不大。经向风场可预报期限在南北两极地区最高,南北半球的中纬度和赤道附近地区可预报期限最短。

(3)在垂直方向上,纬向平均高度场、温度场及纬向风场可预报期限基本上都是随高度升高而增加,高层的可预报期限明显大于低层;经向风场可预报期限随高度的变化比较复杂,不同的纬度有所不同。

(4)可预报性有明显的季节变化,不同要素场可预报期限高、低值区的位置和强度随季节都有明显变化,对于全球大部分地区来说,冬季可预报性都大于夏季。中纬度地区的动力学主要由天气尺度的斜压不稳定性所控制,热带地区的斜压不稳定性一般可以忽略,而正压不稳定性和对流不稳定性以及它们的相互作用却起主导作用。中纬度地区因初始条件误差引起的误差增长率要明显大于热带地区,这是由于热带地区没有斜压不稳定性所致。可能由于这个原因,热带地区位势高度场、温度场和纬向风场天气可预报期限要明显长于中高纬度地区。目前数值模式在热带地区的预报技巧比温带地区要低,这是由于热带地区的积云对流参数化比较困难,而积云对流在热带地区又远比在中纬度地区的影响大。随着数值模式积云对流参数化的改进,热带地区的较长期的预报技巧应该比中纬度地区高。

在确定性的预报时效内,可以制作逐日的天气预报,2周左右是天气可预报的期限。一般认为对于1个月的时效,我们只能预报大气系统的统计特性,例如预测月总降水量、月平均气温这样的统计量,这已经不是天气预报,而是气候预测了。2周至1个月是一个模糊区间,被称之为延伸期预报,在这个期限内可以预报的量是什么,正是目前大气科学界热门话题之一,但是有一点是确定的:在延伸期内不可能制作逐日天气预报。

1.4　天气业务的拓展

气象灾害预报和应用气象业务是近几年天气业务的重要拓展。气象灾害预报是国家防灾减灾的迫切需求,应用气象业务与国民经济敏感行业关系非常密切,是提高气象服务的针对性和专业化的必由之路,因此,开展气象灾害预报和应用气象业务是十分必要的。与此同时,气象部门有开展气象灾害预报和应用气象业务的独特优势,近几年的实践表明,拓展这两项业务是完全可行的。

1.4.1　气象灾害预报

近几年国家气象中心和有关省(区、市)气象台已经开展的气象灾害预报有:地质灾害(滑坡、泥石流)气象等级预报,森林和草场火险等级预报,积涝、河流凌汛等预报,有的省(区、市)还开展了道路结冰预报等。气象灾害预报的关键是确定产生气象灾害的临界气象条件,知道了产生气象灾害的临界气象条件,就可以将天气预报转化为气象灾害预报。气象灾害预报反过来又可以促进天气预报工作,例如临界气象条件中如果存在目前天气业务中没有的预报项目,就应当增加这个项目;又如山洪和地质灾害是造成人民生命财产安全的重要灾害,但是它们出现的范围很小,目前的中短期天气预报很难满足要求,因此要求气象台站发展精细的降水临近预报业务。目前这项工作离要求还有很大差距,一是预报的气象灾害种类少;二是预报准确率和精细度低,难以满足气象防灾减灾的需求;三是没有系统细致地做产生气象灾害临界气象条件的研究工作,气象灾害预报和防御心中无数。因此,应当下大力气研究产生气象灾害的临界气象条件,发展精细天气预报业务,增加监测和预报的气象灾害的种类。

1.4.2　相关应用气象业务

需要发展的与天气业务有关的应用气象业务包括航空气象、海洋气象、水文气象、交通气象、环境气象、健康气象、电力和能源气象等。

航空气象业务包括航空港及3 km范围内浓雾、大风、风切变和下击暴流、雷暴、沙尘暴、飞机积冰等航空灾害性天气的监测和预报，航线上的预报包括飞机颠簸和积冰等的监测和预报。航空气象所用的方法与一般的天气业务方法相同，因为航空气象监测和预报的精细度要求很高，因此航空气象特别重视航空灾害性天气的监测和临近预报。为了支持全球航空气象业务，世界气象组织和国际民用航空协会合作制定了航空气象业务和服务的规范，并在华盛顿和伦敦设立了两个世界航空气象预报中心，每天为全世界制作并分发航空气象监测和预报产品。由国家气象中心和中国民航局气象中心联合开发的世界气象组织、亚洲二区协亚州航空气象服务网（www. aamets. org）将于 2010 年秋季正式业务运行。因为航空气象独立成卷，所以本书没有包括航空气象的内容。

海洋气象的服务分为海岸带、近海和远洋三类。海岸带是各国的经济密集区，对气象服务的要求高，大风、大浪和风暴潮对沿海的经济和人民的生命财产安全构成重大威胁，大雾对海港和海上运输安全影响很大，海上石油等物资泄漏和赤潮等对海岸带的环境影响很大；海岸带的开发更是对天气预报服务提出了一些非常规的需求。近海气象服务主要是为航运、渔业和海上资源开发提供气象保障，涉及大风、浓雾、大浪、海冰（如我国渤海）等的预报，另外，海损事故救援更是对气象服务提出了精准的要求。远洋气象服务主要是气象导航，为远洋船舶提供最佳路线，并为它们的航行安全提供气象保障是气象导航的主要任务。海上观测资料稀少，不仅要重视船舶、浮标、海岛和海上钻井平台气象水文观测资料的应用，更要特别重视卫星资料的应用和同化。

水文气象学主要应用于江河湖库的防洪兴利、水资源调度、水环境管理和水利水电工程的规划设计等。江河湖库防汛的最重要工作之一，就是依靠水文与气象方法的密切结合，开展暴雨洪水的监测、预报和警报工作。一个地方的水资源评价及旱涝规律分析和长期趋势预报，也必须依靠水文与气象方法的密切结合。在水利工程特别是大型水利工程规划设计中，必须对规划设计方案进行气象上的合理性分析，使水利工程建设在更为安全可靠和经济合理的基础上。随着经济社会的发展，水旱灾害损失越来越大，水资源紧缺、能源紧缺和水环境污染日趋严重，各级政府管理部门及社会公众对水文气象工作提出了更高的要求。目前，水文气象业务服务主要有：流域雨情实时监测，区域干旱、渍涝监测，为江河湖库防汛抗旱、水资源调度、水环境管理及水利工程建设与管理等开展的气象要素预报，流域降水预报、暴雨洪水预报，江河冰情凌汛监测预报，风浪预报，水污染气象条件潜势预报，流域旱涝趋势预测，以及气象条件对水资源、水环境的影响分析评估等。

交通气象是为了改善交通通行能力、保障交通安全、提高交通运输质量所进行的气象监测、预报、警报和服务工作。本章所阐述的交通气象主要包括公路、水路和轨道交通的有关气象问题。在交通工程的设计、施工和交通运营期间，很大程度上受到气象条件的影响和制约，不良天气直接影响到交通运输的质量和效率，灾害性天气甚至可导致交通运输的中断和交通事故的发生，造成不良的社会影响和巨大的经济损失。浓雾、强降水、大风、高温、大雪、结冰等气象灾害，以及由它们造成的次生灾害（如山体崩塌、滑坡、泥石流等）都是交通气象业务所关注的范围。降低或消除气象灾害对交通运输的影响，是我国交通运输业不断发展而产生的一个新需求，交通气象业务就是为了适应和满足这一需求的产物。公路、水路和轨道交通对气象服务的要求既有相同点又有不同点，准确的大风和结冰预报是它们的共同要求，尽管影响它们安全的大风或结冰的级别是不同的；低能见度天气对公路和内河航运的安全都有影响，但是对轨道交通的影响相对要小一些，同时影响公路和内河航运安全的能见度又有所不同；高温是高速公路车辆运行安全的隐患；高速公路上那些肉眼不易分辨的冰碴更是车辆安全运行的威胁。在交通气象中高速公路的气象保障要求最高，气象监测和预报的项目最多。高密度的气象监测是交通气象业务的基础，精细化的预报警报是交通气象业务的关键，全方位的气象服务是交通气象业务的最终目标，科学性的评估结论是交通气象业务的重要依据。

环境气象包括的内容十分广泛，涉及空气质量、大气污染物扩散规律等大气边界层问题；酸雨、大气臭氧与紫外线辐射等大气化学问题；建设项目的大气环境评价、区域大气环境评价、住宅小区大气质量评估等污染气象学问题；温室气体引发的气候变暖问题、通过大气传播的传染病与特质性过敏症以及与大气参数相关联的医疗气象问题；大型户外活动的气象保障任务；在人工生态系统中日益突出的城市高层建筑、大型桥梁抗风问题与城市排水系统等工程气象问题；高速公路、机场、港口面临受到浓雾严重影响的问题；人类通过人工手段抗击干旱、暴雨、冰雹、霜害、雾害、雷电等人工影响天气问题等。环境气象的基础知识相当广泛，涉及气象学、气候学、大气物理学、大气化学、地理学、生态学、生物学、农学、林学、水利学、工程学、流行病学、环境卫生学、社会学、经济学、法学、民俗学、家政学等。本书取环境气象的狭义定义，仅包括空气质量、突发环境污染事件、城市热岛的监测和预报。

健康气象包括医疗气象，人体舒适度及臭氧、紫外线、花粉的监测和预报。健康气象所采用的方法包括生物医学实验方法、临床观察和分析方法、统计分析方法等；医疗气象运用历史的气象和医疗数据，采用高斯概率积分法、时间N测验法等方法，建立各类疾病的气象指标判据条件，然后根据气象要素的预报来预报未来呼吸道疾病、心血管疾病、传染病和其他疾病发生、加重或缓和及可能产生的影响。由于各地的气候条件及人体适应性等因素的影响，引发各种疾病的气象条件会有很大的变化。人体舒适度是用来表示人体对气温、湿度、风等气象因子综合效应的一种反应指标，它表征人体在大气环境中的舒适程度。目前舒适度指标多以人体主观感觉结合环境气象因子用经验公式计算的人体舒适指数、不舒适指数(温湿指数)、炎热指数、风寒指数等来表示。

电力与能源气象包括能源生产、电网安全以及电力需求方面的气象条件的监测和预报。近年来，随着经济社会的发展，气象部门与电力能源部门的合作进一步开展，气象为电力与能源的服务已转变为富有行业特色的专业预报服务。就其内涵来说，电力和能源气象包括电力负荷气象预测、水力发电气象保障和评估、电力生产及电网安全气象保障。电力气象首先要根据电力负荷变化与气象条件(气温、湿度、天空云量、雨量等)的相关关系分析，利用逐步回归方法建立电力负荷预测模型，然后根据这些气象要素的预报制作电力负荷的预测。水力发电气象保障需要的主要是流域降雨量预报，风力发电既需要风机高度上的风力预报又需要风机安全的气象保障等。

参 考 文 献

丁瑞强，李建平. 2009. 天气可预报性的时空分布. 气象学报，**67**(3)：343-354

李建平，丁瑞强，陈宝花. 2006. 大气可预报性研究的回顾与展望. 北京：气象出版社

佩特森. 1965. 天气分析与预报. 程纯枢译. 北京：科学出版社

Lorenz E N. 1963. The predictability of hydrodynamic flow. *Trans. New York Academy of Sciences. Ser. II.* **25**：409-433

Thompson P D. 1957. Uncertainty of initial state as a tractor in the predictability of large-scale atmospheric flow pattern. *Tellus.* **9**：275-295

第 2 章 现代天气动力学理论

早在19世纪末，天气学作为一门以天气图为基本工具来专门研究天气过程发生发展和演变以及天气现象预报的学科就开始逐渐地形成和发展起来。最近半个世纪，特别是最近30年以来，天气学得到了迅猛发展，已经成为具有多种现代天气观测工具和手段支持的、有坚实的数学物理理论基础的、定量化地研究天气变化规律和指导天气分析预报实践的现代科学。它的研究范围包括从大气低层到高层、从高纬极地到低纬热带、从大尺度系统到中小尺度系统等众多领域。近年来，新理论、新方法层出不穷。在这里将用有限的篇幅，概要地介绍现代天气动力学的基础理论，具体内容包括准地转理论，锋生和次级环流理论，中尺度不稳定理论和位涡理论4个方面。

2.1 准地转理论

在天气学发展的历史中起着最重要作用的理论是准地转理论（Quasi-Geostrophic Theory，简称Q-G理论）。它主要用于描述和解释中纬度大尺度运动及相关天气系统的特征和结构。这个理论后来推广用于热带大气的行星尺度运动。目前它已成为大尺度天气诊断和预报的理论基础。

对于中纬度大尺度运动，罗斯贝数 $Ro<1$，水平气压梯度力与科里奥利力基本上相平衡，实际风场接近地转风场，即风场和气压场基本上处于地转平衡状态。我们知道，严格定义的地转运动是一种定常的平衡运动。大尺度运动是准地转的，意指大尺度运动系统在发展变化的过程中，风场与气压场都在变化发展，然而风场与气压场仍基本上维持着地转平衡，故称运动的变化发展过程为准地转过程。中纬度大尺度运动，一方面近似地满足地转平衡，另一方面这种平衡不断受到破坏，即存在地转偏差。因此，这种平衡是运动中的平衡，是不断变化的平衡。虽然中纬度大尺度大气运动基本上是处于地转平衡状态的，但是地转偏差也是经常发生的，正因为有地转偏差的存在，天气才会不断地发生变化。所以地转偏差对天气变化起着重要的作用。同时也说明地转平衡不是绝对的，它只是一种运动中的平衡，变化中的平衡。它包含地转平衡状态的破坏和地转平衡状态的建立两个过程。从不平衡状态转变成平衡状态称为地转适应过程。适应过程是“快”过程，地转平衡的重建很快，因为观测不到明显的地转偏差，故可视为准地转平衡态的缓慢演变过程。

虽然实际大气中的地转平衡不像静力平衡那样精确成立，但却是一种可用的近似，应用准地转近似的重要性，在于它能够对另外一些可能出现的运动形式加以限制，因此在采用静力平衡近似的基础上应用准地转平衡近似，必将进一步方便对运动系统演变的描述与解释。

2.1.1 地转平衡理论

从尺度分析可以看出，中纬度自由大气的大尺度运动，满足水平运动方程的零级简化方程，即在水平方向上地转偏向力和气压梯度力近于平衡。一般把满足地转平衡的运动，即在水平方向上地转偏向力和气压梯度力相平衡的空气水平运动称为地转运动。地转运动的强弱可以用地转风来表征，在北半球，背风而立高压在右，低压在左。地转风以 $\vec{V}_g$ 表示，u_g 和 v_g 分别表示地转风在东西向和南北向的分量，则有：

$$\left.\begin{aligned} u_g &= -\frac{1}{f\rho}\frac{\partial p}{\partial y} \\ v_g &= \frac{1}{f\rho}\frac{\partial p}{\partial x} \end{aligned}\right\} \tag{2.1}$$

其矢量形式则为：

$$\mathbf{V}_g = -\frac{1}{f\rho}\nabla_h p \times \vec{k} \tag{2.2}$$

式(2.1)和(2.2)为某一等高面上的地转风方程。

根据 $\frac{1}{\rho}\nabla_h p = g\nabla_p z = \nabla_p \phi$，可将式(2.2)写成 p 坐标系中的形式，即

$$\vec{V}_g = -\frac{1}{f}\nabla_p \phi \times \vec{k} \tag{2.3}$$

上面讨论的是在某一等高面或等压面上的地转风。分析不同层次的地转风可以发现地转风是变化的。一般把地转风随高度的变化称为热成风。用矢量 $\vec{V}_T$ 表示热成风，则热成风的表达式可写成：

$$\vec{V}_T = \frac{\partial \vec{V}_g}{\partial z} \text{或} \vec{V}_T = \frac{\partial \vec{V}_g}{\partial p} \tag{2.4}$$

式中 $\frac{\partial \vec{V}_g}{\partial z}$ 和 $\frac{\partial \vec{V}_g}{\partial p}$ 分别为地转风矢量随高度 z 和随气压 p 的变化，即地转风的垂直切变。热成风的表达式也可写成：

$$\vec{V}_T = \frac{R}{f}\ln\frac{p_0}{p_1}\vec{k} \times \nabla \bar{T} \tag{2.5}$$

由(2.5)式可知，热成风与平均温度线(或厚度线)平行，在北半球，背风而立高温在右，低温在左。热成风大小与平均温度梯度(或厚度梯度)成正比，与纬度成反比。热成风大小也可用厚度梯度表示，而且形式变得更为简单：

$$\vec{V}_T = \frac{g}{f}\vec{k} \times \nabla h \tag{2.6}$$

式(2.6)和地转风公式的形式是一样的。通过推导，还可以得到其他一些经常应用的热成风关系式，如：

$$\frac{\partial \vec{V}_g}{\partial \ln p} = -\frac{R}{f}\vec{k} \times \nabla_p T \tag{2.7}$$

热成风是十分有用的概念。根据热成风定义，当上下两层等压面的地转风已知时，即可从地转风的矢量差求出 $\vec{V}_T$，并可从 $\vec{V}_T$ 的方向确定此两层间冷暖区的分布，且从其大小确定温度梯度的强弱。根据热成风原理我们可以讨论在一定的温度场下，地转风场(及气压场)随高度的变化。反过来，也可以讨论在一定的地转风随高度变化的形式下，温度场的分布。应用热成风原理，也可以解释各种类型气压系统的垂直结构。

当大气中密度的分布仅仅随气压而变化时，即 $\rho=\rho(p)$，这种状态的大气称为正压大气。所以，在正压大气中等压面也就是等密度面。对于一个理想大气($p=\rho RT$)，当大气是正压时，等压面也就是等温面。于是在等压面上没有温度梯度，即 $\nabla_h T=0$，也就是在等压面上分析不出等温线，因而也就没有热成风。也就是说，在正压大气中，地转风随高度不发生变化。而当大气中密度分布不仅随气压而且还随温度而变时，即 $\rho=\rho(P,T)$，这种状态的大气称为斜压大气。在斜压大气中，等压面和等密度面(或等温面)是相交的。这就是说，在斜压大气中地转风是随高度而发生变化的。大气的斜压性对于天气系统的发生、发展有很重要的意义。上述等压面与等密度面(或等温面)相交，必须理解为是指某一固定时刻，气压与密度(或温度)的空间分布状态，因而正压大气与斜压大气也只是指某一瞬间而言的。一般说来，大气的状态都是斜压的，虽然在局地或短时期可以出现正压状态，但在受扰动后，便不能维持其正压性。

例如开始时，大气中等压面与等密度面（或等温面）重合，但当大气垂直温度递减率不等于绝热递减率时，只要大气在垂直方向受到扰动，使一块空气由一个等压面移到另一个等压面上，由于绝热变化，这块空气在新的等压面上就将与其周围的空气温度不同，因而在等压面上就有了温度梯度，大气就变成斜压的了。如果有条件使大气的状态始终维持正压性，这种状态称为“自动正压状态”。

2.1.2 准地转 ω 方程

垂直运动是大气过程发展的产物，是导致云、降水等天气过程发展的重要动力条件。大气中发生的凝结和降水过程、热量和动量的垂直输送以及大气中位能和动能之间的相互转换等都与垂直运动密切相关，因而垂直运动常常被称为天气系统和次天气系统生成和发展的一个重要指标，是天气系统和次天气系统研究和天气预报业务上的一个重要物理量，掌握它的计算和诊断方法，对于天气预报、特别是对暴雨的预报有着重要的意义。为了分析垂直运动发生发展的原因，引入准地转近似的 ω 方程：

$$\left(\sigma \nabla^2+f^2 \frac{\partial^2}{\partial p^2}\right)\omega=f \frac{\partial}{\partial p}\left[\vec{V}_g \cdot \nabla (f+\zeta_g)\right]+\nabla^2\left[\vec{V}_g \cdot \nabla \alpha\right]-\frac{R}{c_p p}\nabla^2\frac{\mathrm{d}Q}{\mathrm{d}t} \tag{2.8}$$

或

$$\left(\sigma \nabla^2+f^2 \frac{\partial^2}{\partial p^2}\right)\omega=f \frac{\partial}{\partial p}\left[\vec{V}_g \cdot \nabla (f+\zeta_g)\right]-\nabla^2\left[\vec{V}_g \cdot \nabla \frac{\partial \phi}{\partial p}\right]-\frac{R}{c_p p}\nabla^2\frac{\mathrm{d}Q}{\mathrm{d}t} \tag{2.9}$$

左端可写为：

$$\left(\sigma \nabla^2+f^2 \frac{\partial^2}{\partial p^2}\right)\omega=-\left[\sigma\left(\frac{2\pi}{L_x}\right)^2+\sigma\left(\frac{2\pi}{L_y}\right)^2+f^2\left(\frac{\pi}{p_0}\right)^2\right]\omega=-A^2\omega \tag{2.10}$$

这里

$$A^2=\sigma\left(\frac{2\pi}{L_x}\right)^2+\sigma\left(\frac{2\pi}{L_y}\right)^2+f^2\left(\frac{\pi}{p_0}\right)^2 \tag{2.11}$$

（2.9）式只含有空间导数，因此，它是一个用瞬时 ϕ 场表示的 ω 场的诊断方程。这个 ω 方程不像连续方程，它无需依赖风的精确观测值就能算出 ω 值。

（2.9）式右端第一项为涡度平流随高度变化项。当涡度平流随高度增加（随气压减小）时，有上升运动（$\omega<0$）；当涡度平流随高度减小（随气压增加）时，有下沉运动（$\omega>0$）。在地面低压中心附近，涡度平流很小（图 2.1），而在其上空高空槽前为正涡度平流，于是在这一地区涡度平流随高度增加，有上升运动。在地面高压中心，涡度平流也很小，而在其上空高空槽后为负涡度平流，于是在这一地区涡度平流随高度减弱，有下沉运动。涡度平流随高度变化造成的垂直运动，其物理意义可以这样来理解：例如在地面低压中心 1000 hPa 上涡度平流很小，而上空 500 hPa 上为正涡度平流，气旋性涡度增加，使风压场不平衡，在地转偏向力作用下，必产生水平辐散，为保持质量连续，其下将出现补偿上升运动。

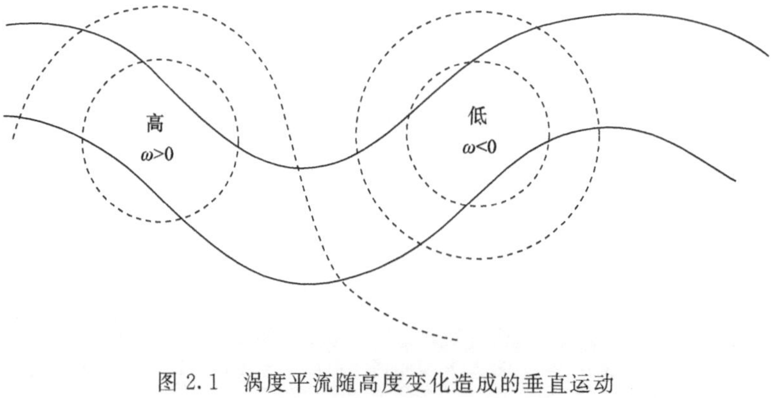

图 2.1 涡度平流随高度变化造成的垂直运动

（实线为 500 hPa 等高线，虚线为 1000 hPa 等高线）

（2.9）式右端第二项是厚度平流（或温度平流）的拉普拉斯运算。与前类似，可以证明：

$$-\nabla^2\left[\vec{V}_g \cdot \nabla \frac{\partial \phi}{\partial p}\right]\propto\vec{V}_g \cdot \nabla \frac{\partial \phi}{\partial p}=-\frac{R}{p}\vec{V}_g \cdot \nabla T \tag{2.12}$$

所以，暖平流区（$-\vec{V}_g \cdot \nabla T>0$）有上升运动（$\omega<0$）；冷平流区（$-\vec{V}_g \cdot \nabla T<0$）有下沉运动。在地面低压中心和高压中心（图 2.2）之间的高空槽中，地转风随高度逆转，为冷平流，应有下沉运动。在地面低压中心之前，高压中心之后，高空脊上，地转风随高度顺转，为暖平流，应有上升运动。其物理意义也易理解。例如暖平流使 500 hPa 高脊区的 500～1000 hPa 厚度增加，500 hPa 等压面升高，使温压场不平衡，在气压梯度力作用下，必产生水平辐散，为保持质量连续，将产生补偿上升运动。同理，在 500 hPa 低槽区冷平流应有下沉运动。

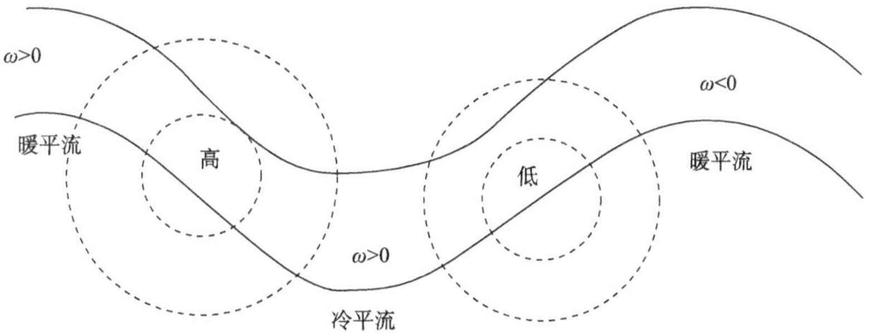

图 2.2　温度平流造成的垂直运动

（实线为 500 hPa 等高线，虚线为 1000 hPa 等高线）

（2.9）式右端第三项为非绝热加热的拉普拉斯运算。同样：

$$-\nabla^2 \frac{\mathrm{d}Q}{\mathrm{d}t} \propto \frac{\mathrm{d}Q}{\mathrm{d}t} \tag{2.13}$$

所以，在非绝热加热区$\left(\frac{\mathrm{d}Q}{\mathrm{d}t}>0\right)$有上升运动（$\omega<0$）；在非绝热冷却区$\left(\frac{\mathrm{d}Q}{\mathrm{d}t}<0\right)$有下沉运动（$\omega>0$）。例如在低压中有降水，释放凝结潜热时，将使上升运动加强。其物理意义与温度平流项类似。

2.1.3　准地转 Q 矢量

Hoskins 等（1978）用另一方法推导出了完全的准地转方程，保留了准地转方程组所能描述的所有过程的作用，不仅避免了传统方程的缺点，而且有物理意义清楚、计算简单的特点。他将准地转强迫项表示成一个矢量的散度，将这个矢量称为 Q 矢量，即准地转 Q 矢量。

2.1.3.1　准地转 Q 矢量的推导及表达式

准静力、准地转、绝热无摩擦、f 平面的 p 坐标系运动方程组为：

$$\frac{\mathrm{d}}{\mathrm{d}t}u_g - f v_a = 0 \tag{2.14}$$

$$\frac{\mathrm{d}}{\mathrm{d}t}v_g + f u_a = 0 \tag{2.15}$$

$$\frac{\mathrm{d}}{\mathrm{d}t}\left(-\frac{\partial\phi}{\partial p}\right) - \sigma\omega = 0 \tag{2.16}$$

$$\frac{\partial u}{\partial x} + \frac{\partial v}{\partial y} + \frac{\partial \omega}{\partial p} = 0 \tag{2.17}$$

$$\frac{\partial\phi}{\partial p} = -\alpha \tag{2.18}$$

在 f 平面（即 f 为常数）的条件下，地转风散度$\frac{\partial u_g}{\partial x}+\frac{\partial v_g}{\partial y}=0$，因此，（2.17）式可改写为：

$$\frac{\partial u_a}{\partial x} + \frac{\partial v_a}{\partial y} + \frac{\partial \omega}{\partial p} = 0 \tag{2.19}$$

将（2.14）式和（2.15）式分别对 p 求导，将（2.16）式对 y 和 x 求导后利用热成风关系：

$$f\frac{\partial u_g}{\partial p} = \frac{\partial}{\partial y}\left(-\frac{\partial\phi}{\partial p}\right), \qquad f\frac{\partial v_g}{\partial p} = -\frac{\partial}{\partial x}\left(-\frac{\partial\phi}{\partial p}\right),$$

以及利用$\frac{\partial u_g}{\partial x}+\frac{\partial v_g}{\partial y}=0$，消去$\frac{\mathrm{d}}{\mathrm{d}t}$，可得：

$$\frac{\partial}{\partial x}(\sigma\omega)-f^2\frac{\partial u_g}{\partial p}=-2Q_x \tag{2.20}$$

$$\frac{\partial}{\partial y}(\sigma\omega)-f^2\frac{\partial v_g}{\partial p}=-2Q_y \tag{2.21}$$

其中，

$$Q_x=-\frac{\partial \vec{V}_g}{\partial x}\cdot\nabla\left(-\frac{\partial\phi}{\partial p}\right),Q_y=-\frac{\partial \vec{V}_g}{\partial y}\cdot\nabla\left(-\frac{\partial\phi}{\partial p}\right) \tag{2.22}$$

即 $\vec{Q}=Q_x\vec{i}+Q_y\vec{j}$，称为准地转 $\vec{Q}$ 矢量。

由(2.22)式定义的准地转 $\vec{Q}$ 矢量还可以表示成多种形式：

(1)地转风场形式。利用热成风关系，(2.22)式可以改写为：

$$Q_x=f\left(\frac{\partial u_g}{\partial x}\frac{\partial v_g}{\partial p}-\frac{\partial v_g}{\partial x}\frac{\partial u_g}{\partial p}\right) \tag{2.23}$$

$$Q_y=f\left(\frac{\partial u_g}{\partial y}\frac{\partial v_g}{\partial p}-\frac{\partial v_g}{\partial y}\frac{\partial u_g}{\partial p}\right) \tag{2.24}$$

(2)地转风与温度场形式。由(2.22)式可得：

$$Q_x=-\frac{R}{p}\frac{\partial \vec{V}_g}{\partial x}\cdot\nabla T=-\frac{R}{p}\left(\frac{\partial u_g}{\partial x}\frac{\partial T}{\partial x}+\frac{\partial v_g}{\partial x}\frac{\partial T}{\partial y}\right) \tag{2.25}$$

$$Q_y=-\frac{R}{p}\frac{\partial \vec{V}_g}{\partial y}\cdot\nabla T=-\frac{R}{p}\left(\frac{\partial u_g}{\partial y}\frac{\partial T}{\partial x}+\frac{\partial v_g}{\partial y}\frac{\partial T}{\partial y}\right) \tag{2.26}$$

(3)地转风与比热场形式。由 $p=\rho RT$ 和 $\alpha=\frac{1}{\rho}$，则 $\alpha=\frac{RT}{p}$，将其代入(2.20)式和(2.21)式可得：

$$Q_x=-\frac{\partial V_g}{\partial x}\cdot\nabla\alpha=-\left(\frac{\partial u_g}{\partial x}\frac{\partial\alpha}{\partial x}+\frac{\partial v_g}{\partial x}\frac{\partial\alpha}{\partial y}\right) \tag{2.27}$$

$$Q_y=-\frac{\partial V_g}{\partial y}\cdot\nabla\alpha=-\left(\frac{\partial u_g}{\partial y}\frac{\partial\alpha}{\partial x}+\frac{\partial v_g}{\partial y}\frac{\partial\alpha}{\partial y}\right) \tag{2.28}$$

(4)地转风与位温场形式。

由位温定义 $\theta=T\left(\frac{p_0}{p}\right)^{R/c_p}$，可得：$\frac{RT}{p}=\frac{R}{p}\left(\frac{p}{p_0}\right)^{R/c_p}\cdot\theta=h\theta$，其中 $h=\frac{R}{p}\left(\frac{p}{p_0}\right)^{R/c_p}$，代入(2.25)式和(2.26)式可得：

$$Q_x=-h\frac{\partial \vec{V}_g}{\partial x}\cdot\nabla\theta=-h\left(\frac{\partial u_g}{\partial x}\frac{\partial\theta}{\partial x}+\frac{\partial v_g}{\partial x}\frac{\partial\theta}{\partial y}\right) \tag{2.29}$$

$$Q_y=-h\frac{\partial \vec{V}_g}{\partial y}\cdot\nabla\theta=-h\left(\frac{\partial u_g}{\partial y}\frac{\partial\theta}{\partial x}+\frac{\partial v_g}{\partial y}\frac{\partial\theta}{\partial y}\right) \tag{2.30}$$

2.1.3.2 准地转 $\vec{Q}$ 矢量散度与准地转 ω 方程

对(2.19)式作$\frac{\partial}{\partial p}$运算，作$\frac{\partial}{\partial x}$(2.20)式$+\frac{\partial}{\partial y}$(2.21)式运算，可得：

$$\nabla^2(\sigma\omega)+f^2\frac{\partial^2\omega}{\partial p^2}=-2\nabla\cdot\vec{Q} \tag{2.31}$$

(2.31)式就是 Hoskins 等(1978)推导得到的准地转 ω 方程。上式的意义是，在 f 平面上准地转的垂直运动仅由 Q 矢量的散度决定。Hoskins 等(1978)的这一发展可称为“Q 矢量分析方法”。用 Q 矢量散度表示 ω 的大小及分布，能避免直接求解 ω 方程的大量计算，只需一层等压面资料即可计算，这在定量计算上比惯用的方程简便。

在(2.31)式推导过程中，已假定 σ 在水平方向的分布是均匀的，即 $\nabla^2\sigma=0$，且在 f 平面条件下，即 f 为常数。由(2.31)式还可以导出 $\omega\propto\nabla\cdot\vec{Q}$ 的关系式来。假设 ω 在 x，y 和 p 方向按正弦变化：$\omega=\omega_0\sin\left(\frac{2\pi}{L_x}x\right)\sin\left(\frac{2\pi}{L_y}y\right)\sin\left(\frac{\pi}{p_0}p\right)$，代入(2.31)式，得知左端项与 $-\omega$ 成正比，于是有：

$$\omega \propto \nabla \cdot \vec{Q} \tag{2.32}$$

根据(2.32)式可得出：Q 矢量辐散区 $\nabla \cdot \vec{Q}>0$，$\omega>0$，有下沉运动；Q 矢量辐合区 $\nabla \cdot \vec{Q}<0$，$\omega<0$，有上升运动。

综上所述，用 Q 矢量散度来判断垂直运动简单明了。尤其是用地转风与温度场或位温场形式的 $\vec{Q}$ 矢量来计算，只要用一层等压面的资料即可算出该层的垂直运动。这是准地转 $\vec{Q}$ 矢量诊断垂直运动的优点。

2.1.3.3　Q 矢量基本判别方法与诊断分析规则

定性判断 Q 矢量有以下的方法和规则：

(1)沿等位温线方向取两点 1、2，画出这两点的地转风向量 $\vec{V}_g$，并在 1、2 的中点作出地转向量差 $\Delta\vec{V}_g=\vec{V}_{g1}-\vec{V}_{g2}$。

(2)Q 矢量的方向垂直于 $\Delta\vec{V}_g$ 指向其右方。$|\Delta\vec{V}_g|$ 和 $|\nabla T|$ 越大，Q 矢量数值越大(如图 2.3)。

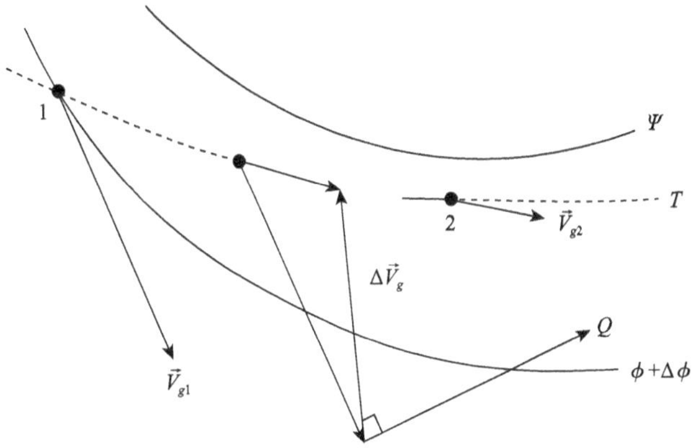

图 2.3　Q 矢量的定性诊断

用 $\vec{Q}$ 矢量诊断垂直运动有以下的规则：

在 Q 矢量的辐合区有上升运动，而在 Q 矢量的辐散区有下沉运动。因此，在 Q 矢量极大值点的前方有上升运动，后方有下沉运动。这样，只要计算 Q 矢量，并画出 Q 矢量分布图，即可根据上述规则判断出垂直运动的大致位置。此外，Q 矢量的辐合越强，所产生的垂直运动越强，因此也可定性地判断出垂直运动的强弱。

准地转 Q 矢量与次级环流有以下的关系：

由(2.20)式和(2.21)式可知，纬向和经向的垂直环流分别由 Q_x 和 Q_y 决定。因而任一方向垂直剖面的次级环流，完全由在该方向的 Q 矢量的分量决定。下面来考察次级环流的方向和 $\vec{Q}$ 矢量方向之间的关系(图 2.4)。

图 2.4(a)所示为西部上升、东部下沉，高层向东、低层向西的纬向垂直环流。这种情况下，$\dfrac{\partial\omega}{\partial x}>0$ 及 $\dfrac{\partial u_a}{\partial p}<0$，根据(2.20)式则有 $Q_x<0$，即 Q_x 指向西。另外，图 2.4(b)所示为南部下沉、北部上升，高层向南、低层向北的经向垂直环流。这时有 $\dfrac{\partial\omega}{\partial y}<0$，$\dfrac{\partial v_a}{\partial p}>0$，根据(2.21)式则有 $Q_y>0$，即 Q_y 指向北。另外，从图 2.4(a)和图 2.4(b)可以看出，当垂直环流方向是顺时针旋转时，Q 矢量的分量小于零；反之，当垂直环流方向是逆时针旋转时，该方向的 $\vec{Q}$ 矢量分量大于零。总而言之，Q 矢量总是指向上升区，背向下沉区。

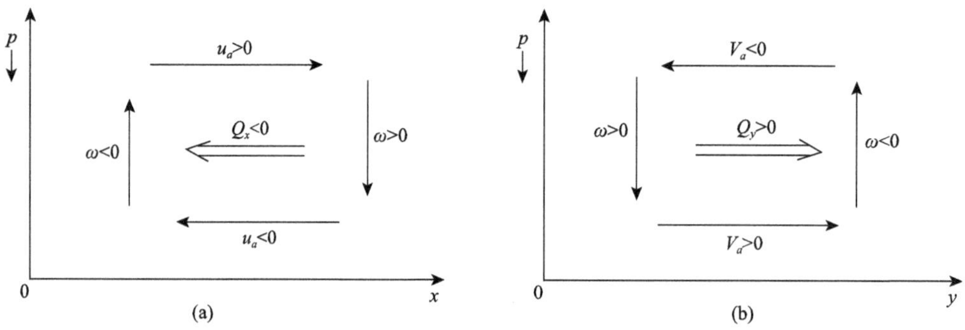

图 2.4 垂直环流与 Q_x(a)和 Q_y(b)方向的关系

2.1.3.4 准地转 Q 矢量与急流的关系

图 2.5 所示为急流核心附近的流场和温度场的特征。由图 2.5 可知，在急流的入口区，$\frac{\partial u_g}{\partial x}>0$，$\frac{\partial T}{\partial y}<0$，因此 $Q_y=-\frac{R}{p}\left(-\frac{\partial u_g}{\partial x}\frac{\partial T}{\partial y}\right)<0$，其方向指向南，所以，在入口区冷空气一侧下沉，暖空气一侧上升，是直接热力环流；在急流的出口区，$\frac{\partial u_g}{\partial x}<0$，$\frac{\partial T}{\partial y}<0$，于是，$Q_y=\frac{R}{p}\left(\frac{\partial u_g}{\partial x}\frac{\partial T}{\partial y}\right)>0$，其方向指向北，在急流出口区冷空气一侧上升，暖空气一侧下沉，是间接热力环流。

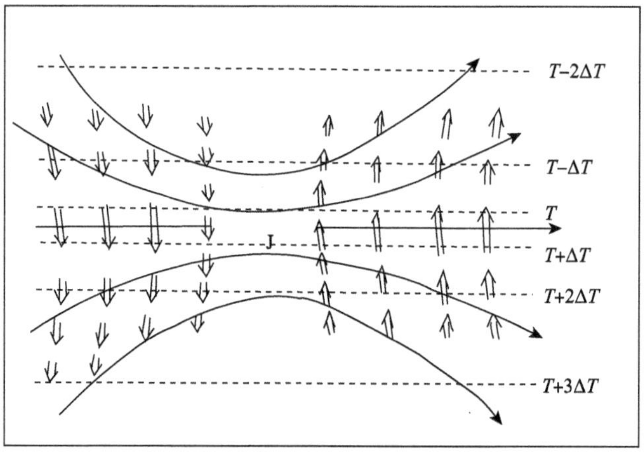

图 2.5 急流出入口区 Q 矢量

(- - -温度线 ⟶流线 ⟹Q 矢量)

与此相对应的，一般在高空急流入口区的右侧和出口区的左侧是 Q 矢量辐合区；而入口区左侧和出口区右侧是 Q 矢量辐散区。

2.1.3.5 用准地转 Q 矢量判断锋生、锋消

由于 Q 矢量决定了流场和温度场热成风的个别变化，亦即决定了水平温度的个别变化，因而还可用来判断锋生、锋消。将(2.16)式对 y 和 x 求导后得到的两式求矢量和，利用 $\partial p/\partial z=-\rho g$，$p=\rho RT$，点乘 ∇T，并略去 ω 有关的小项，可得：

$$\frac{\mathrm{d}}{\mathrm{d}t}(\nabla T)^2=\frac{2p}{R}\vec{Q}\cdot\nabla T \tag{2.33}$$

上式可以用来定性判断天气形势是有利于锋生还是有利于锋消。

由图 2.6 可得到准地转 $\vec{Q}$ 矢量预报锋生还是锋消的规则：

(1)当 $\vec{Q}$ 与 ∇T 交角小于 90°(同号)(图 2.6(a))，$\vec{Q}\cdot\nabla T>0$，即 $\vec{Q}$ 指向暖空气时，有利于锋生。当 $\vec{Q}$ 与 ∇T 同向时，最有利于锋生。

(2)当 $\vec{Q}$ 与 ∇T 交角大于 90°(即反号)(图 2.6(b))，$\vec{Q}\cdot\nabla T<0$，即 $\vec{Q}$ 指向冷空气时，有利于锋消。当

$\vec{Q}$ 与 ∇T 反向时，最有利于锋消。

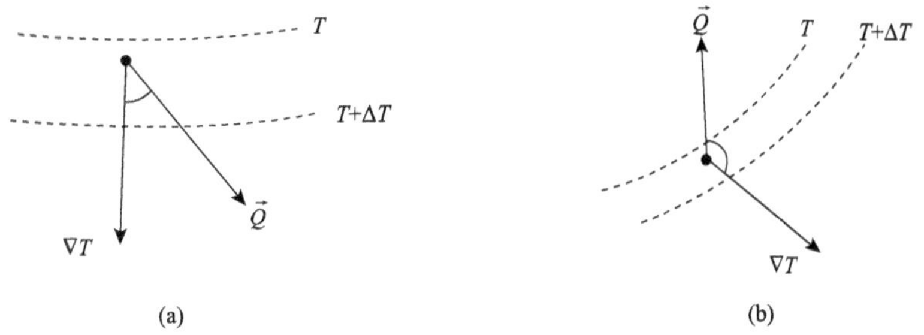

图 2.6　有利于锋生(a)、锋消(b)的形势

2.2　锋生和次级环流理论

大气锋是重要的天气系统，很多严重的天气过程都与锋生相联系。从运动学锋生方程的讨论中可知，水平变形可以引起水平温度梯度增大，即等温线密集。但水平温度梯度增大，使原先的热成风平衡被破坏，从而地转平衡被破坏，产生非地转偏差，并因此引起次级环流。这种随着运动学和热力学锋生而产生的非地转偏差和次级环流，反过来又会影响锋生和锋消。这种锋生作用就是动力学锋生，也就是加速度所造成的锋生作用。因此完整的锋生函数，不仅包括温度场的锋生，而且还包括动量场的锋生。

2.2.1　锋生动力学

在研究动力学锋生时，运动方程和热力学方程是两个基本方程。在不考虑摩擦的条件下，运动方程可写为：

$$\frac{\mathrm{d}\vec{V}}{\mathrm{d}t}=-f(\vec{k}\times\vec{V}_a) \tag{2.34}$$

其中

$$\frac{\mathrm{d}}{\mathrm{d}t}=\frac{\partial}{\partial t}+\vec{V}\cdot\nabla \tag{2.35}$$

$$\vec{V}=\vec{V}_g+\vec{V}_a \tag{2.36}$$

式中 $\vec{V}_g$ 为地转风，$\vec{V}_a$ 为非地转风(地转偏差)，$\vec{k}$ 为垂直方向单位矢量。

热力学方程为：

$$\frac{\mathrm{d}\theta}{\mathrm{d}t}=H \tag{2.37}$$

式中 H 为非绝热加热。

在处理运动方程和热力学方程时，常用的模式之一是准地转模式。

在准地转近似下，忽略了摩擦、β 效应和非绝热加热，但在运动方程中保留了 $\vec{V}_a$ 的作用，在热力学方程中保留了垂直平流项 $\omega(\partial\theta/\partial p)$ 的作用。因此运动方程和热力学方程分别为：

$$\frac{\mathrm{d}g}{\mathrm{d}t}\vec{V}_g=-f_0(\vec{k}\times\vec{V}_a) \tag{2.38}$$

$$\frac{\mathrm{d}g\theta}{\mathrm{d}t}+\omega\frac{\partial\theta}{\partial p}=0 \tag{2.39}$$

其中

$$\frac{\mathrm{d}g}{\mathrm{d}t}=\frac{\partial}{\partial t}+\vec{V}_g\cdot\nabla \tag{2.40}$$

许多人用准地转模式来研究锋生，Hoskins 等(1972)总结了准地转锋生模式的缺点，主要是①地面锋生过程过分缓慢；②锋区不随高度倾斜，因此把准地转锋称为“假锋”。

在处理运动方程和热力学方程时，另一种常用的模式是半地转模式。Hoskins 等(1975)指出，对时间尺度长于 $1/f$ 的情况，非黏性运动方程可以表达为：

$$\frac{\mathrm{d}}{\mathrm{d}t}\vec{V}_g=-f(\vec{k}\times\vec{V}_a) \tag{2.41}$$

其中
$$\frac{\mathrm{d}}{\mathrm{d}t}=\frac{\partial}{\partial t}+(\vec{V}_g+\vec{V}_a)\cdot\nabla_p+\omega\frac{\partial}{\partial p} \tag{2.42}$$

方程(2.41)类似于准地转运动方程(2.38),不同的是保留了非地转和地转动量的垂直平流。同时,热力学方程可写为:

$$\frac{\mathrm{d}p\theta}{\mathrm{d}t}+\omega\frac{\partial\theta}{\partial p}=0 \tag{2.43}$$

其中
$$\frac{\mathrm{d}p}{\mathrm{d}t}=\frac{\partial}{\partial t}+(\vec{V}_g+\vec{V}_a)\cdot\nabla_p \tag{2.44}$$

(2.43)式和准地转近似的热力学方程(2.39)不同的是,其中保留了由非地转造成的和由风的垂直分量造成的温度平流。方程(2.41)和式(2.43)为半地转模式的动量方程和热力学方程。

设锋沿 x 方向,取地转动量近似,即假定 $|u_a|\ll|u_g|$,$\left|\frac{\mathrm{d}u_a}{\mathrm{d}t}\right|\ll\left|\frac{\mathrm{d}u_g}{\mathrm{d}t}\right|$,$\left|\frac{\partial u_a}{\partial x}\right|\ll\left|\frac{\partial v_a}{\partial y}\right|=\left|\frac{\partial\omega}{\partial p}\right|$,略去沿锋的非地转平流,流体为 Boussinesq(布西内斯克)流体,$f=$常数,锋是平直的($\partial u_g/\partial x=0$),这时动力学方程组为:

$$\frac{\partial u_g}{\partial t}+u_g\frac{\partial u_g}{\partial x}+(v_g+v_a)\frac{\partial u_g}{\partial y}+\omega\frac{\partial u_g}{\partial p}=-\frac{\partial\phi}{\partial x}+fv \tag{2.45}$$

$$\frac{\partial v_g}{\partial t}+(v_g+v_a)\frac{\partial v_g}{\partial y}+\omega\frac{\partial v_g}{\partial p}-fu_a\approx 0 \tag{2.46}$$

$$\frac{\partial\theta}{\partial t}+u_g\frac{\partial\theta}{\partial x}+(v_g+v_a)\frac{\partial\theta}{\partial y}+\omega\frac{\partial\theta}{\partial p}=H \tag{2.47}$$

将(2.45)式和(2.46)式分别对 y 和 p 求偏导数,可得到在地转动量近似下的对应于三维空气块轨迹的地转动量近似的二维锋生预报方程组:

$$\frac{\mathrm{d}}{\mathrm{d}t}\left(\frac{\partial M}{\partial y}\right)=J_{y,p}(M,\omega) \tag{2.48}$$

$$\frac{\mathrm{d}}{\mathrm{d}t}\left(\frac{\partial M}{\partial p}\right)=-J_{y,p}(u_g,v_g)-J_{y,p}(M,v_a) \tag{2.49}$$

$$\frac{\mathrm{d}}{\mathrm{d}t}\left(r\frac{\partial\theta}{\partial y}\right)=J_{y,p}(u_g,v_g)+rJ_{y,p}(\theta,\omega)+r\frac{\partial H}{\partial y} \tag{2.50}$$

$$\frac{\mathrm{d}}{\mathrm{d}t}\left(\frac{\partial\theta}{\partial p}\right)=-J_{y,p}(\theta,v_a)+\frac{\partial H}{\partial p} \tag{2.51}$$

式中 M 为绝对动量,$r=\frac{R}{fp_o}\left(\frac{p_o}{p}\right)^{\frac{c_r}{c_p}}$。

将方程(2.49)和(2.50)中包含非地转风的 Jacobi(雅可比)算子展开,可得(2.49)式和(2.50)式的另一种表示形式:

$$\frac{\mathrm{d}}{\mathrm{d}t}\left(\frac{\partial M}{\partial p}\right)=-\left[J_{y,p}(u_g,v_g)-\frac{\partial M}{\partial p}\frac{\partial v_g}{\partial y}\right]-\frac{\partial M}{\partial y}\frac{\partial v_a}{\partial p} \tag{2.52}$$

$$\frac{\mathrm{d}}{\mathrm{d}t}\left(r\frac{\partial\theta}{\partial y}\right)=\left[J_{y,p}(u_g,v_g)-\frac{\partial M}{\partial p}\frac{\partial v_a}{\partial p}\right]-r\frac{\partial\theta}{\partial p}\frac{\partial\omega}{\partial y}+r\frac{\partial H}{\partial y} \tag{2.53}$$

其中

$$\frac{\mathrm{d}}{\mathrm{d}t}=\frac{\partial}{\partial t}+u_g\frac{\partial}{\partial x}+(v_g+V_a)\frac{\partial}{\partial y}+\omega\frac{\partial}{\partial p} \tag{2.54}$$

根据考虑了非绝热作用的原始方程组,也可得到一个原始方程模式的二维锋生预报方程组:

$$\frac{\mathrm{d}}{\mathrm{d}t}\left(\frac{\partial M}{\partial y}\right)=J_{y,p}(M,\omega)-\frac{\mathrm{d}}{\mathrm{d}t}\left(\frac{\partial u_a}{\partial y}\right) \tag{2.55}$$

$$\frac{\mathrm{d}}{\mathrm{d}t}\left(\frac{\partial M}{\partial p}\right)=-J_{y,p}(u_g,v_g)-J_{y,p}(M,v_a)-\frac{\partial u_a}{\partial p}\frac{\partial u_g}{\partial x}-\frac{\partial v_g}{\partial p}\frac{\partial u_a}{\partial y}-\frac{\mathrm{d}}{\mathrm{d}t}\left(\frac{\partial u_a}{\partial p}\right) \tag{2.56}$$

$$\frac{\mathrm{d}}{\mathrm{d}t}\left(r\frac{\partial\theta}{\partial y}\right)=J_{y,p}(u_g,v_g)+rJ_{y,p}(\theta,\omega)-r\frac{\partial\theta}{\partial x}\frac{\partial u_a}{\partial y}+r\frac{\partial H}{\partial y} \tag{2.57}$$

$$\frac{\mathrm{d}}{\mathrm{d}t}\left(\frac{\partial\theta}{\partial p}\right)=-J_{y,p}(\theta,v_a)-\frac{\partial\theta}{\partial x}\frac{\partial u_a}{\partial p}+\frac{\partial H}{\partial y} \tag{2.58}$$

其中

$$\frac{\mathrm{d}}{\mathrm{d}t}=\frac{\partial}{\partial t}+(u_g+u_a)\frac{\partial}{\partial x}+(v_g+v_a)\frac{\partial}{\partial y}+\omega\frac{\partial}{\partial p} \tag{2.59}$$

由以上方程组可见，锋生主要由地转流场的水平形变、横向非地转流场的垂直形变、沿锋的非地转形变及垂直、水平动量梯度的个别变化和非绝热加热作用等因子所决定。

2.2.2　锋面次级环流

由准地转近似、半地转近似和原始方程模式下的锋生方程可以求得相应的锋面横向次级环流诊断方程。

准地转形式的锋面横向次级环流诊断方程为：

$$-r\frac{\partial\theta}{\partial p}\frac{\partial^2\Psi}{\partial y^2}+f\frac{\partial^2\Psi}{\partial p^2}=Q_g+Q_H \tag{2.60}$$

半地转近似下的锋面横向次级环流诊断方程为：

$$-r\frac{\partial\theta}{\partial p}\frac{\partial^2\Psi}{\partial y^2}+2\left(\frac{\partial M}{\partial p}\right)\frac{\partial^2\Psi}{\partial y\,\partial p}-\frac{\partial M}{\partial y}\frac{\partial^2\Psi}{\partial p^2}=Q_g+Q_H \tag{2.61}$$

原始方程模式下的锋面横向次级环流诊断方程为：

$$-r\frac{\partial\theta}{\partial p}\frac{\partial^2\Psi}{\partial y^2}+2\left(\frac{\partial M}{\partial p}\right)\frac{\partial^2\Psi}{\partial y\,\partial p}-\frac{\partial M}{\partial y}\frac{\partial^2\Psi}{\partial p^2}=Q_g+Q_{ag}+Q_H \tag{2.62}$$

这里

$$Q_g=-2J_{y,p}(u_g,v_g)=-2J_{x,y}(u_g,\theta) \tag{2.63}$$

$$Q_{ag}=-\frac{\partial}{\partial y}\left(\frac{\partial u_a}{\partial p}\right)+2r\frac{\partial\theta}{\partial x}\frac{\partial u_a}{\partial y}-\frac{\mathrm{d}}{\mathrm{d}t}\left(\frac{\partial u_a}{\partial p}\right) \tag{2.64}$$

$$Q_H=-r\frac{\partial H}{\partial y} \tag{2.65}$$

式中 Q_g，Q_{ag} 和 Q_H 分别为流函数方程中地转强迫项、非地转强迫项和非绝热加热强迫项，Ψ 为流函数。

方程(2.60)为一个稳定的二阶椭圆型方程。方程(2.61)和(2.62)是含有二阶混合偏导项的线性二阶偏微分方程。应用系数判别式 $\Delta=B^2-AC$ 可确定方程的类型，其中 $B=\frac{\partial M}{\partial p}$ 为表征斜压性的参数，$A=-r\frac{\partial\theta}{\partial p}$ 相当于静力稳定度参数，$C=-\frac{\partial M}{\partial y}$ 为风的水平切变的惯性不稳定参数。代入判别式有

$$\Delta=\left(\frac{\partial M}{\partial p}\right)^2-r\frac{\partial\theta}{\partial p}\frac{\partial M}{\partial y}=\left(r\frac{\partial\theta}{\partial y}\right)\left(\frac{\partial M}{\partial p}\right)-r\frac{\partial\theta}{\partial p}\frac{\partial M}{\partial y}=rJ_{y,p}(\theta,M)=rP \tag{2.66}$$

其中 P 为位涡，表达式为

$$P=J_{y,p}(\theta,M)=-J_{y,p}(M,\theta)=-\left.\frac{\partial M}{\partial y}\right|_{\theta}\frac{\partial\theta}{\partial p} \tag{2.67}$$

这样，方程的类型可用位涡 P 来判别

$$P\begin{cases}<0 & \text{方程为椭圆型}\\ =0 & \text{方程为抛物型}\\ >0 & \text{方程为双曲型}\end{cases}$$

实际上，大气是处于惯性稳定 $\left.\frac{\partial M}{\partial y}\right|_{\theta}<0$ 和重力稳定 $\frac{\partial\theta}{\partial p}<0$ 的，所以，$P<0$，方程为椭圆型。当大气处于动力不稳定时，$P>0$，方程为双曲型。事实上，双曲型方程的求解问题对于一般讨论锋生、锋消是无关紧要的，因为摩擦和非绝热作用会使得动力不稳定大气回复到中性稳定状态。所以动力不稳定不是大气持久的特征。

由于所讨论的是一个椭圆型方程，当方程右边强迫项 Q 为正($Q>0$)时，Ψ 有最小值，当右边强迫项 Q 为负($Q<0$)时，Ψ 有最大值。Ψ 的最小值和最大值分别对应于正环流（热力直接环流）和反环流（热力间接环流）。

由方程(2.62)可见，强迫锋面次级环流的因子有：①地转流场；②沿锋非地转运动；③非绝热加热。

2.2.3 高空急流核附近的次级环流

在高空急流出口处有一个左侧上升、右侧下沉的横向次级环流，在入口处有一个右侧上升、左侧下沉的横向次级环流。这种次级环流的形成可以用下列无摩擦条件下的动能方程来解释：

$$\frac{\mathrm{d}K}{\mathrm{d}t}=-\vec{V}\cdot\nabla\phi \tag{2.68}$$

式中 $K=\frac{1}{2}(u^2+v^2)$ 为单位质量的空气动能，ϕ 为位势高质。$\frac{\mathrm{d}K}{\mathrm{d}t}=-\vec{V}\cdot\nabla\phi>0$，表示 $\vec{V}$ 偏向低压，即有指向低压一侧的非地转风分量。在直线西风急流中，由于在急流入口区，空气质点沿流线方向加速，因此有偏南的非地转风，同时由于空气质点在急流轴附近动能增量最大，因此偏南的非地转风也最大，所以在高空急流入口区，急流轴右侧辐散，左侧辐合，因此在 y-z 垂直平面上形成正环流。在出口区正相反，空气质点沿流线方向减速，因此产生偏北的非地转风分量，所以急流轴左侧辐散，右侧辐合。在 y-z 垂直平面上形成反环流，即北侧上升、南侧下沉。由于西风急流左侧为冷空气，右侧为暖空气，因而在入口区为横向的直接热力环流，它使大气有效位能转变成动能，因而空气向急流中心加速。而在出口区有间接热力环流，它使动能转化为有效位能，使空气产生减速。

高空急流通常与高空锋区相联系。在急流入口区，由于$\frac{\partial u_g}{\partial x}>0$，$\frac{\partial\theta}{\partial y}<0$，$\frac{\partial u_g}{\partial x}\frac{\partial\theta}{\partial y}<0$，所以地转拉伸形变强迫产生直接热力环流（冷侧下沉，暖侧上升），而在出口区相反，$\frac{\partial u_g}{\partial x}\frac{\partial\theta}{\partial y}>0$，因此产生间接热力环流（冷侧上升，暖侧下沉）。因此从锋生次级环流理论也可以解释急流附近的次级环流。

2.3 中尺度不稳定理论

大气的不稳定性或稳定性，是指处于某种平衡状态下的气流在受到一个扰动后，扰动将会增强或减弱的趋向。扰动随时间增强、减弱或不随时间变化分别称为不稳定、稳定或中性。很多大气对流现象都是与大气的不稳定性相联系的。本节将概要地介绍一些与中尺度大气运动关系密切的大气不稳定性的概念、判据及应用。

2.3.1 位势不稳定

大气是层结流体，它的层结性可用参数 $\mathrm{d}\bar{\theta}/\mathrm{d}z$ 来表征（$\bar{\theta}$ 为层结大气的位温）。现在我们来考察在具有不同层结性的大气中，一个受扰动气块的稳定性。假设在处于静力平衡的大气中，有一个气块受到扰动后产生了垂直位移 Δz，若气块受到回复力又回到初始位置，则称为是静力（或重力）稳定的；反之若气块受到负回复力，加速离开其初始位置，则称为是静力（或重力）不稳定的；而如果气块能在新位置上又达到静力平衡，则称为是中性的。

设气块在运动中与环境没有热量、水分、质量及动量的交换，没有摩擦。同时假定满足准静态条件，则由垂直运动方程可得：

$$\frac{\mathrm{d}w}{\mathrm{d}t}=g\left(\frac{\theta-\bar{\theta}}{\bar{\theta}}\right)=\frac{g}{\bar{\theta}}[\theta(z)-\bar{\theta}(z)] \tag{2.69}$$

式中 $\bar{\theta}(z)$ 和 $\theta(z)$ 分别为 z 高度上环境及气块的位温。设在初始高度 $z_0=0$ 处 $\bar{\theta}_{z_0}=\theta_{z_0}=\theta_0$，$\frac{\mathrm{d}\bar{\theta}}{\mathrm{d}z}$和$\frac{\mathrm{d}\theta}{\mathrm{d}z}$分别为环境和气块的位温垂直递减率；在 $z=z_0+\Delta z$ 高度上，环境的位温 $\bar{\theta}(z)=\bar{\theta}(\Delta z)=\bar{\theta}_{z_0}+\frac{\mathrm{d}\bar{\theta}}{\mathrm{d}z}\Delta z$，气块的位温

$\theta(z)=\theta(\Delta z)=\theta_{z_0}+\dfrac{d\theta}{dz}\Delta z$，则有：

$$\frac{dw}{dt}=\frac{g}{\bar{\theta}}[\theta(z)-\bar{\theta}(z)]=\frac{g}{\bar{\theta}}\left(\frac{d\theta}{dz}-\frac{d\bar{\theta}}{dz}\right)\Delta z \tag{2.70}$$

在干绝热条件下，位温守恒，即$\dfrac{d\theta}{dz}=0$，因此

$$\frac{dw}{dt}=\frac{g}{\bar{\theta}}[\theta(z)-\bar{\theta}(z)]=-\frac{g}{\bar{\theta}}\frac{d\bar{\theta}}{dz}\Delta z=-N^2\Delta z \tag{2.71}$$

其中

$$N^2=\frac{g}{\bar{\theta}}\frac{d\bar{\theta}}{dz} \tag{2.72}$$

称为浮力频率。由(2.71)式可得：

$$\frac{d\bar{\theta}}{dz}\begin{cases}>0 & \text{静力稳定}\\ =0 & \text{中性}\\ <0 & \text{静力不稳定}\end{cases} \tag{2.73}$$

对于湿绝热运动，守恒量可采用相当位温 θ_e，它的表达式为：

$$\theta_e\approx\theta\exp\left(\frac{L_c q_s}{c_p t}\right) \tag{2.74}$$

式中 L_c，q_s，c_p 和 T 分别为凝结潜热、饱和比湿、定压比热容和实际气温；θ 为位温。对湿绝热运动，$d\ln\theta_e\approx0$，因此由(2.70)式可得：

$$\begin{aligned}\frac{dw}{dt}&=g\left(\frac{\theta-\bar{\theta}}{\bar{\theta}}\right)\approx-g\frac{d}{dz}\left[\ln\bar{\theta}+\frac{L_c q_s}{c_p t}\right]\Delta z\\ &=-g\frac{d\ln\bar{\theta}_e}{dz}\Delta z=-\frac{g}{\theta_e}\frac{d\bar{\theta}_e}{dz}\Delta z=-N_w^2\Delta z\end{aligned} \tag{2.75}$$

这里 $N_w^2=\dfrac{g}{\theta_e}\dfrac{d\bar{\theta}_e}{dz}$，$N_w$ 称为湿浮力频率，其中 $\bar{\theta}_e$ 为环境的相当位温，类似地可以得到下列判据：

$$\frac{\partial\bar{\theta}_e}{\partial z}\begin{cases}>0 & \text{条件性稳定}\\ =0 & \text{条件性中性}\\ <0 & \text{条件性不稳定}\end{cases} \tag{2.76}$$

对流天气一般发生在条件性不稳定的情况下，但有时在上干下湿的条件性稳定层结的条件下，如果有较大的抬升运动，也可能产生对流天气。在这种情况下，可以发现原先为条件性稳定的层结经过抬升后变成条件性不稳定的层结。由此可见，我们有必要考虑整层抬升运动对层结性的影响。一般把气层被整层抬升达到饱和时的不稳定度称为对流性稳定度。不论气层原先的层结性（气温垂直递减率）如何，在其被抬升达到饱和后，如果是稳定的，则称其为对流性稳定的；如果是不稳定的，则称其为对流性不稳定的；如果是中性的，则称其为对流性中性的，其判据与(2.76)式是相同的。

条件性不稳定和对流性不稳定是一种潜在的不稳定，也称为位势（或潜在）不稳定。

设大气为不可压缩的非黏性流体，大气基本状态是静止的，扰动是在 x-z 平面中的二维运动，并且不考虑地球自转影响和忽略二阶小量，则通过运动方程组可以得到关于 w 的单一方程：

$$\frac{\partial^2 w}{\partial z^2}+k^2\left(\frac{g}{\sigma^2\bar{\rho}}\frac{\partial\bar{\rho}}{\partial z}-1\right)w=0 \tag{2.77}$$

如果我们规定 $\sigma_0^2=\dfrac{g}{\bar{\rho}}\dfrac{\partial\bar{\rho}}{\partial z}$，并取 σ_0 为常数，则函数

$$w=w_0\sin\frac{\pi z}{h} \tag{2.78}$$

（其中 w_0 为常数）满足方程(2.77)。同时只要

$$\sigma^2=\frac{k^2\sigma_0^2}{k^2+\pi^2/h^2}=\frac{\sigma_0^2}{1+(\pi^2/h^2)/k^2} \tag{2.79}$$

便考虑在气层上下平面上 $w=0$。因此，当 $\partial\bar{\rho}/\partial z\propto\sigma_0^2>0$ 时，w 便指数增长。从上面的分析中，我们可以进一步得到扰动的最大生长率和雷暴的水平尺度。从图 2.7 可以看出，从运动方程组所得到的对流单体形式，单体宽为 $\lambda=2\pi/k$，深为 h。对给定的 h，若 $k^2\gg\pi^2/h^2$，即 k 很大时，生长率 $\sigma^2=\sigma_0^2$。而当 k 较小时，生长率 σ^2 随 k 线性增长。设当 $k^2/(\pi^2/h^2)\geqslant 1$，即 $k^2\geqslant\pi^2/h^2$ 时，σ^2 为最大，由于 $k=\dfrac{2\pi}{\lambda}$，因此便有 $\lambda\leqslant 2h$。由此可见，当扰动的水平尺度为垂直尺度的 2 倍以内时，扰动生长率最大。一般来说，不管初始扰动是什么形式，它的最后结果的形式必将采取最大生长率所决定的方式。由于雷暴的水平尺度为 $\lambda/2$，因此雷暴的水平尺度一般相当于对流不稳定层的深度，粗略地说约为 10 km 左右。

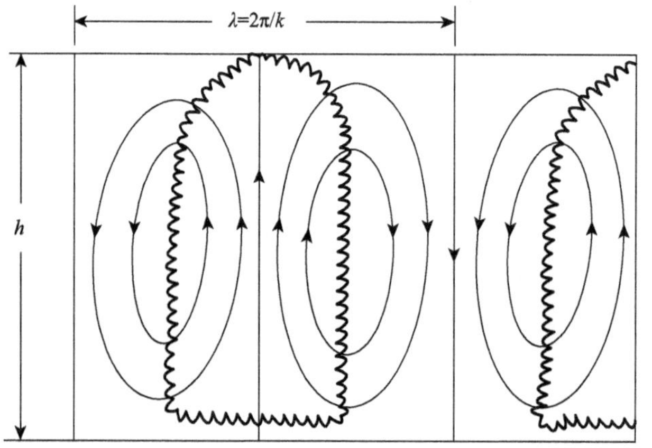

图 2.7　由间距为 h 的两个水平面之间的对流的简单线性模式得出的流线分布图(Kessler 1987)

(波折线所围区域表示积云)

2.3.2　第二类条件性不稳定(CISK)

单纯的条件性不稳定(第一类条件性不稳定)不能很好地解释热带和中纬度地区的有组织的、水平尺度较大、时间尺度较长的对流云团。在热带地区形成旺盛的对流活动还必须有产生辐合上升运动的大尺度流场的配合。第一类条件性不稳定所产生的不稳定波动的最大增长率只是单个积云尺度的运动，单纯的条件性不稳定难以解释何以能产生巨大的对流云团。Charney 等(1964)和 Ooyama(1964)等首先研究了这种小尺度对流与大尺度流场的相互作用，并将其归纳为下述过程。首先，大尺度流场通过摩擦边界层的抽吸(Ekman pumping)作用，为积云对流提供了必需的水汽辐合和上升运动，反过来积云对流凝结释放的潜热又成为驱动大尺度扰动所需要的能量，于是小尺度积云对流和大尺度流场通过相互作用，相辅相成地都得到了发展。这种通过不同尺度运动的相互作用使对流和大尺度流场不稳定增长的物理机制就称为“第二类条件性不稳定”，简称 CISK。

Charney 等(1964)采取两层模式，并应用参数化的方法，得到边界层垂直运动 ω_E 与低层涡度 ζ_3 的关系($\omega_E=-\lambda'\zeta_3$)，积云加热 Q_c 与边界层垂直运动 ω_E 的关系($Q_c=-\eta\omega_E$)，高层涡度 ζ_1 的倾向方程 $\left(\dfrac{\partial\zeta_1}{\partial t}\right)_\eta=-\eta\dfrac{\lambda f_0}{\sigma_m\Delta p}\zeta_3$，以及低层涡度 ζ_3 的倾向方程 $\left(\dfrac{\partial\zeta_3}{\partial t}\right)_\eta=\eta\dfrac{\lambda f_0}{\sigma_m\Delta p}\zeta_3$，并由此来解释 CISK 机制：当低层大尺度流场具有气旋性涡度(即 $\zeta_3>0$)时，由于边界层摩擦辐合便产生上升运动($\omega_E<0$)，由于有上升运动便产生了小尺度积云对流加热($Q_c=-\eta\omega_E>0$)，这种加热作用反过来促进了低层大尺度流场进一步加强$\left(\dfrac{\partial\zeta_3}{\partial t}>0\right)$，而同时高层反气旋环流加强$\left(\dfrac{\partial\zeta_1}{\partial t}<0\right)$，于是大尺度流场与小尺度积云对流加热互为因果，相辅相成，不断地发展加强。以上的分析表明，第二类条件性不稳定实际上是一种大尺度流场的自激(self-excited)不稳定，也是潜热反馈作用的一种具体形式。第二类条件性不稳定最早是用来解释热带扰动的发展的，近年来也有人用它来解释中高纬度的中尺度对流系统的发展，例如，丹麦的 Rasmussen(1979)用 CISK 机制解释了极地低压的发展过程。在一个由某种初始扰动所引起的低空辐合区中，在条件性不稳定的未饱和的大气中，当空气质点被抬升到凝结高度后，便将发生积云对流。潜热加

热场引起高层辐散、低层辐合。低层辐合除了导致边界层内水汽辐合外，还将引起初始扰动的正相对涡度的增大。正涡度增大将导致爱克曼层顶上垂直速度的增大，于是地面空气被抬升到凝结高度，更多的水汽凝结并使新对流得到发展，这样就形成一个正反馈圈。所以一旦这些过程开始，对流的尺度和大尺度扰动(低压)都得到增强。Rasmussen(1979)指出，当波长为 400 km 左右时，系统有最大的生长率(图 2.8)，这样就很好地解释了尺度很大的对流系统的发生发展机制。

在上述 CISK 机制中强调了边界层摩擦辐合的作用，这种机制称为经典的 CISK 机制。Bates(1973)同时考虑边界层摩擦辐合作用和变压风的辐合作用，对于这种机制，他称其为“广义的第二类条件性不稳定”(Generalization of CISK)。Lindzen(1974)把由于重力内波引起的 CISK 过程称为波动型第二类条件性不稳定(Wave-CISK)。Raymond(1976)认为 Wave-CISK 特别适用于中纬度中尺度现象。例如，观测表明，孤立的湿对流单体在没有外部强迫时是短命的(旋转的超级单体例外)，而对流单体群则比较持久，这种对流单体群或中尺度云团的发展可以看做是一种“对流自激过程”。

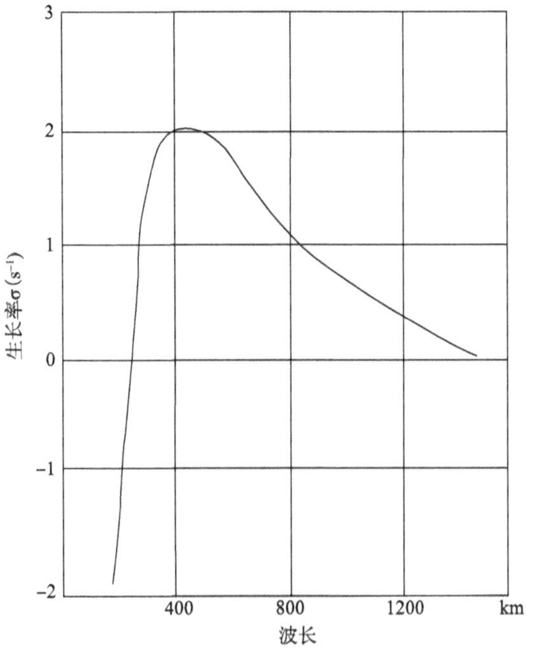

图 2.8　对流系统生长率与波长的关系(Rasmussen 1979)

2.3.3　惯性不稳定

在水平面上处于地转平衡的基本气流受到横向扰动时，若扰动被加速，则称为惯性不稳定，反之则称为惯性稳定。设所考虑的基本气流为沿 x 方向的地转西风，风速为 u_g。此时气压梯度为 $\frac{\partial p}{\partial y}=-\rho f u_g$。若有一小质块，侧向地穿越基本气流，并设其南北向的扰动位移不改变气压场，且气块在起始时刻位于 $y=y_0$ 处，向北位移 Δy，则在 $y=y_0+\Delta y$ 处的纬向风速为 $u(y_0+\Delta y)=u_g(y_0)+f\Delta y$，在 $y_0+\Delta y$ 处，环境的地转风为 $u_g(y_0+\Delta y)=u_g(y_0)+\frac{\partial u_g}{\Delta y}\Delta y$，则由第二运动方程

$$\frac{\mathrm{d}v}{\mathrm{d}t}=-\frac{1}{\rho}\frac{\partial p}{\partial y}-fu=f(u_g-u) \tag{2.80}$$

可得：

$$\frac{\mathrm{d}v}{\mathrm{d}t}=-f\left(f-\frac{\partial u_g}{\partial y}\right)\Delta y=-F^2\Delta y \tag{2.81}$$

其中 $F^2=f\left(f-\frac{\partial u_g}{\partial y}\right)$ 为惯性振荡频率。现在再引进一个物理量 M：

$$M=u-fy \tag{2.82}$$

式中 M 为单位质量空气的西风绝对动量。在忽略摩擦的条件下，M 是一个保守量，即

$$\frac{\mathrm{d}M}{\mathrm{d}t}=\frac{\mathrm{d}}{\mathrm{d}t}(u-fy)=\frac{\mathrm{d}u}{\mathrm{d}t}-fv=0 \tag{2.83}$$

由(2.81)式可知，当 $f\left(f-\frac{\partial u_g}{\partial y}\right)<0$ 时，为惯性不稳定，反之则为惯性稳定。在北半球 $f>0$，因此便得到惯性不稳定的判据：

$$f-\frac{\partial u_g}{\partial y}\begin{cases}>0 & \text{惯性稳定}\\ =0 & \text{中性}\\ <0 & \text{惯性不稳定}\end{cases} \tag{2.84}$$

由于 $\frac{\partial M}{\partial y}=\frac{\partial(u-fy)}{\partial y}=-\left(f-\frac{\partial u}{\partial y}\right)$。所以判据(2.84)式也可写作：

$$\frac{\partial M}{\partial y}\begin{cases}<0 & \text{惯性稳定}\\ =0 & \text{中性}\\ >0 & \text{惯性不稳定}\end{cases} \tag{2.85}$$

$\left(f-\frac{\partial u}{\partial y}\right)$ 即纬向切变气流的绝对涡度。对经向切变气流，绝对涡度则为 $f+\frac{\partial v}{\partial x}$。对二维的情况：

$$\zeta_a=f+\frac{\partial v}{\partial x}-\frac{\partial u}{\partial y} \tag{2.86}$$

在北半球 $f>0$，因此惯性稳定度的判据又可写为：

$$\zeta_a\begin{cases}>0 & \text{惯性稳定}\\ =0 & \text{中性}\\ <0 & \text{惯性不稳定}\end{cases} \tag{2.87}$$

根据上述判据，可以对惯性不稳定的性质作以下讨论：

(1)在北半球，$f>0$，所以 f 的作用总是使惯性稳定的。

(2)在北半球，只有当处于地转平衡的基本气流具有水平切变，且 $\frac{\partial u_g}{\partial y}>0$ 时，才能产生惯性不稳定。在这种切变气流的背景下，一个穿越西风气流作横向(南北向)运动的初始地转平衡的气块，到了新的纬度时，由于惯性而保持其初始速度，结果造成与环境地转气流的偏差，气块便产生南北向的加速度，使气块横向扰动位移加大，造成惯性不稳定。

(3)在大尺度切变气流中，即使是 $\frac{\partial u_g}{\partial y}>0$ 的，但由于切变涡度一般比地转涡度小一个量级，所以也难以产生惯性不稳定。不过，当发生倾斜运动时，惯性稳定也可以转变成惯性不稳定，这种情况将在下节中讨论。

(4)当引进 M 后，方程(2.80)便可转变成：

$$\frac{\mathrm{d}v}{\mathrm{d}t}=f(u_g-u)=f(\overline{M}-M) \tag{2.88}$$

当 $\overline{M}>M$ 时，便有 $\frac{\mathrm{d}v}{\mathrm{d}t}>0$(惯性不稳定)，在环境为 $\frac{\partial\overline{M}}{\partial y}>0$ 时，便会出现这种情况。

(5)上面讨论的是基本气流为沿 x 方向的地转西风的情况，对于基本气流为沿 y 方向的地转南风的情况，可以进行类似的讨论。设基本气流为地转南风，风速为 $\bar{v}_g$，此时，气压梯度为 $\frac{\partial\bar{p}}{\partial y}=0$，$\frac{\partial\bar{p}}{\partial x}=\bar{\rho}fv_g$，设有一小质块，侧向地穿越基本气流，并设其东西向的扰动位移不改变气压场，即 $p=\bar{p}$，$p'=0$，$\frac{\partial p'}{\partial x}=\frac{\partial p'}{\partial y}=0$。由运动方程类似可得：

$$f+\frac{\partial v_g}{\partial x}\begin{cases}>0 & \text{惯性稳定}\\ =0 & \text{中性}\\ <0 & \text{惯性不稳定}\end{cases} \tag{2.89}$$

由于$\frac{\partial M}{\partial y}=\frac{\partial(u-fy)}{\partial y}=-\left(f-\frac{\partial u}{\partial y}\right)$。所以判据(2.89)式也可写作：

$$\frac{\partial M}{\partial x}\begin{cases}>0 & \text{惯性稳定}\\ =0 & \text{中性}\\ <0 & \text{惯性不稳定}\end{cases} \tag{2.90}$$

在北半球 $f>0$,因此

$$\zeta_a\begin{cases}>0 & \text{惯性稳定}\\ =0 & \text{中性}\\ <0 & \text{惯性不稳定}\end{cases} \tag{2.91}$$

2.3.4 对称不稳定

2.3.4.1 对称不稳定的概念和尺度

在具有风速切变并处于流体静力平衡、地转平衡的平均气流中,即使是重力稳定和惯性稳定的,但当浮力和旋转作用相结合时,也可以导致新的浮力-惯性不稳定。由于这是一种轴对称扰动的不稳定性,因此叫做“对称不稳定”性。

在对称不稳定时,在等 $\bar{\theta}$ 面上$\left.\frac{\partial \overline{M}}{\partial y}\right|_{\bar{\theta}}>0$,因此对称不稳定便成了等熵面上的惯性不稳定了,即 $f-\left.\frac{\partial u}{\partial y}\right|_{\bar{\theta}}<0$,或 $\Delta y<\frac{\Delta u}{\Delta y}\cdot\frac{\Delta z}{f}$,因此可得对称不稳定的水平尺度为:

$$L<U_z\cdot\frac{D}{f} \tag{2.92}$$

式中 L 和 D 分别为水平和垂直尺度,U_z 为水平风速的垂直切变。而对称不稳定的时间尺度则为:

$$\tau=L/U\sim U_z\cdot D/(fU)\sim 1/f \tag{2.93}$$

从上面的分析可见,对称不稳定具有与惯性不稳定相同的水平和时间尺度。由于 $L=U_zD/f\sim U/f$,所以 $R_0=U/fL\sim 1$,可见对称不稳定是一种中尺度不稳定。

2.3.4.2 对称不稳定的判据

Bennetts 等(1979)在假设基本气流$\overline{\overline{V}(x,z)}$沿 y 方向,并与 y 无关,并设$\overline{\overline{V}(x,z)}$与位温分布 $\theta(x,z)$处于热成风平衡的条件下,考虑一个沿(x,z)平面,而与 y 无关的扰动,并得到下列形式的 y 分量涡度方程:

$$\frac{\partial}{\partial t}\left(\frac{\partial^2\Psi}{\partial x^2}+\frac{\partial^2\Psi}{\partial z^2}\right)=f\frac{\partial v'}{\partial z}-\left(\frac{g}{\theta_0}\right)\left(\frac{\partial\theta'}{\partial x}\right) \tag{2.94}$$

以及以下的流函数 Ψ 的波动方程:

$$\frac{\partial^2}{\partial t^2}\left(\frac{\partial^2\Psi}{\partial x^2}+\frac{\partial^2\Psi}{\partial z^2}\right)=-N^2\frac{\partial^2\Psi}{\partial x^2}+2S^2\frac{\partial^2\Psi}{\partial x\,\partial z}-F^2\frac{\partial^2\Psi}{\partial z^2} \tag{2.95}$$

(2.95)式表示,当基本气流受到扰动后,热成风平衡被破坏,在横截基本气流的 x-z 平面上引起环流,这就是对称稳定性问题。在(2.95)式中,F,S,N 为基本气流频数:

$$F^2=f\left(f+\frac{\partial\overline{\overline{V}}}{\partial x}\right),S^2=f\frac{\partial\overline{\overline{V}}}{\partial z}=\frac{g}{\theta_0}\frac{\partial\Theta}{\partial x},N^2=\frac{g}{\theta_0}\frac{\partial\Theta}{\partial z}$$

大气的典型值为 $F\sim10^{-4}\,\mathrm{s}^{-1}$,$S\sim0.5\times10^{-3}\,\mathrm{s}^{-1}$,$N\sim10^{-2}\,\mathrm{s}^{-1}$。

在一个无界的区域里,我们可以求出(2.95)式的一个与 $\exp(i\sigma t)\exp\{ix(x\sin\varphi+z\cos\varphi)\}$成正比的解。其中,$\varphi$ 是扰动位移与水平位移之间的夹角,σ 为频率,可由下式给出:

$$\sigma^2=N^2\sin^2\varphi-2S^2\sin\varphi\cos\varphi+F^2\cos^2\varphi \tag{2.96}$$

σ^2 的极小值 $\sigma^2_{\min}$ 表示为:

$$2\sigma^2_{\min}=N^2+F^2-[(N^2+F^2)^2-4q]^{1/2} \tag{2.97}$$

其中

$$q=F^2N^2-S^4 \tag{2.98}$$

q 与基本气流的 Ertel(埃特尔)位势涡度成正比(Kleinschmidt,1957)。由(2.97)式可见,当且仅当 $N^2+F^2<0$ 或 $q<0$ 时,才有对称不稳定($\sigma_{\min}^2<0$)出现。这就是对称不稳定一种形式的判据。

上述不稳定判据还可写成:

$$\frac{1}{Ri}>1 \tag{2.99}$$

式中 $Ri=\frac{F^2N^2}{S^4}$,所以对称不稳定的判据为:

$$q<0,\text{或 } Ri<1 \tag{2.100}$$

由于 $Ri=\frac{F^2N^2}{S^4}=\frac{F^2/S^2}{S^2/N^2}<1$,而$(F^2/S^2)$和$(S^2/N^2)$分别为等 M 面和等 θ 面的斜率。因此对称不稳定的判据也可以表达为:当等 $\overline{M}$ 面的斜率小于等 $\bar{\theta}$ 面的斜率时为对称不稳定,因此等 $\bar{\theta}$ 面斜率较大或 $\bar{\theta}$ 的水平梯度较大时有利于发生对称不稳定。

2.3.4.3 条件性对称不稳定的概念和判据

在干空气情况下,对称不稳定条件($Ri<1$)在 100 km 尺度的锋区内一般是难以满足的。在这种情况下,如果我们不考虑潜热释放的作用,则原来对称稳定的大气不可能变成对称不稳定的。为了说明这一点,现在我们来研究一个具有 N^2,F^2 和 Ertel 位势涡度 q 处处为正的初始对称稳定的大气,并且假设其在后来的运动中,摩擦效应、热源和热汇可以忽略不计。由于这些限制,在三维运动中,q 是保守的,因而处处为正。假设存在近似的热成风平衡($S^2=f\partial v/\partial z$),根据方程(2.98),则有 $q<F^2N^2$,因此 F^2N^2 也处处保持正值不变。因此大气必须保持 N^2,F^2 和 q 处处为正的特性不变。这就是说,在假设没有摩擦、热源和热汇以及在准地转的条件下,初始对称稳定的大气是不可能变为对称不稳定的。因此 Bennetts 等(1979)进一步研究了在有效静力稳定度减小的潮湿大气中对称不稳定的可能性。他们把一个粗略的潜热释放模式引入到对称不稳定理论中,从而引出了"条件性对称不稳定"(简写为 CSI)的概念。简单地说,当对称稳定的大气由于潜热释放的作用而变为对称不稳定时,便可以说这种大气是"条件性对称不稳定"的。

现在我们来考虑在假设为处处饱和的潮湿大气中的二维气流的对称不稳定的可能性。在这种情况下,我们可以用湿球位温 θ_W 代替位温 θ,并引进两个新的频数:

$$N_W^2=\frac{g}{\theta_0}\frac{\partial\theta_W}{\partial z} \tag{2.101}$$

$$S_W^2=\frac{g}{\theta_0}\frac{\partial\theta_W}{\partial x} \tag{2.102}$$

用类似于对称稳定性判据的推导方法,可求得对于处处饱和的潮湿大气来说,对称不稳定的判据为:

$$q_W<0 \tag{2.103}$$

或

$$N_W^2F^2-S_W^2S^2<0 \tag{2.104}$$

或

$$Ri=\frac{N_W^2F^2}{S_W^2S^2}=\frac{F^2S^2}{S_W^2/N_W^2}<1 \tag{2.105}$$

其中 q_W 为湿球位势涡度:

$$q_W=N_W^2F^2-S_W^2S^2 \tag{2.106}$$

由于(F^2/S^2)和(S_W^2/N_W^2)分别为等 M 面和等 θ_W 面的斜率,所以当等 θ_W 面斜率大于等 M 面的斜率时,$Ri<1$。同样由于条件性对称不稳定即等 θ_W 面上的惯性不稳定,因此上述判据也可写成:

$$\left.\frac{\partial M}{\partial x}\right|_{\theta_W}<0,\text{或 } f\left(f+\frac{\partial v}{\partial x}\right)\bigg|_{\theta_W}<0,\text{或 } f\zeta_{\theta_W}<0$$

以上讨论的是没有下沉补偿运动的无限潮湿大气的情况。在这种情况下,如果 θ_W 面比绝对涡度矢量更接近于垂直,则就有负的回复力,因而产生条件性对称不稳定。在有下沉补偿运动的有限大气中,不发生潜热释放的下沉运动的回复力是正值。所以二维气流的对称不稳定性要同时取决于上升气流和下沉气流的回复力。通过分析可得在有下沉补偿运动时对称不稳定的判据为:

$$\alpha f\zeta_{\theta}+f\zeta_{\theta_W}<0 \tag{2.107}$$

式中 $\alpha=\dfrac{h_u L_l}{h_l L_u}$，$L_u$ 和 h_u 分别为上升支的宽度和厚度，L_l 和 h_l 则分别为下沉支的宽度和厚度，见图 2.9。图 2.9 中 $\bar{\theta}$,$\bar{\theta}_W$ 和 $\overline{M}$ 分别表示等位温面、等湿球位温面和等 $\overline{M}$ 面。等 $\overline{M}$ 面与绝对涡度矢量 ζ_a 相平行。环形流管上升支 BC 沿等 $\bar{\theta}_W$ 面，下沉支 AB 沿等 $\bar{\theta}$ 面(Bennetts 等 1979)。

由(2.107)式可见，没有下沉补偿的无限潮湿和干燥大气的对称不稳定判据是上述判据的两种特殊情形。干对称不稳定(SI)的条件是由 $\alpha\to\infty$，而无限饱和大气的 CSI 条件则是通过设 $\alpha=0$ 而分别获得的。

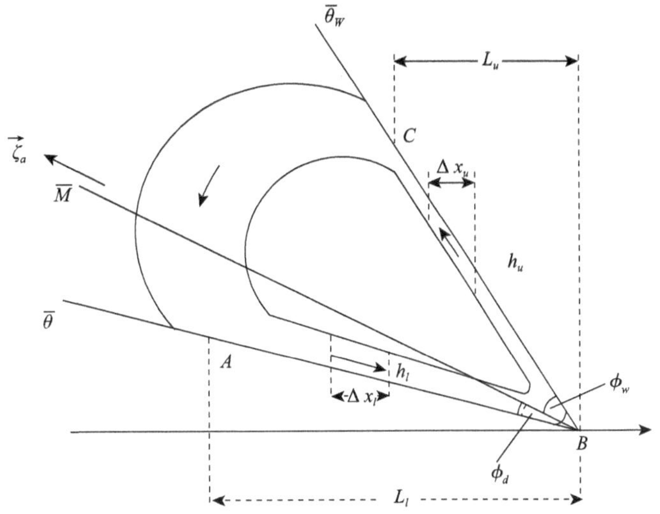

图 2.9　有下沉补偿运动的有限潮湿大气的条件性对称不稳定的图解

2.3.4.4　导致条件性对称不稳定的有利形势

下面根据湿球位势涡度方程来讨论初始状态具有 $q_W>0$ 时，q_W 演变为负值($q_W<0$)，从而产生条件性对称不稳定的可能性。湿球位势涡度方程可写成下列形式：

$$\frac{\mathrm{d}q_W}{\mathrm{d}t}=f(g^2/\theta_0{}^2)\vec{k}\cdot(\nabla\theta_W\cdot\nabla\theta)+f(g/\theta_0)\vec{\zeta}\cdot\nabla Q+f(g/\theta_0)\vec{\zeta}\cdot\nabla\theta_W \tag{2.108}$$

式中 $\vec{\zeta}$ 为三维绝对涡度矢量，等号右边第二、第三项分别为由于非绝热效应和摩擦效应引起的湿球位势涡度的变化，右边第一项则表示当水平方向上 θ 与 θ_W 面之间有角度时 q_W 的变化。当绝热、无摩擦时，$\mathrm{d}q_W/\mathrm{d}t$ 便只取决于右边第一项。如图 2.10 所示，如果在热成风方向上湿度增加，则按方程(2.108)可知，湿球位势涡度将减小(即 $\mathrm{d}q_W/\mathrm{d}t<0$)。在这种情况下，即使在初始时刻 $q_W>0$(即对称稳定)，但是经过一段时间后，就可能出现 $q_W<0$(即对称不稳定)。诊断分析表明，如果在 θ 和 θ_W 面之间设置一个量级为 0.1°的交角，结果便在 1～2 天内，由于在方程(2.108)右边第一项的作用下，使流体质块产生了负的 q_W。由此可见，“在热成风方向上湿度增大”是导致条件性对称不稳定的一种有利形势，也是一条具有实际预报意义的判据。

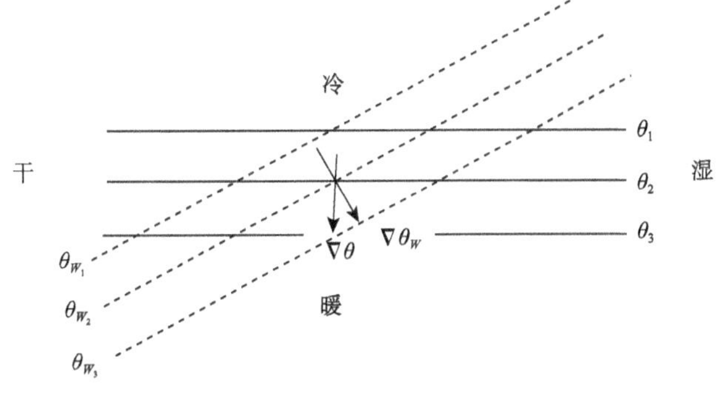

图 2.10　在水平面上可导致 $q_W<0$ 的一种 θ 和 θ_W 的分布(Bennetts 等 1979)

2.3.4.5 条件性对称不稳定的应用及实例

如上所述，对称不稳定，特别是条件性对称不稳定是倾斜对流发生发展的机制之一，而倾斜对流又与暴雨、强对流天气相联系，因此可以通过对条件性对称不稳定的判定及预报来预报对流性天气。这种方法比只用分析条件性不稳定判据要好。因为对流性天气的发生虽然与条件性不稳定有密切的关系，但是条件性不稳定并不是所有对流活动在一开始就具有的特征。有时往往在对流前大气是条件性稳定的，在探空分析中，根本不存在正的不稳定能量，因此似乎不存在发生对流的可能。但是如果用条件性对称不稳定的判据来分析则可以发现，实际上大气为条件性对称不稳定，具有条件性对称不稳定能量，因此可以判断具有发生对流的可能性。由于在条件性对称不稳定的情况下，在等 $\bar{M}$ 面上，$\left.\frac{\partial\bar{\theta}_e}{\partial z}\right|_{\bar{M}}<0$，因此当气块沿等 $\bar{M}$ 面上升时，条件性对称不稳定便成了等 $\bar{M}$ 面上的条件性不稳定。所以如果我们沿等 $\bar{M}$ 面作 T-ln$p$ 图分析，便可把气块沿等 $\bar{M}$ 面倾斜上升时所具有的条件性不稳定能量清楚地表现出来。

下面来看 Emanuel(1983)分析的一个例子。这是 1982 年 12 月 3 日发生在美国南部的一次对流性降水过程。图 2.11(a)是俄克拉何马城(OKC)在 12 月 3 日 00 世界时的探空分析图。由图可见，虽然在 750 hPa 有饱和层，但在 700 hPa 以上均为负不稳定能量面积。图 2.12 是 12 月 3 日 00 世界时沿着从得克萨斯州的 Amarillo(AMA)穿过俄克拉何马州的 OKC 至亚拉巴马州的 Centroyille(CKL)的西—东向基线的垂直剖面图。图 2.11(b)是沿着 M=50 m/s 的等值面的探空。由图 2.11(b)可见，在 750 hPa以上气层具有条件性不稳定能量。

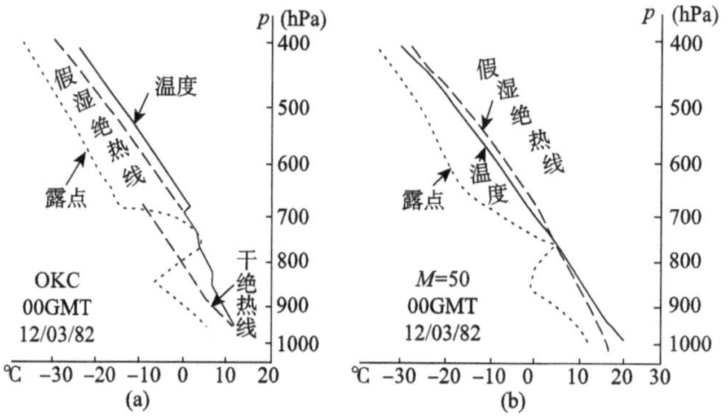

图 2.11 (a)1982 年 12 月 3 日 00 世界时，OKC 站的 T-ln$p$ 图；(b)同一时刻沿 M=50 m/s 的等值面构作的 T-ln$p$ 图(Emanuel 1983)

(图中实线为温度，点线为露点，虚线为假湿绝热线，带小圈点的虚线为干绝热线)

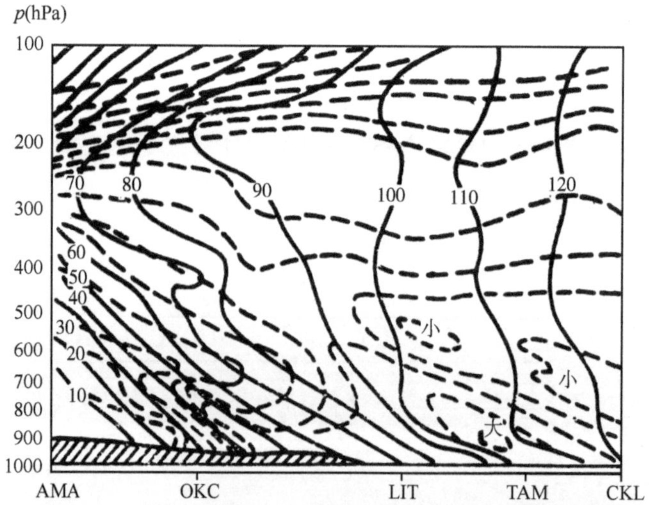

图 2.12 1982 年 12 月 3 日 00 世界时，由 AMA 至 CKL 的垂直截面图(Emanuel 1983)

(虚线为等 θ_e 线(K)，实线为等 M 线(m/s))

2.3.5　开尔文-亥姆霍兹不稳定

如果在一条速度不连续的切变线上涡度集中，则线性气流的不稳定性（即在某处有最大的切变涡度）可能变得特别显著。这种和不连续性相联系的不稳定性称为开尔文-亥姆霍兹不稳定（简称 K-H 不稳定）。

首先我们考虑一个不连续面。这个面分隔两部分均匀、不可压以及作二维平面运动的流体。设 S 线为不连续线。

开始时，假定 S 是直线（无限的定常滑动涡度线），分隔两支均匀的反向气流。设沿 S 线有无限均匀的空间点，每组以速度 $\vec{V}$ 移动。这些点把 S 分隔成具有同样涡旋强度 dc 的很多小段。

只要 S 是直线，则 $\vec{V}$ 处处为 0，什么也不发生。现在我们引进扰动并让 S 具有小振幅的正弦曲线的形状，如图 2.13(a) 所示。现在，在拐点（B 和 D 点）上，$\vec{V}$ 仍然为 0。但在波槽中（A 点），$\vec{V}$ 指向右；而在波脊中（C 点），$\vec{V}$ 指向左。因此滑动涡旋沿 S 线迁移，它从 D 点移开，并围绕 B 点从两侧向 B 点集中，这个过程是不可逆的，并导致切变线围绕 B 点卷曲起来。而 B 点和 D 点一样，由于对称的缘故而保持静止。因此最终的结果是出现一组间隔相等的涡旋（图 2.13(b)）。然而这也是一种不稳定状态，它可能受到波长较长的波动的类似发展过程的支配。

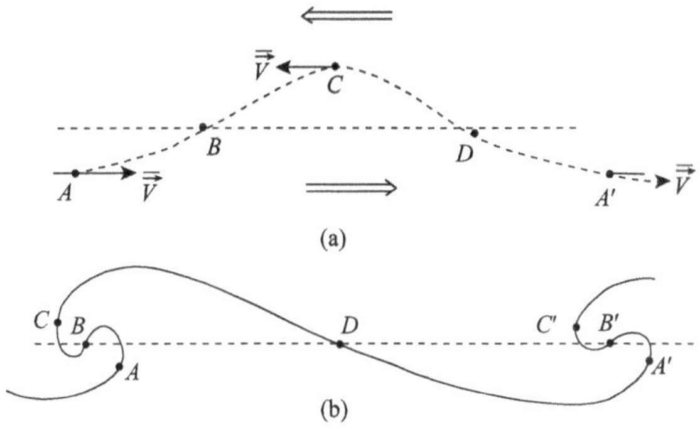

图 2.13　K-H 不稳定(Emanuel 1983)

在大气中，在一些线对流中往往会出现一些小涡旋。这也可能是由于开尔文-亥姆霍兹不稳定引起的。观测表明，有时在线对流的很长部位上可以稳定地保持切变气流。因而常常可以看到切变线部位上的雷达回波带是卷曲起来的，有时用多普勒雷达可以观测到线元上的小涡旋流场（如图 2.14 和图 2.15 所示）。Browning 等认为水平切变得以破坏，造成涡旋的机制很可能是上面所说的开尔文-亥姆霍兹不稳定。理论分析表明，不稳定的必要条件为气流中某处 $Ri<1/4$。

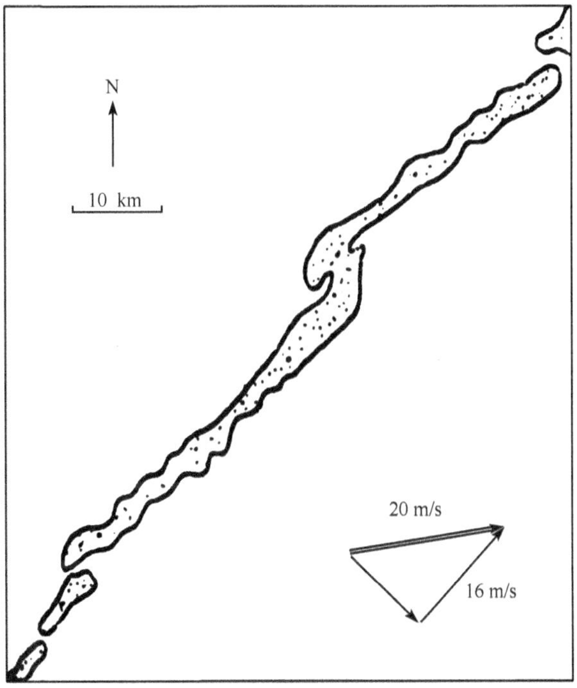

图 2.14　与线对流相对应的雷达 PPI 强回波的轮廓线(Browning 等 1978)

（回波带的卷曲部分以 20 m/s 的速度从 260°相对于地面移动）

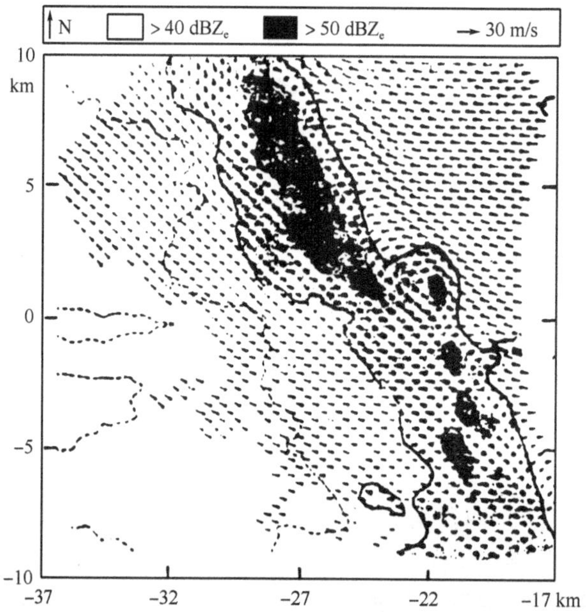

图 2.15　在线元一端的一个涡旋的平面图点区代表与线元内的强降水相联系的强雷达回波区(Carbone 1982)

2.4　位涡理论

自 20 世纪 80 年代中期以来，关于位涡的理论和应用的研究蓬勃发展。位涡理论被广泛应用于暴雨、强对流天气、热带风暴等很多天气系统的分析和研究中。本节主要对位涡理论的一些要点，包括位涡的概念和性质、位涡思想及位涡理论的应用等作一简要介绍。

2.4.1　位涡的概念和性质

2.4.1.1　位涡的概念

位涡是“位势涡度(potential vorticity)”的简称，通常写为 PV。早在 1940 年，Rossby 就提出了位涡的概念，他指出在正压条件下，绝对涡度的垂直分量 ζ_a 与气柱高度的比值为一常数，即

$$\frac{\zeta_a}{h}=\text{常数} \tag{2.109}$$

这里，ζ_a/h 即是“位涡”最简单的表达形式，一般称其为“正压位涡”。在天气学中常用 $\zeta_a/h=$常数，即位涡守恒的原理来解释低压(槽)上山时减弱，下山时加强的现象，这是位涡理论应用中最为人们熟悉的例子之一。

与 Rossby 同一时期，Ertel(1942)也提出了一个位涡的表达式：

$$q=\alpha\vec{\zeta}_a\cdot\nabla\theta \tag{2.110}$$

式中 θ 为位温；α 为比容；$\vec{\zeta}_a$ 为绝对涡度矢量；q 称为 Ertel 位涡，或称为广义位涡。广义位涡在绝热、无摩擦的干空气中具有严格的守恒性(即 $dq/dt=0$)。由(2.110)式可见，q 是绝对涡度矢量与位温梯度矢量的点乘积。在静力平衡条件下，q 可以简化为绝对涡度垂直分量与静力稳定度的乘积：

$$q=(\zeta_\theta+f)\left(-g\,\frac{\partial\theta}{\partial p}\right) \tag{2.111}$$

式中 ζ_θ 为等熵面涡度垂直分量，f 是地转涡度的垂直分量，$\frac{\partial\theta}{\partial p}$ 为静力稳定度，g 为重力加速度。(2.111)式也可写为：

$$PV=\sigma^{-1}\zeta_{a\theta} \tag{2.112}$$

其中

$$\sigma=-\frac{1}{g}\frac{\partial p}{\partial\theta}>0 \tag{2.113}$$

$$\zeta_{a\theta}=f+\zeta_{\theta} \tag{2.114}$$

式中 σ 为在 $xy\theta$ 空间中的气块密度，θ 为位温，g 为重力加速度，$\zeta_{a\theta}$ 为等熵绝对涡度。在等熵面上的位涡称为等熵位涡（IPV）。

对于典型的中纬度天气尺度系统，$\zeta<f$，因此，(2.111)式可简化为：

$$q\approx-gf\frac{\partial\theta}{\partial p} \tag{2.115}$$

同时，$\partial\theta/\partial p\approx-10\ \mathrm{K}/100\ \mathrm{hPa}$。在北半球，$f>0$，因此通常 q 为正值，而且可以由下式估算其数量级：

$$\begin{aligned}q&=-(10\ \mathrm{m/s^2})(10^{-4}/\mathrm{s})\left[-\frac{10\ \mathrm{K}}{10\ \mathrm{kPa}}\right]\frac{1\ \mathrm{kPa}}{10^3\ \mathrm{kg\cdot m/(s^2\cdot m^2)}}\\&=10^{-6}\ \mathrm{m^2\cdot K/(s\cdot kg)}=1\ \mathrm{PVU}\end{aligned} \tag{2.116}$$

式中 PVU 为“位涡单位”。位涡的分布一般呈现由低纬向高纬和由低层向高层增大的现象。在对流层中位涡一般小于 1.5 PVU，在对流层顶附近位涡突然增大至 4 PVU，在平流层中位涡随高度迅速增大；在对流层低层赤道附近位涡近于 0 PVU，中纬地区约 0.3 PVU，在对流层高层中纬度地区位涡典型值为 1.0 PVU。PV=2 PVU 的等值线通常代表来自低纬地区对流层的低位涡大气与来自高纬地区对流层高层及平流层的高位涡大气之间的边界。在副热带急流以北地区，PV=2 PVU 的等位涡面接近于实际大气的对流层顶，一般称之为“动力对流层顶”。

2.4.1.2　位涡的性质

上面已经说过，位涡是绝对涡度与位温梯度的乘积。其中，位温是一个描述空气的热力状态的物理量，而涡度则是一个描述大气重要动力特性——大气旋转性（包括旋转方向和强度）的物理量，因而位涡便是一个既包含热力因子又包含动力因子的综合物理量。

（1）位涡的守恒性

位涡的最主要的特性之一是它具有守恒性。具有守恒性的物理量是大气运动的理想示踪器，例如众所周知，位温 θ 在干绝热过程中具有保守性，因此常用位温作为跟踪气块运动的示踪器。

涡度是一个描述气块旋转方向和强度的物理量，通常主要关心其垂直分量。当大气运动是非地转的，也就是说有辐合或辐散时，绝对涡度不是一个守恒量。由涡度方程可知，绝对涡度垂直分量的变化取决于散度。当有辐合时，涡度增大，有辐散时，涡度减小。而且由大尺度运动的大气连续方程可知，水平散度又是与垂直运动相联系的。一个垂直气柱若保持质量不变，则当其水平方向收缩时，垂直方向便拉长；相反，当其水平方向扩大时，垂直方向便缩短。假设地面的垂直速度 $w_0=0$，则当对流层低层有水平辐合时，便有垂直上升运动产生；而当有水平辐散时，则有垂直下沉运动。所以当一个作气旋性旋转的气柱收缩（辐合）时，气柱拉长，涡度增大，旋转加快。绝对涡度包括相对涡度和地转涡度两部分，而对局地而言，地转涡度 f 为常数，所以绝对涡度增大也就是相对涡度增大；相反，当气柱扩大（辐散）时，气柱缩短，涡度减小，旋转变慢，局地相对涡度减小，或反气旋涡度增大。

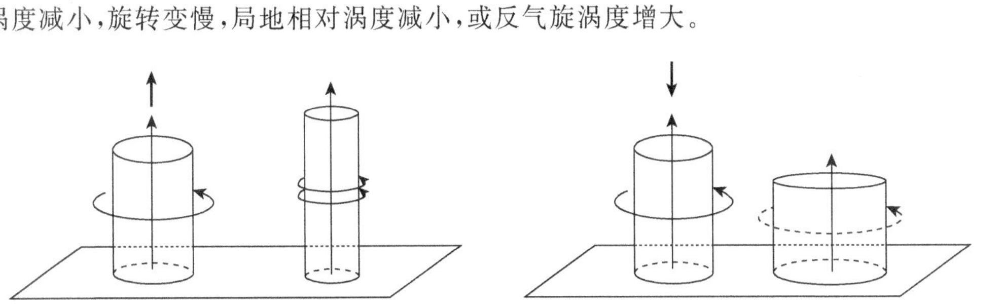

图 2.16　(a)对流层辐合上升、气柱拉长导致涡度增大；(b)对流层辐散下沉、气柱缩短导致涡度减小（Hoskins 1997）

由上分析可见，涡度大小与气柱长短成正比关系，即气柱拉长时涡度增大，气柱缩短时涡度变小，在图 2.16 中很形象地示意了这种关系。

涡度大小与气柱长短的比值，就是 Rossby 所定义的位涡，在一定条件下，它是一个常数。所以在准地转运动中位涡是一个守恒量，正因为如此，人们一般常用位涡来作为跟踪气块的示踪器。

现在再来看一个旋转的气柱（涡柱）作等熵运动时涡度变化的情况。假定有一个旋转的气柱，如图 2.17 所示，其底面位于位温为 θ 的等位温面上，顶面位于位温为 $\theta+\Delta\theta$ 的等位温面上，气柱的上下界面之间的位温差为 $\Delta\theta$，气柱的厚度为 h。设小气柱在两个等位温面之间干绝热地作下降运动，并保持其质量不变，由于 $\Delta\theta$ 保持常数，则如果气柱厚度增大，θ 的垂直梯度便减小。另一方面，由于气柱拉长，产生上升运动，使水平辐合加大，气柱收缩，涡度增大，旋转加快。在这种变化过程中，随着气柱下降，气柱不断拉长，静力稳定度变得愈来愈小，但是涡度却变得愈来愈大，因而涡度垂直分量与静力稳定度两者的乘积，也就是由公式(2.111)所定义的气柱的位涡 $q=(\zeta_\theta+f)\left(-g\dfrac{\partial\theta}{\partial p}\right)$ 则始终是保持不变的。

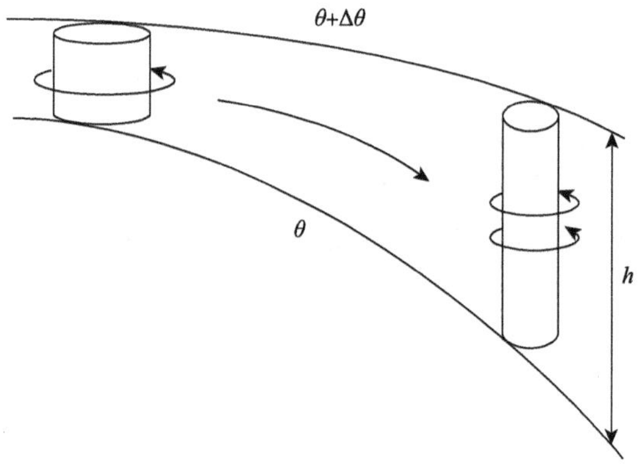

图 2.17　在涡柱沿着两个等熵面作绝热下沉运动时位涡守恒(Hoskins 等)

(2)位涡的可反演性

如前所述，位涡具有守恒性和可反演性两个基本特性。根据位涡的可反演性，便可由给定位涡的分布及变化，反演诊断出风、温度、位势高度等要素的分布及变化。位涡反演理论最早由 Kleinschmidt 在 20 世纪 50 年代时提出，然而他的观点太超前于当时的理论发展，而被人们忽视。后来 Hoskins 等(1985)再次提出位涡反演理论，位涡的反演才受到重视。下面是位涡反演理论的简介，这里仅给必要的三个方程：

在球坐标中大尺度运动平衡方程可写为：

$$\nabla^2\Phi=\nabla\cdot(f\nabla\Psi)+\frac{2}{a^4\cos^2\varphi}\frac{\partial(\partial\Psi/\partial\lambda,\partial\Psi/\partial\varphi)}{\partial(\lambda,\varphi)} \tag{2.117}$$

式中 Φ 为等压面位势；Ψ 为根据大尺度运动的准水平无辐散性而引入的流函数；λ,φ 分别为经度和纬度，其他符号为常用符号。对于大尺度运动，Ertel 位涡 q 在球坐标中可近似写为：

$$q=-\frac{gk\pi}{p}\left(\eta\frac{\partial\theta}{\partial\pi}-\frac{1}{a\cos\theta}\frac{\partial v}{\partial\pi}\frac{\partial\theta}{\partial\lambda}+\frac{1}{a}\frac{\partial u}{\partial\pi}\frac{\partial\theta}{\partial\varphi}\right) \tag{2.118}$$

式中 η 为绝对涡度的铅直分量，$k=R_d/c_p$，$\pi=c_p(p/p_0)^k$ 为 Exner 函数，这里作为铅直坐标。取静力平衡近似与无辐散近似，即 $\theta=-\partial\Phi/\partial\pi$，$u=-\partial\Psi/\partial y$，$v=-\partial\Psi/\partial x$，则(2.118)式可写为：

$$q=\frac{gk\pi}{p}\left[(f+\nabla^2\Psi)\frac{\partial^2\Phi}{\partial\pi^2}-\frac{1}{a^2\cos^2\varphi}\frac{\partial^2\Psi}{\partial\lambda\,\partial\pi}\frac{\partial^2\Phi}{\partial\lambda\,\partial\pi}-\frac{1}{a^2}\frac{\partial^2\Psi}{\partial\varphi\,\partial\pi}\frac{\partial^2\Phi}{\partial\varphi\,\partial\pi}\right] \tag{2.119}$$

(2.117)式和(2.119)式构成以 Φ 与 Ψ 为未知函数的闭合方程组，其中 q 为已知函数，可用实际观测资料由(2.118)式计算得到，即已知位涡 q，求解诊断方程组(2.117)式和(2.119)式，可得到位势 Φ 与流函数 Ψ，进而得到满足平衡关系的位势场和风场。从以上讨论可知，给定风、压、温度场，即可由(2.118)式计算出位涡，反过来若已知位涡分布，可通过(2.117)式和(2.118)式求解出风、压、温度场，这就是位涡反演诊断。

位涡反演原理的独到之处在于，它能定量诊断出与反映各种动力学过程的 PV 扰动相联系的位势扰动、温度扰动和风场扰动，通过分析这些扰动的强度及其相互作用，不仅能诊断出决定系统发展的主要动力因子，而且能有效地揭示出系统发展演变的物理机制。

2.4.2 位涡思想

Hoskins 等(1985)利用位涡守恒性和可反演性的原理,通过等熵位涡分析很好地解释了准平衡运动的动力学特征,清楚地显示了高空位涡异常和低层位温异常所对应的高、低空系统的结构特征和演变趋势。这种分析理论和方法称为位涡思想(PV thinking)。

图 2.18 为理想的高空正、负位涡异常区和低层正、负位温异常区所对应的高、低空系统的结构特征的示意图。图 2.18(a)表示在高空有正位涡异常区的情况下,由于在正位涡异常区内位涡比周围高,即是一个涡度和静力稳定度大值区,因此在正位涡异常区内等位温面向正位涡异常中心收拢,造成与在正位涡异常中心的上方和下方相邻的等熵面之间的距离拉大,致使那里的静力稳定度减小。由于位涡守恒性的作用,使气旋性涡度增大,结果便出现围绕正位涡异常区的气旋性环流。图 2.18(b)表示在高空有负位涡异常区的情况下,与上述情况相反,由于在负位涡异常区内位涡比周围低,即是一个涡度和静力稳定度小值区,因此在负位涡异常区内等位温面向负位涡异常中心分开,造成与在负位涡异常中心的上方和下方相邻的等熵面之间的距离缩短,致使那里的静力稳定度增大,气旋性涡度减小,反气旋性增大,结果便出现围绕负位涡异常区的反气旋性环流。图 2.18(c)表示在位涡均匀分布的低层有正温度异常出现的情况下,各等熵面间的间隔加大,使静力稳定度减小,因而气旋性涡度增大,结果便出现围绕正温度异常区的气旋性环流。类似地,如图 2.18(d)所示,在低层有负温度异常出现的情况下,各等熵面间的间隔减小,使静力稳定度增大,因而引起反气旋性涡度增大,结果便出现围绕负温度异常区的反气旋性环流。

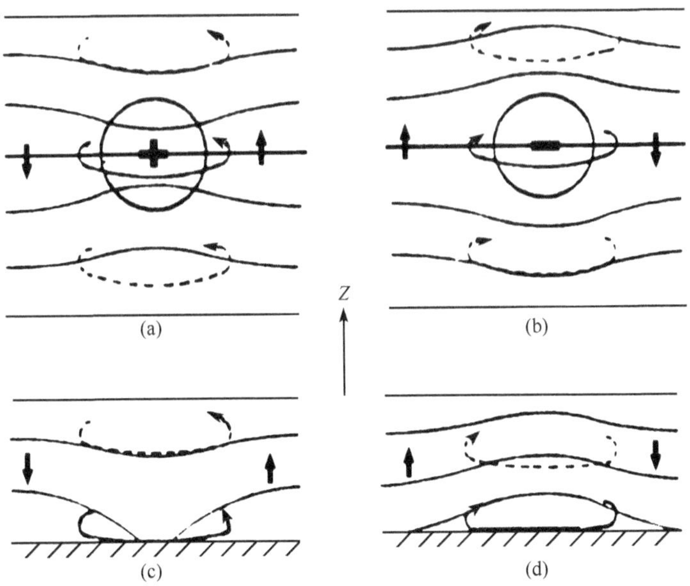

图 2.18　高空正、负位涡异常及地面温度异常所对应的等熵面和环流结构示意图(Hoskins 1997)

上述等熵位涡思想包含下列要点:①用涡度观点,我们通常将大气结构看成是由移动性的高空槽、脊叠加在地面气旋、反气旋之上所组成的。而用位涡思想则将大气结构看成是由高空位涡异常和低层位温异常相叠加而组成的。②围绕高空正、负位涡异常区,分别有气旋性和反气旋性环流出现;而近地面层的正、负温度异常区,也分别有气旋性和反气旋性环流相对应。上下层位涡和温度异常所诱生的风场之和便构成了总风场。③在绝热、无摩擦假定下等熵面上位涡平流引起位涡的局地变化。④位涡和温度异常所诱生的风场改变了等熵位涡的分布。⑤等熵位涡的分布又与新的诱生的风场相联系。位涡和温度异常与诱生的风场的连续相互作用,造成“自我发展”(self-development)过程,这种过程将一直延续到高低层异常区的轴线在同一垂直线上为止。

利用等熵位涡思想可以很好地解释地面气旋的发展过程。如图 2.19 所示,当高空有一正位涡异常区(与对流层顶下降相对应)东移叠加在低空原先存在的地面锋区的上空时,在正位涡异常区可诱生出一个气旋性环流并向下伸展(其垂直伸展的尺度 HR 称为 Rossby 穿透高度，$H_R = f\dfrac{L}{N}$，其中 f，L，N 分别为地转参数、水平尺度和浮力频率)。气旋性环流与低层锋区作用造成冷暖平流。暖平流引起低空正位温异常，从而在原来的低空气旋性环流的前方诱生出附加的气旋性环流，它又使高层的气旋性环流加强，而高层的气旋性环流又促使低空的气旋性环流和温度平流加强，结果便造成地面气旋的发展。这种正反馈过程将一直延续至上下层的两个异常区的轴线在同一垂直线上时才会终止。

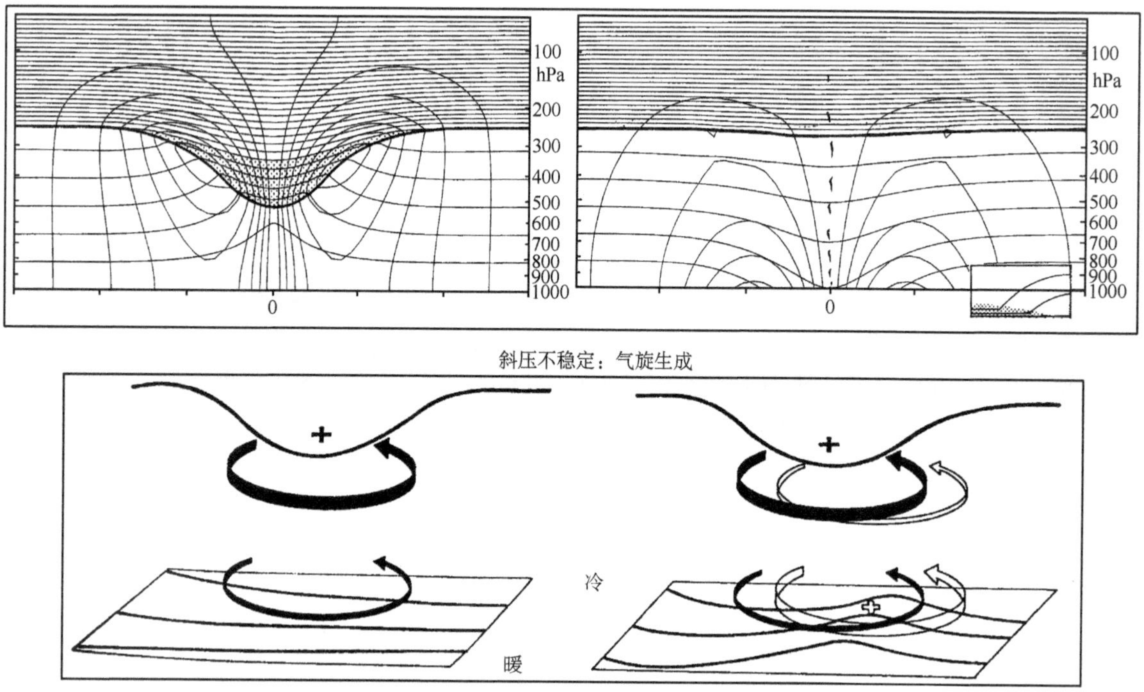

图 2.19 高空正位涡异常叠加在低空锋区之上所引起的气旋发生发展过程示意图

高空正位涡异常区用"+"号及下降的对流层顶表示；地面显示的是等位温线；箭头线表示环流(Hoskins 等 1985)

2.4.3 位涡理论的应用

上面已经讲到位涡理论的多方面应用，包括对气旋生成和锋面次级环流等动力学机制进行定量诊断，以及通过位涡反演得出动力协调的风、压、温度场，叠加到原来初始场中改进初始场，以求达到提高短期预报准确度的目的，此外，位涡还可用来判断大气的对称稳定性等等。

Hoskins 等(1985)论证了对流层的上部或平流层的位涡扰动下传，可以引起对流层下部及地面的气旋发展；高低层的位涡和温度扰动，以及它们诱发的环流共同作用的结果，便造成了低涡或气旋的发生和发展；并再次提出和讨论了 Kleinschmidt 早在 20 世纪 50 年代就已提出的位涡反演理论及其意义。Davis 等(1998)提出可以将高层对流层锋视为等熵面上的 PV 梯度加强的过程。Davis 等(1991)提出了一个观点，认为高层位涡的发展受到低层异常的强烈影响。Molinari 等(1998)分析了热带风暴 Danny(1985)与一个高层对流层正的 PV 异常间的相互作用，提出叠加原理，即小尺度的正的高层 PV 异常与低层热带气旋中心相叠加使得热带气旋加强，特别指出高层大尺度的 PV 扰动并不利于气旋生成。Molinari 等(1998)的叠加原理发展和深化了 Hoskins 的"位涡下传"理论。

在国内，自 20 世纪 80 年代以来，位涡的研究主要是将 PV 作为一个诊断量用于对暴雨和其他天气系统的诊断。例如陆尔等(1994)应用位涡分析讨论了 1991 年江淮特大暴雨冷空气活动的特征，指出南下的冷空气在江淮一带被来自低纬的西南暖气流和东南暖气流所切断，形成高位涡冷空气中心，它与两支暖气流相互作用，维持梅雨锋，从而形成持续暴雨。由于位涡在无黏性、绝热的斜压大气中沿气块守恒，所以位涡与位温和比湿一样，可以作为跟踪气块移动的又一物理量。用位涡来示踪冷空气的轨迹，为业务天气预报提供了新的工具。吴海英等(2002)研究了在 1991 年 7 月 5—6 日的江淮暴雨过程中位涡扰动与气旋发展的关系，通过对等压面位涡的垂直结构演变的分析发现，高层位涡的下传，促进了对流层低层及地面的气旋发展(图 2.20)。姚秀萍等(2007)分析了干侵入对气旋发生发展的作用。干侵入(dry intrusion)指的是来自对流层中上层的以低相对湿度和高位涡表征的干燥下沉气流。根据位涡守恒原理，来自高层稳定环境的高位涡气流，到达低层不稳定环境后，其涡度增大，于是便会促进气旋的发生和发展，从而引起暴雨或强对流天气的形成。

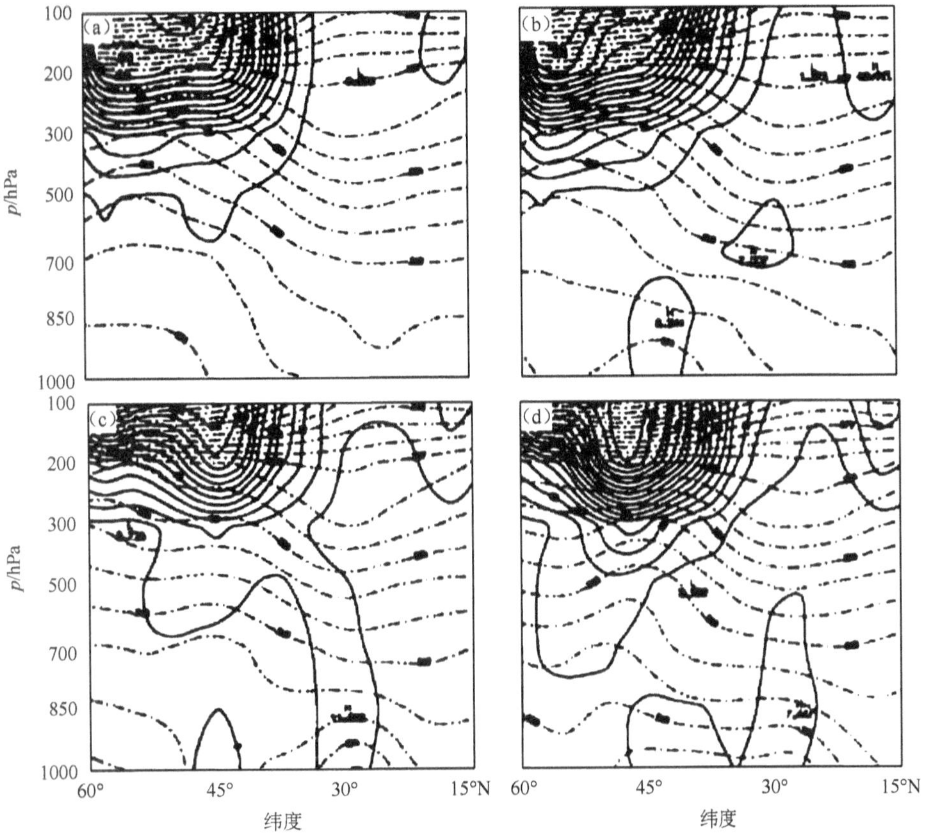

图 2.20 1991 年 7 月 5—6 日位涡分布的垂直剖面图

图(a)—(d)中的时间分别为 5 日 08 时、5 日 20 时、6 日 08 时、6 日 20 时；剖面所沿的经度分别为 100°E，103°E，112°E，117°E，皆为地面气旋中心所在经度；实线为等位涡线，单位 0.1 PVU；虚线为等相当位温线，图(c)中的位涡柱所在下方正是地面气旋和暴雨强烈发展的地区；强降水发生在 30°N 附近(吴海英等 2002)

近年来我国学者也提出不少创新的理论。吴国雄等(1995，1997)从原始方程出发，在导出湿位涡方程的基础上，证得绝热无摩擦的饱和大气具有湿位涡守恒的特性，并由此去研究湿斜压过程中涡旋垂直涡度的发展，提出倾斜涡度发展(SVD)理论。指出由于等熵位涡分析的应用受到等熵面倾斜的限制，精确的湿位涡守恒应表示为

$$a\zeta_\theta |\nabla \theta_e| = \text{常数} \tag{2.120}$$

亦即对流稳定度、风的垂直切变及湿斜压度的变化都可以引起气旋性涡度的增长，而且等熵面倾斜越大，气旋性涡度增长越强烈。并详细刻画了 SVD 理论的约束关系。倾斜涡度发展理论为位涡在暴雨天气研究中的作用提供了更深的理论依据。

位涡在绝热无摩擦的干空气中具有严格守恒的特性，在平衡系统中具有可逆性，高守亭等(2002)还从由完全动力学方程推出的湿位涡方程得到湿位涡物质不可渗透性理论。由于位涡物质具有这些重要特性，因此位涡理论在天气系统移动和发展分析预报方面有着广泛的应用。特别是对大尺度运动来说，由于在直角坐标系中位温面与水平面是近似平行的，涡度矢量和位温梯度矢量的交角较小，两个矢量点乘的积是明显的。因此对许多中高纬度天气系统的发展和演变来说，位涡是一个非常有效的动力示踪工具。对中尺度系统的发展和演变的研究来说，位涡也有广泛的应用。但在深对流系统中，由于湿等熵

面的倾斜,位温梯度矢量与涡度矢量的交角变大,极端时可接近垂直(约 90°),因此两个矢量的点乘积变小,位涡变得较弱。针对这个问题,高守亭等(2002)将位涡的定义广义化,引入了对流涡度矢量(CVV)和湿涡度矢量(MVV)这样两个新概念:

$$CVV=(\vec{\zeta}_a\times\nabla\theta_e)/\rho \tag{2.121}$$

$$MVV=(\vec{\zeta}_a\times\nabla q_v)/\rho \tag{2.122}$$

他们把对流涡度矢量和湿涡度矢量这样两个新物理量应用在二维云分辨模式及三维云分辨模式中,来研究热带对流系统,得到了很有意义的研究成果。特别指出 CVV 和 MVV 的垂直分量与热带对流密切相关,并且能把热带对流的中尺度动力过程和热力过程与云微物理过程密切联系起来。因此提出了一种具有很大应用潜力的诊断分析方法。

2.4.4 小结

综上所述,位涡概念及其理论发展到今天,已成为天气动力学领域中的重要研究工具之一。位涡守恒性和可反演性成为利用位涡理论描述大气动力学过程的两个主要原理。等熵位涡(IPV)概念简洁地概述了通常以平流、辐散和垂直运动来描述的所有的平衡动力学,IPV 思想加深了我们对真实天气系统特征的理解,而且,反演理论即使在出现非绝热加热或冷却以及非守恒效应时,仍然是适用的。正如涡度在正压大气中的作用一样,位涡对于研究斜压大气中的天气现象来讲,是一个十分有用的工具。位涡概念优于涡度概念的主要优势,是 IPV 能将平流效应与垂直运动效应有效地分离开来,这为天气现象的空间分析提供了清晰的认识,更好地将观测现象与理论概念联系起来。PV 概念与理论在数值预报模式的发展和评估中,在大气模式的参数化方案的制订上,是十分有价值的。特别是在暴雨、强对流等天气现象的物理机制的研究上位涡分析更是常用的重要工具之一。如前所述,无论是对干位涡、湿位涡或是更细致地对它们的组成部分的进一步分析,均有助于加深对暴雨过程的发生、发展和演变规律的理解。

参考文献

高守亭. 2007. 大气中尺度运动的动力学基础及预报方法. 北京:气象出版社,215

高守亭等. 2002. 强暴雨系统中湿位涡异常的诊断分析. 应用气象学报,**13**(6):662-670

陆尔,丁一汇,李月洪. 1994. 1991 年江淮特大暴雨的位涡分析与冷空气活动. 应用气象学报,**5**(3):266-274

寿绍文等. 2009. 中尺度大气动力学. 高等教育出版社,385

寿绍文等. 2009. 中尺度气象学(第二版). 气象出版社,329

吴国雄,等. 1995. 湿位涡和倾斜涡度发展. 气象学报,**53**(4):387-405

吴国雄,等. 1997. 风垂直切变和下滑倾斜涡度发展,大气科学,**21**(3):273-282

吴海英,寿绍文. 2002. 位涡扰动与气旋的发展. 南京气象学院学报,**25**(4):510-517

姚秀萍,吴国雄,等. 2007. 与梅雨锋上低涡相伴的干侵入研究. 中国科学 D 辑,**37**(3):417-428

Bates J R. 1973. A generalization of the CISK in theory. *J Atmos Sci*,**30**:1509-1519

Bennetts D A, Hoskins B J. 1979. Conditional symmetric instability—A possible explanation for frontal rainbans. *Quarterly Journal of the Royal Meteorological Society*,**105**(446):945-962

Browning K A,G B Foote. 1976. Airflow and hail growth in super cell storms and some implication for hail suppression. *Quart J Roy Meteor Soc*, **102**:499-533.

Browning K A. 1978. The structure and mechanisms of hailstorms. *Amer Met Soc Monograph*, **38**:1-36.

Carbon R. A severe winter squall line. 1982. Part Ⅰ:Stormwide hydrodynamic structure. *J Atoms Sci*, **39**:258-279.

Charney J G, Eliassen A. 1964. On the growth of the hurricane depression. *J Atmos Sci*,**21**:68-75

Davies H C, Rossa A M. 1998. PV frontogenesis and upper tropospheric fronts. *Mon Wea Rev*. **126**(6):1528-1539

Davis C., Emanuel K A. 1991. Potential vorticity diagnostics of cyclogenesis. *Mon Wea Rev*, **119**:1929-1953

Emanuel K. A 1983. On assessing local conditional symmetric instability from atmosphere sounding. *Mon Wea Rev*, **111**(3):2016-2033

Ertel. H. 1942. Ein Neuer Hydrodynamischer Wirbelsatz, *Met. Z.* **59**, 271-281

Hoskins B J, Bretherton F P. 1972. Atmospheric frontogenesis models: Mathematical formulation and solution. *J Atmos Sci.*, **29**: 11-37

Hoskins B J, Dagbici I, Darics H C. 1978. A new look at the ω-equation. *Quart J Roy Meteor Soc*, **104**(1):31-38

Hoskins B J, Mcintyre Me, Robertson A W. 1985. On the use and significance of isentropic potential vorticity maps. *Quart J Roy Mrtro Soc*, **111**:877-946

Hoskins B J. 1975. The geostrophic momentum approximation and the semi-geostrophic equations[J]. *J. Atmos. Sci.* **32**:233-243

Hoskins B J. 1984. A diagnostic study of the potential vorticity in a warm blocking anticyclone. *J, Atmos. Sci.*, **41**(24), 3518-3526.

Hoskins B J. 1997. Potential vorticity view of synoptic development. *Meteorol Appl*, **4**:325-334

Kessler E. 1987. Thunderstorm Morphology and Dynamics. 113-131

Kleinschmidt, E., 1957. In dynamic meteorology bu Eliassen, A. and Kleinschmidt, E., Met. Handbuch der Physik., **48**, 112-129.

Lindzen R S. 1974 Wave-CISK in the Tropics *J Atmos Sci*, **31**, 156-179

Molinari J, *et al*. 1998. Potential vorticity analysis of tropical cyclone intensification. *J Atmos Sci*, **55**(16):2632-2644.

Ooyama K. 1964. A dynamical model for the study of tropical cyclone development, *Geofis Int*, **4**:187-198

Rasmussen E. 1979. CISK-barotropic-baroclinic instability and the growth of monsoon depression. *J Atmos Sci*, **35**: 495-508

Raymond D J. 1976. Wave-ClSK and convective mesosystems. *J Atmos Sci*, **33**:2392-2398

Rossby C G. 1940. Planetary flow pattems in the atmosphere. *Q J R Meteorol Soc*, **66**(Suppl):68-87.

第3章 灾害性天气监测和强对流天气短时临近预报

灾害性天气包括大风、高温、暴雪、冰冻、冻雨、雾凇、浓雾、沙尘暴、暴雨、雷电、寒潮以及强对流天气冰雹、龙卷、雷暴大风和短历时强降水等。本章首先介绍这些灾害性天气的监测方法和手段，接下来讨论其短时临近预报。短时临近预报是指12小时以内的天气预报。对于寒潮大风、高温热浪和沙尘暴这样的大尺度天气现象，短时临近预报的难度相对较小，预报的思路和主要方法与短期预报是一样的，主要是对短期预报不断做出订正。具有挑战性的灾害性天气短时临近预报是强对流天气，包括强冰雹、龙卷、雷暴大风、短历时强降水和强雷电。由于强对流天气主要由中尺度天气系统直接产生，其预报思路和主要技术方法与短期预报有很大的不同，需要更多地依赖于多普勒天气雷达、气象卫星、风廓线雷达、GPS水汽等探测手段，预报方法中主观的预报占有支配地位。因此，在本章中主要介绍雷暴和强对流天气的短时临近预报。

3.1 强对流等灾害性天气监测

灾害性天气的监测主要通过大气观测资料的分析来完成，大气观测系统分为常规观测系统和非常规观测系统。对于强对流天气来说，非常规的观测如多普勒天气雷达和志愿者目击观测起到了非常关键的作用。

3.1.1 常规观测系统

常规天气观测系统由陆地和海岛上的探空站实施的高空观测、陆地和海岛上的地面观测和海面上的浮标站的每天数次的定时观测所构成。探空站的高空观测通过施放携带探空仪的探空气球进行地面到30 km高度的气压、温度、湿度和风的观测。气球携带的探空仪可以探测大气压、温度和湿度，利用气压和温湿度数据可以确定气球的高度，同时利用二次测风雷达可以确定气球的方向，结合其高度信息可以确定气球在空间的位置，由气球位置的移动可以导出不同高度处的风向风速。气球探空仍是目前综合性能最好的高空温湿压风的探测系统。其主要缺陷是气球从地面上升到30 km高度大约需要1小时，在空中也会漂移一段距离（从几千米到上百千米），所测量的大气温湿压风垂直层结不完全是同一时刻和同一地点上空的。目前全世界有大约1200个左右探空站，但能正常工作的只有800个左右。图3.1给出了全球能够正常工作的并向各国提供资料的600个左右探空站的分布。可以看到，探空站主要分布在北半球中高纬度的陆地上，人口稠密的地区探空站也较多。在热带和南半球，探空站的数量很少。全世界的探空站通常都是一天两次探测，分别在世界时的 00 点和 12 点，对应于北京时间 08 点和 20 点。我国有 120 个探空站。平均每隔 300～400 km有一个探空站。

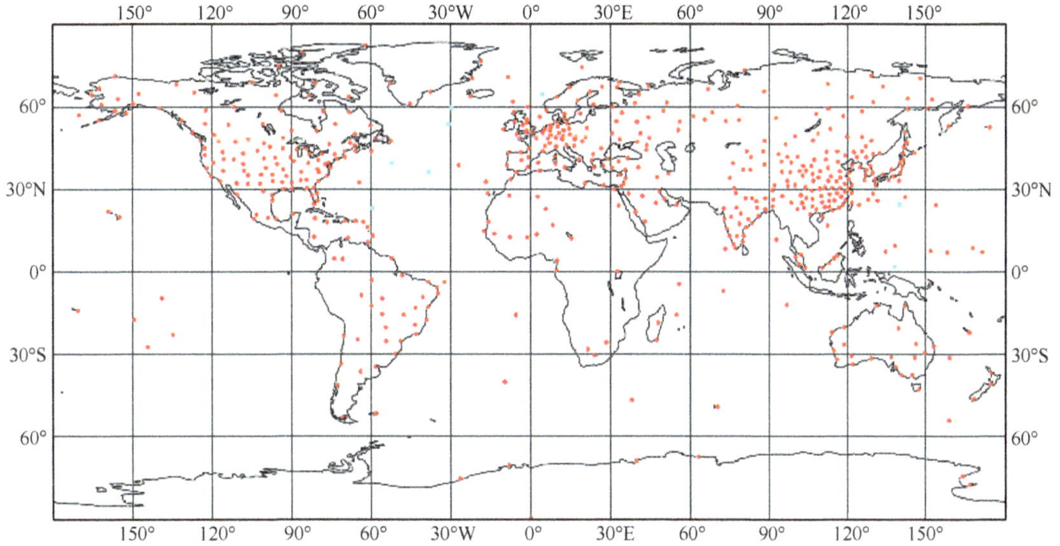

图 3.1　全球正常运行并向各国传送数据的探空站分布

常规观测的另一个重要部分是陆地和海岛上的地面气象观测站。图 3.2 给出了全球向世界气象组织定时传送数据的 14000 个左右地面气象站的分布。我国的地面气象观测站分为 3 个级别：气候基准站、基本气象站和一般气象站，其数量分别为 143 个、577 个和 1736 个。气候基准站每隔 300～400 km设一站，每 1 小时人工观测一次；基本气象站每隔 150 km 左右设一站，每 3 小时人工观测一次；一般气象站每隔 50 km 左右设一个，每 6 小时人工观测一次。地面气象站人工观测的项目有温度、湿度、气压、风向风速、能见度、雨量、天空云状和云量，还有天气现象如雨、雪、雾、冻雨、雷暴、雷雨大风、冰雹、龙卷、浮尘、沙尘暴等。除了人工观测项目，目前我国 2410 个气象站都安装了有线遥测的自动气象站，可以每隔 1 分钟自动记录一次气压、温度、湿度、风向风速和雨量的数据。另外全国还装备了 25000 多个无人值守的无线通讯的自动气象站系统，大部分为测量温度和雨量或单测雨量的双参数和单参数站，只有少部分 4 参数自动站(气压、温度、风向和风速)和极少部分的 6 参数自动站(气压、温度、湿度、风向、风速和雨量)。这些自动站大部分可以十分钟传送一次观测结果，部分自动站可以每隔一分钟传送一次观测结果。

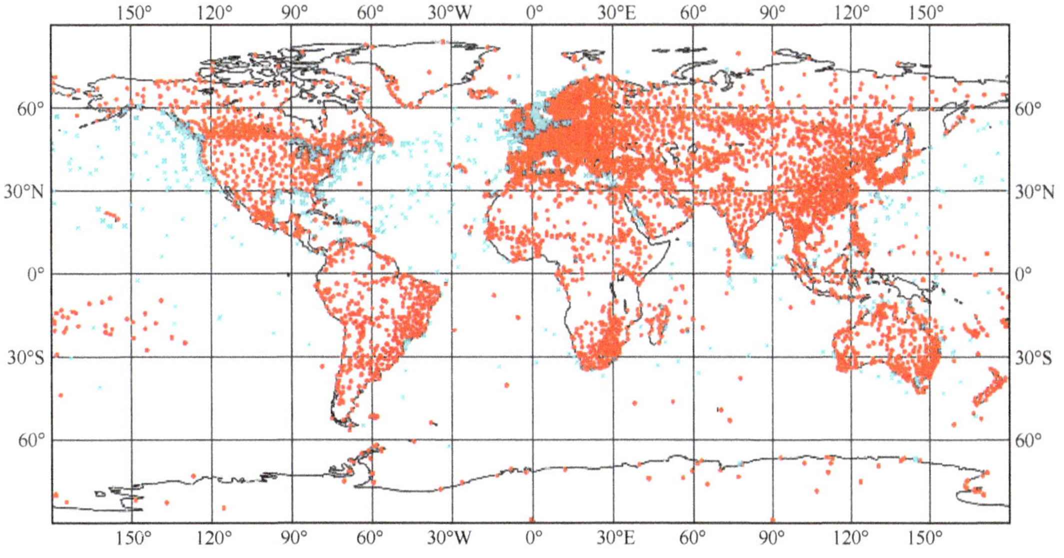

图 3.2　定时向世界气象组织发送数据的全球陆地、岛屿和商船上的地面气象观测站分布

海面上的观测主要由浮标站完成，浮标站观测靠近海面的大气温度、湿度、气压以及海面温度等，观测结果定时发送到气象卫星，再由气象卫星转发给陆地上的数据收集中心。图 3.3 给出了全球 2500 个左右海上浮标气象站的分布。

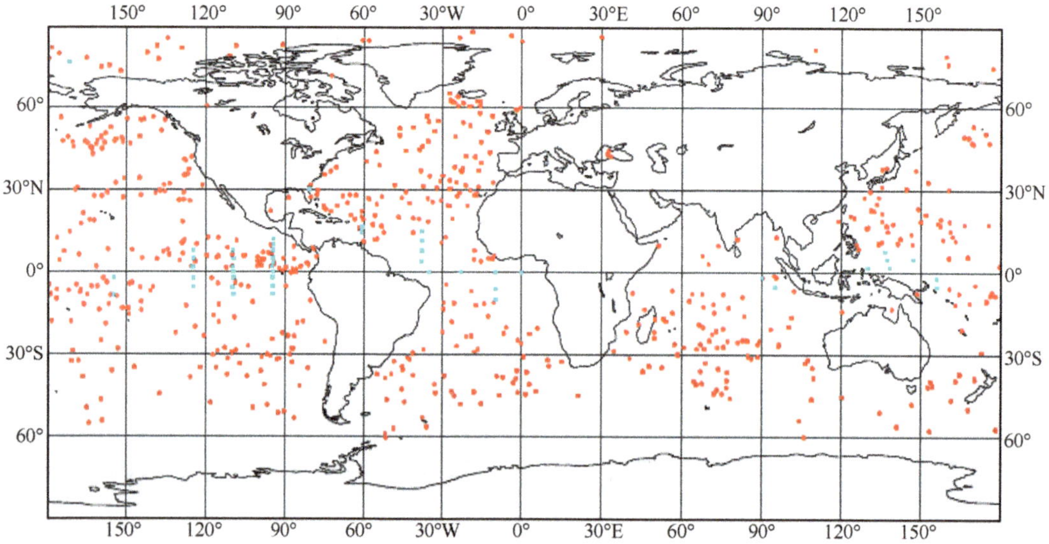

图 3.3　定时向世界气象组织发送数据的全球海面浮标气象站分布

3.1.2　非常规观测系统

3.1.2.1　气象卫星

气象卫星分为极轨气象卫星和静止气象卫星两大类。极轨气象卫星轨道平面与地轴间的夹角通常不超过 10°，因此称为近极地轨道卫星。极轨气象卫星距离地面 800 km 左右，一个多小时绕地球转一圈，借助于地球的自转，每天可以对热带和中纬度地区实现两次观测(极圈以内地区每天的观测次数超过 2 次)。与天气有关的探测仪器是提供云图的成像仪和提供大气垂直温度层结信息的垂直探测器。极轨气象卫星云图的空间分辨率较高，但对于我国大多数地区每天只能进行两次观测，因此其云图比较适合于地球表面环境遥感，而不太适合于日常的天气分析和预报。但极轨气象卫星的垂直探测器资料可以提供洋面上空大气温度垂直层结的信息，是全球数值预报模式初始场构成的重要观测资料。对于日常天气预报最有用的是静止气象卫星的云图资料。静止气象卫星位于赤道上空 35 800 km 处，其观测范围是一个直径达 10 000 km 左右的球冠，但南北极圈以内无法观测到。对于我国来讲，目前可以使用三个静止气象卫星的云图数据，分别是位于东经 85°、105°和 140°上空的我国风云 2D、风云 2C 和日本的静止气象卫星。静止气象卫星的云图包括可见光、红外和水汽通道的云图，可以用来监测天气尺度的急流云系、短波槽云系、锋面气旋云系、雾、沙尘暴、尺度小一些的热带气旋、中尺度对流系统等。对于雾和沙尘暴，通常需要将各个气象卫星各个通道的资料结合起来加以识别。目前我国和日本的静止气象卫星的观测频率是每 30 分钟更新一次，云图的可见和红外通道的星下点分辨率分别为 1.25 km 和 5 km。在汛期，我国风云 2C 和 2D 的观测时间可以相互错开 15 分钟，通过双星观测可以得到间隔为 15 分钟的云图，这对于变化很快的雷暴系统的监测是非常重要的。另外，通过对静止气象卫星云图上生命史比较长一些的云团的追踪，可以导出高空风，称为云迹风。在没有探空站的区域，云迹风可以在一定程度上提供高空风的信息。图 3.4 给出了 2007 年 7 月 3 日安徽天长和江苏高邮导致 14 人死亡的 F3 级强烈龙卷发生前 1 小时左右(15:30 局地时间)孕育龙卷的中尺度对流云带。此时对流云带还没有充分发展，可以清晰地识别出构成对流云带的雷暴单体的上冲云顶。

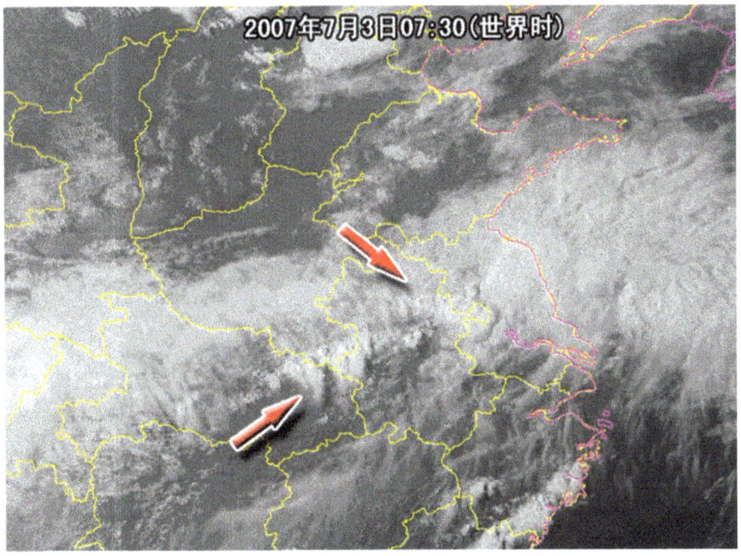

图 3.4　2007 年 7 月 3 日 15:30(北京时间)风云 2C 静止气象卫星的高分辨率(星下点分辨率 1.25 km)可见光云图

3.1.2.2　多普勒天气雷达

对于降水和雷暴系统最有效的监测手段是天气雷达。中国气象局计划布设由 158 部多普勒天气雷达构成的多普勒天气雷达网，到 2008 年年底为止，已经完成了 140 部雷达的安装，其中绝大部分都能够很好地运行。多普勒天气雷达由三大功能块构成，分别是雷达数据获取(RDA)、产品生成器(RPG)和主用户终端(PUP)，如图 3.5 所示。RDA 由天线及其伺服系统、发射机、接收机、信号处理器和 RDA 监控计算机构成。多普勒天气雷达的观测方式主要是体积扫描，其中最常用的体扫模式 VCP21 如图 3.6 所示。天线从 0.5°仰角开始扫描，每个仰角转一圈(只有 0.5°和 1.5°仰角转两圈)，直到 19.5°仰角转完后重新回到 0.5°仰角，开始下一个体扫。雷达发射波长为 10 cm 或 5 cm 的脉冲波，当脉冲波遇到大量降水粒子时，大部分能量继续向前传播，一部分能量被降水粒子吸收，一部分能量被降水粒子向四面八方散射，其中的后向散射回到雷达天线，被天线所接收。RDA 的信号处理器从回波信号中提取反射率

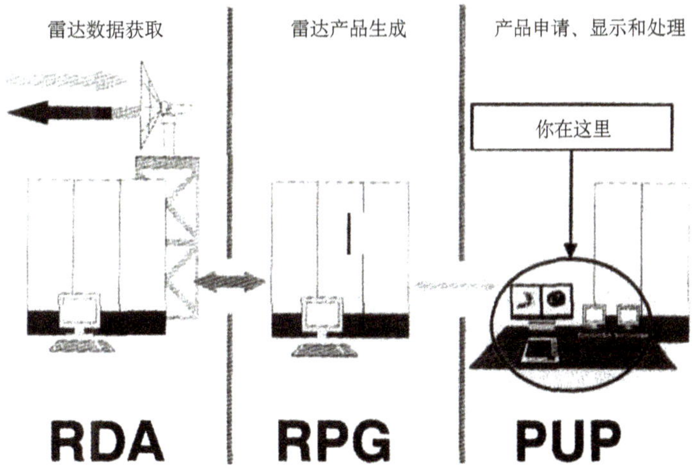

图 3.5　多普勒天气雷达的基本构成

因子(回波强度)、取样体积内大量降水粒子沿着雷达径向的平均速度和径向速度的谱宽这三种基数据。RDA 将 3 种基数据传给 RPG，RPG 通过对基数据进行一系列的算法处理形成一系列的产品，如各个仰角的基本反射率因子、基本径向速度和基本谱宽、风暴路径信息、冰雹指数、中气旋、垂直累计液态水、组合反射率因子、速度方位显示风廓线、累积雨量等。RPG 的第二大功能是作为整个雷达系统的控制中心。PUP 是预报员分析雷达产品的工作平台，主要功能是申请产品、显示产品、对产品图像作各种处理

(放大、缩小、重置中心、光标联动、色标闪烁、产品叠加等)和预警信息生成等。

多普勒天气雷达最重要的应用是对强对流天气的监测和预警。天气雷达是目前唯一能够探测降水系统内部结构的探测装备。图 3.7 给出了 2005 年 7 月 30 日 11:50(北京时间,下同)徐州多普勒天气雷达 2.4°仰角的平均径向速度和反射率因子图,显示了一个正在向弓形回波转变的强降水超级单体,有两个中气旋分别位于弓形回波的前侧凸点和北侧,凸点附近的中气旋刚刚在 15 分钟以前产生了造成 15 人死亡的强烈龙卷。中气旋的识别有可能提前 45 分钟对此次龙卷发出警报。

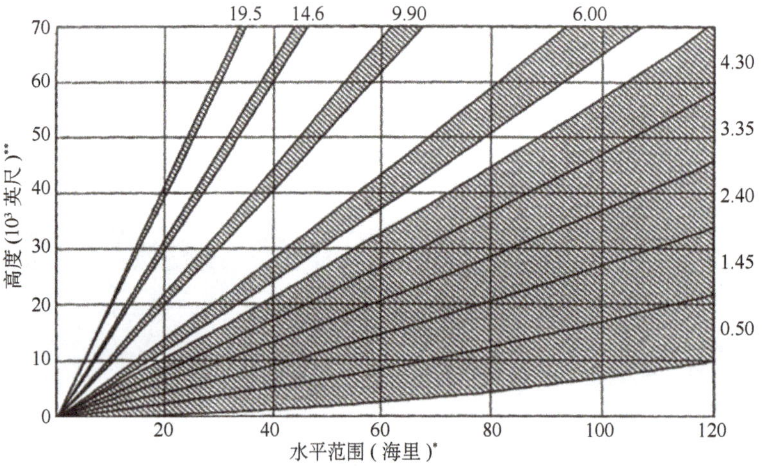

图 3.6 最常用的体积扫描模式 VCP21

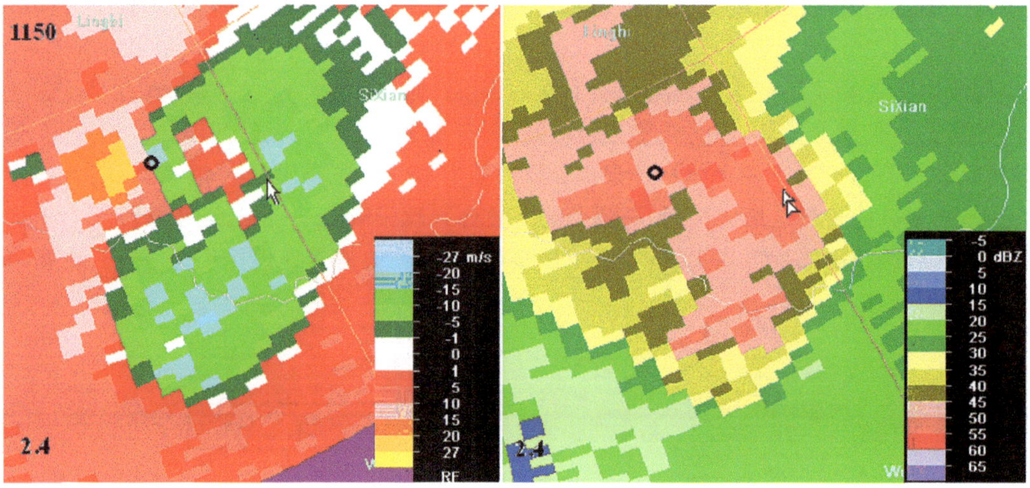

图 3.7 2005 年 7 月 30 日 11:50 徐州多普勒天气雷达 2.4°仰角径向速度和反射率因子图

3.1.2.3 商用飞机搭载的大气温度和风的观测系统

商用客机上可以搭载测量大气温度和风的探测器,在飞机起飞降落和沿航线飞行过程中顺带测量大气的温度和风。为了获得比较可靠的大气温度和风的资料,在安装和观测数据质量控制方面需要非常仔细,否则获取的资料质量不能保证。由于航空客运业的迅速发展,这类资料在大气观测系统中的重要性变得越来越重要。目前,只有美国和欧洲对于这些资料有比较充分的应用。我国这类资料的应用刚刚起步,装备这类探测装置的客机数量较少,已经安装的客机相应数据的质量控制方面还存在较大问题。图 3.8 给出了 1997 年 1 月 12 日美国全天 24 小时接收到的 23411 份飞机观测的温度和风的报告的分布。可以清楚地看出,在大型机场附近,飞机起落过程所测的温度和风的报告最多。

---

* 1 海里(N mile)=1.852 km

** 1 英尺(ft)=0.3048 m

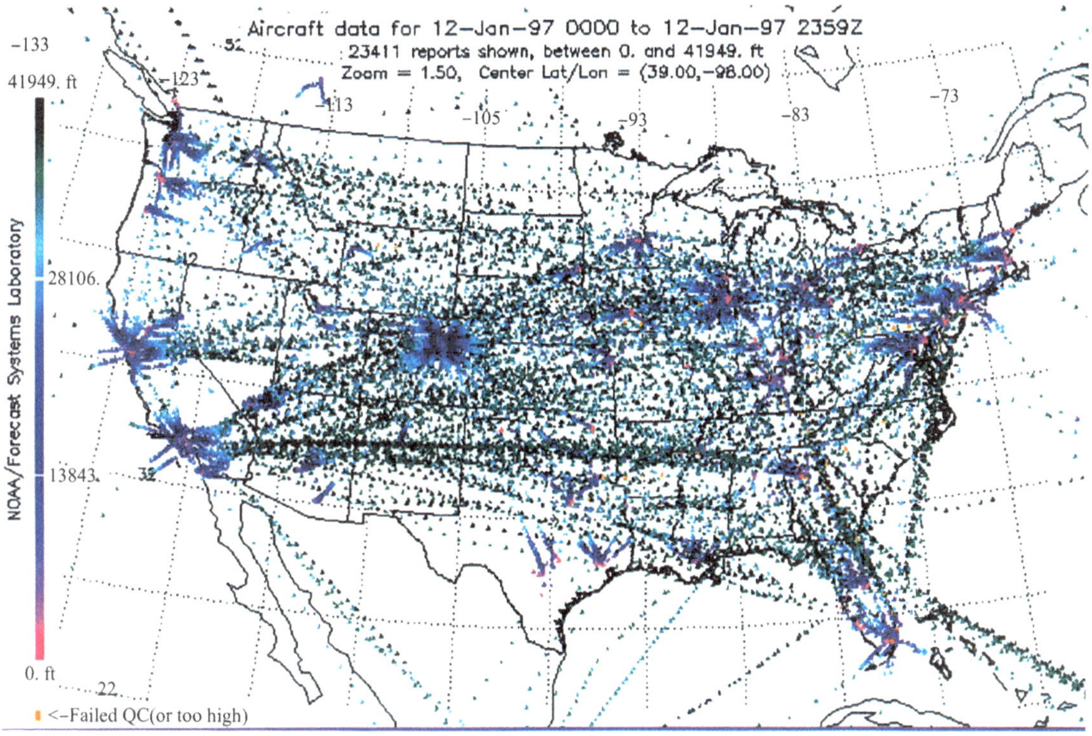

图 3.8　1997 年 1 月 12 日美国全天 24 小时接收到的 23411 份飞机观测的温度和风的报告的分布(颜色代表飞机所处的不同高度)

3.1.2.4　其他的非常规观测手段

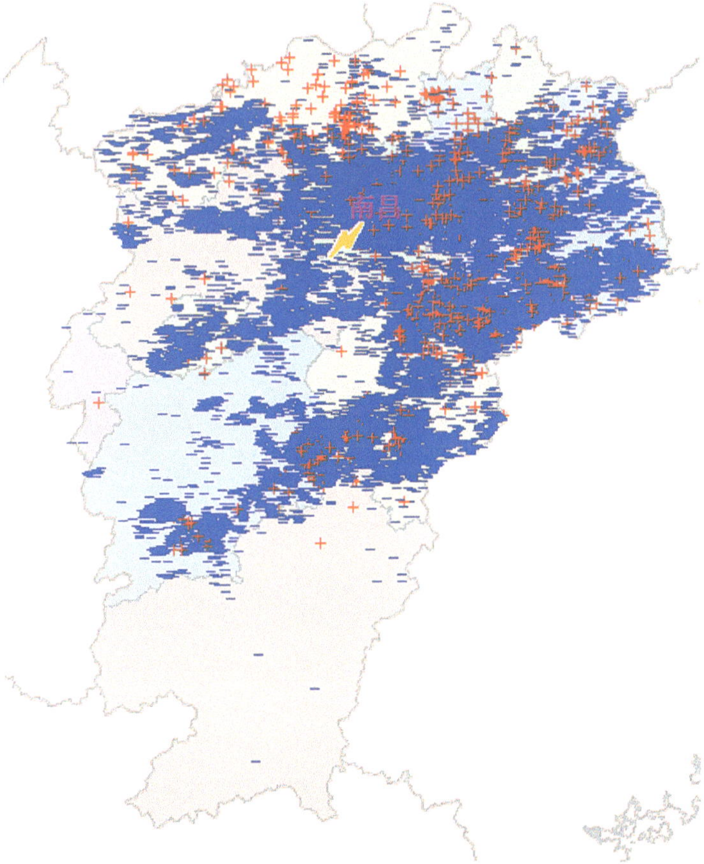

图 3.9　2007 年 6 月 24 日江西全省 24 小时云地闪电分布(红色为正闪,蓝色为负闪)

除了气象卫星和天气雷达以外，比较重要的非常规观测手段还有闪电定位系统、风廓线雷达和地基GPS水汽探测等。

闪电定位系统主要用来确定闪电发生的时间和地点。闪电分为云地闪和云间闪，目前我国多数闪电定位系统只能监测云地闪，只有少部分闪电定位系统可以同时监测云间闪和云地闪。我国目前一半左右的省、自治区、直辖市和计划单列市都布置了闪电定位系统。图 3.9 给出了 2007 年 6 月 24 日江西全省 24 小时内的闪电分布，当天江西全省有 22 人因遭遇雷击身亡。

风廓线雷达是一种脉冲式多普勒雷达，其波长根据其探测高度从几十厘米到几米。发射出去的脉冲波受到大气湍涡的散射产生回波，从回波可以得到沿着雷达径向的气流速度。风廓线雷达通常沿着三个不同方向发射脉冲，根据大气湍涡回波可以得到大气中风场随高度的变化，通常每隔 6 分钟得到一次风廓线。风廓线雷达主要分为边界层、中对流层和全对流层三种，探测高度分别为 3 km、8 km 和12 km。目前我国只是实验性地在一些城市布设了风廓线雷达，尚没有在全国布置业务的探测网。图 3.10 给出了

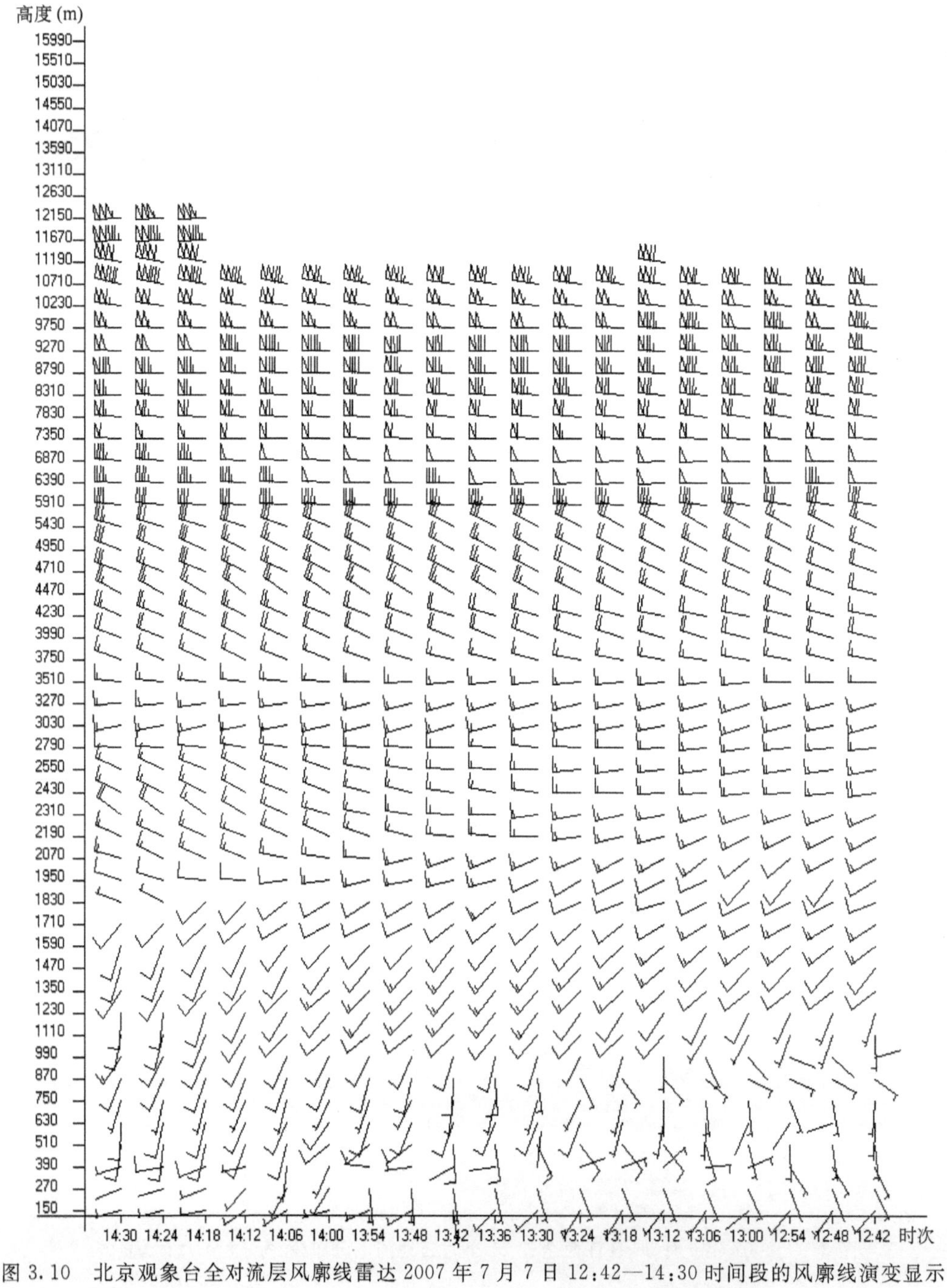

图 3.10 北京观象台全对流层风廓线雷达 2007 年 7 月 7 日 12:42—14:30 时间段的风廓线演变显示

2007 年 7 月 7 日位于北京观象台的全对流层风廓线雷达给出的 0—12 km 范围在 12:42—14:30 时间段的风场时高分布。

GPS 地面接收站除了定位和大地测量方面的应用外，利用大气中的水汽对电磁波传播的延迟作用可以反演大气气柱水汽总量，实现对大气水汽总量(也叫可降水量)的连续监测，有助于暴雨等天气的临近预报。目前，我国已经初步形成了一个可以用来获得水汽总量的地基 GPS 站网。

3.1.2.5　人工观测和强对流天气志愿目击者

目前我国 2410 个人工观测站通过人工观测记录目前天气和过去 1～3 小时内发生的天气，观测天空云量和云型以及能见度，构成大气观测系统的重要的不可缺少的一部分。考虑到一些强对流天气如强冰雹、龙卷和雷暴大风等未必发生在站点上，美国国家天气局(NWS)实行一种志愿目击者制度，仅在美国强对流多发的南部大平原地区就有风暴志愿目击者 2000 余人。在估计有强对流发生的较大可能的地区，派出志愿目击观测人员，收集强对流天气发生的信息(图 3.11)。目击者提供的信息是美国预报员发布强对流天气特别是龙卷天气警报的重要根据。我国部分省市的气象局也开始发展气象信息员，提供正在发生和已经发生的强烈天气的信息。

图 3.11　美国的风暴志愿目击者在观察一个强对流风暴

3.1.3　快速资料融合

短时临近预报要求比较频繁的预报更新，根据不同的天气类型，需要每隔 3 小时、1 小时甚至 10 分钟更新一次预报或警报。所利用的观测资料，除了传统的常规资料外，还需要利用大量的非常规资料，尤其是气象卫星云图、雷达、地面自动气象站以及风廓线仪的资料。因此，短时临近预报业务迫切需要一个客观的快速资料融合系统。该系统的主要思路是以高分辨率数值预报模式的 1 小时或 3 小时预报为初猜场，结合商业客机探测的温度和风场资料、气象卫星云图和垂直探测器资料、多普勒天气雷达反射率因子和径向速度资料、地面观测的温湿压风降水资料、风廓线雷达风场资料、地基 GPS 水汽总量，形成某一时刻天气实况的三维分析场，并快速更新。美国国家天气局预报系统实验室开发了这样一个主要针对短时临近预报的客观分析预报系统，称为 RUC。其采用的区域数值天气预报模式为美国环境预报中心(NCEP)和美国大气研究中心(NCAR)联合开发的非静力平衡有限区域模式 WRF 模式，客观分析模式采用的是该预报系统实验室开发的 LAPS 系统。首先利用 WRF 做出 1 小时预报作为初猜场，然后利用 LAPS 结合常规和非常规观测资料形成分析场，该分析场每小时产生一次。图 3.12 给出了美国国家天气局风暴预报中心(SPC)根据 1 小时循环周期的 RUC 系统的客观分析计算的地面到 6 km高度垂直风切变的水平分布图。

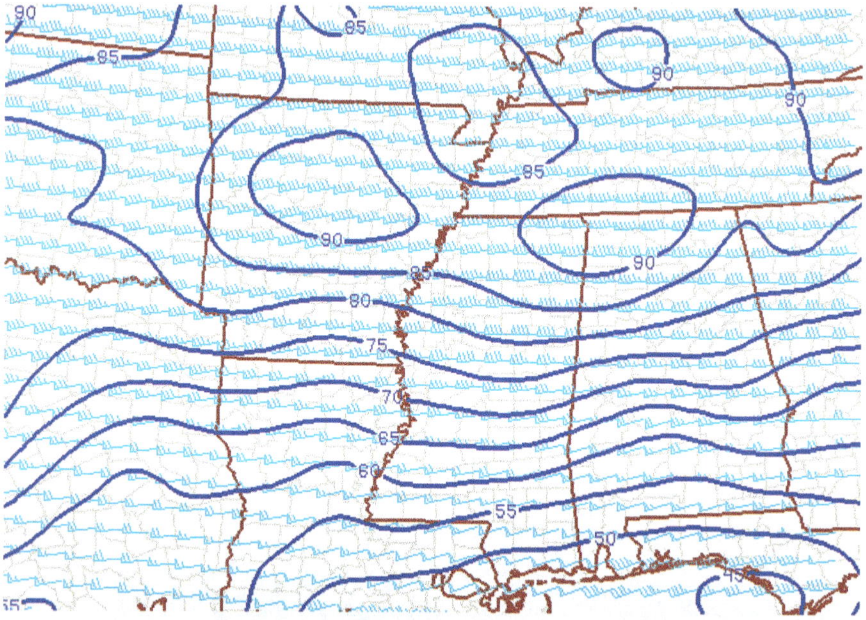

图 3.12 美国风暴预报中心根据 RUC 分析给出的 2006 年 2 月 22 日 02 时(世界时)0—6 km 垂直风切变的水平分布(速度单位为节*)

3.2 强对流天气的天气背景分析

强对流天气的短时临近预报可以分为两个方面，一是当天上午获得 08 点(北京时间)探空资料以后对当天发生强对流天气的可能性做出潜势预报，二是雷暴生成以后对雷暴演变趋势的临近预报和对可能出现的强对流天气如强冰雹、雷雨大风、龙卷、导致局地暴洪的对流暴雨以及强雷电的临近警报。

雷暴产生的充分必要条件是:1)大气层结不稳定;2)水汽;3)抬升触发机制。三者缺一不可，在上述三个条件能够同时满足的地方，就会有雷暴产生。

大气层结稳定性可以有三种类型(图 3.13):1)绝对不稳定;2)条件不稳定;3)绝对稳定。如果环境大气温度直减率大于干绝热直减率(0.98 ℃/100 m)，则大气层结处于绝对不稳定状态，这种层结结构通常在夏天晴天情况下出现在大气边界层的底部;如果环境大气温度直减率小于湿绝热直减率，则大气层结为绝对稳定;如果大气温度直减率介于干绝热和湿绝热直减率之间，则称大气处于条件不稳定状态。在暖季，晴天午后的大气边界层处于充分混合状态，其温度直减率大致与干绝热直减率相当。雷暴发生的层结不稳定条件通常要求大气对流层的一部分处于条件不稳定或干绝热直减率状态。

水汽是雷暴的燃料，当水汽随云底上升气流进入雷暴云中，在凝结成云滴或凝华形成冰晶时潜热释放出来，驱动了雷暴内的上升气流。水汽大多数情况下来自于大气低层。

通常用一些热力对流参数来表示大气层结不稳定和水汽的综合效应，如抬升指数 LI、K 指数和 SI 指数等。用来衡量热力不稳定大小的物理含义最清晰的参数是对流有效位能(CAPE)和对流抑制(CIN)。CAPE 是气块在给定环境中绝热上升时的正浮力所产生的能量的垂直积分，是对流潜在强度的一个重要指标。在温度对数气压 T-ln$p$ 图上，CAPE 正比于气块上升曲线和环境温度曲线从自由对流高度(LFC)至平衡高度(EL)所围成的区域的面积(图 3.14)。在浮力的估计方面，CAPE 较其他指数更加可靠，因为其他指数只取决于一定层次的资料(例如:K 指数仅使用 850、700 和 500 hPa 的资料)，从而使得其他指数资料常产生计算上的严重失真。因此，应当极力推荐使用 CAPE 而不是其他指数去估计浮力。另外，除了 CAPE 外，在图 3.14 中自由对流高度以下的负浮力区域面积的大小称为 CIN，也是一个重要的对流参数，抬升力必须克服 CIN 大小的负浮力才能将气块抬升到自由对流高度。

---

* 1 节(knot)=0.5 m/s

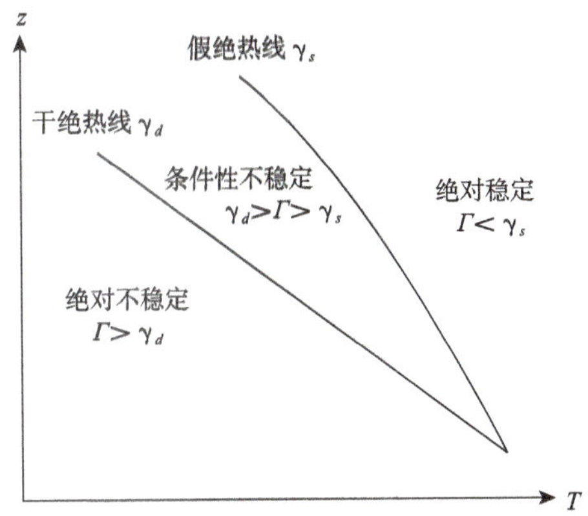

图 3.13　大气垂直层结稳定度

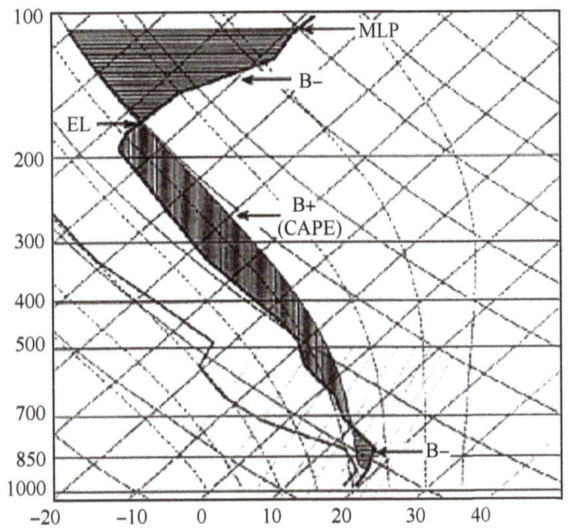

图 3.14　斜 T-ln$p$ 图上正负能量区和 CAPE 示意图

在强对流天气预报中的另一个重要参数是垂直风切变。比较常用的两个参数是深层垂直风切变和低层垂直风切变。深层垂直风切变指的是 6 km 高度和地面之间风矢量之差的绝对值，低层垂直风切变指的是 1 km 高度和地面之间风矢量之差的绝对值。

需要指出的是，对流稳定度和垂直风切变主要根据探空进行分析，我国探空站平均间隔 200～300 km，时间上每隔 12 小时一次，时空分辨率太粗。为了使探空数据对于某一对流天气事件具有指示性，一般要求事件发生时间距探空时间不超过 4 小时，事件发生地点距探空地点不超过 150 km。探空进行的标准时间为北京时间 08 点和 20 点，而对流活动多发生在下午和傍晚。如果假定早上 08 点探空状态保持不变判断下午和傍晚的对流潜势是很困难的，误判的可能性很大。图 3.15 比较了上海宝山站 2005 年 9 月 21 日 08 点和 14 点探空（14 点探空是临时的加密探空）的 T-ln$p$ 图，可以看出 08 点和 14 点的探空的 CAPE 值相差很大。08 点探空 CAPE 值很小（332 J/kg），而 CIN 较大，表示大气的对流不稳定很弱，而 14 点探空显示的 CAPE 非常大（6871 J/kg），CIN 几乎为 0，表示强烈的对流不稳定。

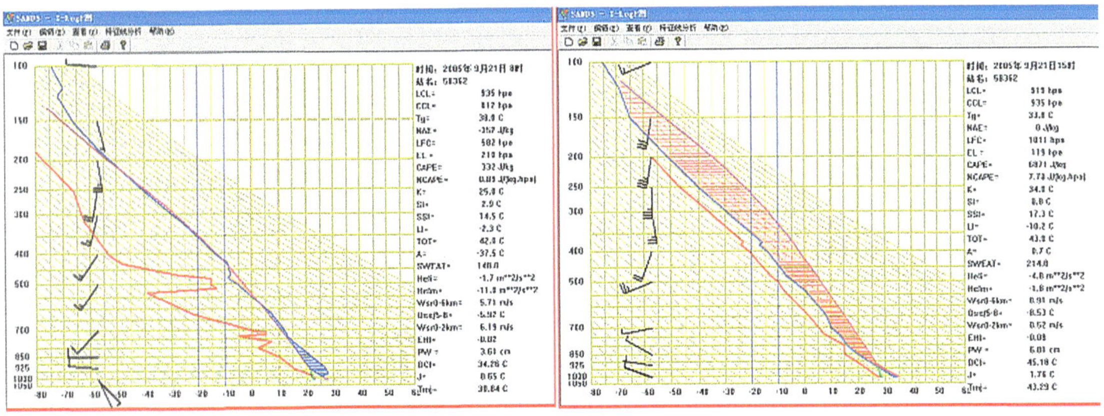

图 3.15　2005 年 9 月 21 日上海宝山探空站 08 点和 14 点的 T-ln$p$ 图

解决上述问题的一个办法是增加 14 点探空。在无法增加 14 点探空的情况下，还有两种可以选择的方法。在上述标准的计算 CAPE 的程序中，我们假定一个具有当时地面温度和湿度的气块由地面开始绝热上升。在大气中的平流过程不明显时，早上到午后大气温湿层结的变化主要发生在大气边界层，此时可以假定气块具有 08 点时大气边界层内的平均湿度和估计的午后地面最高温度，该气块自地面绝热上升的 CAPE 值对于午后和傍晚发生雷暴可能性具有更好的指示性（图 3.16）。在有天气系统过境导致的平流过程比较明显时，特别注意高空干冷平流和低空的暖湿平流，这种微差温度平流可以导致大气层结从上午的弱稳定或中性迅速演变为下午的强烈不稳定。另外一个选择是根据快速更新的客观分析系统的分析场计算 CAPE 值。需要注意的是，目前客观分析中湿度场还是有比较大的误差，这会在很大程度上影响 CAPE 值的精度。因此判断一个客观分析场是否能用来计算 CAPE 值需要首先将大量个例的计算结果与探空比较，只有通过了严格的检验才能使用。垂直风切变除了从探空计算外，也可以从客观分析的数据计算，还可以从模式预报的风场计算。另外，如果有风廓线仪资料，将可以给出高时间分辨率的大气垂直风切变演变情况。图 3.12 给出了美国国家天气局风暴预报中心根据 1 小时循环周期的 RUC 系统的客观分析计算的地面到 6 km 高度垂直风切变的水平分布图。目前，美国国家天气局风暴预报中心广泛使用短期有限区域集合预报产品辅助制作强对流天气潜势预报，图 3.17 给出了 2007 年 5 月 6 日 03 时（世界时）美国地区 CAPE 超过 2000 J/kg 的概率分布叠加集合预报各成员 CAPE 平均值的分布（左图）和低层 1.5 km 大气的垂直风切变超过 10^{-3}/s 叠加集合预报各成员垂直风切变平均值的分布（右图）。

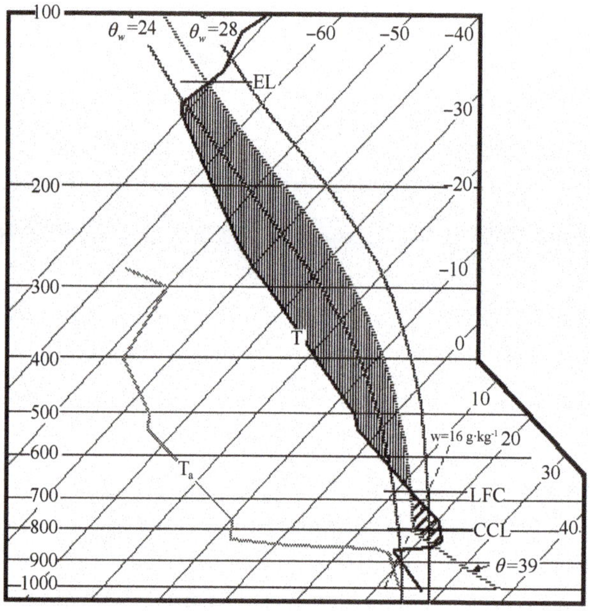

图 3.16　假定气块具有 08 点时大气边界层内的平均湿度和估计的午后地面最高温度，该气块自地面绝热上升的 CAPE 值对于午后和傍晚发生雷暴可能性具有更好的指示性

在雷暴和强对流天气短时临近潜势预报中，除了上述关于 T-ln$p$ 图和垂直风切变的分析外，主观分析的另一项重要内容是每隔 1 小时一次的地面图分析，重点确定地面边界（即不同气团之间的界面，包括锋面、干线以及雷暴的出流边界（阵风锋）等）以及温度脊和湿度舌。地面温度脊和湿度舌每隔 1 小时更新一次可以不断对探空的 CAPE 和 CIN 进行订正，而地面边界的确定可以判断在哪些地方可以有中尺度辐合上升提供雷暴的触发机制。图 3.18 给出了这样的地面图分析的一个示例。

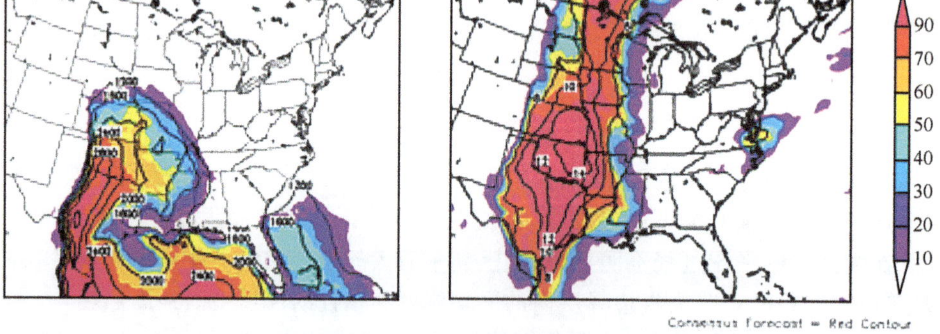

图 3.17　2007 年 5 月 6 日 03 时（世界时）美国地区 CAPE 超过 2000 J/kg 的概率分布叠加集合预报各成员 CAPE 平均值的分布（左图）和低层 1.5 km 大气的垂直风切变超过 10^{-3}/s 叠加集合预报各成员垂直风切变平均值（×1000）的分布（右图）

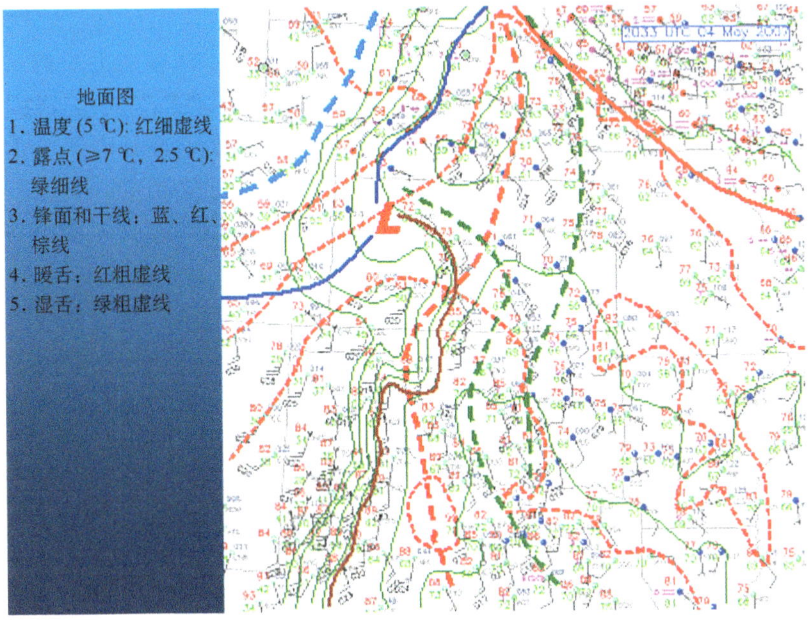

图 3.18　强对流天气潜势短时临近预报地面图分析示例

3.3　雷暴发生和演变的短时临近预报

3.3.1　对流天气系统的一些基本概念

对流系统通常由一个或多个对流单体组成，对流单体水平尺度从 1～2 km 的积云塔到几十千米的积雨云系。一个对流单体通常以一块紧密的雷达反射率因子区或造成深对流的强上升气流区为标志。单体概念不是一个非常严格的概念，它的定义有一定的模糊性，因为任何所谓的单体内还有更精细的结构。对流单体分为普通单体和超级单体。超级单体是一种非常强烈的相当稳定的对流单体，伴随着强烈的灾害性天气。对流风暴可以由一个对流单体组成，也可以由多个对流单体组成。后者占绝大多数。由单个单体构成的对流风暴分为普通单体风暴和孤立的超级单体风暴。由多个单体构成的对流风暴也分为两类：团状分布的称为多单体风暴，线状分布的称为线风暴或飑线。

因此，对流风暴可以分为以下四类：1)普通单体风暴；2)多单体风暴；3)线风暴(飑线)；4)超级单体风暴。前三类风暴既可以是强风暴也可以是非强风暴，而第四类风暴一定是强风暴。需要指出的是，上述分类并不满足相互排它的原则。多单体风暴和飑线中的某一对流单体可以是超级单体。尽管广义上的多单体风暴可以含有超级单体，一般来讲，当我们谈到多单体风暴时，通常指全部由普通单体构成的多单体风暴。当我们说超级单体风暴时，可以指孤立的超级单体风暴，也可以指包括超级单体在内多个单体构成的风暴，其中超级单体占支配地位。在多普勒天气雷达出现之前是根据时间上的持续稳定对超级单体作出定义的。近年来，随着多普勒天气雷达的普及，人们发现超级单体风暴具有区别于其他类型风暴的独特的动力学特性：它总是伴随着一个持久深厚的中气旋。最新的分类方法倾向于将对流风暴分为超级单体风暴和非超级单体风暴两大类。但从业务应用的角度考虑，采用传统的分类方法更方便一些。因此，在本章的论述中，仍采用传统的分类方法。

观测和数值模拟研究均表明，对流风暴动力结构(风暴种类)及风暴潜在的影响力很大程度上取决于环境的热力不稳定(浮力)、风的垂直切变和水汽的垂直分布三个因子。由于浮力决定了垂直方向上空气的加速程度，因此它与对流风暴强度直接相关。垂直风切变有利于对流风暴发展、加强和维持，从而决定了风暴类型的演变和发展(比如对流是否能够发展成为超级单体风暴)。另外，对流风暴和环境的相互作用也会影响风暴的强度和组织。例如，一个相当弱的对流风暴在与边界(即某种不连续面如锋面、干线、风切变线和边界层辐合线等)相互作用时会出现爆发性发展。因而，系统之间的相互作用很大程度上能够改变对流风暴以及与之相互作用的环境。

对流风暴运动可以从先后的雷达回波图进行估计，对于由多个单体构成的对流系统，其运动（即雷达回波的移动）是平流和传播的合成（图 3.19）。由于对流风暴由流动的气流组成，因此风暴具有平流运动，其中单个风暴单体是随着风暴承载层的平均气流方向而平流的。在风暴某侧由新生单体引发的风暴运动称为传播。由于传播效应，风暴整体运动偏离风暴单体的运动方向。传播方向常常是新上升气流发展的方向。因此，如果已知风暴承载层的平均风和风暴运动，那么产生新生单体的区域也就能够确定了。传播运动受以下因子影响：1)风暴的内部特征，例如动力强迫和风暴引起的阵风锋辐合；2)与风暴相互作用的外部环境特征，例如初始热力/湿边界、风辐合线和地形特征等。超级单体风暴也有传播现象，它是由上升气流和环境垂直风切变之间的动力学相互作用引起的。超级单体风暴的传播看上去是连续的，或者可以认为超级单体中上升气流脉动之间的时间间隔很短以致看上去是连续的，超级单体的连续传播使得多数情况下超级单体向风暴承载层平均风向的右侧移动，移动速度小于平均风速。

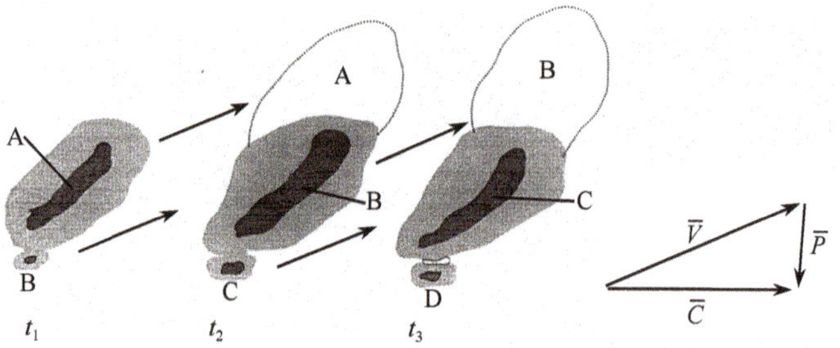

图 3.19 多单体风暴的风暴平流、传播和风暴运动的关系示意图

3.3.2 雷暴生成和演变的短时临近预报

雷暴的生成需要三个基本条件：1)垂直不稳定；2)水汽；3)抬升机制。水汽条件多数情况下可以满足。我们重点考察垂直不稳定和抬升条件。

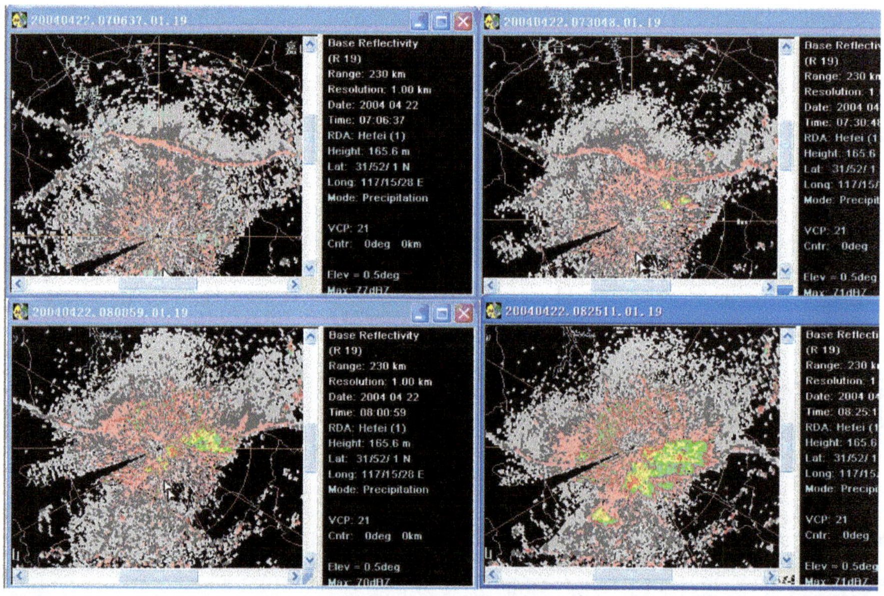

图 3.20 合肥 CINRAD-SA 雷达观测的 2004 年 4 月 22 日安徽一次干冷锋过程的 0.5°仰角反射率因子图

关于抬升条件，我们首先需要引入边界层辐合线或边界的概念。边界层辐合线或边界代表大气边界层内任何形成的气象要素不连续的界面，如锋面、干线、海陆风辐合线、雷暴的外流边界等。沿着这些边界往往有辐合上升运动，因此雷暴倾向于在边界（即边界层辐合线）附近生成。图 3.20 给出了一个具体的例子，是 2004 年 4 月 22 日发生在安徽的一次干冷锋过程。左上图是 15:06，显示一条干冷锋，没有降水和雷暴。15:30，在干冷锋的南方不远处（大约 10 km）的暖湿区域有雷暴出现（右上图）。16:00 上述

雷暴继续在干冷锋附近发展(左下图)，到了 16:25(右下图)，雷暴变得很强，产生了强冰雹和地面大风。

上面指出雷暴倾向于沿着边界生成，但边界有时很长，雷暴究竟在边界的哪一点生成还是无法确定。确定雷暴在边界的哪个部位生成有两点线索：一是容易在两条边界相交的地方生成，二是需要确定沿着边界各个区域的大气垂直稳定度，雷暴显然应该在对流不稳定的区域生成。

图 3.21 显示了一个诊断分析的结果。当两条边界相遇时，原本各自只有 3 m/s 的上升速度，相遇后迅速增加到 12 m/s。图 3.22 显示当一条东西向的雷暴外流边界向南移动过程中，当它移过南北方向的水平对流卷时，原是积云构成的对流卷都转变成了雷暴。图 3.23 给出了另外一个例子，该例子中一个孤立雷暴的外流边界与海陆风的辐合边界相遇，在相遇的地方新的雷暴单体生成。

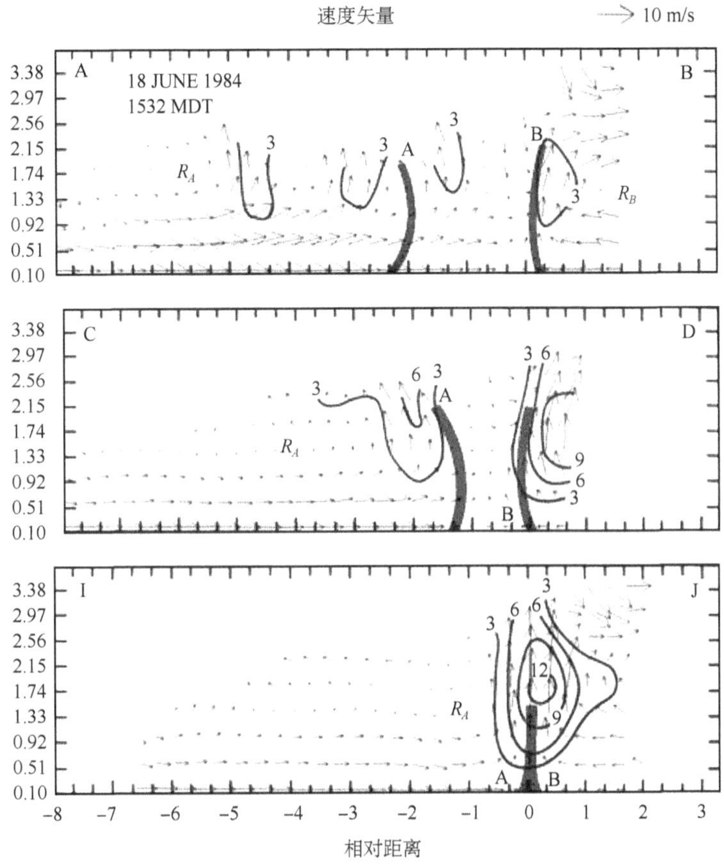

图 3.21　两条边界相遇垂直速度增加(Mahoney 1988)

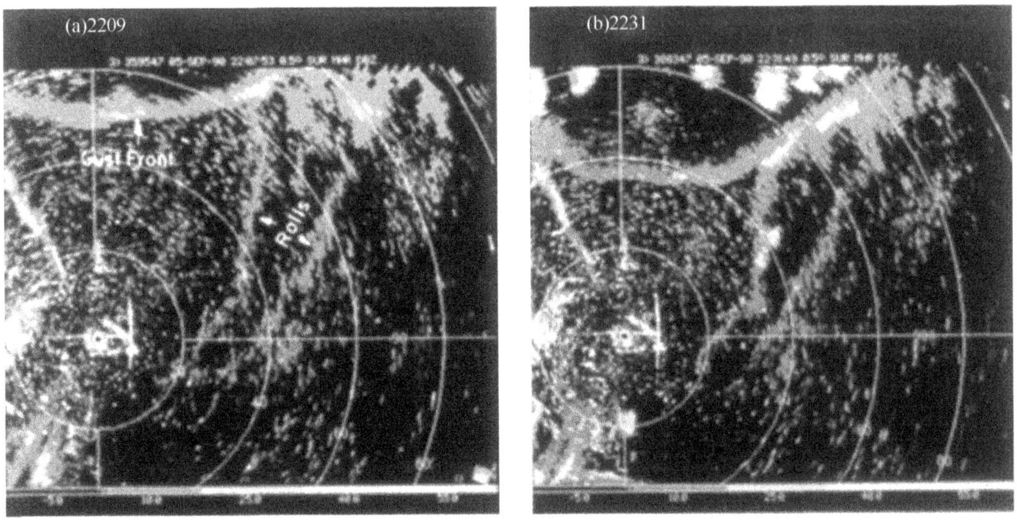

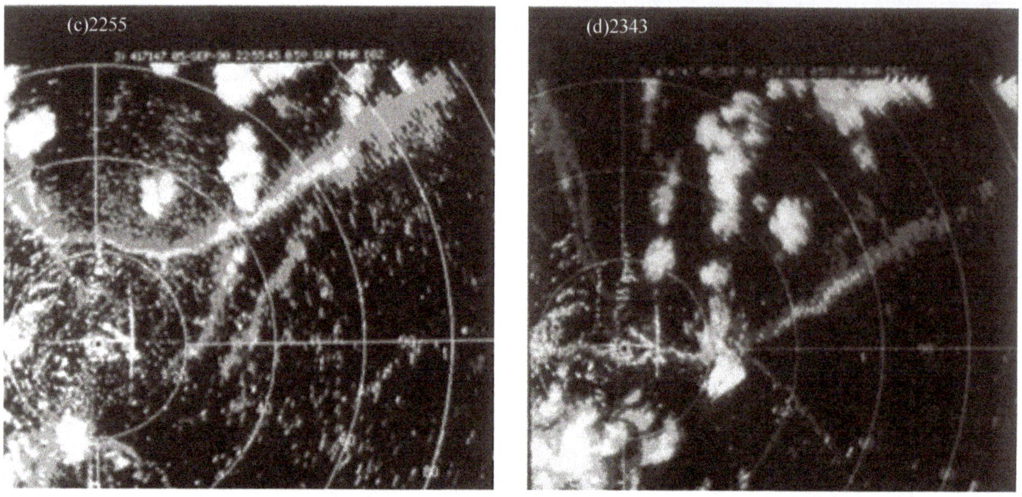

图 3.22 一条东西向的雷暴外流边界向南移动过程中将原本积云状态的南北向的水平对流卷变成了雷暴(Wilson 等 1993)

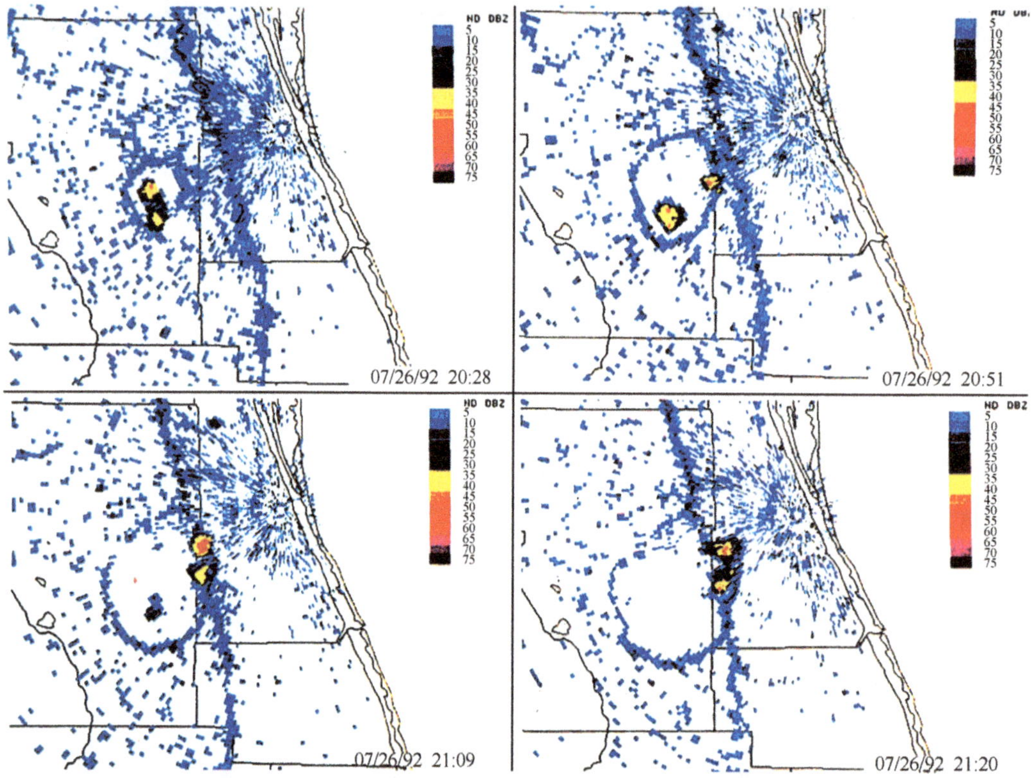

图 3.23 雷暴外流边界与海陆风边界相遇，有新的雷暴生成

虽说沿着边界雷暴容易生成，但必须相应位置处具有垂直不稳定才会有雷暴。由于探空的时空分辨率太低，有时需要用其他办法得到垂直稳定度的信息。一个办法是在静止气象卫星云图上识别积云的区域，有积云就说明有垂直不稳定。也就是说，如果在雷达或云图识别的边界的某个区域有积云存在，则该区域出现雷暴的可能性较大。图 3.24 给出了在可见光云图上识别积云的例子。另外，雷达算出的累积雨量可以确定下过雨的区域，在该区域内由于下雨将不稳定能量释放，短时间内再出现雷暴的可能性不大。

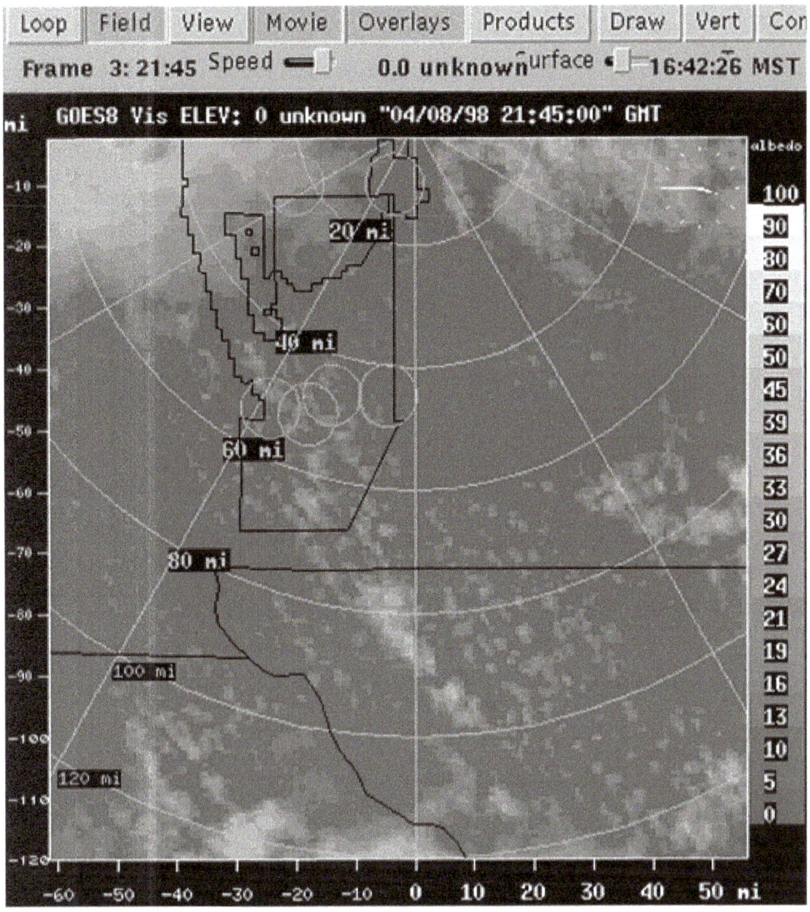

图 3.24　积云的出现指示大气是垂直不稳定的，尽管无法知道不稳定的大小和垂直深度。利用静止气象卫星红外和可见图像可以监视积云的发展，从而得到大气垂直稳定度信息(Wilson 等 1993)

上面谈的是雷暴生成的短时临近预报，下面介绍雷暴生成后如何演化的临近预报。除了用外推(见 3.10 节)作为基本方法外，还需要判断雷暴的增强和减弱。首先，如果两个雷暴合并，则雷暴会加强，另外雷暴如果遇到边界，通常雷暴也会加强。如果雷暴自身产生的外流边界逐渐远离雷暴，则该雷暴通常会趋于消散，如图 3.23 所示。如果雷暴的外流边界始终与雷暴保持大致固定的距离，则雷暴的强度将可能维持不变或增强。图 3.25 是 2002 年 8 月 24 日合肥雷达观测到的一次飑线过程，可以看到飑线中部出流边界逐渐远离飑线中部，飑线中部的雷暴逐渐衰减，而飑线两侧出流边界与雷暴主体距离一直保持较近，其后的雷暴强度变化不大。

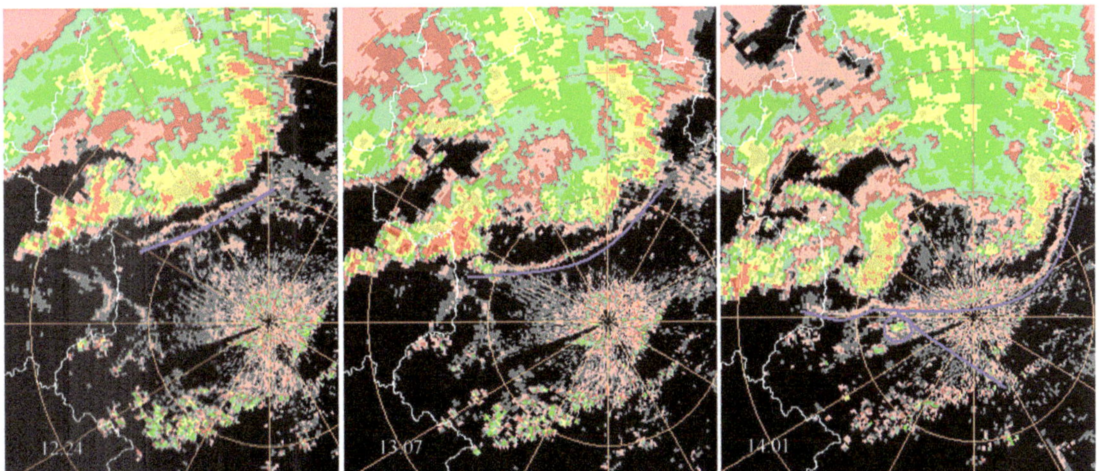

图 3.25　2002 年 8 月 24 日 12:24、13:07 和 14:01 时刻安徽合肥雷达 0.5°仰角反射率因子图

影响雷暴发展的另一个因素是低层垂直风切变与边界移向的关系。如图 3.26 所示，在上图，边界从左向右移动，低层环境风垂直切变风向与边界移动方向相同，这种情况可以使雷暴垂直发展，有利于雷暴的生成和发展。下图中边界从右向左移动，低层环境垂直风切变方向与边界移动方向相反，气流上升时容易发生倾斜，不利于雷暴的生成和发展。

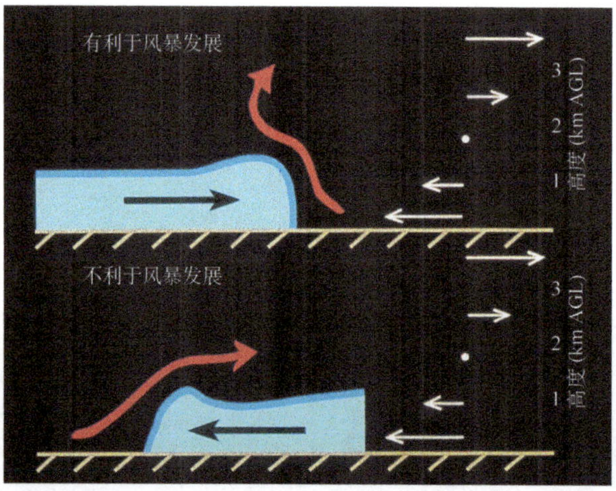

图 3.26 边界移动方向和低层垂直风切变方向与雷暴发展的关系(Muller 等 2003)

另外，我国新一代天气雷达具有一系列的算法，其中一个重要算法称为雷暴单体识别与跟踪算法(Johnson 等 1998)。它识别每一个强度超过 30 dBz 的雷暴单体，并且可以给出该单体目前质心所在的水平位置、该单体在过去一段时间内每隔 15 分钟的位置，并预报该单体在未来 1 小时内每隔 15 分钟的质心位置。该预报只是单体路径的外推预报，不能预报单体强度和大小的变化。图 3.27 是一个例子。图中 A0 为识别出的单体的编号，小的白色空心圆圈代表单体目前质心的位置，白色线段上的"＋"代表算法预报的未来 1 小时内雷暴单体每隔 15 分钟的位置。折线上的实心白色圆点代表在过去时段内该单体质心每隔 15 分钟的位置。

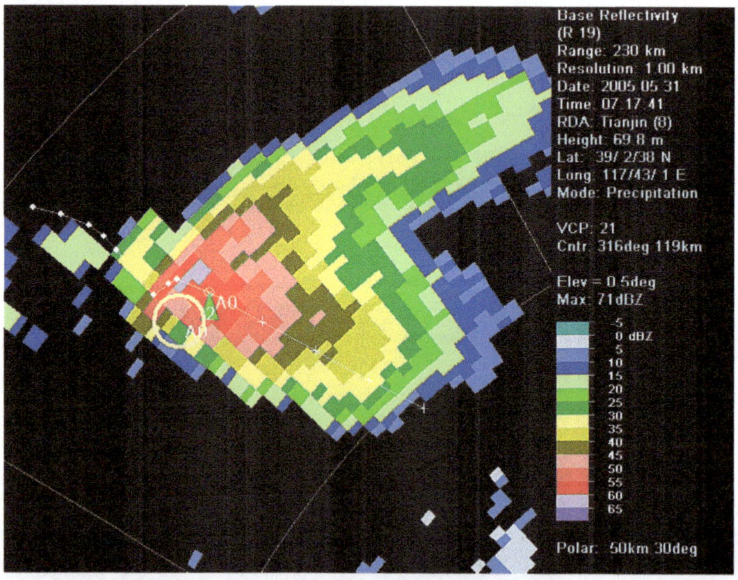

图 3.27 2005 年 5 月 31 日 15:17 天津塘沽雷达 0.5°仰角反射率因子图，其上叠加了风暴路径信息、冰雹指数和中气旋

上述以边界层辐合线(边界)为主要线索的雷暴生成和演化的预报只适合于起源于大气边界层的雷暴。有些雷暴是高空起源的，例如由没有伸展到地面的高空锋触发的高架雷暴，或由重力波触发的雷暴，对于这些雷暴的生成和演变的预报，还没有很好的思路。

地形在雷暴的生成和演化过程中也起重要作用。图 3.28 给出了北京 SA 雷达 2006 年 7 月 9 日 21:38(北京时间)0.5°仰角的反射率因子(左图),对比右图的地形可以看出雷暴沿着北京西北部的燕山和河北太行山的迎风坡生成和发展。从当日 20 点北京的探空数据可以看到具有明显的对流有效位能。低层山前从河北到北京为东南风和东风,高空气流较弱,气块沿着山脉迎风坡上升触发雷暴沿着山脉迎风坡生成。

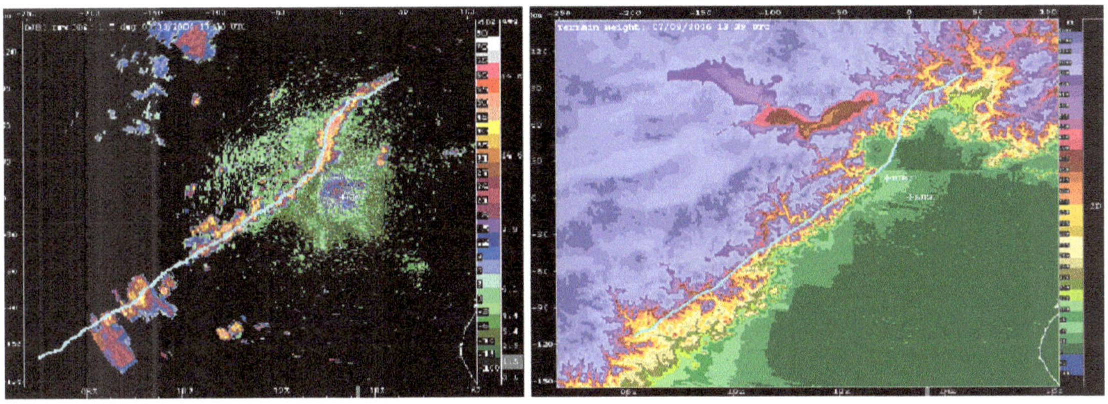

图 3.28　2006 年 7 月 9 日雷暴沿着燕山和太行山迎风坡生成

3.4　中气旋

中气旋是与强对流风暴相联系的最重要的雷暴尺度速度场特征。自 20 世纪 70 年代以来,多普勒天气雷达先是在研究中使用,后来随着 WSR-88D 在美国全国的布网而开始在业务中广泛使用。对流风暴的径向速度回波资料逐步积累,从较大范围的径向速度场特征可以判断环境风场随高度变化情况,

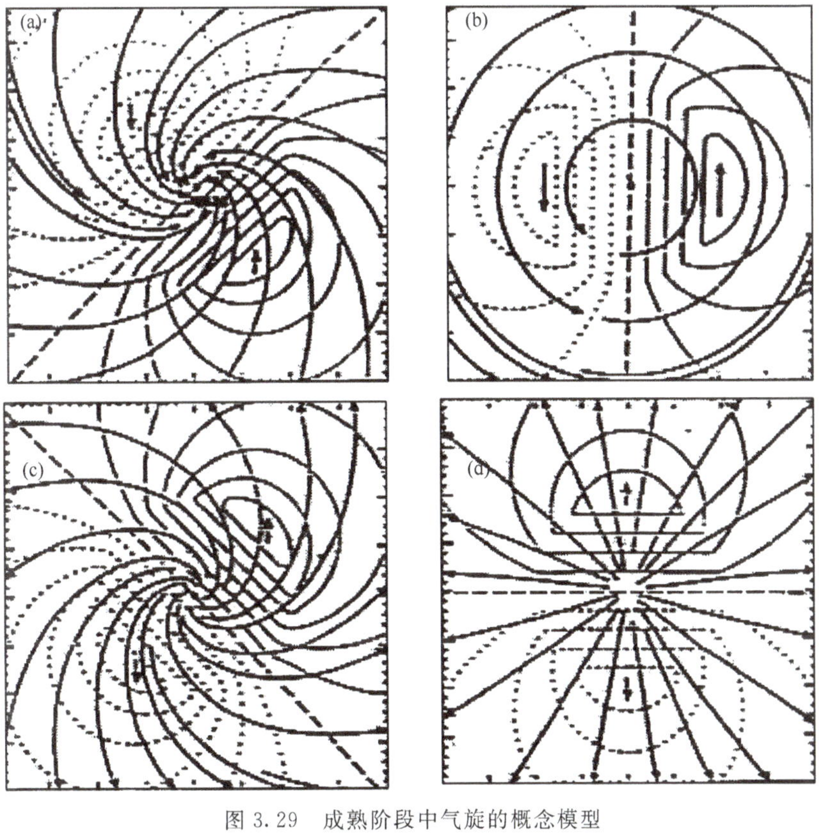

图 3.29　成熟阶段中气旋的概念模型

(a)辐合气旋旋转,(b)纯气旋旋转,(c)辐散气旋旋转,(d)纯辐散

对于确定风场环境是否有利于强对流风暴的发展非常有用。小尺度的径向风速特征如旋转、辐合和辐散可用来判断对流风暴的强弱和进一步的发展趋势。超级单体风暴是对流风暴中最为猛烈的。大量观测和数值模拟表明(Lemon 等 1979，Klemp 1987)，超级单体风暴总是与径向速度场上称为“中气旋”(Fujita 1963)的小尺度涡旋相伴随，这个“中气旋”与最早由 Brooks(1949)通过分析龙卷周围的地面气压场得出的龙卷母气旋基本上是同一个概念。为了业务上使用中气旋来预警强对流风暴和龙卷，美国国家天气局制定了中气旋识别判据(俞小鼎等 2006a)，要求在速度切变、垂直伸展和时间持续性三个方面都满足一定指标的小尺度涡旋才能被认定为中气旋。中气旋分为强、中等和弱三个等级。一旦识别出中气旋，要立即发布强对流天气警报。在出现中气旋时，强冰雹、龙卷和雷雨大风三种强对流天气中至少出现一种的概率在 90%以上。中气旋往往最先出现在超级单体风暴的中层，然后分别向上下发展，但也并非总是如此。图 3.29 给出了成熟阶段中气旋的概念模型。在对流风暴的低层，风场特征为辐合型气旋式旋转(图 3.29(a))，中低层为纯粹气旋式旋转(图 3.29(b))，中高层为辐散型气旋式旋转(图 3.29(c))，高层风暴顶为纯粹辐散(图 3.29(d))。

在我国一些地区新一代天气雷达开始应用以来，观测到不少超级单体及其相应的中气旋个例(廖玉芳等 2003，郑媛媛等 2004，俞小鼎等 2006，廖玉芳等 2007a，b，俞小鼎等 2008，姚叶青等 2008)，每个个例都产生了强烈天气，主要是灾害性大风、大冰雹和龙卷。这些个例中的一些超级单体中气旋的结构与图 3.29 中的概念模型基本相符。

3.5 强冰雹的短时临近预报

冰雹是我国分布最广的一种对流性灾害天气，总的来说，高山和高原地区的冰雹较多，平原特别是东南沿海地区冰雹发生较少，但极端的强冰雹事件通常发生在平原地区。冰雹成灾的程度与冰雹大小有密切关系，冰雹越大，成灾的可能性越大。通常将落到地面上直径超过 2 cm 的冰雹称为大冰雹或强冰雹。

3.5.1 强冰雹产生的环境背景

冰雹是由雷暴产生的，因此产生雷暴的三个必要条件——垂直层结不稳定、水汽和抬升机制当然也是冰雹产生的必要条件。强冰雹的产生要求有比较强的持续时间较长的上升气流，因为只有在这个条件下冰雹才有可能长大。较长持续时间的雷暴内强上升气流的形成要求环境的对流有效位能和垂直风切变较大。另外，环境温度 0 ℃层到地面的高度也不宜太高，否则空中的冰雹在降到地面过程中可能融化掉大部分或者完全融化掉。

美国的强对流预报人员总结出有利于强冰雹产生的三个关键因子：1) −10～−30 ℃层之间的 CAPE；2)深层垂直风切变，通常用地面以上 6 km 高度和地面之间的风矢量差来表示；3)0 ℃层到地面的高度。如果 1)和 2)都较大，而 3)不是太大，则强冰雹的潜势就比较大。图 3.30 给出了由美国国家天气局风暴预报中心根据快速数据融合模式 RUC 的输出计算的美国某一区域的−10～−30 ℃层之间的 CAPE 值、0～6 km 深层垂直风切变和 0 ℃层高度的分布图。

我国目前尚没有可靠的快速数据融合系统提供类似上述图 3.30 中的参数分布，但预报当天强冰雹潜势的主要思路仍然是从较大的对流有效位能、较强的深层垂直风切变和不太大的 0 ℃层到地面高度这三个方面来考虑。特别是在上午得到 08 时(北京时)探空资料后估计午后的强冰雹潜势时，一定要考虑到大气边界层的日变化，另外特别要注意有无明显的平流过程，如高空强烈冷平流和低空暖湿平流会使原本弱不稳定或中性的大气变得非常不稳定。

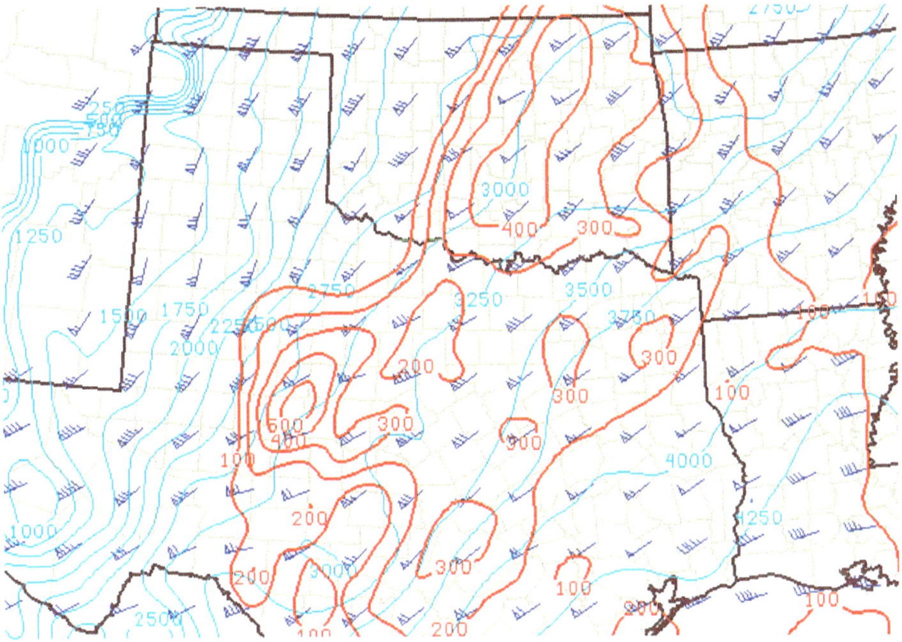

图 3.30 美国天气局风暴预报中心提供的美国某一区域的－10～－30 ℃层之间的 CAPE 值（红色）、0～6 km 深层垂直风切变（单位：节）和 0 ℃层（融化层）高度（单位：m）分布图

3.5.2 强冰雹的多普勒天气雷达探测和预警

3.5.2.1 高悬的强回波

产生大冰雹的强对流风暴的最显著的特征体现在反射率因子高值区向上扩展到较高的高度。具体地讲，如果－20 ℃等温线对应的高度之上有超过 50 dBz 的反射率因子，则有可能产生大冰雹。相应反射率因子的值越大，相对高度越高，产生大冰雹的可能性和严重程度越大（Knupp 1987）。一般而言，如果 50 dBz 的回波扩展到－20 ℃等温线以上高度（图 3.31），同时 0 ℃层距地面的高度不超过 4.5 km，可以考虑发布强冰雹预警。

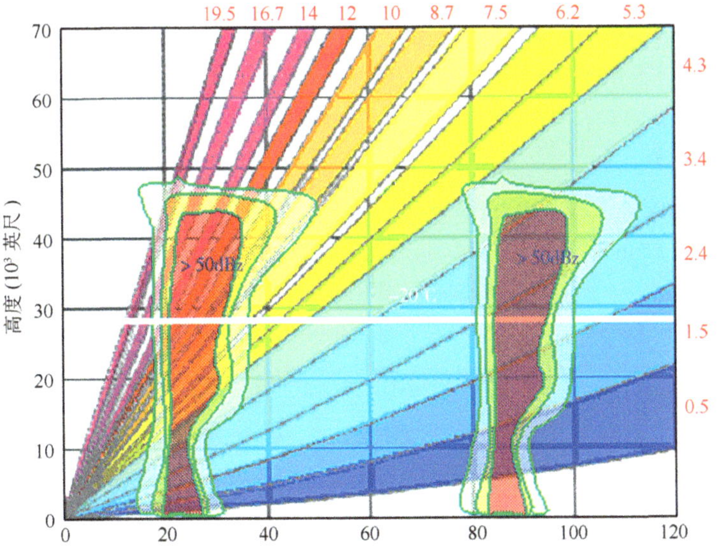

图 3.31 雹暴的基本特征“高悬的强回波”判据示意图

---

* 1 英里(mile)＝1.609 km

图 3.32 根据在加拿大观测的数据给出了 50 dBz 最大高度、0 ℃层距地面的高度与冰雹直径之间关系的散点图。总体上看，50 dBz 扩展到的最大高度越大，冰雹直径越大；当 0 ℃层距地面的高度增加时，则要降同样直径的冰雹需要 50 dBz 最大高度也增加。但个例之间差异很大，例如图上 3 个 6 cm 以上直径降雹个例中，2 个个例 50 dBz 最大高度在 11 km 左右，而第三个个例中 50 dBz 最大高度只有 8.3 km，3 个个例中 0 ℃层距地面的高度都在 3 km 左右。从图上注意到，在所有降雹直径在 2 cm 以上的个例中，0 ℃层距地面的高度都不超过 4.1 km。需要指出的是，图 3.32 是根据在加拿大的一些观测给出的图，并不能代表我国各地的情况。因此，在每一个地区，都可以根据当地的数据制作一幅与图 3.32 类似的图，对当地的冰雹预警是非常有参考价值的。

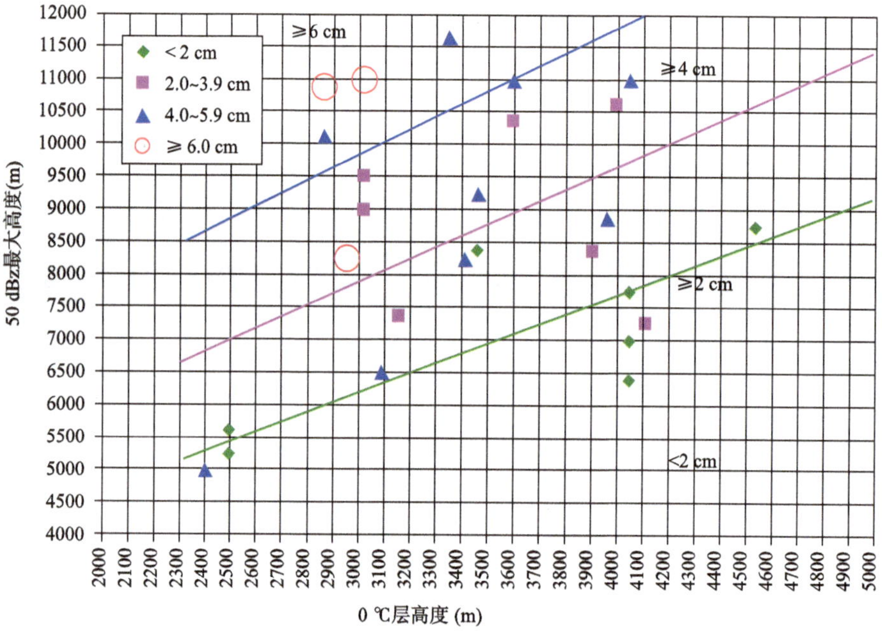

图 3.32 50 dBz 高度、0 ℃层距地面的高度与冰雹直径之间关系的实测数据散点图

（由 Paul Joe 提供，私人通信）

大冰雹形成要求的强烈上升气流速度多数情况下在中等以上垂直风切变情况下才能达到。有时在较弱垂直风切变情况下也可以产生大冰雹，此时产生强对流天气的雷暴称为脉冲风暴。脉冲风暴通常是多单体风暴，其中一个或几个单体可以发展为强单体，其主要特征是初始回波高度比较高，通常在 6～9 km之间，回波中心强度超过 50 dBz。脉冲风暴可以产生边际尺度（1.5～2.0 cm 左右）的大冰雹，但持续时间较短，预警相对困难。

根据上述思路美国国家强风暴实验室（NSSL）开发了冰雹探测算法 HDA（Witt 等 1998）。主要内容如下：

首先定义冰雹动能（E）的通量值（Waldvogl 等 1978a，1978b）：

$$E=5\times10^{-6}\times10^{0.084Z}W(Z) \tag{3.1}$$

其中

$$\text{对于 } Z\leqslant Z_L \qquad W(Z)=0$$

$$\text{对于 } Z_L<Z<Z_U \qquad W(Z)=\frac{Z-Z_L}{Z_U-Z_L}$$

$$\text{对于 } Z\geqslant Z_U \qquad W(Z)=1$$

Z 的单位是 dBz，E 是 $\mathrm{J/(m^2\cdot s)}$，权重函数 $W(Z)$ 可被用来定义雨和冰雹反射率因子的转换区。此算法的缺省值初始设定为 $Z_L=40$ dBz 及 $Z_U=50$ dBz（是可调的）。

然后使用以温度为权重的垂直积分。由于冰雹增长只发生在温度<0 ℃，并且大冰雹的增长大都发生在−20 ℃或更低的温度（English 1973，Browning 1977，Nelson 1983，Miller 等 1988）。使用下列基于温度的权重函数：

$$
\begin{aligned}
&\text{对于} \quad H \leqslant H_0 \quad && W_T(H)=0 \\
&\text{对于} \quad H_0 < H < H_{m20} \quad && W_T(H)=\frac{H-H_0}{H_{m20}-H_0} \qquad (3.2)\\
&\text{对于} \quad H \geqslant H_{m20} \quad && W_T(H)=1
\end{aligned}
$$

其中 H 是相对雷达的高度(ARL)，H_0 是环境融化层的 ARL 高度，H_{m20} 是 −20 ℃环境温度的地面以上高度。H_0 和 H_{m20} 可从附近的探空或从其他高空数据决定(如数值模式产品)。

以上定义的值决定了下面的雷达导出参数，称为强冰雹指数。定义为：

$$SHI = 0.1\int_{H_0}^{H_T} W_T E \mathrm{d}H \qquad (3.3)$$

其中 H_T 是风暴单体顶的高度。SHI 的单位是 J/(m·s)。

为了检测 SHI 作为强冰雹预报指数的有效性，用位于美国俄克拉荷马州和佛罗里达州的 *WSR-88D* 雷达基数据分析了 10 个强风暴日。处理过程是用雷达数据运行雷暴单体识别和跟踪算法 *SCIT* 和冰雹探测算法 *HDA*，并将算法产品与强冰雹报告作相关，强冰雹报告来自美国国家气候资料中心的风暴数据。检测程序如下：选择一"警报"阈值，然后对每个被识别的风暴单体，从第一个体积扫开始检查到最后一个体积扫，如果 SHI 值大于或等于警报阈值，单体的强冰雹预报为"Yes"，否则为"No"。如果预报为"Yes"并且单体附近一定空间范围和时间区间内有强冰雹报告，就算命中，否则为误报。如果预报为"No"并且单体附近一定空间范围和时间区间内有强冰雹报告，则为漏报。利用不同的阈值，检验 10 个风暴日的强冰雹预报评分(*POD*，*FAR* 和 *CSI*)。其中 8 个风暴日的检验结果表明，导致最高 *CSI* 值的最佳警报阈值与当日的融化层高度(0 ℃层高度)具有很好的相关(相关系数为 0.78)。从这些结果，确定了一个简单的警报阈值选择模型(WTSM)：

$$WT = 57.5H_0 - 121, \qquad (3.4)$$

其中 WT(J/(m·s))是警报阈值，H_0(km)是观测融化层的雷达以上高度。如果 $WT < 20$ J/(m·s)，则将 WT 设为 20 J/(m·s)。

考虑到 SHI 和 WT 在预报强冰雹时一般是成功的(总体 CSI 值>40%)，则算法开发的最后阶段是采用一合适的概率函数。由于用作建立算法的数据集太小，因此初始概率函数应十分简单以避免过于与数据拟合。通过反复试验，由 2 个风暴日(分别有最低和最高融化层)的检验结果导出了候选函数，并用可靠性图(对所有 10 个风暴日)来进行标定(Wilks 1995)。这种有限的初始分析得出了很好的(仅对用来建立算法的数据集)概率函数，其表达式如下：

$$POSH = 29\ln\left(\frac{SHI}{WT}\right) + 50 \qquad (3.5)$$

其中 $POSH$ 是强冰雹的概率。若 $POSH<0$，则置为 0，$POSH>100$，则置为 100。尽管式(3.5)有连续性特征，但实际算法采用四舍五入的方式只以 10% 的间隔输出结果，以避免传输现实的精度。注意当 $SHI=WT$ 时，$POSH=50\%$。

SHI 也被用来提供最大预期冰雹尺寸($MEHS$)的估计。用 10 个冰雹日中的 8 个强冰雹日的数据及 1992 年 6 月 18 日 Twim Lakes 的数据(共产生 147 个强冰雹报告)，开发了一个将 SHI 与最大冰雹尺寸联系起来的初始模型。此处理过程包括比较 SHI 值与观测到的冰雹尺寸。

由于所建立的冰雹尺寸模型是用于预报最大预期冰雹尺寸的，因此大约 75% 的观测到的冰雹尺寸小于相应的预报尺寸。类似上面建立强降雹概率模型，初始冰雹尺寸预报模型也是相当简单的，其表达式为：

$$MEHS = 2.54(SHI)^{0.5} \qquad (3.6)$$

其中，$MEHS$ 以 mm 为单位。为避免传递现实的精度，冰雹尺寸通过四舍五入按 0.25 英寸的间隔输出。

3.5.2.2　弱回波区和有界弱回波区

1970 年代后期，Lemon(1977)提出了一种在中等以上垂直风切变环境中识别雷暴内上升气流强弱的概念模型，受到美国强对流天气预警业务人员的欢迎。该模型强调风暴的三维结构。图 3.33 中的三张示意图，代表不同类型上升气流强度不同的风暴。对于多单体风暴，图中的风暴单体代表其中发展最强盛的风暴单体。每种风暴类型由高中低层反射率因子平面综合图和沿风暴低层入流方向通过回波单体核心的相应垂直剖面来表示。平面图上，阴影区表示低层回波反射率因子等值线，虚线表示中层回波强度超过 20 dBz 的范围，白色小圆点代表风暴顶的位置。线段 AB 给出相应垂直剖面的位置。图 3.33(a)所表示的风暴，上升气流强度不大，高中低层反射率因子高值区在垂直方向上相互重叠，没有倾斜，低层反射率因子四周梯度均匀，风暴顶位于低层反射率因子区域的中心，垂直剖面上没有弱回波区或有界弱回波区。图 3.33(b)对应非超级单体强风暴，低层反射率因子等值线在入流的一侧出现很大的梯度，风暴顶位于低层反射率因子在入流一侧的强梯度区之上，中层回波强度轮廓线靠低层入流一侧的下部出现弱回波区。也就是说，回波自低往高向低层入流一侧倾斜，呈现出弱回波区和弱回波区之上的回波悬垂结构。这一点从垂直剖面上可以看得更加清楚。图 3.33(c)对应超级单体风暴。此时，风暴低层反射率因子出现明显的钩状回波特征，入流一侧的反射率因子梯度进一步增大，中低层出现明显的有界弱回波，其上为回波悬垂，风暴顶位于低层反射率因子梯度区或有界弱回波区上空。上述概念模型代表三种不同类型风暴的反射率因子结构，即非超级单体非强风暴、非超级单体强风暴和超级单体风暴。这个概念模型同时也可代表超级单体风暴发展的三阶段模型。大多数对流风暴只发展到第一阶段就消亡了，一小部分对流风暴可以发展到第二阶段，成为非超级单体强风暴(大多为多单体强风暴)，只有极少数能够发展到第三阶段，成为超级单体风暴。根据上述概念模型，可以根据低层、中层和高层的对流风暴雷达回波反射率因子特征及其相互配置进行雷暴内上升气流强度的识别和预警。

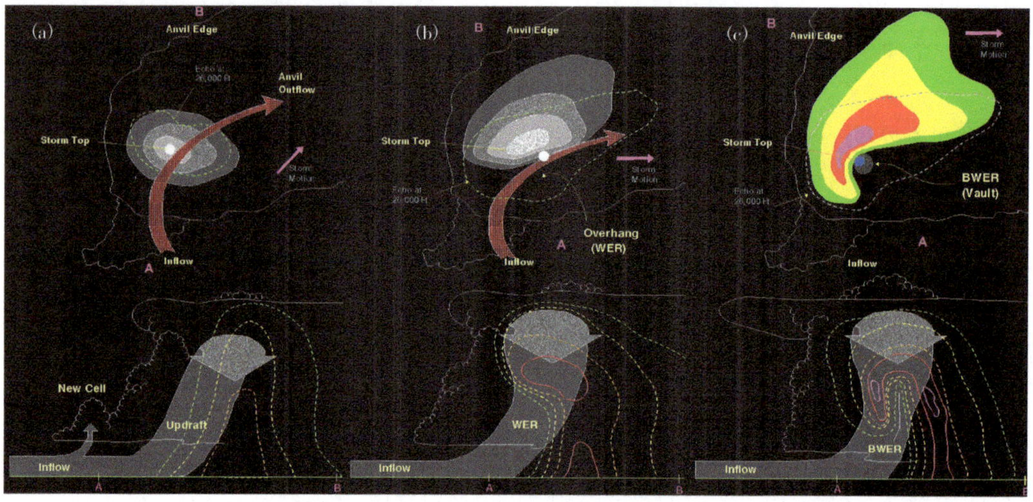

图 3.33　非强对流风暴(a)、非超级单体强对流风暴(b)和超级单体风暴(c)的反射率因子特征(Lemon 1977)

通常可以通过在屏幕上同时显示 4 幅不同仰角的反射率因子的形式来确定雷暴的结构和强弱，称为四分屏显示。图 3.34 给出了 2005 年 6 月 15 日凌晨发生在安徽北部强烈雹暴雷达回波的四分屏显示，分别为 6 月 15 日 00:16(北京时)0.5°、2.4°、6.0°仰角的反射率因子图和 1.5°仰角的径向速度图。注意到 0.5°(左上)和 6.0°(右下)仰角的反射率因子图上的双箭头指示同样的地理位置，在 0.5°仰角上，双箭头指向风暴的低层入流缺口，箭头紧前方是构成入流缺口的一部分低层弱回波区，而在 6.0°仰角，箭头紧前面是超过 60 dBz 的强回波中心，也就是说在低层与入流缺口对应的弱回波区之上有一个强回波悬垂结构。因此，通过这种四分屏显示方式，不必做垂直剖面就可以判断出对流风暴雷达回波的垂直结构。上述雹暴在 15 日 00:30 左右在安徽固镇降落了直径达 12 cm 的巨大冰雹。

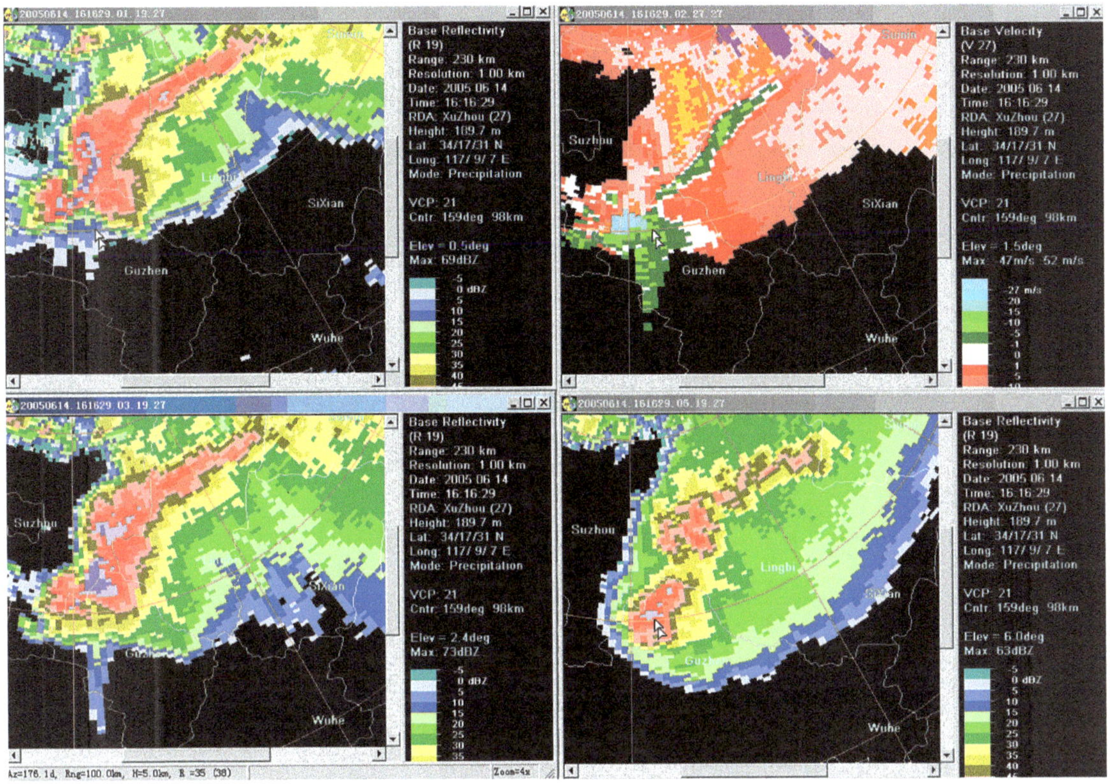

图 3.34　2005 年 6 月 15 日 00:16 徐州 SA 雷达显示的 0.5°(左上)、2.4°(左下)、6.0°(右下)仰角的反射率因子和 1.5°(右上)仰角的径向速度图(图中的双箭头指示同样的地理位置)

因此，对于大冰雹的雷达回波识别，除了第一条高悬的强反射率因子之外，在中等以上垂直风切变条件下可以进一步考虑雷暴回波的三维结构，通过四分屏显示方式判断有无低层反射率因子高梯度区、低层入流缺口、弱回波区、回波悬垂、有界弱回波区等代表强上升气流的特征。在第一个条件(50 dBz 最大高度在−20 ℃等温线高度以上，并且 0 ℃等温线距离地面高度不超过 4.5 km)满足的情况下，上述代表强上升气流的回波形态特征部分出现，则大冰雹的概率会明显增加，大冰雹警报的发出可以更果断。

3.5.2.3　三体散射

S 波段雷达回波中三体散射的出现表明对流风暴中存在大冰雹(Lemon 1998)。三体散射现象是指由于云体中大冰雹散射作用非常强烈，由大冰雹侧向散射到地面的雷达波被散射回大冰雹，再由大冰雹将其一部分能量散射回雷达，在大冰雹区向后沿雷达径向的延长线上出现由地面散射造成的虚假回波，称为三体散射回波假象。S 波段雷达回波中三体散射的出现是存在大冰雹的充分条件而非必要条件。C 波段雷达回波中出现三体散射的机会更多一些，但并不一定表明大冰雹的存在。在 C 波段条件下，小冰雹也有可能产生三体散射。在研究了数个三体散射个例后，Lemon(1998)指出，在观测到三体散射后的 10～30 分钟内地面有可能出现大于 2.5cm 的降雹，同时往往伴随有地面的灾害性大风。廖玉芳等(2003，2007c)对发生在我国的三体散射进行了全面的分析，发现除了 0 ℃层到地面距离非常高(超过 5 km)的情况，几乎所有三体散射个例都伴随有大冰雹。图 3.35 给出了 2006 年 4 月 9 日湖南永州 SB 雷达观测到的一个非常明显的三体散射个例，相应的雹暴也产生了 10 cm 直径的冰雹。因此，三体散射的出现可以作为大冰雹预警的一个重要指标，在三体散射出现时，除非 0 ℃层到地面的距离超过 5 km，否则要立即发布强冰雹警报。

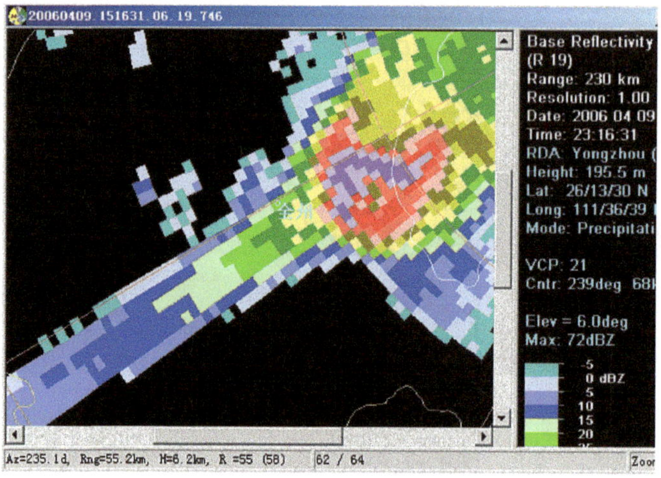

图 3.35 2006 年 4 月 9 日 23:16(北京时)位于湖南永州的 SB 雷达观测到明显的三体散射现象，注意回波还显示了明显的有界弱回波区，与一个强中气旋(图略)对应

3.5.2.4 雹暴的其他回波特征

除了上述特征外，最需要注意的一个特征是雹暴是否具有涡旋。有研究表明，在其他条件类似的情况下，哪怕是比较弱的雷暴尺度涡旋(达不到中气旋标准)，也会使冰雹的直径明显增加。因此在高悬的强回波这一雹暴基本特征出现的前提下，中气旋甚至弱涡旋都会表明更高的大冰雹概率。另外，风暴顶强烈辐散也是强冰雹的一个辅助指标(Witt 等 1984)，因为强烈的风暴顶辐散意味着雷暴中上层具有很强的上升气流速度，因此有利于大冰雹的生长。图 3.36 给出了 2002 年 5 月 27 日发生在安徽的一个强烈超级单体风暴顶部附近的径向速度图，可见非常强的风暴顶辐散。

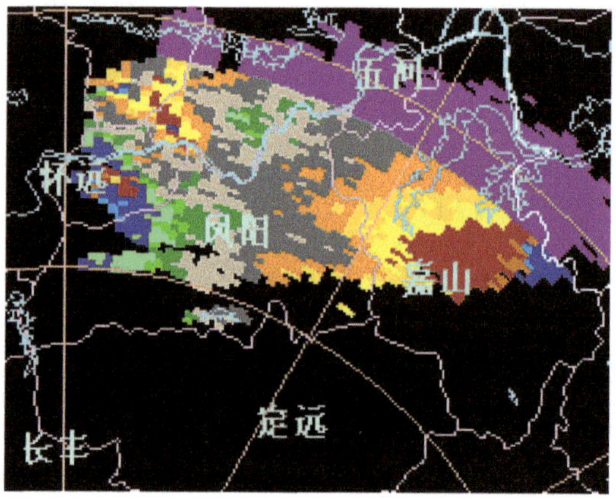

图 3.36 2002 年 5 月 27 日 16:55 合肥 SA 雷达 4.3°仰角径向速度图

过去还曾经使用过垂直累积液态水含量 *VIL* 来指示冰雹，其定义为液态水混合比的垂直积分。液态水混合比是通过雷达测量的反射率因子和雨滴之间的经验关系：

$$M=3.44\times10^{-3}Z^{4/7}$$

进行计算的，其中对反射率因子 Z 有一个封顶值 55 dBz。对上式进行垂直积分即可得到垂直累积液态水含量 *VIL*(该参量在 CINRAD-SA 和 SB 型新一代天气雷达中是日常产品)。*VIL* 如果大大高于相应季节的对流风暴的平均 *VIL* 值，则发生大冰雹的可能性很大。根据美国俄克拉何马州的统计，5 月份对应于出现大冰雹的垂直累积液态含水量 *VIL* 的阈值为 55 kg/m^2，6 月、7 月和 8 月份的相应阈值为 65 kg/m^2。Amburn 和 Wolf(1997)定义 *VIL* 与风暴顶高度之比为 *VIL* 密度。他们的研究表明，如果 *VIL* 密度超过 4 g/m^3，则风暴产生直径超过 2 cm 的大冰雹的概率较大。

3.6　龙卷的短时临近预报

龙卷是对流云产生的破坏力极大的小尺度灾害性天气，最强龙卷的地面风速介于 110～200 m/s 之间。当有龙卷时，总有一条直径从几十米到几百米的漏斗状云柱从对流云云底盘旋而下(图 3.37)，有的能伸达地面，在地面引起灾害性的风称为龙卷；有的未及地面或未在地面产生灾害性风的称为空中漏斗；有的伸达水面，称为水龙卷。龙卷漏斗云可有不同形状，有的是标准的漏斗状，有的呈圆柱状或圆锥状的一条细长绳索，有的呈粗而不稳定且与地面接触的黑云团，有的呈多个漏斗状。绝大多数龙卷都是气旋式旋转，只有极少数龙卷是反气旋式旋转。

图 3.37　正在发生的龙卷

一般用 Fujita 等级或 Fujita-Pearson 等级来确定龙卷风的强度。表 3.1 给出了 Fujita(藤田)等级：

表 3.1　Fujita 龙卷等级

F 等级	最大风速(m/s)	最大风速(km/h)	预期损害
F0	18～32	65～120	轻微
F1	33～49	120～180	中等
F2	50～69	180～252	相当大
F3	70～92	252～331	严重
F4	93～116	331～420	巨大
F5	117～142	420～514	难以想象

事实上，具体的风速是很难测量的，实际的龙卷分级是按照建筑物的损坏情况进行分级。下面对 F0 到 F5 级龙卷进行一定的文字描述：

F0 级(18～32 m/s)：对烟囱会有一些损害，一些树枝被刮掉，树根浅的树可能被刮倒，指路牌被损坏。

F1 级(33～49 m/s)：可以刮掉房屋屋顶的表面，将移动房屋刮离地基或侧翻，正在开动的汽车被推离公路。

F2 级(50～69 m/s)：框架结构的屋顶被刮掉，移动房屋被摧毁，集装箱卡车侧翻，大树被折断或被连根拔起，轻的物体快速飞到空中。

F3 级(70～92 m/s)：屋顶严重损坏，一些结构比较结实的房屋的墙被刮倒，火车被刮翻，森林里大多数树木被连根拔起，汽车被掀离地面并被抛到一定距离以外。

F4 级(93～116 m/s)：较结实的房屋被夷平，一些房屋部件被抛到一定距离以外，汽车被抛到空中，一些大的物体高速飞入空中。

F5 级(117～142 m/s)：非常结实的房屋被推离地基并被带到相当距离之外碎成几块。汽车大小的物体以超过 100 m/s 的速度被抛入空中，会发生难以置信的现象。

龙卷分为超级单体龙卷和非超级单体龙卷两类。大多数龙卷都是非超级单体龙卷。非超级单体龙卷以 F0 和 F1 级的弱龙卷居多，偶尔也会出现 F2 级的强龙卷。而 F2 级以上的强龙卷中大多数是由超级单体产生的。

3.6.1 龙卷潜势的短时临近预报

雷暴产生的三个要素（大气垂直层结不稳定、水汽和抬升触发）自然也是龙卷发生的必要条件。有研究表明（Evans 等 2002），有利于 F2 级以上强龙卷生成的两个有利条件分别是低的抬升凝结高度和较大的低层（0～1 km）垂直风切变。图 3.38 给出了 Brooks 等（2002）利用美国 1973—1993 年 21 年的历史资料统计得到的龙卷发生概率与 0～1 km 的垂直风切变和抬升凝结高度之间的概率。从图中可以看出，0～1 km 的垂直风切变越大，抬升凝结高度越低，则龙卷出现的可能性越大。图 3.39 给出了根据美国 NCEP 数据快速融合系统 RUC 输出得到的 0～1 km 风矢量差（单位为节）和抬升凝结高度的分布。

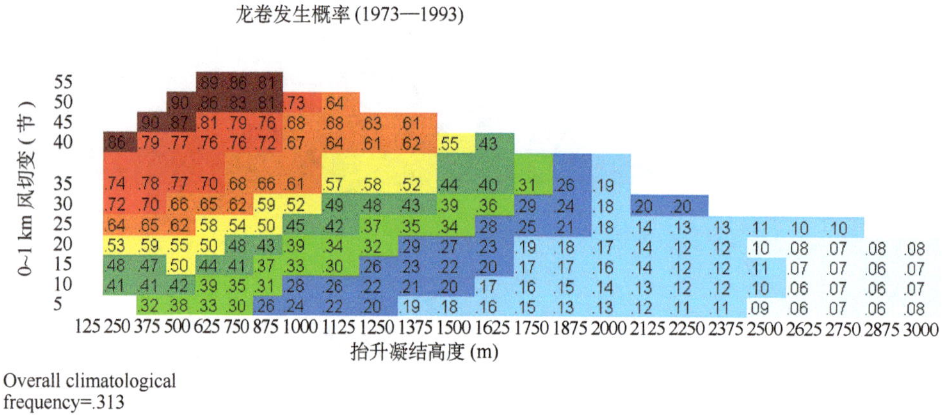

图 3.38 根据美国 1973—1993 年气象历史资料统计得到的龙卷发生概率与 0～1 km 垂直风切变和抬升凝结高度的关系

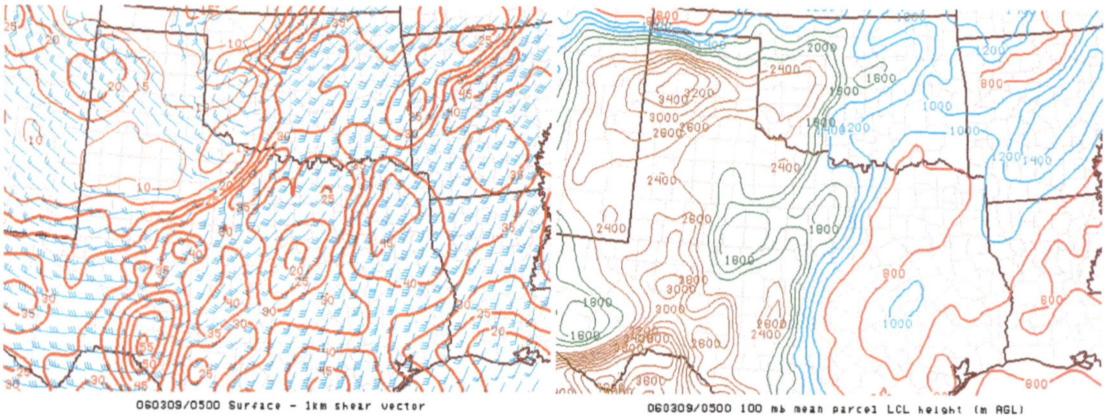

图 3.39 2006 年 3 月 9 日 05 时（世界时）根据 RUC 输出计算的 0～1 km 风矢量差和抬升凝结高度分布

我国江淮流域的梅雨期有时会有龙卷发生，通常与梅雨期的暴雨相伴。因为在梅雨期暴雨时，通常有较强的低空急流，抬升凝结高度也很低，而较强的低空急流意味着较强的低层垂直风切变。这样，上述有利于龙卷的两个条件在梅雨期暴雨条件下常常可以满足，因此在梅雨期暴雨的形势下，还需要考虑到龙卷的可能性。2003 年 7 月 8 日夜间造成 16 人死亡的安徽无为 F3 级龙卷和 2007 年 7 月 3 日下午造成 14 人死亡的安徽天长和江苏高邮 F3 级龙卷就是发生在江淮梅雨期暴雨的环流形势下。另外一个常发生龙卷的情况是在登陆台风的外围螺旋雨带上，这里低层垂直风切变较大，抬升凝结高度很低，台风螺旋雨带上有时有中气旋生成，常常导致龙卷。2006 年 8 月 3 日台风“派比安”在广东登陆，第二天其外围螺旋雨带上形成的几个中气旋在珠江三角洲先后产生了 5 个龙卷，造成 9 人死亡。2007 年 8 月 18 日台风“帕布”在福建登陆后，其外围螺旋雨带上形成的中气旋在浙江温州苍南产生 F3 级强烈龙卷，导致 11 人死亡。

3.6.2　龙卷的多普勒天气雷达探测和临近预警

发布龙卷临近警报的主要根据是径向速度图上识别出的中气旋。统计表明，大约只有 20%左右的中气旋能够产生龙卷。当观测到强中气旋时龙卷出现概率接近 40%。另外如果探测到中等强度中气旋，并且中气旋的底距地面不到 1 km，则此时发生龙卷的概率也超过 40%，中气旋的底距地面的距离越小，发生龙卷的危险越大。因此发布龙卷临近预报和警报的标准是：探测到强中气旋或中气旋底到地面距离小于 1 km 的中等强度中气旋。下面给出 3 个达到强中气旋标准的超级单体风暴例子，其中两个产生 F3 级强烈龙卷，一个没有产生龙卷。

图 3.40 给出了 2003 年 7 月 8 日 23:12 合肥雷达 0.5°仰角上的反射率因子和径向速度图。图上反射率因子呈现不太典型的超级单体特征，没有明显的钩状或指状回波，而径向速度图上呈现出强中气旋（俞小鼎等 2006b），因此应该立即发布龙卷警报，此时距离龙卷发生时间还有 8 分钟。龙卷警报由于种种原因没有及时达到发生龙卷的安徽省无为县毕家庄，此次 F3 级龙卷造成 16 人死亡，166 人受伤。图 3.41 给出了龙卷灾后的照片。

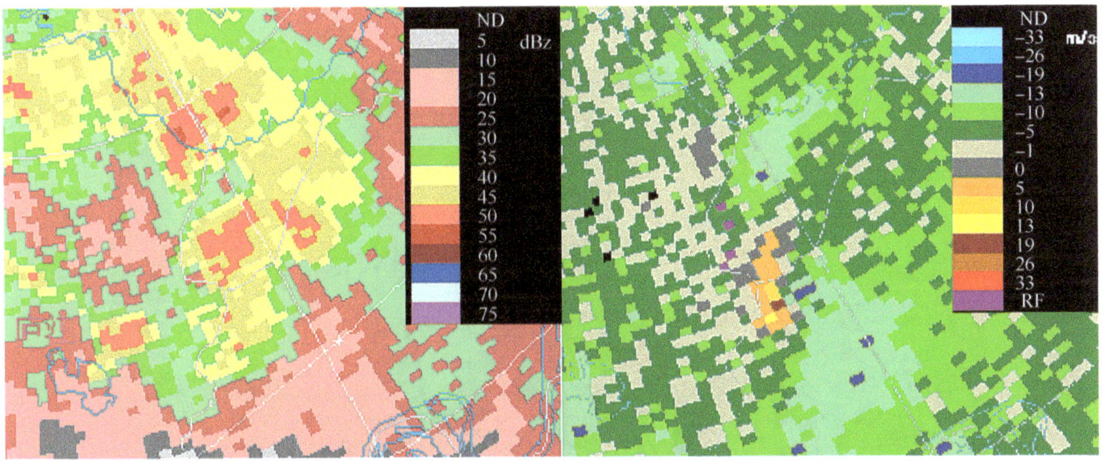

图 3.40　2003 年 7 月 8 日 23:12 合肥 CINRAD-SA 雷达 0.5°仰角反射率因子和径向速度图

图 3.41　2003 年 7 月 8 日夜间安徽无为龙卷灾后

2005 年 7 月 30 日 11:38，在安徽灵璧县韦集镇发生 F3 级龙卷，造成 15 人死亡，60 多人受伤，大量房屋倒塌。图 3.42 给出了 2005 年 7 月 30 日 11:02 时徐州雷达 1.5°仰角的反射率因子图和经向速度图。图上显示一个强降水超级单体（俞小鼎 2008），速度图上的中气旋达到强中气旋标准，可以立即发布龙卷会沿着风暴未来路径附近生成（见图中叠加的风暴路径信息），提前 36 分中发出龙卷警报。

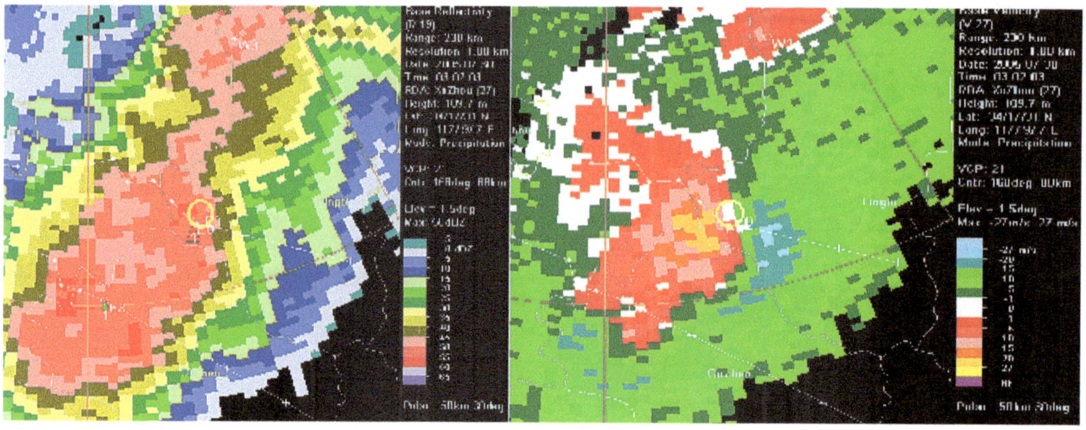

图 3.42　2005 年 7 月 30 日 11:02 徐州雷达 1.5°仰角反射率因子和径向速度图，
图上叠加了风暴路径信息和中气旋产品

图 3.43 为 2002 年 5 月 27 日 16:55 合肥雷达的 0.5°仰角反射率因子和径向速度图。图上呈现经典的超级单体(郑媛媛等 2004)，相应中气旋达到强中气旋标准。该超级单体产生了大冰雹和30 m/s以上的大风，造成蚌埠市一千多间房屋倒塌，但没有发生龙卷。

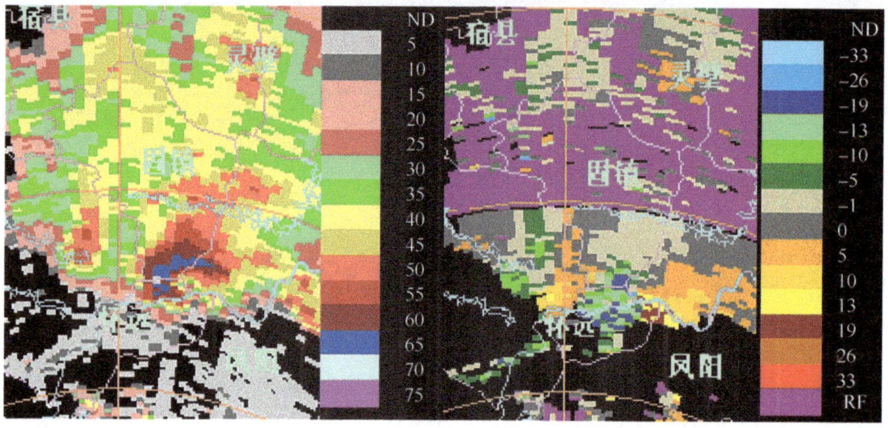

图 3.43　2002 年 5 月 27 日 16:55 合肥雷达 0.5°仰角反射率因子和径向速度图

非超级单体龙卷的一类产生于大气边界层中的辐合切变线。当上升速度区与切变线上预先存在的涡度中心重合时，上升速度使涡管迅速伸长，导致旋转加快而形成龙卷。非超级单体龙卷的母气旋(通常称作微气旋 misocyclone)一般局限于大气边界层内，因此几乎不可能在 50 km 以外探测到。加之这种微气旋生命史很短，所以这种龙卷的预警相当困难。另一类非超级单体龙卷往往产生在飑线或弓形回波的前沿，其产生机制还不是很清楚，提前预警也比较困难。

3.7　灾害性雷雨大风的短时临近预报

所谓灾害性雷雨大风，指的是对流风暴产生的龙卷以外的地面直线型风害。对流风暴中的下沉气流达到地面时产生辐散，造成地面大风，它是对流风暴最经常产生的天气现象。真正能造成严重灾害的下沉气流往往是在一片不强下沉气流区中的一股或多股集中的强下沉气流，并且在地面附近导致很强的出流(辐散气流)，造成灾害。这种大片下沉气流区中集中的强下沉气流叫下击暴流。下击暴流在地面附近造成的辐散性的阵风，有时风速很大，可以造成类似龙卷那样的严重灾害；有时虽然风速不大，但由于这种辐散性气流的尺度小，可产生很强的水平风切变，假如这种情况发生在机场附近，则可能对飞机起飞降落影响极大，有时会造成严重的灾难性后果。研究表明，飞机在机场起降时发生的事故很多都是由于下击暴流造成的(Fujita 等 1977)。大量观测事实的研究表明，下击暴流按尺度可分为两种：1)微下击暴流：水平辐散尺度小于 4 km，持续时间为 2～10 分钟；2)宏下击暴流：水平辐散尺度大于等于

4 km，持续时间为 5～20 分钟，此类简称下击暴流。下击暴流常常被包含在一个孤立的风暴或风暴系统的出流之中。多个下击暴流可以结合在一起构成更大尺度的出流。有些看上去不强的对流风暴也会产生下击暴流。事实上，有些产生下击暴流的对流风暴中的上升气流很弱，以至于产生不了雷电。图 3.44 给出了一个微下击暴流的三维结构示意图。从图中可见，下击暴流触地以后还会向上卷起，产生圆滚状的水平涡旋。另外，图中显示下击暴流在下降过程中往往伴随着旋转。

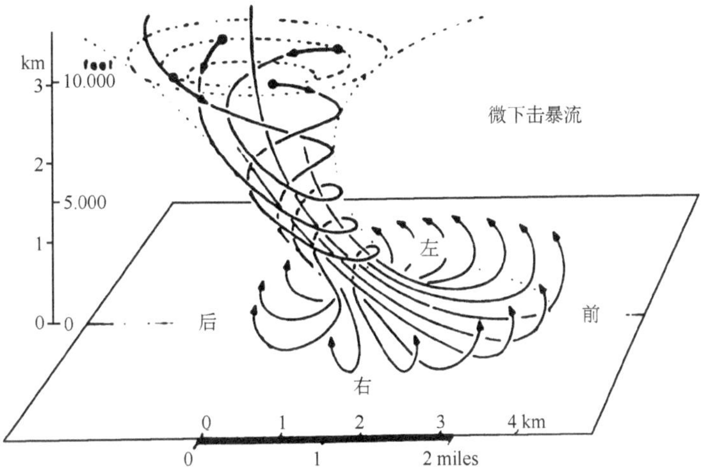

图 3.44　微下击暴流三维结构示意图，包括空中的辐合、旋转的下沉气流和地面附近的辐散（Fujita 1985）

3.7.1　下沉气流的生成和维持

在进入详细的灾害性地面大风的讨论之前，先检验一下下沉气流和其地面外流的强迫机制。这些强迫机制可以通过垂直运动方程来讨论。

3.7.2　下沉气流与上升气流特征的比较

至少在以下三个方面下沉和上升气流表现出明显的不同：

(1)对流中的上升气流通常是轻微过饱和的，而在下沉气流中蒸发、融化和凝华的冷却作用通常抵消不了下降过程中绝热压缩造成的增温，因而通常达不到饱和。当湿对流中的下沉气流较弱，平均滴尺寸比较小或雨比较大时，下沉气流可以接近饱和。

(2)液态和固态凝结物的微物理细节对于下沉气流比上升气流具有更大的影响。这些细节对于下沉气流中潜热冷却的估计至关重要。不少研究者认为小的雨滴更容易导致更大的下沉气流，因为它们有更大的表面积暴露于环境。小的雨滴具有更大的曲率，导致更大的平衡水汽压、更低的相对湿度，从而增加蒸发的潜势。

(3)对于水平尺度超过 1 km 的湿对流，上升气流中的正浮力通常远远超过下沉气流中的负浮力(绝对值)。

3.7.3　垂直运动方程

湿对流中下沉气流主要强迫机制包含在垂直运动方程之中：

$$\underset{1}{\frac{d\overline{w}}{dt}}=\underset{2}{-\frac{1}{r}\frac{\partial \overline{p}'}{\partial z}}+g\left[\underset{3}{\frac{\theta'_v}{\theta_{v0}}}-\underset{4}{\frac{c_v}{c_p}\frac{p'}{p_0}}-(r_c+r_r+r_i)\right] \tag{3.7}$$

其中 w 为平均垂直速度，p 为气压，θ_v 为虚位温，c_p 为定压比热容，c_v 为定容比热容，r_c、r_r 和 r_i 分别为云水、雨水和冰水的混合比。“$'$”代表对基本状态(用下标“0”代表)的偏离，基本状态只随高度变化。

等式右边第一项代表扰动气压的垂直梯度，第二项代表气块理论中考虑的热浮力项，第三项代表扰动压力的浮力项，第四项代表云、水和冰等水凝物的重力拖曳作用。除了上述四项，还有云和环境之间的空气夹卷的作用没有在式中表达出来。

(1)扰动气压的垂直梯度

对于大多数湿对流中的下沉气流,这一项是小的。但在一些强烈的积雨云和中尺度对流系统中,这一项变得重要。在超级单体风暴中,与低层中气旋发展相伴随的气压迅速降低可以导致强烈的下沉气流。

(2)热浮力

热浮力对于一个气块的作用是大家熟知的。事实上,在不考虑气压的垂直梯度和在小雨的情况下,通常可以将下沉气流的维持看作凝结物相变的冷却作用和下沉绝热增温之间竞争的结果。不少研究者(Droegemeier 等 1985,Srivastava 1985,Proctor 1989)都强调在垂直运动方程中使用虚位温的重要性。他们的研究结果表明,低层环境的相对湿度越高,下沉气流的强度就越大,因为在下沉气流和环境之间虚位温的差值的绝对值(代表驱动下沉气流的负浮力的大小)随着低层环境的相对湿度的升高而增大。

(3)扰动压力浮力

对于这一项的研究比较少。其表达式表明如果扰动压力的中心比周围低,则气块会加速上升。Schlesinger(1980)研究的结果表明这一项与热浮力和扰动气压的垂直梯度项相比要弱。在上升气流穿透对流层顶时,这一项变得比较重要。

(4)凝结物的重量

Brooks(1922)首先提出湿对流中的下沉气流是由降水粒子重量的向下拖曳作用所发动,然后受到蒸发作用的冷却。随后的研究强化了这样的概念:凝结物的确对下沉气流的发动起重要作用。

为了比较相变冷却和凝结物重量对于下沉气流维持方面的相对贡献,对它们进行定量的比较。雷达反射率因子可以用来估计雨水的混合比 M,根据以下公式(Battan 1973):

$$Z=2.4\times10^{4}M^{1.82} \tag{3.8}$$

根据上式和(3.7)式,可以计算不同的反射率因子对应的雨水混合比和等效的温度差(代表负浮力的大小),如表 3.2 所示。

表 3.2 垂直运动方程中典型的反射率因子的等效雨水混合比和等效的下沉气流与环境温度差

Z(dBz)	M(g/kg)	温度差(K)
20	4.10×10^{-2}	−0.01
30	1.45×10^{-1}	−0.04
40	5.15×10^{-1}	−0.16
50	1.83	−0.55
60	6.47	−1.94

考虑这样一个情形,假定其雨水含量为 1 g/kg,全部蒸发造成的温度差为:

$$\theta'_v=L\frac{r_r}{c_p}\approx2.5\ \mathrm{K} \tag{3.9}$$

而 1 g/kg 雨水含量的重量对应的等效温度差只有 0.3 K(即将(3.7)式中等式右边的第四项换算成第二项)。也就是说,尽管凝结物重量的向下拖曳作用在下沉气流的发动中起了重要作用,但在随后的演化中降水蒸发对于下沉气流的加速作用远大于凝结物的拖曳。

(5)夹卷

夹卷对于湿对流中上升气流的作用已经被广泛研究。环境空气被混合进入上升气块减小了其正浮力,因此减小了其上升气流速度。然而,对于下沉气流,有关夹卷的作用存在两种截然不同的观点。Malkus(1955)、Haman(1973)、Paluch(1979)、Knupp 等(1985)、Betts(1984)、Knupp(1987)、Kingsmill 等(1991)和 Raymond 等(1991)认为将干空气夹卷进入下沉气流加速了云雨粒子的蒸发和升华,有助于其强度的加强,并且在下沉气流的发动中起重要作用。这种下沉气流的产生机制在强对流风暴中有很多验证,尤其当夹卷区对应于相当位温 θ_e 或湿泡位温 θ_w 的极小值高度时(Betts 1984)。而 Srivastava(1985)利用一维云模式的模拟表明,环境空气的混合减小了虚位温差,从而减小了下沉气流中的负浮力。Srivastava(1985)还进一步表明,当环境相对湿度高时,湿对流内的下沉气流会变得越强。这与通常认为的较高的环境相对湿度将减少蒸发的潜势，因而产生较小的下沉气流速度的概念是相反的。Droegemeier 等(1985)以及 Proctor(1989)利用三维数值模拟得到了类似的结果。

上述两个相反的意见的调和在于夹卷出现的高度和下沉气流是被发动还是被维持。前一种意见可以理解为对环境干空气的夹卷对于下沉气流的发动是重要的。而 Srivastava 的意见可以理解为在大气低层，较高的环境相对湿度对于下沉气流的维持是非常重要的。换句话说，湿对流内的强烈下沉气流的产生要求低层较高的环境空气相对湿度和融化层附近较干的环境空气。

总之，研究表明大多数湿对流内的下沉气流是由云和降水粒子的相变冷却所驱动的。尽管降水的重力拖曳作用与相变冷却相比是次要的，它在下沉运动的发动中可以起重要作用。夹卷过程也可以发动下沉气流，但有证据表明低层的夹卷可能会减小下沉气流的强度。扰动压力垂直梯度的作用只有在强烈环境风切变的情况下才会比较重要，而压力扰动浮力的作用相对比较小。

3.7.4　弱垂直风切变条件下对流风暴产生的风害

如前所述，在弱的垂直风切变条件下只有一种类型的强对流风暴，即脉冲风暴。与脉冲风暴相伴随的最常见的强对流天气就是下击暴流，其中大多数是微下击暴流，这大概是由于脉冲风暴通常比较小的尺寸。脉冲风暴微下击暴流既可以发生在湿的也可以发生在相对干的大气环境下，分别称为湿微下击暴流和干微下击暴流。在中纬度，下击暴流通常发生在暖季，此时西风带系统退到北方。在干旱和半干旱地区，干微下击暴流占支配地位，而在湿润地区，湿微下击暴流最常见。

3.7.4.1　干微下击暴流

干的微下击暴流是指在强风阶段不伴随(或很少)降水的微下击暴流，它主要是由浅薄的、云底较高的积雨云发展而来的；一般来说，这类下击暴流事件的发生类似“脉冲”，通常与弱的垂直风切变和弱的天气尺度强迫相联系。这类下击暴流的雷达回波一般较弱。

导致干的微下击暴流形成的其他环境因素包括云下深厚的干绝热层，并且中层具有足够的湿度能维持下沉气流到达地表面(图 3.45)。通常，在干的微下击暴流环境中 LFC 很高，垂直不稳定度很小。因此这种下击暴流的对流通常很弱，可能不产生雷电现象。这充分表明了上升和下沉气流不稳定度间的不同。图 3.46 给出了美国国家天气局风暴预报中心根据 RUC 模式分析计算的某一区域内下沉气流不稳定能量 DCAPE 的分布。应用通常的对流不稳定来讨论下击暴流是行不通的，因为这种不稳定度不是用来度量下沉气流不稳定度的。与干的微下击暴流有关的下沉气流是由云内降雨拖曳产生的，由云底降水的蒸发、融化和升华所产生的负浮力导致地面强风的产生。

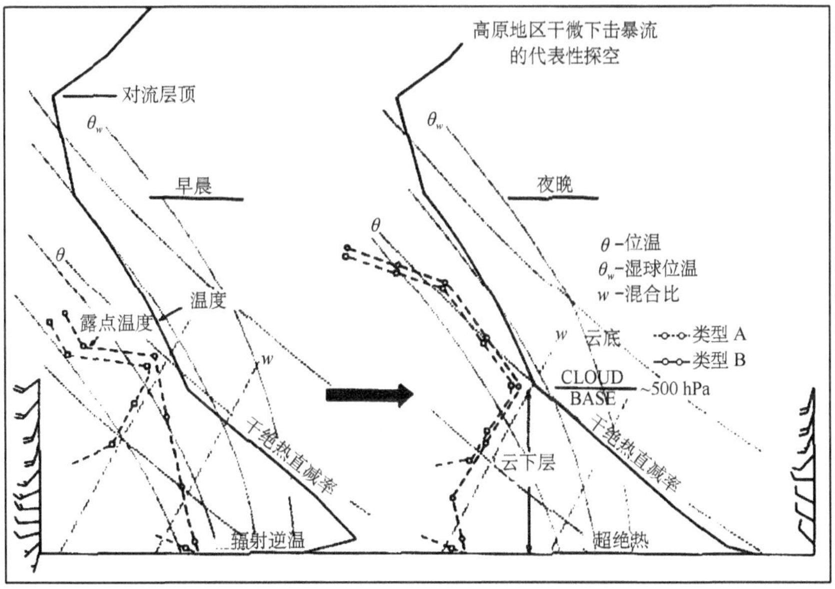

图 3.45　有利于干微下击暴流形成的大气热力层结和风廓线(Wakimoto 1985)

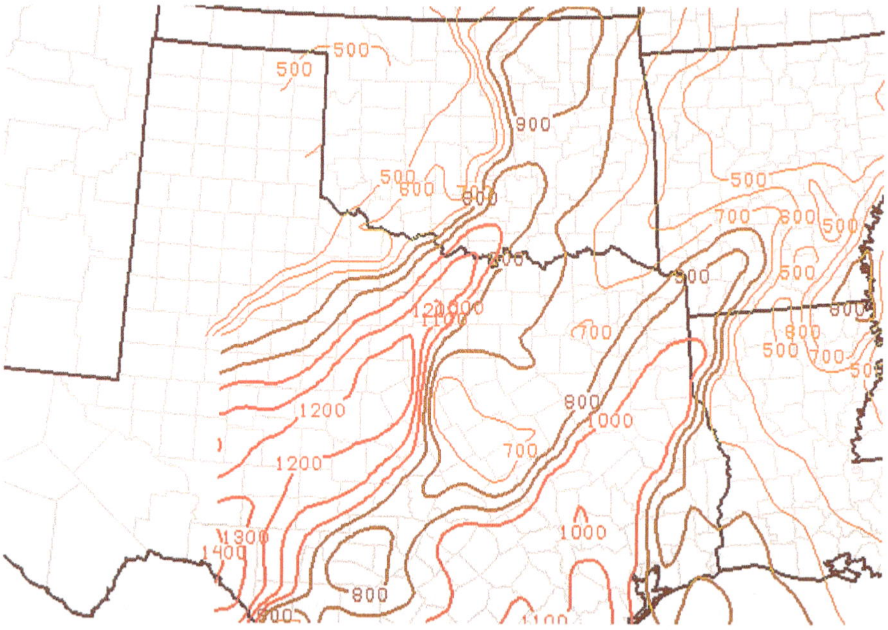

060309/0500 DCAPE

图 3.46 美国国家天气局风暴预报中心根据 RUC 模式分析计算的某一区域内下沉气流不稳定能量 DCAPE 的分布

关于干微下击暴流的预报，主要基于早晨探空和对白天加热的预期，在业务中有成功的应用。通常具有低反射率因子的干微下击暴流对于飞机起降威胁很大，因为它们的母云和雨幡看上去危害不大，因而不会引起人们的注意。

3.7.4.2 湿微下击暴流

湿微下击暴流经常是指伴随着大雨的下击暴流，它是湿润地区下击暴流的主要形式。湿的微下击暴流往往产生于较湿边界层和较浅薄的云下层环境中。由于湿微下击暴流与强降水密切相关，所以湿微下击暴流通常伴随着强的雷达反射率因子。

产生湿微下击暴流的环境通常具有弱天气尺度强迫和强垂直不稳定性的特点。湿微下击暴流产生前环境不存在逆温，LFC 的高度较低，高空存在低湿度空气源。下午的加热过程通常能在地面和 1.5 km高度之间产生一个干绝热层(图 3.47)。湿微下击暴流主要是受云内和云底下方的融化和蒸发冷却效应所驱动而产生的。在最小 θ_e 所在高度附近，低 θ_e 值的环境空气的夹卷和辐合或许加强了下沉

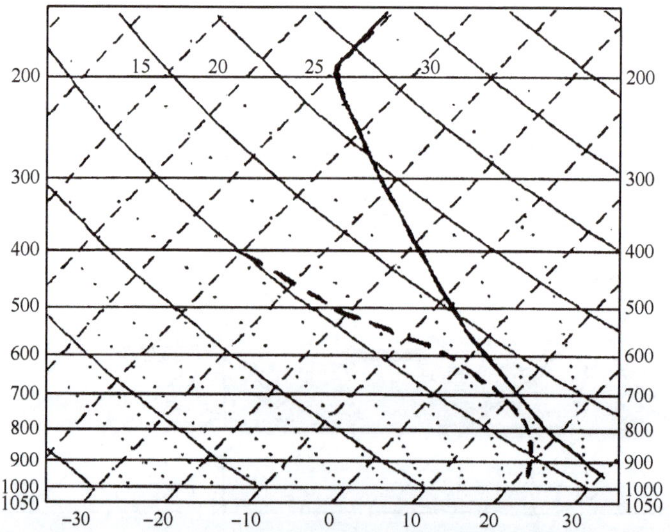

图 3.47 有利于湿微下击暴流发生的典型大气热力层结

气流。由于湿的微下击暴流与强降水相联系，水载物对下沉气流的激发和维持起重要作用。θ_e 的减小(从地面到空中的某一极小值)与湿微下击暴流的产生(或消亡)有很好的相关。当环境 θ_e 随高度的减小超过 20 ℃时，有利于产生湿微下击暴流；然而，环境 θ_e 随高度的减小小于 13 ℃时，不产生湿微下击暴流。

湿微下击暴流常常与强脉冲风暴相伴随。同时，它也与组织结构完好的多单体风暴及超级单体风暴相伴发生，这些风暴均能够维持反复出现的灾害性外流风。

3.7.4.3　下击暴流个例

图 3.48 给出了 1978 年进行的下击暴流观测试验 NIMROD 期间由多普勒天气雷达资料分析得到

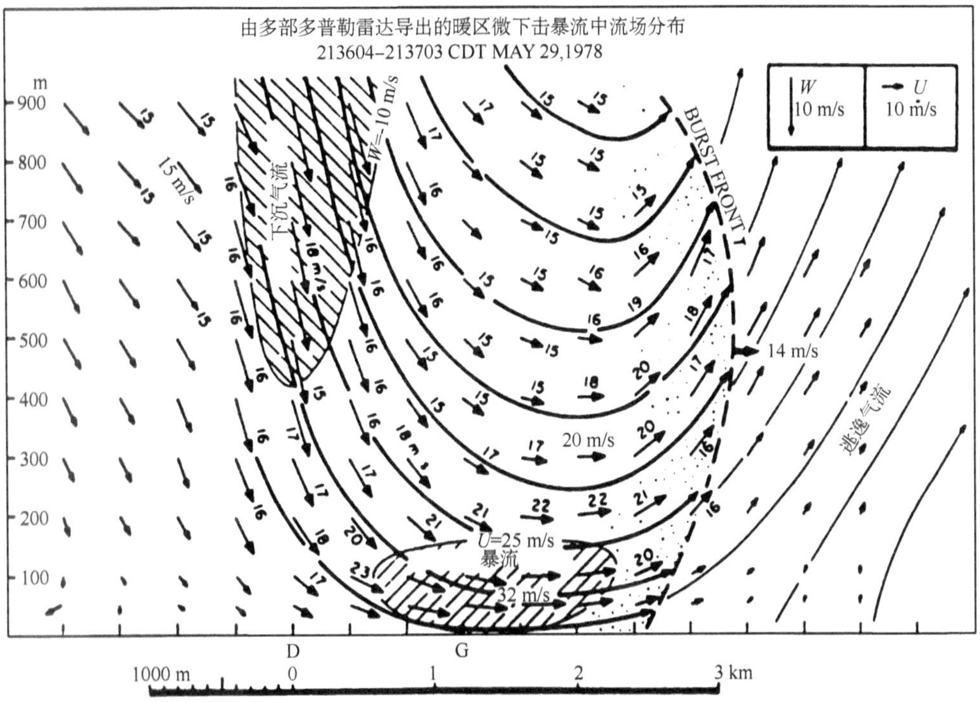

图 3.48　1978 年在美国伊利诺依州北部进行的下击暴流观测试验 NIMROD 期间由位于 Yorkville 的多普勒天气雷达观测到的一次微下击暴流的垂直剖面(Fujita 1981)。

的一个微下击暴流的垂直剖面(Fujita 1981)，这是一个不对称的下击暴流。下沉气流核心强度为 18 m/s，在地面附近造成的最大水平风速出现在地面以上 50 m 高处，其值为 32 m/s。Fujita(1981)发现，下击暴流造成的最大水平速度一般在距地面 30～100 m 之间。

1986 年在美国亚拉巴马州进行了微下击暴流与强风暴观测试验 MIST。图 3.49 给出了 MIST 试验期间于 1986 年 7 月 20 日观测到的一个微下击暴流生命史的分析，该下击暴流根据所发生地点称为 Monrovia(蒙罗维亚)微下击暴流。观测数据来自三部地面多普勒天气雷达和一部机载多普勒雷达及其他地面观测数据。产生该微下击暴流的对流云在该微下击暴流着地前 15 分钟就开始被监测，直到地面附近出现最大风速很长时间以后。图 3.50 给出了当地时间 1986 年 7 月 20 日 14:15:39 的下击暴流母体云图片。图片上叠加了 60 dBz 以上的反射率因子区域和对流云中造成三体散射的大粒子的下沉速度。这些大粒子的下沉速度是 Fujita(1992)根据三体散射“火焰”回波的径向速度分布推断而得到的。对流云中间部分的收缩使得 Fujita(1992)认为该处有干空气的夹卷。此时，下击暴流还没有着地，处于收缩阶段。图 3.49(a)相应的时刻为 14:20:10，展示了 Monrovia 微下击暴流着地之前几秒钟由双多普勒雷达测得的逃逸气流，它的散度只有 1.3×10^{-3}/s。下击暴流着地的时间是 14:20:15。图 3.49(b)相应的时刻为 14:23:45，即微下击暴流着地之后 3 分 30 秒。该微下击暴流的水平尺度此时约为 4 km左右，最大散度为 3.8×10^{-2}/s。在这一阶段，下击暴流对飞机起落的威胁最大。图 3.49(c)相应的时刻为 14:25:55，即下击暴流着地之后 5 分 40 秒。最大散度值依然很大，但是出流风的水平尺度已经超过4 km，微下击暴流变成了宏下击暴流。在 14:29:50(图 3.49(d))，即下击暴流着地之后 9 分 35 秒，出流扩展到一个很大的区域，完全失去了下击暴流的组织性。

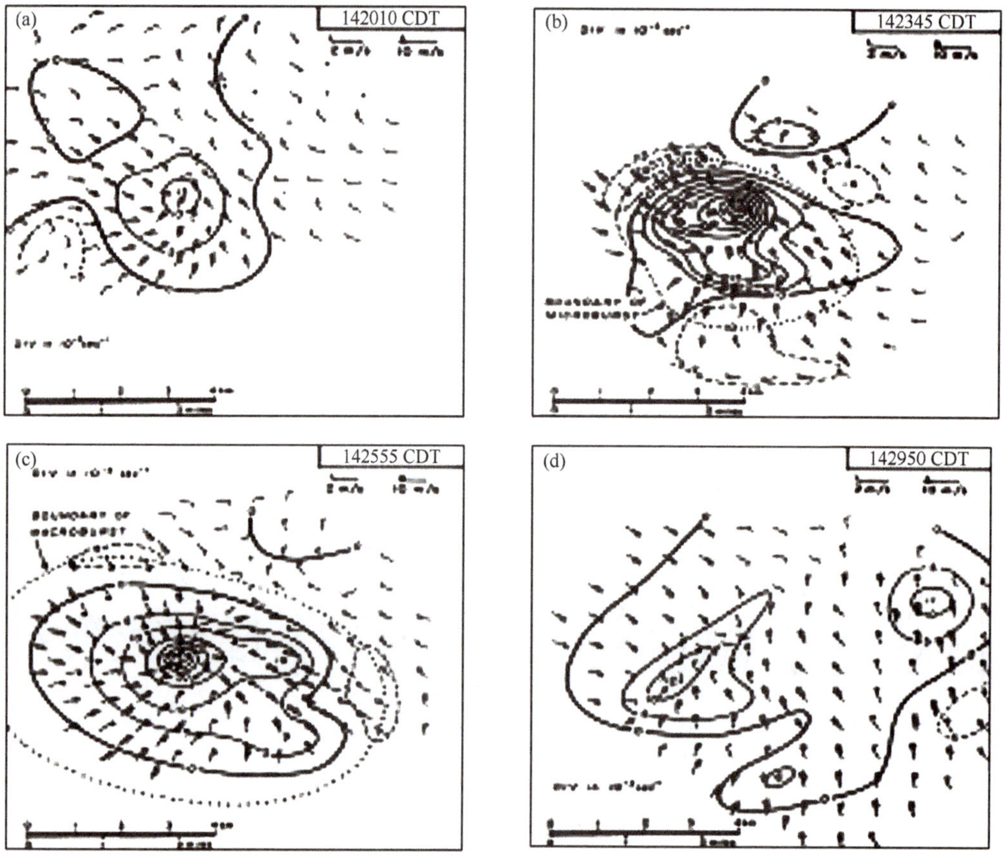

图 3.49　1986 年 7 月 20 日 Monrovia 微下击暴流造成的地面附近风场的演变

2002 年 7 月 16 日 16:50—18:15,短短 1 小时 25 分钟,一场强风暴袭击了湖北荆州城区。风暴所经之区狂风大作暴雨骤降。据荆州地面观测站实测资料,在此时段内阵风风速极大值达20.1 m/s,一

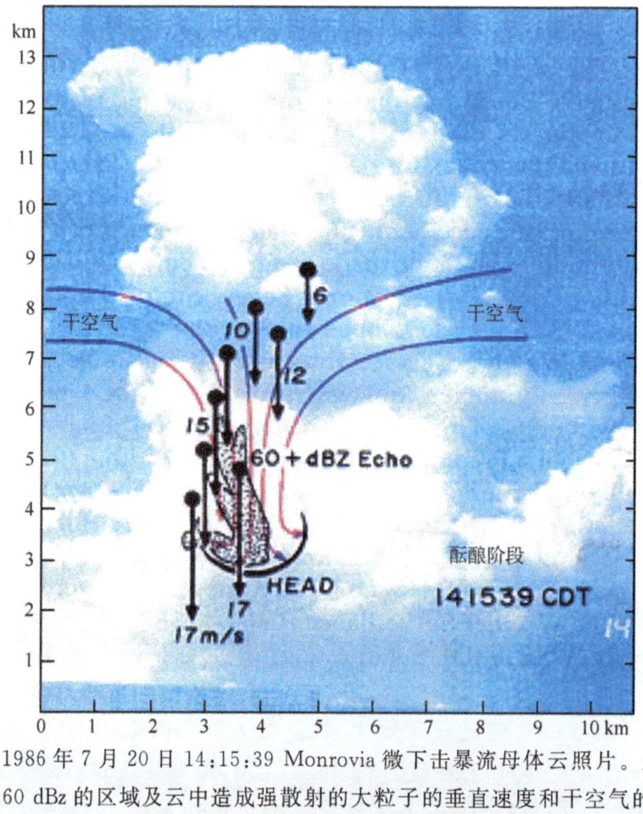

图 3.50　1986 年 7 月 20 日 14:15:39 Monrovia 微下击暴流母体云照片。上面叠加了反射率因子大于 60 dBz 的区域及云中造成强散射的大粒子的垂直速度和干空气的夹卷

个多小时的降水量达 58.6 mm，为历史少见。对这次强风暴天气过程，荆州可移动式 C 波段多普勒天气雷达进行了严密监测，获得了较有价值的雷达回波资料。通过对这次风暴的分析，发现风暴产生了一次典型的湿微下击暴流(图 3.51)。

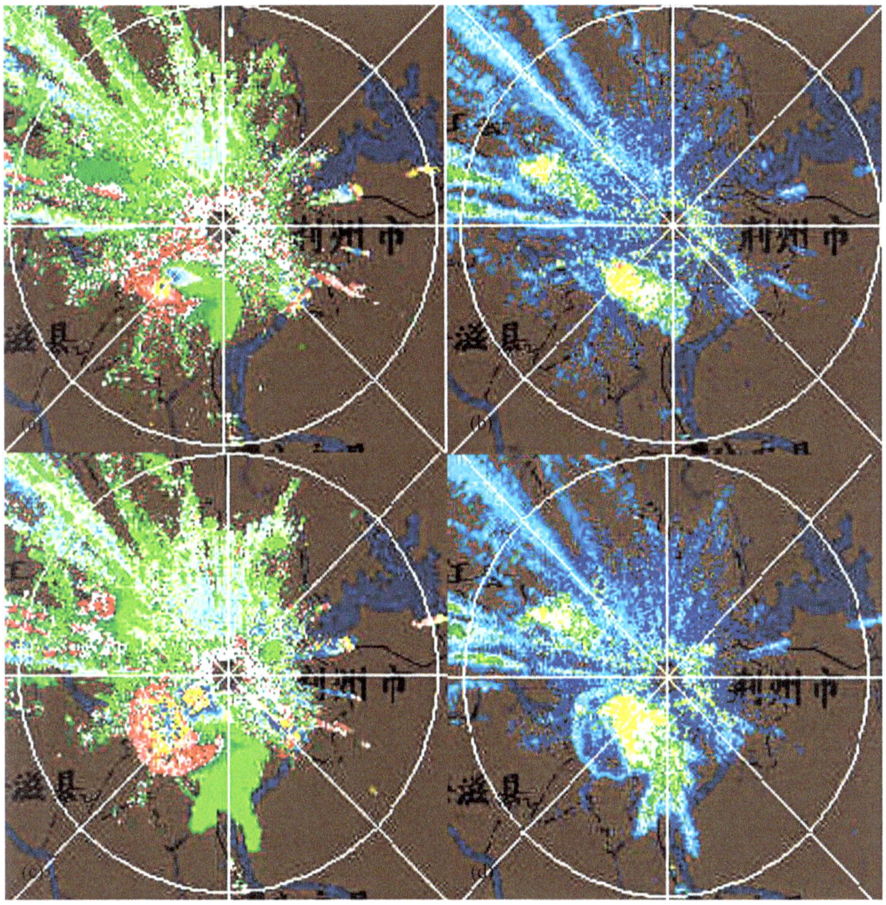

图 3.51　2002 年 7 月 16 日荆州湿微下击暴流的多普勒雷达径向速度和反射率因子图。
雷达观测仰角为 1°，时间分别是 16:50(上)和 17:02(下)，1°仰角在下击暴流处的高度约为 200 m

在 16:50 时 1°仰角 PPI 强度图上(图 3.51(b))，距离雷达站 8 km 的西南方向有一长度为15 km左右、宽 8 km 左右的强回波块，强度最大值达 46 dBz，1°仰角在该处的高度约为 200 m。速度图上显示为典型的辐散型流场(图 3.51(a))，向着雷达的最大速度值为 12.4 m/s，离开雷达的速度出现模糊，经过订正计算得到其值为 14 m/s(雷达最大不模糊速度值为 12.4 m/s)，正负速度中心距离为3.7 km，速度差值为 25.4 m/s。12 分钟以后，在 17:02，强度图上(图 3.51(d))，与前一幅图相比较强回波范围扩大，并出现明显的外流边界(阵风锋)，该仰角回波强度最大值为 44 dBz。速度图上(图 3.51(c))，辐散型流场范围进一步扩大，速度模糊现象更为明显，且离开雷达速度区域范围大于向着雷达速度区域范围，经过退模糊订正后得到的离开雷达的最大速度为 12.6 m/s，向着雷达的最大速度值为15 m/s，正负速度最大值中心间距离为 6 km，已变为宏下击暴流。随后在 17:15 时，荆州地面观测到地面极大风速达20.1 m/s。

3.7.4.4　下击暴流的预警

下击暴流的预警是非常困难的。当雷达观测到地面附近的辐散时，几乎已经无法提前发出警报。机场往往是在探测到微下击暴流已经发生后才通知飞机等待微下击暴流消失之后再起降。提前预警的主要线索是与下击暴流相伴随的空中气流的辐合，即雷达在探测到空中气流辐合的情况下发出下击暴流预警。Roberts 和 Wilson(1989)提出使用单多普勒雷达监测下降的降水核和云中或云底附近的气流辐合有可能提前几分钟预报下击暴流的发生。根据这一思路美国国家强风暴实验室(NSSL)的研究人员研制了一个叫做灾害性下击暴流预报和探测的算法 DDPDA(Eilts 1996a,b)，作为由其开发的预警决策支持系统 WDSS 中的一个部分。图 3.52 给出了一个具体的例子，左图的径向速度垂直剖面显示一个明显的中层辐合，伴随着反射率因子核心的下降(右图)，随后不久地面出现下击暴流。

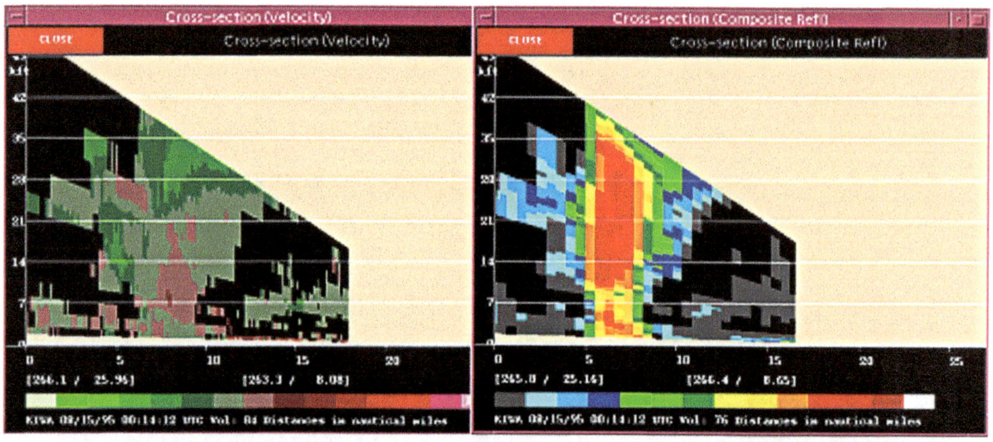

图 3.52 下击暴流发生前几分钟，可以从雷达回波观察到脉冲风暴中层辐合并伴随反射率因子核心的下降

3.7.5 中等到强垂直风切变条件下对流风暴产生的风害

在强垂直风切变环境下，产生下击暴流(包括任何形式的灾害性地面直线风)的对流风暴的种类很多，尺度变化也很大(图 3.53)。产生下击暴流的孤立的风暴可以是超级单体(图 3.53(a))。在超级单体风暴中，灾害性的地面大风通常发生在后侧下沉气流区(RFD)内，也是中气旋的出流区。极端的下击暴流也会在强降水超级单体中产生。这些超级单体风暴通常形成在很不稳定的环境下，大气边界层的湿度较大。多单体风暴也可以产生下击暴流，尤其是在中层湿度较低和相对风暴入流较大的情况下。弓形回波(Fujita 1978，图 3.53(b)，(c)，(d))是产生地面非龙卷风害的典型回波结构(Johns 等 1987)。我们下面对弓形回波做更详细的阐述。

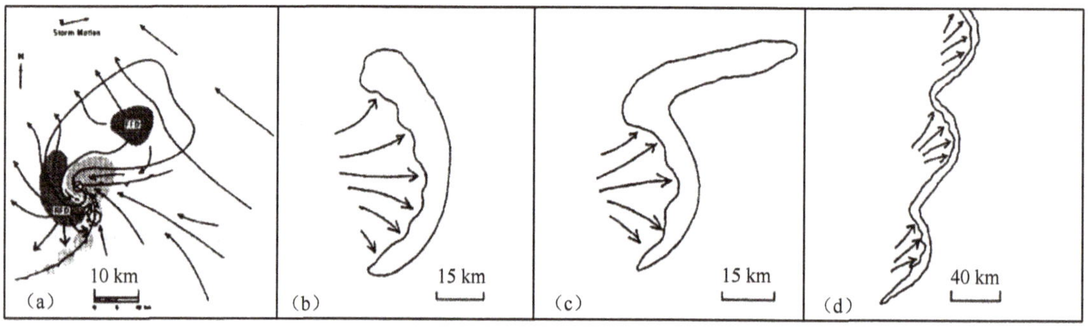

图 3.53 (a)超级单体流场示意图，显示前侧下沉气流和后侧下沉气流(Lemon 等 1979)；(b)与相对大的弓形回波相伴随的下沉气流示意图；(c)与波状回波相伴随的下沉气流示意图；(d)含有弓形回波和波形回波的长飑线的下沉气流示意图

3.7.5.1 弓形回波

弓形回波可以有很多形态和类型，图 3.54 将弓形回波归纳为经典弓形回波(BE)、弓形回波复合体(BEC)、单体弓形回波(CBE)和飑线型弓形回波(SLBE)。事实上，图 3.54(a)的弓形回波与图 3.53(b)中的弓形回波对应，图 3.54(d)包括了图 3.53(c)，(d)的两种弓形回波类型。大的弓形回波可能包含更加瞬变的更小的弓形回波。同时，大的弓形回波复合体可能含有超级单体。除了直线型风害外，这些镶嵌在弓形回波内的超级单体可以产生龙卷。其他的弓形回波龙卷由非超级单体环流产生。

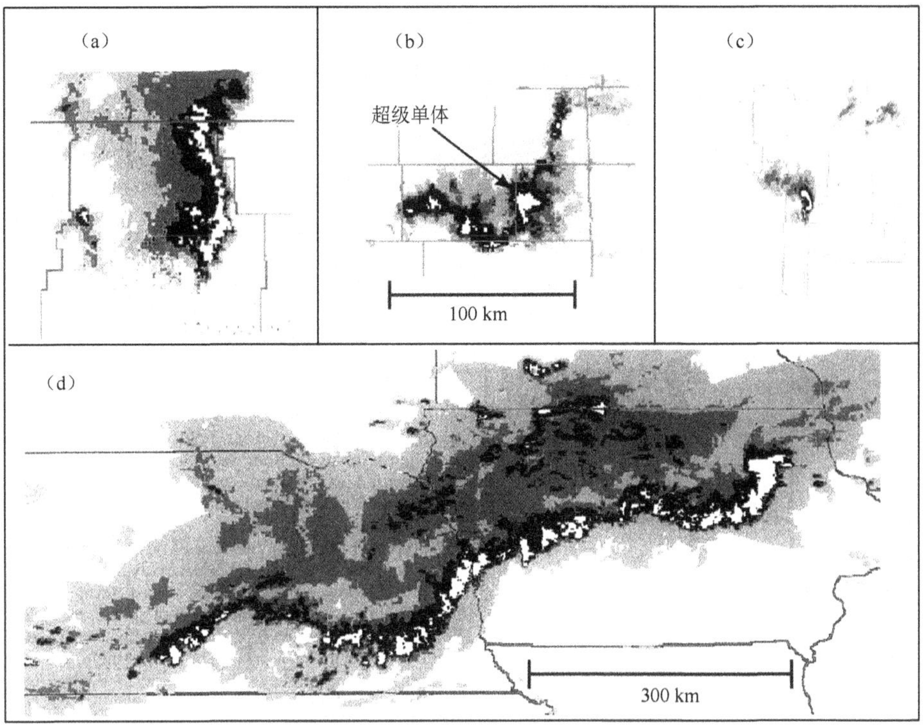

图 3.54　(a)经典弓形回波(BE)；(b)弓形回波复合体(BEC)；(c)单体弓形回波(CBE)；(d)飑线型或线型波形弓形回波(SLBE 或 LEWP)

弓形回波的形成方式各种各样。图 3.55 给出了几种弓形回波形成的方式。第一种方式是由松散的单体族合并演变为经典弓形回波、弓形回波复合体或单体弓形回波；第二种方式是由直的飑线演变成

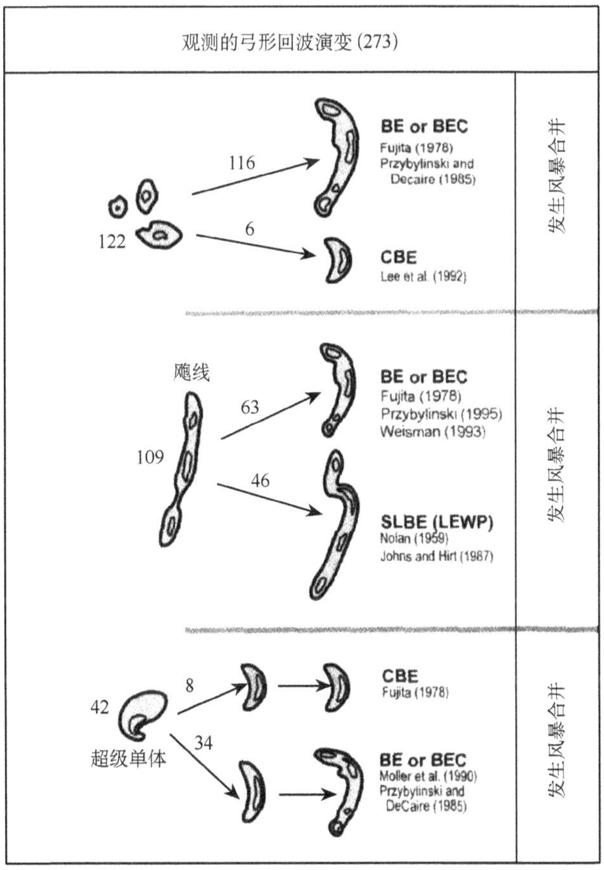

图 3.55　弓形回波的几种形成方式。箭头上数字为观测个例的数量

经典弓形回波、弓形回波复合体或飑线型弓形回波(包括波形弓形回波 LEWP);第三种方式是由经典超级单体风暴演变为单体弓形回波、经典弓形回波或弓形回波复合体。事实上,还有很多种弓形回波形成的方式,这里就不一一介绍了。

如前所示,弓形回波或者单独出现,或者作为线性波状回波 LEWP 的一部分出现。LEWP 是指回波为正弦形式的波状飑线(图 3.56),当直线型飑线的一部分演变为弓形回波时,其两端所形成的气旋式/反气旋式切变往往导致原来的直线型飑线变成波状飑线 LEWP。图 3.56 给出了一次 LEWP 的实例。该 LEWP 包括两个弓形回波,相应于北面的弓形回波顶端,低层径向速度图上有一个尺度为15 km左右的气旋式辐散流场,有可能是一个下击暴流。

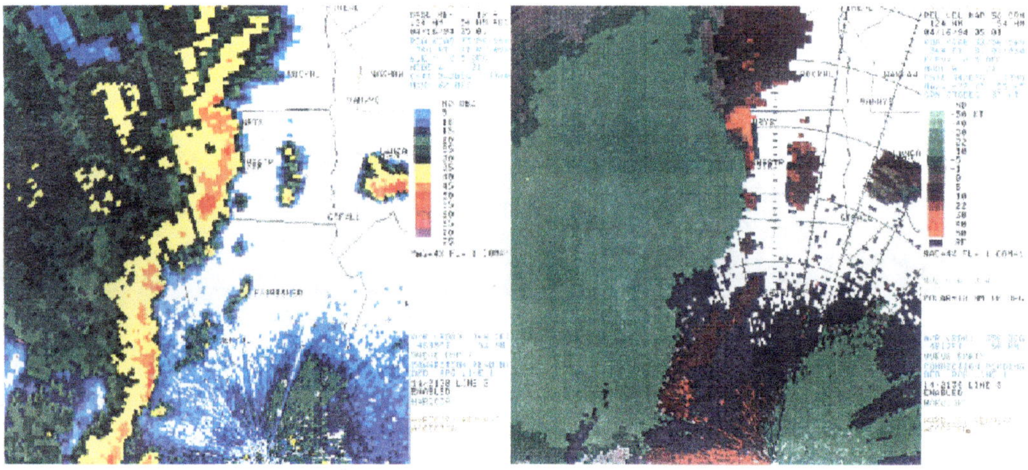

图 3.56 1994 年 6 月 14 日 LEWP 和弓形回波实例

(注意对应于弓形回波的突起部分,速度图上表现为一个尺度为 15 km 左右的气旋式辐散流场,表明可能存在下击暴流)

Fujita 在 1978 年曾经假定,与灾害性的下击暴流风相伴随,一定存在一个强烈的后侧入流急流,它的核心位于弓形回波中央的顶点。在一个强的下击暴流暴发时,中层气流加速进入对流体,导致在系统中心部位的对流单体更快速地向前运动,有助于弓形回波的形成。20 世纪 80 和 90 年代的观测研究继续阐明了弓形回波的特性。这些研究表明,低层弓形回波前沿的强反射率因子梯度和回波顶位于低层强反射率因子区之上是对流线风暴演变为弓形回波的共同特征。这些研究首次强调弓形回波后面一个“弱回波通道”的出现或许意味着下击暴流和可能的下击暴流导致的龙卷(Przybylinski 等 1983)。后来的研究进一步表明弱回波通道是后侧入流急流(Smull 等 1985,1987),它向下沉气流提供干燥的和高动量的空气,通过垂直动量交换和增加的雨水蒸发,增加地面附近出流的强度。后来,这一特征又被确定为“后侧入流槽口”,简称为 RIN(Przybylinski 1995)。

由于弓形回波的概念包括的范围很广,通常把上述反射率因子特征比较明显的弓形回波称为“显著弓形回波”(图 3.57)。这里将这些特征重述如下:1)在弓形回波前沿(入流一侧)存在高反射率因子梯度区;2)在弓形回波的入流一侧存在 WER(早期阶段);3)回波顶位于 WER 或高反射率因子梯度区之上;4)弓形回波的后侧存在弱回波通道或 RIN,表明存在强的下沉后侧入流急流。显著弓形回波意味着比普通弓形回波增加的灾害的潜势。

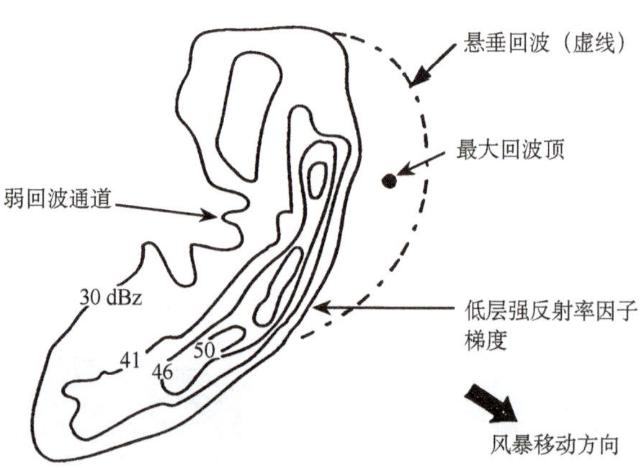

图 3.57 显著弓形回波的反射率因子特征

Przybylinski 和 DeCaire(1985)强调指出,弓形回波一般是一个比单个对流单体更大尺度的组织结构,一些强对流单体,有时是超级单体,或许会被包含在这个更大的组织结构弓形回波之中。目前对于弓形回波的尺度还没有一个明确的说法,Fujita 等(1977)认为其尺度一般在 40～120 km 之间,实际上弓形回波的尺度范围可能比这一尺度范围要广，从对流单体尺度到几百千米的中尺度对流系统。

图 3.58 给出了 2002 年 4 月 3 日发生在湖南的一次弓形回波复合体的不同仰角的反射率因子图。图中用双箭头标明同样的地点。从图中可看出低层沿入流一侧(东侧)反射率因子具有很大梯度，低层具有弱回波区，中高层有回波悬垂，弓形回波后侧有弱回波通道，显示了明显的强烈对流天气结构。事实上，3 日 20 时至 4 日 08 时雷雨大风夹杂冰雹、暴雨袭击了湘北，据气象站资料统计，3 日 08 时至 4 月 08 时临澧、南县等 7 站降水量大于 50 mm，其中南县 104.8 mm 为最大。岳阳站 02:00 出现了瞬时风速达 30 m/s 的 11 级大风，另有常德地区的临澧、安乡、石门县及常德市的鼎城区，岳阳地区的华容、汨罗、平江县及岳阳市区，长沙地区的金井乡等均不同程度地遭受了雷雨、大风、冰雹袭击，尤其是常德市的鼎城区还观测到龙卷。据不完全统计，强风暴导致了上述地(县)大量房屋、树木、电杆倒塌，农作物严重受损，多处电路因遭雷击而起火，南县雷雨大风导致电视塔倒塌，共有 81 人受伤，1 人死亡。过程造成的经济损失上千万元。

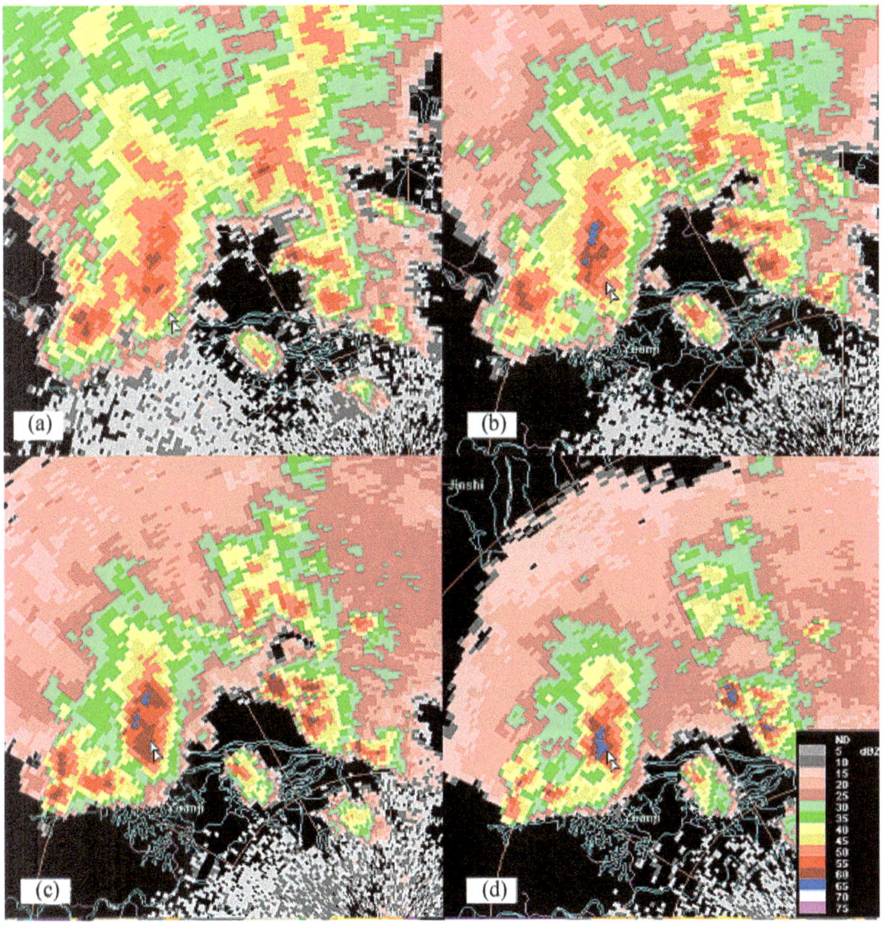

图 3.58 2002 年 4 月 3 日位于长沙的 CINRAD-SA 雷达观测到的一次弓形回波的 0.5°，1.5°，2.4°和 3.4°仰角的反射率因子图

很多数值试验表明显著弓形回波往往出现在大的层结不稳定(例如 CAPE 值超过 2000 J/kg)和中等到强的垂直风切变(例如，至少 15～20 m/s 的切变在地面到 2.5 km 或 5 km 高度)。当垂直风切变局限于 0～2.5 km 的低层大气时，对模拟出强烈的弓形回波最为有利，更深厚的垂直风切变层倾向于产生更孤立的超级单体。在更弱的垂直风切变环境下，也能模拟出产生地面强风的弓形回波，这类弓形回波主要特征是后侧入流急流，其他特征如两端的涡旋不明显。

3.7.5.2 深辐合带 DCZ 与中层径向辐合 MARC

超级单体可以产生极端的地面大风。Lemon 和 Burgess(1993)注意到在一个产生了广泛的灾害性天气包括下击暴流的强降水超级单体的下沉气流和上升气流的交界面附近存在一个深厚的辐合区(DCZ)。Lemon 和 Parker(1996)在另一个产生了 55 m/s 地面大风和 15 cm 尺寸冰雹的强降水超级单体中也发现了一个 DCZ，该深厚辐合区有 10 km 厚，50 km 长。Lemon 和 Parker(1996)推论 DCZ 中与深层辐合相伴随的气流加速与负的浮力结合产生地面强风。因此，超级单体中深厚辐合带 DCZ 的探测和识别可以用来预警极端的地面大风。

Przybylinski(1995)识别了一个预示地面大风的与弓形回波、飑线或超级单体相联系的径向速度特征：中层径向幅合(MARC)，它被定义为一个对流风暴中层(通常 3～9 km)的集中的径向辐合区。MARC 特征被假定为代表由前向后的强上升气流和后侧入流急流之间的过渡区。如果在 3～7 km 的范围内速度差值达到 25～50 m/s，则 MARC 特征被认为是显著的。对 MARC 的研究表明，利用 MARC 预报地面大风的提前时间大约在 10～30 分钟之间。

图 3.59 给出了 2002 年 8 月 24 日发生在安徽的一次飑线过程的径向速度垂直剖面，图中标出了 MARC 的位置，在这个例子中，它的确代表由前向后的强上升气流和后侧入流急流之间的过渡区，其中最大正负速度差值为 34 m/s。此次飑线过程产生了广泛的地面大风并伴有冰雹。

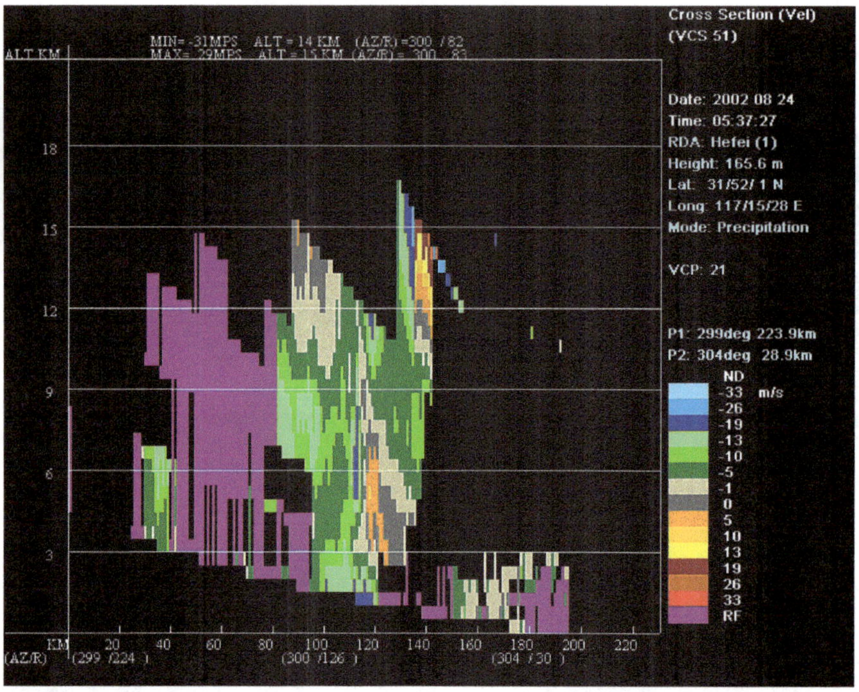

图 3.59 2002 年 8 月 24 日合肥 CINRAD-SA 雷达探测到的飑线的径向速度垂直剖面，图中标出了中层径向辐合区 MARC

3.8 短历时暴雨和暴洪的临近预报与预警

暴洪是指强降水在短时间内(不超过 6 小时)造成的局地洪水。它取决于两方面的条件，一是短时间内较大的降水量，另一个是相应流域的水文条件，包括地形、地表类型、过去的降水情况等。我们主要讨论暴洪的气象方面，即在短时间(6 小时以内)内出现较大的累积雨量，即短历时暴雨。

3.8.1 造成短历时暴雨的主要因子

短历时暴雨是由相对较高的降水率持续相对较长时间而造成的。假定在地球上任何一点，$\bar{R}$ 是平均降水率，D 是降水持续时间，那么产生的总降水 P 可以表示为：

$$P=\bar{R}D$$

实际上关于什么是相对较高的降水率和相对较长的降水持续时间并没有一个明确的阈值。粗略地讲，降水率超过 25 mm/h 即可以认为是比较高的，降水持续时间超过 1 小时就可以认为是比较长的。也就是说 25 mm/h 和 1 小时分别为较高降水率和较长持续时间的下限。

从上面的讨论可知，短历时暴雨的发生需要考虑的一个关键因素是高降水率的形成。从天气学的观点看，降水是由湿空气抬升凝结产生的。在某一个地点的瞬时降水率 R 正比于垂直水汽通量 wq，其中 w 是上升气流速度，q 是上升空气的比湿。这意味着如果要形成高的降水率，上升气流需要具有高的水汽含量和迅速的上升速度。垂直水汽通量与凝结率直接相关，而凝结是降水的来源。这里自然引出了降水效率的概念：降水效率是降水率和输入水汽通量之间的比例系数：

$$R = Ewq$$

图 3.60 表明降水效率应该理解为对降水天气系统生命史的时间平均。如果在某一个瞬时计算，降水效率也许是零（在降水系统生命史的早期没有降水发生）或者无穷大（在一个正在衰减的降水系统中，输入水汽通量接近于零，降水仍然继续）。计算降水效率的最小单元是对流单体。但是，如果一个降水系统包含许多对流单体，则每个个别单体的降水效率是不重要的，因为每个单体的降水效率在大的对流系统中变化很大。因此，重要的是估计一般意义上的降水效率，也就是一个降水系统（可能包含很多对流单体）在其生命史期间的降水量和输入的水汽量之比。

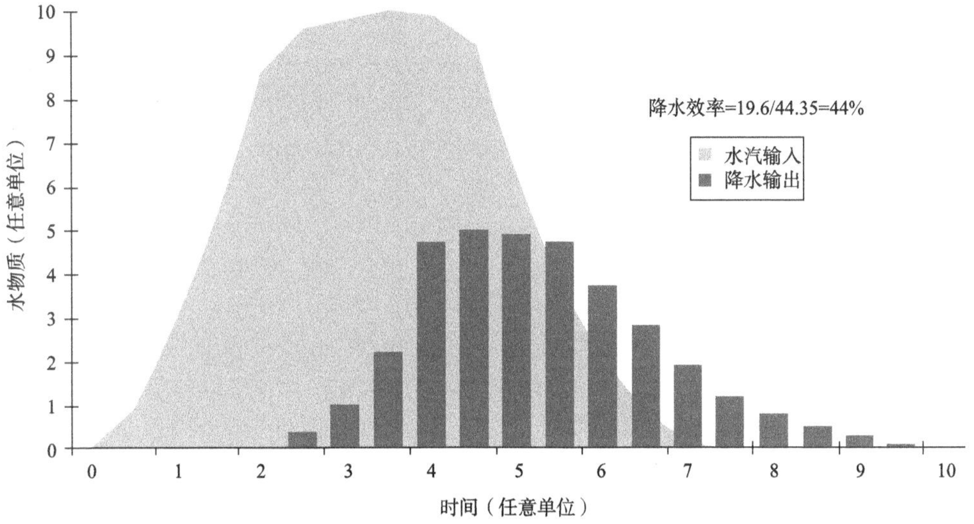

图 3.60　在一个降水天气系统生命史期间水汽输入（阴影区）和降水输出（垂直黑色方柱）随时间演变示意图。单位是任意的，因此描述的系统可以是任何降水过程具有发展阶段（时间＝0～3 单位），成熟阶段（时间＝3～6 单位），消散阶段（时间＝6～10 单位）。对于这个例子，计算的降水效率为 44%

一个降水系统如何才能有较高的降水效率？进入云中的水汽几乎全部都会凝结。因为上升气流将气块带到对流云顶，那里的水汽比湿大约只有 0.1 g/kg，这大约相当于云底附近比湿的 1%，也就是说 99%的进入云中的水汽都凝结了。水汽凝结后又发生了什么呢？一部分作为降水降到地面，一些云粒子被高空风吹出云外蒸发掉了，一些云粒子在降水系统的下沉气流里蒸发掉了。换句话说，那些没有作为降水降落到地面的凝结物最终都被蒸发掉了。哪些过程有利于蒸发，这与云中的微物理过程有关。根据云的微物理理论，暖云的降水效率要高于冷云，降水系统中的暖云层越厚，越有利于高降水效率的产生。暖云层厚度可以通过探空曲线进行分析，在抬升凝结高度 LCL 到融化层高度（大致为 0 ℃层的高度）之间的厚度可以作为暖云层厚度的估计（图 3.61）。中等强度的对流有效位能 CAPE（比如1500～2000 J/kg）比极端的 CAPE 更有利于高降水效率的形成，因为极端的 CAPE 会使气块加速通过暖云层，从而减小了通过暖云过程形成降水的时间，导致大量水汽进入高层，促使冰晶和大冰雹的形成。

另一个影响降水效率的因子是夹卷率，将未饱和的空气带入云中会促进蒸发。通常小的孤立的降水系统的夹卷率比大的降水系统大。环境空气的相对湿度越小，蒸发越强，降水效率越低。另外，垂直风切变越大，蒸发也越大，降水效率越低。

因此，如果上述确定降水率的三个因素（E，w 和 q）中至少有一个大，另外两个至少中等，则强降水率 R 的潜势存在。如果降水持续较长时间，则存在暴雨的潜势。下面我们将介绍如何从雷达回波分析可能导致短历时暴雨的线索。

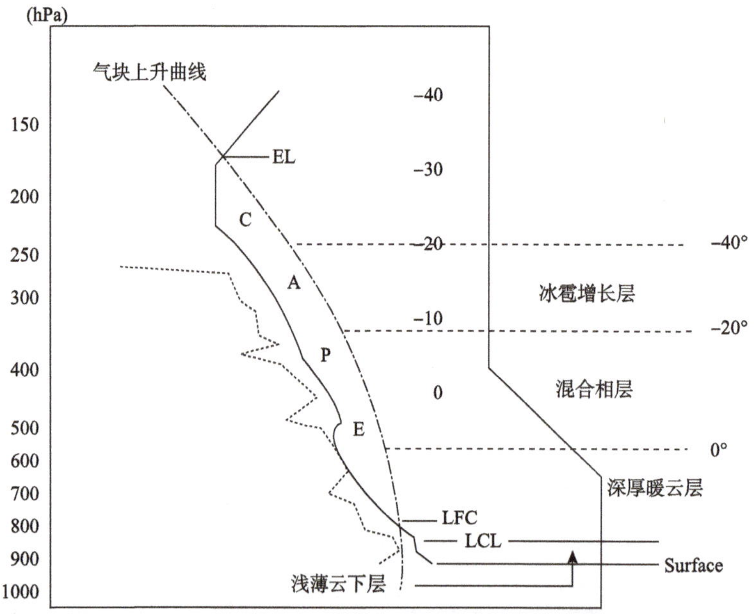

图 3.61 根据造成降水的微物理过程将一个代表性的产生暴洪的探空曲线划分成几个子层：云下层、暖云层、混合相层、冰雹增长层，它们是降水生成的暖雨过程和冷雨过程的重要参数

3.8.2 天气雷达在暴洪预报中的作用

3.8.2.1 雨强估计

一般来说，反射率因子越大，雨强就越大，但这个关系会受到 0 ℃层亮带和冰雹的很大影响。也就是说必须能够判断大的反射率因子是主要由液态雨滴产生的，而不是冰雹和亮带的贡献。图 3.62 给出了广西桂林附近一次暴雨过程的雷达反射率因子垂直剖面，图中最大反射率因子超过 50 dBz。相应的 0 ℃和−20 ℃等温线的高度分别为 4 km 和 7 km，−20 ℃等温线以上最大反射率因子不超过 30 dBz，因此降大冰雹的概率很小。这说明 0 ℃以下超过 40 dBz 的对流雨区在很大程度上是由于液态雨滴散射的结果，冰雹的影响不大，因此雨强（降水率）应该比较大。如果反射率因子结构显示该对流风暴具有雹暴结构，则对于雨强的判断比较困难，此时降水率可以很大，也可以是中等或不大。

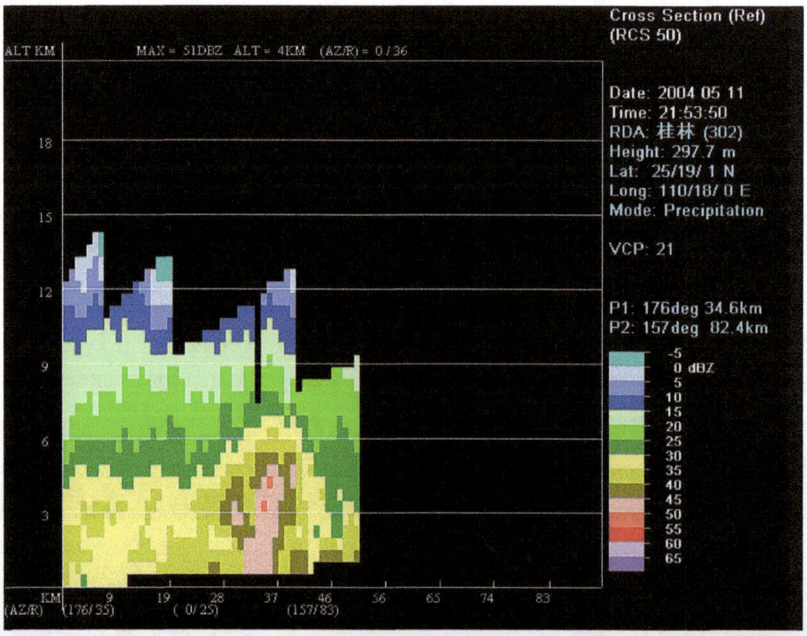

图 3.62 2004 年 5 月 12 日 05:53 桂林雷达观测到的暴雨回波的反射率因子垂直剖面

3.8.2.2　低空急流的识别

暴雨产生的条件之一是要有充分的水汽供应，而低空急流是为暴雨输送水汽的通道。在降水已经开始的情况下，可以通过多普勒天气雷达径向速度图监视低空急流的变化（每 6 分钟可以更新一次），与其他条件相结合，可以判断降雨是否会继续。图 3.63 给出了 2004 年 6 月 15 日发生在山东的一次暴雨过程中济南多普勒天气雷达 1.5°仰角的径向速度图，图中显示在 50 和 100 km 等距离圈之间的高度上（约 2.2 km 高度）存在一个东南风急流，强度约为 19 m/s。

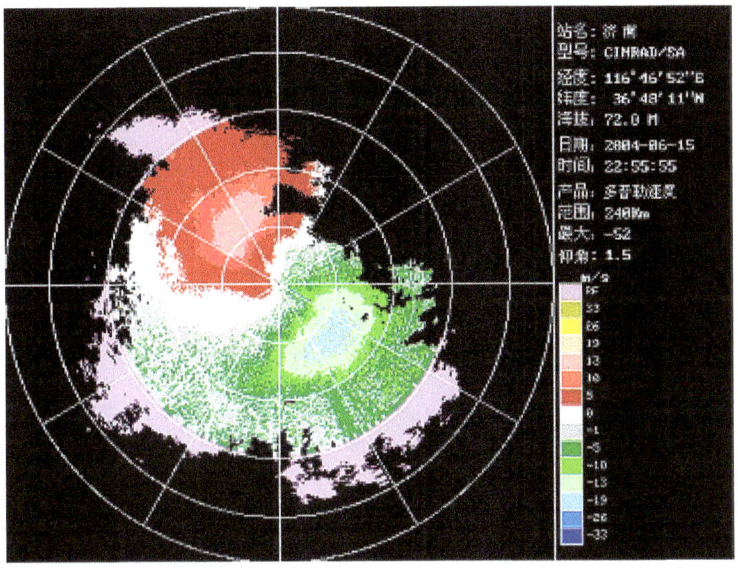

图 3.63　2004 年 6 月 15 日 22:55 济南 CINRAD-SA 雷达 1.5°仰角径向速度图

图 3.64 给出低空急流的确定在 MCC 中强降水单元的移动判断方面的应用。中尺度对流复合体（MCC）是产生暴雨的重要天气系统。MCC 是中-α 尺度的系统，但强降水通常是由其中的中-β 尺度单元（MBE）所产生的。图 3.64 给出了判断这种中-β 尺度单元 MBE 移动方向和速度的概念模型。MBE 的移动是平流和传播速度向量的矢量和，平流等于风暴承载层的平均风，而传播向量根据经验大约与低空急流的方向相反、大小相等。低空急流可以由多普勒天气雷达径向速度图得到，从而根据雷达回波可以推断降水中心 MBE 的移动。

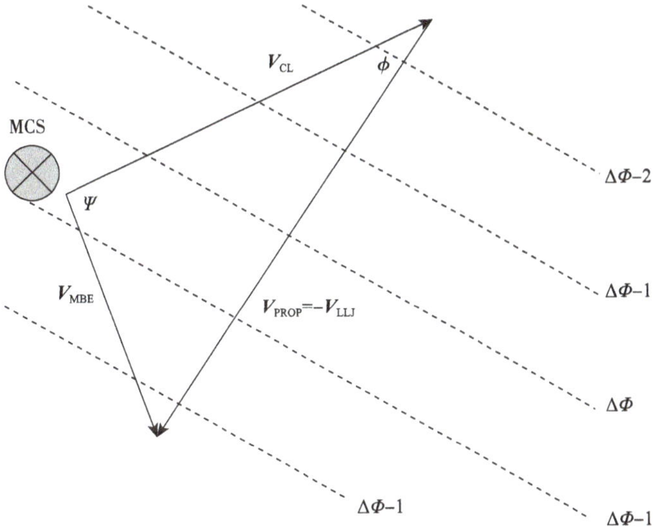

图 3.64　MCC 中的中-β 尺度单元（MBE）移动的概念模型：MBE 的移动是风暴承载层平均气流 $\mathbf{V}_{CL}$ 和传播向量 $\mathbf{V}_{PROP}$ 的矢量和。假定 $\mathbf{V}_{PROP}$ 与低空急流 $\mathbf{V}_{LLJ}$ 大小相等、方向相反。虚线为 850—300 hPa等厚度线（Corfidi 等 1996）

3.8.2.3 降水持续时间的估计

总的降水量取决于降水率的大小和降水持续时间。降水持续时间取决于降水系统的大小、移动速度的大小和系统的走向与移动方向的夹角。假定降水系统的移动速度为 $\boldsymbol{C}_s$，系统沿着其移动方向的尺度为 L_s，如图 3.65 所示。降水的持续时间可以表示为：

$$D=L_s(|\vec{\boldsymbol{C}}_s|)^{-1}$$

如果要使降水持续时间较长，要求至少满足下列条件之一或者都满足：1)系统移动较慢；2)系统沿着雷达回波移动方向的强降水区域尺度较大。

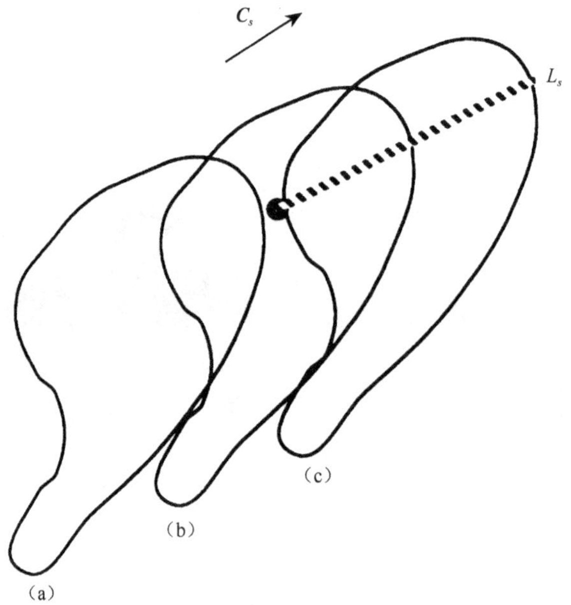

图 3.65 降水系统通过某一个点时其尺度概念的示意图。系统移动向量为 $\boldsymbol{C}_s$，图中显示(a)系统刚刚遇到该点；(b)系统的一半移过该点；(c)系统正要离开该点。对于图中所示的不对称系统，不同的地点将对应不同的 L_s 值，而同样的地点，$\boldsymbol{C}_s$ 的不同取向也将产生不同的 L_s 值

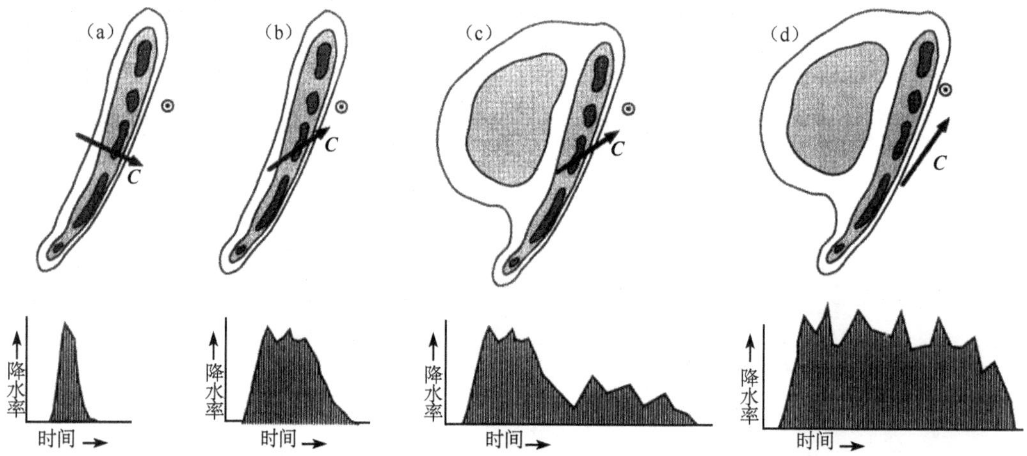

图 3.66 不同移动方向的不同类型的对流系统对于某一点上降水率随时间变化的影响的示意图。等值线和阴影区指示反射率因子的大小。(a)一个对流线通过该点的移动方向与对流线的取向垂直；(b)对流线的移动向量在对流线的取向上有很大的投影；(c)对流线后部有一个中等雨强的层状雨区，对流线移动方向和对流线去向的夹角与(b)同；(d)与(c)类似，只是对流线的移动向量在对流线的取向上有更大的投影

一条飑线或对流雨带，如果其移动方向基本上与其走向垂直，则在任何点上都不会产生长持续时间的降水(图 3.66(a))，而同样的飑线如果其移动速度矢量平行于其走向的分量很大(图 3.66(b))，则经

过某一点需要更多的时间，导致更大的雨量。在对流线后面带有大片层状云雨区的中尺度对流系统 MCS(图 3.66(c))在线对流的强降水过后是持续时间较长的中等雨强的层状云降水，进一步增加了雨量。在图 3.66(d)中，飑线的移动速度矢量基本平行于其走向，使得飑线中的强降水单体依次经过同一地点，即所谓的列车效应，产生了最大的累积雨量。

列车效应并不局限于飑线移向平行于其走向的情况，只要有多个降水云团先后经过同一地点，都会有列车效应，导致大的雨量。图 3.67 给出了桂林 CINRAD-SB 雷达观测的一次暴雨过程的雷达回波。该暴雨过程在阳朔产生了 24 小时超过 150 mm 的累积雨量，造成如此大雨量的一个重要原因是有较强的对流雨团依次经过阳朔地区，因为列车效应而导致极端的雨量。

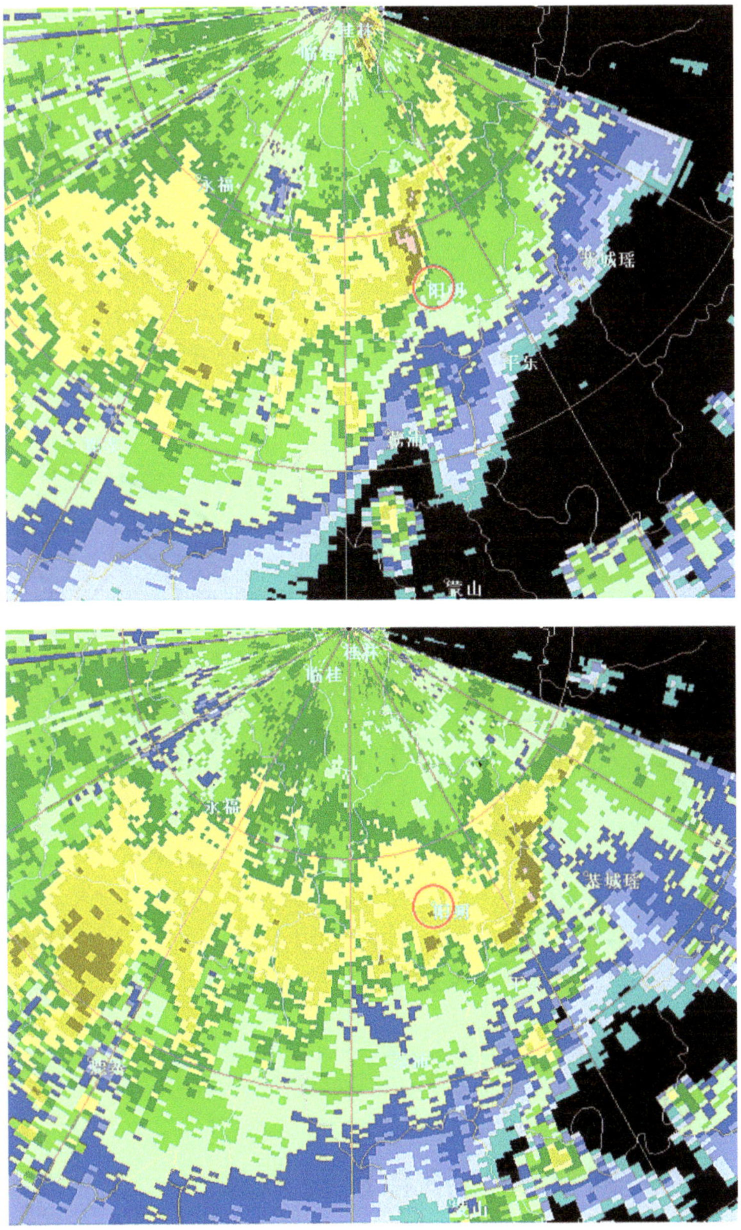

图 3.67　2004 年 5 月 12 日 04:56(上)和 05:41(下)桂林 CINRAD-SB 雷达 1.5°仰角反射率因子图，红色圆圈指示阳朔地区的位置

产生大雨量的情况还可以在降水系统移动缓慢或静止不动的情形下产生。一种情况是对流层整层的环境风很弱，导致降水系统移动缓慢，只是这种情况并不多见。降水系统移动缓慢多数情况下是由于对流降水系统中的单体移动与传播相互抵消，如图 3.68 所示。判断对流降水系统中单体的移动方向和速度是相对简单的，因为单体基本上是随着平均气流 $\mathbf{V}_m$ 移动。也就是说，在大多数情况下，平流支配

了单体的移动。预报传播对于系统移动的贡献要困难得多，因为对流可以与其周围的环境相互作用，在相对于老的单体的有利位置形成新的单体。新的单体的生成和发展受到已有单体的外流边界的很大影响。当相对于该边界的湿的入流比较大时，这个边界提供雷暴尺度的强烈抬升。在发生的所有暴雨事件中，移动缓慢的降水系统占了很大比例。

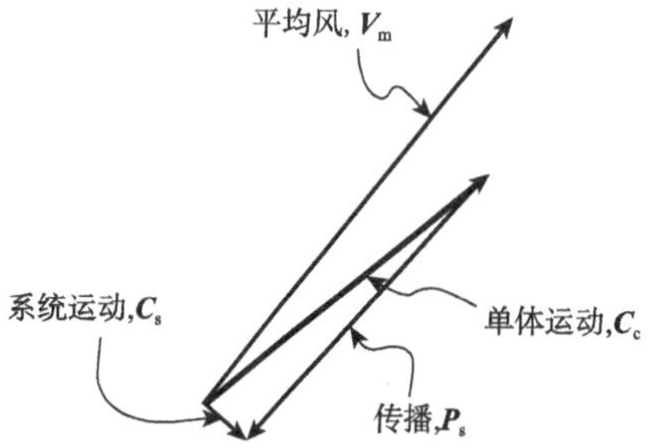

图 3.68 对流系统中单体运动 C_c 与传播 P_s 几乎相互抵消，导致系统移动缓慢

3.8.2.4 次流域面积上累积降水的估计

暴洪的发生与否是与当地的水文特征密切相关的。为了能够分辨暴洪，需要了解每一个次流域上的雨量。根据研究，需要雷达降水估计的空间分辨率达到 5 km² 才能满足要求。根据目前的新一代天气雷达降水算法(俞小鼎等 2006a)，只有在距雷达 120 km 以内的区域才能满足上述要求。图 3.69 给出了一个例子，在该例中，利用雷达给出了美国 Buffalo Creek(布法罗克里克)流域中每一个子流域内的雨量估计。

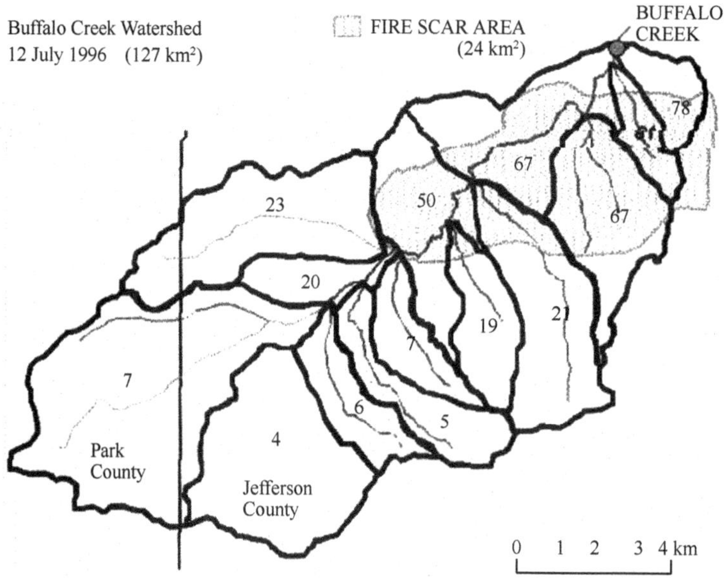

图 3.69 美国 Buffalo Creek 流域每一个子流域内 1996 年 7 月 13 日 02 至 04 时(世界时)的平均雨量(mm)的雷达估计

3.9 强对流天气短时临近预报和预警步骤

3.9.1 天气背景分析

首先，需要对天气背景进行分析。主要步骤如下：

(1)大尺度的过程是否使得大气变得更加对流不稳定。例如低层暖湿平流和中高空干冷平流会使大气从原来的对流稳定变为对流不稳定，从原来的中性或弱不稳定变为强烈不稳定。短波槽强迫的缓慢上升运动可以使原来对流稳定的大气层结变为对流不稳定。

(2)垂直风切变的考察。弱的垂直风切变情况下只会出现一种强风暴——脉冲风暴，其强烈天气包括下击暴流、冰雹和偶尔的非超级单体龙卷。强的垂直风切变情况下可以出现多单体风暴、飑线和超级单体风暴等形式的强风暴。

(3)抬升机制的考察。触发对流的系统通常是中尺度系统。天气尺度系统的上升运动一般不足以触发对流，它们只是使大气变得更加对流不稳定。特别需要注意的是地面中尺度边界如锋面、干线、雷暴的外流边界、海陆风锋以及其他边界层辐合线，另外还要注意地形对对流的触发作用。

(4)水汽条件的分析。强烈的对流风暴需要充足的水汽供应。暴洪更是需要快速的水汽更新，特别要注意低空急流。

3.9.2 天气雷达数据的分析

预报员在强对流天气的预警过程中的时间是比较紧张的，需要有一个有效的操作步骤。我们在这里提出一个建议，仅供参考。

(1)首先检验 1 km 分辨率的组合反射率因子产品(37 号产品)，上面叠加冰雹指数和中气旋产品，这样可以确定在雷达监视区域内有哪些可能的强对流风暴。如图 3.70 所示，选取图中 14 号对流风暴单体作为进一步考察的对象。

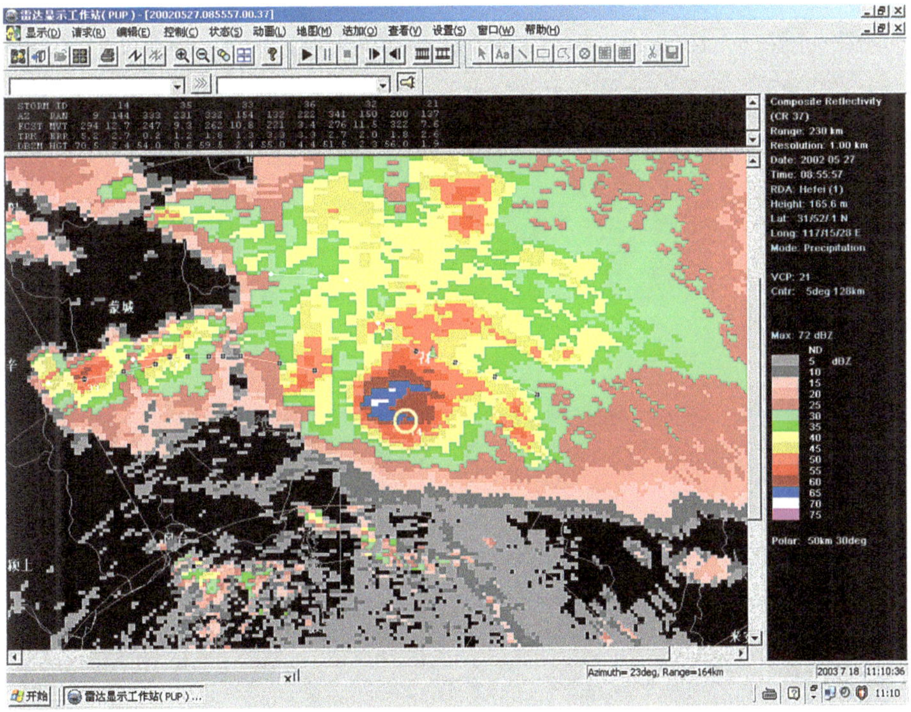

图 3.70 2002 年 5 月 27 日 16:55 合肥 CINRAD-SA 雷达的组合反射率因子，叠加冰雹指数、中气旋和风暴路径信息

(2)找到每一个潜在的强对流风暴的位置，将其置于画面的中心，在同一幅画面上显示 4 张该风暴单体的回波图，选择分别代表低层和中层的两幅反射率因子和两幅径向速度图，每幅图放大相同的 2 倍或 4 倍。在环境垂直风切变较大的情况下，若反射率因子垂直结构出现向入流一侧倾斜，则可以判断是强对流风暴，有产生地面大风、龙卷、冰雹的潜势。从反射率因子图可以大致确定对流风暴是多单体风暴、飑线还是超级单体风暴。如果低层和中层径向速度显示出强烈中气旋，则无疑是超级单体风暴，可以考虑龙卷警报；如果显示中层明显的辐合，可以考虑地面大风警报；反射率因子回波若呈现弓形回波，也可以考虑地面大风警报。中层的反射率因子的核心若超过 50 dBz，则需要考虑大冰雹预警，同时需要进一步检验其垂直剖面。具体例子如图 3.71 所示。如果必要，可以在反射率因子图上叠加冰雹指数产品和风暴路径信息，在反射率因子径向速度图上叠加中气旋和龙卷涡旋特征(TVS)产品。

(3)作适当的垂直剖面。反射率因子垂直剖面主要用来判断垂直结构，看 0 ℃和－20 ℃等温线的高度以上是否有超过 50 dBz 的反射率因子结构，从而判断大冰雹的可能性。径向速度垂直剖面可以判断中层辐合区的存在与否，从而判断地面大风的可能性。图 3.72 是图 3.71 中超级单体风暴的垂直剖面，由附近探空曲线得到 −20 ℃等温线位于 6.5 km 高度，而图中垂直剖面显示在该等温线高度以上有超过 65 dBz 的反射率因子，因此该超级单体风暴有极大可能降大冰雹。

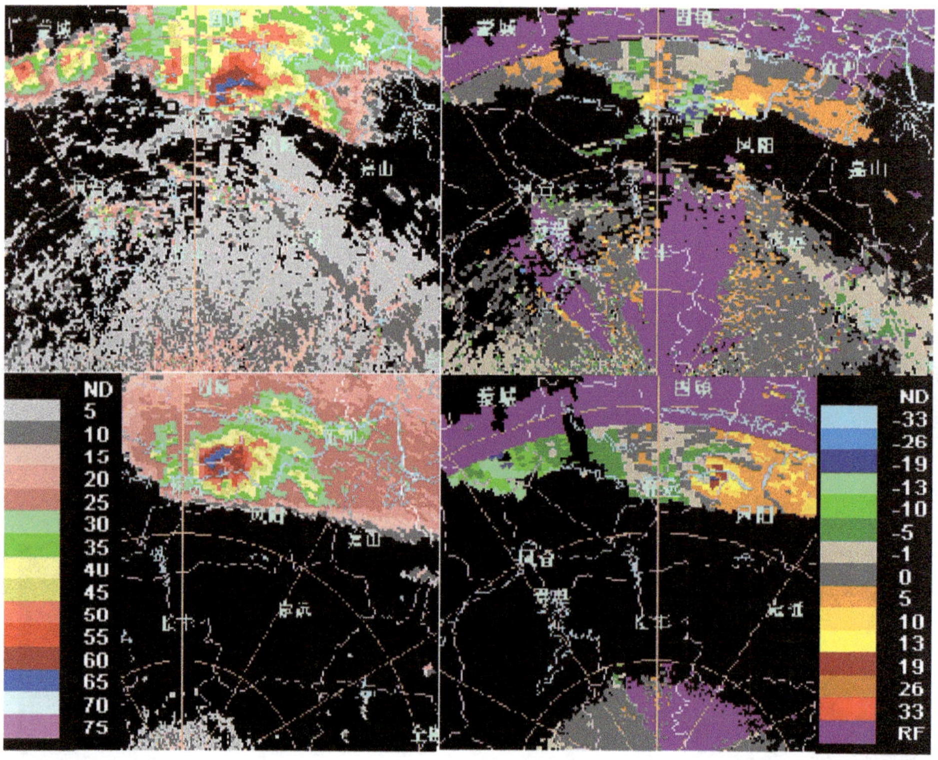

图 3.71　2002 年 5 月 27 日 16:55 合肥 CINRAD-SA 雷达 0.5°和 2.4°仰角的反射率因子和径向速度图

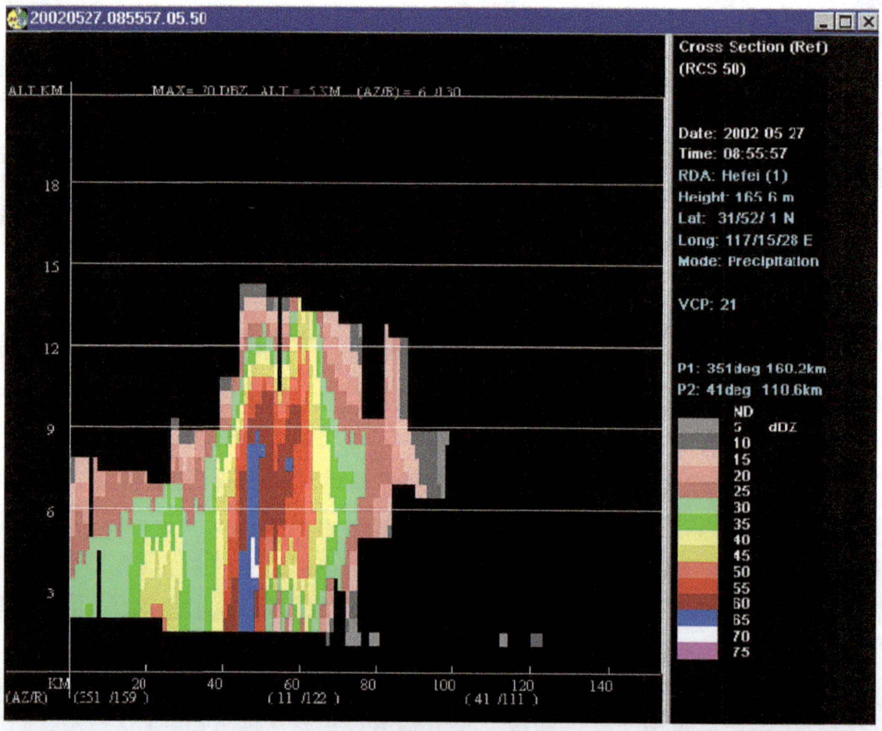

图 3.72　图 3.71 中所示超级单体风暴的反射率因子垂直剖面

事实上，如果前两个步骤已经可以确定会出现什么种类的强对流天气，则第三步就可以省去。如果这三步还不能确定对流风暴的特征和可能产生的天气，可以进一步用 4 幅图显示的方法考察你认为必要的反射率因子、径向速度、相对风暴径向速度和垂直累积液态水的图。4 幅图显示是一个十分有用的功能，WSR-88D 的 PUP 上装备了这个功能，在中国新一代天气雷达的 PUP 上也有 4 幅图平铺的功能，但不是很便捷，需要开发一个适合于中国新一代天气雷达的有效便捷的 4 幅图显示功能。

3.10 客观临近预报系统

客观临近预报系统的预报对象可以包括雷暴、降水、云量、能见度、温度、风和湿度等。但目前的焦点仍是雷暴和降水系统的自动客观临近预报。客观预报采用的方法主要是外推、外推与雷暴演化的概念模型相结合、外推与数值预报相结合以及纯粹的数值预报。本节主要介绍雷暴和降水系统的客观临近预报系统，主要以外推方法为主。

雷暴或降水的临近预报系统的基础是跟踪和外推，主要分为两种类型：1)单体质心跟踪和外推。将雷暴或降水单元视为三维单体加以识别、跟踪和外推。典型的例子有 WSR-88D 和 WDSS 中的风暴单体识别与跟踪算法 SCIT 和雷暴识别跟踪与临近预报 TITAN 等，下面分别进行介绍。2)区域跟踪和外推。对反射率因子超过某一阈值的二维区域进行跟踪和外推。典型的例子有 TREC 等，下面也将给予介绍。

3.10.1 雷暴单体识别与跟踪算法 SCIT

SCIT 算法(Johnson 等 1998)由四个子功能组成：风暴单体段、风暴单体质心、风暴单体跟踪和风暴位置预报。风暴单体段识别反射率因子的径向排列，并输出这些段上的信息到风暴单体质心子功能中；风暴单体质心子功能将段组合成二维分量，并使这些分量垂直相关构成三维单体，再计算这些单体的属性；单体及它们的属性被输出到风暴单体跟踪及风暴位置预报子功能中。风暴单体跟踪子功能是通过将当前体积扫发现的单体与前次体积扫的单体作匹配来监视单体的移动。风暴位置预报子功能是依据风暴移动的历史来预报风暴将来的质心位置。

SCIT 算法按照一个径向接一个径向的顺序处理来自雷达基数据的体扫反射率因子。算法不处理速度数据，不做特殊的数据平滑。

3.10.1.1 单体识别方法

(1)风暴单体段

三维风暴单体的识别是分阶段进行的，首先从一维数据的处理开始。算法一维部分的目的是在径向反射率因子中识别“风暴段”。一个风暴段定义为一段连续的沿着一个径向的一系列距离库，它们的反射率因子超过一个规定的阈值。如图 3.73 所示，当处理过程沿一个雷达径向首次遇到一个大于规定的阈值的反射率因子时，随后的超过阈值的距离库被编为一组，一直到遇到一个小于阈值的距离库。如果该距离库的反射率因子值与阈值的差值小于 5 dBz，或这样的距离库小于 2 个，则过程继续。如果算法遇到的距离库的反射率因子值小于上述反射率因子阈值 5 dBz 以上或小于该阈值的距离库超过或等于 2 个，则过程终止，一个风暴段就此产生。图 3.74 给出了 3 个风暴段的例子，方括号标出的距离库即是小于阈值的库，带阴影的区域为选中的风暴段。如果风暴段的径向长度超过 1.9 km，它将被储存下来。

SCIT 算法的一个主要特点在于 SCIT 使用 7 个不同的阈值(60、55、50、45、40、35 和 30 dBz)重复上述过程。SCIT 风暴单体段子功能搜寻每个径向上的段。首先，用最小反射率因子域值搜寻段(缺省是 30 dBz)，未被选中的距离库将被抛开不再做进一步处理。然后用 30 dBz 的段来搜寻下一个最小反射率因子域值(35 dBz)的段，再用这些(35 dBz)段来搜寻下一个阈值(40 dBz)的段，直到搜到第七个阈值(60 dBz)的段。为减少处理任务，段数目被限制为每径向上对每个域值不超过 15 个(可调参数)。也就是说，在每一径向上最多可有 105 个段(7 个阈值乘每阈值 15 个段数目)。

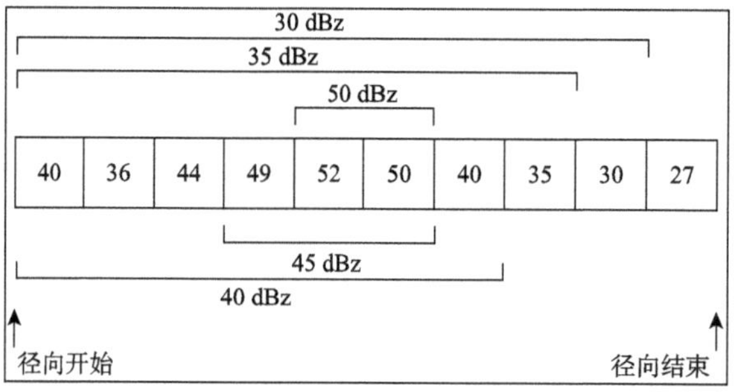

图 3.73 沿径向的 50,45,40,35 及 30 dBz 阈值风暴段的识别

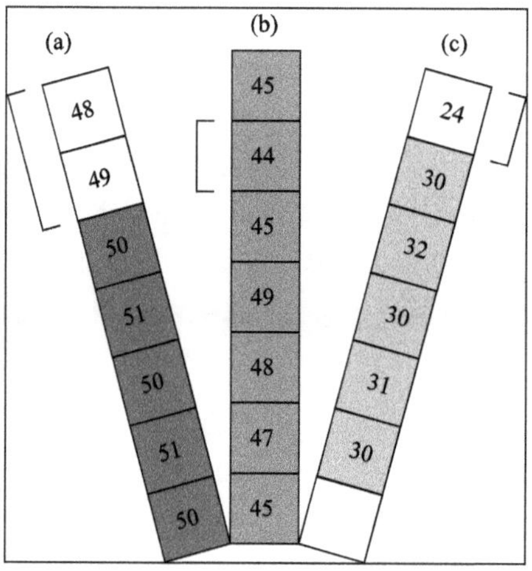

图 3.74 带阴影的区域分别代表三个风暴段中被保留的部分。(a)带有两个低于反射率因子阈值距离库,满足与阈值的差不超过 5 dBz 条件但不满足这样的距离库少于 2 个的条件的 50 dBz 风暴段;(b)带有一个低于反射率因子阈值的距离库但满足与阈值的差不超过 5 dBz 条件和这样的距离库少于 2 个的条件的 45 dBz 的风暴段;(c)带有一个不满足与阈值的差不超过 5 dBz 条件的距离库的 30 dBz 的风暴段

(2)风暴单体分量

当最后一个仰角扫描的段被处理完之后,在空间上相邻的风暴段被结合成一个二维的分量。为了满足相邻的条件,段与段之间方位角方向离开不超过 1.5°,径向必须有 2 km 的部分相叠加。图 3.75 显示一个包含 7 个段的 30 dBz 的二维风暴分量。二维风暴分量至少要包含 2 个风暴段,面积至少要达到 10 km^2。图 3.76 中包含 40、45 和 50 dBz 三个分量,45 和 50 dBz 的分量包含在 40 dBz 的分量中,而 50 dBz 的分量包含在 45 dBz 分量中。我们使用突出分量特征核心的方法以把感兴趣的风暴从周围的较低反射率因子的区域中突显出来。如果一个较高反射率因子阈值的二维分量的质心落在一个较低反射率阈值的二维分量之内,则低值的反射率因子分量被丢弃(图 3.77)。

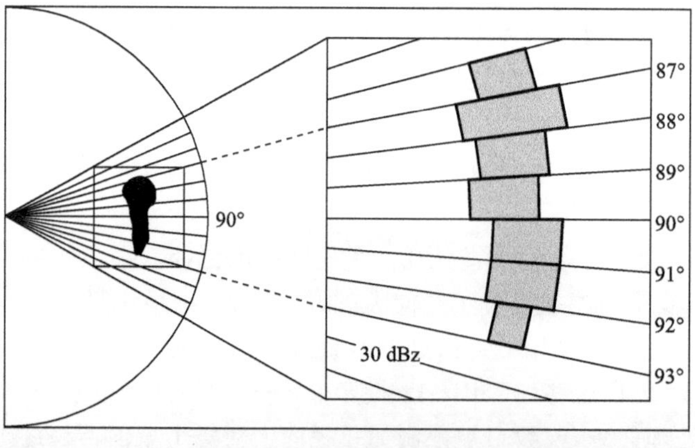

图 3.75 所有 30 dBz 的风暴段被结合成一个二维分量,假定它们满足方位角距离和径向距离的判据

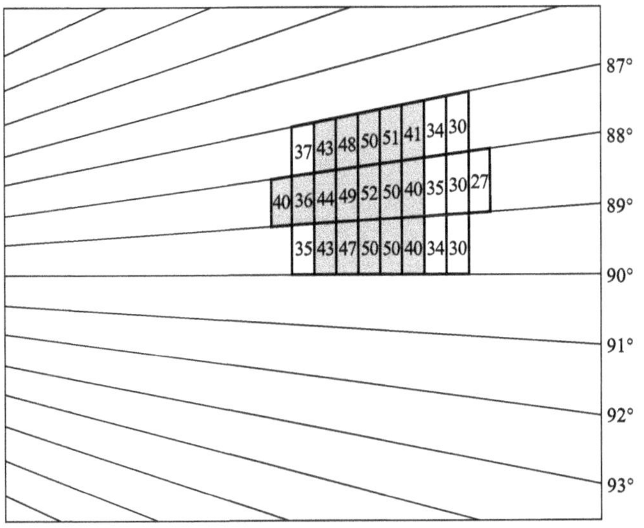

图 3.76　3 个 2D 分量(40、45 和 50 dBz)在一个二维单体特征中

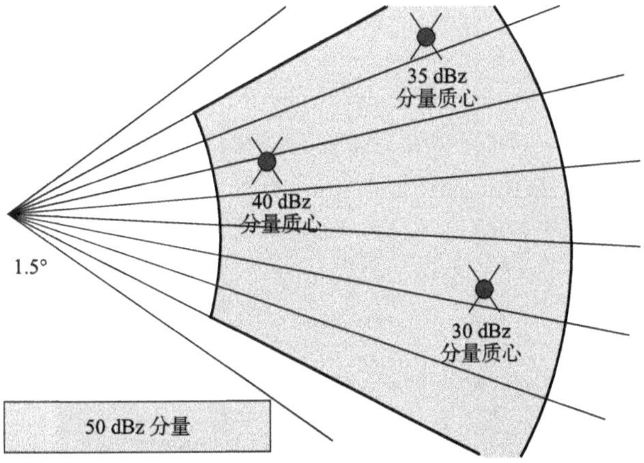

图 3.77　如果对应于低阈值的分量的质心落在高阈值分量的范围之内，则低阈值分量被丢弃

(3)三维风暴单体的确定

当当前体扫的所有仰角扫描都处理完之后，这些分量按照质量的大小从大到小排列，然后做垂直相关。分量的质量是该分量的等效液态水含量(基于其反射率因子)的一个估计。每一个确定的 3D 风暴单体由两个或更多个在相继仰角上的 2D 分量构成。垂直相关的过程是一个迭代的过程，从最低的仰角开始。首先，将质心水平距离小于 5 km 的相邻仰角的分量做关联。如果关联可能多于一个，则用有最大质量的两个 2D 分量作关联。在第一次做完后有非关联分量剩下，则将质心的水平相隔距离增加到 7.5 km，并对所有的非关联分量重复第一次的过程。如在第二次做完后仍有非相关分量剩下，则用 10 km 搜索半径做最后一次。所有留下的非相关分量被保存，但并不在目前雷达系统执行的算法中使用。对所有相邻仰角扫描执行此过程。一个理想的 3D 风暴单体识别的例子见图 3.78。由于只用最强的(最高反射率因子阈值)2D 分量来确定 3D 风暴单体，最终产品实际是一个 3D 风暴单体质心。这些风暴单体按它们的基于单体的垂直累积液态水含量(VIL)值排列。

当所有可能的三维相关完成以后，剩下的距雷达一定距离阈值之外的非相关最低仰角的二维质心被归类为二维风暴单体。此新分类法可以识别由于雷达波束中心高度随距离增加而距离雷达较远的风暴单体。在美国国家强风暴实验室(NSSL)的中气旋探测算法(Stumpf 等 1998)中使用了类似的步骤。

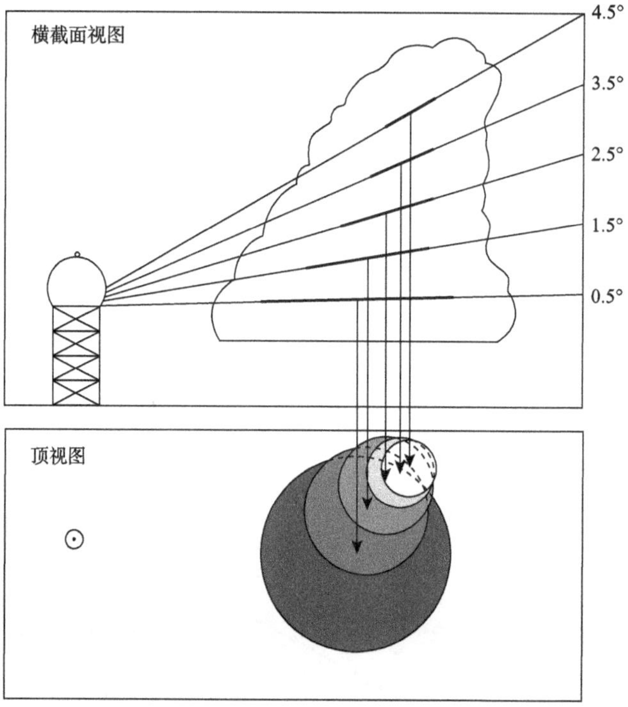

图 3.78 风暴单体段和它们构成的圆形 2D 分量以及由分量构成的 3D 风暴单体

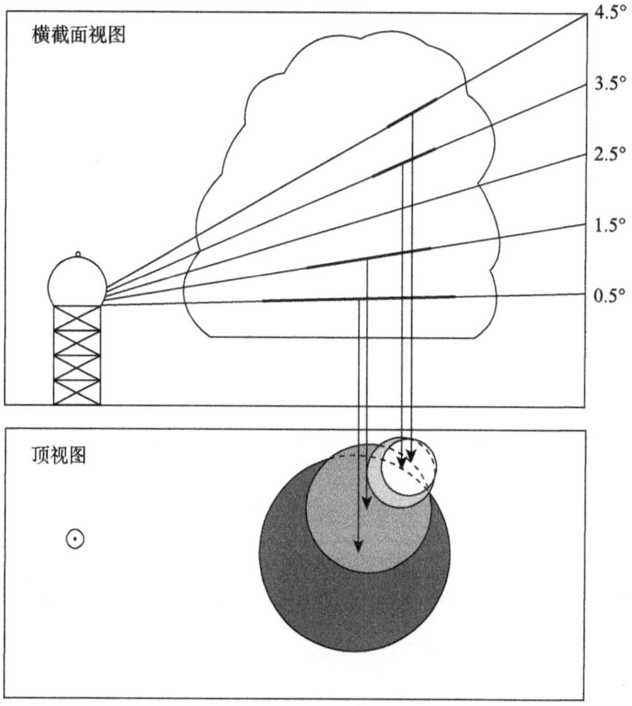

图 3.79 与图 3.78 类似，只是在探测到的 2D 分量之间有一个空挡

有时，当几个单体非常靠近时，算法很难在所有仰角上区别每个单体的 2D 分量。发生这种情况时，一个风暴单体实际上会被识别为 2 个 3D 单体，每个位于大致相同的水平位置但垂直方向被一个空挡隔开。如图 3.79 所示，在某种环境下，这两个位于相近水平位置的 3D 单体可以结合形成一个单体。需要满足下列条件：1)这两个单体没有 2D 单体在同样的仰角上(即存在一个垂直方向上的空挡)；2)两个单体质心之间的水平距离小于一个预定的阈值(缺省值＝10 km)；3)一个单体的顶和另一单体的底之间垂直空隙要小于下列两个参数：高度差(缺省＝4.0 km)和仰角差(缺省＝3.0°)。

由于 SCIT 算法探测到的风暴单体可能会出现这样的情形，即被识别的单体很多是互相非常邻近的，这也许会导致输出结果过分拥挤或差的跟踪效果。在这样的情形下，最好是选择保留较强、较高的单体。因此，如果两个单体质心间的距离小于预置阈值(缺省＝5.0 km)、两个单体间的高度差大于阈值(缺省＝4 km)，则较弱的或较矮的单体被丢弃。

3.10.1.2　单体跟踪方法

对在两个相继体扫中识别的风暴单体进行时间相关处理以确定每一个被识别的风暴单体的路径。首先检查体扫之间的时间间隔。如果该时间间隔大于阈值 TIME(缺省值＝20 分钟)，则将不进行体扫间的时间相关。这一步骤主要是处理由于雷达故障或通讯中断造成的数据不连续。

然后，利用前一个体扫单体质心的位置确定目前体扫中该单体的初猜位置。初猜位置的确定或者使用根据该单体以前的路径确定的运动向量或一个缺省的运动向量(如果该单体在前一个体扫中首次被识别)。缺省的运动向量或者是前一个体扫所有风暴单体运动向量的平均值，或者由用户输入。后者只在前一个体扫所有单体的平均运动无法得到的情况下才使用。

下一步，计算在当前体扫中识别的每个单体与计算的当前每个单体初猜位置之间的距离。如果距离小于一个阈值，则与初猜位置相对应的旧单体被储存下来作为一个与当前单体的一个可能的匹配。然后计算当前单体与其所有可能匹配的旧单体的当前初猜位置间的距离。具有最小距离的匹配被认为是与当前识别的单体时间上相关联的，认为它们是前后同一个单体。如果是同一单体，就被赋予与前次体积扫相同的 ID(单体识别号)。如果不是同一单体，就被赋予新的 ID。

最后一步，计算所有至少已经在相继两个体扫中被识别的目前单体的新的运动向量。单体运动向量的计算使用线性最小二乘拟合从风暴单体目前直到前 10 个体扫的位置。各个体扫的位置是等权重的。

图 3.80 给出了时间关联过程的一个例子。图 3.80(a)中显示初始探测到的两个单体 3 和 4。图 3.80(b)给出了上述两个单体在下一个体扫中的位置、它们的由前面体扫确定的初猜位置(用×表示)以及上述两个单体的初猜位置和目前位置的距离(用双向箭头表示)。假定计算的距离满足阈值的要求，上述两个单体(3 和 4)都被认为是前后时间上相关联的。图 3.80(c)表示在第三个体扫时单体 3 移出了所示区域或消亡了。图 3.80(d)表示在第四个体扫时，单体 4 继续存在，同时识别出一个新的单体 6。

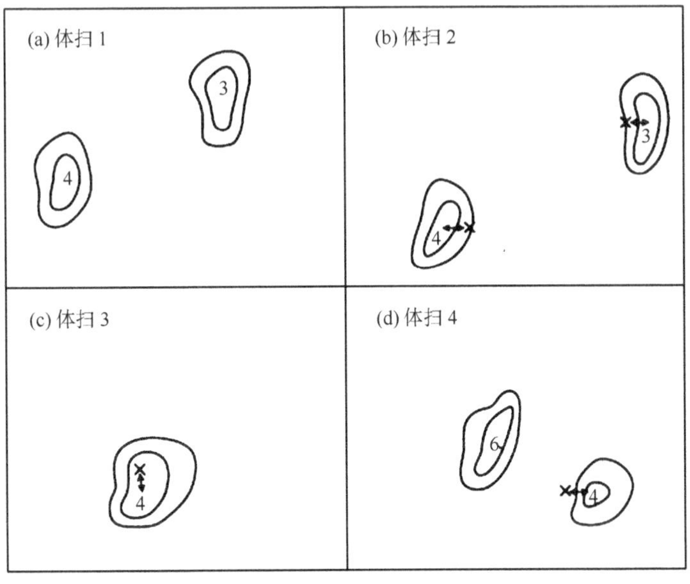

图 3.80　时间相关联过程的一个例子。×代表当前体扫单体的初猜位置，双向箭头代表当前体扫中单体位置和相应的初猜位置间的距离

一旦完成了跟踪过程，将计算风暴单体的属性并且其直到前 10 个体扫的时间序列被储存起来。这些属性包括：

• 质心的高度(ARL——相对于雷达高度)；
• 最大反射率因子；
• 最大反射率因子的高度；
• 单体底的高度(最低 2D 分量的高度)；
• 单体顶的高度(最高 2D 分量的高度)；
• 基于单体的垂直累积液态水含量(VIL)；
• 质量。

SCIT 最多能识别 100 个单体，且是以基于单体的 VIL 的大小来排列的。基于单体的 VIL 被显示在风暴结构字符产品及组合反射率因子综合属性表中。

3.10.1.3 风暴位置预报

风暴单体位置预报是依据过去风暴单体移动的记录来预报单体将来的质心位置。实际上上一节已经提到单体位置的预报方法。单体位置的预报是根据单体运动向量直接外推得到的。单体运动向量的计算使用线性最小二乘拟合从风暴单体目前直到前 10 个体扫的位置。各个体扫的位置是等权重的。位置预报最少做 15 分钟，最长做 60 分钟，具体做多长取决于前次体扫的预报误差，预报误差越小，预报时效就取得越长。第一次被探测到的单体标为一个新单体，由于新单体没有历史，其移动预报算法处理中采用的是下述两种之一：1)采用所有已被识别单体的平均移动；2)如果没有其他单体被确定，则采用用户直接输入单体运动向量的方式。

图 3.80 给出了 SCIT 产品风暴路径信息 STI 的一个具体例子。在 SCIT 基础上，WDSS 系统还进一步判断每一个识别的雷暴单体降任何尺寸冰雹的概率、降大冰雹的概率和预期的最大降雹尺寸。SCIT 只识别个别的单体，不识别几个单体的复合体，也不给出单体的形状和体积以及体积的变化。此外，WDSS 还有一个独立的中气旋算法，在每个识别的中气旋位置的右下侧标上离中气旋最近的由 SCIT 识别出的单体的标号(图 3.70)。上述算法已经安装在我国新一代天气雷达全部 SA 型雷达和部分其他型号的雷达上。

3.10.2 雷暴识别、跟踪、分析和临近预报系统 TITAN

TITAN(Dixon 等 1993)的最早版本完成于 1986 年，在 1990 年代中后期得到改进和完善。它与 SCIT 类似，是一个基于三维质心追踪的雷暴临近预报系统，但算法较 SCIT 复杂，不但可以给出雷暴质心未来的位置，还可以给出雷暴的形状、体积及其变化。

3.10.2.1 雷暴的识别

TITAN 算法采用三维直角坐标，由各个仰角上极坐标的反射率因子基数据内插得到三维直角坐标中每一个格点的反射率因子值。定义雷暴为体积超过 50 km^3，反射率因子超过 35 dBz 的至少具有一个共面的反射率因子格点的集合。

图 3.81 为直角坐标中反射率因子在每一个格点中分布的情况。为了方便起见，只显示了下 x-y 平面中的情况，可以想象实际情况是这样的水平面在垂直方向摞起来。图中每一个阴影区都被识别为一个雷暴。雷暴 1 和雷暴 2 虽然挨在一起，但他们之间只共点或共线但不共面，所以被识别为两个不同的雷暴。同样道理，雷暴 4 和雷暴 5 也被识别为两个不同的雷暴。

在识别了雷暴之后，确定每个雷暴的以下特征：

• 以反射率因子为权重的雷暴质心坐标；
• 雷暴的体积；
• 雷暴水平投影的形状，用一个椭圆拟合雷暴水平投影的形状，给出该椭圆的长短轴和在直角坐标中的取向，如图 3.82 所示。

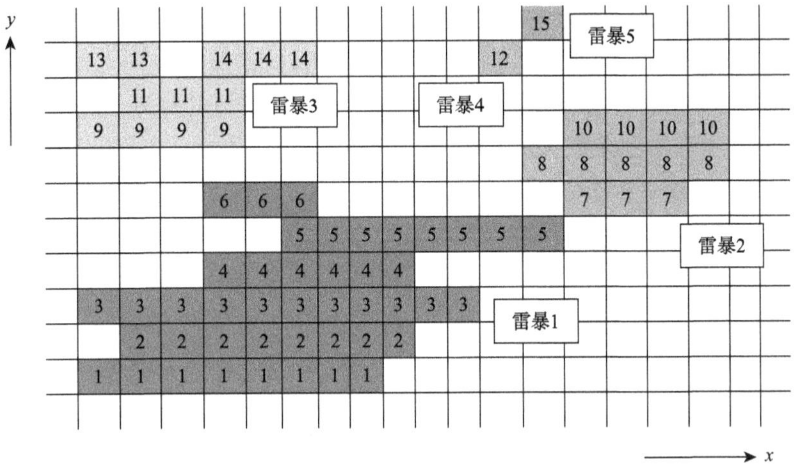

图 3.81　TITAN 中雷暴识别示意图

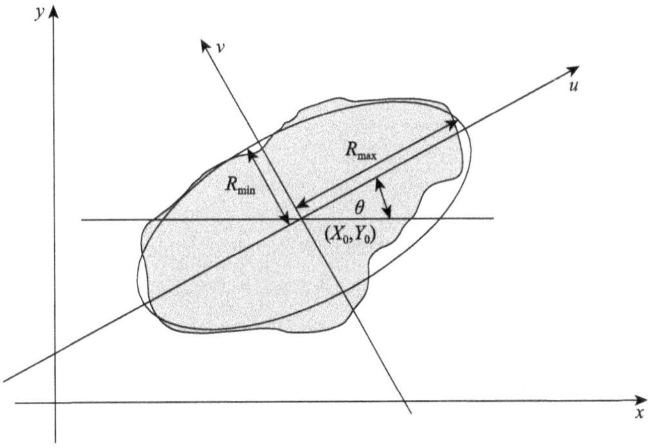

图 3.82　用一个椭圆来拟合雷暴水平投影的形状

3.10.2.2　雷暴的跟踪

t_1 时刻识别的单体如图 3.83 中无色的椭圆所示，而 t_2 时刻识别的单体如图 3.83 中阴影椭圆所示。雷暴跟踪就是将 t_1 和 t_2 两个时刻识别的雷暴一一对应起来，同时考虑雷暴的新生和消亡。

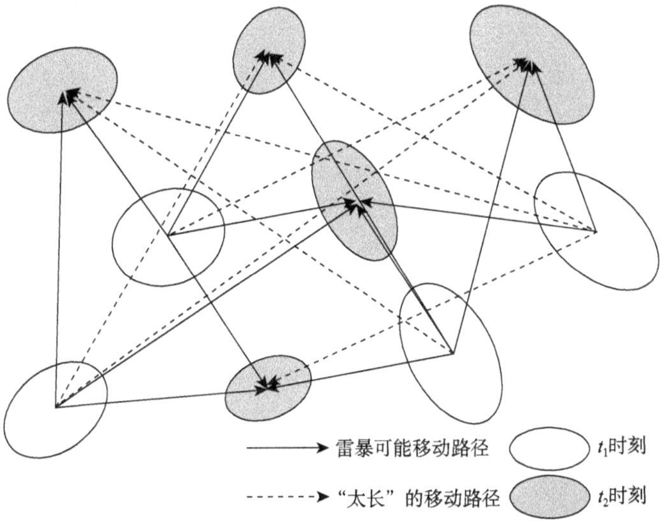

图 3.83　在两个相继的时间间隔可能的雷暴路径

在图 3.83 中给出了相继两个时刻 t_1 和 t_2 对应的雷暴和它们之间各种可能的路径，问题在于决定一个最可能的路径。如果类似的匹配对每一个相继的时间间隔都能做到，则雷暴在其整个生命史中一直可以被追踪。确定图 3.83 中的匹配时按照以下原则：

• 在一个时间间隔中可能的路径宁短不长。相继的时间间隔通常是一个体扫间隔，即 5～6 分钟，因此短的路径比长的路径更有可能是实际的路径；

• 匹配的雷暴应该特征相似，例如体积和水平投影的形状；

• 在相继的时间间隔 Δt 内，一个雷暴移动的距离有一个上限，由预期的雷暴最大移动速度确定。在图 3.83 中，超过这个上限距离的路径用虚线表示。

上述雷暴跟踪的问题在算法中被处理为一个数学中的最优化问题。首先建立适当的目标函数，然后在一定的约束条件下求目标函数的极小值，得到最可能路径。

在雷暴跟踪中还需要处理的一个问题是雷暴的合并与分裂。

雷暴合并：t_1 时刻的雷暴数多于 t_2 时刻雷暴数，则或者有雷暴消失或者有雷暴合并。如果 t_1 时刻的 2 个以上雷暴质心的预报位置在 t_2 时刻识别的某个雷暴范围内，可以判断雷暴合并(图 3.84)。

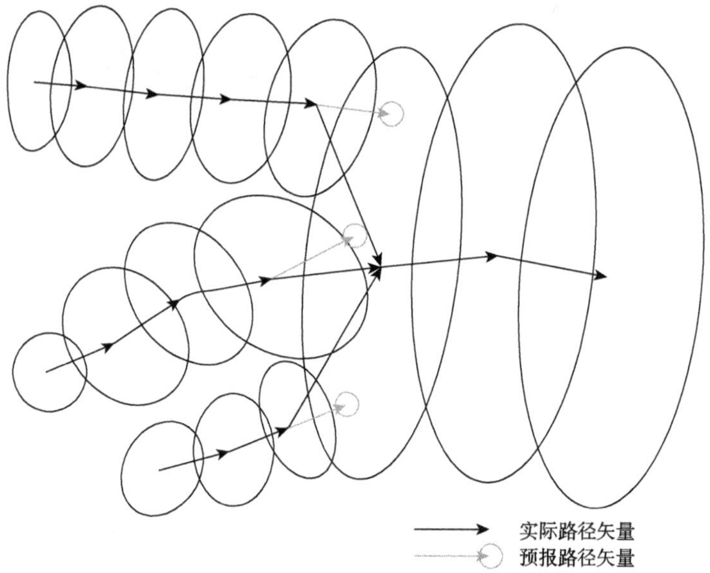

图 3.84 雷暴的合并

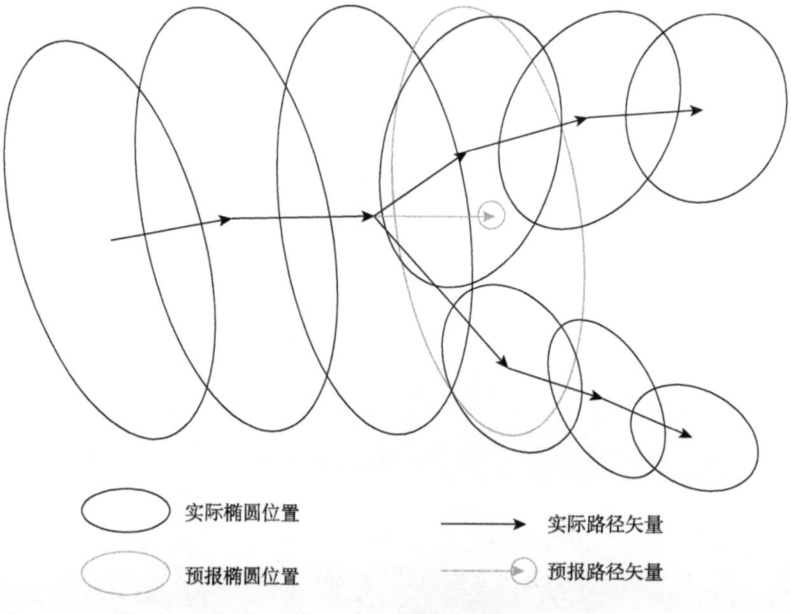

图 3.85 雷暴的分裂

雷暴分裂：对于在 t_1 时刻所有的风暴，预报它们在 t_2 时刻的椭圆投影的位置、取向和尺寸，然后根据 t_2 时刻识别的所有雷暴判断哪些是新的路径，即没有历史的雷暴。如果这些没有历史的雷暴的质心位于某一个 t_1 时刻雷暴的预报的在 t_2 时刻的投影椭圆的区域范围内，则确认发生了雷暴分裂（图 3.85）。

3.10.2.3 雷暴移动的预报

在构造雷暴移动预报的算法中作出以下假定：

- 一个雷暴倾向于沿着一条直线运动；
- 雷暴按照线性趋势增长或衰减；
- 会发生偏离上述行为的随机偏差。

预报是针对以下几个参数：以反射率因子为权重的雷暴质心、雷暴体积和椭圆投影面积。

当一个雷暴首次被识别，它没有历史，无从外推做预报。在这种情况下，所有变化率假定为零，做持续性预报。以后所有时间间隔的预报基于一个带有双指数平滑的线性趋势模式。简单地讲，这是一个线性回归模式，过去的历史值的权重呈指数减小。

考虑一个给定风暴参数 p 的时间序列 p_i，其中 $i=0$ 是现在，$i=1$ 代表 1 个时间步长之前，等等，i 的范围从 0 到 n_i-1，其中 n_i 是考虑与预报有关的最大时间点的数量。让 t_i 代表时间的测量，即从操作开始到目前为止的秒数，w_i 是与时间步 i 有关的权重。

对于带有参数 α 的指数平滑模式，$w_i=\alpha^i$，其中 $0<\alpha<1$。在 w_ip_i 和 t_i 间进行线性回归。图 3.86 给出了一个例子。线性拟合产生了一个直线方程，该直线的斜率是预报的参数 p 的变化率。假定当前的值是正确的，预报是基于当前的值和预报的变化率。

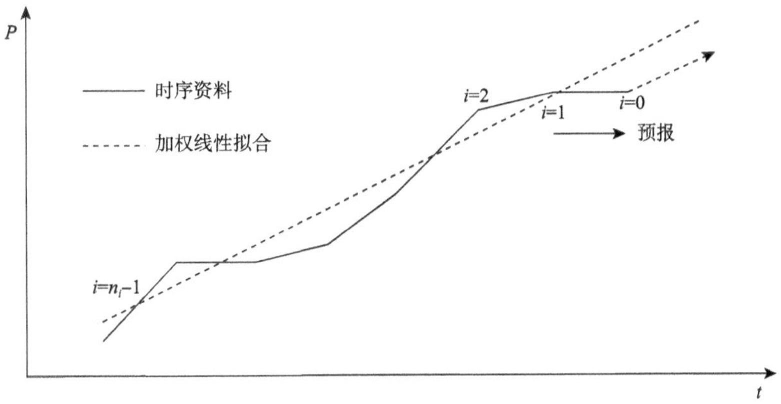

图 3.86　基于历史权重的预报

于是，如果 p_0 是当前值，dp/dt 是估计的变化率，那么

$$p_t=p_0+(dp/dt)\delta t \tag{3.10}$$

对于预报投影椭圆的面积，假定纵横比 r_{major}/r_{minor} 和取向 θ 保持不变。投影椭圆面积 A 的预报是基于雷暴体积的变化率而不是面积的变化率，因为体积比面积变化更平缓，因此可以提供一个更少误差的预报。

于是，

$$A_t=A_0+(A_0/V_0)(dV/dt)\delta t \tag{3.11}$$

采用的参数是 $n_i=6$，$\alpha=0.5$ 和 $\Delta t=6$ 分钟。预报结果对于 α 的选取是敏感的。

目前，已经用任意多边形代替椭圆来拟合雷暴水平投影区域的形状和大小，使得对于回波形状的代表更加接近实际。

3.10.2.4 TITAN 预报个例

图 3.87 给出了 2004 年 7 月 7 日安徽强对流个例 TITAN 作出的 30 分钟预报与后来实况验证的比较。

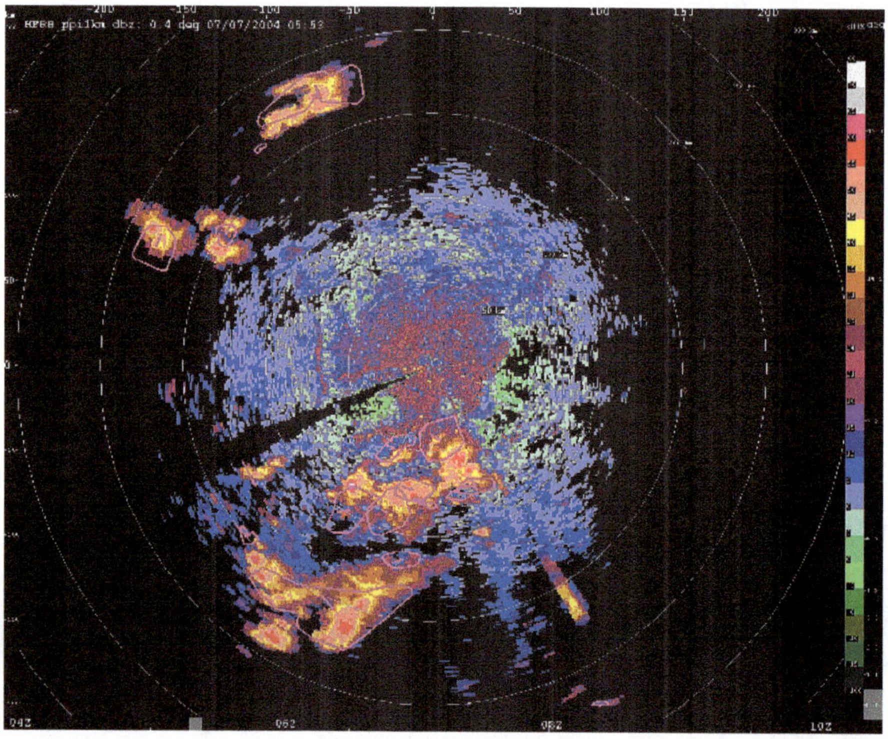

图 3.87 TITAN 作出的雷暴移动 30 分钟预报与事后实况验证的比较。粉色的多边形为预报的 35 dBz 以上雷暴水平投影的形状，彩色阴影区为事后的实况验证

TITAN 与 SCIT 相比，可以跟踪几个单体的集合，同时可以预报雷暴体积和投影面积的变化。TITAN 中也有降雹概率的算法，指的是任何尺寸的冰雹，没有专门针对强冰雹的算法。

3.10.3 区域雷暴和降水跟踪系统 CTREC

TREC 是 Tracking Radar Echoes by Correlation 的缩写，即"雷达回波相关跟踪法"。

1978 年由 Rinehart 和 Garvey 提出这项技术，本意是用来反演雷达回波区的气流流场。该项技术利用交叉相关方法跟踪雷达某一个仰角扫描构成的锥面上某一个二维回波型，即初始的算法是在由某一仰角扫描构成的二维圆锥面上进行回波的跟踪。后来，将该技术应用于直角坐标情况，考虑在某一等高面上的二维直角坐标系中进行回波跟踪。首先需要将雷达体扫资料内插到某一等高面（如 2.5 km）上的直角坐标系中。在直角坐标系中的 TREC 称为 CTREC。

3.10.3.1 CTREC 的跟踪方法

CTREC（Tuttle 等 1990）使用一定时间间隔内的雷达资料，将反射率因子场分成若干个大小相当的"区域"，每个"区域"包含 $m \times m$ 个像素。将这些在上一时刻的"区域"分别与下一时刻的各个"区域"作空间交叉相关，以找出此刻与上一个时刻的特定区域相关系数最大的"区域"，从而来确定整个回波的移动矢量，实现回波的跟踪。

"区域"尺寸的选择不宜太大也不宜太小，太大会导致回波移动向量的分辨率太粗，"区域"太小则包含的数据点太少，不足以产生稳定的相关系数。对于直角坐标中 1 km×1 km 的反射率因子分辨率，m 取值在 3～7 之间比较合适。

如图 3.88 所示，在 t_1 时刻一块正方形的回波"区域"，我们需要确定在 $t_2 = t_1 + \Delta t$ 时刻该"区域"移到了哪里。实现这种跟踪的方法是交叉相关。首先确定一个搜索半径，对于搜索半径内的每一个正方形"区域"，将平面直角坐标内的二维坐标排列成一维，然后计算相关系数：

$$R = \frac{\sum_k [Z_1(k) \times Z_2(k)] - \frac{1}{N}\sum_k Z_1(k) \sum_k Z_2(k)}{\left(\sum_k Z_1^2(k) - N\bar{Z}_1^2\right) \times \left(\sum_k Z_2^2(k) - N\bar{Z}_2^2\right)}$$

其中 Z_1 和 Z_2 分别是相继两个体扫 t_1 和 t_2 时刻的反射率因子，N 是一个"区域"内数据点的数量（$N=m^2$）。为了避免搜索所有的数据以寻找匹配的"区域"，确定从初始区域找相关的搜索半径为 $r=V\Delta t$，其中 V 为可能的最大移动速度，Δt 是两个体扫之间的时间间隔。

一旦在 t_2 时刻的搜索半径范围内确定了最大相关系数的位置，该位置构成了移动向量的头（图 3.88）。对于 t_1 时刻某一等高平面上的每一个这样的正方形"区域"，都用上述方法在 t_2 时刻的相同等高面上寻找相应的匹配"区域"，就实现了等高面上整个回波的跟踪。

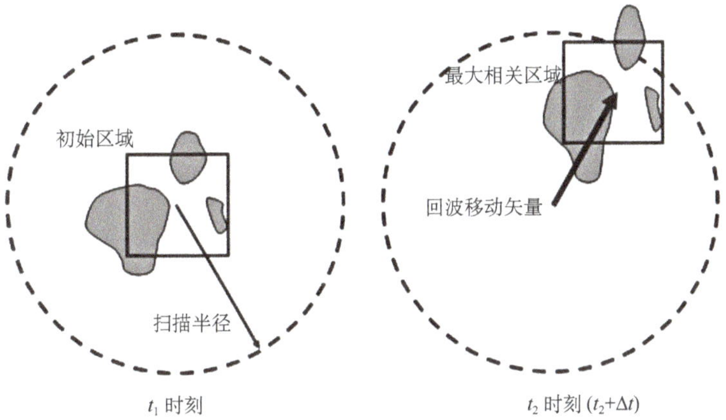

图 3.88　CTREC 中用交叉相关技术实现"区域"追踪

CTREC 技术是一种两维"区域"跟踪技术，与 SCIT 和 TITAN 中的三维质心跟踪完全不同。后两者主要用来跟踪雷暴，而 CTREC 除了可以跟踪雷暴，还可以跟踪层状云降水区域、积状云和层状云混合云降水区域以及镶嵌在层状云雨区中的对流雨团。

3.10.3.2　CTREC 预报例子

图 3.89 给出了 CTREC 对安徽一次强对流个例的 30 分钟预报，预报的水平与 TITAN 对同一个例子的预报水平大体相当。

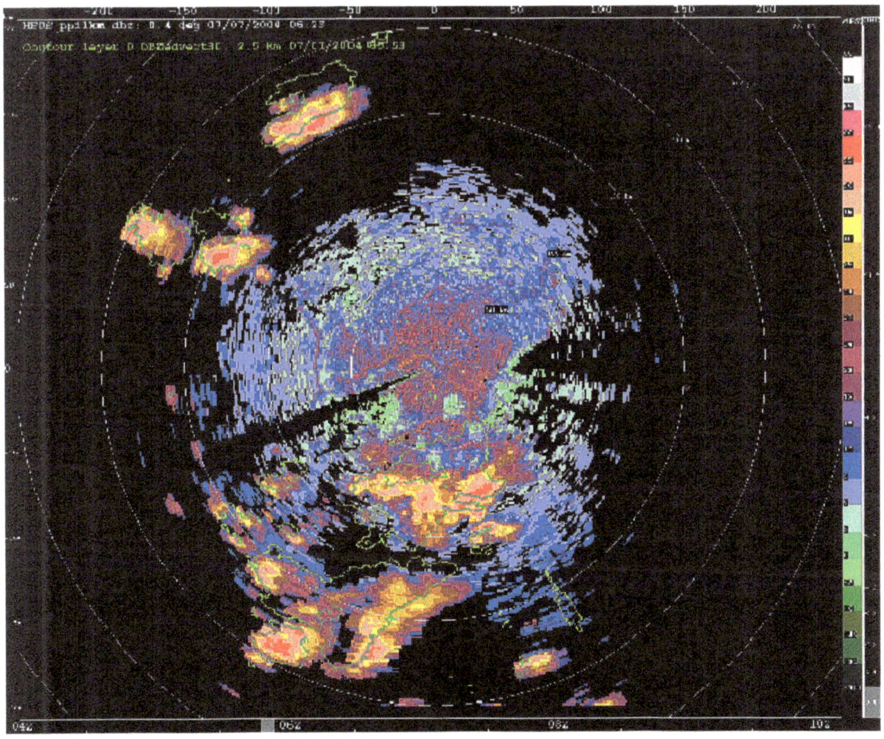

图 3.89　CTREC 对于 2004 年 7 月 7 日安徽强对流的 30 分钟预报（彩色阴影区）和事后的实况验证（绿色等值线为实况的超过 12 dBz 的等值线）

3.10.4 自动临近预报系统 ANC

ANC(AUTO-NOWCASTER)是由美国大气研究中心研制的雷暴的自动临近预报系统(Muller 等 2003),它的基础部分是基于 CTREC 的外推,同时综合考虑边界层辐合线、大气稳定度、大气低层垂直风切变、TITAN 关于雷暴增长和减小的信息来预报雷暴的生成和演化(移动过程中增强、移动过程中维持强度不变和移动过程中衰减)。其主要思路见 3.3.2 节。

图 3.90a 显示 ANC 做的 30 分钟预报,即在一条辐合线附近有雷暴生成,30 分钟以后的实况(图 3.90b)基本与 ANC 的预报相符合。

图 3.91 为另一个例子。图 3.91a 所示有两条辐合线趋于相碰,因此 ANC 的 30 分钟预报其中一条辐合线后面的回波加强,这一点被事后的实况所证实(图 3.91b)。ANC 还预报北边的几块回波衰减,事后证明是预报错了(图 3.91b)。

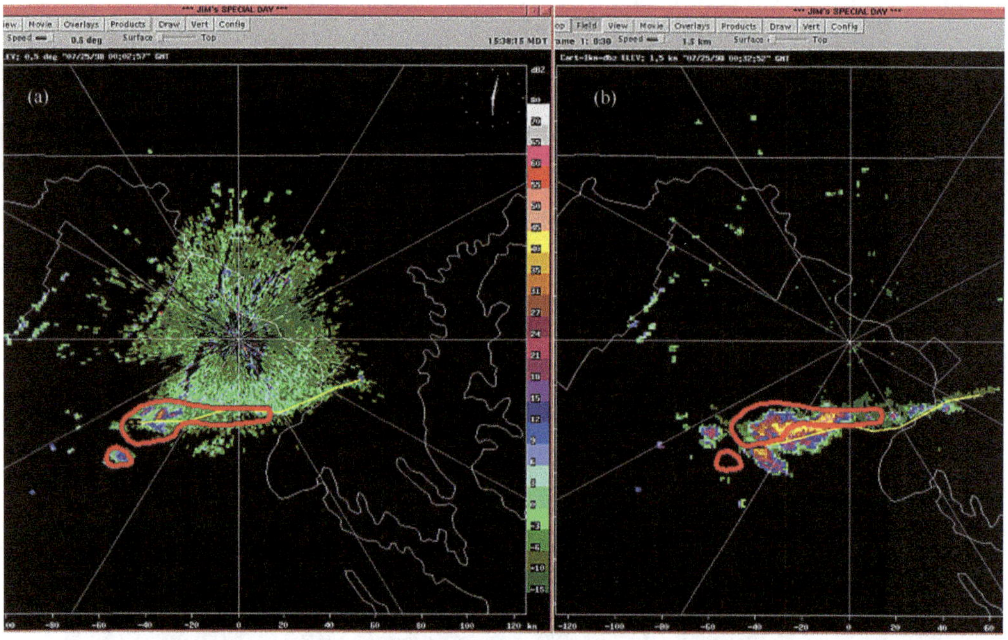

图 3.90 ANC 的 30 分钟预报雷暴沿辐合线生成(a)和验证(b)

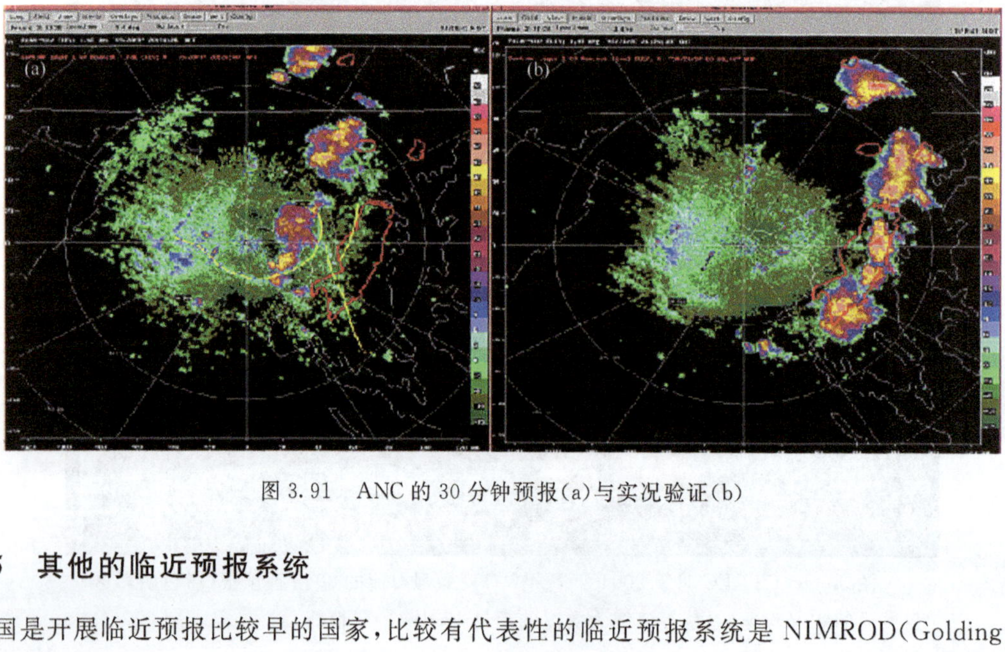

图 3.91 ANC 的 30 分钟预报(a)与实况验证(b)

3.10.5 其他的临近预报系统

英国是开展临近预报比较早的国家,比较有代表性的临近预报系统是 NIMROD(Golding 1998),

该系统利用外推和中尺度天气预报模式结合的办法做 0～6 小时的降水(包括降水率和累积雨量)、云量和能见度的预报。

对于降水预报,首先根据雷达回波和地面雨量计观测得到降水场分析,然后将分析的降水场划分为一个个目标,然后确定每个目标的移动向量。确定移动向量可以在两种方法中选择:或者通过交叉相关分析确定移动向量,或者利用中尺度模式提供的风场来确定移动向量,从两种方法中选取最优的移动向量进行降水目标的外推。将中尺度模式预报与上述外推预报进行结合。在结合中需要注意:1)填补外推方法留下的数据空白区;2)将数值模式中增长和衰减的因子引入;3)保证预报产品之间的连续性。上述降水预报的分辨率为 5 km×5 km。

图 3.92 显示纯粹的 NIMROD 外推的 0～6 小时降水预报(图 3.92(a))和外推与中尺度数值模式结合后的 0～6 小时降水预报(图 3.92(b))。

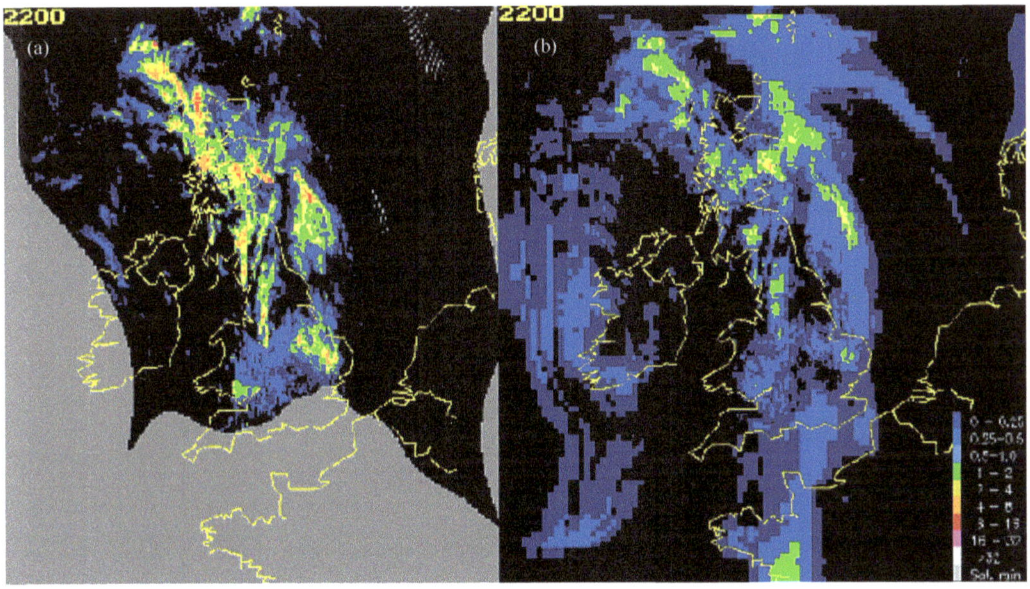

图 3.92 NIMROD 外推的 0～6 小时降水预报(a)和外推与中尺度模式结合的 0～6 小时降水预报(b)

云量的预报与上述方法类似,只是云分析需要利用云图和地面观测。能见度的分析也是利用地面观测和云图。能见度预报的分辨率也是 5 km×5 km,而云量预报的分辨率为 15 km×15 km。除了降水、云和能见度外,NIMROD 还可以预报地面大风,主要依靠中尺度数值预报模式。

除了 NIMROD,澳大利亚的 STEPS、香港天文台的 SWIRLS、广东省气象局的 GRAPES-SWIFT 是与 NIMROD 非常类似的系统,也是通过结合外推和数值预报模式制作 0～6 小时降水预报。另外 STEPS 还考虑到降水的随机性带来的不确定性,制作 0～6 小时的降水集合预报。此外,日本气象厅在发展 0～6 小时的临近预报系统 VSRF,它也是将外推和非静力平衡的中尺度数值模式结合起来。首先仍然是降水场分析,利用大量雨量计数据订正雷达降水估计形成降水分析场,对降水分析场进行外推,外推过程中考虑地形对降水的增强和减弱作用,然后将外推结果与非静力平衡的中尺度模式预报结合,最后进行一定程度的平滑,形成最终的预报场。日本的临近预报系统主要用来制作 0～6 小时梅雨和台风降水预报。

2008 年,国家气象中心、广东省气象局、湖北省气象局和安徽省气象局在中国气象局的统一协调下,开发完成了 MICAPS 第三版的临近预报组件 SWAN1.0,包括 SCIT、TITAN 和 TREC 等雷达回波外推算法和基于 TREC 外推的 0～1 小时累积雨量预报以及强对流自动报警系统。

参考文献

廖玉芳,俞小鼎,郭庆. 2003. 一次强对流系列风暴个例的多普勒天气雷达资料分析. 应用气象学报,**14**:656-662.

廖玉芳,俞小鼎,唐小新等. 2007b. 基于多普勒天气雷达观测的湖南超级单体风暴特征. 南京气象学院学报,**30**:433-443

廖玉芳,俞小鼎,吴林林等. 2007c. 强雹暴的雷达三体散射统计与个例分析. 高原气象,**26**:812-820

姚叶青,俞小鼎,张义军等,2008. 一次典型飑线过程多普勒天气雷达资料分析. 高原气象,**27**:373-381

俞小鼎,郑媛媛,廖玉芳等. 2008. 一次伴随强烈龙卷的强降水超级单体风暴研究. 大气科学,**32**(3):508-522

俞小鼎,郑媛媛,张爱民等. 2006b. 一次强烈龙卷过程的多普勒天气雷达研究. 高原气象,**25**:914-924

俞小鼎,姚秀萍,熊廷南等. 2006a. 多普勒天气雷达原理与业务应用. 北京:气象出版社, pp314

郑媛媛,俞小鼎,方羽中. 2004. 一次典型超级单体风暴的多普勒天气雷达观测分析. 气象学报,**62**:317-328

廖玉芳,俞小鼎,唐小新等. 2007a. 2004 年 4 月 29 日常德超级单体研究. 南京气象学院学报,**30**:579-589

Amburn S A, Wolf P L. 1997. VIL Density as a Hail Indicator. *Wea. and Forecasting*, **12**:473-478

Battan L J. 1973. *Radar Observation of Atmosphere*. University of Chicago Press, Chicago, 324pp

Betts A K. 1984. Boundary layer thermodynamics of a high plains severe storm. *Mon. Wea. Rev.*, **112**:2199-2211

Brooks C F. 1922. The local or heat thunderstorm. *Mon. Wea. Rev.*, **50**:281-287

Brooks E M. 1949. The tornado cyclone. *Weatherwise*, **2**:32-33

Brooks H E, Craven J P. 2002. Database proximity soundings for significant thunderstorms, 1957-1993. *Preprints, 21th Conf. On Local Severe Storms, AMS, San Antonio, TX*, 639-642

Browning K A. 1977. The structure and mechanisms of hailstorms. *Amer. Meter. Soc. Monograph*, **38**

Corfidi S F, Merrit J H, Fritsch J M. 1996. Predicting the movement of mesoscale convective complexes. *Wea. Forecasting*, **11**:41-46

Dixon M, Wiener G. 1993. TITAN: Thunderstorm Identification, Tracking, Analysis, and Nowcasting—A radar-based methodology. *J. Atmos. Ocea. Tech.*, **10**:785-797

Droegemeier K K, Wilhelmson R B. 1985. Three-dimensional numerical modeling of convection produced by interacting thunderstorm outflows. Part I: Control simulation and low-level moisture variations. *J. Atmos. Sci.*, **42**:2381-2403

Eilts M D, Coauthors, 1996a: Severe weather warning decision support system. *Preprints, 18th Conf. on Severe Local Storms*, San Francisco, CA, Amer. Meteor. Soc., 536-540

Eilts M D, Coauthors. 1996b. Damaging downburst prediction and detection algorithm for the WSR-88D. *Preprints, 18th conf. on Severe Local Storms*, San Francisco, CA, Amer. Meteor. Soc., 541-544

Evans J S, Doswell C A. 2002. Investigating derecho and supercell soundings, *Preprints, 21th Conf. On Local Severe Storms*, AMS, San Antonio, TX, 635-638

Fujita T T, Byers H R. 1977. Spearhead echo and downbursts in the crash of an airliner. *Mon. Wea. Rev.*, **105**:129-146

Fujita T T. 1963. Analytical meso-meteorology: A review Severe Local Storms. *Meteor. Monogr.*, **27**, AMS, Boston, 77-125

Fujita T T. 1978. Manual of downburst identification for project. *SMRP Research Paper*156, University of Chicago, 104pp. [NTIS PB-2860481]

Fujita T T. 1981. Tornadoes and downbursts in the context of generalized planetary scales. *J. Atmos. Sci.*, **38**: 1511-1534

Fujita T T. 1985. The downburst. *SMRP Research Paper* 210, University of Chicago, 122pp. [NTIS PB-148880]

Fujita T T. 1992. Mystery of severe storms. WRL Research Paper 239, University of Chicago, 298pp, [NTIS PB 92-182021]

Golding B W. 1998. Nimrod: A system for generating automated very short range forecasts. *Meteorol. Appl.*, **5**:1-16

Haman K. 1973. On the updraft-downdraft interaction in convective clouds. *Acta. Geophys. Polonica*, **31**: 216-233

Johns R H, Hirt W D. 1987. Derechos: Widespread convectively induced windstorms. *Wea. Forecasting*, **2**:32-49

Johnson J T, Mackeen P L, Witt A *et al*. 1998. The storm cell identification and tracking algorithm: An enhanced WSR-88D Algorithm. *Wea. and Forecasting.*, **13**:263-276

Kingsmill D E, Wakimoto R M. 1991. Kinematic, dynamic, and thermodynamic analysis of a weakly sheared severe thunderstorm over northern Alabama. *Mon. Wea. Rev.*, **119**:262-297

Klemp J B. 1987. Dynamics of Tornadic Thunderstorms. *Ann. Rev. Fluid. Mech.*, **19**:369-402

Knupp K R, Cotton W R. 1985. Convective cloud downdraft structure: An interpretive survey. *Rev. Geophys.*, **23**:183-215

Knupp K R. 1987. Downdrafts within high plains cumulonimbi. Part I: General kinematic structure. *J. Atmos. Sci.*,

44:987-1008

Lemon L R and D W Burgess. 1993. Supercell associated deep convergence zone revealed by a WSR-88D. Preprints, 26 *th Int. Conf. on Radar Meteorology*, Norman, OK, Amer. Meteor. Soc., 206-208

Lemon L R, Parker S. 1996. The Lahoma storm deep convergence zone: Its characteristics and role in storm dynamics and severity. *Preprints*, 18*th Conference on Severe Local Storms*. San Francisco, CA., Amer. Meteor. Soc., 70-75

Lemon L R. 1977. New severe thunderstorm radar identification techniques and warning criteria: A preliminary report. *NOAA Tech. Memo.* NWS-NSSFC 1, 60pp. [NTIS No. PB-273049]

Lemon L R. 1998. The radar "Three-Body Scatter Spike": An Operational Large-Hail Signature. *Wea. Forecasting.*, **13**:327-340

Lemon R L, Doswell C A. 1979. Severe thunderstorm evolution and mesocyclone structure as related to tornadogenesis. *Mon. Wea. Rev.*, **107**:1184-1197

Mahoney W P. 1988. Gust Front characteristics and the kinematics associated with interacting thunderstorm outflows. *Mon. Wea. Rev.*, **116**:1474-1491

Malkus J S. 1955. On the formation and structure of downdrafts in cumulus clouds. *J. Meteor.*, **12**:350-354

Miller L J, Tuttle J D, Knight C A. 1988. Airflow and hail growth in a severe northern High Plains supercell. *J. Atmos. Sci.*, **45**:736-762

Muller C K, Saxen T, Roberts R *et al*. 2003. NCAR Auto-Nowcast System. *Wea. Forecasting.*, **18**:545-561

Nelson S P. 1983. The influence of storm flow structure on hail growth. *J. Atmos. Sci.*, **40**:1965-1983

Paluch L R. 1979. The entrainment mechanism in Colorado cumuli. *J. Atmos. Sci.*, **36**:2467-2478

Proctor F H. 1989. Numerical simulations of an isolated microburst. Part II: Sensitivity experiments. *J. Atmos. Sci.*, **46**:2143-2165

Przybylinski R W, DeCaire D M. 1985. Radar signatures associated with the derecho, a type of mesoscale convective system. *Preprints*, 14*th Conf. on Severe Local Storms*, Indianapolis, IN, Amer. Mereor. Soc., 228-231

Przybylinski R W, Gery W J. 1983. The reliability of the bow echo as an important severe weather signature. *Preprints*, 13*th Conf. on Severe Local Storms*, Tulsa, OK, Amer. Meteor. Soc., 270-273

Przybylinski R W. 1995. The bow echo: Observations, numerical simulations, and severe weather detection methods. *Wea. Forecasting*, **10**:203-218

Raymond D J, Solomon R, Blyth A M. 1991. Mass flux in New Mexico mountain thunderstorms from radar and aircraft measurements. *Quart. J. Roy. Meteor. Soc.*, **117**:587-621

Rinehart R E, Garvey E T. 1978. Three-dimensional storm motion detection by conventional weather radar. *Nature*, **273**:287-289

Roberts R D, Wilson J W. 1989. A proposed microburst nowcasting procedure using single-Doppler radar. *J. Appl. Meteor.*, **28**:285-303

Schlesinger R E. 1980. A three-dimensional numerical model of an isolated thunderstorm. Part Ⅱ: Dynamics of updraft splitting and meso vortex couplet evolution. *J. Atmos. Sci.*, **37**:395-420

Smull B F, Houze Jr R A. 1985. A mid-latitude squall line with a trailing region of stratiform rain: Radar and satellite observations. *Mon. Wea. Rev.*, **113**:117-133

Smull B F, Houze Jr R A. 1987. Rear inflow in squall line with trailing stratiform precipitation. *Mon. Wea. Rev.*, **115**:2869-2889

Srivastava R C. 1985. A simple model of evaporatively driven downdraft: Application to microburst downdraft. *J. Atmos. Sci.*, **42**:1004-1023

Stumpf G. J, Witt A, Mitchell E D *et al*. 1998. The National Severe Storms Laboratory mesocyclone detection algorithm for the WSR-88D. *Wea. and Forecasting.*, **13**:304-326

Tuttle J D, Foote G B. 1990. Determination of the boundary layer airflow from a single Doppler radar. *J. Atmos. Ocea. Tech.*, **7**:218-232

Wakimoto. 1985. Forecasting dry microburst activity over the high plains. *Mon. Wea. Rev.*, **113**:1131-1143

Waldvogel A, Federer B, Schmid W, Mezeix J F. 1978b. The kinetic energy of hailfalls. Part II: Radar and hailpads. *J.*

Appl. Meteor., **17**:1680-1693

Waldvogel A, Schmid W, Federer B. 1978a. The kinetic energy of hailfalls. Part I: hailstone spectra. *J. Appl. Meteor.*, **17**:515-520

Wilson J W, Mueller C K. 1993. Nowcast of thunderstorm initiation and evolution. *Wea. Forecasting*, **8**:113-131

Witt A, Eilts M D, Stumpf G J *et al*. 1998. An enhanced hail detection algorithm for the WSR-88D. *Wea. Forecasting*, **13**:286-303

Witt A, Nelson S. 1984. The relationship between upper-level divergent outflow magnitude as measured by Doppler radar and hailstorm intensity. *Preprints, 22nd Radar Meteorology Conf.*, AMS, Boston, 108-111

第4章 气象要素预报

短期天气业务的科学基础是天气学、动力气象学、数值天气预报和相关科学。天气业务的核心技术基础是数值天气预报，永恒的主题是提高预报准确率。短期天气预报着重于3天内重大灾害性、转折性、关键性天气预报服务，如台风、暴雨、大风、强对流、雾、寒潮、雪、沙尘暴、高温等等。目前天气要素预报主要是在数值预报解释应用产品基础上的预报员主观预报。无论做任何天气的预报，都离不开从预报对象的气候特征、引起该现象的环流形势和影响天气系统及相应的物理量等几个方面进行考虑。本章重点介绍精细化预报的科学内涵和气象要素预报方法。

4.1 精细化预报的科学内涵

所谓精细化预报，应包含“精”与“细”两方面的含义。首先，“精”指精确无误，预报要追求精确，包含天气出现的时间、空间和量值都要精确，从一定意义上来说，“精”是无止境的；其次，“细”指详细入微，预报要讲究详细，即预报的要素要丰富、预报的种类要多、气象要素预报的时空分辨率要高等。

预报的“精”与“细”直接关系到天气预报的准确率问题。由于大气运动固有的混沌特性，精细化天气预报只能在一定程度上实现，完全精细化的定时、定点和定量预报是不可企及的目标；预报准确率要达到100%，也是不可能的。因此，我们只能根据科学技术水平提出符合实际的精细化目标，可以设立长远战略目标，也要有不同发展时期的阶段性目标。

在目前阶段，以社会公众为受众主体的常规气象要素预报，包括：天气类型、温度、湿度、风向风速、降水量、能见度、天空云量、气压等，据2006年调查结果显示，公众对天气预报准确性的总体评价是：17.3%认为准确；66.7%认为基本准确；13.6%认为不稳定；2.5%认为经常不准。总体上看，公众认为天气预报准确和基本准确的比例约为84%。香港2006年的调查结果显示，公众认为天气预报基本准确的比例约为78%。天气预报准确率社会公众认可度还是比较高的。

与此同时，我们还应当看到自己的不足。2008年我国24和48小时暴雨TS评分比美国分别低15%和10%左右，最高和最低温度24小时预报误差≤2 ℃的比率比美国分别低15%和10%，可以看出，我们与发达国家预报水平之间的差距是较大的。近年来，随着气象科技的进步和社会经济发展对气象服务需求的增加，气象服务用户对天气预报准确率提出了更高的要求。应该说，随着科技的发展，天气预报准确率在不断上升是不争的事实，但往往用户对我们的评价却不升反降，这充分反映出由于经济与社会的快速发展，用户对天气预报的要求更高了，当前的天气预报准确率与预报服务需求不相适应。一方面，各级政府防灾减灾抗灾决策需要我们对暴雨发生的地点、时间和量级以及降水可能产生的山洪和地质灾害等做出准确的预报，而我们的预报能力却比较低；另一方面，社会公众需要我们提供在时间和空间上更加精细的气象要素预报，而我们往往难以做到。因此，从面向气象服务需求的角度来看，提高天气预报的精细度和准确率已不仅仅是气象部门内部评价预报水平的问题，实质上是提升服务能力和效益的问题。

精细化预报的概念和需求不仅是我们国家提出的，也是发达国家天气预报服务的发展趋势。美国近年来提出的“无缝隙”战略，就是要使气象预报在时空分布上连续无间断，在预报对象上能够涵盖和满足各种用户的需求，这实际上就是“精细化预报”。为此，美国国家环境预报中心(NCEP)在其未来20年的业务发展计划中提出了更加精细化的发展目标：龙卷风的预警时间要从平均12分钟提前到40分钟；雷暴的预警时间从平均18分钟提前到5小时；飓风登陆的预警时间从平均20小时提前到4天；洪水的预警时间从平均43分钟提前到4小时；海洋对流风暴的预警提前30小时等。可见，面向气象服务需求，在预报预警细化分类的基础上，对预报预警精细化程度的要求将不断提高。

中国气象局提出现代天气预报业务发展的目标是不断提高天气预报准确率和精细化程度。到2015年，建立7天滚动的5 km格点和乡镇气象要素预报业务，24小时内时间分辨率达到3小时，精细化的气象要素中短期水平得到较大提高；依托精细化预报产品，加强服务产品的深加工和包装，不断满足用户精细化和个性化需求，逐步实现对各种时空尺度大气现象和各种要素的精细化服务。

精细天气预报水平主要取决于气象观测系统获取资料的时空密度和数值天气预报的水平，20世纪90年代以来，我国开始建设中尺度灾害性天气监测预警系统和新一代天气雷达站网，到目前为止，可以获取大量中-β尺度(200～20 km)和一些中-γ尺度(20～2 km)的信息；中尺度数值天气预报也投入了业务，为精细天气预报提供了可能。

根据目前我国数值天气预报的水平，48(或72)小时之内的气温逐时预报、3小时累积降水量预报是可用的，每小时的降水量预报尚未达到可用水平；第3～4天作6小时累积降水量预报、第5～7天作12(或24)小时累积降水量和最高、最低气温预报是可行的选择。一般来说，地面气象要素预报空间分辨率与地面气象观测站网的密度和数值天气模式的水平分辨率是一致的，有一定的历史观测资料(所需历史资料的多少与建模方法有关)，在数值分析预报产品与天气实况之间建立某种定量关系(例如MOS预报方程)，是可以制作该站的预报的。目前一些台站用经纬度和高度订正方法制作没有观测资料的乡镇天气预报，对温度尚可应用(在不同天气形势下订正量是不同的，因此，这种订正预报的可用性仍然有限)，降水和风的预报就有很大的局限性甚至是不可用的。因此，为了提高气象服务的覆盖面，需要在欲提供的服务区内建立自动气象站。常规气象要素的预报时效与中期数值天气预报的可用时效是一致的，目前我国和发达国家都逐日制作和发布一周内每天的天气预报，当然，随着预报时效的延长，预报质量下降。

对于灾害性天气，由于其高度的非线性结构，预报难度大、时效短。一般来说，生命史越长、范围越大，其预报时效也越长，例如寒潮，可能提前5天作出预报；台风，国际上通行发布3天预报，到2015年，5天的台风预报可以达到可用水平；区域大风和沙尘暴也可能在3天前作出预报；2～3天前作出的区域性暴雨预报也有相当的水平。但对于中小尺度气象灾害，由于其生命史短、范围小，可预报时效短，目前中尺度数值天气预报并没有直接预报这些中小尺度天气灾害的能力，国际上正在大力发展灾害性天气集合概率预报业务，这是灾害性天气短期预报的一个重要方向。

临近预报(0～2小时)是弥补中小尺度灾害性天气短期预报能力不强的最重要的手段。基于天气雷达资料处理和外推技术建立的灾害性天气临近预报，虽然时效一般只有0.5～1小时，但是空间分辨率可以达到1 km，灾害性天气预报精细度很高。我国已建设的新一代天气雷达网，为预报员作好临近预报提供了一个很好的平台。对于突发气象灾害，如果能提前半小时预报出它的位置和强度，同时又能将警报发送到受影响的地区，就可以大大减少生命财产的损失，临近预报的效益是很明显的。在作好灾害性天气临近预报业务的同时，还需要研发客观定量的短时临近预报系统，融合天气雷达、气象卫星、自动气象站等观测资料和数值预报产品，开发基于边界层、风暴和云特性的预报算法，预报风暴的产生、发展和消亡，区分龙卷、冰雹、大风、强降水等，进一步帮助预报员作好临近预报，同时延长预警的时效，向灾害性天气精细的短时预报(2～12小时)进军。

由于大气系统本身的复杂性和科学技术水平的限制，精细天气预报不可能做到百分之百的准确，因此,还存在一个如何看待和使用精细天气预报的问题,特别是如何使用气象及相关灾害的预报和警报。在涉及人类生命安危的问题上,应当采取无悔的策略,对于气象及相关灾害预警宁可信其有,不可信其无。

总之,对于气象科技工作者来说,作好精细天气预报,特别是作好气象及其相关灾害的监测、预报、警报和服务工作,是树立和落实科学发展观的具体体现,对于气象及相关灾害,中期报趋势,短期报落区,临近预报明确灾害种类、出现的具体位置和强度,既是必要的,也是可行的。

4.2　数值天气分析预报产品解释应用方法

由于数值预报模式本身在初始条件、物理过程和分辨率等方面还不够“精细”,再加上大气运动的不确定性,使得数值预报产品中既包含天气发展演变的动力的和热力的信息,也包含由于种种局限而产生的错误的和虚假的信息,气象工作者在研究、解读过程中需要将其中有用的信息直接或间接(经过变换)地用于满足实际的要素预报的需求。这样,数值预报产品的释用方法就应运而生。它是对数值预报这一综合性的结果,运用天气学、动力学、统计学等技术再一次加工、修正,使预报精度得到进一步提高,以达到有价值的要素预报水平。

气象要素的预报方法在数值预报没有实时业务化之前,主要是预报员根据天气未来的变化主观地经验推测,或者用经验统计方法作出。而目前主要是以数值预报产品为基础,在对数值天气预报产品检验评估和订正基础上,作出各站的气象要素预报。通常预报员作预报时,一般是先分析实况图,再分析客观预报结果与实况的误差,然后进行人机交互作业,综合分析数值预报产品、卫星和雷达资料、观测实况资料等,根据对各种产品客观评估的结果和自己的经验,修正气象要素解释应用产品。对于预报范围比较大的气象台,预报员逐个进行气象要素预报时,一般先对这个要素场进行修正,发挥预报员驾驭气象场的优势,然后由客观内插软件得到站点预报,再分析站点预报要素的一致性和与其他台预报边界附近要素的一致性,最后作出需要的预报。

最近 30 年以来,气象数值预报技术的水平日益提高,以欧洲中期数值预报模式和美国 NCAR 等研制的中尺度模式为代表的中短期数值预报已经成为成熟的业务。我国的数值预报业务能力在这期间也有大幅度的提高,目前,3 天以内的数值预报形势场已经超过经验预报;5～6 天以内的数值预报形势场也达到可用水平。把数值预报对天气形势场和过程的描述转化为对实际天气要素(如温度、湿度、降水量、风)和灾害性天气(如台风、暴雨、浓雾、大雪、沙尘暴等)的预报,其核心技术就是数值预报产品解释应用技术。

过去 30 年间,人们对数值预报产品解释应用已经作了很多研究,如模式统计输出(MOS)技术、模式直接输出(DMO)技术和完全预报(PP)技术、相似预报、卡尔曼滤波、支持向量(SVM)技术以及偏最小二乘统计模型等动态建模预报方法,使得以数值预报产品解释应用为基础的要素客观预报有了很大进步。目前短期温度、湿度客观预报水平已接近甚至超过预报员的主观预报水平,但由于受大气探测技术的应用和对某些天气现象机理认识的限制,不少天气要素例如降水、风现在预报的结果与实际情况还有较大的差距,影响了天气预报的准确率。随着自动气象站、雷达、卫星遥感、风廓线、GPS 等大气探测技术的发展以及对天气变化机理认识的提高、数值预报模式预报水平的提高、常规和非常规观测资料的充分使用,为数值预报产品解释应用技术的不断进步创造了更为有利的条件。

4.2.1　常用的气象要素客观预报技术

4.2.1.1　模式直接输出法(DMO)

模式直接输出法(Direct Model Output)的要素预报,就是直接根据数值预报产品的温度、湿度、风和降水场,按站点的经纬度将其从格点场的值插值到站点值的一种预报方法。其方法简便直接,不论在何处,有无实际观测资料,只要有数值预报产品都可以使用这种方法。近年来,随着数值预报模式预报水平的不断提高,这种预报方法正在被愈来愈多地使用。在实际使用中,需要根据预报站点的实际观测资料和站点的地理情况(例如海拔高度)对预报值做一些必要的订正。

4.2.1.2 完全预报法(PP)

美国气象学者 Klein(1970)提出了用历史资料及与预报对象同时间的实际气象参量作预报因子,建立线性回归统计关系。具体预报时,假定数值预报的结果是"完全"正确的(Perfect),将数值预报产品代入到上述统计关系中,就可得到与预报相应时刻的预报值,称为完全预报法(Perfect Prediction)。这种方法的长处是可利用大量的历史资料进行统计,因此得出的统计规律一般比较稳定可靠,且预报准确率随着数值预报模式水平的提高而提高。但是该方法除含有统计关系造成的误差外,主要是无法考虑数值模式的预报系统误差,因而使预报精度受到一定影响。

4.2.1.3 模式输出统计法(MOS)

Glathn 和 Lowry(1972)年提出了模式输出统计法(Model Output Statistics)。具体做法是先从数值预报模式的归档资料中选取预报因子向量,建立预报对象与预报因子向量同时或近于同时的线性回归方程,在实际应用时,把数值预报输出的结果代入相应的预报方程中便得到气象要素预报。它的优点是可以去除数值预报的系统误差。目前,MOS 预报方法在我国各级台站以及国外很多台站广泛使用(刘还珠等 2004)。利用 MOS 预报可以对各类城市作定点要素预报,对于县级以下的站点的预报可以根据附近气象台站的 MOS 预报结果进行补充订正。MOS 预报的对象也可以是不同的天气系统或不同的天气类型。

MOS 是一种比较成熟的释用方法,在足够长的历史资料条件下,预报因子和预报对象的关系比较稳定。因此,在各级气象台的实际业务预报中,这种预报方法使用很广,预报效果也较好。但其短处也很明显,第一,这是一种线性预报方法,在预报如降水量这类天气要素时,效果不是很理想;第二在建 MOS 预报方程时,对数值预报产品要求有较长时期稳定的历史资料,这在数值预报模式不断发展阶段是较难做到的。

4.2.1.4 卡尔曼滤波法(KLM)

MOS 预报是建立在稳定的数值预报产品的基础上的,而现今数值预报技术不断发展,数值预报模式不断变化,这给 MOS 预报带来较大的困难,卡尔曼滤波法(Kalman Filtrate)(陆如华等 1994)不需要很长的数值预报资料,可以较好地解决这个困难。

卡尔曼滤波法是一种统计估算方法,通过处理一系列带有误差的实际测量数据而得到所需要的物理参数的最佳估算值,根据这一基本思想,同样可以用于处理一系列带有误差的预报值从而得到预报值的最佳估算值,这对提高预报精度具有重要意义。简单地说,可以使用卡尔曼滤波法根据最近的实际观测值,对预报方程作一定的订正,使得预报值更正确。

卡尔曼滤波法也要求预报对象和预报因子之间为线性统计关系,因此对降水、风和云量等要素的预报效果也不够理想。

4.2.1.5 相似预报法

PP、MOS 和 KLM 都是使用参数估计技术来制作预报的,首先需要作参数估计,为了得到需要的参数,常对数据和方程作一些假设,例如假设观测数据误差服从一种概率密度分布,输入的变量统计独立等,从一个复杂多变且还没被完全认知的大气系统中取得的数据可能不能完全满足这些假设,因此用这种方法制作的预报有时准确性不够、预报结果不够稳定。

基于范例进行推理是人工智能领域中发展较快的一种求解问题的技术,这是一种利用过去的范例或经验来解决当前问题的类比推理方法。非参数估计技术就是一种基于范例进行推理的方法,在天气预报中也常叫相似预报方法。用这种方法作预报,不需要建立预报方程,因而可以克服上述的一些缺点。

目前较新的相似预报技术包括 K 近邻非参数回归方法和窗非参数回归方法(Cover 1967)。前者的最优近邻子集由子集中近邻的个数定义,而后者的最优近邻子集由包括近邻的窗口(或邻域)尺寸来定义。即 K 近邻非参数回归方法用固定个数的近邻生成预报量估计,而窗非参数回归方法用固定宽度窗口中的近邻生成预报量估计。

相似预报法也有一些本身的缺点，例如为了包括较多的历史样本，需要建立较长时期的历史资料库，这给其计算带来较大的繁琐问题。而且，再长的历史资料库，总有不在其内的新天气类型出现，这给预报准确率带来一定的影响。

4.2.1.6　**人工神经元网络(ANN)**

人工神经元网络(Artificial Neural Network)算法很多，气象上多采用误差反传算法前馈神经 BP(Back Propagation)网络(Lippman 1987)，这是一种单向传播的多层前向网络，其基本结构如图 4.1，包含有输入层、输出层和若干隐层。输入层是给神经元网络提供预报因子，选择与预报对象关系密切的物理量和物理参数作为输入层各个节点；输出层是预报对象，可以是一个也可以是多个节点，中间的隐层可以是一层也可以多层。

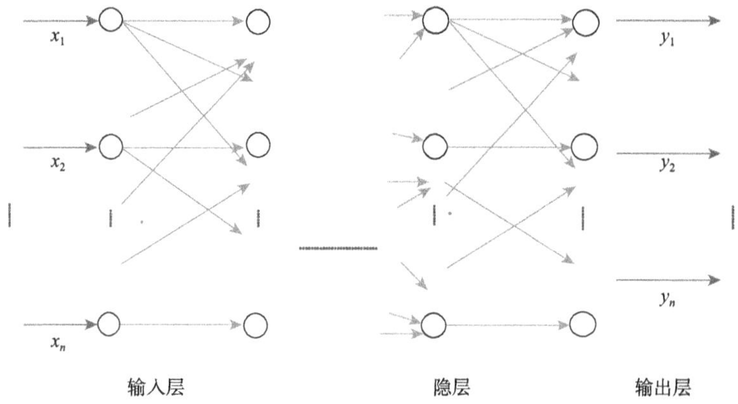

图 4.1　单向传播的多层前向(BP)网络结构图

BP 网络的训练过程分为两个阶段：正向过程和反向过程。正向过程是把学习样本的输入值循环置入 BP 网络的输入端，由前往后，依次计算网络的隐节点值和输出节点值；根据网络的输出值与样本输出值之间的误差，开始反向计算，即由后往前，按照训练的目标函数，依次调整网络各层节点之间的连接权值，直到目标函数接近极小值为止。故称为误差反向传播网络。

在 BP 网络的学习算法中，一般采用梯度下降法，各节点神经元的激励函数常采用 Sigmoid 函数，其形式为：

$$f(x)=\frac{1}{1+e^{-x}} \qquad \text{(式中的输出值在 0～1 之间)}$$

BP 网络的训练，是为了建立一个合适的模型用于预报。但是 BP 网络在训练过程中，常常会出现网络模型对训练样本拟合得较好，而对没有参加训练的样本拟合得较差，这种情况称之为网络模型的泛化能力较差。若对训练样本的训练次数较少，网络模型的偏差较大；若对训练样本的训练次数过多，网络模型对新数据的预报能力反而减弱。因此怎样确定合适的训练程度，不仅可以使网络模型对训练样本具有比较精确的拟合，而且也具有较好的预报能力，是 BP 网络实际应用中所需要解决的一个重要问题。此外，神经元网络选择参数人为因素较大，需要大量反复的试验，故妨碍了这一方法的推广。

4.2.1.7　**支持向量法(SVM)**

支持向量法(Support Vector Machines)(陈永义等 2004，冯汉中等 2004)的基本思想是基于 Mercer 核展开定理，可以通过非线性映射，把样本空间映射到一个高维乃至于无穷维的特征空间(Hilbert 空间)，使在特征空间中可以应用线性学习机的方法解决样本空间中的高度非线性分类和回归等问题。降维(即把样本空间向低维空间做投影)是人们处理复杂问题常用的简化方法之一，这样做可以降低计算的复杂性。而升维，即向高维空间做映射，一般只会增加计算的复杂性，甚至会引起“维数灾”。SVM 方法巧妙地解决了这两个难题：由于应用了核函数的展开定理，所以根本不需要知道非线性映射的显式表达式；由于是在高维特征空间中应用线性学习机的方法，所以与线性模型相比几乎不增加计算的复杂性。

4.2.1.8 偏最小二乘回归法(PLSR)

偏最小二乘回归法(Partial Least Square Regression)是一种先进的多元分析方法。1983年由伍德和阿巴诺等首先提出,主要用来解决多元回归分析中的变量多重相关性等实际问题(王惠文等 2006)。在建立多元回归方程之前,对预报因子物理量场首先进行经典相关分析和主成分分析,然后将经过处理的因子与预报对象动态地建立回归方程,即为偏最小二乘回归预报法。

偏最小二乘回归预报法在一定程度上避免了预报因子多重相关性问题,而且,由于因子个数的选择和回归方程的显著性检验,都是通过交叉有效性(Cross-Validation)检验实现的,因此,方程的自变量和因变量都可以是非正态分布。此外,由于 PLS 是动态建模,所以 PLS-MOS 预报模型在建立时并不需要很长时间的训练样本。

但是,这种模式仍然克服不了预报因子与预报对象的非线性关系这个问题,对于如降水、云量等要素的预报不容乐观。

现阶段作客观气象要素预报时需要注意的几点问题是:

(1)客观预报中温度、湿度等连续变量的预报效果要高于降水、风等不连续变量。

(2)客观预报产品应当经过进一步的订正和处理才能面对终端用户,受实况资料质量、预报方法的局限性等问题的限制,在客观预报中有可能会出现不协调、不合理的情况。

(3)用于数值预报产品释用技术的客观预报和通常的预报产品一样,不同要素在不同季节、不同地区具有不同的误差情况,对于一个产品的使用,预报员应当对该产品在所在地点及其近期的预报误差情况有所了解。

4.2.2 国内外客观预报应用概况

4.2.2.1 国外客观预报

美国自 1970 年 Klein(1970)提出 PP 方法,1972 年又由 Glathn 和 Lowory 提出 MOS 方法以后,由气象发展实验室(MDL)基于其有限区套网格模式 NGM(Nested Grid Model)的产品制作 MOS 预报,预报时效为 6～60 小时,针对全美国 350 个站,每日两次预报(00 时和 12 时)。预报的气象要素包括:最高/最低温度;露点;降水概率(Pop)、降水型和降水量;雷暴发生的概率;云量、云底高度、能见度和日照;地面风向风速。

对应于每一个站点,每一个预报量,每一种预报时效,需要建立一个回归方程。相应于上述 MOS 预报系统,共需要建立数千个回归方程。为了避免由于模式的改进而引起的预报关系式的正确性受到影响,美国国家环境预报中心(NCEP)于 1990 年将 NGM 模式"冻结",从那以后不做任何改动。

1998 年开始建立高质量的含有多要素的高密度(2.5°×2.5°,或 5°×5°)的观测实况数据库(high-quality observation archive),包括:每小时地面观测资料、追加的气候资料、卫星云产品、闪电监测报告、危险天气信息、国家气候中心日综合报告;增加地面积雪深度(6 小时后)等资料和观测标准改变及站址变迁信息,经过收集、质量控制,除去错误,以保证形成高质量、构造合适的资料系列,最后以二进制存储,以确保预报要素易得、易取。

2003 年 MDL 实现了基于全球预报系统(GFT)6～192 小时要素预报(1500 站);基于全国自动站(8000 个)资料制作雪量预报;基于航空模式(AVN)制作 800 站的 72 小时预报;6～72 小时雷暴和强雷暴预报。与此同时,2002 年开始研制格点 MOS 预报(Gridded MOS)。第一步在高密度观测实况资料库和高分辨率地理信息基础上实现任意站点的 MOS 要素预报;第二步使用各种探测手段获得的大气实况,制作格点 MOS 定量降水预报和降水概率预报。

德国用欧洲中期数值预报中心和本国模式的产品开展解释应用,其中包括 MOS-MIX 的要素预报综合产品,雷达 MOS 预报、单个强雷暴的强度和路径预报以及强降水、强风暴、冰雹和雷电等强对流天气的预报,其统计释用的方法还支持了预警信号的制作等,目前已成为德国预报人员的主要参考产品。

此外,日本气象厅建立了基于 Kalman 滤波方法、神经元网络和 MOS 方法的要素预报系统。加拿大、芬兰、澳大利亚等都形成了各具特色的数值预报产品释用业务。

4.2.2.2 国内客观预报

我国气象工作者在学习、引进美国的模式统计输出(MOS)技术的基础上，于1984年开始筹建MOS预报工作，运用第一代短期数值预报业务模式(B模式)产品制作最高、最低温度预报，并实现了业务化。“九五”和“十五”期间，国家和各区域中心的数值预报得到了长足的发展(刘还珠等2004)，通信技术和计算机能力大大提高，特别是卫星通信技术的发展，使大量数值预报产品得以及时下传。近三年来，在中国气象局大力支持下，国家气象中心主持的精细化气象要素预报研制工作持续地、系统地进行，使得数值预报产品释用工作无论在技术和在应用方面都得到了向深度和广度方向的发展。更为重要的是，无论专业人员、或是服务对象都急切需要客观定量的预报，因此产品释用的研制工作在全国得到了极大的推进。国家气象中心也相应开发了一些精细化要素客观预报的新方法，并在多个省(区、市)气象台的共同努力下，开发了将研究和业务运行结合为一体的气象要素客观预报集成系统(MEOFIS)，使得要素预报的种类和时效都更为丰富。应用中尺度模式动力诊断的释用工作已有良好的开端，已经开展了暴雨预报配料法的释用业务工作。

4.3 气象要素预报

气象要素是指大自然中人们感受到的，能表征大气状况的基本物理量和基本天气现象，如温度、湿度、气压、风向、风速、能见度及云、雨、雪、冻冰、雷、电、雾、辐射等气象元素。这些要素对人们日常生产、生活都有着密切的影响，因此，对气象要素的预报就变得十分重要。随着社会经济的发展，对气象要素预报种类的需求越来越多，对要素预报精细化程度的要求也越来越高。

4.3.1 气象要素客观预报

4.3.1.1 降水量预报

不少气象工作者在预报方法和预报技术的各环节上都进行着不断地改进，邵明轩等(2003)从引进降水可能函数着手，使用非线性动态组合方法作降水预报，陈力强等(2005)用MM5数值预报产品首先从中构造出能够全面反映降水模型特征的综合物理因子，应用统计方法建立站点预报模型，使降水预报能力得到提高。曾晓青等(2008)提出基于交叉验证的KNN方法，分别求取有天气事件的正样本K+值和无天气事件的负样本K一值作为最佳邻近域的组合，并利用这一方法对我国不同代表站点的晴雨和降水进行预报试验，使降水预报评分得到了提高。刘爱鸣等(2003)利用滑动分区切比雪夫展开方法，求取高度场特征分布的展开系数及时间变量，通过相关分析，从中提取物理意义明确和相关性好的预报因子集和消空因子集，再通过预报因子的多形态组合分析，提炼出物理图像清晰的福建省前汛期区域暴雨预报模型。岳彩军等(2007)用湿Q矢量散度场强迫的方程得到垂直速度，再结合水汽条件进行降水量预报，形成定量降水的动力释用方法。李博等(2008)对浙东沿海特定区，针对不同类型的天气采用多级相似技术;在因子筛选过程中采用因子组合方法，选取多种可能的关键区，通过试验确定各级相似组合条件，最后，利用数值预报产品进行修订，使暴雨客观预报取得较好的效果

此外，对预报对象的处理也提出一些改进的办法，如赵声蓉等(2007)在对降水量进行分级预处理时，将相对湿度与降水量结合形成新的实况因子，陈力强等(2005)首先对有无降水进行判别，然后对降水量开4次方，使预报对象尽量接近正态分布，从而改善多元回归的效果。

4.3.1.2 分级降水预报

由于降水量数据属于时空分布非连续性函数，又具有非正态分布特点，降水的发生具有突发性和不确定性，特别是强降水和对流性降水，因此用MOS方法预报的效果不理想，未来准备使用综合集成多模式方法作预报。国家气象中心与中国气象局气象培训中心合作，提出一种自动优化参数的BP网络方法，应用于降水集成预报试验(曹晓钟等待发表)。鉴于前述人工神经元网络存在的问题，本方法将

T213预报因子与日本、德国和T213降水的产品组成神经元网络输入层节点，降水量(分小、中、大3级)为输出层节点，然后采用自动优化参数方案进行BP网络训练。

根据Lippman(1987)的研究可知，三层网络可以逼近任意一个连续的函数，即：只有一个隐层的神经网络，只要节点足够多，就可以用任意精度逼近一个非线性的函数。因此，在该方法中隐层的数目设定为一层。在1个隐层和隐节点数为输入节点数的1～2倍之间(经验得到的)这两个前提条件下，提出改进的学习训练算法如下：

(1)首先根据总样本的数目，按不同的比例将样本随机分为两类，一类为训练样本，用于网络的训练学习，设样本组数目为N；另一类为检测样本，用于在训练过程中，检测网络的输出误差，设样本组数目为M。在本方法中，主要根据训练样本和检测样本的误差变化，自适应确定网络结构参数和学习训练参数，同时保证对训练样本的训练精度及提高对检测样本的泛化能力。

(2)确定隐节点数。根据训练样本和检验样本网络误差的变化，在网络学习过程中自适应确定隐层节点数。选择误差最小的节点作为最优的隐节点数。

(3)确定学习速率。分别设学习速率$\mu=0.2,0.3\cdots$，进行训练，比较误差，由最小的学习速率得到最优的网络模型。

该方法对江淮流域68个站点5—9月分级降水预报试验，表明2008年预报结果尚可。

4.3.1.3 对流性天气预报

赵培娟等(2007)以河南省近10年来气象观测站的资料为分析样本，应用40多个动力、热力参数对区域性强对流天气进行诊断分析，通过诊断分析从众多大气参数中选择了预报能力强、指示性好的参数作预报因子；根据统计分析，得到不同参数的预报临界值和权重系数；采用加权集成分别建立冰雹、雷雨大风和短时强降水的预报方程；并应用计算机技术实现数据自动采集、物理参数计算、预报因子临界值判别、诊断预报方程运算，并通过计算机技术实现预报过程的自动化，

曹晓岗等(2007)分析了能量影响强对流天气发生发展的物理背景，在对位势不稳定层结、低层湿舌、强水汽辐合、不稳定释放机制等方面进行分析的基础上，得到了对强对流天气发生发展起重要作用的基本物理量，将这些基本量搭配组合，预测是否会产生强对流天气。经过2007年业务试验得到较好的效果。

4.3.1.4 风预报

早在20世纪80年代，范淦清(1995)将风向风速进行预先处理，利用国家数值预报产品使用MOS方法制作江苏省各站点风的预报，对定点定量的风向风速预报作了很好的尝试。而后不少气象预报工作者用MOS、神经元网络等方法直接建立风向风速预报模型或分别建立u、v分量预报模型。毛卫星等(2005)用波谱分析相似法、邵明轩等(2006)用K邻近域方法制作全国600多个站点的风向风速预报，取得了较好的效果。陈豫英等(2008)以模式识别和相似预报思想为基础，建立基于自组织神经网络的聚类天气分型和交叉验证的K最近邻域非参数估计仿真模型。该模型首先以自组织神经网络技术对西北地区的高空环流和高度场进行聚类分型，针对不同天气形势下的历史样本，通过交叉检验，分别寻求各类天气型下的最佳K组合。使用2003—2006年冬半年T213数值预报产品和宁夏日最大风速资料，建立了宁夏冬半年日最大风速≥6 m/s天气分型和未分型的KNN预报模型，并对2007年1—5月进行了预报试验，预报评估结果表明：天气分型后的预报模型总体上降低了预报空报率，同时提高了预报准确率，较未分型的KNN方法预报效果总体有所提高。

此外，王在文等(2007)利用SVM建模方法，对北京奥运场馆站点温度、相对湿度、风向风速和本站气压等气象要素制作每3小时的06—48小时业务预报，并与原MM5V3模式的3 km区域DMO预报相比较，结果表明：10 m风(u、v分量)、本站气压的均方根误差减小百分率均在30%以上，预报精度提高显著；2 m相对湿度均方根误差减小百分率在10%左右，2 m温度均方根误差减小百分率在10%以内，整体来看较MM5V3本身预报，精度有明显提高。

金龙等(2008)针对气象预报中常用的逐步回归预报建模方法，由于没有直接考虑筛选出的预报因

子之间可能存在复共线性关系，会影响气象预报方程的预报性能问题，提出了在初选的大量气象预报因子(自变量)中，采用条件数计算分析方法，选择复共线性关系小的预报因子组合，建立预报模型的方法。以台风预报为例，用大样本分别建立了12个台风移动经度、纬度的条件数预报方程和逐步回归预报方程。对比分析结果表明，由于条件数计算分析有效控制了预报因子间的复共线性关系，因此，在相同的预报因子(自变量)和预报对象(因变量)条件下，分月建立的条件数台风移动路径预报方程，试报结果表明，预报精度明显提高。

4.3.1.5 温度预报

利用数值预报模式产品及其加工的产品作为预报因子，一年分为4个不同季节(春、夏、秋、冬)，不同预报时效，使用MOS方法分别制作未来1～7天全国2500多个站的最高、最低温度预报。用改进的DMO方法制作每3小时间隔的温度预报。

为了解决MOS方法无法预报温度剧烈变化问题，采用神经元网络方法将每3小时实况也加入到预报因子中，实行每3小时预报未来24小时的温度滚动预报。

分析站点之间和时效之间的预报要素的一致性，将温度预报作适当的修正，最后得到国家气象中心的温度预报指导产品。

4.3.1.6 最大、最小相对湿度预报

逐日最大、最小相对湿度的预报也采用类似温度的方法制作，只是在建方程前，将湿度进行开方处理。

4.3.2 气象要素主观预报

4.3.2.1 风的主观预报

风是由空气的水平运动产生的。空气的水平运动可以用水平运动方程较精确地表示出来。在中高纬度，当空气呈水平直线无加速无摩擦运动时，风与气压场基本上是符合地转风原理的。

水平气压梯度力和地转偏向力两力相平衡产生的风称为地转风，就是说地转风风速大小与水平气压梯度力成正比，在同一张等高面图上(地面图)，当纬度相差不大时，空气密度在水平方向的变化较小，在等压线密集的地区(气压梯度大)，则地转风较大，因而实际风速也较大。反之，在等压线稀疏的地区，风速就较小。因此，在作风的预报时，首先应该分析气压场的预报，即预报未来影响本站的气压系统如何移动，强度怎样变化，是否有锋面过境，由于预报站点所处气压系统及锋面所在位置，依据地转风原理，估计出预报站点的风向及风速的第一近似值。由于近地面层的空气运动与自由大气有显著的不同，有些情况下风向与等压线会有较大的交角，甚至完全不符合地转风原理，因此需要根据经验对近似值进行订正，需要考虑的影响因素如下：

(1)地表动力作用

1)地表摩擦作用。地表摩擦作用对地面风影响很大，所以在摩擦层中，摩擦力、地转偏向力及气压梯度力具有同等重要的作用，因而实测风与地转风有相当大的偏离，即风向与等压线有交角，指向低压一侧，而且风速也较地转风小。

摩擦层中，实测风与等压线的交角的大小与摩擦力和地转偏向力有关，也就是与地面粗糙度和纬度有关。一般情况下，地面粗糙度越大，纬度越低，风向与等压线的交角越大，风速也越小；反之，交角小，风速大。通常地面比海面粗糙，所以在相同的气压梯度力作用下，风向的交角，陆地上大于海洋上；而风速则是海洋上大于陆地上。

2)地形阻挡作用。由于山脉或地形对气流的阻挡作用，气流将被迫改变方向或爬升，并在迎风坡减速，使实际风向显著偏离气压场。

3)地形狭管作用。当气流从开阔地区流入峡谷时，风速加大，而当流出峡谷时，风速减小，这种地形峡谷对气流的影响称为“狭管效应”。因“狭管效应”而增大的风称为峡谷风。

(2)局地热力环流

在地表热力性质差异较明显的地区(如海滨地区、山谷地区、高地与平原毗邻地区),由于下垫面受热不均,常有局地热力环流产生,如山谷风、海陆风等,这类风的风向日变化明显,风速一般不大。这类热力环流的影响,在大范围气压场微弱时才比较明显,当气压系统较强时,如果热力环流中的风与气压系统的风一致,则系统性风增强,反之减弱。

(3)动量传递作用

在摩擦层中,风速一般由地面向上增大,垂直方向上有风的切变存在。当大气中有湍流或对流运动时,空气将上下交换,在交换过程中,上层动量较大的空气传到下层,使地面风速增大,下层动量较小的空气传到上层,使上层风速减小。当气压形势变化不大时,由于动量传递的原因,摩擦层中的风就有明显的日变化,最大风速出现在午后,深夜达最小值。大约在 80～100 m 以上的层次,则与地面相反,午后风速最小,夜间最大。动量传递作用的大小,由大气的稳定度和风的垂直切变决定。大气越不稳定,风的垂直切变越大,动量传递的作用就越大。

4.3.2.2 气温的主观预报

气温的高低变化直接决定了一些天气现象的生消。如最高温度与雷雨、冰雹的形成,最低温度与辐射雾及霜冻等都有密切的关系。因此,气温的预报也是其他某些气象要素和天气现象预报的基础。

气温是决定大气状态的基本要素,气温的高低首先决定于热量的收支状况。热量的收入大于支出,气温就上升,否则就下降。热量的收入大于支出时,盈余的热量用于气温的升高。盈余的热量累积值达到最大时,便出现最高温度。热量的收入小于支出时,热量亏损,需要消耗本身的热量以弥补亏损,所以温度下降。当热量亏损的累积值达到最大,消耗热量最多时,便出现最低温度。近地面空气的热量来源主要是地面辐射,其次是太阳辐射;热量的支出靠大气辐射进行。而地面辐射的能量又来源于太阳辐射,由于地面不断地储存着太阳辐射的热量,所以地面辐射的最高值落后于太阳辐射的最高值,然后再通过辐射、对流、传导等作用,气温才达到最高值。当地面辐射出现最高值之后,太阳辐射继续减弱,地面辐射支出的热量大于从太阳辐射收入的热量,地面储存的热量开始减少,地面辐射也随之减弱,气温下降。当日落以后,太阳辐射为零,相继地面辐射也出现最低值,此时大气热量入不敷出,所以气温降低,并直达最低值。这样就形成了以日或年为周期的有规律的变化。另外,气温的水平分布除受上述各项辐射收支状况影响之外,还受海陆分布、地形起伏、大气环流和洋流等因素的影响。

(1)影响气温变化的因子

某地气温的变化可由热流量方程求出,即某一固定点上的气温变化是由平流作用、对流作用、变压作用及非绝热作用等 4 项因子所引起的,其中变压项所引起的变温值很小,实际预报中可以不考虑它的影响。下面仅对其余三个因子作一简要分析。

1)温度平流对局地气温变化的影响

空气的冷暖平流是引起气温局地变化的主要因子,暖平流使局地气温升高,冷平流使局地气温降低。温度平流强时,有时 12 小时的平流变温量可达 10 ℃以上,对气温局地变化影响很大。

对温度平流强度的判断,一方面可以直接从天气图上按平流公式计算出来,但比较麻烦,且效果也不理想;另一方面可以在上游选择固定测站作为指标站,观察上游测站在冷空气影响后 24 小时变温,作为判断平流强度的依据,但需考虑指标站受天空状况的影响。

2)垂直运动对气温局地变化的影响

垂直运动是引起高层和低层气温局地变化的重要因子。它对气温局地变化的影响,决定于垂直运动的方向、强度和大气的层结状况。当大气层结稳定时,有上升运动,引起绝热冷却,局地降温;而下沉运动,引起局地升温。当大气层结不稳定时,则相反,上升运动引起局地升温,下沉运动引起局地降温。若大气层结呈中性状态,则垂直运动对局地气温无影响。较强的系统性垂直运动,对局地气温的变化影响较大。在冷槽后部因有较强的下沉运动,局地气温可以显著增高。在高空气旋和反气旋中心区,平流作用较弱,它的变温常常是垂直运动引起的。

在平原地区垂直运动甚小,接近于零,可以不考虑这项的作用。只有在山脉背风坡地区,下沉增温作用较强，对局地气温的变化才有明显的影响。

3)非绝热因子对气温局地变化的影响

非绝热因子主要包括辐射、湍流、对流及蒸发凝结等过程，是空气与外界热量交换的主要方式。气温的非绝热变化主要是通过上述过程进行的，这种作用在大气低层比较明显。

对于某一固定地点来说，太阳辐射和地表辐射具有明显的日变化，因而气温也相应有明显的日变化。另外，气团在移动过程中，不断地与下垫面进行热量交换，使气团温度发生变化。因此，气温的非绝热变化，主要表现为气团的变性和气温的日变化。

从非绝热因子预报气温的日变化，可以从以下几方面考虑：

1)天空状况对气温日变化的影响

不同的天空状况对气温日变化有不同的影响。当天空有云时，白天云能削弱地面获得的太阳辐射，使地面受热减少；而夜间云却能使地面不致散失更多的热量。云的这种作用使得气温日较差减小，即白天地面气温不易升得很高，夜间不易降得很低。云的作用与云的状况有关，一般云量越多，云越低、越厚，维持时间越长，其影响也越大。雾的影响与云类似，据统计，由浓雾导致的空气增温值相当于晴天正常增温值的 1/4；气温下降时，最低气温与形成雾时的气温差值不超过 4 ℃。

在有降水的情况下，由于雨滴在降落中不断蒸发，大量吸收周围空气的热量，可使地面气温降低。在降雪时，一般气温并不降低，而雪后天晴，气温反而降低，这是由于地面积雪反射太阳辐射，使地面吸收的热量减少，而融雪又消耗热量，所以使气温降低了。

风对气温日变化也有重要影响。风速大时，湍流交换强，有利于空气热量的上下交换，白天使地面气温增温减慢，夜间使地面气温降温也减慢。所以有风时，气温日变化小，无风时，气温日变化大。

2)下垫面性质对气温日变化的影响

下垫面性质不同，热容也不同，热容大的地表面，增温和冷却都较慢，气温日变化相应也较小，反之就大。一般潮湿地表面比干燥地表面的气温日较差约小 2 ℃左右，在海面上的气温日变化只有1～2 ℃，而沙漠地带气温日变化可达 20～30 ℃。

气团经过不同的下垫面时，通过与下垫面的热量交换，可使温度发生变化。例如，冷气团流经暖海面时，由于显热和潜热的湍流交换，气团的温度将会不断升高，尤其当冷气团与暖海面的温差较大时，气团升温更快，一昼夜内可升高 10 ℃左右。

3)地形对气温日变化的影响

气温日较差低凹地(如盆地、谷地)大于平地，平地大于凸地(如小山丘)。低凹地形，空气与地面接触面积大，热量不易散失，并且在夜间常为冷空气沿山坡下沉汇合之处，加上辐射冷却，故气温日较差大。而凸出地形上部由于海拔高和面积小的关系，气温受地表影响小而主要受周围空气的调节，白天不易升高，夜晚也不容易降低，气温日较差通常比同纬度的平地小。平地则介于两者之间。高原气温日较差明显大于平原，如青藏高原，海拔高，空气稀薄，大气质量小，大气中的水汽、杂质相对较少，白天，大气对太阳辐射的削弱作用弱，到达地面的太阳辐射大，晚上大气逆辐射弱，所以气温日较差较大；长江中下游平原，地势低平，水域面积大，大气质量、水汽、杂质集中在对流层底部，白天，大气对太阳辐射的削弱作用强，晚上大气逆辐射强，所以气温日较差较小。

(2)气温预报方法

要预报气温，必须对影响气温的各种因子进行综合分析。如果有强的冷暖平流，应先考虑平流变化，然后再考虑日变化。目前气象台站作气温预报，主要是预报最低温度和最高温度。由于温度解释应用产品已有比较高的准确率，预报员应当在此基础上做订正，主要进行强降温和升温的订正，同时考虑天空状况(例如有云和晴空)对气温的影响。

1)最低温度预报方法

目前气象台站预报最低温度的方法，基本上是在天气形势预报的基础上应用经验和指标的方法，主要有下列几种。

①根据经验作预报。预报某一地的最低温度，首先应考虑天气形势的变化。若在预报时效内，天气

形势变化不大，预报地区仍受同一气团控制，则可根据预报气团内部气温变化的经验来预报最低温度的变化。若在预报时效内，有锋面过境，则可根据高空冷平流强度，综合分析平流变温和非绝热变温对最低温度的影响，然后根据预报经验作出最低温度的预报。

②用外推法作定性判断。若在预报时效内天气形势无大变化，可根据当天和前一天天气状况和最低温度作外推，大致判断未来的最低温度。

③利用夜间冷却量来作最低温度的预报。

另外，在制作最低温度预报时要根据温度预报原理综合考虑风、湿度、能见度、大气透明度对夜间长波辐射冷却作用的影响。

2)最高温度预报方法

①外推法。在天气形势变化不大的条件下，可根据最近一两天的最高温度，预报未来的最高温度。若未来的天气情况与前一两天差不多，用此法一般效果较好。

②利用统计资料作最高温度预报。利用当日最高温度加上最高温度的日际变量(即当日与次日最高温度之差)，来作未来24小时内的最高温度预报。

③有显著冷、暖平流影响时最高温度的预报。若在预报时效内有明显的冷、暖平流或有锋面将影响本站时，则温度平流对最高温度将有一定的影响，其表达式为：

$$TM = TM_0 + \nabla T - V \cdot \nabla T \tag{4.1}$$

式中 TM 为预报最高温度；TM_0 为当日最高温度；∇T 为当日与次日最高温度的日际变量，可按不同的风、云、天气等天气条件对历史资料进行统计，求得平均值；$-V \cdot \nabla T$ 为温度的平流变化值，因为地面图上海拔高度不一致，可用850 hPa上等温线与等高线的关系计算出平流强度，然后再用平流强度与本站气温变化的历史资料找出相互关系，作为预报本站气温的依据。一般台站通常采用地面锋后(温度平流显著地区)测站 $\Delta T24$ 近似地表示温度平流的强弱、预报时在上游选择固定的“指标站”或关键区，用历史资料统计锋面过指标站或关键区时与锋面过本站后温度变化的关系。应用此法作预报时，必须注意锋在移动过程中的变化。锋生变温量会加大，锋消则相反。

另外，在制作最高温度预报时要根据温度预报原理综合考虑风、湿度、云、能见度、大气透明度对太阳辐射加热作用的影响。

4.3.2.3 降水的主观预报

降水的预报是气象要素预报的主要项目，本节所介绍的降水预报主要是指大范围系统性的降水预报。主要介绍降水预报的一般思路及稳定性降水的一般预报方法。

降水预报的一般思路：通过统计分析，找出数值降水预报的系统误差，进行降水预报的订正，同时考虑以下因素进行降水订正预报：

(1)初步了解本地区上游已发生的降水实况，分析其成因，找出影响降水的主要天气系统。

(2)了解雨区和主要天气系统的历史演变，根据数值模式的形势预报，对可能影响本地区的天气系统作出预报。

(3)根据本地区的温、压、湿条件，指标站的预报指标及雨量图外推，初步作出降水预报。

(4)综合以上分析及预报经验等，最后确定本地区降水发生时间和降水量。

稳定性降水的预报：稳定性降水一般指连续性降水和毛毛雨等，多发生在稳定的大气中，从层状云降落下来。这种降水多和一定的天气形势相联系，预报这种降水首先应该分析能否出现有利于降水的天气系统，然后结合天气实况的演变及单站历史资料的统计等综合判断有无降水。

(1)分析天气系统

在我国，产生稳定性降水的天气系统主要有锋面、锋面气旋、高空切变线、低涡及高空槽等。

1)锋面。锋面是我国降水的主要天气系统，一年四季都可出现。锋面降水与锋上的水汽条件及上升运动有关。因此，预报锋面降水，首先必须分析锋上暖气团的水汽条件，这就要分析暖气团的来源及输送条件，暖湿空气能否得到源源不断地供应，这与降水的发生、发展和降水持续时间的长短有关。如果水汽充沛，且能源源不断向降水区输送，则降水量就大，持续时间也长；反之，降水量小，持续时间短。

此外，还应分析锋上上升运动条件，锋面所引起的上升运动与锋面坡度及移动速度有关。锋面坡度大，移动快，易造成降水，但范围小，时间短。移速特别快的锋面，不一定有降水，甚至可使锋前已有的降水消失；反之，如果锋面坡度大但移动慢，则可带来连续性降水，降水范围大，持续时间也长。总之，预报锋面降水，必须根据具体情况进行分析。

2)锋面气旋。锋面气旋多活动在我国的江淮流域及北方地区，是这些地区的重要降水系统之一。要预报锋面气旋降水，除了要考虑锋面气旋中的冷锋天气和暖锋天气外，还要考虑气旋的强弱，气旋强度愈大，则辐合上升运动愈强，降水强度也大，一般在气旋的东部及东南部降水比较大。

3)高空切变线和低涡。高空切变线和低涡是我国夏半年降水的主要天气系统。切变线降水区与切变线位置相对应，也呈带状分布，其降水的强弱，一方面与切变线两侧的冷暖空气平流强弱变化有关，当暖平流强时，水汽供应充分；冷暖平流都强时，则辐合上升运动就大，降水强度也增大；另一方面与两侧风的辐合强弱有关。当切变线上风的辐合加强时，降水强度也增大。低涡降水多发生在低涡的前部及东南部。

4)高空槽降水。高空槽降水一般出现在高空槽的前部，其降水的强弱、降水性质及降水范围与高空槽的结构及强弱有关。当温度槽落后于高度槽，槽随高度向后倾斜，即所谓后倾槽，这种槽降水范围宽广，多连续性降水，最大降水出现在850 hPa槽线附近。夏季当大气层结不稳定时，可出现阵性降水。当温度槽在高度槽前，槽随高度前倾，即所谓前倾槽，降水多发生在低层槽线附近或前方，降水范围窄，多属不稳定性降水。

另外，槽的强弱不同，降水也不同。槽愈厚(各层有槽)、愈深，愈有利于上升运动，降水也愈强；槽占据的范围愈宽广，降水区也较宽广。

(2)分析天气实况

天气实况的演变，是降水预报的有力依据。对天气图上已出现的可能影响本地区的降水区，应着重加以分析。首先要弄清降水区的范围、强度、移动及过去的演变；其次应分析降水产生、移动和变化的原因，找出影响降水的天气系统；最后根据天气系统发展的预报，判断降水区未来的变化及其可能对本地区的影响。单站降水的预报，还必须考虑本站云系的演变以及温、压、湿等气象要素的变化。

(3)气象历史资料的应用

气象历史资料是过去天气演变的记载。对历史资料进行分析、整理，找出降水发生、停止及其与其他要素的关系，可作为降水预报的一个重要依据。例如预报指标法，当某一天气系统或天气现象发生、发展或消亡时，可能与本站或邻近测站的某些要素的变化有关。这些要素的变化可以作为预报这种天气系统或天气现象发生、发展的指标。

参考文献

曹晓岗，夏立. 2007. 基于“配料”的强对流天气预报方法. 2007年气象学年会

曹晓钟，闵晶晶，等. 自适应确定BP算法参数的综合集成方法在分级降水预报中的应用. 应用气象学报，(待发表)

曹晓钟，闵晶晶，王式功，等. 分类与集成方法在降雨预报中的应用. 气象，(待发表)

陈力强，韩秀君，张立祥. 2005. 基于MM5模式的站点降水预报释用方法研究. 气象科技，**31**(5)：268-272

陈永义，俞小鼎，高学浩，等. 2004. 处理非线性分类和回归问题的一种新方法(Ⅰ)——支持向量机方法简介. 应用气象学报，**15**(3)：

陈豫英，刘还珠，陈楠，等. 2008. 基于聚类天气分型的KNN方法在风预报中的应用. 应用气象学报，**19**(5)：564-572

范淦清. 1995. 风预报的数值产品释用研究. 气象，**21**(10)：47-50

冯汉中，陈永义. 2004. 处理非线性分类和回归问题的一种新方法(Ⅱ)——支持向量机方法在天气预报中的应用. 应用气象学报，**15**(3)：

金龙，黄小燕，史旭明. 2008. 线性关系对逐步回归预报方程的影响研究. 气象学报，**66**(4)：547-554

李博，赵思雄，陆汉城，等. 2008. 综合多级相似预报技术在暴雨短期预报中的检验. 应用气象学报，**19**(3)：307-314

刘爱鸣，潘宁，邹燕，等. 2003. 福建前汛期区域暴雨客观预报模型研究. 应用气象学报，**14**(4)：419-429

刘还珠，赵声蓉，陆志善，等. 2004. 国家气象中心气象要素的客观预报——MOS系统. 应用气象学报，**15**(2)：181-191
陆如华，何于班. 1994. 卡尔曼滤波方法在天气预报中的应用. 气象，**20**(9)：41-46
毛卫星，许晨海，何立富，等. 2005. 多时次多尺度波谱相似预报风要素. 气象，**31**(10)：28-31
阮均石，唐东昇. 1985. 天气学基础知识. 北京：气象出版社. 237-247
邵明轩，刘凤辉，程维中，魏建明等. 2003. 用非线性多因子动态组合方法作降水概率预报. 气象科技，**31**(4)：206-210
邵明轩，刘还珠，窦以文. 2006. 用非参数估计技术预报风的研究. 应用气象学报，**17**(增刊)：125-129
王惠文，吴载斌，孟洁，等. 2006. 偏最小二乘回归的线性与非线性方法. 北京：国防工业出版社
王在文，刘还珠. 2007. 2007年夏季奥运场馆释用预报检验. S1，2007年气象学年会
岳彩军，寿亦萱，寿绍文. 2007. 湿 *Q* 矢量释用技术及其在定量降水预报中的应用研究. 应用气象学报，**18**(5)：666-675
曾晓青，邵明轩，刘还珠，等. 2008. 基于交叉验证技术的KNN方法在降水预报中的试验. 应用气象学报，**19**(4)：471-478
赵培娟，吴蓁，郑世林，等. 2007. 河南省强对流天气诊断分析预报系统. 2007年气象学年会
赵声蓉，裴海英. 2007. 客观定量预报中降水的预处理问题. 应用气象学报，**18**(1)：21-28
Cover T M，Hart P E. 1967. Nearest neighbor pattern classification. *IEEE Trans on Inf Theory*，**IT-13**：21-27
Klein W H，Lewis F. 1970. Computer forecasts of maximum and minimum temperatures. *J Appl Meteor*，**9**：350-359
Lippman R P. 1987. An introduction to computing with neural nets. *IEEE ASSP Magazine*，**4**：4-22

第 5 章
台风监测和预报

我国是世界上少数几个受台风影响最严重的国家之一，平均每年约有 7 个台风（包括热带风暴、强热带风暴、台风、强台风和超强台风，下同）在我国登陆，沿海各省（区、市）自南向北从海南、广西、广东、台湾、福建、浙江、上海、江苏、山东、河北、天津一直到辽宁均可能受到台风活动的影响。在夏秋季节，台风是我国东南沿海最重要的灾害性天气系统，它主要通过三种方式酿成灾害，一是强风，二是暴雨，三是风暴潮。而在台风登陆过程中，往往是三种方式同时影响沿海地区，并且由于台风登陆时多与天文大潮期重合，结果在天文潮高潮、风暴潮和短周期波浪的综合影响下，往往造成沿岸地区严重程度不同的潮灾和浪灾，从而常常给人民生命、国家财产和工农业生产等造成重大损失。而另一方面，台风也是一种潜在的自然资源，据统计 7—8 月浙闽及两广的降水量约有 50%～70%来自台风降雨，台风作为夏秋季节我国沿海省份的主要降水来源，能有效地缓解上述地区的旱情、高温酷暑和电力需求；登陆后减弱的台风大风还是潜在的风电资源；台风导致的海水上翻还会使得营养物质从海洋深层上翻到浅层，从而也有利于沿海渔业产量的增加；此外，台风在调节全球气候和淡化海水方面也具有十分重要的作用。

5.1　台风气候概况

5.1.1　台风源地

西北太平洋和南海台风的源地主要分布在西北太平洋和我国南海广阔的低纬洋面上，但也有一部分台风的源地可以追溯到更远的中太平洋和东太平洋洋面上，如 2006 年第 12 号超强台风伊

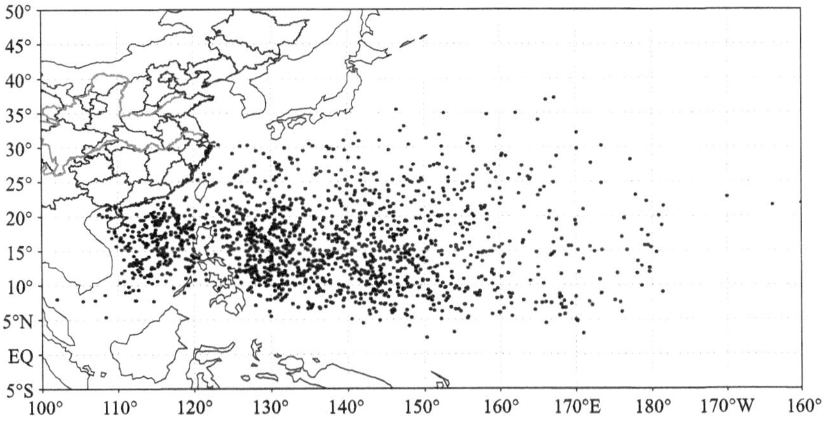

图 5.1　1949—2008 年西北太平洋和南海台风生成源地分布图

欧凯(IOKE)和1967年的超强台风Sarah就分别是源于中太平洋和东太平洋的飓风;此外,还有一部分南海台风,它们的初期扰动竟发源在我国大陆上。图5.1给出了1949—2008年西北太平洋台风的生成源地分布,可以看到台风的生成源地主要分布于5°～30°N的广阔海域,但相对集中在3个海区:南海中北部海面、菲律宾群岛以东海面和关岛附近海面。

5.1.2 台风的年际变化

从1949—2008的统计结果看,西北太平洋和南海共有1642个台风生成,平均每年有27.37个,其中热带风暴、强热带风暴、台风、强台风和超强台风分别占生成总数的14.54%,23.56%,22.91%,17.43%和21.56%,台风以上强度的生成数占生成总数的61.90%(图5.2)。

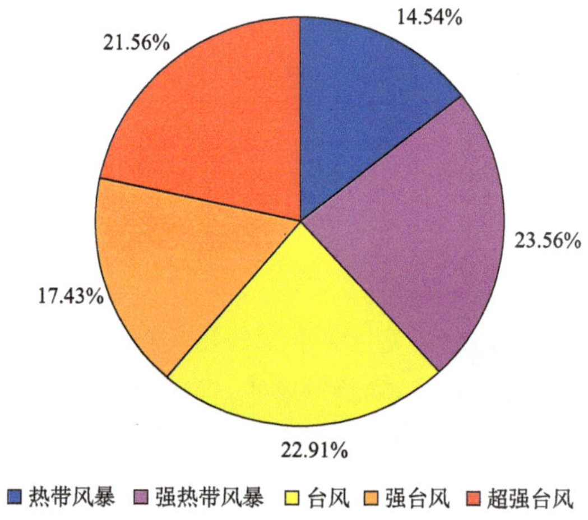

图5.2 1949—2008年西北太平洋和南海台风生成频数构成图

从台风发生频次的年际变化看,西北太平洋和南海台风的发生频数存在着非常明显的年际变化(图5.3),多台风年和少台风年之间差别很大,1967年最多,有40个台风生成,1998年最少,仅有14个。台风发生频数的年际振动非常明显,一般存在2～6年的振动周期。台风发生频数高于多年平均值(27.37个)的年份有27年,20世纪60年代偏多明显,有8年较多年平均值偏多;低于多年平均值的年份有33年,20世纪50和80年代及21世纪前9年偏少明显,分别有6,6和8年低于多年平均值。

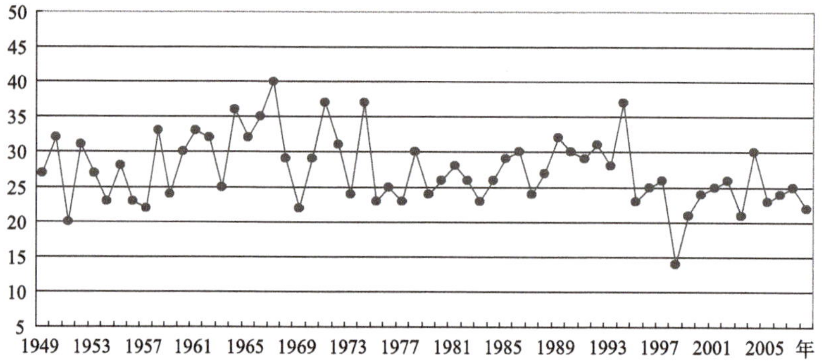

图5.3 1949—2008年西北太平洋和南海台风生成频数变化曲线

5.1.3 台风的季节变化

从台风生成的月份看,西北太平洋和南海各月均有台风生成(图5.4),但生成期相对集中在夏秋之际的7—10月份,这一期间平均每年有18.9个台风生成,占生成总数的69.05%;具体而言7—10月平均每

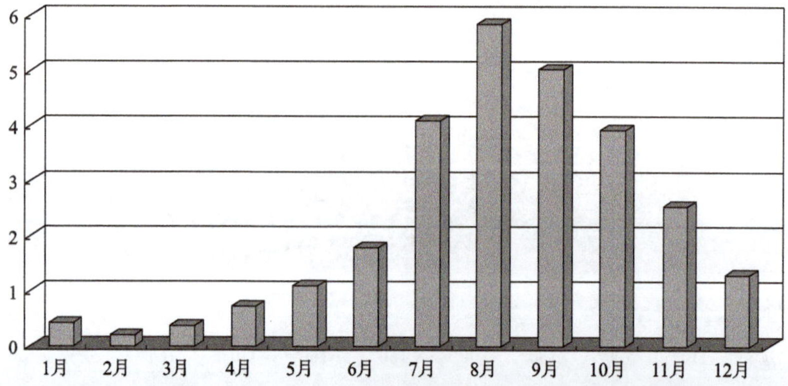

图5.4 1949—2008年西北太平洋和南海台风生成频数月际变化

月各有 4.1,5.85,5.03 和 3.92 个台风生成，分别占生成总数的 14.98%,21.37%,18.38%和 14.32%。

从各月生成台风的强度来看(图 5.5)，虽然各月均有不同强度的台风生成，但台风以上强度(底层中心附近最大风速≥32.7 m/s,下同)的风暴主要集中于 7—11 月生成，平均每年有 13.6 个台风以上强度风暴生成，占全年台风以上强度风暴生成总数的 71.96%；每年的超强台风也都基本集中在这一时段生成，平均每年有 5 个超强台风生成，占全年超强台风生成总数的 84.75%，尤其是进入秋季的 9—10 月份，平均每年有 2.4 个超强台风生成。

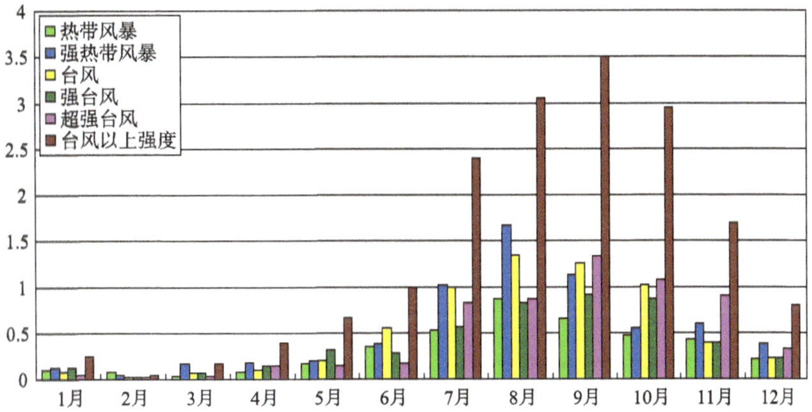

图 5.5 1949—2008 年西北太平洋和南海台风生成个数(按强度分类)的月际变化

5.1.4 登陆台风的年际变化

从 1949—2008 年的统计结果看，共有 410 个台风在我国沿海地区登陆，平均每年有 6.83 个，其中登陆时为热带风暴、强热带风暴、台风、强台风和超强台风的登陆数分别占登陆总数的 19.19%，37.23%，30.02%，10.82%和 2.74%，台风以上强度的登陆数占登陆总数的 43.58%(图 5.6)。

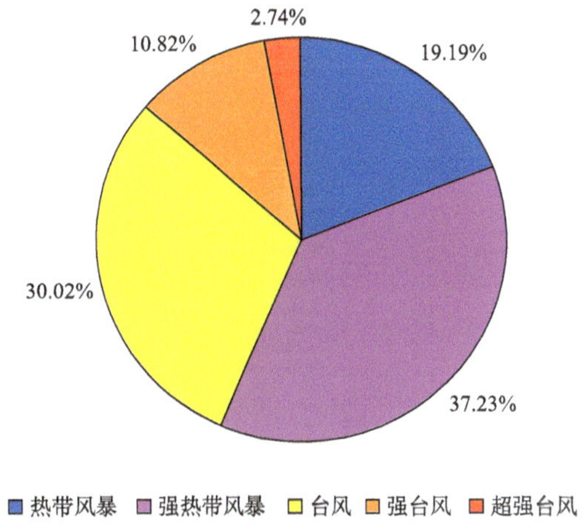

图 5.6 1949—2008 年台风多年年均登陆频数构成图

从登陆我国台风频数的年际变化看，登陆频数也存在着非常明显的年际变化(图 5.7)，多台风年和少台风年之间差别很大，1971 年最多，有 12 个台风登陆，1950 和 1951 年最少，各仅有 3 个。登陆台风频数的年际振动明显，一般存在 2～8 年左右的振动周期。登陆台风频数高于多年平均值的年份有 31 年，20 世纪 60 和 90 年代偏多明显，分别有 8 和 6 年较多年平均值偏多；低于多年平均值的年份有 29 年，20 世纪 50 和 70 年代偏少明显，分别有 6 和 8 年低于多年平均值。

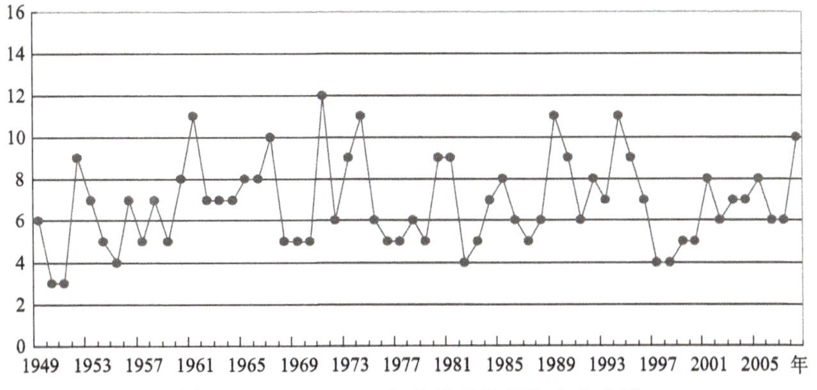

图 5.7 1949—2008 年台风登陆频数变化曲线

5.1.5 登陆台风的月际变化

从台风登陆的月份看，除1—3月没有台风登陆我国外，其余月份均有台风登陆(图5.8)，但台风登陆主要集中在盛夏初秋的7—9月，这期间平均每年有5.35个台风登陆，占全年台风登陆总数的78.33%；具体而言，7—9月平均每月各有1.8，1.8和1.75个台风登陆我国，分别占登陆总数的26.35%，26.35%和25.63%。

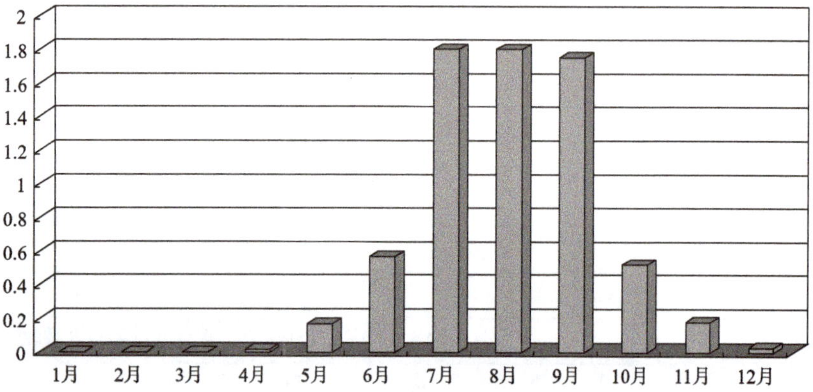

图5.8 1949—2008年登陆台风频数的月际变化

从各月登陆台风的强度来看(图5.9)，各月台风登陆时强度差异很大，4月登陆时强度仅有强热带风暴一个级别；12月有热带风暴和强热带风暴两个级别；5，6，7，10和11月有热带风暴、强热带风暴、台风和强台风四个级别；8和9月则包括所有级别，也可以说风暴登陆时强度达到超强台风的仅有8和9月2个月。此外，登陆时强度达到台风以上强度的风暴主要集中于7，8，9月3个月，共有2.41个风暴登陆时强度达到台风以上强度，占全年风暴登陆时强度达到台风以上强度总数的79.80%。

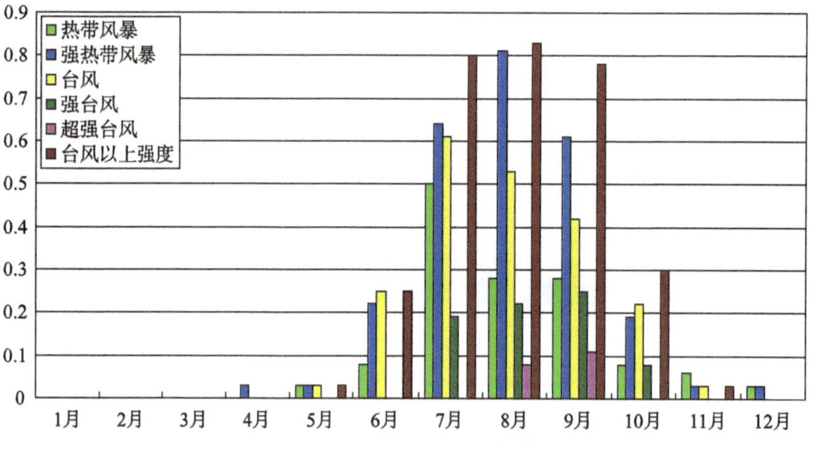

图5.9 1949—2008年登陆台风频数的月际变化(按登陆时强度统计)

5.1.6 登陆台风在各省份的分布

表5.1给出了1949—2008年登陆台风在各省份的分布情况，可以看出，除河北省以外，自南向北我国沿海地区都有台风登陆，但登陆频次(包括多次登陆且登陆时强度达到热带风暴以上强度)最高的省份为广东省，平均每年有2.66次台风登陆；其他较高的省份有台湾、海南、福建和浙江等4省，平均每年分别有1.87，1.38，1.34和0.61次台风登陆，每年台风在上述5省的登陆频次占台风登陆总频次的89.62%。

表 5.1　1949～2008 年登陆台风在各省(区、市、特区)的分布情况

	海南	广东	香港	澳门	广西	台湾	福建	浙江	上海	江苏	山东	辽宁	天津	合计
平均登陆频次*	1.35	2.38	0.13	0.03	0.02	1.83	0.40	0.49	0.03	0.05	0.10	0.02	0.00	6.83
平均登陆频次**	2.20	3.14	0.18	0.03	0.03	2.08	0.52	0.52	0.03	0.08	0.15	0.07	0.00	9.03
平均登陆频次***	1.38	2.66	0.17	0.03	0.35	1.87	1.34	0.61	0.06	0.05	0.17	0.10	0.00	8.77
平均登陆频次****	2.32	3.71	0.22	0.03	0.55	2.12	1.61	0.67	0.07	0.10	0.27	0.22	0.02	11.88

注：* 为仅含首次登陆且登陆时强度为热带风暴以上强度的登陆频次；
** 为仅含首次登陆且登陆时强度包含热带风暴以下强度的登陆频次；
*** 为含多次登陆且登陆时强度为热带风暴以上强度的登陆频次；
**** 为含多次登陆且登陆时强度包含热带风暴以下强度的登陆频次。

5.1.7　影响我国台风的主要路径通道

影响我国的台风路径主要有 4 种类型(图 5.10)：

(1)登陆类，即登陆我国沿海各省的台风。

(2)西行类，即台风西行进入我国南海，影响南部各省。

(3)近海转向类，即在我国东部近海北上或转向东北方向移动，此类路径的台风常给东南沿海带来严重影响，有时甚至影响到东北地区。

(4)其他类，除上述路径的其他路径。

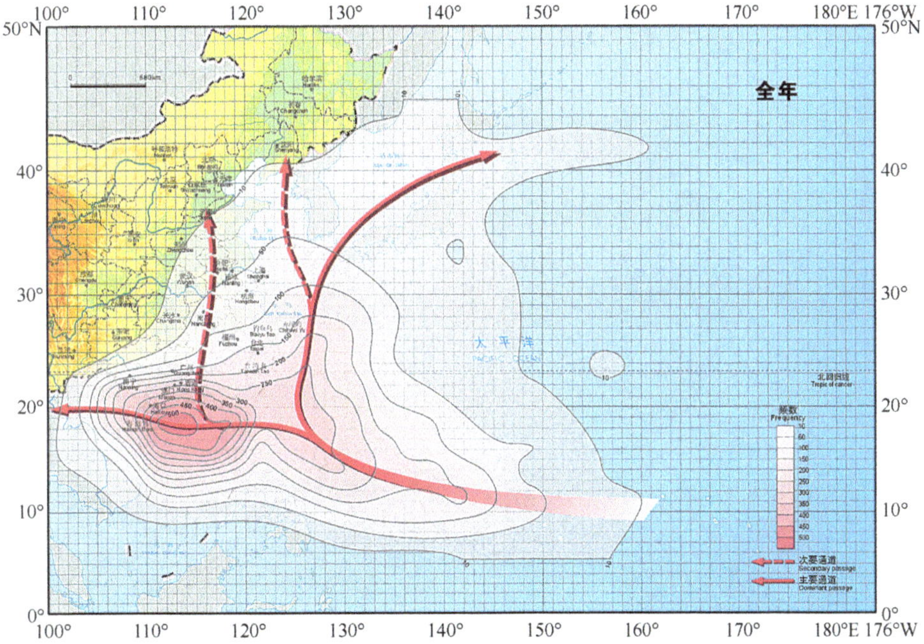

图 5.10　影响我国台风的主要路径(1951—2000 年，上海台风研究所 2006)

从各月影响我国台风的路径看，1—4 月主要路径是：一条经菲律宾移入南海后，或北上登陆广东，或穿过巴士海峡移入台湾以东；另一条则是西行至 125°E 附近海面转向东北(图 5.11(a))。5—6 月的主要路径是：在 10°N 附近西行后，西北行至菲律宾吕宋岛东北部海面产生分支：一支经巴士海峡西行进入南海，或北上登陆广东，或继续西行登陆海南后再登陆越南；另一支则北上或转向东北，影响日本或朝鲜半岛南部(图 5.11(b))。7 月份的主要路径是：一条经菲律宾吕宋岛移入南海后，西行登陆海南后再登陆越南，或西北行登陆广东，或沿台湾海峡北上，影响华东沿海地区；另一条则是西行至 125°E 附近海面北上影响日本或朝鲜半岛南部(图 5.11(c))。8 月份的主要路径是：一条经巴士海峡移入南海后，西行登陆海南，再登陆越南；一条西行至菲律宾吕宋岛东部海面后，西北行登陆我国台湾再登陆福建，或转偏北行在我国台湾以东洋面北上，影响我国北部海区或北方地区，或转偏北行后在东海北部转向东北方向移动，经朝鲜海峡入日本海，影响朝鲜半

岛或日本；另一条则西北行至130°E附近海面转向东北方向移动，影响日本(图5.11(d))。9月份的主要路径是：一条经巴士海峡移入南海后，西行登陆海南，再登陆越南；一条西行至菲律宾吕宋岛东部海面后，西北行登陆我国台湾后，登陆或影响华东地区；另一条则西行至128°E附近海面转向东北方向移动，影响日本(图5.11(e))。10—12月份的主要路径是：一条经菲律宾群岛移入南海后，西行登陆海南再登陆越南，或西行登陆越南；另一条则西行入南海后，在南海东部转向东北方向，经巴士海峡，移至日本以南洋面(图5.11(f))。

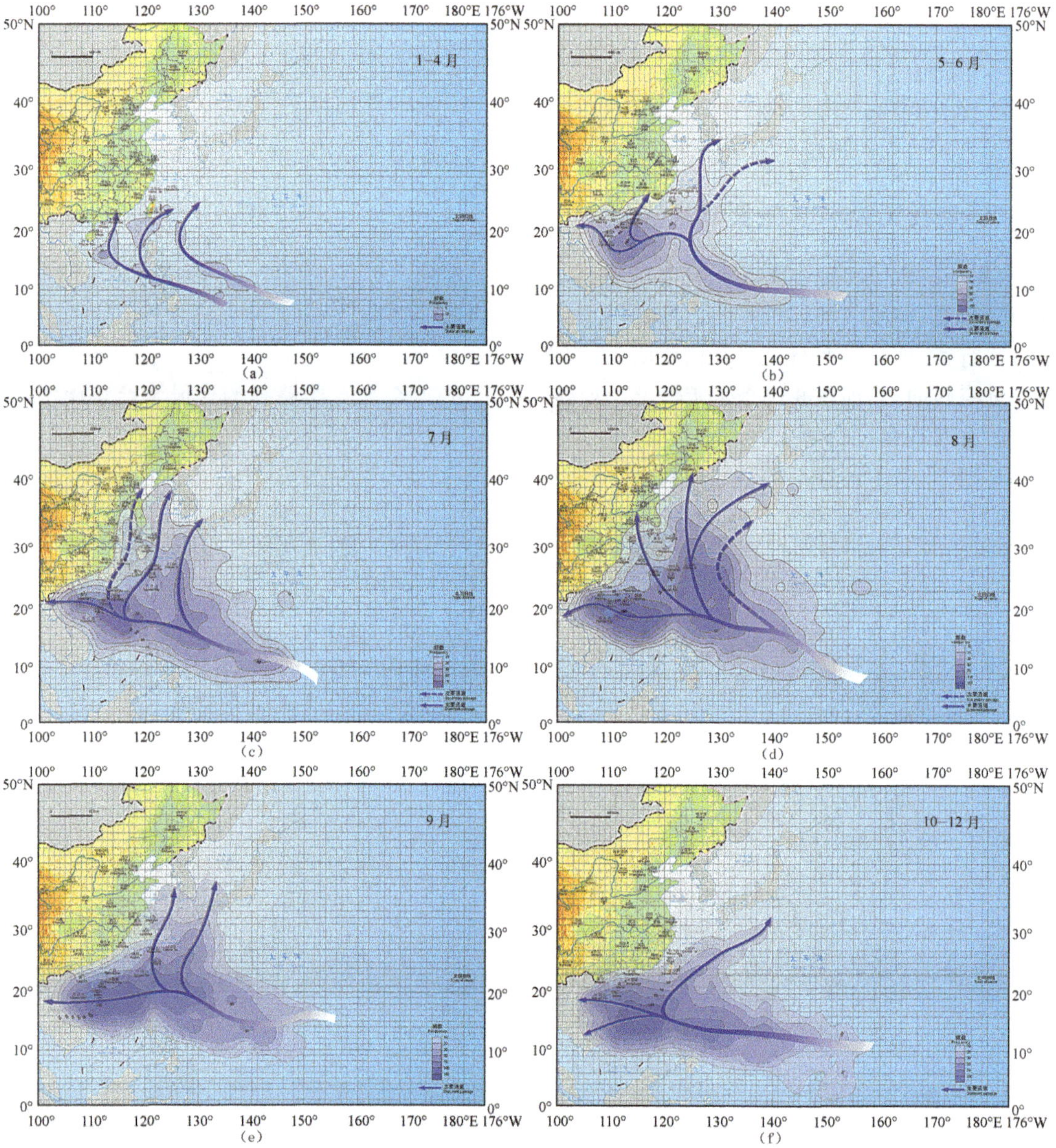

图5.11 各月影响我国台风的主要路径(1951—2000年，上海台风研究所2006)

5.2 台风中心位置和强度的确定

确定台风中心位置和强度是制作台风预报和发布台风预警的第一步，因为台风预报的质量依赖于台风初始定位和定强的精度，这种精度不仅会影响台风路径和强度预报的质量，同时也会影响到台风所带来的狂风、暴雨和风暴潮预报的质量。尤其是当台风即将登陆时，高精度的台风定位和定强对短期预报至关重要，而较大的定位和定强误差则往往会导致台风业务预报出现重大失误，如当台风初始定位误差为25 km时，48小时路径预报的误差甚至可达300 km以上(裘国庆等1995)。

在台风监测和预警实际业务中，确定台风中心位置和强度的主要依据是气象卫星、地面基准雷达和地面气象观测，少数国家则应用飞机探测作为一种重要的辅助监测手段，如美国国家飓风中心(NHC/NOAA)针对北大西洋和东太平洋飓风的飞机探测作业，而美国关岛联合台风警报中心(JTWC)也曾针对西北太平洋和南海台风开展飞机探测作业，但遗憾的是该项作业已于 1987 年 8 月停止运行。由于海洋观测资料稀缺，而地面雷达探测距离有限(最远为 460 km)，因此自 20 世纪 60 年代气象卫星投入业务运行以来，气象卫星探测就成为对台风监测最主要的手段，尤其对远海台风的监测。而当台风接近陆地时，由于雷达在观测时间及空间解析度上的优势，雷达则成为精确掌握近海台风动向的最佳探测工具；而一旦台风登陆后，地面实时观测资料将成为确定台风中心位置和强度的主要依据之一。

目前我国已初步建成了以气象卫星、多普勒天气雷达、地面自动气象观测站为基础的对台风进行全方位实时监测的立体综合探测体系，借助于气象卫星、多普勒天气雷达和地面自动气象站对台风的全方位精确监测，我国在台风的监测能力方面取得了长足的进步。目前我国的台风平均定位误差约为 25 km，强度(近中心最大平均风速)误差在 5 m/s 以内，并且能给出大风和雨强的合理分布，基本达到当前世界先进水平。

5.2.1　卫星云图上台风中心位置的确定

气象卫星探测图像是确定台风中心位置最常用的资料。气象卫星上有 3 种基本的传感器，两种为被动式，一种为主动式。第一种传感器是卫星上的电视系统，能够给大气“照相”，早期的卫星只提供这种照片。第二种传感器是高级辐射仪，它能够收集来自大气和地面的上行辐射，并可调整合适的波段观测不同的大气特征。对确定台风中心位置特别有用的是可见光、近红外和微波传感器，此外还有水汽通道传感器。可见光传感器只能在白天使用，它能够直接反映出云层的外观和台风的环流结构；红外传感器可在白天或夜间使用，它能够探测由云顶所释放出的红外射线，由于红外线是由物体热能转化而成的射线，因此它能提供云顶温度的分布，并区分不同层次的云；水汽通道传感器能够提供整层大气水汽含量的图像，对弱的和正在发展的台风，使用这种图像可以对可见光和红外资料定位提供有益的补充。目前在台风监测业务中使用的上述 3 种卫星图像可由我国的风云 2 号系列卫星(FY-2C、FY-2D 静止气象卫星)和风云 1 号系列卫星(FY-1D 极轨气象卫星)以及日本的 MASAT 静止气象卫星等获得。微波辐射易穿透云层且很少衰减，因此可用于对台风暖心结构等的分析，目前在业务中使用的微波图像可由美国的 TRMM(Tropical Rainfall Measuring Mission)、SSM/I(Special Sensor Microwave/Imager)以及 AMSU-A/B(The Advanced Microwave Sounding Unit-A/B)等极轨卫星所获得。第三种传感器是主动传感性的，它发射能量脉冲，并且测量后向散射部分，包括微波雷达和激光雷达，微波雷达能够观测云中的液态水。如美国 NASA 的 QuikSCAT 卫星所观测的海面风场资料，它通过卫星上的雷达发出回波扫描地球海面上波浪的大小来估算海面风场的分布，这对于掌握较弱台风的中心位置和强度有很大帮助。

最常见的卫星定位方法是使用 Dvorak 方法(Dvorak 1972，1973，1975，1982，1984，1995)，并结合透明螺旋线板和主观解释(McBride 等 1987)，该方法是通过确定适当的云系中心的位置来定位的。由于微波图像以及一些主动传感性的卫星图像是由极轨卫星所获取的，这些资料的时间分辨率都较低，一般每天只有两次，因此在台风监测日常业务中，一般都使用红外和可见光图像来确定台风中心的位置。具体一般分为 4 个步骤：

◇ 第 1 步：根据云型特征确定台风中心

在卫星图像上，台风表现为有组织的涡旋状云系，是一种比较容易识别的天气系统。台风云系通常由眼区、近中心浓密云区和螺旋云带 3 部分组成。

台风眼区指成熟台风中心附近的无云或少云区，在卫星云图上表现为一个小黑点。眼的形状一般可分为不规则的大眼、大而圆的眼和小而圆的眼等 3 种(图 5.12)。正在发展的或较弱的台风常没有眼，这时台风中心通常位于浓密云区的外部或边缘(如图 5.13(a)和图 5.13(b))。

中心浓密云区是指台风眼区或云带曲率中心四周的一整片浓密的对流云区。但只有当台风中心位于该片浓密云区里面时，才可称为中心浓密云区(又称密蔽云区)。如果台风中心位于浓密云区外部靠近它的边缘附近，则不能称其为中心浓密云区。当台风发展到成熟阶段且强度较强时，由于垂直环流的加强和大量卷云的生成和流出，中心浓密云区变为一片光滑的卷云区(或者是有纹理的卷云区)，这时又称之为卷云罩。

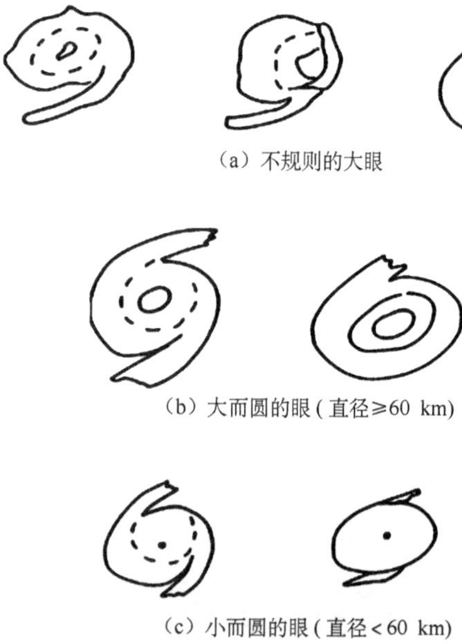

图 5.12 台风眼的种类

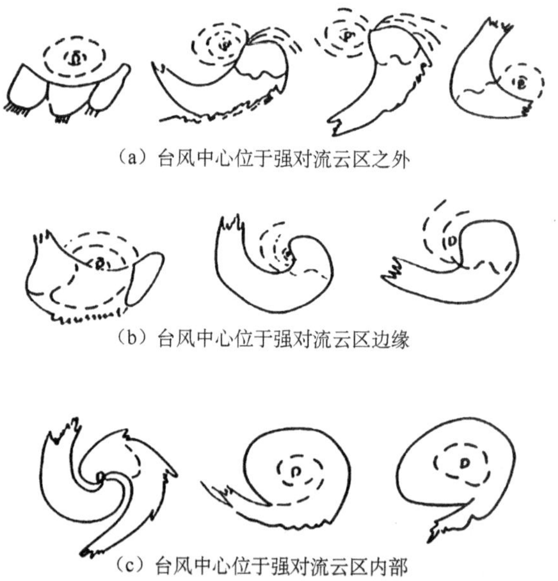

图 5.13 发展中台风或弱台风中心位置

螺旋云带是指台风云系中表现为弯曲的螺旋状的云带，一般出现在台风发展初期。在成熟的强台风中，围绕中心浓密云区旋转的螺旋云带呈准圆形，云带宽度多在 50 km 以上。图 5.14 给出了各种不同云型的螺旋云带。

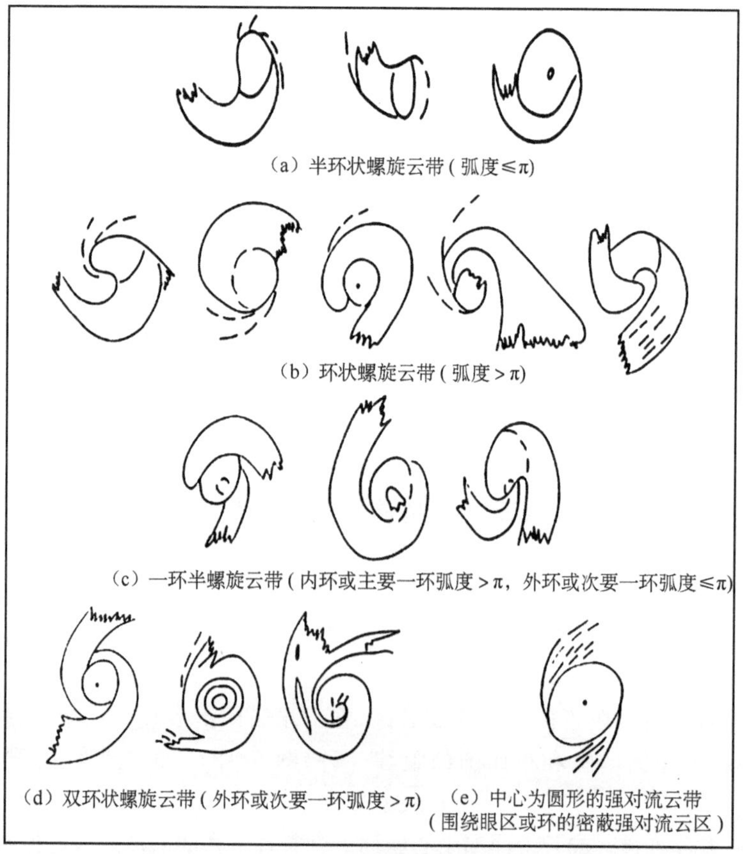

图 5.14 各种螺旋云带

当台风有眼时，可以根据眼的特征确定台风中心位置。小而圆的眼即台风中心(图 5.15(a))；大而圆的眼，台风中心定在眼区的几何中心(图 5.15(b))；不规则的大眼，需仔细分析红外云图上的眼区，台风中心定在最黑区的几何中心(图 5.15(c))。

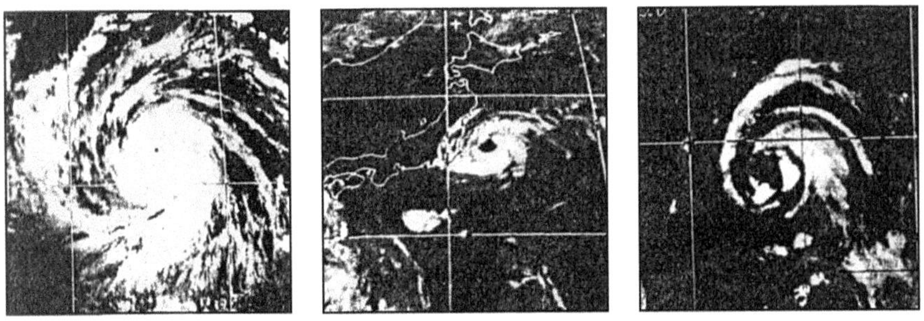

(a) 小而圆的眼　(b) 大而圆的眼　(c) 不规则的大眼

图 5.15　具有不同特征台风眼的卫星云图

当台风无眼，但有密闭云区时。①出现对称的近于圆形的密蔽云区时，台风中心一般位于其几何中心(图 5.16(a))。②密蔽云区中出现弧状云隙或裂缝时，台风中心位于云缝内密蔽云区的中央部位(图 5.16(b))。③当密蔽云区减弱，有舌状干空气侵入时，台风中心位于干舌的顶端(图 5.16(c))。④具有不对称的密蔽云区时，台风中心偏于云区边界整齐光滑的一侧。如图 5.16(d)中，台风密蔽云区不对称，东侧边界整齐，尤其是东北侧最光滑，台风中心位于靠近最光滑边界一侧。

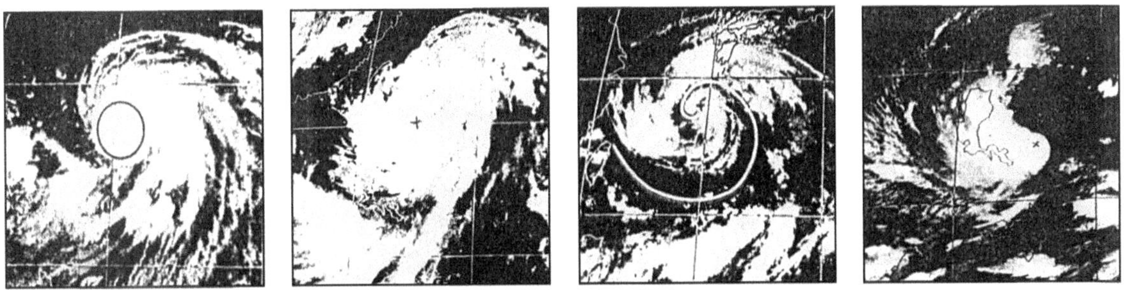

(a) 对称的近似圆形的密蔽云区　(b) 密蔽云区中出现弧状云隙或裂缝　(c) 密蔽云区中有干舌侵入　(d) 不对称的密蔽云区

图 5.16　无眼，台风中心位于密蔽云区内部时的卫星云图典型示意图

当台风无眼，且台风中心在云区外部时。①用可见光云图上出现在浓密云区外部的半环状和螺旋状积云线的曲率中心来确定。如图 5.17(a)，台风中心是由可见光云图上位于浓密云区东北侧的半环状积云线的曲率中心来确定的。②用红外云图上浓密云区外部或边缘附近出现的圆形无云区确定。在红外云图(图 5.17(b))上看不到积云线，但仔细分析浓密云区附近少云区的色调，发现其东北边缘有一个圆形无云区，色调比四周要黑，即为台风中心。③根据螺旋云带的曲率中心确定。当有两条或两条以上的云带时，台风中心通常位于这些云带中间的晴空区，如图 5.17(c)，台风中心位于两条正在旋转云带的共同曲率中心。

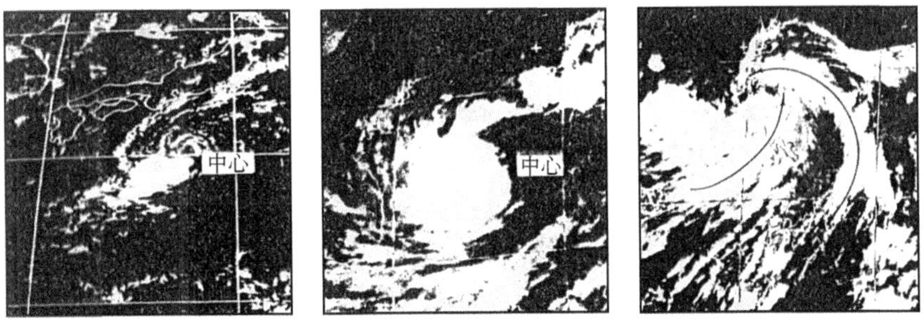

(a) 定在半环状和螺旋状积云线的曲率中心　(b) 定在圆形无云区　(c) 定在螺旋云带的曲率中心

图 5.17　无眼，台风中心位于密蔽云区外部时的卫星云图典型示意图

◇ 第 2 步:网格误差校正

位于卫星正下方的一点,称为"星下点"。由于卫星本身倾斜并不停地摇摆和旋转,使"星下点"的位置也有变化。因此以"星下点"为基点所确定的网格也相应发生偏差,所以在确定台风中心位置后,需要进行网格误差校正。目前所接收的云图,网格一般有 0.1～0.2 个经纬距的误差,少数图片的误差可达 1 个经纬度。在实际操作中,一般是根据云图上的海岸线、湖泊、河流及岛屿等地标特征校正网格。

◇ 第 3 步:斜视误差校正

由于西北太平洋和南海地区的大多数台风离星下点较远,必须进行斜视误差校正,通常向东南方校正 0.1 个经纬度。

◇ 第 4 步:合理性检验

经过上述两步校正,再根据台风的前期位置和强度变化以及路径与台风位置的相关性来检验所确定的位置是否合理,最后定出台风中心位置。

5.2.2 雷达图像上台风中心位置的确定

当台风移近雷达时,通常首先出现的是较大的降雨带,称为先行雨带,它以几乎相同的速度和方向在台风之前随之一起向前移动,此阶段难以获得精确的定位。一旦观测到一定长度的螺旋云带,用 10°～20°等角对数螺线拟合,就可以初步确定台风中心的位置(Senn 等 1959)。基本方法是作一组对数螺线,然后选取与观测到的螺旋云带最合适的一个,其螺旋中心就是台风中心的位置。

在大多数情况下,一个发展完整的台风都可以在雷达回波图像上看到明显的眼壁回波。虽然有时候眼壁回波可能不全或结构有些零乱,但只要观测到这种眼壁回波,一般都可以比较准确地以台风眼的几何中心来确定台风的中心位置。在台风实时业务中,根据台风眼的雷达回波结构特征,可以将其分为同心双套圆眼、圆形眼、椭圆形眼、半圆环眼、不规则眼、破碎眼和无眼等 7 类台风(图 5.18)。一般而言,强度强的台风多数出现同心双套圆眼和圆形眼,中等强度的台风则呈现椭圆形眼和半圆环眼,弱台风则多数出现不规则眼、破碎眼或无眼。对于存在同心双套圆眼、圆形眼、椭圆形眼和半圆环眼的台风,我们可以将上述眼回波的几何中心确定为台风中心。而对于存在不规则眼、破碎眼和无眼台风,用雷达回波来确定台风中心存在着非常大的困难,这时可以借助多普勒雷达径向速度场或其他观测手段来确定台风中心。

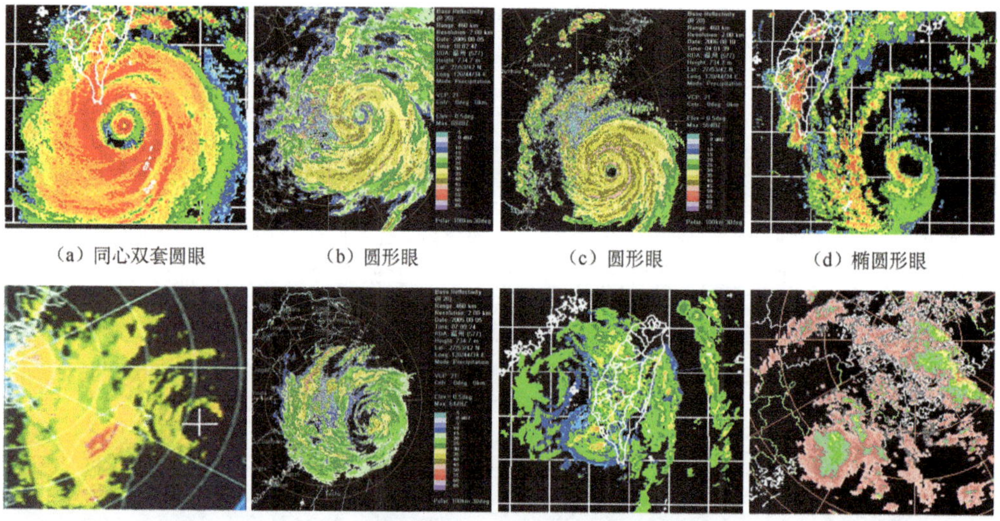

(a) 同心双套圆眼　(b) 圆形眼　(c) 圆形眼　(d) 椭圆形眼

(e) 半圆环眼　(f) 不规则眼　(g) 破碎眼　(h) 无眼

图 5.18　台风眼的雷达回波结构

5.2.3 地面观测对台风中心位置确定的作用

结合使用地面观测与其他观测,可为台风定位提供有价值的资料分析。如当卫星资料显示有一个结构松散的正在发展的台风云系时,对台风环流整体的地面观测,特别是观测赤道西风,有助于解释卫星观测。可使用两种主要的分析方法(Australia Bureau of Meteorology 1978),第一种方法是:垂直于实测风画直线,并根据摩擦效应适当地调整直线的方向,这些交叉射线包围的区域就是台风中心的大概位置;第二种方法是:将一个预估气压场或风廓线与观测环境风场拟合(Holland 1980),然后根据地面观测资料手工画出向内的同心圆而完成定位。当有独立的办法确定台风强度时,这些方法能够帮助确定台风中心的近似位置,但实际上很少使用(Holland 1981)。

调查表明,预报员认为地面观测十分重要,绝大多数气象台站把地面观测资料作为最重要、最有用的工具(McBride 等 1981)。但是用所有可能得到的地面观测资料对澳大利亚早期台风重新进行仔细的定位分析,结果表明仍然存在着定位误差,这说明澳大利亚的气旋定位质量和较大的定位分析误差与使用地面观测有关,即使这种地面观测有较好的质量和密度。尽管按平常标准来看,资料相当好,但是大量有经验预报员单独用地面资料估计台风中心位置和强度,其定位误差一般都超过 100 km,而强度估计则几乎无用(Holland 1981)。因此,在确定台风中心位置的业务实践中,必须审慎地使用地面观测资料。

应该指出的是,"真正"的台风中心位置并不存在,台风中心位置既取决于所选择的中心位置的定义,也与所使用的观测设备有关。如卫星和雷达确定的围绕眼区的云墙或雨带圆形区域的几何中心。除非可分辨出地面的台风环流中心,一般卫星云图显示的是中层环流的位置,对一个结构松散或有风切变的台风来说,中层环流中心与地面环流中心差异相当大。类似地,在台风距离雷达站较远时,雷达只能通过探测高空雨的特征确定台风中心位置,随着台风的靠近,才逐渐观测到较低层次的环流。另外,地面气压场中低压中心和风场中气旋中心很少同雷达或卫星显示的几何中心一致,地面低压中心和风场涡旋中心彼此也很少一致。因此,在实际业务中,有时需要从多种观测资料中推断出台风的中心位置。分析得不准确、不同的观测资料得出不同的位置以及中心位置的高频振荡使得可能的台风中心位置十分分散,必须从这些位置中推断出最终位置。国内外大多数气旋警报中心根据定位的可靠性权重,通过某种形式的曲线拟合或平滑来确定最终位置,而地面分析则用于检查总误差和对最终估计的位置进行调整(McBride 等 1987)。

值得注意的另一个问题是弱台风的定位问题,这时由于弱台风可能具有强的切变或包含多个中心,选择哪个中心作为台风的实际中心是一个难题。在台风发展过程中,某个中心一度起支配作用,而后又被另一个中心取代。从一些个例中已经发现,台风最佳路径的剧烈变化与多中心的支配作用更替有关,也就是说一些大的、近乎灾难性的预报误差是由于使用卫星资料定位分析时追踪了不正确的特征或局部环流中心所致。

此外,台风路径的小尺度振荡也是一个常见的定位分析难题,当准确地、高频次地加密观测(如地面基准雷达)时,可以分辨出这种振荡,并在最终路径上反映出来。然而,多数情况下,观测资料难以作出如此详细的定位分析,路径在一定程度上被平滑了,也可能被所用的特殊观测所歪曲。业务定位中,由于资料较差或实际的路径摆动或方向长期变化,通常难以指出分析出的位置是否偏向于前期路径的某一侧,因此一旦作出错误的解释,就可能导致严重的预报误差。

5.2.4 台风强度的确定

根据我国台风等级标准(GB/T 19201—2006)的规定,台风强度是指台风近地面或近海面中心附近的最大平均风速或最低海平面气压。用观测风和气压的方式,直接测量台风强度几乎是不可能的。台风眼和最大风速覆盖的区域一般都很小,且未必能直接影响到一个测站,特别是船舶观测,船长总是要努力避开观测台风最强烈部分的机会。虽然从台风环流内任何地方的观测对了解台风强度及其变化都是有帮助的,但这只能揭示台风强度及其变化的部分事实,而毁灭性的风区是非常集中的,尤其是在迅速发展的台风中。

目前世界各国(包括中国、美国和日本等国家)主要是采用美国科学家 Dvorak 研发的 Dvorak 分析技术(Dvorak 1972,1973,1975,1982,1984,1995),根据静止气象卫星在红外和可见光波段观测的台风云型特征及其变化确定台风的强度,该技术于 1987 年由世界气象组织推荐使用,已成为在缺少飞机探测地区监测台风强度的世界标准(裘国庆等 1995),也是强度预报最通用的方法。Dvorak 技术给出了用于表征台风强度的台风现实强度指数(CI),然后由观测统计得到的现实强度指数与台风近中心最大风速的经验关系,得到台风近中心最大风速,最后再由台风中心最低海平面气压与台风近中心最大风速的风压统计关系来确定台风中心最低海平面气压。下面简单介绍一下 Dvorak 技术流程。

在卫星云图上,台风强度是台风云型结构多种特征的综合反映。这些特征包括:台风的环流中心、中心强对流云区的范围及外围螺旋云带等。通过对卫星云图中的这些特征进行分析判断,分别给出各个特征的强度指数,台风现实强度指数就是这些特征的强度指数之和。

(1)环流中心特征指数(T_1)的确定

环流中心特征指数的确定分有眼和无眼两种情况。台风有眼时,根据眼区的形状确定环流中心特征指数;无眼时,根据台风环流中心与浓密云区的相对位置确定环流中心特征指数。

当台风有眼时,若台风眼为不规则的大眼,则 $T_1=2.0$(如图 5.12a);若台风眼为大而圆的眼,眼区直径为 60 km 或以上,则 $T_1=2.5$(如图 5.12b);若台风眼为不清晰的小而圆的眼,眼区直径小于 60 km,则 $T_1=3.0$(如图 5.12c);若台风眼为清晰的小而圆的眼,则 $T_1=4.0$。

当台风无眼时,若环流中心在浓密云区外部,$T_1=0.5$(如图 5.13a);若环流中心在浓密云区边缘,$T_1=1.0$(如图 5.13b);若环流中心在密蔽云区内部,$T_1=1.5$(如图 5.13c)。

(2)中心强对流云区范围大小指数(T_2)的确定

中心强对流云区的大小以中心强对流云区经向与纬向距离的平均值表示,单位为纬距,约 2 个纬距定为 1 个特征数。在麦卡托投影的云图上,1 cm 长度相当于 2 个纬距,为便于使用,常用直尺量出云区的厘米数。确定中心强对流云区的大小,一般用增强显示的红外卫星云图,这样可排除主观因素,效果较好,如图 5.19 所示。

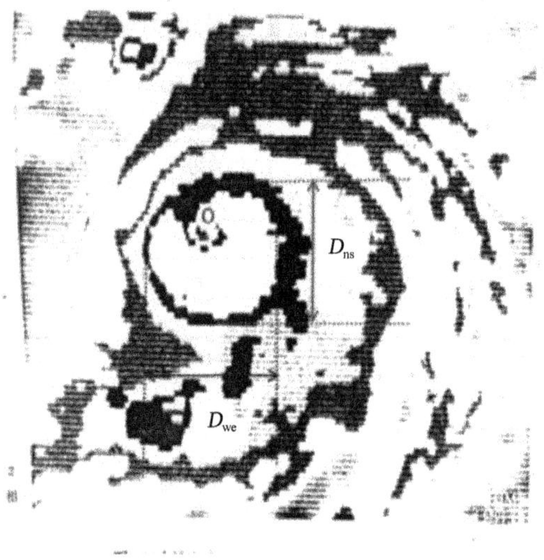

图 5.19 增强显示的红外云图

$T_2=$(中心强对流云区平均东西向经距数 $D_{we}+$ 中心强对流云区平均南北向经距数 D_{ns})/2

(3)云带的带状特征指数(T_3)的确定

云带的带状特征指数的确定分无外围螺旋云带和有外围螺旋云带两种情况。有外围螺旋云带时,则又根据外围螺旋云带和中心强对流云带的特征来确定云带的带状特征指数。

无外围螺旋云带时,$T_3=0$。

有外围螺旋云带时,先分别确定螺旋云带特征指数(T_3')和中心强对流云带特征数(T_3''),云带的带状特征指数为螺旋云带特征指数和中心强对流云带特征数之和,即 $T_3=T_3'+T_3''$。

螺旋云带特征指数根据外围螺旋云带的环数来确定。若外围螺旋云带为半环状时,$T_3'=0.5$(如图 5.14a);若为环状带(一环)时,$T_3'=1.0$(如图 5.14b);若为一环半时,$T_3'=1.5$(如图 5.14c);若为双环时,$T_3'=2.0$(如图 5.14d)。

中心强对流云带特征数根据有无中心强对流云带来确定。若有中心强对流云带,$T_3''=3.0$(如图 5.14e);若无中心强对流云带,$T_3''=0$。

(4)台风现实强度指数(CI)的确定

台风现实强度指数=环流中心特征指数+中心强对流云区范围大小指数+云带的带状特征指数,即 $CI=T_1+T_2+T_3$。

需要指出的是,在上述确定台风强度指数的过程中,并没有考虑台风眼区的温度及中心密蔽云区和螺旋云带的最低云顶温度等与台风强度有关的其他因素,因此在确定台风强度的实际业务过程中,情况要复杂得多。此外,确定的台风强度精度还取决于台风预报员的长期实际业务经验。

(5)台风中心附近的最大风速和海平面气压的确定

在得到台风现实强度指数(CI)后,就可以由观测统计得到的现实强度指数与台风中心附近最大风速的经验关系(表 5.2),得到台风中心附近最大风速,台风中心最低海平面气压则是应用风压关系得到的。风压关系是利用历史观测资料得到的台风中心附近的风速与最低气压之间的一种经过纬度和季节订正的统计关系,该统计关系随地理区域的不同而有所差异。就西北太平洋而言,目前美国联合台风警报中心台风业务中应用的风压关系是 Atkinson 等(1977)根据西北太平洋 1947—1974 年的 76 次西北太平洋台风中心经过海岛和沿岸测站时实测的中心气压和近中心最大风速得到的统计关系,该统计关系至今仍被引用并列入世界气象组织(WMO)和联合国亚太经社会(ESCAP)所属的台风委员会的台风业务手册(WMO 1992,2007)中。该风压关系为台风中心最低海平面气压与近中心 1 分钟平均最大持续风速的关系:

$$V_{max}=6.7(1010-P_c)^{0.644} \tag{5.1}$$

式中 P_c 为台风中心最低海平面气压,单位为 hPa;V_{max} 为 1 分钟平均最大持续风速,单位为海里/时。

表 5.2　台风现时强度指数 CI 与台风中心最大持续风速和海平面气压的对应关系
(台风强度 3790 电码表,中国气象局 2001)

电码	现时强度(CI 指数)	最大持续风速(海里/时)	最大持续风速(m/s)	海平面气压(hPa)
00	衰减			
15	1.5	25	13	1004
20	2.0	30	15	1001
25	2.5	35	18	997
30	3.0	45	23	989
35	3.5	55	28	984
40	4.0	65	33	978
45	4.5	77	39	969
50	5.0	90	46	959
55	5.5	102	52	948
60	6.0	115	59	933
65	6.5	127	65	920
70	7.0	140	72	906
75	7.5	155	79	894
80	8.0	170	87	882
99	向温带气旋转变	不明		
//				

目前,我国台风强度确定业务中的风压关系是用 1975—1985 年美国联合台风警报中心对 283 个西北太平洋和南海台风的飞机观测资料并经季节和纬度订正的统计关系,该统计关系是对 Atkinson 等(1977)风压关系的修订(燕方杰等 1994),其公式如下:

$$V_{max}=6.7(1010-P_c)^{0.653} \quad 0\sim14°\text{N} \tag{5.2}$$

$$V_{max}=6.7(1010-P_c)^{0.645} \quad 15°\sim24°\text{N} \tag{5.3}$$

$$V_{max}=6.7(1010-P_c)^{0.636} \quad \geqslant25°\text{N} \tag{5.4}$$

式中 P_c 为台风中心最低海平面气压,单位为 hPa;V_{max} 为 1 分钟平均最大持续风速,单位为海里/小时。

为了业务值班使用方便,把以上实用公式做成表格(表 5.3)直接查用。值得注意的是该统计关系仍然是 1 分钟最大持续风速的风压关系,与我国台风等级标准(GB/T 19201—2006)对台风强度规定为 2 分钟平均最大持续风速的定义并不一致,因此在台风强度确定的实际业务过程中,还需做一定程度的修订。

表 5.3 台风中心附近最大风速(m/s)与中心最低海平面气压(hPa)对应查算表

0～14°N																	
风速	15	20	25	30	35	40	45	50	55	60	65	70	75	80	85	90	95	100
气压	1000	995	988	981	974	965	957	947	937	927	916	905	893	881	869	856	842	829
15°～24°N																	
风速	15	20	25	30	35	40	45	50	55	60	65	70	75	80	85	90	95	100
气压	1000	994	987	980	972	963	954	944	933	922	911	899	886	873	860	846	831	817
≥25°N																	
风速	15	20	25	30	35	40	45	50	55	60	65	70	75	80	85	90	95	100
气压	999	993	986	979	970	961	951	940	929	917	904	891	877	863	849	833	818	802

5.3 路径预报

随着沿海地区的经济和城市化程度的快速发展，精确的台风路径预报为台风影响下人员疏散和撤离以及财产保护等方面提供科学的防台减灾指导具有非常重要的作用。如果台风路径预报出现较大的偏差，往往可能导致台风暴雨预报、大风预报和风暴潮预报都可能出现大的偏差，甚至使预报完全失败。过去近 20 年(1991—2008 年)来，随着观测技术的提高、观测资料的丰富以及数值预报模式的不断发展，我国台风路径业务预报水平取得了长足进步，预报精度提高，预报误差有明显的减小趋势(图 5.20)。

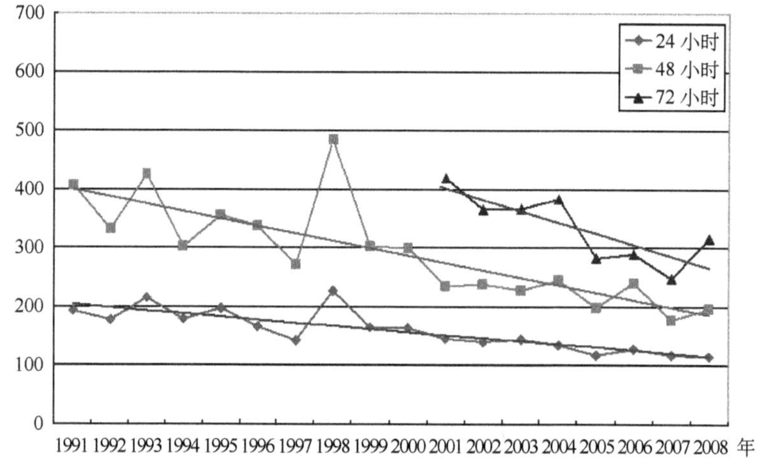

图 5.20 中央气象台西北太平洋和南海台风路径预报误差趋势图

西太平洋和南海台风路径大致分为 5 类，分别为非转向路径(nonrecurving)、西折路径(left turning)、缓慢转向路径(slow recurving)、快速转向路径(sharply recurving)和打转奇异路径(erratic moving or looping)(图 5.21)。台风的移动与台风内部和外部多种复杂因素的相互作用息息相关，因此，精确预报各种台风路径需要正确地了解台风的内部特征以及环境对台风的影响，综合考虑各系统之间的关系和相互作用。

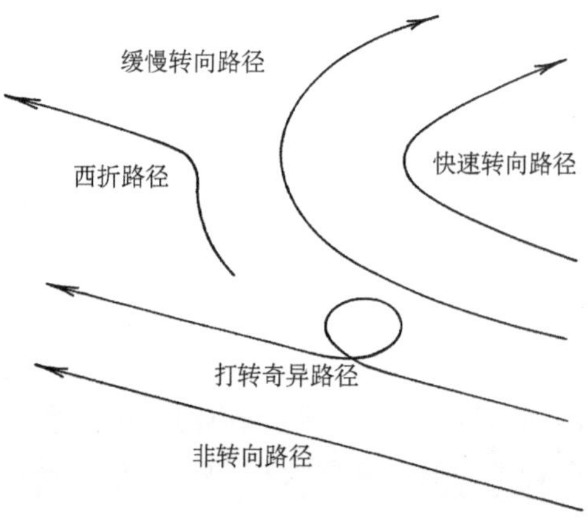

图 5.21 西北太平洋和南海 5 类台风路径示意图

5.3.1 大尺度流场特征与台风的移动

大多数台风的移动及其变化与环境气流的引导相关，环境气流反映的是大尺度环境流场对台风移动的作用，因此分析不同台风路径及其相应的大尺度环流特征，有利于在路径预报过程中对路径趋势的判断。在业务预报中，通常考虑的主要是台风与副热带高压以及中纬度西风带中的槽脊系统之间的相对位置。

5.3.1.1　缓慢移动或打转台风

当 500 hPa 环境场上有一深槽位于台风的东北侧(大约距离台风 20～30 个经度)时，台风可能缓慢移动或者打转(图 5.22)。

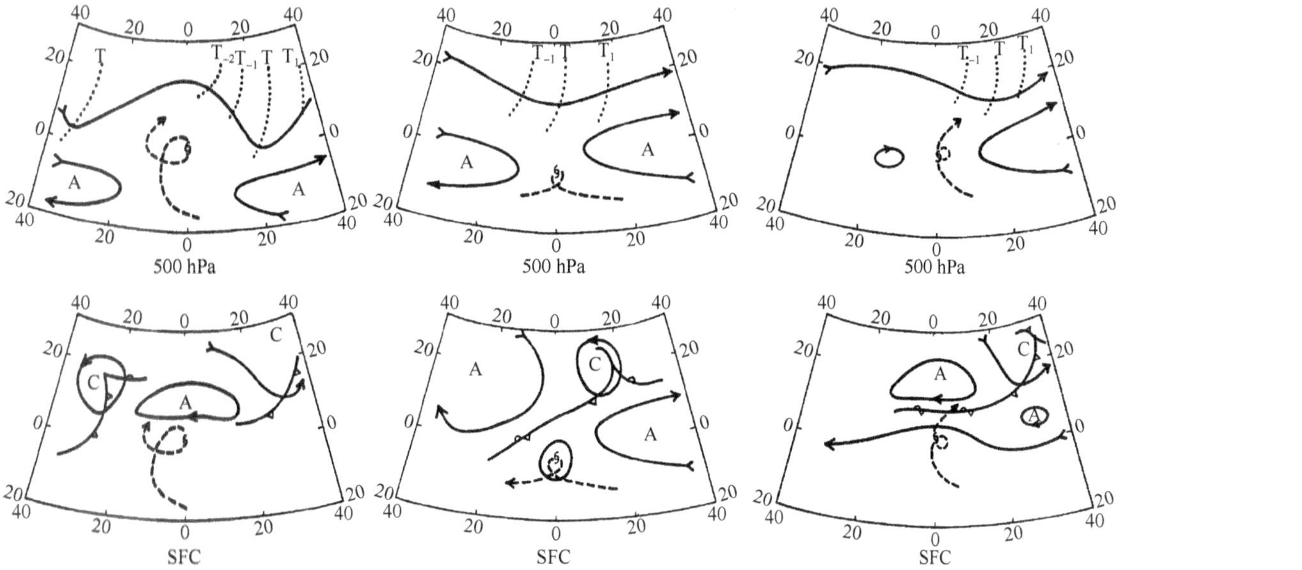

图 5.22　缓慢移动或打转台风对应的 3 种 500 hPa(上)和地面形势场(下)概念图

(注：T 表示槽线，A 表示高压系统，C 表示低压系统，带箭头的虚线表示台风路径)

5.3.1.2　快速移动台风

当 500 hPa 环境场上有一高空槽位于北行台风西侧(大约 10～20 个经度)时，台风将快速移动；台风位于强盛副热带高压南侧时，也将快速移动(图 5.23)。

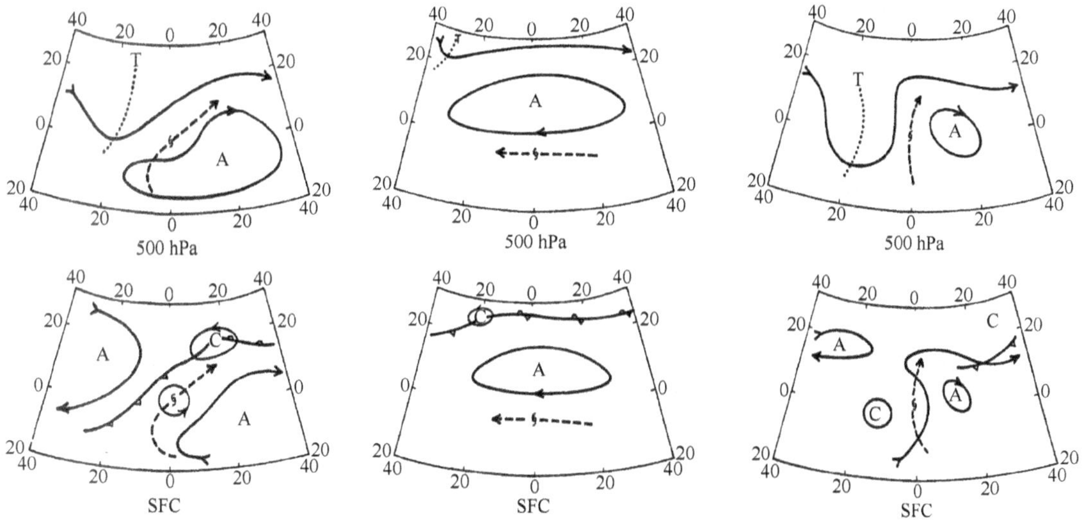

图 5.23　快速移动台风对应的 3 种 500 hPa(上)和地面形势场(下)概念图

(注：T 表示槽线，A 表示高压系统，C 表示低压系统，带箭头的虚线表示台风路径)

5.3.1.3　转向台风

通常当高空槽位于台风西侧时，台风将向北转向，尤其是台风转向前 2～3 天，位于台风西侧西风带中的高空槽通常会有持续加强过程(George 等 1976)。

(1)冬季转向形势

在 200 hPa 形势场上，位于台风西北偏西方向的西风带持续增强，并且西风带必须与台风上层环流有直接的相互作用(图 5.24)。

(2)冬季非转向形势

一种情况是从 200 hPa 流场上看的台风的出流环流与西风带也有直接的相互作用,但是中纬度高空槽的槽线静止少动,并且与台风中心距离超过 2000 km,此时台风不会发生转向,这种情况多出现在 12 月和 1 月早期长波槽准静止于印度半岛附近时(图 5.25)。

另一种情况发生在台风位于对流层中层脊的脊线南侧,并且与高层西风带有相互作用时,此时,在对流层高层西风带和台风出流环流交汇处有高空槽发展,对流层中层的脊南压至台风西侧,在高空槽下方产生强垂直风切变,则台风置于强切变环境中,逐渐减弱为低层低压环流,此低层环流继续向西移动,其高层环流系统消失。

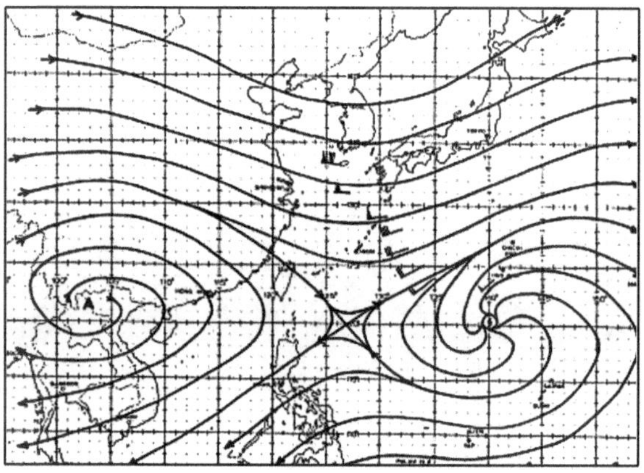

图 5.24 冬季转向台风的 200 hPa 流场(Guard 1977)
(风杆表示台风上层流出环流同中纬度西风带直接的相互作用)

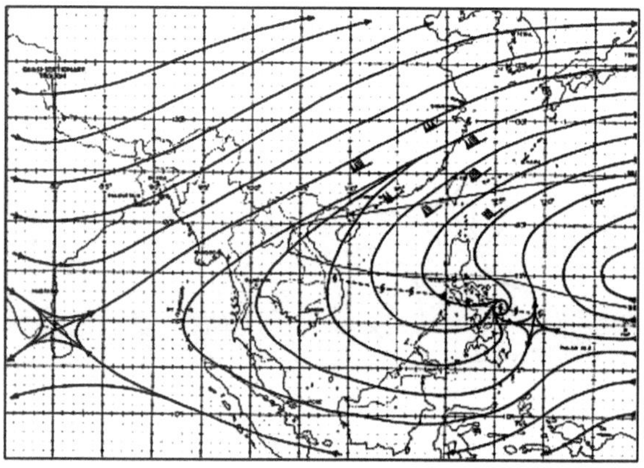

图 5.25 冬季非转向台风的 200 hPa 流场(Guard 1977)
(虚线表示台风路径)

(3)夏季转向形势

在如图 5.26 所示的 200 hPa 形势场特征下,东亚大槽位于台风西北侧,台风向北移动过程中将有倾向偏东的分量,而在图 5.27 情况下,东亚大槽位于台风西侧,同时副热带高压位于其东北侧,则台风向北移动过程中会有偏西的分量。

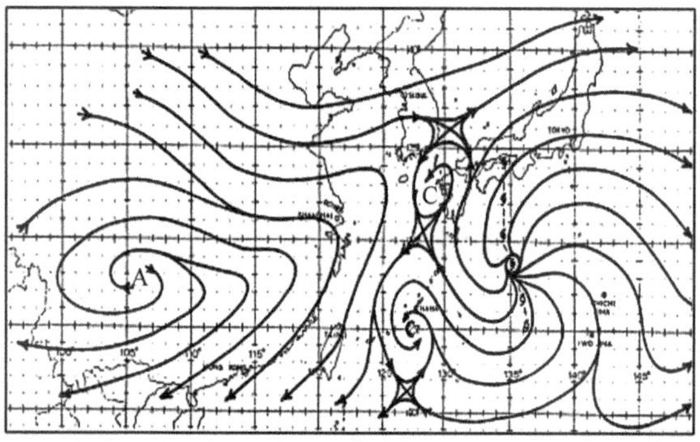

图 5.26 夏季转向台风的 200 hPa 流场(Guard 1977)

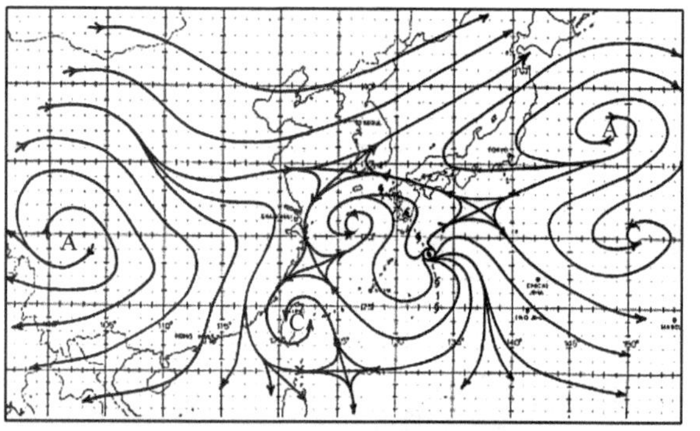

图 5.27 夏季转向台风的 200 hPa 流场(Guard 1977)

图 5.28 显示另一种夏季台风转向的形势。副热带高压位于台风的东北侧,受强东南气流引导作用,台风将向北移动,并逐渐向东北方向转向,若副高西进,则台风北行过程中向西分量增大。

值得注意的是在春季或者秋季,台风可能开始位于夏季特征的形势场,而后可能经历冬季特征的形势场,这种情况通常出现在 135°～140°E 之间的区域,以及亚洲陆地上。此时,这些地区的热带对流层高层槽(TUTT)系统较不活跃,而向东传的短波槽却相当活跃。但是在 135°～140°E 区域以东,TUTT 活跃,短波槽活动较弱。此时若当台风出流环流与中纬度西风带系统直接相互作用,在 135°～140°E 区域以西台风应该被看做位于冬季形势场中,而在 135°～140°E 区域以东台风则应看做位于夏季形势场中,路径预报分析相对复杂。

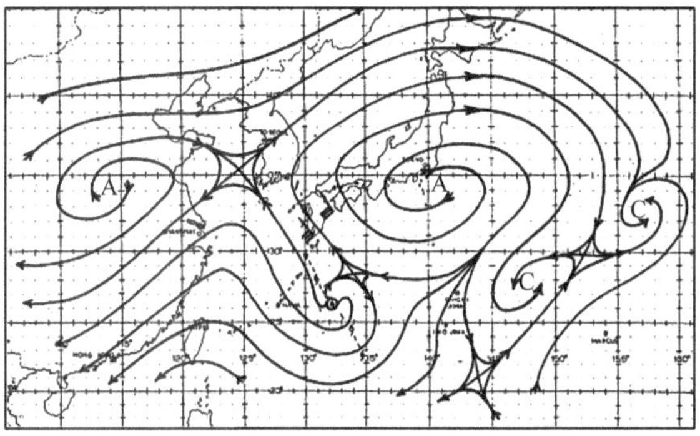

图 5.28　夏季转向台风的 200 hPa 流场(Guard 1977)

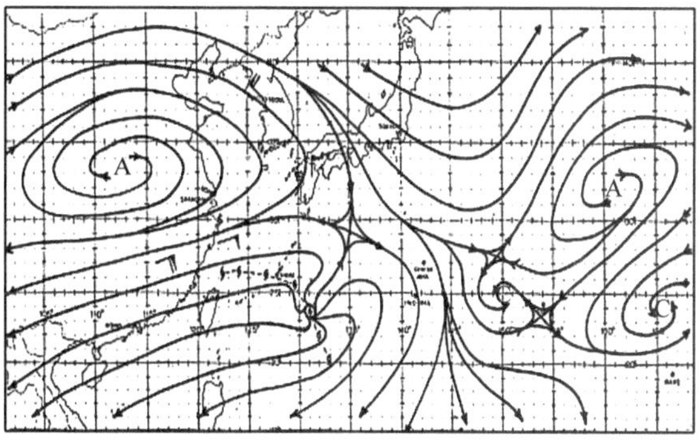

图 5.29　夏季非转向台风的 200 hPa 流场(Guard 1977)

(4)夏季非转向形势

位于如图 5.29 所示大尺度形势场中的台风通常不会发生转向。台风位于大陆副热带高压的东南侧，受 200 hPa 流场上西风气流引导，使台风移动的偏西分量较大。如果副高东南侧 200 hPa 风速达到 5.1～10.3 m/s，则台风将向西北方向移动从而进入副高；如果风速达到 10.3～20.6 m/s，则台风将向西北偏西运动；假如风速达到 20.6～30.9 m/s，则台风向西移动；假如风速超过 30.9 m/s，则台风将向西偏南方向移动。

5.3.1.4　加速运动台风

台风的突然加速移动，尤其在靠近海岸时突然加速运动，通常会造成防灾减灾准备工作的措手不及并导致不期而至的重大灾害，因此台风加速运动预报在其路径预报中十分重要。

通过分析 200 hPa 流场，可以总结出台风是否加速的相应环境形势场(Weir 1982)：

(1)西南偏南流场。如图 5.30a 所示，在 200 hPa 流线图中，台风位于西南偏南流场中，这种形势特征利于台风向东北偏北或西北偏北方向加速运动，通常发生在夏季至秋季早期。此种大尺度环境下，台风的加速运动的发生较突然，并伴随着较快速的台风变性过程发生，加速移动通常持续 24～36 小时。

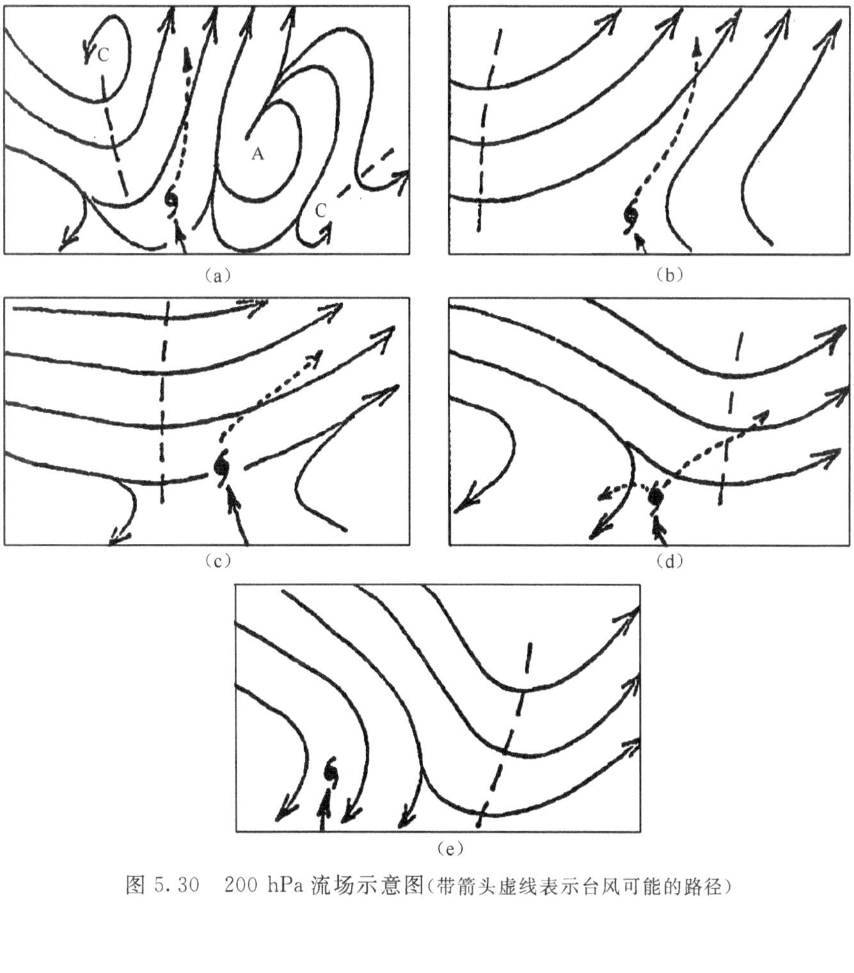

图 5.30　200 hPa 流场示意图(带箭头虚线表示台风可能的路径)

(2)西南偏西流场。如图 5.30b 所示，在 200 hPa 流线图中，台风位于西南偏西流场中，在这种形势特征持续影响下，台风将持续 30 小时以上加速移动并可能向东北方向转向。此大尺度形势场通常出现在 4 月下旬至 6 月上旬，或者 9 月下旬至 11 月上旬。预报中需注意的是西南偏西流场可能迅速转变成西南偏南流场，从而影响台风的路径。

(3)西风流场。如图 5.30c 所示，台风位于西风流场中，在向东北偏东转向后通常会经历加速移动，这种形势场位于高纬度地区，多出现在春季、晚秋和冬季。此类环境形势相对较稳定，由于较大的垂直风切变会使得台风逐渐减弱，台风加速移动时间大约为 18～30 小时。

(4)西北偏西流场。如图 5.30d 所示，西北偏西流场通常不利于台风加速运动的发生，这种环境形势多出现在 5 月或者 11 月。通常此时未来台风的路径有两种情况，一种是若高层西北偏北气流强盛则台风可能朝东北方向转向；另一种情况是若低层东北季风强盛台风将向西南偏西方向移动。

(5)西北偏北流场。如图 5.30e 所示，此环流形势较不利于台风加速运动的发生，在低纬地区通常由西北偏西流场转变而来。台风进入此类流场后，通常静止少动或出现不规则路径。

5.3.1.5 台风移动与副热带高压

副热带高压是影响台风移动极重要的大尺度天气因子之一，王志烈等(1987)统计了台风和副高脊线距离与台风转向的一些特征：

(1)位于副高单体西南方的台风转向的可能性最大，南方的次之，而东南方的可能性最小。

(2)同北侧副高脊线的距离小于 4 个纬距时，位于副高单体南侧和西南侧的台风未来 1～3 天转向的可能性超过 80%。

(3)距副高脊线 5～8 个纬距时，位于副高南侧和东南侧的台风转向的可能性较小，80%以上以西行路径为主。

(4)距副高脊线 9 个纬距以上的台风，90%以上西行为主；尤其当距离超过 13 个纬距时，未来 3 天之内几乎不会转向。

这些结果有助于预报员通过天气图直观地判断台风的未来移动趋势。

5.3.1.6 相互作用及其他中尺度系统对台风路径的影响

双台风相互作用在西北太平洋是普遍发生的现象，相互之间距离在 1500 km 以内的台风发生的频数大约为每年 4 对。Dong 等(1983)认为在西北太平洋的双台风主要发生在季风槽中，此区域大尺度环境引导气流相对较弱，双台风相互作用较强。

如图 5.31 所示，Lander 等(1993)认为双台风相互作用的过程起初为相互靠近，通常是反气旋式地靠近。然后经历相互捕捉过程，接着发生长时间互旋，互旋过程中双台风可能相互接近，也可能分离。两者相互作用的停止可能有两种情况，一是其中之一的消失，多为合并到主导台风环流中；另一情况是其中之一从相互影响中迅速远离。

位于台风环流中的其他中尺度系统也可能对台风路径产生影响。中尺度对流系统(MCS)可使台风路径发生振荡，如图 5.32 所示台风 Sarah(1989)的路径(Holland 等 1993)。这种中尺度对流系统同台风的相互作用可以近似看做双台风的相互作用以进行分析，中尺度对流系统的中心可以用对流云团的几何中心或者环流中心代替。从图中也可以看到两者几何中心的路径几乎呈直线，图右下角小框内为两系统各自相对于几何中心的气旋式移动轨迹。在实际预报中，当两个台风相距 2000 km 以内，或者台风与明显的中尺度对流系统相距 1000 km 以内时，应注意分析两者质心的移动，以分析概念模型(图 5.31)中相互作用的发生及其特点，如果判断出相互作用发生，则台风路径预报应该结合台风相互作用的移动轨迹和质心的移动进行合成分析。需注意的是，事实上双台风相互作用的物理机制相当复杂，Carr 等(1997)的研究也认为 Lander 等(1993)的概念模型并不是唯一的。

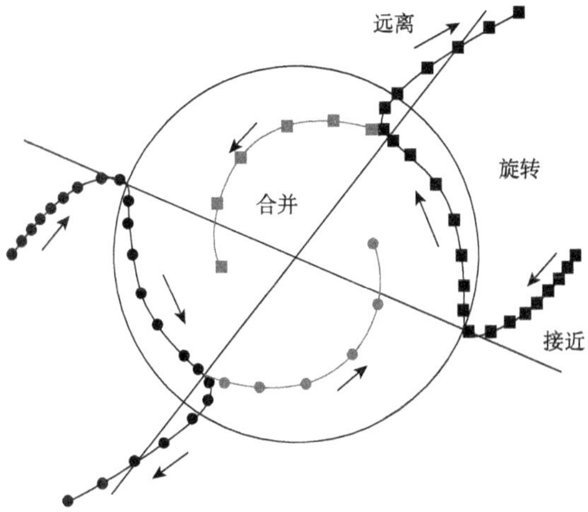

图 5.31　双台风相互作用概念模型

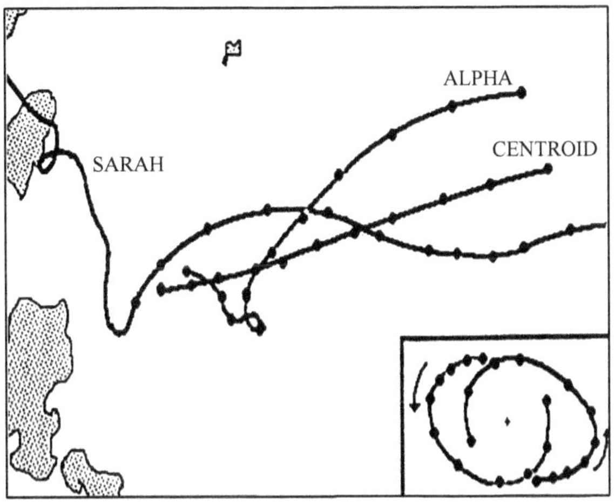

图 5.32　台风 Sarah(1989)与中尺度对流系统 Alpha 相互作用时的奇异路径

5.3.2　影响台风移动的因子

从运动方程可知，影响台风水平运动的因子有地转偏向力、水平气压梯度力及台风的内力（王志烈等 1987）。

5.3.2.1　环境引导气流

环境引导气流是最主要的影响台风移动的外部因子，大约超过 70％的台风移动与之有关（Neumann 1992）。计算引导气流的难点在于分离台风本身的影响，以及确定合适的层次或者层平均来计算。

早期计算环境引导气流，将台风近似为对称涡旋移除，这样计算所得的结果并不能真实反映环境引导气流，因为台风总是非对称的，移除对称涡旋的过程会将一部分环境场中的非对称信息也一同移除。此后，Kurihara 等（1993，1995）和 Kwon 等（2002）提出从涡旋中分离其非对称信息的方法，从而使环境场中保留涡旋非对称信息，具体流程为先对流场进行滤波得到基本场和涡旋扰动场，然后确定涡旋中心，其后用 850 hPa 风场确定涡旋范围，再计算涡旋扰动场中的非台风扰动部分，接着从涡旋扰动场中减去非台风扰动部分即得到与台风相关的风场，最后将与台风相关的风场移除得到计算引导气流的环境场。图 5.33 为利用上述方法对 0414 号强台风“云娜”进行处理后得到的涡旋风场和环境场。

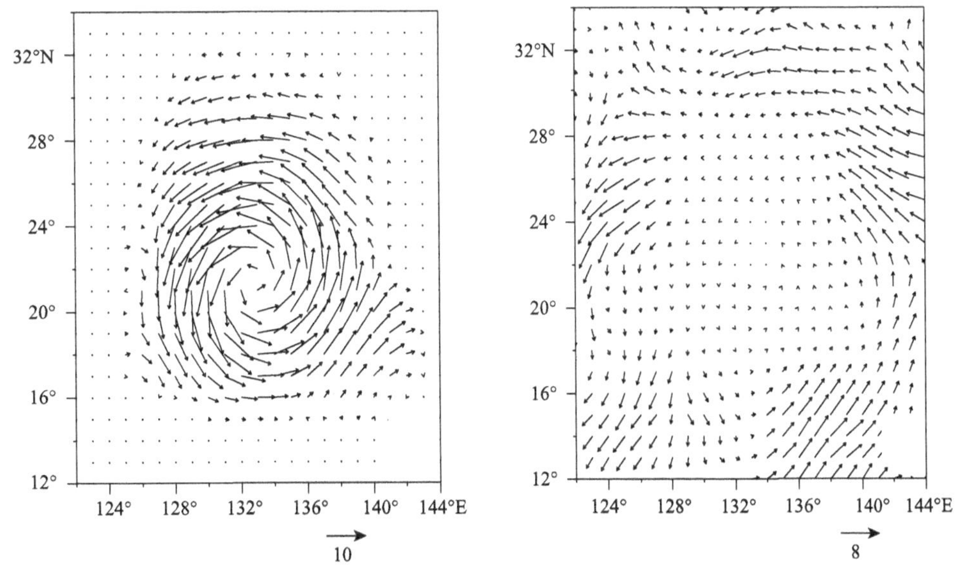

图 5.33　0414 号强台风云娜的涡旋风场(a)和移除涡旋风场后的环境风场(b)(2004 年 8 月 10 日 00UTC)

通常采用距台风中心 1～7 个纬距环状范围内平均环境流计算引导气流(Chan 等 1982，Holland 1984a)。确定计算引导气流的层次和台风的强度有关，通常强度越强的台风系统在对流层中延伸越高，因此引导气流层次也越高(Dong 等 1986)。通常达到热带风暴强度的台风，可考虑 850～500 hPa 多层平均的结果作为相应的引导气流，而计算超过热带风暴强度的台风引导气流可使用 850～300 hPa 多层平均结果。需要注意的是在计算多层平均时，应考虑使用质量权重或者气压权重。另外，在确定及应用环境引导气流时还应注意以下几点：

(1)由于引导气流是准地转的，因此通常引导气流方向与台风实际移动方向有一定偏差。

(2)尺度较大的台风，由于台风系统和环境之间的相互作用使得引导气流较难确定，并且这类台风的移动似乎受引导气流作用较尺度较小的台风要小。

(3)在预报当中，如果多层平均的计算所得引导气流不可信，对于强度超过热带风暴的台风，则 500 hPa可作为“最佳引导层”以计算引导气流；对于热带风暴强度的台风，则可以用 700 hPa 作为“最佳引导层”以计算引导气流。

(4)若环境垂直风切变较大，台风将发生倾斜使得对流层上下层的涡旋中心分离，可以用 850 或 700 hPa 作为“最佳引导层”以计算引导气流。

(5)利用引导气流诊断台风移动具有时效性，它的有效时间与大尺度环境场的稳定程度有关。环境场系统较稳定时，大尺度流场变化相对较小，利用引导气流预报台风移动的有效时间也较长；而环境场急剧调整时期，大尺度流场变化较快，则利用引导气流预报台风移动的有效时间相应较短。通常应用引导气流预报台风移动的有效时间不超过 24 小时(王志烈等 1987)。

图 5.34 为以 0414 号强台风“云娜”为例计算的引导气流和实际观测路径，从图中可以看出，大多数时刻台风移动方向略偏向引导气流方向左侧，并且移动速度的变化与引导气流大小变化一致，证明引导气流是影响云娜移动的主因。

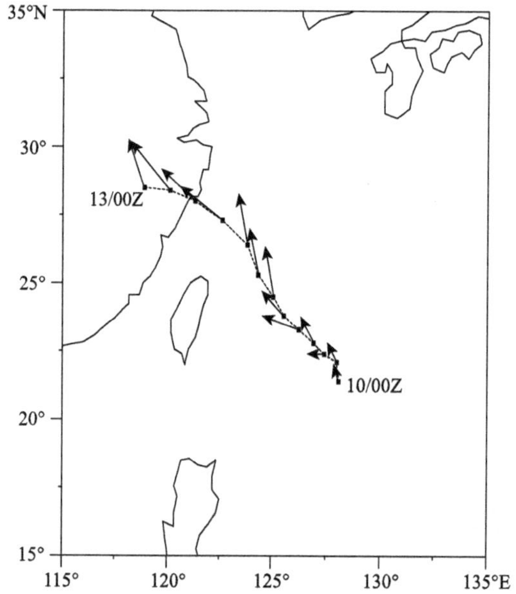

图 5.34　0414 号强台风云娜路径(虚线)和环境引导气流(箭头)

(圆点标注的台风中心位置间隔为 6 小时)

5.3.2.2　Beta 效应

Beta 效应可以看做相对涡度垂直分量的局地变化。在没有明显环境引导气流作用下，近赤道的 Beta 效应会使得北半球的台风向西北方向移动，移速约为每天几个纬距(Chan 等 1987，1994；Fiorino 等 1989；Smith 1993；Wang 等 1995)。而如上节所提，台风移动方向通常与引导气流方向并不一致，在北半球 Beta 效应使得置身于东风带中的西行台风移速较引导气流流速快，移向略偏向引导气流方向右侧；也使得西北行台风的移速快于引导气流流速，移向偏向引导气流左侧；而使得东北行的台风移速较引导气流流速慢，移向偏向引导气流方向左侧(Elsberry 等 1987)。

另外研究认为 Beta 效应对台风移动的影响可能与台风的大小有关，而与台风的强度无关(DeMaria 1985)。台风范围较小，引导气流流速超过 7.7 m/s 时，台风移动方向与引导气流方向基本一致；而台风尺度较大时，Beta 效应对台风移动的作用会更明显。

5.3.2.3 地形和下垫面的影响

地形对台风路径的影响主要表现在使路径发生偏折、加速或者“跳跃”。陈瑞闪(2002)认为在环境引导气流较弱情况下，正面登陆我国华东地区的台风，在登陆前由于路径前方一侧环流受地面摩擦作用，气压升高，从而产生与台风移向相反的气压梯度力增量，对西移台风来说将产生向南的速度增量，因此使得正面登陆华东地区的台风加速移动，并向西南偏折。Wong 等(2006)通过数值试验也发现了台风在靠近南北向分布的海岸线时，会向西南方向移动，海陆差异引起位涡倾向的改变是导致这种路径发生的可能原因；同样，对于南海北上登陆华南的台风则将向西北方向偏折加速运动。

台风在靠近或经过台湾岛时，路径常会发生变化，主要有以下两种情形(陈瑞闪 2002)：

(1)西北或西北偏西移动的台风靠近台湾岛时，当其中心进入 21°—23°N，125°—123°E 区域时，路径可能发生北折，这是因为台风西侧外围环流的北风受台湾岛地形摩擦影响而减弱，而东侧南风风速仍然维持，则产生向北的合成风速矢，使得台风北折。而当台风的西侧环流进入台湾海峡后，西侧外围环流风速增强，整个台风风场调整，台风可能会继续沿着北折前移动方向移动。

(2)登陆台湾岛或从南海进入台湾海峡东侧的台风，有时会产生环流副中心，当副中心取代主中心时，台风路径发生转折或跳跃。当副中心位于主中心西北侧时，取代的结果使得台风路径发生北折，这种情况较多；当副中心位于主中心西南侧时，取代的结果使得台风路径南折，这种例子较少；当副中心位于主中心北侧或东北侧时，取代的结果使路径发生明显的跳跃现象，此种情况极少出现。路径变化是否发生与环流副中心是否出现密切相关，通常，台风中心在花莲以南登陆时副中心一般出现在主中心的西北侧，以新竹、台中附近居多，少数出现在主中心西南侧的马功附近。台风中心在花莲以北登陆时，副中心多出现在主中心的东南侧，但这种情况出现时，通常使主中心移向发生短时的左折，副中心一般维持时间较短。在台湾岛南部海上经过或由巴士海峡进入福建南部沿海，或由南海向东北方向移动进入台湾海峡南部，或在台湾岛西侧登陆的台风，都可能在主中心的北侧或东北侧出现副中心。

海洋作为台风发生发展过程中的重要下垫面因子，有研究认为在环境引导气流较弱的情况，其表面温度分布对台风路径也有明显影响(陈联寿等 1979)。早在 20 世纪 50 年代就发现台风常避开冷水区，沿着海表面温度暖舌轴线运动(Fisher 1958)。值得注意的是，当两个台风相隔时间不长而重复或接近同一条路径时，前一个台风经过后由于海水混合和上翻作用在路径上留下一条冷尾流，这条冷尾流可能对后续台风的移动产生影响(陈联寿等 1979)。

5.3.3 相似路径法

根据历史台风资料，寻找满足相似判据的台风个例，结果对当前台风可能的影响区域具有指示意义。以过去 12～24 小时路径为参考，相似判据包括：

(1)活动时间相似。选取的历史台风的活动时间应与当前台风活动时间接近，通常前后不超过 1 个旬，以保证大尺度大气状况的季节性相似。

(2)位置相似。通常历史台风路径与当前关注时段台风路径的距离小于 300 km。

(3)移向相似。历史台风移向同当前关注时段台风的移向偏差不大，通常不超过 22.5°。

图 5.35 是利用中国气象局上海台风研究所的西北太平洋台风检索系统查找的关于台风 Sepat(圣帕，2007)的相似路径分布，从图中可看出类似当前 Sepat 路径(图中绿色阴影表示)的历史台风路径主要分 3 类：一直西行，在广东或海南登陆；西北行在台湾或福建、浙江沿海登陆；西北偏北行在海上向东北转向。登陆我国的概率较大。

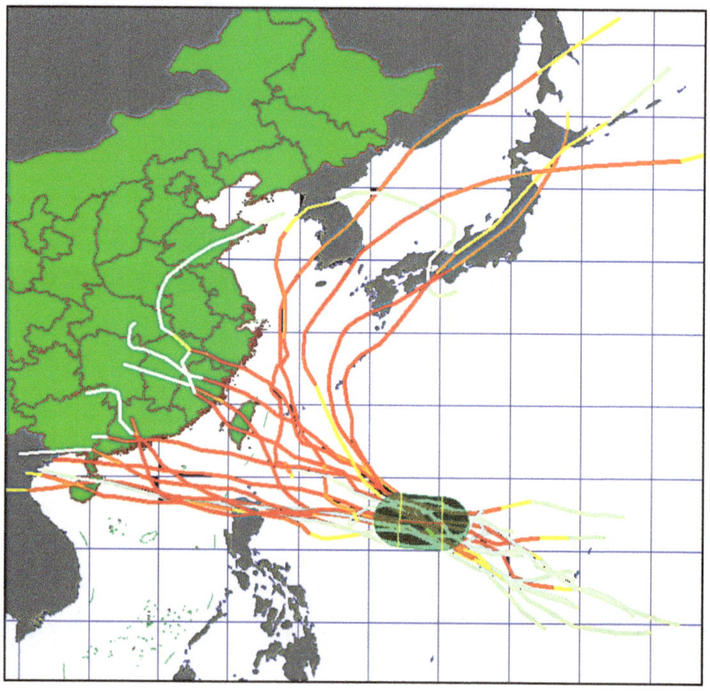

图 5.35 台风 Sepat(2007)相似路径查询结果

综上所述，通过相似路径的分析可以初步地判断(尤其在台风发展初期)当前台风后期可能的影响区域；若再结合大尺度环境场形态特征的比较，寻找出历史资料中相似大尺度环境场，能够帮助较早地预测台风未来移动特征。

5.3.4 台风路径数值预报和集合预报

从流体力学的动力框架上看，台风模式同其他数值天气预报模式一样，但台风主要是发生在低纬度洋面上的一种强烈的大气涡旋，海上观测资料的缺乏，使人们对台风的认识受到局限，特别是对台风的结构和强度变化、风雨分布特征、对流特点、边界层物理特性等认识不足。目前通常的做法是将一般的中尺度大气模式用于台风研究和预报(如 MM5，RAMS，ARPS，GRAPES，WRF 等)，同时针对台风建立相应的物理过程计算方案(如积云参数化、边界层参数化、海-气耦合)，另外也有专门的台风模式，如美国的 GFDL 模式、日本的 TYM 模式。由于台风观测资料的缺乏，模式初始场中的台风与实际状况有较大的差异，因此台风路径数值预报首先要解决的问题是台风初始场的形成技术。我国国家气象中心、上海区域气象中心和广州区域气象中心运行的台风路径数值预报模式，美国的 GFDL 模式，日本的 TYM 模式以及在各国全球预报模式(如我国的 T213、美国的 AVN、英国的 UKMET、美国海军的 NOGAPS、日本的 GSMD 等)中都有针对台风的初始化模块。

美国国家飓风中心正在业务运行的台风路径数值预报模式包括 GFS(NCEP 中期预报谱模式)、NOGAPS(美国海军全球大气预报谱模式)和 GFDL(美国海洋大气局地球流体动力实验室有限区域数值预报模式)。GFS 和 NOGAPS 都是全球谱模式，GFDL 则是一个有限区域斜压的飓风预测模式。日本气象厅有两个台风数值预报业务模式(Ueno 2000)，一个全球谱模式(GSM)，另一个是有限区域谱模式(TYM)。区域台风模式(TYM)在 2007 年停止运行。

Nolan 等(2002)比较了 GFDL 和 WRF(Weather Research and Forecast Model)模式对台风的模拟结果，现在美国正在考虑用 WRF 来代替 GFDL 用于飓风的模拟。原因是 WRF 的物理框架对于模式开发者更容易得到，并用实例证明了 WRF 对台风路径的模拟效果要优于 GFDL。

我国的台风路径数值预报系统包括国家气象中心在有限区暴雨预报模式(LAFS)基础上发展起来的区域模式(王诗文等 1994，2005 年起停止运行)和基于 T213 的全球台风数值预报系统。除国家气象中心外，沈阳区域气象中心、上海区域气象中心和广州区域气象中心分别建立了东海和南海的台风路径数值预报系统。沈阳区域气象中心建立的路径数值预报系统是以中尺度模式 MM5 为框架(张立祥等 2000)。上海区域气象中心运行的模式由中国气象局上海台风研究所在“八五”国家科技攻关期间建立并负责业务运行,该系统是在 MM4 基础上发展起来(殷鹤宝等 1996),在 2002 年升级使用 MM5 模式,从 2007 年开始使用基于 GRAPES 模式建立的台风数值预报系统(GRAPES-TCM)(黄伟等 2007)。广州区域气象中心运行的模式是中国气象局广东热带海洋气象研究所在“八五”国家科技攻关期间建立并负责业务运行,该系统是在热带有限区业务模式(TL10)基础上发展起来(王康玲等 1996),并经过了大量的升级改进工作。

尽管卫星和雷达资料在逐渐增多,对台风的描述越来越全面,但是对于发生在海上的台风来说,现阶段要在数值模式初始场中得到完善的三维结构,这些资料依然是不够的。为解决模式初始场中对台风结构描述的误差,较早的研究是采用经验构造 Bogus 台风的方法(Ueno 1989,Kurihara 等 1993)。美国空军和 NCAR 联合开发了针对大西洋台风的 NCAR-AFWA 方案,该方案在滤除有误差的台风涡旋、构造台风涡旋等方面都采用了新的技术。但是由于这类方法中所有的台风都是根据通用的经验公式来构造的,对于在不同的环境场中发展起来的台风并不能区别对待,而且经验构造的台风环流并不能保证数值模式中的动力和物理过程的协调性。

为使模式初始场中的台风构造更合理,与模式物理过程更协调,Zou 等(2000)在 4 维变分同化(4Dvar)的基础上发展了 BDA(Bogus Data Assimilation)技术,此后 Pu 等(2001)、Zhang 等(2003)、王栋梁等(2004)、Zhao 等(2005)、Wu 等(2006)等进行了进一步的研究,取得了较好的实际效果。Wang 等针对 NCAR-AFWA 的 BOGUS 和 BDA 方案进行了系统的比较试验,并在 2004 年用 MM5 的框架采用 BDA 方案进行了业务试验,并投入了业务运行。

集合预报是目前解决天气预报不确定性问题的有效办法。当今一些发达国家的天气预报中心,如欧洲中期天气预报中心(ECMWF)、美国国家环境预测中心(NCEP)等均已建立了各自的集合预报系统作为其数值预报业务系统的重要组成部分。相对而言,集合预报技术应用于台风数值预报还处在研究和应用的初期阶段,且主要用于台风的路径短期预报。采用的方法以扰动法形成模式变量初值和集合平均技术为主,沿用了中期数值天气预报中的方法(Aberson 等 1995,1998;Cheung 等 1999a,b 等),这些方法需在应用检验中,针对台风的扰动增长机制的特殊性加以改进。

Goerss(2000)考虑了预报模式自身不确定性对预报的影响,提出“超级”集合预报(superensemble)方法,应用于台风路径的集合预报,即将不同模式的预报作为集合成员,集成多个模式的预报结果,可改进路径预报。美国佛罗里达州立大学(FSU)与美国国家环境预测中心等合作建立的台风路径“超级”集合预报系统已在美国国家飓风中心投入业务应用。

然而,以往发展的集合预报技术大多是针对中纬度天气系统的,针对热带天气系统的很少。Zhang 等(1997)指出,由于热带大气的动力物理机制与中纬度完全不同,适用于中纬度的扰动生成方法不一定也适用于热带地区,有必要发展适用于 TC 等热带天气系统的扰动生成方法。另外,由于台风预报结果对初始涡旋位置、涡旋强度和大尺度引导气流这三个因素很敏感,有必要分别对台风涡旋和环境场进行不同的扰动。Cheung 等(1997)将 MC,LAF 及 BGM 应用到一个正压模式中,比较了基于这三种方法的集合预报对台风路径的预报效果,周霞琼等(2003)采用 LAF 在正压模式中分别作了针对涡旋场和环境场的集合预报,都取得了一些成果。近年来,国外一些学者(Goerss 2000,Aberson 2001,Weber 2003)做了一些多模式集合预报 TC 路径的工作,效果也是令人鼓舞的,但是如何应用于丰富台风预报产品还有待研究。

5.3.5 位涡倾向与台风移动

Wu 等(2000)的研究认为台风会朝着位涡倾向 1 波分量的最大值区域移动,如下式:

$$-\boldsymbol{C}\cdot\nabla P_s=\frac{\partial P_1}{\partial t} \tag{5.5}$$

式中 $\boldsymbol{C}$ 表示台风的移动速度矢,P_s 和 P_1 分别表示位涡的对称量和 1 波分量。从位涡倾向方程出发,位涡倾向的 1 波分量可以写成:

$$\left(\frac{\partial P}{\partial t}\right)_1=\Lambda_1\left[-V\cdot\nabla P-\sigma\frac{\partial P}{\partial\sigma}-\frac{g}{P_s}\nabla_3\cdot\left(-\frac{Q}{c_p\pi}q+\nabla\theta\times F\right)\right] \tag{5.6}$$

式中 σ 为 σ 坐标上的垂直速度，q 为 3 维绝对涡度矢量，Λ_1 表示 1 波分量算子，∇_3 表示 3 维梯度，Q 和 F 分别表示非绝热加热率和摩擦耗散。从(5.6)式可见位涡倾向的 1 波分量与水平和垂直位涡平流、非绝热加热作用以及摩擦作用的 1 波分量相关，在台风眼壁外垂直平流通常较小，而摩擦作用通常集中在边界层，因此近似看做位涡倾向的 1 波分量主要与水平位涡平流和非绝热加热的 1 波分量有关。Chan 等(2002)利用多种资料分析了各种路径情况下位涡倾向及其相关项同台风移动之间的关系(图 5.36)，验

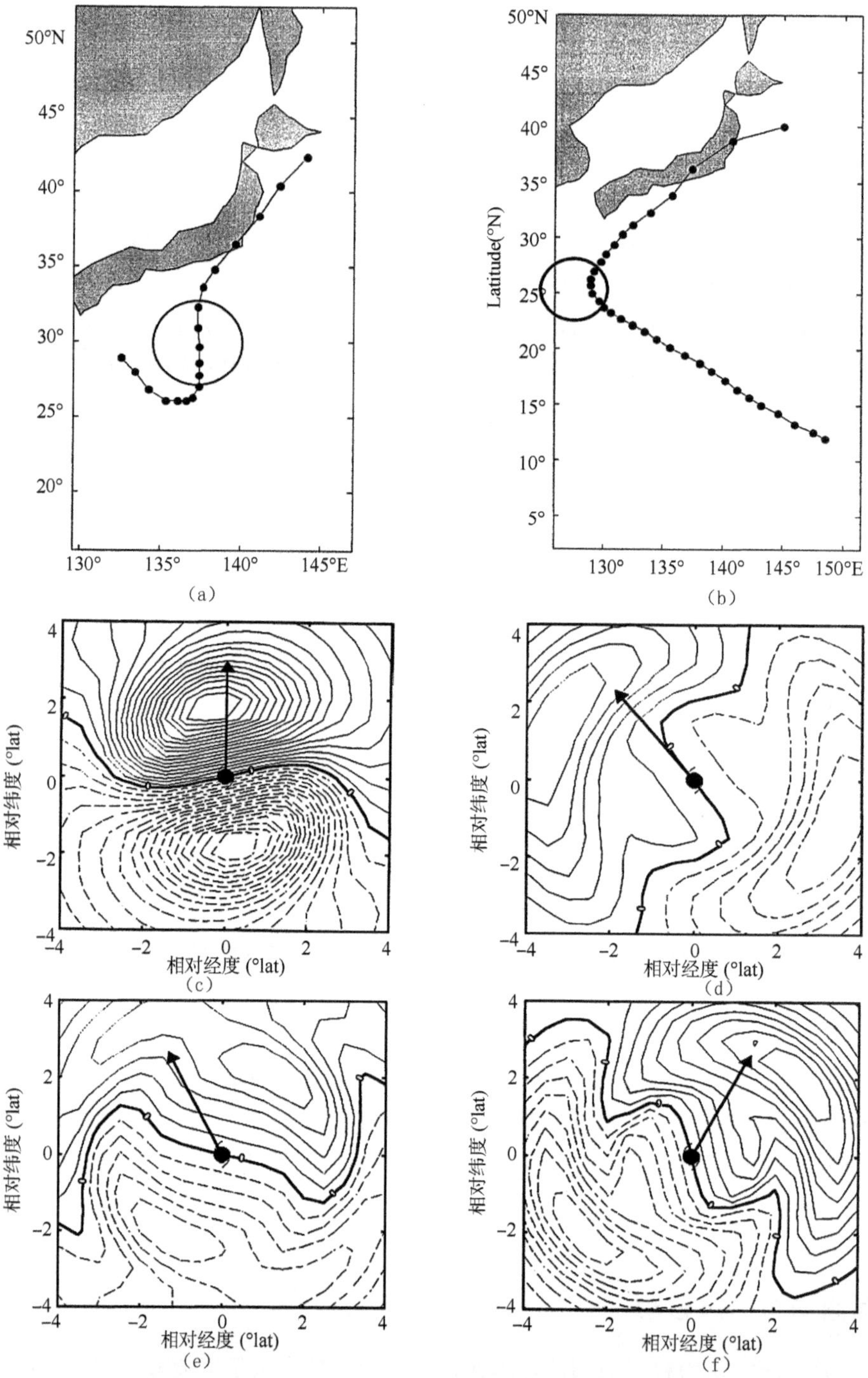

图 5.36 台风移动和位涡倾向 1 波分量的关系(Chan 等 2002)

(a)台风 Winona 路径；(b)台风 Flo 路径；(c)在(a)中圆圈标识时间内的位涡倾向的 1 波分量(单位：$m^2\cdot K/(s^2\cdot kg)$；(d)Flo 转向前位涡倾向的 1 波分量；(e)Flo 转向时位涡倾向的 1 波分量；(f)Flo 转向后位涡倾向的 1 波分量。箭头表示台风移动方向。

证了台风会朝着位涡倾向 1 波分量的最大值区域移动的结果。以台风 Flo 为例，在其转向前移动方向为西北向(5.36b)，而对应的位涡倾向 1 波分量的最大值区域位于台风西北侧(5.36d)；当其向北转向时，位涡倾向 1 波分量的分布转变为北侧为正值、南侧为负值的分布形态(5.36e)；而转向后 Flo 向东北方向移动时，位涡倾向 1 波分量的最大值区域位于台风东北侧(5.36f)，可见对于类似台风 Flo 的转向路径，位涡倾向 1 波分量的最大值区域在转向前后有明显的改变，很好地指示了台风移向的变化。因此在业务预报中，通过计算台风的位涡倾向，并分析其 1 波分量的特征，可以作为路径预报的一种指示因子。

5.4 强度预报

5.4.1 台风强度预报水平概述

台风强度预报的对象是台风近中心最大风速或中心最低气压。与台风路径业务预报相比，各国台风强度业务预报进展十分缓慢。从最近几年的业务预报情况看，中国气象局中央气象台的 24 和 48 小时预报的平均误差分别为 4～6 m/s 和 5～8 m/s(图 5.37)，预报水平基本与美国联合台风警报中心(Robert Falvey 2008,2009)和日本气象厅(JMA 2000—2007 2009)的水平相当(图 5.38 和图 5.39)。

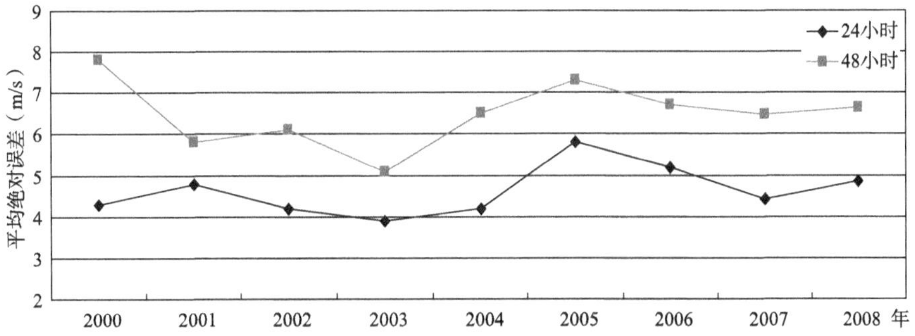

图 5.37 2000—2008 年中国气象局中央气象台的西北太平洋和南海台风强度 24—48 小时预报平均绝对误差

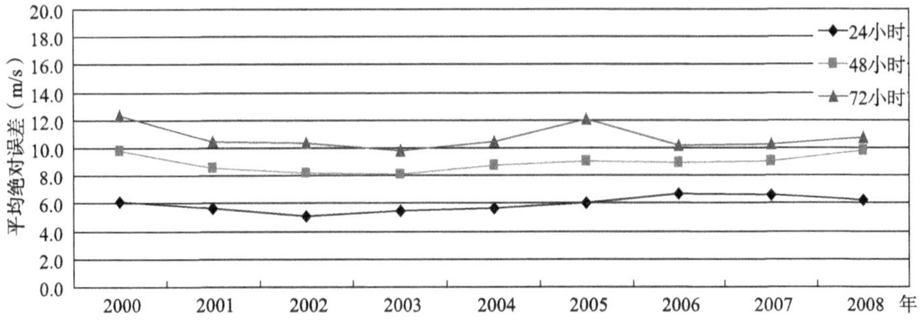

图 5.38 2000—2008 年美国联合台风警报中心的西北太平洋和南海台风强度 24—72 小时预报平均绝对误差

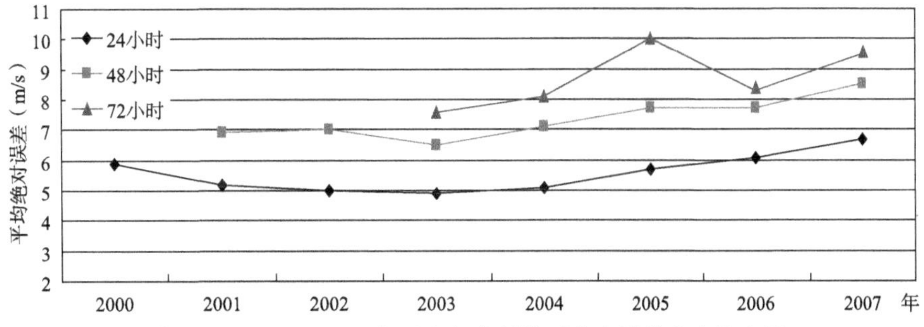

图 5.39 2000—2007 年日本气象厅的西北太平洋和南海台风强度 24—72 小时预报平均绝对误差

在目前的台风强度业务预报中，一般是通过对影响台风强度的多个气象因子进行综合分析，同时结合一些强度客观预报方法来制作台风强度预报的。由于目前的台风强度客观预报的准确率不高，在实时台风强度业务预报中，预报员除了参考台风强度客观预报的结果，还要通过对影响台风强度的多个气象因子的分析对台风强度的变化趋势给出定性分析，最后还要结合预报员的主观经验对台风强度客观预报的结果进行订正。

全球各台风预报中心在台风强度业务预报中多采用台风强度客观预报方法与预报员对影响台风强度的多个气象因子的分析相结合，最后由预报员的主观经验作出台风强度预报。

全球各台风预报中心在业务中使用的强度客观预报方法包括外推、统计、统计动力和数值天气预报方法。由于台风强度变化涉及复杂的多时空尺度相互作用（从对流尺度到天气尺度），对相关物理过程认识的缺乏制约了客观预报技术的发展。从长远看，台风强度客观预报水平的提高将依赖于业务数值预报系统的发展，包括大气-海洋-波浪耦合、各种资料（特别是卫星遥感资料）的同化及对流活动的显式描述等。

5.4.2 外推预报方法

常用的外推预报法是 Dvorak(1984)提出的，基于对大量的台风卫星云图特征的统计得出的典型的台风强度日变化率为正负 1 个 T 指数，最慢和最快的日变化率在±0.5～±1.5 之间。

5.4.3 统计预报方法

较早在业务中使用的统计预报方法是 Jarvinen 等(1979)研制的 SHIFOR(Statistical Hurricane Intensity Forecast)方法。该方法基于气候持续性因子（包括台风的当前位置和强度及过去 12 小时的变化趋势等）进行 3 天的预报，适用于大西洋和东北太平洋海域。基于类似的预报因子，Elsberry 等(1975)提出了适用于西北太平洋海域的 STIFOR 方法，Chu(1994)作了进一步改进。Knaff 等(2003)更新了这两个方法的建模样本，并将预报时效延长到 5 天。我国目前使用的台风强度气候持续性预报方法（余晖等 2006）于 2004 年投入业务运行，预报时效为 3 天，适用于西北太平洋海域。类似方法还有 Sampson(1990)基于气候学因子的相似预报法、黄立文等(1996)的相似离度预报方法、Kaplan 等(1995)和 DeMaria 等(2006)的登陆台风衰减模型、金龙(2005)的南海台风强度遗传-神经网络预报法。这些统计预报方法一方面是台风强度业务预报的参考依据，另一方面用于评估和检验其他预报方法的技巧水平。如果某个预报方法比此类简单统计预报方法性能好，则认为该方法有预报技巧。

另一类统计预报方法除考虑气候持续性因子外，还引入当前和前期大气环境因子、洋面温度因子及卫星图像因子建立预报模型。将天气因子用于建立台风强度统计预报模型的早期工作有林有任(1982)、Pike(1985)和 Elsberry 等(1988)，有效的大气环境因子包括环境风垂直切变（Hebert 1978，DeMaria 等 1996）、台风与副高脊线的距离（林有任 1982）、高空涡动角动量通量辐合（DeMaria 等 1993）等。Merrill(1987)进一步考虑洋面温度因子，建立了针对大西洋海域的台风强度统计预报模型（DeMaria 等 1994）。基于洋面温度计算得到的最大可能强度以及台风发展潜势对未来台风的强度变化有很好的预示作用。目前在上海台风研究所准业务运行的西北太平洋台风强度统计预报方案（WIPS）将西北太平洋海域分成 3 个子域（远海、华东近海和华南近海），基于气候持续性因子、洋面温度因子和天气因子分别建立适用于各子域的预报模型（陈佩燕等 2007），2005—2007 年的检验结果表明 WIPS 具有相对气候持续性预报方法的正技巧。Gentry 等(1980)发现云顶亮温的变化较台风强度早 24～36 小时，Steranka 等(1986)据此将距台风中心一定半径范围内的平均亮温作为预报因子，建立了一个强度统计预报模型，性能优于气候持续性预报方法。Fitzpatrick(1997)将数字卫星资料与其他预报因子结合，提出了一个适用于西北太平洋海域的台风强度预报方案。陈佩燕等(2006)发现红外云型非对称结构特征因子的引入可在一定程度上改进台风强度统计预报，但尚未在业务运行的预报方案中使用。以上预报模型大多采用多元线性回归或逐步回归方法，Leslie 等(1991)用马尔可夫链技术建立了适用于澳大利亚台风的 6～24 小时强度统计预报方法，性能优于气候持续性方法。Baik 等(2000)的研究表明，如选择相同的预报因子，采用遗传-神经网络方法建立预报模型可提高预报准确率。

5.4.4 统计动力预报方法

台风强度的统计动力预报方法则是依托数值天气预报模式，考虑未来大气环境和海洋状况的变化建立预报模型。此类方法一般都假定数值天气预报模式可以准确地预知未来大气环境的变化，而且对台风未来移动路径的预报也是准确的，即“完美预报”法，同时假定台风未来所要到达海域的海洋状况不随时间发生改变。最具代表性的是在美国国家飓风中心业务运行的 SHIPS(Statistical Hurricane Intensity Prediction Scheme)方法。SHIPS 在 1993 年进行准业务运行时，只是一个统计预报方案(DeMaria 等 1994)，适用于大西洋海域，于 1996 年扩展到东太平洋海域，并正式投入业务运行(DeMaria 等 1999)。SHIPS 的回归系数在每年飓风季节结束后都要用最新的样本进行更新，并从 1997 年起增加了数值天气预报模式提供的反映未来大气状况的天气因子，发展成为一个统计动力预报方法。此后，该方法在业务使用的过程中继续得到不断改进，包括引入静止卫星红外图像因子和海洋热容因子、预报时效从 3 天延长到 5 天、建模样本范围扩大到热带低压(原为热带风暴)及以上强度、用官方路径预报替代模式路径预报、引入陆地衰减因子、数值天气预报模式更新以及微波因子的引入等(DeMaria 等 2005, Jones 等 2006)。在 JTWC 业务运行的 STIPS(Statistical Typhoon Intensity Prediction Scheme)与 SHIPS 很相似(Knaff 等 2005)，适用于西北太平洋和南半球海域，天气因子取自 NOGAPS(Navy Operational Global Analysis and Prediction System)，可进行 5 天的预报。徐明等(1995)提出了我国首个台风强度统计动力预报方法(SDIPM)，适用于(15°～40°N，115°～140°E)海区，1996—2006 年在上海台风研究所业务运行。胡春梅等(2006)和陈佩燕等(2007)将该方法的预报区域扩大为西北太平洋(含南海)，并扩充预报因子后重新建立了预报模型，自 2007 年起替代原方案投入业务运行。

值得注意的是，统计动力预报方法的部分误差源自数值天气预报模式对未来大气状况的预报误差、台风路径预报误差及统计动力预报方法选用的预报路径与模式预报路径之间的偏差。一般来说，统计动力预报方法会选用预报中心正式发布的路径预报，因为这个预报从平均情况看会优于任意单个模式的预报。那么，当这个预报路径与模式预报的路径偏差很远时，根据预报的中心位置计算得到的天气因子往往会与真实情况偏差很大。

5.4.5 数值模式预报方法

目前进行台风强度预报的数值天气预报模式有很多，包括全球模式、区域模式及专门的台风模式(Knaff 等 2006)。美国海军全球分析和预报系统(NOGAPS)、日本全球谱模式(JGSM)、美国国家环境预报中心(NCEP)的全球预报系统(GFS)、英国气象局(UKMO)全球模式、国家气象中心 T213 台风模式等均能实时提供台风强度预报结果。因为空间分辨率低，这些结果通常是将模式预报的强度变化趋势叠加在初始观测强度上而得出。空间分辨率较高的区域和台风模式有美国地球物理流体动力学实验室(GFDL)的飓风模式、日本台风模式(JTYM)、美国海军海洋大气耦合中尺度预报系统(COAMPS)、澳大利亚台风有限区域预报系统(TC-LAPS)和美国空军天气局(AFWA)业务运行的 MM5。GFDL 飓风模式是区域模式中较为先进的一个，初始条件和边界条件取自 GFS，3 重嵌套网格，最高分辨率约 9 km，与 3 维海洋模式耦合，并从全球模式的分析场中剔除原有粗分辨率涡旋，加入 3 维人造涡旋。该模式对 2006 年飓风强度预报的平均误差小于 SHIPS 方案，这在历史上尚属首次(Franklin 2007)。GFDL 飓风模式不久将被 HWRF(Hurricane Weather and Research Forecast)系统替代(Surgi 等 2006)，水平分辨率提高到 1.33 km，如此高分辨率的模式有望显著提高台风强度变化的预报能力。在实时业务中，由于模式运行需要一段时间，当预报结果传送到预报员时，往往已经有最新 6 小时的实况，模式预报结果一般会在根据最新实况进行订正后提供给预报员使用。总体来讲，当前数值模式的台风强度预报能力仍然不如统计或统计动力预报模型。

5.4.6 集合预报方法

集合或集成预报是提高天气预报准确率和分析预报不确定性的一个有效手段。Chan 等(2007)的分析表明，日本集合数值预报系统 24～120 小时的预报趋势一致率为 53%～88.5%，集合平均的均方根误差分别为 15.6，23.8，28.6，30.7 和 30.7 海里/时，有一定参考意义。他们采用人工神经网络技术对集合平均强度预报进行订正，中心最低气压和近中心最大风速的 120 小时预报可分别改进 50%和 20%以上，并进一步用排序柱状图校正法确定预报强度的概率分布，提出了台风强度的概率预报方案。Weber(2005)应用业务运行的所有客观强度预报结果(包括统计预报、数值预报和集成预报)建立了台风概率集成预报系统(PEST)，其中包括强度概率预报，基本思路是根据集合成员间的最小差距和平均差距定义一权重系数，将台风强度从 0～100 m/s 等分 251 个级别，计算所有训练样本的平均和累积概率密度分布。在预报时，先计算各预报时效的累积概率密度分布，然后根据训练样本的平均和累积概率密度分布确定不同强度的出现概率。从 2001 和 2002 年的预报结果看，基于概率预报的确定性预报较大多数集合成员有正技巧，但较气候持续性方法差，可能原因是集合成员不够多。Williford 等(2003)通过建立多个模式预报结果与实际飓风路径和强度之间的多元回归方程，提出了大西洋飓风路径和强度的多模式超级集合预报方案，预报时效为 5 天。该方案与单个模式相比，可使强度预报准确率提高 10%～25%，而且优于基于简单算术平均的超级集合预报。Vijaya Kumar 等(2003)将类似方案应用于太平洋各海域，发现超级集合预报方案对 72 小时以上时效的预报效果显著。Sampson 等(2006)提出了基于 10 个数值模式的 STIPS 集成方案，业务试验结果表明可在一定程度上提高预报准确率。但由于集成成员彼此有很高的相关性，集成方案相对单个成员预报的改进并不如路径集成方案那么显著。2006 年，以 SHIPS 和 GFDL 模式为成员的集成预报方案在美国国家飓风中心投入业务使用，总体性能优于两个集成成员(Franklin 2006，2007)。

5.4.7 综合预报方法

由于目前台风强度客观预报的准确率不高，在实时强度业务预报中，预报员除了参考台风强度客观预报的结果，还要通过对影响台风强度的多个气象因子的分析对台风强度的变化趋势给出定性分析，最后还要结合预报员的主观经验对台风强度客观预报的结果进行订正。

(1)反气旋流场结构

从大尺度来看(图 5.40(a)和图 5.40(b))，台风在眼区周围低层水平辐合形成大量的上升运动，在高层辐散流出。因而高层的流出结构及其强弱对于 TC 的强弱有很直接的关系。

(a) 高层台风流场　　(b) 台风垂直流场

图 5.40　反气旋流场结构

台风上空对流层高层 200 hPa 或 250 hPa 上有无明显的辐散气流是台风能否继续发展的重要标志，台风高层反气旋流场的不同分布决定了台风高层的辐散的大小。

高层的反气旋配置，主要分三种：

1)单通道流形配置

一般高层单通道流出情况下台风强度的加强速度一般，相对来说向赤道方向的单通道流出时台风强度的加强速度比向极地方向单通道流出时要略快一些(图 5.41 和图 5.42)。

(a) (b)

图 5.41 极地向流出单通道流型(粗直线为赤道,黑点为台风中心)

(a)200 hPa 高度上台风中心反气旋流出结构;(b)200 hPa 单通道极向流出结构。

(a) (b)

图 5.42 赤道向流出单通道流型(粗直线为赤道,黑点为台风中心)

(a)理想状况:200 hPa 高层赤道方向单通道流出;(b)实际流场:200 hPa 高层赤道方向单通道流出

2)双通道流出配置

通常情况下高层双通道流出时台风强度增强较快(图 5.43)。

(a) (b)

图 5.43 双通道流出结构(粗直线为赤道,黑点为台风中心)

(a)台风中心位于高层反气旋的西侧,并且是双通道流出的理想结构;(b)200 hPa 高层双通道流出结构

3)无流出配置

当发现台风高层无明显流出时,台风通常无明显变化或减弱(图 5.44)。

(2)海温

普遍认为 26 ℃海温是台风生成的最起码的条件之一。海温越高,能导致从海洋向大气输送更多的水汽和热量通量,对台风强度发展有利,特别是一旦海温高于 28.5 ℃可能导致台风的快速加强。

(a) (b)

图 5.44 无流出通道(粗直线为赤道,黑点为台风中心)

(a)理想结构:基本无流出结构并且台风中心位于高空反气旋南侧;(b)实际流场:高层无流出结构

(3)积云对流

积云对流增强有利于台风的增强,TC 对流云团的组织化也有利于 TC 增强;反之同理。中心云团对称化有利于台风强度维持和加强。

(4)垂直切变

一般来说,台风环境场的弱的水平风高低层垂直切变有利于台风加强,反之则对台风的加强不利。

(5)低层气旋性环流

一般来说当台风移到低层是气旋性环流的区域时强度有可能加强。由于西南季风的存在,在菲律宾以东海域和南海海域经常维持一个季风槽,一方面本身在季风槽附近台风生成的几率较大,另一方面由于季风槽中的台风能得到源源不断的水汽和动量的输送,对其强度的发展比较有利。

(6)低层辐合

低层辐合对台风的加强比较有利。热带辐合带(ITCZ)是一条具备较大低层辐合的东西带状区域,在菲律宾以东洋面上经常见到沿 ITCZ 自东向西有多个热带扰动生成,并沿热带辐合带向偏西方向移动的现象,有时还会出现在一条热带辐合带上先后有多个台风生成的情况。

(7)地形

地形(陆地、海岸线、山脉)对台风强度的影响非常复杂,但一般而言,由于台风登陆后其下垫面的水汽条件明显减弱和地面摩擦效应的缘故,台风登陆后都会减弱,只是减弱的快慢有所不同。

5.5 风雨预报

5.5.1 大风预报

台风对某海域或某地是否有大风影响及影响程度的预报是在对台风强度和特征风圈半径(如 8 级、10 级和 12 级风圈半径)进行预报的基础上,综合考虑未来天气形势的变化后确定的。所有预报中心基本上都开展台风强度的预报业务,但是只在少数几个中心开展特征风圈半径的分析和预报业务,如 RSMC Miami 和 JTWC 等,RSMC Tokyo 和中国气象局中央气象台都只开展特征风圈半径的分析业务,即给出特征风圈半径的实况,暂不作预报。中国气象局中央气象台对台风大风的强度和分布的预报还缺乏客观有效的方法,目前完全依赖于预报员根据风场分布实况以及台风强度和天气形势未来可能的变化作出经验的主观判断。

相对而言,特征风圈半径预报可参考的客观方法很少,只有气候或气候持续性方法以及数值模式预报的台风强度,目前效果最好的是气候持续性方法的预报,数值预报模式受分辨率和初始误差的限制,现在还无法提供有业务应用价值的特征风圈半径预报结果。此外,特征风圈半径的预报能力明显依赖于强度预报准确率。

台风特征风圈半径的气候学预报方法多为根据气候学参数模型,在强度预报的基础上对特征风圈半径进行估算。一个典型的方法是在美国联合台风警报中心(JTWC)使用多年的 Huntley 模型(表 5.4)。依据该模型,如果预报员知道台风初始尺度和预报强度后,即可进行特征风圈半径预报。根据台风历史资料可以求取台风中心最低气压 $p_{\min}$ 和 1004 hPa 等压线平均半径 R_p 与 15 m/s 风速平均半径 R_v 间的统计关系,即回归方程,在已知 $p_{\min}$ 和 R_p 情况下,求解此回归方程得到 R_v,然后将其代入台风风场参数模型即可估算 25 和 33 m/s 风速平均半径(Cocks 等 2002)。此外,在已知台风中心最低气压 $p_{\min}$ 和台风中心位置实况或预报值情况下,可应用基于描述台风气压分布的藤田公式和梯度风近似构造的大风圈半径计算方法作出台风大风圈平均半径的诊断或预报(钮学新 2003)。此类方法一般都将台风视为对称系统,预报员在应用时会根据台风移速、天气背景、是否靠近陆地等因素加入非对称信息。

表 5.4　美国联合台风警报中心(JTWC)业务中使用的 Huntley 大风半径模型

Very Small(RMW=10)				Small(RMW=15)				Average(RMW=20)				Large(RMW=25)				Very Large(RMW=30)				Intensity
Wind Radii for XX KT				Wind Radii for XX KT				Wind Radii for XX KT				Wind Radii for XX KT				Wind Radii for XX KT				
100	64	50	34	100	64	50	34	100	64	50	34	100	64	50	34	100	64	50	34	
0	0	0	30	0	0	0	45	0	0	0	60	0	0	0	70	0	0	0	75	35kts
0	0	0	35	0	0	0	55	0	0	0	70	0	0	0	85	0	0	0	95	40kts
0	0	0	40	0	0	0	65	0	0	0	80	0	0	0	100	0	0	0	120	45kts
0	0	15	45	0	0	20	75	0	0	30	90	0	0	35	115	0	0	45	140	50kts
0	0	20	50	0	0	30	85	0	0	40	100	0	0	50	130	0	0	60	160	55kts
0	0	25	60	0	0	40	95	0	0	55	130	0	0	65	155	0	0	80	190	60kts
0	20	30	70	0	35	50	115	0	45	70	150	0	55	85	185	0	65	100	220	65kts
0	20	35	80	0	35	55	125	0	50	80	170	0	60	95	200	0	70	115	245	70kts
0	25	45	90	0	40	65	135	0	55	90	180	0	65	110	220	0	80	130	270	75kts
0	30	50	100	0	40	70	140	0	60	100	195	0	70	120	240	0	85	145	290	80kts
0	30	55	105	0	45	80	155	0	60	105	210	0	75	130	255	0	90	155	310	85kts
0	30	60	110	0	45	85	165	0	65	110	215	0	75	140	270	0	95	165	325	90kts
0	35	65	120	0	50	90	170	0	65	120	225	0	80	150	280	0	100	175	340	95kts
15	35	65	120	15	50	95	175	20	70	125	235	25	85	155	290	35	105	185	355	100kts
15	35	70	125	20	50	100	185	25	70	130	245	30	90	160	300	40	110	195	370	105kts
15	35	70	125	20	50	105	190	30	70	135	250	40	90	165	310	50	110	200	375	110kts
20	40	70	130	25	55	105	190	35	75	140	255	45	95	170	315	55	120	210	390	115kts
20	40	75	135	30	60	110	195	40	80	145	260	50	100	175	320	65	130	215	395	120kts
20	40	75	135	30	65	115	200	45	90	150	265	55	105	180	325	70	135	220	400	125kts
25	45	75	135	35	70	115	205	45	90	150	270	60	110	185	330	75	140	225	410	130kts
25	45	80	140	35	70	120	210	50	95	155	280	65	115	190	335	80	145	230	415	135kts
25	50	80	145	40	75	120	210	55	100	160	285	70	120	195	340	80	145	235	420	140kts
30	50	80	145	40	75	120	215	55	100	160	290	70	125	200	350	85	150	240	425	145kts
30	50	85	150	45	80	125	215	60	105	165	295	75	130	205	355	85	150	245	430	150kts
30	50	85	150	45	80	125	220	65	110	170	300	80	135	210	360	95	160	255	440	160kts
35	55	90	155	50	85	130	225	70	115	175	305	85	140	215	365	100	165	260	450	170kts

气候持续性预报方法(MRCL)是基于大西洋台风历史资料得到的 60 多个气候持续性因子,用筛选回归方法建立特征风圈半径统计预报方程,可用于预报大西洋海域台风各象限特征风圈半径,预报时效长达 3 天(McAdie 2004)。但是,MRCL 的多个预报方程是针对不同象限、不同时效分别建立的,它们之间相互独立,在应用时可能会得出物理上不合理的结果,为避免这种缺陷,改进的 DRCL 方法在分别建立大西洋、东北太平洋和西北太平洋台风气候学风场模型的基础上,进一步考虑了风场对称和非对称结构的持续性特征,据此构建各洋域的统计预报方程(Knaff 等 2007),其预报时效为 5 天(图 5.45)。对 2004—2005 年大西洋海域独立样本的检验分析表明,MRCL 和 DRCL 方法各有优劣,MRCL 的平均绝对误差较小,而 DRCL 对有无特征风圈的判断更为准确。

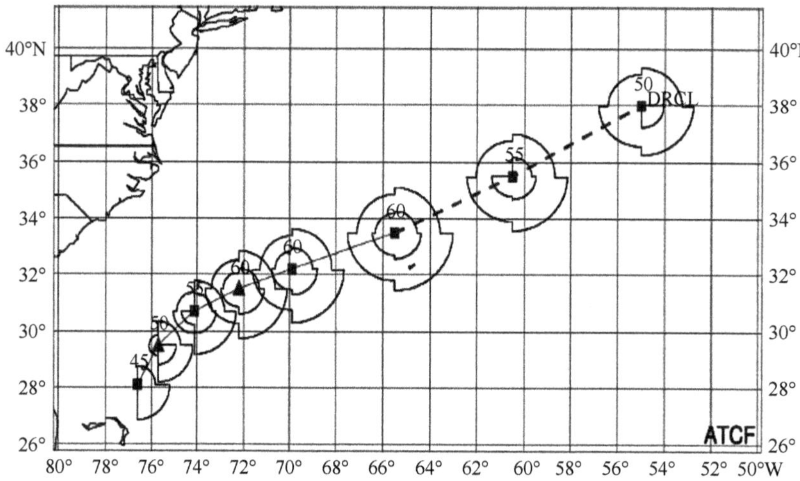

图 5.45 DRCL 方法预报的 2005 年热带风暴 Franklin 特征风圈半径的演变
（图中数字为预报的中心强度）

除了确定性预报外，RSMC Miami 还对公众提供台风风场的概率预报产品。制作风场概率图时，首先根据前期路径和强度预报误差情况，给出当前预报的可能变化范围，然后采用一个气候持续性方法预报各种路径和强度情况下的大风半径，进而给出分辨率为 0.5°×0.5°的各级大风概率分布图。

5.5.2 降水预报

台风强降水，尤其是登陆台风强降水，因其可能带来的严重影响，如引发山洪、城市内涝等，一直以来都备受关注。但是，受到科学认识和监测、预报技术手段的限制，台风降水的强度和分布预报至今仍是业务中的困难问题。

早在 20 世纪 50 年代，Kraft 就提出了一个预报台风降水的经验法则：24 小时降水可用 100 除以风暴移速来预测。这一法则主要是考虑了移速快的风暴在某地停留的时间比移速慢的风暴短，因此降水量与风暴移速成反比。在此基础上，根据台风降水随着与中心距离增大呈指数减小的观测结果，发展了一个业务化的 24 小时最大降水经验估计公式（Pfost 2000），但风暴移速仍然是唯一的因子。

Spayd 等（1984）发现某地在台风影响下的降水时间与离风暴垂直于移动方向轴线的距离 D 成正比，与风暴移速 V 成反比，因此总降水可用风暴平均降水率乘以 D/V 来计算。风暴平均降水率是根据观测统计结果，通过肉眼识别云型来估算，即中心密闭云区、眼墙云区、嵌入在输入云带中的强对流云区和外部输入云带分别被赋以不同的降水率，因此该方法的业务应用需要投入大量人力。江吉喜等（1987）统计分析了登陆我国台风不同云区的 3 小时降水量，并基于类似的外推原理，提出了登陆我国台风的过程最大降水估计以及 6 小时降水预报方案。目前在美国国家环境卫星、资料和信息局（NESDIS）业务运行的是基于格点化卫星估测降水率的自动化业务运行方案，同时考虑风暴移速在预报时段内的变化，提供台风登陆前 24～36 小时的 24 小时降水潜势预报。美国联合大气研究所（CIRA）采用几乎相同的方法进行全球台风整个生命史的 24 小时降水潜势预报。NESDIS 和 CIRA 的预报结果都通过网页提供给公众（Kidder 等 2005）。除了可用卫星估测降水进行外推预报外，还有研究指出，静止气象卫星的红外通道（GMS/IRl/WV）观测数据，经一定技术处理后，与未来 1～2 小时的降水强度显著相关，这样的相关关系也可用于降水的短时定量预测（张明席等 2001）。

如台风进入气象雷达监测范围，基于雷达降水估测的回波外推方法（TREC）在降水临近预报业务中发挥着重要作用。Wilk 等（1970）最初提出的回波质心跟踪法，是对某块回波相继两时刻的质心位置进行最小二乘拟合后外推，比较适合对孤立的大而强的回波块进行跟踪，而对于分散的回波以及回波发生合并或分裂时，跟踪成功率较低。后来得到广泛发展的是交叉相关方法。Tuttle 等（1990）将数据区域按特征进行划分，通过计算当前数据与前一时刻数据的最大相关系数，用以确定回波的运动矢量，这种方法较回波质心跟踪法的预报准确性有所提高，但随着外推时间的延伸，回波存在不同程度的辐散失真现象。Li 等(1995)提出了 COTREC 法,对外推后的回波加以水平无辐散限制,使其满足连续方程,解决了回波辐散问题,使外推后的回波保持平滑连续的形状,但是由于采用了水平无辐散限制,反演得到的风场被不同程度地削弱,外推后的回波往往比实况慢。在此基础上,陈雷等(2007)引入数值预报平均风场作为背景场,在一定程度上解决了回波移动较慢的问题。经验表明,此类方法预报未来 1 小时内的降水比较有效。

台风降水的气候学模型在业务预报中应用十分广泛。例如,海南省气象台基于对历史资料的分析,总结归纳了台风以不同路径、不同强度影响海南岛时所引起的总降水分布。实际业务中,预报员根据台风路径和强度的预报情况,在表中查找对应的降水分布型进行总降水预报。DeMaria 和 Tuleya 根据 50 多年的雨量站资料(1948—2000 年),建立了离台风中心不同半径处的轴对称降水率与半径以及登陆时间的经验关系,在此基础上结合路径预报进行登陆台风降水预报。该方法自 2001 年 9 月起在美国国家飓风中心业务运行,预报产品包括 6 小时面平均雨量和过程累积雨量等。Marks(2002)应用 TRMM/TMI 降水资料对上述经验关系进行了修订,并给出了不同强度情况下的经验关系式。Lonfat(2007)则通过引入风切变和地形所致降水不对称分布,提出了进一步的改进方案。Cheung(2006)基于 371 个自动雨量计观测网的多年观测,给出了台风经过台湾附近某个区域所致逐时降水的气候分布图,并与外推预报相结合提出了台风降水的气候持续性预报方法,在 6 小时内考虑外推预报与气候分布的不同权重,6 小时后则完全采用气候分布进行预报。

我国预报员在长期的业务实践过程中,总结出了很多对当地台风暴雨有指示意义的天气系统配置模型和预报指标,并建立了诊断或统计预报方程,但多为有无强降水的判别预报或分级降水预报。张延亭(1985)研究表明,地面天气图上决定江西台风降水强度的关键天气系统有:西伸的日本暖高压、蒙古冷高压及其前部气旋、黄河高压。蒙古高压与西伸的日本暖高压脊同时存在是太平洋台风在江西产生特大暴雨或大范围暴雨的必要条件,而黄河高压的存在不利于产生特强降水。贡九鼎等(1986)研究发现,将离散涡度展开成 Fourier 级数,增长波的数目与台风降水有关,可作为浙江省台风降水回归方程的因子。楼丽银(2000)基于天气形势分析和中尺度分析,建立了秋季登陆广东或沿海消亡台风是否在温州引起强降水的判别模型。冯利华(2000)研究认为,登陆台风降水与物理因子之间的内在联系既是确定的,又是不确定的,基于集对分析原理提出了一个台风降水等级预报方法。王安俊(2001)对河南安阳在台风影响下出现暴雨、一般降雨和无雨的天气形势进行了归纳,并选取多个预报因子,包括 K 指数、相邻两地高度差等,建立了安阳台风降水等级判别方程。赵金彪(2002)研究表明,台风低压中心入侵广西,同时有中低纬度西风带系统东移配合影响,是桂西北地区维持强降水的主要因素,单一台风系统造成强降水的概率很小,据此建立了桂西北地区的台风暴雨预报概念模型。钮学新等(2005)分析了华东地区各类台风路径降水的气候概况和影响降水的因素,指出冷空气入侵、地形作用、水汽条件及影响时间长短等都能影响台风降水量,并提出两个可用于诊断预报台风降水的物理量——云顶温度和热成散度。施望芝(2006)通过个例分析,提出了台风降水云区中单站强降水的多种物理量综合诊断指标,发现水汽通量散度、单站假相当位温等要素有提前 6～24 小时的预报指示意义。

基于粗分辨率数值天气预报模式的统计或动力解释应用技术在台风定量降水预报中发挥着重要作用,如越南水文气象预报中心的模式输出动力方法(MOD)、我国国家气象中心的模式输出统计方法(MOS)(刘还珠等 2004)等。基于欧洲中期天气预报中心全球模式预报产品,用诊断地形强迫降水的动力释用模型,对一次台风强降水过程进行了多种水平分辨率的预报试验,其中 10 km 分辨率的预报效果最好(Sinclair 1994)。针对福建省 67 个测站建立的台风短时强降水数值模式统计释用预报方法,建模过程中考虑了相对湿度、水汽通量散度、涡度等物理因子及多个组合因子,采用逐步回归方法进行筛选(陈雪钦等 2006)。这是建立模式释用预报模型的常用方法,其性能十分依赖于数值天气预报模式自身的性能。

Marchok 等(2007)对 NCEP 业务数值天气预报模式的台风降水预报能力进行了分析,包括全球预报系统(GFS)、GFDL 飓风模式、北美中尺度模式(NAM),并与气候持续性预报方法进行对比,发现各模式都具有与气候持续性方法相当的性能,甚至在某些方面超过气候持续性方法。在三个模式中,GFS

在各方面都是最优的，GFDL 的降水预报过强，NAM 则几乎报不出强降水。Tuleya(2007)用 1/3 经纬度分辨率的 GFDL 飓风模式对 1995—2002 年 25 个登陆台风进行了回算，也发现模式的日降水预报平均绝对误差与气候持续法相当，但降水型的相关和 ETS 评分都比气候持续法高。从图 5.46 可以看出，我国目前业务运行的台风数值预报模式 GRAPES_TCM 的日降水预报 ETS 评分明显高于华东区域业务数值天气预报模式，同时也优于基于 AMSU 定量降水估计的外推预报。

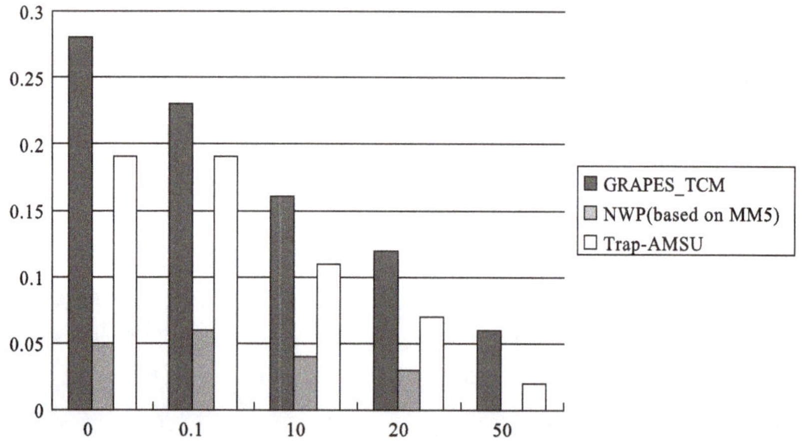

图 5.46 GRAPES_TCM、华东区域业务数值天气预报模式和基于 AMSU 定量降水估计外推的 2006 年 4 个登陆台风 24 小时降水预报 ETS 评分

高分辨率数值天气预报模式已表现出较强的定量降水模拟和预报能力。图 5.47 是采用 MM5 中尺度模式对 2005 年台风泰利降水的 9 km 水平分辨率的模拟结果与对应时段的实测降水，可见模式可

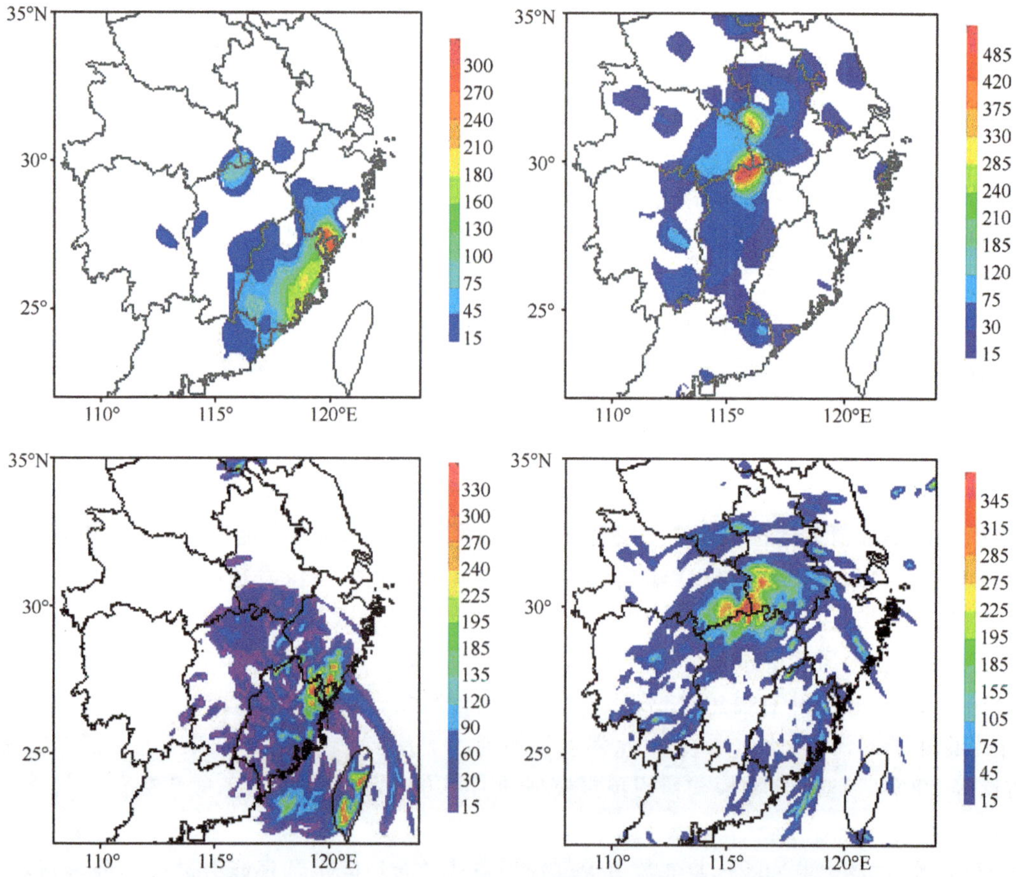

图 5.47 0513 号超强台风泰利登陆福建前后的观测(上)和模拟(下)降水分布(单位:mm)
(左为 9 月 1 日 08 时至 2 日 08 时 24 小时总降水。右为 9 月 2 日 08 时至 3 日 08 时 24 小时总降水)

很好地模拟泰利登陆过程中及登陆后所引起的降水分布和强降水中心。尽管如此，由于受计算条件的限制，实时业务预报中高分辨率数值天气预报模式的应用仍很有限，目前多与中尺度分析系统相结合用于短时临近预报。日本气象厅将逐时观测资料与中尺度非静力数值模式相结合作 5 km 分辨率的暴雨短时预报，在前 3 小时用外推、后 3 小时则用模式预报结果与外推结合，以后模式结果权重增加，外推权重迅速减小。台湾气象部门用一个局地分析与预报系统(LAPS)对中尺度数值天气预报模式进行非绝热初始化，制作 9 km 分辨率的短时降水预报，但该系统对台风眼墙强降水的预报能力较差(Jian 等 2005)。广州区域气象中心采用 GRAPES_SWIFT 进行强降水的短时临近预报，该系统提供未来 12 小时的 10 分钟一次的预报结果，进行逐时滚动预报。

集合和集成预报方法也已用于进行台风降水的定量或概率预报。贡九鼎等(1995)通过对台风降水定义重解来进行多预报结果的筛选，提出了一种可远离平均态的集成预报方法。Li 等(2004)分析了应用 ECMWF 集合预报系统预报香港暴雨和大风的能力，指出对于香港这么小的地方，粗分辨率的全球数值天气预报结果不能直接使用，需要进行后处理或订正。对于极端情况，极端集合成员具有可参考性，但是实际应用过程中，往往需要先由预报员对形势作出判断，然后再应用相应集合成员的降水预报。澳大利亚气象局基于多个全球数值模式的预报结果，开展降水概率预报和多模式集成定量降水预报业务(Davidson 2006)。关于台风降水的集合预报方案，多采用分析场扰动、积云参数化扰动方案(Shin 等 2003)。登陆台风降水的集合或集成预报，以及以此为基础的降水概率预报产品的应用是当前研究的热点问题。

登陆台风暴雨的实际预报往往是综合上述方法作出的。要参考台风降雨的统计背景，并有 MOS 的预报结果和动力模式的预报结果。参考当前的卫星图像和雷达回波以及相应的 QPE 结果，最后才作出 QPF。登陆台风暴雨的定量降水预报目前还存在较大误差，预报技术急需改进提高。

5.6　中央气象台台风预警标准

根据《国家气象灾害应急预案》的要求，中央气象台制定台风预警标准。

5.6.1　红色预警

预计未来 48 小时将有强台风(中心附近最大平均风速 14～15 级)、超强台风(中心附近最大平均风速 16 级以上)登陆或影响我国沿海。

5.6.2　橙色预警

预计未来 48 小时将有台风(中心附近最大平均风速 12～13 级)登陆或影响我国沿海。

5.6.3　黄色预警

预计未来 48 小时将有强热带风暴(中心附近最大平均风速 10～11 级)登陆或影响我国沿海。

5.6.4　蓝色预警

预计未来 48 小时将有热带风暴(中心附近最大平均风速 8～9 级)登陆或影响我国沿海。

参考文献

陈雷，戴建华，陶岚. 2009. 一种改进后的交叉相关法(COTREC)在降水临近预报中的应用. 热带气象学报，**25**：117-122

陈联寿，丁一汇. 1979. 西太平洋台风概论. 北京：科学出版社，491

陈佩燕，端义宏，余晖等. 2006. 云顶亮温在西北太平洋台风强度预报中的应用. 气象学报，**64**(4)：474-484

陈佩燕，余晖. 2007. 台风强度的模式释用预报技术研究. 上海台风研究所技术报告.

陈瑞闪. 2002. 台风. 福州：福建科学技术出版社，686

陈雪钦，刘铭，蔡义勇. 2006. 用数值预报物理量资料作福建省台风短时强降水预报，中国气象学会 2006 年年会，四川成都

冯利华. 2000. 登陆台风降水预报. 海洋通报，**19**(2)：75-79

贡九鼎，程煜. 1986. 一个对预报台风降水有用的因子 Ci. 浙江气象科技，**7**(2)：19-23
贡九鼎，钮学新，李慧武. 1995. 华东台风降水预报的一种集成，大气科学，**19**(1)：101-110
胡春梅，余晖等. 2006. 西北太平洋台风强度统计释用预报方法研究. 气象，**32**(8)：64-69
黄立文，廖木星，胡基福. 1996. 在船舶航行条件下台风强度变化预报的相似离度方案. 中国航海，(1)：56-61
黄伟，端义宏，薛纪善，陈德辉. 2007. 热带气旋路径数值模式业务试验性能分析. 气象学报，**65**(4)：578-587
江吉喜，叶惠明. 1987. 用 GMS 云图作登陆台风降水预报的方法研究，热带气象学报，**3**(4)：369-376
金龙. 2005. 基于遗传-神经网络的台风强度预报方法试验. 第五届全国台风及海洋气象专家工作组第三次会议
林有任等. 1982. 西北太平洋台风强度的统计预报——前期因子多元回归方程. 气象，(3)：5-7
刘还珠，赵声蓉，陆志善. 2004. 国家气象中心气象要素的客观预报——MOS 系统. 应用气象学报，**15**(2)：181-191
楼丽银，黄克慧，张意权. 2000. 秋季台风外围强降水的分析和预报. 浙江气象，**21**(3)：14-17
钮学新，董加斌，杜惠良. 2005. 华东地区台风暴雨及影响降水因素的气候分析. 应用气象学报，**16**(3)：402-407
钮学新. 2003. 热带气旋强度和大风圈预报的动力统计方法. 中国气象学会 2003 年年会，北京
裘国庆，方维模，等译. 1995. 全球台风预报指南——世界气象组织技术文件(WMO/TD-NO. 560). 北京：气象出版社，37-71
上海台风研究所. 2006. 中国热带气旋气候图集. 北京：科学出版社，6-9
施望芝，毛以伟，王建生等. 2005. 台风降水云区中单站强降水诊断分析和预报，气象科学，**26**(6)：668-675
王安俊，王树文. 2001. 登陆台风对安阳降水的影响及其预报. 河南气象，(2)：4-5
王栋梁，梁旭东. 2004. 台风数值模拟中 bogus 涡旋四维变分同化的研究. 南京气象学院学报，**27**(4)：502-510
王康玲. 1996. 南海区域台风路径数值预报业务模式研究实验//台风、暴雨业务数值预报方法和技术研究. 北京：气象出版社，44-51
王诗文，李建军. 1994. 台风路径实时数值预报的初步试验. 应用气学报，**5**(4)：462-469
王志烈，费亮. 1987. 台风预报手册. 北京：气象出版社，360
徐明，林有任. 1995. 西北太平洋台风强度的一种统计释用预报方法. 气象科学研究与应用，(8)：49-53
燕方杰，范永祥. 1994. 西北太平洋台风近中心最大风速与中心最低海平面气压的统计相关. 气象科技，(1)：56-59
殷鹤宝等. 1996. 正规模初始化及其及其在东海台风模式中的实验//台风、暴雨业务数值预报方法和技术研究. 北京：气象出版社，59-66
余晖，胡春梅，蒋乐怡. 2006. 台风强度资料的差异性分析. 气象学报，**64**(3)：357-363
张立祥，周小珊，李用左，王锦贵. 2000. 非静力模式预报台风路径个例试验. 南京气象学院学报，**23**(1)：73-80
张明席，邹燕，杨晖等. 2001. 云/雨相关分析与降水的卫星定量估测模式研究 a. 云、雨场相关的定量分析及估算模式设计，第十三届全国遥感技术学术交流会论文摘要集
张延亭. 1985. 根据地面天气系统的配置预报台风降水强度. 气象，**11**(9)：10-11
赵金彪，刘万杰. 2002. 桂西北两次台风降水过程的对比分析与预报概念模型. 广西气象，**23**(4)：14-15
中国气象局编著. 2001. 台风业务和服务规定(第三次修订版). 北京：气象出版社，13
中华人民共和国国家质量监督检验检疫总局，中国国家标准化管理委员会. 2006. 台风等级 GB/T19201－2006. 北京：中国标准出版社
周霞琼，张秀珍，端义宏等. 2003. 滞后平均法(LAF)在热带气旋路径集合预报中的应用. 气象科学，**23**(8)：410-417
Aberson S. D. 2001. The ensemble of tropical cyclone track forecasting models in the North Atlantic basin (1976－2000). *Bull. Amer. Meteor. Soc.*, **82**: 1895-1904
Aberson S., D., 1998. Five-day tropical cyclone track forecasts in the Atlantic basin. *Wea. Forecasting*, **13**, 1005-1015.
Aberson, S. D., S. J. Lord, M. DeMaria, and M. S. Tracton. 1995. Short-range ensemble forecasting of hurricane tracks. *Proc.*, *21st Conf. On Hurricanes and Tropical Meteorology*, Miami, FL, Amer. Meteor. Soc., 494-496.
Atkinson, G. D. and C. R. Holliday. 1977. Tropical Cyclone Minimum Sea Level Pressure / Maximum Sustained Wind Relationship for the Western North Pacific. *Mon. Wea. Rev.*, **105**: 421-427
Baik J J, Paek J S. 2000. A neural network model for predicting typhoon intensity. *J Meteor Soc Japan*, **78**: 857-869
Bureau of Meteorology. 1978. *Australian Tropical Cyclone Forecasting Manual*. Bureau of Meteorology, Melbourne, Australia, 274
Carr, L. E., III, Mark A. Boothe, and Russell L. Elsberry. 1997. Observational Evidence for Alternate Modes of Track-Altering Binary Tropical Cyclone Scenarios. *Mon. Wea. Rev.*, **125**: 2094-2111
Chan S T, Chen P Y. 2007. Use of the JMA ensemble prediction system for tropical cyclone intensity forecasting. Technical Report of Hongkong Observatory
Chan, C. L. J., R. T. Williams. 1987. Analytical and numerical studies of the beta-effect in tropical cyclone motion.

Part I: Zero mean flow. *J. Atmos. Sci.*, **44**:1257-1265

Chan, C. L. J., William M. Gray. 1982. Tropical Cyclone Movement and Surrounding Flow Relationships. *Mon. Wea. Rev.*, **110**:1354-1374

Chan, J. C. L., F. M. F. Ko and Y. M. Lei. 2002. Relationship between potential vorticity tendency and tropical cyclone motion. *J. Atmos. Sci.*, **59**:1317-1336

Cheung K K W, Chan J C L. 1999b. Ensemble Forecasting of Tropical Cyclone Motion Using a Barotropic Model. Part II: Perturbations of the Vortex. *Mon. Wea. Rev.*, **127**:2617-2640

Cheung K K W, Chan J C L. 1997. Ensemble forecasting of tropical cyclone motion. Research activities in atmospheric and oceanic modelling, CAS/JAS Working Group on Numerical Experimentation (WGNE). WMO/TD-No. **792**. 6. 1-6. 2.

Cheung K K W, Chan, JCL, 1999a. Ensemble forecasting of tropical cyclone motion using barotropic model. Part I: Perturbations of the environment. *Mon. Wea. Rev.*, **127**:1229-1243

Cheung K K W. 1997. Ensemble forecasting of tropical cyclone motion using a barotropic model. *22nd Conf. Hurr. Trop. Meteor.*, Fort Collins, Amer. Meteor. Soc., 627-628.

Cheung K. K. W, C T Weng, C. S. Lee, and Ben J. D. Jou. 2006. Development of a statistical tropical cyclone rainfall forecast model for the Taiwan area. *Preprints, Conference on Weather Analysis and Forecasting, Taipei*, Central Weather Bureau, 2-14-2-19.

Chu J H. 1994. A regression model for the western North Pacific tropical cyclone intensity forecasts. NRL Memo Rep 7541-94-7215, Naval Research Laboratory, 33

Chu J. H. 1994. A Regression Model for the Western North Pacific Tropical Cyclone Intensity Forecast. Naval Res. Lab., Monterey, CA. NRL/MR/7541-94-7215. 33

Cocks S B, Gray W M. 2002. Variability of the outer wind profiles of Western North Pacific typhoons: Classifications and techniques for analysis and forecasting. *Mon Wea Rev*, **130**:1989-2005

Davidson Jim. 2006. Quantitative Forecasts of Tropical Cyclone Landfall in relation to an Effective Warning System. *WMO Sixth International Workshop on Tropical Cyclones*, Costa Rica

DeMaria M, Baik J J, Kaplan J. 1993. Upper-level eddy angular momentum fluxes and tropical cyclone intensity change. *J Atmos Sci*, **50**:1133-1147

DeMaria M, Kaplan J. 1994. A Statistical Hurricane Intensity Prediction Scheme(SHIPS) for the Atlantic Basin. *Wea Forecasting*, **9**:209-220

DeMaria M, Kaplan J. 1994. Sea surface temperature and the maximum intensity of Atlantic tropical cyclones. *J Climate*, **7**:1324-1334

DeMaria M, Kaplan J. 1999. An updated Statistical Hurricane Intensity Prediction Scheme(SHIPS) for the Atlantic and Eastern North Pacific Basins. *Wea Forecasting*, **14**: 326-337

DeMaria M, Knaff J A, Kaplan J. 2006. On the decay of tropical cyclone winds crossing narrow landmasses. *J Appl Meteor Climatology*, **45**:491-499

DeMaria M, Mainelli M, Shay L K, *et al*. 2005. Further improvements to the Statistical Hurricane Intensity Prediction Scheme(SHIPS). *Wea Forecasting*, **20**:531-543

DeMaria M. 1996. The effect of vertical shear on tropical cyclone intensity change. *J Atmos Sci*, **53**:2067-2087

DeMaria, M. 1985. Tropical cyclone motion in a nondivergent barotropic model. *Mon. Wea. Rev.*, **113**:1199-1210

Dong, K., and C. J. Neumann. 1983. On the relative motion of binary tropical cyclones. *Mon. Wea. Rev.*, **111**:945-953

Dong, K., and C. J. Neumann. 1986. The relationship between tropical cyclone motion and environmental geostrophic flows. *Mon. Wea. Rev.*, **114**:115-122

Dvorak, V. F. 1972. A technique for the analysis and forecasting of tropical cyclone intensities from satellite pictures. NOAA Tech. Memo. NESS **36**:15

Dvorak, V. F. 1973. A technique for the analysis and forecasting of tropical cyclone intensities from satellite pictures. NOAA Tech. Memo. NESS **45**, 19

Dvorak, V. F. 1975. Tropical cyclone intensity analysis and forecasting from satellite imagery. *Mon. Wea. Rev.*, **103**: 420-462

Dvorak, V. F. 1982. Tropical cyclone intensity analysis and forecasting from satellite visible or enhanced infrared imagery. NOAA National Environmental Satellite Service, Applications Laboratory Training Notes, 42

Dvorak, V. F. 1984. Tropical cyclone intensity analysis using satellite data. NOAA Tech. Report, NESDIS 11-45

Dvorak, V. F. 1995. Tropical clouds and cloud systems observed in satellite imagery: Tropical cyclones. Workbook, **2**:359

Elsberry R L, Glenn G, Paul L K. 1975. Statistical forecasts of 24, 48 and 72h typhoon and tropical storm intensity changes. *J Appl Meteor*, **14**:445-451

Elsberry R L, Weniger E L, Meanor D H. 1988. A statistical tropical cyclone intensity forecast technique incorporating environmental wind and vertical wind shear information. *Mon Wea Rev*, **116**:2142-2154

Elsberry, R. L. 1987. Tropical cyclone motion. Chapter 4, *A Global View of Tropical Cyclones*. Office of Naval Research, 91-131

Fiorino, M. , and R. L. Elsberry. 1989. Some aspects of vortex structure related to tropical cyclone motion. *J. Atmos. Sci.* , **46**:975-990

Fisher, E. L. 1958. Hurricane and the sea-surface temperature field. *J. Meteo.* , **15**: 328-333.

Fitzpatrick P J. 1997. Understanding and forecasting tropical cyclone intensity change with the Typhoon Intensity Prediction Scheme(TIPS). *Wea Forecasting*, **12**:826-846

Franklin J L. 2006. 2005 National Hurricane Center forecast verification report

Franklin J L. 2007. 2006 National Hurricane Center forecast verification report.

Gentry R C, Rodgers E, Steranka J, *et al*. 1980. Predicting tropical cyclone intensity using satellite-measured equivalent blackbody temperatures of cloud tops. *Mon Wea Rev*, **108**:445-455

George, J. E. , and W. M. Gray. 1976. Tropical cyclone motion and surrounding parameter relationships. *J. Appl. Meteor.* , **15**:1252-1264

Goerss J. S. 2000. Tropical Cyclone Track Forecasts Using an Ensemble of Dynamical Models. *Mon. Wea. Rev.* , **128**: 1187-1193

Guard, C. P. 1977. Operational application of a tropical cyclone recurvature/non-recurvature study based on 200 mb wind fields. FLEWEACEN Tech Note JTWC, **77**(1):40

Hebert P J. 1978. Intensification criteria for tropical depressions of the Western North Atlantic. *Mon Wea Rev*, **106**:831-840

Holland, G. J. 1980. An analytic model of the wind and pressure profiles in hurricanes. *Mon. Wea. Rev.* , **108**:1212-1218

Holland, G. J. 1981. On the quality of the Australian tropical cyclone data base. *Aust. Met. Mag.* , **29**:169-181

Holland, G. J. 1984. Tropical Cyclone Motion: A Comparison of Theory and Observation. *J. Atmos. Sci.* , **41**:68-75

Holland, G. J. , M. Lander. 1993. The meandering Nature of tropical cyclone tracks. *J. Atmos. Sci.* , **50**:1254-1266

Japan Meteorological Agency (JMA). 2000-2007. Annual Report on Activities of the RSMC Tokyo-Typhoon Center.

Japan Meteorological Agency (JMA). 2009. Activities of the RSMC Tokyo-Typhoon Center in 2008. 41st Session of ESCAP/WMO Typhoon Committee, Chiang Mai, Thailand.

Jarvinen B R,Neumann C J. 1979. Statistical forecast of tropical cyclone intensity for the North Atlantic basin. NOAA Tech Meme NWS NHC, 10-22

Jian Guo-Ji, John A. Mcginley. 2005. Evaluation of a Short-Range Forecast System on Quantitative Precipitation Forecasts Associated with Tropical Cyclones of 2003 near Taiwan. *Journal of the Meteorological Society of Japan*, **83** (5) : 657-681

Jones T A, Cecil D, DeMaria M. 2006, Passive-microwave-enhanced Statistical Hurricane Intensity Prediction Scheme. *Wea Forecasting*, **21**:613-635

Kaplan J, DeMaria M. 1995. A simple empirical model for predicting the decay of tropical cyclone winds after landfall. *J Appl Meteor*, **34**:2499-2512

Kidder S. Q. , A. S. Jones. 2005. A processing system to produce blended total precipitable water products. 21*st International Conference on Interactive Information Processing Systems (IIPS) for Meteorology*, Oceanography, and Hydrology, American Meteorological Society, San Diego, California.

Knaff J A, DeMaria M, Sampson C R, *et al*. 2003. Statistical, 5-day tropical cyclone intensity forecasts derived from climatology and persistence. *Wea Forecasting*, **18**:80-92

Knaff J A, Guard C, Kossin J, *et al*. 2006. Operational guidance and skill in forecasting structure change. 6*th WMO international workshop on tropical cyclones*, San Jose, Costa Rica,160-184

Knaff J A, Sampson C R, DeMaria M. 2005. An operational statistical typhoon intensity prediction scheme for the Western North Pacific. *Wea Forecasting*, **20**:688-699

Knaff J A, Sampson C R, DeMaria M. 2007. Statistical tropical wind radii prediction using climatology and persistence. *Wea Forecasting*, **22**:781-791

Kurihara Y. , Bender M. A. , Ross R. J. 1993. An initialization scheme of hurricane models by vortex specification.

Mon. Wea. Rev., **121**:2030-2045

Kurihara Y, M A Bender, R E Tuleya, R J Ross. 1995. Improvements in the GFDL Hurricane Prediction System. *Mon. Wea. Rev.*, **123**:2791-2810

Kwon H J, S-H Won, M-H Ahn, A-S Suh, H.-Sa. Chung. 2002. GFDL-Type Typhoon Initialization in MM5. *Mon. Wea. Rev.*, **130**:2966-2974

Lander M and G J Holland. 1993. On the interaction of tropical-cyclone-scale vortices. I: Observations. *Quart. J. Roy. Meteor. Soc.*, **119**:1347-1361

Leslie L M, Holland G J. 1991. Predicting changes in intensity of tropical cyclones using a Markov chain technique. *Preprints*, 19*th conference on Hurricanes and Tropical Meteorology*, Miami, FL, Amer Meteor Soc, 508-510

Li L, W Schmid, J Joss. 1995. Nowcasting of motion and growth of precipitation with radar over a complex orography. *Journal of Applied Meteorology*, 1284-1300

Lonfat M, Marks Jr F D, Chen S S. 2007. Precipitation Distribution in Tropical Cyclones Using the Tropical Rainfall Measuring Mission (TRMM) Microwave Imager: A Global Perspective, *Mon Wea Rev*, **132**:1645-1660

Marchok Timothy, Robert Rogers, Robert Tuleya. 2007. Validation Schemes for Tropical Cyclone Quantitative Precipitation Forecasts: Evaluation of Operational Models for U. S. Landfalling Cases. *Weather and Forecasting*, **22**(4): 726-746

Marks F D, G Kappler, M DeMaria. 2002. Development of a Tropical Cyclone Rainfall Climatology and Persistence (R-CLIPER) Model. *Reprints of the* 25*th Conference on Hurricanes and Tropical Meteorology*, AMS, San Diego, CA.

McAdie C J. 2004. Development of a wind-radii CLIPER model. *Preprints*, 24*th Conf. on Hurricanes and Tropical Meteorology*, Miami, FL, Amer Meteor Soc, 170-171

McBride J L. 1981a. Observational analysis of tropical cyclone formation. Part I: Basic definition of data sets. *J. Atmos. Sci.*, **38**:1117-1131

McBride J L and G J Holland. 1987. Tropical cyclone forecasting: A worldwide summary of techniques and verification statistics. *Bull. Amer. Met. Soc.*, **68**: 1230-1238

McBride J L. 1981b. Observational Analysis of Tropical Cyclone Formation. Part III: Budget Analysis. *J. Atmos. Sci.*, **38**: 1152-1166.

Merrill R. T. 1987. An experiment in statistical prediction of tropical cyclone intensity change. NWS NHC-34, NOAA Tech. Memo., 34

Neumann C J. 1992. The Joint Typhoon Warning Center (JTWC92) model. SAIC, Final Report, Contract No. N00014-90-C-6042, 85

Nolan D S, et al. 2002. Preliminary Comparisons of Tropical Cyclone Simulations in the GFDL and WRF Models, 25*th Conference on Hurricanes and Tropical Meteorology*, 467-468

Pfost RL. 2000. Operational tropical cyclone quantitative precipitation forecasting. *Natl. Wea. Dig.*, **24**:61-66

Pike A C. 1985. Geopotential heights and thicknesses as predictors of Atlantic tropical cyclone motion and intensity. *Mon Wea Rev*, **113**:931-939

Pu Z X, S A Braun. 2001. Evaluation of bogus vortex techniques with four-dimensional variational data assimilation. *Mon. Wea. Rev.*, **129**:2023-2039

Robert Falvey. 2008. Joint Typhoon Warning Center 2007 Year in Review. 62*nd Interdepartmental Hurricane Conference*, Charleston, South Carolina.

Robert Falvey. 2009. Joint Typhoon Warning Center 2008 Year in Review. 63*rd Interdepartmental Hurricane Conference*, St Petersburg, Florida.

Sampson C R, Knaff J A, DeMaria M. 2006. A statistical intensity model consensus for the Joint Typhoon Warning Center. A statistical intensity model consensus for the Joint Typhoon Warning Center. 27*th Conference on Hurricanes and Tropical Meteorology*

Sampson C R, Miller R J, Kreitner R A, *et al.* 1990. Tropical cyclone track objective aids for the microcomputer: PCLM, XTRP, PCHP. *Naval Oceanographic and Atmospheric Research Laboratory*, **61**:15

Senn, H. V., H. W. Hiser. 1959. On the origin of hurricane spiral bands. *J. Meteor.*, **16**:19-426

Shin D W, S Cocke and T E Larow. 1995. Ensemble Configurations for Typhoon Precipitation Forecasts, *Journal of the Meteorological Society of Japan*, **81**(4): 679-696

Sinclair M R. 1994. A diagnostic model for estimating orographic precipitation. *Journal of Applied Meteorology*, **33**: 1163-1175.

Smith R B 1993. A hurricane beta-drift law. *J. Atmos. Sci.*, **50**:3213-3215

Spayd L E Jr, R A Scofield. 1984. A tropical cyclone precipitation estimation technique using geostationary satellite data. NOAA Tech. Memo, **5**:36

Steranka J, Rodgers E B, Gentry R C. 1986. The relationship between satellite measured convective bursts and tropical cyclone intensification. *Mon Wea Rev*, **114**:1539-1546

Surgi N, Gopalkrishnan S, Liu Q, *et al*. 2006. The Hurricane WRF(HWRF): Addressing our Nation's next generation hurricane forecast problems. *27th Conference on Hurricane and Tropical Meteorology*

Tuleya Robert E., Mark DeMaria, Robert J. Kuligowski. 2007. Evaluation of GFDL and Simple Statistical Model Rainfall Forecasts for U.S. Landfalling Tropical Storms. *Weather and Forecasting*, **22**(1): 56-70

Tuttle J D and G B Foote. 1990. Determination of the boundary layer airflow from a single Doppler radar. *J. Atmos. Oceanic Technol.*, **7**:218-232

Ueno Mitsur. 2000. Regional views on Operational Tropical Cyclone Forecasting from RSMC Tokyo Typhoon Center. *WMO Regional Technical Conference on Tropical Cyclones and Storm Surges*, Chiang Mai Thailand.

Ueno M. 1989. Operational bogussing and numerical prediction of typhoon in JMA. JMA/NPD Technical Report, **28**:48

Vijaya Kumar T S V, Krishnamurti T N. 2003. Multimodel supperensemble forecasting of tropical cyclones in the Pacific. *Mon Wea Rev*, **13**:574-583

Wang Bin, Li Xiaofan. 1995. Propagation of a tropical cyclone in a meridionally varying zonal flow: An energetics analysis. *J. Atmos. Sci.*, **52**:1421-1433

Weber H C. 2005. Probabilistic prediction of tropical cyclones. Part Ⅰ: Position. *Mon Wea Rev*, **133**:1840-1852

Weber H C. 2005. Probabilistic prediction of tropical cyclones. Part Ⅱ: Intensity. *Mon Wea Rev*, **133**:1853-1864

Weber, Harry C. 2003. Hurricane Track Prediction Using a Statistical Ensemble of Numerical Models. *Mon. Wea. Rev.*, **131**: 749-770

Weir R C. 1982. Predicting the acceleration of northward-moving tropical cyclones using upper-tropospheric winds. NAVOCEANCOMCEN/JTWC Technical Note 82-2, U. S. Naval Oceanography Command Center/Joint Typhoon Warning Center, FPO San Francisco, CA 96630, 40

Wilk K J, Gray K G. 1970. Processing and analysis techniques used with the NSSL weather radar system, *Preprints 14th Conf. On Radar Meteor.*, 367-374

Williford C E, Krishnamurti T N, Torres R C, *et al*. 2003, Real-time multimodel superensemble forecasts of Atlantic tropical systems of 1999. *Mon Wea Rev*, **131**: 1878-1894

Wong L M M, J C L Chan. 2006. Tropical cyclone motion in response to land surface friction. *J. Atmos. Sci.*, **63**:1324-1337

World Meteorological Organization (WMO). 1992. *Guide on the Global Data Processing System* WMO-No. 305

World Meteorological Organization (WMO). 2007. Typhoon Committee Operational Manual: Meteorological Component, WMO/TD-No. 196

Wu C.-C., K.-H. Chou, Y. Q. Wang, Y.-H. Kuo. 2006. Tropical cyclone initialization and prediction based on four-dimensional variational data assimilatoin. *J. Atmos. Sci.* **63**: 2383-2395

Wu L, Wang B. 2000. A potential vorticity tendency diagnostic approach for tropical cyclone motion. *Mon. Wea. Rev.*, **128**: 1899-1911

Xu J, W M Gray. 1982. Environmental circulations associated with tropical cyclones experiencing fast, slow, and looping motion. Atmos. Sci. paper, 54-62

Yeung Linus H Y, Edwin S T Lai, Queenie C C Lam, Philip K Y Chan and P Cheung. 2004. Performance and application of ECMWF EPS forecasts in the prediction of heavy rain and high winds in Hong Kong, Reprint 544, ECMWF Technical Memorandum No. 446, Hong Kong Observatory.

Zhang Xiaoyan, Wang Bin, Ji Zhongzhen, Xiao Qingnong, Zhang Xin. 2003. Initialization and simulation of a typhoon using 4-dimentional variational data assimilation-research on typhoon Herb (1996). *Advances in Atmospheric Sciences*, **20**: 612-622

Zhao Ying, Wang Bin, Ji Zhongzhen, et. al. 2005. Improved track forecasting of a typhoon reaching landfall from four-dimensional variational data assimilation of AMSU-A retrieved data. *J. Geophys. Res.*, **110**

Zou X and Xiao Qingnong. 2000. Studies on the initialization and simulation of a mature hurricane using a variational bogus data assimilation scheme. *J. Atmos. Sci.*, **57**:836-860

第 6 章
暴雨预报

暴雨是我国既频发又影响最为严重的灾害性天气之一。由于季风的影响，每年由春到夏，我国雨带从华南北移到江淮流域，到盛夏，雨带则移到华北和东北地区，秋季还可能出现华西秋雨。本章重点介绍华南前汛期暴雨、梅雨锋暴雨、华北暴雨、东北暴雨、西北暴雨、西南暴雨和华西秋雨的预报思路和方法。

6.1　气候特征

6.1.1　地理分布

中国年暴雨（日降水量≥50 mm）日数分布从东南向西北减少，淮河流域及其以南大部地区以及四川东部、重庆等地普遍在 3 天以上，其中华南大部及江西等地达 5～10 天；黄河中下游、海河流域、辽河流域等地一般有 1～3 天；中国西部地区偶有暴雨发生（图 6.1）。

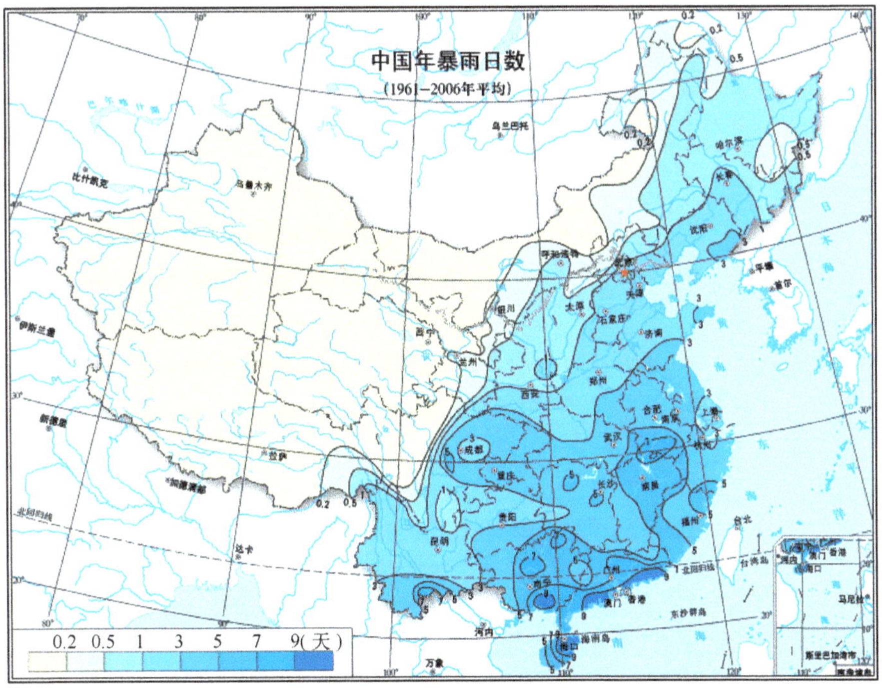

图 6.1　1961—2006 年中国年平均暴雨日数（中国灾害性天气气候图集 2007）

中国年暴雨日数极大值分布特点是南部多、北部少，东部多、西部少。长江中下游以南大部地区年暴雨日数极大值一般有10～15天，广东南部及海南东部超过15天；东北、华北、黄淮地区、江汉地区及西南东部等地有3～10天(图6.2)。

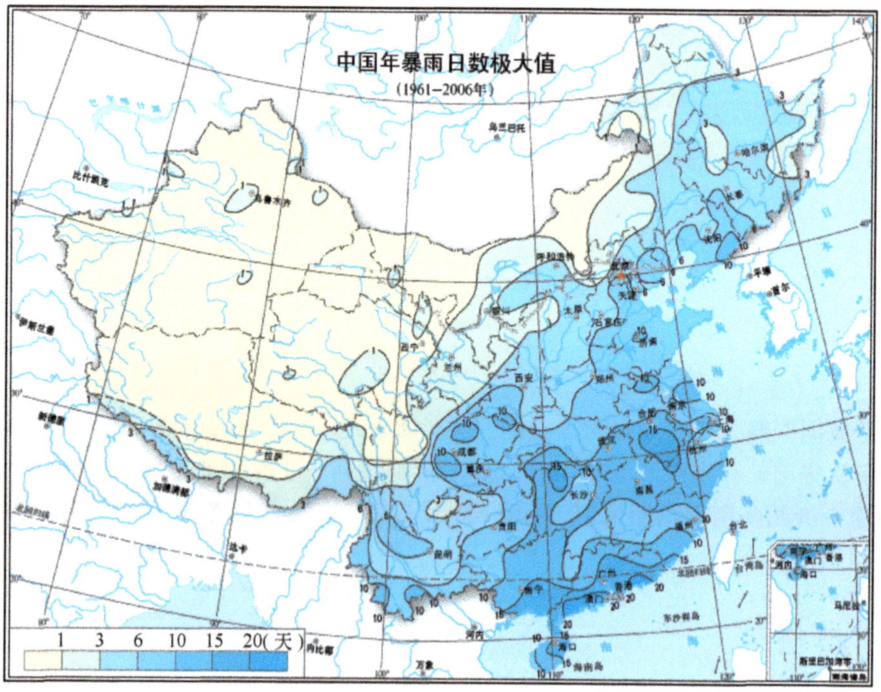

图6.2 1961—2006年中国年暴雨日数极大值(中国灾害性天气气候图集2007)

中国最大日降水量的分布呈东多西少、南多北少的态势。河北遵化、石家庄—河南驻马店—湖南桑植一线以东大部地区及四川盆地最大日降水量有200～300 mm；东北大部、西北东部及山西、云南、贵州等地为100～200 mm(图6.3)。

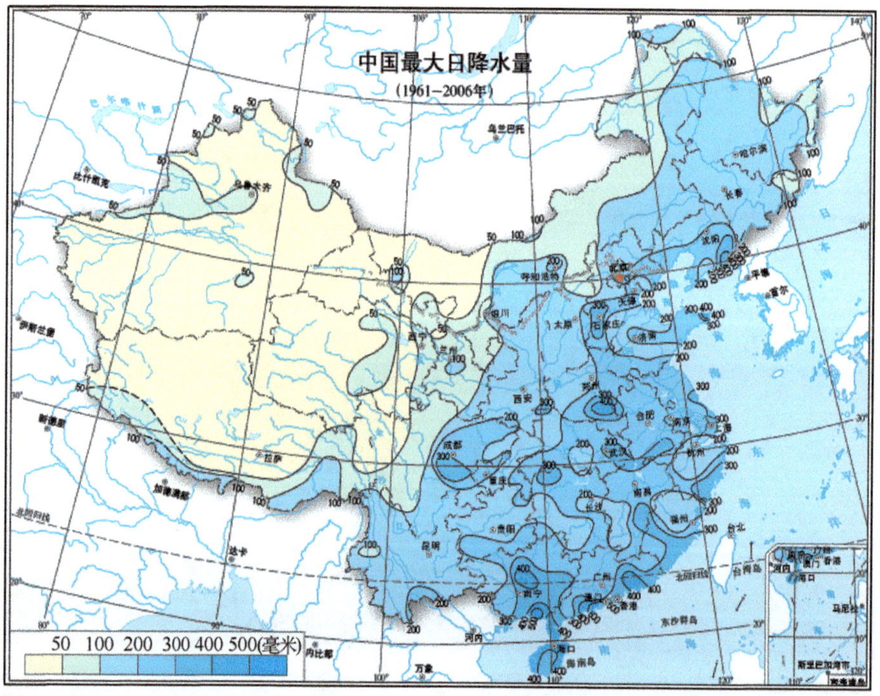

图6.3 1961—2006年中国最大日降水量(中国灾害性天气气候图集2007)

以国家基本气象站为统计对象，中国年暴雨频次平均值为1310站日，平均每站年暴雨日数为2.1

天；1998 年出现暴雨频次最多，为 1630 站日；1978 年最少，为 1046 站日(图 6.4)。

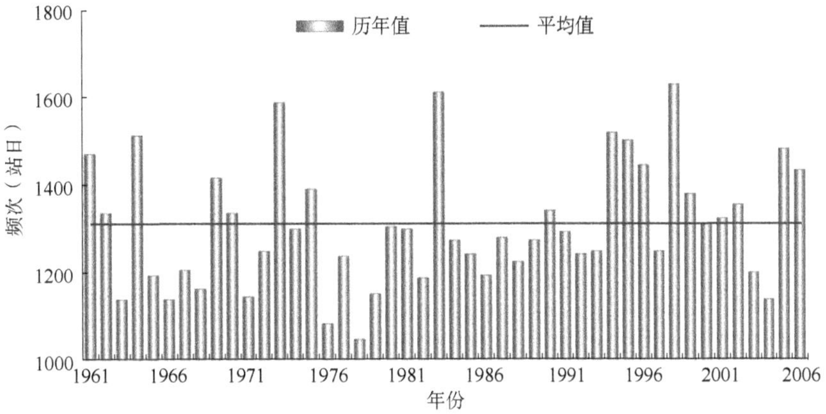

图 6.4　1961—2006 年中国年暴雨频次变化(中国灾害性天气气候图集 2007)

6.1.2　流域暴雨特征

松花江流域平均每站年暴雨日数为 0.9 天；1998 年暴雨日数最多，比平均值偏多近 1 倍；1976 年最少，比平均值偏少 7 成(图 6.5)。

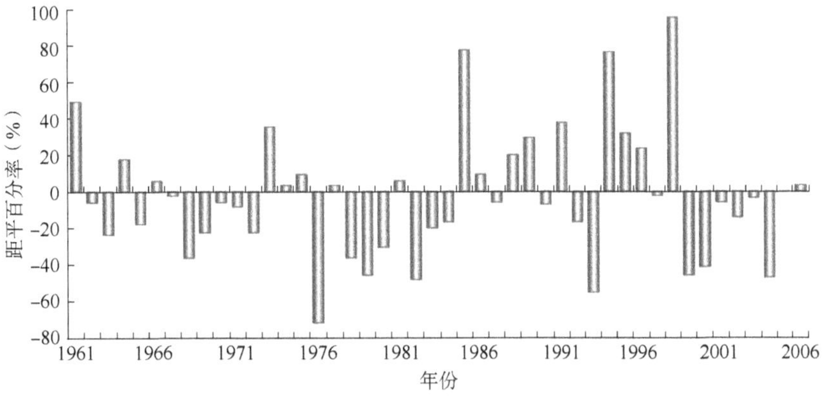

图 6.5　1961—2006 年松花江流域年暴雨日数距平百分率变化(中国灾害性天气气候图集 2007)

辽河流域平均每站年暴雨日数为 1.3 天；1994 年暴雨日数最多，比平均值多 1.6 倍；1976 年最少，比平均值偏少 8 成(图 6.6)。

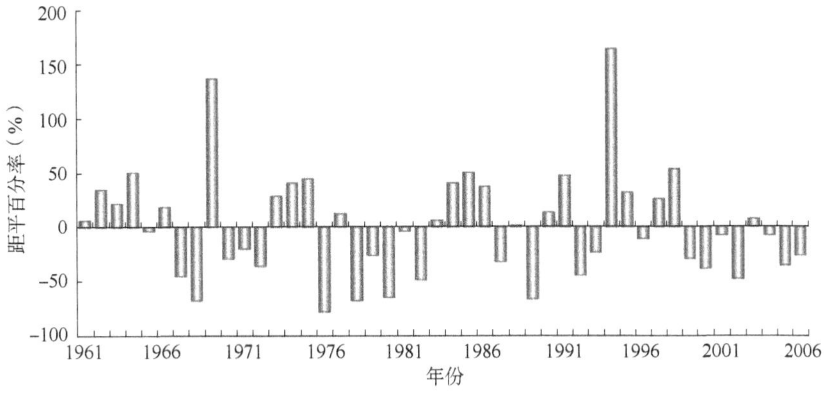

图 6.6　1961—2006 年辽河流域年暴雨日数距平百分率变化(中国灾害性天气气候图集 2007)

海河流域平均每站年暴雨日数为 1.4 天；1964 年暴雨日数最多，比平均值偏多近 1.5 倍；1999 年最少，比平均值偏少 8 成(图 6.7)。

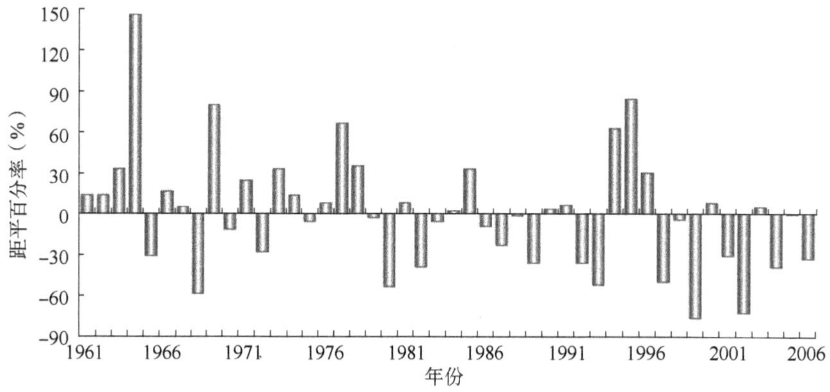

图 6.7　1961—2006 年海河流域年暴雨日数距平百分率变化(中国灾害性天气气候图集 2007)

黄河流域平均每站年暴雨日数为 1 天;1964 年暴雨日数最多,比平均值偏多 1.2 倍;2002 年最少,比平均值偏少约 6 成(图 6.8)。

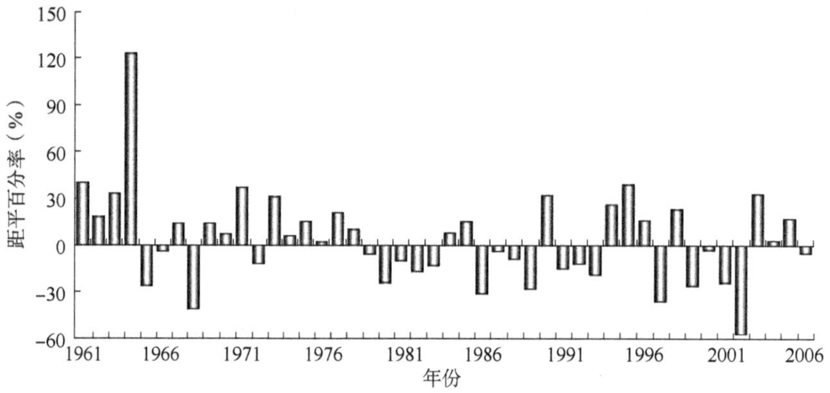

图 6.8　1961—2006 年黄河流域年暴雨日数距平百分率变化(中国灾害性天气气候图集 2007)

淮河流域平均每站年暴雨日数为 3.3 天;1991 年暴雨日数最多,比平均值偏多 1.2 倍;1978 年最少,比平均值偏少 7 成(图 6.9)。

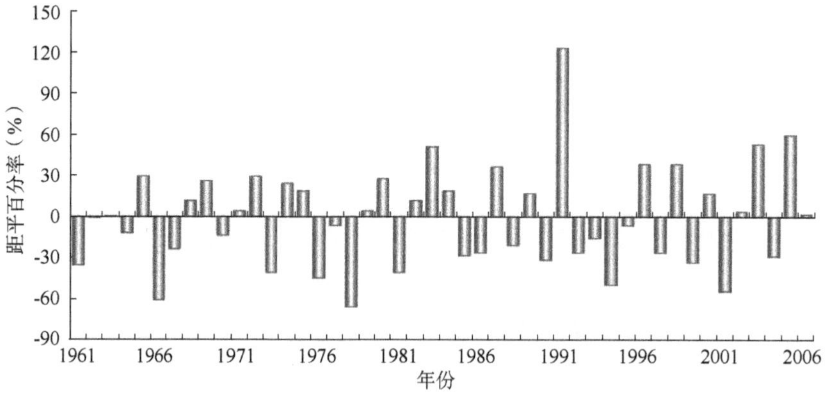

图 6.9　1961—2006 年淮河流域年暴雨日数距平百分率变化(中国灾害性天气气候图集 2007)

长江流域平均每站年暴雨日数为 3.1 天;1999 年暴雨日数最多,比平均值偏多 4 成;1978 年最少,比平均值偏少 4 成(图 6.10)。

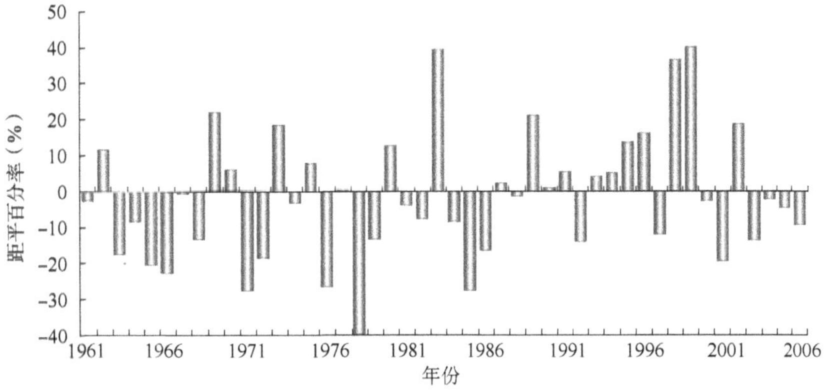

图 6.10 1961—2006 年长江流域年暴雨日数距平百分率变化(中国灾害性天气气候图集 2007)

珠江流域平均每站年暴雨日数 6.4 天;2001 年暴雨日数最多,比平均值偏多 4 成;1963 年最少,比平均值偏少 4 成(图 6.11)。

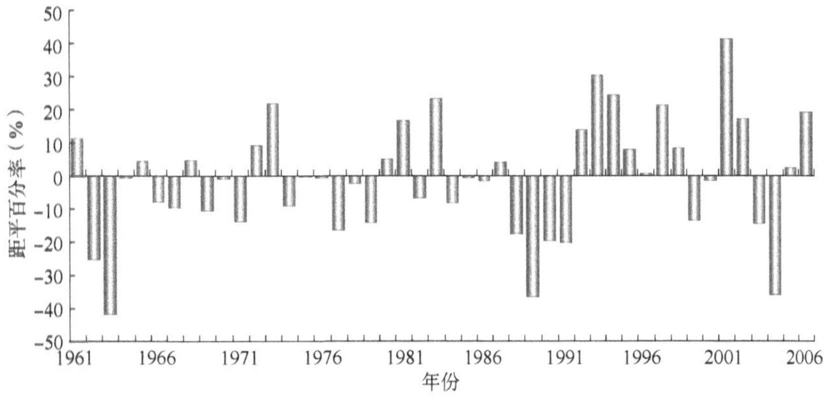

图 6.11 1961—2006 年珠江流域年暴雨日数距平百分率变化(中国灾害性天气气候图集 2007)

中国主要流域各月暴雨日数占全年的百分比(1961—2006 年平均)见图 6.12。

6.1.3 雨带变化特征

中国的专家学者对中国雨带变化已有总结(陶诗言 1980)。中国大部分地区的降水集中在夏季数月,从晚春到盛夏,大陆上主要的雨带位置是随着季节向北移动的。这个特点是人们所熟知的。一个地方降水量的大小受距海远近、地形条件、影响天气系统等多种因素决定。

我国夏季东部大陆的暴雨主要是由两类天气系统造成的,一类是台风暴雨,另一类是静止锋、切变线低涡暴雨。

静止锋、切变线低涡暴雨和我国的季节活动、副热带高压的季节性移动有十分密切的关系。春夏之交,由于西太平洋副热带高压北移,西南季风和东南季风开始活跃,大量暖湿空气从南部洋面源源不断地输入我国大陆。此时,西风带的冷空气活动逐渐减弱,它频繁而激烈地与暖湿空气交绥,形成一场又一场暴雨天气过程。从 5 月到 8 月我国自南向北先后进入汛期。

根据我国东部地区多年 5—7 月的月和旬平均降水量,计算各站旬平均降水量同 5—7 月月平均降水量的百分比,并作出沿 115°E 附近的时间剖面图(图 6.13),用上述比值可以说明雨带的活动。因为百分比数最大地区,就相当于该时期降水量最集中的地带,也就是雨带的位置所在。从 5 月到 6 月上半月,大陆上的主要降雨带徘徊在南岭以南地区,这时候就是华南前汛期暴雨时期。在 6 月下半月,最多降雨区域便移至长江流域。7 月上半月,最多降雨地带位于长江流域和淮河之间。6 月下半月和 7 月上

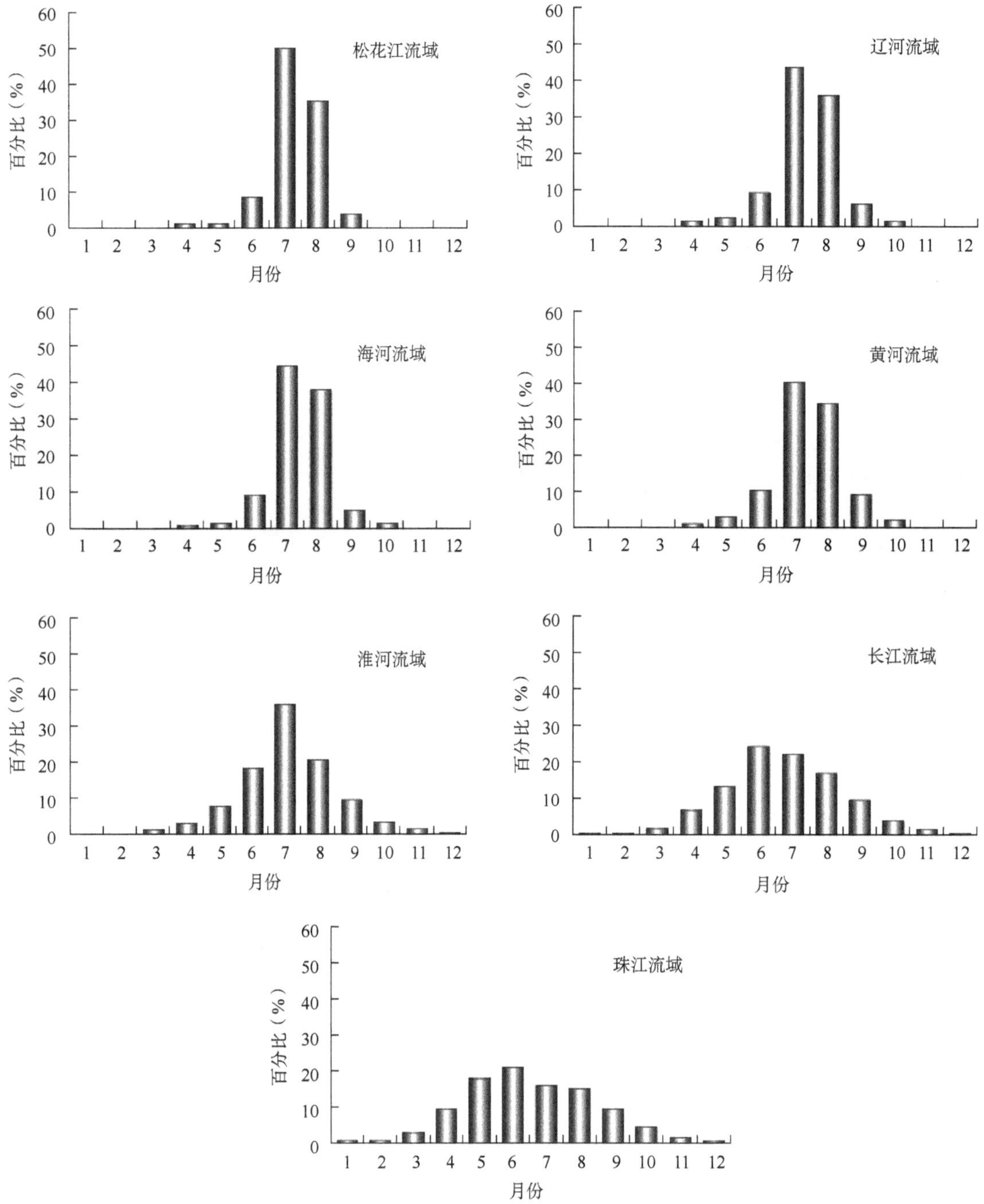

图 6.12　中国主要流域各月暴雨日数占全年的百分比(1961—2006 年平均)(中国灾害性天气气候图集 2007)

半月，正是长江中下游的梅雨暴雨期。到了 7 月下旬，最多降雨地带便移至黄河以北，这时候长江流域进入伏旱季节。9 月以后，随着冬季风的建立，大陆上雨带便向南撤退。

夏季我国大陆上的暴雨同副热带高压的脊线位置有十分密切的关系。近十余年来，人们也注意到 100 hPa 青藏高原上的高气压位置同暴雨的关系，这两个系统的季节性位移同大气环流的季节性变化有密切关系。图 6.14 是我国历年各月副热带高压脊线的平均位置图和相应的我国东部的雨带位置分布。冬季西太平洋高压脊线在 20°N 以南，雨带位置在华南沿海一带。春季低纬度的暖湿空气开始活跃，雨带移到南岭附近(25°—27°N)，华南雨季开始。初夏(6 月中旬—7 月上旬)副热带高压出现第一次北跳，脊线位于 20°—25°N，雨带移到江淮流域，这时长江流域梅雨开始。7 月中旬，副热带高压出现第二次北跳，脊线在 30°N 附近，雨带中心移到黄河流域以北，华北和东北雨季开始。8 月下旬副热带高压脊线又开始撤退，雨带也开始南退。9 月上旬回到 20°N，10 月上旬到达 20°N 以南。副热带高压脊线的进退时间和雨带的进退时间恰好一致。雨带大约位于 500 hPa 副热带高压脊线北面 8～10 个纬度和 100 hPa 青藏高压脊线的北侧处。

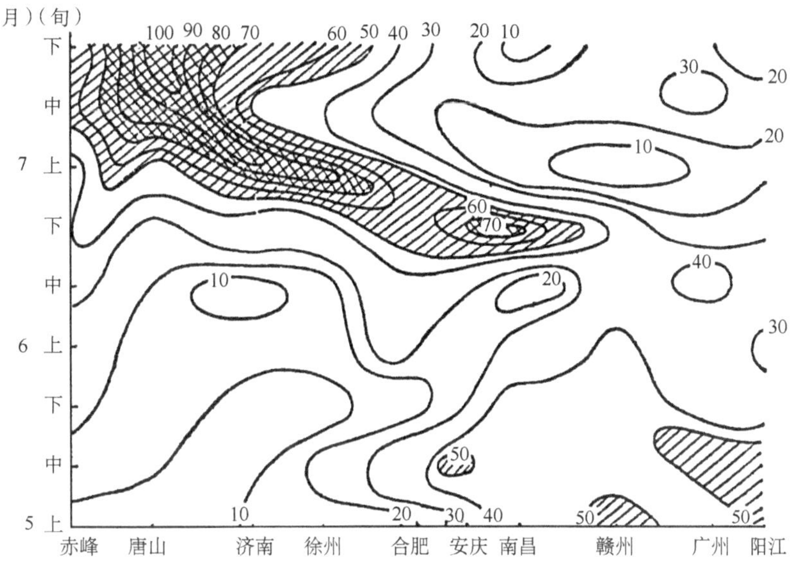

图 6.13　旬平均雨量占汛期(5、6、7 月)月平均降水量的百分率(5 年平均)

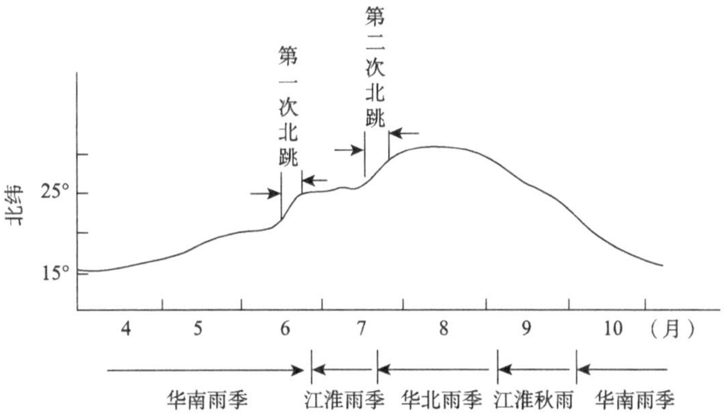

图 6.14　我国历年各月的副热带高压脊线的平均位置和相应的东部雨带位置分布

季风气候的特点是年际变化大。我国各地区暴雨出现次数的年际变化很大，也是季风气候的特点。在有些年份在某地区暴雨频繁出现，而在另一些年份在同一地区暴雨却比较少见。年与年之间暴雨活动次数的差异，同东亚大气环流的年际变化有联系。可以用历年 7 月 120°E、100 hPa 青藏高压脊线的月平均位置的年际变化来讨论暴雨频数的年际变化。例如，1962、1965、1968、1969、1970 五年是脊线位置偏南的年份，其他年份则偏北。它们同长江流域各年 7 月份多雨或少雨有关系。在 100 hPa 青藏高压脊线位置偏南的年份，梅雨锋在长江流域停留时间长，对应着长江流域多雨涝；在青藏高压脊线位置偏北的年份则梅雨锋不能在长江流域停留，这对应着长江流域大范围干旱。

以上分析表明，我国夏季雨带的进退或雨带在某一纬度带维持，与整个东亚大气环流的季节变化和各年大气环流的异常有密切关系。

6.2 华南前汛期暴雨

6.2.1 华南前汛期暴雨概述

4—6 月为华南前汛期，这一时期的降水主要发生在西太平洋副热带高压（简称副高）北侧的西风带中。4 月初降水量开始缓慢增大，5 月中旬雨量迅速增大进入华南前汛期盛期。5 月中旬前期大雨带位于华南北部，主要是北方冷空气侵入形成的锋面降水，5 月中旬后受东亚夏季风影响，大雨带移至华南沿海，降水量增大，雨量主要降落于冷锋前部的暖区之中。

6.2.2 大尺度环流背景

华南前汛期暴雨基本上产生于冬半年的环流形势下，主要环流特征是西太平洋副热带高压首先北跳至 20°N 附近，但尚未进入我国；东亚夏季风在南海爆发，东亚冷空气活动逐渐减弱，但冷空气不时到达南海北部；印度西南季风还未爆发，南亚高压尚未跃上青藏高原。雨带是西风带天气系统和热带夏季风气流共同作用的结果。

根据 500 hPa 环流形势可将华南前汛期暴雨天气型分为三类（朱乾根等 2000，《广东省天气预报技术手册》编写组 2006）。

6.2.2.1 两脊一槽型

此型的特征是乌拉尔山以东的西伯利亚西部和亚洲东岸的中高纬地区为高压脊，我国新疆到贝加尔湖地区是一个宽槽或切断低涡。沿着乌拉尔山以东的高压脊前不断有冷空气自北冰洋南下，使贝加尔湖切断低涡发生一次又一次的替换。在长波槽替换过程中，原来的长波槽蜕变为短波槽，引导冷空气南下。这时副热带高压西环的平均脊位于 15°N 附近，而在中南半岛到我国华南、西南地区南支波动比较频繁。南支槽与副热带高压的稳定维持把大量暖湿空气输送到华南地区上空，与北方频繁南下的冷空气相交绥，为华南暴雨提供了有利的环流条件。1998 年 6 月 19—25 日，广东省的连续性暴雨过程就出现在中高纬度两脊一槽的环流形势下（图 6.15）。

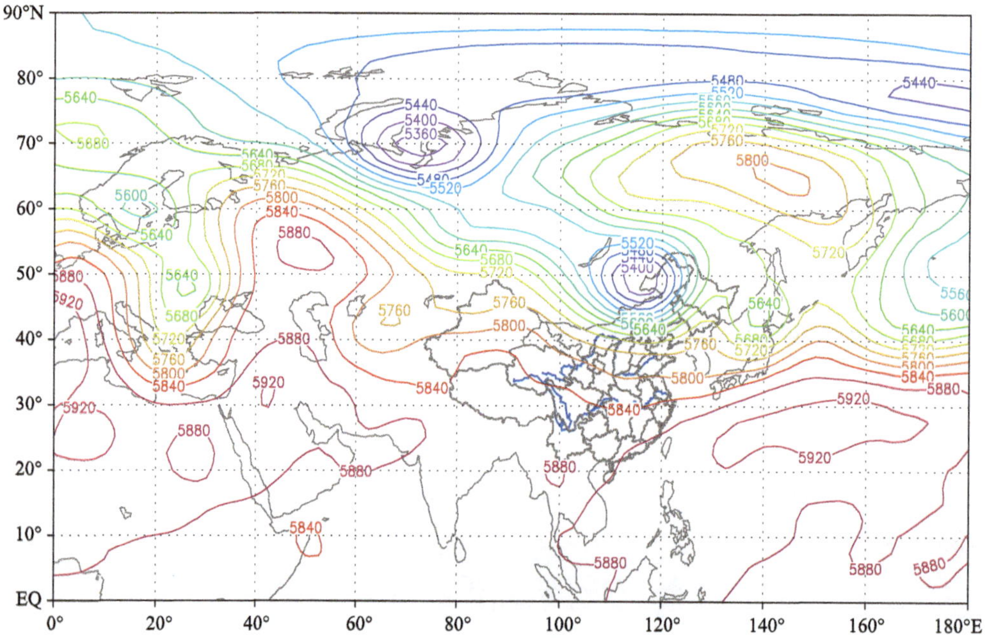

图 6.15 1998 年 6 月 20 日 08 时 500 hPa 高度场（gpm）

6.2.2.2 两槽一脊型

本型特征是巴尔喀什湖到贝加尔湖之间为脊(通常称为中脊),脊前环流经向度很大;乌拉尔山以东的西伯利亚西部和亚洲东岸为低槽。亚洲东岸的低槽底可南伸到 25°N 以南地区,槽后冷空气可直驱南下,从东路侵入华南地区。华南地区有时也有南支槽活动,构成“丁字槽”。副热带高压脊稳定在 15°—20°N 之间,我国华南沿海一带西南季风活跃,西南低空急流活动频繁。如 2005 年 6 月 15—25 日广东连降暴雨到大暴雨,局部特大暴雨,有 27 个县市过程累积雨量超过 300 mm,其中超过 500 mm 的有 4 个市县,龙门累积雨量达 1327.5 mm,其 500 hPa 环流型即属两槽一脊型(图 6.16)。

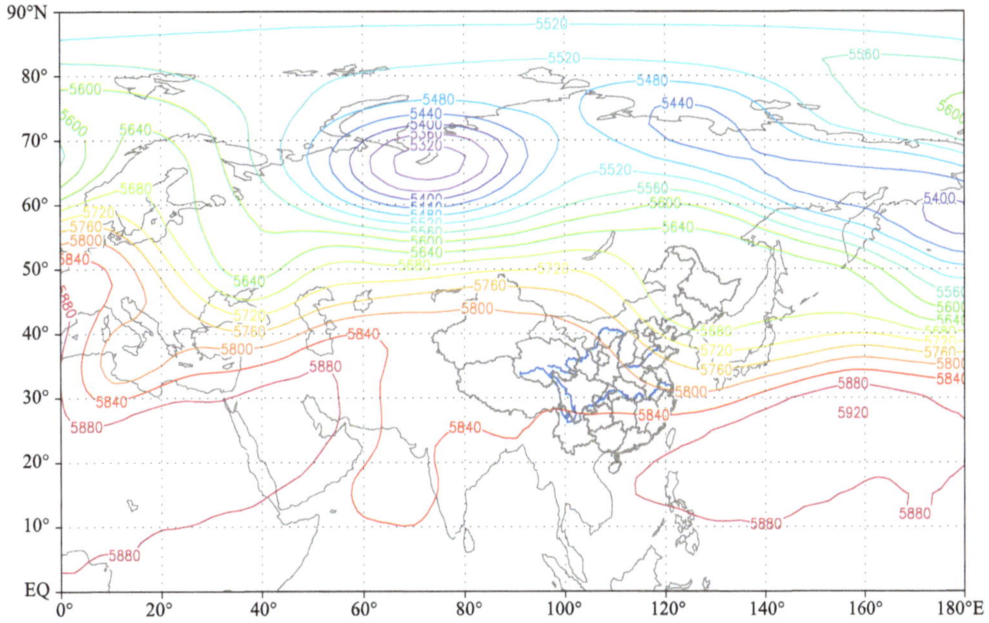

图 6.16 2005 年 6 月第 4 候 500 hPa 平均高度场(gpm)

6.2.2.3 中纬多波型

本型特征是中高纬环流呈多波状,振幅较小,在欧洲大陆范围内,高纬地区至少有 2 个以上的低压中心;与低压中心相对应的移动性低槽活动相当频繁;与此同时,南支波动也较频繁。北方冷槽带来的冷空气和南支波动带来的暖湿空气在 115°E 附近的华南地区相遇,造成暴雨。

尽管各型的具体环流特征不同,但进入华南前汛期盛期环流的共同特征是:副热带高空西风急流北跳稳定在 30°N 以北,副热带高压脊稳定在 18°N 附近或其以南地区,华南上空为平直西风带,低层常存在南北两条低空急流。在这种形势下,北方不断有冷空气南下与活跃的东亚季风气流交绥于华南地区。与此同时,南亚高压进入中南半岛,使得华南高空维持辐散的西北气流,为前汛期暴雨提供了有利的高空辐散条件。

由于华南地处热带季风气候区,绝大多数一般性暴雨过程都与冷空气、锋面活动有关。但研究发现,有极少数暴雨出现在锋前 200~300 km 或无锋的暖区中,即暖区暴雨。它是华南前汛期暴雨的一个重要特色,具有强度大(一般为冷锋暴雨强度的 3~5 倍)、范围小(小的直径仅有 20~30 km)、强对流降水(回波顶高 14~16 km)和降水量相对集中的特点。1977—1979 年华南前汛期暴雨试验期间共观测到 12 个暴雨过程,其中就有 11 个暴雨过程的部分或大部分为锋前暖区暴雨。就降水量中心看,暖区降水量一般比锋面降水大 3~5 倍,但是暖区暴雨的面积却比锋面降水小,占过程降水面积的 1/3~1/4,即暖区暴雨的局地性较强。

暖区暴雨的成因主要是低空西南急流的作用。西南急流输送了大量暖湿空气,在它前部有风速辐合,左侧有气旋式风速切变,因此在它的左前方有南或东南气流输送来的大量暖湿空气,只要在边界层内存在使不稳定能量释放的触发机制,例如边界层内浅薄冷空气的侵入以及地形抬升及海陆分布差异等作用就会在上述环流背景下产生暴雨。

6.2.3 主要天气系统

暴雨的发生发展，是在特定的环流条件下，从地面到高空不同高度和不同尺度的天气系统及有利的地形共同作用的结果。华南前汛期暴雨的影响系统主要有：

6.2.3.1 天气尺度系统

(1)副热带急流和南亚高压

在高空槽前，对流层上层辐散，下层辐合；在槽后和脊前，对流层上层辐合、下层辐散，高层辐合、辐散的最大值在对流层顶高度处。200 hPa 高空层正处于对流层上层，在华南前汛期一些暴雨过程中起着举足轻重的作用。广东省 5 月上旬以前的暴雨过程中高层辐散主要以槽前辐散为主，因为高空槽在南亚高压北侧移动，槽前的西南气流与南亚高压北侧的偏西气流之间呈扇形散开(图 6.17)。

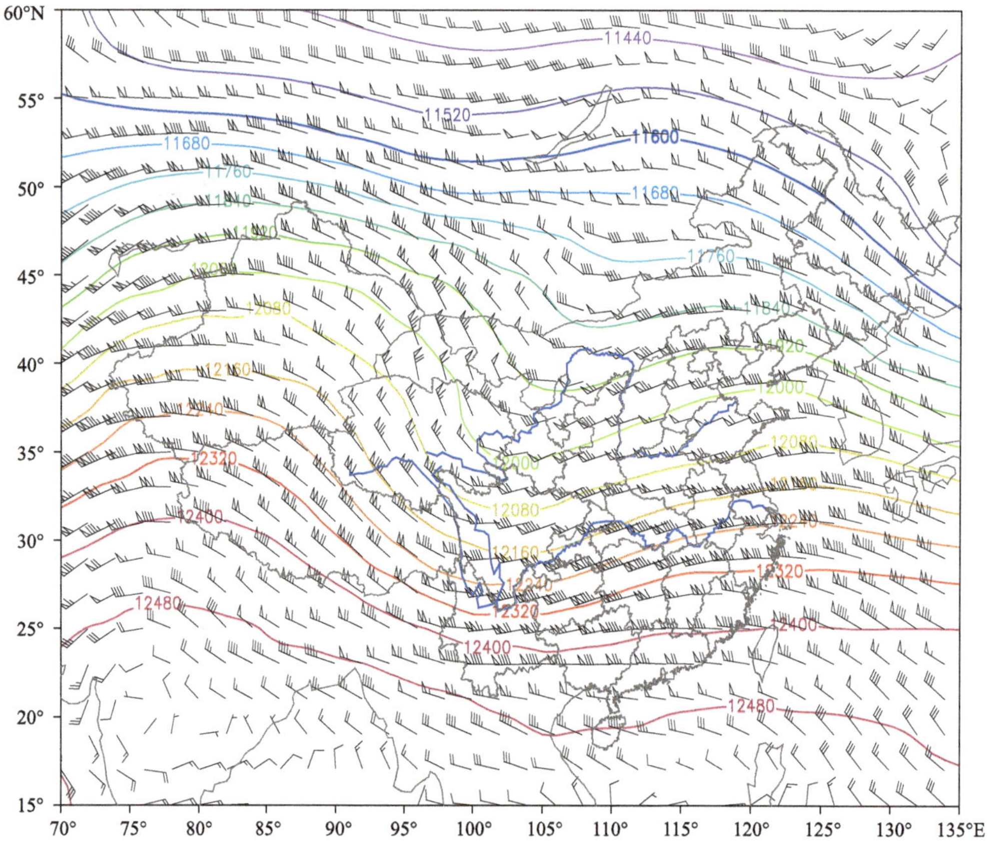

图 6.17 2004 年 5 月 7 日 200 hPa 高度场和流场

200 hPa 副热带高空急流和南亚高压与华南前汛期暴雨的关系也非常密切。副热带急流平均纬度在 25°—35°N 之间，5—6 月，急流会出现一次北跳，南亚高压中心会随之由南海北上，其中心位置 5 月份位于中南半岛附近，6 月移至青藏高原。在前汛期，华南正好处于副热带急流平均位置右侧入口区右方的西南气流和南亚高压中心东北或东北偏东部位的偏西气流下，高空气流呈逐渐散开状态。高空急流的加强将导致其入口区右侧高空辐散的加强和低层辐合的加强，动力抽吸作用又导致暴雨的产生和发展。1973—1982 年 5—6 月暴雨日与当日南亚高压中心位置的统计结果显示，广东出现暴雨时，南亚高压中心位置 80%在 10°—25°N，90°—115°E 范围内，其中，绝大部分在中南半岛北部上空。6 月中旬以后，南亚高压中心北跳到青藏高原并稳定下来，华南处于其南侧的偏东或东北气流之下，标志着东亚环流已经完成了从春季向夏季的调整，华南前汛期结束。

(2)西太平洋副热带高压

在前汛期，强降水一般出现在西太平洋副热带高压(简称副高)的西部或西北部边缘，最有利于暴雨发生的形势是副高呈带状分布，脊线在 18°N 以南(一般在 13°—18°N 之间)，西脊点到达中南半岛或南海西部，588 dagpm 等高线在南海北部或华南沿海。副高处于这个位置有利于水汽输送，副高内气流的下沉运动又可加强经圈环流，形成反向哈得来环流，有利于华南上空的上升运动发展。对华南前汛期暴雨的研究发现，有相当一部分暴雨是在副高强度的低谷中出现的，也就是暴雨发生在副高减弱并向东南撤退的时候；相反，在冷空气南下时，如果正值副高短期加强，往往对产生暴雨不利。

(3)东亚大槽和东北冷涡

东亚大槽和东北冷涡是常见的影响华南的长波槽，其作用是在槽前输送正涡度平流和暖空气，而槽后带来冷空气，有利于槽前的辐合上升运动或加强气柱的不稳定度。对华南暴雨影响较大的东亚大槽振幅一般比较大，槽底较南，同时东北冷涡位置比较偏南，东亚大槽能引导冷空气到达华南甚至南海。与东亚大槽直接联系的东北冷涡的作用是补充冷空气，同时，如果冷涡发展较强时往往移动较缓慢，有利于形势的稳定和冷空气的南下。2003 年 6 月上旬中期到中旬中期广东省的连续性暴雨过程中，东亚大槽槽底接近 25°N(图 6.18)，有利于引导冷空气从东北方向南下影响华南。

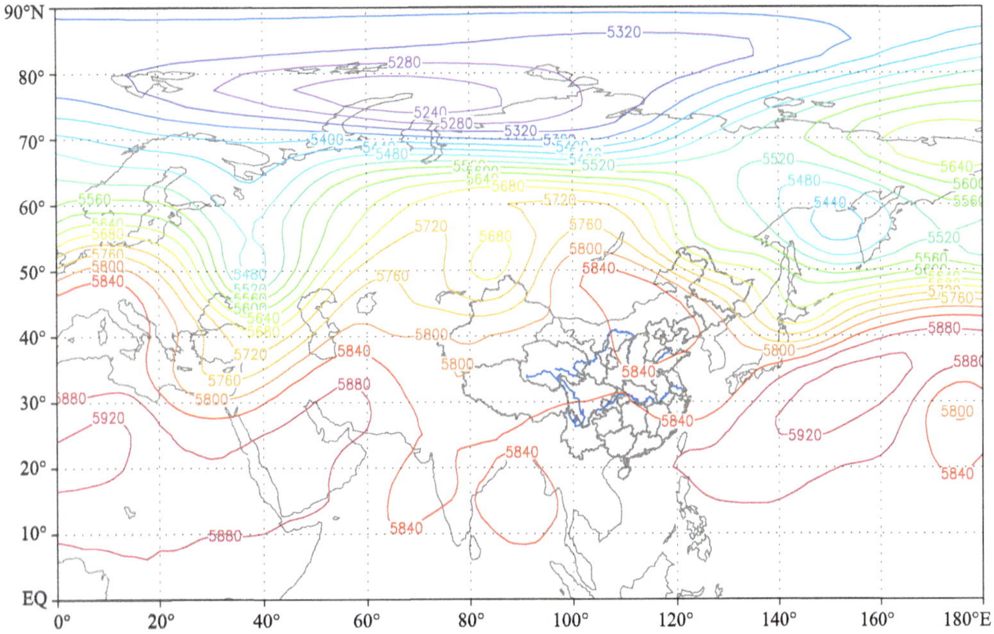

图 6.18 2003 年 6 月 5—15 日 500 hPa 平均高度场

(4)中纬度短波槽和南支槽

造成华南前汛期暴雨的中纬度短波槽主要是从青藏高原东移或者从我国西北地区下滑的短波槽，它们经常从横槽或切断低压等长波系统中分裂东移，如果青藏高原上存在横切变或低涡等低值系统时，就更容易产生短波槽东移影响华南地区。由于这些短波槽带来的冷空气强度较弱，一般不会使锋面南移到南海，又可使华南受到适量冷空气的影响，使冷暖空气在华南势均力敌。

南支槽的纬度较低且移动较慢，可持续为华南前汛期暴雨输送水汽和热量，由于槽前暖平流和正涡度平流的作用，还促进地面低槽发展，西南急流加强，增强槽前的湿度和上升运动及不稳定度。振幅较大的南支槽往往伴有副热带急流，更易造成暴雨。2003 年 5 月 3—4 日广东的特大暴雨过程就是一次南支槽影响造成的暖区暴雨过程(图 6.19)。在实际预报中要注意分辨真正有天气意义的南支槽与两高之间的相对低槽区，前者一般是移动的，且有高空槽云系和温度槽相伴；后者是少动的，无明显的云系。

(5)低空急流、低涡、切变线和边界层辐合线

1)低空急流

华南的低空急流一般为西南或偏南气流，多出现在副高西侧或北侧边缘，但有时在热带气旋移近副高西南侧，或在变性高压东移出海的同时，在西南地区有低槽强烈发展，也会出现东南低空急流。4—6

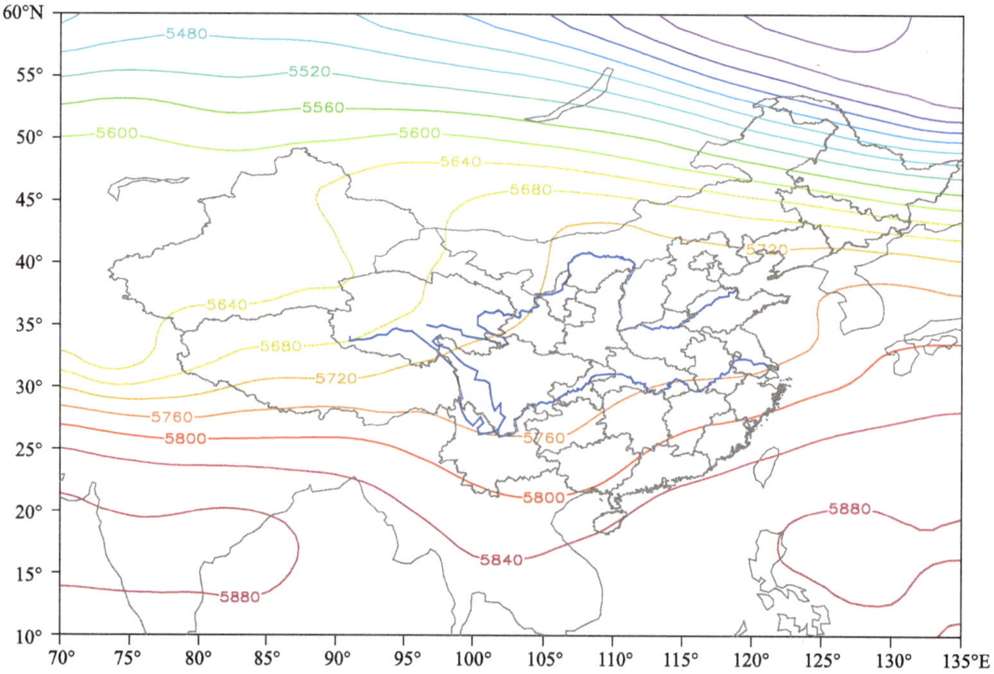

图 6.19　2003 年 5 月 3 日 20 时 500 hPa 高度场(gpm)

月副热带高压第一次季节性北跳前，其西侧往往有较强的暖平流，当西南地区处于高空槽前时，在暖平流和正涡度平流的作用下，低空容易产生低涡或低槽等低值系统，使气压梯度加大、风速加大，从而形成低空急流。2000 年 4 月 13—14 日广东的特大暴雨过程出现之前，低空急流迅速加强，就与南支槽逼近而引起西南低槽强烈发展有关。另外，在南海季风或印度季风爆发后，华南上空低空急流的强度常与夏季风的变化有关。季风加强时，强风中心会向北推进影响华南，如 2009 年 5 月 23 日珠江口及其以西沿海出现的大暴雨天气就与季风云团北上、东南风急流加大密切相关(图 6.20)。

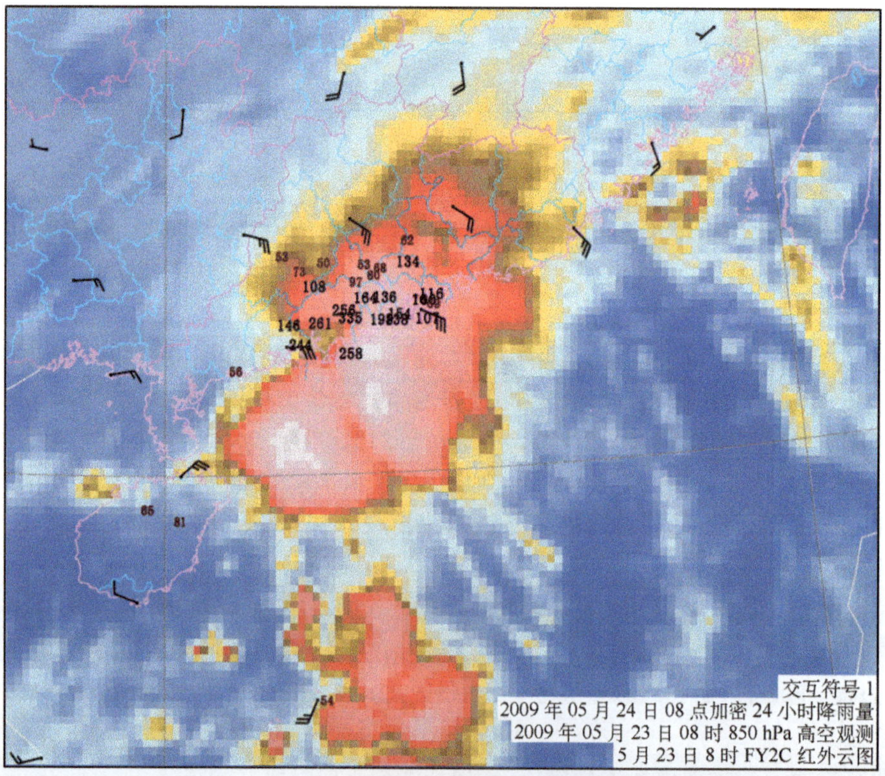

图 6.20　2009 年 5 月 23 日 08 时红外云图、850 hPa 风场和 24 日 08 时 24 小时雨量(≥50 mm)

2)切变线和低涡

在我国南方,低层低涡总是与切变线相伴出现,并沿着切变线移动,低涡切变形势是造成华南前汛期的主要影响系统之一。由于低涡的东南部和低涡移向的前方最容易产生暴雨,因此,当贵州南部、湖南南部和广西北部等地有低涡向南或东南方向移动时,有利于两广地区出现暴雨。西南涡进入广西后,往往造成全区性的大雨、暴雨天气。影响广西的西南低涡,多数形式是低涡向南伸出一低槽,或是南支槽与西南低涡叠加,使西南涡发展为"北涡南槽"形式。西南涡的南伸低槽对广西天气影响最大,有85%可引起降雨天气(蒙远文等 1989)。

没有天气尺度低涡相伴的冷式或暖式切变线也可以造成华南前汛期的强降雨。由于切变线一般位于地面锋面北方一定距离内,当广东出现暴雨时,切变线往往在广东中部以北,甚至在江南南部。如果切变线南移到广东南部地区时,广东暴雨基本结束。

3)边界层辐合线

导致华南前汛期暴雨出现的边界层辐合线通常是在 925 hPa 或 850 hPa 上南北向的西南风和东南风的辐合线,这是由较冷的变性高压脊后部的东南风和暖湿的西南风的辐合,当辐合达到一定程度时就可能触发暴雨发生。1982 年 5 月 12 日北江流域出现了大暴雨到特大暴雨,其中清远 24 小时雨量达 640.6 mm,造成严重的洪涝和泥石流灾害。在 12 日 08 时 850 hPa 流场上(图 6.21)有明显的南到东南风和西南风在粤北地区汇合。1977 年 5 月 27—28 日华南沿海也出现了一次变性脊后部的西南风和印度季风爆发东传的西南风之间的辐合线,触发了粤东沿海一次特大暴雨过程。

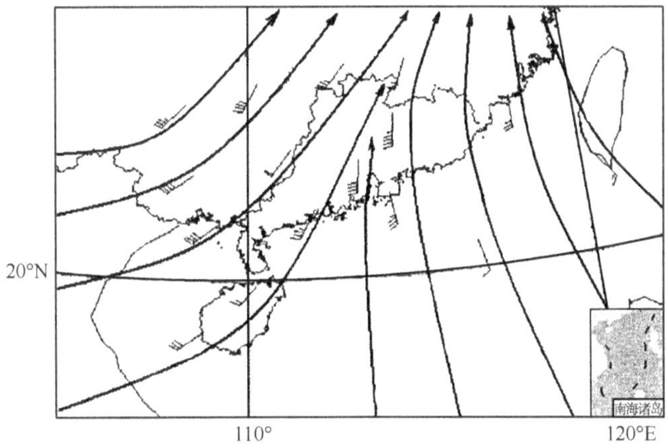

图 6.21　1982 年 5 月 12 日 08 时 850 hPa 流场

(《广东省天气预报技术手册》编写组 2006)

(6)地面系统

1)锋面系统

据统计,华南前汛期有 90%的暴雨与冷空气活动有关,造成前汛期暴雨的锋面主要是冷锋和华南准静止锋。由于冷空气在南移过程中变性和受地形影响,移速常发生变化,其中浅薄冷空气的锋面势力较弱,多受南方暖湿气团和地形阻挡而在南岭以北静止。有时锋面虽然也能越过南岭,但之后移速也减缓,甚至在两广境内静止下来。这种静止锋或移速缓慢的冷锋容易造成冷暖气流的长时间对峙,降水持续时间长,对产生暴雨有利。

广东省还有一种特定的锢囚锋形势,也容易产生暴雨,即弱冷空气南下过程中遇到东北—西南走向的武夷山脉时,除了其主力从湖南、江西一带南下外,还有一部分绕过武夷山从福建沿海和台湾海峡折向西到西南方向进入粤东,在粤东北形成地形锢囚锋。同时,锋前也有暖湿西南气流向东北方向推进,在粤东形成偏北、偏东和偏南三股气流汇合的态势。这种形势下上升运动明显,降水较为激烈,暴雨区一般在暖切变和气流汇合点附近。

2)西南低压与地面倒槽

春末夏初,在两次冷空气影响华南的间隙,特别是新的冷空气南下到长江流域时,我国西南地区常有热低压或地面倒槽形成。西南倒槽一般向西或西南开口，槽底向东或东北方向伸展。一般变性高压脊东移入海以后，华南地区气压明显下降并产生倒槽。若北方有冷空气南下，就可推动倒槽向东南移动并向东发展，冷锋也逐渐进入倒槽，形成锋面低槽。

一般来说，热低压和地面倒槽发展的范围越广、强度越强，对后来暴雨越有利。因为热低压和倒槽的发展多数与位于我国西南地区或印缅一带的高空槽的强度及其前部的暖平流、正涡度平流和水汽输送有关，特别是中纬度西风槽与南支槽叠加地面倒槽更容易发展，因此造成较强的降水天气。

6.2.3.2 中尺度天气系统

(1)中尺度切变线

中尺度切变线或辐合线是华南较为常见的暴雨中尺度系统。中尺度切变线多出现在地面或行星边界层，水平尺度一般为几十到200千米，属于β中尺度，少数达300 km，生命史几到十几小时。中尺度切变线有利于水汽和热量在低层的聚集，是触发暴雨的主要系统之一。那些维持时间长、位置少动、辐合量大的切变线常常在大暴雨和特大暴雨的形成中扮演重要角色。2004年4月13—14日，广东先后受南支槽和冷空气影响出现较大范围的暴雨，其中台山到深圳一带沿海出现的特大暴雨就与一条中尺度切变线有关(《广东省天气预报技术手册》编写组2006)。分析发现(图略)，13日08时，在珠江口西侧沿海地区存在弱的风切变，17时起，由于珠江口附近自海面吹向海岸的东南风逐渐加大，从台山南部到珠海之间的沿海地区形成了一条基本与海岸线平行的长约100 km的中尺度辐合线。14日00时之后辐合线开始向东延伸，并在珠江口以东维持到10时。正是这条在珠江口沿海维持长达十几个小时的中尺度切变线造成这一地区的降水量比周围地区大了好几倍，珠海24小时雨量643.5 mm，50 mm/h以上的降水时间长达6小时，最大雨强89.3 mm。

(2)中尺度低压(涡旋)

中尺度低压(涡旋)常与中尺度切变线伴生，即在一条中尺度切变线上有一个甚至多个四周风向呈气旋性切变的中尺度涡旋和辐合点，主要特点是有明显的辐合中心，水平尺度较小，约几十到100千米，生命史一般只有几个小时，移速缓慢，经常停滞少动。

中尺度低压一般辐合上升运动较强，容易触发暴雨，特别是那些与中尺度切变线伴生的中尺度低压往往造成强烈降雨。如，2003年5月4—5日的特大暴雨过程中，珠江口的中尺度切变线上也有中尺度低压活动，在低压中心附近的斗门螺珠1小时雨量达79 mm。

(3)中尺度对流系统

在华南地区，由于经常具备高温、高湿的条件，特别容易出现对流性暴雨，尤其是一些局地特大暴雨都是由中尺度对流系统造成的。例如，1997年5月7日夜间—8日白天，广东中部地区出现的一次特大暴雨过程就是由一个长约100 km、宽约40 km的中尺度对流系统造成的。

一般情况下，中尺度天气系统，如中尺度切变线(或辐合线)、中尺度低压(或涡旋)以及从云图或雷达回波上分辨出来的中尺度对流系统均不是孤立存在的，大多数暴雨天气过程都是它们共同影响的结果。

2005年6月17—24日，华南出现了特大暴雨过程，暴雨持续时间长、雨量大是历史罕见的，其中6月17—21日广西境内的连续性暴雨到大暴雨、局部特大暴雨天气和6月19—24日广东境内暴雨到特大暴雨天气，尤其是广东的龙门、河源一带的特大暴雨，是西江、北江流域出现百年一遇大洪水的主要原因。研究表明(慕建利等2008)，整个暴雨过程中19个中尺度大雨团是由19个β中尺度对流系统(MβCS)直接产生的。MβCS可以由一个对流单体发展形成，也可以由几个对流单体发展合并形成，暴雨过程中的5场暴雨的发展和减弱对应5个α中尺度对流系统(MαCS)的发展和减弱，每个MαCS发展和减弱又由一个或几个MβCS发展和减弱引起，即一个MαCS发展过程中可以同时有2～3个MβCS存在，也可以是一个MβCS独立发展。在地面图上，则呈现出多个中尺度扰动活动，这些扰动发生在地面静止锋和锋前的暖区中，主要以地面中尺度切变线(或中尺度辐合线)和中尺度涡旋(中尺度环流)的形式出现。在雷达回波图上，中尺度涡旋内的降水是由飑线上γ中尺度对流单体形成的“列车效应”产生的，而中尺度切变线附近的降水则是飑线的发展合并加强产生的。暴雨过程中，中尺度辐合线水平尺度最大可达200 km，生命史最长达到12小时，中尺度涡旋直径达100 km，生命史约7小时。强降水主要发生在南北风形成的中尺度辐合线的冷空气一侧或中尺度辐合中心附近，强降水的生命史同 MβCS 和地面中尺度辐合线或中尺度涡旋的生命史。同时还发现，发生在冷式切变线冷空气一侧的强降水移动速度较快，发生在暖式切变线附近的强降水移动缓慢，发生在辐合中心的强降水在原地发展达最强后转为切变线减弱或直接在原地减弱消失。总之，MαCS 的形成一般是从一个或几个 β 中尺度对流云或对流带开始，其强烈发展也包含着这些变化多样的 β 中尺度对流云团内部更小尺度的 γ 中尺度对流单体的发展和合并；衰减时这些 β 中尺度对流云团也减弱，而且 MβCS 云团的发展无论在时间上还是在空间位置上都和地面中尺度扰动和强降水配合得很好。

6.2.4　物理条件

降水过程是大气中水汽达到饱和后出现凝结并降落到地面的过程，在假定形成暴雨所需要的凝结核、冰晶、碰撞等微观物理条件已经具备的情况下，形成暴雨的宏观物理条件主要是两个：一是潮湿空气的位势不稳定，而又以充足的水汽为其主要方面；二是促使这种不稳定能量释放的外力，即强迫的上升运动。因此，分析水汽条件和位势不稳定层结以及触发位势不稳定能量所需足够的上升运动是暴雨分析和预报中极为重要的问题。另外，要形成暴雨还需要降水持续一定的时间。

6.2.4.1　水汽条件

水汽是形成暴雨的基本原料，华南地区的水汽主要来自孟加拉湾的西南气流和南海的偏南气流；同时暴雨区的水汽必须在水平和垂直方向上辐合，才能使得降水得以维持和增大。形成暴雨的水汽条件要比一般降水所需的水汽条件更为充足，要求大气本身具有温度高、湿度大、饱和层次厚和有源源不断的水汽供应。暴雨分析表明，水汽的辐合主要由低层水汽通量辐合造成，特别是 800 hPa 以下的边界层占很大的比重，可以达到一半以上。

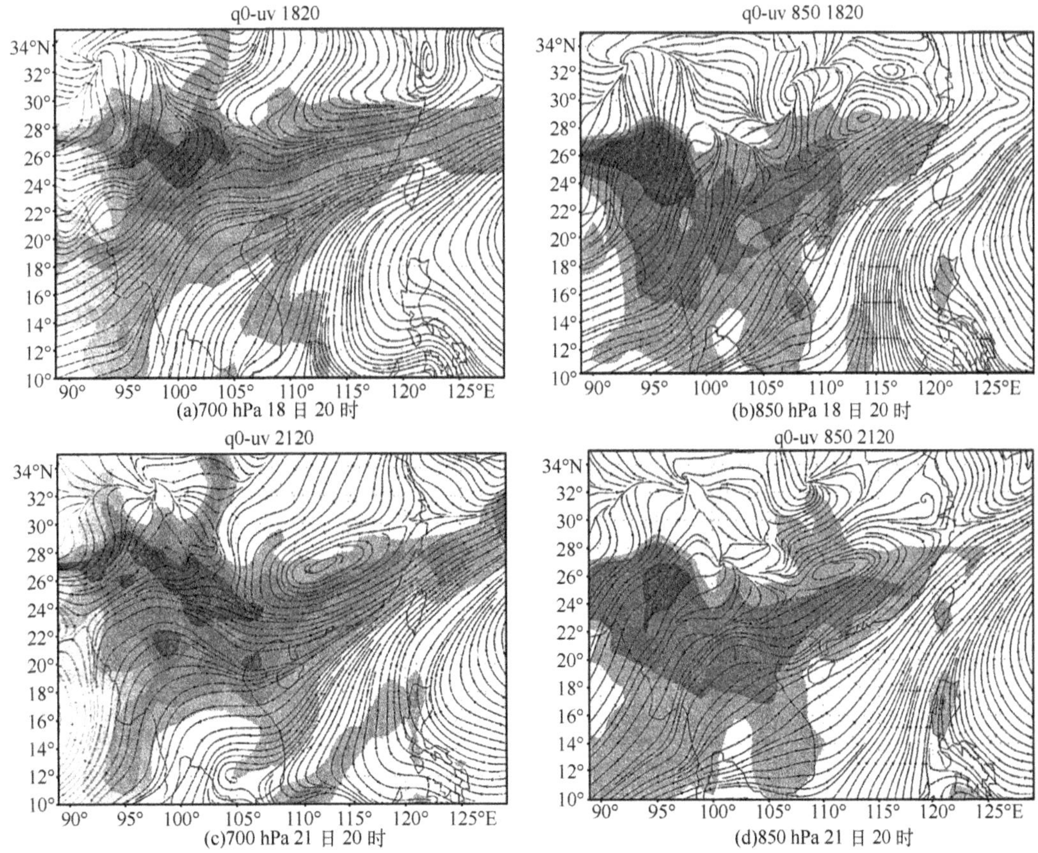

图 6.22　2005 年 6 月 18 日 20 时、21 日 20 时 700 hPa 和 850 hPa 比湿(阴影)及 u、v 流场。其中700 hPa阴影表示比湿为 8～16 g/kg，间隔 2 g/kg；850 hPa 阴影表示比湿为 14～20 g/kg，间隔 2 g/kg(熊文兵等 2007)

熊文兵等(2007)分析了 2005 年 6 月华南持续性暴雨的物理成因,从 700 hPa 的比湿(图 6.22(a))可以看出,6 月 18 日 20 时南海、中南半岛北部、孟加拉湾以及长江以南均处于 8 g/kg 以上的高值区内,其中 10 g/kg 以上高值区西部为伸入孟加拉湾的湿舌,主体在高原东南部(90°—105°E,20°—30°N);另一条宽广的湿舌沿 25°N 向东延伸至东部沿海,19 日 08 时更加强到 127°E,20 日以后华南维持在 8 g/kg 以上的湿舌内,此湿舌 21 日开始呈西南—东北向缓慢南压。而 850 hPa 上高原南侧的湿中心 q 值更是达到 20 g/kg(图 6.22(b)),同时 16 g/kg 的湿度锋东部到达湘、粤、桂交界处,19 日 20 时开始 16 g/kg 湿舌加强伸展到福建东部,呈东西走向,维持到 22 日,暴雨区处于该湿舌中,高强度的高湿带为强降雨提供了非常充沛的水汽条件。22 日 20 时以后暴雨区 850 hPa 比湿稍减弱,小于 16 g/kg。对比逐日 08 时 24 小时降雨实况图发现,19 日 08 时暴雨落在 700 hPa 湿舌内,并有一致的走向,2 个暴雨区分别处于 850 hPa上 16 g/kg 与14 g/kg的湿舌东部边缘。20—22 日的暴雨落区在 850 hPa 14～16 g/kg 的湿舌东部边缘。

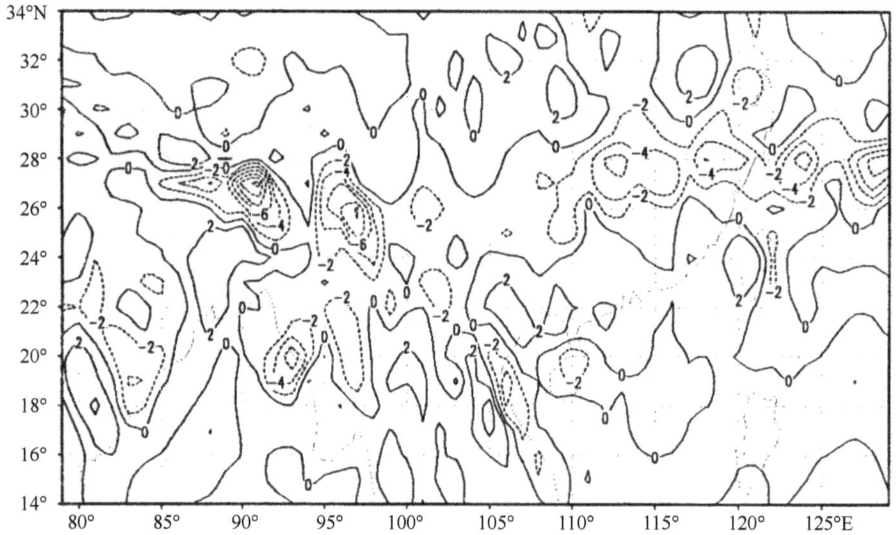

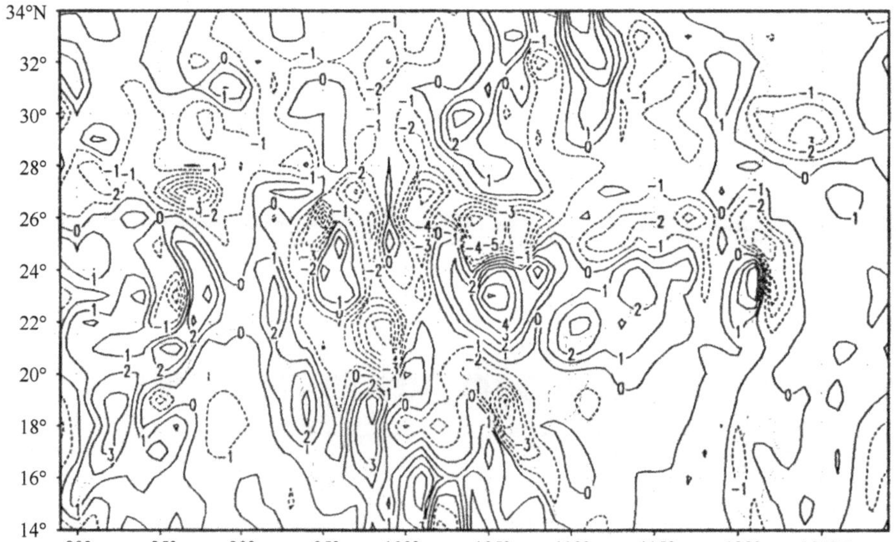

图 6.23　2005 年 6 月 18 日 20 时(a)、20 日 20 时(b)水汽通量散度场单位:10^{-7} g/(s · cm^2 · hPa)

分析 2005 年 6 月 18 日 20 时 850 hPa 的水汽通量散度场(图 6.23)可见,在 26°N 以北大约与低层高湿度区对应的区域存在一条带状水汽辐合区,(27°N,113°E)附近有一中心值-4×10^{-7} g/(s · cm^2 · hPa)(为了书写简单,以下略去单位)的大值区,19 日 20 时辐合区在 110°E 两侧向南扩展,西侧南伸到 24°N,也出现-4 的中心,20 日 20 时辐合区维持,西侧有-5 的大值中心,直到 22 日 20 时辐合开始减弱,东侧辐合区东移出海,西侧原地减弱。此外,18—22 日,在广东沿海及广西西部(22°N,105°E)始终维持一定的低层水汽辐散，这样的水汽通量散度场是与低空急流的配置相对应的，通过分析不同层次的水汽通量散度场，发现这次强降雨过程的水汽来源于孟加拉湾及南海，水汽输送集中在中低层（图略）。而从图 6.22 的 u、v 合成流场上看，有两条水汽输送带，一条来自孟加拉湾南部的印度洋，该气流穿越中南半岛朝华南输送，直达东海；另一条从南海沿副高的西南缘向华南沿海输送。总的来看，孟加拉湾南部的印度洋为暴雨区的主要水汽来源，正是由于在整个暴雨过程中孟加拉湾及印度洋西南气流的存在，大量水汽源源不断向华南输送，暴雨区对流层下层的湿度、水汽通量及水汽的输送都维持较高的强度。整个过程中对流层下层始终维持充足的水汽条件。

6.2.4.2　大气层结稳定度

大多数暴雨中的对流活动一般都相当强烈，暴雨区一般出现在对流不稳定区的下风方。在暴雨发生前后，大气不稳定能量存在积蓄—释放的过程，如果是连续性暴雨，还有不稳定能量再次增大的过程。在暴雨发生前，通常伴随着低层增温增湿，不稳定区与湿舌随低空急流向下游伸展；中高层上游地区出现西风带短波活动并伴有负变温。

在 1997 年 5 月 8 日广东省中部的一次特大暴雨过程开始前，随着冷空气南下和暖空气的北上，对流层低层大气湿静力能发生急剧变化，而对流层中上层由于温湿度变化相对较小，因而大气湿静力能变化较小，因此低空冷平流影响区域出现对流稳定，而暖平流影响区域出现对流不稳定。图 6.24 是 5 月 6—9 日 500 hPa 与 850 hPa 之间的湿静力能差，由图可见，特大暴雨出现前，随着西南低空急流的建立和加强，我国华南和西南地区开始表现为对流不稳定，7 日 20 时不稳定区向南扩展，8 日 20 时稳定区南压到南岭附近，9 日 20 时稳定区移到华南沿海，不稳定区退到云桂交界处和南海北部，此时粤中特大暴雨已结束。

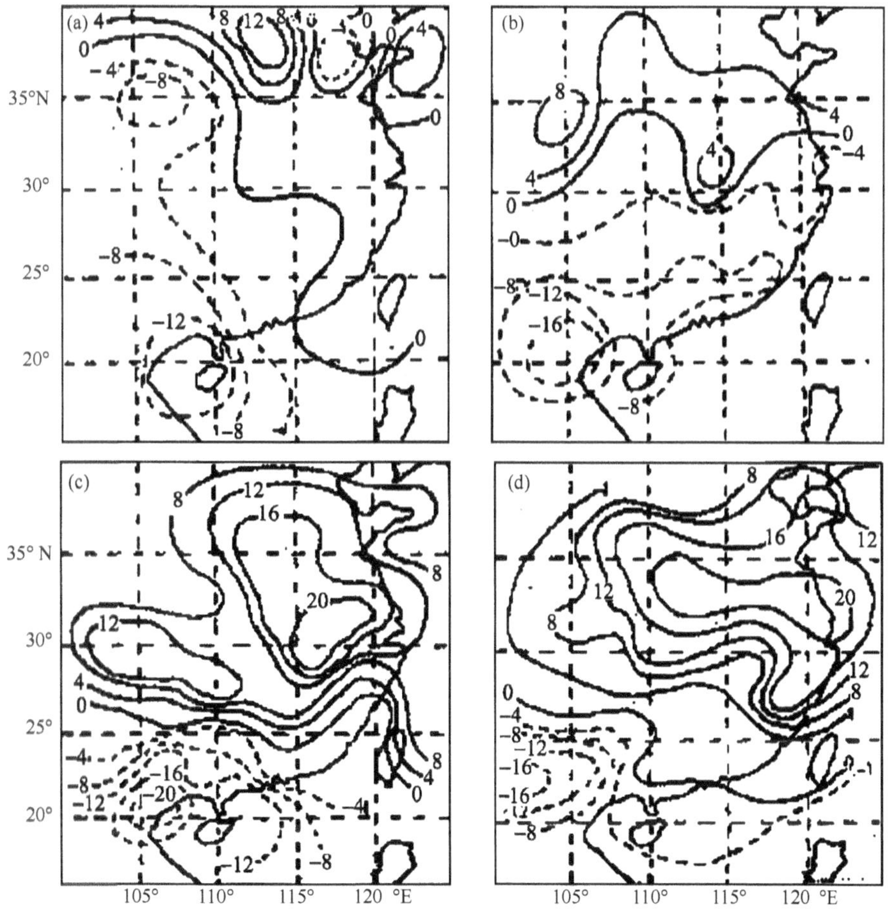

图 6.24　500—850 hPa 湿静力能差（单位：J/g）

(a)5 月 6 日 20 时，(b)5 月 7 日 20 时，(c)5 月 8 日 20 时，(d)5 月 9 日 20 时

（《广东省天气预报技术手册》编写组 2006）

6.2.4.3 上升运动

强烈的上升运动的作用是将低层暖湿高能的大气向上抬升，形成降水。在华南前汛期暴雨过程中常发现低层辐合、高层辐散以及低层正涡度、高层负涡度的垂直结构与上升运动强烈发展相伴出现。低层强烈辐合、高层强烈辐散的抽气效应产生的对流作用，使垂直风速及其切变加大、潜热释放，加强了涡旋的产生和维持；反过来，涡旋的加强和维持促进了大气的辐合及其对流的产生，垂直风速及其切变加大、潜热释放。这种涡度、散度、垂直速度在暴雨开始后的耦合形成的正反馈机制，使暴雨对流系统得到了加强和维持。

在一些比较剧烈的暴雨天气过程中，上升运动可以伸展到对流层高层，上升速度的大值中心一般位于中层 500～600 hPa，强度可达 1 Pa/s 的量级，而当暴雨趋于减弱的时候，上升速度强度减弱，强中心的高度也下降。这个特点在 2003 年 5 月 4 日广东沿海的大暴雨过程有比较明显的体现，见图 6.25。

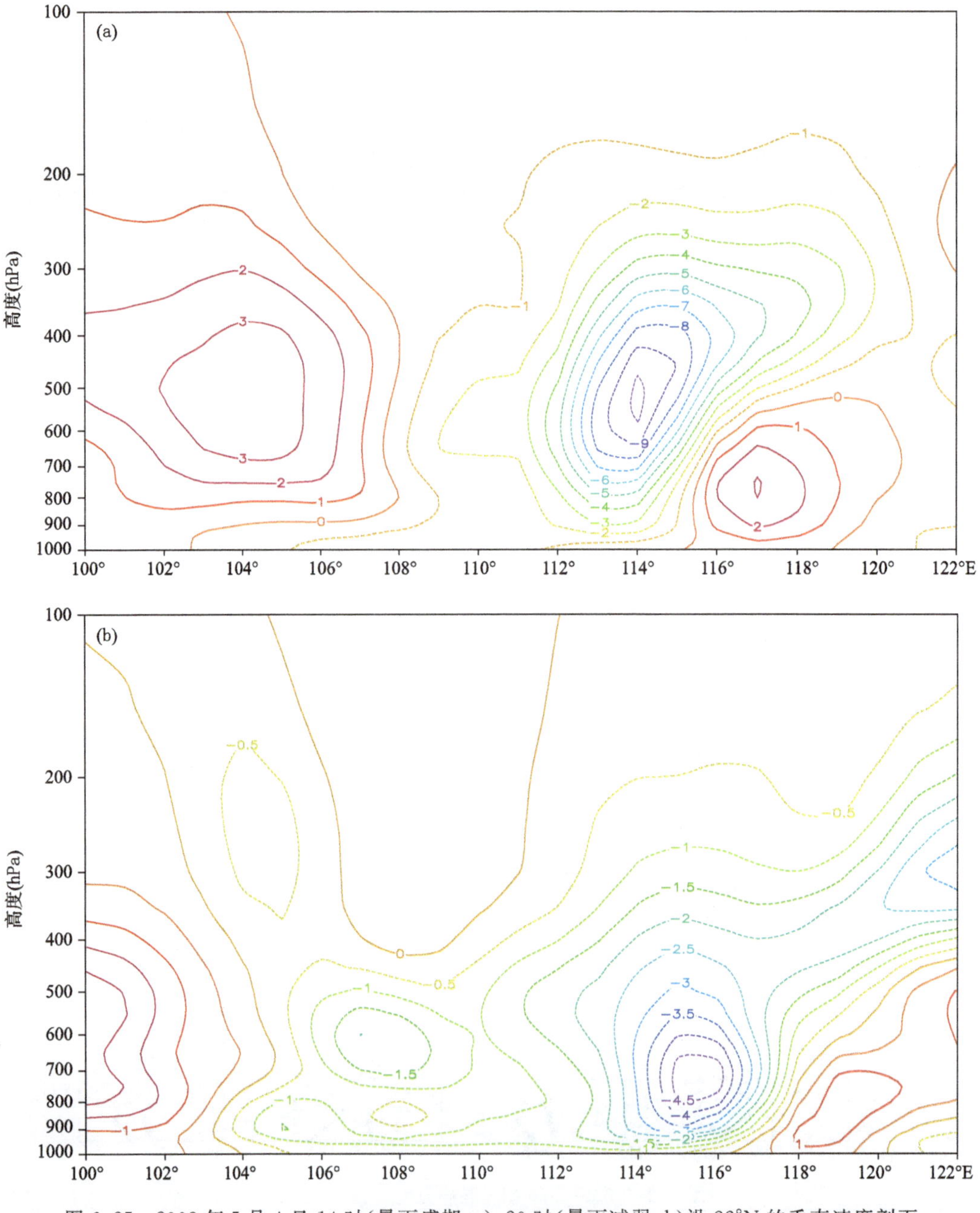

图 6.25 2003 年 5 月 4 日 14 时(暴雨盛期，a)、20 时(暴雨减弱，b)沿 22°N 的垂直速度剖面

6.2.4.4　地形作用

在一定的天气形势下，地形和海陆分布也是触发不稳定能量释放形成暴雨的重要条件。

广东省北部山区及其南缘的丘陵地带，地形基本上是南低北高。如果南海北部和华南地面层为明显的暖湿不稳定偏南气流，受地形抬升作用较容易出现对流和降水。当华南沿海地面气压东高西低、华南西部沿海等压线呈南北走向、边界层吹南到东南风时，受广东西部东北—西南走向的云雾山、天露山抬升，西南部沿海的恩平、阳江、阳春一带降水特别明显。在粤东地区，位于莲花山东南坡的海丰、普宁等地的年降水总量和暴雨日数明显比该山脉西北侧的一些地区多，特别是位于 1336m 的莲花山主峰附近的海丰，年平均暴雨日数超过 12 天，列广东省暴雨日数第二位。此外，沿莲花山东南坡分布的海丰、揭西、揭阳等地的年总雨量也比潮汕平原南部的汕头、潮阳和澄海等地多，这不能不说是地形抬升的作用。

广西的降雨量具有夏季风的迎风坡多、背风坡少，丘陵山区多、河谷平原少的特点（蒙远文等 1989）。据 1960—1982 年 4—6 月平均降水量统计，广西前汛期暴雨有 4 个多雨区分别是：1）十万大山东南侧的东兴至钦州一带。东兴位于秦州地区沿海、十万大山南侧，南来暖湿气流沿山坡抬升，湿绝热冷却成云致雨。同时东兴处于南来的低值系统天气前部，低值系统与十万大山相遇所产生的抬升作用使辐合上升气流增强，造成东兴至钦州沿海一带多雨。2）大瑶山东侧以昭平为中心的金秀、蒙山一带。昭平位于大瑶山东侧，处于东路冷空气影响广西的迎风坡，对来自东南的暖湿气流的爬坡抬升作用十分有利，从而多雨。3）越城岭至大苗山东南侧以永福为中心的兴安、灵川、桂林、临桂、融安、融水等地一带。这一带地区是冷空气从湘贵走廊入侵广西的主要渠道，永福处于架桥岭西北侧，北来的冷空气易受阻停滞，并在此活动，故形成桂东北多雨区。4）以都安为中心的桂中山地多雨区。

“喇叭口”地形的气流辐合抬升在华南前汛期暴雨的形成过程中也起到了重要的作用。华南地区尺度达数百千米范围的喇叭口地形有两个（黄士松等 1986）：珠江三角洲平原和广西北部柳州附近地区。广西西北部为云贵高原的东南侧，东北部为南岭山脉，使桂北成为一个向南开口的喇叭口；另外，自北向南伸展的驾桥岭和瑶山又把这个大的地形喇叭口分为两个，一个在柳州北面，一个在桂林北面。但华南地区单纯的地形动力抬升产生的暴雨不多，在一定的天气形势下，多数暴雨尤其是大暴雨经常在动力抬升与喇叭口地形收缩结合的情形下产生，暖湿空气吹向开口的喇叭口地形对暴雨生成最有利（孙建华等 2002）。

另外，华南沿海海陆风效应显著。在某些特殊的海岸地区可以形成辐合中心，从而使降水加强产生局地暴雨，并可产生沿海降水的日变化。计算表明，4—6 月由于陆风所形成的辐合中心，正好与沿海的暴雨中心相吻合，这就证明，陆风可以使降水加强产生暴雨，并可形成夜雨。海风所形成的辐合中心都在内陆，从而产生内陆的白天暴雨。

6.2.5　预报思路及预报技术方法

6.2.5.1　预报思路和着眼点

华南前汛期暴雨的预报思路应是从天气形势入手，结合物理量诊断分析并综合运用各种客观预报工具进行。

首先，分析大尺度环流特征。华南前汛期暴雨进入盛期的环流特征是：5 月中旬前后，副热带急流北跳并稳定在 30°N 以北，100 hPa 南亚高压进入中南半岛上空，为前汛期暴雨提供了有利的高空辐散条件；低纬地区的 500 hPa 由二波型转变为明显的三波型，孟加拉湾低槽建立；西太平洋副热带高压第一次西伸，随后从 90°—110°E 有越赤道气流进入南海，南海偏南季风建立；通过季风气流中的西南低空急流活动，热带潮湿不稳定空气源源不断输送到华南地区，前汛期暴雨进入盛期。5 月下旬，西太平洋副热带高压第二次向西扩展且有印度季风爆发，这时前汛期暴雨进入高峰期。在具体预报中要特别关注低空急流和边界层内的水汽和能量输送及中尺度扰动对暴雨的作用。

然后，分析有利于暴雨发生发展的物理量的配置情况，确定未来降水的强度与落区。简而言之，形成暴雨的内在因素是潮湿空气的潜在不稳定，外部因素是促使这种潜在的湿不稳定得到充分释放的强迫抬升作用，这两个条件越满足越有利于暴雨的出现。因此在暴雨分析和预报时需要考虑的就是表征湿度、不稳定能量和上升运动的物理量。常用的表征湿度的量有比湿、相对湿度、温度露点差、水汽通量、水汽通量散度、湿层厚度等。据统计，850 hPa 上比湿≥12 g/kg（相当于露点≥15 ℃）或 700 hPa 上比湿≥8 g/kg（相当于露点≥6 ℃），就有利于暴雨的生成，因此常被当作出现暴雨的指标之一。这与理论计算中所取 850 hPa 露点＝15 ℃（比湿≥12 g/kg）、地面辐合达 -10^{-4}/s（中尺度系统特征值）时，1 小时雨强为 7.54 mm 大体一致。表征不稳定能量有各种稳定度指数，在实际业务中，常用 500 hPa 与 850 hPa之间的假相当位温（θ_{se}）之差、K 指数和沙氏指数等来表征大气不稳定度，据华南前汛期暴雨试验统计，暴雨区上述三个量的值分别为－7～－20 ℃、35 ℃以上、2 ℃以下。表征上升运动情况的量有涡度、散度、垂直速度以及高低层的涡度差、散度差等。据华南前汛期暴雨试验总结，每次暴雨过程 850 hPa以下都有明显辐合，中心数值一般在 -3×10^{-5}/s～-8×10^{-5}/s，500—300 hPa 以上多数是辐散，高层辐散中心数值约为 3×10^{-5}/s～12×10^{-5}/s，无辐散层多数在 700—500 hPa 之间。在使用时还要考虑系统的移动情况，过去的实践中也发现强降水区往往有比物理量中心超前的情况，如对“94・6”特大暴雨的散度分析表明，许多暴雨发生在对流层下部散度场从辐散向辐合转变的区域。对广东省一些个例的分析表明，许多情况下暴雨出现在正涡度区与负涡度区之间的等值线密集区靠近正涡度区一侧，或在正涡度区高值舌上①。

在一定的天气形势下，同时需要考虑地形和海陆分布对暴雨的影响，要熟悉上文所述的几个因地形作用而易产生暴雨的地区。在进行短时临近预报时，还要结合暴雨中尺度系统在雷达回波和卫星云图上的特征，运用这些高分辨率观测资料做好暴雨的监视和预报工作。

6.2.5.2　*预报技术方法*

早在 20 世纪 70 年代末 80 年代初的华南前汛期暴雨试验和研究过程中，我国的天气预报人员和研究人员就归纳总结出几种行之有效的预报技术方法（黄士松等 1986）。

（1）用物理量法做暴雨落区预报

华南的预报员在暴雨预报经验基础上，从天气学暴雨预报方法入手，结合动力学特点，并考虑到台站实际所要求的时效，提出了一个比较客观、定量、有一定理论依据、简便易行的暴雨落区预报方案。该方法分别选取表征大气热力和动力特征的物理量，如 q、θ_{se} 和实测风场等，根据预报员的经验和所做的天气、动力方面定量计算的综合个例分析，提出了 7 项暴雨落区预报的指标，认为暴雨常出现在以下地区：

1）850 hPa 低空西南急流的左方，尤其是左前方和西南风速零线之间；

2）850 hPa $\theta_{se}\geq75$ ℃的地区；

3）850 hPa 比湿 $q\geq14$ g/kg 的地区；

4）850 hPa 和 700 hPa θ_{se}之差≥5 ℃/150 hPa 的地区；

5）850 hPa 或更低层次的辐合区中，在大暴雨开始的阶段，低层辐合区的作用很明显。

6）经过改换的理查森数 $Ri_{\theta_{se}}$ 的负值较大地区。$Ri_{\theta_{se}}=\dfrac{g}{\theta_{se}}\dfrac{\dfrac{\partial\theta_{se}}{\partial z}}{\left(\dfrac{\partial u}{\partial z}\right)^2+\left(\dfrac{\partial v}{\partial z}\right)^2}$。

7）850 hPa 暖湿中心的下风方。

从 1977 年所做的 18 次预报来看，暴雨的落区预报与实况较为一致，预报指示性比通常使用的以位势场和温度场为特征量的天气图要好。如 1977 年 6 月 19 日 08 时的 850 hPa 高空图如图 6.26（a）所示，同时刻的 $\theta_{se}-q$ 图如图 6.26（b）所示。由于此时华南地区等 q 线的分布与等 θ_{se}线分布基本相当，故略去，以等 θ_{se}线来代替，图 6.26（b）中，NS 表示暖湿中心，GL 表示干冷中心，带箭头的粗实线分别为西南风和东北风急流的轴线，粗断线是切变线。二者相比可发现：图（a）温度梯度不明显，没有显示锋区，而图（b）分析的暖湿和干冷梯度明显，槽脊分明，并有相当明显的湿度锋区；图（a）温度场和流场关系不明显，而图（b）暖湿舌对应着急流轴，暖湿中心对着急流中心，干冷槽伴着低空东北风急流轴。湿度锋区

① 上述统计数值只是建立在一定的历史个例基础上，具有一定的局限性，实际应用中不能完全照搬

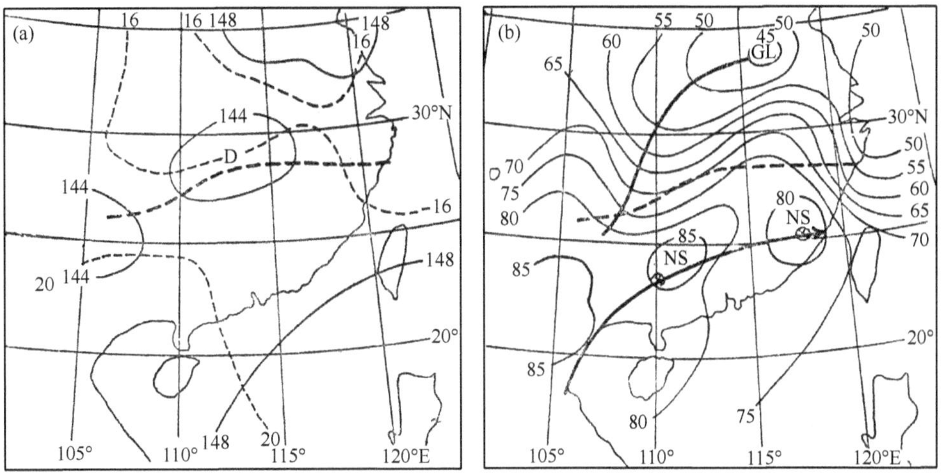

图 6.26　1977 年 6 月 19 日 08 时 850 hPa 高空分析(黄士松等 1986)

(a)实线为等高线(dagpm),虚线为等温线(℃),粗断线为切变线;(b)细实线为等 θ_{se} 线(℃),矢线为急流轴,粗断线为切变线

前方即切变线所在。暴雨正是发生在切变线前,在低空西南风急流中心左前方、暖湿中心的下风方地区。

后来对此方法进行了改进,以 850、700 和 500 hPa 三层平均代替 850 hPa,暴雨常出现在三层平均暖湿中心的下风方。同时还发现,暴雨常出现在 500 和 850 hPa 两支急流之间。针对降水强度方面的试验表明,在靠近地面流场辐合区的降水强度大。这两套系统的降水,靠东的一套系统降水强度大,如系统是南北向排列则靠南的一套降水强度较大,低空急流穿越锋面时降水强度小。

由上述分析可知,该方法物理意义清楚,方法简便,可在业务预报中参考,特别是对于低空急流引起的暴雨指示意义较好。

(2)天气系统与物理量综合暴雨落区预报方法

这种方法综合考虑了天气系统的位置及动态变化、温湿条件、稳定度和地面气压扰动等物理量,以物理量的重合区及天气系统所包围的有利区域作为暴雨预报的落区。具体指标如下:

1)温湿条件。据统计,广东的暴雨常出现在 850 hPa $\theta_{se} \geqslant 70$ ℃的范围内温湿轴及梯度大值区附近。但使用时应当考虑下面的情况:湿舌轴线在广东中部以东时,取轴线以南 θ_{se} 锋区范围,并取 110°—115°E 之间的湿舌为主要考虑对象;当湿舌轴线已经移到沿海或海上时,取轴线以北梯度大值区域或 θ_{se} 中心范围。

2)稳定度指标。选取 $\Delta\theta_{se(700-1000)\mathrm{hPa}} \leqslant -7$ ℃作为判别大气不稳定的临界值。

3)地面气压扰动的不稳定条件。取对某时段气压平均值的偏差量作为气压扰动值,以消除日变化的影响。用下式计算地面气压扰动:

$$\Delta p' = \Delta p_{3(2)} - \frac{1}{3}\sum_{i=1}^{3}\Delta p_{3(i)} \tag{6.1}$$

式中 i 为观测时间,1 为 02 时,2 为 20 时,3 为 14 时。上式的意义为 20 时的 3 小时变压减去 14—02 时的 3 小时变压的平均值。$\Delta p'$ 最大值的连线常与锋面大致平行,并多出现在暖区,因此大值线以南是扰动的发展区,它作为暴雨落区的指标比锋面更有优越性,可缩小暴雨落区的预报范围。不过,如果大值连线为南北线时,此项不予考虑。

4)风场动力指标。由于华南前汛期很多暴雨发生在暖平流区内,把 850—500 hPa 之间的垂直切变 V_s 近似看作热成风关系,风随高度顺转为暖平流,逆转为冷平流,平流的强度与 V_s 成正比。取 $V_s = V_{500} - V_{850}$ 的南北风分界线(多数也是冷暖平流分界线)作为动力指标。

5)天气系统指标。用 850 hPa 上的低空急流来确定暴雨区的南界,850 hPa 切变线或者地面锋面作为北界。同时,锢囚锋的锢囚点附近也是暴雨的落区。

综上所述,暴雨落区边界按如下方法确定:北界——切变线、锋面和 $\Delta p'$,但优先考虑 $\Delta p'$;南界——低空急流轴,当无低空急流或低空急流移速较快时,用 θ_{se} 梯度大值区;东界——V_s 偏南和偏北分量的分界线,若存在武夷山锢囚锋,则锋面本身就是东界和北界;西界——较难确定,通常考虑各种因素的临界值，以重合区为西界。

必须注意，天气系统的位置是在发生变化的，稳定度和温湿条件也会随之变化。因此，在使用时最好是建立在数值预报产品的基础上，考虑其未来的动态及强度变化。

(3)数值预报产品释用方法

随着近年来数值模式预报性能的逐步提高，数值预报产品日益丰富并在业务预报中得到广泛的应用，是目前应用最多的一种参考依据。

除了直接使用数值预报产品，并对其进行检验和订正以外，还可以根据不同模式在各地的预报性能研发集成预报方法。同时，在我国包括华南地区，预报员用 MOS 方法和 PP 方法做暴雨预报的也比较多。

6.3 梅雨锋暴雨

6.3.1 概述

梅雨是指每年 6 月中旬到 7 月上中旬我国长江中下游(宜昌以东的 28°—34°N 范围内或称江淮流域)至日本南部这一狭长区域内出现的一段连阴雨天气。由于此时正值江南梅子黄熟季节，故称“梅雨”；同时，由于这段时间多雨阴湿，物体极易获潮霉烂，因而也俗称“霉雨”。

梅雨是东亚大气环流由春到夏季节演变的产物，是东亚地区特有的天气气候现象。梅雨天气的主要特征是：雨量特别充沛，相对湿度大，云量多，日照时间短，地面风力较小，降水多属连续性，也有阵雨和雷暴，并且常常是大雨、暴雨甚至大暴雨。

我国梅雨期间降水呈接近纬向的带状分布，主要雨带位于长江中下游地区，多年平均的降水量最大值可以达到 220 mm 至 260 mm。这一地区梅雨期的总降水量占整个夏季(6—8 月)总降水量的 45%。因此，梅雨季是东亚夏季风季节进程中长江中下游地区的集中降雨期，几乎一半的夏季降水来自不到 1 个月的梅雨季。

从 1951—2006 年的梅雨统计表明，最早入梅日期为 6 月 2 日，出现在 1991 和 1996 年，最晚入梅日期为 7 月 9 日，出现在 1982 年；最早出梅日期为 6 月 14 日，出现在 1994 年，最晚出梅日期为 7 月 31 日，出现在 1954 和 1987 年；最长的梅雨季节长度为 50 天，这也是梅雨集中期最长的纪录，出现在 1954 和 1996 年。梅雨季节长度最短为空梅(0 天)，50 多年来出现过 4 次，分别是 1958、1965、2000 和 2002 年。最近的一次空梅年份是 2009 年。长集中期梅雨常常对应于洪涝，如 1954 年梅雨量是多年平均的 3 倍。

有些年的梅雨季节不只出现一段梅雨集中期，有时会出现两段，梅雨季节也因此出现中断，而第二段的梅雨集中期，通常被称为“二度梅”。1951—2007 年，共有 11 年出现了二度梅，出现概率接近 20%；二度梅的入梅日期有 3 年是出现在 6 月下旬(第 6 候)，5 次出现在 7 月上旬，3 次出现在 7 月中旬；二度梅的梅雨集中期长度最短有 7 天，最长有 19 天，平均为 13 天；绝大多数出现二度梅的年份，梅雨总降水量较常年偏多。

6.3.2 大尺度环流背景

梅雨天气是东亚大气环流各主要系统相互作用的产物，它涉及高低纬、上下层各环流系统的相互配合(朱乾根等 2000，矫梅燕等 2004)。

6.3.2.1 南亚高压

在对流层高层(100 或 200 hPa)，梅雨与南亚高压的活动有一定的关系。一般而言，入梅前南亚高压 120°E 附近的脊线位于 25°N 以南，梅雨期脊线位于 25°—30°N，当脊线北移超过 30°N 时，梅雨结束。对 100 hPa 南亚高压统计还发现，南亚高压闭合中心的强度和所处的纬度与梅雨也有关系，即梅雨前高压中心一般在 27°—28°N 以南，中心强度小于 1680 dagpm；梅雨开始并持续时，高压中心一般稳定在 30°N 附近，中心强度大于 1680 dagpm；梅雨结束时，高压中心一般北跳到 34°N 以北并移出高原。1998 年 6 月 24 日入梅，从入梅后第 1 候 100 hPa 平均高度场(图 6.27)可以看到，南亚高压中心位于伊朗高原上空，脊线位于30°N附近，中心闭合圈达到了1692 dagpm，明显偏强，高压的南北两侧分别对应着高原热带东风急流和副热带西风急流。长江中下游地区位于南亚高压向东伸展的脊区下方，高空为辐散气流，有利于中低层辐合上升运动，对江淮地区降雨较为有利。

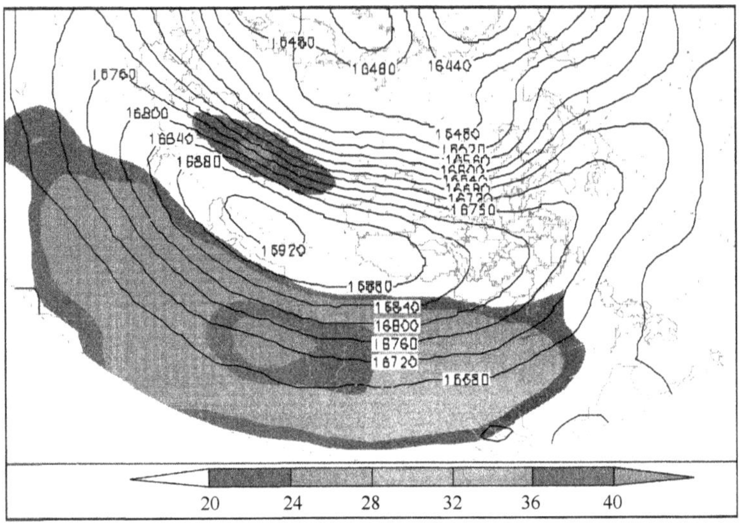

图6.27 1998年6月第6候100 hPa平均形势场(gpm)(矫梅燕等2004)
(阴影区为≥20 m/s风速区)

6.3.2.2 副热带高压

对流层中层500 hPa的大型环流系统在入梅前后一般经历一次明显的调整过程。副热带地区西北太平洋副高在入梅前后呈带状分布，江淮入梅之日，副高的西部脊线(120°E处)经历了一次明显的北跳，由原来的18°N北跳至22°N，整个脊线从日本南部伸至华南，略呈东北—西南走向。副高在北跳的同时加强西伸，而在印度东部孟加拉湾一带有一稳定低压槽存在。这样就使长江中下游地区盛行西南风，并与北方来的偏西气流之间构成一范围宽广的气流汇合区，有利于梅雨锋锋生并带来丰沛的水汽。中纬度巴尔喀什湖及东亚东岸(河套到朝鲜半岛)之间建立了两个稳定的浅槽，而高纬则为阻塞高压活跃的地区。阻塞高压的活动对梅雨带的稳定维持起非常重要的作用。

6.3.2.3 中高纬度阻塞高压

阻塞高压的活动形势主要有以下几类：

(1)单阻型

在中高纬地区只有一个阻塞高压存在，依其位置可以分为西阻型(51°—80°E)、中阻型(81°—110°E)和东阻型(111°—150°E)。

西阻型(图6.28a)：50°—70°N的阻塞高压位于乌拉尔山附近地区，高压前部为一宽广的低值区。35°—45°N之间的气流比较平直，在咸海南部和河套以西地区分别为两个浅槽，同时，在高原东部还存在一个高原槽。影响长江中下游地区的冷空气来源于两个路径，一个是从咸海低槽中分裂东移经青藏高原影响长江中下游地区；二是从阻塞高压前部的低压中分裂东移南下。

中阻型(图6.28b)：阻塞高压位于贝加尔湖以西地区，贝加尔湖以东为低值区。形势与西阻型相似，只是阻塞高压位置偏东一些，我国北部的锋区略偏北一些。冷空气主要从阻塞高压前部的贝加尔湖低压区中东移南下，也有小股冷空气从青藏高原北侧东移。同时位于印度半岛的南支槽比较清楚。

东阻型(图6.28c)：在贝加尔湖到鄂霍次克海之间存在一阻塞高压，在阻塞高压南部的我国东北地区常有一切断高空冷涡，贝加尔湖以西地区也有一较清楚的低压或大槽存在，巴尔喀什湖到朝鲜半岛之间的锋区较平直，冷空气可以从东北冷涡后部南下，也可以从巴尔喀什湖附近的低槽中分裂东移，从高原上也有小股冷空气东移影响。

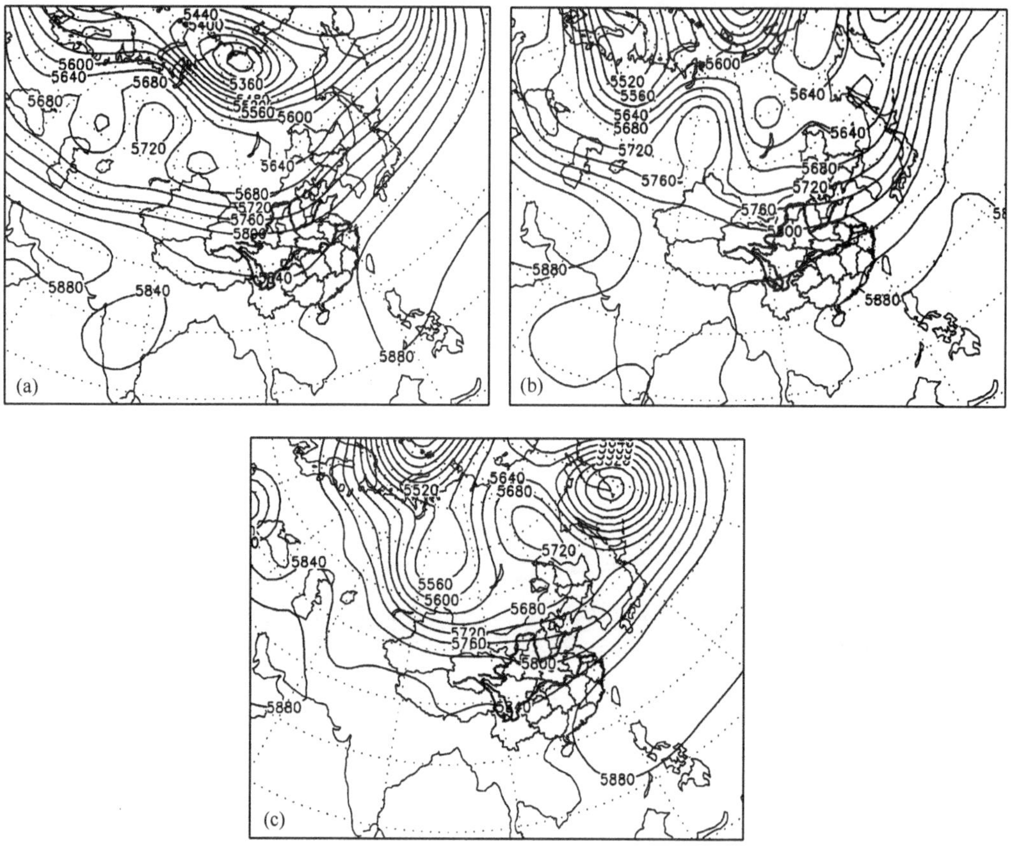

图 6.28　典型梅雨期 500 hPa 平均形势场(gpm)(矫梅燕等 2004)

(a)1991 年 6 月第 2 候,(b)1969 年 7 月第 1 候,(c)1991 年 7 月第 1 候

(2)双阻型

在中高纬地区(50°—70°N)的欧亚范围内有两个稳定的阻塞高压存在,分别位于乌拉尔山北部以东地区和日本海一带,其间为一宽广的低压区,整个环流呈倒 Ω 型。在中纬度地区(35°—40°N)的里海附近为一高压脊,脊前巴尔喀什湖附近为一低压槽,巴尔喀什湖至朝鲜半岛之间为一平直西风带(图 6.29)。影响长江中下游地区的冷空气有两条路径:一是从巴尔喀什湖槽分裂出的冷空气沿平直锋区东移南下,二是从贝加尔湖附近的低压区沿偏北路径南下。

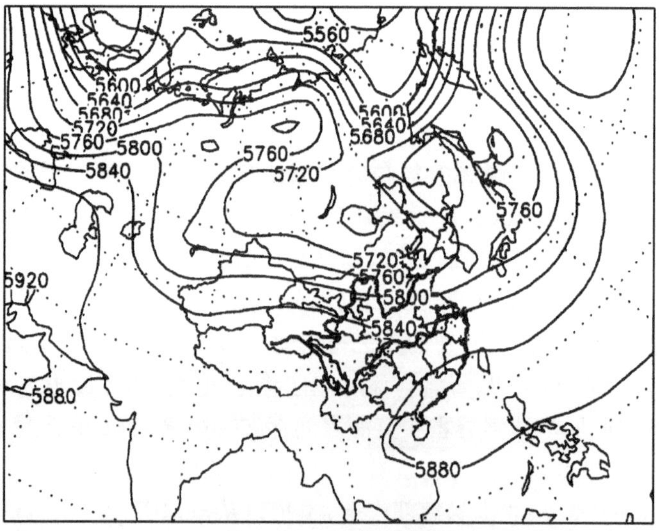

图 6.29　1998 年 7 月第 4 候 500 hPa 平均高度场(gpm)(矫梅燕等 2004)

(3)多阻型

从欧洲中部、贝加尔湖以西地区到日本海共存在三个稳定的阻塞高压，阻塞高压之间为切断低涡或大槽，这些阻塞高压的南部亚洲范围 35°—45°N 为一较平直的西风带，且不断有短波槽东移，但不发展(图 6.30)。冷空气主要有两条路径：一是从咸海附近的冷槽中分裂出来，随短波槽东移，经新疆和河西走廊南下；另一是从贝加尔湖附近的低槽中分裂出来东移南下。

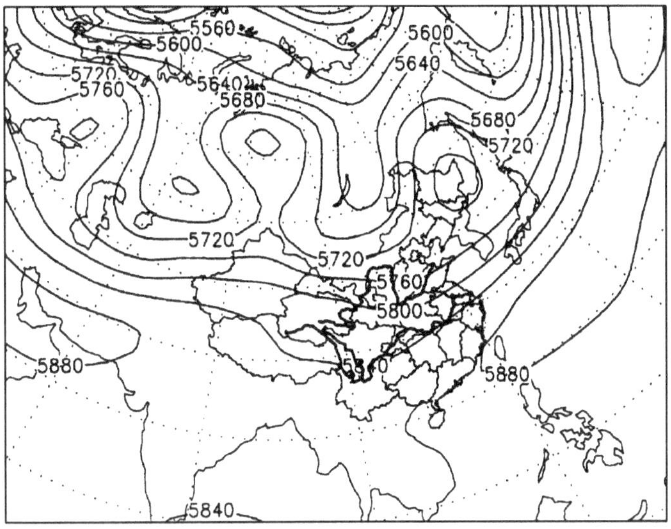

图 6.30　1969 年 7 月第 2 候 500 hPa 平均高度场(gpm)(矫梅燕等 2004)

6.3.2.4　季风涌

在中高层稳定的大尺度环流背景条件下，在中纬的平直锋区上随着短波槽的东移不断有冷空气东移南下。而在低纬地区，随着夏季风的爆发，不断有季风涌北进，它带来的暖湿气流与北方干冷空气交汇于长江中下游地区。在低层 850 hPa(图 6.31)或 700 hPa 上，江淮流域表现为一条准静止的江淮切变线；在地面上，则为准静止锋。切变线的南侧一般有与之近乎平行的西南风急流。梅雨期间，沿切变线常有低涡东移，并引起地面静止锋扰动，产生江淮气旋。这种气旋是不断发展的，一次次气旋活动就带来一次次暴雨过程。

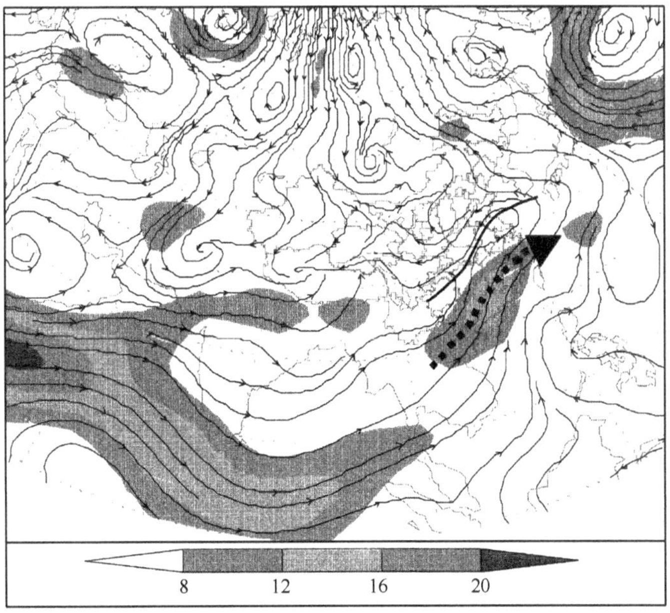

图 6.31　1998 年 7 月第 5 候 850 hPa 流场分析(矫梅燕等 2004)

(阴影区风速≥8 m/s，粗实线为切变线，粗虚线为急流轴位置)

1998年长江流域梅雨期间6次持续性暴雨和特大暴雨过程的大尺度环流背景有以下几个共同特点(国家气象中心等 1999):

1)欧洲东部到亚洲地区中高纬度大型环流形势比较稳定,高纬度多为经向度较大的两脊一槽型,东西两脊呈阻塞形势分别位于鄂霍次克海到俄罗斯远东地区和乌拉尔山到欧洲东部一带,二者之间的中西伯利亚高原为一长波槽。而中纬度多两槽一脊或较平直的西风气流,巴尔喀什湖、我国东北地区或贝加尔湖西北方一般为冷涡或低槽所控制。

2)冷空气的来源和路径有二,其中最主要的一支由巴尔喀什湖冷涡低槽中分裂,而后沿青藏高原东部下滑,经四川盆地或汉水流域东移;另一支则由东北冷涡或贝加尔湖低槽中分裂南下或东移后向西回流经淮河流域南下,或两股合并南下。持续性暴雨过程往往是多股冷空气相继南下。

3)副高西脊点在100°—109°E之间,较多年平均偏西约18个经距;110°—120°E之间的副高北界一般在23°—27°N一带徘徊,且120°E的副高北界较110°E上的副高北界偏北,即副高呈东北—西南走向。这就有利于来自孟加拉湾和南海的暖湿气流源源不断沿着副高北侧的西南气流向长江中下游一带输送,并与北方南下的冷空气在此交汇,对流层低层和地面则表现为一条准静止的切变线和静止锋。由于强烈的辐合对流持续在这一带产生,从而导致该地区频繁遭受暴雨、大暴雨天气的袭击。

如2003年6月20日后,亚洲地区中纬度阻塞形势逐渐建立,环流经向度明显加大,锋区南压,不断引导冷空气南下;副热带高压季节性北跳,夏季风势力加强北进。冷暖气流不断交汇在淮河流域,致使该地区出现了历史上少见的大洪水,其雨量值之大、持续时间之长、影响范围之广为历史罕见。淮河流域雨情和水情超过了1991年。

纵观2003年6月下旬和7月上旬,淮河流域暴雨、大暴雨天气频频出现,大尺度环流系统的特征为:1)阻塞高压活动频繁,阻塞高压的建立、削弱和崩溃过程都伴随着较清楚的冷空气南下与副高北侧或西北侧的暖湿气流在淮河流域交汇;2)贝加尔湖附近至130°E多为低值区,相对应的逐候距平图上为大范围的副距平区,冷空气异常活跃,与西南暖湿气流在淮河流域交汇;3)西北太平洋副高相对稳定,6月下旬110°—130°E平均副高脊线基本稳定在17°—24°N,7月上旬有9天均稳定在23°—24.7°N,在此期间,副高多呈东西带状分布,淮河流域一直处于副高北侧或西北侧边缘,这是造成较大降雨区在淮河流域而不在长江中下游的主要原因;4)孟加拉湾和青藏高原地区始终为一低压区,在此期间,印度西南季风盛行,水汽从印度洋、孟加拉湾和南海不断向淮河流域输送,是造成淮河流域出现持续性强降雨的另一原因;5)100 hPa南亚高压中心位置明显偏西,基本在80°E以西,属西部型、30°N附近的范围之内,南亚高压多呈东西带状分布,120°E上脊线位置基本维持在28°—31°N之间,这种分布十分有利于淮河流域出现暴雨。

6.3.3 主要天气系统

6.3.3.1 天气尺度系统

(1)西风槽

西风带上的短波槽是造成降水的重要天气系统之一。由于梅雨期间中高纬度大形势比较稳定,从主槽中分裂的西风槽往往以短波的形式从高原东部或西北地区东移南下,与副高西北部的西南暖湿气流结合,造成强降雨。

1998年6月11—12日,自青藏高原和青海湖附近先后有两个西风槽东移(图略),它们携带的弱冷空气汇合并与正在加强北上的暖湿气流在江南北部和长江中下游沿江一带交绥,使得对流层低层明显锋生,地面出现气旋发展和静止锋,促使这一带降雨明显加大,普遍出现了暴雨到大暴雨天气。

2003年江淮梅雨期沿淮河流域的500 hPa高度场的时间剖面图(图6.32)表明,6月21日—7月22日该地区7次暴雨、大暴雨过程与7个东移西风槽相对应,短波槽往往在110°E以东地区向南加深发展,槽后的冷空气向南侵入与向北推进的暖湿空气相遇,经常在江淮梅雨锋上生成江淮气旋。

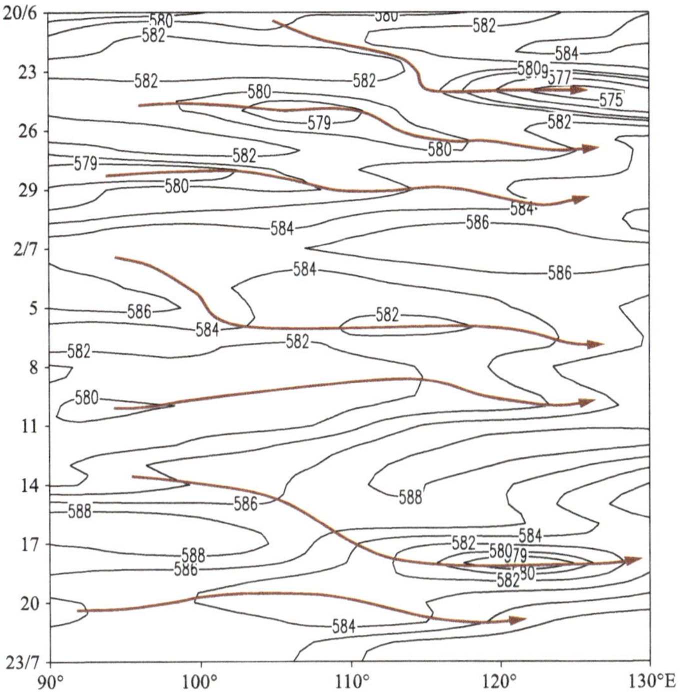

图 6.32　2003 年 6 月 20 日—7 月 23 日沿 33°N 500 hPa 高度(dagpm)时间—纬度剖面(矫梅燕等 2004)

(2)江淮切变线和西南涡

一般把出现在低空 700 hPa 或 850 hPa 风场上具有气旋式切变的不连续线称为切变线。切变线附近气压场较弱,但风场表现却很明显。6 月到 7 月初,副高脊线位置移到 22°—25°N,此时切变线多位于江淮流域,称为江淮切变线。江淮切变线是梅雨锋暴雨的主要影响系统之一,它可分为冷式、暖式和准静止切变线三类,准静止的最常见,但当切变线上有西南涡活动时,则在低涡前方的切变线就变为暖式的,低涡后部的切变线变为冷式的。一般在江淮切变线的南侧为副热带高压脊,北侧为西风带小高压。

据湖北省气象台统计,夏半年由江淮切变线产生的暴雨占全部暴雨日数的 41%,就整个江淮地区来讲,有暴雨的切变线过程占全部切变线过程的 76%,6、7 月份甚至达到 90%以上。也就是说大多数江淮切变线都能带来暴雨。一个切变线过程有时还会带来 5～7 天的暴雨。

江淮切变线的降水多位于地面锋线北部、700 hPa 切变线以南的区域。这是因为 700 hPa 上切变线以南的偏南气流一方面可以将南方的水汽不断输送过来,一方面这股气流沿着锋面向上爬升,使水汽冷却凝结成雨。因此,如风速偏南分量越大而锋面坡度越陡,则上升越强而降水量越大。

切变线上降水分布并不均匀,只有在辐合较大、水汽供应比较充分的地区才有较大的暴雨。而切变线上辐合不同的原因,主要是西南涡沿切变线东移所造成的。

西南涡一般是指生成于四川西部地区、700 hPa 或 850 hPa 上的具有气旋性环流的闭合小低压,其直径一般为 300～400 km。西南涡的移向与相应的 500 hPa 上气流基本一致,但略偏南;移速则为 500 hPa面上风速的 50%～70%。西南涡的移动路径一般有三条,一条是向东南方向移动,经贵州、湖南、江西和福建出海,有时会影响到广西和广东;二是沿着长江东移入海;三是向东北方向移动,经陕西、华北地区出海,有时甚至会进入东北地区。位于切变线上的西南涡,常沿切变线东移。当西南涡移出时,无论低涡是否发展或是否有地面锋面配合,绝大部分都有降水,雨区主要分布在低涡的中心区和低涡移向的右前方。当西南涡发展东移时,雨区也不断扩大和东移,降水强度逐渐增强。一般到了两湖盆地,降水量便大大增加,往往形成暴雨。

从 2003 年江淮梅雨期沿 116°E 附近 700 hPa 高度和风场的时空剖面图(图 6.33)可知,江淮流域 7 次暴雨、大暴雨过程在对流层中低层的主要天气尺度影响系统就是低涡和切变线,其通常表现为东北风或西北风与西南风的切变线,一些西南涡可沿着切变线东移或者在切变线上辐合最强的地方产生一个低涡,形成低涡切变线。每个低涡的东移过程伴随着一片强雨区,暴雨大多发生在低涡切变线上靠近暖区一侧。由于梅雨期大尺度环流形势稳定，切变线形势可重复出现，因此在江淮地区造成持续性强降雨。2003 年淮河流域 7 次强降雨过程的 23 天降雨日中，700 hPa 上出现 21 次冷式切变线，占 91.3%；20 次暖切变线，占 87%；1 次未出现低涡，出现低涡的占 95.7%，有 4 次同时生成两个低涡（含西南低涡），总计出现了 26 个低涡。在 850 hPa 上冷式、暖式切变线各有 21 次，均占 91.3%，每次都有低涡出现，其中有 8 天出现两个，共 31 个低涡。由此可见，梅雨锋上天气尺度的低涡切变线很活跃，它们活动不仅维持了梅雨期持续性的降水，而且给暴雨的产生创造了充沛的水汽供应，暖湿的不稳定大气层结和强烈的低空辐合，使大量暖湿空气得到抬升凝结产生降水。

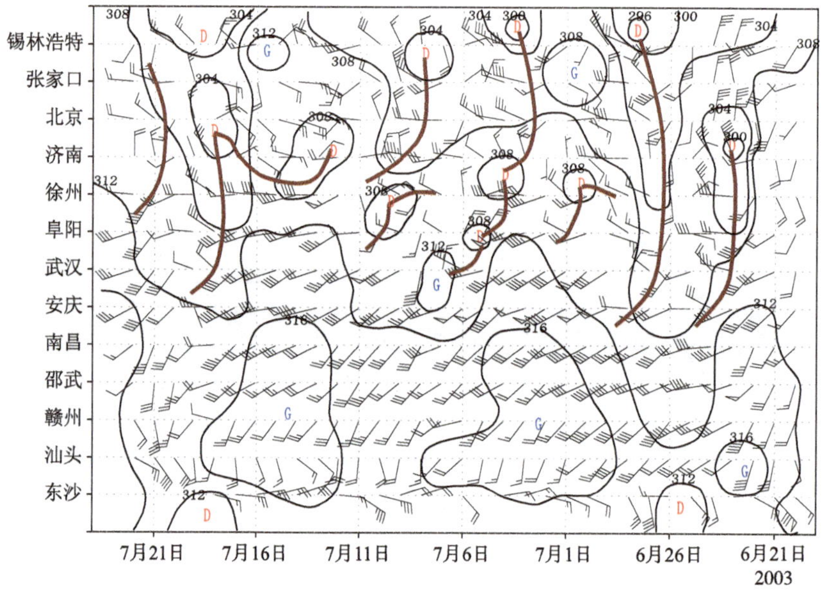

图 6.33　2003 年 6 月 20 日 08 时至 7 月 22 日 08 时沿 116°E 附近 700 hPa 高度场（dagpm）和风场的时间剖面图（矫梅燕等 2004）

（3）低空急流

低空急流一般指 600—925 hPa 之间水平动量集中的气流带，风速≥12 m/s，多为西南风低空急流。与我国暴雨相联系的西南风低空急流存在于副热带高压西侧或北侧，它的左侧经常有低空切变线和低涡活动。低空急流多位于高空西风急流入口区的右侧或南亚高压东部脊线附近。在这种环流背景下，与低空急流相伴的强降水区位于低空急流的左侧、切变线的右侧。当切变线上有西南涡活动时，每通过一次西南涡都可以使低空急流获得一次加强并伴有暴雨发生。

据统计，在江淮梅雨期有 70% 以上的天数出现低空急流，其中 79% 的低空急流伴有暴雨，反之 83% 的暴雨伴有低空急流。绝大部分暴雨发生在低空急流左侧 200 km 以内，其中多数又降落在急流轴的左前方。

据统计得到 2003 年淮河流域梅雨期共出现 9 次低空急流过程，与 8 次强降雨相对应，其中淮河流域 7 次，6 月 29 日—7 月 1 日、7 月 2—3 日两次低空急流过程对应 6 月 29 日—7 月 3 日一次大暴雨过程。对于 8 次过程，有 7 次则是在暴雨过程中偏南风速不断加大出现超地转现象（图 6.34），有一次在暴雨发生前 12 小时有强风轴出现，揭示了低空急流与暴雨同时发生或有时急流生成在先。对 6 月 21 日—7 月 22 日 32 天梅雨期的低空急流日和暴雨日普查分析结果发现，低空急流日出现 31 天（仅 7 月 19 日未出现急流），相应暴雨日有 28 天，占急流日的 90%。可见它们的相关率很高，并且绝大多数暴雨发生在低空急流轴的左前方。

低空急流具有显著的超地转特征，即实际风速常大于地转风速。根据 2003 年淮河流域梅雨期，淮河流域沿 116°E 850 hPa 上纬向低空急流超地转风的计算结果表明（图 6.35），25°—35°N 之间的气流这一时期均为超地转，急流初建时，实际风略大于地转风，随着急流的加强和维持，超地转风速迅速增大，当实际风速最大时，超地转特征最为明显，急流轴下部也维持很强的风的垂直切变。整个低空急流轴上有 8 次超地转风速中心，最强中心风速达 5 m/s，约为该层实测风的 35%，最弱为 2 m/s，它们分别与上述 7 次和 1 次黄淮南部暴雨过程相对应。暴雨常产生在急流的超地转特征强烈之时，当地转风增大接近实际风时，暴雨便减弱停止。

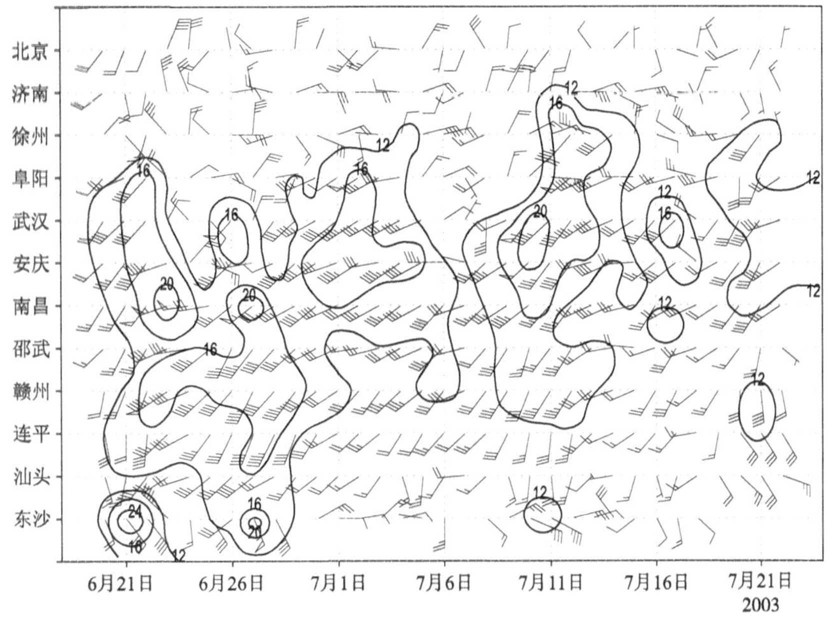

图 6.34　2003 年 6 月 20 日 08 时—7 月 22 日 08 时沿 116°E 附近 850 hPa 风场时间剖面图

(图中实线为≥12 m/s 的等风速线，间隔 4 m/s)(矫梅燕等 2004)

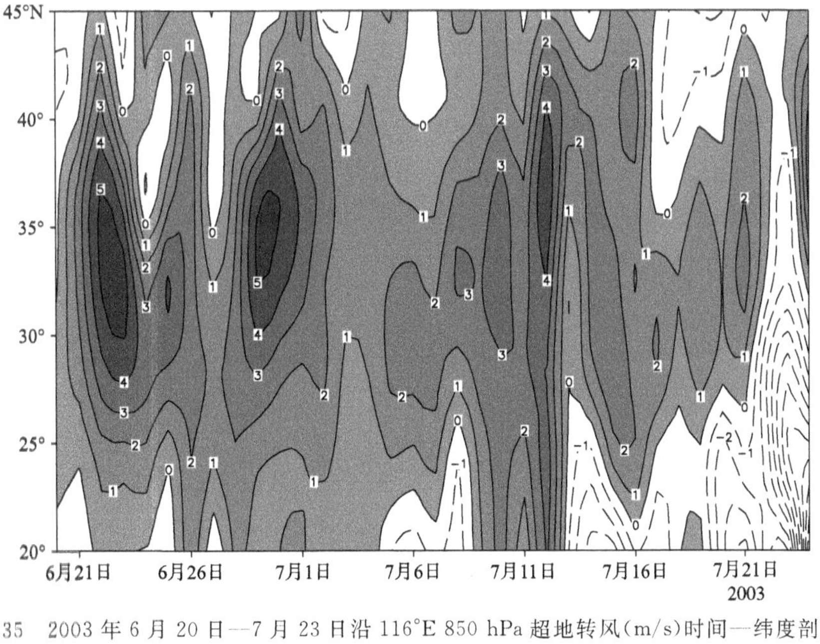

图 6.35　2003 年 6 月 20 日—7 月 23 日沿 116°E 850 hPa 超地转风(m/s)时间—纬度剖面图

(矫梅燕等 2004)

6.3.3.2　中尺度系统

暴雨是多尺度天气系统综合作用的结果，一次暴雨天气的降水总量并非由一次连续降水所组成，而是在此期间中尺度雨团不断生成和移动的结果。在低层或地面风场上，江淮梅雨锋上中尺度低压(中尺度涡旋)、中尺度辐合中心、中尺度切变线和中尺度辐合线是造成梅雨暴雨的主要中尺度系统，如果这些系统中两个或两个以上同时出现，造成的降水会更剧烈。

在 1998 年 7 月 20—23 日鄂东南持续特大暴雨过程中，从逐时地面流场资料分析(图略)可知，每一个强雨团(将 1 小时雨量大于 10 mm 的等雨量线包围的区域称为雨团)一般对应一个 β 中尺度天气系统(有的强雨团对应着两个以上的β中尺度系统),在地面流场上主要表现是β中尺度辐合线。在大多数强雨团生成前就有地面β中尺度辐合线产生,雨团生成后仍然伴有地面β中尺度辐合线或两个β中尺度辐合线汇合成人字型。因此,地面流场汇合形成的辐合线是β中尺度云团、强雨团产生和维持的主要系统。这些辐合线产生在地面长江流域大范围暖低压东部的偏东风里。辐合线的水平尺度50～150 km,生命史大多4～8小时。辐合线多次在武汉和黄石生成或经过,造成了特大暴雨。7月21日03时和05时,在江汉平原东部和黄石市附近分别产生了东风倒槽,各自触发了一个强雨团。其后两个东风倒槽相向移动,特别是两个东风倒槽槽线的北端移动比南端快,07—08时汇合在武汉附近,形成人字型辐合线。武汉市在交汇点北侧形成了特大暴雨中心。随后两个β中尺度辐合线完全合并,呈西北—东南走向,强大雨团在辐合线上及其周围。10时,这次东部倒槽消散,仅局部有残留,强雨团也随着减弱(国家气象中心等1999)。

1998年6月12—14日江西北部的大暴雨过程中,由13日20时200 hPa和850 hPa的中尺度流场分析(图略)可知,在高空江西北部有一强的中尺度辐散中心,低层西南气流的北侧江西北部形成了一个气旋性涡旋中心,这种高层辐散中心、低层辐合中心的垂直配置,直接作用的结果是产生了强烈的上升运动,在这前后几个小时也是江西大暴雨过程中降水最集中、中尺度雨团发展最强的时段。另外,在中心东西两侧的湖南、浙江虽然处在辐合区中,但没有强中尺度辐合中心配合,其降水强度均小于江西北部(国家气象中心等1999)。

2003年6月29日在安徽中部产生的一次强降水过程与低层东西向的中尺度风切变密切相关,切变线附近有强的偏南气流和一支狭窄的西风带汇合形成明显的辐合带,厚度达到4 km左右,持续时间较长。降水区主要落在切变线南侧的南风区内,随着辐合带的减弱和消失,降水也随之减弱消失。中尺度模式积分结果显示在切变线上有不断发展的中尺度气旋,这些β中尺度系统形成后略向东北方向移动,生命史只有5～6小时,积分12小时后,从6月30日20时到7月1日08时的850 hPa流场(图6.36)上可以清楚地看到气流沿切变线在暴雨落区强烈辐合,6月30日20时(114°E,32°N)附近有不明显的β中尺度气旋生成并不断东移,12小时后移动到了117°E附近。β中尺度气旋与暴雨的产生和发展关系密切,沿暴雨带的低空切变线与β中尺度气旋所在的位置对应地面暴雨落区,富含水汽的西南气流与北方冷空气在淮河流域汇合,形成了一条沿淮河流域的暴雨带(王舒畅等2007)。

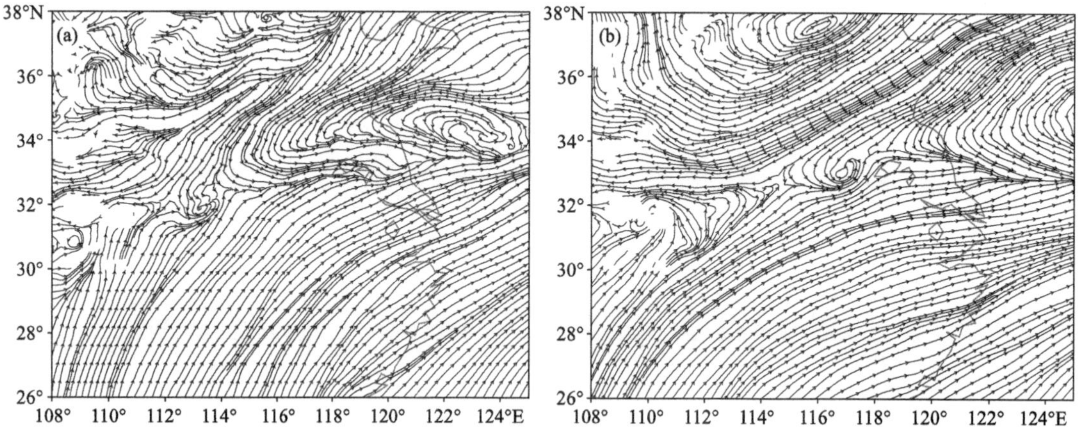

图6.36　WRF模式模拟的2003年6月30日20时(a)和7月1日08时(b)850 hPa流场演变
(王舒畅等2007)

6.3.4　物理条件

梅雨锋暴雨形成的物理条件也可概括为充足的水汽供应、强烈的上升运动以及一定的持续时间。深厚的暖湿气柱加之低层大气辐合、高层辐散的动力作用,比较容易产生强降水。梅雨锋暴雨也是各动力因子与热力因子共同作用的结果,如果存在有利于暴雨增幅的地形条件,则降水量会更大。下面将选取近年来的梅雨锋暴雨个例,综合分析其形成的物理条件。

6.3.4.1　水汽条件

韩桂荣等(2008)研究了江淮梅雨期间 7 月 4 日—5 日江淮流域一次特大暴雨过程的环流背景、中尺度对流和水汽条件。结果表明，2003 年 7 月来自孟加拉湾、南海和西太平洋的暖湿气流通过强的西南水汽输送带源源不断地向江淮流域输送；强水汽通量舌与低层高 θ_{se} 的舌区一致。江淮流域主要表现为经向水汽通量的辐合区，而水汽的快速集中主要是通过风场散度项聚集。

6.3.4.2　动力条件

图 6.37 为 2003 年 7 月 4 日 18 时沿 118°E 的散度和垂直速度垂直剖面图，从图中可以看到，在强降水区上方有一明显的近乎垂直的辐合柱，其南北向水平尺度约为 300 km，向上伸展到对流层中高层(350 hPa 附近)，强中心位于 750 hPa 附近，约为 -3×10^{-5}/s，内部表现为很强的垂直上升运动，该上升运动区向上一直伸展到对流层顶，垂直速度的中心位于对流层的中层(500—600 hPa)，约为 -1.2 Pa/s。而与该垂直上升运动相伴随的是在对流层低层的强烈辐合和高层的强烈辐散，其中心分别位于850 hPa 和 250 hPa。表明其结构深厚稳定，为典型的中尺度对流系统，并且高空的辐散略强于低层的辐合，这样的配置不仅有利于上升运动的加强，而且有利于气旋性涡度柱上空抽吸作用的加强，进而促进中尺度对流系统的加强与发展。

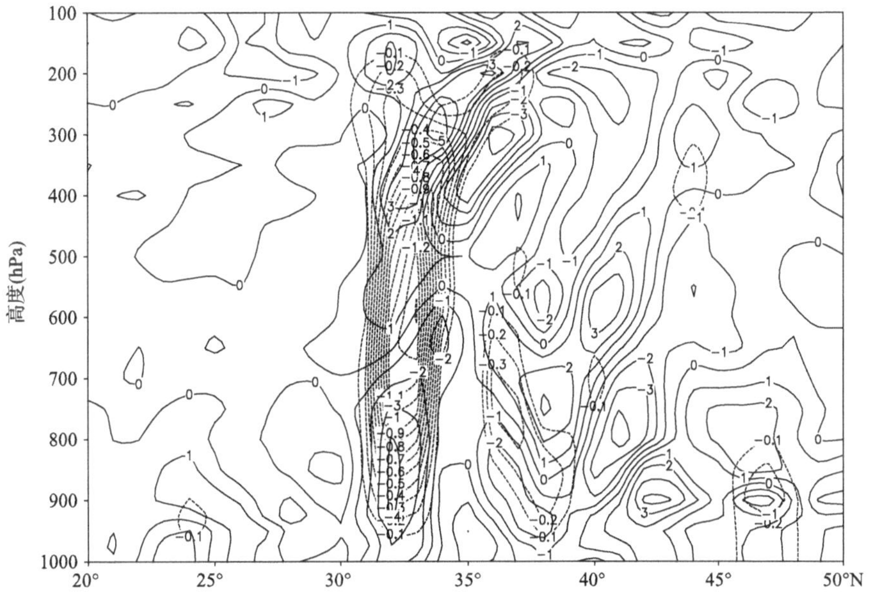

图 6.37　2003 年 7 月 4 日 18 时沿 118°E 散度和垂直 p 速度的垂直剖面图(韩桂荣等 2008)
(实线：散度，单位：10^{-5}/s；虚线：垂直 p 速度，单位：Pa/s)

尹东屏等(2008)对江苏省 2003 年和 2006 年梅汛期暴雨日各物理量进行了合成对比分析，E 指数($E=\theta_{se850}+\theta_{se700}+\theta_{se500}-3\times273.16$ 来表征夏季风中具有高温高湿气团)和位势不稳定的分析结果显示，2003 年梅雨锋区强于 2006 年，但是 2003 年的位势不稳定度却小于 2006 年，即 2006 年的不稳定性降水多于 2003 年。2003 年梅雨量大于 2006 年的事实说明短时强降水的增多并不是梅雨量大小的主要因素。动力条件分析表明，2003 年暴雨日合成平均场的正涡度区和辐合区重叠，加剧了暖湿气流的上升运动，有利于暴雨的产生；2006 年物理量场中心值的强度弱于 2003 年，与 2006 年梅雨量小于 2003 年的实况相对应。

2005 年 6 月 17—21 日江西中南部的一次持续性强暴雨天气过程，致使抚河流域和赣江上中游 45 个县市发生洪涝和滑坡、泥石流等地质灾害。尹洁等(2006)分析了逐 6 小时 850 hPa 全风速场发现，本次暴雨过程期间，在 850 hPa 切变线南侧到华南地区一直维持强西南低空急流，在急流中存在长约 200～250 km 的急流核并沿急流轴向下游传播，即急流核不是固定在某个区域，而是随时间不断形成并东移加强，出现低空急流脉动现象。17—21 日共有 5 次急流核东移发展过程，并且每次急流核发展都与急流核北侧的强辐合区在时空上配合得很好。以第1次急流核东移发展为例(图6.38),17日20时,在赣南有12 m/s的急流核,18日02时加强(大于16 m/s)并略北移,18日08时急流核移至赣东南到闽西,并增强(大于24 m/s),18日14时,继续东移至闽东到台湾海峡。17日20时850 hPa辐合区位于急流核的前部,随着急流核的东移发展,18日02—08时辐合区强度也随之加强,且辐合区位于急流核的左前方。由此进而证实,在低层急流的前方或左前方易出现强辐合区。从图6.38还可见,中尺度雨团与急流核配置很有规律,即在急流核东移发展过程中,中尺度雨团始终位于急流核中心北部约200 km处,并与急流核同时加强,当急流核移到闽东到台湾海峡时(图.6.38(d)),江西处于急流核后部,这时仅出现中到大雨,进一步表明暴雨与急流核关系密切。18日20时之后4次急流核过程中也同样存在上述配置规律(图略)。可见低空急流对梅雨锋暴雨的重要作用,它是为暴雨区提供水汽和动量的重要机制。丁一汇等(2005)研究指出:低空急流主要以中尺度扰动的形式向暴雨区输送动量、热量和水汽,因此沿低空急流轴传播的中尺度风速脉动或风速最大值甚至比低空急流本身更为重要。

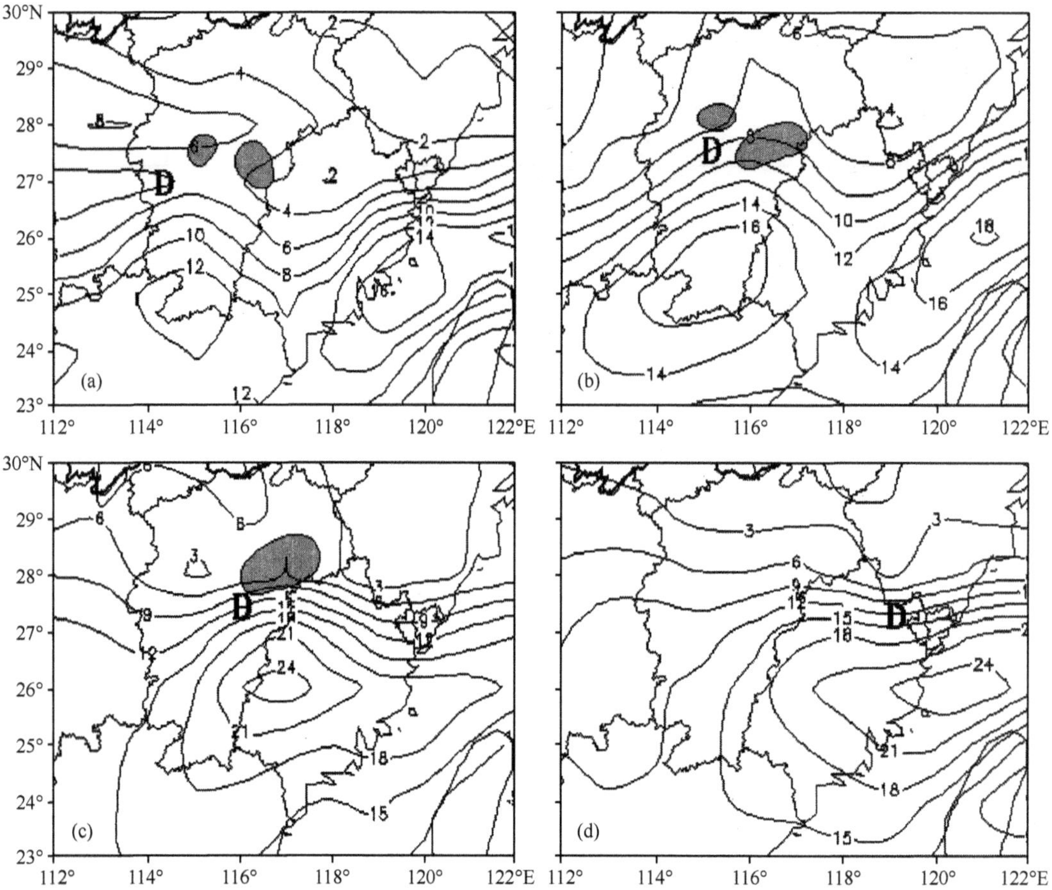

图6.38　2005年6月17日20时(a)、18日02时(b)、08时(c)、14时(d)850 hPa全风速(等值线),D为850 hPa正涡度中心,阴影区为6小时暴雨区(尹洁等2006)

6.3.4.3　地形的作用

同时,一些特殊地形对气流的汇合、抬升作用也会对暴雨起到不可忽视的增幅作用。例如在长江下游地区,大别山和黄山、天目山两个区域地形属中尺度区域地形,在每年春末夏初的梅雨期间,其迎风坡1000—400 hPa之间盛行深厚而强劲的西南暖湿季风气流,还常伴有低空急流,因而气流的过山运动非常显著,而其背风面的下游又是大气准常定切变线的位置所在。华东中尺度试验结果,表明这里不仅是各类中小尺度天气系统生成和发展的重要源地,而且也是雷暴、暴雨等对流天气的多发区。

另外,根据降水气候统计,鄂东南与大别山之间的谷地与其两侧的鄂东北山区和鄂东南山区相比,降水相对偏少。但这一带年际降水变率很大,即在多数降水形势下,这里的降水比南边或北边的山区弱。但在一些特大暴雨过程中，强降水又恰恰集中在这个盆、谷地带，例如 1959 年 6 月 9 日特大暴雨、1962 年 7 月 4—5 日特大暴雨、1982 年 6 月 19—20 日特大暴雨、1983 年 7 月 3—4 日特大暴雨等。1998 年 7 月 21、22 日两场各自长达多个小时的特大暴雨重复地集中在这样一个狭长地带，而且都是从后半夜开始延续到次日午后。这暗示着在这次连续大暴雨过程中，鄂东的这种特殊地形对暴雨系统的作用包括地形的热力作用可能是特别重要的。此次特大暴雨过程中，白天鄂东全境包括大别山南麓近地面盛行西南风(图 6.39a)；前半夜由于前面已有对流云团在鄂东南山区引起短时特强降水，产生近地面出流，使盆、谷地区南风更强，但大别山南麓各站风速明显减弱，风向凌乱(图 6.39b)；后半夜盆、谷地区盛行与大别山西南坡平行的东南风(图 6.39c)。虽然地面观测的风场因受地面复杂条件的影响大大削弱而且凌乱，不能完全代表边界层风场，但可以反映大概的趋势。如上可见，白天盛行的边界层西南气流，入夜时逐渐受阻于大别山麓，后半夜暴雨前已转为沿山坡走向的东南气流。白天到夜间这样一种风向变化，也可能包含有山谷风环流变化的因素，但主要的更像是由于边界层大气层结稳定度的变化，导致山脉强迫扰动风场模态的变化(胡伯威等 2001)。

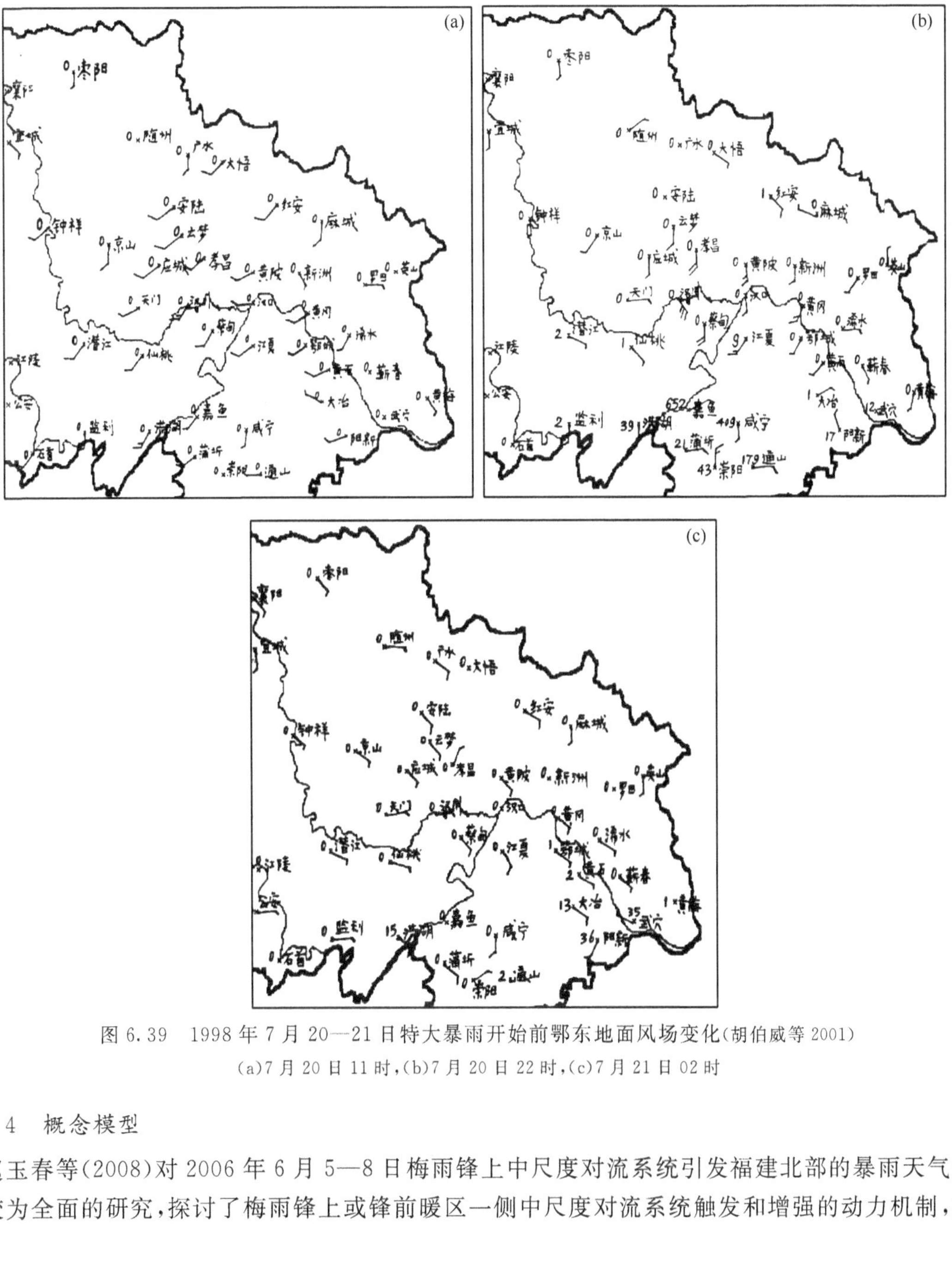

图 6.39　1998 年 7 月 20—21 日特大暴雨开始前鄂东地面风场变化(胡伯威等 2001)
(a)7 月 20 日 11 时，(b)7 月 20 日 22 时，(c)7 月 21 日 02 时

6.3.4.4　概念模型

赵玉春等(2008)对 2006 年 6 月 5—8 日梅雨锋上中尺度对流系统引发福建北部的暴雨天气过程进行了较为全面的研究，探讨了梅雨锋上或锋前暖区一侧中尺度对流系统触发和增强的动力机制，并进一

步研究了强降水凝结潜热造成的非绝热加热在对流系统发生发展中的作用。根据上述分析，并结合以往的研究，总结出了梅雨锋上中尺度对流系统发生发展的概念模型(图 6.40)。梅雨锋活动期间，对流层低层梅雨锋南侧的西南低空急流向梅雨锋区输送暖湿气流，一方面为暴雨区输送充足的水汽，为暴雨的发生准备水汽条件；一方面使得梅雨锋锋前暖区一侧出现对流不稳定，为对流暴雨的发生准备不稳定能量。梅雨锋后高空干冷空气侵入到梅雨锋前暖湿气流的上空，有利于对流不稳定的加强。西南暖湿气流在地形的动力强迫抬升以及大尺度地转强迫等因子的作用下产生上升运动，之后在梅雨锋的阻挡下，气流沿着梅雨锋进一步向上爬升，促使对流不稳定能量爆发形成对流产生暴雨。暴雨发生后，降水释放大量的凝结潜热加热大气，一方面使得加热区附近的大气层结趋于不稳定，为对流的进一步发展和触发储备一定的不稳定能量；另一方面降水凝结的非绝热加热导致梅雨锋锋生，使得梅雨锋进一步维持，同时强迫出中尺度的次级环流，它的上升支有利于对流的进一步发生和发展。

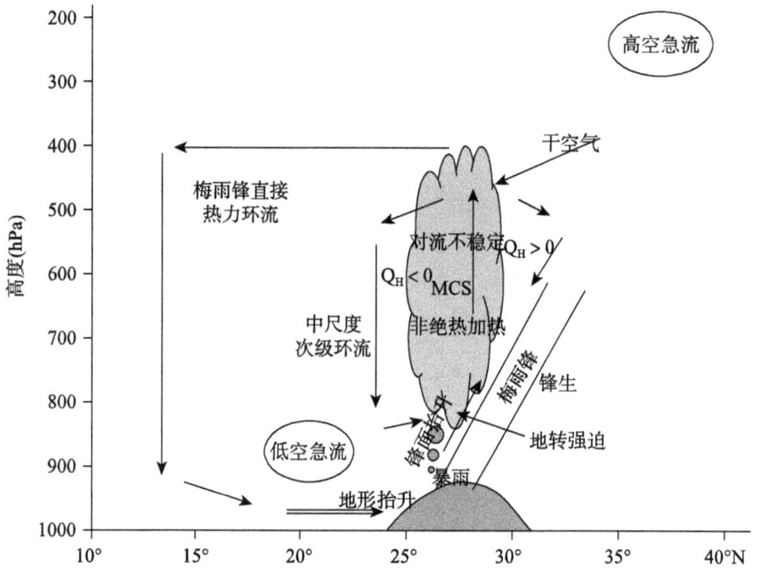

图 6.40　梅雨锋上中尺度对流系统的产生、发展以及降水非绝热加热反馈的概念模型示意图(赵玉春等 2008)

6.3.5　预报思路及预报技术方法

6.3.5.1　预报思路和着眼点

梅雨锋作为东亚季风的重要成员，与季风系统中的其他成员有密切的关系。梅雨锋暴雨是东亚季风系统各成员协同作用的结果。因此在梅雨锋暴雨预报中，通过地面、高空的多尺度诊断，判断东亚季风各子系统的活动是否处于有利于暴雨发生的位相是进行梅雨锋暴雨预报的关键预报点。该预报思路主要适用于可能产生流域性的持续性暴雨过程。对于这类大范围的暴雨过程，区域和全球模式 3 天内的预报都具有高的参考价值。由于这类梅雨锋暴雨通常会产生流域性的洪水，因此预报员最主要的关注点是这类暴雨 3 天或三天以上的中期预报。

以 2003 年 6 月 29 日—7 月 10 日期间的梅雨锋持续性强降水为例(张庆云等 2004)。在 6 月 29 日至 7 月 10 日期间，淮河出现了 3 次大范围持续性的暴雨过程(图 6.41)。在持续性强降水发生期间，反映西太平洋副热带高压位置的等 588 dagpm 线位于 25°—30°N 和 120°—130°E 之间，表明 6 月下旬和 7 月上旬淮河流域位于副高西北侧、西风带南缘之间的剧烈天气发生的高危险区域。季风涌向北的位置和影响淮河流域的时间与淮河的持续性暴雨过程有很好的对应关系。当副高位置稳定、季风涌持续影响淮河流域期间，冷空气的活动决定了暴雨的发生时间。虽然 3 次持续性暴雨过程期间冷空气的活动路径有所不同，但与 3 次冷空气活动影响淮河流域的时间有很好一致性(图 6.41c)。3 次强降水过程同时对应有青藏高原上东移的中尺度系统到达梅雨锋上(图 6.41h)。

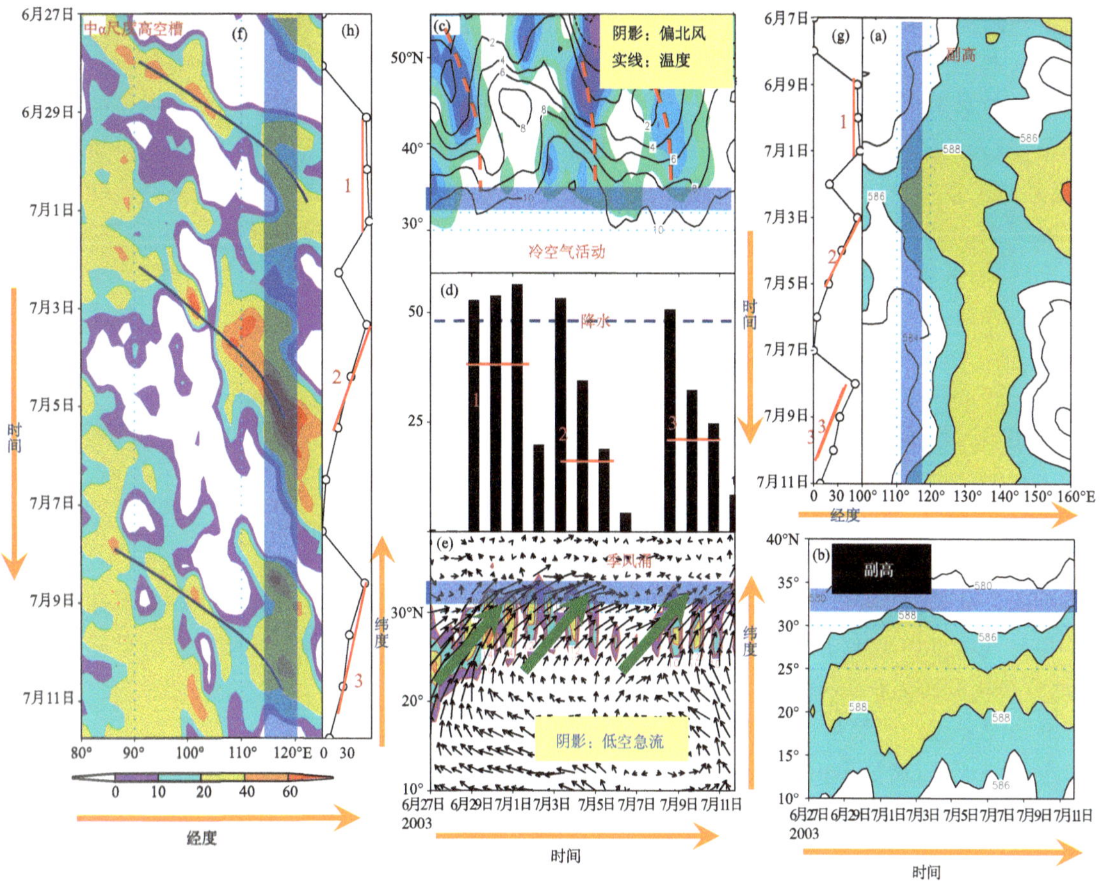

图 6.41　2003 年 6 月 27 日—7 月 11 日淮河流域致洪暴雨的多尺度天气系统配置(张庆云等 2004)

(a)、(b)分别为 500 hPa 位势高度(单位：dagpm)27.5°—32.5°N 平均的经度—时间剖面和 110°—130°E 平均的时间—纬度剖面；(c)为 110°—120°E 平均的 700 hPa 温度和水平经向风时间—纬度剖面；(d)、(g)、(h)为淮河流域(115°—120°E，32°—34°N)逐日降水量(单位：mm)；(e)表示 110°—120°E 平均的季风涌随时间的演变，箭头表示整层(地面—300 hPa)积分的水汽通量(单位：kg・m/s)，阴影表示 850 hPa 水平风速≥10 m/s 的低空急流；(f)为沿 32°—34°N 的 600 hPa 相对涡度(单位：$\times10^{-5}$/s)的经度—时间剖面。

上述分析表明，当副热带高压的位置稳定，使淮河流域位于副高的西北侧，这时如果正好处于季风涌活跃期，有大量的水汽输送到淮河流域，就为持续性的强降水奠定了发生的有利环境。此时，如果正好有北面的冷空气南下，就可以判断暴雨发生的可能性。而当同时有西面来自高原的短波槽东移到淮河流域，其降水强度增大，将可能出现大暴雨甚至局地的特大暴雨天气。因此，在预报中需要监视副高和季风涌的活动，根据当前的天气形势和数值预报推断未来冷空气和高原槽的活动，进行暴雨预报。此外，在长江流域，可以根据该思路判断西太平洋副热带高压西北侧和西风带南缘之间的危险地区在未来的预报时效内是否受南下的冷空气和东移的高原槽的影响而进行梅雨锋暴雨预报。

对于某一场由梅雨锋引起的暴雨，则可根据天气图和有利于暴雨发生的物理量去判断暴雨的落区和量级。夏季，副高西北侧和西风带南缘之间是暴雨和强对流天气最容易发生的危险区域。在这个区域，梅雨锋的南侧是地面或低空高温高湿的 θ_{se} 高能舌区。而产生暴雨的中尺度对流系统(MCS)通常活跃在 θ_{se} 舌区的轴线附近。根据卫星云图、雷达回波可监测当前和过去 MCS 的活动情况，并判断 MCS 是否在预报时效内活跃在 θ_{se} 舌区的轴线附近，据此判断 MCS 的活动和生命史，以对数值模式的降水进行落区和降水量的订正，制作梅雨锋影响的暴雨预报。

6.3.5.2　预报技术方法

上一节介绍的华南前汛期暴雨预报的基本方法同样适用于梅雨锋暴雨的预报，只是物理量的临界值选取略有不同。

近年来在我国应用较广的“配料法”对梅雨锋暴雨的预报也有一定的参考作用。1996 年，Doswell

等提出了暴雨预报的“配料法”，指出定量预报暴雨的关键是追踪水汽条件、上升运动及持续时间等强降水发生的基本条件的变化。根据20世纪90年代以来美国对暴雨和强对流天气预报的成功经验以及张小玲等(2004)对1998年我国梅雨锋上3次短时突发性暴雨的分析，夏季在暴雨发生频繁的淮河以南地区气象台，每天的天气图分析中增加下列内容可能有利于中尺度对流性暴雨的预报：分析单站的探空曲线，确定单站上空的整层水汽含量(可降水量)是否大于气候平均值，气柱是否已经达70%的相对湿度；估算CAPE的大小；在地面、850 hPa、700 hPa和500 hPa的天气图上勾出 $T-T_d$≤临界值(临界值各高度不一样)的区域，这表示湿空气的范围和厚度；在850 hPa和700 hPa图上标出低空强风的轴线，并勾出卫星水汽图上的湿区以及可见光或红外云图上从孟加拉湾或南海向北伸展的云区轴线。根据上述这些标志，预报员再参考数值预报图上的预报雨区，勾画出 β 中尺度暴雨区的可能落区。

6.4 华北暴雨

6.4.1 大尺度环流背景

华北地区的暴雨总是在有利的大尺度环流背景下发生发展。当东亚中高纬度环流由纬向型向经向型调整并与低纬度环流相互作用，冷暖空气在华北地区交绥，就容易引起天气尺度和中尺度系统不稳定发展，形成产生强降水的环境条件。

影响华北暴雨的大尺度环流系统主要有：

1)在高纬地区，乌拉尔山脉以东为两槽一脊环流型，贝加尔湖为高压(常为阻塞高压)，巴尔喀什湖为低槽，巴尔喀什湖冷空气频繁以短波形式东移影响华北或在华北南下。有时，弱冷空气以超极地路径由东北方向流入华北。

2)在副热带，是西北太平洋副热带高压和青藏高压，特别是当东移的华北小高压与副高打通，形成西北—东南向的“负倾斜”高压脊时，华北出现区域性大暴雨。

3)在低纬度，是热带辐合带和印缅低压，热带辐合带上活跃的热带低压(台风)群常直接或间接影响华北。

实际上，不同纬度的大尺度环流系统是相互影响的。分析华北暴雨环流背景，应从东亚大气环流总体变化上，把握不同纬度的西风带、副热带、热带这“三带”环流系统之间发生相互作用的演变特征。在上述大尺度环流系统中，对冷暖空气交绥的地点影响最大的是西北太平洋副热带高压的强度、面积和进退演变。常常造成华北暴雨的西南涡和登陆台风的移动路径也与副高位置有很大关系。副高的作用主要表现为：

1)当副高位置偏北且稳定少动时，其西北侧和西南侧的西南气流和东南气流源源不断向暴雨区提供水汽。这两支气流是华北暴雨的主要水汽输送带。

2)副高北侧的副热带锋区是冷暖空气交绥地带，温度梯度明显，具有强湿斜压性。高空副热带急流南侧存在利于中尺度天气系统发生发展的动力不稳定条件。

3)当副高稳定在华北暴雨区东侧时，会对低气压系统起阻挡作用，使其呈准定常状态，造成华北持续性暴雨。

根据环流系统的不同配置，可以将影响华北暴雨的环流分为以下几种模型。

6.4.1.1 西风带与热带辐合带相互作用的环流模型

西风带与热带辐合带相互作用主要是中纬度西风带扰动(西风槽为代表)与低纬度东风带扰动(热带涡旋为代表)的相互作用。从气流而言，则是由西风带槽带来的偏北气流与印度洋及西北太平洋上ITCZ中的热带扰动所伴随的西南季风和东南季风的相互作用。一般在西南季风影响下，高原东部产生的涡旋或暖切变线往往对北方暴雨有很大影响；而在东南季风中，则以西北太平洋上的台风(或外围热带云团、东风扰动)影响最大。西南季风影响频率大，但造成200 mm以上的特大暴雨的比重小；而东南季风影响频率虽小，但造成200 mm以上特大暴雨的比重大。近年来的主要研究重点也在后者。

热带辐合带(主要是西北太平洋ITCZ)上的热带涡旋(台风)对华北暴雨的作用,往往是通过东南急流表现出来。这支急流向暴雨区输送水汽、热量和动量,是热带涡旋影响和制约华北暴雨天气的纽带(图6.42)。当多个热带涡旋相继跟随时,常会使华北暴雨持续更久、雨量更大。

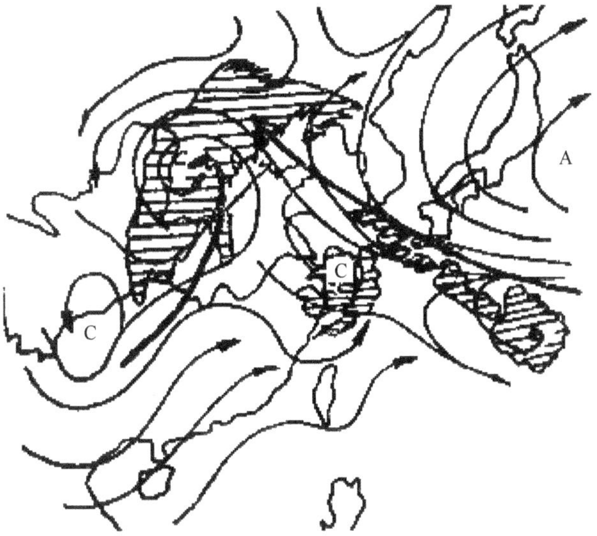

图6.42 台风影响中纬度气旋简略综合图
(细矢线为850 hPa流线,粗矢线为低空急流轴和最大水汽平流输送)

(1)台风与台风群的作用

台风作为西北太平洋ITCZ最活跃的成员在中国北方特大暴雨中具有重要作用:

1)台风本身带来了产生暴雨所必须的充沛水汽及辐合流场。台风在登陆或北上时,往往与东部的副高之间形成一支强劲的大尺度东南低空急流,把低纬大量的水汽向北输送而远距离影响北方暴雨。

2)台风登陆北上,尽管强度减弱,但若与西风带弱冷空气相互作用,演变为半热带系统更易产生特大暴雨;台风与弱冷锋尾部相接,弱冷空气可以从北侧侵入台风环流内部,与暖湿气流相遇,产生强烈辐合上升和潜热释放,从而使台风环流维持甚至加强。

3)台风北上时,遇西风带较强冷空气相互作用会改变台风原来的流场和温度场,使台风或其变性后的温带气旋沿高空槽前气流向东北方向移动或并入西风槽,加强槽前西南暖湿气流,从而在北方产生暴雨。

4)若台风低压的南方还有台风或热带低压组成台风群,则产生的暴雨往往比单个台风更为剧烈。对直接暴雨而言,台风群成为前方台风的水汽后继系统,使前台风得以维持;对间接暴雨而言,台风群的出现正好是对应低纬洋面上ITCZ低频振荡的活跃期,因而对中纬度降水的影响也最大。

(2)中低纬相互作用的纽带——东南低空急流的作用

夏季中低纬系统的相互作用在北方产生暴雨的过程中,850~700 hPa上的偏南低空急流起着重要作用。其中东南低空急流的特征及其在暴雨中的作用如下:

1)重要的水汽通道

一般东南低空急流的出现都伴有热带系统(如台风)活动,并随热带系统的移动而移动,其先于北方暴雨出现(12~24小时),对北方暴雨有明显先兆性。计算表明水汽通量的最大轴基本与低空急流轴相一致,并随低空急流轴的变化而变化,说明东南低空急流是由低纬向中纬输送水汽的重要通道。

2)导致湿斜压锋生

东南低空急流与西北干冷空气在有利的大尺度变性场中,可以形成等θ_{se}线集中向南倾斜的湿斜压锋区,在适当的垂直系统配置下可以造成北方的特大暴雨。

3)有分支和脉动现象

东南低空急流的16 m/s等风速线的宽度一般约有300~400 km,急流中心高度多在700 hPa高度上,宽度大且高度高。研究表明这支大尺度低空急流在时空分布上有明显的不均匀特征,当其与西风槽接近时，强风轴往往沿副高的西北部边缘在西风槽前呈反气旋式散开而出现分支现象，北方暴雨的中心分别对应急流分支的前端。此外这种风速的变动也往往呈脉冲状，急流脉动沿着流线方向向下游传播（约每小时 50～60 km 的速度），当强南风脉动在有利的大尺度环境场中与中尺度切变线的辐合流场或有利地形接触时，对中尺度气旋和雨团的发生发展有触发作用。

6.4.1.2 以副热带高压为主的中低纬相互作用的环流模型

中低纬度相互作用应以西北太平洋副热带高压为主导系统，其边缘的西来槽（涡）与东南来的热带低压（台风）相互作用，实际是东西风带天气系统的结合。按照副热带高压活动的特点，华北暴雨的 500 hPa环流型可分为：

（1）槽脊东移型

高纬有高压脊叠置在西北太平洋副热带高压的北面，并缓慢东移，其上游的低槽随之东移，造成大范围暴雨，降水性质为锋面降水。低纬度东风带的作用不明显。

（2）副高西进、低槽东移型

强大的副高与西面弱（浅）低槽相向而行（图 6.43），暴雨区位于两者碰头处。热带辐合带活跃，有台风或热带低压向西北方向移动，尽管距离尚远，但其东北侧的低空东南急流仍能向华北暴雨区输送水汽和热量，造成强烈位势不稳定的大气层结，产生罕见的局地洪暴。此型是常见的环流型，占华北大暴雨的 60%。

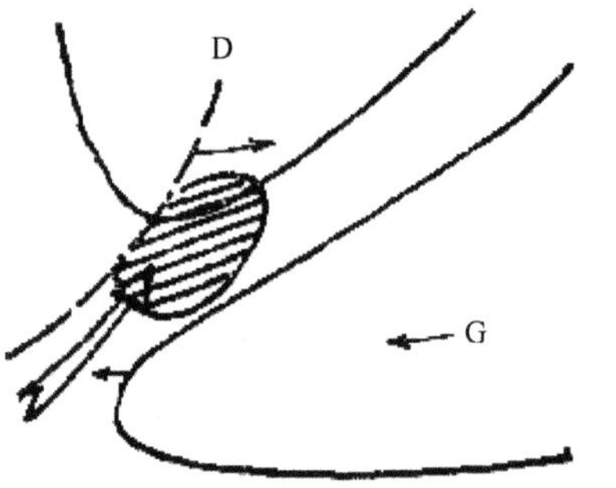

图 6.43 副高西进、低槽东移型示意图

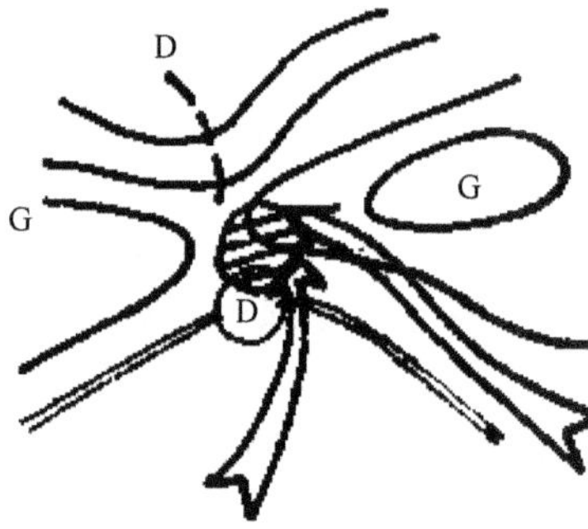

图 6.44 副高南侧辐合系统型示意图

（3）副高南侧辐合系统型

副高南侧或西南侧有热带辐合系统（登陆台风、东风波等）或西南涡的向北移动，并直接与西风带弱冷空气相互作用（图 6.44）。副热带高压具有明显的阻塞特征，使其南侧辐合系统停滞少动，弱冷空气与副高南侧暖湿气流造成强烈的湿斜压不稳定，致使暴雨区的降水强而持续。此型虽少，但常可造成华北致灾严重的特大暴雨过程。

6.4.1.3 经向型持续性大暴雨环流模型

“经向型”有两个含义：一是指暴雨区空间分布呈南—北或西南—东北走向；二是大尺度环流型是稳定的经向型，西风指数小，西风带长波槽移动缓慢，副高位置偏北且稳定少动。华北地区持续两天以上的特大暴雨，常是经向型暴雨过程（图 6.45）。造成这类暴雨的低气压系统有很多，如台风、台风倒槽（东风波）、西风槽（涡）、锋面、气旋等。雷雨顺（1981）曾对降水区主要发生在华北的十次经向型特大暴雨做了合成分析，并归纳出以下大尺度环流特征：

1）暴雨发生前，500 hPa 等压面上贝加尔湖高压建立并发展成阻塞高压，西北太平洋副热带高压北抬加强，纬向环流转为经向环流。一般来说，阻塞高压的建立要比副高的增强提前 1～2 天。此时，暴雨区上游的对流层中层气流发生分支，不断有小股冷空气以短波槽形式影响暴雨区。当贝加尔湖阻塞高压东移与副高接通时，在暴雨区东侧形成“高压坝”或“负倾斜脊”，有利于暴雨持续。

2）暴雨中心位于高空副热带急流中心入口处南侧（图 6.46），而底层副高南侧的偏南风急流与热带辐合带相连接，低空急流中心左前侧是暴雨中心区。高低空这两支急流的耦合作用，是暴雨区中尺度系统发生发展的基本动力条件。

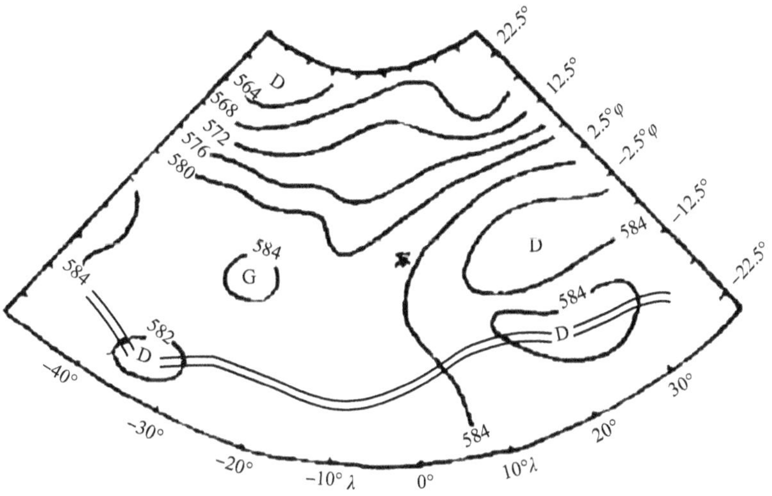

图 6.45　10 次经向型持续性特大暴雨的初始日 08 时 500 hPa 合成高度场

（实线为等高线，单位：dagpm；星号为暴雨中心；边框 λ、φ 数字为相对暴雨中心的经距、纬距）

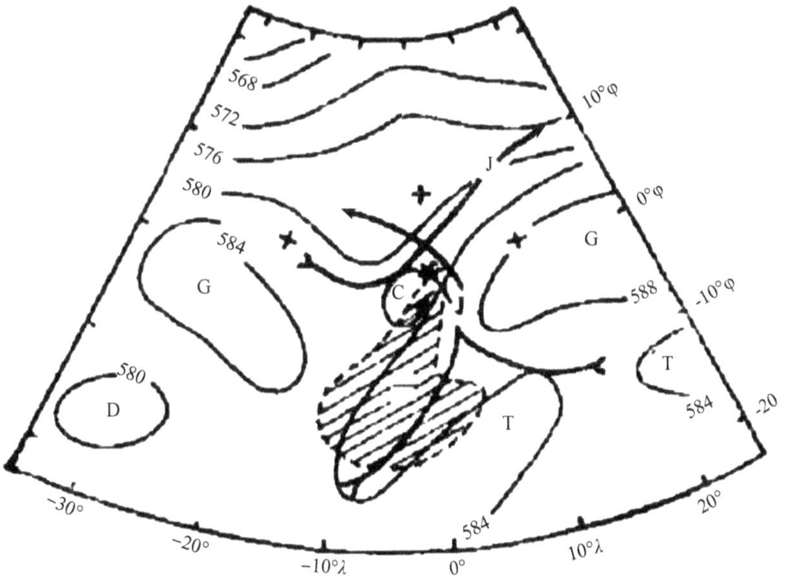

图 6.46　特大暴雨的高、中、低空形势概略图

（粗矢线为 300 hPa 急流；细矢线为 850 hPa 急流；实线为 500 hPa 等高线；C、J、G、D、T 分别表示气旋、急流中心、高压、低压、台风的位置；＋、－分别为潜在稳定、不稳定中心；阴影区为潜在不稳定区域；边框 λ、φ 数字为相对暴雨中心的经距、纬距）

3）低空偏南风急流不断向暴雨区输送水汽，与西来的弱冷空气交绥，在暴雨区形成深厚的能量锋——具有热带锋或半热带锋性质的能量锋，锋前是具有强潜在不稳定的准饱和高能舌。

6.4.1.4　登陆台风直接影响的华北暴雨

尽管直接影响华北的登陆台风并不多，但华北大范围暴雨或特大暴雨几乎都与热带辐合带上的低压或台风有联系。移经华北的台风（或台风低压）路径主要有三条（图 6.47）：

1）在福建登陆，经长江中游地区进入华北，或逐渐填塞消亡，或转向入黄海北部。其转向最西点在 112°E 附近。

2）在苏南和浙北登陆，经长江下游地区移至华北，或逐渐消亡，或入黄海北部东移。其转向点最西在 114°E 附近。

3）在山东半岛登陆，向北移动经渤海后二次登陆影响辽宁。当台风位于黄海北部时，若华北北部有小高压东移到 120°E 以东，与副高接通形成较强的“负倾斜”高压脊，或对流层上层有切断冷涡位于江淮流域时，台风将经渤海继续向西北方向行进，在河北省东部二次登陆，最后进入内蒙古东部。值得注意的是，由于台风右侧燕山山脉的摩擦加压作用，使台风移速叠加上一个向西的运动分量，从而加速向西移动。

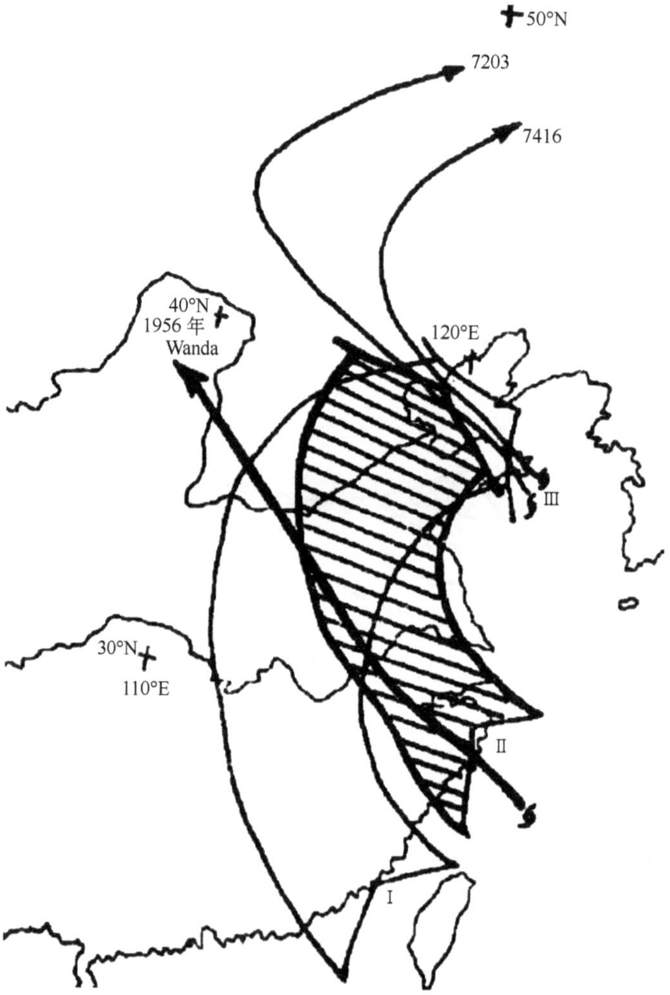

图 6.47　登陆台风移经华北示意图

前两个路径的台风一般不进入黄土高原，它们在转向时由于其西侧黄土高原的地形摩擦加压作用，台风移速会减慢。只有极少数，如 1956 年的 Wanda 台风，由于 40°～50°N 有大陆高压东移与副高打通，使华北北部形成较强的纬向高压带，促使台风继续西行进入黄土高原，最后消失在陕西北部。

登陆台风在华北地区直接产生的暴雨强度的时空分布，除了环流背景、弱冷空气路径因素外，地形影响十分明显（“75.8”暴雨会战领导小组 1977），如燕山山脉南侧滦河河谷地区、太行山东侧海河水系上游流域、豫西山地东侧等，都是台风大暴雨中心集中出现的地区。

6.4.2　主要天气系统

6.4.2.1　天气尺度系统

对华北地区暴雨有直接影响的天气尺度系统有很多，如台风、台风倒槽（东风波）、低槽冷锋、华北冷涡、东移低涡（西北涡、西南涡）、气旋（黄河气旋）、西北太平洋副高、蒙古高压（华北高压）、西风带入海高压（日本海高压、东海高压）等。很多时候暴雨的产生是中低纬、高低空多个系统相互作用的结果。

（1）台风

1）台风变为半热带气旋

登陆北上的台风在北方由于弱冷空气的侵入常导致比热带气旋强得多的暴雨。弱冷空气入侵台风低压与其右侧东南低空急流的暖湿空气相互作用，在低层产生弱斜压和新辐合中心，同时其上又有对流性不稳定能量的积聚和释放触发中尺度对流云团的发生，使暴雨骤增。这时气旋的性质很难用传统的温带或热带的概念来界定，如7805号台风在华北由于弱冷空气入侵产生特大暴雨的实例，由于弱冷空气的侵入，在台风低压中心右侧干冷空气与暖湿气流交汇产生新的辐合中心导致强暴雨的发生。这时气旋的结构为上暖下冷，既非热带又非温带气旋，而是兼具斜压位能和凝结潜热的半热带气旋，它一般维持时间只有12小时左右，以后或消亡或变为温带气旋，但产生的暴雨却比其之前的热带气旋或其后的温带气旋阶段强得多。

2)台风变为温带气旋(谢安1981，林楠等1989)

北上台风与适当强度的冷空气相遇可以变成温带气旋而产生暴雨，时间主要集中在8月中下旬，地点主要集中在东北和华北东部地区。冷空气常分两路，西路与冷锋对应，东北路冷空气与台风右侧暖湿气流汇合形成暖锋，使台风变成具有冷暖结构的温带气旋。暴雨区则主要位于暖锋北侧，常与高空急流右后方的辐散中心对应，没有明显的冷锋云带。气旋有向强降水中心方向移动的趋势，表明水汽潜热对气旋中心的新陈代谢起主要作用，温度平流次之，随着气旋中心北移，温度平流的相对重要性增加。

(2)低槽冷锋

西风带低槽在东移过程中常与南支槽叠加使低槽加深，槽前低空偏南风急流不断向暴雨区输送水汽，与西来的冷空气交绥，在华北地区造成暴雨天气。伴随西风槽东移的往往还有低空西北涡或西南涡，且地面锋面气旋发展明显。由于系统移动速度较快，这种形势下的暴雨一般是过程性的，不会出现持续性暴雨。

当西太平洋副热带高压脊偏北，低空锋区在东移南压过程中受到副高的阻挡，在副高北侧形成准静止锋，再加上有超极地冷空气不断从东北路补充南下时，在副高北侧、冷锋尾部也容易产生持续性的暴雨天气。副高西北侧西南暖湿气流不断提供大量潮湿不稳定气流，而弱冷空气的入侵则是使暖湿气流释放能量的触发机制。

(3)黄河气旋(蒋尚城等1990)

在中低纬系统的相互作用下，可以产生中尺度强暴雨的黄河气旋，这种强暴雨的黄河气旋往往是突然发展起来的，其水平范围一般比较小，约200 km左右。黄河气旋在夏季6、7、8三个月都可以发生，以7月最多，其产生暴雨的特点是时间短、强度大，总雨量一般在50～150 mm，稳定环流形势下可产生连续暴雨。

黄河气旋发展过程中常与低空西南急流相伴随。低空急流加强北上，与扩散南下的弱冷空气相遇产生暖锋锋生，低空急流左前部的正涡度中心使地面倒槽加强，并常与500 hPa低槽前正涡度平流区叠加产生强上升运动。当偏西冷锋东移进入华北地面倒槽后，冷锋与暖锋相衔接形成气旋波。加上低空急流向北输送的暖湿气流造成的潜在不稳定状态和低空急流前部风速辐合的动力作用，在气旋波的暖区内产生对流性降水。降水的潜热释放又改变了高低空温度场结构，使之更有利于对流的发展，进而加速地面气流辐合补偿，加强气旋内部的辐合上升运动，使黄河气旋得以强烈发展，暴雨也相应产生。

如1987年8月26日的黄河气旋14时生成，至20时中心气压突降8 hPa，产生了狂风、暴雨及龙卷风等强烈天气(图6.48)。这次过程是西南低空急流与中纬度西风槽相互作用的典型个例。高空西风槽自西向东经河套到华北平原与南支槽叠加，同时700 hPa有西北低涡伴随，四川东部地区有多个对流云团沿西南低空急流向东北方向传播，在地面倒槽内出现带状β中尺度云团的对流复合体，即带状MCC。分析表明暴雨的β中尺度对流云团最初发生在地面倒槽的若干辐合中心附近；14时随着云团增强，河北衡水附近降水增大到50 mm/h，地面气旋开始形成；20时在暖锋附近即暖区内各有一强β中尺度对流云团发展，分别造成天津、冀东沿海以及济南和山东半岛南部的大暴雨。这类黄河气旋的发展不仅与中纬度斜压不稳定有关，还与潜热释放(对流云团的发展)即第二类条件性不稳定密切相关。

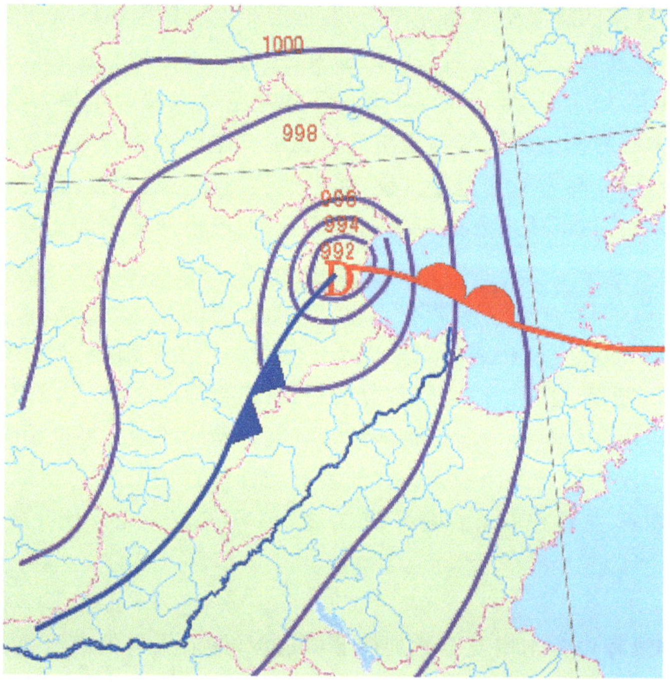

图 6.48 1987 年 8 月 26 日 20 时地面形势

在黄河气旋的发展过程中，有时带状 MCC 是沿东南低空急流排列。这种带状 MCC 的 β 中尺度对流云团的生消和传播可能是在有利的大尺度条件下，由低空急流上重力波的传播所产生的，因此它的发生发展很可能是引起强暴雨的黄河气旋发生发展的共同特征。

(4)西南涡与西北涡

西南涡是在青藏高原地形影响下产生的次天气尺度系统，向东北方向发展移动的西南涡常造成华北地区暴雨天气。影响华北地区的西南涡多集中在 6、7、8 月份，以 6 月最多，7 月次之。西南涡的移动和发展与高空槽、冷空气活动、中低空流场及湿度场等有关，它的移动路径常与副热带高压的位置和强度有密切联系。原地发展的西南涡不常见，大多是在东移过程中发展。有利于西南涡东移发展的条件有：西南涡位于 500 hPa 上东移低槽前，高空正涡度平流输送到低涡上空；冷空气从低涡后部侵入；700 hPa上低涡东南侧有西南气流大风速轴，急流前方有逐渐增强的辐合流场或低涡东侧等高线有气旋性曲率且有明显负变高；低涡附近及东部中低层有明显增湿区。

西北涡是指在西北地区东部发展东移的低涡，常在 700 hPa 上表现明显，它也是影响华北地区暴雨的重要天气系统之一，多产生在盛夏 7、8 月份，以 7 月份居多。西北涡的发生、发展、东移，与西来的弱冷空气、西北太平洋副高的加强北跳以及西南季风的加强北上有密切关系。西北涡在源地生成时是由下垫面加热形成的暖性地形性低涡，当西部有弱冷空气侵入，暖性低涡转为斜压低涡即开始东移，副高的加强使西南低空急流发展，为低涡的发展提供了有利的热力和动力条件。西北涡暴雨主要产生在 500 hPa 槽前的潜在不稳定区、700 hPa 湿舌前部以及 850 hPa 低空急流左前方地面低涡和暖切变线的重叠区。

(5)副高边缘的对流云团

在西北太平洋副高后部的西南气流中常出现一些强暴雨的对流云团，这些对流云团无明显的地面系统配合，但产生的暴雨很可观。副高的稳定维持或缓慢东撤、西脊点附近处于消散阶段的热带低值系统、沿中高纬西风带高脊前有向东南移动的弱冷空气是副高后部中尺度对流云团发生的三个有利条件。实质上这是一种西南季风型的中低纬相互作用过程，与黄河气旋不同之处仅是冷空气较弱，地面无气旋生成。弱冷空气从中层侵入，增加云团环境的不稳定度，促使云团内部对流猛烈发展是产生暴雨的重要条件，相互平行的高低空急流耦合也是共同特征。

(6)西风带入海高压

在有利的大尺度环流背景下，西风带强高压脊东移入海后，在我国东部海区中低层形成一庞大的反气旋系统，反气旋西侧的中低层偏南气流可将南方暖湿空气不断向北输送至华北地区。当西风带或高原上有短波槽东移时，其槽前正涡度平流会使低层的弱西北涡或西南涡发展东移，低空西南急流进一步加强。当低涡沿切变线移至华北地区，由于东部高压脊的阻挡，系统东移速度放缓，便容易产生强暴雨天气。如 2009 年 5 月 9—10 日冀南和鲁西北的大暴雨过程，正是由多个中尺度雨团沿准静止切变线的"列车效应"造成的(图 6.49)。

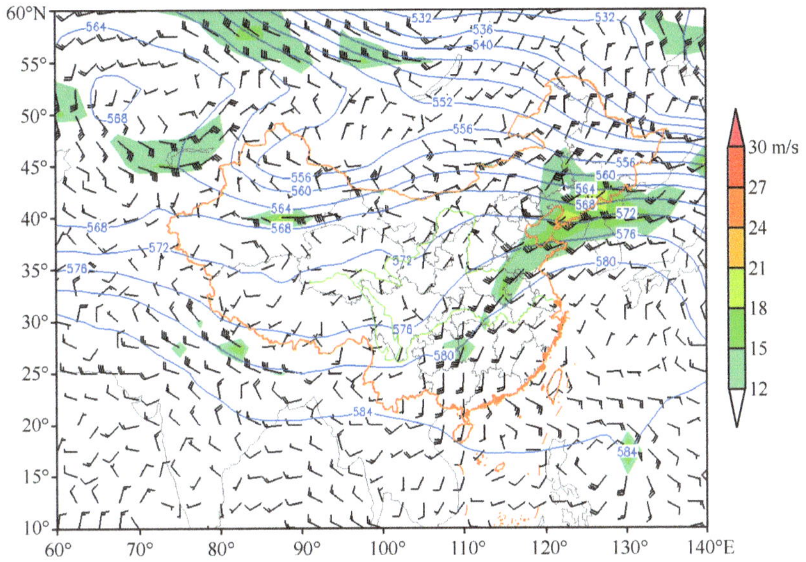

图 6.49　2009 年 5 月 9 日 08 时 500 hPa 高度场(单位：dagpm)和 850 hPa 风场

另外，当日本海处于较强的高压控制时，可使气旋、锋面等天气系统进入华北地区后移动受阻，延长了降水时间，同时日本海高压南侧的低空东南或偏东气流也将黄海、渤海一带海区的充沛水汽输送至华北地区，使降水强度大大加强，从而产生暴雨天气。

(7)华北冷涡

华北冷涡一般是由贝加尔湖附近的高空冷涡缓慢东移至华北地区而形成的，它是在对流层中、上层的低压系统，其中心附近的气温明显低于四周。冷涡可从数千米的对流层中部一直垂直伸展到 10 km 的高空，移动缓慢的冷涡中的空气柱处于上冷下暖的不稳定状态，常会产生阵雨、雷阵雨甚至雷雨大风或冰雹等不稳定天气，有时强烈发展的冷涡也会造成较大范围的暴雨天气。在有利的高、中、低层系统配置下，华北冷涡后部(西侧)不断有干冷空气南下，与副热带高压外围的暖湿气流在华北平原南部交汇，在暴雨区北侧形成明显的湿度锋和能量锋，并在低层辐合区造成明显的湿度锋锋生，从而触发中尺度系统的发生发展。

(8)与副高对峙的蒙古高压

在一定的环流背景下，副热带高压与蒙古高压可形成对峙局面，华北平原的部分地区处于南北两个反气旋系统间的切变区内，容易产生持续性不稳定降水，当有低涡沿切变线东移时便可产生暴雨天气。

6.4.2.2　中尺度系统

暴雨是在各种尺度系统的相互作用下产生的，有利的大尺度环流是产生暴雨的背景，中尺度系统则是直接组织和产生暴雨的系统。一些数值试验表明，对于中尺度低压，如果没有风场配合，中低压会很快填塞；但初始没有给定中低压的气旋性风场中，中低压会很快发展起来。这说明中尺度的气压场向风场适应，与实际分析中常采用风场分析而不用气压场分析的经验是一致的。

华北地区的中尺度系统十分活跃，常见的中尺度系统有暖区中尺度切变线、冷性切变线或辐合线、β 中尺度干线、东风切变线、低层中尺度浅薄冷空气、边界层急流等。

(1)暖区中尺度切变线

华北暴雨出现在锋前暖区的较多，一般出现在年轻气旋暖区或倒槽内，雨带远离冷锋前部，不完全和冷锋平行。产生暴雨的黄河气旋内常有多个中尺度切变线活动,它们的生命史一般为 4～6 小时,长的可达 10～15 小时。正是它们的活动造成了温带气旋中的强暴雨。

另一种暖区内中尺度切变线表现为东南风与西南风的切变,一般自南向北即相对冷区移动。中尺度雨带与切变线平行,出现在切变线附近或其前方。

(2)冷性切变线、风速辐合线

冷性切变线一般为偏北风与偏南风或偏东风之间的切变,偏北风常与低层浅薄冷空气活动相联系,雨团发生在切变线后部。

中尺度风速辐合线往往是由大尺度强风带上游风速增强而形成的,在辐合线附近产生辐合上升气流。当地面辐合线与高空槽前上升气流接通构成垂直环流圈时,雨团产生或加强,强降水出现在辐合线后部。在大尺度南北向深槽或切变线中,常可出现中尺度的辐合中心,其周围 100 km 以内常有强烈降水发生(图 6.50)。

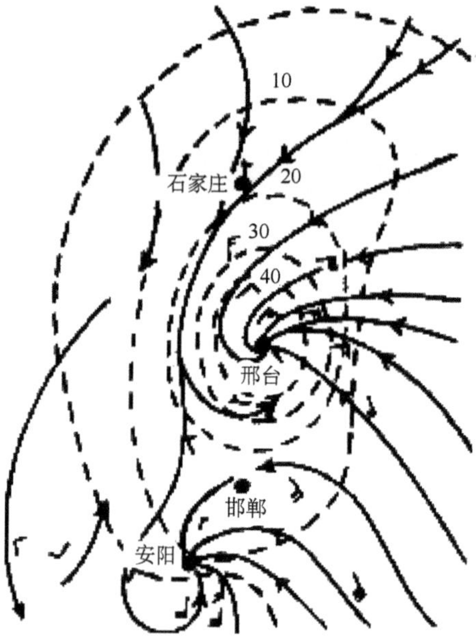

图 6.50 1963 年 8 月 4 日风速辐合线及辐合中心

(黑粗线为风速辐合线,黑圆点为辐合中心,虚线为后一小时等雨量线,单位 mm/h)

(3)β 中尺度干线

局地强对流暴雨过程的发生有时并没有明显的辐合线或涡旋等常见中尺度系统,而是受一条强烈干线影响(孙淑清等 1992)。干线的长度一般不足 200 km,宽约几十千米,生命史约 6 小时左右,是一种 β 中尺度系统,它的形成与露点锋不同。露点锋是暖湿空气与干冷空气强烈对比的干湿不连续带,常与 θ_{se} 的密集带或能量锋区相联系。而构成干线系统强干湿对比的主导气流不是来自东南方的暖湿气流,其西侧也不是冷空气,而是干燥且比东侧更高温的空气。干线的形成与干热空气的发展直接相关,其发展过程中并没有出现明显的能量锋区,等 θ_{se} 线也不与干线平行,说明干线两侧气团的属性与露点锋的情况大不相同。

山地在干线形成过程中起着不可忽视的作用。由于山区的作用,大槽后部沿山坡下沉的气流下沉增温很快,因此西部的辐散增温远比东部大,与东侧的偏东暖湿气流形成明显增强的干湿梯度。在山区的下坡侧,这种类似焚风效应所引起的局地干湿对比所产生的中尺度强烈天气是不可忽视的一种过程。

(4)东风切变线

东风切变线表现为东北风与东风或东南风的切变,或者东风带内的风速辐合线。盛夏当日本海出现强阻塞高压,华北位于副热带高压西南侧,副高和热带低压之间有一支东风或东南风的强风带,将高温高湿空气输送到华北,同时暖湿气流逐渐爬升到 600 hPa 左右高度与来自西南的相对干冷空气汇合,构成对流不稳定层结(陶诗言等 1980)。在东南急流气旋性涡度最大处或上游风速增强,就有利于中尺度东风切变线产生并向下游传播，当其靠近高空槽与槽前上升气流接通构成垂直环流时，雨团迅速增强。当形势稳定时，东南风急流脉动可导致东风切变线不断生成，引起同一地区的连续暴雨。

图 6.51 是“63.8”暴雨期间的东风切变线（保定—北京）。切变线的长度一般为 100～200 km。当东风切变线过保定时，风向由北转东东南，1 小时雨量急增到 44.5 mm（6 日 9—10 时）。

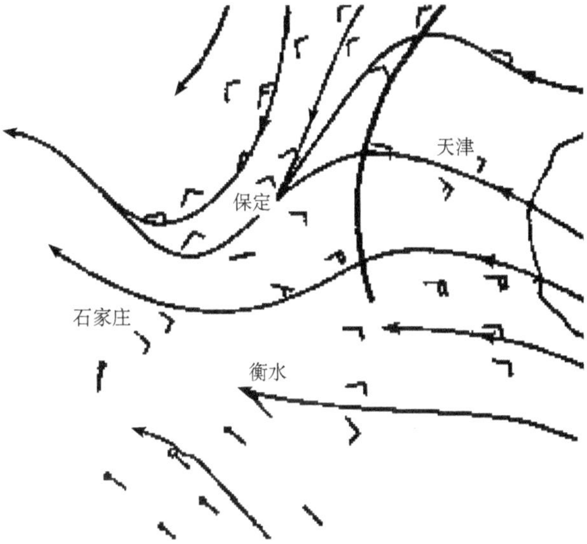

图 6.51　1963 年 8 月 7 日 20 时东风切变线（黑粗线）

(5)低层中尺度浅薄冷空气

盛夏西风带弱冷锋东移到华北平原，强度进一步减弱，只在边界层内可见浅薄冷空气活动，表现为中尺度加压区和偏北风加大。冷空气从近地面层入侵，在边界层里构成一个中尺度锋区（等 θ_{se} 线密集区），高空冷空气后倾，暖湿空气被抬升，触发华北平原暴雨。

雷暴高压及其外流气流也是一种中尺度浅薄冷空气活动，常可为下一次暴雨的触发提供动力。冷锋东移时，锋前常有雷暴出现，雷暴的下沉气流在地面形成雷暴高压及外流气流，与锋前暖湿气流构成更强的辐合，有时会形成强飑线，使新雷雨区猛烈发展、雨量猛增。

(6)边界层急流

在华北暴雨的分析中发现，850 hPa 以下或者说边界层急流与暴雨的关系十分密切（陶祖钰等 1981），边界层急流的出现常伴随强雨团的产生。一般在离地面 600 m（约相当于 950 hPa）的风速最强，常可达 20 m/s 以上，边界层急流出现前后 12 小时风速都不大，具有中尺度脉冲式的振动特征。边界层急流会加强其左侧的气旋性涡度，产生和加强上升运动，触发边界层不稳定能量释放，在急流核的左侧出现强雨团。

(7)重力波

重力波在条件不稳定大气中可以是发动暴雨的一种机制。锋面、低涡和气旋等大尺度系统的发展常是非地转平衡的，因而会激发出强的重力波，这种重力波在条件不稳定大气中传播时，低层辐合和上升气流能组织积云加热，积云加热反过来会促使重力波发展，在地面形成中尺度高低压系统，暴雨中心常落在中低压与中高压之间偏向中高压一侧。

6.4.3　物理条件

本质上，产生暴雨最基本的宏观物理条件只有两个，一是大气中要有充沛的水汽和持续的外部供应，二是具备使水汽冷却凝结的强垂直上升运动。

大气中 90％的水汽集中在 500 hPa 以下，由于露点的分布可以代表比湿的分布，在考察水汽条件时，只需考察 500 hPa 以下的露点。对华北地区而言，有利于产生区域性暴雨的水汽条件如表 6.1。

表 6.1 华北地区有利于产生区域性暴雨的水汽条件

	地面	850 hPa	700 hPa	500 hPa
T_d(℃)	>22	>15	>5	>−10
q(g/kg)	>16	>12	>7.5	>3.5

在实际的暴雨过程中，降水前后大气中的水汽含量并没有明显减小，说明产生暴雨的水汽来自雨区外部，因此必须考察表征水汽辐合的物理量——水汽通量散度。华北暴雨所要求的低空水汽通量散度的量级为-10^{-7} g/(cm^2·s·hPa)。

雨强的大小和上升速度的大小直接有关。要形成华北区域性暴雨，ω 的量级必须达到-10^0 Pa/s。上升速度的大小和水汽辐合是紧密联系的，对流层中层的上升速度在很大程度上也反映了低层水汽辐合的强度，在不考虑地形上升速度及比湿不变的条件下，降水强度等于整个气柱的水汽辐合。

产生上升运动的机制有以下四个方面：

1)斜压扰动中准地转过程引起的大尺度上升运动；

2)地形辐合和地形抬升造成的强迫上升运动；

3)行星边界层中摩擦使气流向低压中心辐合产生的上升运动；

4)静力不稳定大气中对流活动所引起的上升运动。

其中，大尺度上升运动和摩擦上升运动相对较小，所产生的雨强一般不超过 50 mm/d，而地形强迫上升和对流上升运动则剧烈得多，故大暴雨和特大暴雨总具有对流性降水性质，并经常发生在特定的地形条件下。

华北区域性暴雨集中发生在盛夏 7 月下旬和 8 月上旬，“湿斜压性”是这期间暴雨的主要天气学特征。因为盛夏期间华北地区降水系统多为尺度不超过 1000 km 的低涡或切变线等，其气压梯度弱且温度水平梯度也很小，不具备斜压扰动的基本条件。但华北地区盛夏大气中水汽含量很高，且水平分布也有显著不均匀性，具有湿斜压大气特征。由于夏季温度场和气压场都很弱，风场和气压场之间偏离地转风关系甚远，因此在研究降水问题时应以表征大气湿静力总能量的假相当位温场来分析其温湿特征。暴雨时，湿斜压大气低层风随高度的变化基本符合湿热成风关系，它比干热成风要大 3～4 倍。

由于湿绝热过程的层结因子比干绝热层结因子小，所以湿斜压大气中扰动的尺度要比干斜压大气小得多，湿斜压大气中最不稳定的波长为 1000 km，而干空气最不稳定的波长为 4000 km 左右。因此，华北地区盛夏的暴雨系统大多为尺度只有 1000 km 左右的次天气尺度系统，这是华北雨季天气气候的又一重要特点。次天气尺度系统的发生与暴雨中大量的凝结潜热释放有关。湿斜压理论指出，湿斜压大气中潜热的释放可使气块的动能增加形成低空急流。湿斜压大气中常有低空急流存在也是华北区域性暴雨过程的特征之一。

考察华北地区暴雨形成的物理条件，应着重分析大气的湿斜压结构，特别是表征其能量锋区的强湿斜压带以及在湿斜压大气中发展出来的次天气尺度扰动和高低空急流。

6.4.4 机理分析

6.4.4.1 中低纬相互作用的暴雨锋区的三层结构

中低纬系统相互作用产生的暴雨区有圆弧状和带状两种，带状的暴雨在地面均有辐合线或倒槽、切变线相对应。但并不是所有地面辐合线都下暴雨，也不是低层辐合强的地方才下暴雨。根据多个台风低压倒槽的计算分析表明，这是由暴雨区特殊的三层锋区结构所决定的，它是台风与西风槽相互作用的结果。

首先在边界层浅薄弱冷空气堆边缘有弱斜压锋区，产生初始上升速度。其上在约 900～600 hPa 间有向南倾斜的强湿斜压锋区，θ_{se}随高度迅速减小，具有很强的对流性不稳定能量。这支锋区是中低纬系统相互作用下的局地锋生，锋区两侧有明显的正负 $\Delta\theta_{se}$ 中心，这一层锋区是暴雨产生的关键。近地层的暖湿空气抬升至自由对流高度后，由于对流不稳定能量的释放而加速上升。再往上 500～200 hPa 之间为伴有高空西风急流的副热带锋区，上升气流在这里由于潜热、斜压位能的释放以及高空急流的动力影响再次加速。这三层锋区的垂直叠加使得上升气流不断加速导致暴雨剧增。

这种锋区的能量来源既有热带系统发展所必须的凝结潜热，又有温带系统发展所必须的斜压位能，可称为半热带锋区，其在水平方向看系统不如冷锋清楚，但由于具有上述特殊的三层垂直锋区结构，其暴雨强度远比冷锋强得多(《华北暴雨》编写组 1992)。

6.4.4.2　低空急流与暴雨

华北暴雨过程常是西风带系统与热带、副热带系统之间相互作用的结果，低空急流则是这些系统相互作用的纽带，承担了输送水汽、热量和动量的职责。对华北地区来说，主要是低空西南风急流和东南风急流。

华北地区约有 80%以上的暴雨过程伴有相应的低空急流活动。大尺度低空急流往往是一支相对独立的风系而并不是某一天气系统的产物，它的形成和维持与季风系统、副热带高压及热带辐合带的位置和强度以及西风带槽脊位置等大形势有关，生命史长，变化缓慢，影响范围广。中尺度低空急流的发生发展决定于其所依附的天气系统，发展的低涡或气旋前方常会形成中尺度低空急流系统，并随天气系统的发展、移动而加强和移动，北方地区发展的中尺度低空急流在一定条件下可诱导季风北上，有利于华北地区产生较大暴雨过程。有时由于局地原因(如夜间边界层降温等)常可形成局地的边界层急流，其最大风速高度一般在 300～1500 m，有明显日变化。由于急流轴下方风速垂直切变很大，使低层处于极大的不稳定中，有利于局地强对流的发生。

(1)低空急流的非地转特性

低空急流发展过程中，平衡风场往往被破坏而出现超地转风，其风场的变化是主动的，而气压场逐渐向风场适应，超地转风速中心就是急流轴上的强风中心，强降水一般就发生在超地转的强盛期。非地转现象还会激发重力波，当重力波的上升运动部分通过层结不稳定区时，就会促进对流发展，它们的反馈作用又使地转风进一步加强。

(2)急流轴上的动力不稳定

低空急流轴上常有中尺度系统的活动，如切变线、东风波等，它们都具有类似低频重力波的波动特征。急流轴上的大风速也处于不稳定状态，风速有脉动现象。这种急流轴的短周期脉动与中尺度强降水有密切关系，对下游暴雨预报具有重要指示意义。

(3)垂直风切变与短波扰动

低空急流轴周围垂直方向上有明显的风切变，轴下部风的垂直风切变最大，上部较弱，较大的垂直风切变可造成低层的不稳定。理论研究证实，惯性重力波系统在环境风场有垂直切变条件下，不稳定发展的条件容易满足，在其他条件不变时(如层结、波长)，急流中心高度越低，不稳定性就越强。低空急流轴区强的水平风切变也有利于短波的不稳定发展。总之，急流轴附近强的风切变给短波发生发展提供了有利的动力条件，这也是低空急流与中尺度系统关系紧密的一个主要原因。

(4)对称不稳定与低空急流

一些学者提出了条件性对称不稳定理论，用以研究锋面附近规则排列的中尺度雨带的形成，以及飑线、MCC 系统等有组织的大范围强对流系统的形成机制。在一般情况下，静力稳定度的减弱或垂直风切变的加大(或斜压性增强)容易引起对称不稳定的发生，而正涡度的减小甚至变为负涡度区，也可导致对称不稳定的发生。在低空急流轴附近(尤其下部)，风速的垂直切变很大，对称不稳定容易得到发展，使零散的对流活动组织成中尺度的强天气过程。

(5)湿空气活动对急流风场的作用

低空急流轴周围常处于高湿甚至饱和状态，水汽在轴区的上升凝结过程可对风场产生极大影响。盛夏低空强风是在有水汽相变过程参与的整层环流配置的一个综合结果。强降水区大的潜热加热使低层大气运动的气旋涡度加大，辐合上升增强，从而加速垂直环流，使非热成风得以维持。

6.4.4.3　高低空急流的耦合

一般暴雨的发生不仅与低空急流有关，也和与西风槽相联系的高空急流有密切关系，当高低空急流相互平行或相交、高低空辐散辐合中心叠加时容易产生暴雨。有观点认为梅雨锋暴雨时由于积云的对流混合而导致高空动量下传,从而形成或加强低空急流(主要是西南风急流),即高空影响低层。而与台风相联系的低空东南风急流,在中低纬系统相互作用以前,和与西风槽相联系的高空急流是互不相干的,一旦中低纬系统相互作用产生暴雨时,高低空急流同时发生耦合:东南低空急流的水汽在暴雨区上升、转向、加速,与西风槽前高空急流合并加强,即在水汽的主动作用下低空影响高空。也就是说在不同环流形势下的暴雨,其高低空急流相互作用的过程是不同的。事实上,大暴雨的产生往往是与中低纬、高低空以及大、中、小尺度系统的相互作用都有关,这三种相互作用过程是相互联系、密不可分的。

6.4.4.4 弱冷空气的作用

强的暴雨产生时,西风带的冷空气往往是比较弱的。弱冷空气一般在温度场上的反映不如流场明显,它可分为行星边界层及对流层中层两部分。

边界层中的弱冷空气常表现为近地面层中变性的浅薄冷空气堆,其在地面图上有明显反气旋流场,但高压及低温中心并不明显。由于地形的影响,这种弱冷空气经常从东北扩散至华北平原,与东南暖湿气流相遇,形成冷垫而引起上升运动,在暖湿不稳定的大气中促使中尺度暴雨云团的产生。其次,其脉冲式向南扩散,也容易在近地面层的切变线上连续触发中尺度扰动的产生。

对流层中层的弱冷空气表现为500 hPa上的西风带小槽,地面无明显锋区对应。当500 hPa小槽入侵台风低压北部,即弱干冷空气在对流层中层侵入时,与低空急流输送的暖湿气流的相互作用使位势不稳定增大,可以促使云团内部对流运动的猛烈发展而形成强暴雨云团,也可以产生新的湿斜压锋区而形成暴雨云带。

6.4.4.5 地形的作用

华北平原北侧是燕山山脉,西侧是太行山脉,夏季在地面倒槽内,渤海吹东南风,遇到燕山转偏东风,到太行山东侧又转为东北风,因此在华北平原低层常形成近似南北向切变线,如有外来系统侵入,切变线周围的对流系统或暴雨将加强。

东西向冷锋南下经华北时,由于地形作用,冷锋中段移速常慢于东西两段,因此在地面温度场上形成两侧干冷、中间较暖湿的Ω型分布。高能轴、锢囚锋线和地面切变线三者的位置常是重合的,往往会导致强雨团的出现。

地形爬坡对降水有明显的增幅作用,暴雨常出现在地形迎风坡或其下游的有利位置。小地形对降水的增幅作用常远大于大地形,研究暴雨问题必须考虑小地形影响。“喇叭口”地形区是最常见的暴雨发生地,“喇叭口”地形可使集中了气柱大部分水汽量的边界层急流沿纵向收缩加强辐合上升,在爬坡上升的基础上使垂直运动进一步加剧。

海风也可使降水加强。在副高西北侧,午后内陆增温,渤海则为冷海面,使海风加强且与系统的偏南风一致,在沿海到燕山之间形成风速辐合线。燕山丘陵暴雨加强的原因,除地形爬坡增幅外,海风形成的辐合线也起同样的作用。

另外,一些针对雨团移动路径的分析研究指出,雨团有沿河谷移动和合并的趋势。

6.5 东北暴雨

6.5.1 大尺度环流背景

东北地区大范围的暴雨和大暴雨总是与西风带、副热带、热带环流系统的相互作用有密切关系。在暴雨分析预报中,不仅需要了解“三带”环流系统的基本特征,还应该考虑其环流系统的相互配置、相互制约的关系。

6.5.1.1 副热带高压与西风带环流系统的相互作用

(1)东亚阻塞形势

鄂霍次克海到雅库茨克一带稳定的阻塞高压,是东北地区夏季冷涡天气的重要环流形势特征。尤其是当东亚阻塞高压与副高呈经向叠加时形成南北向或西北—东南向的高压坝，对东移的天气系统具有明显的阻塞作用，有利于热带和副热带暖湿天气系统北上与西风带的干冷天气系统汇合，形成持续性的暴雨天气。

(2)大陆高压与副热带高压的合并

从北路或西路移来的西风带大陆高压，常与海上的副高合并，不仅使副高向西或向北方向调整，形成副高偏北偏西的环流形势，而且高压后部偏南气流明显加强，使偏南低空急流向北方迅速扩展，与中高纬西风带系统汇合形成暴雨。

此外，合并高压还可影响北上台风低压的移动路径。由于高压后部东南气流的增强可以引导北上的台风，甚至使已经转向东北方向移动的台风西折，使台风取偏西偏北的特殊路径而影响东北地区产生暴雨。

(3)带状副高与纬向强锋区

在稳定的贝加尔湖阻塞高压的环流形势下，蒙古至东北地区为宽低压带或横槽，低槽前有准东西向强锋区。强锋区对副高的经向发展有一定屏障作用，使其呈东西带状，副高南侧的台风多取西行路径。此外，如有高空槽或低涡叠置其上时，将导致气旋的强烈发展，并连续激发多个中尺度系统的发生发展。如 1971 年 7 月 31 日—8 月 3 日，东北地区南部静止锋上先后有 6 个中尺度扰动生成，每次扰动都产生一次暴雨，从而形成持续性暴雨过程。

6.5.1.2　西太平洋 ITCZ 与西风带环流系统的相互作用

西太平洋 ITCZ 与西风带环流系统的相互作用，一般是以西北太平洋副高为纽带。归纳如下：

(1)西太平洋 ITCZ 与西风带环流系统的间接作用

西太平洋 ITCZ 和台风与副高协调西伸北进，加强副高后部的偏南辐合气流，有利于西风带上东移环流系统的发展。

(2)台风间接影响下的西风带暴雨

西太平洋 ITCZ 上的台风沿着副高西南侧的东南引导气流北上，通过低空急流与西风带天气系统迎合而形成暴雨。

(3)西风带影响的台风暴雨

西太平洋 ITCZ 及其台风沿着副高西侧的偏南气流向北方推进，与西风带天气系统迎合而形成暴雨，亦可称为台风迎合西风槽暴雨。这种形势的暴雨又可分为三个阶段：台风远离西风槽时，先通过低空急流与西风槽迎合，为台风间接暴雨阶段；台风环流直接与西风槽迎合，有弱冷空气侵入台风环流使之变为“半热带”气旋，这一阶段也是暴雨发展最强盛的时期；第三阶段是台风环流与西风槽结合，较强冷空气侵入台风环流使之变为温带气旋，暴雨开始减弱，为台风变性气旋暴雨阶段。

6.5.1.3　西北太平洋副热带高压与赤道辐合带环流系统的相互作用

西北太平洋副热带高压在偏北位置活动期间与东北区域性的大暴雨和特大暴雨的落区关系十分密切，但副高的偏北活动直接受其南侧的赤道辐合带及其上的台风等热带环流系统的制约。赤道辐合带，尤其是菲律宾东北部 ITCZ 上的台风、热带低压等环流系统的活动与副高的西伸北进活动大多是相互协调的。当台风与副高协调西伸或北进时，不仅副高后部的西南急流得以建立、维持和增强，为暴雨提供充沛水汽和能量条件，而且对西来的低值系统起阻挡作用，有利于引导低值系统影响东北地区。如果中高纬度同时又有西风槽东移与南来系统结合，形成如北槽南涡、丁字槽、阶梯槽、北涡南槽、南北涡等耦合天气系统，产生暴雨。

此外，在副高边缘活动的台风，又受其外围气流的引导作用。当副高呈东西带状、副高北侧为强纬向锋区或强西风急流时，副高南侧的台风一般受偏东气流引导西行。当台风移至副高西南侧时受东南气流引导转向西北移动，同时副高东退或向东北方向移动。当台风绕过副高西脊点后即转向北或东北方向移动，速度加快。如果副高南侧无新台风活动，则副高南落且脊西伸，即台风沿副高外围边缘引导气流有规律移动，多呈抛物线路径。

6.5.1.4 印度ITCZ与西风带环流系统的相互作用

印度ITCZ活跃时，由印度或孟加拉湾伸向青藏高原东北方的倒槽内常有涡旋形成，在西风槽和冷空气的诱发下新生气旋，伴随西南低空急流侵入东北地区而形成暴雨。即印度ITCZ在西北太平洋副高偏北的环流形势下，通过低空西南急流和分裂的西南低涡所发展的温带气旋，把低纬热带暖湿空气传输到北方而造成暴雨。

6.5.2 主要天气系统

对东北地区暴雨有直接影响的天气尺度系统有很多。根据大暴雨前一天高空主要影响天气系统的相互配置，区域性大暴雨的影响天气系统可分为台风迎合西风槽（或北槽南台）、北槽南涡（包括南北涡）、南北槽、丁字槽等耦合天气系统。这种按高空天气系统的分类方法，天气系统概念清楚，大大简化了天气系统分类的复杂性，并反映了高、中、低纬天气系统相互作用的环流特征，具有短期暴雨预报的实际意义。按地面主要影响天气系统也可以分为台风、黄河气旋、江淮气旋和蒙古低压冷锋等。按上述分类方法，对1951—1990年42次区域性大暴雨的天气系统进行统计分析（见表6.2），高空天气系统以台风迎合西风槽的大暴雨最多，占48%；其次是北槽南涡类和丁字槽类大暴雨，分别占31%和19%；南北槽类大暴雨最少，只占2%。地面天气系统仍以台风大暴雨最多，占48%；其次是黄河气旋大暴雨，占41%；江淮气旋和蒙古低压冷锋大暴雨最少，分别占7%和4%。

表6.2 东北地区大暴雨天气系统统计表

地面系统 / 高空系统			台风		黄河气旋		江淮气旋		蒙古低压冷锋	
			次	%	次	%	次	%	次	%
台风迎合	次	20	20	48						
	%	48								
北槽南涡	次	13			10	24	3	7		
	%	31								
丁字槽	次	8			7	17			1	2
	%	19								
南北槽	次	1							1	2
	%	2								
合计			20	48	17	41	3	7	2	4

对于各种不同强度的暴雨，其主要影响天气系统所占的优势也有所不同。对于东北区的特大暴雨和大范围大暴雨而言，以台风迎合西风槽类耦合天气系统居首位。对于局部大暴雨和区域性暴雨，东北地区的南部（辽宁和吉林）以南方气旋（包括黄河气旋和江淮气旋）的最多，东北区北部（黑龙江）以北方气旋（包括蒙古气旋和东北低压）的最多。对于局地暴雨和大暴雨，以蒙古低压冷锋或高空冷涡和低槽的最多。

6.5.2.1 台风暴雨

（1）台风路径与东北暴雨

造成东北降水的台风（包括提供水汽的间接影响）有四大类九条路径（图6.52），其中消失类的有4条：1）江南消失类，2）黄河长江之间消失类，3）黄河以北消失类，4）渤海、黄海和朝鲜半岛之间消失类。北上类有2条：5）偏西北上类（台风过北纬40°时在118°～127°E之间登陆），6）偏东北上类（台风过北纬40°时在127°～135°E之间北上登陆）。转向类有3条：7）朝鲜半岛北部（汉城及以北）东转类，8）朝鲜半岛南部东转类，9）日本海峡东转类。其中以偏东北上类和消失类造成东北大范围暴雨居多。

（2）台风暴雨的天气模型

图6.53为大陆消失类影响东北降水前24小时地面气压场形势和700 hPa湿度场及风场变化。台风消失后的暖湿空气由于中低空槽前和副高后部的深厚西南急流已积聚到华北气旋的前部，湿有效位

能增大，对流不稳定发展，使北京到丹东的静止锋发展成暖锋北进到长春、吉林一线。华北气旋和吉林省西部的高压同时加强，使气旋移动减速，水汽最大中心已到达东北地区，并源源不断地从西南和东南方向得到水汽补充。

图 6.52　影响东北的台风路径

(1,2,3,4 为消失类；5,6 为北上类；7,8,9 为东转类)

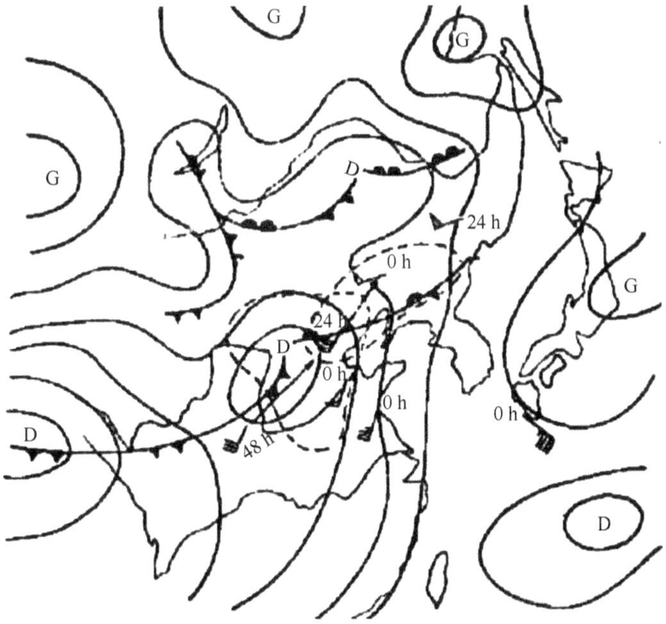

图 6.53　大陆消失类前 24 小时地面气压场

(虚线为 700 hPa 饱和区)

黄海、渤海、朝鲜消失类影响东北降水前 24 小时地面平均气压场形势和图 6.53 相似，但东部高压较强，贝加尔湖东部的冷性高压也强，副高后部的暖锋切变和高空切变(图 6.54)相对应在东北地区南部缓慢向北挺进，饱和水汽由黄海、渤海移到东北地区中、南部，沿着切变线附近辐合上升运动激烈的地方产生暴雨和大暴雨，雨量大多呈纬向分布(图略)。

偏西北上和偏东北上类天气模型相近似，只是偏东北上类的天气系统均比偏西北上类偏东 5～10 个经度且较强。和消失类相比，从河套到华中地区的气旋或倒槽由高压区所代替(图 6.55)，台风在朝鲜半岛南部迅速向东北偏北方向移动，槽前的中低空西南急流和台风前部的东南急流也比偏西北上类约偏东5个经度且强，平均最大风速达28 m/s，500 hPa急流中心北移，引导台风及其东部的饱和湿区迅速北上，此类路径台风能量损耗少，与冷空气在东北地区东部汇合，斜压做功和积云对流同时发展，经向分布的暴雨很强。

图6.54 海上西北上类台风大暴雨基本流型(郑秀雅等1992)

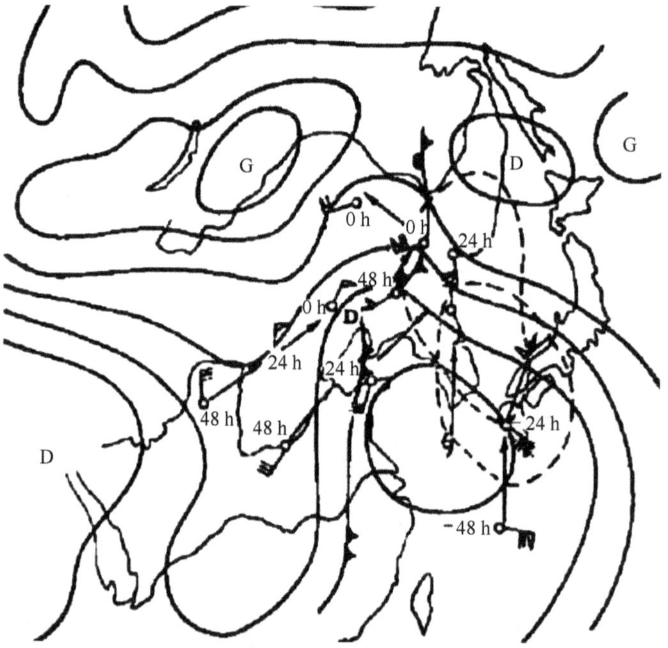

图6.55 偏东北上类前24小时天气模型

(粗风标表示500 hPa急流中心)

东转类前24小时地面气压形势与高空相对应，也以纬向占优势(图6.56)。从日本到河套之间为一高压带，鄂霍次克海到贝加尔湖为低压活动区，并有冷锋相配合，高空槽前后的西北和西南急流中心移动也以纬向为主，副高后部及台风前部的偏南急流较大，且均比偏东北上类还要偏东，其间的饱和湿区迅速北上至东北地区东南部，东北地区沿海500 hPa的西风急流中心迅速南移至40°N附近或略南，引导台风迅速东转。此类台风不直接登陆影响东北地区，而是前24小时在蒙古的低压和锋区向东南移到东北地区遇到台风前缘暖湿空气时发展加深，在它的第Ⅳ象限辐合抬升加剧，潜热释放，暴雨产生。由于台风位置较远，产生暴雨的机会很少。

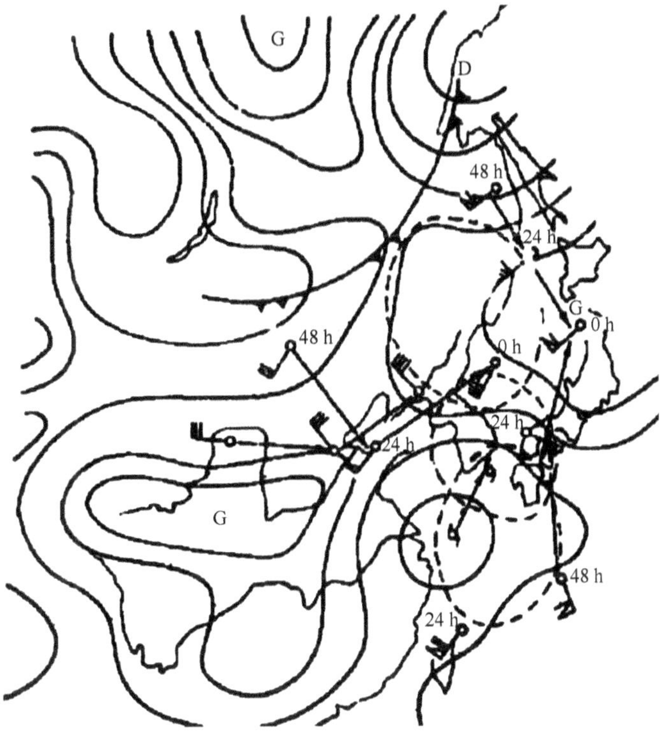

图 6.56　东转类台风影响前 24 小时地面天气模型及中低空饱和区和风的变化

6.5.2.2　气旋暴雨

气旋是造成东北区域性暴雨的主要天气系统，按其源地可分为蒙古气旋、华北气旋和江淮气旋三类。前者称北方气旋，后二者称南方气旋。大范围特大暴雨除台风外，南来气旋影响占第二位。但如果气旋和减弱台风的水汽相结合成为半热带性质的气旋，则其能量之大、降雨之强、范围之广，可成为东北地区的最强降水系统。

(1)气旋路径和雨量

由于东北平原处在大兴安岭和长白山两大山系之间的南北向狭长谷地中，风的力管作用加上高空大槽与夏季副高之间的西南气流以及极锋急流和副热带急流的引导，很容易把其西面蒙古气旋、西南面的华北气旋和南面的江淮气旋吸引到东北地区来，有时还和原在东北地区的地形低压或槽合并而加深发展。

东移经过东北中部地区的蒙古气旋，一般有中到大雨，中心附近有暴雨。向东北方向移动的华北气旋，经过东北地区中南部，可造成区域性大雨或暴雨。向东北方向移动的江淮气旋，经过东北地区中、东南部，或者消失在 122°—130°E，40°N 以北地区，一般造成区域性大雨或暴雨。

统计发现，大降雨中心均在气旋移动方向的前方略偏右的地方。西来系统的降雨中心接近气旋中心，而南来系统的降雨中心略偏离气旋中心 2～3 个纬距。南来气旋的雨量大于西来气旋的雨量。南来气旋中心区域平均雨量大于 25 mm，而西来气旋中心区域平均雨量在 15～20 mm 之间。南来系统的大降雨中心有两个，次小的一个约在气旋中心前方 9～10 个纬距处，平均雨量约 15～20 mm，概率为 0.5。这可能与南来气旋具有某种半热带气旋性质有关，当其前部偏南气流与冷性反气旋偏北气流相交时，辐合加强而产生副冷锋降水。

(2)气旋暴雨的天气模型

蒙古气旋暴雨前 24 小时的天气模式可分为东部高压型和阻塞高压型两种。东部高压型 700 hPa 高空形势特点是：东北地区为缓慢东移的暖高脊控制，成南北向的高压坝，阻挡西来的系统东移；蒙古中部有明显的低压中心，槽从中心向南伸至 35°N 附近；槽后有高压脊东移，副热带高压较强。地面图上，暴雨前 24 小时东北地区被南北向的暖高压带控制，蒙古气旋位于蒙古中部，气旋后部有冷高压。阻塞高压型:700 hPa 图上雅库茨克附近有明显的阻塞高庄,蒙古东部有一个低气压中心,低压和槽沿阻塞高压的南支急流以每日约 1000 km 速度东移,槽后紧跟一个高压脊。地面图上鄂霍次克海到东北地区东部是较强的高压带,从河套到蒙古东部是宽阔的锋面倒槽,有时在河套以东还有一个弱的气旋波。在向东北移动过程中与蒙古气旋合并影响东北地区暴雨(图 6.57)。

图 6.57 阻塞高压型蒙古气旋暴雨前 24 小时天气模式

华北气旋暴雨其东亚中、高纬度的高空形势特点是北高南低型。贝加尔湖附近为一个长波脊,阻塞形势明显。巴尔喀什湖附近的长波槽分裂出短波糟东移使冷空气到达华北及东北地区。太平洋上副热带高压控制在日本上空,其西侧的偏南气流把暖湿空气输送到华北和东北地区,并与冷空气交绥,潜热释放,华北气旋发展。如果副高与短波槽前的暖高叠加成为东亚沿海阻塞高压,则形势稳定少动,产生连续性暴雨天气。华北气旋生成中有一种常见的型式是由冷暖锋相衔接而成。如从河西一带有冷锋东移,而黄淮地区有暖切变线北移,两者可相接于黄河下游。气旋向东北方向移动过境时在东北地区中南部产生强降水。

江淮气旋暴雨相比蒙古气旋和华北气旋,对东北地区影响次数少,但强度大、发展迅速。其大致有如下特点:副热带高压强,位置偏北,一般在 30°N 附近或以北,中纬度西风带在河套附近有北槽东移,槽前、后冷暖平流较明显;低涡在四川一带,涡前有纬向暖切变线。东亚有两支较强的急流,高空西风急流在 40°～50°N 之间呈纬向东传,低涡前部、副高后部的西南急流深厚且强劲。这种形势有利于副高后部低值系统携带大量暖湿空气北上影响东北地区暴雨。

6.5.2.3 冷涡暴雨

地处大兴安岭及蒙古高原东侧之东北大平原,极锋急流及副热带锋区急流经常东西向横贯其南部,康藏高原的热源常常随西南气流向其西部输送较强的暖空气,以切断极地来的冷空气。有利的地形、动力和热力条件,使东北地区上空经常出现冷性涡旋。

东北冷涡是东北地区的主要天气系统,是大尺度环流形势在东北地区特定条件下的产物,它的形成、滞留和填塞对大气环流又起着重要的反馈作用,是东亚重要的天气系统东北冷涡的形成过程。它一年四季均出现,但集中在夏季。东北冷涡的高空温度较低,当低层加热时常常产生很强的对流不稳定,出现冰雹、雷暴等强天气,在冷涡的东南方约 1000 km 处常有锋面气旋形成,产生稳定的连续性降水,出现区域性暴雨。冷涡持续时间较长,短则 1～2 天,长则 10 天、20 天,常常造成低温连阴雨,如果冷涡位置在 50°N 以北,天气更为复杂,时而风雨交加,时而晴空万里。冷涡若在 40°N 以南,一般高温少雨。所以冷涡对东北地区的经济及人民生命财产影响极大。

东北冷涡是一个深厚的冷性涡旋，集中分布在大、小兴安岭及长白山的东侧西风气流的背风坡、黑龙江流域低洼地的上空。从时间分布看，它具有明显的季节性，集中在夏季 6、7、8 月，其次为 5 月和 9 月的春秋过渡季节。

(1)东北冷涡形成的天气过程

夏半年的冷涡多半是由于西风槽充分加深后从槽底切断而成的，即一般所谓的“切断低压”，而冬半年却常常是由于锋区南移，极地低压南移到东亚大陆，使东亚上空出现冷涡或冷涡带。春秋季西风带上的槽脊活动频繁，移动特别迅速，不利于“切断低压”的形成。东北冷涡形成的天气过程一般有两种情况。

1)切断形成冷涡。在冷涡形成前，等温线振幅比等高线大，而且等温线位相落后于等高线，槽前和槽内有较强的冷平流，槽后脊前有很强暖平流(图 6.58a)，对流层中上层这种冷暖平流的分布有利于槽脊的发展。槽加深后，冷舌赶上气压槽形成闭合冷中心。同时，槽后的脊加强并向东北方向伸展，形成东西向窄、南北向长的深槽(图 6.58b)，最后暖空气使槽的南部与北部断离，形成具有闭合环流的冷涡(图 6.58c)。这种切断过程形成的冷涡，常见的高空形势有雅库茨克阻塞型和贝加尔湖北部阻塞型两种。

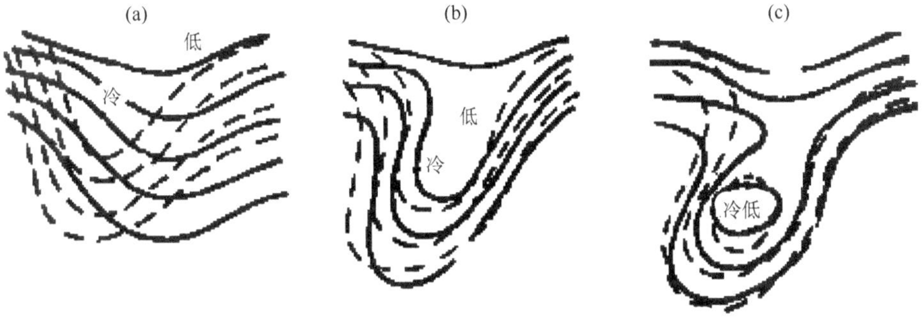

图 6.58　东北冷涡形成过程示意图

2)华北气旋北上与东北低压合并，高空槽不断加深也可形成冷涡。此类冷涡并不常见，只有在夏季才会出现。

如果台风北上移到东北地区，与东北地区原有低压合并，也可形成冷涡。

(2)东北冷涡形成的地形动力作用

东北平原的西侧为大兴安岭，其东为小兴安岭连长白山脉。冷涡密集在两个南北向山脉东侧的黑龙江低洼地上空，这种分布并非偶然，可从山脉对西风槽东移的影响得到解释。

当偏西气流爬越山脉时，在山脉迎风坡，因受抬升作用而产生上升运动，越山后在山脉背风坡产生下沉运动。显然，在迎风坡，上升速度随高度减小；在背风坡，下沉速度也随高度减小。

1)当高空低压槽移向高山坡时减弱，离开高山下坡时将加强。

2)当正压流场槽线爬过山脊的前后，促进槽加速移动。但是当低压移进地形谷的时候，地形对该系统的移动起阻滞作用，使得低压系统进入背风坡的河谷盆地或平原洼地后移速减慢。

(3)东北冷涡暴雨天气模型

归纳冷涡暴雨天气模式有如下特征(图 6.59)：

1)冷空气源地在北冰洋，有西北、偏北及北东北三条路径。

2)暖性阻高稳定在雅库茨克附近，中心一般在 55°～70°N，115°～145°E 范围内。

3)东北冷涡中心一般在 117°～130°E，43°～50°N。

4)印度和康藏高原及东南低纬常有暖流不断向东北地区输送，使阻高稳定、低涡维持。

5)暴雨落在槽前、横切变南缘地面冷锋后部或暖锋附近，中低空急流汇合处，850 hPa 暖脊靠近冷平流侧锋区强的地方。

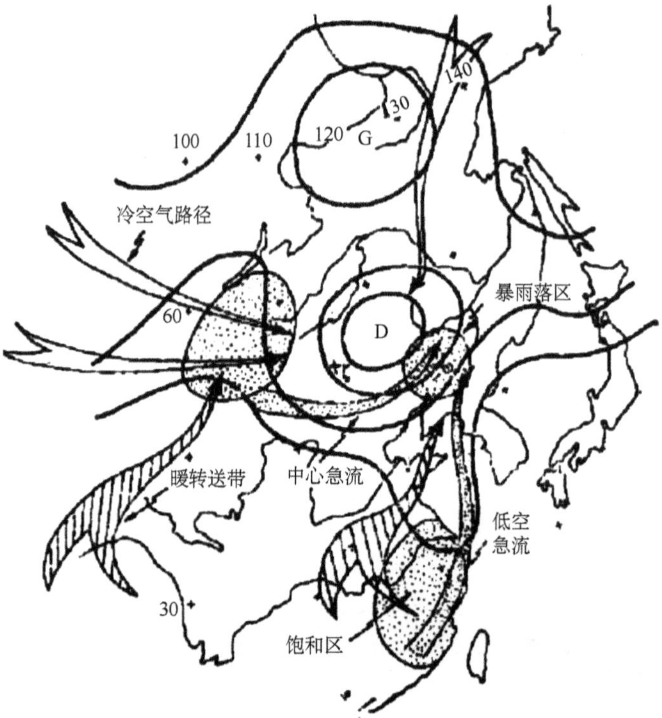

图 6.59 冷涡暴雨天气模式

6.5.2.4 北槽南涡类气旋大暴雨

北槽南涡类气旋大暴雨系指在本区暴雨形成前，高空为北槽南涡耦合天气系统，即由蒙古到河套地区的低压槽与其南侧的西南涡所组成的耦合系统。北槽南涡结合后发展加强，诱生地面江淮气旋或黄河气旋，向东北方向侵入东北地区，产生大暴雨。

在这类暴雨过程中，"三带"环流系统的相互作用，主要表现在日本到我国东部沿海的副高及其南侧的热带辐合带呈纬向分布，二者协调西伸北进。西南低涡伴随低空急流与北槽结合，诱生江淮气旋或黄河气旋向东北移动，形成东北地区大暴雨(图 6.60)。

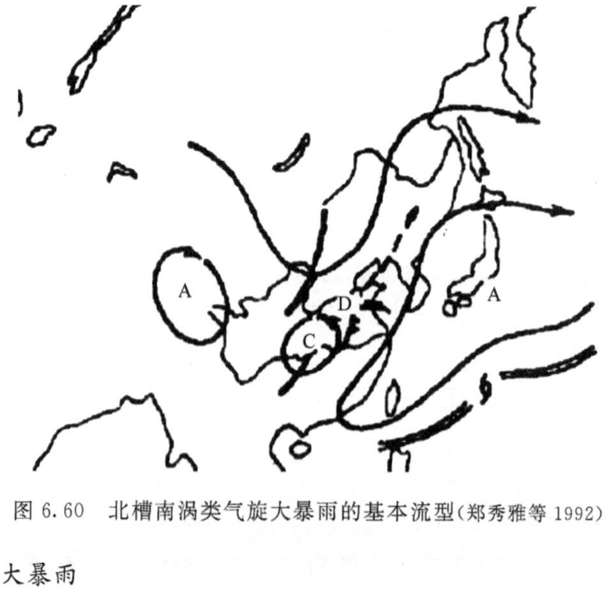

图 6.60 北槽南涡类气旋大暴雨的基本流型(郑秀雅等 1992)

6.5.2.5 丁字槽类气旋大暴雨

本型的"三带"环流具有纬向分布特征。副高多为带状，ITCZ 呈纬向分布。ITCZ 上的台风多取西行路径，与副高协调西进。在副高的北侧有近于东—西向的强锋区。东北地区北部到蒙古地区为横槽，河套地区为竖槽，构成"丁"字槽。对应河套高空低槽的低层 700 hPa 上有低涡东移，在强锋区上获得发展，诱生地面黄河气旋（或气旋波）东移侵入东北地区而形成大暴雨（图 6.61）。

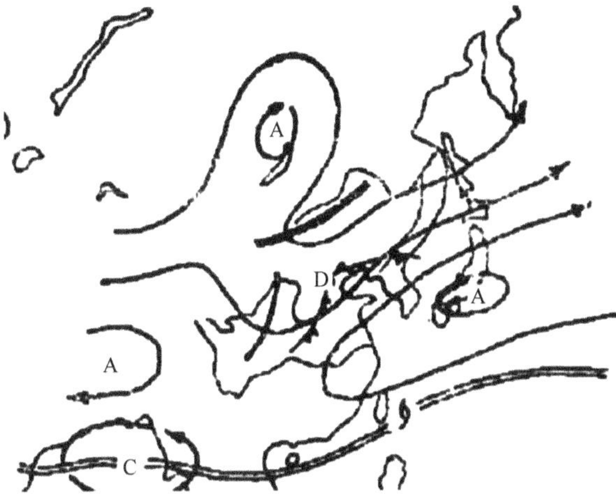

图 6.61　丁字槽类气旋大暴雨基本流型（郑秀雅等 1992）

6.5.2.6　蒙古低压冷锋大暴雨

副高和 ITCZ 呈纬向分布。ITCZ 上的台风与副高协调西伸北进。在副高西北侧有强西南低空急流伸向东北区。蒙古低槽的槽后有明显的冷平流，槽前有较强的湿斜压锋区。受槽前的蒙古低压冷锋的影响，形成东北地区大暴雨（图 6.62）（郑秀雅等 1992）。

图 6.62　蒙古低压冷锋大暴雨的基本流型（郑秀雅等 1992）

6.6　西北暴雨

西北地区多数地方年降雨量少，日降雨量达到 50 mm 的机会也很少，特别是新疆，80％测站从未出现过日雨量 50 mm 以上降水。按此雨量定义暴雨，则西北暴雨极少，但实际上经常发生暴雨危害，其日雨量可能达不到通常定义的暴雨或特大暴雨标准，但短时强度相当可观，其引起的地面径流沿坡沟地形迅速下泻，常汇集成局地洪水和泥石流。为此，西北各省区都根据各自的经验重新划定对当地有影响的强降水日雨量标准。大致情况是，陕西仍沿用全国性暴雨日雨量标准，其他省区常将日雨量≥25 mm 统称为大到暴雨，新疆还将日雨量＞10 mm 称为大降水。上述各种不同标准的降雨日在当地都是相对强的降水过程，其出现概率与我国南方出现暴雨或大暴雨的概率相当。所以本章论述的暴雨统计特征也包括上述相对较强降水（《西北暴雨》编写组 1992）。

6.6.1 大尺度环流背景

6.6.1.1 西北太平洋副热带高压西伸北移

当西风槽东南移并向南加深时，槽前的暖空气向北输送，导致西北太平洋副热带高压西伸北移，在下游形成阻塞。西风槽前的西南风与西北太平洋副热带高压前的偏南风相汇合，造成冷暖空气交绥作用。暴雨发生时，副热带高压的主要特征如下。

(1)强度、位置特征

副热带高压过强，位置过于偏西、偏北，不利于暴雨。只有处于副热带高压西部边缘而又有西风带扰动相配合的情况下，才有利于暴雨的发生。因此，各地副热带高压活动与暴雨的关系，是因地而异，但其流型是大同小异的。

(2)不同纬度相互作用特征

不同纬度天气系统相互作用的多种型式中，西风带的扰动与副热带高压相互作用是最常见的也是最重要的一种。其主要系统有：

1)西风带上的扰动。西风带上的扰动主要是低槽，它是暴雨的影响系统，起弱冷空气补充作用。

2)副热带高压西侧的偏南气流。在副热带高压西伸北移后，其西侧有一支明显的偏南气流，这是一支暖湿气流，它与西风带上的冷空气相互作田，引起冷暖空气在某一特定位置持续交绥，产生持续性暴雨。

(3)卫星云图特征

不同纬度相互作用，在卫星云图上有明显的反映，常可清晰地看到南、北两支云系相互结合。北支云系与西风带扰动相对应，南支云系(有时是云团)是低纬副热带云系随着偏南气流北涌。两支云系一旦结合，云带会突然加强，降水量加大。

(4)副热带高压西北侧的两种环流型

副热带高压西伸北移时，西北侧的环流型主要有两种，西南气流型和偏南气流型，即东高西低辐合型持续暴雨流型。它的主要特点是：

1)西风带上有以槽、横槽、切变线或低涡等形式表现的扰动，是暴雨过程中的冷源。

2)副热带高压西移北伸，其西部有一条偏南或西南气流，是暴雨过程中的暖湿源。

高、低纬(或中、低纬)两种不同性质的冷、暖气团交绥区，是水汽输送、潜热不稳定能、辐合上升十分激烈的地区，因而也是暴雨多发区。当副热带高压比较稳定时，雨区停滞，常出现持续性暴雨。

6.6.1.2 南亚高压东西振荡

南亚高压东西振荡主要表现在100 hPa气压形势图上，在大降水发生期间，南亚高压中心有明显的东西移动现象。

新疆多雨时段，南亚高压常呈双体型，中心分别位于伊朗高原上空和青藏高原东部上空。伊朗高原上的高压强于青藏高原上空的高压，副热带长波槽位于70°—90°E的高原西部上空，副热带急流南移到40°N以南。而在新疆少雨时段，南亚高压呈单体型，中心位于75°E附近的高原西部上空，副热带急流明显北进。

南亚高压东西振荡是形成有利于暴雨的环流背景，在南亚高压呈双体型时，两个高压之间的大槽(亦有人称之为副热带大槽)是西风带影响系统的诱导系统。同时，南亚高压中心的位置还和中、低空水汽输送有关，但在南亚高压北进到一定纬度后，高原北部的降水又主要取决于中纬西风带的长波槽的配置。

宁夏把100°E以东、30°N以北在100 hPa图上持续2天以上维持一个高压也称为青藏高压东部型。500 hPa上的青藏高压，是从纬度比青藏高原偏北的伊朗高原移来的。它是在青藏高原大地形对西风环流阻挡与扰动作用下，于高原西部对流层中形成的，并具有显著的反气旋环流性质。青藏高压的建立，是宁夏持续多雨并产生大到暴雨过程的显著环流特点。在100 hPa青藏高压东部型建立时，银川高空风从整层偏北风转为偏南风。根据宁夏统计，在 32 次青藏高压东部型中，可以找到宁夏雨段日期的有 27 次。

6.6.1.3　伊朗副高的南北振荡

伊朗副高的南北振荡主要表现为与伊朗副高相联系的里海高压脊在短期内向北伸展和减退的现象，也就是表现出短时间的南北振荡。伊朗副高南北振荡的动力原因主要是南北两支急流相互作用的结果。当 40°N 附近有一支明显的南支西风急流，在北支冷空气发展并东南下冲击南支急流时，使南支急流呈现不稳定状态，出现波动，在里海、黑海附近形成一个明显的长波脊，脊前的低槽也随之得到加强，当系统东移时就会造成新疆的大降水天气过程。

另外一种情况是，南支急流上在黑海附近的槽、脊呈不稳定状态，在这个系统东移过程中得到北方弱冷空气的补充，使得南支急流上的扰动进一步加强而造成新疆的大降水。两种形势都必须强调南支有一条明显的急流带，这是大降水的重要条件(张家宝等 1987)。

伊朗副高南北振荡也是不同纬度相互作用的另一种形势，即南、北低槽相互叠加。副高南北振荡不止限于伊朗地区，其他地区也有类似情况。

6.6.1.4　低纬环流

近年来随着探测手段的提高，人们在业务实践中逐步认识到低纬环流对暴雨的影响。低纬环流对西北各省区暴雨主要是通过副热带高压间接影响的。由于台风(或热带低压)的西进北上，迫使副热带高压西移北伸，同时，台风的活动对其西侧副热带高压具有“阻塞”作用，有利于副热带高压西侧的辐合区维持并加强，进而使副热带高压西侧的暴雨出现持续与增强。另外，台风携带的水汽随着副热带高压南侧东风先向西输送，然后在副热带高压西侧随着西南气流向北输送。这一点在卫星云图上表现得很清楚。

影响西北地区的常见低纬环流系统有：

1)印度季风低压。季风低压活动时，有一支强的暖湿西南气流向北伸，形成水汽和热量的强输送带。

2)西太平洋热带辐合带。热带辐合带北侧的强东南气流是水汽的主要输送带，同时，热带辐合带的南北摆动也能促使西北太平洋副热带高压西伸北移。

3)西北太平洋台风、南海台风。台风的影响有直接和间接两种。1975 年 8 月 5 日，7503 号台风就间接造成内蒙古河套地区的一次大暴雨过程。台风不仅是一个巨大的运动着的水汽源，同时还对西北太平洋副热带高压起阻滞作用。

6.6.1.5　高空副热带急流

高空副热带急流主要表现为一支强高空西南急流。在高空西南急流南侧，常有一条明显的条状或盾状云带相配合。条状云带北缘非常整齐，与 200 hPa 最大风速轴相吻合，是急流云带。大雨区常发生在急流入口区的西南气流右侧，有时也会发生在急流的左侧。高空西南急流最大强度曾达 62 m/s (1978 年 6 月 9 日)。

高空西南急流的主要作用有：

1)高空分流的辐散作用。

2)水汽再分配的作用。当西风槽增强向南加深时，槽前西南急流将低纬水汽大量向北输送。

(3)增强不稳定作用。随着西风风速增大，能量梯度增大，增加了大气的不稳定性。

内蒙古以 300 hPa 高空风速≥30 m/s 作为确定高空急流的标准，在风速≥20 m/s 的强风带中，至少有一个站的风速≥30 m/s。急流轴上的最大风速中心定为急流中心，以此确定急流入口区和出口。据统计，内蒙古在 62 次暴雨过程中，有 53 次与高空急流活动相联系。

暴雨区多出现在 300 hPa 西风槽前西南急流入口区右侧，距急流轴 1～4 个纬距。当西风槽前部呈纬向流场时，暴雨区出现在西风急流的左侧，距急流轴 3～5 个纬距。

6.6.1.6 极锋急流、中高纬长波和超长波

暴雨天气过程中，极锋急流呈波状，由偏北急流和偏西急流组成，急流越强对暴雨的发生和发展越有利。暴雨区相对于急流带的位置不一。新疆合成分析指出，大降水区常落在波状急流出口区的左侧。

极锋急流和长波槽联系密切。有利于降水的长波槽的外围，常配置一条较强的波状急流。偏北急流区一般为干冷区，偏南急流区多为潮湿区。当急流由纬向流场逐渐转为经向流场时，在急流由偏西逐渐转为偏南的地区，会看到 $T-T_d$ 逐渐变小，也就是说，当比较干的北支槽向东南发展加深时，在中亚地区获得水汽，有利于大降水的出现。

6.6.2 主要天气系统

6.6.2.1 天气尺度和次天气尺度影响系统

内蒙古自治区气象局曾把 11 年出现的 147 次大—暴雨的影响系统进行统计(见表 6.3)。从中可以看出，全区性暴雨以北槽南涡次数最多，东部暴雨以蒙古冷涡为主，西部暴雨以北槽南涡和暖式切变为主。可见北槽南涡是大范围暴雨的重要流型。干旱、半干旱的其他地区，如青、甘、新、宁、陕的影响系统相对比较少。新、青、甘、宁主要影响系统以西风槽、低涡为主，切变线为次(刘景涛等 1987)。

表 6.3 内蒙古影响系统分区统计表

	冷切变	暖式切变	北槽南涡	蒙古冷涡	西来槽	贝加尔湖冷涡	东北低压
西部	5	10	10	1	5		
东部	1	2	4	42	4	27	2
全区	8	5	10	6	5		
合计	14	17	24	49	14	27	2

(1)西风槽和高原槽

在夏季，有些南支槽的降水看不出明显的冷锋和高压活动。有时在冷锋过后，地面高压控制的情况下也会出现大降水，这是由于南、北两支急流的波动不同步引起的。当南、北两支急流叠加后，使得槽加强，然后北支快速东移，南、北两支波动重新分开，北支槽移过时造成部分地区少量降水，有人也把这种降水过程看作先兆性降水。然后，南支主槽移过，形成大降水。

春季到初夏，西藏高原常有低值系统活动，高原槽(涡)与西风槽配合时，可以造成陕西大降水过程。

根据低槽所处位置的不同，常有不同的命名，如中亚槽、贝加尔湖槽、高原槽等等。高原槽对陕西的降水影响十分明显，它是指北纬 30°～40°，东经 85°～106°槽线呈 NNE—SSW，槽线跨度达 5 个纬距。当高原东侧出现低涡、切变线、低槽等低值系统时，称之为高原出槽。

(2)低涡

低涡是影响西北地区暴雨的主要中间尺度系统。

1)定义

①有明显的气旋式风场、涡旋流场，或有一条以上的闭合等压线。

②根据所处位置不同有不同命名，如中亚低涡、武都涡、柴达木低涡、西南涡、高原涡、蒙古冷涡等。

2)分类

①按降水分类

a. 干涡：降水较弱，以大风、降温、持续低温为主。

b. 湿涡：以降水为主。

②按低涡生成的大尺度天气形势分类

a. 西风槽切断型：脊前极地冷空气沿偏北气流南下，长波槽南伸，由于长波槽前的强暖平流向北输送，锋区北跳，长波槽南段的冷空气被切断成涡。这种类型的低涡出现次数比较多。一般来说，北支槽

发展切断出来的低涡以大风、降温为主，南支槽切出的低涡降水过程明显。

b. 北脊南涡型：这类形势的明显特征是南支锋区较平直，低涡北部出现闭合高中心，并使脊顶向东倾斜，这样就使脊前的偏东风与平直南支锋区上的偏西风之间形成气旋式切变。同时由于脊顶向东倾斜，使沿脊前南移的冷空气西伸，随着脊前偏北风带东移，冷空气被孤立在闭合高中心南部的气旋式切变处，导致低涡生成(图6.63)。这种型式类似于阻塞型，低涡相对比较稳定。

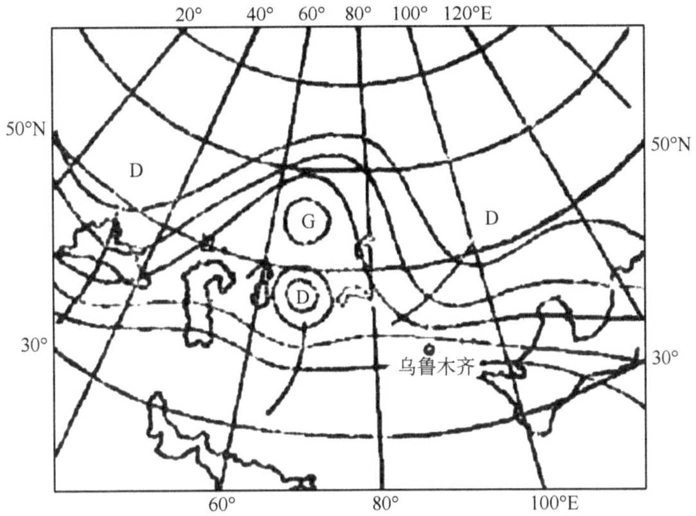

图6.63 北脊南涡型示意图

c. 北槽东移型：低涡生成前长波槽是叠加形成的，由于北支槽继续东移，在高支槽中切出低涡。

d. 西风冲击型：这一类型与前一型很相似，不同之处是东、西两个脊之间为一个完整的长波槽，且槽底比较尖，切变很大。这个长波槽在缓慢东移的过程中，由于中高纬有强西风东伸，使得脊北端变平，推动槽的北端快速东移，使得槽的南段与北段分裂。加之槽前西南气流使暖平流增强，切断南下的冷空气自行成涡。

e. 地形涡旋：有些低涡是由于地形与一定流场相配合而产生的。例如武都涡(白肇烨等1988)，武都位于青藏高原东侧地形坡度较陡的地方，地形侧边界对大气的摩擦作用和水平辐合作用比较明显。当高原东侧存在一支偏南风时，其左侧受地形侧向摩擦作用影响使风速减小，容易出现气旋式切变而形成涡旋。另外背风坡的涡旋也属地形涡旋的一种，它的形成是由于600～300 hPa的暖湿偏南强风带和850～700 hPa的偏东南辐合气流两者叠加，使高原东侧上升运动增强。

f. 热力涡旋：由于热力条件而产生的涡旋，如柴达木低涡。这类低涡需要冷空气补充，促使其发展才有可能出现较强降水。

(3)切变线

1)冷切变

由西风带冷性高压与西北太平洋副热带高压脊之间构成的风场切变线，北侧多为东北风和偏东风，南侧多为西南风和偏南风。冷切变多出现不稳定降水。在暴雨过程中常有次天气尺度低涡从南侧叠加，增强其上升运动。冷切变的形成有以下两种：

①西风槽断裂型。西风槽在东移过程中，北段移速快，槽线逐渐转为偏东西向，最后断裂，北段继续东移，南段蜕变为切变线。

②切变线东移型。两高压之间的切变线在东移中，东部高压叠加在副热带高压之上，造成副高西伸增强，与西部东移之高压间形成冷切变。

2)暖湿切变

由偏南风与偏东风构成的风场切变线。暖、湿切变造成的暴雨具有来势猛、对流强、范围小、强度大、历时短等特点。

暖、湿切变是副热带高压西侧边缘的横向扰动，南侧气流非常潮湿。暖湿切变暴雨区有三股气流交绥:第一股是低层偏南气流,来自低纬,暖湿不稳定,向东北爬升;第二股气流是高空西风槽前较干燥的西南气流,叠置在第一股气流之上,形成位势不稳定,然后上升到 300～200 hPa;第三股气流是北方和西方的下沉气流,与 500 hPa 冷槽后部的冷平流相联系,由偏北方自高空下沉到地面,散开楔入第一股气流之下,起动力抬升作用。暖、湿切变暴雨过程中也有中尺度系统加入,如中尺度冷锋等

(4)Ω 系统

850 hPa 或地面湿静力能量上呈现出次天气尺度"Ω"形分布,称为 Ω 系统。

Ω 系统的能量分布,在高能舌两侧为低能区,其东侧低能舌与上游高能舌之间交绥,形成一条明显的能量锋,能量梯度≥5 ℃/100 km。这条狭窄的能量过渡带常是暴雨落区,对暴雨预报有指示意义。

(5)冷锋

冷锋暴雨是地面冷锋东移时所造成的暴雨,它与高空西风槽紧密相连。在冷锋云系东移过程中,由于局部环流或地形影响,会发展成 Cb 云系。此时,暴雨的最强中心与 Cb 云系相关,暴雨时会有雷、电、雹同时出现,雨强大,历时短,常常酿成局部洪水,破坏性比较大。

(6)锢囚锋

西北地区地形复杂,冷空气在移动过程中,受地形约束,使得冷空气分开后再汇合,在汇合之处形成锢囚锋,如河套锢囚锋、塔里木盆地锢囚锋、青海湖锢囚锋。在锢囚锋上空有明显的锢囚锋区。但有时仅有锢囚锋区,而地面分析不出锢囚锋。锢囚锋降水持续时间较长、范围较大。

6.6.2.2 中小尺度系统

(1)中尺度低压

中尺度低压常常是在采用空间过滤以后,才能在气压场上分析出来,例如 1981 年 7 月 5 日若羌暴雨分析出来的中尺度低压。有时中亚地区有尺度很小的低压常成串出现,并伴有降水过程。

宁夏的银川平原,由于贺兰山的地形作用,有东南气流吹向贺兰山,若贺兰山西侧有西北气流或沿黄河河谷有西南气流经贺兰山南段吹向平原时,也可产生中尺度低压。

(2)切变线与辐合线

切变线与辐合线是风场的反映,除了有风向、风速之差异外,尚有一定的温、湿场配合,这是常见的中尺度系统之一。

(3)β 中尺度雷暴系统

这类系统多数是由地形强迫产生。

(4)中尺度云团

中尺度云团是副热带系统,它在东风流场中东移,然后在高空西南气流引导下转向东北方向移进西北地区,多与北支急流云带配合而产生暴雨。

(5)脉动风场辐合中心

在天气尺度流场中看不出辐合中心,经风场滤波后可以分析出脉动风辐合中心,暴雨点和辐合中心相吻合。

新疆计算过脉动风风场,他们假定实测风场由定常的平均风场和叠加在其上的小扰动所合成,即 $\vec{v}=\bar{\vec{v}}+\vec{v}'$。式中为某个时次的实测风场,$\bar{\vec{v}}$ 是实测风场的时间平均,$\vec{v}'$ 为脉动风,取 6 小时平均,目的是将该时间过程中的小尺度系统(生命史约 3 小时)滤掉。$\vec{v}'$ 即小尺度脉动风场,利用上式计算了平均风场和脉动风场。从平均风场分布可看到沿天山南麓有一条东西向的切变线,这是一个长约 1000 km 的中间尺度系统。在脉动风场流线图上,这条切变线也有所反映,在三个大—暴雨中心,则为三个辐合中心(图 6.64),特别在阿克苏和轮台到库尔勒之间各有一个中、小尺度气旋性环流中心,正好是暴雨落区。这几个地点的降水,从脉动风场出现辐合中心后相继开始。这种气旋性环流中心同时也是一种较强烈的中、小尺度风场扰动。根据一般观点,在次天气尺度系统中是气压场向风场适应的,因此这种风场扰动将使气压场发生变化,而使气旋性环流中心的垂直运动迅速增强。垂直运动加强,又会进一步加强低层风场辐合,这样周围的水汽就会在辐合流场下迅速集中到暴雨区。

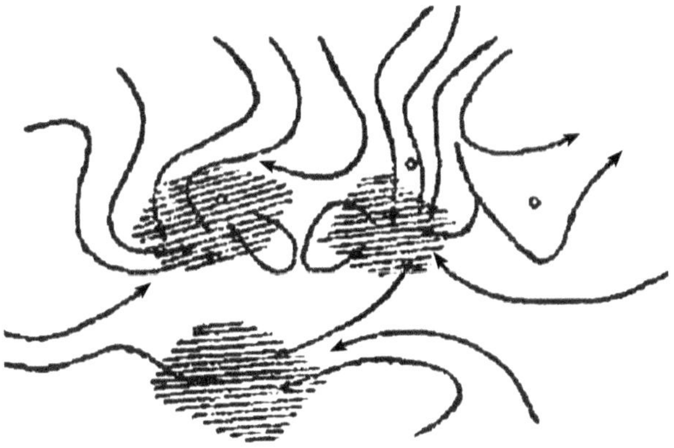

图 6.64　1981 年 7 月 30 日 14 时低层风场辐合综合示意图

（实矢线为 v' 流线，阴影区为暴雨区）

6.6.3　物理条件

6.6.3.1　水汽条件

（1）水汽源地和输送路径

1）水汽源地

通过气块轨迹法追踪水汽的初始源地，西北地区水汽来源仍可追溯到孟加拉湾、南海、东海和阿拉伯海等海面。在一定的环流条件下，上述海面的水汽在 48 小时以内可以被直接输送到西北暴雨区。另一种情况是，上述源地的水汽往往并不是直接被输送到西北暴雨区，而是被输送到西北区南方的某一陆域，水汽在该陆面上受地形和（或）流场作用聚集起来，成为陆地“水汽库”。当环流条件发生变化，将“水汽库”的水汽再向西北暴雨区输送。姑且称这种陆地“水汽库”为“陆面水汽源”，而把这种不连续的水汽输送称之为“二级”或“多级”输送。正是通过这种机制，海面上的水汽逐级接力似地被输送到西北区。

2）水汽输送路径

上述水汽源地（包括陆面水汽源地）的水汽能否向西北区输送与大尺度环流密切相关，尤其与西北太平洋副高、孟加拉湾低槽、台风及中亚低槽的活动最为密切。其输送路径主要有西南路径、东南路径和东方路径（图 6.65）。

图 6.65　水汽输送路径综合示意图

（所标数字代表该水汽路径所在高度）

来自西南路径的水汽输送有两条路线，一是西北太平洋副高和青藏高原低值系统之间，对流层中低层一支强劲的西南气流把孟加拉湾的水汽源源不断地向北直接输送到西北地区东部或先被输送到四川盆地再向北输送。这条路径是西北地区东部暴雨的主要水汽通道之一。第二条路径是与中亚低槽和青藏高压活动相联系的，中亚地区低槽或低压前部的一支强西南风伸到西北地区西部上空，中亚地区潮湿空气由中层或低层穿过新疆西部的河谷（如伊犁河谷）进入新疆（主要是北疆），这条水汽输送带是造成新疆大降水的主要水汽输送路径(张家宝等 1987)。另外,对流层中南支槽前和青藏高压后部的西南气流是阿拉伯海上空的水汽向西北地区西部输送的主要通道,这支中空气流可以将阿拉伯海及高原上空近地层潮湿的空气输送到新疆及青海西部地区,对西北地区西部暴雨期间深厚湿层的形成起着重要作用。

东南路径水汽输送与西太平洋副高和台风活动的关系密切。在台风和西太平洋副高之间的一支强劲低空东南风急流,是东海或南海的大量水汽直接或间接地输送到西北大部地区的纽带。在特定的环流形势下,西南路径和东南路径的水汽输送可以同时出现。

东方路径是一条以陆地湿区为水汽源地的特殊路径,主要影响新疆、青海的大降水。甘肃和内蒙古西部的稳定高压南侧或柴达木盆地热低压北部低空的暖湿东风气流(常可达急流强度),形成比较明显的水汽输送带。这条路径会因小高压的纬度高低而南北摆动,造成北疆或南疆及青海东部和河西走廊的大降水。

可以看出,西北地区暴雨的水汽条件与副热带高压和低纬环流系统(如台风、赤道辐合带等)活动关系极为密切,副热带和低纬环流的变化在西北地区暴雨的形成中起着主导作用。

(2)水汽输送的垂直结构

研究水汽通量的垂直结构,即各方位的水汽通量随高度的变化可以使我们进一步了解各层次的水汽输送大小和各方位入流的强弱,从而找出主要的输送层次和入流方向,显然对暴雨预报具有重要意义。

1)主要输送层次

西北地区各省区对大量暴雨的计算分析结果指出:除青海外,最大水汽净输入层次位于 850～700 hPa。表 6.4 是甘肃省对 7 次西南气流型大—暴雨日 100°—110°E,32.5°—40.0°N 面积上各层水汽净输送的计算结果(白肇烨等 1988)。

由表 6.4 中可以看出,净输送值以 800 hPa 最大占 40%,700 hPa 其次占 21%,二者之和占 61%。

表 6.4 西南气流型大—暴雨日平均水汽通量分布

	东界面	西界面	东西界面之和	北界面	南界面	北南界面之和	净输送(百分率)	多雨时段净输送百分率
300 hPa	55	−74	−19	21	−3	18	−1	
400 hPa	131	131	−7	27	−97	−70	−77(7%)	
500 hPa	164	−91	73	16	−161	−145	−72(7%)	12%
600 hPa	164	−30	134	−20	−232	−252	−118(11%)	3%
700 hPa	71	16	87	−44	−268	−312	−225(21%)	12%
800 hPa	−77	−2	−73		−255	−349	−428(40%)	26%
900 hPa	−83	无	−83	−26	−29	−55	−138(14%)	47%
全层次	425	−319	106	−120	−1015	−1165	−1059	

单位:100 t/s,输入为负,输出为正。

表 6.4 中"多雨时段净输送"一栏是对两个多雨时段的计算结果。500 hPa 的水汽输送也占有较大比重(12%),表明对西北地区大范围持续性暴雨而言,大气中层高原上空的宽阔的西南气流可以把高原近地面层较多的水汽从中层输送到西北地区,对深厚湿层的形成具有重要作用。新疆、青海、宁夏各省区在暴雨分析中也均指出了这一点,如新疆指出暴雨前增湿过程往往从中层(600～500 hPa)开始,宁夏指出 4000～6000 m 中空从孟加拉湾经雅布河谷再经高原向宁夏的水汽输送也很重要(宁夏回族自治区气象局 1986)。

2)主要输送方向

水汽输入量以南边界最大,西边界和北边界输入的水汽较少,仅分别为南边界的 30%和 10%,东边界平均为输出,其数量与西边界和北边界的输入量相接近,而整个气柱南边界的输入量与整个气柱的净输入量几乎相等。

(3)水汽的辐合

1)大范围暴雨的水汽辐合

在与低空急流相联系的水汽输送带上能否有某种型式的辐合流场(如切变线、丁字型风场等)使水汽集中并得到抬升，对考虑暴雨预报的水汽条件问题具有重要的实际意义，否则就会成为“过路水”，形成不了明显降水。

2)局地暴雨的水汽辐合问题

局地暴雨的水汽辐合集中主要是由强烈的流场辐合所形成。水汽在低层由四面八方向某地汇集起来，然后借助强烈的上升运动向高层输送，形成深厚湿层。在对局地暴雨的水汽条件进行分析时，不应像分析大范围暴雨时那样分析是否存在水汽输送带，而应注意分析是否存在强烈的流场辐合，否则容易造成预报失误。有时在暴雨发生前常有一次弱降水发生，使得较大面积上的大气湿层增加，为局地暴雨的发生提供优越的水汽条件。

研究指出，对西北地区大多数暴雨过程而言(除青海省)水汽的辐合集中主要发生在700 hPa及以下各层。

6.6.3.2 垂直运动条件

持续且强烈的上升运动，是形成暴雨的第二个物理条件。西北地区地处中纬度，海拔高度大多在1000 m以上，地形和下垫面对水平气流和垂直运动有着重要影响。另外，对某些暴雨个例的计算结果表明，ω方程中各项强迫函数对垂直运动的贡献也与沿海平原地区有着明显差别。

(1)上升运动条件的定性估计

1)不同尺度的环流系统的叠加合并过程

暴雨期间强烈的上升运动是在大尺度上升运动区中的中小尺度上升运动叠加造成的。西北地区暴雨，特别是大范围雨区中所出现的强暴雨中心，往往是天气尺度和次天气尺度低值系统叠加或合并的结果。常见的北槽南涡的切变涡暴雨即是这类叠加合并过程的典型。

2)上、下层环流系统的叠置过程

暴雨期间上升气流的层次相当深厚，其形成与各层大气系统的配置密切相关。最优配置的结构特点是，700 hPa及其以下是某种型式的辐合系统(图6.66)。500 hPa为与西风低槽相联系的西南气流，而300 hPa(或200 hPa)则处于副热带西风急流入口区的右侧，中低层辐合气流与高层辐散气流相互叠置，从而形成深厚的上升运动。另外，由于青海省大部分地区在700 hPa以上，所以上述高低层系统配置的层次均相应抬高100 hPa左右。

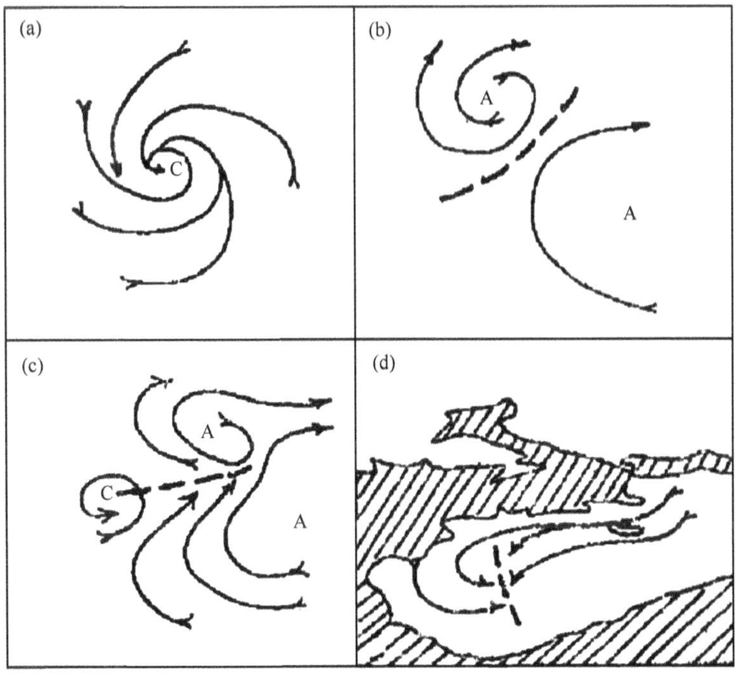

图6.66 集中常见的低层辐合流场

(a)低涡，(b)冷切变，(c)暖切变，(d)南疆切变线

3)下游系统的阻塞作用

下游稳定的大尺度高值系统(如华北高压、西北太平洋副热带高压等)对上游天气尺度和次天气尺度低值系统的阻塞作用,是西北地区暴雨形成的一个重要的环流条件,它常造成暴雨低值系统移速减慢或在某地滞留,迫使强烈上升气流在该地持续。下游系统的阻塞与低纬环流系统的活动有着密切关系,当西北太平洋副高西伸北进,其南侧赤道辐合带上有台风群向西移动,此时,西北太平洋副高往往在较高纬度稳定少动,形成阻塞形势。

(2)涡度、散度和上升速度的垂直结构

计算结果指出,在西北地区暴雨过程盛期,相对涡度和散度垂直分布总的特点是,500 hPa 或400 hPa 以下各层为正涡度辐合区,以上为负涡度辐散区,零涡度层和无辐散层位于 500 hPa 到400 hPa之间。

一些暴雨个例计算结果表明,暴雨系统移动时,随着系统所在地海拔高度下降,无辐散层亦降低,其调整过程往往很迅速。另外,暴雨类型和强度不同,无辐散层的高度及辐合辐散的强度均会有所差异。切变线暴雨和强对流暴雨无辐散层高度较高,低层辐合和高层辐散都较强,如 1979 年 8 月 7 日甘肃靖远暴雨时,无辐散层大致位于 400 hPa 到 350 hPa 之间,对流层上部有较强的辐散层,最大上升速度层也较高,这是一次由 500 hPa 两高之间切变线造成的暴雨。

(3)三维气旋

由各层等压面气流及散度和垂直运动的垂直结构,可以描绘出西北地区暴雨盛期暴雨区三维气流运动的图像。它可以归纳成四支不同属性的气流相互作用:

第一支是低层暖湿的偏南气流(常可达到低空急流的强度)由南向北爬升,具有高能位势不稳定的特点。它携带了大量水汽,是暴雨区主要的水汽输送带。由于青藏高原地形的影响,这支气流主要位于高原东侧。图 6.67 是“77.8”乌审旗特大暴雨通过暴雨区的径向二维气流剖面图,可以清楚地看出来自南方的这支气流的运动情况。

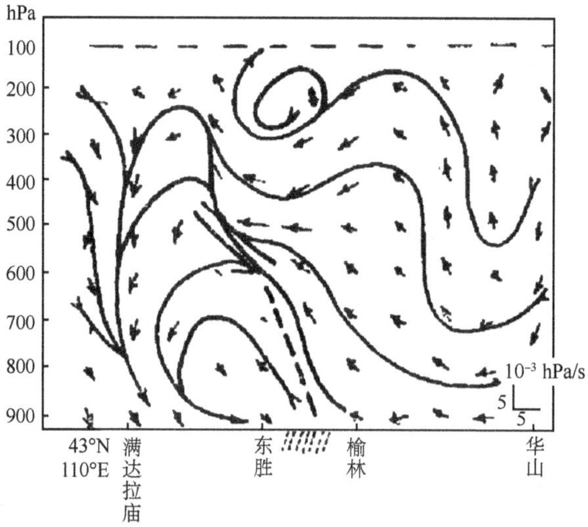

图 6.67 1977 年 8 月 1 日 20 时内蒙古乌审旗特大暴雨径向垂直剖面

第二支是中层西风槽前的西南气流,叠置在第一支气流之上,由西南向东北爬升,在暴雨区与第一支气流汇合,上升气流速度加大,坡度变得更陡,向高层强烈发展。这支气流的性质因西风槽尺度和纬度不同而有明显差异。一类是西风短波槽,由高原北侧东移,移经干旱地区,性质干冷,与第一支暖湿气流的叠置造成强位势不稳定的大气层结。另一类是西风长波槽,槽底南伸至 30°N 以南,槽前有一支宽阔的西南气流,这支气流由高原伸向西北地区,受高原下垫面的加热增湿作用,性质增暖,是西北区暴雨的中层水汽输送带,且造成双层位势不稳定的大气层结,它体现了高原的特殊作用。

第三支是低层东北气流,这支气流与暴雨区下游的蒙古到我国华北变性冷高压相联系,性质干冷,它由中层从东北向西南下沉散开,楔入第一支暖湿气流之下作为冷空气垫,起着动力抬升作用。

第四支是低层西北气流,这支气流是暴雨区上游低槽冷锋后部由西北向东南的下沉气流,性质干冷，楔入第一支气流之下，也作为冷垫，起着动力抬升作用，并与第三支气流造成低层辐合。

不难看出上述四支气流与能量场上的 Ω 系统相联系。暴雨的垂直环流由两个近乎对称的正环流圈构成，暴雨区气流上升至 300 hPa 或 200 hPa 后散开，部分空气随西风环流向东流走，部分空气在暴雨区东西两侧下沉，以补偿中低层流入暴雨区的气流。

上述三维气流模式对陕西、甘肃、宁夏、内蒙古西部及青海均具有代表性。南疆地区暴雨的三维气流结构可能与上述略有不同，第一支是东风暖湿气流，沿天山南麓由东向西爬升；第二支也是来自高原的西南暖湿气流，叠置在第一支气流之上；第三支即低槽冷锋后的下沉西北气流与上述模式相同，而第四支东北下沉气流因受天山所阻不明显。在南疆盆地暴雨期间存在一个东西向的正环流圈，盆地西部（暖区）为环流圈的上升气流区，东疆（冷区）为环流圈的下沉气流区。

6.6.3.3　大气层结稳定度

如前所述，西北地区暴雨的一个重要特点是突发性强、对流活动旺盛且强度大，其能量来源除斜压不稳定所提供的有效位能外，不稳定能量的释放是其重要的能量来源。换言之，由某些过程所形成的不稳定的大气层结就成了西北地区大多数暴雨的必要条件。

(1)对流性不稳定区及干暖盖效应

图 6.68 是暖盖型暴雨（1977 年 8 月 1 日 20 时—2 日 08 时内蒙古乌审旗特大暴雨）探空曲线的典型实例。它具有如下两个显著特点：1)暴雨发生前 36 小时（即 7 月 31 日 08 时）在 600 hPa 附近有一下沉逆温层，24 小时后（8 月 1 日 08 时）逆温层抬高到 600 hPa，强度加强，逆温层以下湿层厚度加大。2)逆温层空气性质干暖，干气层由逆温层向上伸展到 550 hPa 附近，再向上空气又复潮湿，大气层结显然是强对流不稳定和潜在不稳定的。

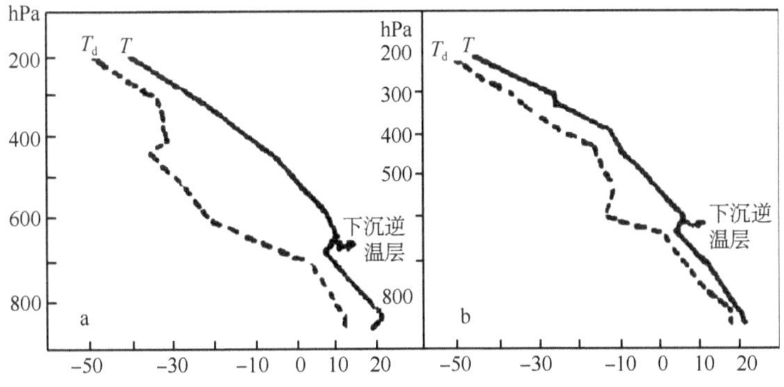

图 6.68　1977 年 7 月 31 日 08 时(a)及 8 月 1 日 08 时(b)内蒙古东胜探空曲线

需要强调指出和讨论的是，西北地区强对流暴雨发生前暴雨区局地大气层结具有暖盖型暴雨的典型特征，这一特点由于在 T-ln$p$ 分析图上极易分析和辨认，且具有超前性，所以对西北地区暴雨的分析预报具有很大的实用价值。

(2)双层不稳定

如前所述，高原上空的西南气流来自低纬，且受高原下垫面加热和增湿的影响，性质暖湿，这支暖湿的中层西南气流与其上层干冷的气流之间造成了中高层位势不稳定的气层结构。另一不稳定层位于低层暖湿的偏南气流中，由于这支气流底部受下垫面辐射加热和水分蒸发的影响，比顶部更为暖湿，从而造成大气低层的不稳定结构。显然双层不稳定是西北地区特殊地形和特定地理位置的产物，它体现了高原的影响。

(3)“先兆降水过程”的作用

西北地区不稳定层结的形成，除去上面提到的高低层进入暴雨区的气流性质不同和下沉气流的作用以外，还有一种过程对不稳定的形成也起着重要作用。西北各省、区（除青海外）暴雨研究指出，在暴雨和大降水前 1～2 天，往往先发生一次相对弱的降水过程，由于它的超前性，被天气工作者称为“先兆降水过程”。这类先兆过程有如下作用：1)雨后蒸发使近地层湿度加大，加强了因差动湿度平流所形成的不稳定层结；2)使暴雨区周围大气可降水增加，为暴雨提供了一定的水汽源。这种作用对水汽缺乏的西北地区来说也是不容忽视的。

大气层结不稳定度一般在暴雨爆发前 2 天左右开始形成并不断增大，临近暴雨爆发时达到最强，暴雨开始后，由于不稳定能量的大量释放而迅速减小，暴雨期间的不稳定能量主要靠高低层差动温湿平流的持续作用来供给。

6.7 西南暴雨

6.7.1 概述

西南地区主要指云南、贵州、四川和重庆四省(市)，面积约 112 万 km^2，是我国地形最复杂的区域之一，年平均降水量一般在 600～1200 mm 之间，其中四川盆地、云南东南部盛夏暴雨系统频繁，地形作用显著，是全区日雨量最大而范围最广的地区。由于西南地区特殊的地形，出现大范围暴雨时，易导致江河水位陡长、河堤决口、水库垮坝而造成山洪。特别是在以山地为主的云贵高原、川西高原，洪涝灾害的局地性强，并常伴有泥石流和滑坡等严重灾害。在四川盆地大范围持续暴雨引起的区域性洪涝给国民经济和人民生命财产造成极大损失。

6.7.2 天气气候特征

对于西南地区而言，全年暴雨(≥50 mm)日数一般在 5 天以下，多发生于夏季，秋季次之。鲍名等(2006)统计，在全国夏季暴雨发生集中的 5 个区域中包括四川中东部和云南东南部地区，其中四川盆地

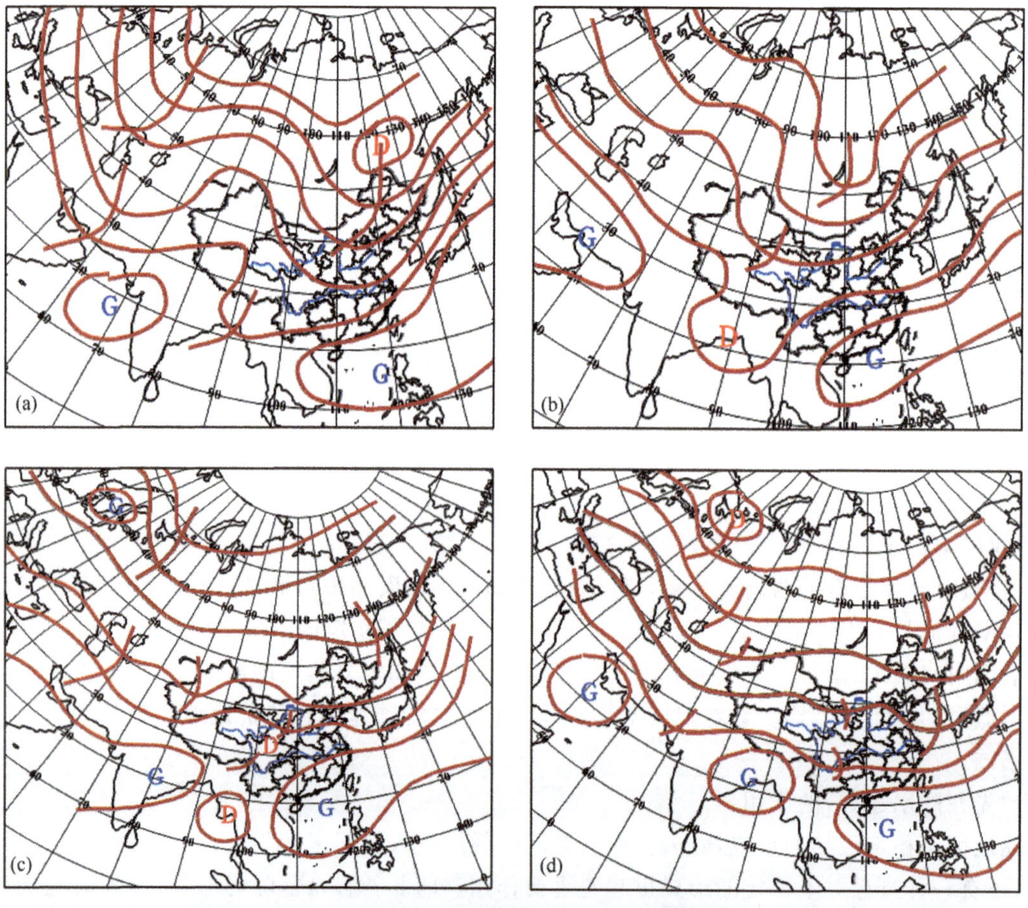

图 6.69 西南地区初夏暴雨环流型(秦剑等 1997)

(a)两槽一脊型，(b)两脊一槽型，(c)纬向型，(d)槽脊移动型

西南、盆地东北、黔南、滇西南边缘在 3 天以上，青衣江流域和哀牢山南麓可达 5～7 天。全区仅西盟一地平均达 9.7 天。川西地区及滇西北暴雨少见，东南部不足 1 天，西北部基本绝见。全区大暴雨日数大部分地区平均仅 0.1～0.3 天，多年方可一遇。川西地区、黔西北、滇西三江谷地均不出现，四川盆地西南和盆地北部山区以及北盘江局部暴雨日数在 0.5 天以上，青衣江暴雨区及北川、河口等地可达 1～2 天。

6.7.3　大尺度环流背景

秦剑等(1997)分析西南地区暴雨发生时 500 hPa 高、中、低纬全面的环流形势，然后归类分型。

6.7.3.1　初夏暴雨环流型

通过大雨和暴雨发生时 500 hPa 环流形势的分析比较，按西风带长波特征可分为四种环流型，分别为两槽一脊型、两脊一槽型、纬向型和中纬度槽脊移动型，如图 6.69 所示。四种环流的共同特征是利用引导北方冷空气和暖湿的夏季风进入西南地区，利于在该地及其附近形成低槽、切变、低涡、锋面、滇黔辐合区等降水系统或这些降水系统的结合。

6.7.3.2　盛夏暴雨环流型

分析发现，西南地区盛夏成片的暴雨是不同纬度不同尺度的降水系统相互叠置的结果，这些叠置常形成三种环流型，分别为经向辐合型、纬向切变型和赤道辐合带北抬型，如图 6.70 所示。这三种暴雨环流型的共同特征是每一种以一种降水天气系统环流为主，再叠置其他降水系统。例如第一型以经向两高辐合区环流形势为主，其中再叠置 700 hPa 切变和低涡等，构成强大的降水配置系统；第二型以纬向川滇切变的环流形势为主；第三型以赤道辐合带为主。

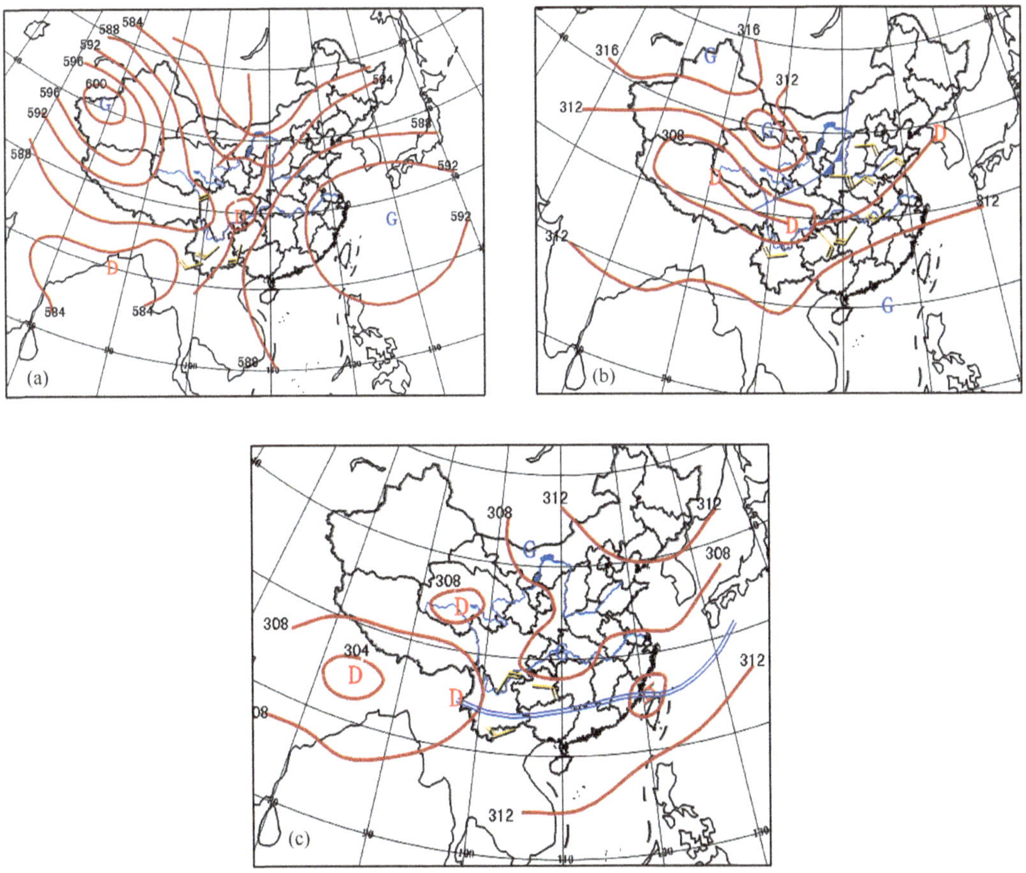

图 6.70　西南地区盛夏暴雨环流型(秦剑等 1997)
(a)经向辐合型，(b)纬向切变型，(c)赤道辐合带北抬型

6.7.3.3 秋季暴雨环流型

秋季西南地区的暴雨环流型可分为北脊南槽型、西低东高型、西高东低型和两高辐合型四种，如图6.71所示，其中两高辐合型出现次数最多，占全部统计个例的近1/3。北脊南槽型是青藏高原为脊，以南为槽，于是西南地区处于脊前西北气流和槽前西南气流的交汇处而出现强降水，该型很接近冬季西南地区降大雪的环流形势；西低东高型是从东西伯利亚到我国西北为一大横槽，槽中冷空气不断分裂进入西南地区，但西太平洋副高强大且偏西，使副高外围暖湿空气与冷空气相互作用；西高东低型则是伊朗高压强大东伸，西太平洋副高减弱东退，孟加拉湾季风槽与西风槽在西南地区打通，季风槽的暖湿空气与西风槽的冷空气在西南地区交汇。两高辐合型与盛夏环流型中的相似。

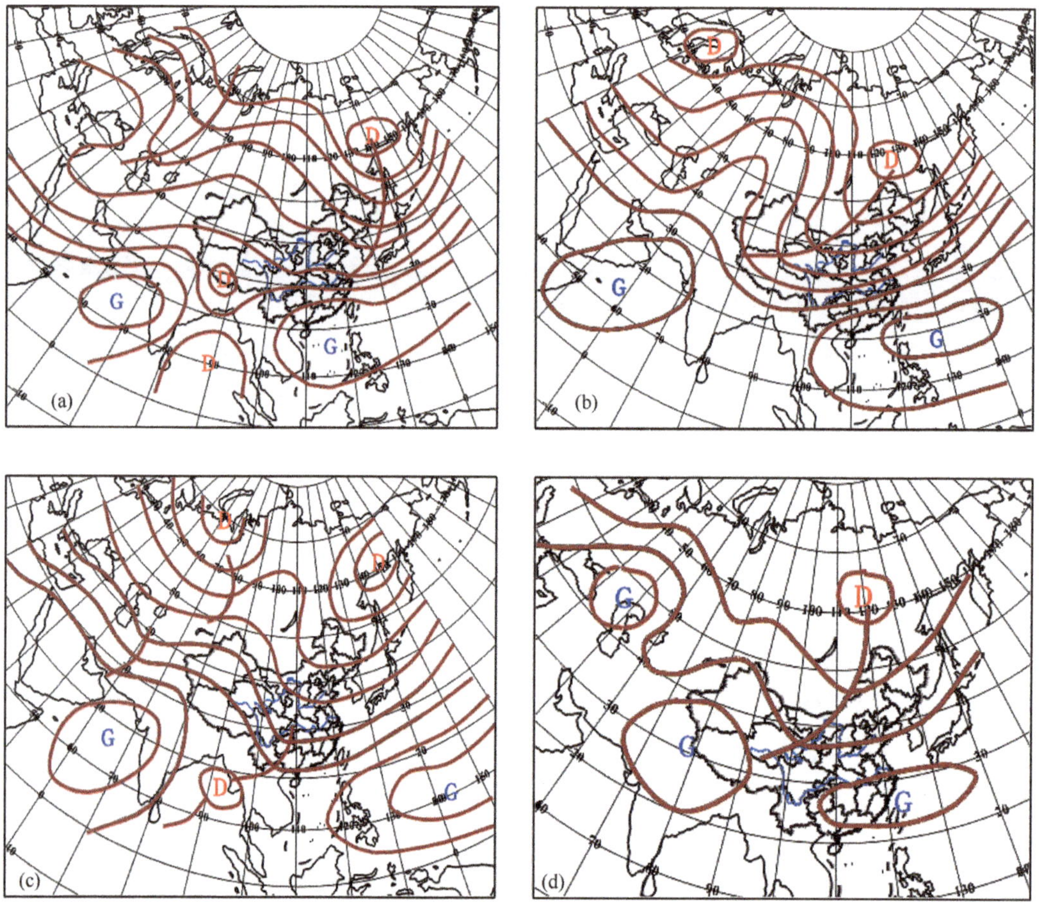

图6.71 西南地区秋季暴雨环流型(秦剑等1997)

(a)北脊南槽型，(b)西低东高型，(c)西高东低型，(d)两高辐合型

6.7.4 主要天气系统

6.7.4.1 西北太平洋副热带高压

夏半年，西南地区的主要降水过程大都与副热带高压有直接或者间接的关系。四川大范围暴雨大多与副高不连续西伸北抬相联系，盆地内暴雨区的位置随着副高的加强西伸而自东向西移。6月下旬至7月中旬大暴雨主要出现在盆地东部，7月下旬至8月主要出现在盆地西部。统计表明：四川区域性强暴雨前1～3天内副高均有明显的北抬，西伸到四川境内，即副高外围588 dagpm线到达四川盆地或川西高原南部。588 dagpm线走向又分为南北向和东西向或东北—西南向。南北向的副高大多构成了阻塞型强暴雨。东西走向分布的副高大多造成移动型暴雨过程，也有少数是不移动的暴雨过程，但范围比移动性暴雨小。为此，肖洪郁等(2003)将四川暴雨对应的副高分为北阻、中阻、纬向阻塞和纬向移动四种形态(图6.72)，分别对应了盆地西北部、西部、西偏南、中东部持续暴雨落区。

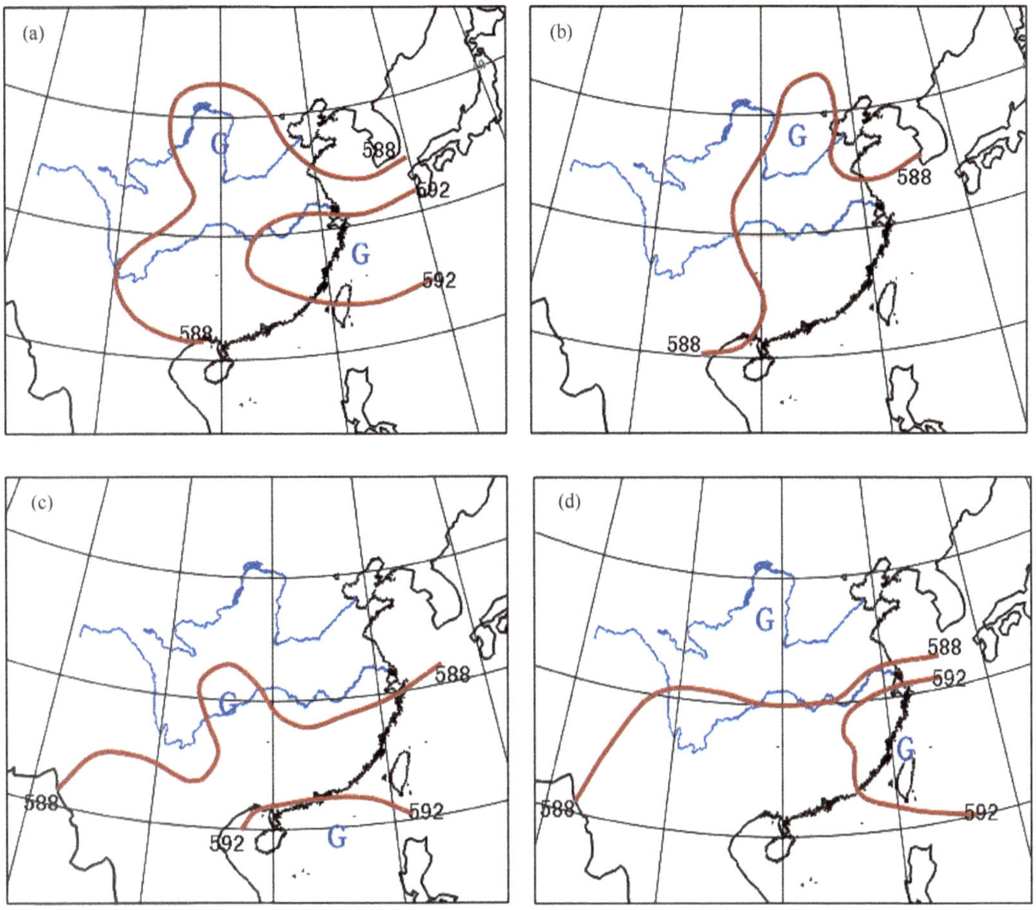

图 6.72　四川暴雨前副高突变型式(肖洪郁等 2003)
(a)北部阻塞型,(b)中部阻塞型,(c)纬向阻塞型,(d)纬向东移型

而云南的研究者也将该省大雨、暴雨与副高的关系总结为副高偏南型、副高与青藏高压合并型、两高对峙型以及副高偏北型四种形态,副高的不同形态以及与其他降水系统配合,分别对应云南不同位置的大到暴雨天气。

由此可见,副热带高压的位置、强度和发展趋势对西南地区的暴雨天气有着非常重要的影响。

6.7.4.2　西南低涡

西南低涡简称西南涡,指的是青藏高原特殊地形与大气环流相互作用下(刘红武等 2008),形成于我国西南地区 700(或 850 hPa)上的具有气旋环流的 α 中尺度闭合低压系统,其水平尺度约为 300～500 km,多为暖性结构,生命史一般低于 36 小时。赵思雄等(2007)研究表明,西南低涡一年四季均有发生,但在夏季它是我国西南地区引发暴雨的天气系统之一,当它滞留原地时会引发川渝暴雨,而发展东移则可能会引起我国东部地区较大范围的降水。诸如:1935 年 7 月上旬,西南低涡东移、发展造成了长江流域"35.7"特大暴雨(又称五峰暴雨),引起了严重的灾害;1963 年 8 月南下的冷空气与北上的西南低涡相互作用,于 8 月 4 日在河北邢台出现了日降水量达 865 mm 的"63.8"特大暴雨,引发了大洪水;1981 年 7 月中旬,一个西南低涡发生、发展与长时间滞留导致四川盆地发生了百年不遇的"81.7"大洪水;1998 年夏季我国长江流域出现的洪涝灾害也多与西南低涡的发生发展有密切的关联。

由西南低涡引起的大到暴雨一般发生在 4—9 月,尤以 6—7 月最多(卢敬华 1986)。在夏季,西南低涡出现的频率很高,但并不是所有的西南低涡都能引起暴雨。根据预报员的经验,当西南低涡与低槽冷锋(或冷槽冷锋)或高空急流云系或强高空切变线相结合时,才会出现暴雨。

6.7.4.3　孟加拉湾风暴

我国是受孟加拉湾风暴直接影响的国家之一(秦剑等 1997),其影响主要是对低纬高原地区产生较大降水，若有其他天气系统配合，降雨可扩展到整个西南地区及江淮流域以南，其可能产生暴雨的形势主要有以下几种：

1)风暴云团。当风暴环流偏北移过 20°N 时，风暴云团前缘接近低纬高原西部，在横断山脉特殊地形的作用下，风暴环流中的气流产生较强辐合，促使风暴云团降雨强度增大。

2)孟加拉湾风暴与冷空气结合。当中高纬冷空气南移到低纬高原，与孟加拉湾风暴输送的暖湿气流相遇，会使降雨强度激增、范围扩大。

3)孟加拉湾风暴与南支槽结合。当南支槽与风暴结合，表现出风暴云团与南支槽云带联结，降雨强度和范围明显增大。

4)孟加拉湾风暴与副热带急流结合。当风暴与对流层上层西风急流结合时，也会加大降水，出现暴雨天气。

6.7.4.4 南海西行热带气旋

西南地区是我国同时遭受南海热带气旋(和西北太平洋热带气旋，以下简称 TC)和孟加拉湾风暴影响的唯一地区。与其他地区相比，近孟加拉湾远南海，降水量级偏小，所以专门的研究较少。如果南海 TC 在北部湾或越南河内附近登陆，西南地区受外围云系影响，常出现阴天或小到中等强度的雷阵雨(党建涛等 2007)；如果台风在登陆时，西部有冷槽或切变线移近并与其相互作用，可使降水强度加大，当强台风在 21°N 以北西移并跨过 105°E，还可能造成大到暴雨天气。经验表明：可以把 TC 的影响分成三个区：110°—120°E、20°—25°N，由于赤道辐合带北抬，西南地区受辐合带影响，傍晚至深夜可产生雷雨天气；TC 在 105°—110°E、18°—25°N，西南地区受台风倒槽影响，夜间有雷雨；TC 在 100°—105°E、18°—25°N，往往是登陆后减弱的变性低气压，多以阴天间多云或阵性降水为主。从图 6.73 可以看到，每年 12 个月中均有南海 TC 出现，尤以 8、9、10 三个月最为集中，对西南地区影响的 TC 多出现在 7、8 月份，占影响总数的 63.6%，其次是 9 月和 6 月，其他月份几乎无影响。

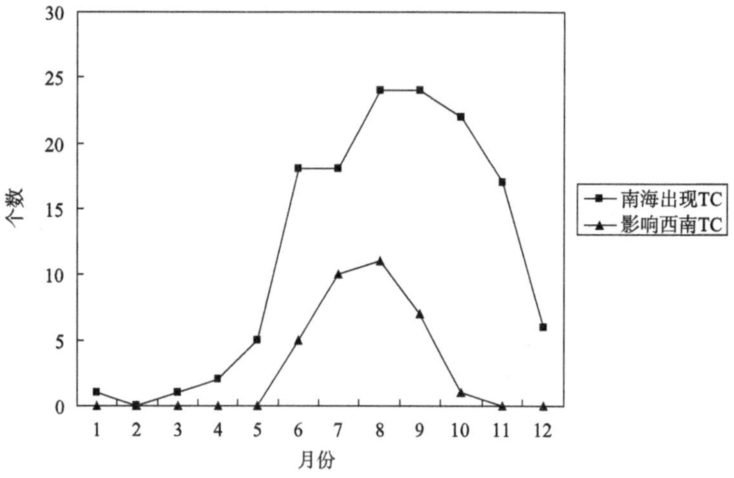

图 6.73 1970—1980 年 10 年(除 1978 年)南海出现 TC 及影响西南地区的西行 TC 逐月分布(秦剑等 1997)

6.7.4.5 赤道辐合带

赤道辐合带(简称 ITCZ)也称热带辐合带、赤道锋或赤道槽等。影响我国的 ITCZ 主要在夏季，由于其主要在 30°N 以南活动，因此对西南地区的影响主要集中在云南、贵州和四川南部，时间主要集中在西北太平洋副热带高压偏北的 7、8 月份。云南的研究表明，从 1971—1985 年的 15 年中，共有 143 次大雨以上过程，赤道辐合带影响就产生了 19 次，由此可见，ITCZ 是云南夏季强降水的重要天气系统。但是 ITCZ 产生强降水时，通常与其他天气系统相结合，资料分析表明：86% 的 ITCZ 过程与其他天气系统配合产生降水天气，特别是当其与低涡、西南季风环流和切变冷锋三种系统中的任意两种结合时，降水可显著增加，特别是副高中心偏东时，降水可在中到大雨的基础上增大一个量级。

6.7.4.6 南支槽

南支槽也称副热带西风槽，一般是指500 hPa南支西风气流上的短波槽。南支槽前对应有辐合上升运动和降水区，槽后则对应辐散下沉气流，天气晴朗。南支槽一年四季均有出现，尤以冬半年(12月—次年5月)出现最为频繁，可造成大雨、暴雨、雷暴、冰雹、大风等天气。如果冬季的南支槽无冷空气配合，则一般出现局部性的阵雨或小到中雨天气。当其与强冷空气、寒潮过程相遇时，则因高、低纬度系统配合，势力强大，移速缓慢，影响时间长，可造成整个西南地区的降温、强雨雪天气。但是也应该看到，由于南支槽在冬半年比较活跃，受到降水相态和水汽输送的限制，由南支槽造成的暴雨相对较少。

6.7.4.7 川滇切变线

川滇切变线是西南地区主要降水天气系统(秦剑等1997)，夏季常与其他中小尺度天气系统结合产生大雨、暴雨天气，冬季又与昆明准静止锋相伴造成阴雨天气。川滇切变线一般出现在成都到昆明之间，主要表现为700 hPa等压面上准东西向的气旋式风场不连续线，一般横跨5～10个经度距离。它一年四季均有出现，尤以春末夏初最为频繁。它可以有或没有高空锋区配合，但是在其南侧或东南侧常伴随出现冷锋或昆明静止锋。

川滇切变线南压时，半数有地面锋面配合，即使没有地面锋面配合，也有明显的冷暖气团之间的界面所具有的斜压性质，所以在西南地区成为比地面锋面更常见的强降水系统。

6.7.4.8 滇黔辐合区

夏季，在500 hPa高空图上经常可以看到，西北太平洋副高与青藏高压之间有一辐合区，它的位置常在云南和贵州之间摆动，是夏季西南地区重要的暴雨天气系统(图6.74)。由于辐合区多形成于云贵之间，所以称之为滇黔辐合区。

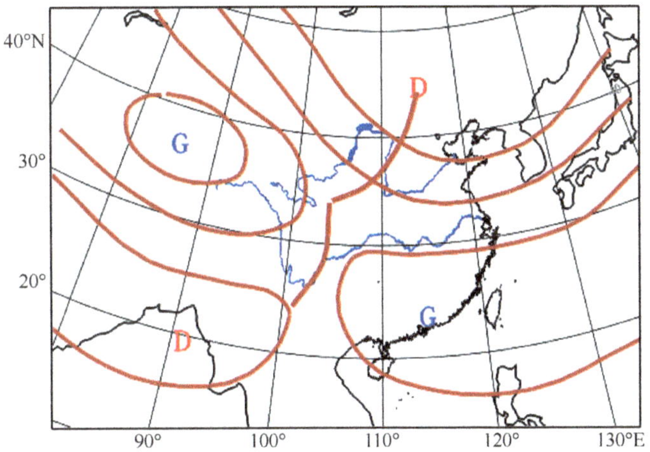

图6.74 滇黔辐合区示意图(秦剑等1997)

对云南夏季成片暴雨的天气系统进行统计，发现滇黔辐合区引起的暴雨仅次于川滇切变线和低涡，排在第三位，它在成片暴雨贡献所占比例高达0.38。在强降水天气的500 hPa形势场的客观分析中，滇黔辐合区在5—7月的强降水中占30%，排在第一位(见表6.5)。

表6.5 1971—1985年5—7月各系统产生强降水的客观统计

系统类别	5月	6月	7月	合计	百分比(%)
滇黔辐合区	1	26	16	43	30.0
低槽	3	11	11	25	17.5
偏南气流	0	13	25	38	26.6
副高外围	8	4	6	18	12.6
赤道辐合带	0	4	15	19	13.3

研究表明，滇黔辐合区基本上分为两类，第一类是青藏高原上空天气尺度高压与西太平洋副高之间所形成的狭长辐合区；第二类是青藏高原上次天气尺度的移动性小高压与副高之间的尺度较小的辐合区。

第一类滇黔辐合区能造成大范围的长时间强降水天气，其原因主要是行星尺度高压的稳定和高、中、低纬天气系统在辐合区内共同作用，使较深厚的中低层辐合上升——暴雨机制得以维持。而相对来讲，第二类辐合区造成的降水量级要小一些。

滇黔辐合区降水预报的关键是两个高压的预报。当青藏高压与副高势力均较强且相当时，则降水持续时间长，强度也越大；反之，降水时间就短。

6.7.4.9　低空急流

低空急流被认为是对暴雨和强对流天气提供热力和动力条件的重要天气系统（许美玲等 2004），对于暴雨的形成，低空急流一方面起着输送水汽和能量的作用，另一方面又有助于维持必要的动力学条件。一些研究指出，低空急流附近存在许多中间尺度的物理量特征，它们与未来暴雨天气的关系比大尺度特征更为密切。

在西南地区，强大而持续的水汽输送表现为西南季风和东亚季风等来自热带洋面的夏季风，特别是在夏季风中出现 700 hPa 或者 850 hPa 低空超过 12 m/s 的急流是水汽输送特别强大的特征。所以暴雨区的南侧常伴有低空急流。

对 1998 年 5 月—2002 年 5 月 7 例与低空急流相伴的云南全省性暴雨过程进行合成诊断分析，结果表明：临近暴雨发生时，西南低空急流的形成应是云南暴雨产生的重要原因，暴雨天气通常出现在低空急流北侧风矢呈气旋性弯曲、风速递减梯度十分明显的区域内；低空急流对于水汽和能量的输送起非常重要的作用，它一方面为暴雨的产生提供了所需要的大量水汽，另一方面又使得暴雨区低层大气增湿增暖，从而引起对流不稳定加强，为暴雨的发生提供大量的不稳定能量。

同样，发生在四川盆地的暴雨过程，通常多有低空急流或强风带存在。根据刘富明等（1984）分析，大体有两种类型的低空急流。一种是处于太平洋副高西北边缘的大尺度西南低空急流，暴雨区一般发生在其左侧；另一种是与西南涡的发展相联系的中尺度偏南风急流，暴雨区一般发生在它的左前方或急流头辐合最强处。在暴雨过程临近时，即使没有达到“急流”的条件，至少也有较明显的偏南风建立，因为只有一支较强的南风建立，才能构成向暴雨区输送水汽和热量、造成低空强烈辐合的必要条件。

6.7.5　物理条件

6.7.5.1　水汽条件

为了使暴雨得以发生、发展和维持，必须有丰富的水汽供应。对于持久性的暴雨，要求水汽有源源不断的输送，以补充暴雨发生不断耗损的水汽量，这种水汽输送，需要特别有效的机制能在短时间内在更大范围内为暴雨区收集所必需的水汽量。丁一汇（2004）计算表明，持续性暴雨要求的水汽辐合区应达到暴雨区本身面积的 10 倍以上，即供应水汽的地区比水汽集中区（水汽汇）要大一个量级。

许美玲等（2004）通过对云南 1980—1991 年的 46 次暴雨过程的主要影响系统进行分型，并对出现次数最多的冷锋切变型的 11 次大暴雨过程进行合成及个例分析得出的结论表明：云南大暴雨的水汽输送主要来源于孟加拉湾。大暴雨发生前，500 hPa 和 700 hPa 层从孟加拉湾—云南一直维持一个大的水汽通量带及强西南风速带，临近大暴雨时，低空强西南风速带的增强对大暴雨的产生起了主要作用。它一方面为未来大暴雨的产生提供了所需的大量水汽，另一方面也使得未来暴雨区的低层大气增温增湿，为大暴雨的发生积累了大量的不稳定能量，有利于产生对流不稳定。

卢萍等（2009）针对 2003 年 8 月发生在四川盆地西部的多次局地强暴雨过程进行数值模拟，发现川西暴雨的强度、最大降水发生时间极大地依赖于初始水汽场。初始水汽增加不仅可增加 24 小时的降水总量和落区范围，还使得主要降水时段明显提前，使得夜雨变为昼雨，从而影响模式对降水日变化的模拟效果。初始水汽减少会使主要降水时段滞后、降水量减小。另外，初始大气中充沛的局地水汽不仅是形成川西局地性暴雨天气的有利条件，还是川西降水的重要水汽源，川西短时降水的大部分水汽由四川盆地内部的水汽供给，即川西突发性强降水的水汽循环具有明显的局地性特征。

6.7.5.2 垂直上升速度

丁一汇等(2009)指出降水是发生在空气的上升运动区，地面或低层的空气只有通过抬升才能达到饱和，从而产生凝结，降落下来形成降水。对于天气尺度而言(如锋区、温带气旋、高空槽前部、副热带高压边缘等)上升速度只有 10^0 cm/s。由这种上升速度引起的降水量约为 $10^0 \sim 10^1$ mm/24 h。在水平尺度为 100～300 km 的中尺度系统中(如中尺度辐合线、飑线、中尺度低压等)上升速度比大尺度系统大一个量级约为 10^1 cm/s，由这种上升运动引起的降水量约为 10^1 mm/h，达到了暴雨的强度。对于积云尺度的小尺度系统，上升速度可达 10^2 cm/s，其所造成的降水强度约为 10^2 mm/h，达到了大暴雨的量级。因而中小尺度系统是直接造成暴雨的天气系统，但大尺度的上升运动为中小尺度上升运动的形成和增强提供了必要的环流背景和环境条件。

在西南地区持续性暴雨期间，强烈的上升运动更是不可或缺的条件。顾清源等(2009)分析了 2008 年 9 月 22—26 日川西连续性暴雨过程，图 6.75 为北川站垂直速度的高度—时间剖面，此次暴雨期间，北川暴雨中心始终存在着触发对流的上升气流，可见这次在副高西北侧能触发对流持续发展的关键是连续性暴雨区内一直存在着强盛的垂直上升气流。在过程前期，由于大气层结处于极度高能不稳定状态下，在低空东南风急流最大风速出口区辐合及急流左侧侧向辐合、边界层冷空气触发及地形抬升的共同作用下，对流发展十分旺盛，上升气流伸展至对流层的中高层，22 日、23 日和 24 日夜间，上升气流伸展到了 200 hPa 以上，因此过程前期强对流降水特征明显。过程后期，由于明显冷空气进入四川盆地，暴雨区能量急剧下降，层结趋于稳定，对流运动受到明显抑制，上升气流集中于对流层中低层，但由于低层辐合更强，上升气流速度明显强于对流性降水时段，在 850 hPa 到 700 hPa 的高度，最大垂直上升速度达到绝对值 1.4 Pa/s，有利于将中低层的饱和空气带入高层，使降水持续，因此过程后期为连续性的降水。因此，由于 850 hPa 东南风低空急流的作用，在副高西北侧的暴雨区形成了持续的辐合上升运动。

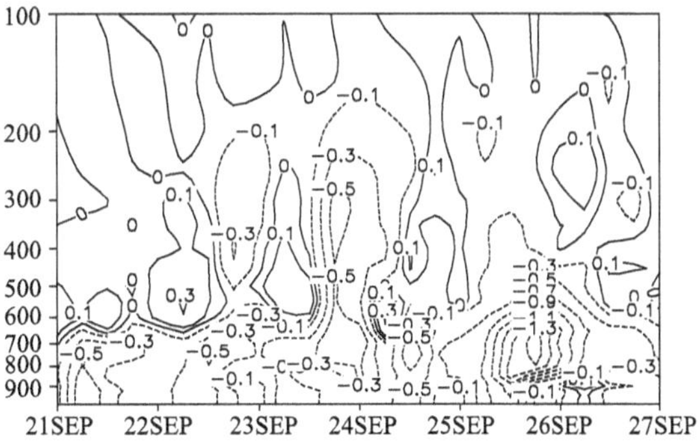

图 6.75 四川北川站垂直速度(单位：Pa/s)(顾清源等 2009)

6.7.5.3 大气层结特征

高能高湿条件和大气层结不稳定度是产生暴雨的重要条件，假相当位温 θ_{se} 是表征大气温度、气压、湿度的综合特征量，可用来综合反映温度和湿度条件，其水平分布反映大气中能量分布，其垂直分布反映大气对流稳定度。即 θ_{se} 随高度减小($\partial\theta_{se}/\partial z<0$)表示对流性不稳定，随高度增加($\partial\theta_{se}/\partial z>0$)表示对流性稳定。统计结果表明，预报四川盆地暴雨时，至少要求 850 hPa θ_{se} 达到 70 ℃以上，且具有对流不稳定条件，即 500 hPa 与 850 hPa 的 θ_{se} 之差 $\Delta\theta_{se(500-850)}<0$。

暴雨需要充沛水汽和不稳定能量输送，使暴雨区上空不稳定层结得以维持，有利于对流发展，水汽和不稳定能量输送往往靠低空急流完成。肖递祥等(2009)分析表明，在“08.7”汶川地震灾区暴雨过程中偏南气流偏弱，无低空急流建立，但过程开始时刻存在明显风速脉动。进一步分析暴雨期间水汽通量、散度及假相当位温随时间演变情况发现，850 hPa、700 hPa 层偏南气流虽较弱，但存在自孟加拉湾和南海向四川盆地的水汽输送带，由于有明显风速辐合，四川盆地西北部水汽辐合明显；同时四川盆地为相对高能中心，暴雨落区位于 850 hPa 和 700 hPa 能量锋前，暴雨随能量锋区南压而结束。在过程初始时刻(14 日 08 时，图 6.76a、b)，尽管温江单站高空资料显示该过程前能量已开始下降、层结变为弱稳定，但 850 hPa 和 700 hPa 四川盆地是一相对高能区，能量锋区位于 35°N 附近，贵州至四川盆地东南部有水汽向四川盆地西部输送，利于气流在四川盆地西部辐合，在 35°N 附近存在一东北—西南向能量锋区；14 日 14 时(图略)，35°N 附近能量锋区南压 2 个纬距左右，四川盆地西北部仍为水汽辐合区，但能量开始下降，850hPa 下降 3 ℃左右，降水强度开始减弱；14 日 20 时至 15 日 08 时(图略)，能量锋区逐渐南压，盆地西北部能量继续下降，但水汽仍为辐合，降水持续，但降水强度因能量下降而减弱，为稳定连续性降水；到 15 日 14 时(图 6.76c、d)，850 hPa 和 700 hPa 能量锋区南压至盆地南部，盆地西北部降水结束。

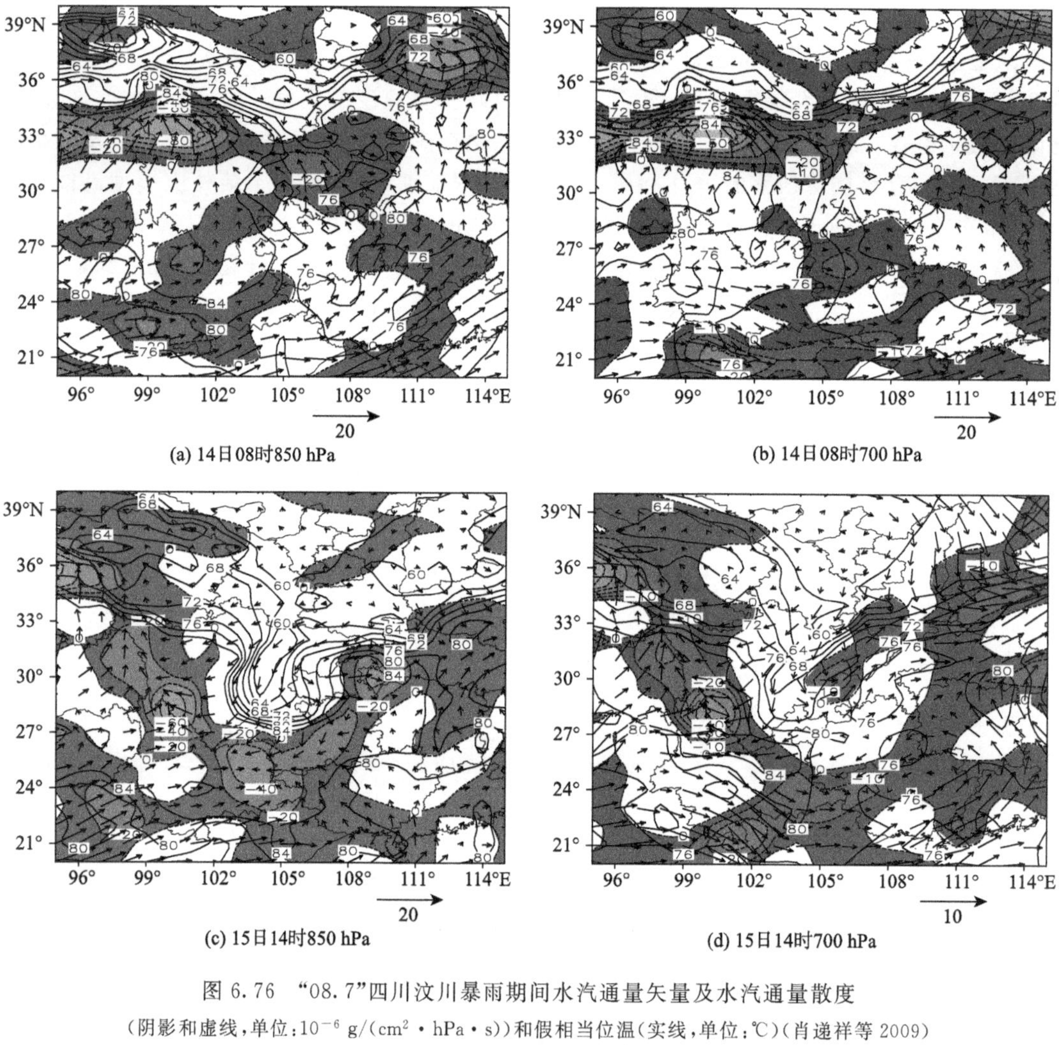

(a) 14日08时850 hPa

(b) 14日08时700 hPa

(c) 15日14时850 hPa

(d) 15日14时700 hPa

图 6.76 “08.7”四川汶川暴雨期间水汽通量矢量及水汽通量散度

(阴影和虚线，单位：10^{-6} g/(cm^2 · hPa · s))和假相当位温(实线，单位：℃)(肖递祥等 2009)

6.7.5.4 地形条件

西南地区的地形十分复杂，除四川盆地以外全是山区，主要有青藏高原、云贵高原和横断山脉，所以不但受到青藏高原的影响，区内复杂的地形、高原、山脉、盆地之间强烈的落差对于强降水的落区和强度的影响也非常显著。

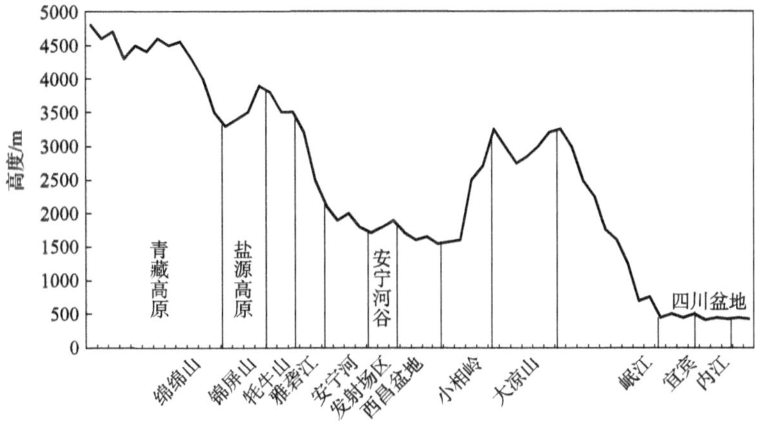

图 6.77　西南地区地形剖面图(党建涛等 2007)

虽然气候平均意义而言,长江上游降水明显少于中下游地区,但位居长江上游的四川盆地西部(简称川西地区)就是个例外,此处存在着一个空间范围不大但降水强度堪与长江下游地区媲美(甚至略强)的降水中心。川西地区的复杂地形是导致该区域形成强降水中心的原因之一(卢萍等 2009)。川西降水主要集中在 7、8 月份,具有局地性强、时间变异大、多夜雨等特征。位于川西的雅安以"天漏"而闻名,被称之为"雨城"(曾庆存等 1994)。围绕"雅安天漏"现象所进行的观测分析和数值模拟表明,高原东坡的复杂地形边界层是导致"天漏"现象的重要因子。

董海萍等(2007)对云南的强降水过程的研究表明:红河河谷的喇叭口地形结构对云南强降水的落区和降水强度都有着不可忽视的作用,它不但能改变近地层气流的走向,而且对低层水汽通量散度分布也有一定的影响;如果在模拟时改变云南南部地形,则气流走向和水汽分布也都受到影响,但相对而言不如红河河谷的作用显著;而降低云南东北部地形,则使云南北部的近地层气流辐合线发生变化。

6.7.6　预报思路和着眼点

(1)西南地区夏季暴雨多与副热带高压有直接或间接的关系。副高在暴雨前常突然加强西伸或北抬与突然东撤都可能是暴雨的前兆,掌握这些变化规律对暴雨预报有一定的启示作用。

通常,初夏暴雨多发生在四川盆地东部和南部,由于副高偏东偏南,盆地的暴雨过程均为移动性。此时,大多过程有较明显的冷空气配合,需重点考虑过程前盆地内的能量和层结条件(850 hPa $\theta_{se}>$ 70 ℃及 $\Delta\theta_{se(500-850)}<0$ ℃);触发系统多为 500 hPa 高原低值系统(低涡、切变、小波动)结合西北地区东移冷槽、西南低涡、中层切变线及地面冷空气。

盛夏随着副高西伸北抬,盆地经常处于副高西侧的西南暖湿气流控制之中,大气具有高能、高湿、不稳定的特点。暴雨多发生在东高西低的环流形势之下,暴雨区位于副高脊线西北侧,预报时重点关注副高的变化,副高的稳定少动将会形成阻塞形势,导致持续性暴雨和严重洪涝灾害的发生。

例如 2008 年 9 月 22—26 日,川西连续性暴雨过程与副高的稳定维持有很大的关系(图 6.78)。由于副高与台风相互作用使得强台风"黑格比"登陆西进,副高异常稳定强盛,暴雨区始终处于副高西北侧,而副高的稳定和台风的西进又阻挡了西风带系统的东移,整个暴雨过程期间,500 hPa 一直无高原低值系统东移影响四川盆地(这也是此次连续性暴雨预报的难点之一),但是副高西北侧是暴雨多发区的观点已得到气象专家的广泛认同,副高西北侧往往具备正涡度辐合、水汽充沛、高能不稳定等利于暴雨产生的条件,稳定的副高对暴雨具有阻塞作用使暴雨持续,因此,从预报的角度来讲,当暴雨区处于副高西北侧时,应当引起高度的重视。

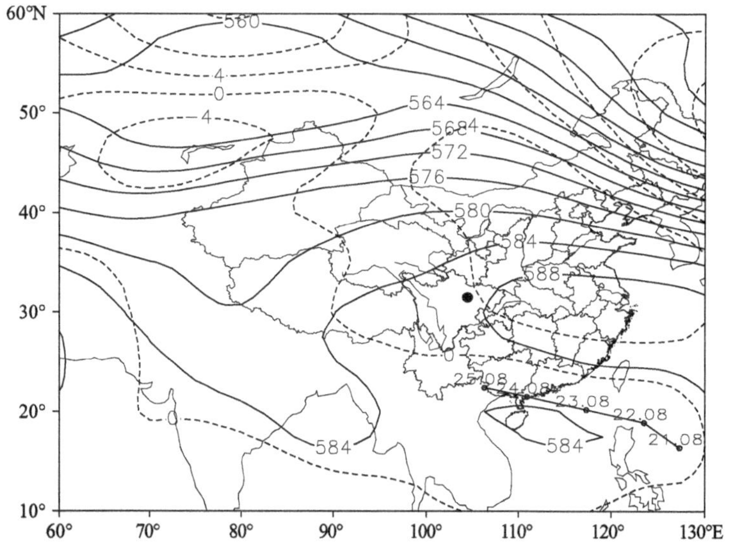

图 6.78　副高稳定背景下川西连续性暴雨个例 2008 年 9 月 22 日 08 时—27 日 08 时 500 hPa 平均场
（实线为高度，虚线为高度距平，单位均为 dagpm，折线为台风“黑格比”移动路径，圆点为暴雨中心北川）（顾清源等 2009）

(2)行星尺度的低纬气压系统可以提供强大而持续的水汽输送，天气尺度系统的降水系统与对流性降水结合，共同产生了强烈而持续的暴雨。通常在雨季一旦看到低空急流明显、降水系统明显、冷空气明显，就应该预报有暴雨出现。

6.7.7　预警标准

郁淑华等(2004)指出：由于西南地区地形复杂，有高原、山地、丘陵、盆地、平原等不同的地貌，地势起伏大，受季风影响多暴雨，常引发洪涝和山地灾害。因此西南地区暴雨的预警标准，应以暴雨在不同地形条件下所引发的灾害为基础。

由于云贵高原与四川盆地周边山地暴雨常引发山洪、诱发山地灾害，四川盆地大面积强暴雨常造成区域性洪涝灾害。因此，西南地区洪涝灾害可分为区域性洪涝和局地性洪涝两种。西南地区区域性洪涝主要发生在四川盆地，局地性洪涝主要发生在云贵高原和盆地周围山区。

区域性洪涝常造成寸滩大洪峰，因此，区域性洪涝以寸滩洪峰量大于等于 3.0 万 m^3/s 的四川盆地大面积强暴雨为标准（云南澜沧江、怒江等有很少次区域洪涝，受灾面积不及四川，贵州大面积洪涝出现也很少），局地性洪涝主要以山洪暴发、诱发山地灾害的暴雨为标准。

6.8　华西秋雨

6.8.1　概述

华西秋雨是我国西部地区秋季多雨的特殊天气现象。有关研究表明华西秋雨的区域一般主要指渭水流域、汉水流域、川东、重庆、贵州北部等地区（图 6.79）。绵绵秋雨既是华西地区秋季气候的主要特色，也是该地区的主要气象灾害之一。长时间的阴雨寡照可对农业生产造成损失，如影响晚稻抽穗扬花、使棉花烂桃、引起红苕霉烂等，同时也给人们的生产和生活带来不便。有些年份由于雨量大、持续时间长，造成洪涝灾害，直接关系到工农业生产和人民生命财产安全。

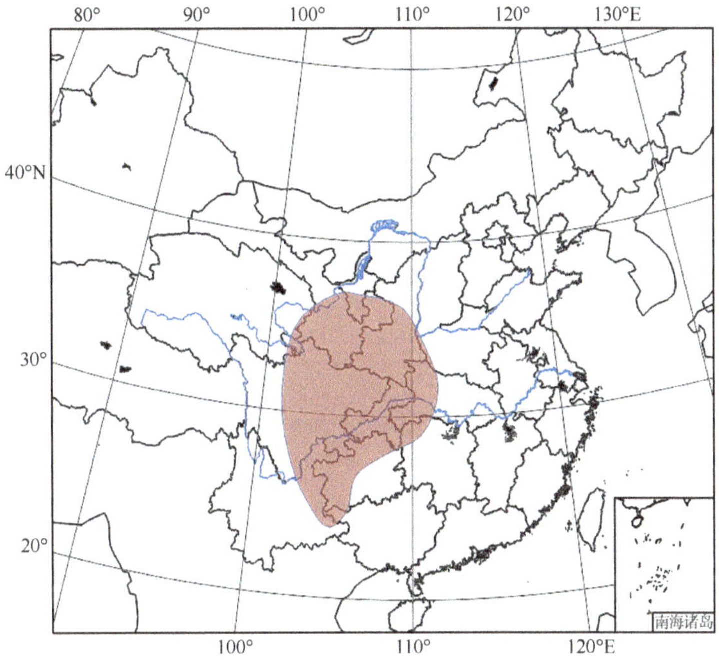

图 6.79　华西秋雨区域示意图

6.8.2　天气气候特征

6.8.2.1　“绵绵”性

华西秋雨的第一个特征主要表现在“绵绵”二字上，而“绵绵”则包括了两方面的含义：一方面反映了降水量较大；另一方面也反映了降水持续时间长、降水日数较多等特征。华西秋雨主要是由于秋季频繁南下的冷空气与停滞在该地区的暖湿空气相遇，使锋面活动加剧而产生较长时间的阴雨。

平均来讲，华西秋雨降雨量一般多于春季，仅次于夏季，形成当地降水的第二个峰值。在水文上则表现为显著的秋汛。大气科学词典(1994)表明(表 6.6)，成都、重庆、西安、兰州四地秋季降水量占年降水量的百分比均超过春季而仅次于夏季。

表 6.6　西部四地秋季降水量占全年总量的百分比

	春	夏	秋	冬
重庆	25.8	40.4	28.3	5.5
成都	15.0	64.0	18.9	2.1
西安	20.1	42.4	34.1	3.4
兰州	15.4	59.4	23.5	1.7

除了降水量较大，降水日数多也是华西秋雨的重要特征。1964 年秋季华西地区的秋雨天气非常严重(罗昭彰等 1988)，该年四川盆地自 8 月下旬就开始了秋雨直到 11 月上旬或中旬才结束，总雨日数一般达 25～45 天，宜宾地区西南部长达 50～70 天；贵州西部总雨日数达 30～40 天；鄂西阴雨天气长达两个月之久，鄂东、江汉平原虽有间歇，但最长的一段也有 21 天。这次秋雨使四川、贵州、湖北等地的粮食生产受到很大损失。

图 6.80 为根据全国 673 个基本站资料统计的 9—11 月多年平均降水量和降水日数，从图中可以看到秋季华西地区无论是降水持续时间还是降水量，都存在一个大值区，反映出华西秋雨“绵绵”的气候特征。

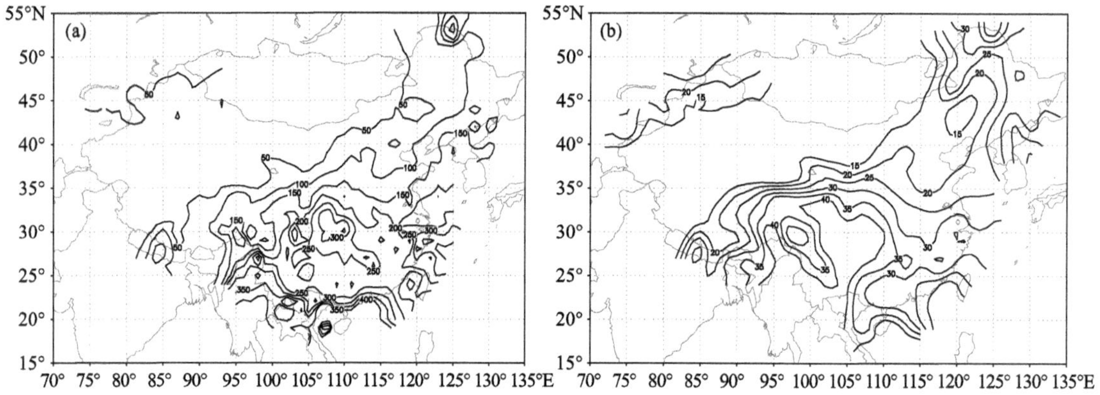

图 6.80 多年 9—11 月平均降水量和降水日数

(a)多年 9—11 月平均降水量,(b)多年 9—11 月平均降水量

6.8.2.2 夜雨性

华西秋雨的另一个显著特征为夜雨性(即北京时 20—08 时之间为夜)。林之光(1995)的研究表明,在我国典型的夜雨区中,有两种雨量年变化类型。第一种是夏雨型,包括西藏中东部和四川盆地西部;第二种是春秋雨型,主要包括四川盆地东部、贵州、云南等地的部分地区。图 6.81 给出了重庆代表站的各季平均雨量和雨时的日变化曲线。可见全年中以雨量最多的春秋季夜雨最为明显,尤以秋雨绵绵的 9—10 月更为典型。

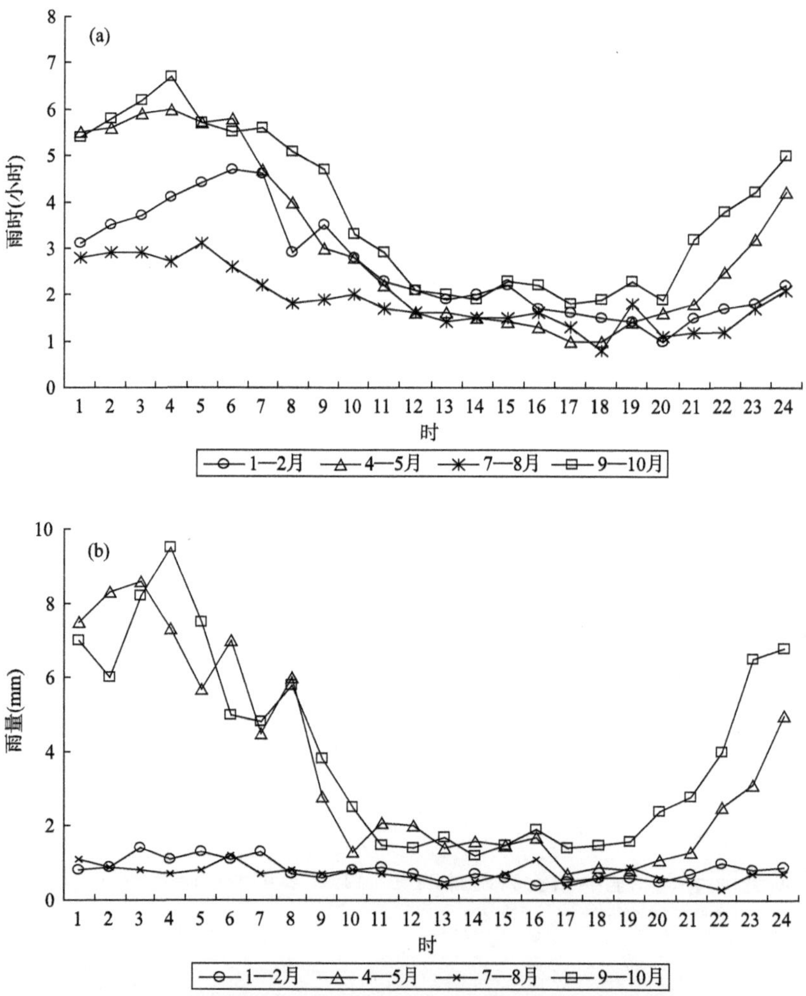

图 6.81 重庆各季雨时(a)和雨量(b)的日变化曲线(林之光 1995)

徐裕华(1991)指出:夜雨的成因主要有两种:一是地形作用,主要发生在河谷盆地之中。由于昼夜高原、山地和盆地、河谷之间的热力差异,地方性和局部山谷环流特别显著。昼间受谷风影响,河谷、盆地的中、上部为补偿下沉气流,使云雨消散或受到抑制而少降水。入夜因山风迫使低层暖空气上升,促进对流而多雨。二是华西地区秋季云量较多,当云层厚密时,白天地面增温不明显,大气层结稳定,降水较少。而夜间云顶辐射冷却快,下部降温受阻,使上下温差增大,层结趋于不稳定,易产生降水或使锋面雨量增多,因而也多夜雨。研究认为,四川盆地及贵州大部属日阴夜雨型,川西高原和云南大部属于日晴夜雨型。四川盆地夜雨尤多,素以"巴山夜雨"著称。

6.8.3 大尺度环流背景

6.8.3.1 500 hPa平均高度场

影响降水的最直接因素就是大气环流。进入秋季以后大气环流开始调整,副热带系统开始减弱,西风带系统开始增强。鲍媛媛等(2003)的研究指出:多秋雨年在500 hPa高度场上,欧洲东部到乌拉尔山有长波脊发展,巴尔喀什湖附近常稳定维持一低压槽,槽底经常有短波分裂,经高原东移后在华西地区得到较强发展;与此同时,西北太平洋副热带高压徘徊于江汉平原、江淮、江南及华南北部地区,其脊线一般在25°N以北,588 dagpm特征等值线西脊点多位于110°E以西。强大而稳定的副热带高压既使得来自于巴尔喀什湖经高原东移南下的冷空气受阻于四川盆地及其以西以北地区,同时也提供了源源不断的偏南暖湿气流,使冷暖空气持续交汇于渭水流域、汉水流域和四川盆地一带,从而造成了该地区持久的阴雨天气。

特别是2003年9—10月,黄河流域遭遇十几年来最为严重的"华西秋雨"天气,黄河干支流相继发生较大洪水。受其影响,渭河自8月底接连出现5次洪峰过程。图6.82为2003年9月500 hPa平均高度场,从图中也可以看到华西地区多秋雨年的一些典型特征。

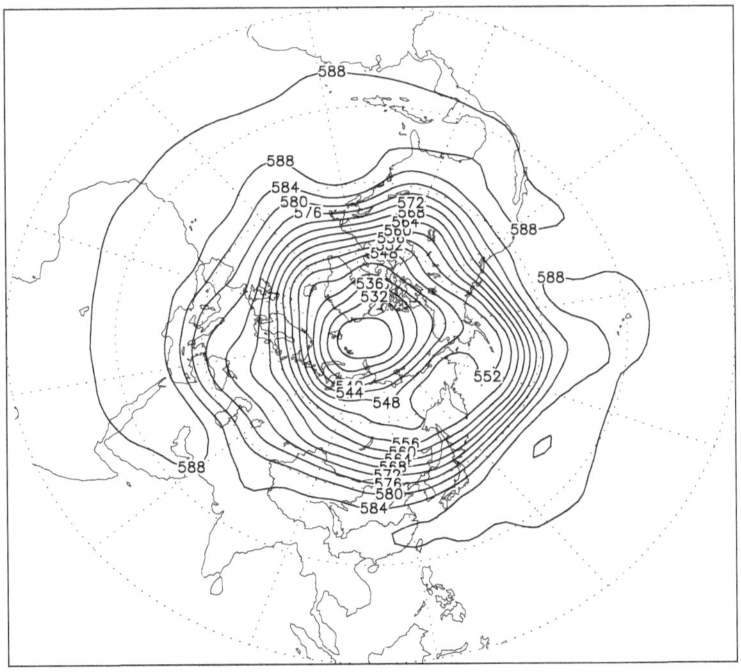

图6.82 2003年9月平均500 hPa高度场(dagpm)

6.8.3.2 500 hPa高度距平场

图6.83a、b分别为9月华西地区多秋雨年和少秋雨年平均高度距平分布(冯丽文等1983)。可以看出,多秋雨年和少秋雨年环流有明显差异。多秋雨年(图6.83a)中、高纬度距平自西向东为正、负、正分布,副热带基本上为正距平。相应的环流特点为:在贝加尔湖以西为一浅脊,东亚沿岸槽较弱,副热带系统的位置偏北,我国长江以南仍受副高控制,有助于暖湿气流沿副高西侧北上。同时中纬度槽后的冷空气又是降水形成的重要动力条件,因此这种环流系统的配置有利于华西地区的降水。

少秋雨年(图6.83b)中、高纬度距平分布,除地中海西北部为一负距平外,自西向东为一带状正距平，主要正中心在乌拉尔山和东西伯利亚。50°N 以南的大陆上则为一大片负距平所控制，中心在河套以西；日本东部和菲律宾东部的海面上为弱正距平区。这种距平分布表明，东亚大陆上的槽比常年深，副高退居到日本东南的海洋上，缺少向华西输送水汽的条件，因此不利于华西地区降水。上述分析说明，500 hPa 图上副高的变化可能是影响秋雨多少的主要因子之一。

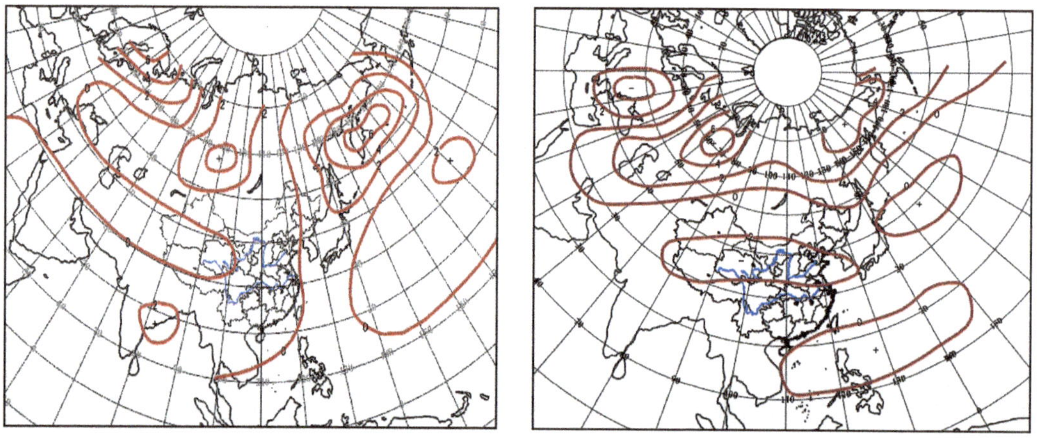

图 6.83　9 月多雨年(a)和少雨年(b)平均 500 hPa 高度距平(冯丽文等 1983)

6.8.3.3　季风

高原季风的持续活跃是秋雨显著的重要条件。夏季风撤退、冬季风迅速影响，是东亚季风区秋季环流建立的重要指标(徐裕华等 1991)。在 9 月初到 10 月上半月，进入秋季以后的副热带高压还有相当的势力，热带季风区和高原季风区仍然盛行夏季风。秋季华西地区仍然盛行西南季风是长时间秋雨出现的先决条件。

早在 1958 年，高由禧等(1958)研究发现：华西秋雨的结束日期与印度西南季风撤退的时间存在密切关系。当时的研究者利用印度半岛东、西岸测站的降水量差值(图 6.84)表示盛行风向，当西岸降水大于东岸时盛行西南季风；反之则为东北季风。通过盛行风向与云南、四川等地冬夏降水类型的转换日期的对比，结果表明秋雨结束时几乎正是夏季西南季风撤退到印度北部和中部的时间。另外，研究还发现秋雨结束的时间与西藏高原上干季开始的时间相吻合(图 6.85)。

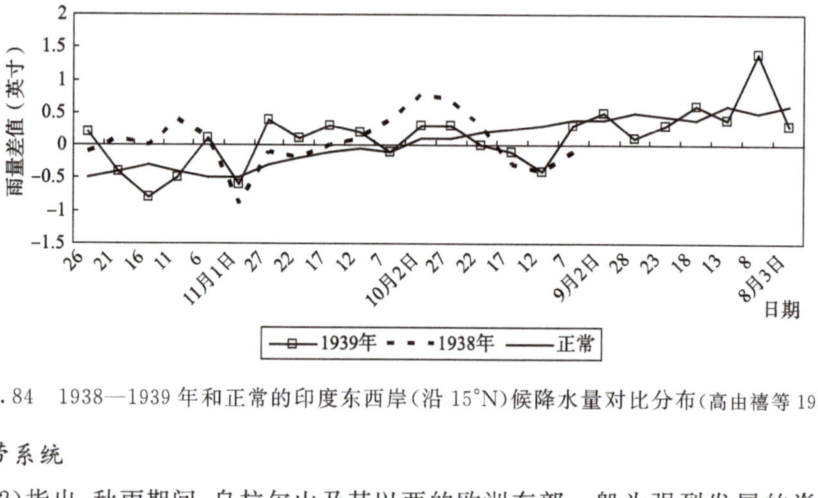

图 6.84　1938—1939 年和正常的印度东西岸(沿 15°N)候降水量对比分布(高由禧等 1958)

6.8.3.4　西风带系统

焦佩金(1992)指出：秋雨期间，乌拉尔山及其以西的欧洲东部一般为强烈发展的脊区，巴尔喀什湖到西西伯利亚地区常稳定一长波槽，槽底不断有短波槽分裂经青藏高原东移，短波槽在华西上空频繁活动，造成持续降水。而此时，通常东亚大槽强度偏弱，位置偏东。

叶笃正等(1952)曾经指出东亚雨区类型转换同南支西风急流建立之间的关系。在其论述中可以看到：亚洲南部西风急流建立之前，中国雨区分布是呈经向型的，在急流建立之后，雨区分布类型转换为纬向型。对华西秋雨而言，当夏季经向型雨区分布出现和存在时，也正是华西秋雨区秋雨开始和持续的时期；反之在经向型雨区破坏、纬圈型雨区建立时，也正是秋雨结束日期。因此虽然说华西秋雨是地区性现象，但是它的起讫时间与自夏到冬西风环流的季节变化是有密切联系的。

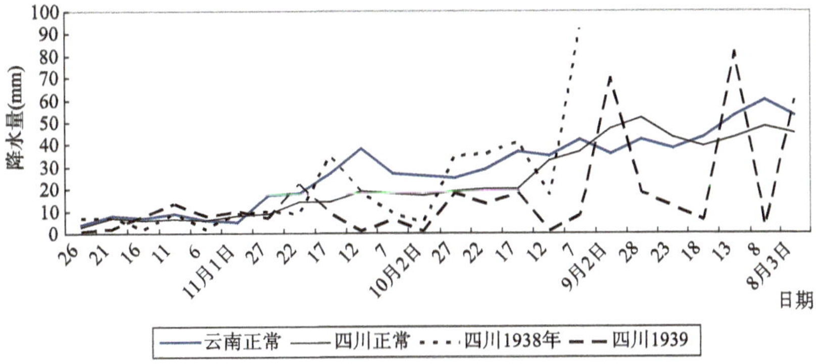

图 6.85　云南高原和四川盆地 1938—1939 年和正常候降水量分布(高由禧等 1958)
(云南：遂宁、东山和内江；四川：腾冲、大理和昆明)

6.8.4 影响华西秋雨的主要天气系统

6.8.4.1　副热带高压

秋季副高仍然是影响我国的主要天气系统之一，其位置和强度的变化不仅是影响我国强降雨带分布及气温的重要因素，也能反映出季节转换的特点(张涛 2009)。发生典型秋雨时，副高一般偏强偏西，呈东西带状分布，脊线稳定维持在 25°—30°N 之间，其主体控制江南和华南地区，588 dagpm 特征等值线西脊点多位于 110°E 以西，副高的这种配置有利于华西地区持续的水汽输送。

图 6.86 是 1951—1980 年 9 月华西秋雨和副高西伸脊点逐年变化曲线(徐裕华等 1991)。可以看出，两组曲线的变化基本上是相反的，即副高偏东时秋雨偏少，如 1958 年前后；副高偏西时秋雨偏多，如 1963 年前后。副高西伸脊点在近 30 年的变化基本上为两峰一谷，并且于 1970 年前后变化幅度开始减弱。与之相应，华西秋雨的变化为两谷一峰，1970 年前后变化幅度亦减弱。上述事实说明华西秋雨的多少很大程度上取决于副高西伸脊点的位置。同时也说明，华西秋雨的阶段性变化与大气环流的演变——副高西伸脊点的阶段性变化有密切关系。可以推论近百年 9 月华西秋雨的阶段性变化，很可能受到了副高西伸脊点阶段性变化的影响。

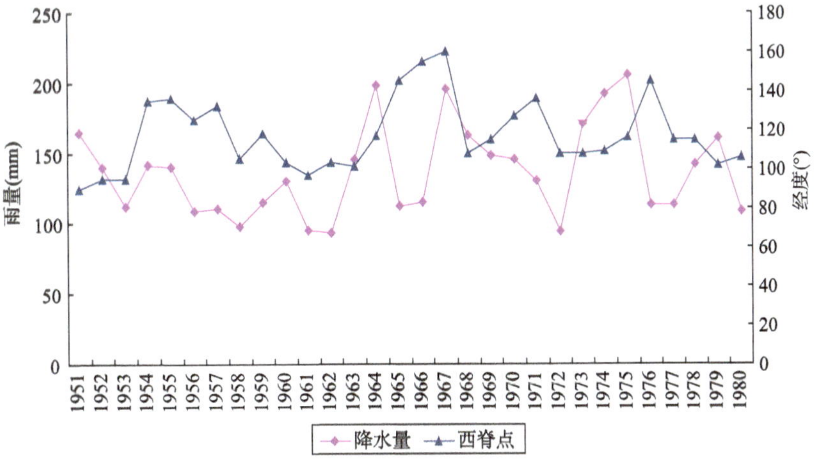

图 6.86　1951—1980 年副高西脊点与华西秋雨的变化对比(徐裕华 1991)

6.8.4.2　低涡切变线

在低层天气图上，华西秋雨期间常可看到川西高原和四川盆地附近有低涡维持，其东的秦岭、豫西一带存在一准定常的切变线，雨区与这两个系统相伴(图 6.87)。当有高空槽逼近时，低涡、切变线都明显加强，降雨也相应加强。当高空槽移过后，低涡、切变线和降雨也随之减弱消失。这种过程重复出现，造成华西阴雨连绵。

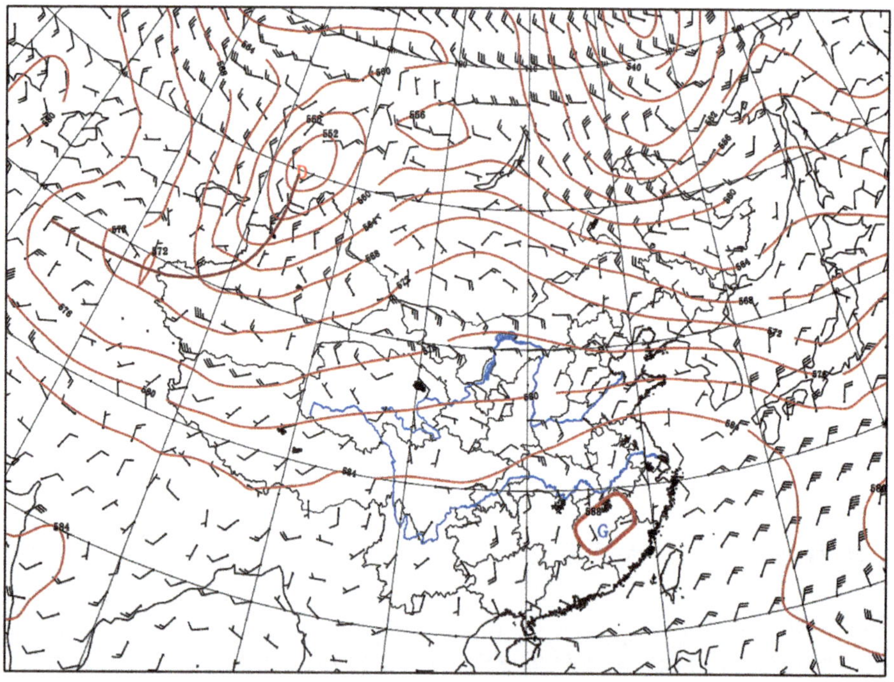

图 6.87 2003 年 9 月 27 日 500 hPa 高度场和 850 hPa 风场

6.8.4.3 副热带急流

对华西秋雨期间 300 hPa 上西风急流轴进行分析，发现 9 月份急流轴自始至终都在 35°—45°N 之间摆动；10 月份当阴雨开始时，急流轴位于 40°N 附近，到阴雨后期才缓慢南压到 35°N 以南；而 1972 年的几次短时间阴雨期间的资料显示，急流轴在阴雨开始前就已经在西安或者以南的地区了，由于急流轴偏南、副高势力弱，我国西北一带盛行西北气流，冷空气较易于加强从西北路径南下，使阴雨天气不能持久。因此长时间的阴雨出现时，副热带急流轴不能撤至 35°N 以南的地区。

6.8.4.4 地面形势特征

华西秋季长时间阴雨过程中，一般都有三次左右的冷空气相继从西伯利亚南下。致使阴雨连绵的冷空气特点，一是强度弱（阴雨中河套一带的气压 9 月份低于 1025 hPa，10 月份低于 1035 hPa）；二是间隔短，往往当前面一次冷空气影响长江流域时，新的冷空气已经移到了 80°E 以东、60°N 以南的地区，当前面的冷空气刚刚变性减弱，后面的冷空气马上又补充上来，致使华西地区冷锋活动频繁，阴雨连绵不断。

6.8.5 物理条件

6.8.5.1 水汽条件

充足的水汽供应是维持持续性降水或暴雨的必要条件，而明确水汽的来源和通道，可以提高降水落区的预报准确率。王遵娅等(2008)研究发现：华西秋雨期，西太平洋副热带高压进一步东撤南退，季风槽位置南移，东亚夏季风明显减弱南退，但此时来自孟加拉湾的西南季风和水汽输送仍然较强。越赤道水汽输送在孟加拉湾分为南北两支，北支经青藏高原东侧和云南，南支在南海北部转为东南向与西太平洋副热带高压南侧的偏东水汽输送汇合后，经广东和广西，二者汇合于华西地区，使得秋雨持续（图 6.88）。由于北支水汽输送流经的地区海拔高度已超过 1500 m(850 hPa)，因而低层水汽输送几乎为零，主要依靠中高层的水汽输送。也正因为此，北支输送略小于南支输送。

对 2001 年 9—10 月份华西地区的 850 hPa 水汽通量进行分析（鲍媛媛等 2003），发现在华西秋雨的不同阶段，水汽的来源并不相同。9 月的水汽来源主要有两支，一支是从孟加拉湾地区沿高原南侧北上的西南暖湿气流；另一支来自我国东海，经华南转向，然后北上到达华西地区。10 月份水汽来源发生了明显的变化。来自孟加拉湾的西南气流水汽输送通道变化不大，但强度减弱；另一支较强的水汽输送源自于西北太平洋，经南海在越南和我国华南西部一带转向北上抵达华西地区。

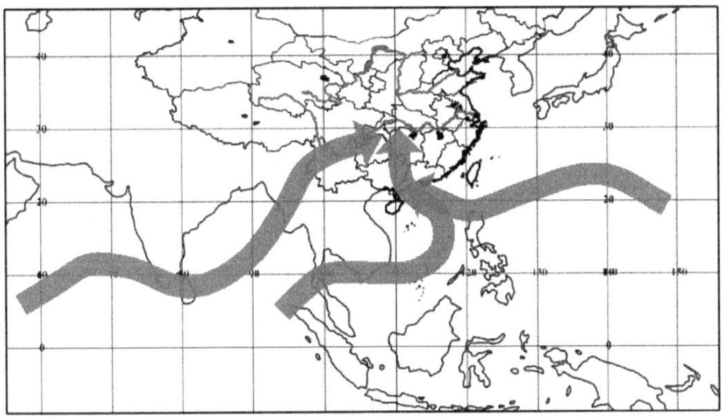

图 6.88　华西秋雨期水汽来源示意图(王遵娅等 2008)

从以往的研究不难发现,对于华西秋雨而言,孟加拉湾是最重要的一支水汽来源;而另一支水汽可能来自东海,也可能来自南海,或者二者兼而有之,要依副热带高压的位置而定。

6.8.5.2　能量场分析

9—10 月份,青藏高原地区对流旺盛,水汽凝结释放潜热,使其成为一个强大的热源中心;高原东南侧低层辐合强烈,上升运动旺盛,高湿高热的空气使得该地区维持一个高能量区。江淮、江南一带多受副热带高压控制盛行下沉气流,为热汇和能量的低值区。华西地区处于一个高低能量之间的强能量锋区中,东来的干冷空气的汇入激发了不稳定能量的释放,从而造成了该地区连续发生强降水。而对流凝结潜热的正反馈作用,使华西地区对流得以维持,强降水能够长时间发生。

6.8.6　预报思路和着眼点

到 8 月底或者 9 月初,我国盛行风向开始从夏季风向秋季风转换,但是西南地区和高原仍然盛行西南季风,这是华西秋雨出现的重要条件。在这个先决条件下,预报华西地区是否会出现连绵秋雨,主要需从两个方面考虑:第一,判断大环流背景是否有利于华西秋雨的出现;第二,预测这种有利的配置是否能较长时间维持。

首先,判断大环流背景是否有利于华西秋雨的出现,最主要是看西风带长波槽脊和副热带高压的位置。当乌拉尔山西侧有长波脊发展,巴尔喀什湖附近有低压槽维持,并不断分裂短波自高原东移南下;同时,副热带高压偏强偏西,一般呈东西带状分布,其脊线通常稳定在 25°N 或以北,588 dagpm 特征等值线西脊点多位于 110°E 以西。这样的环流配置有利于冷空气和西南暖湿气流在华西地区交绥,出现降水。

其次,华西地区出现长时间的阴雨,需要有利的环流背景长时间维持。华西秋雨开始前共同的特征是 50°E 附近长波脊或阻塞高压的建立和发展。由于欧洲长波脊或阻塞高压的稳定维持,使得东亚的形势稳定少变。东亚中纬度一带是平直西风气流,而西西伯利亚则是一个稳定冷源。在这个特定的环流形势下,一方面由于从西西伯利亚经常有中、短波槽东移,引导冷空气源源不断地东传,带来阴雨天气维持的冷空气条件;另一方面由于东亚中纬度维持平直西风气流,使得冷空气主力偏北东移,南下势力不强,不致结束阴雨。因此,也可以看出,50°E 附近是长波脊(阻塞高压)还是长波槽是鉴别华西地区出现长时间阴雨还是短时间阴雨的重要特征。同时,这个长波槽(阻塞高压)的崩溃东移,也是冷空气大举南下、华西秋雨结束的最重要的判定指标。

6.8.7　预警标准

华西秋雨目前还没有全国统一的预警标准,但是由于其多发于西南地区,所以在四川、贵州等省有其省内的划分指标(徐裕华 1991)。这些指标主要是从降雨日数、出现范围和降雨量等方面说明秋雨的严重程度。参照这些指标,可以将华西秋雨的预警标准划分如下:

6.8.7.1　连续降雨日数

将华西地区 9—10 月内日降水量≥0.1 mm 的持续雨日数 7 天或其以上,作为一次秋雨统计。如果连续 5～6 天定为轻秋雨,连续 7～9 天为中秋雨,≥10 天为严重秋雨。

6.8.7.2 年型划分标准

根据华西地区秋雨出现范围的大小划分出严重、一般和不显著三种年型。

(1)严重秋雨年

秋雨面积占总面积的三分之二以上，且一次秋雨日数≥15天或两次秋雨日数≥25天的面积占总面积的二分之一以上。

(2)一般秋雨年

秋雨面积占总面积的二分之一以上、三分之二以下，但一次秋雨日数≥15天或两次秋雨日数≥25天的面积不足总面积的二分之一。

(3)秋雨不明显年

秋雨面积不足总面积的二分之一。

6.9 中央气象台暴雨预警标准

根据《国家气象灾害应急预案》的要求，中央气象台制定暴雨预警标准。

6.9.1 红色预警

过去48小时2个及以上省(区、市)大部地区持续出现日雨量100 mm以上降雨，且上述地区有日雨量超过250 mm以上降雨，且预计未来24小时上述地区仍将出现100 mm以上降雨。

6.9.2 橙色预警

过去48小时有2个及以上省(区、市)大部地区持续出现日雨量100 mm以上降雨，且南方地区有成片或北方地区有分散的日雨量超过250 mm以上降雨，且预计未来24小时上述地区仍将出现50 mm以上降雨；或者预计未来24小时2个及以上省(区、市)大部地区将出现250 mm以上降雨。

6.9.3 黄色预警

过去24小时有2个及以上省(区、市)大部地区出现100 mm以上降雨，且预计未来24小时上述地区仍将出现50 mm以上降雨；或者预计未来24小时有2个及以上省(区、市)大部地区将出现100 mm以上降雨，且南方地区有成片或北方地区有分散的超过250 mm以上降雨。

6.9.4 蓝色预警

预计未来24小时有2个及以上省(区、市)大部地区将出现50 mm以上降雨，且南方地区有成片或北方地区有分散的超过100 mm的降雨。或者已经出现并可能持续。

参考文献

75.8暴雨会战领导小组. 1977. 1975年8月河南特大暴雨研究报告，154-157

白肇烨等. 1988. 中国西北天气. 北京：气象出版社

鲍名，黄荣辉. 2006. 近40年我国暴雨的年代际变化特征. 大气科学，**30**(6)：1057-1067

鲍媛媛，阿布力米提，李峰等. 2003. 2001年华西秋雨时空分布特点及其成因分析. 应用气象学报，**14**(2)：15-222

党建涛等. 2007. 西南天气. 北京：国防工业出版社

丁一汇，张建云. 2009. 暴雨洪涝. 北京：气象出版社，p76-82

丁一汇. 2005. 高等天气学. 北京：气象出版社

董海萍，赵思雄，曾庆存. 2007. 低纬高原地形对强降水过程影响的数值试验研究. 气候与环境研究，**12**(3)：381-396

冯丽文，郭其蕴. 1983. 华西秋雨的多年变化. 地理研究，**2**(1)：74-84

高由禧，郭其蕴. 1958. 我国的秋雨现象. 气象学报，**29**(4)：264-273

顾清源，肖递祥，黄楚惠等. 2009. 低空急流在副高西北侧连续性暴雨中的触发作用. 气象，**35**(4)：59-67

《广东省天气预报技术手册》编写组. 2006. 广东省天气预报技术手册. 北京：气象出版社，86-150

国家气象中心，国家卫星中心. 1999. 98 中国大洪水与天气预报. 北京：气象出版社

韩桂荣，何金海，梅伟. 2008. 2003 年江淮梅雨期一次特大暴雨的研究——中尺度对流和水汽条件分析. 气象科学，**28**(6)：649-654

胡伯威，崔春光，房春花. 2001. 1998 年 7 月 21—22 日鄂东沿江连日特大暴雨成因探讨. 大气科学，**25**(4)：479-491

《华北暴雨》编写组. 1992. 华北暴雨. 北京：气象出版社

黄士松，李真光，包澄澜，余志豪. 1986. 华南前汛期暴雨. 广州：广东科技出版社

蒋尚城，赵亚民，郑新江. 1990. 科学通报. 19：1461-1463

焦佩金. 1992. 全国大部气温正常华西黄淮降雨偏多. 气象，**12**：55-58

矫梅燕，姚学祥，周兵，杨克明. 2004. 2003 年淮河大水分析. 北京：气象出版社

雷雨顺. 1981. 经向型持续性特大暴雨的合成分析. 气象学报，39(2)：166-180

林楠，蒋尚城. 1989. 1989 年热带气旋学术讨论会论文摘要，23-24

林之光. 1995. 地形降水气候学. 北京：科学出版社，354-358

刘富明，濮梅娟. 1984. 四川盆地暴雨的综合预报方法. 气象，**7**：17-21

刘红武，李国平. 2008. 近三十年西南低涡研究的回顾与展望. 高原山地气象研究，**28**(2)：68-73

刘景涛，罗孝逞. 1987. 内蒙古自治区天气预报手册. 北京：气象出版社

卢敬华. 1986. 西南低涡概论. 北京：气象出版社，208-210

卢萍，宇如聪，周天军. 2009. 四川盆地西部暴雨对初始水汽条件敏感性的模拟研究. 大气科学，**33**(2)：241-250

罗昭彰等. 1988. 湖北天气预报手册. 湖北省气象局，251-260

蒙远文，蒋伯仁，韦相轩，吴仁才，等. 1989. 广西天气及其预报. 北京：气象出版社

慕建利，王建捷，李泽椿. 2008. 2005 年 6 月华南特大连续性暴雨的环境条件和中尺度扰动分析. 气象学报，**66**(3)：437-451

宁夏回族自治区气象局. 1986. 短期天气预报指导手册，87

秦剑，琚建华等. 1997. 低纬高原天气气候. 北京：气象出版社，73-74

孙建华，赵思雄. 2002. 华南"94·6"特大暴雨的中尺度对流系统及其环境场研究—Ⅱ物理过程、环境场以及地形对中尺度对流系统的作用. 大气科学，**26**(5)：633-646

孙淑清，孟婵. 1992. 中-β 尺度干线的形成与局地强对流暴雨. 气象学报，50(2)：180-189

陶诗言，等. 1980. 中国之暴雨. 北京：科学出版社

陶祖钰，成秋影. 1981. 行星边界层流场和暴雨预报//北方天气文集. 北京：北京大学出版社

王舒畅，黄思训，李毅. 2007. 2003 年江淮连续梅雨暴雨过程的中尺度数值试验. 解放军理工大学学报(自然科学版)，**8**(2)：190-197

王遵娅，丁一汇. 2008. 中国雨季的气候学特征. 大气科学，**32**(1)：1-13

《西北暴雨》编写组. 1992. 西北暴雨. 北京：气象出版社

肖递祥，顾清源，祁生秀. 2009. 2008 年 7 月 14—15 日川西暴雨过程的温度层结变化分析. 暴雨灾害，**28**(1)：8-13

肖洪郁，郁淑华. 2003. 副高活动与四川暴雨. 四川气象，**23**(84)：8-12

谢安. 1981. 台风会议文集(1978). 上海：上海科学技术出版社，182-186

熊文兵，李江南，姚才，王安宇，冯瑞权. 2007. "05·6"华南持续性暴雨的成因分析. 热带气象学报，**23**(1)：90-97

徐裕华等. 1991. 西南气候. 北京：气象出版社，p45-47，p259-262

许美玲，段旭，孙绩华等. 2004. 与低空急流相伴的暴雨天气诊断分析. 云南大学学报(自然科学版)，**26**(4)：320-324

叶笃正，高由禧，刘匡南. 1952. 1945—1946 年亚洲南部和北美西南部急流进退的探讨. 气象学报，**23**：1-32

尹东屏，曾明剑，吴海英，赵凯，孙燕. 2008. 2003 年和 2006 年江淮流域梅雨期暴雨大尺度特征对比分析. 气象，**34**(8)：70-76

尹洁，叶成志，吴贤云，郭文华. 2006. 2005 年一次持续性梅雨锋暴雨的分析. 气象，**32**(3)：86-92

郁淑华等. 2004. 西南地区洪涝灾害的监测与预报. 北京：气象出版社

曾庆存，宇如聪，彭贵康等. 1994. "雅安天漏"研究Ⅲ：特征、物理量结构及其形成机制. 大气科学，**18**：649-659

张家宝，邓子风. 1987. 新疆降水概论. 北京：气象出报社

张庆云，王会军，林朝晖，等. 2004，中国天气气候异常成因研究—2003 年. 北京：气象出版社.

张涛. 2009. 2008 年 9—11 月 T639、ECMWF 及日本模式中期预报性能检验. 气象，**35**(3)：112-119

张小玲，陶诗言，张顺利. 2004. 梅雨锋上的三类暴雨. 大气科学，**28**(2)：187-204

赵思雄，傅慎明. 2007. 2004 年 9 月川渝大暴雨期间西南低涡结构及其环境场的分析. 大气科学，**31**(6)：1059-1075

赵玉春，李泽椿，王叶红，肖子牛. 2008. 2006 年 6 月 5—8 日梅雨锋上中尺度对流系统引发福建北部暴雨的诊断分析. 大气科学，**32**(3)：598-614

郑秀雅，张廷治，白人海. 1992. 东北暴雨. 北京：气象出版社

朱乾根，林锦瑞，寿绍文，唐东昇. 2000. 天气学原理(第三版). 北京：气象出版社

第7章 强对流天气预报

强对流天气包括短时强降水、龙卷、冰雹、雷雨大风、雷电等，本章重点介绍对流性大风、冰雹、雷电的预报。

7.1 强对流天气诊断分析与预报

7.1.1 诊断分析

任何天气现象或要素的预报，都应依据气候学（时空分布特征）、影响天气系统（或天气型）、物理参数三部曲来诊断分析、预报，在了解了气候特征后，重点考虑以下几个环节：首先分析各灾害性天气的实况，包括逐小时、逐6小时、24小时天气实况，如强度、范围、均匀程度（局地或大范围）、移动方向和移动速度；其次分析各灾害性天气与大尺度环流背景场、三维影响系统的配置关系，分析各灾害性天气与环境场物理参数的配置关系，寻找阈值。分析的目的是总结、归纳天气概念模型、物理参数概念模型。分析各数值预报模式的性能或能力，检验各数值预报模式产品（包括重点考虑层次的高度场、风场、温度场、降水场）的预报能力，检验各数值预报模式的物理参数预报能力，进行预报误差分析。根据模式的检验结果进行订正，制作灾害性天气的落区潜势预报。在灾害性天气落区潜势预报基础上，利用卫星、雷达、地面自动站等各种实时观测资料制作短时临近预报和警报。

对于短时暴雨、龙卷、冰雹、雷雨大风、雷电这样的强天气，其特点是历时短、强度大、局地性强，在常规天气图上，一般发生于振幅较大的高空槽、低涡、强切变线、强冷锋等强天气系统中。例如我国的大冰雹就发生在强低空南、北风急流（或气流）强烈交汇的区域。此类天气主要考虑前期的热力、水汽条件的积聚，暖湿气流的发展、加强、向北伸展，较强冷空气的爆发，再配合物理参数、一些预报指标进行诊断分析预报。

美国对强对流天气的界定主要考虑风暴引起的天气（彭治班等 2001），即强风暴和非强风暴天气，强风暴天气是指至少有下列一种天气发生：1）强风：阵风风速≥25 m/s；2）落地雹块最大直径≥2 cm；3）有龙卷风；4）有暴雨或暴洪潜势。

由于强天气现象往往并不是单独出现，而是几种相伴出现，所以就又提出了风雹灾害。风雹灾害是指冰雹、雷暴大风、龙卷风等强对流天气造成的灾害。

美国在做强对流天气预报时，首先要考虑与风暴预报有关的几个问题：

1）风暴会发生吗？

2）发生的是强风暴还是非强风暴？

3）最可能出现什么类型的天气现象？

4）最可能出现什么类型的风暴？

7.1.2 预报和监测的关系

首先对强对流天气潜势进行预报，然后根据天气雷达、气象卫星、自动气象站等资料和目击者报告，对强对流天气进行分类识别，在此基础上开展临近预报。例如，对于龙卷：

1)对风暴环境中龙卷潜势的预测；

2)一旦风暴发展时对龙卷风暴的识别；

3)进行龙卷风临近预报。

7.1.3 风暴强弱的预报

(1)在制作出风暴有无预报的基础上，再区分强风暴与非强风暴；

(2)从选样本到统计气候规律、归纳天气型和确定参数阈值，都着眼于强风暴等强天气事件。美国强风暴预报中心采用的预报流程包括风暴参数的计算、风暴天气型识别和风暴气候学。

7.1.4 预报强对流天气的部分参数

(1)风暴强度参数：$SSI=100\times[2+(0.276\times\ln(Shr))+(2.011\times10-4\times E_h)]$，其中 Shr 为平均垂直风切变，E_h 为浮力能。

(2)预报降雹用的参数：表征上升气流大小的参数、表征水平风结构的参数、表征 0 ℃层高度的参数、表征非静力效应的参数、表征云中负温区的参数、表征 $W_{\max}$ 与 0 ℃层相对高度的参数。

(3)大雹事件参数特征：表示不稳定的参数、能量螺旋度指数特征、一些参数的平均情况。

(4)雷暴大风参数：大风指数 *WINDEX*。

(5)洪水和暴洪事件：洪水和暴洪事件的关键致灾因子是局地特大暴雨。

(6)雷电参数：雷暴的产生是大气静力不稳定能量产生、积聚、释放过程的表现。因此，可将与雷暴产生有关的物理参数划分为 3 类：表征静力不稳定能量者；表征静力不稳定能量积累机制者；表征静力不稳定能量释放机制者。

(7)龙卷对流参数：在近地面层(厚度不小于 1 km)内有丰富的水汽，在中层(底部在 1～2.5 km 高度上)有干空气存在，通过蒸发冷却提供潜在的强烈下曳气流；深厚的条件性和对流性不稳定，即在深厚的气层中有较大的温度和水汽直减率；存在稳定层和逆温层；有消除稳定层的机制；有适度大小的强风。

(8)深对流指数 DCI、风暴强度指数 SSI。

参考发达国家的诊断分析，结合我国特殊天气、气候、地理特征，依据如下对流参数(表 7.1)，通过诊断分析找出相关较好的参数，制作强对流天气预报。

表 7.1 对流参数参考表

序号	分层物理量(20 个)	非分层物理量(对流参数)(33 个)
1	水汽压 *E*(hPa)	*K* 指数
2	饱和水汽压 *ES*(hPa)	修正的 *K* 指数 *MK*
3	饱和差 *D*(hPa)	深对流指数 *DCI*
4	相对湿度 *RH*(%)	修正的深对流指数 *MDCI*
5	比湿 *Q*(g/kg)	全总指数 *TT*
6	饱和比湿 *QS*(g/kg)	对流稳定度指数 *IC*
7	混合比 *R*(g/kg)	条件性稳定度指数 *IL*
8	温度露点差 *TTD*(℃)	条件—对流稳定度指数 *ILC*
9	虚温 *TV*(℃)	最佳对流稳定度指数 *BIC*
10	位温 *TH*(K)	抬升指数 *LI*
11	虚位温 *THV*(K)	最优抬升指数 *BLI*
12	相当位温 *THE*(K)	沙氏指数 *SI*
13	饱和假相当位温 *THES*(K)	对流凝结高度 *CCL*
14	假相当位温 *THSE*(K)	自由对流高度 *LFC*(hPa)

续表

序号	分层物理量(20 个)	非分层物理量(对流参数)(33 个)
15	湿球温度 *TW*(℃)	抬升凝结高度 *PC*(hPa)
16	湿球位温 *THW*(K)	抬升凝结温度 *TC*
17	湿静力温度 *TSIG*(℃)	对流温度 *TCON*
18	饱和湿静力温度 *TSIGS*(℃)	平衡高度 *PE*(hPa)
19	凝结函数 *F*(10^5/hPa)	0 ℃层高度 *ZH*
20	绝热比含水量 *QL*(g/kg)	−30 ℃层高度 *FH*
21		对流有效位能 *CAPE*(J/kg)
22		最佳对流有效位能 *BCAPE*(J/k)
23		对流抑制能量 *CIN*(J/kg)
24		粗理查孙数 *BRN*
25		瑞士雷暴指数 *SWISS*00
26		瑞士雷暴指数 *SWISS*12
27		风暴强度指数 *SSI*(m/s/km)
28		风暴相对螺旋度 *SRH*
29		能量螺旋度指数 *EHI*
30		强天气威胁指数 *SWEAT*
31		雷暴大风指数 *WINDEX*
32		微下击暴流日潜势指数 *MDPI*
33		大气可降水量 *PW*

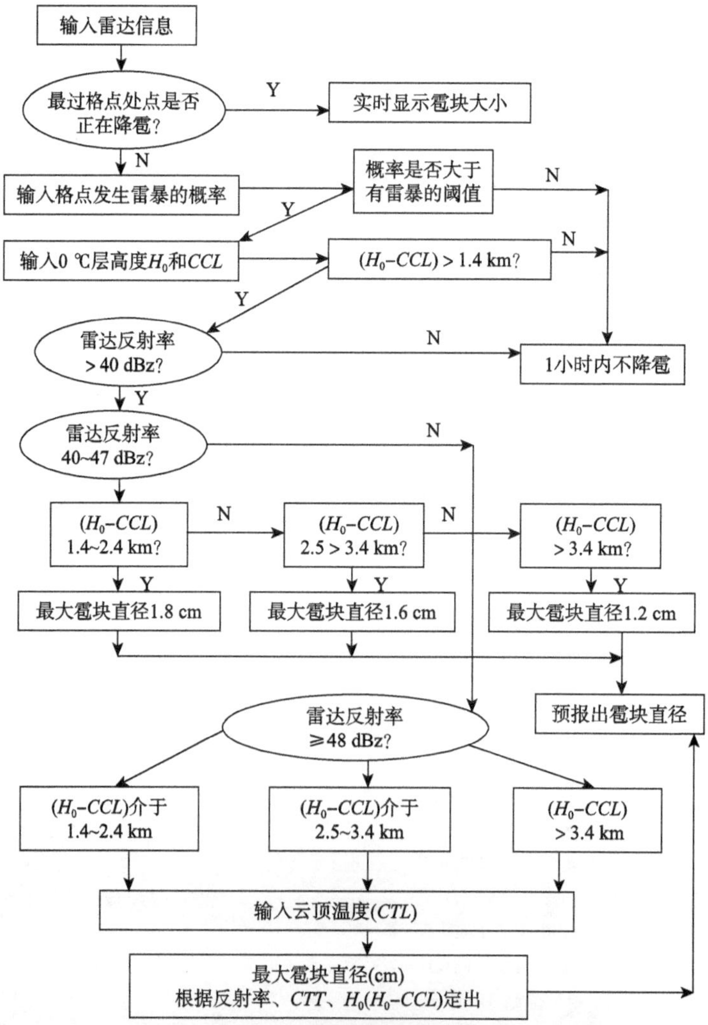

图 7.1　强风暴预报流程图

建立短时强降水、雷雨大风、冰雹、雷电、龙卷等个例库，计算以上物理量，找出与以上强天气关系最好的物理量，并求出其阈值，将多个关系好的物理量叠加，这些物理量阈值围成区域的重叠区即是强天气的出现区。调整预报因子(物理量)的个数和阈值，使得强天气的概括率最大、预报准确率最高。叠套法既可以用 PP 法，也可以用 MOS 法(孔燕燕等 2001)。强风暴预报流程见图 7.1。

7.1.5　部分强对流天气指数

在做强对流天气(包括雷暴、龙卷、冰雹以及雷暴大风等)的预报时，常采用各种预报指数。根据对各种强对流天气的成因分析，可以引出各种指示它们是否会出现以及可能达到的强度的预报指数。这里介绍其中一些较为常用的指数。

(1)千秋指数 I

$$I=[\theta_{sw}(S)-\theta_{sw}^{*}(-10)]/H\equiv\Delta\theta_{sw}/H(\text{度/km}) \tag{7.1}$$

其中 $\theta_{sw}(S)$为地面假湿球位温；$\theta_{sw}^{*}(-10)$指气压为 p^{*}、温度为-10 ℃且相对湿度为 100%时的假湿球位温；p^{*} 为-10 ℃高度上的气压；H 为-10 ℃温度层离地面的高度。

当 $I>0$ 时，有雷暴发生的可能。

(2)强天气威胁指数($SWEAT$)

在美国做龙卷风预报常用的一个指数，叫作 $SWEAT$ 指数，它也反映了不稳定能量与风速垂直切变以及风向垂直切变对风暴强度的综合作用。

$$SWEAT=12D+20(TT-49)+2f_8+f_5+125(S+0.2) \tag{7.2}$$

其中 $D=T_{d850}$(℃)(若 D 为负数，则此项为 0)；$f_8=850$ hPa 的风速；$f_5=500$ hPa 的风速；$S=\sin$(500 hPa的风向$-$850 hPa 的风向)；$TT=T_{850}+T_{d850}-2T_{500}$，若 $TT<49$，则$(TT-49)$项等于 0；切变项 $125(S+0.2)$在下列任一条件不具备时为零：850 hPa 的风向在 130°～250°之间；500 hPa 的风向在 210°～310°之间；500 hPa 的风向减 850 hPa 的风向为正；850 hPa 的风速及 500 hPa 的风速至少等于 15。注意，方程(7.2)中没有任何一项为负数。

$SWEAT$ 值愈高，发生龙卷或强雷暴的可能性愈大。但要注意：1)这个指数的高数值仅仅表示强天气潜在的可能性，不意味着当时出现强天气；2)不应用于一般雷暴的预报，其中的切变项、风速项等项是专门用以区别一般雷暴和强雷暴的。

(3)龙卷强度指数 F

Fujita 给出的龙卷强度指数 F。*Colquhoun*(1996)提出了龙卷强度 F 的预报方程：

$$F=-0.145(LI)+0.136(S6)-1.5 \tag{7.3}$$

其中 LI 为抬升指数，$S6$ 为地面到 600 hPa 的风速切变量。实际使用表明，预报有较高的技巧分。

(4)总位势不稳定指数($LAPOT$)

总位势不稳定指数 $LAPOT$ 也是一个可用以指示龙卷或强雷暴潜在可能性大小的指数，它定义为：

$$LAPOT=\frac{1}{\theta_E\Delta p}\left(\Delta\theta_E+\frac{\bar{\theta}_E}{\bar{\theta}_{SEE}}\Delta\theta_{SEE}\right) \tag{7.4}$$

或

$$LAPOT=\frac{-2[\theta_E(p_2)+\theta_{SE}(p_2)-2\theta_E(p_1)]}{[\theta_E(p_2)+\theta_E(p_1)](p_2-p_1)} \tag{7.5}$$

以上二式中，$\bar{\theta}_E$，$\bar{\theta}_{SE}$分别为在 p 层上的平均相当位温和平均假相当位温，$\Delta p=p_2-p_1(p_1>p_2)$。$\theta_{SEE}=[\theta_{SE}(p_2)+\theta_E(p_1)]/2$ 为气层顶(在 p_2 处)的假相当位温 θ_{SE} 和气层底(在 p_1 处)的相当位温 θ_E 的平均值。$\Delta\theta_E$ 和 $\Delta\theta_{SE}$ 分别为该气层 θ_E 和 θ_{SE} 的差值。$\Delta\theta_{SEE}=[\theta_{SE}(p_2)-\theta_E(p_1)]$是气层顶的 θ_{SE} 与气层底的 θ_E 的差值。θ_E 可有各种求法，下面是两种简便求法。其一是：

$$\begin{aligned}\theta_E&=E_T/C_p=\frac{1}{C_p}(C_pT+gz+L_0r+V^2/2)\\&\approx T+2.5r+9.8z\end{aligned} \tag{7.6}$$

其中 T 为温度(单位为 K)，Z 为海平面上的气块高度(单位取为位势千米)，L_0 为蒸发潜热，r 为混合比

(单位取为 g/kg),V 为空气速度标量。另一种求法为:

$$\theta_E=\theta+B_0\cdot p_0/p_{ew}(T_d)$$

或

$$\theta_E=\theta_W+B_0\cdot e_w(\theta_w) \tag{7.7}$$

其中,θ 是气压 p 处的位温,$p_0=1000$ hPa,$p_{ew}(T_d)$是露点温度 T_d 下的水汽压,$B_0=0.622L_0/(C_p p_0)=1.555$ ℃/hPa,θ_w 是 p 处的湿球位温,$e_w(\theta_w)$是在 θ_w 处的水汽压。

在龙卷爆发过程中,*LAPOT* 指数分布特点是,在龙卷发生区北部,700—850 hPa 气层中 *LAPOT* 指数的负值很大(-50×10^{-5}/hPa),而在 500—700 hPa 气层中 *LAPOT* 指数却是正值($+25\times10^{-5}$/hPa)。

7.2 对流性大风预报

对流性大风是指伴随强雷暴天气出现的强烈短时大风。对流性大风也称为雷雨大风,即在电闪雷鸣时出现风力大于 7 级的瞬时大风。对流性大风主要发生在春末和夏季,大风持续时间短,风速大,破坏力很强。Fujita 在 1975 年首次使用下击暴流“downburst”来描述引起坠机事件的大风现象,“downburst”这一术语说明了近地面由下沉气流引起的、具有极大破坏性的、向四周辐散的爆发性气流。对流性大风主要包括雷暴大风、下击暴流、阵风锋、龙卷风等。强风暴是产生局地大风的一个重要来源,在全球已确定有很多起空难事故与强风暴的下沉气流及其辐散出流造成的强低空风切变有直接关系。

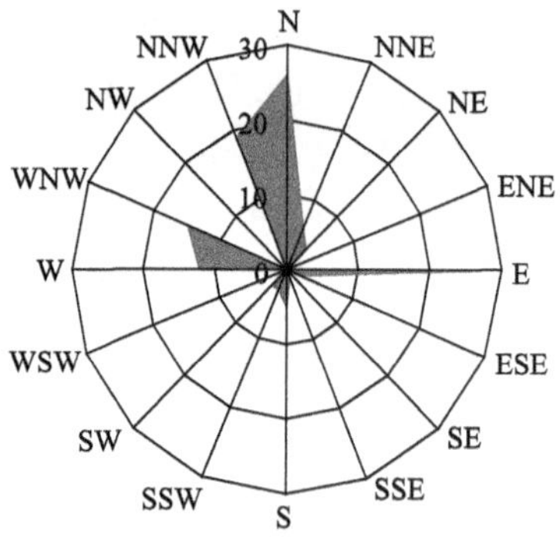

图 7.2 京津冀地区 2001—2008 年 5—9 月平均风向频率玫瑰图(单位:%)

图 7.2 给出了 2001—2008 年京津冀地区 5—9 月大风平均风向频率玫瑰图,由此可见,京津冀地区主要盛行偏北风(N、NNE、NE、NNW)和偏西风(WSW、W、WNW、NW),其所占比例分别为 55% 和 27%,而偏东风和偏南风出现的频率较少。

表 7.2 列出了雷雨大风出现的频率,可以清楚看出 7 级疾风和 8 级大风出现的频率较高,分别为 50% 和 45%。九级烈风频率为 4%,而其他级别的风几乎不出现。由此看来,京津冀地区近十年 5—9 月主要是 7、8 级的雷雨大风,并伴随雷暴、短时强降水等其他强对流天气发生,带来比较严重的灾害。

表 7.2 京津冀 2001—2008 年 5—9 月对流性大风出现频率(%)

级别	风速(m/s)	频率(%)	站次
7 级疾风	13.9～17.1	50	1789
8 级大风	17.2～20.7	45	1629
9 级烈风	20.8～24.4	4	139
10 级狂风	24.5～28.4	1	30
11 级暴风	28.5～32.6	0	3
12 级飓风	32.7～36.9	0	1

7.2.1 对流性大风形成的环境场条件

天气学研究表明,有利于雷暴大风产生的环境条件为:热力结构为大气低层暖湿、中高层冷干,大气的不稳定能量较大;动力结构为中低层具有较强的风速垂直切变,且中低层风向向上呈顺时针变化。最有利于产生雷暴大风的大尺度环流形势为高空冷涡、西来槽和槽后锋生型。

对流性大风是强对流风暴发展的产物,对流风暴动力结构(风暴种类)及影响力很大程度上取决于热力不稳定(浮力)、风的垂直切变和水汽的垂直分布三个因子。

由于浮力决定了垂直方向上空气的加速程度,因此它与风暴强度有关。

垂直风切变有利于风暴发展、加强和维持,从而决定了风暴类型的演变和发展(即对流是否能够发展成为超级单体风暴)。

另外,风暴和环境的相互作用也会影响风暴的强度和组织,例如,一个相当弱的风暴在与边界(密度不连续面如锋面等)相互作用时会出现爆发性发展。因而,系统之间的相互作用很大程度上能够改变风暴以及与之相互作用的环境。以下介绍与风暴发展有关的环境场条件。

7.2.1.1　热力不稳定

气块不稳定是影响风暴强度和类型的三个主要因子之一,其大小可以使用对流有效位能进行衡量。

对流有效位能(CAPE)即气块在给定环境中绝热上升时的正浮力所产生的能量的垂直积分,是风暴潜在强度的一个重要指标。在温度热力斜交(斜 T-ln$p$)图上,CAPE 正比于气块上升曲线和环境温度曲线从自由对流高度(LFC)至平衡高度(EL)所围成的区域的面积。

CAPE 数值的增大表示上升气流强度的加强及对流的发展,气块在特定环境中绝热上升的最大垂直速度(W_{max})理论上取决于 CAPE 向动能的转换程度,并且由此可以求出 W_{max},其中 $W_{max}=(2CAPE)^{1/2}$。

7.2.1.2　风垂直切变

CAPE 并非唯一影响对流风暴中上升运动的因子。在强风切变的环境中,动力效应实质上加强了上升气流的强度,强烈上升运动也能够在较小至中等强度的 CAPE 中得以发展。

风的垂直切变是指水平风速(包括大小和方向)随高度的变化。统计分析表明,环境水平风向风速的垂直切变的大小往往和形成风暴的强弱密切相关。在给定湿度、不稳定性及抬升的深厚湿对流中,垂直风切变对对流性风暴组织和特征的影响最大。一般来说,在一定的热力不稳定条件下,垂直风切变的增强将导致风暴进一步加强和发展,其真正原因:一是垂直风切变能够激发相对风暴气流的产生,而风暴相对气流很大程度上确定了风暴的结构;二是上升气流和垂直风切变环境之间的相互作用能够产生附加的抬升作用,使得风暴进一步加强和维持。

强垂直风切变的作用可以归纳为:

- 能够产生强的风暴相对气流;
- 能够决定上升气流(加强辐合)附近阵风锋的位置;
- 能够延长上升气流和下沉气流共存的时间;
- 能够产生影响风暴的组织和发展的动力效应。

另外,风暴及其环境(地形、边界等)之间的相互作用对风暴的组织和种类也有重要影响。

7.2.1.3　水汽条件

风暴云内部含有大量水分,其水分是由上升气流从大气低层向上输送的,因此风暴的发展要求低层有足够的水汽供应。所以,风暴常形成于低层有湿舌或强水汽辐合的地区。据统计,超级单体和多单体风暴的形成要求比普通单体风暴有更大的低层水汽含量。但是,如果低层的水汽含量过大,在对流云发展早期,云内就会有大量的水汽凝结形成雨滴而降落,阻碍上升气流的进一步发展。

另外,强对流风暴的生成除了上述基本环境条件外,还需要抬升触发机制。

强风暴的产生受大、中尺度天气系统的影响很大,同时它的产生及其演变又给大、中尺度系统以重要反馈。伴随强风暴所产生的局地瞬时大风(雷暴大风)主要是由于云内的强下沉气流所造成的。强下沉气流到达地面后向四周水平辐散,形成强烈的水平出流与低空风切变。

7.2.2　对流性大风的预报着眼点

实时业务预报中,天气流型识别在对流性大风的预报中非常重要,它是预报员预报强对流性天气的基础。不同地区的预报员需要在观测和预报图上辨认出导致强对流发生的天气尺度和中尺度流型。

7.2.2.1　大尺度环流分析

重点分析大尺度环流是否有利于形成上干冷下暖湿的不稳定条件,特别注重中高层干冷空气的侵入(干冷平流)和底层暖湿平流的形成,需要详细分析对流不稳定能量聚集机制。

7.2.2.2 触发机制分析

在有利的大尺度背景条件下,重点分析强对流触发机制,如高空槽、低层切变线、地面锋面等;注重中尺度触发条件的形成,如中尺度辐合线、中尺度低压、脊前风暴出流边界、中尺度地形等条件,详细分析对流不稳定能量释放机制。

雷暴大风触发条件分析:雷暴大风天气是大尺度环流背景下中尺度系统作用的结果,大多数雷暴天气中,都存在着天气尺度和中尺度上升运动。天气尺度抬升运动通常与中高层槽、急流中心和暖平流以及气旋、锋面和切变线等系统有关。与天气尺度锋—急流系统相伴的横向次级环流在导致对流发展的过程中起着重要的作用。雷暴作为一种中尺度现象,与中尺度抬升源有着更直接的联系。近地面层的中尺度抬升源包括由于不连续界面、非均匀加热、风和地形相互作用等造成的上升运动区(如中尺度气旋、中尺度锋面和切变线、辐合线、雷暴外流、海陆风、山谷风环流等等)。近地面层的中尺度抬升源的确定是预报雷暴发生地点和时间的关键。

7.2.2.3 层结结构分析

分析大气的层结结构——垂直的风切变、稳定度、水汽条件。分析对流相关综合指数,分析对流能量的三维分布和数值预报给出的变化趋势,分析天气系统和高对流能量区的配置。

雷暴大风热力条件分析。雷暴大风前,大气不稳定性较强,且一些强对流参数均有一定指示。在大部分情况下,最佳对流有效位能>700 J/kg,下沉对流有效位能>500 J/kg,抬升指数<-2 ℃,大风指数>20,深对流指数>25 ℃,近地面的假相当位温和中层假相当位温最低值差值>15 K 等。在雷暴大风发生之前,CAPE 有一个明显增大的过程,与之相对应,CIN 有一个减少的过程。垂直速度和相对湿度垂直—时间剖面图显示,在雷暴大风发生前,对流层低层一般为上升运动,来自大气中、上层的干冷空气及其伴随的下沉气流有利于不稳定层结的增强;大气可降水量对雷暴大风和普通雷暴有很好的指示意义,即普通雷暴要求大气中含有较高的可降水量,而雷暴大风则较低。

McCann(1994)引入一个用于预报雷暴大风和下击暴流潜势的经验指数 WINDEX(风指数),以 WI 表示:

$$WI=5[H_M R_Q(\Gamma^2-30+Q_L-2Q_M)]^{0.5} \tag{7.8}$$

其中 H_M 为融化层离地面的高度(AGL),以 km 为单位;$R_Q=Q_L/12$ 但不能大于 1,以 g/kg 为单位;Γ 为地面与融化层之间的垂直温度递减率,以℃/km 为单位;Q_L 为近地面 1km 层内的混合比,以 g/kg 为单位;Q_M 为融化层处的混合比,以 g/kg 为单位。WI 是无量纲数,但使用时视其为有单位:n mile/h。由式(7.8)算得的数值可近似视为可能出现的雷暴大风的风力大小。由(7.8)式可见,融化层离地面较高、Q_L 较大(低层潮湿)、Q_M 较小(中层干燥)等因子都有利于产生雷暴大风。

7.2.2.4 需要关注的几个问题

雷雨大风预报要注意的几个方面:1)低层是否有温度扰动非常重要,要看 700 hPa 到地面是否有暖平流,高空是否有冷平流;2)下垫面热源强迫作用也要注意,夜间气旋移到海上易发生强对流,陆地上白天易发生强对流,尤其是午后;3)高空急流也是雷雨大风产生的重要因子,要注意分析是否存在高空急流以及各层的流场特征,看动量是否能够下传。阵风锋是地面强风的边缘,在径向速度图像上,阵风锋主要表现为几千米到几十千米的风辐合带。

雷暴大风临近预报的关注点:不仅具有弓状回波的对流系统能够产生雷暴大风,而且阵风锋也能够产生雷暴大风;只是弓状回波顶部和向前突起部分产生的大风更强烈。低仰角径向速度回波产品有速度模糊区,是地面产生短时大风的标志。飑线类雷雨大风概念模型显示,一旦低层径向速度值较大且辐合发展的趋势明显,或发现回波前沿出现辐合带或回波前出现外流边界,可根据辐合带(外流边界)后的最大径向速度预测地面最大阵风。

此外,龙卷是对流云产生的破坏力极大的小尺度灾害性天气,最强龙卷的地面风速达到 110~200 m/s。当龙卷出现时,总有一条直径从几十米到几百米的漏斗状云柱从对流云云底盘旋而下,能伸达地面，引起地面灾害性强风；未触及地面或未在地面产生灾害性风的称为空中漏斗；伸达水面的，称为水龙卷。超级单体龙卷与超级单体相联系，其反射率因子回波的主要特征是低层的钩状回波。发布龙卷大风临近预报和警报的主要根据是径向速度图上识别出的中气旋。统计表明，大约只有 20%左右的中气旋能够产生龙卷。当观测到强中气旋时龙卷出现概率接近 40%。发布龙卷临近预报和警报的标准是：探测到强中气旋或中气旋底到地面距离小于 1 km 的中等强度中气旋。

7.2.3　对流性大风个例分析

7.2.3.1　实况

2009 年 6 月 3 日中午到 4 日凌晨 05 时，山西、河南、山东、安徽北部、江苏北部先后出现了雷暴大风等强对流天气（图 7.3）。其中，3 日 15:46—23:00，河南郑州、开封、商丘以及山东菏泽出现了呈东北—西南走向的强飑线系统。飑线系统长约 140 km，以每小时 50～60 km 的速度快速向东南方向移动，3 日 21 时左右在商丘境内发展到最强。20:41 至 23:00 扫过河南商丘，宁陵、睢县出现 9～10 级大风，永城县出现 11 级大风。这次过程主要以闪电和雷暴大风为主，每小时超过 20 mm 的短时强降水主要出现在安徽北部。本次强飑线天气具有风力强、移速快、范围广、灾害重等特点，造成河南 22 人死亡，仅商丘市受灾人口就达到 241.92 万人。

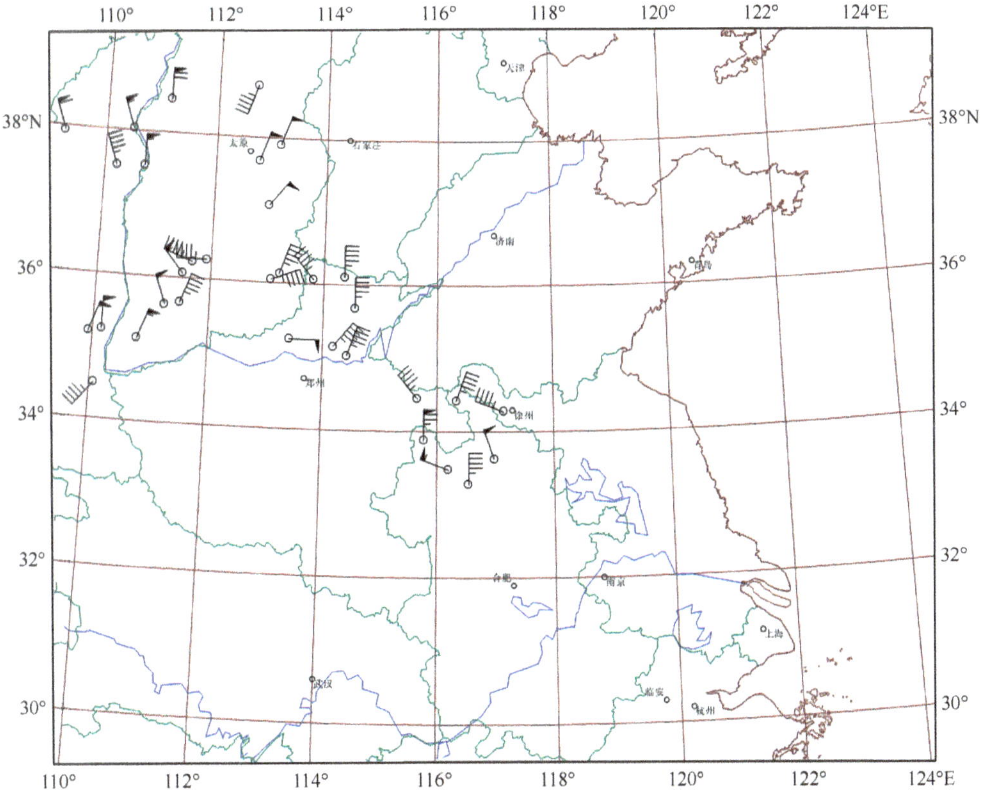

图 7.3　2009 年 6 月 3 日 20—23 时监测的大风实况

7.2.3.2　天气尺度背景条件

2009 年 6 月 3 日 08 时，500 hPa 中高纬为两槽一脊形势，巴尔喀什湖附近有高空槽缓慢东移，高压脊位于贝加尔湖附近，切断冷涡中心位于东北地区北部，位置少动，其后部有短横槽位于内蒙古中部，不断引导涡后冷空气南下，横槽北部为明显的冷平流。700 hPa 形势场与 500 hPa 相似，在陕西西部到四川北部有一风切变辐合区，山西南部、河南大部呈反气旋环流形势；河北中部至内蒙古中部存在冷平流，河南上空为西伸的暖脊控制，有暖平流。850 hPa 图上在陕西西部、山西中部到河北与河南交界处有弱低涡切变存在，河北及其以北地区位于冷槽中，河南位于暖中心附近；显著湿区位置偏南，在江南中部到华南地区（图 7.4）。

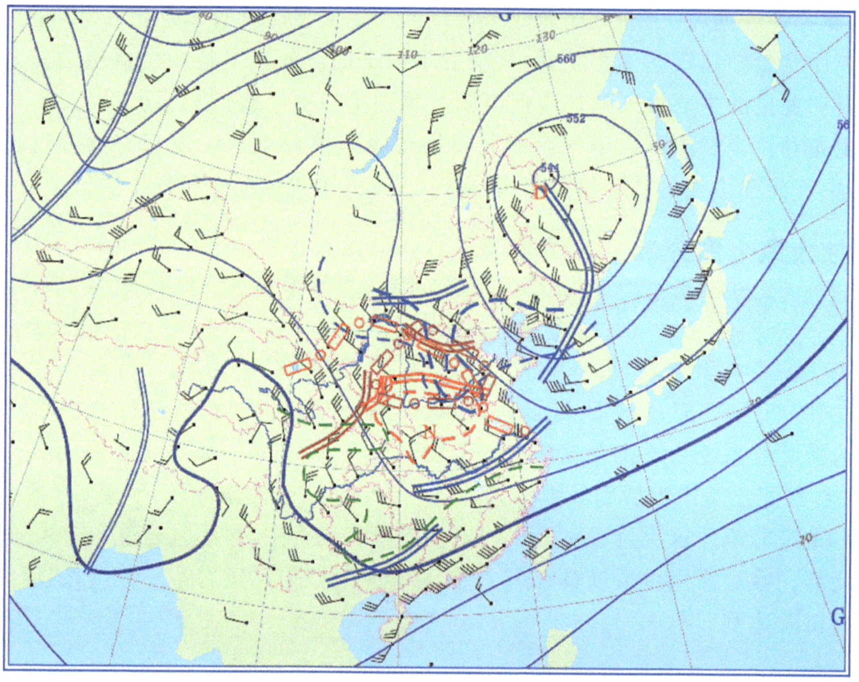

图 7.4 2009 年 6 月 3 日 08 时高空环流综合分析图

（双实线为辐合线（蓝：500 hPa，棕：700 hPa，红：850 hPa），虚线（蓝：500 hPa 温度槽，红：850 hPa 暖脊，绿：850 hPa 湿区），空心点划线为干线（红：850 hPa，棕：700 hPa））

6 月 3 日 20 时，500 hPa 中高纬仍为两槽一脊形势，切断冷涡中心位置少动，强度略有减弱，08 时的短波槽南移至山西中南部，冷空气跟随南下，在河北中南部有一个 −16 ℃的冷中心。700 hPa 上 08 时在陕西西部到四川北部的风切变辐合区东移至河南和湖北两省西部，切变线两侧风速均比 08 时明显增大；河南东部和湖北东部为反气旋环流；河南仍位于暖脊之中，西部和中部有明显的暖平流。850 hPa 图上的切变线东移到河南中部至陕西南部，东端位于商丘附近；河南仍受暖脊控制，暖脊比 08 时略有加强；显著湿区位置变化不大，稳定在江南中部到华南地区，北方水汽条件较差（图略）。

这次过程主要影响系统为高空冷涡，其后部的干冷空气随短波槽东移南下，低层存在切变辐合并有强的暖空气，但暖空气湿度较小，所以造成以雷暴大风而非强降水为主的强对流天气。

7.2.3.3 成因分析

（1）东北冷涡活跃和华北平原持续高温积累了大量不稳定能量

2009 年 5 月 30 日以来，中高纬度大气环流形势稳定，6 月 6 日前东北冷涡持续活跃；华北和黄淮地区受其西侧的西北气流控制，持续高温干热天气。5 月 31 日—6 月 5 日河南、安徽、江苏、山西南部等地一直维持较高温度，地面日最高气温均在 30 ℃以上。在此环境场条件下，大量的不稳定能量在上述地区积累（图 7.5）。

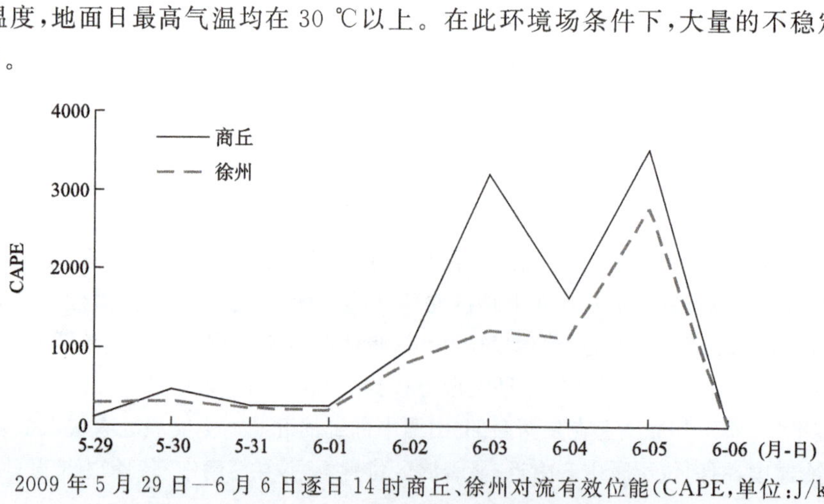

图 7.5 2009 年 5 月 29 日—6 月 6 日逐日 14 时商丘、徐州对流有效位能（CAPE，单位：J/kg）演变

(2)水汽条件的改善,有利环境场形成

随着西南气流加强,水汽条件逐渐改善。6 月 3 日 08 时,水汽舌伸展到河北境内。徐州、郑州、邢台的逐日 08 时露点温度的演变也清楚地显示出水汽条件逐渐改善(图 7.6a),有利于强对流发生的水汽条件和不稳定条件已经建立。3 日 20 时,华北南部地区大气仍然很不稳定;河南南部、湖北大部和安徽西部对流有效位能超过 1000 J/kg;水汽舌继续向北扩展,山西、河南、山东的可降水量超过 20 mm(图略)。

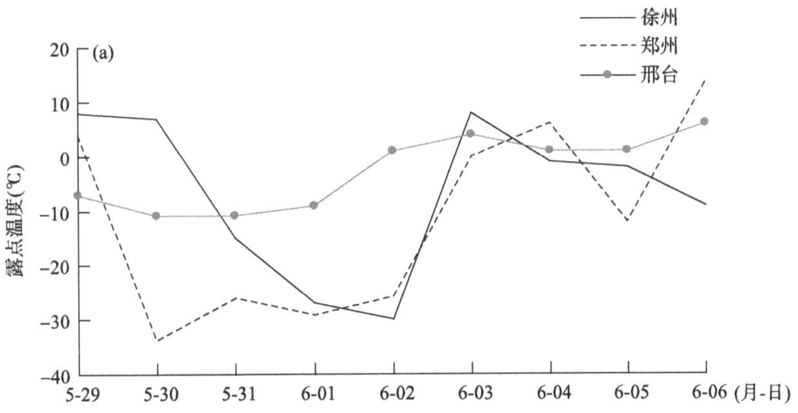

图 7.6　(a)2009 年 5 月 29 日—6 月 6 日 08 时徐州、郑州、邢台 850 hPa 露点温度演变;

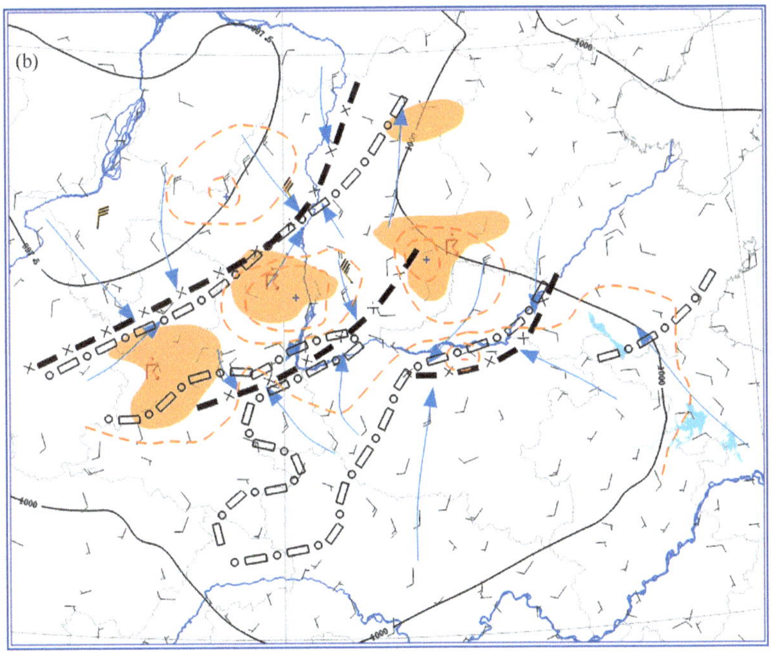

图 7.6　(b)2009 年 6 月 3 日 17 时地面中尺度综合分析

(实线为等压线,虚线为等 3 小时变压线,粗空心线为干线,细箭头线为流线,粗实心虚线为风辐合线,阴影区为雷暴区)

6 月 3 日 20 时的中尺度天气高空综合分析图显示,华北和黄淮地区上空气层上冷下暖,北干暖、南冷湿,气层不稳定;500 hPa 风切变线位于 850 hPa 切变线南侧,高空锋面陡峭,华北中南部对流层低层有强的风切变,安徽北部、陕西南部存在一条弱的暖式切变线。在此环境场条件下,一旦有合适的触发条件引发对流有效位能释放,将产生强对流天气。

(3)雷暴出流边界与地面辐合线可能是飑线的触发机制

6 月 3 日白天,由于辐射增温,11 时陕西、河南局部地区的气温达到 30 ℃,14 时局部气温超过 35 ℃。位于低压中心和低压槽区的陕西中部和山西中部的弱风场辐合区产生了由局地热对流引发的零散雷暴,雷暴位于干线的北侧。14—17 时华北和华中地区的气温都在 30 ℃以上,河南北部达到了 35 ℃。近地面层温度升高,加剧了气层的不稳定度。14 时以后,雷暴区迅速扩大,并向东南方向发展。

17 时，地面辐合线南移与干线近于重合，山西南部、陕西中部和甘肃南部出现三片雷暴区，呈东北—西南向排列，雷暴区正变压明显，飑线形成(图 7.6(b))，河南北部出现东—西向的干线和弱的风辐合线。20 时，飑线前沿的风辐合线经过商丘横穿河南，干线北移，到达河北南部，河南北部的湿度明显增大。此时，飑线已进入河南北部地区。由于河南北部低层高温高湿和低压倒槽内的风场辐合有利于对流发展，飑线中的雷暴单体在商丘附近迅猛发展，产生雷暴大风。在地面形成中尺度高压(图略)，中尺度高压向东南方向移动，其前沿的飑锋横扫河南东北部、安徽北部和江苏大部，沿途造成雷暴大风和局地冰雹。

(4)雷达回波演变特征

从华北雷达拼图可以看到，6 月 3 日 11 时左右，孤立的回波在吕梁山区开始形成，此后回波不断发展加强并向东偏南移动，越过太行山时(约 14:40 前后)有一个加强的过程，并形成东北—西南走向的带状回波，此带状回波向东南方向移动，在下山过程中略有减弱，18 时左右在其前部(郑州北部的平原地区)激发出新的对流单体，该单体发展加强并沿黄河河谷东移，19 时位于开封的强回波达到 55 dBz，造成该地区的强对流天气。与此同时在北部地区的菏泽附近产生新的对流单体，单体东移加强，3 日 19 时左右两个单体合并加强，形成条形回波带(图略)，并以每小时 50～60 km 的速度快速向东南方向移动，22:40 左右到达商丘，21 时左右在商丘境内发展到最强，最强回波强度达到 65 dBz。两小时后(22 时左右)移过商丘，并形成典型的弓状回波(图 7.7)，22:30 时东移减弱，移出河南开始影响安徽和江苏两省的北部。

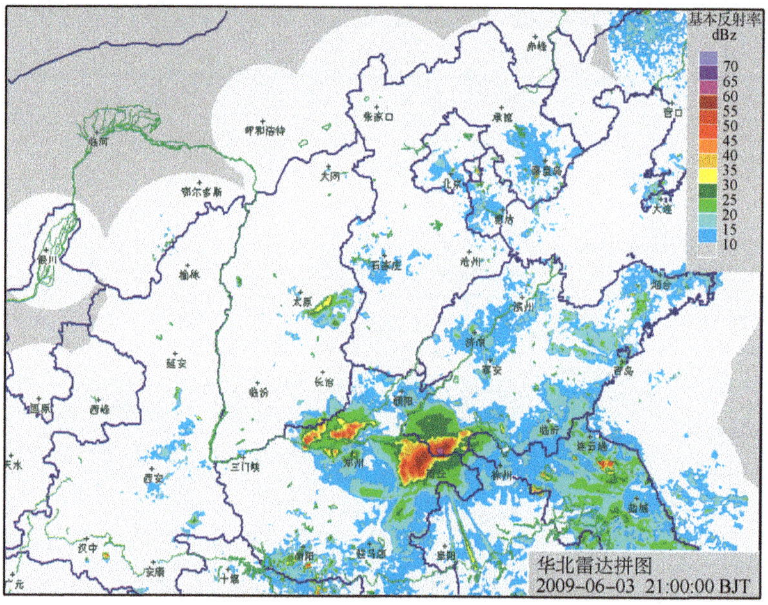

图 7.7　2009 年 6 月 3 日 22 时华北区域雷达拼图

对河南商丘单站雷达资料的分析表明，19 时在开封的强回波达到 55 dBz。该回波顶高达 8 km 左右，该中尺度对流系统(MCS)中有 2 个发展比较强盛的对流风暴，其中右边的对流单体更强，该对流单体中又包含了强度更强、尺度更小的强风暴单体，正是这些中尺度对流系统造成该地区的强对流天气。

21 时对流云团在商丘发展最强，回波顶高达 10 km 左右，MCS 中镶嵌多个对流单体($M_\beta CS$)，每个对流单体又包含多个 $M_\gamma CS$(图略)，正是这些中尺度对流系统造成该地区的雷暴大风、冰雹等强对流天气，商丘的宁陵、睢县、永城等地出现 8～10 级、阵风达 11 级的大风。

7.3 冰雹预报

7.3.1 气候特征

冰雹是从发展强盛的积雨云中降落到地面的冰球或冰块，是一种季节性明显、局地性强且来势凶猛、持续时间短，以机械性伤害为主的天气灾害。我国冰雹等级分为四类，即小冰雹(直径＜5 mm)、中冰雹(5 mm≤直径＜20 mm)、大冰雹(20 mm≤直径＜50 mm)和特大冰雹(直径≥50 mm)。

中国冰雹分布的特点是山地多于平原，内陆多于沿海。青藏高原为冰雹高发区，年冰雹日数一般有 3～15 天；云贵高原、华北中北部至东北地区及新疆西部和北部山区为相对多雹区，有 1～3 天；秦岭至黄河下游及其以南大部地区、四川盆地、新疆南部为冰雹少发区，在 1 天以下(图 7.8)。

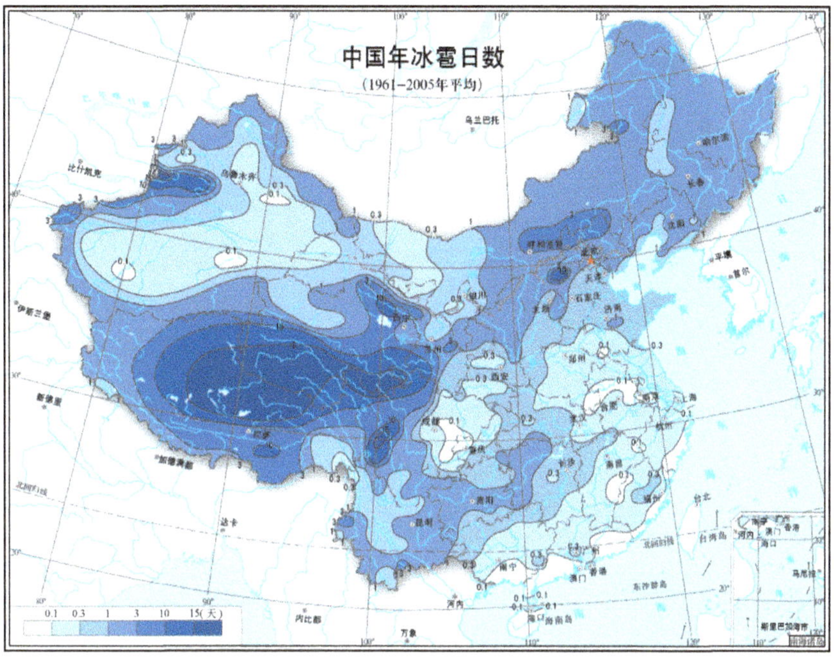

图 7.8　1961—2005 年平均中国年冰雹日数(中国灾害性天气气候图集 2007)

中国降雹有明显的季节变化特征。春季青藏高原中东部、云贵高原、华北北部、东北东南部和北部及新疆的西部和北部山区为多雹区，季冰雹日数一般有 0.5～3 天；长江中下游及其以南地区及四川盆地春季是一年中降雹最集中的一个季节，季冰雹日数有 0.1～0.5 天。(图 7.9)

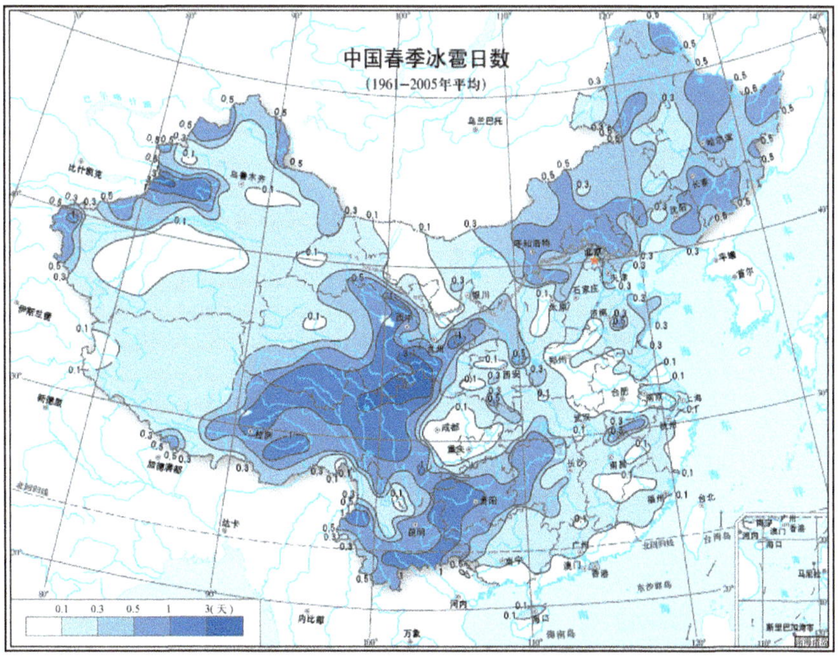

图 7.9　1961—2005 年平均中国春季冰雹日数(中国灾害性天气气候图集 2007)

夏季降雹主要集中在青藏高原及华北北部至大兴安岭一带地区，季冰雹日数一般有 1～3 天，其中青藏高原大部有 3～10 天，西藏的班戈、那曲均为 23 天；长江中下游及其以南地区及四川盆地夏季很少有冰雹出现(图 7.10)。

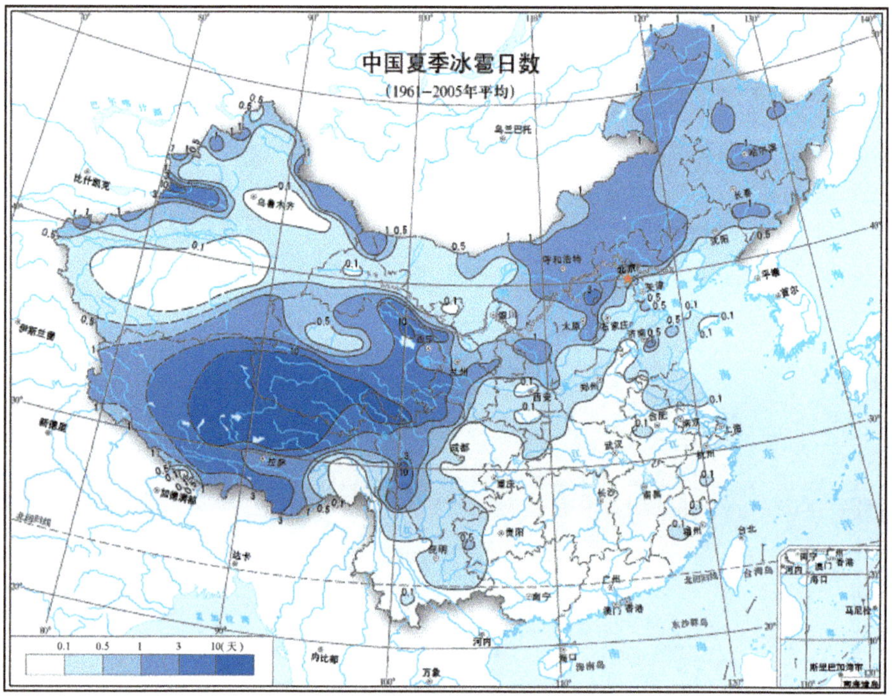

图 7.10 1961—2005 年平均中国夏季冰雹日数(中国灾害性天气气候图集 2007)

秋季中国大部地区冰雹日数明显减少。青藏高原大部秋季冰雹日数一般有 1～5 天，那曲达 9.3 天；华北北部、东北大部及新疆西部和北部山区冰雹日数有 0.3～1 天，新疆昭苏为 2.0 天；南方大部地区基本无降雹(图 7.11)。

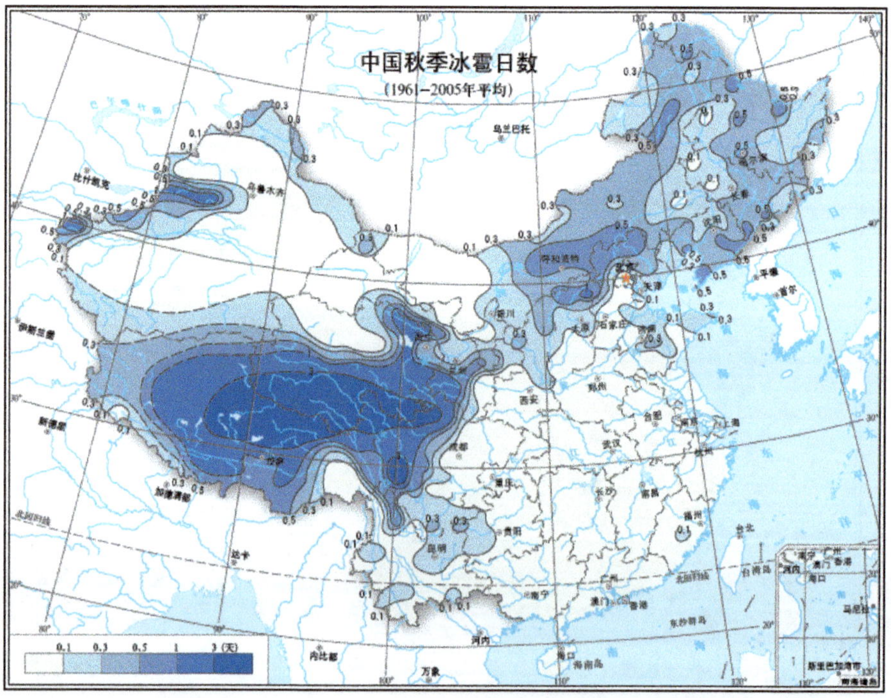

图 7.11 1961—2005 年平均国秋季冰雹日数(中国灾害性天气气候图集 2007)

年冰雹日数极大值分布特点是：山地多于平原，内陆多于沿海。青藏高原大部地区一般有 15～30 天，部分地区超过 30 天，其中西藏那曲达 53 天；云贵高原及湖南大部、华北中北部至东北地区、新疆西部和北部山区一般有 3～15 天，局部地区超过 15 天，其中新疆巴音布鲁克 20 天，昭苏 32 天；华北平原及其以南大部地区和四川盆地在 3 天以下（图 7.12）。

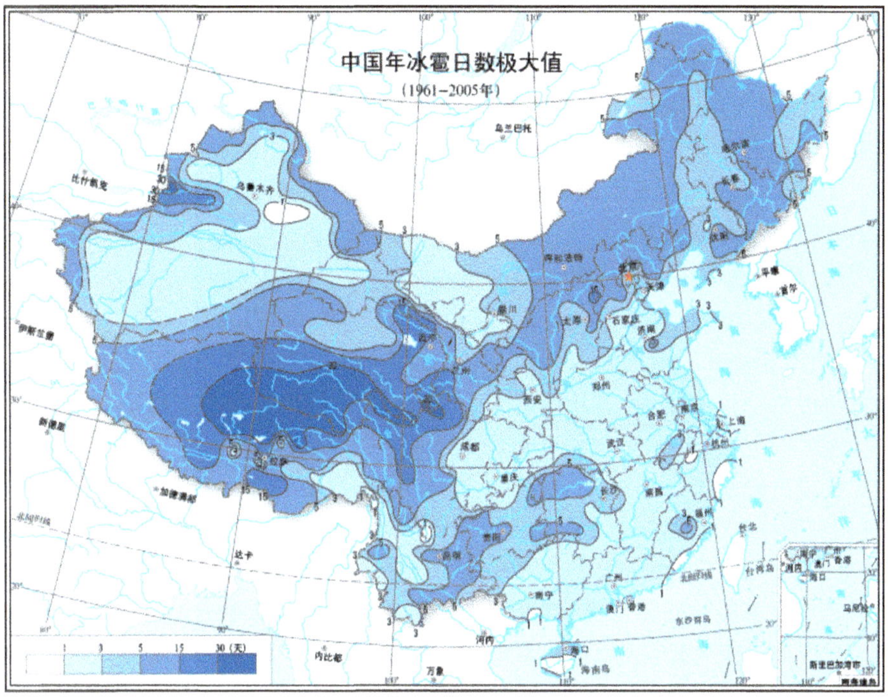

图 7.12 1961—2005 年平均中国年冰雹日数极大值（中国灾害性天气气候图集 2007）

1961—2005 年，中国冰雹高发期出现在 20 世纪 60—80 年代，90 年代以来明显减少。年冰雹发生频次平均值为 1270 站日，平均每站 2.1 天；1976 年最多，为 1611 站日，平均每站 2.6 天；2000 年最少，为 744 站日，平均每站仅 1.2 天（图 7.13）。

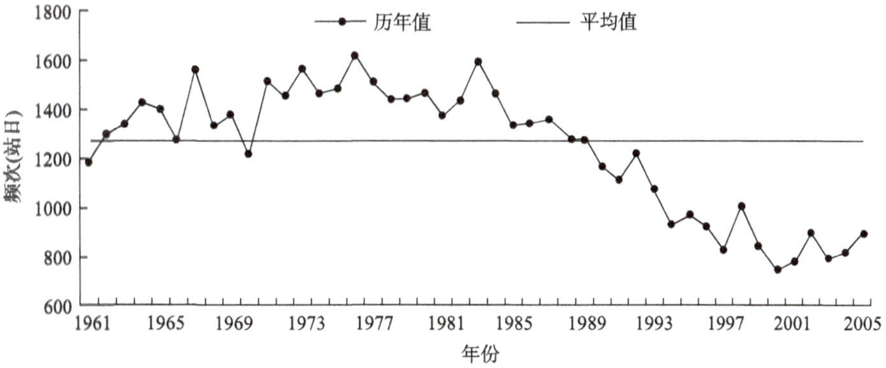

图 7.13 1961—2005 年中国年冰雹发生频次（中国灾害性天气气候图集 2007）

我国强对流天气有明显的地理分布、季节分布和时间分布特征。以冰雹为例，根据全国平均降雹日分布可知，青藏高原是一个多雹地区。在青藏高原以东地区有南北两支多雹地带。北支从青藏高原北部出祁连山、六盘山经黄土高原和内蒙古高原连接，再延伸到冀北及东北三省，形成我国最长、最宽的一个降雹带。南支则从云贵地区延伸至长江中下游地区和黄淮及山东地区。一般来说，北支的降雹日比南支要多。成片的雹区主要发生在春、夏、秋三季，其中尤以 4—7 月最多，占总数的 70%，并且有规律地随时间由南向北推移。降雹还有明显时间分布。大约 90%的降雹发生在午后至夜间。

7.3.2 冰雹天气的分析和预报

7.3.2.1 冰雹对流云发展的微物理条件

在讨论冰雹天气形成条件之前，先从对流云发展的微物理过程讨论积雨云致冰雹的条件。

(1)对流云顶能达到冰晶产生的高度(−20 ℃温度的高度)

云能否致雨主要取决于云中水滴的大小。云中水滴在空中受到向下的重力和向上浮力以及空气的黏性阻力的作用，水滴愈大，下降速度愈大。因此能作为降水落到地面的水滴必须要有较大的体积，如连续性降水的雨滴半径为 0.3～2.0 mm，阵性降水雨滴半径为 1.5～3.5 mm，而产生冰雹的雨滴半径则为 5～50 mm 甚至更大。所以云体必须垂直发展能到达或超过−20 ℃温度的高度，在中、高纬度地区要到达 400 hPa 层(6～7 km)以上才行。

(2)大气中要有足够强的并且有一定变幅的垂直运动

冰雹的形成，上升运动必须大于 20 m/s。要产生直径 10 cm 的大雹，要有 50 m/s 以上的上升运动，反复升降多次使冰雹冲并的路程大大延长，因而直径不断增大，最后当上升气流托不住时就降到地面。所以冰雹的结构和增长过程，同上升气流大小有关，还同上升气流的不稳定有关。

(3)环境大气的 0 ℃层高度不能太高也不能太低

降雹还要求有适当的 0 ℃层高度。0 ℃层高度太低时，只能形成小雹粒；0 ℃层过高时不能形成降雹，环境大气的 0 ℃层高度一般在 700 hPa 附近(4 km 以下)有利于降雹。这个条件在初夏和初秋易满足，所以此时降雹较多。强对流天气常发生在一定的天气形势下，一般来说，强对流天气发生发展的典型特征是高低层有高空急流和低空急流，在低层有暖湿舌伸展，中层有干舌叠加在低层湿舌之上，层结不稳定度很大。美国把产生大雹(最大雹块直径≥10.16 cm)的天气形势归纳为 A、B 两类。A 类的特点是高低空急流上下交叉，地面暖锋(不连续线)附近有很强的切变，层结不稳定度很大。超级单体和大雹事件通常发生在不连续线北侧暖湿平流最强之处。B 类的特点是上层很干、下层很湿，气团的对流性不稳定度很大，自由对流高度(LFC)一般位于 680～720 hPa，降雹发生在稳定度/湿度梯度很大以及高空辐散与低空辐合相耦合的地区，即沿干线或其附近的地区。根据中央气象台的分析，我国的大范围降雹天气形势有高空冷槽型(前倾槽、后倾槽)、高空冷涡型、高空西北气流型和南支槽型等四个基本类型。其高低空型系统配置的基本特征与美国的情况也有某些相似之处。

7.3.2.2 冰雹天气热力动力参数

冰雹是大气中的中尺度对流系统强烈发展造成的。根据气块法理论，要形成大气的强烈对流必须具有巨大的不稳定能量以及能使大气产生上升运动从而使大气不稳定能量得以释放的较强抬升力。

根据冰雹的云物理成因分析可知，冰雹的形成要求有适宜的湿球温度 0 ℃所在高度(WBZ)(约在 600 hPa 或 4 km 上下)、适宜的−20 ℃层高度(约在 400 hPa 或 7.5 km 上下)、冷云层与暖云层厚度的比例适宜等。同时，冰雹的形成还要求有较大的垂直速度。根据前苏联的资料，最大及地雹块直径与云中最大上升速度之间有以下关系：

$$R_{\max} \approx \frac{W_{\max}^2}{\beta^2} \tag{7.9}$$

其中 $\beta \approx 2.2\times10^3\ \mathrm{cm}^{1/2}\cdot\mathrm{s}$(有的文献取 $\beta \approx 2.6\times10^3$)。也可以直接用来估计雹块直径。一般来说，在一定的 WBZ 情况下，雹块直径随 $W_{\max}$ 增大。大雹事件一般都有显著的背景条件，例如根据美国七次大雹(最大雹直径)事件的平均，对流有效位能、抬升指数、风暴相对螺旋度、能量螺旋度指数(以上指数值为标准单位)是表征天气背景条件的较好的物理量。

7.3.2.3 冰雹天气形势分析

冰雹是在一定的天气形势下产生的。预报冰雹天气，无论是使用天气图方法或是数值预报产品的释用，都脱离不了对天气背景的分析和主要流型的判断。我国各地区冰雹天气环流背景和主要天气学概念模型有许多共同特征，但不同地区在主要影响天气系统方面也存在一些区域性特征。下面以华北地区冰雹天气形势的分类为例，进行简要介绍。

华北各省、市、自治区对本地区降雹的天气形势都进行过分型研究，分型结果如表 7.3 所示。从分型结果看：以高空形势为主，突出了主导天气系统和各型之间差别，能够投人日常业务工作中分辨和使用，缺点是对地面或低层系统的有效配置关系有所忽略。

表 7.3 华北地区降雹天气形势分型

河北省	北京市	山西省	内蒙古自治区
冷涡 （2 个分型） 横槽 西北气流 短低槽	高空冷涡冷槽 （6 个分型） 横槽切变 西北气流	冷低涡 强冷低槽 高压脊后部 低槽后部 暖切变	冷涡 前倾槽 后倾槽 西北气流

降雹与当地某些特定的天气形势有关，从降雹历史资料中找出常见的降雹天气形势是天气图方法预报的基础，然后加上一定的指标，就可以在一定程度上提高预报的准确率。

7.3.2.4 冰雹天气潜势预报着眼点

冰雹业务预报中，首先需要对天气背景和环境场条件进行分析，重点分析如下 4 个方面：

1）大尺度的过程是否使得大气变得更加对流不稳定；

2）垂直风切变；

3）抬升机制；

4）水汽条件的分析。

首先，对流层上部饱和湿球位温的值很低，这个特征一般是从 500 hPa 面以上是否有冷槽、冷平流或温度负距平来判断。其次，低层水汽增多，地面湿球位温大，这个特征可以从低层暖湿平流来判断，尤其应注意低层急流、暖式切变以及地面热倒槽的发展情况。另外，要特别注意中层空气“上冷干，下暖湿”的形势。一般的经验是预报盛夏雹暴时要着重考虑高空冷空气活动；预报春季和初夏的雹暴时，则不可忽视低层暖湿气流活动。根据经验，强雹暴发生前有 1～2 天以上的西南风，暖湿空气可垂直伸展到 3500～5500 m 高度。

根据冰雹形成理论，形成冰雹的重要条件是云中要有强大的垂直气流和丰富的含水量，而上升气流速度可用上升空气温度与四周空气温度的差值来表示，云中的绝热含水量与云底温度有关。因此可以选用在−20 ℃层上从层结曲线和状态曲线上求得的温度差和凝结高度上的温度，这两个从探空曲线上可直接获得的预报因子做出点聚图，进行预报。

使用当日探空资料分析大气不稳定情况，对于 50～100 km 范围内冰雹预报的参考意义较大。如分析冻结高度、云厚比、0 ℃和−20 ℃的等温线高度及其差、对流层顶高度等等都可了解大气稳定性和是否有利于降雹。分析大气稳定度，计算上升气流速度、云顶高度和含水量，可作为预报冰雹大小的基本依据。

分析单站高空风，了解风的切变特征、大气动力不稳定度和冷暖平流情况，有助于降雹天气的预报。例如，低层也就是摩擦层以上到中层（离地面 3000 m 左右）风向顺转，而中、高层也就是离地面 5000 m 左右风向逆转，表示低空为暖平流，中高空为冷平流，有利于雹暴的发展。

有利于强冰雹产生的环境条件是比较大的 CAPE 值，特别是−10～−30 ℃之间的 CAPE 值比较大。深层的强的垂直风切变也有利于大冰雹的产生。此外影响大冰雹产生的因子是 0 ℃层（融化层）的高度，该高度要合适。

对单站地面天气和气象要素的统计分析显示，降雹前的征兆主要有：

1）雨季来临之际久旱缺雨，连续有四五天以上的晴天；然后气温增高，湿度增加，气压下降，后期绝对湿度也增大，在降雹前 10 小时内此现象十分突出。

2）强雹暴前几日地方风受到破坏，偏西南风或偏东风劲吹，雹暴来临前偏西北风（冷空气回流地区则是偏东北风）时紧时松，表示冷空气已侵人，可能出现冰雹大风等。

3）处于冷槽后部的地区，当风的日变化破坏、正盛行偏北风时（表示冷气团控制本地），若风向又突然转向(表示低层可能出现暖平流),则下午到傍晚可能发生雹暴。

4)雨后降雹。下了一两天以上连续性降水之后,早晨转晴,温度急升,下午或傍晚可能降雹。这种情况是冷锋过后低层气团迅速变性、回暖增湿,然后高空冷槽过来,上冷下热,容易发生雹暴。

7.3.3 冰雹的临近预报

利用卫星、雷达、GPS/MET、自动站、人工观测站等多种技术和手段获取各种基本气象要素、灾害性天气影响系统以及极端天气事件等的实时探测资料,并采用多资料融合技术方法,提供基本气象要素、雷达拼图、风场反演、定量降水估算等实时信息,对冰雹实行全天候的实时监测,注重对雷达数据的分析,进行短时临近预报和预警。

找到每一个潜在的强对流风暴的位置,将其置于画面的中心,在同一幅画面上显示4张该风暴单体的回波图,选择分别代表低层和中层的两幅反射率因子和两幅径向速度图,每幅图放大相同的2倍或4倍。在环境垂直风切变较大的情况下,若反射率因子垂直结构出现向入流一侧倾斜,则可以判断是强对流风暴,有产生地面大风、龙卷、冰雹的潜势。从反射率因子图可以大致确定对流风暴是多单体风暴、飑线还是超级单体风暴。如果低层和中层径向速度显示出强烈中气旋,则无疑是超级单体风暴,可以考虑龙卷警报;如果显示中层明显的辐合,可以考虑地面大风警报;反射率因子回波若呈现弓形回波,也可以考虑地面大风警报。中层的反射率因子的核心若超过50 dBz,则需要考虑大冰雹预警,同时需要进一步检验其垂直剖面。如果必要,可以在反射率因子图上叠加冰雹指数产品和风暴路径信息,在反射率因子径向速度图上叠加中气旋和龙卷涡旋特征(TVS)产品。

做垂直剖面,可以帮助判断是否能出现大冰雹。径向速度垂直剖面可以判断中层辐合区的存在与否,从而判断地面大风的可能性。

产生大冰雹的强对流风暴的最显著的特征是存在高悬的强反射率因子核心。强反射率因子一般至少要达到45 dBz,在回波形态上具有宽广的弱回波区WER或有界弱回波区BWER特征。

用来判断对流风暴强度的一个有用的参量是垂直累积液态含水量VIL(液态水混合比的垂直积分)。VIL如果大大高于相应季节的对流风暴的平均VIL值,则发生大冰雹的可能性很大。根据美国俄克拉荷马州的统计,5月份对应于出现大冰雹的垂直累积液态含水量VIL的阈值为55 kg/m^2,6、7和8月份的相应阈值为65 kg/m^2。

另外一个用来判定强冰雹可能性的参数是强冰雹指数,用来判断大冰雹的另一个指标是风暴顶辐散。

S波段雷达回波中三体散射的出现表明对流风暴中存在大冰雹,但是S波段雷达回波中三体散射的出现是存在大冰雹的充分条件而非必要条件。C波段雷达回波中出现三体散射的机会更多一些,但并不表明大冰雹的存在。在C波段条件下,小冰雹甚至是大雨滴都有可能产生三体散射。

7.3.4 冰雹天气个例

7.3.4.1 实况

2008年6月22—29日,由于深厚、稳定的华北冷涡控制华北地区,京津冀地区连续8天遭受强对流天气的袭击,对流系统扫过之处,造成多处发生雷雨大风、冰雹及龙卷天气。其中23日下午冰雹天气最为剧烈。

7.3.4.2 卫星资料分析

对卫星资料的分析显示,β中尺度对流系统于6月23日13时在蒙冀交界处生成,河北北部降水增大。

14时开始TBB出现低于230 K的低温中心;15时,北京附近有另一β中尺度的对流系统新生,并不断发展东移,16时与北部对流系统合并,于17时左右发展成α中尺度对流系统。至24日01时,MCS减弱至中心温度高于230 K,04时东移至山东。本次过程在对流系统强烈发展合并的14—18时,河北中部先后有12个站出现了大冰雹天气(图7.14)。强对流区主要位于TBB低值区的后部及南部地区,其主要原因是对流云顶受高层气流引导而比低层对流云区移动快,从另一个侧面也反映出垂直方向上存在着较强的风速切变。

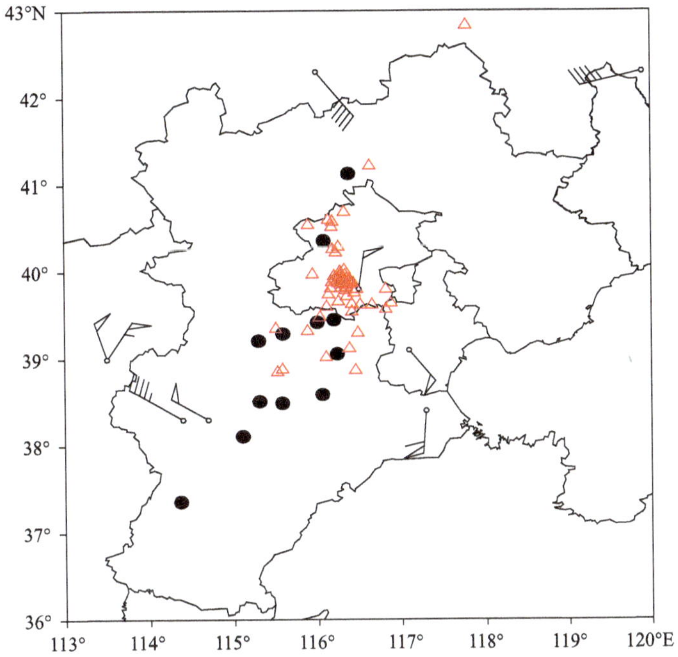

图 7.14 2008年6月23日14—18时冰雹(实心圆)、大风(风速>17.1 m/s,风向杆)、短时强降水(>10 mm/h,三角形)实况

7.3.4.3 500 hPa 形势分析

2008年6月23日,500 hPa上华北冷涡发展加强至成熟阶段,主体位于贝加尔湖至华北地区,中心强度达到最强,有明显的冷中心配合。从低层850 hPa到高层200 hPa,均有低压中心配合。14时,200 hPa高空急流维持在冷涡南侧,既有利于高层西北强冷空气向南输送,又有利于对流云的维持和发展。在500 hPa位势高度场上,京津冀地区位于冷涡东南部,冷涡后部有高纬冷空气从中高层南下,增加了京津冀地区的层结不稳定性(图7.15)。京津冀西部地区500 hPa为一冷槽,850 hPa暖脊为一从山西北部向东伸展的暖舌,上冷下暖的有利配置有利于此区域的层结不稳定的增强。700 hPa和850 hPa风场上,京津冀位于冷式气旋性切变前的西南气流里,为产生对流的典型天气形势。可见,23日14时高空各层的天气形势配置都有利于京津冀地区对流发展。

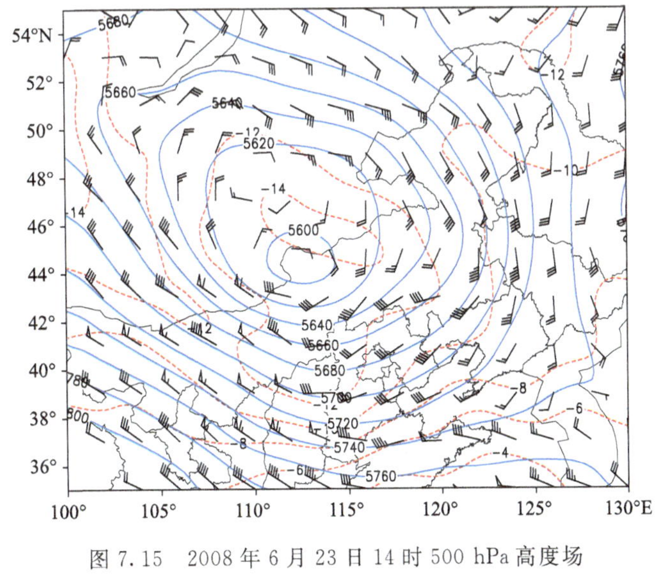

图 7.15 2008年6月23日14时500 hPa高度场(实线,gpm)、温度场(虚线,℃)和风场(风向杆)分布

7.3.4.4 不稳定能量分析

MCS 强烈发展期间，京津冀地区对流有效位能（CAPE）≥100 J/kg 与强天气指数（SWEAT）≥160 及总指数（TTI）≥47 的不稳定区分布一致，呈南北向带状分布，最大值中心位于京津地区，基本覆盖 MCS 发生区域（图略）。

14 时，京津冀上空 1000—100 hPa 降水率达到 30 mm/（cm^2 · h）左右，水汽条件较为有利；抬升凝结高度明显减小，在 750 hPa 以下，强天气更容易触发；0 ℃和−20 ℃高度明显降低，分别在 4000 m 和 7000 m 左右，达到适宜冰雹生成的高度。同时，在 MCS 发生发展区域，0—12 km 的垂直风切变基本维持在 3（m/s）/km 以上，是强天气发生发展的有利环境条件。

河北保定附近发生冰雹及剧烈雷雨大风分析。以 2008 年 6 月 23 日保定站的温度场、气压场、风场演变为例，对 MCS 发生发展的下垫面温湿条件的分析可见，06—14 时，MCS 发生前及初期发展阶段，保定站的气压明显下降，最低达到了 975 hPa 以下，气压的扰动非常明显。配合气压场，温度场及露点场的扰动也出现明显的增温增湿过程，为 MCS 的发生发展积聚了能量。14—18 时，MCS 剧烈发展阶段，气温骤降，降温接近 14 ℃；气压涌升，升压超过 30 hPa；露点温度降低约 4 ℃，为一典型的雷暴高压过境过程。从风场上看，在 MCS 发展期间，保定站为东南风，风速增大，有利于东南暖湿水汽向北输送。18 时开始，降温和露点温度的下降过程趋于结束，MCS 开始减弱，强天气随之减弱。

7.3.4.5 雷达资料分析

2008 年 6 月 23 日 13 时左右，北京雷达站西南方向有多个孤立的对流单体开始发展并东南移，此时北京以西区域开始有闪电发生，正闪比例很高，且伴随大风天气，是强对流天气发生前的典型现象。14:30，前部的多个对流单体也开始发展。15:30 左右开始有明显的三体散射现象出现，表明此时对流风暴中存在大冰雹。16 时 3 个对流单体基本连成一片（图 7.16(a)），三体散射现象仍清晰可见，强回波中心大于 60 dBz，并出现钩状回波，有明显的 V 型缺口及弱回波区，这是超级单体风暴的典型特征。反射率因子垂直剖面（图 7.16(b)）上，强回波伸展到 6 km 以上，有弱回波区及回波悬垂结构，也可见三体散射现象。在低层速度图上，与强回波中心及钩状回波的入流缺口处对应的是气旋式辐合（图 7.16(c)）。沿钩状回波 V 型缺口附近的速度辐合区做垂直剖面可见（图 7.16(d)），低层辐合，高层辐散。由于距离较远（距雷达 190 km 左右），最低仰角（0.5°）到了超级单体处已有 3 km 高，从图中可以判断，低层辐合还应向下延伸。较大的垂直累积液态水和冰雹指数都很好地对应了强回波区，对流单体中心 VIL 最大值达到 45 kg/m^2 以上，并有较大的冰雹指数（图 7.16(e)）。从风场来看，整层风速迅速增大，高层风速增大最明显，最大风速出现在 400 hPa 附近，风场垂直切变增大。850 hPa 以下为东南风，850—700 hPa 为西南风，输送大量暖湿水汽，加强层结不稳定；700 hPa 以上为西北风，中高层干冷空气下沉，与低层暖气流交汇，触发不稳定能量的释放（图 7.16(f)）。11—19 时，北京附近有大风天气；16—17 时，北京附近电闪雷鸣；16—19 时多站出现 20 mm 以上的短时强降水。15:50 左右，北京附近多个站开始降雹，其中 16:27 在涿州发生的大冰雹直径达到了 13 mm。17 时左右，对流单体强度减弱，17:30 后北京附近无站点降雹。20 时左右，对流系统基本移出北京雷达站探测范围。

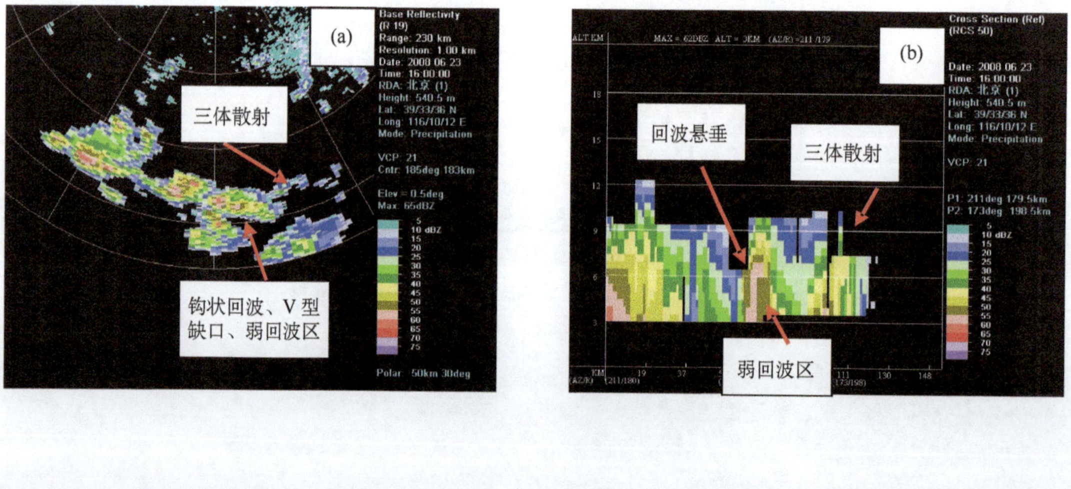

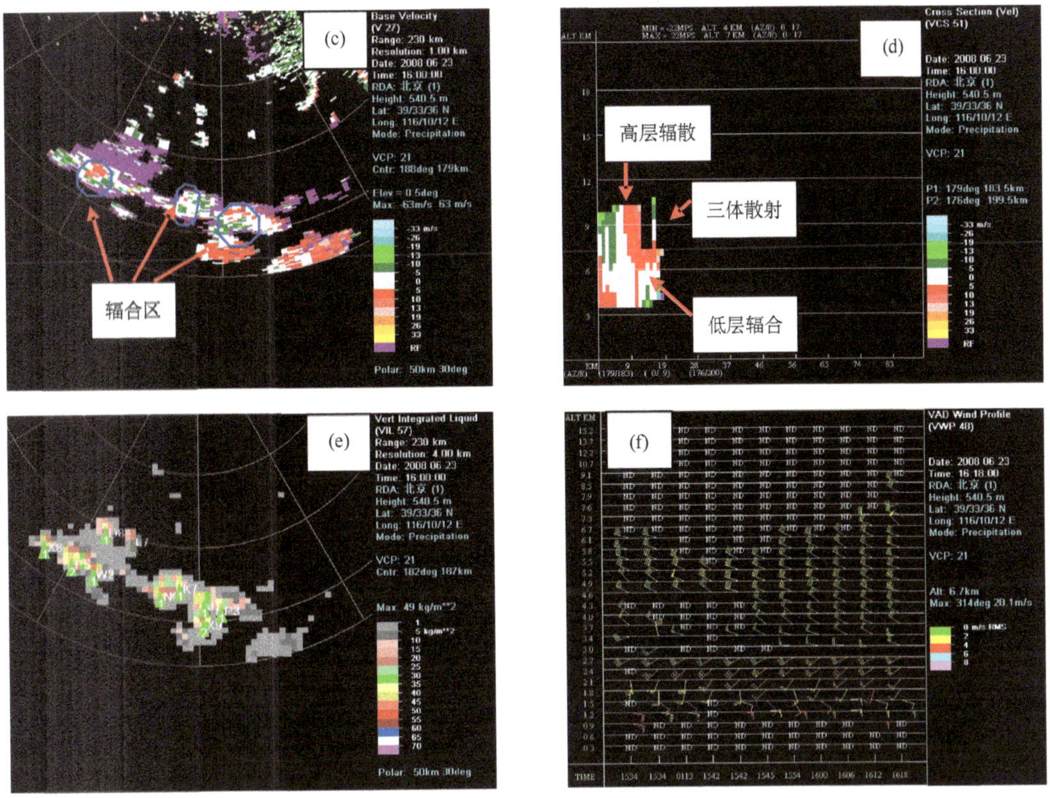

图 7.16　北京多普勒雷达 2008 年 6 月 23 日(a)16 时 0.5°仰角反射率因子,(b)16 时反射率因子垂直剖面(沿(a)中直线),(c)16 时 0.5°仰角径向速度,(d)16 时径向速度垂直剖面(沿(c)中直线),(e)16 时垂直累积液态水与冰雹指数,(f)15:34—16:18 垂直风场演变

7.3.4.6　地面形势分析

地面场上,河北中部维持着一条偏西风和东南风的辐合线,对流云团在辐合线附近强烈发展,最终形成强大的 MCS。风场辐合与水汽辐合有很好的配合,辐合区主要位于对流系统的后部及南部地区,呈经向分布。14 时 MCS 强烈发展,其后部及南部地区辐合增强明显,此后水汽辐合大值中心随着 MCS 东南移。在水汽的输送作用下,中尺度辐合系统内始终保持着充足的水汽,强对流云团得到水汽补充,水汽上升凝结释放潜热,使对流发展更强,在如此正反馈作用下,MCS 得以强烈发展并维持,冰雹、大风、雷电等强对流天气主要在辐合中心附近发生。

7.3.4.7　干冷空气侵入的作用

进一步分析干冷空气侵入的作用。2008 年 6 月 23 日 08 时,对流层中层为明显的强冷平流,在 MCS 即将发生区域冷平流最强,且低层有暖平流的配合,上冷下热的配置非常有利于 MCS 的发生发展。MCS 发生区域的对流层中层 400 hPa 左右出现明显的相对湿度低值区,且与明显的下沉运动相配合。14 时,干冷空气侵入至 700 hPa 附近,并由北向南延伸至 35°N 以南地区,伴随着对流层中层的西北风和近地面的西南风,高层干冷气流与低层暖湿气流对峙,116°E 沿线强烈的对流不稳定发生和发展,强天气由北向南陆续发生。说明在 MCS 发生前有一干冷空气侵入至对流层低层,从对流层高层下沉的干冷空气使不稳定能量释放,是强对流冰雹天气发生的可能触发机制之一。

6 月 22 日 20 时,与华北冷涡槽后偏北气流位置相对应的 $\sum(T-T_d)(500+700+850)\geqslant 20$ ℃干冷空气位于 46°—32°N、114°E 以西地区。23 日 02 时向东南侵入到河北西部,14 时已控制整个河北地区,且 $\sum(T-T_d)$等值线密集,存在明显的能量锋区或能量舌。θ_{se}能量舌的位置和变化与湿度锋区基本一致。可见,湿度锋区为 MCS 的发生发展提供了能量,并且 MCS 在 θ_{se}能量舌附近发生发展。

湿度锋和能量锋不仅为 MCS 的发生发展提供了能量,当能量锋区进入低层辐合区时,造成了明显的能量锋锋生,触发了其附近中尺度系统的发生发展,且对流层中高层存在干冷空气的侵入,使不稳定能量释放,导致冰雹天气的出现。

7.4 雷电预报

雷(闪)电是发生在自然大气中的瞬间放电过程,并同时伴有声、光的出现。一次放电过程一般持续时间为 0.1～1.0 s。其中可能包括几次大电流脉冲过程,被称作闪击。人们见到的雷电一般产自雷雨云中,在天空中呈现一种多分叉的形状,长达几千米到几十千米。雷电产生的原因是由于雷暴云中强烈的上升和下沉气流的对流运动,使云中随机分布的正负电荷呈现有序排列的结构,在云中形成许多正电荷区和负电荷区。当雷暴云中部分区域积累了足够强的正(负)电荷,使得空间或地面某处的电场强度达到了击穿大气的值,则产生雷击,会对人民生命财产和自然环境造成重大影响。

雷电是在雷暴天气条件下发生于大气中的一种长距离放电现象,具有大电流、高电压、强电磁辐射等特征。闪电可分为云闪和地闪。云闪是指发生在云内或云间正负电荷间的放电过程,它包括云内闪(intracloud)、云间闪(intercloud)和云—空气闪(cloud-air),云闪放电的同时会辐射出大量高频脉冲,这些脉冲为人们对云闪的定位提供了帮助。地闪是指发生在云体与地面之间的对地放电过程。地闪的峰值电流可达到几万到十几万安培,对地面物体会造成很大威胁。

7.4.1 我国雷电时空分布特征

中国的雷暴活动多发区主要集中在华南、西南南部以及青藏高原中东部地区,年雷暴日数在 70 天以上,其中云南、海南、广西 3 省(区)的部分地区超过 100 天。雷暴活动中等发生区主要集中在江南、西南东部、西藏、华北北部、西北部分地区,年雷暴日数在 40～70 天之间。东北、华北、江淮、黄淮、江汉、西北东部及内蒙古中部和东部的雷暴活动较少,为 20～40 天。西北地区大部、内蒙古西部更少,不足 20 天(图 7.17)。

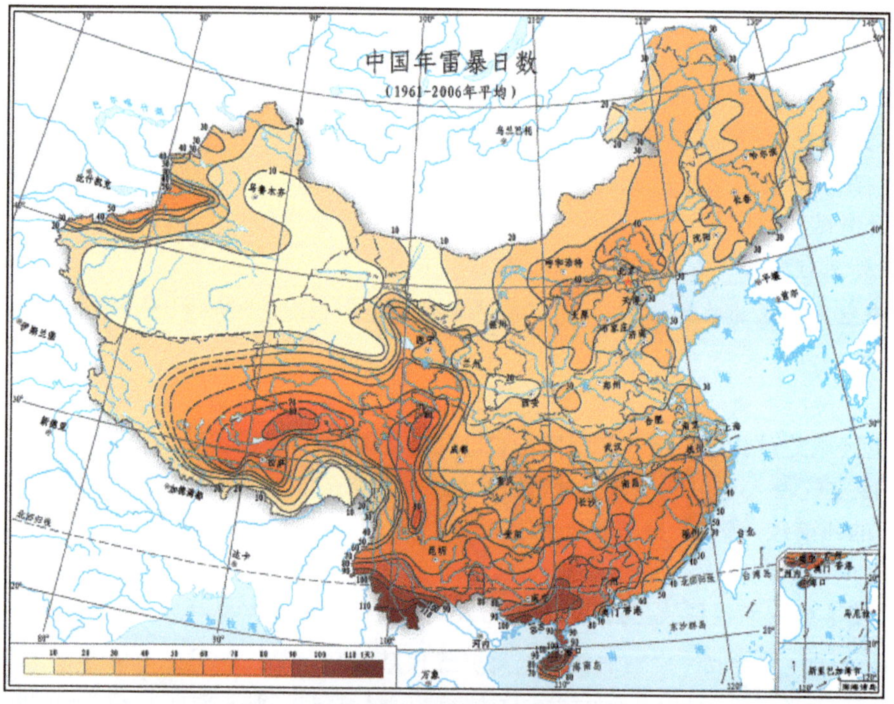

图 7.17　1961—2006 年平均中国年雷暴日数(中国灾害性天气气候图集 2007)

春季,雷暴日数高值区主要在长江以南地区,一般在 10 天以上,其中江南大部、华南及贵州、云南南部、青藏高原东侧季雷暴日数有 15～30 天;华北中东部、江淮、江汉及吉林东部、四川盆地、天山西部等地有 5～10 天;北方大部地区季雷暴日数在 5 天以下(图 7.18)。

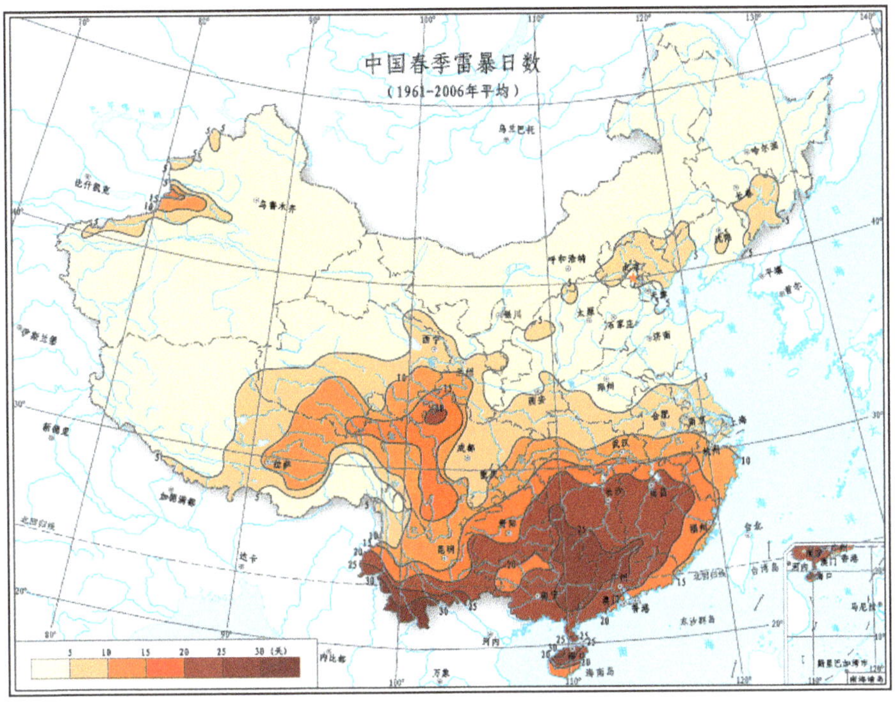

图7.18 1961—2006年平均中国春季雷暴日数(中国灾害性天气气候图集2007)

夏季是中国全年雷暴日数最多的季节。除西部沙漠、戈壁滩和盆地在5天以下外,中国其余大部地区季雷暴日数在10天以上,华北北部、江南南部、华南、青藏高原大部超过30天,其中华南中部和西部及云南南部、西藏中部有40～50天(图7.19)。

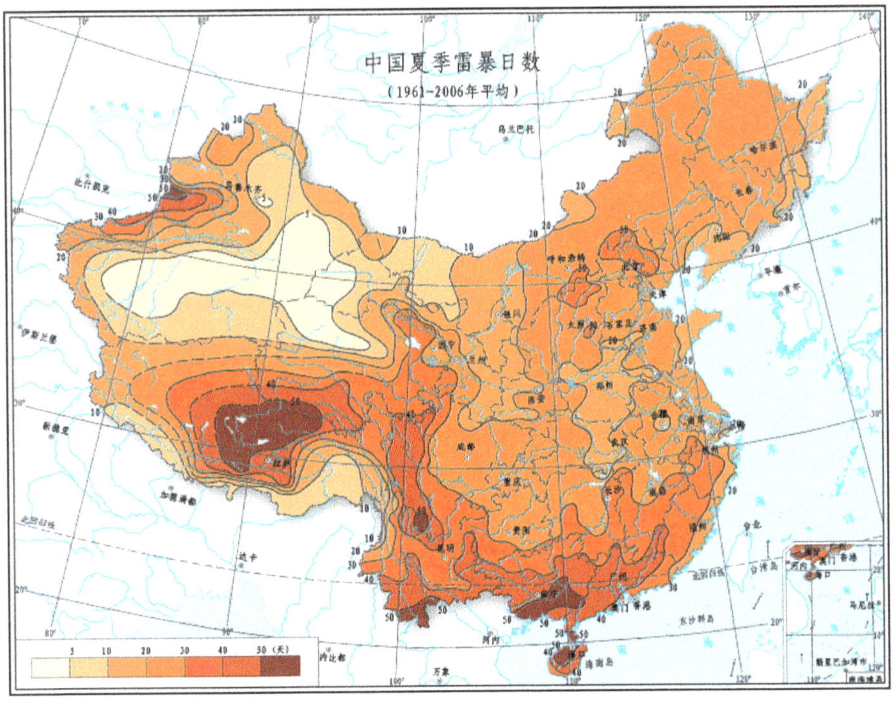

图7.19 1961—2006年平均中国夏季雷暴日数(中国灾害性天气气候图集2007)

秋季,雷暴日数明显减少。中国大部地区季雷暴日数在5天以下;华南、江南南部、华北中部、东北中南部、青藏高原中部和东部及云南大部等地有5～15天;云南西南部、海南等地超过20天(图7.20)。

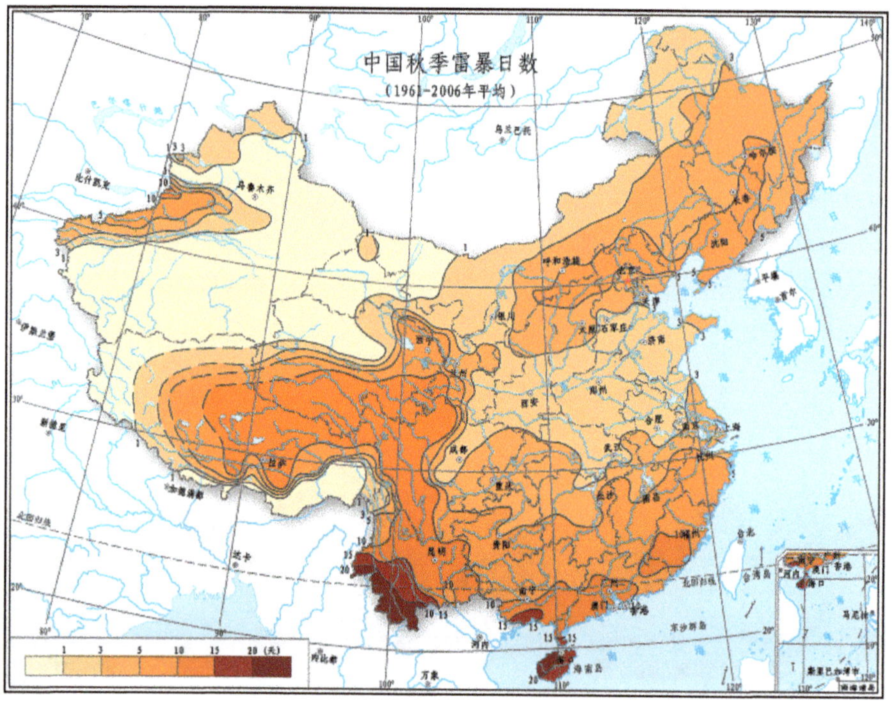

图 7.20　1961—2006 年平均中国秋季雷暴日数(中国灾害性天气气候图集 2007)

冬季是四季中雷暴日数最少的季节，东北、华北、西北及西藏、四川盆地几乎都不出现雷暴，雷暴较多的地区为江南中部和西部及广西东北部、贵州东部和南部、云南大部地等地，也只有 2～4 天(图 7.21)。

图 7.21　1961—2006 年平均中国冬季雷暴日数(中国灾害性天气气候图集 2007)

中国年雷暴日数极大值分布，黄淮东部、江淮、江汉、江南、华南、西南大部为 50～110 天，其中海南、广东大部、广西东南部、云南南部、湖南南部等为 110～150 天；中国其余地区一般为 30～50 天，西北大部在 30 天以下(图 7.22)。

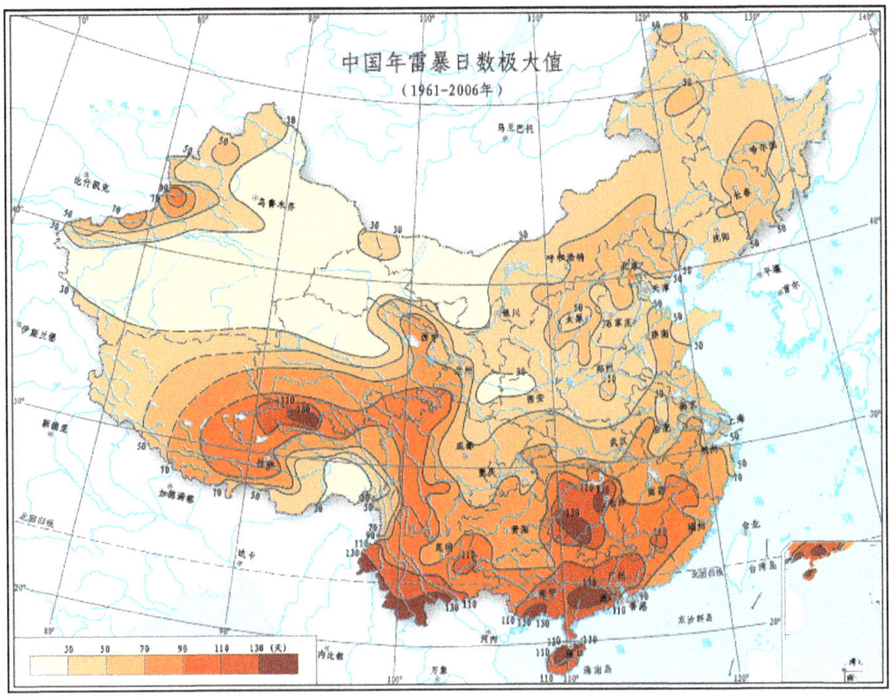

图 7.22　1961—2006 年中国年雷暴日数极大值(中国灾害性天气气候图集 2007)

年闪电密度定义为每年每平方千米上发生的总闪电次数(云闪和地闪的次数总和)。华南、西南地区是中国闪电密度高值区,尤以广东省和海南省为最高;东北、华北、西北中东部、江淮、江南是闪电密度的次高值区;西藏和青海大部地区为闪电密度的次低值区;西北地区西部是闪电密度的最低值区(图 7.23)。

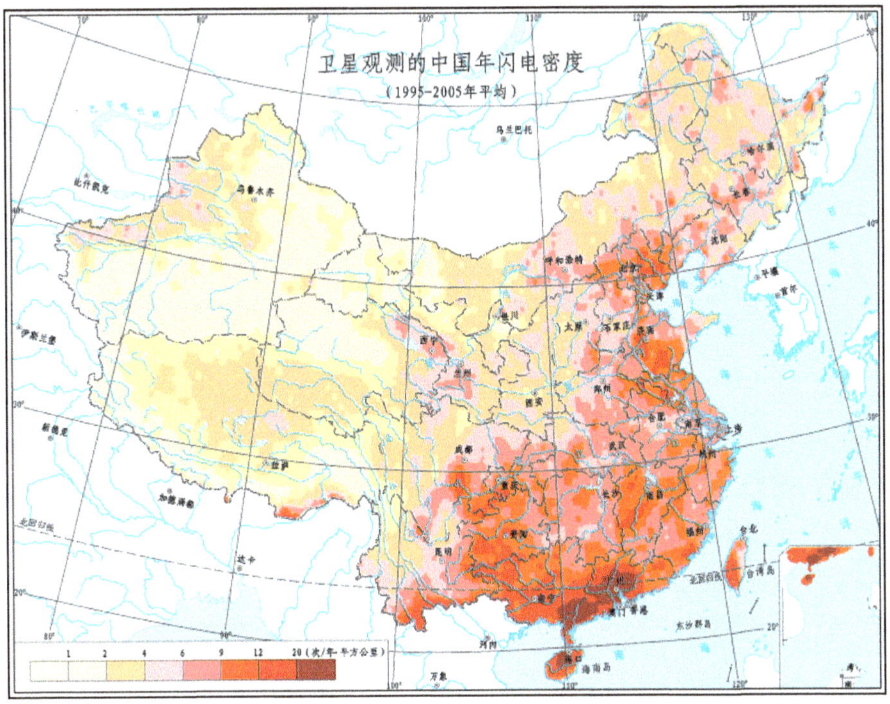

图 7.23　1995—2005 年平均卫星观测的中国年闪电密度(中国灾害性天气气候图集 2007)

中国雷电灾害伤亡人数:广东最多,每年平均死亡 78 人,受伤 67 人;云南次之,年死亡 40 人,受伤 57 人;贵州第三,年死亡 33 人,受伤 35 人(图 7.24)。

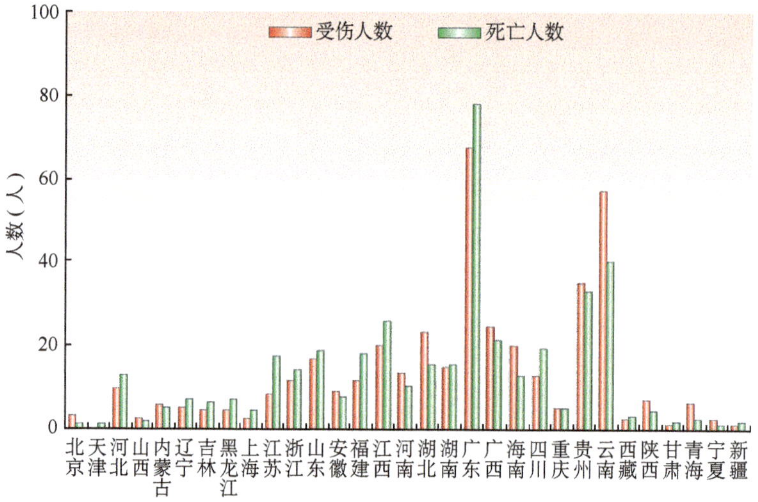

图 7.24　1997—2005 年平均中国各省(市、区)年雷电灾害伤亡人数(中国灾害性天气气候图集 2007)

6—8 月是中国雷电灾害的高发期，在这个时期雷电造成的伤亡人数占全年伤亡人数的 65%，其中 7 月最高，占全年的 29%(图 7.25)。

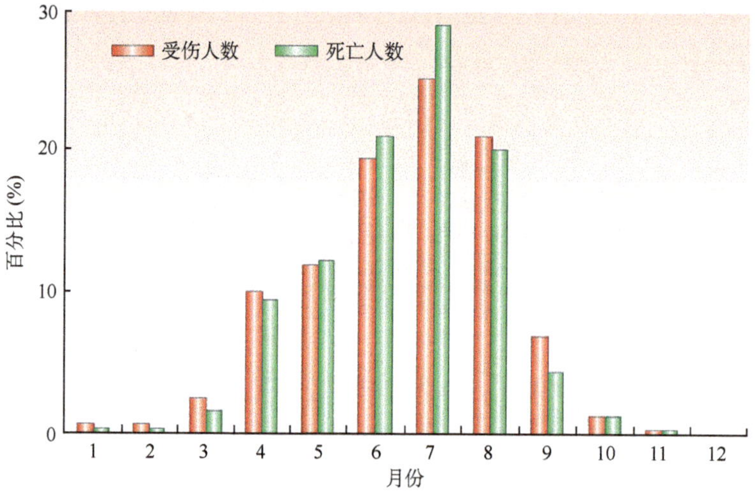

图 7.25　1997—2005 年平均中国各月雷电灾害伤亡人数占全年的百分比(中国灾害性天气气候图集 2007)

每天 13—21 时是中国雷电灾害发生的集中时段，其中 15—17 时最为突出，雷电造成的灾害事故次数和伤亡人数分别占各自总数的 10%和 15%以上，这与雷电日变化特征有关(图 7.26)。

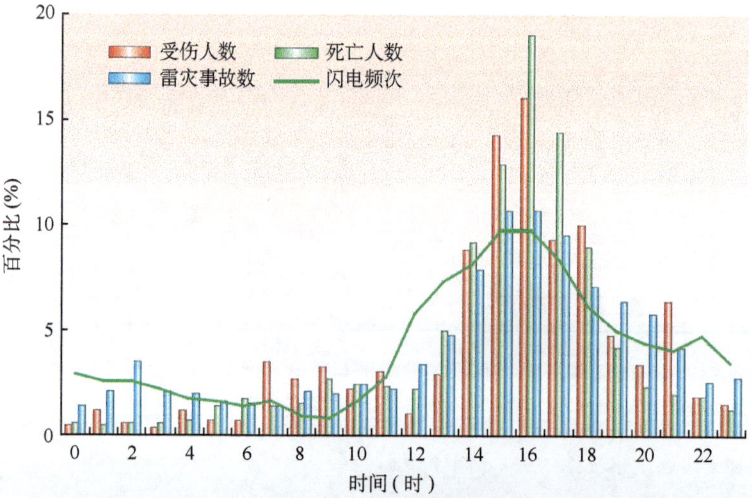

图 7.26　1997—2005 年平均中国各时雷电灾害占全天的百分比(中国灾害性天气气候图集 2007)

7.4.2　雷暴云和雷电的发生

雷暴是伴有雷击和闪电的局地对流性天气。它必定产生在强烈的积雨云中，因此常伴有强烈的阵雨或暴雨，有时伴有冰雹和龙卷。形成雷暴的积雨云发展旺盛，云的上部常有冰晶。冰晶的淞附、水滴的破碎以及空气对流等过程，使云中产生电荷。云中电荷的分布很复杂，但总的说来，云的上部以正电荷为主，云的中、下部以负电荷为主，云下部前方的强烈上升气流中还有一范围小的正电荷区。因此，云的上、下之间形成一个电位差；当电位差大到一定程度后，就产生放电，这就是平常所见的闪电现象。放电过程中，闪道中的温度骤增，使空气体积急剧膨胀，从而产生冲击波，导致强烈的雷鸣。当云层很低时，有时可形成云地间放电，这就是雷击。因此，雷暴是大气不稳定状况的产物，是积雨云及其伴生的各种强烈天气的总称。雷暴的持续时间一般较短，单个雷暴的生命史一般不超过2小时。

雷电是由积雨云中“温差起电”以及其他起电作用所造成的。一般来说，云中放电强度及放电频率与雷暴云的高度、强度有关。因此，雷电现象可用以判断雷暴强度。

雷雨的出现常常伴随着雷电。众所周知，雷电的产生是由于发展旺盛的积雨云中正负电荷之间大的电位差引起火花放电所致的。放电通常分为云中正负电荷间发生的空中放电以及云与地面之间发生的云地放电，云地放电就是人们常说的落雷。

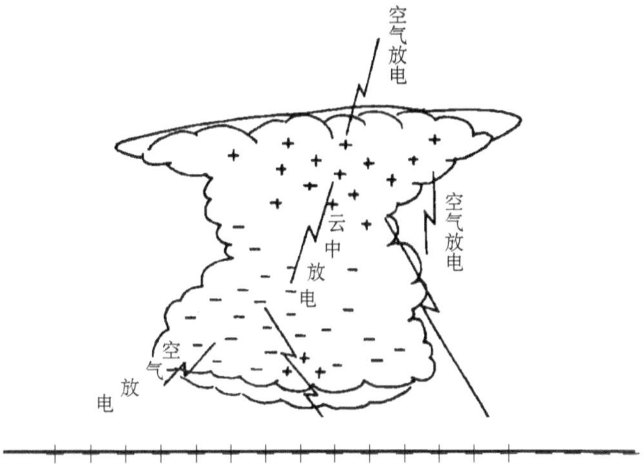

图7.27　雷雨云中的电荷分布与放电情况

成熟期的积雨云中雷电及其电荷的分布如图7.27所示。通常，当积雨云云顶发展到－20～－40 ℃时发生雷击。

7.4.3　雷暴的发生、强度及移动

雷暴的发生、发展、强度以及移动和转播的预报是雷暴预报的重要组成部分。这里介绍它们的基本思路和方法。

雷暴和强雷暴都是由大气中的强烈对流造成的。根据气块法理论，要形成大气的强烈对流必须具有巨大的不稳定能量以及能使大气产生上升运动从而使大气不稳定能量得以释放的较强抬升力。巨大的不稳定能量常常是在一定的天气形势背景下积累起来的。其中，对流层中、低层的逆温层，通常称其为“干暖盖”，对于储存大气不稳定能量起到重要作用。因此强干暖盖的存在是有利于发生强雷暴的重要条件之一。

干暖盖的强度可以用干暖盖强度指数来表示。干暖盖强度指数 Ls 定义为：

$$Ls=(\theta_w)_{\max}-\bar{\theta}_w \tag{7.10}$$

式中 $(\theta_w)_{\max}$ 表示逆温层顶处的饱和湿球位温；$\bar{\theta}_w$ 表示地面至500 hPa气层的湿球位温平均值。Ls 愈大表示干暖盖愈强，储存的大气不稳定能量可能愈大，一旦发生雷暴，其强度也愈大。

强的风速垂直切变的存在也是有利于发生雷暴的重要条件之一。粗里查孙数BRN表示了对流有效位能及风的垂直切变的综合作用。根据统计，当BRN很小时，易出现超级单体风暴；当BRN大小中等时，易出现多单体风暴；当BRN很大时，易出现气团型雷暴。

Turcotte等(1987)提出的风暴强度指数 SSI，也反映了浮力能与风垂直切变对风暴强度的综合作用。SSI 定义如下：

$$SSI=100\times[2+(0.276\times\ln(Shr))+(2.011\times10^{-4}\times Eh)] \tag{7.11}$$

其中 Eh 为浮力能(即对流有效位能)，Shr 为地面至高度 H 的气层内密度加权平均垂直风切变，Shr 的计算公式如下：

$$Shr=\left[\int_0^H \rho(z)\mid V(z)\mid \mathrm{d}z\Big/\int_0^H \rho(z)\mathrm{d}z\right]-0.5\left[\mid V(0)-V(0.5\ \mathrm{km})\mid\right] \tag{7.12}$$

根据加拿大和美国的情况，$SSI=100$ 或 120 代表强、非强雷暴的分界。SSI 愈大，发生强风暴的可能性便愈大。

Johns 与 Doswell(1992)指出，几乎所有的局地强风暴事件(包括龙卷)都与深对流有关。对流深度通常可用卫星 T_{BB}(云顶的红外相当黑体温度)来表示。Nitta(1994)等提出一个表示对流深度的指数，记作 DCI_{NS}，

$$DCI_{NS}=\begin{cases}250-T_{BB} & \text{当 } T_{BB}<250\ \mathrm{K}\ \text{时}\\ 0, & \text{当 } T_{BB}\geqslant 250\ \mathrm{K}\ \text{时}\end{cases} \tag{7.13}$$

250 K 大约相当 400 hPa 的高度，所以 DCI_{NS} 愈大，表示对流云顶超出 400 hPa 的高度愈多，即对流云愈高。Murakami 等也提出一个表示对流深度的指数，记作 DCI_M，

$$DCI_M=10\times[(T_{BB}-T_{400})/(T_{tr}-T_{400})] \tag{7.14}$$

其中 T_{400} 和 T_{tr} 分别表示 400 hPa 高度的温度和对流层顶的温度。同样，DCI_M 愈大，表示对流云愈高。DCI_{NS} 和 DCI_M 两种深对流指数都可作为诊断或临近预报的工具。Barlow(1993)提出一个新深对流指数，记为 $NDCI$，

$$NDCI=(T_{850}+T_{d850})-LI \tag{7.15}$$

其中 T_{850}，T_{d850} 和 LI 分别为 850 hPa 的温度、露点及抬升指数。实际使用时，可用数值模式的输出产品来计算 48 h 内的 $NDCI$，对预报 MCC、飑线和超级单体等强风暴系统可起到很好的辅助作用。$NDCI$ 可作为预报对流深度的工具。

雷暴的发生必须具有抬升条件。大多数雷暴天气中，都存在着天气尺度和中尺度上升运动。天气尺度抬升运动通常与中高层槽、急流中心和暖平流以及气旋、锋面和切变线等系统有关。与天气尺度锋—急流系统相伴的横向次级环流在导致对流发展的过程中起着重要的作用。雷暴作为一种中尺度现象，与中尺度抬升源有着更直接的联系。近地面层的中尺度抬升源包括由于不连续界面、非均匀加热、风和地形相互作用等造成的上升运动区(如中尺度气旋、中尺度锋面和切变线、辐合线、雷暴外流、海陆风、山谷风环流等等)。近地面层的中尺度抬升源的确定是预报雷暴发生地点和时间的关键。

风暴发生后，对它的移动应作出正确判断，以便为风暴下游地区做好预报和警报。风暴的移动预报主要根据实况分析和合理外推。卫星云图、雷达回波以及闪电探测网资料等都是用以分析风暴运动的基本资料。风暴移动包括随环境平均风的平移和由其本身的新陈代谢造成的传播两部分，如图 7.28 所示。所以它的移动速度和移动方向都与环境平均风速和风向不一致。风暴移速一般小于环境平均风速，而风暴可偏向环境平均风的左右两侧，多数偏向右侧。根据 Maddox(1976)的研究，风暴的移速约为环境平均风速的 75% 左右，而风暴的移向大约偏于环境平均风右侧 30°左右。Davies 等(1998)对 Maddox(1976)的研究提出了修正，主要是把环境平均风速分成不同等级，在不同等级的环境平均风速情况下，风暴的移速、移向与环境平均风速、风向的比例关系和偏转程度不同。例如，当环境平均风速小

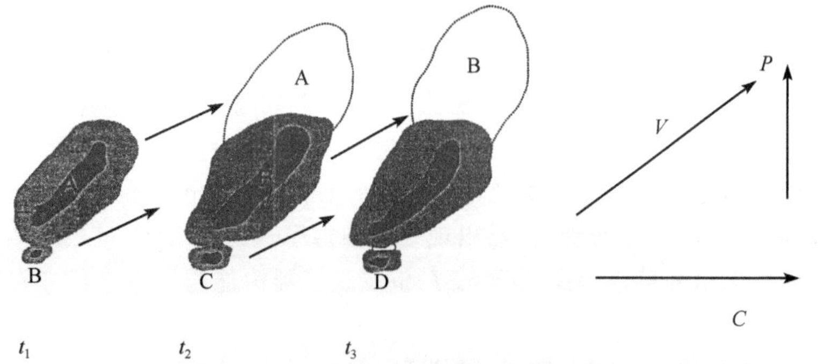

图 7.28 有组织的非超级单体风暴的风暴平流、传播和风暴运动关系示意图

(风暴沿平均风方向向东北平移(V)，P 为传播方向，风暴运动方向(C)向东)

于 15 m/s 时，风暴的移速为环境平均风速的 75%，移向偏于 0～6 km 的环境平均风的右侧 30°左右；而当环境平均风速大于 15 m/s 时，风暴的移速为环境平均风速的 85%，移向偏于 0～6 km 的环境平均风的右侧 20°左右。一般认为这种方法比较适合来估算超级单体的运动情况。

7.4.4 雷电的监测和预报

7.4.4.1 雷电的监测

雷电监测业务由雷电监测系统、信息传输系统组成。雷电监测系统包括建立闪电定位站网以及地面大气电场、雷电电流、土壤电阻率等参数的测量。信息传输系统包括闪电定位和雷电特征综合观测资料的收集、处理和产品分发及数据传输。

雷电的定量、连续观测始于 20 世纪 70 年代，自那时以来，自动准确探测雷电的技术开始迅速发展，能用于准确定位的雷电定位仪器逐渐成熟。从技术上看，目前主要的地基雷电定位系统都是测定雷电的电磁辐射脉冲。

闪电定位系统可以在 200 km 探测范围内自动连续地对地闪发生的时间、地点(方位和距离)、强度、极性和云闪次数进行观测和记录，可以更准确地反映雷电的实际情况。大气电场仪是测量大气平均电场的设备，探测闪电放电所引起的地面电场变化，对对流云的起电过程连续监测，能够记录闪电发生前雷暴中的电活动，又可记录雷暴过程中发生的闪电。大气电场仪可以测量大气平均电场的大小及极性的连续变化，故能够监测静电电场的慢变化甚至是比较弱的慢变化，对近距离雷暴过顶时的大气电场很敏感，可同时连续监测雷暴在地面产生的静电场，所以可用于局地雷暴的监测与预警。

通过大气电场仪对电场强度的变化实时监测表明：地面电场强度达 1.5 kV/m 以上时才有可能发生雷暴，而 3 kV/m 以上时极有可能出现雷暴，应报警并采取有效措施对强电场进行防护。大气电场的实时监测对判断测站周围浓积云是否会发展成雷暴具有很好的参考价值。当浓积云出现时，地面电场会显示较高水平的电场强度，且低于 1.5 kV/m 时，如果曲线保持平稳，可以判断浓积云不会发展成雷暴云。

利用雷电定位系统可以实时获得地闪发生的时空分布、强度以及极性等特征，这些参量对雷电研究和监测预报非常重要，同时由于雷电一般伴随着强对流天气发生，雷电监测对灾害性天气的监测和预警也具有重要作用。近年来，对于雷电的监测和预报预警的研究已取得初步结果。北京市气象台综合利用闪电定位仪、多普勒天气雷达和卫星等多种监测手段，由卫星云图对大范围雷雨云的监测获取雷雨云演变的早期预警信息，利用天气雷达实现对北京周边 300 km 范围内全方位连续的立体实时监测获取雷雨云生消演变状态，由闪电定位仪确定闪电发生的具体位置，实现了对北京及周边地区的地闪监测。

7.4.4.2 雷电的预报方法

上面已经提到，雷电是由积雨云中"温差起电"以及其他起电作用造成的，云中放电强度及放电频率与雷暴云的高度、强度有关，因此，雷暴强度可以判断雷电活动强弱。

雷电强度的等级标准见表 7.4。

表 7.4　3—9 月雷电强度等级划分

	0—1 h	1—3 h
弱雷电(1 级)	1—10 次/h	1—20 次/2 h
中等雷电(2 级)	11—30 次/h	21—40 次/2 h
较强雷电(3 级)	31—59 次/h	41—79 次/2 h
强雷电(4 级)	≥60 次/h	≥80 次/2 h

雷电是雷暴天气最基本的特征，雷暴的活动规律及大气物理机制，在一定程度上反映了雷电的活动规律和物理成因。综合分析国内外有关研究成果，从雷暴产生的热力条件和动力条件着眼，以不稳定层结和抬升条件为切入点，寻找表征热力条件和动力条件的气象因子，可以制作雷电落点概率和强度预报。

(1)雷电强度概率预报

利用雷电监测网数据资料，分析雷电活动发生规律特征与地形地貌、大气环流等因素的关系，根据雷电活动时空分布规律特征，建立雷电活动预报综合方法，在此基础上经过地域化改进形成雷电活动预报方法，给出 0～12 h 雷电强度概率预报。

经验表明，当 850 hPa、925 hPa 涡度同时≥20×10^{-5}/s，850 hPa、925 hPa 垂直速度同时≤-200×10^{-3} hPa/s，落点预报概率≥80%，且 850 hPa、925 hPa 散度同时≤−200/s，K 指数≥36，SI 指数≤−6 时，雷击强度为 4 级；当 850 hPa、925 hPa 涡度同时≥15×10^{-5}/s，850 hPa、925 hPa 垂直速度同时≤-100×10^{-3} hPa/s，落点预报概率≥80%，且 850 hPa、925 hPa 散度同时≤−100/s，K 指数≥32，SI 指数≤−3 时，雷击强度为 3 级；当 850 hPa、925 hPa 涡度同时≥10×10^{-5}/s，850 hPa、925 hPa 垂直速度同时≤-80×10^{-3} hPa/s，落点预报概率≥80%，850 hPa、925 hPa 散度同时≤−50/s，K 指数≥30 或 SI 指数≤0 时，雷击强度为 2 级；其余为 1 级。

(2)雷电天气潜势预报

利用历史资料建立不同地区雷电易发天气形势背景类型库，寻找造成雷电天气的各种敏感因子，分析天气实况并利用具有业务化能力的中尺度数值模式产品，建立雷电天气潜势预报方法。

进行雷电预报因子选择时发现，在 3—9 月雷暴季节，雷电发生时出现降水的可能性高达 92.5%，其原因是降水的产生是热力和动力条件的综合反映。进一步分析又发现，有降水时，对流指数达到一定强度就有雷电；无降水时，对流指数或上升气流较强时才有雷电。因此，降水、对流参数和风的垂直切变、垂直速度以及涡度等物理量是预报雷电较好的因子。

(3)雷电数值模式预报

通过建立基于中尺度模式嵌套的雷电预报模式，其中包含起电、放电物理过程参数化等，逐步确立数值模式和各种统计、经验模式相结合的综合雷电预报方法，开发雷电数值预报产品，对落雷时间、落雷区和雷电活动等级预报准确性进行检验，逐步完善的雷电数值预报模式。

7.4.4.3 雷电天气的预报思路和着眼点

(1)预报思路

目前我国各级气象台站进行雷电天气预报时，主要应用当地的天气气候资料、天气图(包括区域天气图)、T-ln$p$ 图、雷达和卫星资料、单站预报图表和预报员经验等，根据雷暴天气预报的物理基础进行雷电天气预报时，大致上要遵照以下几个步骤：

1)在雷雨、雷暴季节开始之前，根据经验和历史资料，做出雷雨或雷电的长中期天气预报。

2)根据天气气候资料，找出各种主要的雷暴天气的季节、地理分布等天气气候规律(划定雷暴季节，开始、结束时段和容易出现雷暴的地区等)。

3)短期预报应首先利用天气图分析天气形势，看何处已有(或预报可能有)雷雨、雷暴或其他强对流天气形成。应在总结本地过去历次雷暴或雷雨等对流性天气形势的基础上，找出一些客观的预报指标，以鉴别一般降水与雷电以及雷电和其他对流性天气的区别。

4)分析本地区的大气稳定度和水汽条件，看它是否可能达到形成雷雨或雷电的程度。可以利用一些稳定度指标来确定对流性天气的强度是否已达到雷雨、雷暴或其他天气现象的标准。各种指标的阈值应在分析总结本地区过去历次雷雨和雷暴的基础上得到。

5)根据本地区预报经验、单站探空、测风和地面资料以及单站预报工具(如三线图、探空图等)与天气图配合，进一步判断本地区发生对流性天气的可能性、强度及性质。

(2)预报着眼点

高空槽、切变线雷暴的预报：高空槽、切变线是经常造成雷暴的天气系统。高空槽或切变线是否能够造成雷暴，要看槽线或切变线前后的气流分布和它们的冷暖性质。所谓槽线前后的气流分布情况，主要以槽线两侧的风向交角及风速的大小来表征。冷性的高空槽由于槽线前后暖舌及冷槽明显，冷暖平流较强，因此对形成雷暴有利。

副热带高压西北部雷暴的预报：在对流层低层，副高西北部空气比较暖湿，常常储存大量的不稳定能量。在有外来系统侵入或没有外来系统侵入的情况下，都有发生雷暴的可能。当天气系统很弱、等压线十分稀疏时，有时可以由于地形造成的小范围风场辐合而引起孤立分散的雷暴。当副高明显东退时，也可引起不稳定能量释放而造成雷暴。当副高西北部有锋面、低压、高空槽、切变线、低涡等系统影响时，在副高西北部会出现大范围的雷暴区。在副高西北部还经常出现低空急流。低空急流对雷暴、冰雹等对流性天气的发生也有很大的作用。

卫星云图预警和雷达预警：当对流性天气已在其他地区发生时，可以利用卫星、雷达来监视和估计对流性风暴的移动和变化。一般当云顶发展到－20 ℃度等温线高度以上时，就会出现闪电和雷鸣。第一次闻雷表明云顶已达－20 ℃度等温线高度附近。随着云顶增高，闪电、雷鸣便愈益频繁。因雷暴云常常跳跃式地传播，因此雷雨也有跳跃(间隔)式分布的情况，可以利用卫星、雷达来确定雷暴影响范围和强度。

7.4.5 雷电的临近预报

对于闪电短时临近预警，通常利用中尺度数值模式预报产品释用技术，先通过计算强对流参数，实现雷暴潜势预报指标和单站雷电天气物理参数指标权重的集成判别，制作 0—24 小时雷电潜势预报和 0—12 小时雷暴云落区预报产品。同时，利用雷达和闪电定位数据，综合分析雷达、闪电定位及探空数据，采用人工神经网络技术实现对雷暴云的自动分类识别，运用动态匹配跟踪算法获得雷电回波的移动矢量，外推未来的雷电高发预警区域。

主要根据雷暴发生时地面电场曲线的变化特征来预测雷暴的发生。根据曲线变化特征可以提前 10～30 分钟做出雷暴发生预报。观测分析发现，当雷暴发生时地面电场曲线的变化有较明显的规律和较好的指示性。

雷暴有无的预测：电场扰动和雷暴发生具有 0、1 化关系，即当有电场扰动发生达到一定阈值(1.5 kV/m)时，会随着时间增强而达到雷暴出现的强度，很少出现有电场扰动而没有产生雷暴电场的曲线波型。这样当观测到波型曲线扰动达到阈值时就可以判断将会有雷暴发生。

雷暴发生时间的预报：雷暴发生时地面电场随时间的演变有比较显著的特征。通常雷暴发生曲线可分为 3 种类型。

1)陡升型。特征是雷暴过程开始时地面电场为正，曲线斜率为正，且曲线的初始斜率接近于 1，在电场扰动发生 10～30 分钟后即发生雷暴。

2)陡降型。特征是雷暴过程开始时地面电场为正，曲线斜率为负，且曲线的初始斜率接近－1，从电场扰动开始到发生雷暴为 10～30 分钟。

3)平滑缓变型。特征是初始扰动为正，缓慢演变为负，在负电区发生雷暴。这种波型曲线能提前 15～30 分钟预报出雷暴

通过对雷暴发生波型曲线特征分析认为，利用大气电场仪的监测数据，提前 10～30 分钟做出是否有雷暴发生的预报是可能的。

另外，也可依据雷达回波来进行雷电临近预报。可参照如下国外经验规则(表 7.5)。

表 7.5 闪电临近预报规则(Roeder 等 1997)

现象	规则
单体雷暴云中闪(IC)初生	回波强度≥37～44 dBz，等值线在－10 ℃层以上的厚度≥914 m，持续 10～20 分钟
单体雷暴云地闪(CG)初生	回波强度≥45～48 dBz，等值线在－10 ℃层以上的厚度≥914 m，持续 10～15 分钟
砧状云云中闪	回波强度≥23 dBz 的垂直厚度≥1219 m，依附着 Cb 母云
砧状云云地闪	回波强度≥34 dBz 的垂直厚度≥1219 m，依附着 Cb 母云
碎云云中闪	回波顶高≥9144 m，回波强度≥23～44 dBz 的大部分高于－10 ℃层 (较小的回波强度需要更大的垂直厚度，即≥23 dBz 的厚度≥1219 m)
碎云云地闪	回波顶高≥9144 m，存在回波强度≥45～48 dBz 的云体
闪电终止	上述规则的反面，即当上述临界条件不再满足时，闪电终止的时间定时到极易变化的最后一个闪电
单体雷暴最后一个云地闪	回波强度<45 dBz，(高于－10 ℃层以上)，持续时间≥30 分钟

7.4.6 雷电天气个例

7.4.6.1 实况分析

2007 年 5 月 23 日，受高原低槽和地面冷空气的共同影响，四川和重庆出现了一次雷阵雨天气过程，普遍中雨，四川的达州、宜宾、泸州、凉山、阿坝五市州和重庆市的大部地区降了大雨到暴雨。在雷雨天气过程中，重庆开县发生雷击事件，造成重大人员伤亡。

2007 年 5 月 23 日下午 16:00—16:30，重庆开县义和镇兴业村小学教室多次遭受雷电闪击，雷击事件造成 7 名学生死亡，44 名学生受伤，其中 5 人重伤。闪电定位系统资料显示，事故发生时义和镇兴业村附近处于强雷暴控制，雷电流峰值高达 53.1 kA，雷电流陡度最高达 15.3 kA/μs，是普通雷暴的 3 倍。观测资料显示，此次雷击事件主要是直击雷和球状闪电共同所致。

7.4.6.2 雷电监测

从四川东北部发展起来的雷电，大约在 12:00 移入重庆市西北部，大约在 15:00 闪电全部移到重庆市内，2007 年 5 月 23 日重庆市境内共发生了 36460 次闪电，其中正闪 1211 次，负闪 35249 次。开县义和镇兴业村小学附近方圆 10 km 范围内，最初发生闪电的时间是 14:00，直到 24:00，都有雷电发生，共发生了 268 次闪电。最密集的时间段为 16:00—16:30，共发生了 162 次闪电，平均每分钟发生 5 次以上。正是在这个时间段内发生了雷击小学校的灾害事故。

7.4.6.3 环流形势分析

西南涡活动是主要的影响系统，850 hPa 冷平流具有多通道特征，由于冷空气东移南下，加强了低涡北部的偏东风分量，是对流发展的一个重要触发机制(图 7.29)。

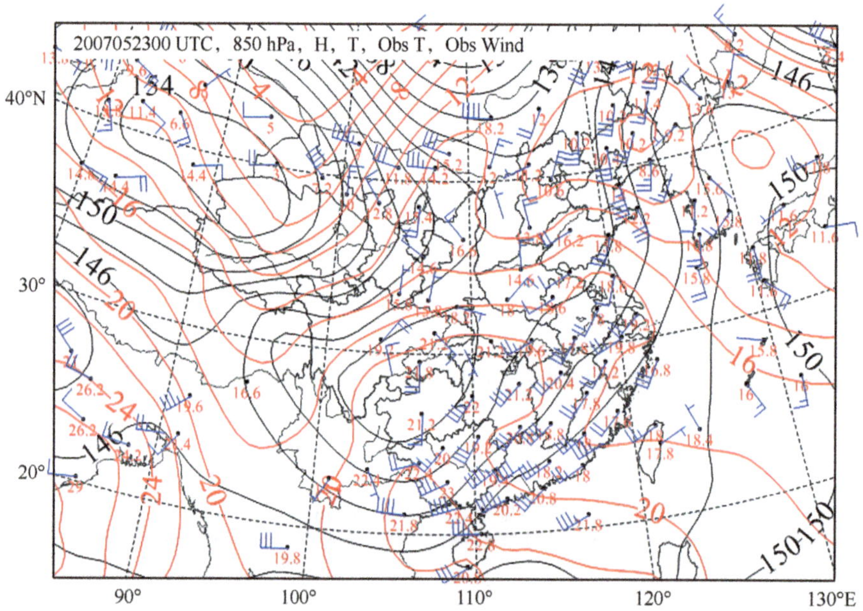

图 7.29 2007 年 5 月 23 日 850 hPa 位势高度(黑色等值线，dagpm)、等温线(红色，℃)和风场(风杆)

此次雷击事件与 MαCS 前期对流单体发展密切相关，最早在四川东部和重庆西北部生成并发展东移，具有纬向型特征。闪电资料也显示对流活动的发展具有局地特征，起初正闪频次较多且集中，表明对流活动强度大。

从 22 日 08 时开始，在对流层顶附近(200 hPa)，东亚地区表现为两槽一脊的形势，且温度槽落后于高度槽，高度槽后的冷平流有利于其加深和发展，且有利于将冷空气向南引导。

对流层中层 500 hPa，22 日携带冷空气的主槽位于新疆西部 38°N 以北的地区；盆地上空则表现为波动系统。到 23 日 08 时，新疆北部的高空冷槽已东移至甘肃西部，而盆地上空仍为波动槽影响。北方冷槽逐渐东移北收的过程中其先与盆地低槽同位相叠加，从而为盆地上空对流层中下层低涡发展提供了有利的动力条件；之后北段的主槽仍继续快速东移并略有北收，而此时低层在重庆上空已形成的较强盛的西南低涡系统因缺乏中高层较强引导气流导致移动缓慢，从而在重庆附近较长时间滞留，维持较长时间的强降水。

对流层低层 700～850 hPa，22 日 08 时在四川东部维持一低压环流，至 23 日 08 时，低压辐合环流一直维持；23 日 20 时，700 hPa 上在四川东北部和重庆北部交界已发展为明显的西南低涡结构，该低涡在高空槽和较强的地面冷空气共同作用下迅速发展，气旋性辐合加强。

综合天气形势分析，500 hPa 与 700 hPa 在四川盆地的配置为北槽南涡，加上地面冷锋的南移过境，锋面的抬升作用也促进了强对流天气和西南低涡的发生、发展。

7.4.6.4　垂直结构分析

动力和热力条件的计算表明，2007 年 5 月 23 日 08 时，四川东部到重庆北部，850 hPa 到 700 hPa，在上午为一正涡度区。500 hPa 等压面上，四川东部到重庆北部为一辐散区。700 hPa 和 850 hPa 等压面上，四川东部到重庆北部为一辐合区，辐合中心位于四川东北部。23 日 08 时到 24 日 02 时，从垂直速度演变情况看，23 日 18 时前后最大上升速度位于 700 hPa 到 600 hPa 层(图略)。23 日 14 时700 hPa 垂直速度图上，最大上升速度区仍然位于四川北部到重庆北部。且上升速度加强，中心向东南移，有利于强对流天气在达川、开县等地发生、发展。850 hPa 水汽通量散度大值区与 700 hPa 基本相同，即四川东部到重庆北部为水汽最大辐合区。

对开县附近地区强对流发生之前上空不稳定的大气层结分析表明(图 7.30)，23 日早上，达川上空不稳定能量为 437 J/kg，层结趋于不稳定，沙氏指数为 0.06，K 指数为 39；午后该地区不稳定能量急剧加强，对流不稳定层结条件很快形成。以 20 时对流即将发生之前的鄂西站来看，它的上空大气垂直热力条件 CAPE 达到 2175 J/kg，沙氏指数为－4.9，K 指数高达 45，可见，不稳定能量的大量积累是发生雷击事件的重要条件，也是预报雷电天气的重要依据。另外，从川渝两地的达州、重庆上空热力参数的计算结果(见表 7.6)也清楚显示，从 22 日到 23 日 08 时，重庆上空湿度明显增大，温度露点差明显减小；22 日 20 时至 23 日 08 时，达州和重庆上空层结出现对流不稳定，高低层假相当位温差值小于 0；23 日 20 时两地对流爆发后，伴随大量不稳定能量的释放，大气层结趋于稳定。

表 7.6　达州(上)和重庆(下)部分热力参数计算结果

	22 日 08 时		22 日 20 时		23 日 08 时		23 日 20 时	
	$T/T-T_d$	θ_{se}	$T/T-T_d$	θ_{se}	$T/T-T_d$	θ_{se}	$T/T-T_d$	θ_{se}
500 hPa	－2.0/3.8	74	－3.0/4.0	71	－1.0/3.7	77	－3.0/1.3	75
700 hPa	11.0/2.6	72	12.0/0.9	79	13.0/0.6	83	12.0/1.8	77
850 hPa	21.0/5.0	74	20.0/2.6	79	21.0/3.2	79	17.0/0.8	70
500—700 hPa		＋2		－8		－6		－2
500—850 hPa		0		－8		－2		＋5
700—850 hPa		－2		0		＋4		＋7
	22 日 08 时		22 日 20 时		23 日 08 时		23 日 20 时	
	$T/T-T_d$	θ_{se}	$T/T-T_d$	θ_{se}	$T/T-T_d$	θ_{se}	$T/T-T_d$	θ_{se}
500 hPa	－1.0/6.0	74	1.0/13.0	72	－3.0/1.5	74	－2.0/1.7	77
700 hPa	12.0/1.5	77	14.0/5.0	77	15.0/3.8	83	12.0/2.1	76
850 hPa	22.0/3.2	83	23.0/3.9	85	22.0/1.7	87	19.0/1.3	76
500—700 hPa		－3		－5		－9		＋1
500—850 hPa		－9		－13		－13		＋1
700—850 hPa		－4		－8		－4		0

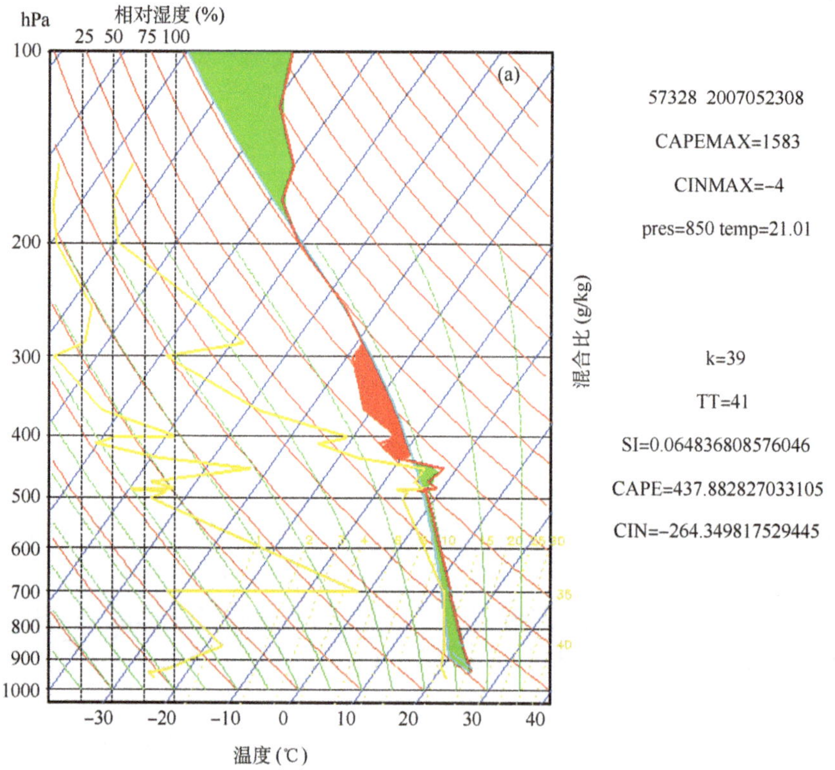

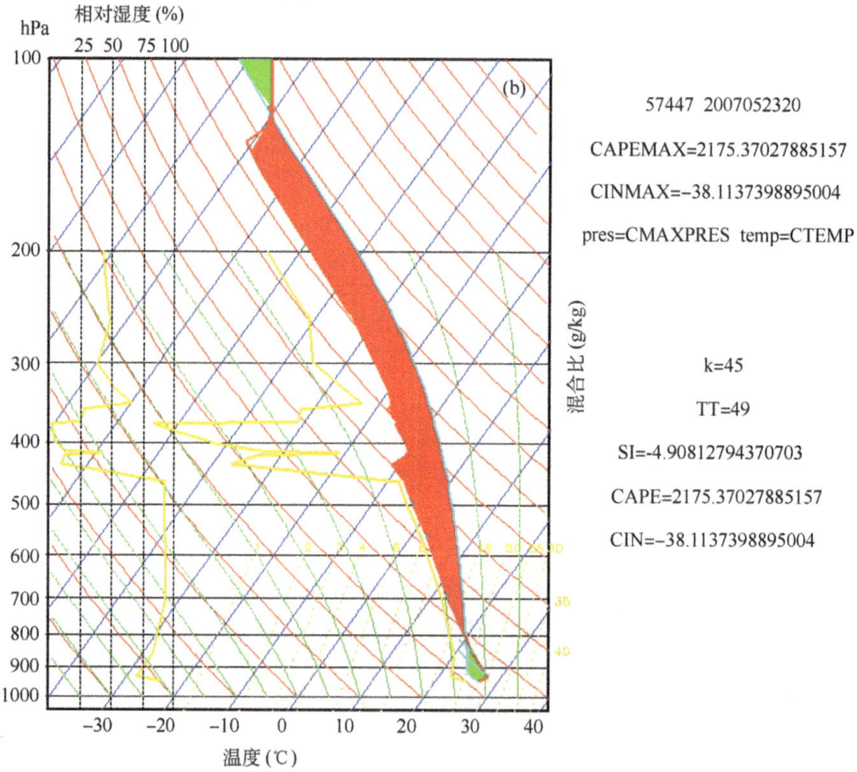

图 7.30 2007 年 5 月 23 日 08 时达川(a)和 23 日 20 时鄂西(b)探空曲线

可见，贝加尔湖西侧的长波槽与高原切变、四川盆地短波槽构成阶梯槽，是产生川渝两地强雷雨天气过程的背景条件。此次过程北槽南涡的天气形势配置，有利于西南低涡的发展；500 hPa 四川盆地低槽及 700、850 hPa 四川盆地低涡和地面冷锋是产生开江、开县雷电天气过程的影响系统；涡度、散度、垂直速度的计算都表明，在四川东部和重庆北部存在有利于对流性天气发展的条件。500 hPa 盆地低槽槽前的上升运动与 700、850 hPa 上升气流叠加大大加强了中低层的上升运动。开县等地上空不稳定的大气层结以及不稳定能量的大量积累是发生雷击事件的重要条件，也是预报雷电天气的重要依据。经验表明，当地大气垂直热力条件 CAPE＞1000 J/kg 时将可能出现雷暴天气；分析表明，发展阶段的西南涡，其位涡从 200 hPa 到对流层低层都存在；卫星云图上 MCS 对流云团的发生、发展对雷电天气短临预报具有重要的参考意义；此次过程雷达回波则表现为带状强回波演变为涡旋状回波。

参考文献

毕宝贵，李泽椿，李晓莉，等. 2004. 北京地区降水的特殊性及其预报方法. 南京气象学院学报，**27**(1)：79-89

蔡则怡. 1985. 我国强对流发生前的能量贮存机制. 大气科学. **9**(4)：377-386

陈明轩，俞小鼎，谭晓光，等. 2006. 北京 2004 年"7.10"突发性强对流降水的雷达回波特征. 应用气象学报，**17**(3)：333-345

丁一汇，等. 1982. 我国飑线发生条件的研究. 大气科学，**6**(1)

高守亭，孙淑清. 1986. 应用里查森数判别中尺度波动的不稳定. 大气科学，**10**(2)，171-182

何立富，陈涛，周庆亮，等. 2007. 北京"7.10"暴雨 β-中尺度对流系统分析. 应用气象学报，**18**(5)：655-665

孔凡铀，黄美元，徐华英. 1994. 微下击暴流的数值模拟. 大气科学，**18**(1)：11-21

孔燕燕，沈建国. 2001. 强雷暴预报. 北京：气象出版社

雷雨顺，吴宝俊，吴正华. 1978. 冰雹概论[M]. 北京：科学出版社，174

李国翠，郭卫红，王丽荣，李红艳. 2006. 阵风锋在短时大风预报中的应用. 气象，**32**(8)：36-42

李建华，郭学良，肖稳安. 2006. 北京强雷暴的地闪活动与雷达回波和降水的关系. 南京气象学院学报，**29**(2)：228-234

李平. 1983. 中层强风速轴对雹暴形成的作用. 强对流天气文集. 北京：气象出版社，60-61

李耀东，刘健文，高守亭. 2004. 动力和能量参数在强对流天气预报中的应用研究. 气象学报，**62**(4)：401-409

李云川，王福侠，裴宇杰，刘晓霞. 2006. 用 CINRAD-SA 雷达产品识别冰雹、大风和强降水. 气象，**32**(10)：64-71

梁爱民，张庆红，申红喜，李秀连，王科. 2006. 北京地区雷暴大风预报研究. 气象，**32**(11)：73-81

林之光. 1981. 地形对温、压、湿、风、降水和日照时数日变化影响的研究. 地理学报，**36**(4)：392-402

陆汉城. 2004. 中尺度天气原理和预报(第二版). 北京：气象出版社，301pp

彭治班，刘建文，郭虎，孔燕燕，吴宝俊. 2001. 国外强对流天气的应用研究. 北京：气象出版社

寿绍文. 1981. 强对流天气前期的层结特征. 南京气象学院学报，**1**(1)：1-7

斯公望. 1989. 暴雨和强对流环境系统. 北京：气象出版社，349

孙继松. 2005. 地形雨落区与气流的垂直分布. 高原气象，**24**(1)：62-69

孙力，郑秀雅，王琪，等. 1994. 东北冷涡的时空分布特征及其东亚大型环流之间的关系. 应用气象学报，**5**(3)：297-303

王飞，张义军，赵均壮，等. 2008. 雷达资料在孤立单体雷电预警中的初步应用. 应用气象学报，**19**(2)：153-160

吴正华. 1993. 京津冀地区短历时降水和冰雹的气候研究//中尺度气象文集. 北京：气象出版社，168

伍荣生，等. 2002. 现代天气学原理. 北京：高等教育出版社

许爱华，詹丰兴，刘晓晖，王欢. 2006. 强垂直温度梯度条件下强对流天气分析与潜势预报. 气象科技，**34**(4)：376-380

许焕斌，魏绍远. 1995. 下击暴流的数值模拟研究. 气象学报，**53**(2)：168-175

杨国祥，何齐强. 1995. 北京雷暴大风和冰雹临近预报的研究. 北京地区强对流天气监测试验论文集(第二集)，258

杨红梅，赵亚民，等. 1993. 冷涡暴雨的物理结构及概念模型//中尺度气象文集. 北京：气象出版社，231

叶爱芬，伍志方，肖伟军，胡胜，刘运策. 2006. 对流有效位能在强对流预报中的应用研究. 热带气象学报，**22**(5)：484-490

游景炎. 1983. 华北冰雹发生条件及预报问题. 强对流天气文集. 北京：气象出版社，1-5

张玲，张艳玲，陆汉城，等. 2008. 不稳定能量参数在一次强对流天气数值模拟中的应用. 南京气象学院学报，**31**(2)：192-199

章祖迪，陈淑琴，何文岳，黄辉. 2004. 海上雷雨大风形成机制的分析. 宁波大学学报(理工版)，**17**(2)：134-137

赵思雄，刘苏红，刘名扬. 1980. 夏季北京冷涡强对流天气的中尺度分析. 暴雨及强对流天气的研究，中国科学院大气物理所集刊第 9 号，北京：科学出版社

郑栋，孟青，吕伟涛，等. 2005. 北京及其周边地区夏季地闪活动的时空分布特征. 应用气象学报，**16**(5)：638-644

郑永光，张春喜，陈炯，陈明轩，王迎春. 2007. 用 NCEP 资料分析华北暖季对流性天气的气候背景. 北京大学学报(自然科学版)，**43**(5)：600-608

周后福，邱明燕，张爱民，翟菁. 2006. 基于稳定度和能量指标作强对流天气的短时预报指标分析. 高原气象，**25**(4)：716-722

朱乾根等. 2007. 天气学原理和方法(第四版). 北京：气象出版社，649

Amada H L, Cassano E N, and Cassano J J. 2003. Case studies of high wind events in Barrow, Alaska: Climatoligical context and development processes. *Monthly Weather Review*, **131**:719-732

Doswell, C A. 1986. Short-range forcasting. *Mesoscale Meteorology and Forecasting*, Ame Meteor Soc., 689-719

Doswell, C A.. 1987. The distinction between large-scale and mesoscale contribution to severe convection: A case study example. *Weather and Forecasting*. **2**:3-16.

Guo X, Niino H, and Kimura R. 1999. Numerical modeling on a hazardous microburst-producing hailstorm. Towards digital earth—*Proc. of the International Symposium on Digital Earth*, Science Press, Beijing, **1**:383-398

Hjelmfeit M R, Robert R D, and orville H D. 1986. Observational and numerical study of microburst line producing storm. *Joint Sessions of 23rd Conf. on Radar Meteorology and Conf. on Cloud Physies*, Snowmass, Amer. Meteor. Soe., 77-80

Johns R H, Doswell III C. 1992. Severe local storms forecasting. *Wea. and Forecasting*, **7**:588-909

Joseph T Schaefer. Severe thunderstorm forecasting: A historical perspective. *Weather and Forecasting*. **1**:164-189

Mark W S, Tripoli G J, and Steams C R. 2003. A high-resolution numerical simulation of the wind flow in the Ross island region, Antarctic. *Monthly Weather Review*, **131**:435-456

McGinley J. 1986. Nowcasting mesoscale phenomena. *Mesoscale Meteorology and Forecasting*, 657-688

Peng Jiayi, Wu Rongsheng, Wang Yuan. 2002. Initiation mechanism of meso-β scale convective systems. *Advances in Atmospheric Sciences*, **19**(5):870-884

Proctor F H. 1988. Numerical simulation of an isolated microburst. Part I: Dynamics and strcture. *J. Atoms. Sci.*, **45**: 3137-3160

Roeder W P, et al. 1997. Lightning forecasting empirical techniques for central Florida in support of America's Space Program. *Preprints*, 16*th Conf on WA*, AMS, 475-477

Srivastawa R C. 1985. A simple model of evaporatively driven downdraft: Application to microburst downdraft. *J. Atmos. Sci.*, **42**:752-773.

Uccellini, Louis W. 1975. A case study of apparent gravity wave initiation of severe convective storms. *Mon Wea Rev*, **103**(6):497-513

第 8 章 大雪预报

大雪是我国冬半年常发生的灾害性天气，随着城市、省际公路、机场等的高速发展，降雪已经成为重要的交通气象灾害，大雪对牧业和设施农业的影响也很大。提高大雪预报准确率具有重要的现实意义。本章重点介绍了我国江淮及其以北地区和青藏高原大雪的预报思路和方法。

8.1 降雪气候特征

雪是冬半年长江中下游沿江地区以北及高原地区的降水形式之一，其特点是持续时间较长，一般为连续性降雪，在影响系统很强的情况下常出现特大暴雪，如 2007 年 3 月 3—5 日东北特大暴雪过程。

我国积雪最大密度在东北地区、新疆北部和秦岭淮河一线以南地区，这些地区水汽含量充沛、雪片较大、含水量高，一般被形象地称为湿雪；西北地区、华北、青藏高原因气候干燥、降雪量少、积雪密度小、含水量低，一般被形象地称为干雪。

根据中国灾害性天气气候分析（中国气象局，2007），1961—2005 年的降雪日数统计（图 8.1）表明，中国降雪日数分布具有高山高原多、低地平原少、北方多、南方少的特点。青藏高原、东北北部

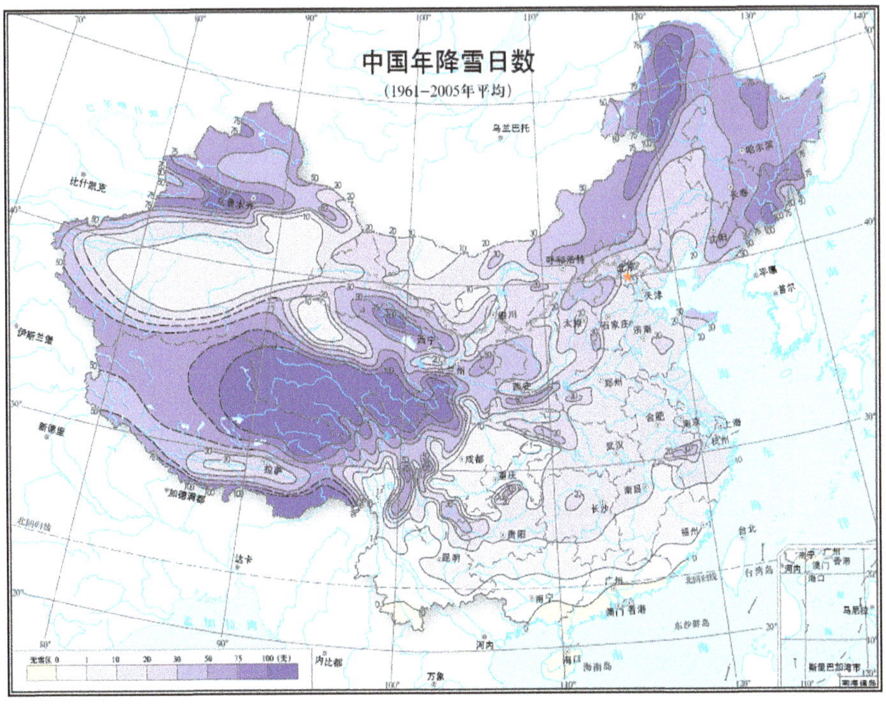

图 8.1　1961—2005 年平均中国年降雪日数分布图（中国灾害性天气气候图集 2007）

和东部及内蒙古东部、新疆北部山区为降雪多发区，年降雪日数 50～100 天，其中青藏高原中东部及内蒙古大兴安岭地区、新疆天山山区在 100 天以上。东北西部和南部、华北北部和西部、西北东部等地为降雪次多发区，年降雪日数 20～50 天。华北平原至南岭以北广大地区及内蒙古西部、新疆南部、青海西北部年降雪日数为 5～20 天。华南及四川盆地、云南等地为降雪少发区，年降雪日数不足 5 天，其中华南南部及云南南部全年无降雪。

中国年积雪深度≥1 cm 日数分布特点（图 8.2）是北方多、南方少，山地多、平原盆地少。阿尔泰山、天山及大、小兴安岭和长白山等山区在 100 天以上；南疆盆地非常少，不足 5 天；东部地区的年日数从东北向南逐渐减少，东北平原大部为 20～60 天，到江南已减少到不足 5 天。

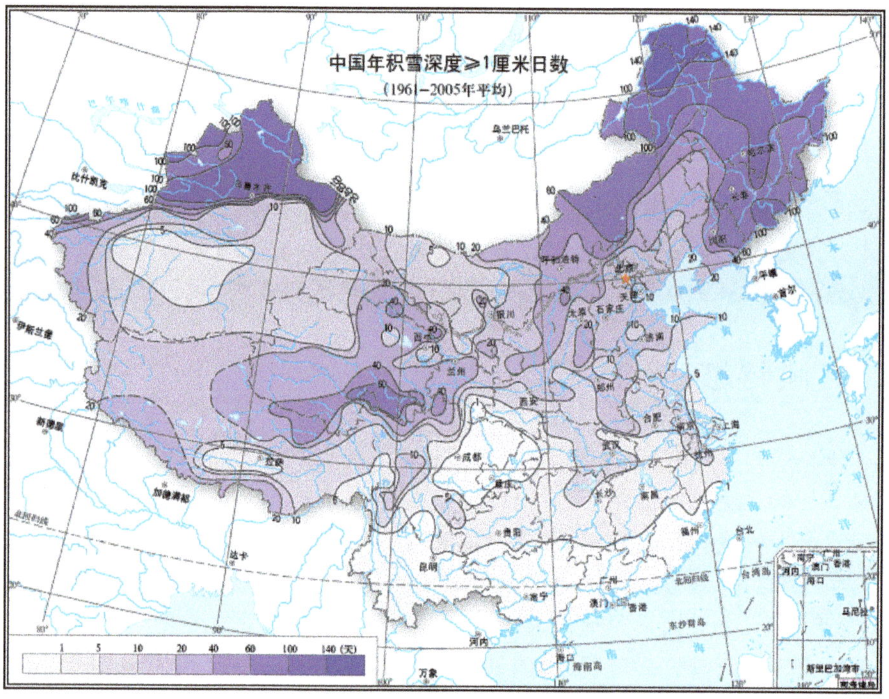

图 8.2　1961—2005 年平均中国年积雪深度≥1 cm 日数分布图（中国灾害性天气气候图集 2007）

中国年积雪深度≥1 cm 日数平均值为 32.5 天；最多为 1987 年，有 39.6 天；最少为 1975 年，有 27.6 天（图 8.3）。

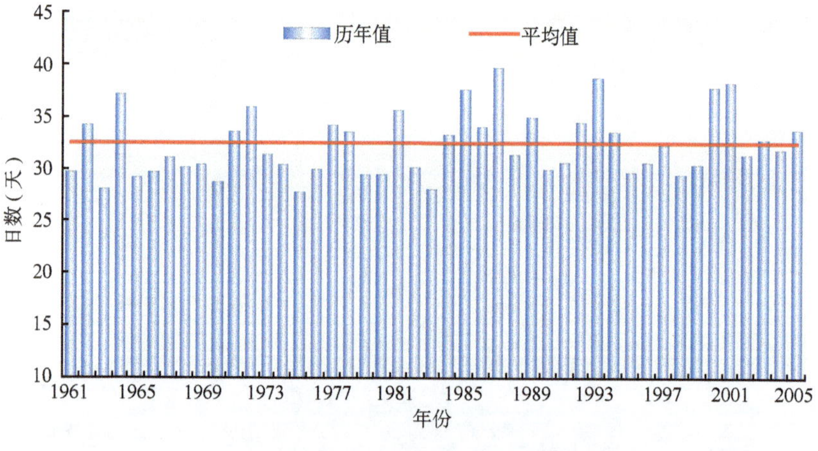

图 8.3　1961—2005 年中国积雪深度≥1 cm 日数变化图（中国灾害性天气气候图集 2007）

中国年最大积雪深度极大值有 4 个高值区：一是新疆天山和阿尔泰山区，年最大积雪深度极大值有 50～75 cm，部分山地在 75 cm 以上；二是内蒙古东北部、小兴安岭北部和长白山区，为 50～75 cm，最深可达 100 cm；三是西藏的喜马拉雅山区，为 50～75 cm，最深可达 230 cm；四是江淮地区，为 30～75 cm（图 8.4）。

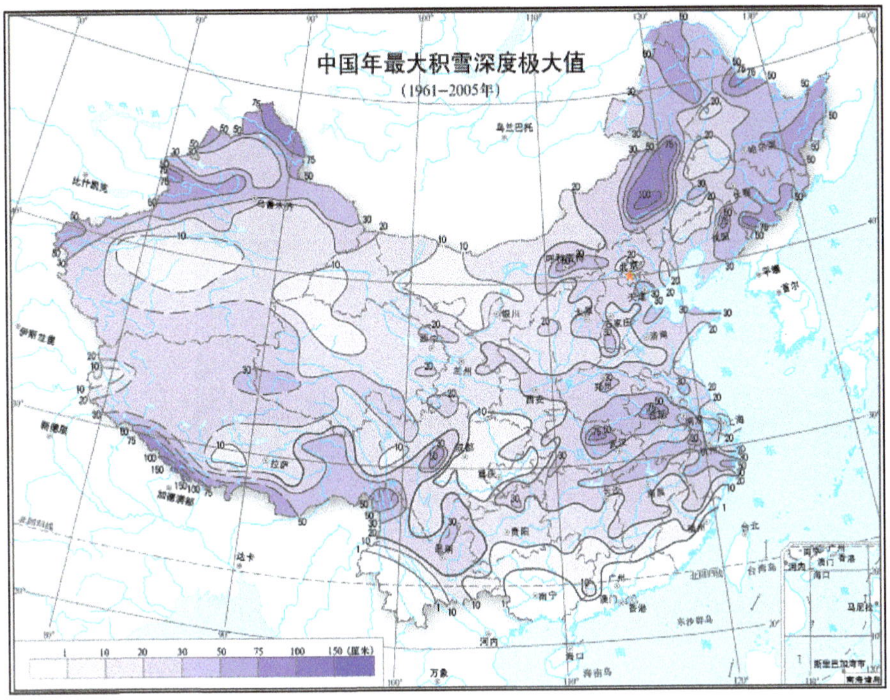

图 8.4　1961—2005 年平均中国年最大积雪深度极大值分布图(中国灾害性天气气候图集 2007)

草原牧区积雪深度≥5 cm 且连续积雪日数≥7 天为一次草原牧区雪灾过程。草原牧区年雪灾过程次数新疆牧区北部在 1.2 次以上，南部在 0.2～0.8 次之间；内蒙古牧区东北部和黑龙江西北部雪灾发生次数也较高，在 1.2 次以上；青藏高原牧区大部雪灾出现次数较低，不足 0.2 次，而藏南山地较多，达 1.2 次(图 8.5)。

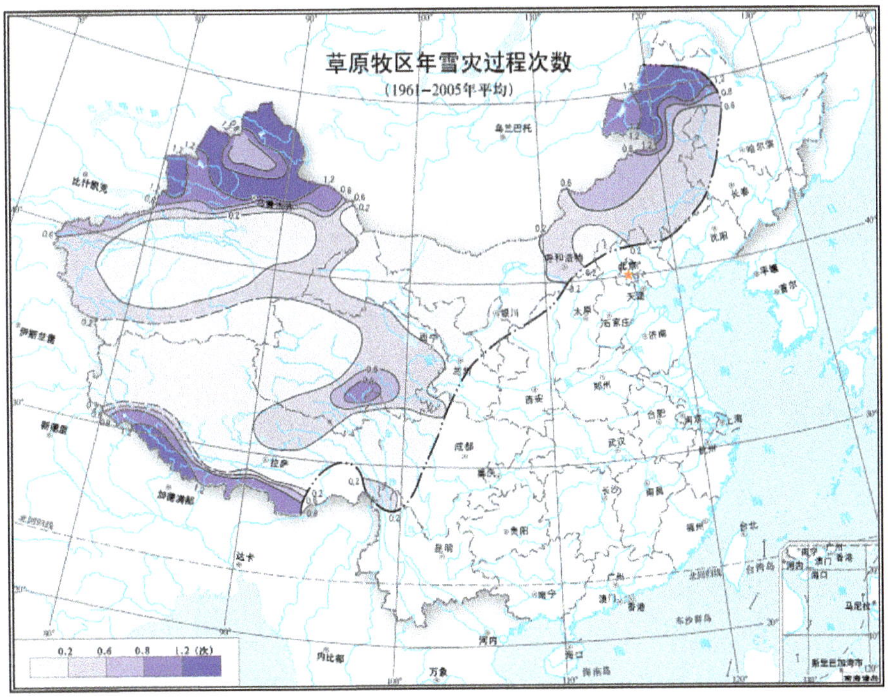

图 8.5　1961～2005 年平均草原牧区年雪灾过程分布图(中国灾害性天气气候图集 2007)

草原牧区年雪灾过程次数极大值不同地区差别不大，一般为 2～4 次，其中山区雪灾发生较多，大兴安岭与阿尔泰山、天山、喜马拉雅山等地可出现 3～4 次(图 8.6)。

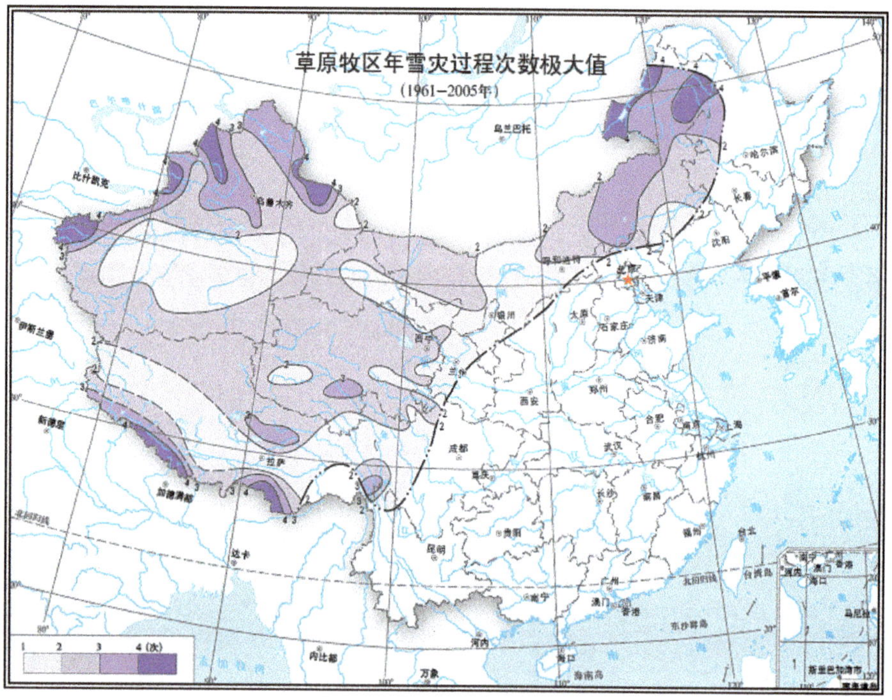

图 8.6 1961—2005 年平均草原牧区年雪灾过程次数极大值分布图(中国灾害性天气气候图集 2007)

1961—2005 年,草原牧区年雪灾过程次数的年际变化趋势不明显(图 8.7)。

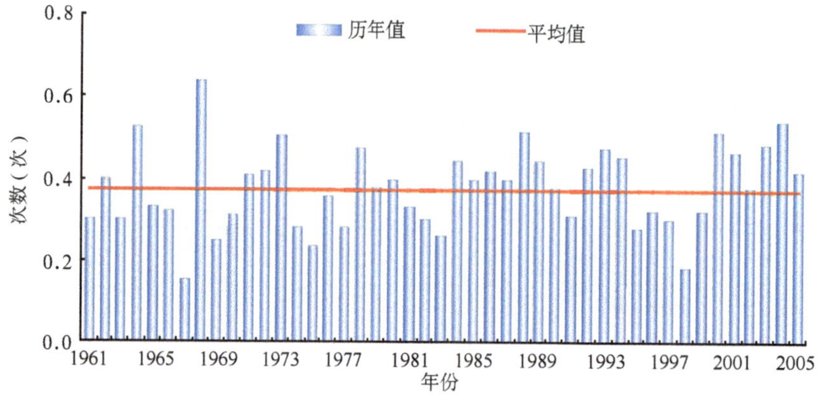

图 8.7 1961—2005 年草原牧区年雪灾过程次数变化图(中国灾害性天气气候图集 2007)

8.2 降雪预报思路

雪是固体降水,一般发生在对流层低层气温<0 ℃(地面气温≤5 ℃)以下,其形成与降雨形成一样,大致有三个条件:水汽条件、垂直运动、云滴增长条件,前两个为宏观过程,取决于天气学条件;后一个为微观过程,决定于云物理条件。能否降雪,除了上述条件外,还要考虑温度场的变化,下面的预报思路主要是围绕前两个过程而归纳的。

首先对实况观测资料进行仔细分析,包括降水实况(24 小时、6 小时、1 小时降水量)、高空和地面观测资料、自动观测站资料、相关物理量场资料以及前期的发生、发展演变,然后从气候学、影响系统、物理量逐一进行分析。

8.2.1 气候背景

分析降雪的气候特征,包括降雪的时空分布和季节变化特征。

8.2.2　影响系统

分析降雪的影响系统，包括大尺度环流形势、高空短波槽、高原槽、南支槽、副高位置以及高低空急流、地面冷锋、地面倒槽、温带气旋及逗点云系、高空冷涡等天气尺度系统，和镶嵌在天气尺度系统中引发暴雪的中间尺度气旋(1000～2000 km)、切变线、低涡等。

8.2.3　相关物理量

分析由基本观测要素计算出的相关物理量场，如涡度、散度、水汽通量散度、温度场。

8.2.4　其他资料

分析其他相关资料，如卫星云图资料的亮温、水汽图像、雷达资料、地面自动站资料等以及它们的前期演变情况，了解各种天气现象的生命史、日变化。

8.2.5　数值预报产品

数值预报产品分析，包括分析数值预报场的形势演变(移动趋势、强度变化)以确定属于那种降雪天气概念模型；分析降雪实况与数值预报分析场(天气概念模型)的配置关系，比较主观分析场与数值预报分析场的差别；分析降雪实况与物理量的配置关系，检验数值预报场(环流、降水)，以数值预报环流形势为基础进行检验、订正，确定订正后的预报场和主要影响系统(包括位置、强度)；分析并检验物理量场，以确定降雪落区，同时考虑有无强对流天气如冬季雷暴等；分析影响区域的地形地貌特点以确定降水量级，最后做出降雪的落区预报结果。

8.2.6　主观集成预报

依据某一预报效果较好的数值模式的预报，在订正后的预报场背景下做出降雪预报场，或根据各数值预报模式的预报性能，给以适当权重，做出降雪预报场。

下面介绍新疆、内蒙古、华北、东北、黄淮和青藏高原东北部等 6 个区域大到暴雪的主要特征及预报思路。

8.3　新疆大到暴雪

对于新疆北部大到暴雪，有的气象工作者(晋绿生等 2004)把环流型分为双阻型、南北两支锋区汇合型和中纬度锋区分裂短波槽型；有的气象工作者(张家宝等 1987)又从气流角度总结了两支急流汇合型、急流波动型和南支槽等三种型。

8.3.1　两支急流汇合型

典型天气过程是 1972 年 2 月南疆西部大雪，1968 年 3 月 2 日、1976 年 11 月 5 日等暴雪过程也类似这种过程。

在 500 hPa 图上，在中亚到新疆一带汇合成一支很强的急流，北支急流呈波状，乌拉尔山为偏北急流，中亚地区为偏西急流。南支急流也呈波状，但振幅比较小，两支急流在中亚合并，西风风速可超过 40 m/s。南支急流上，地中海附近有一个稳定的南支槽，从槽中不断分裂出短波槽东移，这样的短波槽在 500 hPa 图上可能反映不很清楚，但在地面图上能清楚地看到一个一个尺度不大的气旋东移，每一个气旋的移过就给新疆带来一次降雪(图 8.8)。

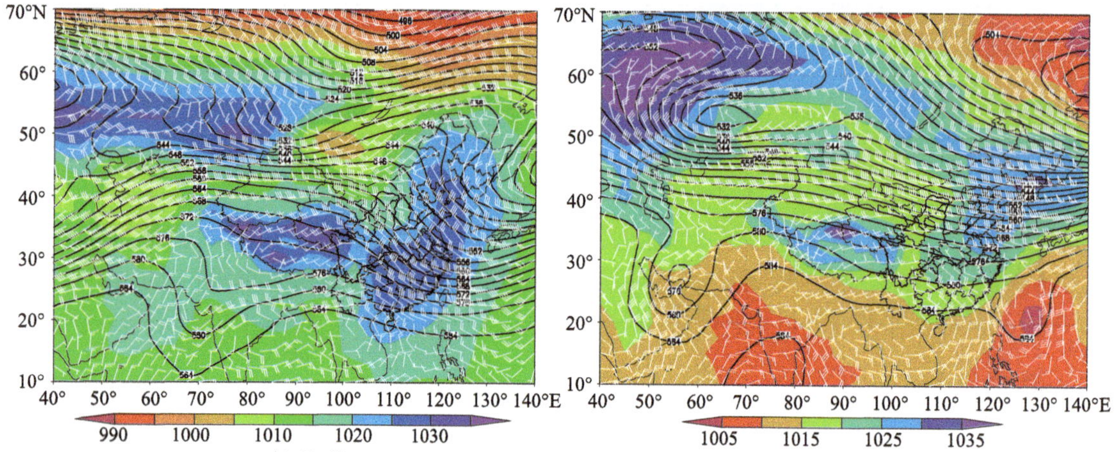

(a)1968年3月2日　　(b)1976年11月5日

图 8.8　海平面气压场(阴影)、500 hPa 位势高度、700 hPa 风场

8.3.2　急流波动型

在中纬度有一支很强的西风急流，在急流带上有一个扰动，开始并不很明显，随着扰动东移逐渐加强，槽后的脊在进入新疆后加强。这时有一个鲜明的特点是高空风速十分强。500 hPa 上中亚到新疆有大片的站达 20 m/s 以上的风速，有的达 52 m/s。塔城站 500 hPa 高空风速达 40 m/s，700 hPa 的风速也很强，槽的曲率比 500 hPa 明显得多。

8.3.3　南支槽型

以 1976 年 2 月 27 日暴雨为典型个例(图 8.9)。

这次南疆西部的暴雪过程是由于南支槽造成的。在过程前期(2 月 24 日)，北支急流带上有一个槽东移，此时在南支急流上从喀布尔经帕米尔高原有一支强西南风带。当北支槽东南移时，在南支急流带上，由于受北支急流上冷空气的冲击，出现波动(26 日)，然后南北分离，北支槽东移过北疆，南支槽越过帕米尔高原影响南疆西部(2 月 27 日)。造成暴雪过程的南支槽和夏季暴雨过程的南支槽有相似之处，但槽前西南风带明显强于夏季的南支槽。

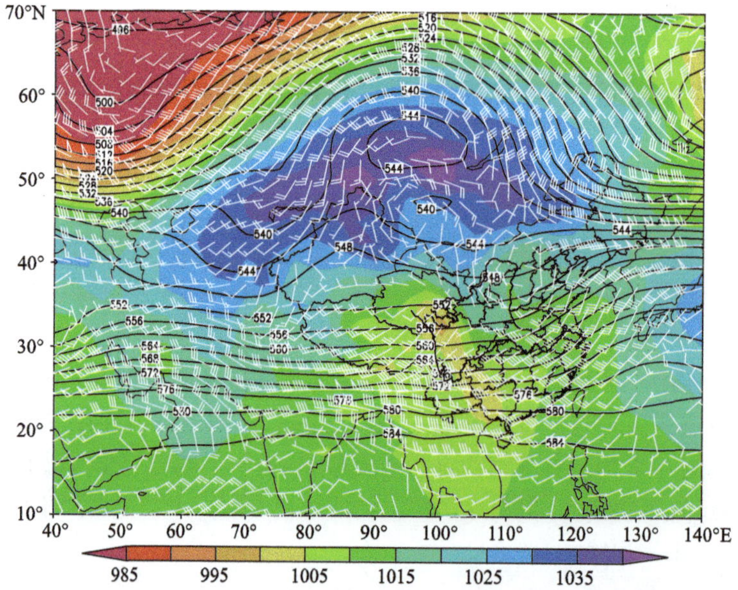

图 8.9　1976 年 2 月 27 日海平面气压场(阴影，hPa)、500 hPa 位势高度(dagpm)、700 hPa 风场

8.3.4　低空急流

晋绿生等(2004)分析了低空急流与阿勒泰暖区大到暴雨的关系，指出："双阻型"下造成新疆阿勒泰局地大到暴雪过程，当高空环流形成了欧洲高压脊、乌拉尔山至中亚北部地区低压和蒙新高压脊的"双阻型"以及中亚中纬度较强的高空纬向急流之后，从低压外围分裂的短波槽在东移中使高空偏西急流得到增强，同时也造成了中亚中纬度高空急流区南侧负涡度的不断增强，由此又促成了处于急流东南侧的蒙新高压脊的发展。南支槽前的西南气流与低压外围东南部的西南气流互相贯通，并引导巴尔喀什湖以南的低层暖湿气流直接输送到新疆北部地区，随着低压分裂短波槽的继续东移，低层西南气流与蒙新高压脊后的偏南气流产生辐合，造成偏南气流进一步增强，并在高空急流的耦合作用下，形成巴尔喀什湖以南至新疆西北部地区的较强的低空急流。这就是冬季新疆低空急流的一般形成过程。

一般在冬季新疆低空急流出现之后的 1～2 天内，西风带大型环流调整成"双阻型"及中亚中纬度强锋区的形势时，阿勒泰地区就会产生暖区大到暴雪天气。

阿勒泰地区暖区大到暴雪过程都有低空急流相伴随，这说明低空急流与阿勒泰地区暖区大到暴雪的关系极为密切。分析表明，低空急流不但为暖区大到暴雪提供了水汽，而且还造成了上升运动和不稳定条件，所以冬季巴尔喀什湖以南至新疆西北部地区出现的低空偏南急流对阿勒泰地区的暖区大暴雪天气有很好的指示意义。

8.3.5　水汽特征

以新疆 1996 年 12 月 27—29 日阿勒泰大到暴雪过程为例，分析水汽特征。

冬季阿勒泰地区处于蒙新高压后部，使本地偏东风盛行，下垫面严寒，逆温很强，只有在特定的环流背景下，即巴尔喀什湖以南至新疆形成较强的偏南风时，才能把偏南暖湿水汽输送到阿勒泰地区上空，形成大的降雪；而阿勒泰地区空中水汽 70%以上集中在对流层中低层 850～700 hPa。即使在隆冬季节，只要巴尔喀什湖以南至新疆西北部地区存在低空偏南急流，就会有大量的水汽向北部阿勒泰地区输送。我们看到，在 1996 年 12 月 27—29 日特大暴雪过程中，当低空急流形成后，27 日阿勒泰地区 700 hPa上的比湿上升到 3 g/kg，28—29 日比湿增大，并为水汽通量高值区和水汽通量的强辐合中心控制(图略)。

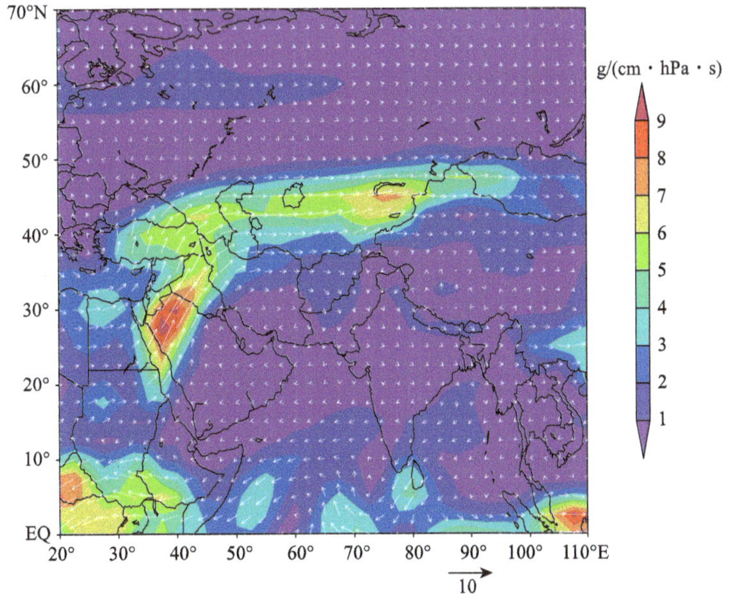

图 8.10　1996 年 12 月 28 日 700 hPa 水汽通量

为了进一步揭示新疆冬季大到暴雪过程的水汽来源和分布特征，下面给出 1996 年 12 月 28 日 700 hPa水汽通量(图 8.10)分布(单位：g/(cm・hPa・s))，充分显示出低空偏南急流在水汽输送方面的重要作用。

一般认为新疆大降水过程中水汽主要来自里海、咸海，以西方路径输送，并且从中低层进行输送。由于新疆远离海洋，周围又有高山，不可能从海面上直接获得大量的水汽；而近年大降水的研究提出了重新认识高原水汽源的问题，提出了新疆境内产生降水的水汽，在一定的环流条件下在新疆境外集中，并在合适的环流条件下通过接力输送机制输送到暴雨区的概念。第二阶段随着欧洲低槽的向南加深，500 hPa阿拉伯海到中亚有一偏南水汽通道，中亚也有水汽通量中心；700 hPa 同样从阿拉伯海到中亚为南方水汽通道；由于伊朗高原和帕米尔高原海拔较高，在 850 hPa 上水汽不能越过高原进入中亚地区，相反随低槽北段东移有一西方水汽通道，700 hPa 的水汽输送强于 850 hPa。

可见，形成新疆暴雪的水汽以接力方式输送到中亚，有两条水汽路径，与夏季的暴雨路径相同。虽是隆冬，高、中、低纬度系统共同影响造成新疆的暴雪，在一定的环流形势下，较低纬度的阿拉伯海水汽仍可以输送到中亚集中。由于新疆海拔较高，尤其西南的伊朗高原和帕米尔高原和南边的青藏高原，影响新疆暴雪的偏南路径的水汽输送在 700 hPa 层次(伊朗高原和帕米尔高原相当于其他地方的对流层低层 850 hPa)上甚至超过 850 hPa 的西方水汽输送，500 hPa 的西方和南方水汽输送也是不可忽视的。

有了水汽的来源和输送不一定产生降雪，还必须有水汽的集中和上升运动才能造成降水。具体的暴雪分布及雪量与水汽辐合辐散和抬升凝结有关。由于局地暴雪的影响系统为锋区上的短波系统，为中小尺度系统影响，从各层次的水汽通量散度场分析(图略)，各层次在咸海南部有明显的水汽辐合，说明接力输送的水汽在中亚聚集，然后在合适的环流条件下向新疆输送，700 hPa 和 850 hPa 水汽辐合远比 500 hPa 强。1996 年 12 月 27—29 日的过程中，在塔城和阿勒泰地区为孤立的水汽辐合中心，对流层低层比中层辐合强，新疆其他区域为水汽辐散，因此暴雪的范围很小，且水汽辐合中心移到与暴雪区对应区域。

8.4 内蒙古大到暴雪

康玲等(2000)将内蒙古大到暴雪环流型归纳成西风槽(涡)、蒙古低槽、贝加尔湖低槽等 3 类。

8.4.1 西风槽(涡)类

统计分析 70 个大到暴雪过程个例，有 35 例是该类造成的降雪。冷空气活动以西路及西路与西北路共同影响为最多。降雪多出现在内蒙古西半部。主要特征如下：

1)在 35°—45°N，100°—110°E 范围内，有从中亚地区移入该区的低槽或就地生成的低涡(常指青海湖附近)。

2)华北地区到沿海附近是高压脊，亚洲中纬度地区为东高西低形势。

3)河套西部有暖温度脊或暖温度舌。

4)在 25°—40°N，100°—115°E 范围内，有 $T-T_d \leqslant 5$ ℃的湿区。

环流演变特点：500 hPa 图上，降雪前 3～5 天，欧洲为长波脊，西西伯利亚到中亚地区为长波槽，40°N以南伊朗有明显的南支槽活动，槽前(20°—40°N，60°—80°E)有一支宽阔而明显的西南气流，青藏高原经新疆到萨彦岭山地为宽广高压脊，并有一明显的暖温度脊配合，东亚为一大槽。降雪前 1～2 天，由于欧洲长波脊缓慢东移，从新地岛沿脊前气流下滑的冷空气进入西西伯利亚，在中亚地区(50°—80°E，以下类同)的低槽加深南压，同时东亚大槽减弱东移北缩，巴尔喀什湖以东蒙古到我国华北地区高压脊发展。在亚洲中纬度形成了一槽一脊型(图 8.11)，此时有从中亚长波槽中分裂东移的冷槽，这类冷槽与东移到西藏高原南部的南支槽在高原上空同位相叠加，从而在高原上空形成了一支明显的西南气流，这支西南气流在高原东侧从 30°N 以南向北扩展到 40°N 以北，在 700 hPa 图上有同类型的环流场形势，西南风风速有时可达到低空急流的强度。在中低层形成了明显的水汽输送带，这对垂直运动的发展起到了重要的作用。大量水汽由孟加拉湾经四川盆地向北输送，在内蒙古中西部地区辐合上升，使在 35°—45°N、100°—110°E 范围内的低槽(或涡)发展加深。

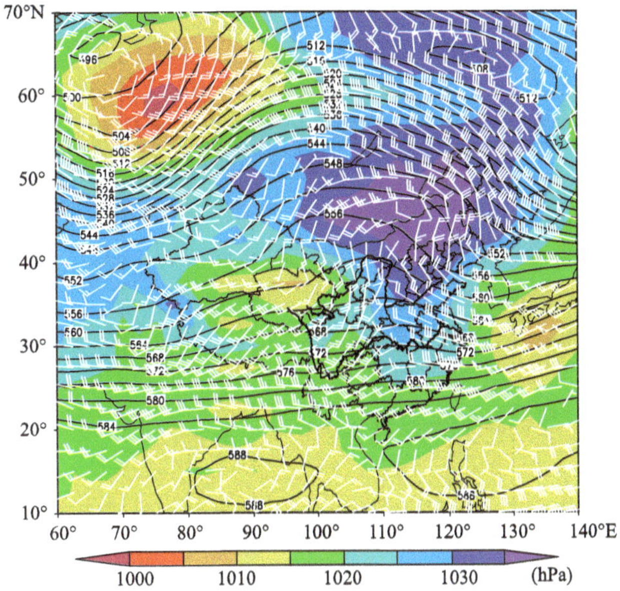

图 8.11　1986 年 12 月 14 日海平面气压场(阴影)、500 hPa 位势高度(dagpm)、700 hPa 风场

还有一些西来低槽过程在降雪前 3～5 天亚洲中纬度为一准纬向平直气流锋区，东欧到乌拉尔山地区(50°N 以北，30°—70°E)为阻塞高压，有时高压脊向东北伸到 60°N 以北，80°E 以东。降雪前 1～2 天，由于乌拉尔山阻塞高压比较稳定，当冷空气从新地岛沿阻塞高压脊前气流下滑到平直气流锋区时，在中纬度锋区中产生低值波动，形成了平直气流低槽型(图略)。此时亚洲中纬度锋区不断加强南压，沿锋区东移的低槽槽前西南气流加强，华北地区等压面升高，高压脊发展，形成东高西低的形势。

8.4.2　蒙古低槽

在 70 个大到暴雪过程个例中，有 29 例是该类造成的降雪。冷空气活动以西北路及西北路与北路共同影响为最多。降雪多出现在内蒙古东半部。主要特征如下(图 8.12)：

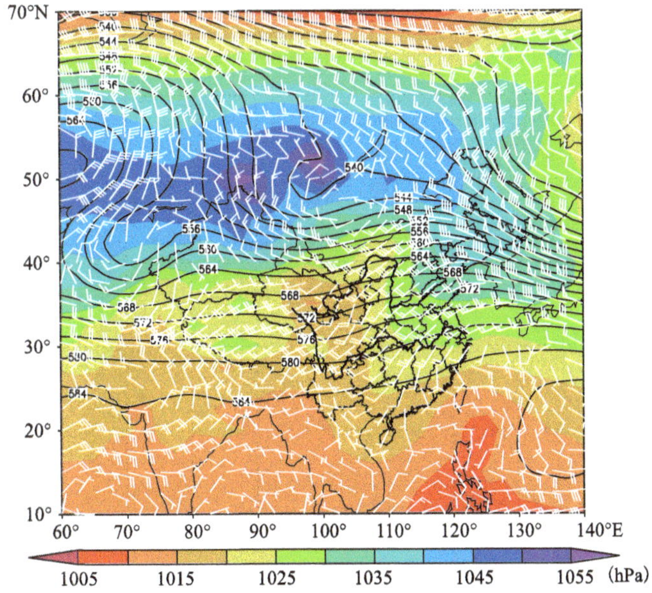

图 8.12　1986 年 11 月 22 日海平面气压场(阴影)、500 hPa 位势高度(dagpm)、700 hPa 风场

1)在 40°—50°N,90°—115°E 范围内,有从西伯利亚经蒙古西部山地移入蒙古中东部地区的低槽或就此生成的低涡(常指从西伯利亚东移的长波槽南北发生断裂而形成)。

2)在低槽前(45°N 以南,90°—115°E)有一支西南气流锋区。

3)从西伯利亚经贝加尔湖到我国东北平原是西北气流。地面蒙古中东部多为气旋或倒槽冷锋。

环流演变特点:500 hPa 图上,降雪前 3～5 天,欧洲为一长波脊,亚洲为长波槽。降雪前 1～2 天,欧洲高压脊缓慢东移到西西伯利亚、中亚地区,低压槽位于巴尔喀什湖以东蒙古到我国华北地区。在亚洲中纬度形成了一脊一槽型,从高压脊北部经贝加尔湖到我国东北平原有一支西北气流锋区。低槽在巴尔喀什湖北部聚集,尔后进入蒙古并明显加深,槽前西南气流加强,并与西北气流锋区在 45°N 附近、115°—125°E 汇合,使该区水平温度梯度加大、斜压性加强,形成汇合锋生场。

还有一些蒙古低槽过程,在降雪前 1～2 天亚洲中纬度有中等尺度的槽脊(槽脊振幅 10～15 个纬距)沿锋区规律东移,24 小时移速 5～10 个经距,形成了亚洲中纬度槽脊移动型(图略)。当有一支西北气流锋区从西西伯利亚北部经贝加尔湖伸向我国东北平原时,中纬度低槽沿锋区向东移至蒙古中东部,在 45°N 附近、115°—125°E 槽脊呈反位相叠加,形成汇合锋生场。典型环流场如图 8.12。

8.4.3 贝加尔湖低槽

在 70 个大到暴雪过程个例中,有 6 例是该类造成的降雪。冷空气活动以西北路、北路为最多。降雪多出现在内蒙古东北部。主要特征如下:

1)在 45°N 以北、120°E 以西,有从西伯利亚移入贝加尔湖和蒙古北部的低槽或就此生成的低涡(常指从西伯利亚东移的长波槽南北发生断裂而形成)。

2)在 47°N 以南,100°—125°E 蒙古中东部有一支西南气流。地面多为贝加尔湖气旋(或冷锋)。

环流演变特点:500 hPa 图上,降雪前 3～5 天,欧洲大部为高脊控制(有时有闭合高压),乌拉尔山以东、50°N 以北西西伯利亚为低压槽,中西伯利亚为宽脊。低压槽向南伸到咸海、里海至巴尔喀什湖,冷空气沿欧洲高脊前气流下滑进入低槽,低槽不断南压加深。欧洲高脊缓慢移到乌拉尔山、中亚地区,低槽移至萨彦岭发生断裂,北段低槽减弱已东移到贝加尔湖以东地区的宽脊明显减弱北抬,南段低槽在贝加尔湖西侧。在亚洲中高纬度形成了两脊一槽型。降雪前 1～2 天,宽脊东移到我国内蒙古东部及东北平原。南段低槽在贝加尔湖、蒙古北部明显加深。在 700 hPa 图上,亚洲中纬度为纬向锋区,在锋区上有小槽东移,并与 500 hPa 低槽同位相叠加。在蒙古东部(47°N 以南,100°—125°E)西南气流加强。水汽来自黄河中上游,在内蒙古东北部形成辐合场。典型环流场如图 8.13。

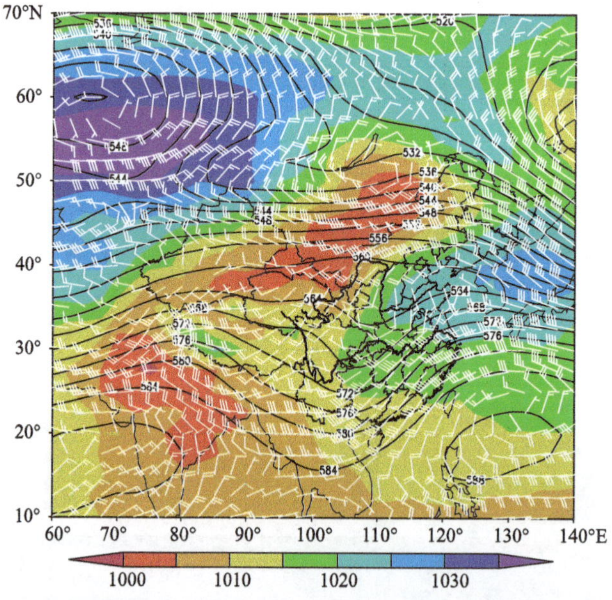

图 8.13 1996 年 3 月 28 日海平面气压场(阴影,hPa)、500 hPa 位势高度(dagpm)、700 hPa 风场

8.4.4 急流特征

以近 50 年来在内蒙古地区出现的最大暴雪过程为例来探讨冬雪前低空急流的形成过程。

宫德吉等(2001)对“77.10”内蒙古特大暴雪过程进行了分析。1977 年 10 月 26—30 日内蒙古出现一次特大暴雪，锡林浩特的过程雪量达到 57.4 mm，是近 50 年来最大的降雪过程。在过程发生之前，10 月 17 日，500 hPa 东亚大槽猛然填塞，140°E 相应的 24 小时变高由 −180 gpm 变为 +90 gpm。与此同时，乌拉尔山以西的高压脊也猛然增强。西风带北支出现了乌拉尔山以西高脊—西伯利亚低压的“西高东低”形势，而亚洲中纬度以南地区上空却出现东亚高度场升高、中亚低槽加深的“东高西低”形势，蒙古上空为一宽平的弱脊(图略)。19—20 日、22—23 日、24—25 日分别有三个波动沿蒙古脊北侧东移，其强度依次增强。随着一次次波动的东移，700 hPa 华北高脊也出现北伸(图略)。26 日(图 8.14)，中亚分裂槽的南段已移近河套地区，槽前西南气流增强，低层从云贵经川陕至内蒙古南部 25 日起就出现 ≥12 m/s的偏南急流。随着该槽的继续东移，槽前西南气流与华北脊后偏南气流辐合增强，低空偏南急流的强度也不断增强，28 日急流轴上的最大风速达到 26 m/s。暴雪天气从低空急流形成之后不久即开始出现。

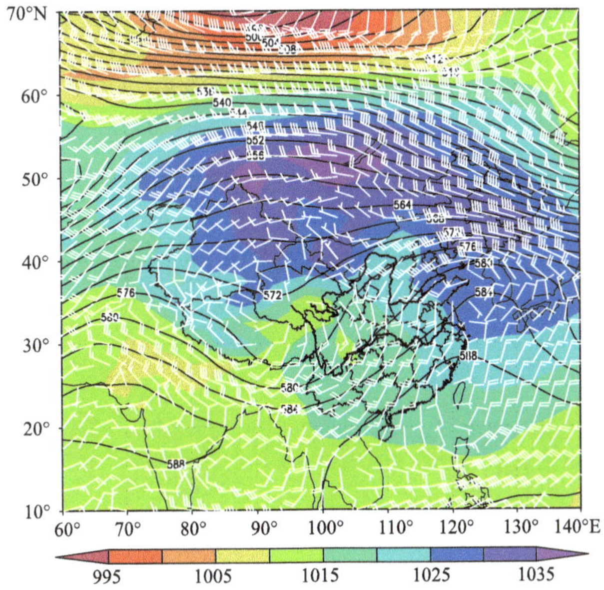

图 8.14　1977 年 10 月 26 日海平面气压场(阴影，hPa)、500 hPa 位势高度(dagpm)、700 hPa 风场

8.4.5 水汽条件

取 1995—1999 年 11 场大到暴雪个例(康玲等，2000)，用 500 hPa、700 hPa、850 hPa 20 时分析格点资料，对降雪前 24 小时水汽通量、水汽通量散度、涡度、垂直速度等物理量场进行统计分析，发现水汽通量有 3 条通道，一条是偏南通道(6/11)，一条是西南通道(4/11)，一条是东南通道(1/11)。水汽通量辐合区、正涡度区、垂直速度上升区主要分布在 3 个区域，分别与西来低槽(涡)类、蒙古低槽(涡)类、贝加尔湖低槽(涡)类相配合。

图 8.15 是 700 hPa 水汽通量图。可以清楚地看出：与西来低槽(涡)类(图 8.15a)相对应，在内蒙古西半部出现降雪区的水汽通道是偏南路径，水汽从四川盆地经秦岭至河套西部，源地是孟加拉湾和南海。与蒙古低槽(涡)类(图 8.15b)相对应，在内蒙古东半部出现降雪区的水汽通道是西南路径，水汽从长江中游经黄河中游至内蒙古东南部，源地是南海和东海。与贝加尔湖低槽(涡)类相对应，在内蒙古东北部出现降雪区的水汽通道是西南和东南路径(图略)，水汽从内蒙古中西部到内蒙古东北部，源地是黄河中上游、渤海。图 8.15c 是 1977 年 10 月 26 日 700 hPa 水汽通量，水汽来源有孟加拉湾西南、南海的东南和青藏高原以南的偏西三个水汽通道。

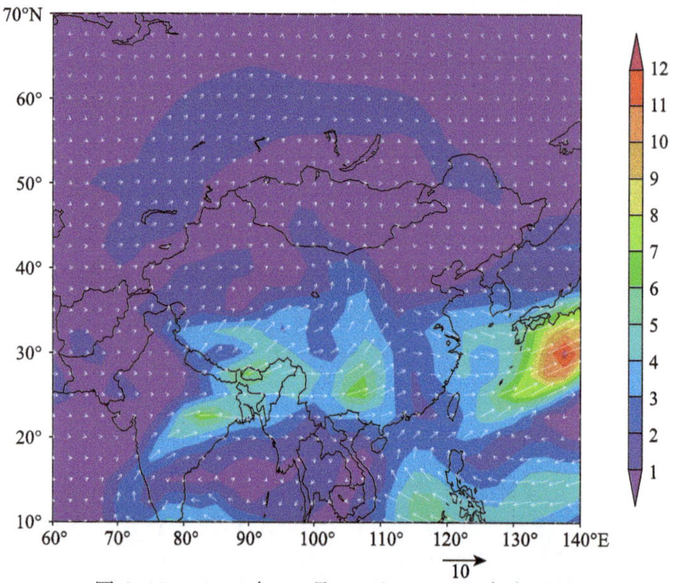

图 8.15a　1986 年 12 月 14 日 700 hPa 水汽通量

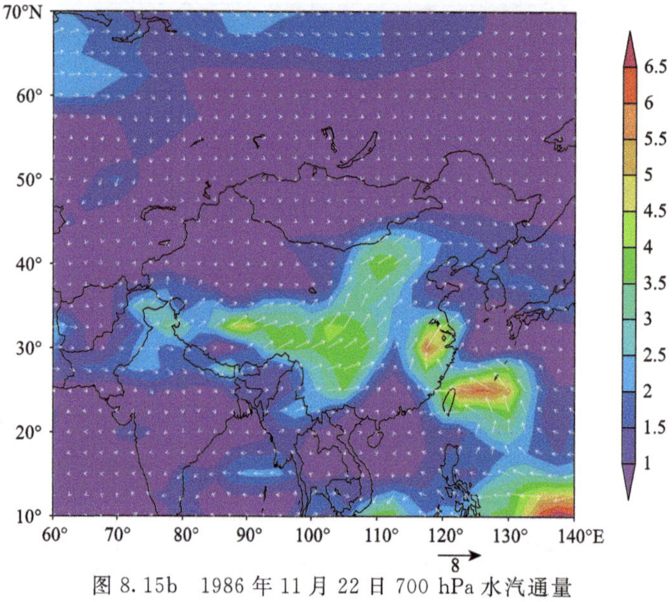

图 8.15b　1986 年 11 月 22 日 700 hPa 水汽通量

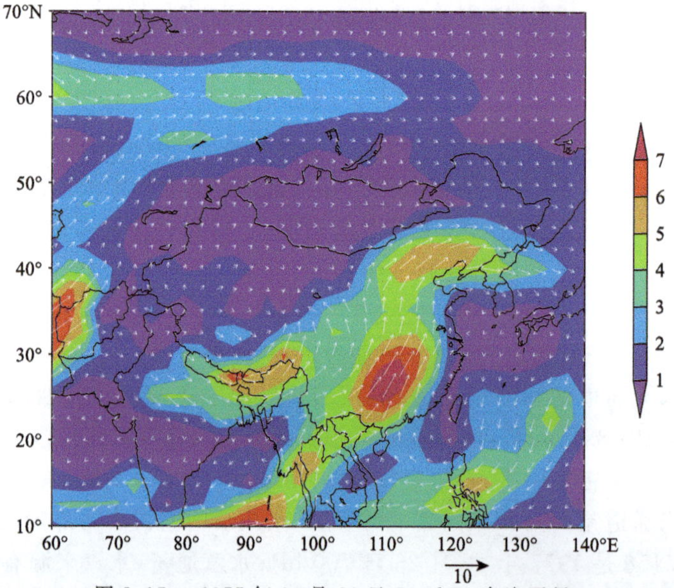

图 8.15c　1977 年 10 月 26 日 700 hPa 水汽通量

8.4.6　内蒙古大到暴雪预报着眼点、指标

8.4.6.1　西来低槽(涡)类

降雪前 1～2 天,若:

1)500 hPa 亚洲西风带一槽一脊型(或平直气流低槽型),亚洲地区为一支纬向偏西气流锋区,青藏高原东部为宽西南气流,青藏高原西部有南支槽活动,亚洲中纬度地区为东高西低形势。

2)700 hPa 亚洲中纬度地区(80°—105°E)有低槽东移。华北地区为高压脊。在 35°—48°N,100°—120°E 范围内,流场为偏南风转偏西风、偏北风。高压脊向北(或西北)凸起。西南气流在 25°—40°N,100°—110°E 地区至少有 3 个站偏南风(或偏东风)≥10 m/s。河套西部在 35°—42°N,95°—110°E 有暖温度脊(或小暖中心,约 500 km 左右)。在 35°N 以南有 $T-T_d \leqslant 5$ ℃的湿区。

3)地面高压从西伯利亚经巴尔喀什湖移入蒙古,伸向我国华北东部(45°N 以北,115°E 以东)。新疆东部到河套为倒槽区,在 35°—45°N,95°—110°E 范围内吹偏东风或偏南风。从新疆有冷锋移入倒槽。

4)物理量场 700 hPa、850 hPa 在 30°—40°N,100°—110°E 范围内,有从南向北的水汽输送带,水汽辐合中心在 35°N 以北。700 hPa、500 hPa 在 35°—45°N,80°—110°E 范围内有正涡度中心从南向北或从西向东移动,中心强度≥$+40\times10^{-5}$/s。同时,在 35°—45°N,95°—110°E 有垂直速度上升中心,中心强度≤-20×10^{-3} hPa/s。另外,日本 E02、E03 预告图在内蒙古西半部地区有≥5 mm 降水。

满足上述条件则 24～36 小时有利于内蒙古西半部出现大到暴雪天气。

8.4.6.2　蒙古低槽(涡)类

降雪前 1～2 天,若:

1)500 hPa 亚洲西风带一脊一槽型(或槽脊移动型),脊前从西伯利亚经贝加尔湖到我国东北平原是西北气流,槽前西南气流锋区北上到 45°N 附近,在 115°—125°E 两支气流形成汇合锋生场。

2)700 hPa 有低槽(或切断低涡)移入蒙古地区(40°—50°N,90°—115°E),槽前有西南气流锋区配合(水平温度差≥12 ℃),在 35°N 以南有 $T-T_d \leqslant 5$ ℃的湿区。

3)地面高压从西伯利亚移入萨彦岭、贝加尔湖,高压脊伸向蒙西山地、我国华北平原,蒙古中部有倒槽气旋(或冷锋),35°—48°N,100°—120°E 范围内吹偏东风或偏南风。

4)物理量场 700 hPa、850 hPa 在 35°—45°N,105°—115°E 范围内,有从西南向东北的水汽输送带,辐合中心在 38°N 以北。700 hPa、500 hPa 在 40°—50°N,85°—115°E 范围内有正涡度中心从西北向东南移动,中心强度≥$+70\times10^{-5}$/s。同时在 38°—48°N,100°—120°E 范围内,有垂直速度上升中心,中心强度≤-35×10^{-3} hPa/s。另外,日本 E02、E03 预告图在内蒙古东半部地区有≥5 mm 降水。

满足上述条件则 24～36 小时有利于内蒙古东半部出现大到暴雪天气。

8.4.6.3　贝加尔湖低槽(涡)类

降雪前 1～2 天,若:

1)500 hPa 亚洲中高纬度两脊一槽型。

2)700 hPa 45°N 以北、120°E 以西,从西伯利亚有低槽(或低涡)移入贝加尔湖、蒙古北部。槽前西南气流在 47°N 以南,100°—125°E 亚洲中纬度为纬向锋区,并有低槽活动。在贝加尔湖、蒙古东部及 42°N 以南有 $T-T_d \leqslant 5$ ℃的湿区。

3)地面高压从西伯利亚移入贝加尔湖以西到蒙古中西部,蒙古东部、贝加尔湖有气旋(或冷锋)。在 40°—55°N,105°—125°E 范围内吹偏南风或偏东风。

4)物理量场 700 hPa、850 hPa 在 35°—50°N,100°—125°E 范围内,有从西南(或偏南)向东北(或偏北)的水汽输送带,辐合中心在 43°N 以北。700 hPa、500 hPa 在 45°—55°N,100°—120°E 范围内,有正涡度中心从西北(或偏西)向东南(或偏东)方向移动,中心强度≥$+70\times10^{-5}$/s。同时在 43°—53°N,

115°—125°E 范围内有垂直速度上升中心，中心强度≤-35×10^{-3}hPa/s。另外，日本 E02、E03 预告图在内蒙古东北部有≥5 mm 降水。

满足上述条件，则 24～36 小时有利于内蒙古东北部出现大、暴雪天气。

8.5 华北大到暴雪

华北大到暴雪的主要环流形势是回流型和低槽低涡型，回流有弱回流加南支槽型、弱回流与北支槽型。回流形势中有河套锢囚锋则降雪更大。河北预报员又把回流型综括为两槽一脊型和高纬低压型。近年来又增加了低涡低槽型和气旋型。另外还有气旋型，主要指河套气旋，把江淮气旋引起的也归于此类，发生次数较少。近年来典型的回流型过程有 2002 年 12 月 21—23 日、2003 年 3 月 19—20 日、2004 年 12 月 21—22 日、2005 年 2 月 14—15 日、2006 年 1 月 18—19 日、2006 年 2 月 5—6 日和 2007 年 3 月 3—4 日。

张守保等(2008)分析了回流天气的形势特征，指出回流型天气形势特点是：东亚大陆纬向环流背景下有南北两支锋区，北支锋区位于 40°N 以北，有一短波槽从乌拉尔山快速移动，当槽经过我国东北地区时，其尾部扫过河北北部，引起中低层大量冷空气经渤海侵入华北平原；南支锋区在 40°N 以南地区，有一短波槽或低涡从新疆、河西走廊缓慢东移，冷空气亦随着东移。对应地面图上，华北处于北高南低的形势(偏东风)，同时一条冷锋从河西走廊向东移动(或河套伴有倒槽)。

张迎新等(2006)给出了华北回流天气的结构特征来自东北平原的低层冷空气虽然经渤海侵入华北平原，但仍然保持干冷气团的特性，在降水中起"冷垫"作用。

8.5.1 两槽一脊型

以 2006 年 1 月 18—19 日山西暴雪过程为例(赵桂香 2007)。

8.5.1.1 实况

2006 年 1 月 18—19 日，山西省中南部出现连续性区域暴雪天气过程，降雪持续时间长，强降雪集中，影响范围大。此次过程系地面回流与河套倒槽共同作用所致。虽然回流形势是造成华北地区冬季降雪的主要天气系统，但这种回流与倒槽同时强烈发展的情况还是比较少见。

8.5.1.2 环流形势分析

500 hPa 图上，暴雪出现前，东亚维持两槽一脊形势，极涡稳定加强，极锋位置偏北，山西受中纬度较平直的环流影响。对应温度场上，山西一直处于温度锋区底部。随着极涡的南压，沿极涡外围极锋锋区上分裂的短波小槽与南支槽同相叠置，使得南支槽发展加深，这在冬季较为少见。17 日南支槽发展开始影响山西，山西南部局部出现小雪。18 日 20 时南支槽加深东移，达到最强，槽前西南气流强盛，河套地区湿度明显增大，大部分站点 $T-T_d\leqslant3.6$ ℃(700 hPa)，山西大部分地区出现小雪，中南部出现大雪，部分地区达到暴雪。19 日 08 时，系统缓慢东移，整个山西处于强盛的西南气流中，湿度继续增大，降雪加强，直到 20 日 08 时，山西上空被西北气流控制，降雪才逐步减弱、结束。

地面图上，暴雪出现前期，庞大的大陆高压一直盘踞欧亚大陆，16 日分裂为两个中心，山西一直处在高压底前部的偏东气流里，在之后的 48 小时内该高压稳定少动；河套倒槽从 18 日 05 时开始向北发展，18 日 14 时(图略)达到强盛，且维持时间较长(一直持续到 19 日 23 时)。山西处于高压底后部强盛的东南气流里。河套倒槽前的暖湿空气与东南气流相遇，两支气流汇合加强，与北方冷空气在山西中南部强烈交汇，使得山西中南部出现了暴雪天气。这种回流形势与倒槽同时强烈发展的形势并不多见，是造成这次暴雪范围大、持续时间长的重要原因。图 8.16 是 2006 年 1 月 18 日海平面气压场(阴影)、500 hPa位势高度、700 hPa 风场，作为此过程的典型环流场。

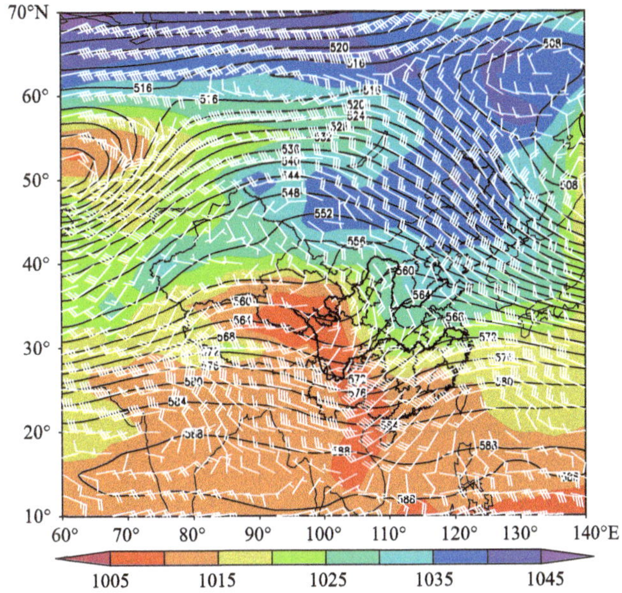

图8.16 2006年1月18日海平面气压场(阴影,hPa)、500 hPa位势高度(dagpm)、700 hPa风场

8.5.1.3 低空急流特征

东南低空急流:由于500 hPa东亚大槽稳定少动,槽后冷空气出现了强烈下沉,并从低层向南扩散,表现为黄渤海到黄河下游地区出现了较强的偏东风。从17日20时开始,来自黄海和东海的水汽,穿越江苏、安徽、河南等省,形成超低空偏东风急流(925 hPa强度≥14 m/s),低涡前有西南急流(700 hPa强度≥16 m/s),东风急流与西南急流共同向山西输送水汽,并与北路冷空气交汇,产生强烈的降水。直到20日08时偏东风急流和西南急流减弱,山西降雪才减弱、结束。

西南低空急流:暴雪出现前3天,高空西风带形成了乌拉尔山高脊、中亚槽和高空纬向西风急流,高空极涡稳定加强。之后,从极地南下的冷空气沿极涡外围极锋锋区不断分裂小股冷空气出来,沿中纬度的偏西北气流东移进入高原地区。暴雪出现前48小时,在高原地区堆积、加强,暴雪出现前36小时开始明显东移,并与南支槽同相叠置,使得南支槽前的西南气流和西来槽前的西南气流互相贯通,并引导秦岭以南的低层暖湿气流向北输送。北上的西南气流又与华北脊后的偏南气流产生辐合,造成西南气流的进一步加强,在高空急流的耦合作用下,于暴雪出现前12小时形成了中低空川、陕直至山西的≥16 m/s的西南急流。

这两支急流分别对应着中低层的两个水汽通量轴线和能量密集带,因此它们为此次暴雪天气提供了水汽和热量输送。

研究表明,急流区附近低层风速切变很强,在有逆温存在的情况下,就可能引起重力波的发生发展。如果重力波出现于对流天气发展之前,它起着一种触发机制的作用;如果大气是对流性不稳定的,则在重力波波槽通过之后,在上升运动区对流发展加强,即起到一种加强上升运动的作用。沿着低空急流轴附近(31°~32°N、105°~125°E)选取探空站点,计算925 hPa与850 hPa之间以及925 hPa与700 hPa之间的风速切变,发现,18日20时,急流区附近低层风速切变分别达到了4~12 m/s和6~16 m/s,平均风速切变分别为6 m/s和8 m/s,且低层存在逆温。19日08时,仍维持很强的风速切变,平均风速切变分别为6 m/s和7.5 m/s,因此,急流的形成及其附近出现的较强风速切变,使得重力波不稳定发展,对降水起着一种触发机制的作用;而且急流和较强风速切变的维持,使得急流右前方的动力抬升运动加强,而抬升冷却作用将使上升的湿空气接近饱和,有利于强降水的进一步维持和加强。

8.5.1.4 水汽条件

沿34.5°N作温度露点差的剖面图(赵桂香,2007)(图略),可看出,18日08时开始,从暴雪区上游到暴雪区一直维持大范围的深厚湿层,湿层厚度达到600 hPa左右,18日20时到19日08时达到最强,

600 hPa 以下 $T-T_d \leqslant 4$ ℃(图略)。而 18 日 20 时 700 hPa 水汽通量图上，在暴雪区的西南方和东南方分别存在一个强水汽通量中心，中心数值分别达到 18.2 g/(s·hPa·cm)和 14.3 g/(s·hPa·cm)，西南方的水汽通量轴线呈近似西南—东北走向，东南方的水汽通量轴线呈近似东南—西北走向，暴雪中心就位于两条水汽通道交汇的南侧。由此也可看出，此次暴雪天气过程存在两条水汽输送带，分别对应西南急流和东南急流，两支急流共同为此次暴雪天气过程提供水汽和热量输送，在山西中部形成一个强的辐合中心。这也可从水汽通量散度图(图略)上看到，山西中南部到河南北部地区为强烈的水汽辐合区，最大辐合中心数值达到 -22 g/(s·cm^2·hPa)。一般如果在夏季，湿层厚度达到 700 hPa 时就会为暴雨的产生提供充足的水汽，而暴雪的发生其湿层厚度更厚。深厚的湿层和强烈的水汽辐合为此次暴雪提供了充分的水汽条件。图 8.17 是此过程的 18 日 700 hPa 水汽通量分布图。

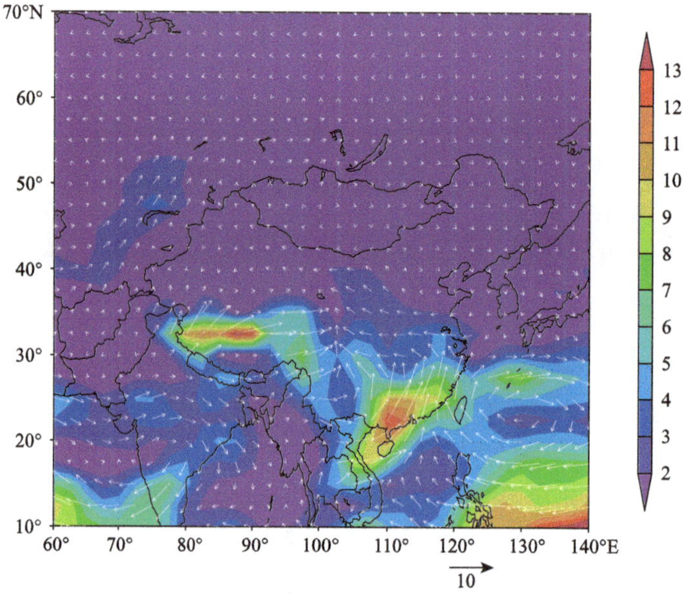

图 8.17　2006 年 1 月 18 日 850 hPa 水汽通量

8.5.1.5　预报着眼点

(1)分析 500 hPa 图是否存在稳定的两槽一脊型环流形势，乌拉尔山高脊的发展和极地冷空气的南侵以及其在高原地区的先堆积、后东移，是使得南支槽发展加深的重要原因；同时，地面图上，回流形势与河套倒槽同时强烈发展，两支气流耦合加强，与南支槽后部冷空气在山西中南部交汇。这种大型环流形势的形成、维持与发展，是暴雪产生的基本背景，可通过欧洲数值预报产品来提前得到信息。

(2)深厚的湿层和强烈的水汽辐合为暴雪提供了充分的水汽条件，暴雪中心位于中低层两个水汽通量轴线交汇的南侧。这可提前 12～24 小时通过物理量场的诊断分析得到。

(3)500 hPa 沿极涡外围极锋锋区分裂的短波槽与南支槽同相叠置，是低空西南急流形成的重要原因，而东亚大槽后的冷空气在低层向南扩散，形成超低空东南急流，两支急流汇合加强，不仅为此次暴雪提供水汽和热量输送，而且使得重力波不稳定发展，加强了抬升运动。此种形势要考虑暴雪将有可能持续。

(4)高层辐散、低层辐合的垂直配置以及深厚而强烈的上升运动，是强降雪出现的动力条件，这种结构提前 12～24 小时出现，对暴雪的预报有指示意义；而低层露点锋的存在，是不稳定能量释放的重要触发机制；500 hPa 正涡度平流中心的增强，将预示着暴雪出现一个增幅期。以上分析表明，通过数值预报产品分析形势演变以及物理量诊断分析，不仅可以提前 12～24 小时做出暴雪预报，而且可判断暴雪的持续或加强。

8.5.2　高纬低压型

此型近年来的典型过程为 2004 年 12 月 21—22 日的华北大到暴雪过程。

2004 年 12 月 22 日的环流图上(图 8.18a)，500 hPa 亚洲范围 40°N 以南气流平直，50°N 纬度带上巴尔喀什湖附近和日本国附近为深厚切断低涡，两支西风锋区分别位于 40°N 附近和 20°～30°N，巴尔喀什湖低涡中的冷空气经新疆北部、甘肃河西走廊沿着高空锋区输送到西北地区东部，与日本附近深厚低涡后部南下的冷空气在河套地区相遇。反映在海平面气压场上，华北地区为明显倒槽，海平面气压场上的冷高压脊自内蒙古东部经华北伸向四川盆地东部；虽然南支槽不明显，但是 700 hPa 风场上位于云贵高原、华南、江南和江淮上空的低空急流强盛，西南气流与来自河西走廊的西北气流交汇于甘肃中东部到陕西境内，并以汇合后的偏西气流在伸向四川盆地东部的地面冷高压脊西侧向东爬升，造成了华北地区的大到暴雪天气。

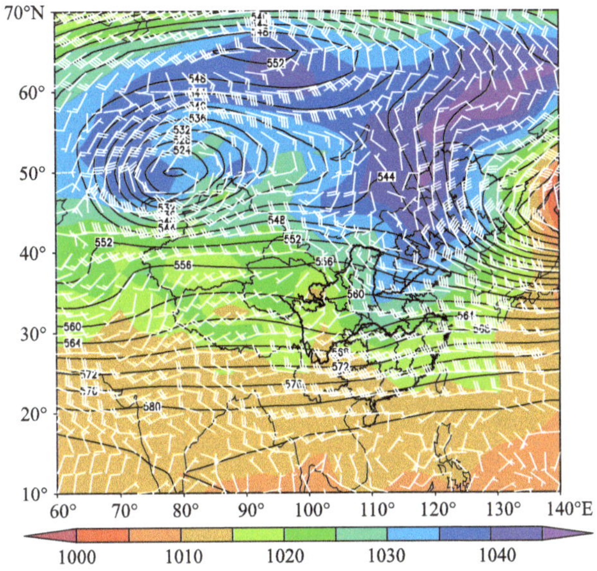

图 8.18a 2004 年 12 月 22 日海平面气压场(阴影)、500 hPa 位势高度、700 hPa 风场

2004 年 12 月 22 日 700 hPa 水汽通量(图 8.18b)显示，东东北—西西南分布的水汽通量大值区向北伸展到了华北地区，充沛的水汽是这次大到暴雪过程的极为有利条件。

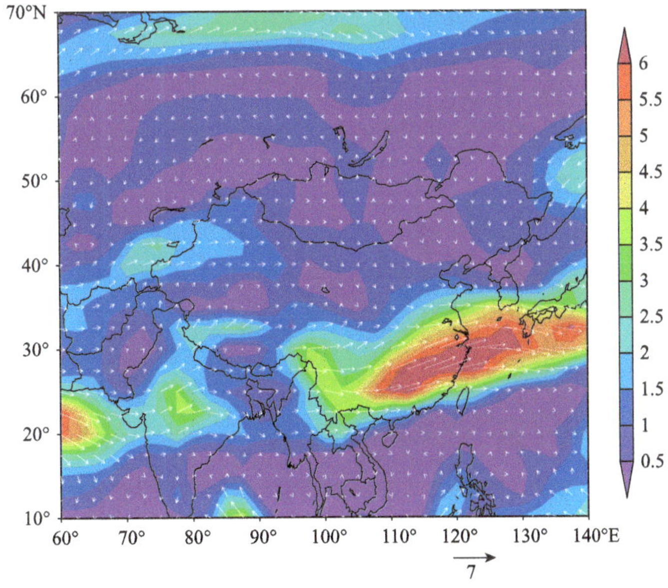

图 8.18b 2004 年 12 月 22 日 700 hPa 水汽通量

8.5.3 低涡低槽型

2003 年 3 月 19—20 日河北兴隆暴雪过程(王新龙 2006)是此型的典型个例。

受高空蒙古东部冷涡和低层切变线的共同影响，3 月 19 日 08 时到 3 月 21 日 08 时，河北省除邯郸市南部外大部分地区出现了雨雪天气。承德中南部、唐山和廊坊二市的局部地区出现了历史同期少见的强降水天气。除张家口北部外，保定、沧州以北地区大部在 5 mm 以上，承德、唐山、秦皇岛、廊坊四市大部，张家口、保定两市局部雨雪量较大，其中有 24 个县在 10～24 mm 之间；承德市有 6 个县达25 mm 以上，兴隆县最大为 60.6 mm。自有气象记录以来同期承德中南部 3 月份出现如此大的日降水量，对河北省东北部地区来说是史无前例的。在北京东部、西南部山区和天津北部山区也出现了同期罕见的大于 20 mm 的降水。与历史同期相比，8 个站 20 日的日降水量超过 1961 年以来历史同期日最大值，除三河县为廊坊市外，其他七个县(市)均属承德市。

3 月 18 日 08 时 500 hPa 高空图上，亚洲中纬度受西北气流控制，南支槽在四川盆地东侧，从贝加尔湖方向有一切断低涡不断加强向东南移动。3 月 19 日 08 时它在蒙古国中部加强，中心强度为 5400 gpm，并伴有 −32 ℃的冷中心与之配合，其后部有一大于 20 m/s 的急流。在低涡北部有一个和它成对出现的阻塞高压(图略)。与此同时，850 hPa 上，内蒙古西部和山西省南部各有一个高压环流，两环流之间的切变线穿过河北省西北部。此后切变线向东南方向移动。此时在切变线位置相近，对应的地面图上有一条弱冷锋。河北省西北部地区受 500 hPa 高空槽和 850 hPa 切变线共同影响开始降雪。

19 日 20 时低涡开始进入内蒙古中部，受日变化的影响，其强度稍有减弱。但其对应的 850 hPa 切变线附近风速加大，加强为从辽宁伸到兰州附近的辐合带。地面冷锋接近兴隆，兴隆开始降雨(图略)。20 日 08 时，500 hPa 低涡后部高压脊发展，伸向东北方向的贝加尔湖，致使低涡加强并后退，中心温度加强为 −40 ℃，急流加强并越过 35°N。850 hPa 切变线加强，南侧的西南气流加强，西段南压，东段在兴隆停滞并产生波动，在京津冀交界处生成低压环流。大片降水就出现在环流及冷锋附近的京津冀、内蒙古东南部以及辽宁的西部。20 日午后受迅速南下的冷空气和槽前强烈偏南气流影响，在低涡前部地面冷锋附近产生强对流天气(图略)。20 日 20 时，地面气旋东移到渤海，冷锋进入山东，河北省东北部受高空低涡影响还有微弱的锋后降水。21 日 08 时，河北省从高层到低层均以偏北气流为主，降水停止。图 8.19a 是 2003 年 3 月 20 日海平面气压场(阴影)、500 hPa 位势高度、700 hPa 风场配置图。

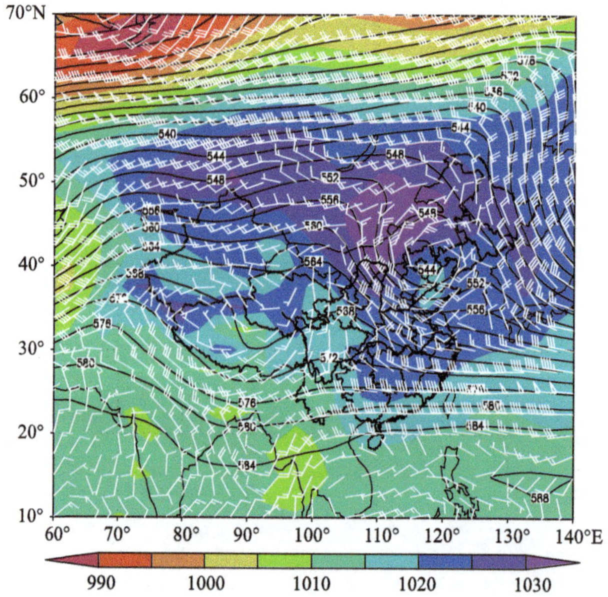

图 8.19a　2003 年 3 月 20 日海平面气压场(阴影，hPa)、500 hPa 位势高度(dagpm)、700 hPa 风场

2003 年 3 月 20 日 850 hPa 水汽通量(图 8.19b)显示，水汽通道有三条，一条在华南向东输送，一条在中南半岛向云南输送，而在我国东部地区还有一支近似于南北向的水汽通道伸向华北地区，正是这支南北向的水汽通道，为华北地区大到暴雪提供了充沛的水汽条件。

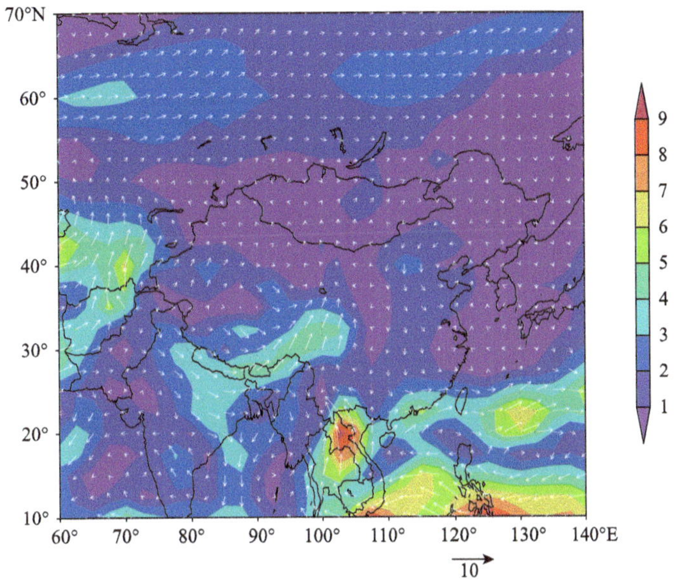

图 8.19b　2003 年 3 月 20 日 850 hPa 水汽通量

8.5.4 气旋型

此型在大到暴雪历史个例中较少，典型过程有 2006 年 2 月 5—6 日(河套气旋影响)和 2007 年 3 月 3—5 日(与江淮气旋有关)。这里以 2006 年 2 月 5—6 日降雪过程为典型个例张迎新(2007)对这次过程做了总结*。

2 月 5 日白天到夜间河北省南部降雪的影响系统：5 日 08 时 500 hPa 在太原南部到陕西南部到四川南部、贵州北部有一南支槽，700 hPa 与 500 hPa 相似在相同位置有一南支槽，河北 500 hPa 和 700 hPa都是偏西风，850 hPa 在锡林浩特到呼和浩特有一切变线，太原中南部到重庆、贵州北部有一切变线，河北处于切变前的西南气流中。5 日 20 时 500 hPa、700 hPa 的南支槽东移到山东，500 hPa 和 700 hPa 河北处于槽后的弱西北气流中，850 hPa 南支槽也东移出了河北，但位于内蒙古的切变线略东移南压到锡林浩特、呼和浩特到宁夏北部一带，河北省处于切变线前侧的西南气流中，6 日 08 时，河北南部 850 hPa 也转为西北气流，河北南部的降雪 6 日 05 时结束。地面 5 日 08 时在陕西甘肃有一低压带，河北南部是低压前部的东南风，在南部有一辐合线。5 日 20 时在陕西北部、山西北部的河套生成气旋，5 日 20 时到 6 日 08 时河北位于气旋前部的偏南气流中。

2 月 6 日白天到夜间河北中北部降雪的影响系统。高空 500 hPa 图上，脊前的冷空气向南扩散，在二连浩特到呼和浩特之间形成一短波槽，河北中北部地区处于槽前的西南气流里；700 hPa 与 500 hPa 相似，在锡林浩特到呼和浩特之间有一短波槽；850 hPa 图上，从长春到赤峰到张家口有一切变线；300 hPa和 400 hPa 与 500 hPa 相似，在二连浩特到呼和浩特之间有一短波槽，河北中北部受槽前西南气流控制，河北南部为偏西风，因此在河北的唐山、秦皇岛到衡水之间形成“喇叭口”。

地面图上：6 日 08 时，气旋中心位于河北省的中部，暖锋位于保定北部到唐山南部、秦皇岛南部，并一直维持到 14 时，造成唐山、秦皇岛的大雪；到 20 时冷空气南压，气旋东移南压到渤海，河北转为西北气流，降雪迅速减小，23 时降雪基本结束。高层的辐散加强了地面气旋前部的辐合，垂直上升运动加大，为本次暴雪过程提供了很好的动力条件。

地面气旋及锋面的发展移动：5 日 20 时在河套地区生成一气旋，冷锋位于内蒙古巴鲁特旗、呼和浩特到海力素一线，6 日 02 时气旋东移发展，中心位于陕西、山西、内蒙古三省区交界处，冷锋南压，暖锋形成，6 日 08 时气旋东移南压，气旋中心位于河北中部，冷锋东移南压到河北中南部；6 日 14 时，气旋继续东移，中心略北抬，位于河北东部唐山、秦皇岛，冷锋东移到了河北东部；6 日 20 时，气旋东移入海，冷

---

* 预报员专项 CMATG 2007Y05(总结)

锋已经移出河北省，降雪结束。图 8.20a 是 2006 年 2 月 6 日海平面气压场（阴影）、500 hPa 位势高度、700 hPa风场配置图。

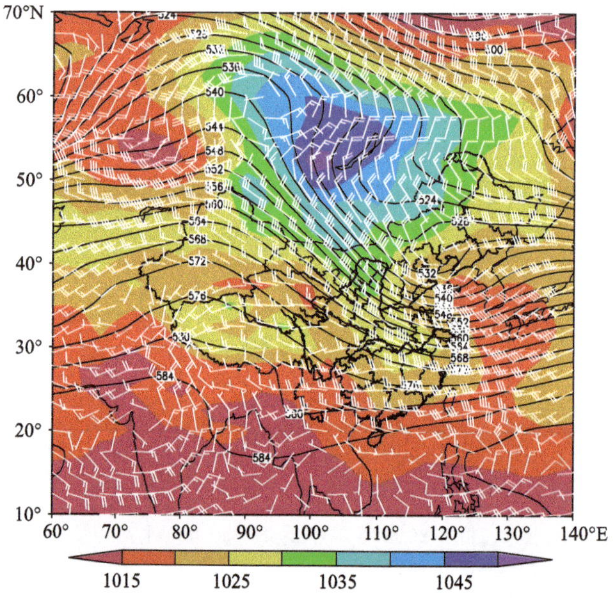

图 8.20a　2006 年 2 月 6 日海平面气压场（阴影，hPa）、500 hPa 位势高度（dagpm）、700 hPa 风场

从 2006 年 2 月 6 日 850 hPa 水汽通量（图 8.20b）看出，即使日平均图上，水汽通量大值区仍然在河北南部，与气旋东移相对应的水汽演变在 6 小时的水汽通量图上表现得更明显（图略）。

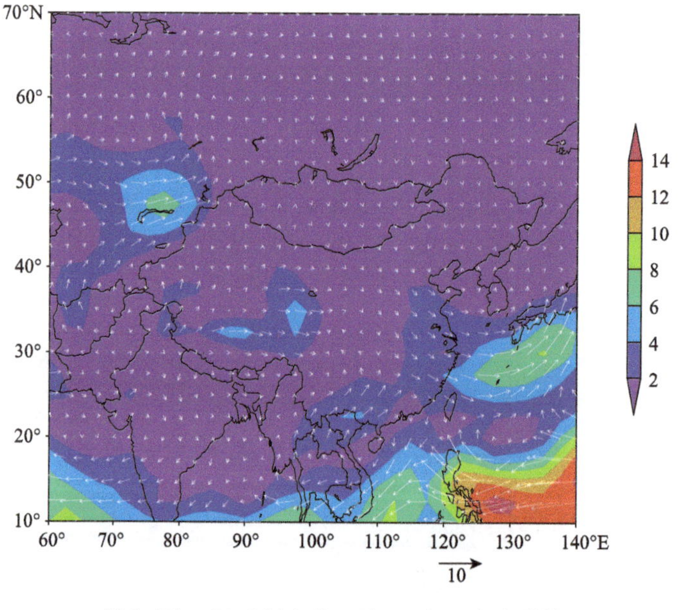

图 8.20b　2006 年 2 月 6 日 850 hPa 水汽通量

8.5.5　“79.02”华北大暴雪过程简介

“79.02”华北大暴雪过程是近 50 年来在华北地区出现的最大的暴雪过程（宫德吉等 2001），下面做简要分析。

1979 年 2 月 14—16 日，北半球环流形势发生了剧烈变化，大西洋阻塞高压和欧洲极涡相继由比较稳定的状态转为向东移动，最后形成了乌拉尔山阻塞高压和亚洲北部极涡。东亚沿海的波脊也随中亚脊的东退而得到发展。在这次过程中，高空南北波系反位相同步东移，且青藏高原西侧的低槽也在乌拉尔山阻塞高压形成的同时建立起来（图略）。这时在 100°E 以东的东亚地区，北有极涡中心，南有沿海高脊，中间形成一支很强的纬向气流。沿极涡外围极锋锋区上快速移动的短波冷槽，当其移至贝加尔湖地区时，与南支长波脊反相叠置，使这一带的高空纬向锋区增强，气流的辐合又使北槽只能加速东移而不能向南发展。但由于脊区的暖空气和冷槽带来的冷空气所形成的热力运动及其斜压力管效应，在北槽移过华北脊进入东北地区后，槽后的冷空气出现了下沉，并从低层向南扩散，表现为黄渤海到黄河下游地区出现了较强的偏东风。在极涡外围短波槽东移的同时，高原西侧的冷槽也分裂东移。其中，一部分冷空气越过天山后与青海附近低涡结合，2 月 20 日已移到陕北地区。于是 700 hPa 槽前的西南气流与来自黄渤海的东南气流在华北西部形成辐合，产生了较强的低空偏南急流，风速达到 22～24 m/s。随着东西两股冷空气迎头相遇及低空急流的出现，华北地区爆发了数十年少见的大范围的锢囚降水。一般降水量为 15～25 mm，内蒙古凉城县的过程降水量达到 37.2 mm。图 8.21 和图 8.22 分别是 1979 年 02 月 19 日海平面气压场（阴影）、500 hPa 位势高度、700 hPa 风场和 850 hPa 水汽通量。

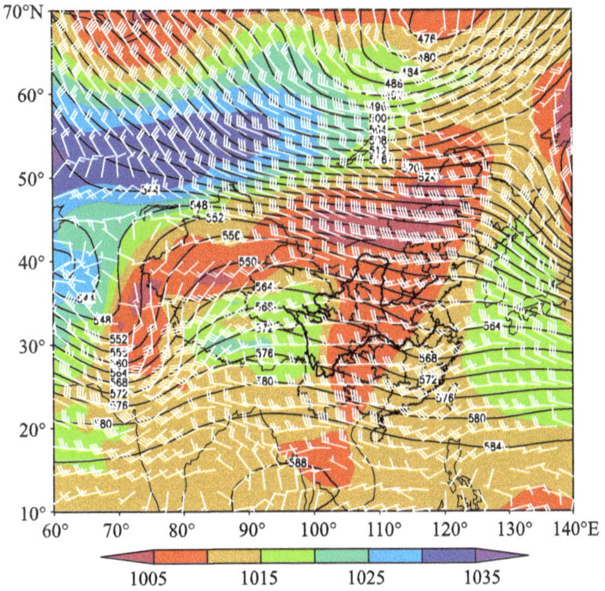

图 8.21 1979 年 2 月 19 日海平面气压场（阴影，hPa）、500 hPa 位势高度（dagpm）、700 hPa 风场

华北大到暴雪的水汽条件分析：由 1979 年 2 月 19 日 850 hPa 水汽通量（图 8.22）知，华北大到暴雪的水汽通道有孟加拉湾、菲律宾以东洋面两个主要通道，阿拉伯海经印度的通道较弱。此三个通道与图

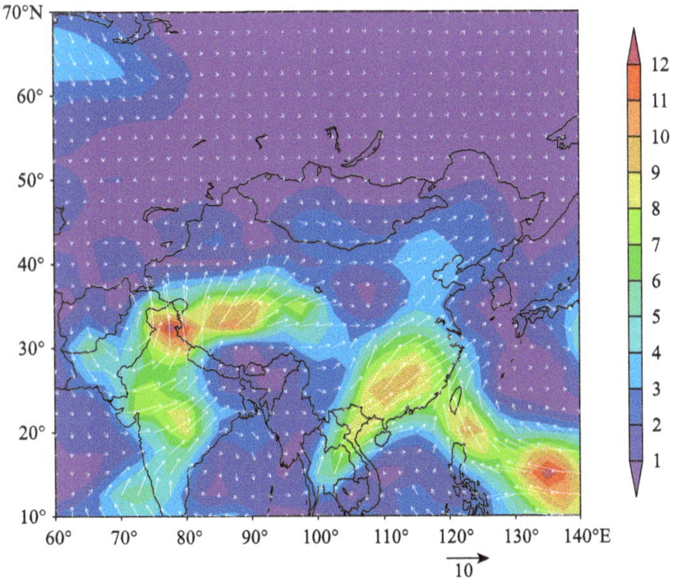

图 8.22 1979 年 2 月 19 日 850 hPa 水汽通量

8.21 中 500 hPa 的环流形势以及海平面气压场的倒槽分布基本一致。深厚系统是产生大到暴雪的主要原因之一。

8.6 东北地区大到暴雪

东北地区是我国大到暴雪的多发地区之一。东北三省的预报员对东北地区大到暴雪的天气型进行了归类分型,从地面图上分型,主要有蒙古气旋型、地面倒槽型和江淮气旋型。

8.6.1 蒙古气旋型

此型的典型过程为 1975 年 12 月 1 日 20 时—2 日 20 时的暴雪过程。

8.6.1.1 实况

1975 年 12 月 1 日 20 时—2 日 20 时,东北地区东部和南部出现降雪天气,其中辽宁省大部、吉林省东南部出现暴雪天气,最大降雪中心在辽宁省的铁岭市,24 小时降水量为 23 mm。

8.6.1.2 环流形势分析

降雪前期欧亚大陆 500 hPa 中高纬度为一槽一脊型,亚洲大陆东部为强大的冷涡,冷涡中心位于贝加尔湖西北方的西伯利亚地区,乌拉尔山地区为强大的暖脊,中纬度(40°—50°N)为比较平直的纬向环流;冷涡后部不断有冷空气分裂南下,到达中纬度地区后沿偏西气流向东移动。11 月 30 日 08 时,冷涡后部一股强冷空气分裂南下到巴尔喀什湖地区,然后东移,东移过程中北部的冷涡不断有冷空气南下补充,使冷空气强度逐渐加强;冷空气东移的同时朝鲜半岛至俄罗斯远东地区有高压脊发展加强,受高压脊阻挡,12 月 1 日 20 时冷空气到达蒙古东部后堆积加强并向南扩展,与之配合的高空槽加强并向南伸展至 35°N 左右,槽前与高压脊后的西南气流加强并开始影响辽宁省。850 hPa 环流形势与500 hPa类似,与 500 hPa 冷空气对应的强锋区配合低槽在东移过程中受朝鲜半岛至俄罗斯远东地区高压脊阻挡而加强南伸,12 月 1 日 08 时槽前北京到长春之间有风速超过 12 m/s 的西南急流建立;受西南急流影响,1 日白天东北地区南部增温增湿显著,为 12 月 2 日的暴雪过程提供充沛的水汽、热力条件。12 月 1 日 08 时的地面图上,东北地区处于日本海强大高压后部,蒙古国东部为强大的蒙古气旋,从气旋中心向南伸展的冷锋南端到达河套地区,同时冷锋后部不断有副冷锋南下,使冷锋逐渐加强,同时由于850 hPa 西南急流作用,冷锋前部的华北南部到山东西部一带气压显著降低,形成倒槽并随西南急流向东北扩展;1 日 20 时倒槽顶部到达渤海中部,同时冷锋东移到东北地区西部,之后冷暖空气在东北地区南部交绥,产生强降雪天气,另外由于日本海冷高压强大稳定,使系统移动缓慢,降雪时间较长,使降雪量进一步加大。图 8.23a 和图 8.23b 分别是 1975 年 12 月 2 日海平面气压场(阴影)、500 hPa 位势高度、700 hPa风场配置图和 700 hPa 水汽通量图。

8.6.2 地面倒槽型

此型以 1984 年 12 月 8 日 20 时—10 日 20 时暴雪过程为例做简要介绍。

8.6.2.1 实况

12 月 8 日 20 时—10 日 20 时,辽宁省的朝阳、锦州、葫芦岛、盘锦、营口、大连和丹东地区出现了暴雪,最大降水中心在大连的普兰店,为 28 mm,阜新、铁岭地区降小到中雪,其他地区降中到大雪,吉林省大部分地区出现了小到中雪,黑龙江省在此次过程中基本无降雪。

8.6.2.2 环流形势分析

前期 500 hPa 欧亚大陆中高纬度地区为一槽一脊型,乌拉尔山高压脊势力强盛,亚洲大陆高纬度地区为一宽平的大槽区,中纬度地区环流较平直,多短波槽脊活动。8 日 08 时,乌拉尔山高压脊加强发展,亚洲大槽分裂冷空气经新疆沿平直的偏西气流快速东移。8 日 20 时,在河套地区形成南北两支高空槽,一支位于河套北部,另一支位于河套东南部一带。9 日 08 时,北槽东移北抬率先影响辽宁省,8 日

20 时—9 日 20 时辽宁省西南部、南部地区降暴雪。南槽移速偏慢且路径以东移为主，9 日 20 时—10 日 20 时使辽宁省和吉林省的东南部产生了暴雪。对应 850 hPa 辽宁南部至海南一带一直维持西南风，东北地区处于弱暖脊控制。8 日 20 时，随着北支槽东移，在山东半岛西侧激发出低值中心，并在渤海湾上存在东西向切变。9 日 20 时，低值中心进入渤海湾并进一步加强，其暖湿切变移至辽宁省东南部（图 8.24）。

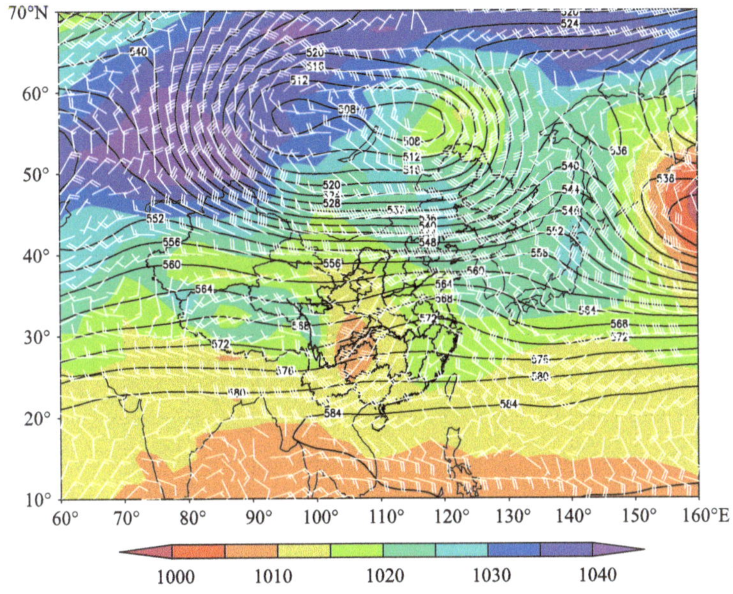

图 8.23a 1975 年 12 月 2 日海平面气压场（阴影，hPa）、500 hPa 位势高度（dagpm）、700 hPa 风场

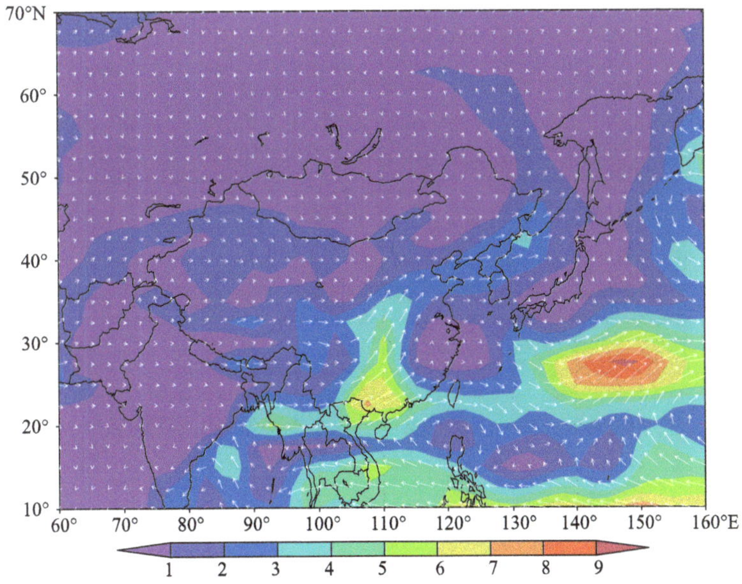

图 8.23b 1975 年 12 月 2 日 700 hPa 水汽通量

地面图上，降雪前期东北地区受大范围的高压底部控制。8 日 08 时，在山东半岛南部有倒槽发展，9 日 08 时，倒槽北上至渤海湾并进一步发展，辽宁省处于倒槽顶部，辽宁省西南部、南部地区开始降雪。9 日 20 时，倒槽主体东移进入黄海并发展形成闭合中心，随后受鄂霍次克海高压的引导继续东北上。10 日 20 时，高空槽和倒槽迅速减弱进入日本海，降水基本结束。

8.6.2.3 特点

(1)此次降雪是在前期高温、高湿的有利条件下，由两股冷空气先后影响造成的。

(2)低层切变和地面倒槽是此次降雪的触发机制。

(3)准确判断低层切变和地面倒槽的发生发展、强度及移向的变化能够对判定降水的强度和落区有很好的指示性。

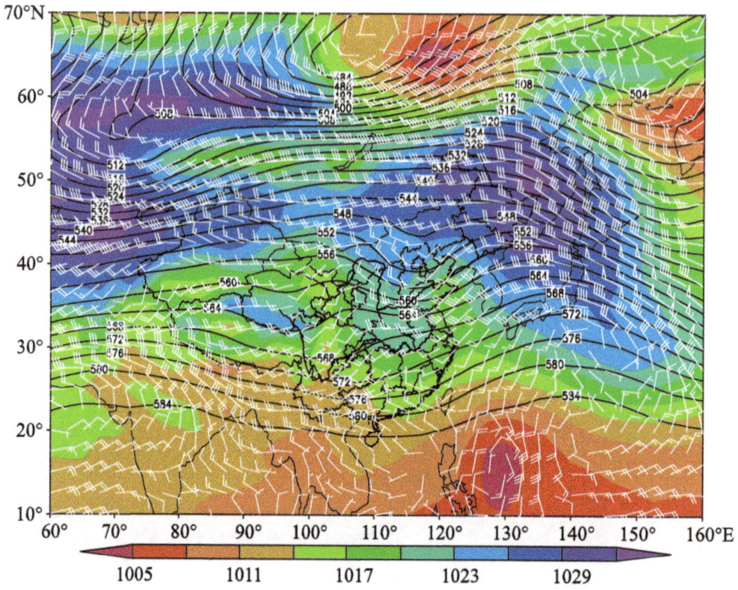

图 8.24a　1984 年 12 月 9 日海平面气压场(阴影,hPa)、500 hPa 位势高度(dagpm)、700 hPa 风场

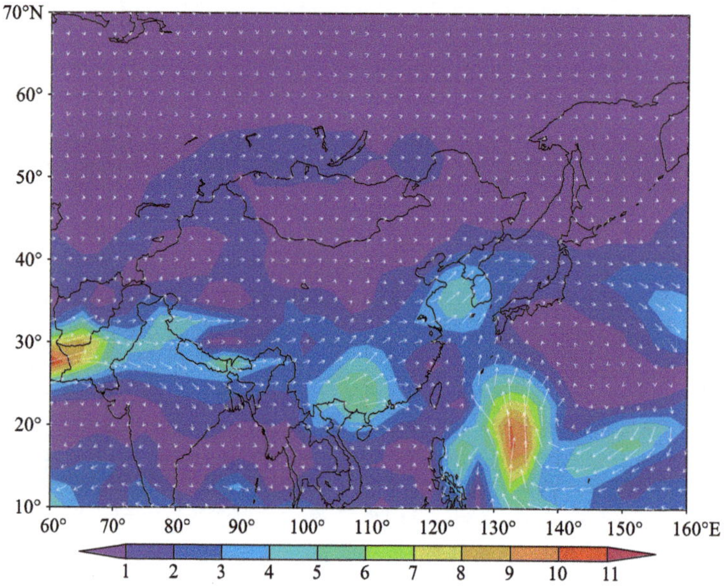

图 8.24b　1984 年 12 月 9 日 700 hPa 水汽通量

8.6.3　江淮气旋型

此型的典型过程有 2004 年 12 月 18 日 20 时—19 日 20 时和 2007 年 3 月 3—7 日两次暴雪过程。下面以 2007 年 3 月 3—7 日东北地区 1951 年以来最严重的暴雪天气过程(陈传雷等 2007)为例,简要分析其特征。

8.6.3.1　实况

2007 年 3 月 3 日 16 时—7 日 08 时东北地区 186 个观测站中 93 个台站降雪量(日降水量≥10 mm)超过暴雪量级(图略)。最大降雪量出现在辽宁鞍山,降水量达 78 mm,为特大暴雪(降水量≥50 mm)。降雪造成的积雪深度普遍超过 20 cm,吉林省柳河市积雪最深为 60 cm(图略)。全区域陆地偏北大风平均达 6～7 级,阵风 8～9 级,辽宁省大连市旅顺最大瞬时风速达 32.9 m/s,创 1951 年以来最大值。

辽宁省从 3 月 3 日 16 时至 5 日 06 时，大连、丹东降暴雨，其他 12 个市的 48 个国家基本气象观测站观测降雪量(日降水量≥10 mm)超过暴雪量级；其中有 32 个台(站)观测降雪量达到大暴雪量级(日降水量≥25 mm)。鞍山、本溪、锦州、营口、辽阳、盘锦地区日降雪量均创有历史记录以来的最大值。降雪造成的积雪深度普遍超过 20 cm，其中沈阳、鞍山、抚顺、本溪、辽阳、锦州积雪深度超过 30 cm，清原积雪最深为 44 cm。辽宁省内最大降温幅度达 12 ℃。

8.6.3.2　环流形势分析

2007 年 3 月 1 日 500 hPa，欧亚高纬度地区为宽平的低槽区，极地冷空气活跃。2 日乌拉尔山高压脊发展，引导极地冷空气南下并在贝加尔湖地区堆积。3 日 08 时贝加尔湖地区高空槽继续东移南下发展，同时我国河套西部到四川中部有南部高空槽东移发展，江淮流域到华北北部地区偏南—西南急流建立，南北两支槽形成南暖脊北冷槽型的"南北槽"结构。3 日 20 时主体冷空气继续南下，冷中心位于贝加尔湖东北部地区，中心强度为－49 ℃。4 日 08 时"南北槽"中北槽移至我国内蒙古东部到华北北部，南槽东移至华北至江淮流域，槽前偏南、西南风明显加大，高空温度梯度大值区南压并呈东北—西南向，山东半岛西南急流与辽东半岛偏南急流形成风向辐合区。5 日 08 时南槽东移至我国吉林东部至朝鲜半岛一带，北槽前部温度梯度大值区南压至黑龙江东南部，辽宁转入槽后西北气流控制，强降雪过程结束。

3 月 1—2 日地面辽宁受大陆高压控制。3 日 08 时华北地区倒槽东移，南方气旋主体分裂东移，20 时在江淮流域发展形成江淮气旋，气旋顶部与华北倒槽合并加强。4 日 02 时江淮气旋移至江苏北部，中心气压为 1004 hPa，山东海阳为 Δp_3 为－5.2 hPa，预示未来江淮气旋将向北偏东方向发展，此时辽宁西部已出现降雪；4 日 08 时江淮气旋移至山东半岛，中心气压为 1001 hPa，Δp_3 只最大值在吉林临江为－4.6 hPa，预示江淮气旋未来仍将向东北方向发展。同时，冷高压至蒙古国逐渐南压；气旋东侧东南风与气旋顶部东北风形成强辐合，我国辽宁各地出现雪天气。4 日 14 时气旋中心移至黄海北部，中心气压达到最强为 998 hPa，此时辽宁西部降雪减小，中、东部达到最强；4 日 20 时气旋中心移至朝鲜半岛，我国辽宁各地降雪明显减小，吉林东部降雪加大。5 日 08 时气旋继续向东北移至黑龙江东部，辽宁降雪结束。图 8.2 为 2007 年 3 月 4 日海平面气压场(阴影)、500 hPa 位势高度、700 hPa 风场。

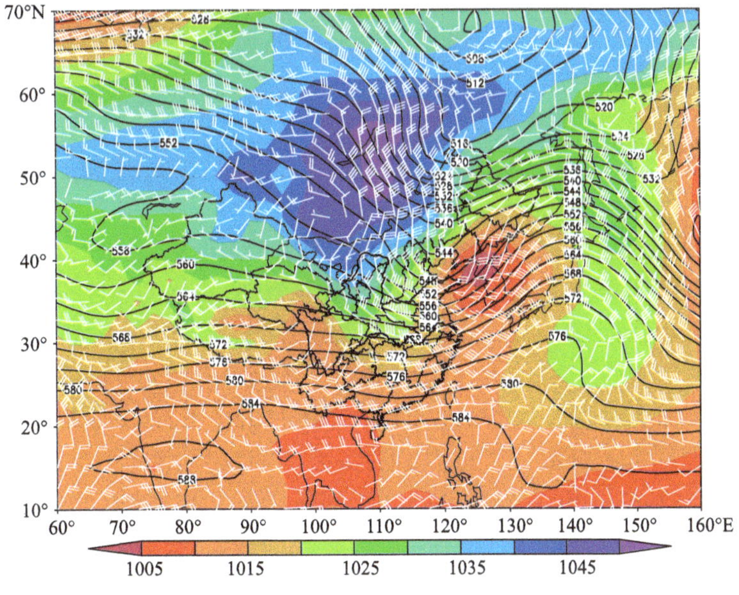

图 8.25　2007 年 3 月 4 日海平面气压场(阴影，hPa)、500 hPa 位势高度(dagpm)、700 hPa 风场

8.6.3.3　低空急流分析

3 月 2 日 08 时欧亚大陆 850 hPa 温度场上为南北两支锋区，北支锋区在贝加尔湖北部，其后部极地冷空气南下；南支锋区在我国江淮流域上游，呈东西向，锋区上有西南低涡生成。3 日北支锋区南压至

50°N，其南部渗透冷空气与新疆东移弱冷空气在河套地区堆积，使南支锋区明显加强，由东西向转向东北—西南方向，西南涡发展东移，东南部西南风连续加大，形成西南急流，西南涡东北部出现东南、偏东急流，槽前西南急流延续到江西中部。4日（图8.26）北支锋区继续南下，其前方到达蒙古国东部，我国辽宁省通辽、赤峰2—4日气温连续下降，幅度达11～13 ℃；南支锋区逐渐转为南北方向，西南涡明显东北上，40°N以南气温明显上升，东北地区南部（辽宁）上空锋区达到最强阶段（丹东—赤峰温差达19 ℃）；西南涡东部形成东南沿海—华东—山东半岛西南、偏南急流，成山头达到28 m/s，渤海湾到辽宁中部形成20 m/s的东南急流，西南急流、东南急流及西南涡顶部偏东急流在辽宁上空形成强水汽辐合，强锋区为暴风雪提供了动力条件。4日20时北支锋区南压至40°N，低涡东移至朝鲜半岛，涡后东北风达到36 m/s，动量下传使地面北风加大，强降水移至东北地区东部。5日低涡继续东北上，主要影响黑龙江东部。在本次过程中，850 hPa特点是超强锋区为暴雪提供了动力条件，西南涡前部西南急流、东南急流及西南涡顶部偏东急流为暴雪提供了充足的水汽条件，锋区后动量下传作用使地面北风连续加大，强降雪出现在低空西南、偏南急流左侧，暴雪出现在低空东南与偏东急流切变处。

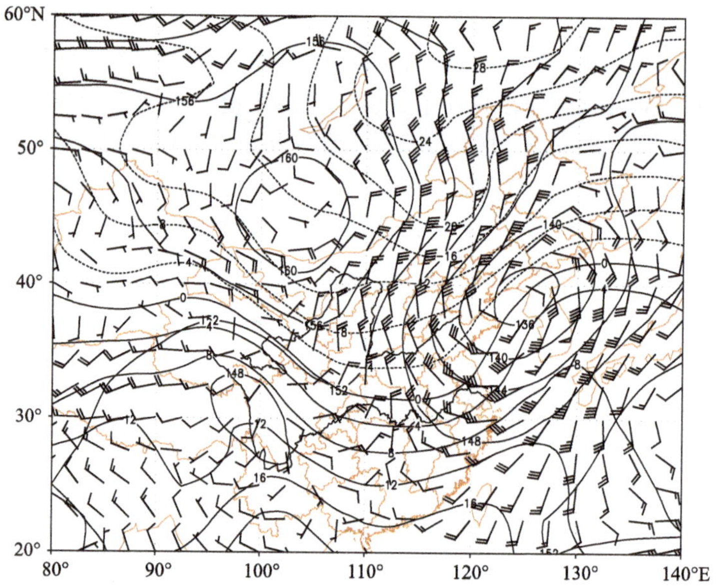

图8.26 2007年3月4日850 hPa位势高度(dagpm)、温度(℃)和风场

8.6.3.4 水汽条件分析

(1)水汽通量

分析2007年3月3—5日850 hPa水汽通量（陈传雷2007）（图略），此次过程的水汽路径和源地主要有2个：西南路径，来自中国南海的水汽；东南路径，来自渤海、黄海的水汽。这两条水汽路径在有利的环流条件下，使被急流输送的水汽和从海面上获得大量的水汽汇合并被抬升，为此次过程提供了充沛的水汽条件。

3日08时，受西南涡前部强西南急流影响，850 hPa水汽通量图上，在四川盆地东部出现了明显的水汽通量大值区，中心达到24 g/(cm·hPa·s)。随着低空急流的向北扩展加强，3日20时水汽通量大值区前沿也随之向北移动到辽宁南部；4日08时，850 hPa低涡在山东半岛北部地区形成并加强，被急流输送的水汽和从海面上获得大量的水汽汇合，在辽宁南部海面形成了中心达58 g/(cm·hPa·s)的水汽通量大值区。4日20时，随着整个系统的东移，水汽通量大值区也逐渐减弱东移（图8.27）。

(2)水汽通量散度

蒋大凯等* 分析2007年3月3—5日500—850 hPa水汽通量散度（图略），此次过程水汽通量散度

* 蒋大凯，陈传雷，朝江文. 20070304历史罕见暴雪过程分析（会议材料）

不仅为暴雪区提供充沛的水汽，而且增强了辐合上升运动；暴雪区与 700、850 hPa 的水汽通量散度有较好的对应关系，通过与实况对比发现，暴雪是发生在大水汽通量辐合区域；水汽通量散度分布的不均匀对层结稳定度的变化贡献很大。

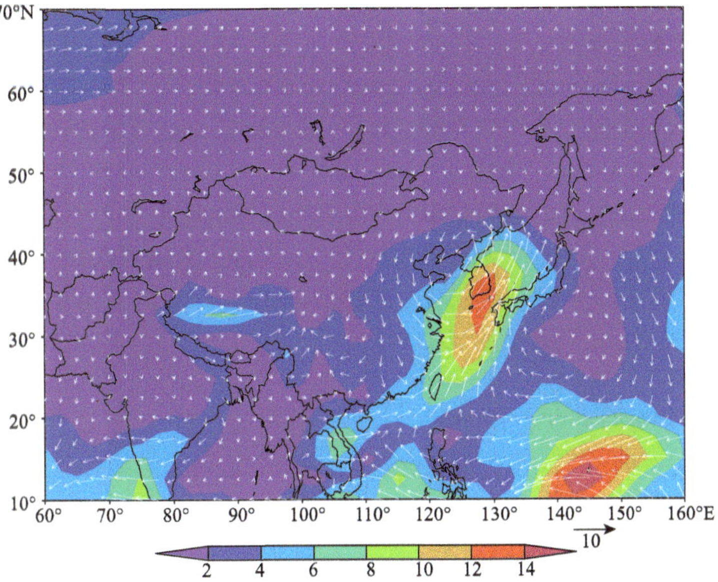

图 8.27　2007 年 3 月 4 日 850 hPa 水汽通量

3 日 20 时 850 hPa 水汽通量散度场上，在四川盆地附近形成中心为 -8×10^{-8} g/(cm^2 · hPa · s)的负值区，为辐合中心所在，且辐合轴呈东北—西南走向，说明暴雪期间水汽辐合一直维持，充沛的水汽沿西南暖气流输送并受到辐合抬升。4 日 08 时辐合中心沿辐合轴向东北方向移动至辽宁南部，在山东半岛北侧形成水汽辐合大值区，而山东半岛南侧形成水汽辐散区，在辽宁南部至山东半岛形成了等值线密集带，而 700 hPa 以上基本没有此密集带。

对比 3 日 20 时和 4 日 08 时的 500 hPa 和 850 hPa 水汽通量散度图发现：3 日 20 时，辽宁大部分地区 850 hPa 处于弱辐散区中，500 hPa 处于弱辐合区中。到了 4 日 08 时，500 hPa 上转为弱的辐散，850 hPa则转为强辐合。这说明暖湿空气向北输送的过程中，使低层的通量辐合、中层的通量辐散，导致中低层位势不稳定的建立，从而造成层结不稳定，产生对流性强降水。水汽通量散度分布的不均匀对层结稳定度的变化贡献很大。

8.6.3.5　动力条件分析

(1)涡度场分析

分析各层涡度场分布(图略)，在此次过程中，中低层正涡度区自西南向东北方向移动，且正涡度中心叠加在中尺度切变线上，促使了中尺度气旋和切变线的发展，对暴雪的加强有明显作用。850 hPa 涡度区内强中心区域是强降水的发生区域。

从 3 日 20 时(暴雪开始前，辽宁西部边缘地区降水刚刚开始)涡度场分布来看(图略)，200 hPa 以下东北大部分地区涡度值在 $0\sim-10\times10^{-5}$/s 之间，为弱的整层下沉气流。此时 700 hPa 中尺度低涡已经在河北附近形成，低涡后部存在强的西北气流及西南气流的辐合带，在 700 hPa 涡度场中对应一由华北至河套地区南部的东北—西南向的正涡度区，涡度中心区最大达 14×10^{-5}/s，同时 850 hPa 在河北、山东及河南交界地区存在强的辐合中心，在 850 hPa 涡度场表现为 16×10^{-5}/s 的正涡度中心。

在 4 日 08 时(辽宁大范围强降水开始，吉林南部地区出现弱降水)涡度场分布中(图略)，850、700 hPa在吉林南部、辽宁经渤海湾到山东半岛南部上空为一东北—西南向的正涡度区，而在其两侧为负涡度区，前期 700 hPa 位于河套地区南部和 850 hPa 位于河北、山东及河南交界地区强涡度中心均东移北上至辽宁西南部和渤海湾地区，同时 850 hPa 涡度中心强度显著加强到 21×10^{-5}/s，而辽宁和吉林南部在500 hPa及其上空则为负涡度区，这说明上述地区的中低层为上升气流，高层为下沉气流，处于强烈的上升区内，同时也预示该地区将出现强降水。

在4日20时(辽宁降水开始减弱，吉林、黑龙江地区降水逐渐加强)涡度场分布中(图略)，前期850、700 hPa位于吉林南部、辽宁经渤海湾到山东半岛南部上空的东北—西南向的正涡度区进一步向北移动，并在辽宁东南部和吉林东部形成了两个涡度中心，同时辽宁西部地区出现了大范围的负涡度区，预示该地区的强降水即将结束。

(2)散度场分析

在此次过程中，散度场的垂直分布具有低空辐合、高空辐散的配置形势，高空200 hPa强辐散场抽吸作用产生的强上升运动为暴雪的产生提供了动力学条件。

3日20时(图略)，200 hPa散度场华北经山东半岛至江淮地区为东北—西南向的正散度区，散度中心区最大达60×10^{-6}/s，与正散度区相对应在中层500 hPa以下为辐合区。

4日08时(图略)，200 hPa散度区向东北方向扩展，强中心东移北上至辽宁上空，中心强度显著加强到60×10^{-6}/s，同时中低层的辐合也明显加强。

(3)垂直速度场分析

分析各层垂直速度场分布可以看出，此次过程的上升运动强烈，在强降雪时段，始终都存在强烈的上升运动，上升速度随着时间由弱—强—弱变化，这种强上升运动大值区的位置及移动与暴雪过程的时空演变基本一致，对强降雪的强度和落区的预报有很好的指示意义。

从3日20时垂直速度场分布来看(图略)，东北大部分地区处在弱的上升运动区内，850 hPa以上由华北经山东半岛至江淮地区为东北西南向的上升运动区。

4日08时(图略)，500、700和850 hPa辽宁上空维持强上升运动区，并且在渤海湾至辽宁西部为一条西南—东北向倾斜上升，中心区达-250×10^{-4} hPa/s，与850 hPa水汽通量辐合轴走向一致，这种斜压区带来的斜压不稳定，为不稳定能量的释放提供了强大的动力机制。4日20时(图略)，强上升运动区进一步向东北移动并减弱，同时辽宁西部地区开始出现的下沉运动区，预示该地区的强降水即将结束。

8.7 黄淮地区降雪预报

黄淮地区包括河南、山东和苏皖北部，该部分主要以河南省的研究成果(河南省气象局，1985)为主要参考。

河南省冬季大到暴雪的形成与大尺度环流形势密切相关，只有在特定的环流形势下才产生大到暴雪，王新敏等(2000)就500 hPa环流形势，简要介绍了三大类型。

8.7.1 横槽型

此类型主要有以下典型过程：1958年1月12—13日、1975年12月5—6日(华北高脊底部)、1969年2月13日、1979年1月28日(河套锢囚锋)、2000年1月10—11日、2008年1月18—20日。

该型的500 hPa环流主要特征：过程开始前的24～48小时，高纬度地区在东欧经乌拉尔山北侧到泰米尔半岛为一东北—西南向的超极地高压脊，乌拉尔山以东到俄罗斯远东地区为一宽广的槽区，低压位于50°N以北，从高纬度移来的冷空气先在这里积聚，地面冷高压不断加强，在40°～50°N有一东西向的横槽，其南侧有一支较稳定的平直西风急流，黄河中下游受平直西风气流控制，河南省处在稳定的平直西风气流里。中低纬度地区在印度半岛、孟加拉湾附近有一南支低槽在东移并加深。这一类型的预报关键在于如何作好横槽的破坏和南支槽加深的预报。当横槽破坏时，冷空气沿中纬度平直西风急流东移与西南气流在河南交汇产生暴雪，随着南支槽移出河南省，暴雪过程结束。

当出现下列情况时，横槽将被破坏：1)在横槽西段，咸海、里海地区出现大片正变高，中心强度超过70 gpm；2)新地岛有小槽加深并向东南移动，使超极地高压脊破坏；3)位于横槽后部的强锋区已移到横槽南部，横槽后部有暖平流侵入。横槽断裂后，东段转向为西风槽，这类低槽在东移中一般并未加深，因此引导槽后冷空气沿中纬度平直西风气流东移，并经过蒙古国东部、华北的对流层低层侵入江淮流域。

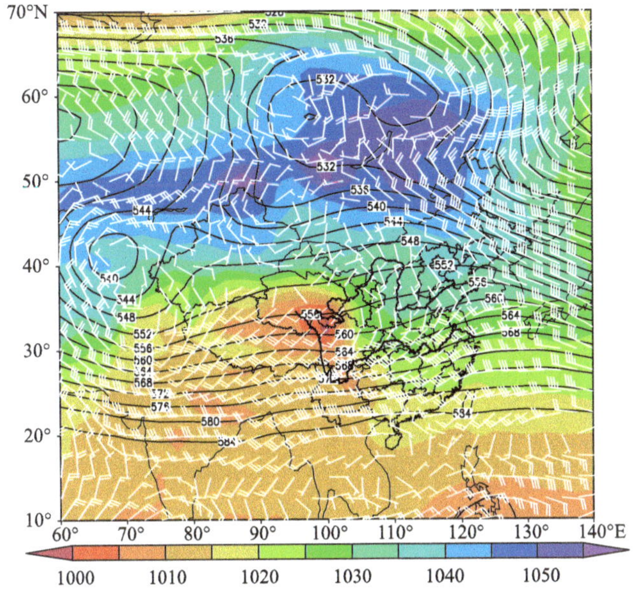

图 8.28a　2008 年 1 月 19 日海平面气压场(阴影，hPa)、500 hPa 位势高度(dagpm)、700 hPa 风场

当出现下列情况时，位于印度半岛、孟加拉湾的南支低槽便加深东移：1)新疆地区的小槽与南支槽同位相叠加；2)新疆地区有冷空气越过高原侵入南支槽。南支槽的加深东移，使槽前西南气流大大加强，并影响河南省产生大到暴雪。

大到暴雪前 12～24 小时环流呈反位相调整，乌拉尔山地区转为高脊控制，沿海地区动力加压，高脊发展，南支槽加深东移到高原东部，西南气流加强。东亚沿海地区环流经向度加大，大到暴雪过程是在由纬向环流转为经向环流的过程中发生。随着南支槽移出河南省，大到暴雪过程结束。

2008 年 1 月 19 日 850 hPa 水汽通量(图 8.28b)显示，该型的水汽主要来自于孟加拉湾和南海北部合并后的西南气流输送的水汽在苏皖逐渐转为偏东气流输送至黄淮境内。

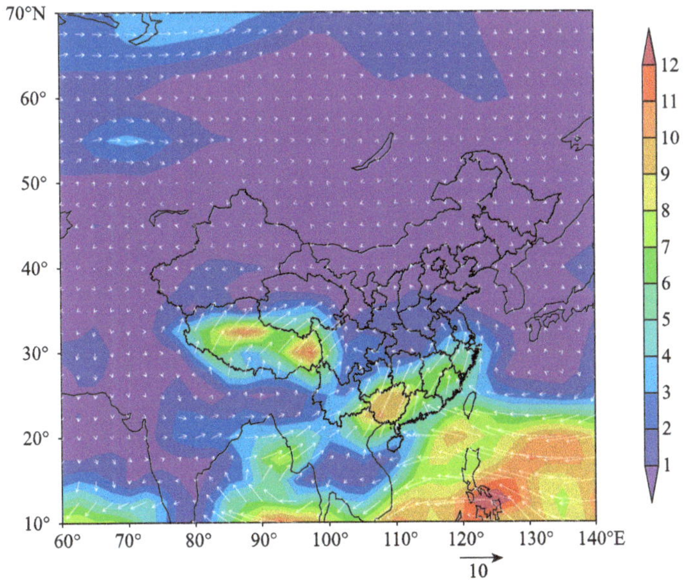

图 8.28b　2008 年 1 月 19 日 850 hPa 水汽通量

8.7.2　两槽一脊型

典型天气过程是 1957 年 1 月 13—14 日、1981 年 2 月 15—16 日(华北高脊底部)、1964 年 2 月 5—6

日和6—7日、1979年1月11—12日、1984年12月14—15日(河套锢囚锋)、2003年3月4—5日、2006年1月18—19日、2008年1月27日。

过程开始前24～48小时,500 hPa欧亚地区为"两槽一脊",在欧洲至乌拉尔山地区为一低压槽区,贝加尔湖到俄罗斯远东地区也为一低槽区,横槽位于贝加尔湖到巴尔喀什湖地区,乌拉尔山以东到新西伯利亚为一宽脊,脊线位于85°—90°E附近,中纬度地区环流平直,黄淮流域受平直西风气流控制。

随着北欧低槽东移,槽前暖平流加强,乌拉尔山地区动力加压,从而使乌拉尔山高脊发展,脊前东北—西南向的低压带转为近南—北向的低压带,当低槽转竖并东移时,槽后强冷空气便从蒙古国东部、东北地区一带经华北大举南下侵入黄淮流域。同时在青藏高原上的低槽,由于低槽转竖过程中槽底有冷空气扩散南下,并侵入到南支槽后部使南支槽加深东移,槽前强盛的西南气流为黄淮流域的大到暴雪提供了充沛的水汽来源(图8.29a)。

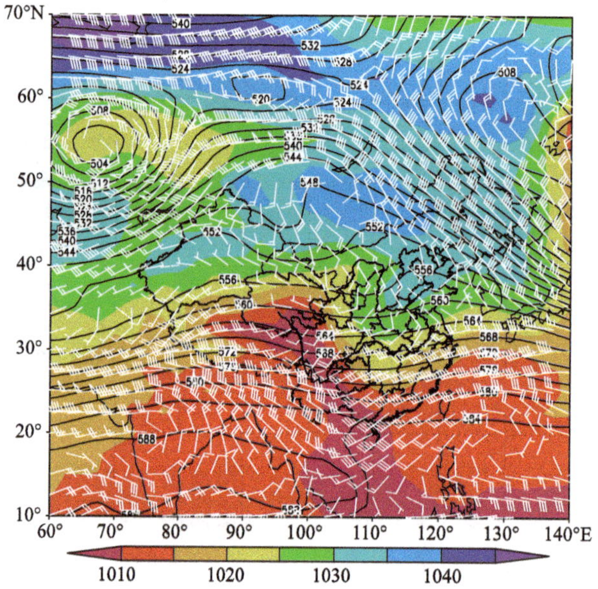

图8.29a 2006年1月19日海平面气压场(阴影,hPa)、500 hPa位势高度(dagpm)、700 hPa风场

由2006年1月19日850 hPa水汽通量(图8.29b)看出,此型的水汽通量明显弱于横槽型,水汽来自南海西部经华南、江南东部左折输送到黄淮地区。

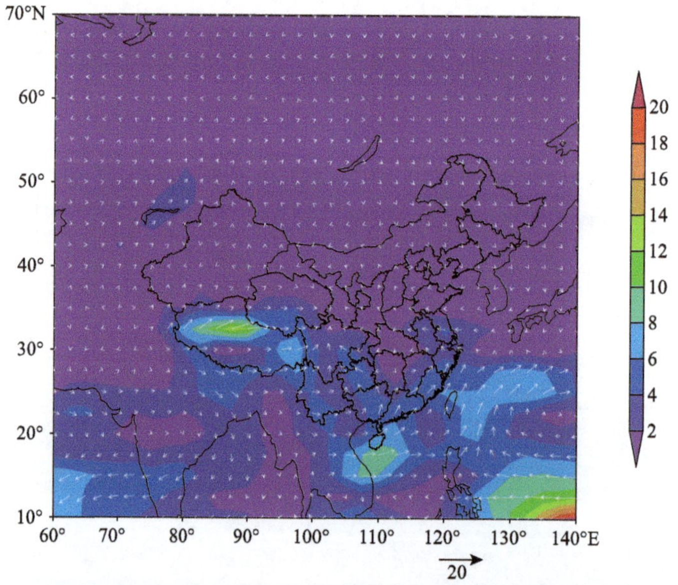

图8.29b 2006年1月19日850 hPa水汽通量(g/(cm·hPa·s))

8.7.3 不稳定小槽发展型

典型过程是 1974 年 12 月 30—31 日、2003 年 2 月 9—10 日(华北高脊底部)、1969 年 1 月 27—28 日、1971 年 12 月 23—24 日、1978 年 2 月 7—8 日和 9 日、1979 年 2 月 21—22 日(河套锢囚锋)、2003 年 2 月 9—10 日。

此类型的 500 hPa 环流形势特点:过程开始前 24～48 小时,500 hPa 在东欧经乌拉尔山西部为一南北向的高压脊,极涡位于新地岛东南,从极涡中不断有小槽分裂沿中纬度平直西风东移并略有加深。此时,黄淮流域仍受偏西气流控制。当小槽后有明显的冷舌相配合,并且槽后偏北风加强(≥16 m/s)时,小槽在东移中加深,与孟加拉湾东移到高原东部的南支槽相配合便会产生大到暴雪。

梁钰和苏爱芳(2004)分析 2003 年 2 月 9—10 日不稳定小槽发展型暴雪过程的环流形势特点,现简介如下。

8.7.3.1 环流形势分析

2003 年 2 月 9—10 日暴雪过程在开始前 24～48 小时,中纬地区为纬向型环流,在东欧经乌拉尔山为一南北向的高压脊,极涡位于贝加尔湖附近,极涡中心强度为 5040 gpm,温度达－50 ℃,极涡中不断有小槽分裂沿中纬度西风环流东移并略有加深。黄淮流域一直受偏西气流控制,随着槽后冷平流的加强和槽后偏北风的加强(风速≥16 m/s),小槽进一步加深东移,同时南支槽在东移过程中在河南省西部与小槽加深合并,为暴雪的产生提供了充分的水汽条件。10 日 20 时,随着东亚大槽的建立,本次降雪过程结束。从 2 月 9 日地面形势场(图 8.30)来看,此次纬向型锋区过程对应的地面形势属于华北高压底部型。9 日 02 时,地面冷锋位于沈阳—天津—太原一线,我国北方由西到东为一冷高压控制,中心强度达1052 hPa;08 时冷锋前沿到达河南省北部,降雪刚出现时为小雨;20 时冷锋到达长江流域,河南省处于华北高压底部的东北大风控制之下,风速较大,随着气温不断下降,雨已经转为纯雪。随着地面的积雪,全省气温也都下降到 0 ℃以下,10 日全省最高气温都在－3 ℃左右。图 8.30 是 2003 年 2 月 9 日海平面气压场(阴影)、500 hPa 位势高度、700 hPa 风场配置图。

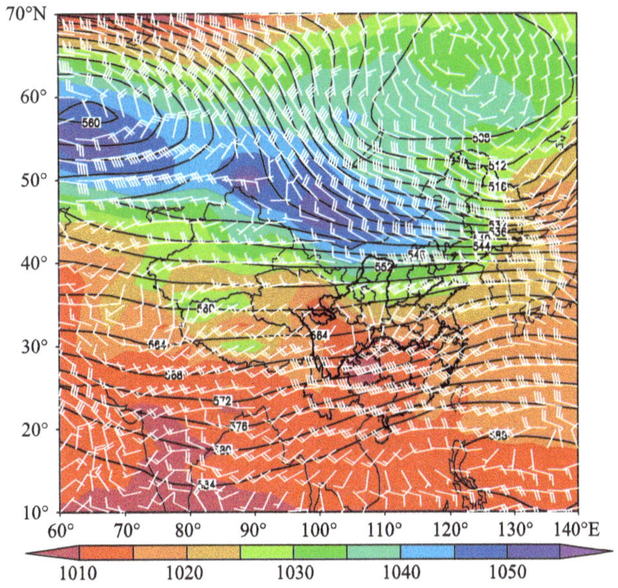

图 8.30 2003 年 2 月 9 日海平面气压场(阴影,hPa)、500 hPa 位势高度(dagpm)、700 hPa 风场

8.7.3.2 水汽条件

在降雪开始前 24 小时,700 hPa 上从云贵高原经川鄂伸向河南省都出现了西南风急流,且急流带较为宽阔,急流轴上平均风速在 20 m/s 左右,最大风速达 22 m/s,急流出口刚好在河南省黄河以南地区,使水汽能够在这里堆积辐合;西南急流的产生还使得孟加拉湾和南海的水汽被源源不断地输送

到河南，为降雪的产生提供了充足的水汽来源；同时，最大风速轴的加强也有利于降雪区上空暖平流的加强，进一步使降雪区内的辐合上升运动得到加强。另外，在 850 hPa，河南一直处于偏东到东南气流里，东海和南海的水汽也通过低层不断地被送到降雪区，为强降雪的产生提供了又一个丰富的水汽来源。分析两次过程湿层的厚度发现：在降雪开始前 12～24 小时，850—700 hPa 在 100°～120°E、20°～30°N 之间维持着一个水汽饱和区($T-T_d<3$ ℃)，河南上空 $T-T_d<4$ ℃；随着降雪时段的临近，河南上空尤其是黄河以南地区出现水汽饱和区($T-T_d<2$ ℃)。由此可见，强降雪的产生都具备深厚的湿层，有时湿层厚度能够伸展到 500 hPa 高度。图 8.31 是 2003 年 2 月 9 日 850 hPa 水汽通量分布图。

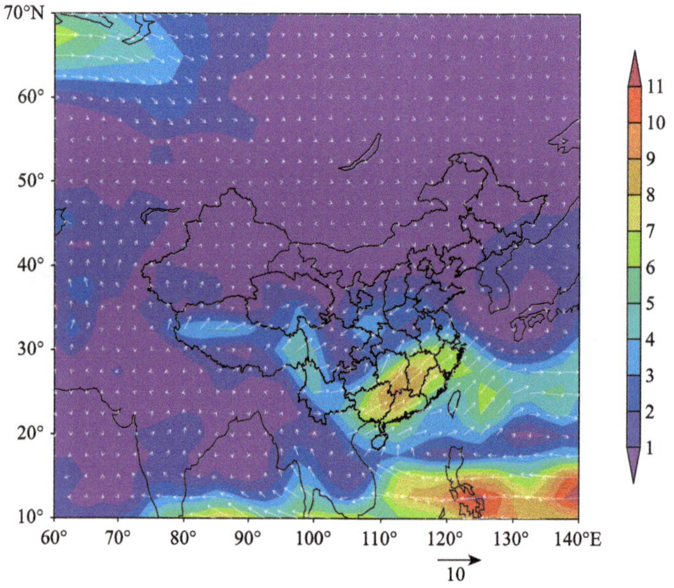

图 8.31　2003 年 2 月 9 日 850 hPa 水汽通量(g/(cm · hPa · s))

8.7.3.3　预报着眼点

1)华北东路冷空气影响冷垫是暴雪发生的必要先决条件。

2)700 hPa 西南气流最大风速轴为暴雪提供了充沛的水汽来源和能量，增强了辐合，是暴雪产生的必要条件及影响暴雪落区和强度的关键因素之一。暴雪的落区位于 700 hPa 槽前西南气流最大风速轴左侧、水汽辐合中心和能量锋区附近。

3)有利于降雪的物理量场大都出现在临近降雪的时段。

4)另外，高原上(35°N 以南，100°E 以西)的西南大风和 24 小时负变压大值对河南省暴雪的短期预报具有指示意义，预示南支槽将东移并加深。

8.7.3.4　河套锢囚锋特点和预报着眼点

黄淮地区大到暴雪天气过程与河套锢囚锋的关系十分密切，河套锢囚锋是大雪天气的主要影响系统之一。当冷空气经蒙古国东部、华北的对流层低层侵入黄淮地区时(通称东路冷空气)，在这股冷空气之后又有一股冷空气从新疆北部向东南移到河西走廊(通称西路冷空气)，当这两股冷空气相向而行，在河套地区相遇形成河套锢囚(图略)。

锢囚锋附近有三股气流，第一股下沉气流，它从东北方向由 300 hPa 高度下降，经我国东南沿海到长江下游，接近地面时转为偏东气流，起着“冷垫”的作用；第二股也是一股下沉气流，它从西北方向由 500 hPa 下降，经河西走廊到甘肃省南部、四川省北部，由于这股气流的作用，使锋面上空暖空气的抬升作用进一步加强；第三股是上升气流，在两股下沉的干冷空气之间，从东南方向由 30°—40°N 的地面开始一直爬升到 500 hPa 高度，这股暖湿上升气流为黄淮流域大到暴雪的产生提供了充沛的水汽。

河套锢囚锋的生命史平均为 23 小时，在河套锢囚锋形成后 0～6 小时，黄淮降雪量开始加大，大到暴雪开始，随着河套锢囚锋的消失，黄淮地区降雪便开始逐渐减小直至停止。由此可见，地面河套锢囚锋的形成对黄淮大到暴雪的产生有着重要的作用，因此做好河套锢囚锋形成的预报是预报大到暴雪的关键。河套锢囚锋的预报应着眼于：

1）首先应着眼于东路冷空气，它是河套锢囚锋形成的先决条件，冷空气经华北南下其前沿冷锋往往已抵达江淮流域，黄淮处于华北南伸的高压脊底部。

2）接着应着重分析 500 hPa 上在新疆地区是否有小槽东移，当地面弱脊从新疆伸到河西走廊，其前沿冷锋位于青海湖一带，锋后有明显的正变压。

3）河套地区 850 hPa 上有明显的暖脊（或 500 hPa 上有暖平流出现）而河西走廊和华北地区为冷槽或冷平流控制，呈现"Ω"型，此时地面上河套地区为动力减压区，有利于地面暖倒槽强烈发展，在这种特定的高空和地面形势下，就有可能在河套地区形成锢囚锋。

从上面三个类型的分析不难看出，黄淮地区大范围的大到暴雪天气，首先要密切注意高纬度形势调整，即纬向环流转为经向环流。其次要注意孟加拉湾附近的南支低槽在东移中是否加深。

8.8　青藏高原东部大到暴雪

青藏高原（以下简称高原）东部牧区是指青、藏、川、甘四省（区）交界处的阿尼玛卿山、巴颜喀拉山以及念青唐古拉山三山东段地区。这里平均海拔高度在 3500 m 以上，属高寒气候，出现雪灾的频数高，常有"三年一小灾，五年一大灾"之说。这里的畜牧业生产水平低下，多为逐水草而居式的靠天养畜，抵御雪灾的能力差；又是牧业单一经营型经济，所以一次严重雪灾常会给当地的经济和牧民生活造成致命性打击。如 1995 年 10 月—1996 年 2 月青海南部地区出现过去 40 年来罕见的特大雪灾，玉树州 6 县 30 个牧业乡全部受灾，造成经济损失高达 1.7 亿，是全州年财政收入的 10 倍。又如，四川甘孜地区一家总产值达 230 万元的养牦牛专业户，就因这次雪灾，其全部牲畜被冻饿死。因此，冬春雪灾成为这里最严重的灾害性天气，它严重制约着当地经济的发展，也给这一多民族杂居牧区的安定团结带来不利因素。

梁潇云等（2002）对青藏高原东部牧区雪灾的环流型场进行了分析，并划分为北脊南槽型、乌山脊型、南北槽叠加型和巴湖低槽型四类。

8.8.1　北脊南槽型

这是指在高原北侧的北疆及蒙古西部地区 500 hPa 有高压脊（即"北脊"），在高原南侧有西风带南支槽（"南槽"）的降雪过程，常常是"北脊"后（不是脊前）的冷空气入侵高原。1985 年 10 月 17—19 日是较典型的北脊南槽型过程。在该过程的典型日 18 日一强脊位于新疆以北地区，高原南侧的南支槽槽线约稳定在 80°E 附近。以逐日 08 时及 20 时 500 hPa 24 小时负变温和负变高区的移动代表冷空气的活动情况，16 日 08 时上述"北脊"后的冷空气还在咸海以北，有一片多达 6 站的负变温和负变高区，其负变温负变高中心值分别达 −2 ℃和 −70 gpm。以后它向东南翻越天山和帕米尔高原，经塔里木和柴达木盆地，17 日 20 时已入侵高原东部牧区。同时，南支槽前西南气流向北输送暖湿空气，南北气流在高原东北部交汇，形成高原东部的切变线，18 日形成强降雪天气。一般来说，该区较强降雪天气时，几乎都有高原低涡或切变线等高原中尺度系统配合，常常是有高原涡时降雪范围大些，而有高原切变线时形成带状降雪区。18 日 08 时—19 日 08 时的最大日降雪中心在青海同德站，日降雪量达 18 mm。该型过程在所普查的 60 次降雪过程中占 17 次，是造成高原东部牧区降雪天气的主要天气形势之一。图 8.32 是 1985 年 10 月 18 日 500 hPa 水汽通量和位势高度图。

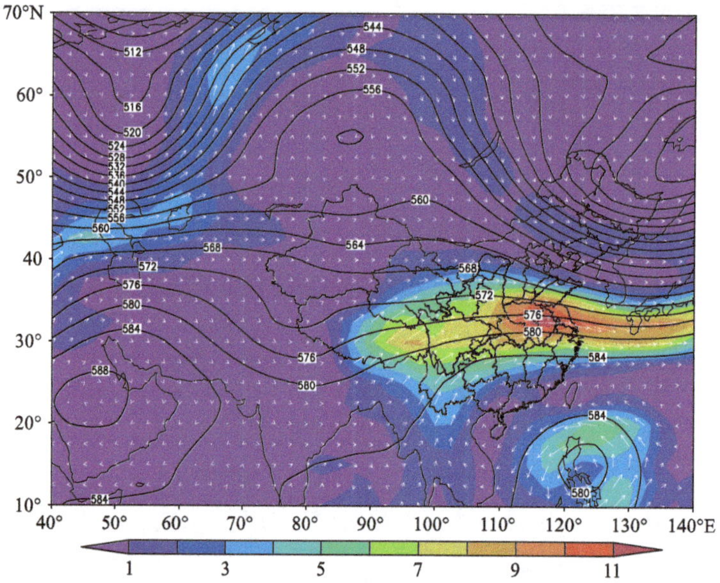

图 8.32 1985 年 10 月 18 日 500 hPa 水汽通量(g/(cm·hPa·s))和位势高度(dagpm)

8.8.2 乌山脊型

此型下乌拉尔山地区为一高压脊(简称乌山脊),高原南侧有南支槽,常常是乌山脊脊前的西北气流引导冷空气上高原。以 1985 年 4 月 24—25 日的过程为例,24 日,5600 gpm 等高线脊区位于乌拉尔山及以东地区,南支槽较明显。早在 22 日 08 时在咸海和巴尔喀什湖以北地区就分别有强达 −9 ℃和 −160 gpm的负变温、负变高区,以后冷空气由北疆经柴达木盆地等入侵高原。南支槽前有暖湿气流,冷暖气流在高原东北部交汇,形成东北—西南向切变线,24 日 08 时—25 日 08 时,最大日降雪量中心位于青海久治站,达 12 mm。图 8.33 是 1985 年 4 月 24 日 500 hPa 水汽通量和位势高度图。

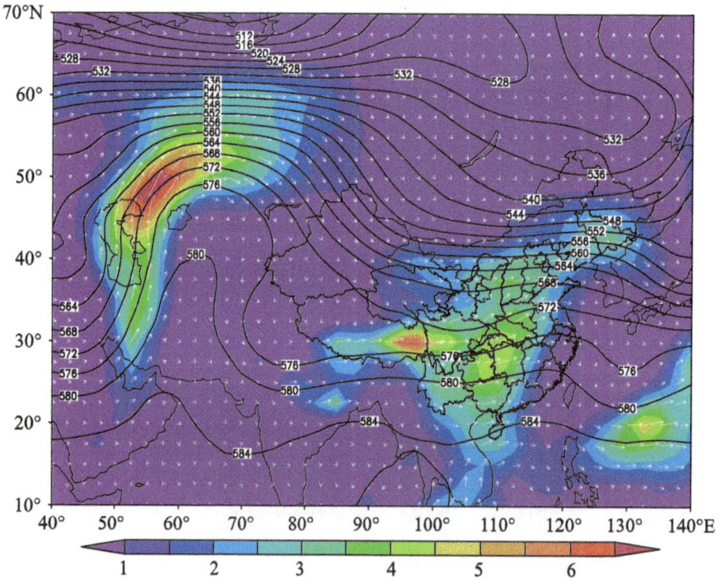

图 8.33 1985 年 4 月 24 日 500 hPa 水汽通量(g/(cm·hPa·s))和位势高度(dagpm)

8.8.3 南北槽叠加型

该型在高原北侧及高原上常有短波槽,连同高原南侧的南支槽在内,常常是位于南面的槽区位相稍稍超前。1982 年 4 月 8—9 日的过程属于南北槽叠加型降雪形势。8 日短波槽位于北疆,它和南支槽构成阶梯槽。虽然 7 日的主要负变温和负变高区还远在咸海及以北地区,因阶梯状槽会加速诱导槽后冷空气东南下,8 日冷空气已快速入侵南疆,并经柴达木盆地入侵高原。因有中高纬度的短波槽不断分裂冷空气南下，又有南支槽带来水汽，加之高原东部的低涡扰动，遂形成一大片降雪区，日降雪量中心在青海德令哈站，达 14 mm。统计可知，南北槽叠加型降雪过程占 19 次，是高原东部牧区冬、春季最常出现的降雪形势。图 8.34 是 1982 年 4 月 8 日 500 hPa 水汽通量和位势高度图。

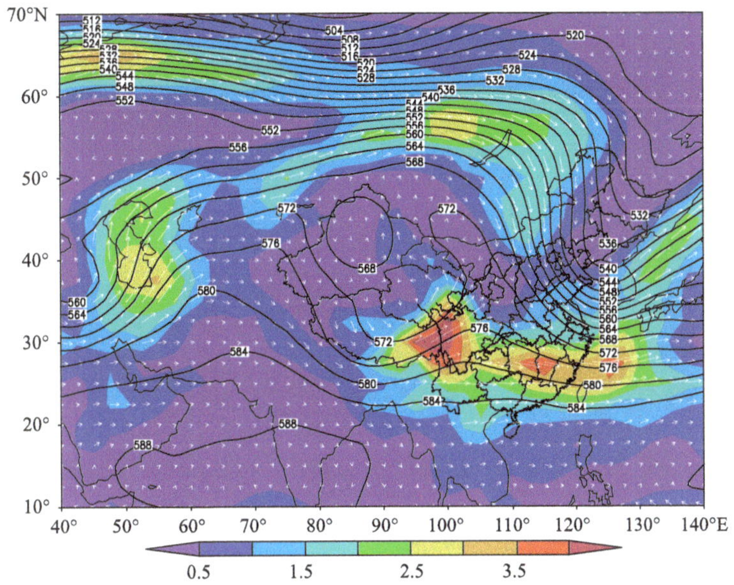

图 8.34　1982 年 4 月 8 日 500 hPa 水汽通量(g/(cm・hPa・s))和位势高度(dagpm)

8.8.4　巴湖低槽型

该型槽在巴尔喀什湖附近地区。1978 年 10 月 19—20 日就是巴湖低槽型降雪过程(图 8.35)。一深槽在巴尔喀什湖附近地区，南支槽较浅，可以看到在该过程中主力冷空气从北疆入侵。由于高原东部有低涡配合，也造成了一次大雪过程，强降雪中心在四川康定和阿坝附近，也达 10 mm/d。这是四型中频数最少的一种，冬、春季都可出现。过去也有将巴尔喀什湖附近低槽和南北槽叠加型合并为波动型的，因前者槽深，后者常为短波槽，所以这里仍划分为两种。图 8.35 是 1978 年 10 月 19 日 500 hPa 水汽通量和位势高度。

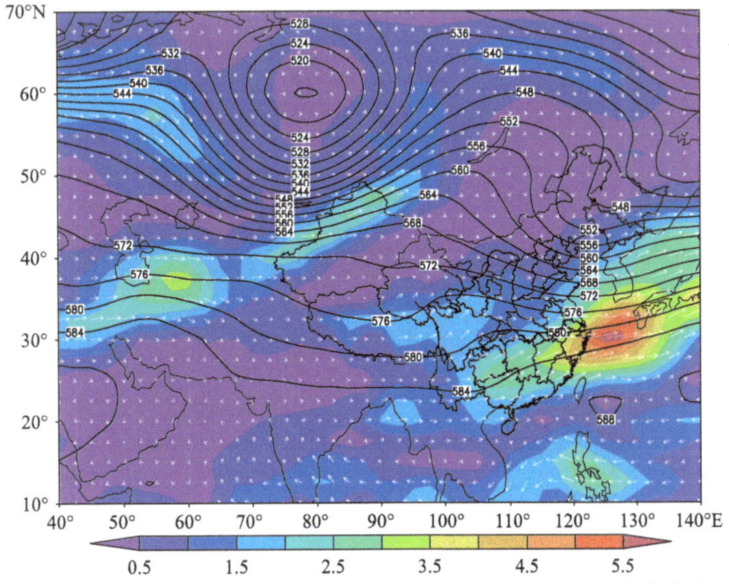

图 8.35　1978 年 10 月 19 日 500 hPa 水汽通量(g/(cm・hPa・s))和位势高度(dagpm)

这样，高原东部牧区冬、春季降雪天气的共同特征是：高原北侧有冷空气从南疆、北疆入侵，高原南侧 80°—95°E 间有南支槽向高原东北部输送暖湿气流，高原上还有低涡或切变线扰动。因此雪灾天气是高、中、低纬度天气系统相互作用的产物。

8.8.5 水汽条件

水汽是降雪的物质基础，所以水汽场是形成降雪的重要方面之一。

由于南支槽前暖湿的西南气流沿近南北或东南—西北走向的横断山脉、巴颜喀拉山及阿尼玛卿山脉等，溯澜沧江、金沙江等河谷而上，为高原东部牧区输送了充足的水汽。因此，不难理解，每遇北有冷空气入侵、南有暖湿西南气流发展的环流形势，在山高沟深、又向南开口的高原东南部地区常产生降雪过程。因环流条件的年际变化大，故这里也是高原上积雪年际变率大的地区之一。

8.8.6 预报着眼点

在上述四类降雪天气型中，高原北侧的槽、脊活动带来冷空气，高原南侧的南支槽为高原输送了暖湿气流，而高原东部的低涡、切变线则提供了易于产生强降雪的辐合、抬升凝结条件。因此，高原北侧、南侧及高原上天气系统三者的配合是预报高原东部牧区降雪天气的着眼点。

8.9 全国寒潮暴雪

寒潮过程中，只要有适当的水汽条件，常常带来大范围大到暴雪天气。下面对 2003 年 2 月 7—11 日全国寒潮暴雪天气过程的主要环流特征进行简要分析(张山清等 2005)。

8.9.1 寒潮天气过程概述

2003 年 2 月 7—11 日，受泰米尔半岛较强冷空气南下的影响，我国出现了一次全国性寒潮天气。西北、东北、华北和长江流域等地区过程降温达 10.0～12.4 ℃，其中最低气温西北地区降至－11.0～－11.8 ℃，华北地区降至－9.6～－18.3 ℃，东北地区降至－18.1～－22.9 ℃，华中和长江中下游地区降至－2.5～－6.5 ℃；伴随冷空气的入侵，西北、华北地区大部出现了中到大雪，东北及长江中下游地区出现了大到暴雪，冷锋过境时上述地区还出现了 6～7 级偏北风。这次寒潮暴雪天气强度强、影响范围广、降温幅度大且持续时间较长(达 5 天)，在我国西北、东北、华北以及长江流域大部分地区造成灾害，尤其是对长江中下游及华南部分地区的早春作物和交通运输以及海运等造成较严重的影响。

8.9.2 环流形势演变分析

过程开始前 3 天，在 500 hPa 高空图上，位于 45°E 有一经向度不大的高压脊在欧洲建立。35°E 附近有一中心为－24 ℃的温度脊，较强的暖平流向脊区输送，高压脊迅速向东北方向发展，在乌拉尔山一带形成了东北—西南向的长波脊。巴尔喀什湖至东亚是一个宽广的低压槽区，低涡中心位于东西伯利亚海附近，配有－44 ℃的冷中心，45°N 以北环流呈倒 Ω 型分布(图略)。中纬度环流平直，乌拉尔山脊前偏东气流与平直的纬向偏西气流在低涡中心至巴尔喀什湖北部建立了一支横槽，低涡和冷空气不断打旋，致使泰米尔半岛的冷空气沿脊前东北气流在中西伯利亚上空堆积。强盛的暖平流使阻塞高压不断加强，2 月 8 日强度达到 6000 gpm。此后位于 30°E、50°N 的欧洲低涡东移减弱，涡前正涡度平流和冷平流开始向阻塞高压侵入，而且阻塞高压北部也有冷平流灌入，出现－32 ℃的冷中心。阻塞高压开始减弱，横槽东移南压，导致冷空气爆发。此时东西伯利亚的低涡强烈发展，冷中心强度达到－48 ℃。由于高原的阻挡和平直的中纬度西风环流的作用，横槽开始携带冷空气东移，在 45°N 纬线上停留。当温压场重叠，低涡后部的负涡度平流向槽内输送，而且巴尔喀什湖附近的冷空气从槽底进入新疆后向东南移时，致使横槽转竖，强冷空气从北路经蒙古向我国入侵。高纬度环流场完成了一次经纬向调整，东亚大槽建立。

这次寒潮天气过程的环流形势，是一次乌拉尔山阻塞高压建立、横槽形成、阻塞高压崩溃、横槽东移转竖引发强冷空气大举南下的典型个例。

地面冷高压于 2003 年 2 月 4 日建立于西西伯利亚，强度为 1034 hPa。5—6 日，冷高压位置稳定，强度不断加强，中心强度达 1060 hPa，高压轴向为东西向，略有倾斜，与高空横槽走向相一致。此时我国的西北、东北、华北、华南、西南地区均在低压区中。7 日，当高空横槽开始移动时，冷空气爆发，地面冷高压范围扩大，中心移到萨彦岭南部。由于山地地形作用引起强烈的辐射冷却，冷高压强度增到 1064 hPa，其前沿冷锋南压到海拉尔至沙音山德一带，锋线附近等压线相当密集，气压梯度增大。7 日开始影响新疆、甘肃、宁夏、陕西。8日(图8.36),冷高压强度仍维持1064 hPa,范围进一步扩大,强度增强,冷锋随之东移南下,经过西北、华北和东北地区,大部分地区处于+6.4 hPa的正变压区。9日20时,高空横槽转竖,锋线压至两湖盆地北部后越过长江向东南移去,华北、华中、华东、华南地区处于+5.1 hPa的正变压区。地面气温陡降,上述地区均达到寒潮标准。冷高压能量释放后,强度减弱为1046 hPa。10日08时,随着高空西北气流向东南移动,推动着冷高压前沿的冷锋南下,加之西南暖湿气流北上,在河套地区与北方冷空气交汇,华北、华中、长江中下游地区出现大到暴雪;10日20时,冷锋东移南压到上海—南昌—桂林一带,出现降雨、雷暴和强对流天气。11日08时冷锋入海,寒潮结束。至此,地面冷高压从西西伯利亚南下,到寒潮结束历经6天。

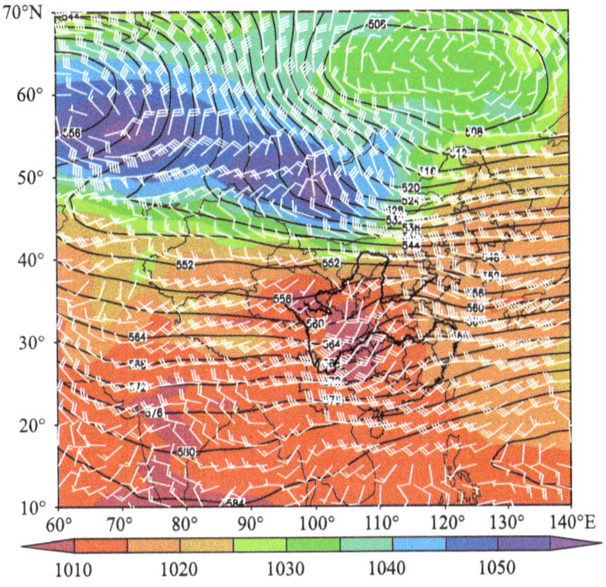

图8.36 2003年2月8日海平面气压场(阴影,hPa)、500 hPa位势高度(dagpm)、700 hPa风场

地面形势分析结果表明,地面冷高压的建立、加强与高层冷空气的堆积同步。冷空气前锋的移动与高空横槽的移动路径一致(图略),由于大气的斜压性,低层、地面冷空气先于高空到达影响地区。图8.36是此次过程中2003年2月8日海平面气压场(阴影)、500 hPa位势高度、700 hPa风场配置图。

8.9.3 水汽输送特征

2003年2月8日850 hPa水汽通量(图8.37)看出,从云贵高原、华南西部到江南西部是主要的一

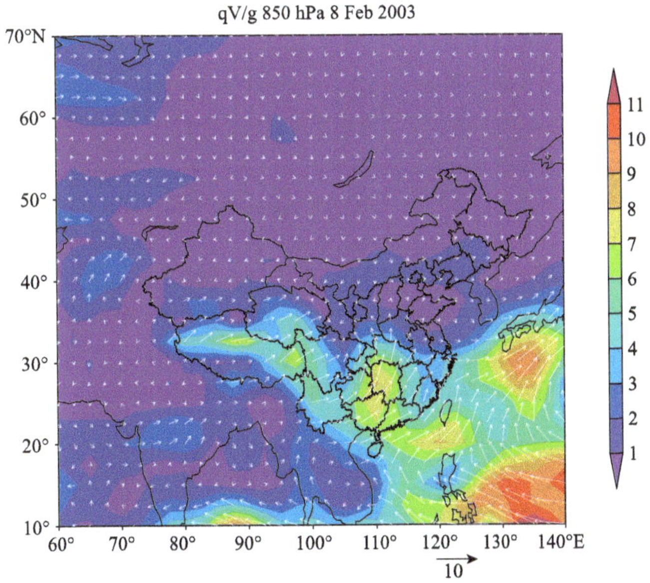

图8.37 2003年2月8日850 hPa水汽通量(g/(cm·hPa·s))

条水汽通道。9日850 hPa水汽通量散度场上(图略),水汽辐合区位于华北、江淮、江南北部及华南地区。长江中下游从500 hPa至850 hPa均处在负值区,水汽上、下层均有辐合,具备降水的水汽条件。这是这次寒潮过程在华北、华中、长江中下游地区出现大到暴雪的重要原因。

8.10 中央气象台暴雪预警标准

根据《国家气象灾害应急预案》的要求,中央气象台制定暴雪预警标准。

8.10.1 红色预警

过去24小时2个及以上省(区、市)大部地区出现25 mm以上降雪,预计未来24小时上述地区仍将出现10 mm以上降雪。

8.10.2 橙色预警

过去24小时2个及以上省(区、市)大部地区出现10 mm以上降雪,预计未来24小时上述地区仍将出现5 mm以上降雪;或者预计未来24小时2个及以上省(区、市)大部地区将出现15 mm以上降雪。

8.10.3 黄色预警

过去24小时2个及以上省(区、市)大部地区出现5 mm以上降雪,预计未来24小时上述地区仍将出现5 mm以上降雪;或者预计未来24小时2个及以上省(区、市)大部地区将出现10 mm以上降雪。

8.10.4 蓝色预警

预计未来24小时2个及以上省(区、市)大部地区将出现5 mm以上降雪,且有成片超过10 mm以上降雪。

参考文献

陈传雷,蒋大凯,陈艳秋等. 2007. 2007年3月3—5日辽宁特大暴雪过程物理量诊断分析. 气象与环境学报,**23**(5):17-25
宫德吉,李彰俊. 2001. 低空急流与内蒙古的大(暴)雪. 气象,**27**(12):3-7
河南省气象局. 1985. 河南省短期天气预报手册,332-348
晋绿生,赵俊荣. 2004. 低空急流与阿勒泰暖区大到暴雪. 新疆气象,**27**(2):13-15
康玲,李彰俊,祁伏裕等. 2000. 内蒙古大、暴雪环流类型及物理量特征. 内蒙古气象,**24**(3):13-18
梁潇云,钱正安,李万元. 2002. 青藏高原东部牧区雪灾的环流型及水汽场分析. 高原气象,**21**(4):359-367
梁钰,苏爱芳. 2004. 2003年河南省两类典型暴雪天气对比分析. 河南气象,**1**:12-14
王新龙. 2006. "03.3"兴隆暴雪天气过程诊断分析[D],兰州大学
王新敏,布亚林,李平等. 2000. 河南省暴雪天气特征及预报模型. 河南气象,**4**:1-2
张家宝,邓子凤. 1987. 新疆降水概论. 北京:气象出版社,278-280
张山清,田惠平. 2005. 一次全国性寒潮暴雪天气过程分析. 新疆气象,**28**(4):7-8、16
张守保,张迎新,杜青文,范军红. 2008. 华北平原回流天气综合形势特征分析. 气象科技,**36**(1):25-31
张迎新,张守保. 2006. 华北平原回流天气的结构特征. 南京气象学院学报,**29**(1):107-113
赵桂香. 2007. 一次回流与倒槽共同作用产生的暴雪天气过程. 气象,**33**(11):41-48
中国气象局. 2007. 中国灾害性天气气候图集. 北京:气象出版社,70-73

第 9 章 冰冻预报

冰冻天气主要由雨凇、雾凇、湿雪冻结而成。我国大部分地区冰冻天气以雨凇或雾凇为主。随着经济社会的发展，冰冻天气对工农业生产及人民生活影响越来越大，尤其是 2008 年年初南方的特大低温雨雪冰冻天气过程，冰冻等灾害性天气造成了巨大经济损失，引起了各级政府与人民群众的高度重视。南方的冰冻主要由雨凇、雾凇、湿雪冻结形成，北方的冰冻主要由雾凇形成，本章主要讨论由雨凇引发的冰冻天气过程。

9.1　气候特点

9.1.1　雾凇和雨凇的空间分布特征

雾凇指低温时空气中水汽直接凝华，或过冷雾滴直接冻结在物体上的乳白色冰晶沉积物（顾钧禧等 1994）。雾凇有两类：1）在微风严寒（−15 ℃）的天气里，如果湿度很大，超过冰面饱和湿度时，空气中水汽直接在物体上凝华，形成针状雾凇，其外形为白色毛茸茸的针状晶体，有冰晶闪光，厚度一般较小；2）在微寒（−5 ℃）、浓雾、有风的天气里，过冷雾滴碰在物体（如树枝等）的迎风面和突出部位上很快冻结，由于保持了雾滴外形，形成表面起伏不平的粒状乳白色冰层，称为粒状雾凇。粒状雾凇可增至很大的厚度，严重时会破坏树木、电线，影响交通、供电和通讯。雾凇结构比较松脆，受震后易掉落。

雾凇主要出现在长江以北地区，新疆、西北大部、东北、华北、黄淮、江淮西部以及内蒙古大部、四川南部、贵州西部、福建东南部等地一般有 1～5 天，其中，黑龙江西南部和北部、吉林南部、内蒙古东北部、新疆北疆及部分高山区年雾凇日数在 10 天以上。新疆北疆是我国雾凇日数最多的地区，部分地区超过 30 天；另外，峨嵋山、南岳、黄山、华山、五台山、长白山区等高山站的雾凇日数均超过 30 天。长江以南地区较少出现雾凇（图 9.1(a)）。

雨凇指过冷却的液态降水（冻雨）碰到地面物体后直接冻结而成的毛玻璃状或透明的坚硬冰层，外表光滑或略有隆突（顾均禧等 1994）。雨凇通常在不太寒冷时（0～3 ℃）出现，主要形成在物体的水平面和迎风面上，在电线或树枝上往往形成长长的下垂冰挂。当冻雨较强、雨滴较大而气温较高时，过冷雨滴冻结较慢，往往形成透明的、密度大的冰层；当冻雨较弱、雨滴较小而气温较低时，过冷雨滴冻结较快，一般形成混浊、无光泽且密度小的冰层。雨凇是一种灾害性的天气现象，严重的雨凇厚度可达几厘米，能压断树枝、电线和电杆，造成供电和通讯的中断，妨碍公路与铁路交通，威胁飞行安全。

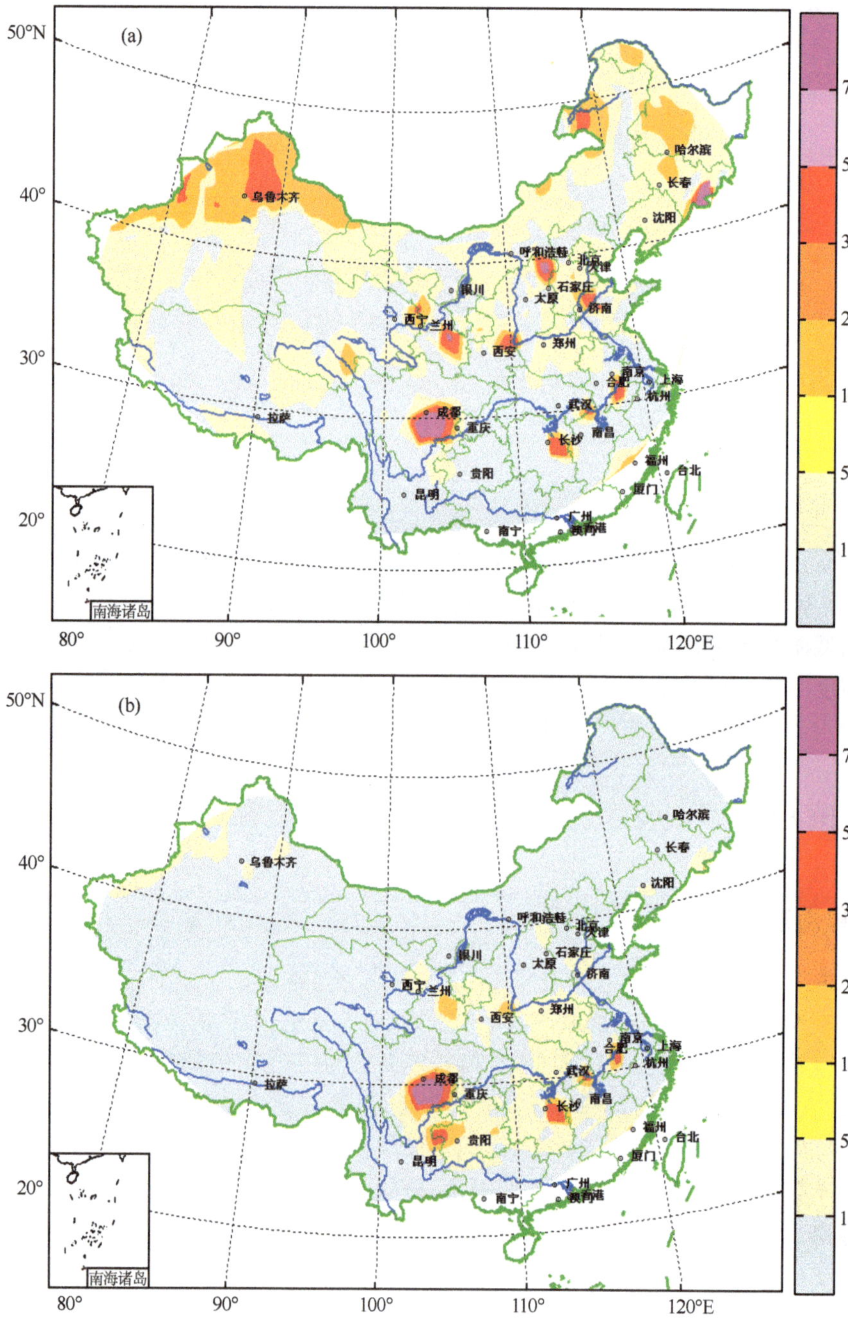

图 9.1 (a)1961—2008 年全国平均雾凇日数;(b)1961—2008 年全国平均雨凇日数

雨凇主要分布在西北地区东南部、黄淮西部、江汉、江南中西部、西南地区东部等地，其中西南地区东部尤其是贵州中西部的年雨凇日数在 5 天以上(图 9.1(b))。年雨凇日数最多是四川峨眉山站，平均每年出现 134.6 天，其次是湖南南岳站 62.3 天，第三位是贵州威宁站 48.8 天。北方地区的雨凇较少，干旱地区尤其少见。北方雨凇最多地方是甘肃通渭华家岭，多年平均 25.7 天。新疆西北部和吉林长白山区雨凇日数也相对较多。

由此可见，我国出现雨凇最多的是贵州省，次多为湖南、湖北、河南、江西等省。北方雨凇相对较多的地区是山东、河北、辽东半岛、陕西和甘肃，其中甘肃东南部和陕西关中地区更多一些。华东沿海、华南沿海、云南、宁夏、山西等省很少出现雨凇。

北方雨凇发生的源地，即经常首先发生雨凇的地区主要有三个:1)河南的郑州、信阳、驻马店附近地区，占总次数 38%;2)陕甘地区主要是西锋镇附近，占 29%;3)河北的石家庄、沧州、邢台及京津地区，占 24%。北方雨凇发生以后就地消失占多数，但也有扩展到南方，有时扩展到贵州才消失。例如 1969 年

1 月 26—31 日寒潮天气过程所伴随发生的大范围雨凇，首先发生在陕西渭水河谷，传播至云南、贵州才最终消失。

南方雨凇的源地主要是贵州，占总次数的 84%，湖南占 16%，消失于贵州的占 94%，消失于湖南的占 6%。

北方雨凇 11 月中旬即可出现，南方则要到 12 月才可能出现。但湖北的雨凇开始较早，11 月中旬就可能出现。雨凇结束期一般都在 3 月中旬以后。辽东半岛在 4 月初最晚结束，而华东沿海和华南沿海在 1 月底至 2 月初较早结束。雨凇出现频率大都分地区以 1—2 月为最多，3 月较少。但新疆乌鲁木齐、辽宁、河北、山东等地以 11 月与 3 月为最多，1 月与 2 月反而较少。

本节所用的资料为 1961—2008 年全国 603 个站点的雨凇和雾凇天气现象观测资料，其中出现雨凇天气的站点 385 个，出现雾凇天气站点 444 个，既出现雨凇又出现雾凇天气的站点 348 个(赵姗姗等 2009)。

9.1.2 冰冻日数的分布特征

我国大部分地区都有冰冻天气出现，东北中部、华北东部、西南地区东南部以及新疆北部、内蒙古东北部、甘肃南部、陕西中部、安徽南部等地年平均冰冻日数在 10 天以上。冰冻日数最多的是四川峨嵋山站，平均每年出现 148.0 天，其次是吉林天池 95.8 天，第三位是山西五台山 89.2 天(图 9.2)。

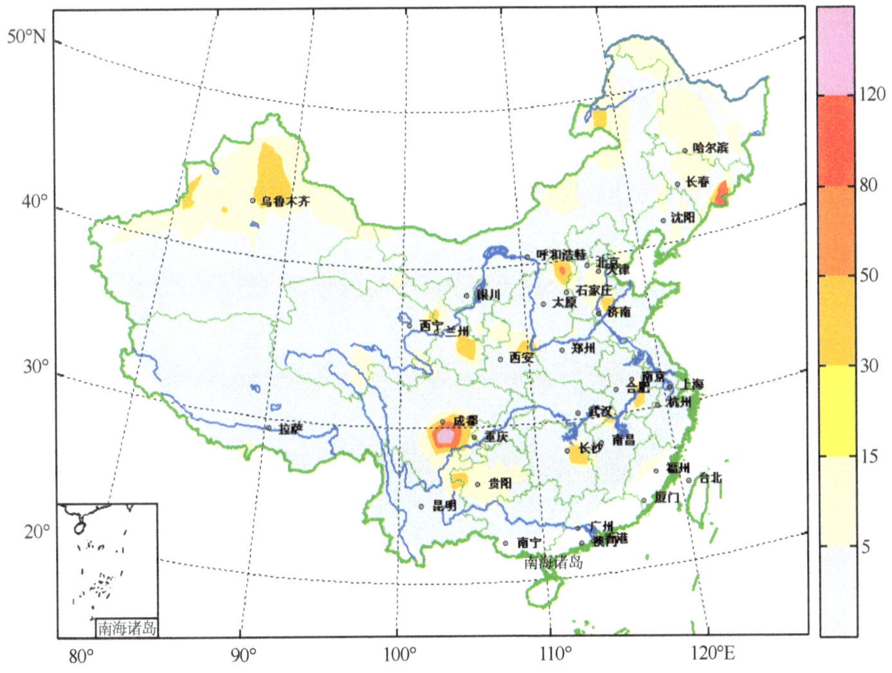

图 9.2 1961—2008 年全国平均冰冻日数

我国冰冻天气主要发生在 11 月—3 月，1 月的频数最大，12 月次之。冬季(12—2 月)的冰冻日数最多，全国大部分地区都有冰冻发生，新疆北部、内蒙古东部局地、四川南部局地冰冻日数为 5～10 天，新疆北部的部分地区在 10 天以上。春季和秋季冰冻天气发生频数相对较小。春季冰冻天气主要发生在吉林东南部、山西北部。秋季冰冻天气主要发生在山西北部和吉林东南部。夏季(6—8 月)冰冻的发生频数最小，我国大部分地区没有冰冻发生，只有高海拔地区受地形影响有冰冻发生。

冰冻天气的危害程度与冰冻天气持续时间有关。最长持续冰冻日数在 10 天以上的区域位于东北中部以及新疆北部、内蒙古东部、陕西中部、四川南部、湖南。全国最长连续冰冻日数出现在高海拔地区，四川峨眉山从 1969 年 11 月 11 日—1970 年 4 月 6 日共持续 144 天(图 9.3)。

冰冻天气受地形、地貌影响较大。一般而言，山区比平原多，高山最多。年冰冻日数 30 天以上的台站海拔高度都在 500～3100 m。随着海拔高度的增加，冰冻天数也有增加趋势，最大冰冻日数出现在海拔 3084.6 m 的峨嵋山，但海拔 3100 m 高度以上站点出现冰冻天气日数不超过 20 天。雾凇受海拔高度影响比雨凇更为显著。

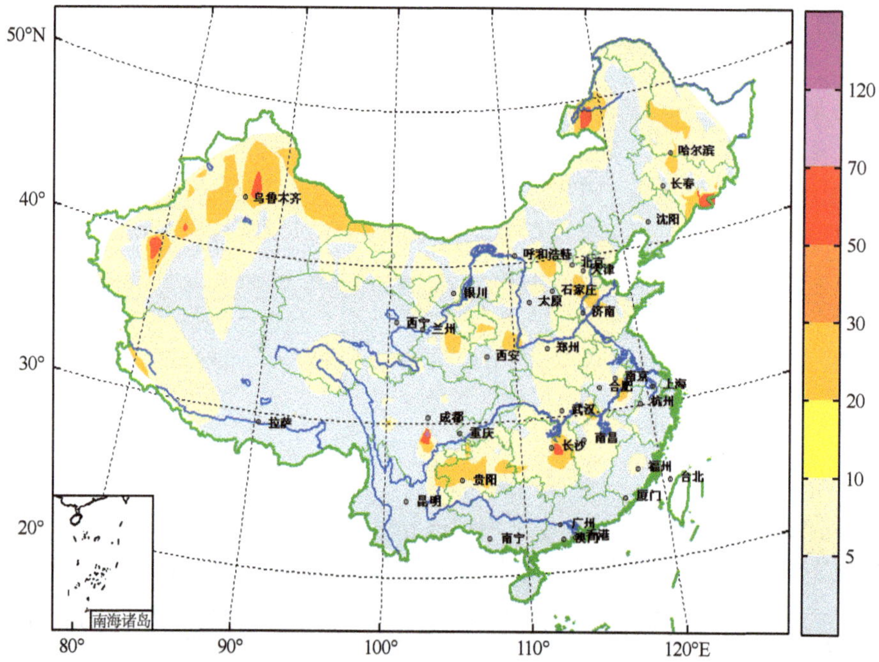

图 9.3　1961—2008 年全国最长连续冰冻日数分布

9.1.3　冰冻厚度的气候分布特征

选取 1961 年以来全国 623 个站点的电线积冰观测资料，选其中资料长度在 30 年以上的 283 个站点。电线积冰资料中包括南北和东西向的资料，选取两者中的最大值作为当日电线积冰重量。

由于电线积冰的密度在不同天气条件下有所不同，将实际冰厚折算为密度为 0.9 g/cm^3 时的冰厚值，计算公式为：

$$b_{0.9}=\sqrt{\frac{W\times10^{3}}{0.9\pi}+\frac{d^{2}}{4}}-\frac{d}{2} \tag{9.1}$$

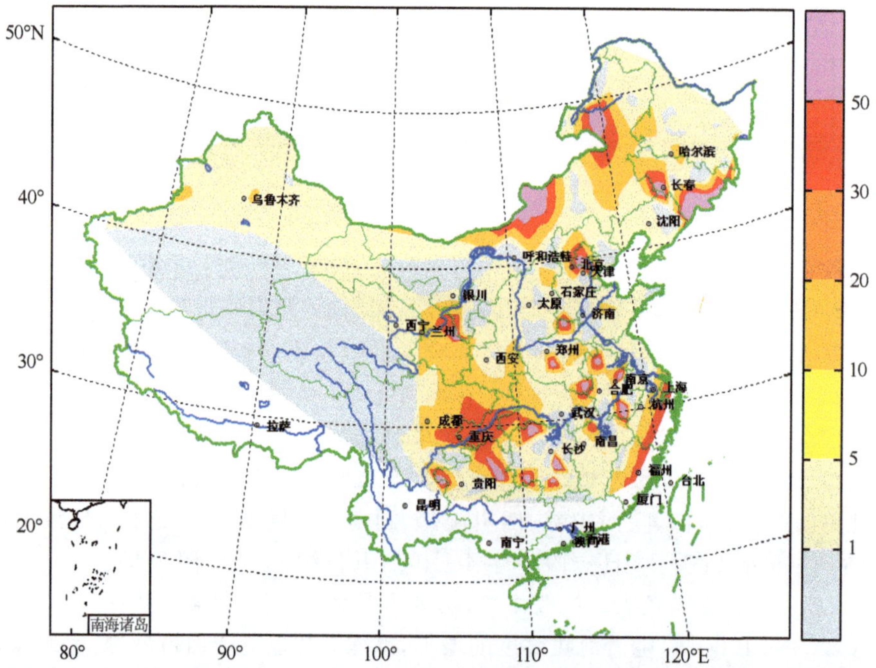

图 9.4　1961—2008 年最大电线积冰厚度的空间分布

其中 $b_{0.9}$ 为密度为 0.9 g/cm^3 时的标准冰厚(mm);W 为每米电线的覆冰质量(kg/m);d 为电线直径(mm)。

电线积冰的直径能很好地表示冰冻的厚度。由于冰冻天气导致的电线积冰对电网的安全运行威胁很大,电线积冰厚度的空间分布规律,尤其是重冰区的区划对输电线路的设计具有重要意义。影响电线积冰厚度的因素较多,如地形地貌、地理环境、海拔高度、风向、风速等。1961—2008 年全国电线积冰最大厚度的空间分布与多年平均冰冻厚度、冰冻日数、最长持续冰冻日数的空间分布具有一致性(图 9.4)。最大厚度在 20 mm 以上的区域主要出现在东北东南部及内蒙古东北部、河北南部、四川南部、重庆南部、贵州东北部与西北部以及高山等地。全国最大冰冻厚度出现在 2004 年 12 月 28 日湖南南岳。

9.1.4 冰冻的影响

冰冻对工农业生产与人民群众生活所造成的危害不可忽视。冬季田间结冰会冻断返青的冬麦,或冻死早春播种的作物幼苗,冰冻还能大面积破坏幼林、冻伤果树等,对农业生产造成严重危害;电线积冰后,遇冷收缩,加上冰冻重量的影响,会造成电线绷断,有时成排的电线杆被拉倒,使电信和输电中断,对通信和输电线路影响很大;公路交通往往因地面结冰而受阻,交通事故也因此增多,易造成人员伤亡事故;飞机在含有过冷水滴的云层中飞行时,机翼、螺旋桨会积冰,影响飞机空气动力性能造成失事;严重冰冻会把房子压坍,造成人员伤亡。

1955 年,浙赣地区曾因冰冻折毁电杆数百根,南浔、浙赣铁路运输一度中断;1972 年 2 月底,我国出现一次大范围的冻雨,广州、长沙、南京、昆明、重庆、成都、贵阳等地至北京的电信一度中断,造成的经济损失极其严重;1984 年 1 月中旬后期,受强冷空气影响,贵州、湖南、江西、湖北等省不少地区出现冻雨天气,造成电线断线倒杆,贵州省的有线电话全部中断,交通严重受阻,对交通运输、电力传输、通信设施、农业及人民群众生活造成了严重影响。湖南输电线积冰厚度在 20 mm 以上,一些高压线路一天融冰 5~6 次,因受冰冻天气影响,湖南、贵州大量公共汽车被迫停运;1987 年 11 月和 1989 年 12 月,郑州市两次出现"冻雨",200 余人受伤。

9.2 冰冻天气发生发展的大尺度环流背景

冰冻天气主要影响系统是亚洲中高纬度阻塞高压、蒙古地面冷高压、南支槽以及 700 hPa 西南急流,它们共同作用形成冰冻天气(图 9.5)。

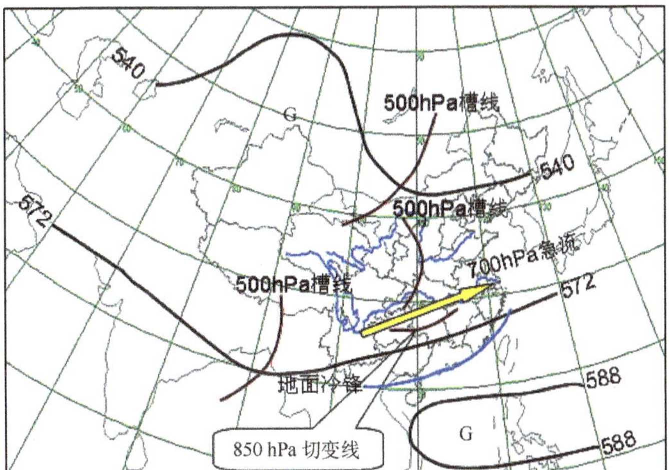

图 9.5 2008 年 1 月冰冻天气过程主要环流背景图(黄小玉等 2008)

冰冻天气发生时,亚洲中纬度 500 hPa 大多数情况下为阻塞高压,阻塞高压的前部为横槽,西风较强，西风带多小波动，小槽使冷空气分股南下。同时，南支西风带孟加拉湾低槽较深，槽前有强劲的西南气流。高、低空的冷、暖空气在我国上空交汇。700 hPa 强劲西南风带来暖湿空气，在江南 700 hPa 上温度可达 4～6 ℃，长沙以北 700 hPa 暖空气温度略低，在 0～4 ℃之间。地面蒙古冷高压的位置偏东、偏北，有利于冷空气从东路南下，形成"东高西低"南方连阴雨（雪）天气形势，冷空气不断补充南下，有利于地面长时间维持冷温天气。静止锋的坡度较小，一般小于 1/500。地面气温一般在 0～5 ℃（其中以 0～1 ℃出现雨凇的几率最高），多为北到东北风。具体形势如下：

1）500 hPa 亚洲中高纬度建立阻塞形势，阻塞高压的前部为横槽，西风较强，致使西风环流分支，北支气流西风较强，西风带多小波动，小槽使冷空气分股南下，使得蒙古地面冷高压加强和维持，造成一股股冷空气持续不断地从东路南下；中纬度锋区与南支锋区同位相叠加，使得青藏高原到孟加拉湾地区形成深厚的长波槽，这不仅有利于沿中纬度锋区东移的冷空气沿高原东部南下影响我国南方地区，也有利于南支槽前的西南暖湿气流向东北方向输送到我国的南方地区上空，并与冷空气在该地区交绥，为持续的雨雪天气提供能量锋区和水汽条件。

2）较强的西北太平洋副热带高压有利于建立"东高西低"的南方连阴雨（雪）天气形势，该形势阻挡了北方南下冷空气的继续东移南推，在南岭山脉北部与贵州等山区堆积，形成冷垫；另一方面促使南海的偏南气流同南支槽前的西南气流汇集于我国南方地区上空，为之提供丰沛的水汽。

3）700 hPa 西南急流始终维持，一方面有利于带来大量的暖湿气流，另一方面有利于逆温层的形成，这是冰冻形成的必要条件；同时西南急流造成的垂直风切变为长时间的阴雨（雪）天气提供动力作用。

4）850 hPa 以下层次为东北风，有利于冷垫的形成，同时使逆温层进一步加强。

5）蒙古冷高压的位置偏东、偏北，有利于冷空气从东路南下，形成"东高西低"南方连阴雨（雪）天气形势，冷空气不断补充南下，有利于地面长时间维持在 0 ℃左右低温天气。

9.3 冰冻天气的主要类型

中央气象台分析了我国雨凇产生时的实例，归纳雨凇发生时天气形势的三种类型，即先冷后暖的北方型、先暖后冷的南方型、先冷后暖转先暖后冷的全国型（朱乾根等 2008）。

9.3.1 先冷后暖北方型

从 1969 年 1 月 23—31 日济南的时间剖面图（图 9.6）可以看出：24 日有一股冷空气从东路影响济南，济南上空在 850 hPa 以下均有降温，风向为东北偏东，冷空气厚度薄，强度较弱，使得济南低空具备冷层条件。25 日低空温度变化较小，而 850 hPa、800 hPa、700 hPa 的气温分别从－7 ℃、－4 ℃、－10 ℃均升高到－3 ℃，形成一个较深厚稳定的暖层。26 日 700 hPa 的温度保持－3 ℃，风向转为西南风，风速加大达 24 m/s，具备中空暖、低空冷的条件。

1 月 26 日 08 时 850 hPa 图上（图略）变形场后部又有一股冷空气从东路补充南下，使 26 日 08 时济南上空 800 hPa、850 hPa 均降温。27 日 08 时自 850 hPa 向下到地面各层均降温，持续上暖下冷。26 日 08 时雨凇首先在济南开始出现，持续到 27 日。26 日 08 时 850 hPa（图略）变形场后部自东路带来小股浅薄的冷空气，使我国北方的陕西、河南也具备下冷条件，同时西槽（图 9.7）引导另一股冷空气从新疆东移，西槽前的暖温度脊也伴随东移。26 日 20 时 700 hPa 暖舌移到陕西上空，使陕西的关中等地具备上暖下冷的条件。27 日开始共有 27 个县先后出现雨凇天气。27 日西槽引导冷空气又从河套西部补充南下与东路汇合加强，使陕西雨凇天气继续维持，并随西槽东移，雨凇天气向河南发展，最后转成南方型雨凇。

从这一实例可以看出北方雨凇形势的一些特点：

1）40°N 附近具有较平直的锋区。该锋区有时可分为两支，一支从贝加尔湖到我国东北，一支从新疆、河套到华北。两支锋区各伴随有一个槽，东槽与北支锋区相联系，提供低空冷空气；西槽与中纬度锋区相联系，槽前暖空气是中空暖层的暖空气来源，而槽后自新疆东移的冷空气是北方雨凇转为南方雨凇或者使北方雨凇消失的重要条件。

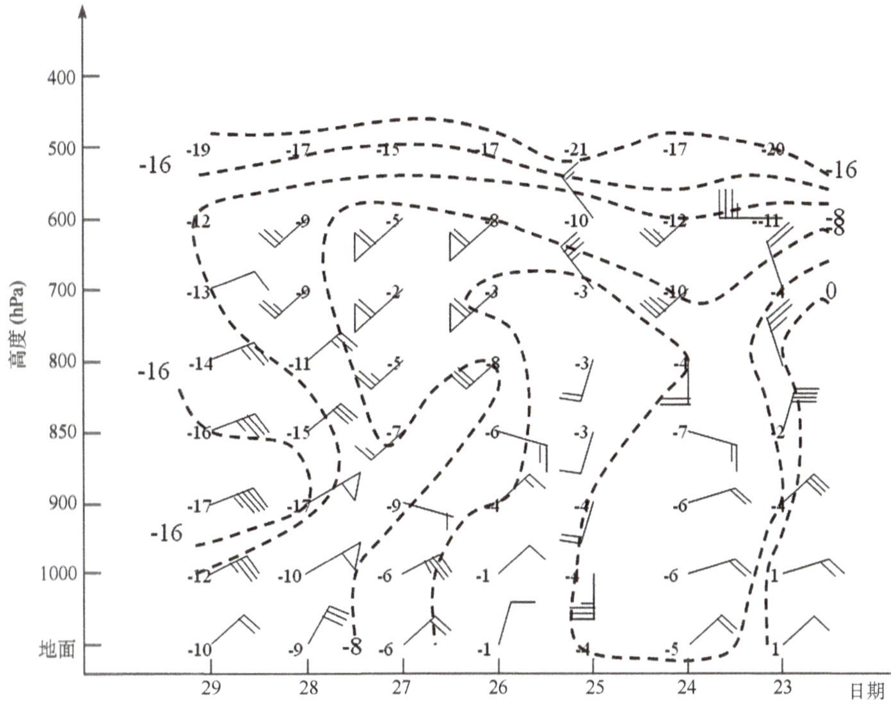

图 9.6　济南 1969 年 1 月 23—29 日时间—空间剖面图(朱乾根等 2008)

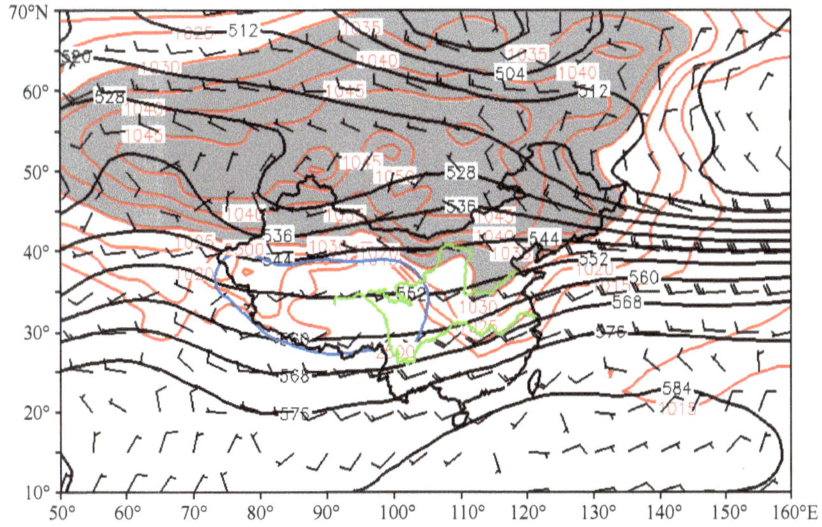

图 9.7　1969 年 1 月 26 日 500 hPa 高度(dagpm)、700 hPa 风场、地面气压(hPa)平均场

(黑线为 500 hPa 等高线，红线为地面等压线)

2)从孟加拉湾到长江流域另有一南支锋区，锋区中盛行一致的西南气流，为北方雨凇形成提供水汽条件，使西槽前的暖平流有所增强。

3)地面冷高压长轴呈东西向，冷空气在东槽后面偏北气流引导下从东路南下，河套附近地区一般有倒槽，华北、黄河中下游处于东高西低的形势。

总之，北方雨凇形成时，高空形势具有三支锋区(北支锋区、中纬度锋区、南支锋区)、两个槽(东槽与西槽)，有时也可以是两支锋区和两个槽，东槽除了与北支锋区联系外也可与中纬度锋区联系。

9.3.2 先暖后冷南方型

雨凇产生之前700 hPa已为暖空气控制，温度一般在0～6 ℃，尔后低层有冷空气南下，气温降到0 ℃以下时就出现雨凇天气(图9.8)。其形势特点是南北有两支锋区和东、南两支槽。北支锋区从贝加尔湖、蒙古到我国黄海，南支锋区从孟加拉湾到长江流域。东槽沿北支锋区东移，并引导冷空气南下，构成低空冷层；南槽提供中层的暖湿空气。此外，地面冷高压长轴呈南北向或西北—东南向，冷空气能深入南方(图9.9)。

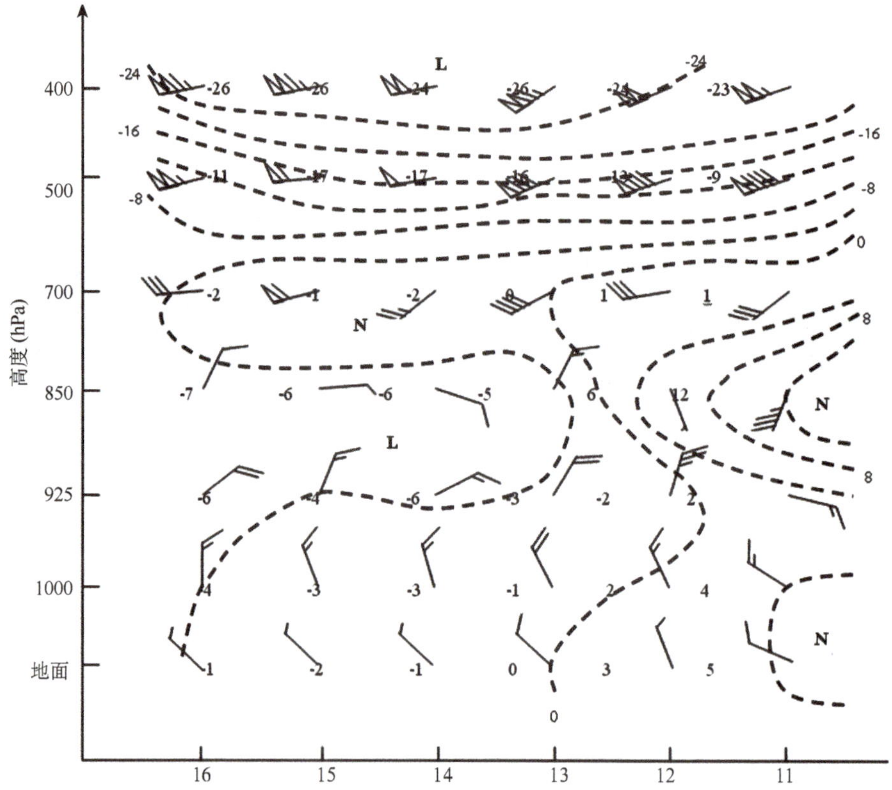

图9.8 2008年1月11—16日长沙时间—空间剖面图

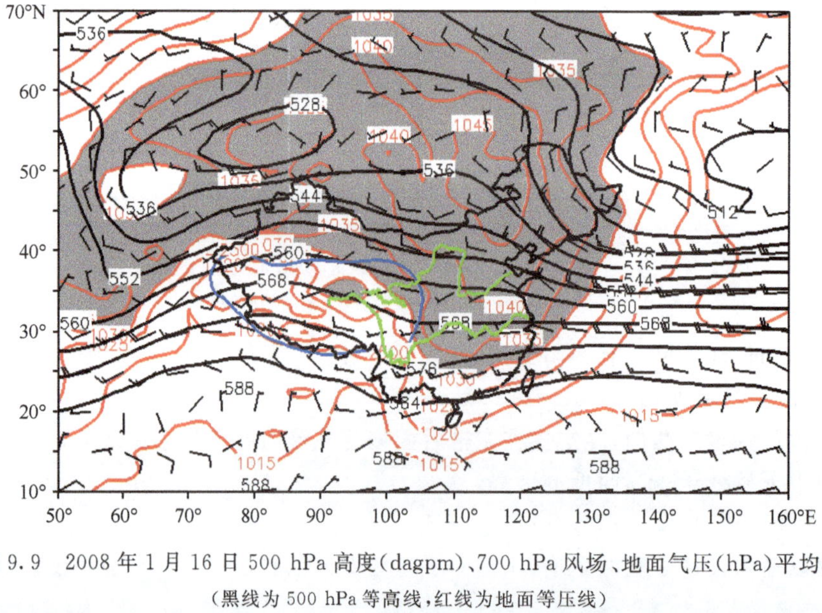

图9.9 2008年1月16日500 hPa高度(dagpm)、700 hPa风场、地面气压(hPa)平均场

(黑线为500 hPa等高线，红线为地面等压线)

9.3.3 先冷后暖转先暖后冷全国型(即北方型转南方型)

此型的形势特点，首先是三支锋区转为两支，北支锋区和中纬度锋区首先在长江以北造成雨凇，然后这两支锋区合并南下与南支锋区在江南汇合，造成江南的雨凇天气。其次是导致长江以北雨凇天气的东槽和西槽合并，或是东槽在东移过程中消失，西槽随锋区中基本气流东移并变成新的东槽；新东槽后面的气流引导冷空气南下，与南支槽前暖空气构成上暖下冷的温度垂直分布，从而形成江南雨凇天气。最后，地面冷高压长轴由东西向(见图 9.10)转为南北向或西北—东南向(图 9.11)。

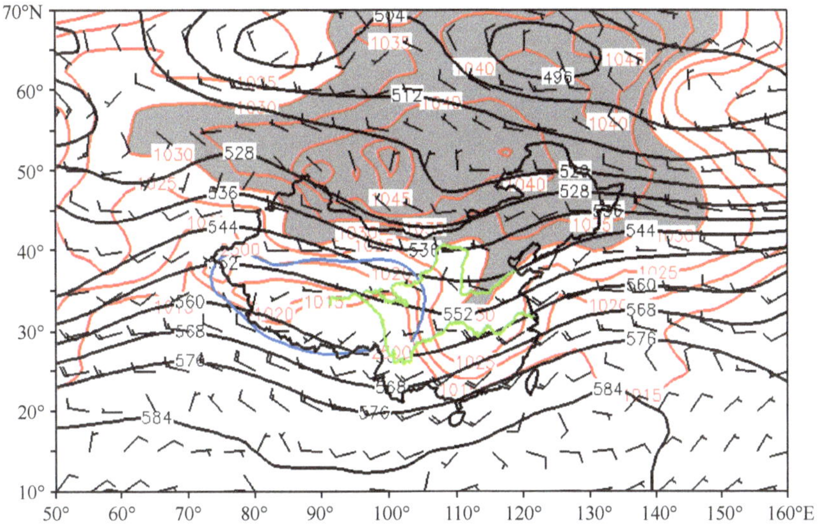

图 9.10 1969 年 1 月 30 日 500 hPa 高度(dagpm)、700 hPa 风场、地面气压(hPa)平均场

(黑线为 500 hPa 等高线，红线为地面等压线)

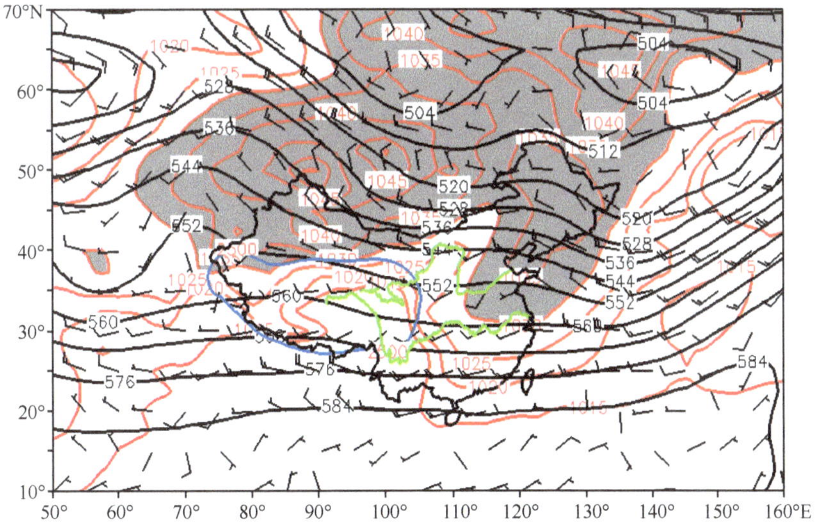

图 9.11 1969 年 2 月 2 日 500 hPa 高度(dagpm)、700 hPa 风场、地面气压(hPa)平均场

(黑线为 500 hPa 等高线，红线为地面等压线)

9.4 冰冻天气的物理条件与形成机制

9.4.1 锋面特征

形成雨凇的锋面结构同一般降水的锋面结构基本相同，锋面逆温特别清楚，但坡度非常小，一般小

于 1/500。

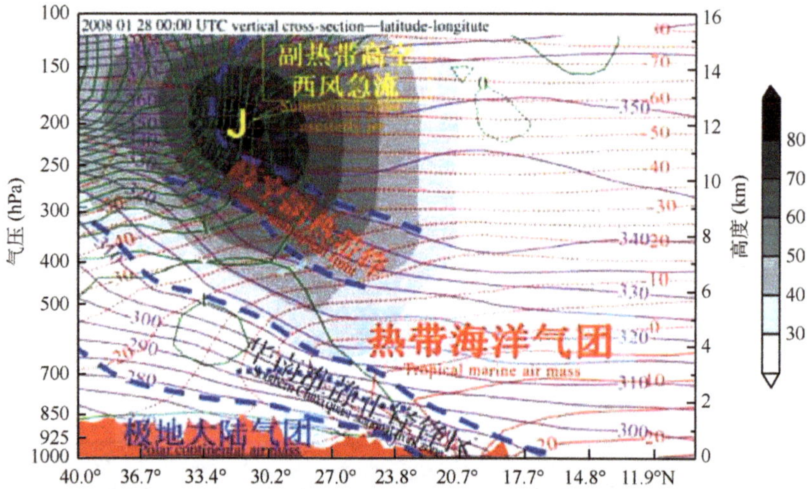

图 9.12　2008 年 1 月 28 日 00 时华南准静止锋的经向垂直剖面(110°E,40°—10°N;紫色细线为等位温线,间隔 5 K;红色细线为等温线,负值用点线表示,间隔 5 ℃;绿色实线为等位涡线;灰度填色为风速,间隔 10 m/s;蓝色粗断线为锋面上、下界或对流层顶;蓝色粗点线为锋区内的逆温层顶)(陶祖钰等 2008)

2008 年 1 月 28 日冰雪期间华南准静止锋的垂直结构如图 9.12(陶祖钰等 2008)。取通过湖南、贵州等主要冰雪区的 110°E 经线作垂直剖面图。在客观分析资料的垂直剖面上,密集的等位温线表明,华南准静止锋两侧热带海洋气团和极地大陆气团之间存在显著的温度差异,锋区内的温度水平梯度非常大。剖面上等温线的特征也清楚地显示出:2008 年 1 月华南准静止锋锋区内的温度垂直梯度非常小甚至是逆温,锋区内等温线呈现垂直走向的特点。剖面图上等温线的折角相当清楚,是锋面分析方法中确定锋区上下界位置的重要标志。还有一个值得指出的现象是,在 30°N 以南,锋区的下半层逆温非常强,上半层接近等温。陈受钧等(2007)指出:垂直剖面图上华南准静止锋上方的副热带锋区和副热带西风急流清楚地展示了东亚地区冬季大气环流锋面和急流配置的基本特点。从锋面垂直结构显示出,与 2008 年 1 月冰雪灾害相关联的华南准静止锋的坡度很小,只有 1/500 左右。

在此过程中,29°N 以北虽也有逆温层的存在,但从地面到高空温度大多在 0 ℃以下,是冷性的逆温层或是个非常浅薄的暖性逆温层,大气中的冰晶无法融成水滴,而是以水汽凝华增长或雪与冰晶碰并增长的物理过程为主,所以降水性质是雪。26°N 以南虽也有一定厚度的暖性逆温层存在,但该区域在此期间的地面日平均气温均在 2 ℃以上,由于没有足够冷的下垫面配合,使雨滴无法变成过冷水滴,则主要以液态水的形式降落。而在 26°—29°N 之间,大气云层在 500 hPa 以上形成雪、米雪、霰等冰相降水粒子群,在其下的大气存在高于 0 ℃的暖性逆温层,且逆温层的厚度足以使冰粒子融化。当逆温层下是低于 0 ℃的过冷层时,便可形成过冷雨滴群,当过冷雨滴碰到 −3～0 ℃的地面或物体时就会发生冻结,形成地面或物面结冰,产生雨凇。但如果地面气温过低,达到 −3～−8 ℃,毛毛雨或冷雾滴冻结迅速,虽能附着,但它们来不及展开便已形成颗粒冰,所以积冰由细小的冰粒组成,因冰粒之间的间隙充满空气而使冻结的冰层呈白色,形成的是粒状雾凇,它密度较小,一般在 0.3～0.6 g/cm^3 之间。而雨凇比重较大,在 0.6～0.9 g/cm^3 之间,具有密度高、结构紧、硬度大、坚如石、滑如冰等特点,由此造成的灾害更加严重。

图 9.13 是通过湖南雨凇区的锋面天气分布时间剖面图。在锋面进入长江流域之前,锋后为一狭窄雨带,雨带北面为宽阔的降雪区,随着冷锋越过 25°N 并转为静止锋后,锋后降水区发展变宽,在雨雪带之间开始有雨凇形成,并逐日扩展、影响 26°—30°N 地区。雨凇区北侧有一非常狭窄的雨夹雪或冰粒带,长江北岸仍保持为宽阔的降雪区,过程临近结束时,江北雪区南推,江南雨凇区才南移缩小而消失。因此,锋面过境—降雨—降雨夹雪或冰粒—出现雨凇—降雨夹雪或冰粒—降雪的演变过程,是湖南大范围雨凇发生前后常见的天气转变规律。

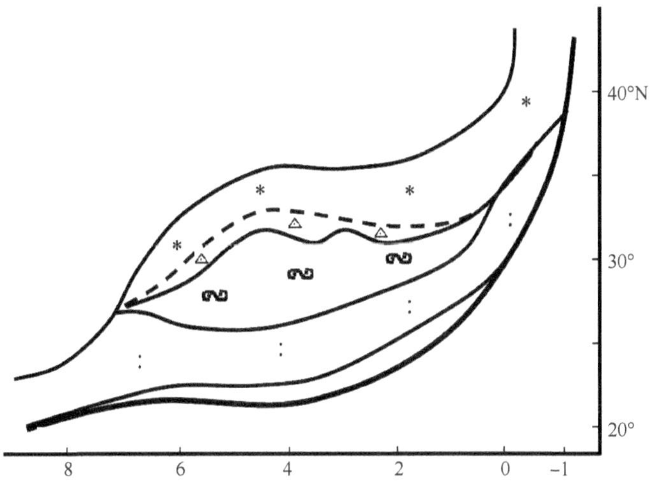

图 9.13　通过湖南雨凇区的锋面天气分布时间剖面图(程庚福等 1987)

9.4.2　大气层结

我国大部分地区出现冰冻时的温度层结为二层模式:当逆温明显并且存在一定厚度的融化层时,有利于雨夹雪、冰粒及雨凇的形成,即有利于冰冻天气的形成、维持或发展。二层模式又可以分为两种类型:一种是逆温层顶的温度大于 0 ℃,我国南方冰冻主要以此类层结为主;另一类是有逆温层存在,逆温层顶的温度低于 0 ℃,这类层结有利于降雪,但当地面的温度接近 0 ℃也有冰冻出现,这类冰冻天气持续时间短,一般出现在北方。在贵州西部的山区还有一类特殊的温度层结,逆温层不明显,但地面的气温在 0 ℃左右。形成冰冻的三种温度层结示意图见图 9.14。

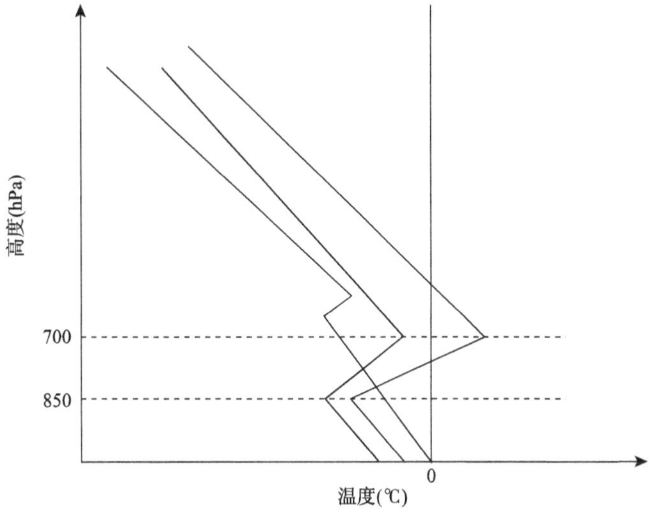

图 9.14　形成冰冻的三种温度层结示意图

2008 年 1 月受灾最为严重的湖南郴州地区,其上空的温度层结为典型的二层模式(图 9.15)。1 月 28 日 08 时地面—900 hPa 温度随高度递减,900—800 hPa 为逆温层,温差约为 20 ℃,800 hPa 以上温度随高度降低,强烈的逆温层结构是造成郴州特大冰冻灾害性天气的主要原因之一。2008 年 1 月 13 日 20 时郑州也出现了冰冻天气,其上空的温度层结为第二种类型,逆温层顶的温度低于 0 ℃(图 9.16)。2008 年 1 月 28 日 08 时贵州西部的威宁温度层结如图 9.17,为典型的一层模式。

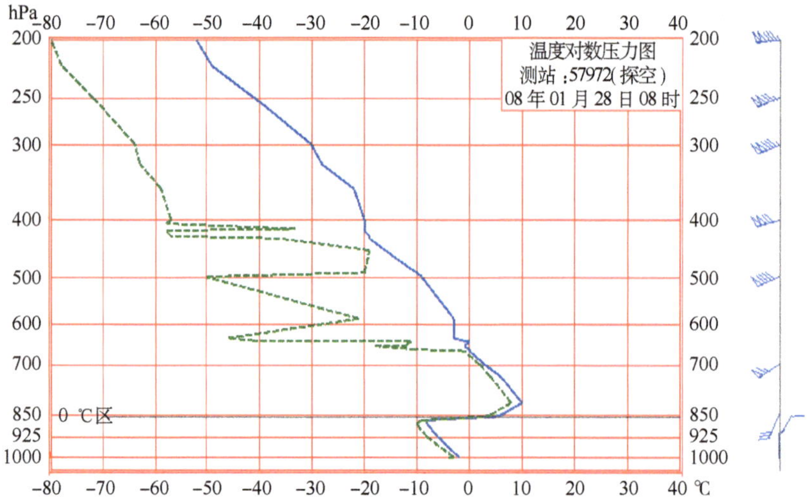

图 9.15　2008 年 1 月 28 日 08 时郴州大气层结示意图

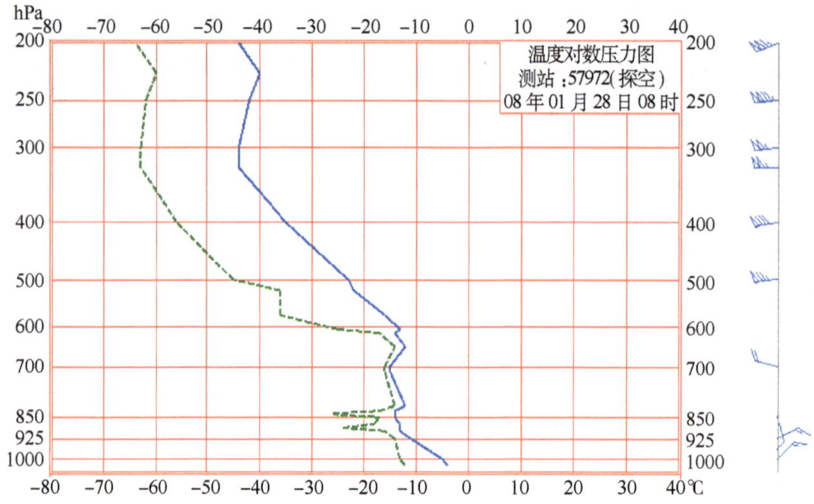

图 9.16　2008 年 1 月 13 日 20 时郑州大气层结示意图

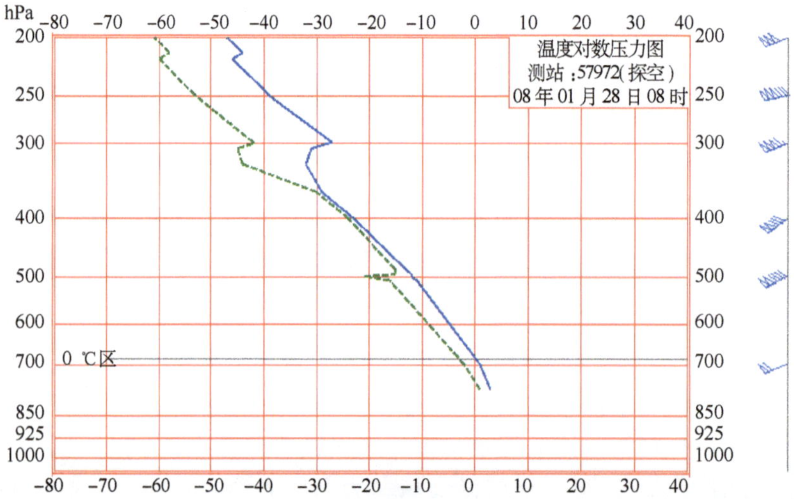

图 9.17　2008 年 1 月 28 日 08 时威宁大气层结示意图

9.4.3 降水与冰冻的关系

利用 2008 年 1 月 10 日—2 月 2 日长沙、永州与郴州三站每天 08—08 时电线积冰的直径与对应的

08—08 时降水量进行对比分析(图 9.18)(黄小玉等 2008)。

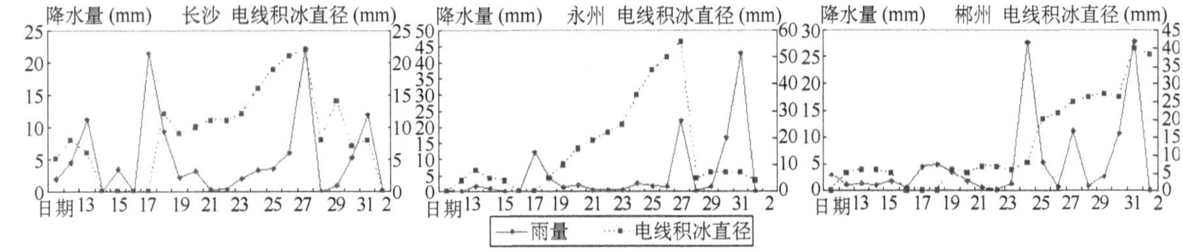

图 9.18　降水与电线积冰的关系(黄小玉等 2008)

降水与冰冻的发展具有正相关,降水加大时一般有利于冰冻的加强,但不具有线性关系;当降水过大时,由于降水的冲刷作用,不大利于冰冻发展。统计表明,日降水量大于 0.1 mm 持续性大范围稳定性雨夹雪或小雨有利于冰冻的形成,说明降水性质是冰冻形成的重要因子。

9.4.4　气温与冰冻的关系

从图 9.19(黄小玉等 2008)可清楚地看出,日平均气温、日最低气温与电线积冰直径具有负相关关系,即日平均气温降低时有利于冰冻发展,反之亦然。因此可根据温度的变化来预报冰冻的发展情况。日平均气温比日最低气温与冰冻发展的对应关系更好,原因是如果天空放晴,虽然日最低温较低,但白天气温高,有利于融冰而不利于冰冻的发展。

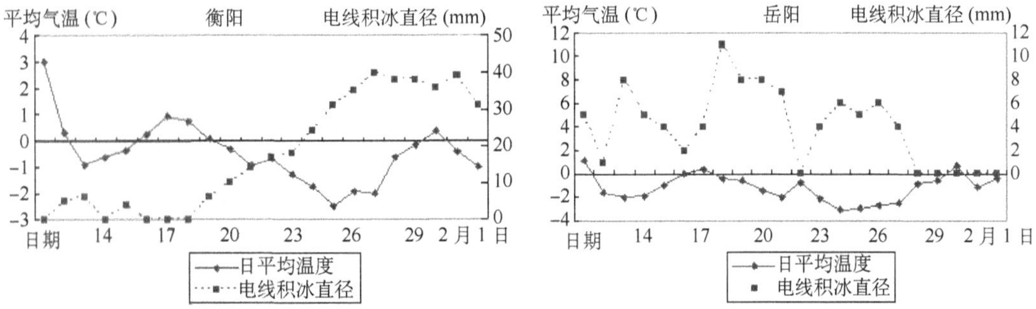

图 9.19　气温与电线积冰的关系(黄小玉等 2008)

从前面分析可知,一般情况下降水与冰冻具有正相关、气温与冰冻具有负相关关系。长沙 1 月 15—18 日降水较大,但其电线积冰消失,主要原因在于这几天长沙的日平均气温逐步上升(且有较长时间>0 ℃)。永州 14—17 日电线积冰减弱、郴州 17—19 日、怀化 17 日以前无电线积冰,也是因为气温升高所致(图 9.20)(黄小玉等 2008)。因此近地层气温过高,尽管有降水,也不利于冰冻维持。

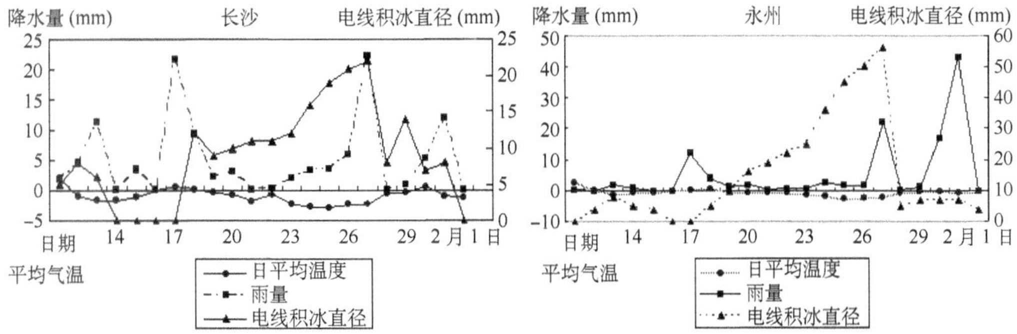

图 9.20　降水、气温与电线积冰的关系(黄小玉等 2008)

9.4.5 下垫面、地形与冰冻的关系

湖南北部长沙(海拔高度 65.5 m)与宁乡(海拔高度 73.0 m)两站之间海拔高度大致相同,相距小于50 km(图 9.21)(黄小玉等 2008),对于 2008 年 1 月长时间稳定性的雨雪冰冻过程,两站之间的大气层结基本相同。长沙、宁乡的日降水趋势基本一致,而电线积冰直径宁乡明显大于长沙。长沙为省会城市,热岛效应明显,因此长沙的气温高于宁乡的气温,导致两站之间冰冻强度差距很大(图 9.22)。因此,下垫面对于冰冻强度有很大的影响。

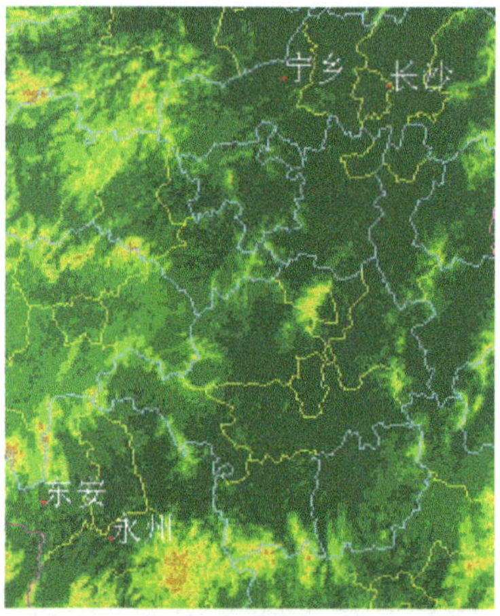

图 9.21　湖南四气象站位置图

湖南永州(海拔高度 173.2 m)与东安(海拔高度 167.9 m)两站之间海拔高度大致相同,相距小于 50 km(图 9.21),对于 2008 年 1 月长时间稳定性的雨雪冰冻过程,两站之间的大气层结基本相同,两站的降水强度也基本相同,但两站的气温和冰冻强度相差很大,永州的冰冻强度明显大于东安(图 9.22)。东安北、西、南三面环山,过程期间一直为偏东风 2 m/s 左右,而永州位于湘江河畔,过程期间为偏北风 4 m/s,导致永州的气温比东安低,因此前者的冰冻强度明显大于东安,地形对冰冻强度也有很大的影响。

总之,不同的下垫面和地形可以造成局地温度差异,从而影响冰冻的强度。

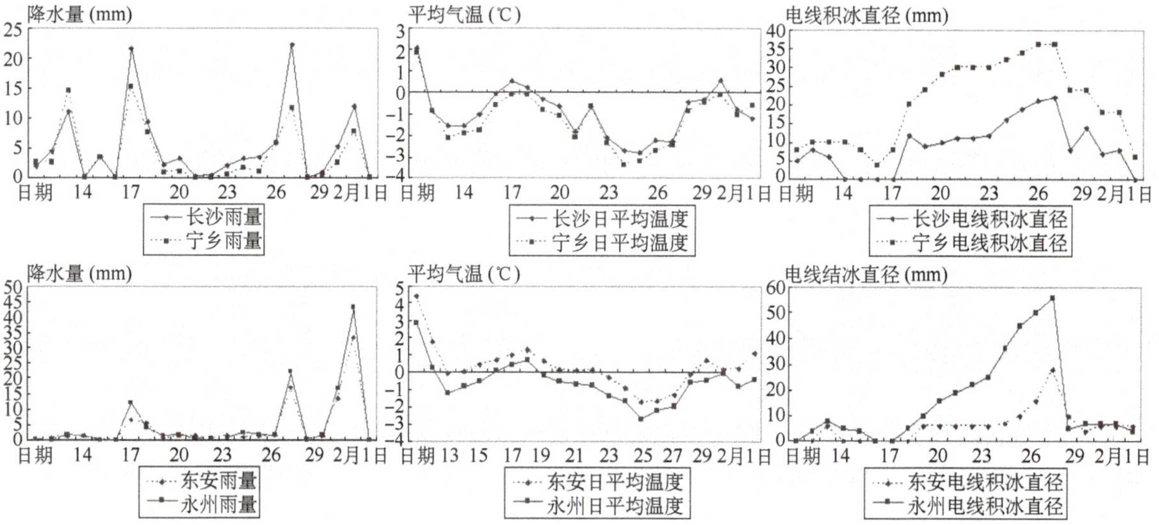

图 9.22　降水量、气温与电线积冰之间关系(黄小玉等 2008)

9.5　2008 年特大冰冻雨雪天气过程分析

2008 年 1 月,我国南方大部分地区遭受历史罕见的低温、雨雪、冰冻灾害。此次冰冻天气影响范围广、强度大、持续时间长,造成的损失极为严重,全国 20 个省(区、市)先后遭受了低温雨雪冰冻灾害,贵州中部、湖南、湖北大部、江西西北部、安徽中南部等地冰冻日数达 10～20 天,长江中下游及贵州连续低温日数和连续冰冻日数均超过 1954—1955 年冬季,达到历史最大值。冰冻灾害对工业、农业及人民群众生活造成严重影响和损失,尤其对我国南方电力运行与交通造成灾难性影响。据统计,这次低温雨雪冰冻灾害天气过程共造成 1 亿多人受灾,直接经济损失达 1500 多亿元,农作物受灾面积和直接经济损失均超过 2007 年全年低温冻害造成的损失。

9.5.1 冰冻天气特点

从 2008 年 1 月 10 日—2 月 2 日雨凇出现日数分布(图 9.23a)可见,此次过程雨凇主要出现在贵州、湖南和江西三个省,出现日数普遍在 10 天左右,特别是贵州和湖南,部分站点雨凇日数约 20 天。从距平分布(图 9.23b)可见,贵州、湖南、江西北部的雨凇日数较常年平均偏多 10 天以上,湖南长沙、衡阳、零陵、郴州以及贵州贵阳偏多达 15～19 天(矫梅燕等 2008)。

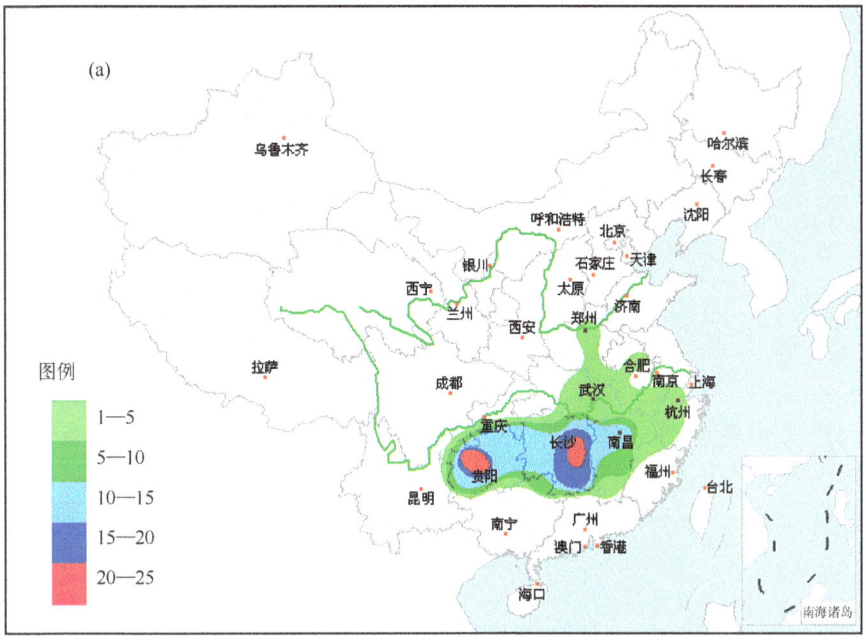

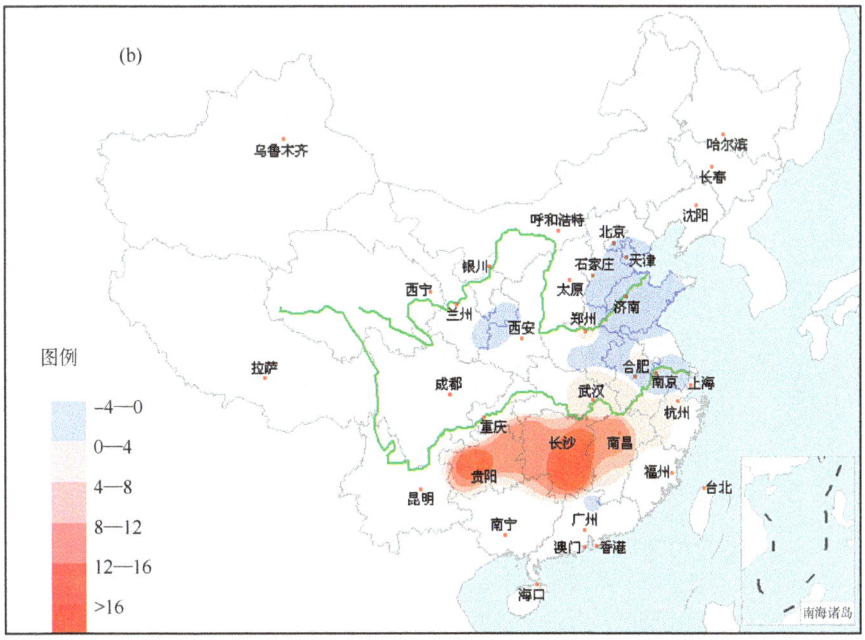

图 9.23 2008 年 1 月 10 日—2 月 2 日全国雨凇日数(a)和距平(b)分布(矫梅燕等 2008)

从贵州、湖南、江西代表站逐年雨凇日数变化(图 9.24)可见,该区域 2008 年共出现雨凇日数 12.2 天,常年同期该地区平均雨凇日数为 1.6 天,超出历史平均值多达 10.6 天,为 1954 年以来雨凇日数最多的年份,与排在第二和第三位的 1977 年的 6.2 天和 1984 年的 6 天还多 6 天。对上述三省分别分析(图略)表明,2008 年 1 月 10 日—2 月 2 日,贵州、湖南、江西雨凇日数分别为 13.6、15.7 和 6 天,均为

1954 年以来雨凇出现最多的年份。

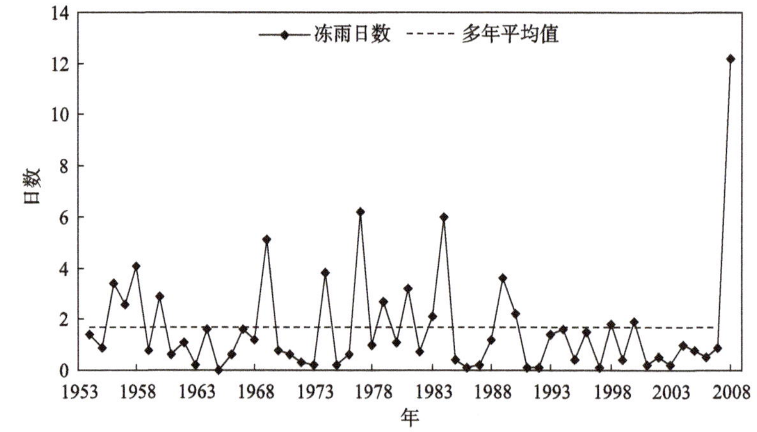

图 9.24　贵州、湖南、江西 1 月 10 日—2 月 2 日雨凇日数逐年变化(矫梅燕等 2008)

从 1 月 10 日—2 月 2 日雨凇发生次数的水平分布(图 9.25)可见，此次过程雨凇出现的范围广，主要集中在贵州、湖南、江西大部，另外在浙江北部、安徽南部以及广西东北部、云南东北部和河南东部等地的部分地区也出现了雨凇。从每天 8 个时次的地面观测统计可见，雨凇出现超过 25 次的站点主要分布在贵州大部、湖南中南部、江西中部，其中出现最多的为贵州安顺 97 次，其次为贵州都匀 96 次，贵州的独山和普安均为 92 次。

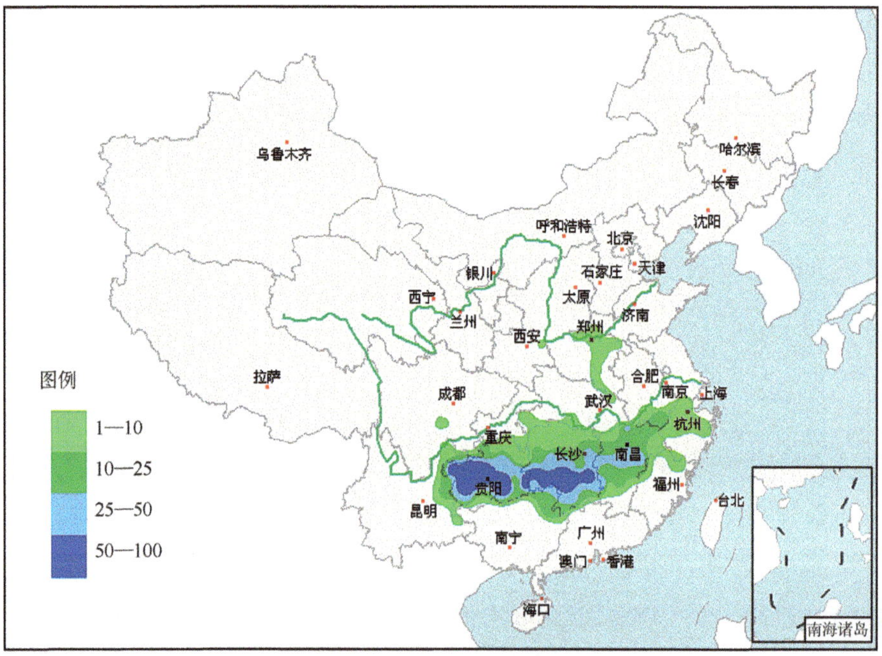

图 9.25　2008 年 1 月 10 日—2 月 2 日全国雨凇出现次数(矫梅燕等 2008)

统计每日 8 次观测资料的冻雨站数(以中央气象台接收到的 965 个测站为基数统计)，然后相加得出日冻雨站次(2008 年 1 月 10 日—2 月 2 日每日 8 次冻雨站数累加得出总站次)(图 9.26)。结果表明，每日冻雨总站次的时间演变与 4 次过程极为吻合，冻雨首先于 1 月 10—11 日出现在河南郑州附近，随后于 13 日开始在贵州、湖南出现，4 次过程中第二次(18—22 日)、第三次(25—28 日)雨雪、冰冻最强，其中 25 日共出现 283 站次，为此次过程中冻雨范围最大的一天。

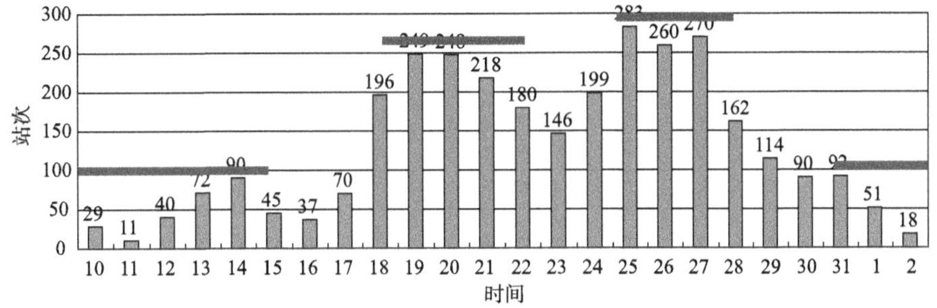

图 9.26　2008 年 1 月 10 日—2 月 2 日全国每日 8 次冻雨站数累加总站次(粗线为逐次过程标示线)(杨贵名等 2008)

从每天不同时次雨凇站次数的变化曲线(图 9.27)可见,雨凇出现的时间具有明显的日变化特征,一般而言,从夜里 23 时到清晨 08 时雨凇出现较为集中,以 02 时为最多;之后,随着温度垂直分布特征的改变,雨凇出现的站次数明显减少,到午后 14—17 时降到最少;到夜里又开始逐渐增多起来。

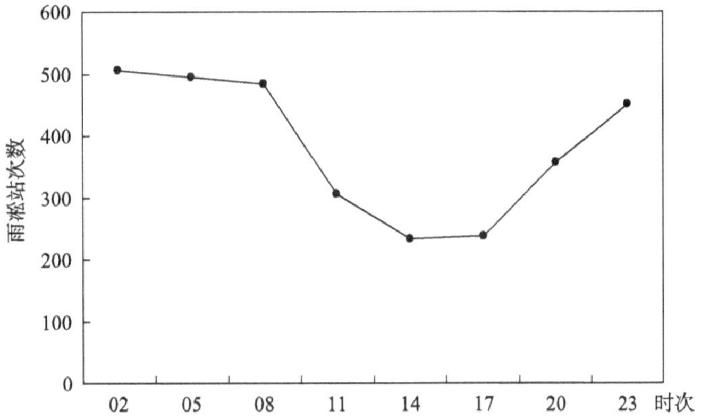

图 9.27　2008 年 1 月 10 日—2 月 2 日雨凇站次数不同时次日变化曲线(矫梅燕等 2008)

9.5.2　大尺度环流背景分析

2008 年 1 月 10—15 日,乌拉尔山和贝加尔湖之间有高压脊发展,脊前偏北气流引导冷空气经贝加尔湖南下至 40°N。位于咸海附近的低压分裂短波槽经孟加拉湾东移,同时由于副热带高压东退至 115°E附近,西南气流经孟加拉湾和南海北部到达长江中下游地区,与南下的强冷空气交汇,形成有利于大范围雨雪天气的环流条件。18 日中高纬阻塞高压建立,咸海至贝加尔湖为一横槽,槽前不断分裂北支低槽东移引导冷空气经新疆南下,与南支低槽槽前暖湿气流在长江以南地区交汇,导致 850 hPa 锋区长时间维持在 25°N 附近。这期间影响我国南方降水的云系主要在阿拉伯海附近生成并在槽前西南气流引导下东移,绕过青藏高原北侧,影响我国中南部地区。25 日贝加尔湖附近阻塞高压重新建立,脊前强西北气流经东北地区南下。孟加拉湾槽深厚且向南加深发展,副热带高压西进北抬呈加强之势,使得西南暖湿气流明显增强,中低层西南急流建立。27 日位于中西伯利亚的冷中心继续增强,中心强度达 1070 gpm,伴随 500 hPa 贝加尔湖到华北地区的横槽转竖,850 hPa 强锋区南压,雨雪范围扩大且强度增强。30 日之后 500 hPa 阻塞高压崩溃,北支横槽转竖与南支低槽同位相叠加东移。与此同时,副热带高压东撤,降水范围南压且强度逐步减弱。2 月 2 日以后,随着南支槽移出,中低纬环流拉平,我国 30°N 以南转为偏西气流控制,水汽输送明显减弱,持续性的雨雪天气过程趋于结束。

9.5.3　大气环流系统异常配置分析

图 9.28 为整个过程期间 500 hPa 高度场标准化距平分布图,分析可知,2008 年 1 月中旬—2 月上旬,欧亚地区出现罕见、持续而稳定的大气环流异常形势,共有 4 个范围较大的大气异常环流区。首先,中高纬度欧亚地区的乌拉尔山地区环流异常偏高,与之相对应在贝加尔湖到巴尔喀什湖一带有一个东北—西南向的高度正距平区,导致冷空气活动频繁、气流南北交换较强。在我国东北地区到日本为一高度

负距平带，俄罗斯远东地区则环流异常偏低，使得影响我国的冷空气主体偏东偏北，势力不太强，不至于整体性地向南爆发，致使冷空气在我国南岭附近与滇黔较长时间堆积，有利于南方雨雪、冰冻天气持续。

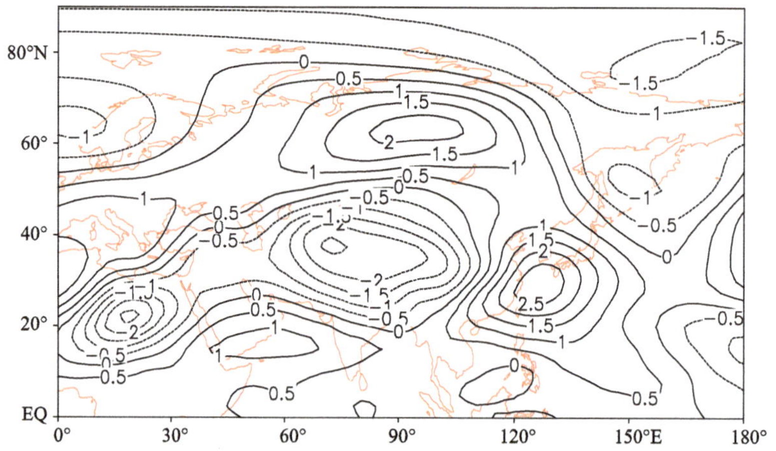

图 9.28　2008 年 1 月 10 日—2 月 2 日 500 hPa 高度场标准化距平分布图(叶成志等 2009)

此外，中低纬度欧亚地区的大气环流异常则表现为南支槽和副热带高压异常偏强。南支槽的持续偏强，来自印度洋的暖湿空气可以源源不断地输送到中国大陆东部及南部，对于我国南方持续的雨雪天气起着重要作用。而西太平洋副热带高压较常年明显偏强、偏西，稳定维持在我国东南侧的海洋上空，并多次向西伸展。一方面阻止了冷空气的向南推进，使冷气团长时间滞留在中国南方地区，造成该地区持续的低温；另一方面，副热带高压偏强也阻挡了南支槽快速东移，使孟加拉湾北部的水汽持续向中国南方地区输送。

15°～25°N 平均的 500 hPa 位势高度沿经向的分布能同时刻画副热带地区南支槽与副热带高压这两个系统的强度和位置。“0801 南方冰冻”期间该纬度带平均的 500 hPa 位势高度随时间的演变图(图 9.29)清楚地显示出西低(槽)东高(脊)的型式及其变化。可以看出，在第一、第三和第四次强降水过程中，副热带高压西伸至 115°E 附近，有利于冷暖空气在长江中下游及以南地区交汇。第二次降水过程副热带高压则相对较弱，但强降水过程中青藏高原上有西风小槽东移，有利于下游降水。图 9.29 显示南支槽逐渐东移，第三、第四次过程中南支槽较强，加上副热带高压西伸位置适当，西南风低空急流加强，特别有利于水汽输送，降水也比前两次更强。

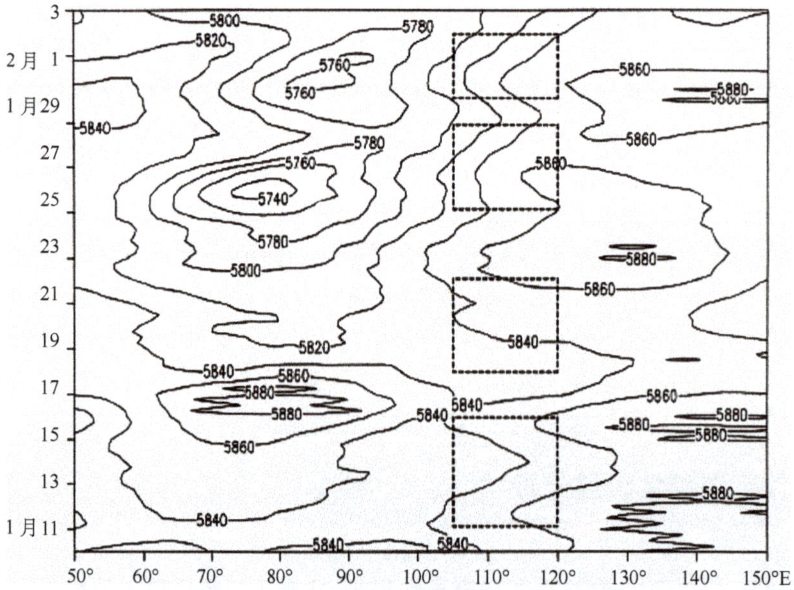

图 9.29　2008 年 1 月 10 日—2 月 3 日(15°～25°N)平均的 500 hPa 高度(gpm)经向分布随时间的演变(粗虚线框表示降水时段及大致经向范围)(王东海等 2008)

9.5.4 水汽输送特征分析

从区域(25°—35°N,90°—120°E)平均水汽通量时间演变来看(图 9.30),四次过程中在选定区域上空均存在水汽通量大值中心,且水汽辐合中心位于逆温层内,产生大量的液态水。相较而言,后两次过程强中心的空间伸展高度更高,位于 700—600 hPa 之间,尤其以第三次过程水汽输送更明显,中心值超过 6.5 g/(cm·hPa·s),这与该期间中低层西南急流明显加强北抬密切相关。进一步具体分析 700 hPa 的水汽输送特征可知(图 9.31),从 1 月 10 日—2 月 4 日在我国 30°N 以南的大部分地区均有较强的水汽通量输送,尤其以第三次过程强水汽通量中心影响范围最大,基本覆盖了 23°—29°N 区域上空,中心值高达 10 g/(cm·hPa·s)。结合实况分析,700 hPa 强水汽通量中心对第三次过程中江南北部的暴雪、江南中南部的冰冻增强及华南的强降水均有重要作用。700 hPa 水汽通量强中心的形成,与西南急流明显增强密切相关,由此形成一定厚度的融化层。当大气中的冰晶通过该层时融化成雨滴之后,一旦进入靠近地面低于 0 ℃的冷下垫面时,雨滴便迅速冷却成为过冷却雨滴,为强冰冻天气的产生创造了极为有利的条件。

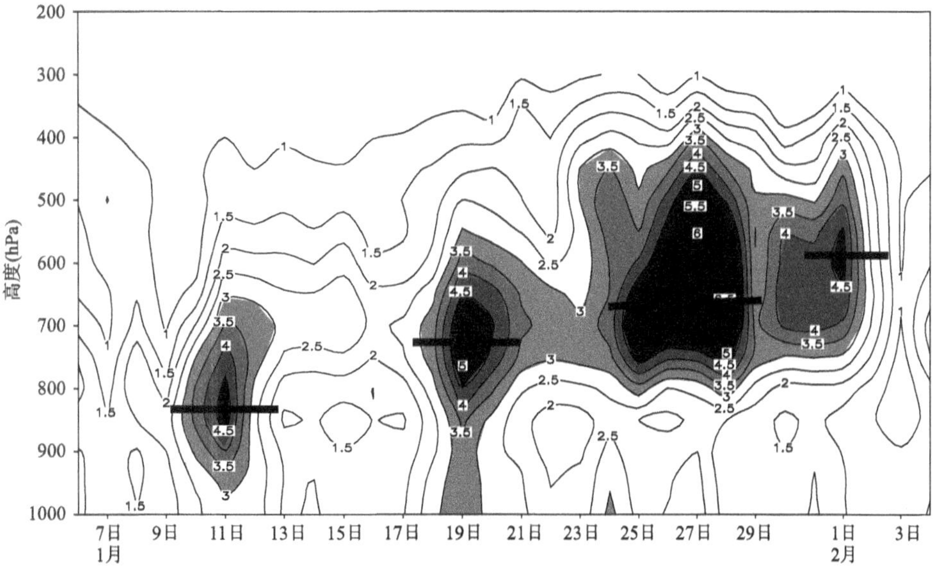

图 9.30 2008 年 1 月 10 日—2 月 5 日区域(25°—35°N,90°—120°E)平均水汽通量时间演变图(单位:g/(cm·hPa·s))(叶成志等 2009)

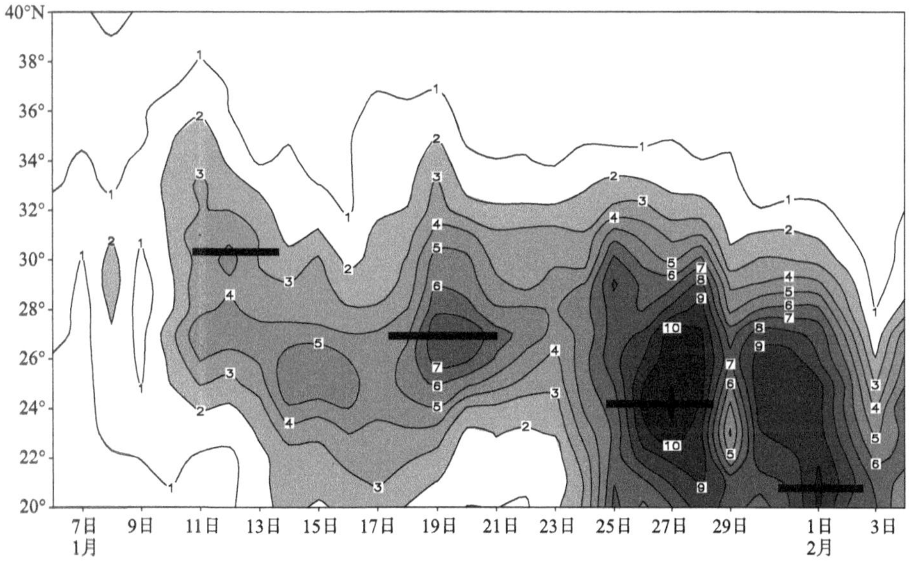

图 9.31 2008 年 1 月 10 日—2 月 5 日 700 hPa 区域平均水汽通量演变图(90°—120°E,单位:g/(cm·hPa·s))(叶成志等 2009)

9.5.5 冻雨成因分析

9.5.5.1 逆温区的垂直分布

通过分析主要冻雨区(105°—116°E、26°—28°N)平均的温度、风、相对湿度高度—时间演变图(图9.32)发现:黔湘赣地区上空的暖层位于600—800 hPa,暖层内为西南风,当700 hPa西南气流加强(≥12 m/s)时,暖平流使得暖层也加强;800 hPa以下的冷层内多为东北或东风。对流层中低层偏南暖湿气流的维持、持续不断从低层到近地面层冷空气的补充是维持长时间逆温的主要原因。

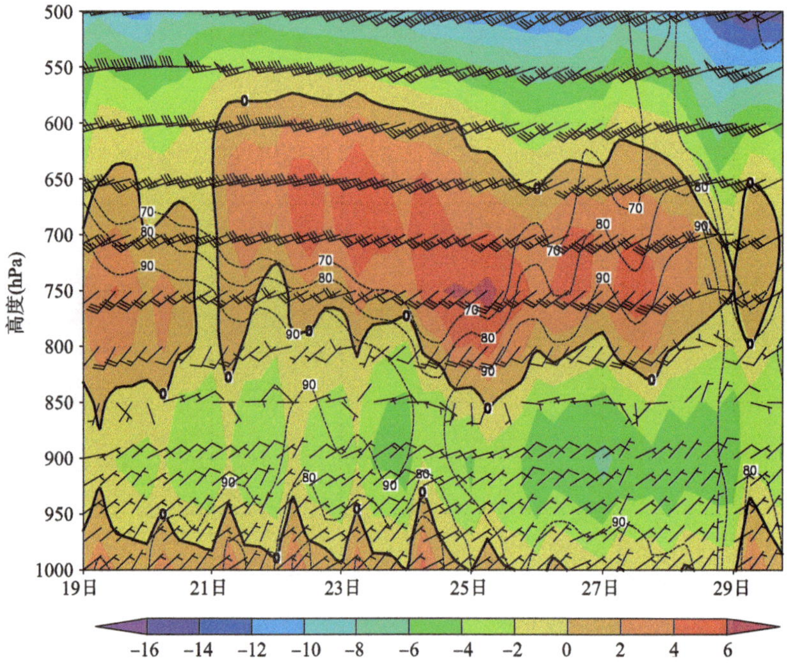

图9.32 2008年1月19—29日黔湘赣(105°—116°E、26°—28°N)温度(阴影区)、风、相对湿度(黑点线)高度—时间演变图(矫梅燕等2008)

沿着110°E/25°N—120°E/30°N做温度的垂直剖面,分析发现:1月12日08时逆温出现在109°—115°E之间,112°E在850 hPa附近有0 ℃的冷中心。12日20时,逆温西界移至105°E附近,冷中心加强至−4 ℃,并向西扩展到110°—113°E。13—16日,逆温西界移至103°E附近,冷中心在15日20时—16日08时发展最强,位于109°—113°E、850 hPa高度,强度达到−8 ℃,在700 hPa附近温度为−2～

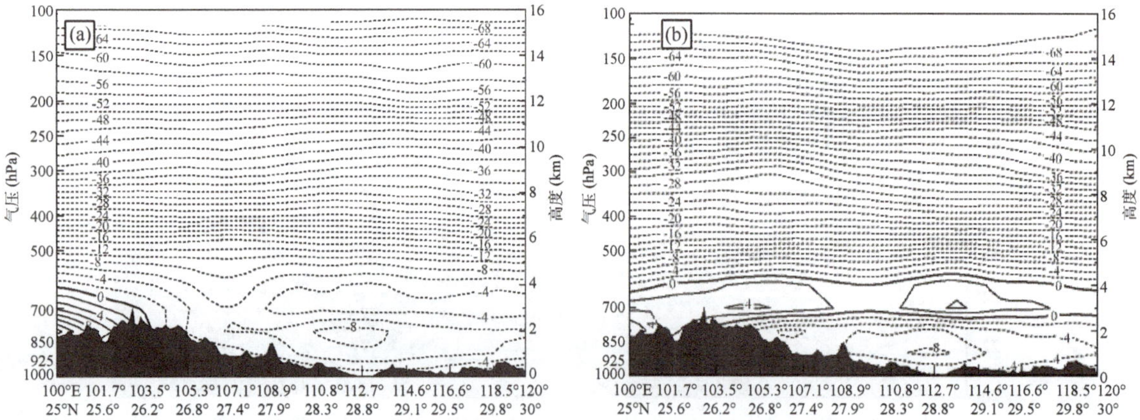

图9.33 沿110°E/25°N—120°E/30°N的温度垂直分布(等值线间隔:2 ℃)

(粗线:0 ℃等温线;虚线:小于0 ℃的等温线;实线:大于0 ℃的等温线)

(a)15日20时,(b)27日20时(矫梅燕等2008)

－4 ℃(图 9.33(a))。17 日 20 时,700 hPa 在 103°—114°E 之间温度大于 0 ℃,低层冷空气有所减弱并东退,18 日冷空气加强,19 日 08 时冷空气势力减弱,20 时再次加强,逆温区出现在 104°—115°E 之间,低空冷中心强度达到－6 ℃,700 hPa 附近温度为－2～－4 ℃,维持到 24 日 08 时。24 日 20 时—28 日 08 时,低空冷中心位置稳定在 110°—113°E,强度为－8 ℃,而在逆温层顶 700 hPa 附近的 3—4 km 之间温度上升到 0～4 ℃。27 日 20 时 112°—114°E 之间冷暖层温度差最大达到 12 ℃(图 9.33(b))。28 日 20 时开始至 2 月初,逆温层顶温度降低到 0 ℃以下,30 日 20 时在 108°—110°E 上空达到最低－6 ℃。而低空－8 ℃的冷中心维持,并在 30 日 08 时冷中心达到最强为－10 ℃。－8 ℃的冷中心在 30 日 08 时—2 月 2 日 08 时期间向西伸展到了 105°E 附近。2 月 4 日后逆温减弱。分析表明,逆温主要出现在 3 km以下的低空,3 km 附近是逆温顶部,1 km 附近是逆温底部。

从 1 月 12 日—2 月 2 日湖南 3 个探空站的 T-ln$p$ 图(图略)上发现,两层逆温长沙和怀化站只出现了 2 个时次,只有郴州 4 个时次,其余时次均为一层逆温,因此以下主要分析一层逆温的情况。在这一时期,湖南冻雨区地面—925 hPa 风向随高度逆时针转动,具有冷平流,以偏北风为主,温度随高度递减;925—700 hPa 之间风向随高度顺时针转动,具有暖平流,偏北风逐渐转为西南风;700 hPa 的西南风大于 20 m/s,从南海及孟加拉湾带来大量暖湿气流,因此气温随高度增加而形成逆温层。可见低层冷平流、中层暖平流是这次过程逆温形成的主要原因。期间地面气温在 0 ℃左右,逆温层的厚度约2 km,大于 0 ℃的融化层高度约为 1.5～2 km 左右,融化层的温度为 0～6 ℃。在有利的大气层结下,这一时

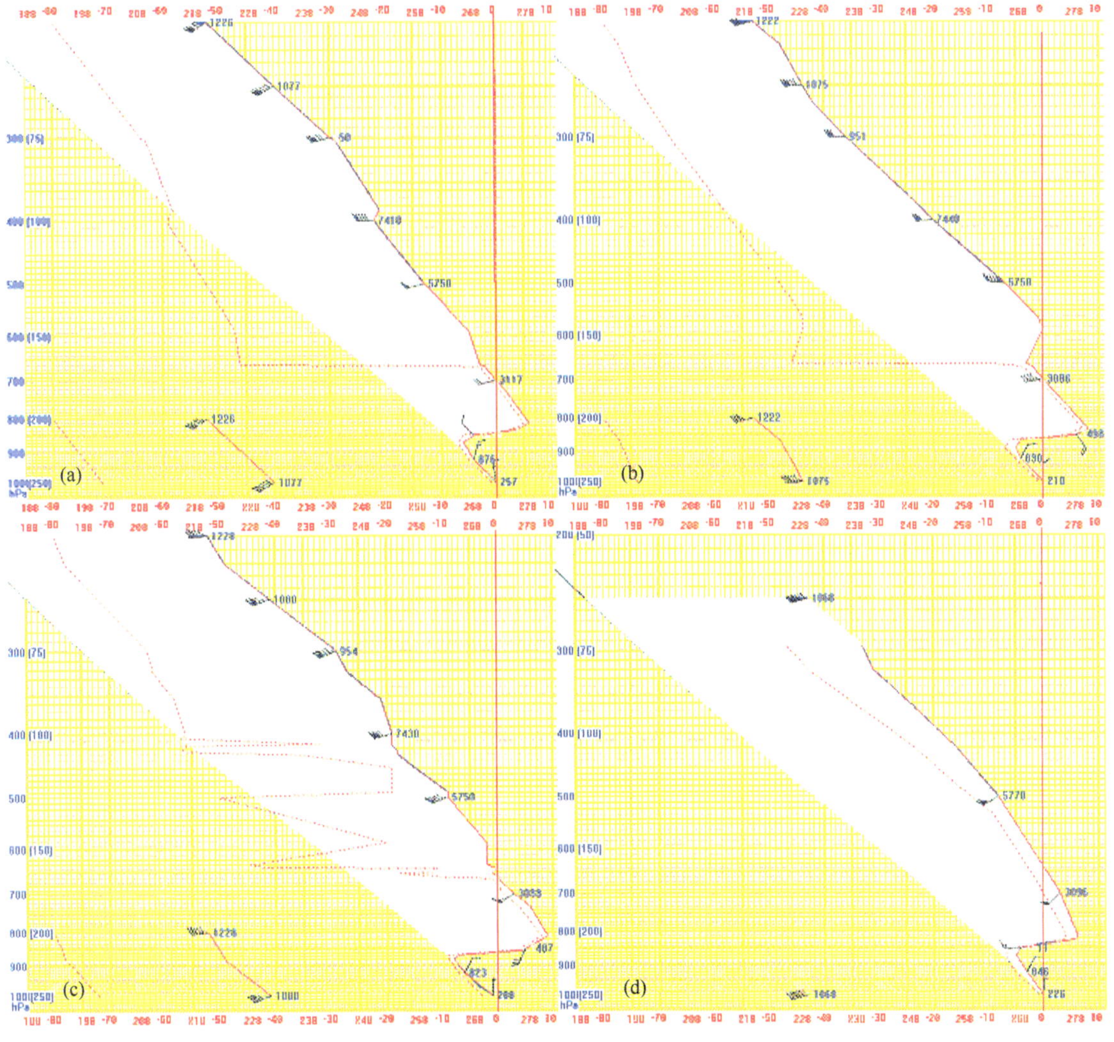

图 9.34 郴州 T-ln$p$ 图(矫梅燕等 2008)

(a)1 月 13 日 20 时,(b)1 月 20 日 20 时,(c)1 月 28 日 08 时,(d)2 月 1 日 08 时

期内湖南境内冰冻一直维持并且发展。在冻雨最严重的湖南郴州逆温最为明显(图 9.34),从低层到 650 hPa 空气饱和,对降水十分有利;850—700 hPa 存在一个明显大于 0 ℃的暖层,即融化层,高层的雪花冰晶下落到该暖层后融化为雨水,而在继续下落过程中由于近地层温度低于 0 ℃,形成过冷水。当过冷却水继续落下碰到地面低于 0 ℃的寒冷物体就会马上冻结而形成冻雨。比较湖南三站与湖北武汉站的 T-ln$p$ 图(图略),武汉站上空的温度层结逆温不明显,并且没有融化层,大气整层的气温<0 ℃,主要以降雪为主,不利于冰冻的形成与发展。

从南昌站 1 月 13 日—2 月 2 日 T-ln$p$ 图(图略)可知:江西省持续低温雨雪冰冻天气期间,南昌站中低层 925—700 hPa 始终维持逆温结构,其中江西省中北部冻雨开始发展时(1 月 24—25 日),逆温强度明显加强,表现为 700 hPa 温度明显升高,使 0 ℃以上暖层强度加强;在冻雨加强维持的时段内(1 月 25—28 日),逆温层底抬高,主要位于 850—700 hPa,0 ℃以上暖层位于 850—620 hPa,暖层厚度为 1.5~4.0 km,暖层内最高温度位于 700 hPa,温度为 3~4 ℃,暖层以下 850 hPa—地面为 0 ℃以下的冷层,冷层厚度为 1.5 km 左右,温度为−6~0 ℃。1 月 29 日,700 hPa 温度降到 0 ℃以下,0 ℃以上暖层消失(表 9.1),不具备冻雨持续的条件,江西省中北部冻雨天气明显减弱并逐渐结束。

表 9.1 南昌站 1 月 24—29 日 700 hPa 到地面温度统计表(矫梅燕等 2008)

	2408*	2420	2508	2520	2608	2620	2708	2720	2808	2820	2908	2920
700 hPa	−3	0	2	1	2	3	3	3	4	−1	−2	0
850 hPa	−5	−4	−1	−2	−4	−6	−6	−5	−6	−5	−6	−7
925 hPa	−4	−4	−5	−4	−4	−5	−5	−5	−4	−4	−4	−6
1000 hPa	−3	−2	−3	−3	−3	−3	−3	−3	−2	−1	−2	−1
地面	−0.5	0.1	−1.2	−1.2	−1.8	−1.3	−1.7	−1.3	−0.8	−0.2	−0.8	0.2

* 前两位数字表示日期,后两位数字表示时次。

1 月 26 日—28 日冻雨天气向南扩展到赣州市北部,其中 1 月 26、27 日,赣州站也出现了冻雨天气,从赣州站温度随时间的变化可见(表 9.2):赣州站冻雨发生前,1 月 24 日 08 时—26 日 08 时逆温层主要位于 925—850 hPa;冻雨发生时 1 月 26 日 08 时—27 日 20 时 700 hPa 温度明显升高,逆温层顶抬高,主要位于 925—700 hPa,0 ℃以上暖层温度为 2~13 ℃,最高温度位于 700 hPa,暖层以下 925—1000 hPa为 0 ℃以下的冷层,温度为−5~0 ℃,地面温度为 0~1 ℃;1 月 28 日 700 hPa 温度有所下降,逆温层顶降低,主要位于 925—850 hPa;1 月 29 日 700 hPa 温度有所升高,逆温层顶又抬高到 700 hPa。虽然 1 月 28 日和 1 月 29 日仍有逆温结构,同时有 0 ℃以上的暖层存在,但 1000 hPa 温度升高到 0 ℃以上,使 0 ℃以下冷层厚度和强度明显减弱,同时地面温度也明显升高,使形成冻雨的冷垫条件减弱,赣州市北部及赣州站的冻雨天气明显减弱并消失。由此可见,虽然赣州站 0 ℃以上暖层较强,但近地面层到地面温度较高,0 ℃以下冷层厚度和强度都较弱,因此冻雨主要位于赣州站以北。

表 9.2 赣州站 1 月 24—29 日 700 hPa 到地面温度统计表(矫梅燕等 2008)

	2408	2420	2508	2520	2608	2620	2708	2720	2808	2820	2908	2920
700 hPa	8	3	4	3	4	5	5	13	4	5	1	5
850 hPa	4	5	7	6	6	4	2	缺	9	6	−1	3
925 hPa	−5	−4	−3	−4	−4	−4	−5	−4	−4	−3	−3	−2
1000 hPa	0	1	−1	0	0	0	−1	0	0	1	1	2
地面	1	2.1	0.5	0.6	0.7	1.0	0.0	0.6	0.5	1.3	1.6	2.6

9.5.5.2 逆温区的水平分布

通过对比分析 2008 年 1 月 10 日—2 月 2 日 700 hPa 和 850 hPa 的平均 0 ℃线(图 9.35)发现:平均逆温区呈带状,西侧宽广、东侧狭小,主要位于贵州中南部、湖南中部、江西中部偏北地区和浙江中部等地,此逆温区与本次过程中冰冻最严重区域一致。

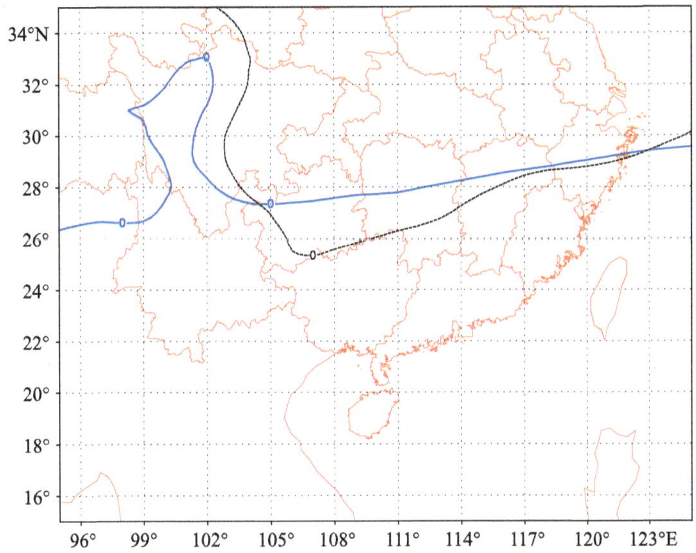

图 9.35　2008 年 1 月 10 日—2 月 2 日期间平均水平逆温区(矫梅燕等 2008)
(蓝点线:850 hPa 的 0 ℃等温线;黑点线:700 hPa 的 0 ℃等温线)

为了分析此次低温冰冻雨雪过程中逆温区水平分布的时间演变,分别对 1 月 10—15 日、18—22 日、25—28 日以及 1 月 31 日—2 月 2 日四次过程进行了分析(图 9.36)。1 月 10—15 日强冷空气自北向南先后影响我国大部地区,10—11 日河南先出现冻雨,13 日贵州、湖南开始出现冻雨,从 700 hPa 和 850 hPa 的平均 0 ℃线的分布可以发现:

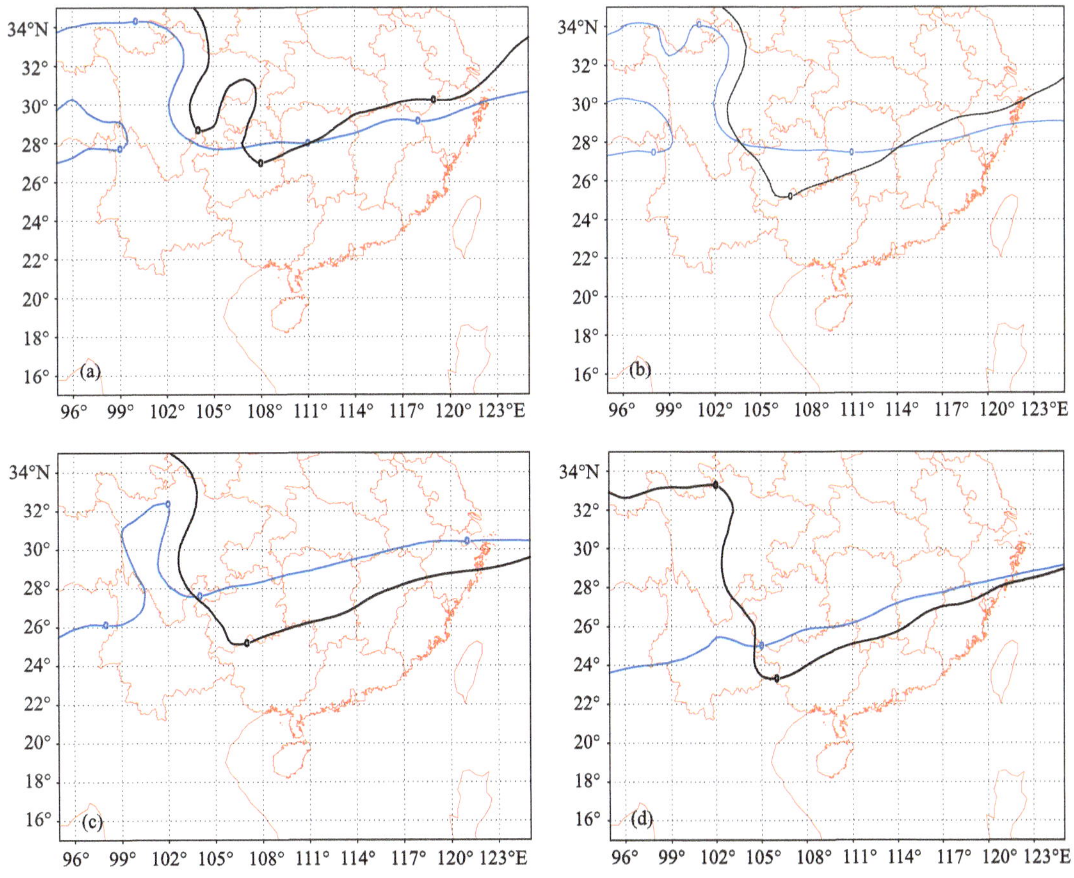

图 9.36　2008 年 1 月 10 日—2 月 2 日期间四次过程水平逆温区(矫梅燕等 2008)
(a)10—15 日,(b)18—22 日,(c)25—28 日,(d)1 月 31 日—2 月 2 日
(蓝点线:850 hPa 的 0 ℃等温线;黑点线:700 hPa 的 0 ℃等温线)

第一次过程中逆温区域很小，只在贵州中部偏东地区和湖南中部偏西地区出现了逆温区；第二次过程逆温区域增大并且略有南压，贵州南部、湖南中部偏南地区也出现了逆温区，但江西、浙江等地逆温仍不明显，冻雨出现的区域与逆温区相一致，此次过程南方大部仍以雨雪天气为主；第三次过程出现在 1 月 25—28 日，锋区明显南压，850 hPa 0 ℃线南压到贵州南部到江南中南部，而随着西南暖湿气流的加强，700 hPa 0 ℃线北抬到 30°N 附近，逆温区域包含了贵州大部、湖南大部、江西中北部、浙江中部等地，冻雨范围和强度也达到了本次低温冰冻雨雪天气过程中的最大和最强；第四次过程中，700 hPa 0 ℃线明显南压，850 hPa 0 ℃线也略有南压，锋面坡度变陡，逆温区域略有南压并明显缩小，广西北部、湖南南部、江西中南部、福建西北部、浙江南部等地都出现了逆温，上述地区也出现了程度不同的冻雨天气，而同时位于 700 hPa 和 850 hPa 0 ℃线以北的江西北部和浙江北部出现了暴雪。综上所述，冻雨最强时段出现在 1 月 22—28 日，虽然 1 月 29 日—2 月 2 日仍然存在逆温，但由于 700 hPa 温度在 0 ℃附近，故冻雨明显减弱，逆温的发展变化趋势与冻雨天气发展和演变情况非常吻合。2 月 3 日之后锋区仍偏南，但逆温区域逐渐减小并至消失，冻雨过程结束。

从上述分析可以发现本次过程低空逆温特征显著，逆温区域分布广泛，并有两类逆温形势：其一，850 hPa 温度低于 0 ℃，同时 700 hPa 温度高于 0 ℃；其二，850 hPa 与 700 hPa 温度均低于 0 ℃。1 月

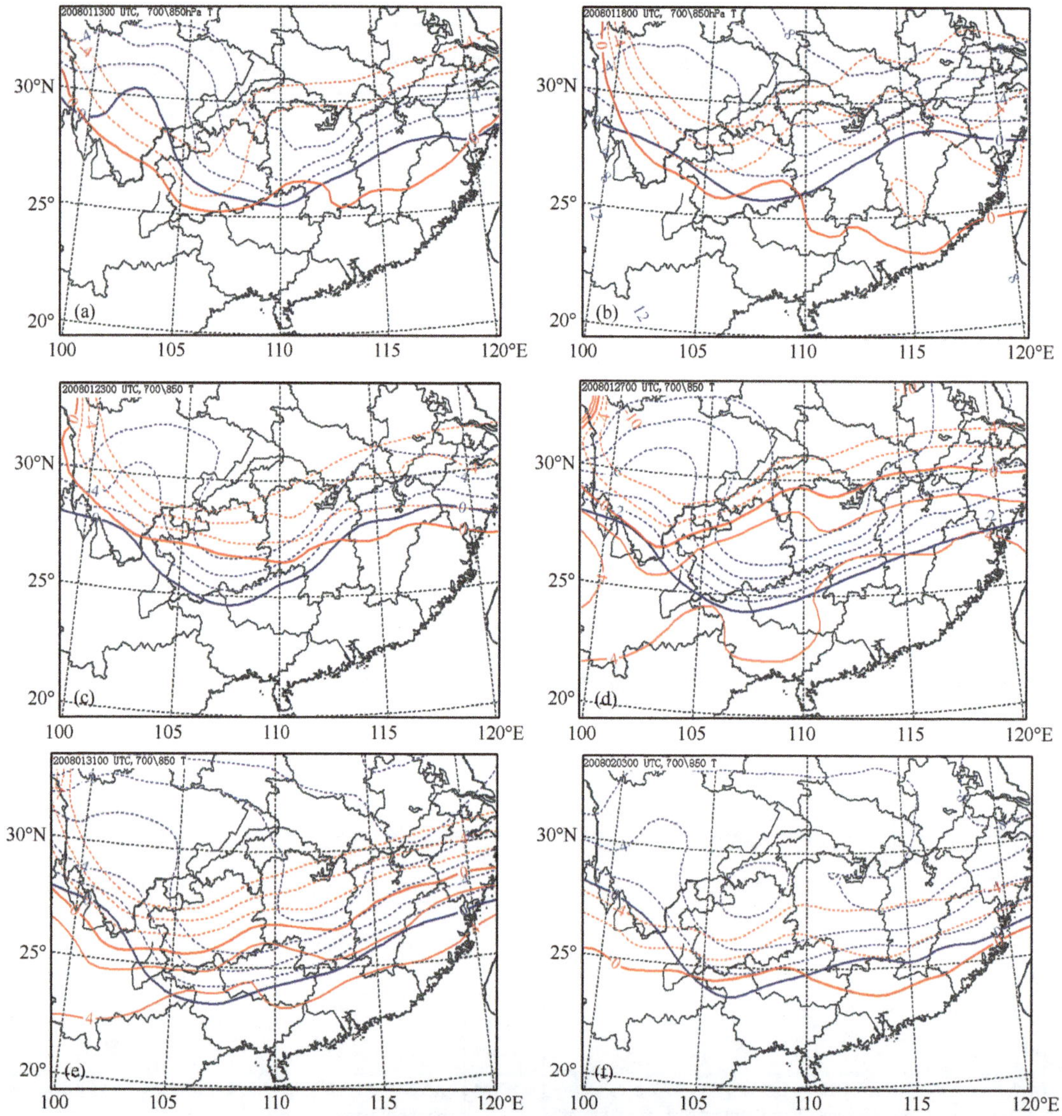

图 9.37　2008 年 1 月 10 日—2 月 5 日期间 08 时逆温水平分布(矫梅燕等 2008)

(a)1 月 13 日，(b)1 月 18 日，(c)1 月 23 日，(d)1 月 27 日，(e)1 月 31 日，(f)2 月 3 日

(蓝色粗实线：850 hPa 的 0 ℃等温线；蓝色虚线：850 hPa 小于 0 ℃的等温线；红色粗实线：700 hPa 的 0 ℃等温线；红色虚线：700 hPa 小于 0 ℃的等温线；红色细实线：700 hPa 大于 0 ℃的等温线。等值线间隔：2 ℃)

12 日随着 850 hPa 锋区进入到 25°N 以南地区，13—16 日锋区集中在 24°—30°N，上述两类逆温形势均存在，并以第二类逆温形势出现较多。第一类逆温形势主要出现在 25°N 附近。在此期间，25°—30°N 的区域内 850 hPa 温度在－8～0 ℃之间，700 hPa 的温度在－4～0 ℃之间(见图 9.37(a))，属于第二类逆温形势。18—21 日(图 9.37(b))，850 hPa 锋区集中在 26°N 以北，第二类逆温形势占据了贵州和湖南两省大部分地区。22—25 日(图 9.37(c))，850 hPa 温度锋区集中在 24°—30°N 之间，700 hPa 0 ℃线由 26°N 北抬至 29°N 附近。第一类逆温形势影响范围逐步扩大，并占主导地位，影响范围从贵州南部、广西北部逐步扩大到贵州、湖南、江西中部等地。1 月 26 日—2 月 1 日(图 9.37(d)、(e))，850 hPa 0 ℃线南端越过 25°N 到达 1 月 23°N 附近，第一类逆温形势在 26—28 日控制了 30°N 以南的贵州、湖南、江西中北部、浙江中北部地区，29 日—2 月 1 日第一类逆温形势逐步南移，控制贵州南部、湖南南部、广西中北部、江西中部、浙江南部。2 月 2—5 日(图 9.37(f))第一类逆温形势明显减少，主要出现在 25°N 附近的贵州南部和广西北部之间。

在冷暖空气交汇的南方地区，暖湿空气在上层，冷空气在低层，在对流层中低层形成了稳定逆温层，这十分有利于冻雨的发生。不过逆温层的存在仅仅是形成冻雨的一个条件，仅存在逆温层还不足以形成冻雨。要实现过冷却水与低于 0 ℃的物体碰撞而冻结成雨凇，地面气温长时间低于 0 ℃和中低层气温高于 0 ℃是两个关键因素。图 9.38 给出的是 700 hPa 温度和地面温度，图中可见逆温层区域(图中阴影区)实际上比冻雨的范围明显偏大，广东、广西南部和福建地区并没有冻雨发生。在逆温区里，满足700 hPa层温度大于 0 ℃和地面温度小于 0 ℃两个条件的，包括湖南、贵州、江西和两广北部山区的区域是冻雨的主要受灾区。

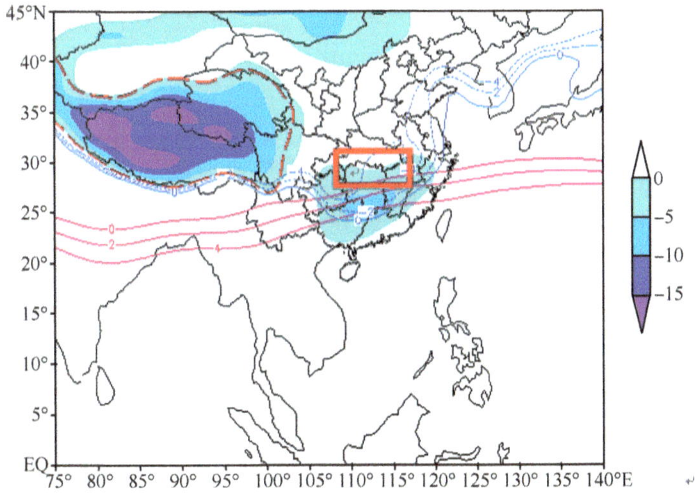

图 9.38　2008 年 1 月 25 日—2 月 2 日平均温度场(单位:℃)(矫梅燕等 2008)
(阴影区:地面气温低于 700 hPa 气温区域;实线:700 hPa 等温线;虚线:近地面等温线)

9.5.5.3　逆温区的时间演变

为了分析逆温区的时间演变，重点分析了 2008 年 1 月 10 日—2 月 4 日冻雨严重区域的 850 hPa 和 700 hPa 平均温度随时间变化(图 9.39)。在 1 月 10—15 日期间的第一次过程中，整个区域在 1 月 10—13 日期间的逆温并不明显，850 和 700 hPa 平均温度都在 0 ℃以上；随着冷空气的南下，1 月 14—15 日，整个区域的平均温度都降到了 0 ℃以下，第二类逆温有所发展，但强度较弱，冻雨主要集中在贵州、湖南等地。22 日，700 hPa 附近的暖层、850 hPa 附近的冷层同时发展，第一类逆温强度明显加强，整个过程持续到 28 日，在这段时间内，700 hPa 平均温度保持在 3 ℃左右，850 hPa 平均温度在－2 ℃左右，在此时间段内冻雨强度最强范围最广。1 月 29 日—2 月 2 日，虽然逆温区域依然存在，但 700 hPa 平均温度降低到了 0 ℃左右，冻雨发生的融化层不复存在，此段时间以降雪天气为主。2 月 3 日之后逆温层不复存在。

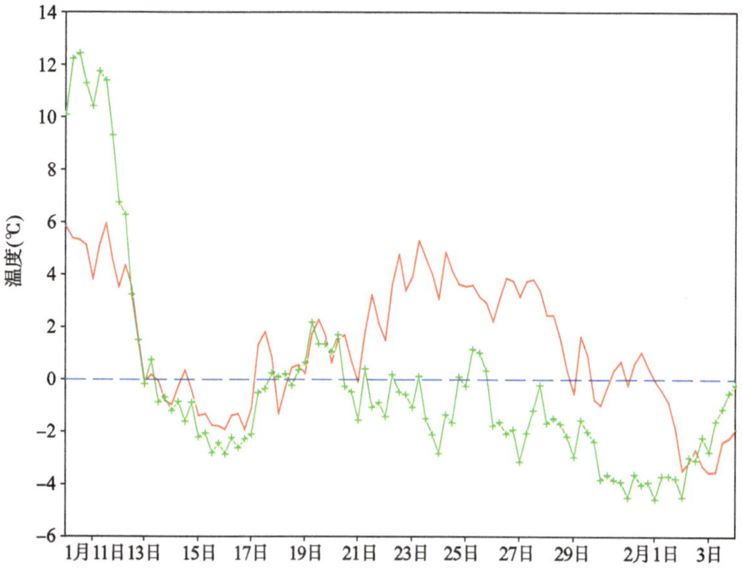

图 9.39 2008 年 1 月 10 日—2 月 4 日(104°—118°E、25°—29°N)平均逆温演变(矫梅燕等 2008)

(红色:700 hPa 温度线;绿色:850 hPa 温度线)

图 9.40 给出了 2008 年 1 月 1 日—2 月 15 日格点(25°N,112.5°E)上温度的高度—时间演变图,该格点位于广东和湖南交界处,1 月 25 日开始出现冻雨,附近的京珠高速粤北段和京广线因冻雨造成了严重阻塞。从 1 月 25 日开始由于暖湿气流持续输送和冷空气的频繁南下,其上空自上而下形成了冷—暖—冷的垂直逆温结构(高层温度<0 ℃,650—850 hPa 中低层暖层温度>0 ℃,近地层温度<0 ℃),粤北山区也从此时开始出现冻雨。2 月 2 日起,由于北方冷空气南侵,中层暖湿气流减弱,其上空的逆温层消失。此后虽然随着冷空气继续补充,粤北山区的低温天气持续,但是冻雨天气趋于结束。

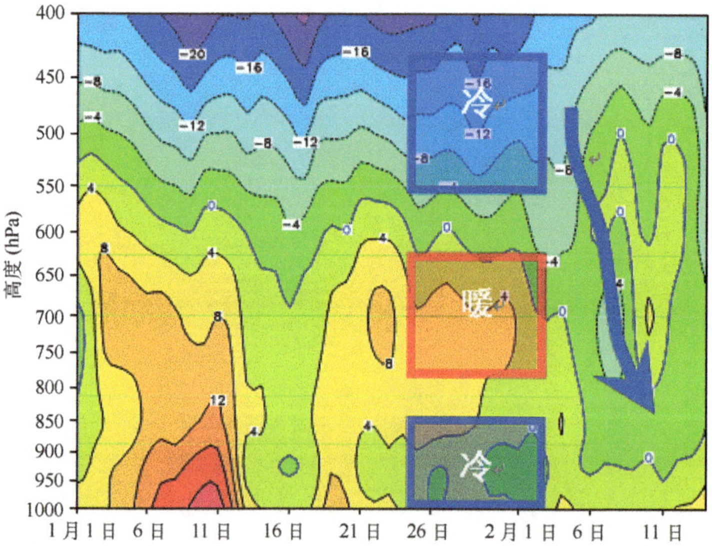

图 9.40 2008 年 1 月 25 日—2 月 15 日格点(25°N,112.5°E)温度的时间—高度剖面图(单位:℃)(矫梅燕等 2008)

9.5.5.4 中低纬锋区特点

分析中低纬锋区可发现,冷空气主要从对流层低层侵入长江以南地区,西南暖湿空气沿冷空气上方北上,在 700 hPa 以下生成了一个较强而稳定少动的能量锋区(图 9.41)(矫梅燕等 2008)。该锋区在 1 月 11 日在地面形成较强的准静止锋,一直维持到 2 月 3 日开始减弱,锋区随高空切变南北摆动。此锋区的特点是坡度较小(约为 1/500),等能量线较密,强度较大,它是造成南方这次冻雨天气的主要天气系统。

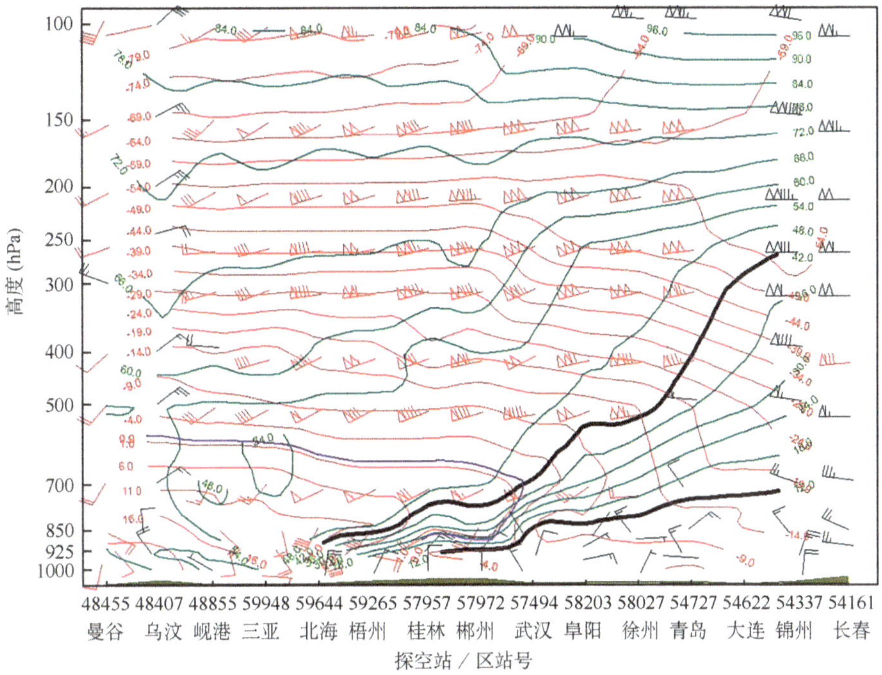

图 9.41　2008 年 1 月 28 时 08 时能量垂直剖面图(矫梅燕等 2008)

(单位:℃;红线为等温度线;蓝线为等位温线)

分析 105°—120°E 锋区强度($T_{20°N}-T_{30°N}$温度)时间—高度剖面图(图 9.42)可以发现:1 月 10 日随着一股强冷空气的南侵,中低纬锋区明显加强,13 日 $T_{20°N}-T_{30°N}$温度差达到了 22 ℃,随着该股冷空气影响的结束,16—19 日锋区明显减弱。20 日随着新一轮强冷空气的入侵,中低纬锋区又逐渐加强,由于冷空气不断补充南下,21—31 日,锋区一直维持在中低纬地区,并在 28 日前后达到最强。从锋区的垂直分布来看:锋区主要位于 750 hPa 以下,最强锋区高度位于 800—900 hPa 之间,900 hPa 以下锋区较弱,而 700 hPa 没有发现明显锋区,这种锋区垂直分布特点造成了中低纬的上(700 hPa)暖下(850 hPa)

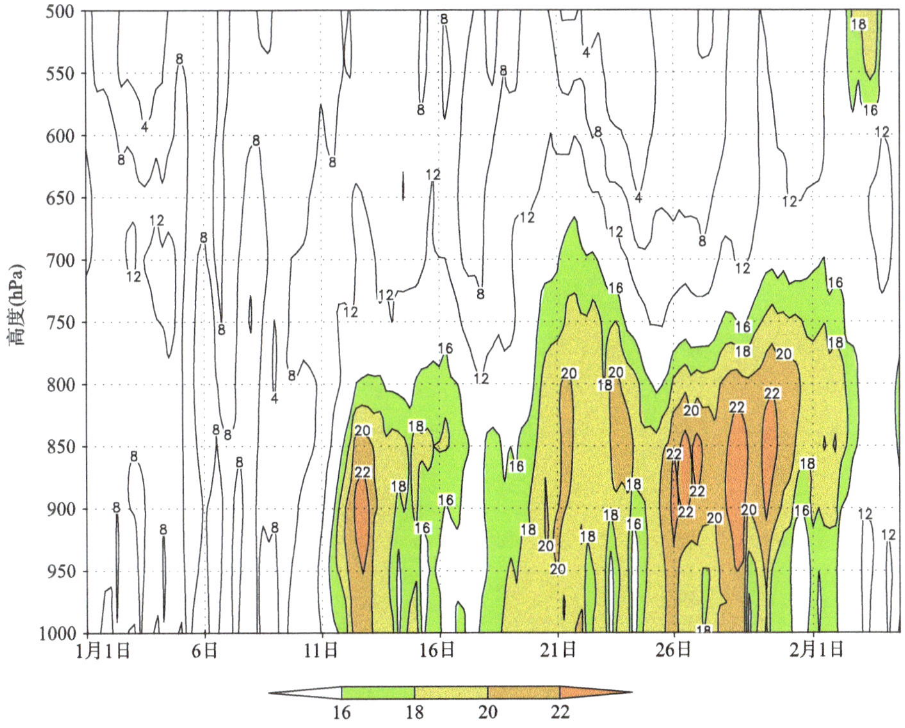

图 9.42　1 月 1 日—2 月 3 日 105°—120°E 锋区强度时间—高度剖面(单位:℃)(矫梅燕等 2008)

冷的逆温形势，其中，25—28 日 700 hPa $T_{20°N}-T_{30°N}$ 温度差在 8～12 ℃之间，850 hPa $T_{20°N}-T_{30°N}$ 在 20～22 ℃之间，锋面坡度较小，此段时间逆温以及冻雨天气发展到本次过程中的最强。

从 1 月 1 日—2 月 3 日 850 hPa 沿 115°E 经向风速 v 的径向—时间剖面图(图 9.43)上可以发现：1 月 10—15 日、18—22 日、25—28 日以及 1 月 31 日—2 月 2 日这四次过程中都出现了北风明显加强的趋势，并且北风与南风之间的切变线逐渐向南推进的特征非常清楚，与冻雨区向南发展趋势非常吻合。第一次过程中的北风最强，但基本上位于 32°N 以北，此段时间湘、赣、黔等地冻雨不强；25—28 日冷空气向南推进到 25°N，湘、赣、黔等地为偏北气流控制，冻雨区明显南压；在最后一次过程中，冷空气推进到 24°N，冻雨区继续南压。

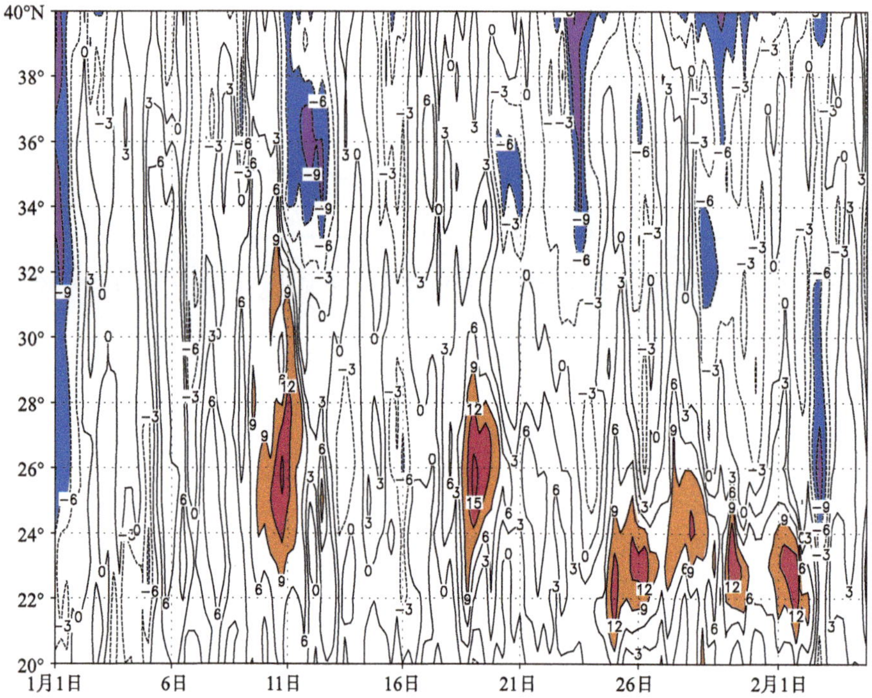

图 9.43　2008 年 1 月 10 日—2 月 3 日 850 hPa 沿 115°E 经向风速 v(m/s)的径向—时间剖面(矫梅燕等 2008)
(虚线：北风；实线：南风)

9.5.5.5　地形作用对冻雨的影响

此次南方地区的持续低温雨雪冰冻灾害与我国南方的地形分布有重要的关系，地形的主要作用体现在形成冻雨的逆温条件。

在阻塞环流形势下，中高纬冷空气从东路南下不断影响我国。当冷空气越过长江进一步南下时，在西南、偏南和东南方向分别受到云贵高原、南岭和武夷山的阻挡作用，冷空气在山脉北侧堆积，锋区也在此长时间维持，使得对流层低层(850 hPa 附近)温度持续偏低；而在 700 hPa 上，强盛的西南暖湿气流翻山越岭到达贵州、湖南、江西和两广北部等地区的上空，极易形成上暖下冷的逆温形势，非常有利于形成冻雨。因此，上述地区冻雨天气十分严重，而山脉南侧的福建和云南却灾情不重。在上述山脉中，南岭山脉高度是最低的，频繁的冷空气也得以能继续南下，2008 年广东多个地区也创了几十年的低温纪录。不过受南岭阻挡后冷空气已经有所减弱，锋区主要在南岭附近维持，这也是为何广东省只在粤北山区出现冻雨的原因。

分析湖南省海拔高度与电线积冰的关系(图 9.44)发现：一般情况下，冰冻随地形随高度增加而增加，在山体北侧山前，由于低层冷空气堆积，造成气温持续偏低；而在山体南侧，由于下沉增温作用，造成南侧气温高于北侧，也就是说山的北侧比南侧更有利于冰冻的发展。

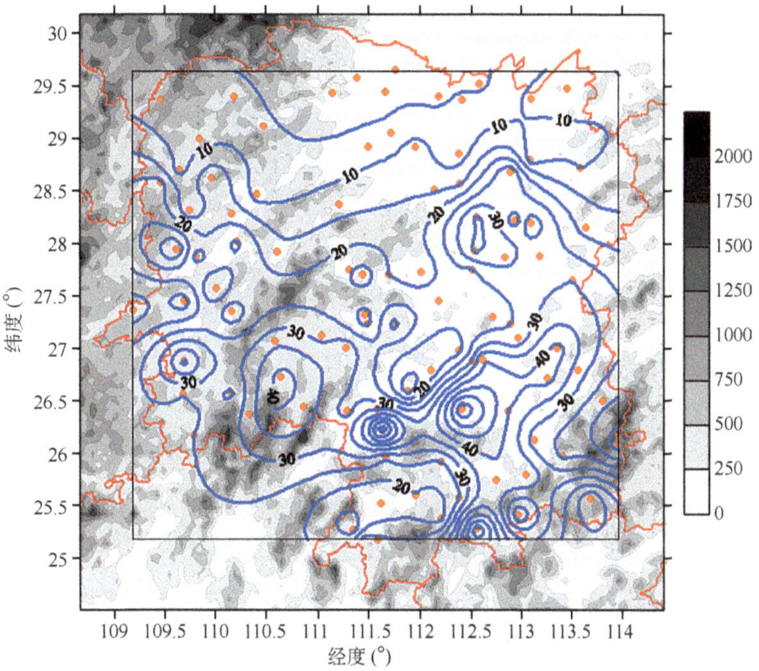

图 9.44 2008 年 1 月 12 日—2 月 5 日过程电线积冰最大直径(mm)与地形叠加(矫梅燕等 2008)
(实线:电线积冰最大直径;阴影:地形高度)

从此次过程湖南冰冻分布特点来看,强冰冻区主要分布在南岭山脉以北的湘东南地区,而位于沅水西北面的湘西北及湘江东侧地区相对较弱。同时,海拔较高处特别是其北坡山腰及风口以及山顶和山体北侧的迎风坡面冰冻强度大,例如南岳高山站海拔为 1298 m,其冰冻最大直径达到 659 mm,一根1 m 长电线覆冰重量高达 68824 g。而在东西走向的背风山谷及气流下沉区积冰减弱,如东安县北、西、南三面环山,过程期间一直吹 2 m/s 偏东风,冰冻最大直径远小于同一海拔高度、相距不足 50 km 的永州(图 9.21、9.22)。此外,小地形的作用使得强冰区内的峡谷、风口、朝向河流、湖泊、水库等水体的坡地等地段电线积冰更加严重。

9.5.5.6 多种气象要素对冰冻强度的影响

冰冻形成与增长是多种气象因子综合影响的结果。选取此次湖南冰冻过程中,过程最大冰冻直径≥40 mm 的 13 个站次作为分析样本(其中湘东南 10 个、湘西南 3 个,南岳高山站除外),将日最大冰冻直径、日降水量、日平均温度、日最低温度以及地面平均风速分别取算术平均后,以分析各气象要素对冰冻强度的影响(图 9.45)。日最低温度和日平均温度变化趋势较一致,日平均气温较日最低气温与冰冻强度具有更明显的负相关关系,即当有降水发生的前提之下,日平均气温低于 0 ℃则冰冻发生,持续下降则冰冻发展,高于 0 ℃则冰冻迅速减弱或消失,最强冰冻发生时间与最低日平均气温的出现几乎同步。原因是如遇天气好转,天空放晴,日最低气温仍可维持较低的状态,但由于没有降水,且白天日出后气温回升明显,将有助于融冰,不利于冰冻持续。如 2 月 3—6 日日最低气温仍在 0 ℃以下,但因为天气状况转好,日平均气温回升,冰冻呈迅速减弱的趋势。

分析日降水量变化可知,它与冰冻强度有一定的正相关,但不具有线性关系。统计结果表明,当出现日雨量大于 0.1 mm 的大范围持续性毛毛雨、雨夹雪或霰时,有利于冰冻的发生;当降水达一定强度时,如果日平均温度在 0 ℃以下,有利于冰冻的加强发展;但降水量过大,由于冲刷作用,使得雨滴降落地面来不及凝固,反而不利于冰冻的发展。如 2 月 2 日降水量达到最大,但冰冻强度并未随之跃增。降水量与冰冻强度的关系受气温影响很大,如 1 月 17—20 日虽有一定强度的降水,但由于日平均气温回升至 0 ℃附近,冰冻强度未增反而减弱。2 月 3 日之后虽仍有降水,但由于日平均气温快速回升至 0 ℃以上,冰冻强度迅速减弱。

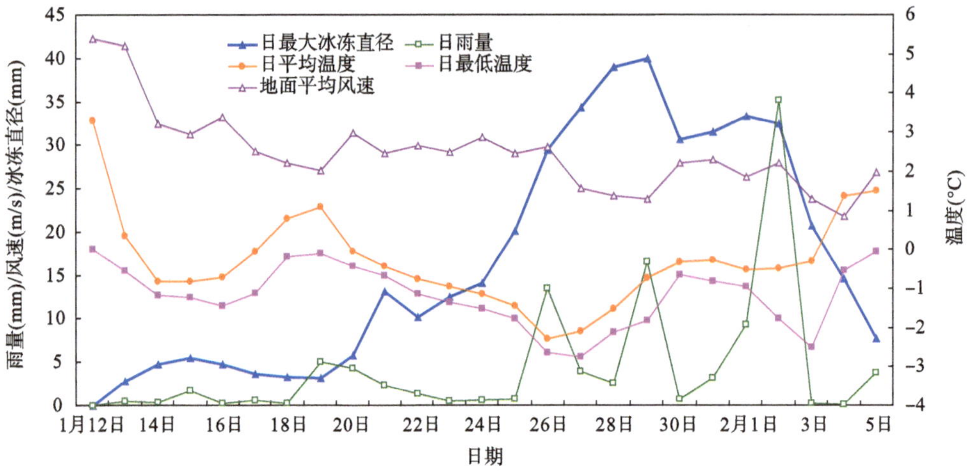

图 9.45　日雨量(mm)、日平均温度(℃)、日最低温度(℃)及地面平均风速(m/s)与日最大冰冻直径(mm)的相关图(叶成志等 2009)

整个过程中地面平均风速一般为 1～2 m/s,处于小幅度波动状态。分析它与冰冻强度的关系可知,它们大致呈负相关关系,即随着地面风速逐步减小,冰冻强度呈增强趋势。在 1 月 28 日前后地面平均风速达到最小值,仅为 1 m/s 左右,而这个阶段冰冻强度最强、范围最广。究其原因,可能由于微风不至于造成近地面乱流、湍流的发生、发展,不利于热量交换,也使得降落到地面或物体上的冻雨有较充分的时间附着凝固。但风向对冰冻也有很大影响,如风向与电线走向越接近垂直,电线接触过冷却水滴的有效面积越大,对冰重增长越有利,如山谷的风口处常常是重冰地段。

图 9.46a 和图 9.46b 是分别位于湘中的长沙马坡岭和湘东南郴州的探空站 1 月 12 日—2 月 5 日逐日 20 时高空风及温度要素与对应地面站观测的日最大冰冻直径的相关图。首先分析 700 hPa 风速的变化,在此期间,两个探空站 700 hPa 均为强劲的西南气流,其中长沙马坡岭站从 1 月 12—28 日 700 hPa西风风速整体上呈逐步增强的态势,伴随着相应时段上冰冻强度的发展。仅有 1 月 15—17 日呈较明显下降趋势,从 17 m/s 降至 11 m/s,对应时段的冰冻强度也同步减弱明显,于 18 日降至 0 mm。而 1 月 28 日西南急流发展到最强盛,为 34 m/s,伴随着冰冻发展,达到了整个过程最大冰冻直径 34 mm。之后随着西南风的逐步减弱,冰冻强度也呈减弱之势。直至 2 月 2 日 20 时转为西北气流,切变线南压,逆温层消失,冰冻强度便迅速减弱直到消失。由此可见,当冰冻形成条件具备后,700 hPa 西南风速的大小与冰冻强度变化关系密切,冰冻强度的增强与 700 hPa 西南风速的增大基本同步或略滞后于西南风的增强。原因在于,700 hPa 西南急流导致中层暖平流的存在,一方面增强了融化层厚度,另一方面和低层的冷平流之间形成了较强的温度平流差,导致中低层位势高度下降,有利于低值系统的发展和上升运动的加强。而郴州站的 700 hPa 风向、风速与上述情况类似,所不同的是郴州与长沙马坡岭站在整个过程中 850 hPa 风向差异较大。长沙马坡岭站大部分时段 850 hPa 风向以偏东北为主,自 850 hPa 往下形成了深厚的冷垫,往上则逆温更明显,因此从 1 月 19—29 日出现了连续十多天的冰冻发展期。而郴州大部分时段为偏南风,所以在 29 日之前未能形成稳定的逆温层,冰冻强度整体也较弱;且其中两个阶段(1 月 18—19 日、27—28 日)伴随 700 hPa 西南急流的增强,850 hPa 西南急流也同步跃增,致使逆温层减弱或消失,冷的下垫面也变得浅薄,当地面平均气温也升到 0 ℃以上时,不利于冰冻的形成(19 日冰冻直径为 0 mm)。而从 1 月 29 日—2 月 3 日,郴州 850 hPa 转为偏东北风,逆温加强,冷垫增厚,虽然 700 hPa 西南气流有所减弱,但冰冻强度却显著增强。由上述进一步分析可知,700 hPa 西南风风速虽对冰冻发展有较好的指示意义,但必须与 850 hPa 风向、风速综合分析,才能判断对冰冻强度的影响程度。若 700 hPa 维持强盛的西南急流、850 hPa 持续偏东北风时,最有助于逆温加强、冷垫增厚,从而有利于形成大范围强冰冻天气。

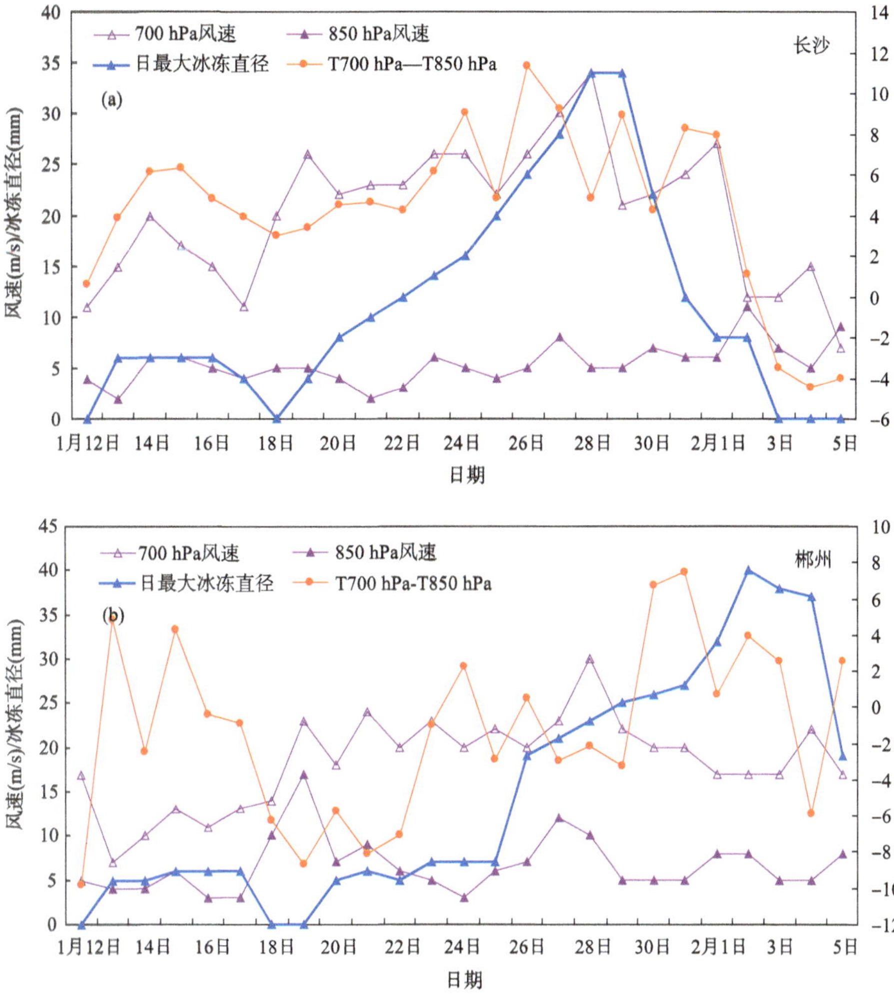

图 9.46 700 hPa、850 hPa 风速(m/s)及 700 hPa 与 850 hPa 温度差(℃)与日最大冰冻直径(mm)相关图

(a)长沙马坡岭站;(b)郴州站(叶成志等 2009)

9.6 冰冻天气分析、预报思路和着眼点

雨凇(冰冻)天气的预报问题,除去需具备水汽条件外,最终归结为 700 hPa 附近高度上的融化层和 850 hPa及其以下过冷却雨层的预报。我国北方冬季低层的温度条件容易满足,关键是预报 700 hPa 附近高度的空气增暖条件;而我国南方 1、2 月份当孟加拉湾低槽稳定时经常受西南气流控制,融化层的条件容易满足,因而关键是预报 850 hPa 及以下的降温条件。

9.6.1 北方暖空气的预报指标

北方暖空气的预报指标主要包括:

1)孟加拉湾附近有长波槽,我国南方上空西南气流活跃,雨凇产生前 48 小时到 24 小时,在35°—40°N 有一支锋区,新西伯利亚到巴尔喀什湖一带是个低槽区(有时为横槽),新疆处于低槽的前部,不断分裂出小槽东移。

2)雨凇产生前 48 小时、24 小时和当时 700 hPa 图上都有两个槽,即东槽和西槽缺一不可。

3)雨凇产生前 48 小时,700 hPa 面上的正变温中心位于新疆,前 24 小时位于青海、河西一带,当天则在河套到黄河下游一带。在河北及黄河下游产生雨凇的前 24～48 小时,一般新疆、青海 700 hPa 的气温出现≥0 ℃,并配合有 296 dagpm 的低压或低槽东移,这种雨凇往往会造成先北方后南方的全国雨凇。如果新疆、青海 700 hPa 气温在 0 ℃以下,雨凇一般仅产生在渭水流域和河南地区。

9.6.2 南方冷空气的预报指标

这里的南方冷空气指低层气温下降到 0 ℃以下，其预报指标为：

1)北方有较明显的冷空气南下，同时从纬向环流转为经向环流或者经向度加大，大部分因为乌拉尔山长波脊的东移，脊前西北气流引导冷空气南下。

2)850 hPa 冷高压的南伸。南方雨凇开始前 48 小时，850 hPa 上冷高压从蒙古伸向河套，冷高压中心强度为 152～156 dagpm，随着经向度加大，冷高压继续南下。

3)850 hPa 温度场、风场与低层降温。举例来说，在南昌地面偏北风速＞7 m/s 的前提下，如果在 850 hPa 上 0 ℃线位于黄淮地区时，而当贝加尔湖到我国华北地区有成片的偏北风，且北京到汉口之间有 4 条等温线通过，则 48 小时后地面 0 ℃线可到达江南。在同一前提下，如 850 hPa 图上 0 ℃线位于长江，而贝加尔湖到长江以北地区又有成片的偏北风，并且北京到汉口之间有 3 条等温线通过时，则 24 小时到 48 小时内地面 0 ℃线可到达江南。

9.6.3 雨凇结束的预报

雨凇结束意味着逆温层已遭破坏，改变了中空暖、下层冷的条件。多数情况下，因自西部有较深厚的低槽东移，因而槽后各层温度下降。极少数的情况是由于地面高压入海，从低层起回暖，改变中暖下冷条件，使雨凇结束。

9.7 中央气象台冰冻预警标准

根据《国家气象灾害应急预案》的要求，中央气象台制定冰冻预警标准。

9.7.1 橙色预警

过去 48 小时 3 个及以上省(区、市)大部地区已持续出现冰冻天气，预计未来 24 小时上述地区仍将出现冰冻天气。

9.7.2 黄色预警

预计未来 48 小时 3 个及以上省(区、市)大部地区将持续出现冰冻天气。或者过去 24 小时内已出现并可能持续。

参考文献

陈受钧，陶祖钰. 2007. 谢义炳对大气环流系统研究的贡献. 气象学报，**65**(5)：665-672

程庚福，曾申江，张伯熙，等. 1987. 湖南天气及其预报. 北京：气象出版社

顾钧禧，章基嘉，巢纪平，等. 1994. 大气科学词典. 北京：气象出版社

黄小玉，黎祖贤，李超，等. 2008. 2008 年湖南极端冰冻特大灾害天气成因分析. 气象，**34**(11)：47-53

矫梅燕，曲晓波. 2008. 2008 年初中国南方持续性低温雨雪冰冻灾害天气分析. 北京：气象出版社

陶祖钰，郑永光，张小玲. 2008. 2008 年初冰雪灾害和华南准静止锋. 气象学报，**66**(5)：850-854

王东海，柳崇健，刘英，等. 2008. 2008 年 1 月中国南方低温雨雪冰冻天气特征及其天气动力学成因的初步分析. 气象学报，**66**(3)：405-422

杨贵名，孔期，毛冬艳，等. 2008. 2008 年初"低温雨雪冰冻"灾害天气的持续性原因分析. 气象学报，**66**(5)：836-849

叶成志，吴贤云，黄小玉. 2009. 湖南省一次历史罕见的低温雨雪冰冻灾害天气分析. 气象学报，**67**(3)：489-500

赵珊珊，高歌，张强，等. 2009. 中国冰冻天气的气候特征. 气象(待发表)

朱乾根，林锦瑞，寿绍文，等. 2008. 天气学原理. 北京：气象出版社

第 10 章
雾预报

雾主要出现在我国东部地区，对生产生活的影响主要体现在交通受阻、空气质量下降方面，其持续时间从几分钟到几天，最长可达一周以上。由于雾的多变性和局地性特点，雾的预报一直是天气预报的难点之一。然而，随着经济、社会的发展，雾的影响越来越大，对其预报的需求越来越高，因此雾的监测和预报是气象部门必须面对并努力解决的问题。本章介绍了雾的监测手段、雾的分布特征及国内外对雾的预报方法等。

10.1　气候特点

10.1.1　定义和等级划分

雾(fog)是指悬浮在近地层大气中的大量微细乳白色水滴或冰晶的可见集合体，根据雾等级国家标准(GB—20068687-T-416)，依据能见度分为五个等级。

表 10.1　雾的等级

等级	能见度(m)
轻雾	1000<V≤10000
大雾	500<V≤1000
浓雾	200<V≤500
强浓雾	50<V≤200
特强浓雾	V≤50

10.1.2　时空分布特征

中国年雾日数分布大致是东部多、西部少(图 10.1)。黄淮、江淮、江南及河北、四川、重庆、云南、贵州、福建、广东等省(市)年雾日数一般有 20 天以上，局部地区可达 50～70 天；东北地区东南部和大兴安岭北部雾日数也比较多，有 20～30 天；西北地区因气候干燥，很少出现雾，但部分地区雾日数较多，如陕西和新疆天山山区年雾日数一般有 10～30 天。

年雾日数极大值分布形势与年雾日数分布基本一致，东部多、西部少(图 10.2)。东部大部地区在 50 天以上，部分地区超过 90 天，如福建西北部、浙江西北部、四川东部、重庆、贵州西北部、云南南部等地在 100 天以上。另外，山系及新疆天山山区是西北地区多雾区，年雾日数极大值在 30 天以上。

从中国主要城市年雾日数月分布(图 10.3)可以看到，除中国东北地区夏季雾日数较多外，我国其他大部地区一般秋冬季雾日较多。

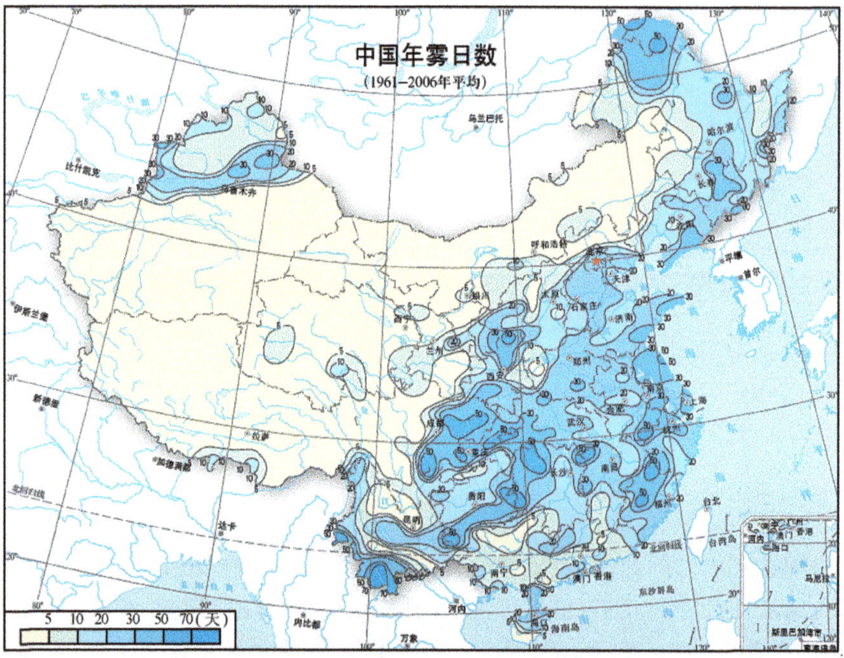

图 10.1 1961—2006 年平均中国年雾日数分布(中国灾害性天气气候图集 2007)

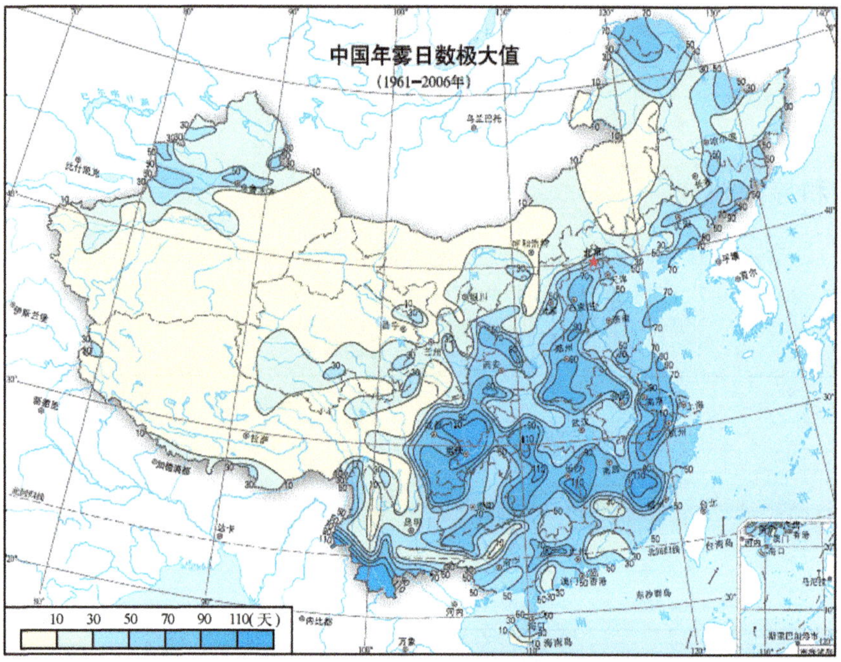

图 10.2 1961—2006 年中国年雾日数极大值分布(中国灾害性天气气候图集 2007)

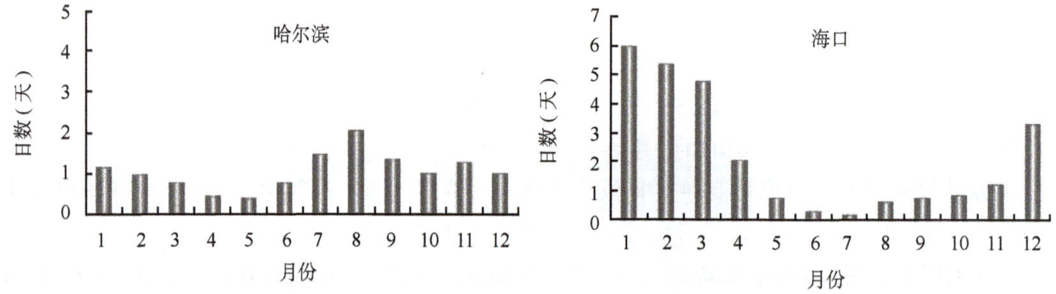

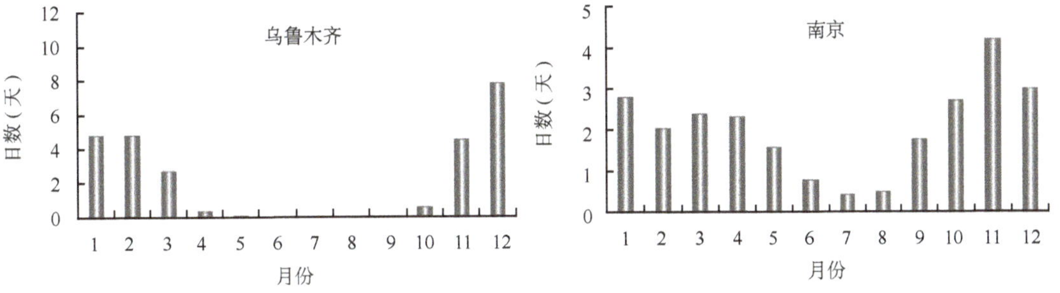

图 10.3　1961—2006 年平均中国主要城市年雾日数月分布(中国灾害性天气气候图集 2007)

10.2　雾的监测

10.2.1　地面常规观测

按照地面气象观测规范(QX/T47—2007,QX/T48—2008),气象站每天进行天气现象和能见度的站点观测,并进行记录。

10.2.2　卫星遥感监测

气象卫星已成为区域大雾监测最重要的手段,国家卫星气象中心结合 FY-2C 静止气象卫星多通道遥感数据和数值天气预报模式的最新预报产品,开发了人机交互大雾监测产品。该产品的生成原理是:从地面发射或反射的辐射通过大气向上传播,卫星所接收的辐射量中,包含了不同地表、云、雾等各种目标物的信息。具有不同成分、不同温度的非均匀大气对电磁辐射的不同波段有着不同程度的吸收、透射和散射,而且各种粒子在红外、可见光等波段上的散射和吸收辐射能力也存在差异,通过对这种辐射差异的应用,在无云条件下,利用雾粒子在红外、中红外、可见光波长上的发射率和透射率的特点,可以区分不同云、地表和雾。

雾判识在夜间和白天两种不同的辐射条件下进行。夜间雾区主要是利用卫星 3.7 μm 通道和 10.7 μm通道亮温差的不同来区分,晴空地表、大粒子液态水云及冰晶云的亮温差与雾区有明显不同,判识雾区较容易;而对于与雾区亮温差相近的小粒子半径的液态冷云和层云,则由于雾顶和云顶温度与地面温度差值的不同,结合数值预报的地面温度预报数据来区分出雾区。白天雾区则主要利用可见光探测通道资料,同时结合红外通道的资料来对大雾进行识别。

多通道、高分辨率极轨卫星可进一步提高大雾监测的准确度和时空分辨率,其中 MODIS 卫星数据波段多、波段划分细、分辨率高,是雾监测良好的数据源。利用 MODIS 数据的这些特点,通过云雾及下垫面在可见光、长波红外及中红外波段的波谱廓线分析,得到它们各自不同的反射和辐射特性,尤其是中红外通道既包含物体自身的辐射也包含反射太阳辐射,并且雾滴的尺度大小与中红外通道相近,雾区在中红外通道的反射辐射大于其他表面,因此中红外通道在雾监测中有独特的作用。陈林等(2006)根据这些不同的特性给出了一种多通道阈值判识法来监测雾区的方法。

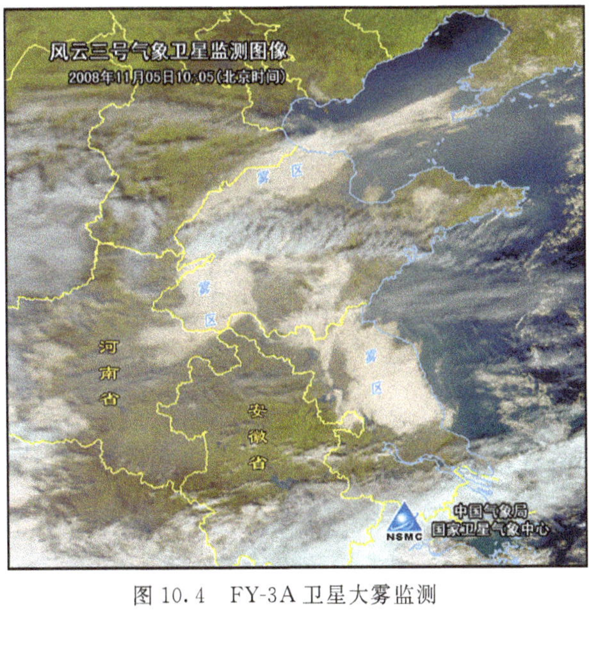

图 10.4　FY-3A 卫星大雾监测

图 10.4 为 2008 年 11 月 5 日 10 时 FY-3A 卫星雾情监测信息,监测到在河北东南部、山东北部、西部和南部、江苏北部和中部、河南东部出现了大雾天气。

10.3 雾的数值预报

由于雾的生消与边界层及下垫面的关系非常密切，因此需要雾的数值预报模式不但在边界层内要有较高的分辨率，同时也要详细地反映边界层及下垫面的物理过程。鉴于问题的复杂性，雾的数值预报比较困难，我国目前还没有可用于业务的雾的数值预报模式，但雾的数值模拟研究已广泛开展。国外已经有用于业务或处于试验阶段的雾的数值预报模式产品。

用于雾的数值模拟和预报的模式可分为一维、三维模式。

10.3.1 一维模式

一维模式由于相对简单，研究的比较早。尹球等(1993,1994)建立了一个比较完善、各影响因子处理得比较合理的描述辐射雾生消过程的一维数值模式，并将它应用于实际雾过程的模拟，模拟出的起雾消雾时间、雾顶变化过程、温度廓线及最大含水量值等与实测基本一致，起雾高度、雾发展过程中含水量极值位置的抬升、发展成熟雾中雾滴浓度的高度分布以及雾的消散方式等也与他人观测和模拟结论相符。周小刚等(2004)利用美国宾夕法尼亚州立大学 Blackadar 发展的一个包括土壤—植被—大气相互作用的一维边界层模式，对 1999 年 11 月发生在北京的一次大雾过程的边界层特征进行了数值模拟。通过与相应时段边界层观测资料的对比表明，模式能较好地模拟出雾的大气边界层结构特征，以及雾的发生、消散时间和持续过程。

德国气象局的一维雾模式 PAFOG 已在德国几个区域中心应用(Andreas 等 2002)，PAFOG 从局地观测和区域模式中获得输入数据，并包含了一个植被模式，可在微机上运行。在 45 天雾个例的考察中，有 41 天雾的有无预报与观测较为一致，只是雾的形成时间偏晚些，计算的能见度与观测也相当吻合(图 10.5)。

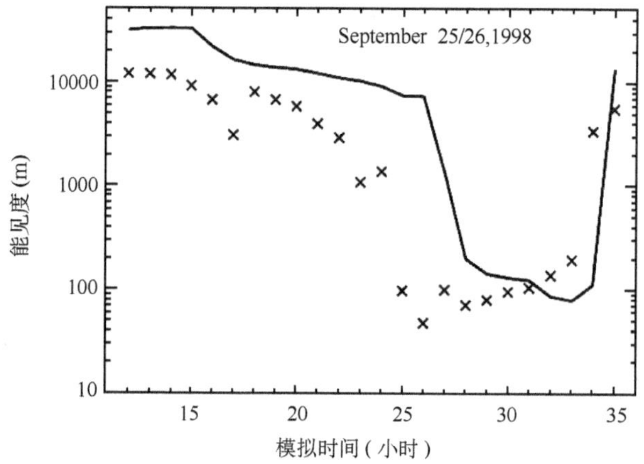

图 10.5 德国一维雾模式能见度预报(曲线)与实况(叉号)对比

法国气象局开发了用于夜间边界层和辐射雾研究的一维边界层模式 COBEL(http://www.rap.ucar.edu/staff/tardif/COBEL/background.htm)，它由三维区域模式提供初始场，模式中考虑了陆气交换和湍流参数化。能见度由下式来估计：

$$VIS(\mathrm{m})=\frac{3.9}{144.7(\rho q_1)^{0.88}} \tag{10.1}$$

其中 ρq_1 为液态水含量，ρ 为空气密度，q_1 为液态水混合比。

COBEL 经过三个冬季的业务实验(共 229 天)，其中 54 天有雾，结果表明 COBEL 的预报明显好于法国区域气象中心所发的主观预报(表 10.2)。

表 10.2　COBEL 业务试验统计分析

	区域气象中心主观预报	COBEL 客观预报
探测概率	67%	85%
误报率	57%	25%

一维模式的局限性主要表现在：

1)水平均一假定，忽视了平流作用；

2)云没有被正确地表达；

3)在非均一地表条件下水汽和热通量处理不当；

4)大气湍流处理不好。

10.3.2　三维模式

由于各种热力和动力过程及其相互作用的复杂性和一维模式的局限性，雾预报最好用三维数值预报模式。

石春娥等(1997)利用复杂地形上的三维雾模式模拟了重庆冬季雾的形成、发展及演变过程，把空气中液水混合比达到 0.01 g/kg 定义为有雾生成，模拟得出的雾的形成特点、垂直厚度、液水混合比的分布特征、雾的持续时间和消散方式等都与实况接近。模拟雾生消过程的四个阶段，也大体反映了重庆雾实际的形成和演变过程。樊琦等(2003)利用 MM5 对广州地区出现的一次大雾进行了数值模拟研究，雾的液态水含量大值区与雾出现和消散的时间十分相近，初步证明了 MM5 已明显地具有进行雾的数值预报的能力，也可以用于雾预报的业务化。

由于业务全球数值预报模式水平和垂直分辨率较低，不足以反映下垫面的非均一特征和边界层内部的细微结构，要用于雾的预报必须提高分辨率。

英国统一模式可做各种尺度的预报，用于雾的中尺度预报模式水平分辨率为 12.5 km，垂直 38 层，对能见度观测进行了三维变分同化，可以直接输出雾的概率(图 10.6)、能见度、低云底高和低云量的预报。

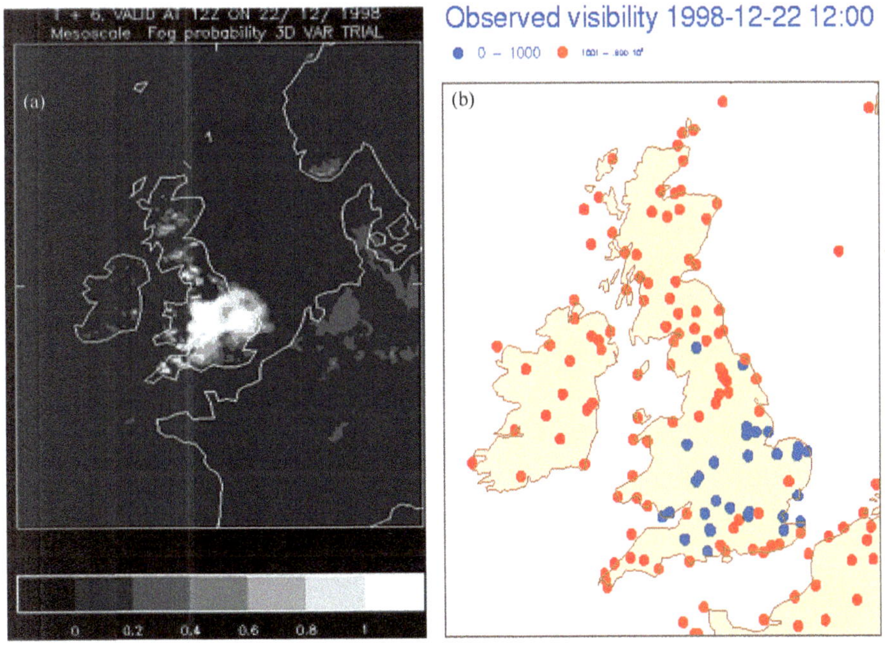

图 10.6　英国统一模式雾概率预报(a)和实况(b)

美国海洋大气管理局环境预报中心(NOAA/NCEP)的 RUC 业务模式预报系统从 2005 年 6 月开

始，分辨率由原来的 20 km 提高到13 km，垂直层仍采用 50 层等熵 σ 混合坐标。对能见度和雾有预报能力主要得益于两个先进的物理参数化方案，一个是混合相云物理参数化方案，另一个是陆面过程(土壤、植被、积雪)参数化方案(Smirnova 2000)。RUC13 模式的新改进进一步提高了能见度的预报能力。这些改进包括：模式对一些新观测资料进行了同化，如 GPS 水汽资料、METAR 云、能见度、现在天气观测资料、中尺度网观测资料等，改进了对霜形成过程的处理等。这些改进对提高能见度的预报有帮助。在能见度的后处理方面，采取了如下新措施：

1)水凝物混合比用模式最低两层的平均取代原先最下 4 层的最大值，从而减小了低能见度预报范围过大问题；

2)引入了白天/夜间能见度系数，修正了白天中雪插值成夜间小雪问题；

3)加入了风切变效应对地面相对湿度的衰减，从而使预报的能见度不至太低；

4)修正对能见度影响较大的霜沉降过程。

RUC13 每小时更新，预报时效为 9 小时，时间间隔 3 小时。通过能见度和云底高度预报产品的组合(图 10.7)，可以给出雾的预报。

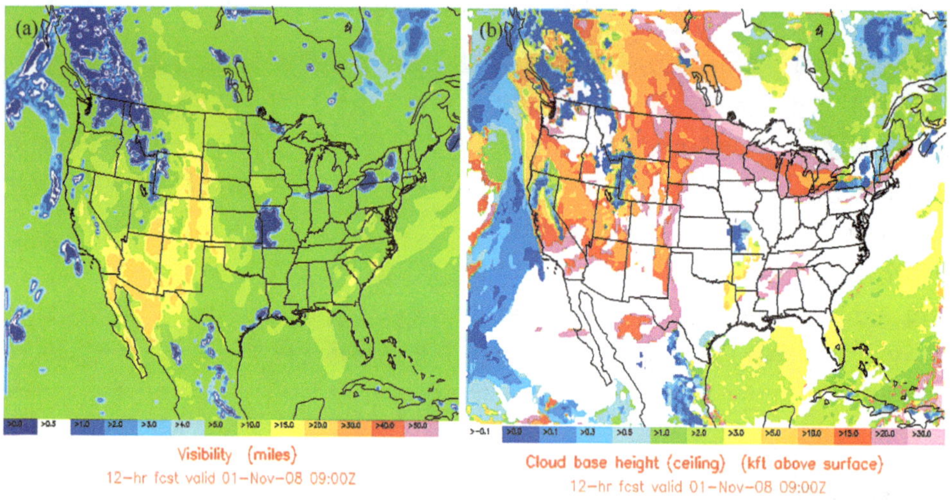

图 10.7 美国 RUC13 对 2008 年 11 月 1 日 09 时(UTC)的 12 小时雾预报个例

(a)能见度(英里)预报，(b)云底高度(距地面千英尺)预报

10.3.3 集合预报

要制作大区域雾的预报，目前的业务数值预报模式还做不到。首先，业务数值预报模式不是为雾特别设计的，雾预报的模式分辨率要在几米甚至更小，还要考虑土壤和植被的水平非均一性；其次，要考虑近地面雾的参数化过程而非高层云的参数化；最后，目前的计算机资源也不能满足要求。为了解决大区域雾的预报，最近美国海洋大气管理局环境预报中心基于 NCEP 短期集合预报系统 SREF 的后处理系统开发了雾的集合预报产品(Zhou 等 2007)。SREF 系统由多个模式组成，即 Eta、WRF-ARW、WRF-NMM 和 RSM，每天运行两次，预报时效 87 小时，3 小时间隔。采用扰动的初始条件(Breeding 方法)和多对流方案方法共产生 21 个集合成员，上面的 4 个模式分别占有 10、3、3、5 个成员。模式提供雾发生概率、能见度概率等预报产品。每个集合成员在每个格点上给出有无雾的诊断，诊断方法采用的云和相对湿度阈值：1)2 m RH=100%；2)云底<10 m 且云顶<300 m。这样雾发生概率通过计算 21 个成员中有雾成员所占百分比来得到。

图 10.8 为 NCEP 为北京奥运会期间所做的实验预报产品。

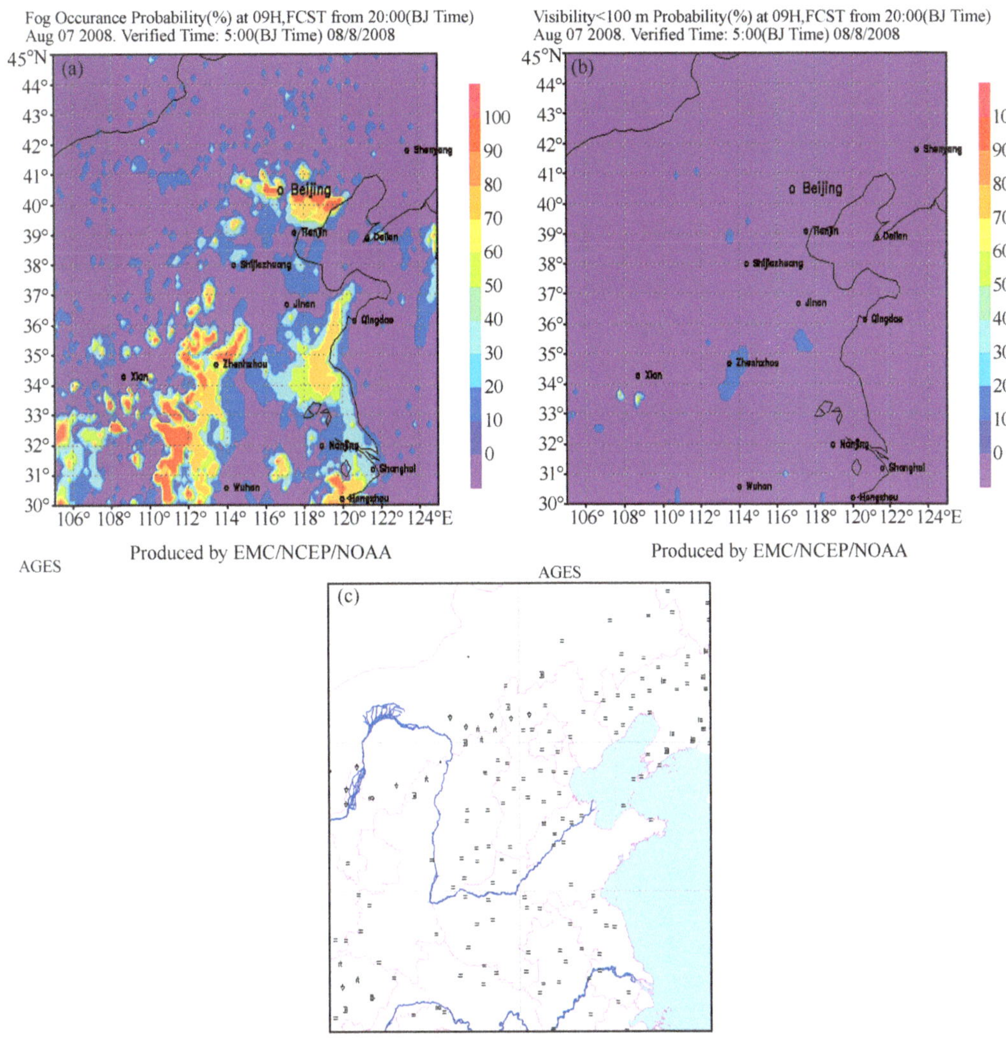

图 10.8　2008 年 8 月 8 日 5 时 SREF 模式 9 小时雾发生概率(a)和能见度概率(b)预报及实况(c)

10.4　临近预报

由于雾预报的困难性，目前我国雾的预报还主要是以监测为主，卫星在雾的监测中发挥重要作用。当监测到有雾发生时，把卫星监测结果和数值模式结合起来可做雾的临近预报。荷兰气象局 Sibbo (2006)开发了一个平流雾的临近预报方法，该方法首先用 Meteosat 卫星观测检测出雾和低云，并把结果输入到 Metcast(Meteosat Cloud Advection System)模式，用以修正模式的三维水汽和液态水场，Metcast 模式能计算三维平流、水汽凝结和蒸发，模式中也包含了湍流混合项，但没有包含辐射过程，该过程由有限区模式(Hirlam)通过侧边界条件间接得到。模式输出实效为 6 小时，输出量为低云和雾的底高，并通过公式把它转换成黑白图像，图像越白亮越接近低云和雾。个例分析表明，平流低云和雾过程能够很好地模拟出来。

10.5　雾的分类、形成条件和特点

根据形成过程的不同，雾可分为辐射雾、平流雾、混合雾、上坡雾、蒸发雾，其中以辐射雾、平流雾最为常见。

辐射雾是由于地表辐射冷却作用使地面气层水汽凝结(或凝华)而形成的雾，辐射过程起主导作用。

一般出现在晴朗、微风而近地面气层又比较潮湿的夜晚或清晨，在秋冬季比较容易出现(秋冬季夜间长，晴天多，辐射冷却量大)。

平流雾是暖而湿的空气流经冷的下垫面逐渐冷却而形成的，平流和动力过程起主导作用。如海洋的暖湿空气流向较冷的海面或陆地时，常形成平流雾。

辐射雾和平流雾形成条件和特点分别见表 10.3、表 10.4。

表 10.3 辐射雾和平流雾形成条件

	辐射雾	平流雾
冷却条件	地面辐射冷却强，一般在晴朗少云的夜间或清晨	暖湿空气与冷下垫面的温差越大越有利
水汽条件	近地面层水汽接近饱和，湿度大	暖湿空气的湿度要大
层结条件	湍流弱，近地面气层比较稳定或有逆温存在	层结较为稳定，有逆温层存在
风力条件	静风或轻风(1～3 m/s)	要有适中的风速(2～8 m/s)和风向

表 10.4 辐射雾和平流雾特点

特点	辐射雾	平流雾
持续时间	一般短(＜24 小时)通常午后消散	日变化不明显，年变化较明显，可以持续数天
强度	变化大，通常在近水体的地方强一些	分布较为均匀，强弱过渡缓慢
范围	局地、分散	可以平流到广大地区和较远的地方
深度	随辐射逆温层的高度而变，但一般较浅	与边界层顶的高度有关，一般比辐射雾要厚
形成时间	后半夜或清晨，也可在雨后形成，日落消散	任何时间，海岸地区一般在午后或傍晚

10.6 辐射雾的预报

根据辐射雾的形成条件，可以有多种预报方法。

10.6.1 持续性和气候统计方法

持续性外推法是雾的短时临近预报主要方法之一，如果观测某一地区已经出现雾，那么可以天气形势分析外推下一小时雾的发展趋势。对于持续多天的雾，如果天气形势未变，则可以预报下一天雾仍然持续。对某一地区雾的发生规律进行气候统计是做好大雾预报的基础，统计项目包括雾的空间分布、月频率、日频率，从而了解雾的高发区、高发季节以及每天的高发时段，为雾的预报提供有用的信息。此方法既适用于辐射雾也适用于平流雾的预报。

10.6.2 天气学方法

天气学方法仍然是目前做雾预报最重要的方法，它涉及针对雾的形成条件作天气学分析和诊断，同时预报员的经验也非常重要。在分析之前，了解当地雾形成的天气背景条件是必要的，通过多个例的分析总结，了解有利于雾形成的天气形势以及气象要素特征，如地面、高空形势场、盛行风向、湿度特征等，最好能建立当地雾的天气学模型。另外还需了解当地的土壤湿度和云凝结核背景。土壤湿度能影响近地面层空气湿度，对辐射雾的形成有重要作用。单站土壤湿度状况可以从测站最近的降雨实况中获得，而从加密雨量站和雷达定量降水估计产品中可以获得某一区域土壤湿度状况，有些中尺度模式可以提供土壤湿度的分析和预报。下过雨后马上放晴有利于辐射雾的形成。云凝结核是影响雾形成的又一重要因子，海洋性质的气团云凝结核少，形成的雾滴大，能见度相对要好些；而大城市由于污染云凝结核多，形成雾滴小、浓度大，从而可使能见度较差。了解了当地云凝结核的源汇特点，对雾的预报非常有帮助。

在了解了雾生成的背景条件之后，接下来就可以从有利于雾生成、发展、消散的具体天气学条件入手来分析。典型辐射雾的生成一般要具备几个预备条件(图 10.9)：1)近地面存在饱和层；2)上干下湿；3)饱和层之上有下沉逆温层且温度露点差较大；4)边界层内风较小；5)边界层与其上自由大气分离(二者之间切变大)。

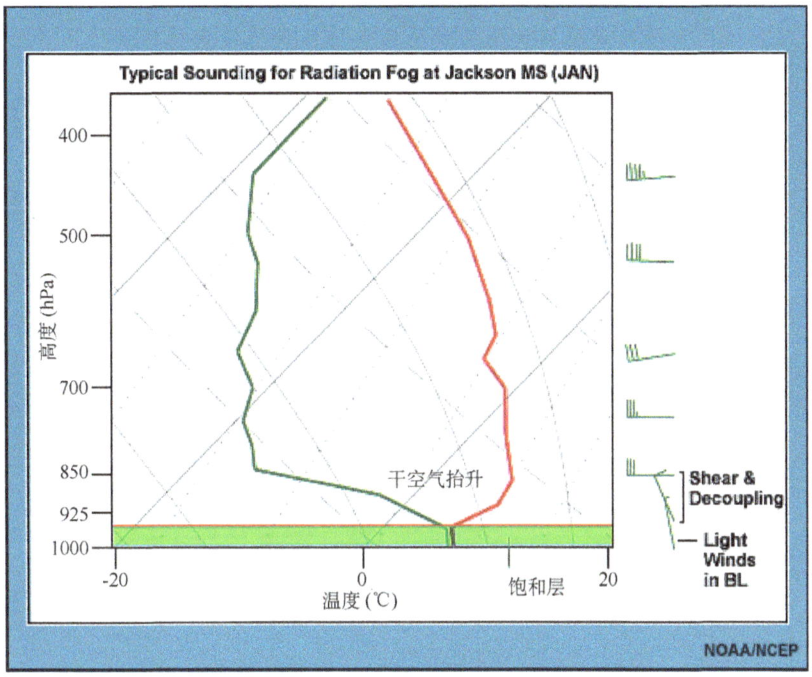

图 10.9　美国 NOAA/NCEP 典型的辐射雾探空

(风向杆上长横代表 10 节,短横代表 5 节)

辐射雾形成的主要条件是近地面的高相对湿度、微风以及天空状况较好,因此辐射雾的预报可以从高分辨率数值预报模式入手,寻找支持上述条件的预报场,这些可包括:1)各层相对湿度:寻找近地面高相对湿度和其上的低相对湿度特征;2)低层风:寻找地面微风特征;3)垂直速度:寻找高层下沉运动特征。

2007 年 10 月 26 日清晨,北京、河北中东部、天津、辽宁、渤海湾、辽东湾、山东、安徽、江苏、浙江北部地区出现浓雾天气(图 10.10),其中京津冀、苏皖地区的浓雾天气最为严重,许多地区能见度不足百米。经估算,浓雾影响面积总计约 41.8 万 km^2,对我国东部地区的交通航运以及生产、生活造成严重影响,是 2007 年入秋以来卫星监测到的范围最大、影响最为严重的浓雾天气事件。中午至下午上述地区大雾范围和强度明显减弱。

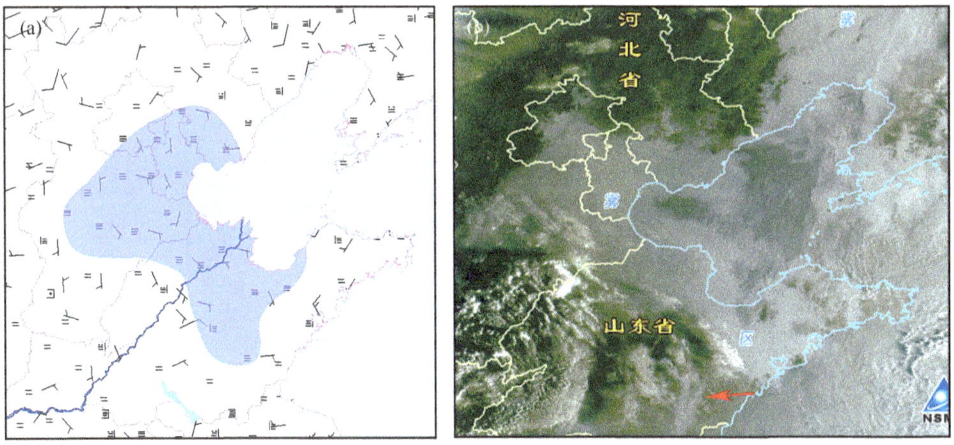

图 10.10　2007 年 10 月 26 日 08 时地面观测(a,阴影区为能见度小于 100 m 的范围)及 06:46 分 FY-1D 卫星雾情监测(b)

从2007年10月26日08时北京探空图上可以看到(图10.11),这次大雾事件具有较典型的辐射雾特征:925 hPa下气层近饱和,此层之上为一明显干层,两层之间风切变大,950 hPa附近存在弱逆温层,近地面风较小。

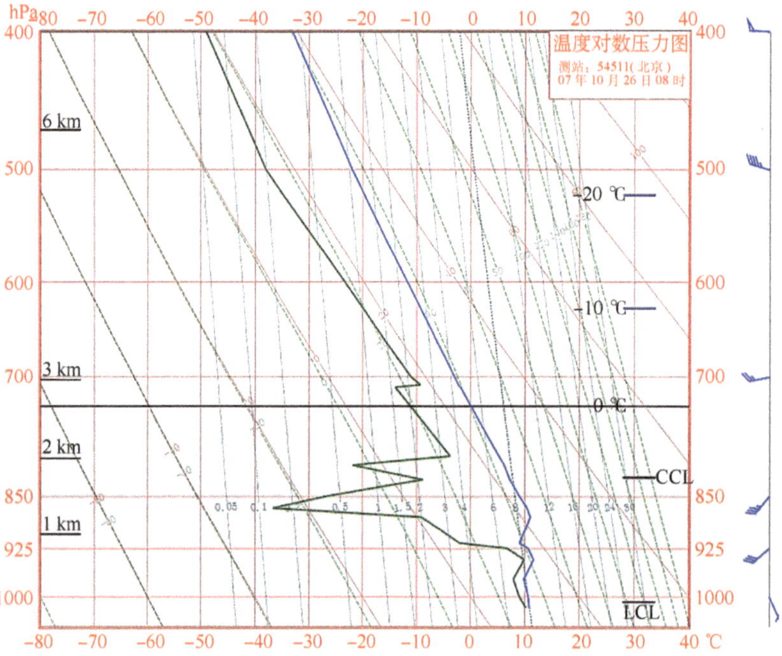

图10.11 2007年10月26日08时北京探空

此次过程我国东部地区地面为一弱高压(图10.12),地面风很弱,一般小于3 m/s,而北京、天津、河北、辽宁、山东、安徽、江苏、浙江北部等地的地面温度露点差一般在0～1 ℃,近地面气层处于饱和或近饱和状态。上述地区上空700 hPa为一高压脊控制,有利于高层气流下沉,从而维持晴空区,增强近地层的辐射效应。这些都为雾天气的发生创造了有利条件。

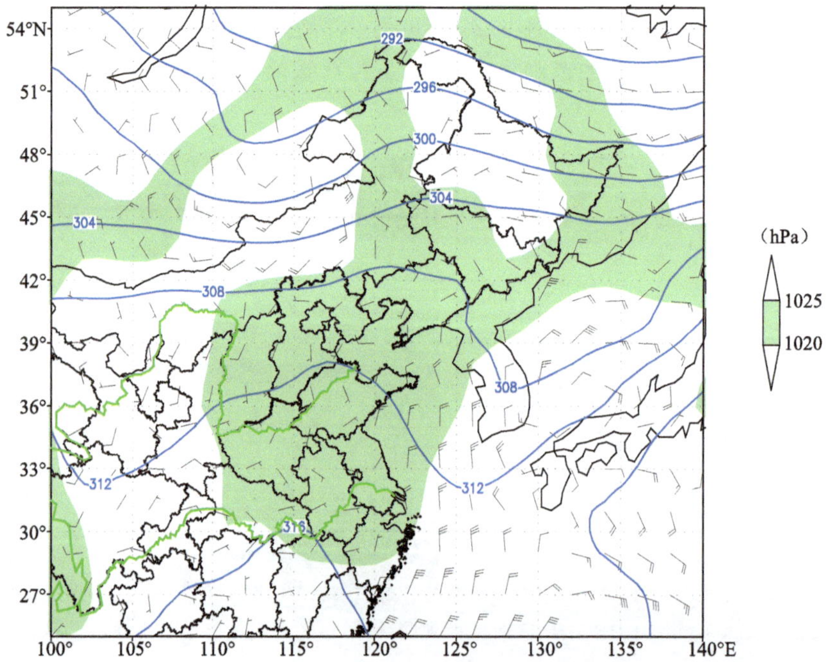

图10.12 2007年10月26日08时客观分析场

(线条为700 hPa高度,单位dagpm,阴影为海平面气压场,风为地面风)

10.6.3 UPS 辐射雾预报方法

美国联合包裹服务公司(United Parcel Service,UPS)的辐射雾的预报方法(Baker 等 2002)是根据“如果绝对湿度随高度减小,则不利于雾形成,除非空气静稳”的原理。绝对湿度的垂直变化由于大气边界层内无观测、数值预报模式分辨率低等原因而不能直接获得,但可以从露点温度的日变化来推断。正常情况下,湿度随高度减小,由于白天气温最高时边界层混合加强,水汽向上输送达到最大,露点温度会达到最低。但是,如果露点温度反而不变或增加,则可推断湿度是随高度增加的,有利于雾的形成。因此,这里定义一个转变温度 T_{xover}(crossover temperature),它为午后气温最高时的露点,用预报的气温 T 与 T_{xover} 相比较(图 10.13):

$T-T_{xover}=0\sim-2$ °F,可预期能见度 1～3 英里;

$T-T_{xover}\leqslant-3$ °F,可预期能见度≤1/2 英里。

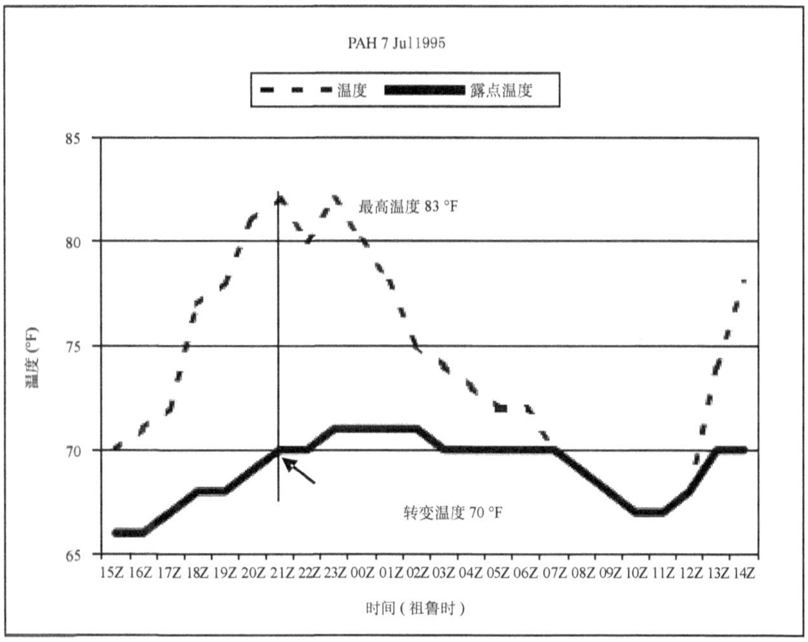

图 10.13　UPS 辐射雾预报方法图示

除了上面提到的用 T_{xover} 预报某站是否有足够强的辐射冷却来使气层达到饱和外,预报员还需了解边界层湍流是否有利于雾的形成。边界层湍流的定量刻画可用修正的里查森数(Richardson Number)表示:

$$MRi=(T_b-T_{sfc})/u^2 \tag{8.17}$$

式中 T_b 为边界层气温预报(选温度最高层)(℃),T_{sfc} 为地面气温预报(℃),u 为边界层风速(节)。

$MRi\leqslant0.025$,湍流混合抑制辐射冷却,空气饱和时有利于层云而不是雾的形成。

$MRi\geqslant0.040$,低层风与上部风分离,湍流混合弱,空气饱和时利于雾而不是层云的形成。

美国气象预报部门广泛使用的可视化廓线分析工具箱(BUFKIT),已经整合了 UPS 预报技术,根据模式预报,提供水汽垂直变化、湿度垂直通量、转变温度、地面温度和 MRi 的诊断结果,同时结合地面观测、探空、飞机观测等观测手段,非常方便地制作雾的预报,当然,上述预报方法需经我国各地预报员的实际检验并修正阈值。

10.7 平流雾的预报

典型平流雾的生成一般要具备几个预备条件(图 10.14):1)近地面存在饱和层,相对湿度不小于 85%;2)上干下湿;3)逆温层中有中等强度切变;4)边界层与其上自由大气分离(二者之间切变大),但不如辐射雾显著；5)边界层之上有明显暖平流，暖湿气团与下垫面温差较大，至少在1～3 ℃之间。

可以看到，平流雾与辐射雾的形成条件很相似，其主要区别在于平流雾要有暖湿平流的作用。

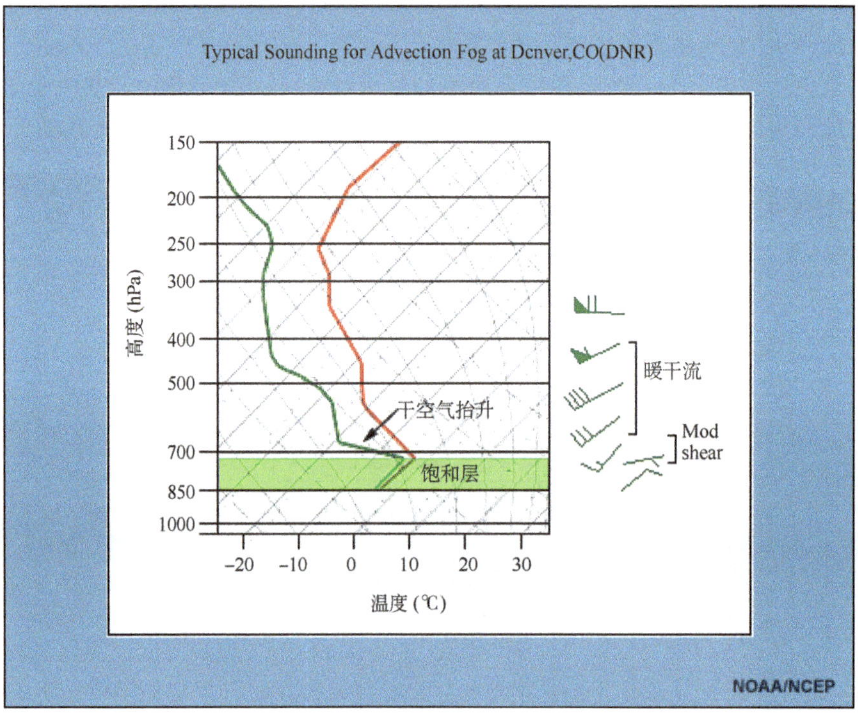

图 10.14 美国 NOAA/NCEP 典型平流雾探空

（风向杆上长横代表10节，短横代表5节，旗子代表50节）

根据上面的条件，平流雾的预报可以参考以下几点：经常在地面低压东部形成，沿着地面暖锋/静止锋温湿高梯度区和在其北部发展；水汽输送通量大值区；模式探空分析逆温、风垂直切变、平流条件等。

2006年1月14日北京东南部、天津大部、河北中部、山东北部和渤海湾被雾所笼罩，陆地雾区覆盖范围约4万 km^2(图 10.15)。

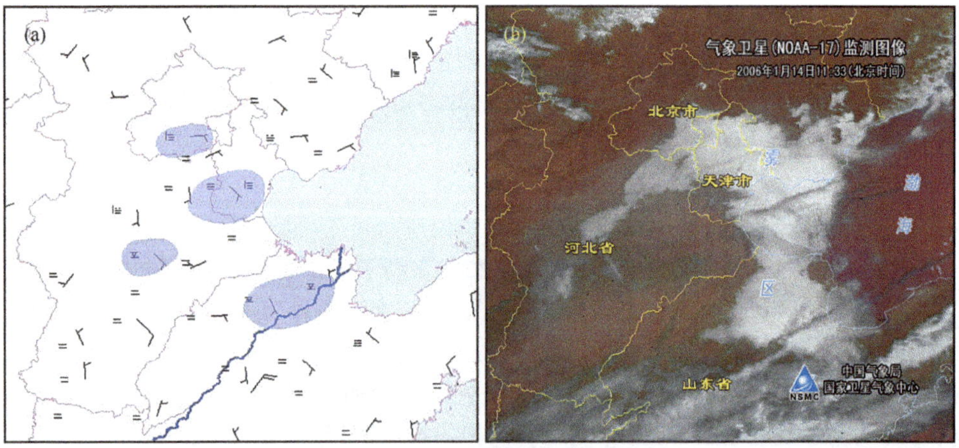

图 10.15 2006年1月14日08时地面观测(a)和11:33分 NOAA-17 卫星雾情监测(b)

（阴影区为能见度小于100 m的范围）

从2006年1月14日08时北京探空图(图 10.16)上可以看到，这次雾事件具有较典型的平流雾特征：1000 hPa以下近地面气层已经近饱和；1000 hPa以上气层为干层，上干下湿结构明显；逆温层中有中等强度切变，925 hPa与1000 hPa之间风切变达6 m/s；边界层之上有暖平流；暖湿气团与下垫面温差较大，如 1014 hPa 与 964 hPa 之间温差达 7 ℃。

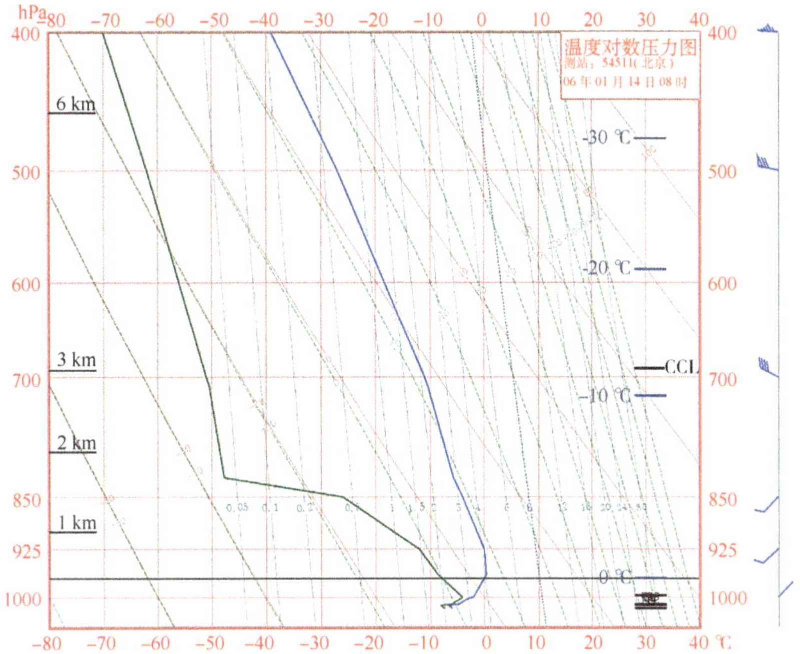

图 10.16　2006 年 1 月 14 日 08 时北京探空图

从上面的探空图(图 10.16)风随高度的变化来看，850 hPa 至 700 hPa 风随高度顺转，此层存在暖平流，这从 850 hPa 形势图(图 10.17)上可以看得更加清楚，槽线位于河套附近，槽前从宁夏到河北大部地区为弱西南气流，且为暖平流区，暖平流有利于维持近地面层逆温层结，加大逆温层顶与地面的温度差，从而有利于平流雾的形成。

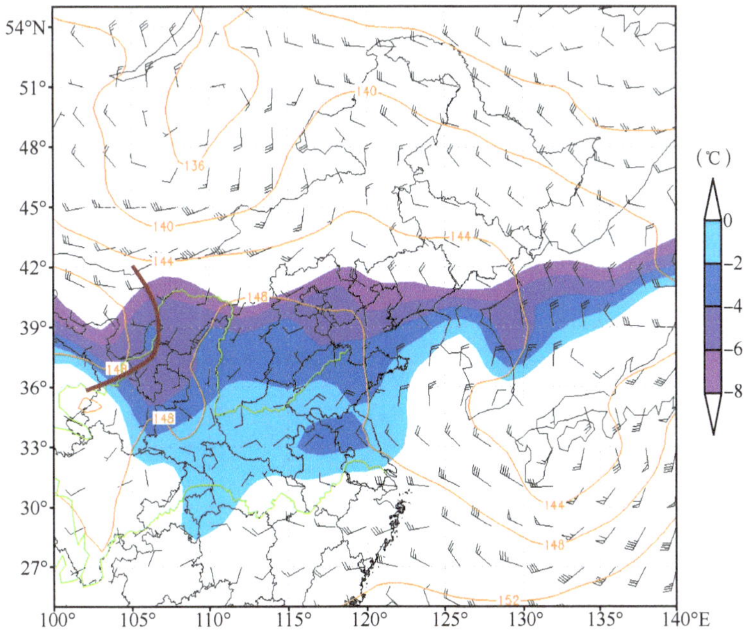

图 10.17　2006 年 1 月 14 日 08 时 850 hPa 形势客观分析

(等值线为高度场，阴影区为温度场，粗实线为槽线)

从探空图(图 10.16)上还可以看到，近地面饱和层很低，基本在 1000 hPa 以下，进一步分析此层以下天气形势(图 10.18)可以看到，在蒙古国中部有一低压，与之相伴的地面冷锋已经移到河套以西地区，锋前有一弱高压，高压底部位于辽宁到河北北部一带，这样，从渤海湾到华北东部存在 2 m/s

左右的东风回流。从相对湿度场可以看到渤海湾存在一个70%～80%的大湿度区，在弱东风平流作用下有利于水汽向陆地上输送，此次大雾就是由于来自海上的暖湿气流在地表的冷却作用下凝结而形成的。

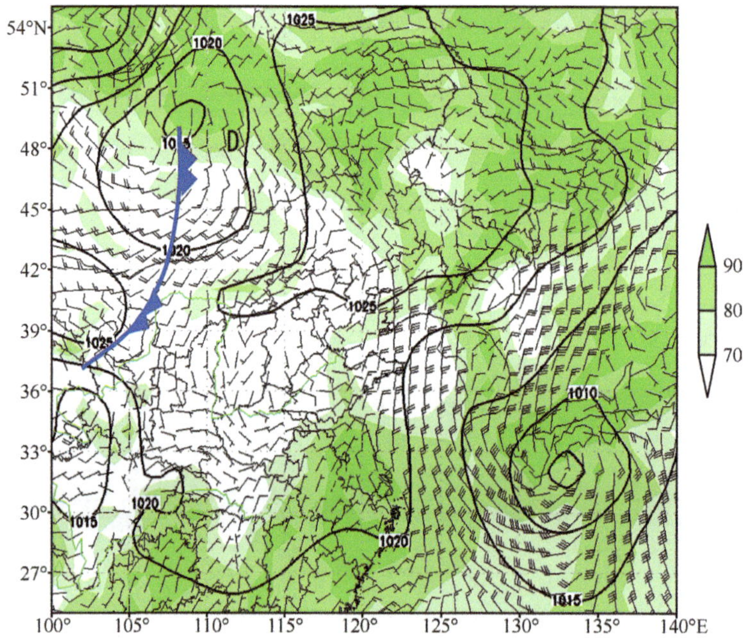

图 10.18　2006年1月14日08时1000 hPa湿度场(阴影区，%)和风场客观分析
(等值线为海平面气压场，hPa)

10.8　中央气象台大雾预警标准

根据《国家气象灾害应急预案》的要求，中央气象台制定大雾预警标准。

10.8.1　黄色预警

预计未来24小时3个及以上省(区、市)大部地区将出现能见度小于500 m的雾，且有成片的能见度小于200 m的雾。或者已经出现并可能持续。

10.8.2　蓝色预警

预计未来24小时3个及以上省(区、市)大部地区将出现能见度小于1000 m的雾，且有成片的能见度小于500 m的雾。或者已经出现并可能持续。

参考文献

陈林，牛生杰，仲凌志．2006．MODIS监测雾的方法及分析．南京气象学院学报，**4**:448-454

樊琦，吴堆，等．2003．广州地区冬季一次大雾的三维数值模拟研究．中山大学学报(自然科学版)，**1**:83-86

黄建平，李子华，黄玉仁，黄玉生．2000．西双版纳地区雾的数值模拟研究．大气科学，**6**:821-834

蒋大凯，闵锦忠，陈传雷，孙欣，陈艳秋．2007．辽宁省区域性大雾预报研究．气象科学，**5**:578-583

李法然，周之栩，陈卫锋，朱红，陈世春．2005．湖州市大雾天气的成因分析及预报研究．应用气象学报，**6**:794-803

刘科峰，张韧，江海英，赵艳玲，石光．2004．模糊逻辑仿真建模及其在青岛海雾分析中的应用．海洋湖沼通报，**4**:17-24

刘玉雅，顾松山，徐芬，袁成松．2008．多普勒天气雷达对雾的探测能力研究．科技信息(学术研究)，**15**:302-303

马学款，蔡芗宁，杨贵名，刘还珠．2007．重庆市区雾的天气特征分析及预报方法研究．气候与环境研究，**6**:795-803

石春娥，杨军，孙学金，梁志耘，李子华．1997．重庆雾的三维数值模拟．南京气象学院学报，**3**:308-317

孙弈敏编著. 1994. 灾害性浓雾. 北京:气象出版社

吴洪,柳崇健,邵洁,王晓明. 2000. 北京地区大雾形成的分析和预报. 应用气象学报,**1**:123-127

尹球,许绍祖. 1993. 辐射雾生消的数值研究(Ⅰ)——数值模式. 气象学报,**3**:351-360

尹球,许绍祖. 1994. 辐射雾生消的数值研究(Ⅱ)——生消机制. 气象学报,**1**:60-67

中国气象局. 2008. 中国灾害性天气气候图集. 北京:气象出版社,90-97.

周小刚,王强,邓北胜,徐怀刚. 2004. 北京市一次大雾过程边界层结构的模拟研究. 气象学报,**4**:468-474

朱乾根等. 1981. 天气学原理和方法. 北京:气象出版社,535pp

朱小祥,方翔等. 2005. FY-2C 卫星在天气与环境监测服务中的应用. 上海航天,**S1**:104-120

Andreas B, Trautmann T. 2002. PAFOG——a new efficient forecast model of radiation fog and low-level stratiform clouds. *Atmospheric Research*, **64**(1-4):191-203

Applied Fog Forecasting Techniques Using Awips and the Internet. http://www.nwas.org/ej/2007-FTT1/

Gultepe I, Tardi R. 2007. Fog research: A review of past achievements and future perspectives. *Pure Appl. Geophys.* **164**:1121-1159

Hansen B K. 2000. Analog forecasting of ceiling and visibility using fuzzy sets. *2nd Conference on Artificial Intelligence.*

Marzban C, Leyton S, and Colman B. 2007. Ceiling & Visibility forecasts via neural nets. *Weather and Forecasting*, **22**(3):466-479

Numerical forecast of fog-central solutions. *18th Conference on Numerical Weather Prediction*, 25-29 June, Park City, Utah, Amer. Meteor. Soc.

Radiation fog: UPS airlines conceptual models and forecast methods. http://www.meted.ucar.edu/dlac/website/resources/upspaper.pdf

Short-range forecasting methods of fog, visibility and low clouds, intermediate report phase1. http://www.meteosuisse.admin.ch/

Sibbo van der Veen. 2006. Nowcasting fog and low clouds with Meteosat Second Generation

Smirnova T G. 2000. Case study verification of RUC/MAPS fog and visibility forecasts. Preprints. *9th Conf. on Aviation, Range, and Aerospace Meteorology*, AMS, Orlando, FL, September 2000

Zhou B, Du J, Ferrier B, Mcqueen J, and DiMego G, *et al*. 2007. Topics: fog and low stratus. http://www.meted.ucar.edu.

第11章 沙尘暴预报

我国是受沙尘暴天气影响较为严重的国家，虽然它主要发生在我国北方地区，但它对全国乃至世界范围的影响也是很大的。通过对沙尘暴天气的监测和预报，对于政府和公众采取适当应对措施，改善生态环境、提高空气质量、减小国际影响都具有重要意义。已有研究成果表明，沙尘暴的产生一般都与较强冷空气活动带来的偏北大风有直接联系。本章介绍了沙尘暴天气的监测方法、沙尘暴产生的天气学原因分析及其预报方法。

11.1 气候特点

11.1.1 定义及过程等级划分

依据沙尘暴天气等级国家标准（GB/T 20480—2006），根据气象观测站当时的地面水平能见度，沙尘天气依次分为浮尘、扬沙、沙尘暴、强沙尘暴和特强沙尘暴五个等级，具体规定为：

浮尘：当天气条件为无风或平均风速≤3.0 m/s时，尘沙浮游在空中，使水平能见度小于10 km的天气现象。

扬沙：风将地面尘沙吹起，使空气相当混浊，水平能见度在1—10 km以内的天气现象。

沙尘暴：强风将地面尘沙吹起，使空气很混浊，水平能见度小于1 km的天气现象。

强沙尘暴：大风将地面尘沙吹起，使空气非常混浊，水平能见度小于500 m的天气现象。

特强沙尘暴：狂风将地面尘沙吹起，使空气特别混浊，水平能见度小于50 m的天气现象。

在此基础之上，中央气象台依据成片出现沙尘天气的国家基本（准）站的数目将其分为对应的浮尘天气过程、扬沙天气过程、沙尘暴天气过程、强沙尘暴天气过程和特强沙尘暴天气过程五个等级，具体规定为：

浮尘天气过程：在同一次天气过程中，相邻5个或5个以上国家基本（准）站在同一观测时次出现了浮尘的沙尘天气。

扬沙天气过程：在同一次天气过程中，相邻5个或5个以上国家基本（准）站在同一观测时次出现了扬沙或更强的沙尘天气。

沙尘暴天气过程：在同一次天气过程中，相邻3个或3个以上国家基本（准）站在同一观测时次出现了沙尘暴或更强的沙尘天气。

强沙尘暴天气过程：在同一次天气过程中，相邻3个或3个以上国家基本（准）站在同一观测时次出现了强沙尘暴或特强沙尘暴天气。

特强沙尘暴天气过程：在同一次天气过程中，相邻3个或3个以上国家基本（准）站在同一观测时次出现了特强沙尘暴的沙尘天气。

11.1.2　时空分布特征

沙尘暴主要发生在中国北方地区，其中南疆盆地、青海西南部、西藏西部及内蒙古中西部和甘肃中北部是沙尘暴的两个多发区，年沙尘暴日数在 10 天以上(图 11.1)，南疆盆地和内蒙古西部两地的部分地区超过 20 天；准噶尔盆地、河西走廊、内蒙古北部等地的部分地区有 3～10 天；西北的东南部、华北的中南部和东部、黄淮、东北的中西部及新疆、青海、四川、湖北等省(区)的部分地区在 3 天以下。

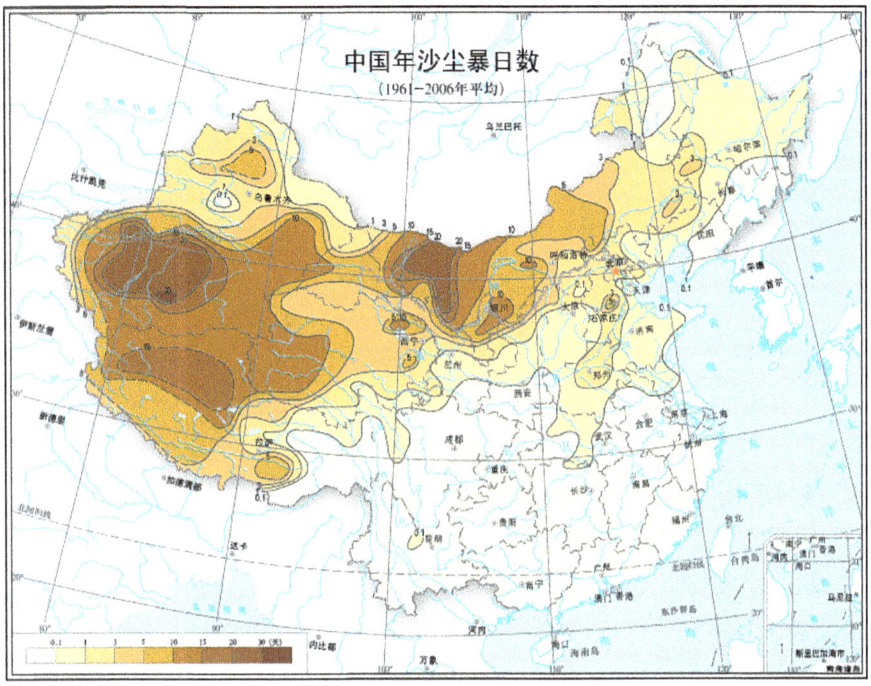

图 11.1　1961—2006 年平均沙尘暴日数分布(中国灾害性天气气候图集 2007)

年沙尘暴日数极大值分布规律与年沙尘暴日数分布基本一致。南疆盆地与内蒙古中西部及宁夏、甘肃中北部在 30 天以上，局部地区有 60 天左右(图 11.2)。另外，西藏西部沙尘暴发生也比较频繁，部

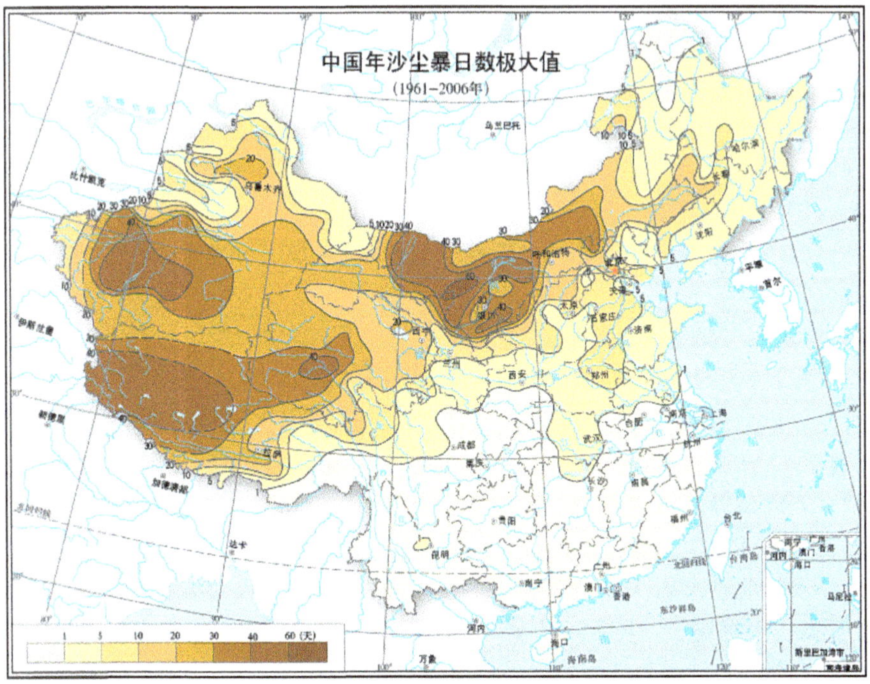

图 11.2　1961—2006 年沙尘暴日数极大值分布(中国灾害性天气气候图集 2007)

分地区亦可达 40～50 天。

从中国各月沙尘暴出现日数占全年的百分比来看(图 11.3),4 月最多,占全年的 22.7%;5 月次之,占全年的 16.8%;10 月最少,仅占全年的 1.8%。

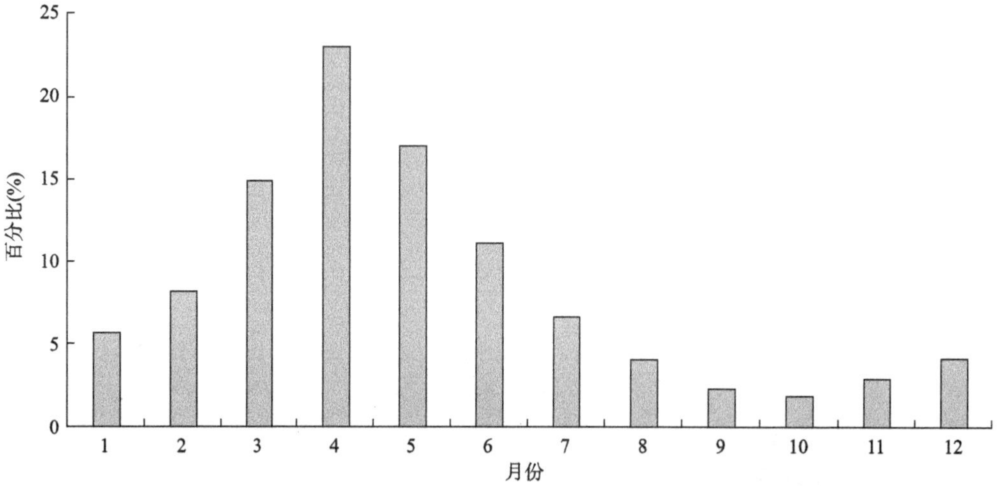

图 11.3　各月沙尘暴出现日数占全年的百分比(中国灾害性天气气候图集 2007)

11.2　沙尘天气监测

目前,我国已建立起以地面气象台站和气象卫星为观测基础的沙尘天气监测网络。

11.2.1　地面常规观测

按照地面气象观测规范(QX/T47—2007,QX/T48—2008),气象站每天进行天气现象和能见度的站点观测并进行记录。

11.2.2　专业沙尘暴监测网

中国气象局于 2001 年开始实施沙尘暴监测预警服务系统一期工程建设(王雪臣等 2004),在位于沙尘暴发生、移动的上游地区(新疆、甘肃、内蒙古、宁夏、陕西、北京及华北北部)的台站,在沙尘暴天气发生的早春和春季增加观测密度,并在上述地区选择有代表性的站点增设与沙尘暴有关的陆地状况和气象梯度小塔观测,增加环境监测项目,如大气气溶胶散射系数、大气能见度、大气总悬浮颗粒(TSP)质量浓度、大气飘尘(PM10)质量浓度、干沉降等;在位于沙尘暴发生、移动的上游地区和受沙尘暴影响的下游地区的站点同时增设整层大气气溶胶光学性质观测项目,如大气亮温、大气气溶胶光学厚度以及气溶胶激光雷达观测等。

此外,中国科学院大气物理研究所还建立了以北京 325 m 气象塔为主的沙尘综合监测系统,该系统除日常进行空气质量(包括颗粒物)监测外,特别是能够在沙尘暴天气条件下对气象参数和沙尘气溶胶浓度进行高时空分辨率的测量,其中气象要素不仅包括 15 层平均风速、风向、温度和相对湿度的垂直梯度观测,而且包括 47 m、120 m 和 280 m 三个不同高度上每秒 10 次的三维湍流风速脉动测量和温度脉动测量。利用这套湍流脉动观测资料,首次发现并阐明了阵性起沙的机制,有关阵性起沙机制曾庆存等(2006)进行过研究。该沙尘综合监测系统,坐落在北京这样的超大城市,在国际上都是极为少见的。近年来它完整地记录了北京市历次沙尘暴和沙尘天气过程,获得了大量宝贵的资料,对研究沙尘气溶胶的物理、化学性质和起沙机制、沙尘沉降机制等具有非常重要的科学参考价值(胡非等 2005,李倩等 2004,Monim 等 2005)。

11.2.3　卫星遥感监测

卫星遥感是监测沙尘暴的重要手段，目前已开发了极轨、静止及多种卫星相结合的多种监测手段。

我国自 1999 年就开始致力于研究和开发从卫星遥感资料直接提取沙尘暴信息的技术。首先，在沙尘暴卫星遥感信息提取方法方面，针对目前在轨的国内外极轨和静止卫星上先进的多通道遥感仪器，提出了沙尘暴粒子半径、光学厚度和大气柱沙尘总量的同步物理反演算法；利用卫星观测 IDDI 指数和地基光度计反演光学厚度资料的数据融合技术，提出了星地一体化的沙尘暴光学厚度的实用统计反演算法；上述算法实现了沙尘参数昼夜定量自动监测，基本上解决了夜间沙尘(暴)监测的难题。这些方法和技术已在国内沙尘暴监测业务中使用，一些反演方法亦在国外得到推广应用。

极轨气象卫星的空间分辨率较高，因而可以提高沙尘天气监测的精度。国家卫星气象中心开发了一套利用极轨气象卫星红外窗区通道自动识别和定量反演沙尘暴粒子半径、光学厚度和大气柱沙尘总量的算法(方宗义等 2001，Zhang 等 2006)。该算法已在美国 MODIS/EOS(极轨卫星)和欧洲 SEVIRI/MSG(静止卫星)监测沙尘暴中应用，并被美国 CIMSS 2004—2005 年度的科学总结报告收录和 IMAPP (International MODIS/AIRS Processing Package)软件包采用。在沙尘暴识别算法方面，率先提出了 8.5 μm 通道在沙尘暴监测中的独特作用，即除利用常规的 11 μm 减 12 μm 亮温差(BTD11－12)外，更作为补充判据引入了 8.5 μm 减 12 μm 亮温差(BTD8－12)的新判据。实际应用表明：BTD8—12 既可以更好地指示沙尘暴的强度，又可有效识别沙漠和戈壁上空的沙尘暴，这些均是 BTD11—12 所不具备的。此外还建立了 0.63 μm 和 1.06 μm 波长反射率与 3.75 μm 和 11.0 μm 波长亮温的统计关系(罗敬宁等 2004)，建立准确的沙尘信息提取模型。在反演算法方面，自主发展了一套两层沙尘大气的红外辐射传输计算模型，用于沙尘大气条件下卫星红外观测信号处理和沙尘暴特征的敏感性分析(延昊等 2005)；同时用类沙尘气溶胶(dust-like aerosol)对红外光的复折射指数和粒子半径的关系反演沙尘粒子半径、沙尘光学厚度和气柱总尘量，其中同时用正演和最小二乘拟合算法，与地基沙尘暴监测的结果进行定量比较。

针对多源遥感数据不可比的问题，利用近红外 1.6 μm 波段特性构建了可比沙尘强度指数(罗敬宁等 2003)。研究表明：利用卫星探测器 11 μm、12 μm 波段差值进行沙尘暴信息识别和提取，可以达到满意的效果，但不能刻画沙尘暴强度；构建的可比沙尘强度指数，能够解决多源遥感数据由于卫星平台、监测时间、监测区域等不同因素导致的监测结果不可比的问题；同时监测结果与地面气象站监测数据有较好的一致性，能够从时间、空间两方面刻画沙尘暴强弱分布，可以作为沙尘暴定量研究的参数，为利用多源遥感数据持续定量地监测沙尘暴的起源、移动、传输路径、扩散等特征奠定了基础。

MODIS 卫星在数据分辨率、数据波段数等方面都作了很大的改进，将成为沙尘暴遥感监测和研究的主要信息源。

静止气象卫星的优点是高时间分辨率，卫星的红外窗区通道(8—12 μm)对于通常大气气溶胶几乎没有响应，但对于较大颗粒且浓度较强的沙尘气溶胶尤其是沙尘暴有明显的信号反应。空气中的沙尘在红外分裂窗通道表现出两个特征：一是对地表发射到空间的红外信号产生衰减，造成卫星探测到的地气系统亮温降低，这就是所谓的红外差值沙尘强度指数 IDDI；二是沙尘粒子在红外分裂窗两个通道的比辐射率不同，11 μm 比 12 μm 的比辐射率低，从而造成这两个通道的亮温差是负值。基于这两个特征和沙尘多通道光谱聚类法，针对静止气象卫星观测数据进行了沙尘暴卫星遥感监测业务算法开发，输出沙尘暴监测产品和红外差值沙尘指数产品，这一算法已应用于正在运行的我国 FY-2C 静止气象卫星。FY-2C 卫星的沙尘产品是根据 FY-2C 本时次全部通道数据和前 10 天的历史数据，联合云检测技术、多光谱聚类、红外分裂窗通道量温差和 IDDI 等多种技术，进行沙尘像元识别和强度判识。

在上述基础上，建立了集极轨、静止卫星两类多颗国内外在轨的气象和环境卫星遥感数据为一体的沙尘(暴)天气遥感监测分析服务系统(如图 11.4 所示)，并于 2001 年进行试应用，2003 年投入业务化使用。沙尘信息遥感监测技术、反演算法和相应软件在国内相关部门、西北和华北地区多个省、市、自治区进行了推广应用；沙尘天气遥感监测服务不但为气象台站提供了业务指导，而且为各级政府决策提供了科学依据，充分发挥了卫星遥感在沙尘暴监测预警工作中的重要作用，取得了重大的社会效益。

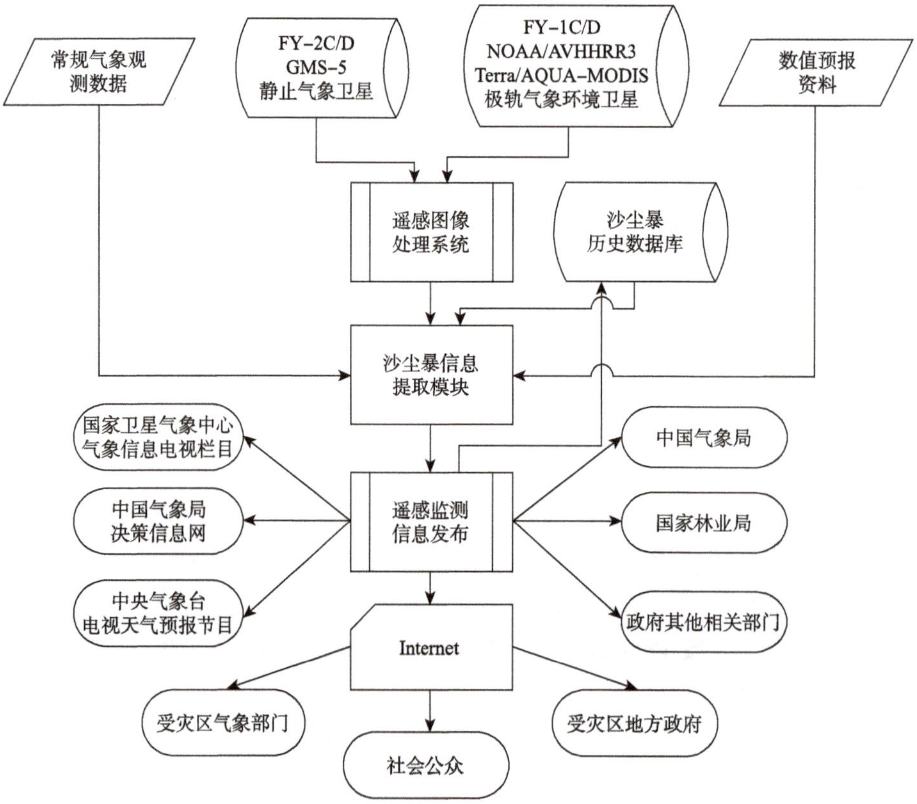

图 11.4　沙尘暴天气卫星遥感监测分系统结构图

图 11.5 为 2008 年 4 月 28 日 08 时 FY-3A 卫星沙尘监测信息，监测到在新疆塔里木盆地中东部出现了沙尘天气。

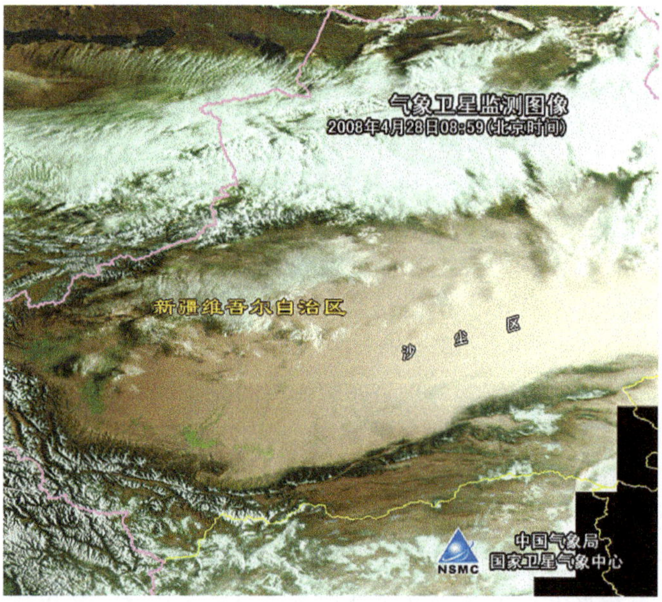

图 11.5　2008 年 4 月 28 日 08 时 FY-3A 卫星沙尘监测

11.3　沙尘天气主要移动路径

影响我国的沙尘天气主要路径与冷空气的移动路径有关，可以概括为如下四类：

11.3.1　偏西路径

沙尘天气起源于蒙古国西南部或南部的戈壁地区、内蒙古西部的沙漠地区，主体向偏东方向移动，途径巴丹吉林沙漠、腾格里沙漠、乌兰布和沙漠、库布其沙漠、毛乌素沙地。主要影响我国西北、华北，有时还影响到东北地区西部和南部。

11.3.2　西北路径

西北路径又可分为西北路径 1 和西北路径 2 两个副类。

西北路径 1：沙尘天气一般起源于蒙古高原中西部或内蒙古西部的阿拉善高原，顺西北风向东南方向移动，途径巴丹吉林沙漠、腾格里沙漠、乌兰布和沙漠、库布齐沙漠、毛乌素沙地、黄土高原。主要影响我国西北、华北，甚至还会影响到黄淮、江淮等地。

西北路径 2：沙尘天气起源于蒙古国南部或内蒙古中西部，先向东南方向移动，后随气旋北上转向东北方向移动，主要影响西北地区东部、华北中北部、东北大部，有时还会影响到俄罗斯远东地区、朝鲜半岛、日本等地。

11.3.3　偏北路径

沙尘天气一般起源于蒙古国乌兰巴托以南的广大地区，途径内蒙古腾格里沙漠、乌兰布和沙漠、库布齐沙漠、毛乌素沙地和浑善达克沙地，主要影响西北地区东部、华北大部和东北南部，有时还会影响到黄淮等地。

11.3.4　南疆盆地型

该地的沙尘天气多数是由盆地东部倒灌的冷空气产生的偏东风引起，一部分是由较强的西路冷空气引起。

11.4　天气形势特征

沙尘天气是我国北方地区所发生的一种特殊天气现象，它的发生固然与我国北方地区特殊的地形、地貌等有关，但只有在适当的大气环流背景条件下才能发生。引起沙尘天气的一个非常重要的因子就是大风，而大风与我国北方冷空气和气旋的活动关系非常密切。统计分析也发现，沙尘天气的发生与冷空气的活动密切相关，几乎每次比较强的沙尘天气过程都伴有一次冷空气的爆发，而且沙尘天气多发生在锋后的强风速区中。我国北方地区的春季是冷暖空气活动比较频繁的地区，气旋经常活动于蒙古高原到东北一带。冷空气和气旋带来的大风为沙尘天气的发生提供了动力条件。

引起沙尘天气的地面天气系统包括冷锋、冷高压、蒙古气旋、热低压等，多数较强沙尘天气过程往往是以上多个天气系统联合造成的。来自西西伯利亚的冷空气在进入我国新疆北部或蒙古国西部时，其在地面天气图的表现往往为一条冷锋，冷锋后部有冷高压跟随，当冷空气较强且冷锋在下午经过沙源区时，就非常有利于形成沙尘天气。在有利的地形和适宜的高空形势下，冷锋北部的低压在移到蒙古国中部时往往伴有地面气旋强烈发展，气旋西南侧的偏北大风就更有利于沙尘天气的发生。因此一次较强的沙尘暴过程刚开始时主要是冷锋及锋后大气压梯度区引起，中后期气旋的作用开始显现出来。

参照中国北方特强沙尘暴的天气系统分型(刘景涛等 2004)，把影响我国北方的沙尘暴天气系统依各系统的重要性分为以下四种类型：冷锋型、蒙古气旋型、冷锋与蒙古气旋结合型、低压型。

11.4.1　冷锋型

冷锋是引起沙尘天气最常见也是最重要的天气系统，大风主要是锋后冷高压前部的强气压梯度力和冷锋前后的变压梯度力所引起。沙尘天气形成后，冷锋前后白天太阳辐射的正反馈作用有利于其加强，夜晚地面辐射的负反馈作用有利其减弱，沙尘天气的日变化明显。

2006 年 4 月 9—11 日，我国西北、华北西部等地出现了一次强沙尘暴天气过程。新疆南部、青海北部、甘肃、内蒙古中西部、宁夏、陕西北部、山西北部、河北西北部、河南西北部等地出现了扬沙，其中部分地区出现了沙尘暴或强沙尘暴(图 11.6)。

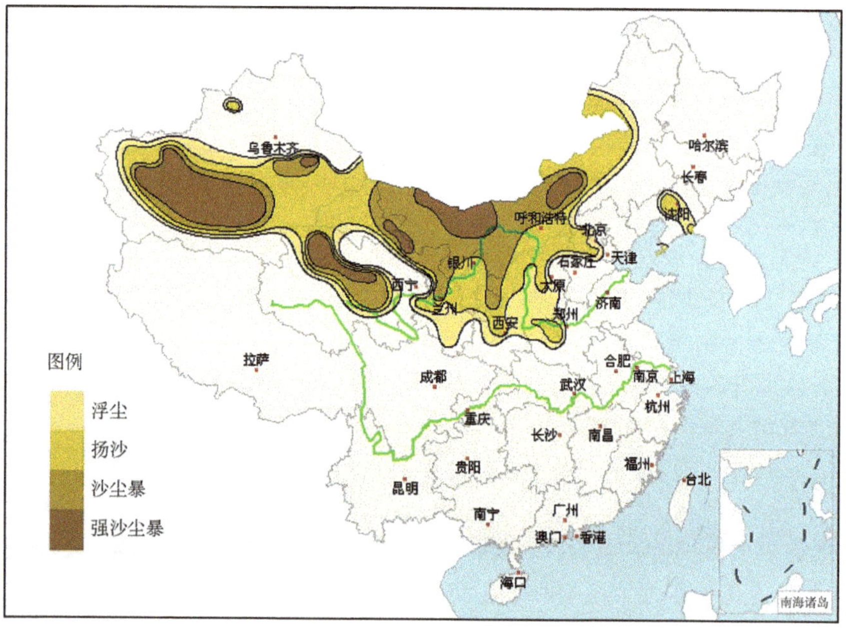

图 11.6　2006 年 4 月 9—11 日沙尘天气范围图

这次过程是高空 500 hPa 巴尔喀什湖大槽东移引导地面冷空气东移南下引起的，槽后有明显的冷平流，引起地面加压，地面高压中心最强时达到 1045 hPa，冷锋后气压梯度较大，沙尘天气主要出现在冷锋后大的气压梯度区一带(图 11.7)。

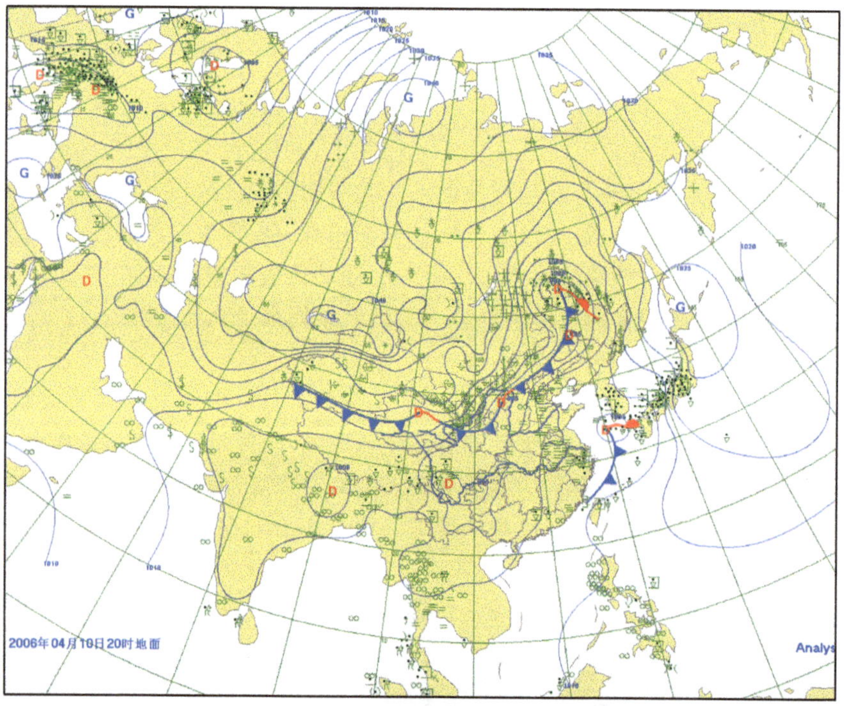

图 11.7　2006 年 4 月 10 日 20 时地面天气图

11.4.2　蒙古气旋型

春季是我国北方蒙古气旋活动最为活跃的时期，蒙古气旋强烈发展可引起大风，并把地面沙尘吹起，在气旋冷锋次级环流及暖输送带的作用下，沙尘可以输送到冷锋前的暖区高空中。这类系统带来的沙尘天气日变化小，夜间也可以发生，并随气旋移动。

2001 年 4 月 5—8 日，我国北方出现了一次强沙尘暴天气过程，其中南疆盆地、甘肃、青海北部、宁夏、陕西北部、内蒙古大部、辽宁西部、吉林西部、黑龙江西南部出现扬沙和沙尘暴。其中，内蒙古中部的部分地区出现强沙尘暴（图 11.8）。

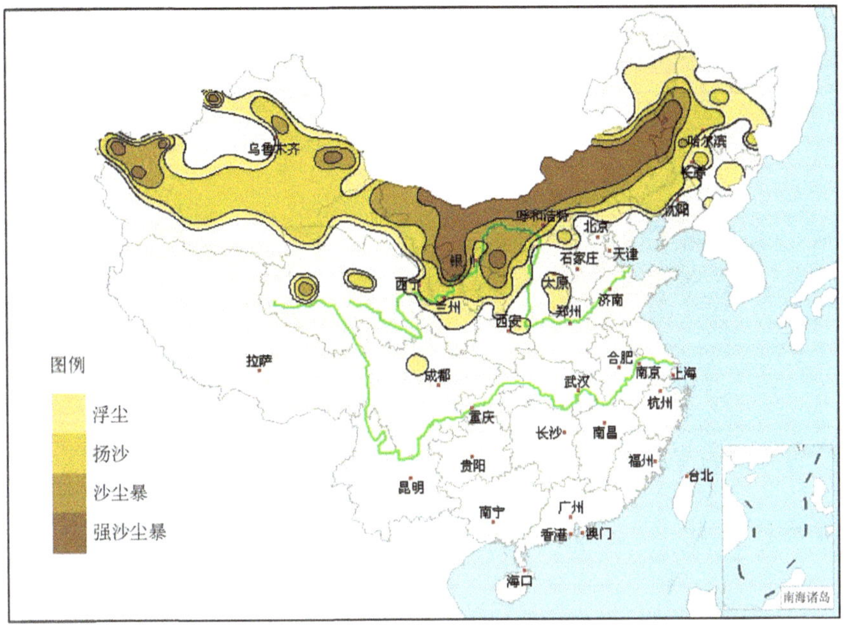

图 11.8　2001 年 4 月 5—8 日沙尘天气范围图

此次强沙尘暴过程是蒙古气旋强烈发展造成的，来自西西伯利亚的冷空气在向东移动过程中开始分裂，北段冷锋伴有气旋，移速较快；南段冷锋受地形阻挡，移速减慢。由于高空 500 hPa 槽前暖脊发展，在暖平流和有利地形共同作用下，4 月 6 日 14 时，在蒙古国中部有蒙古气旋强烈发展，大风条件形成；4 月 7 日 08 时，地面气旋东移到蒙古国东部并进一步发展，同时伴有沙尘天气发生（图 11.9）。

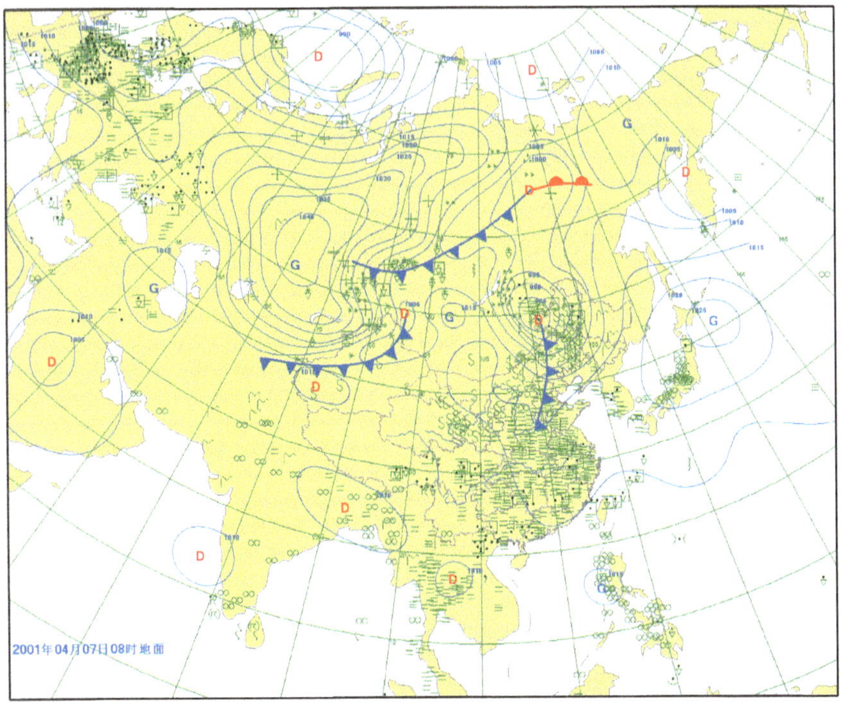

图 11.9　2001 年 4 月 7 日 08 时地面天气图

11.4.3 冷锋与蒙古气旋结合型

2002 年 3 月 18—22 日，我国西北、华北、东北等地区出现了一次强沙尘暴天气过程，新疆、青海、甘肃、内蒙古、宁夏、陕西、山西、河北、北京、天津、辽宁、吉林、黑龙江、山东、河南、湖北、湖南西部、四川东部等地的部分地区先后出现了大范围沙尘天气，其中内蒙古、甘肃中西部、宁夏北部、河北北部、北京、吉林西北部等地的部分地区出现了强沙尘暴。甘肃鼎新、内蒙古乌拉特后旗能见度曾经小于 50 m(图 11.10)。

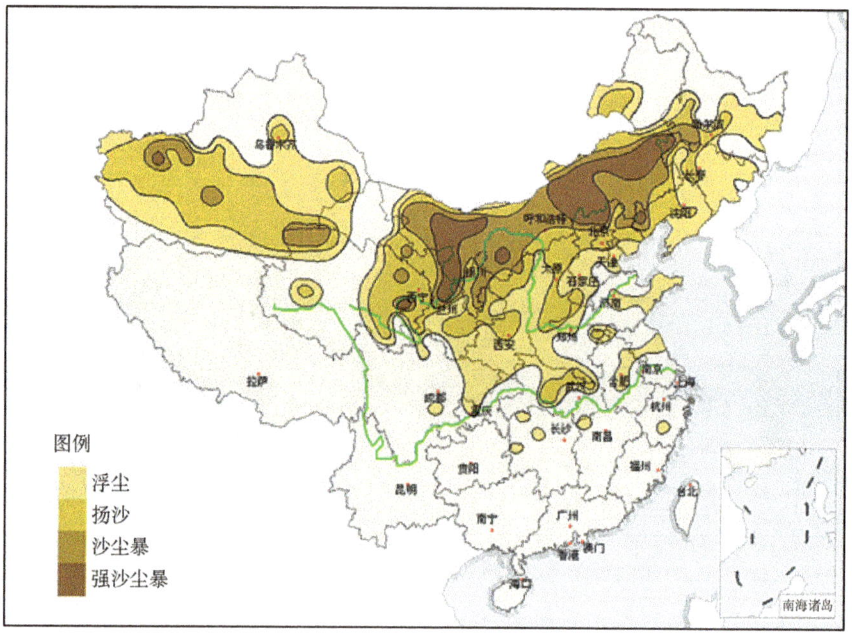

图 11.10　2002 年 3 月 18—22 日沙尘天气范围图

这次过程是高空 500 hPa 槽后一股较强的高空西北气流引导下的冷空气东移南下引起的，地面冷锋在东移过程中后部有较强的冷高压跟随，高压中心强度最强时达到 1060 hPa，高压前部等压线密集，同时配合有地面气旋强烈发展(图 11.11)。这些系统共同影响下，形成了北方一次强沙尘暴天气过程。

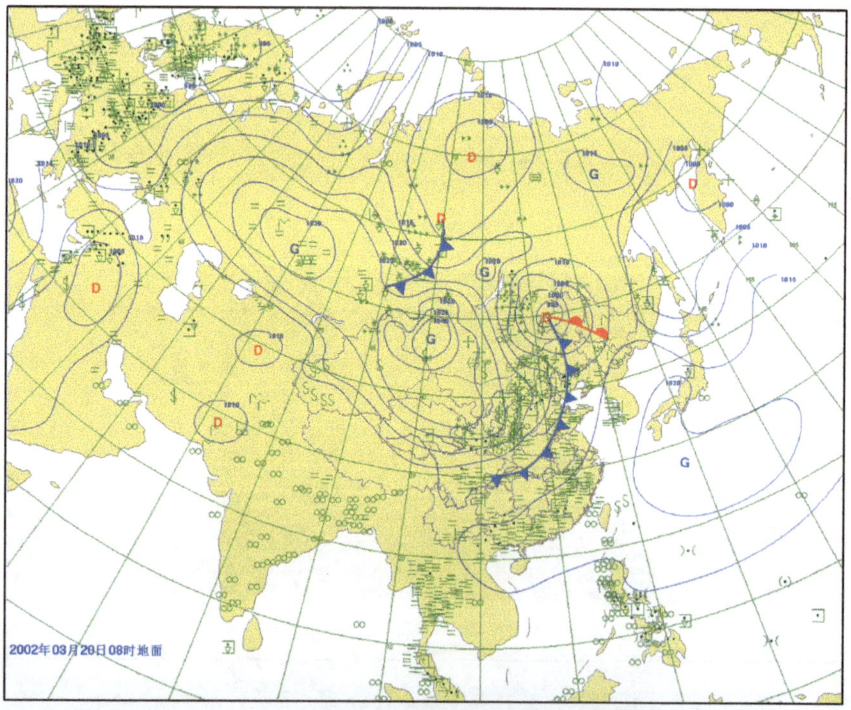

图 11.11　2002 年 3 月 20 日 08 时地面天气图

11.4.4　低压型

低压可分为锋前低压和热低压，引起的沙尘天气多为局地，强度偏弱。

2003 年 2 月 18—20 日，我国的西北地区发生了一次扬沙天气过程。内蒙古西部、青海西北部、甘肃中西部、宁夏及陕西北部的部分地区出现了扬沙天气，上述省区的局部地区还出现沙尘暴或强沙尘暴天气，甘肃安西的能见度曾达到 100 m(图 11.12)。

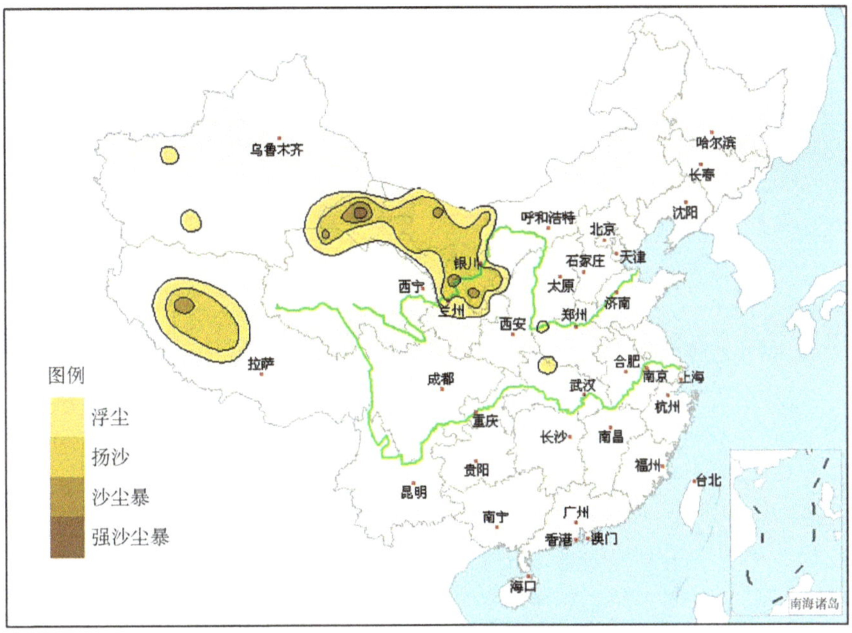

图 11.12　2003 年 2 月 18—20 日沙尘天气范围图

这次过程是高空 500 hPa 黑海至西亚一带长波槽东移，槽前暖脊发展，暖平流明显，引起地面减压，低压发展。2 月 18 日 14 时已在甘肃安西附近发展出一个弱低压，其发展有利于增加低压北侧和东侧的气压梯度，同时也增加空气的不稳定性，有利于沙尘天气发生(图 11.13)。

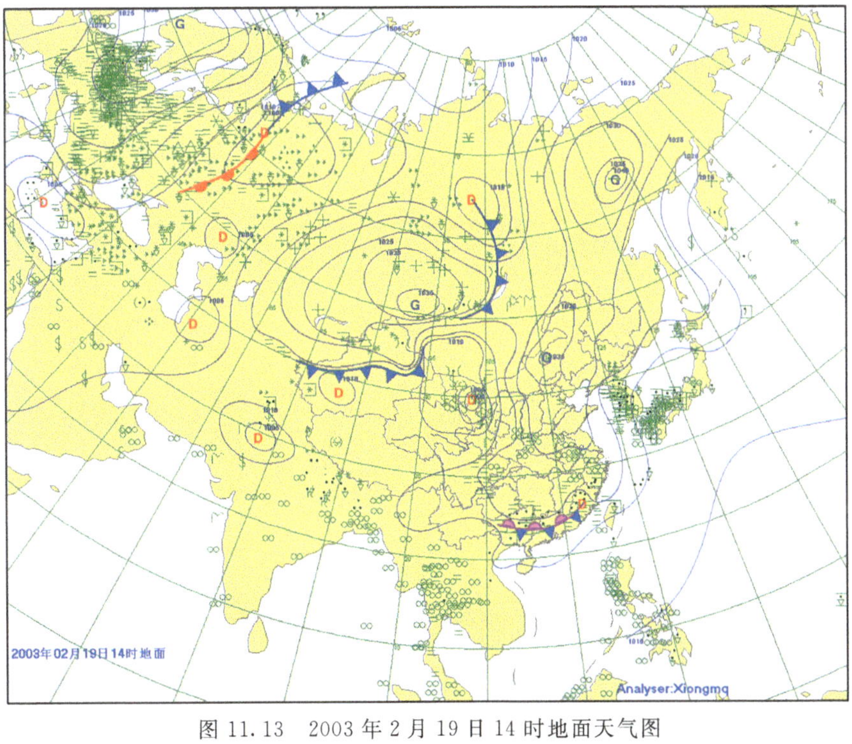

图 11.13　2003 年 2 月 19 日 14 时地面天气图

11.5 沙尘暴数值预报方法

11.5.1 沙尘暴数值模式

由于沙尘天气产生的物理机制复杂，影响其发生、发展的环境因素众多，通过数值预报模式来模拟其中的各种复杂过程，进而为沙尘暴预报开辟了新的途径。2000年起，国家气象中心由澳大利亚新南威尔士大学引进了 Shao 等(2003)集成的沙尘天气数值预报系统，并且与 T213 全球中期数值预报模式耦合成功，建立了国家气象中心沙尘天气数值预报实时试验系统。2002年的数值预报试验(赵琳娜等2002)表明集成的沙尘天气数值预报系统有能力对起沙、输送、沉降过程做出合理的预报，但同时也发现了一些问题以及需要改进的地方。2003年国家气象中心开展了沙尘天气实时预报试验，在此基础上对

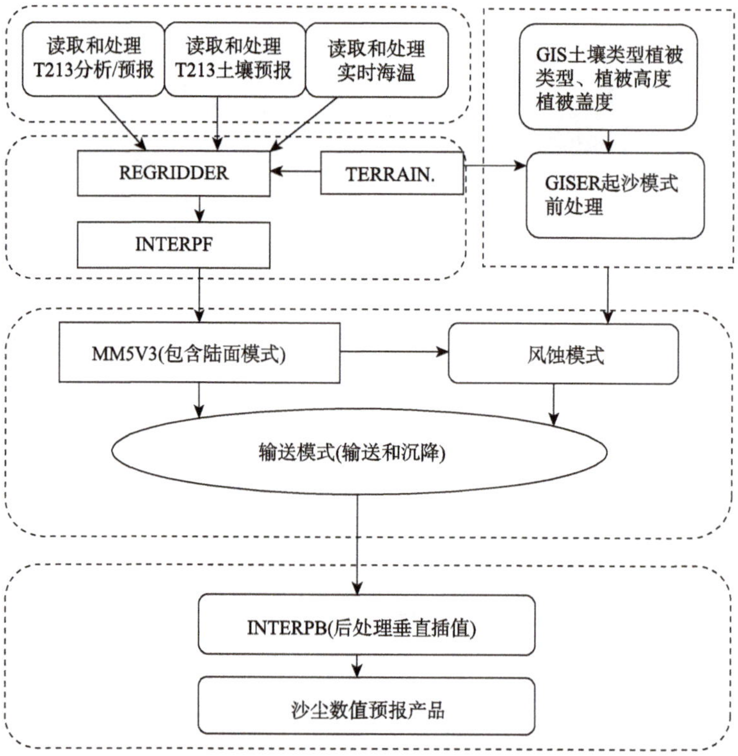

图 11.14 集成沙尘暴数值模式系统结构图

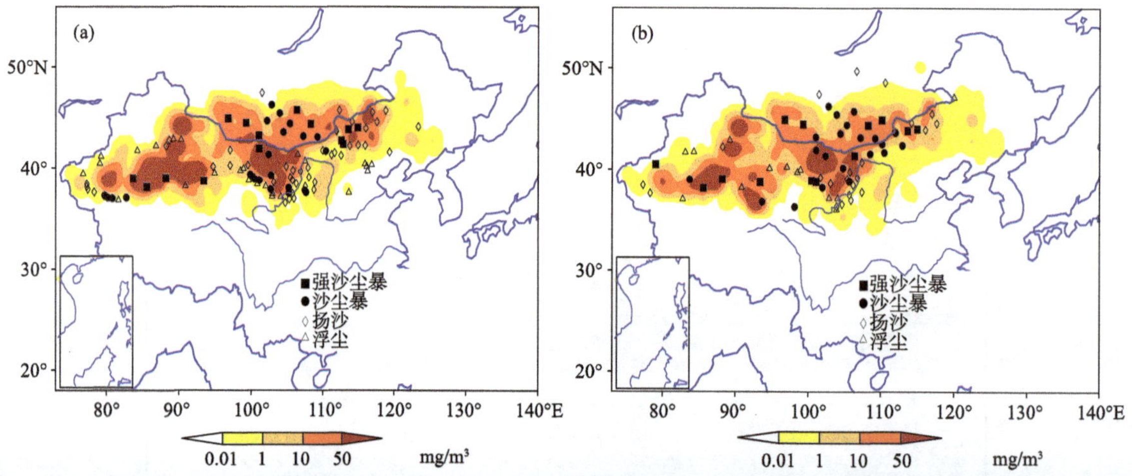

图 11.15 2006年4月10日14时(a)和17时(b)预报的地面沙尘浓度和地面观测天气现象对比

模式进行了改进和完善，逐步建立了国家气象中心业务沙尘暴数值预报系统(图 11.14)。该系统包括区域大气模式、陆面过程模式、风沙模式(包括风蚀、输送和沉降模式)和地理信息系统数据集。大气模式为风沙模式提供风速、降水等物理场；陆面过程模式和边界层过程分别预报土壤水分、摩擦速度等物理量的变化，同时为风蚀模式提供其他参数；风沙模式主要预报沙尘的源地、浓度与沉降传输；地理信息系统数据集提供了土壤类型、植被覆盖、植被类型、叶面指数等参数，为大气、陆面与风沙模式提供必须的输入参数。该系统可定量计算描述沙尘天气的物理量，主要包括地面沙尘通量、大气中的沙尘含量(沙尘浓度)(图 11.15)、沙尘的沉降以及沙尘的输送与移动路径等，预报产品提供给中央气象台预报员，并通过卫星通信系统 9210 下发到地方气象局为预报员提供参考，从而为沙尘(暴)天气的预报预警提供了科学和技术基础。

11.5.2 风蚀方案

这里重点介绍一下风蚀方案，风蚀方案是整个集成沙尘天气数值预报系统的核心。风蚀是出现在世界上许多干旱、半干旱地区和农业区的一种环境现象，是指土壤粒子在风强迫下运动的一种过程。这个过程有三个不同的位相阶段，他们具有不同的物理机制，主要包括 1)由风切变引起的地面粒子的卷积；2)由大气平流和湍流引起的粒子的传输；3)通过重力和干、湿清除引起的粒子的沉降。风蚀是许多物理过程相互作用的结果，受许多因子的制约。这些因子大致可以分为四类：大气条件(尤其是大气环流型、降水和湍流)，土壤特征(包括土壤结构、土壤聚合度和土壤水汽)，陆面特性(包括气动粗糙度、植被分布、非腐蚀因素)，实际应用中的地表分类。在一个风蚀事件中，来自不同类型的因子相互作用，在风蚀发展过程中，被风蚀的土壤表面特性也被显著改变了。和风蚀相关的几乎所有的物理过程，从卷积、传输到沉降都依赖于粒子尺度。通常定义“沙”为 60～2000 μm 之间的粒子，定义“尘”为小于 60 μm 的粒子。风蚀的发生是两类力作用的结果：气动力试图将粒子从地面吹起，然而诸如重力、粒子间的黏性力阻止这种吹起过程。第一类力通过摩擦速度 U_* 来量化，由地表面的风切变来度量。第二类力由临界摩擦速度 U_{*t} 来度量，U_{*t} 定义了要出现风蚀事件所需要的最小摩擦速度。U_* 与大气流的条件及地表气动特性有关，U_{*t} 与诸如土壤结构及植被覆盖等表层特性相关。对于干的、裸露的沙子土壤表层而言，U_{*t} 较小，风蚀事件容易发生。这两类力之间的平衡受到一系列复杂的环境因子的制约，通常来说，这些因子可分为 5 类，依次是：1)天气，包括风速、温度和降水；2)土壤类型(指随时间缓慢变化的条件)，包括影响土壤水文和植被生长的土壤结构和特性；3)土壤状态(指随时间快速变化的条件)；4)表层微小条件，例如气动粗糙度和植被覆盖；5)表层大尺度条件，例如陆地形状等。因此，风蚀在空间尺度上变化强烈，在时间尺度上断断续续。风蚀事件的这种零星特性，即使从定性的角度来说，对它做出模拟和预报也是一项艰巨的任务。

空气中粒子的运动有两个不同的模式，分别叫跳跃、悬浮，这依赖于粒子的尺度和大气流的条件。跳跃是指沙子尺度的粒子沿着风方向的运动，悬浮指尘尺度的粒子在气流中的飘浮运动。通过跳跃大量的土壤粒子能够沿风方向被输送。和沙粒子相反，尘粒子一旦在空中，将能够在大气中悬浮一段时间，然后被湍流驱散到大气表层以外，进而被远距离输送。悬浮在大气中的沙尘最终通过干、湿沉降到达地表面。干沉降是指通过湍流和分子扩散及重力沉降作用，空气中的沙尘粒子从大气到达地面的传输过程。而湿沉降是指通过降雨作用导致的沙尘粒子的传输。这两个过程具有同等重要性。首先，干沉降是一个流体动力学问题，它通过接近沉降面的一薄层来处理粒子的扩散，同时也包括许多很难量化的物理过程，诸如静电变化，干沉降研究的困难在于缺乏对接近沉降表面非常薄的一层的流场结构的详细认识。湿沉降包括雨滴捕获悬浮在空气中的沙尘粒子的过程，湿沉降的研究需要详细理解雨滴尺度的分布、粒子浓度和捕获机理。

11.6 沙尘暴短期预报

沙尘暴的产生主要是受三大因子支配：沙源因子、强风因子、边界层不稳定因子。因此，在对沙尘暴进行预报时，也必须综合考虑这三个因子及其相互作用问题。沙源因子是个地理条件，相对来说比较固定,一般来说总是存在的,它决定了沙尘天气发生的气候位置。强风是起沙的动力,是必不可少的一个条件。统计表明,春季起沙活动与大风日数的相关系数高达 0.946,说明风力条件的变化是决定起沙活动增减趋势的最直接因素。起沙风速各地不同,但一般至少需达到 6 级(10 m/s);南疆要小一些,4～6 级(≥8.0 m/s)即可起沙。如果大气运动以层流为主,地表的沙尘只是沿地表层运动,不会卷扬到高空,因此要产生沙尘天气,还需要另一因子——大气不稳定,不稳定的大气可以产生垂直运动,把低层的沙尘带向高空,这种不稳定可以是动力不稳定,如风速垂直切变较大;也可以是热力不稳定,如地表的强烈加热;或者是两者结合。

因此,沙尘暴的预报方法都是在综合考虑了以上三个影响因子的基础上建立起来的。

11.6.1 天气气候学预报方法

11.6.1.1 概念模型预报

概念模式是对观测现象的结构、机制和生命周期了解的概括。在许多情况下,它可以用来改进主观外推预报。王锡稳等(2003)利用 1955—2002 年甘肃省 80 个站的观测资料,对发生在甘肃境内的 64 个强或特强沙尘暴个例逐个进行了天气气候分析,总结了甘肃沙尘暴天气气候特点、沙尘暴爆发的天气类型、移动路径,获得了 97 条(略)客观定量预报规则,建立了沙尘暴概念模型,得出了沙尘暴短期和临近预报的着眼点。在此基础上,设计了中国西北地区沙尘暴监测预警人机交互预报平台,实现了沙尘暴监测预警预报业务化,最终做出沙尘暴有无和强度预报。利用沙尘暴分类建立的概念模型,对 2002 年 3 月 19 日沙尘暴进行了检验,能够准确预报。

11.6.1.2 气象要素特征量预报方法

沙尘暴主要由上面提到的三大因子支配,在沙源条件具备情况下,反映大风和不稳定的特征量可以有很多,如摩擦速度、大气稳定度指数、涡度和涡度平流、温度和温度平流、垂直运动及地形抬升作用、散度及高低空散度差、风垂直切变、各种能量、气压和温度的变化和梯度等。其中摩擦速度是一个可以综合表示风速、湍流和稳定度的量,具有速度的量级,用它对沙尘暴的行为进行描述比较合适。一般认为摩擦速度大于 0.6 m/s 就可以起沙,我国沙尘暴一般出现在摩擦速度大于 0.9 m/s 的大值区(孙军等 2001)。

实践表明,沙尘暴天气的形势特别是要素场,往往在它发生前 6 小时后发生跃变。这个跃变对沙尘暴预报很有指示性。为了取得较好的预报效果,表征构成落区的各种特征值(线),最好用沙尘暴天气发生前 6 小时内的实况资料或数值模式预报输出的产品作为落区预报中物理参数的特征值。通过模式输出诊断和地面实况分析,确定沙尘暴可能出现的区域。表 11.1 是蒋大凯等(2005)总结的 1971—2002 年各种天气类型沙尘暴发生时或发生前气象要素场和物理量场特征,根据实况观测和这些特征量生成辽宁沙尘暴天气客观预报产品,判定辽宁上游地区沙尘天气强度以及冷锋、低压等天气系统的移向、移速、强度变化,结合前期降水特点、沙尘暴各天气型特点、预报经验、中小尺度系统发展情况并综合分析卫星雷达产品等监测资料对辽宁沙尘暴天气进行监测预警。

表 11.1 1971—2002 年沙尘暴气象要素场和物理量场特征

天气类型	发生前 6～12 h 上游地区地面观测实况	天气状况	发生时				
			省内 Δp_3(hPa)	相对湿度(%)	地面 Δp_6(hPa)	850 hPa Δt_{24}(℃)	850 hPa 风速(m/s)
冷锋型	有大风、沙尘暴天气	多云、无明显降水	≥8	≤20	2～5	≥10	12～16
强降区动量下传型	有大风、沙尘暴天气	多云、无明显降水	≥10	≤20	3～5	≥12	12～20
热低压型	有大风、沙尘暴天气	多云、无明显降水	3～12	≤15	−3	≥10	8～14
蒙古低压型	有大风、沙尘暴天气	多云、无明显降水	3～10	≤20	−3	≥15	8～14

11.6.2 统计学预报方法

统计学方法在沙尘暴的预报中应用广泛，包括相似模拟法、相似判别法、人工神经网络系统方法、PP 和 MOS 数值预报产品释用方法等。

11.6.2.1 相似模拟法

沙尘暴的产生和发展变化总是与天气形势变化密切相关的，而天气形势特征集中反映在各气象要素场的形态、配置和强度特征等方面。因此按照一定标准客观描述这些特征，即可从众多的历史资料中找到相似的个例集，尔后对实时天气用等效模拟的方法做出预报。这种方法称为相似模拟法。如宁夏气象局建立的宁夏区域性强沙尘暴短期预报系统(赵光平等 2001)，通过对产生强沙尘暴天气三大因子的实时诊断，从强冷空气、热力不稳定和近地层环境分析入手，依据宁夏强沙尘暴天气预报的着眼点，在较全面地对产生强沙尘暴天气的三维空间物理结构和动力过程所进行的动力过程相似检验前提下，通过渗入有明确天气学意义并对宁夏强沙尘暴有实际预报能力的综合指标和组合模型，在天气系统自动识别技术的支持下，应用螺旋度修正方案确定强沙尘暴落区，建立自动、客观化的宁夏强沙尘暴天气监测和预报系统。目前该预报系统已完成了业务化完善及推广应用工作，近年来作为宁夏气象台强沙尘暴天气的主要预报工具，大幅度提高了宁夏气象台沙尘暴天气预报水平及服务能力，其预报准确率在 63%左右。

11.6.2.2 相似判别法

从大量样本中，把相似个例分类，对每类起始时刻的一些因子(参数)确定数值，在预报时用实时因子加以判断，这就称为相似判别法。如内蒙古自治区气象台沙尘暴天气的归类判别分析预报模式是在分析了历史上 40 年发生在内蒙古中西部地区的 37 场沙尘暴天气过程的基础上，总结归纳了 4 类大气环流类型(高涛等 2001)。参考 T. L. Saaty 提出的综合选优的方法，建立判别矩阵，然后计算归类判别函数，根据判别函数值判断实时待判样本的归属。参照归属类历史沙尘暴的天气形势和实况出现的范围和强度做出沙尘暴天气预报。该模式 2000 年开始应用于内蒙古地区的沙尘暴天气预报业务中，取得了较好的预报效果。它是一个客观化、定量化和计算自动化的实用的预报模式。

11.6.2.3 人工神经网络系统方法

人工神经元网络是近十几年得到迅速发展的一门非线性科学。它以抽象的人脑构造基本单元组成，模拟人脑的部分思维过程，例如人工神经元网络所能进行的感知、学习、自适应、联想、模式识别等功能。它有多种模式，这里采用的是三层反向传播 BP(back-ropagation)人工神经元网络建模过程。从有利于产生沙尘天气的环流形势、天气系统及一些物理量着手，利用选取的预报因子，经过样本训练，使用 BP 方法建立了我国北方沙尘暴短期预报潜势模型。该模型的输入因子是几个物理量场 REOF 展开的一些时间系数，输出为我国有无沙尘暴。建立我国沙尘暴预报模型。共建立 5 种沙尘暴预报模型，其中模型 2 预报效果较好，24 个沙尘暴日报出了 16 次，另有 8 次漏报和 13 次空报。预报成功界限指数为 43%，准确率为 83%(赵翠光 2004)。

11.6.2.4 PP 和 MOS 预报方法

中央气象台基于 T213 的物理量诊断建立了沙尘暴短期 PP 预报方法，通过对历史沙尘暴个例的诊断分析，找出与沙尘暴发生、发展有较好对应关系的 7 个物理因子及其阈值，并找出 3 个不利于沙尘暴发生、发展的修正因子进行消空处理。在此基础上，根据 T213 预报的物理量的多少自动制作沙尘暴短期落区预报。7 个物理因子是：

1)里查森数$\leqslant$10；

2)500 hPa 和 700 hPa 之间的风速切变$\geqslant$6 m/s；

3)700 hPa 的水平风速$\geqslant$12 m/s；

4)海平面气压场的变压风$\geqslant$2.5 m/s；

5)地面平均风速：南疆盆地取值为$\geqslant$4 m/s，其他区域取值为 8 m/s；

6)摩擦速度$\geqslant$0.2 m/s；

7)温度平流≤1.5×10^{-5} K/s。

3 个不利于沙尘暴发生发展的修正因子因素：

1)地表植被覆盖率；

2)地表积雪：若有积雪，则认为不会出现沙尘天气；

3)降水：若 T213 预报有≥2 mm 的降水，则认为不会出现沙尘天气。

沙尘暴 24 小时预报判断：

$$F=\text{格点所满足的因子个数}\times(1-\text{植被覆盖率})$$

即植被覆盖率越低，越易出现沙尘天气。对任一格点，若 $F\geqslant4$ 个，则认为该格点有可能出现沙尘天气。

11.7 中央气象台沙尘暴预警标准

国家气象中心对每年(重点是春季 3—5 月)移入或发生在我国天气预报区域内的扬沙以上沙尘天气过程按照其出现的先后次序进行编号(气发〔2003〕12 号)，编号用 6 位数码，前 4 位数码表示年份，后 2 位数码表示出现的先后次序，例如 2003 年出现的第 6 次沙尘天气过程应编为“200306”。

根据《国家气象灾害应急预案》的要求，中央气象台制定沙尘暴预警标准。

11.7.1 黄色预警

预计未来 24 小时 2 个及以上省(区、市)大部地区将出现能见度小于 500 m 的强沙尘暴天气。或者已经出现并可能持续。

11.7.2 蓝色预警

预计未来 24 小时 2 个及以上省(区、市)大部地区将出现能见度小于 1000 m 的沙尘暴天气。或者已经出现并可能持续。

参考文献

胡非，程雪玲，赵松年，全利红. 2005. 城市冠层中温度脉动的硬湍流特性和相似性级串模型. 中国科学(D)，**5**(增)：66-72

李倩，刘辉志，胡非，等. 2004. 大风天气下北京城市边界层阵风结构特征. 中国科学院研究生院学报，**21**(1)：40-44.

方宗义，张运刚，等. 2001. 用气象卫星遥感监测沙尘暴的方法和初步结果. 第四纪研究，**21**(1)：48-55

高涛，刘景涛，康铃. 2001. 沙尘暴天气的归类判别分析预报模式[J]. 甘肃气象，**2**：14-20

蒋大凯，陈艳秋，盛永. 2005. 辽宁沙尘暴天气预报方法研究[J]. 辽宁气象，**3**：5-6

刘景涛，钱正安，姜学恭，郑明倩. 2004. 中国北方特强沙尘暴的天气系统分型研究[J]. 高原气象，**4**：540-547

罗敬宁，范一大，史培军，等. 2003. 多源遥感数据沙尘暴强度监测的信息可比方法[J]. 自然灾害学报，**2**：28-34

罗敬宁，徐喆，马岚，等. 2004. 沙尘暴同一化监测模型与灾害评估研究. 气候与环境研究，**9**(1)：92-100

孙军，李泽椿. 2001. 西北地区沙尘暴预报方法的初步研究[J]. 气象，**1**：19-23

王锡稳，牛若云，冀兰芝，等. 2003. 甘肃沙尘暴短期、短时业务化预报方法研究[J]. 应用气象学报，**6**：682-690

王雪臣，程磊. 2004. 沙尘暴监测预警服务系统一期工程建设及应注意的问题[J]. 中国工程科学，**3**：64-67

延昊，矫梅燕，王建林，等. 2005. 热红外通道沙尘识别及敏感性分析. 应用气象学报，**16**(2)：238-242

曾庆存，董超华，彭公炳等. 2006. 千里黄云—东亚沙尘暴. 科学出版社

赵翠光. 2004. 人工神经元网络方法在沙尘暴短期预报中的应用[J]. 气象，**4**：39-41

赵光平，王连喜，杨淑萍. 2001. 宁夏区域性强沙尘暴短期预报系统[J]. 中国沙漠，**2**：175-181

赵琳娜，孙建华，赵思雄. 2002. 一次引发华北和北京沙尘(暴)天气起沙机制的数值模拟研究. 气候与环境研究，**7**(3)：279-294

Monim and Hu Fei. 2005. Surface roughness around a 325-m meteorological tower and its effect on urban turbulence. *Adv. Atmos. Sci* **22**(4)：595-605.

Shao Y P(邵亚平). et al. 2003. Northeast Asian dust storms: Real-time numerical prediction and validation, J. *Geophys. Res.* **108**(D22)：4691.

第 12 章 大风高温寒潮预报

大风、高温和寒潮也是影响我国的重要灾害性天气，它们带来的气象及衍生灾害损失，以及社会对其的关注程度都越来越高。本章对大风（除台风和强对流天气外）、高温和寒潮等灾害性天气的分布特征、环流特点和预报着眼点等进行了分析介绍，希望能对读者有所借鉴。

12.1　大风预报

一般将平均风速达到 6 级（10.8—13.8 m/s）以上的风称为大风。除台风带来的大风和强对流性大风外，一般而言，影响我国的大风天气主要有三类：冷空气大风、爆发性气旋大风和地形性大风。大风是一种强灾害性天气，给人类带来了很多灾难。大风不但可以破坏地表的植被，使土壤沙化形成沙尘暴，而且还可以损坏树木、电杆和电线，造成电力中断，甚至可以造成房屋倒塌，导致人畜伤亡等。同时大风也是大气微量和污染气体等的最有效的输送媒体，对大气环境质量和大气环境过程施加重要影响。此外，大风对陆路、海上和航空交通安全也构成极大的威胁。

12.1.1　时空分布特征

中国有三个大风多发区：一是青藏高原大部，年大风日数多达 75 天以上，是中国范围最大的大

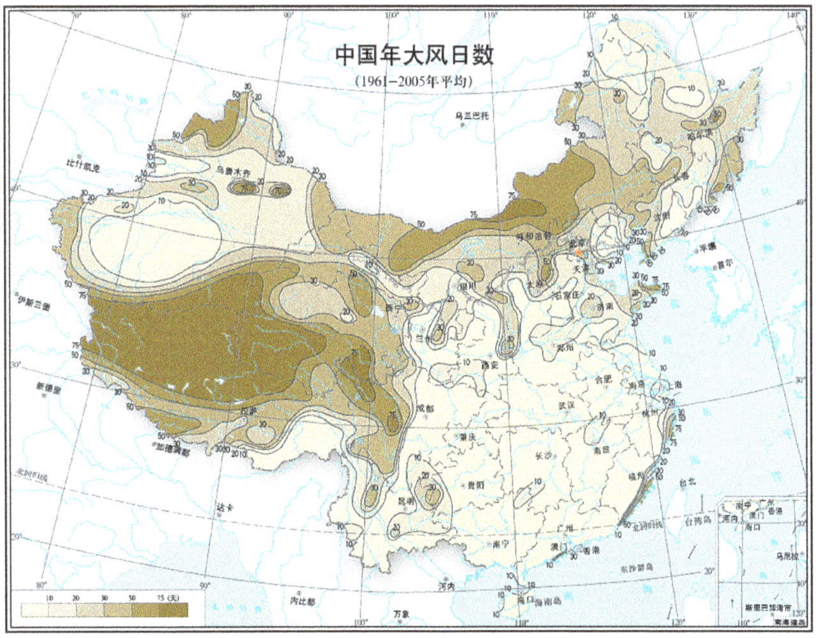

图 12.1　1961—2005 年平均中国年大风日数（中国灾害性天气气候图集 2007）

风日数高值区；二是内蒙古中北部地区和新疆西北部地区，年大风日数在 50 天以上；三是东南沿海及其岛屿，年大风日数多达 50 天以上。此外，山地隘口及孤立山峰处也是大风日数多发区(图 12.1)。

春季是中国大风出现最频繁、范围最广的季节。青藏高原和东北两地的大部及内蒙古、新疆两区的部分地区季大风日数在 10 天以上，局部地区超过 30 天；淮河流域至关中及其以南大部和塔里木盆地、准噶尔盆地在 5 天以下(图 12.2)。

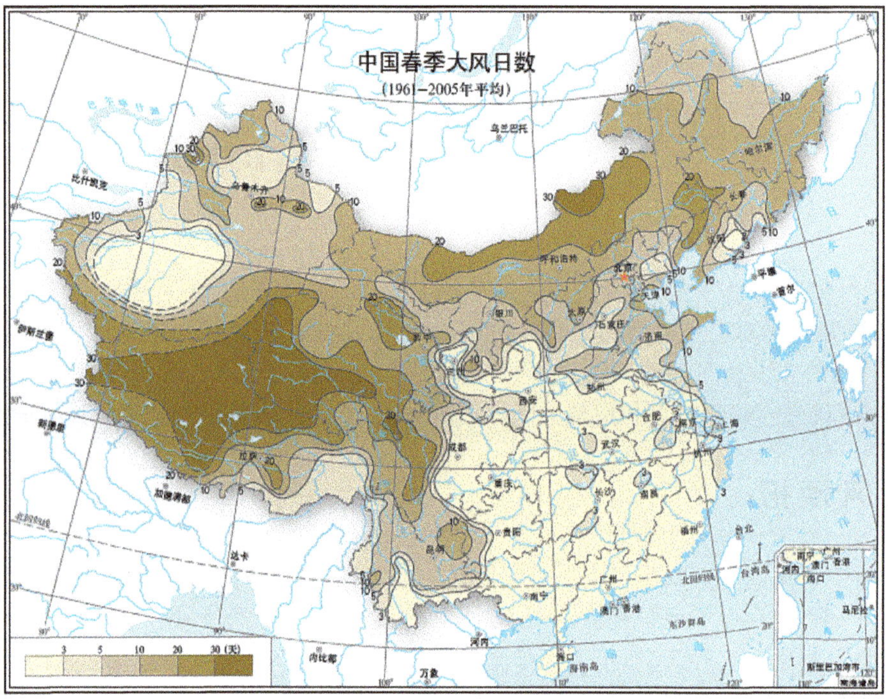

图 12.2　1961—2005 年平均中国春季大风日数(中国灾害性天气气候图集 2007)

夏季，青藏高原大部、西北大部、华北中北部、东北西部及东南沿海一带季大风日数为 3～10 天，部分地区超过 15 天；中国其余大部地区一般为 1～3 天(图 12.3)。

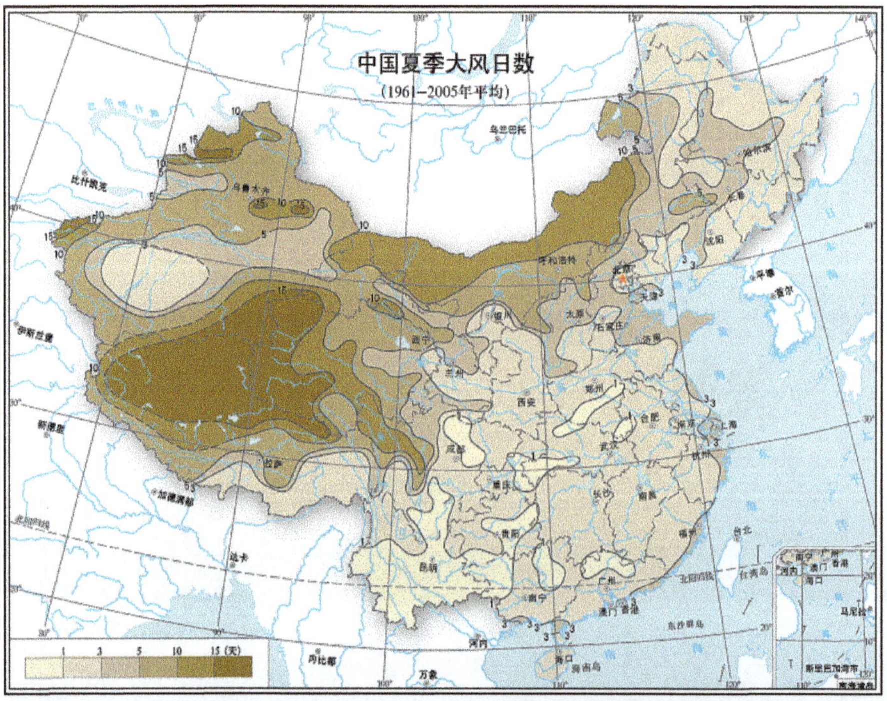

图 12.3　1961—2005 年平均中国夏季大风日数(中国灾害性天气气候图集 2007)

秋季是中国大风出现日数最少、范围最小的季节。青藏高原、华北、东北、西北大部和东南沿海地区季大风日数一般有 1～7 天，西藏西北部和内蒙古、青海、四川、新疆等省(区)的部分地区超过 10 天；全国其余地区不足 1 天(图 12.4)。

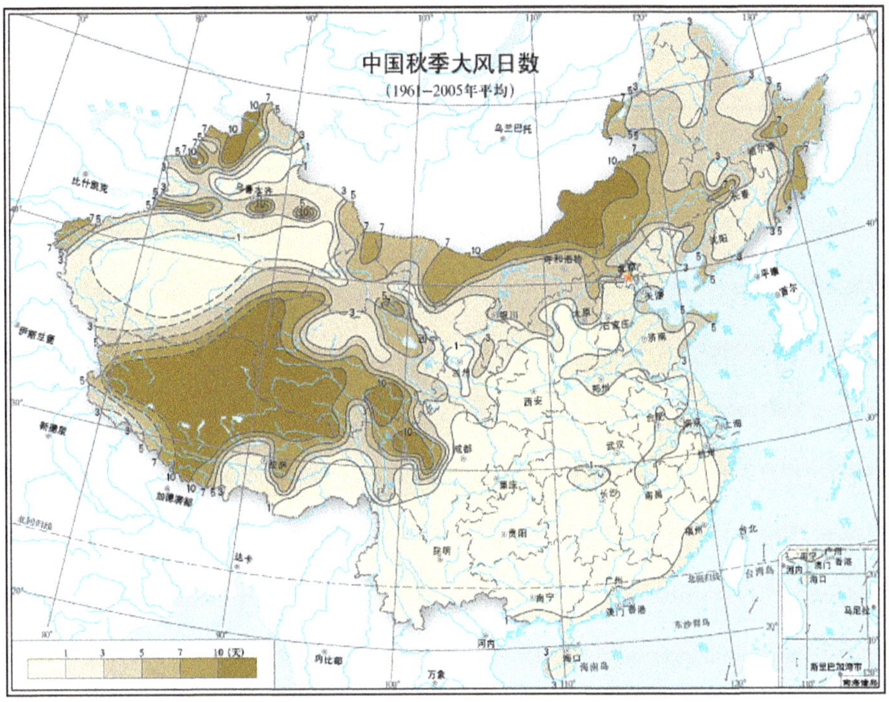

图 12.4　1961—2005 年平均中国秋季大风日数(中国灾害性天气气候图集 2007)

冬季，青藏高原大部及内蒙古、甘肃、新疆、黑龙江等省(区)的部分地区季大风日数一般有 5～10 天，西藏中西部、青海南部等地超过 20 天；中国其余大部地区在 3 天以下(图 12.5)。

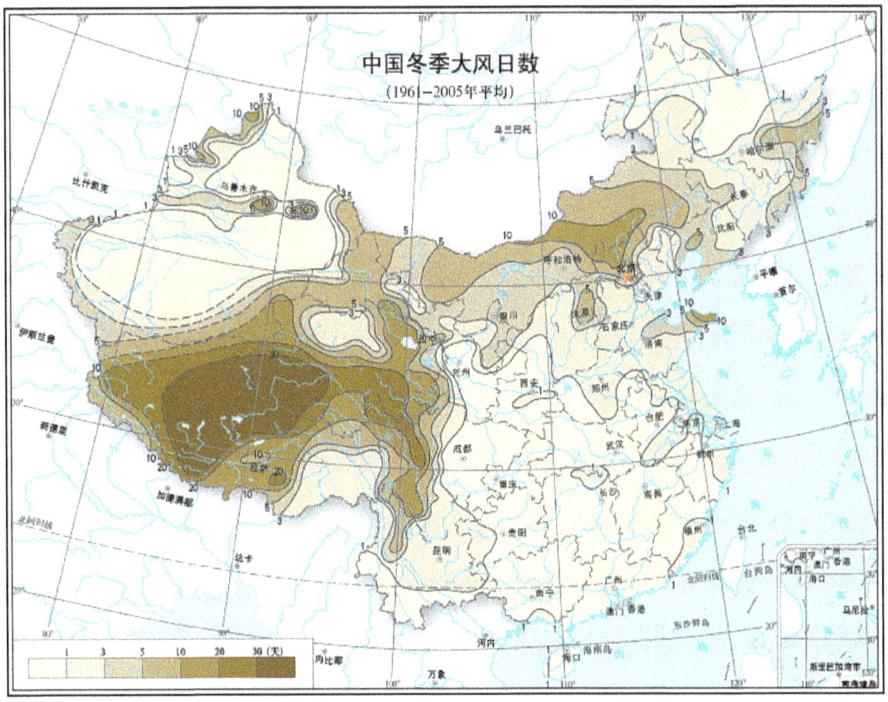

图 12.5　1961—2005 年平均中国冬季大风日数(中国灾害性天气气候图集 2007)

各站年大风日数极大值分布形势与年大风日数分布相似，也有三个明显高值区：一是青藏高原，有

200 天左右；二是内蒙古中北部和新疆西北部，多为 80～120 天；三是东南沿海及其岛屿，有 80～200 天。此外，受地形影响，局部地区如新疆的一些风口区和东部地区的一些孤立山峰，可达 120～200 天（图 12.6）。

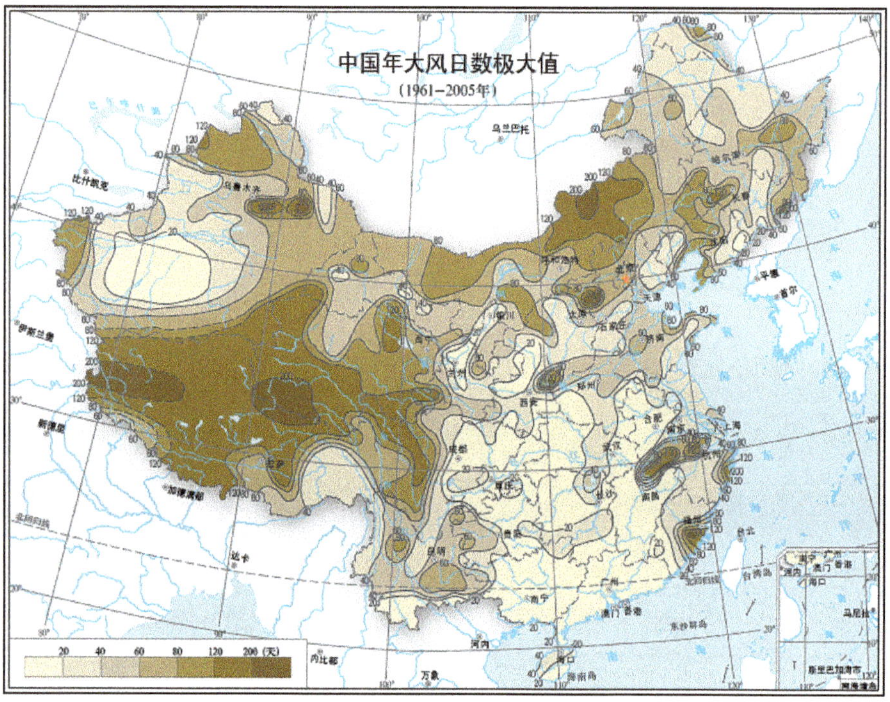

图 12.6　1961—2005 年中国年大风日数极大值（中国灾害性天气气候图集 2007）

中国年大风频次平均值为 13983 站日，平均每站年大风日数为 20 天；1966 年出现大风频次最多，为 21377 站日；1997 年最少，仅为 8715 站日。20 世纪 90 年代以来中国年大风频次呈明显减少趋势（图 12.7）。

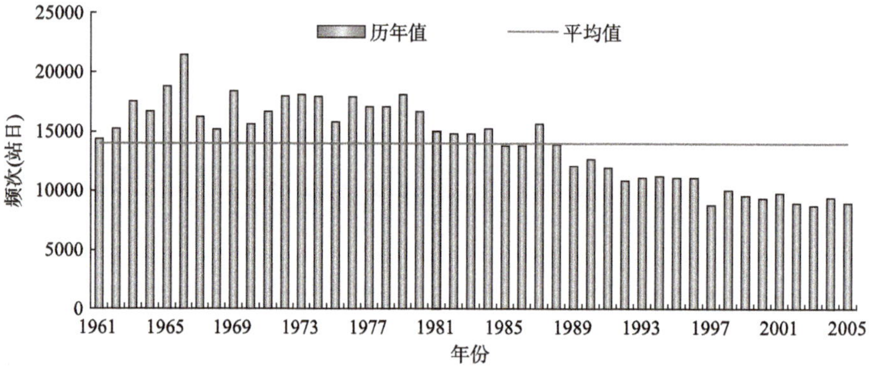

图 12.7　1961—2005 年中国年大风频次变化（中国灾害性天气气候图集 2007）

12.1.2　冷空气大风预报

顾名思义，冷空气大风是指由于强冷空气气团袭来而引发的大风天气。秋冬季节，强冷空气或寒潮天气最突出的表现是大风和温度剧降。春季，强冷空气或寒潮除了带来大范围大风和强烈降温外，还给北方带来扬沙和沙尘暴。

冷空气大风的发生与强冷空气的活动密切相关。伴随强冷空气的东移南下，地面庞大冷高压前部的冷锋是触发冷空气大风产生的主要系统。而且，冷空气的强度也能反映冷空气大风的强弱。强冷空气或寒潮冷高压一旦进入我国，必然带来冷空气大风的爆发南下。地面冷高压处在高空槽后脊前偏北气流中，冷高压的发展机制主要是高层负涡度平流。因为高层风一般都很大，负涡度平流很强，其绝对值比局地涡度变化的绝对值大，因而伴有高层辐合、低层辐散，故而盛行下沉运动。冷空气活动主要出现在冷高压的东南部，冷高压的前沿一般都有冷锋存在，如果冷空气很强，达到寒潮强度，则寒潮前沿的冷锋也被称为寒潮冷锋。大风天气常常在冷锋后部产生。由于寒潮冷锋的移速愈往南愈慢，有时会在南岭以北地区趋于准静止状态，所以，南方大风持续时间往往比北方长。

12.1.2.1　冷空气大风的天气形势

冷锋后的偏北大风是我国经常出现的一种大风形势，特别是冬季和春季；冷锋后产生偏北大风的现象，实质上是由于锋后有强的冷空气活动的结果。在天气形势上表现为：高空有比较深的冷槽，槽后有较强的冷平流，与之配合的地面冷锋后有比较强的冷高压。

通常，冬春季冷空气大风 500 hPa 典型环流形势主要有五类，即小槽发展型、低槽东移型、横槽转竖型、纬向环流型和低槽旋转型。尽管每次大风天气背景条件各不相同，但一般来看，寒潮爆发或强冷空气大规模南下，首先需要有冷空气的积聚，即酝酿阶段。这时，南北空气交换少，有利于冷空气的积聚，同时也是能量的积聚过程，为冷空气向南爆发作准备。其次，大量冷空气积聚后向南爆发，即爆发阶段。这时，伴有大范围的强偏北风，在空中有较强的长波槽脊的配合，即在我国东部存在大槽，西部存在大脊，我国正好位于槽后脊前。如图 12.8 所示，这是一次典型的横槽转竖型过程，可清楚地显示寒潮爆发的两个阶段。

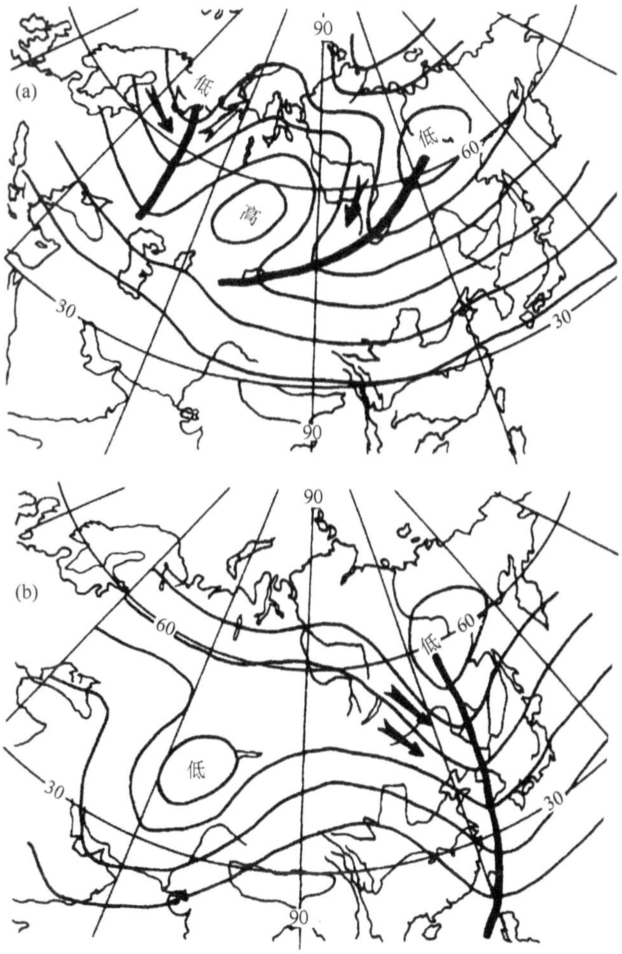

图 12.8　横槽型寒潮大风过程的 500 hPa 形势示意图。(a)酝酿阶段；(b)爆发阶段
（实心箭头表示冷平流，空心箭头表示暖平流）

天气分析表明，强冷空气或寒潮爆发南下，往往是一次高空槽发展加深成东亚大槽的过程，槽后的偏北气流不仅为冷空气南下提供了合适的环流条件，而且随着槽的不断发展加深，气旋涡度不断加大，使冷空气能保持一定的厚度和强度。

冷空气大风过程需要具备两个基本条件：1)要有冷空气的酝酿和积聚过程，即冷源条件；2)要有引导冷空气入侵我国的合适流场，也即引导条件。

12.1.2.2 冷空气大风分析思路与预报着眼点

(1)风与气压场的关系

在中高纬度，风场与气压场基本上符合地转风、梯度风原理。

寒潮冷高压和冷锋加强
寒潮高压前气旋加强 } 冷锋后北风加大

通常，冷空气或寒潮强度越大，则冷空气大风也越大。中央气象台曾利用两个站的气压差来预报北京地区的大风。预报经验表明，对于西北路径的冷空气，如乌兰巴托与北京气压每差 4 hPa，则风力增加一级；呼和浩特与北京气压每差 2 hPa，则风力增加一级；当呼和浩特的气压比北京高 12 hPa 时，就可预报北京将出现 6 级偏北大风。

(2)摩擦作用对风的影响

下垫面摩擦作用〔使〕{ 风速减弱
风向偏向低压一侧

气压梯度相同 { 陆地上风小
江河湖海风大

地表摩擦作用对地面风影响很大。由于摩擦作用小，冷空气大风常在海区附近发生。林曲风等(2000)对造成烟台 1999 年“11.24”海上沉船事故的寒潮大风天气的分析表明，它与黄河气旋的适度发展以及寒潮大风的入海加强有关。此外，在黄海南部和东海北部海域，当冷空气过境时，由于海洋表层环流所决定的海表热力状况以及海—气热量交换远海较近海小等因素，造成了冬季冷空气大风普遍存在着远海风力小于近海风力，此差值一般为蒲氏风力 1 级，这一结论可作为海区冷空气大风预报的参考。

(3)温度层结对风的影响

层结不稳定 { 动量下传强，地面风加大
晴天午后、锋线前后、春季、夏季风日变化大

层结稳定 { 动量下传弱，地面风小
阴天、晚上、冬季风日变化小

对 2004 年 12 月底的一次冷空气强风过程的分析表明，冷空气南下与东海低压的发展造成的气压梯度、高低空较强的冷平流以及中低空辐合辐散差异引起的动力强迫下沉作用所造成的动量下传是造成猛烈强风的主要原因。最大强风发生区域和发生时间既与低层和中层 700 hPa 分别转为辐散和辐合中心对应，又与中低层 700 hPa 以下正好处于下沉速度中心附近对应。

在实际的天气预报中，有时发现地面等压线并不密，可是实际风力较大，特别是冷高压的东半部常有此情况，这常是动量下传的结果。

(4)变压场对风的影响

变压风是造成地转偏差的重要因素。

变压风 { 风向——变压梯度方向
风速——变压梯度越大，风速越大

一般而言，冷锋后最大风速常出现在正变压中心附近，即变压梯度最大的地区。江苏近海强风过程的预报经验表明：地面风场的发展和移动与地面变压场演变密切相关；对流层中低层冷平流的扩散对近海大风的形成作用更为显著；地面风场发展时，冷平流区有明显下传发展的特征；强冷空气伴随的冷平流使得地面正变压场加强，变压梯度增大，地面气压梯度迅速增加，促使沿海强风的形成。

12.1.3 爆发性气旋大风

温带气旋具有爆发性发展和缓慢演变两种过程。20 世纪 80 年代早期，Saunders 和 Gyakum 首先

给出了爆发性气旋的定义，他们把 24 小时内海平面气压下降达到和超过 24 $\sin\theta/\sin60°$(hPa)的气旋称为“气象炸弹”即爆发性气旋(式中 θ 为地面气旋中心所在的纬度)，并将此临界值称为 1 个贝吉隆(Bergeron)，简称“B”。通常，爆发性气旋是指在短时间内海平面气压急剧下降、中心强度急剧发展的温带气旋。爆发性气旋发展强度可以达到 1 hPa/h，24 小时内至少下降 24 hPa，这种突然发展的气旋平均风速都在 20 m/s 以上，有的风速达到 30～40 m/s，达 12～13 级。爆发性气旋大风强度完全可以和台风相比，其大风影响半径随着气旋的爆发性发展而不断增大，有时可达 2500 km 以上，这是台风所无法比拟的。

爆发性气旋的产生不仅在地理位置上有明显的密集性，而且在时间上也具有相对的集中性。东亚地区爆发性气旋在冬季以 12、1 和 2 月份为最多，而北美地区的爆发性气旋在 1 月份为最多。爆发性气旋发生的频率相对较低，但其每一次发生均能造成大风、暴雨或暴雪等恶劣天气。中心气压骤降、风力猛增、大风范围扩大是爆发性气旋的主要天气特征。气旋爆发前中心气压一般比较高，风力也不大，通常在 6 级左右，往往被船舶驾驶人员所忽视。然而，气旋经 12 小时或 24 小时强烈爆发后，风力猛增到 9～11 级，甚至达到台风的强度，强风范围也随之扩展到上千千米，狂风巨浪对中高纬度作业的船舶构成严重威胁，甚至造成轮船倾覆，因此做好爆发性气旋大风的分析预报对防灾减灾有重大意义。张永宁通过统计发现，西北太平洋的气旋爆发性发展以后，在暖锋天气区，风向偏东，风力可达 6～8 级，常伴随降水，能见度较差；在冷锋天气区，风向偏北，风力可达 9～13 级。若以气旋中心为原点将其分为四个区域，即东北、西北、西南和东南，最大风速出现最多的为西南区，约占 55%；其次是东南区，约占 25%；西北区约占 12%，东北区约占 8%。

12.1.3.1 爆发性气旋大风的形成条件

对于爆发性气旋的发展问题有不少研究，尤其是对于海洋爆发性气旋发生发展的物理原因和机制的研究。对于海洋上的温带爆发性气旋，重要的影响因子有涡度平流、温度平流、凝结潜热释放、摩擦作用及斜压不稳定等等。经典的挪威学派强调低层的斜压扰动。Petterssen 总结的 A 类气旋发展斜压不稳定引起扰动增幅并从低层开始，具有明显的锋区和斜压性，温度平流在此类气旋发展中起着主要作用；其 B 类气旋发生发展的启动机制在高空，与 A 类气旋不同，B 类气旋在发展时低层不一定有锋面存在，高空温度平流是气旋发展的主要因子，气旋发生在高空槽前正涡度平流赶上并叠加在地面冷锋上方的时候。有时，在气旋爆发过程中常伴有很强的副热带西风急流，高空的强迫作用很重要，在爆发前 12 小时高层辐散风能量明显增大。斜压不稳定机制在气旋爆发性发展中有重要贡献，在气旋快速发展过程中斜压区的影响不可忽视。

对 1975—1984 年冬季北太平洋爆发性气旋资料的分析显示，爆发性气旋与周围主要天气系统的关系密切，冷高压通常聚集在华东沿海，与日本东北方洋面气旋最容易爆发的地区相配置，导致我国台湾到日本以南洋面成为气旋冷锋最活跃的地区，爆发性气旋的西南象限是气旋大风分布最广、风力最强的象限；同时气旋暖区近锋面一带即存在一支强劲的西南大风区，为此，日常在制作爆发性气旋的大风预报时，需对其暖区高压外围的偏南大风给予足够的重视。气旋爆发后的路径趋势取决于形势演变，形势调整时气旋爆发后的路径随槽前引导气流的变化而改变。引导气流逆转，经向风加大，气旋的移向偏北分量将加大；引导气流顺转，纬向风加大，气旋后期移向偏东的分量将加大。

一般来说，陆地气旋很难达到上述海洋爆发性气旋发展的标准。但它们作为快速发展气旋对春季大风的产生，尤其是在前期降水较少、土壤干燥的情况下，很容易引发北方地区沙尘暴的发生，因而它是一类非常值得关注的系统。

12.1.3.2 爆发性气旋大风的预报思路

爆发性气旋大风的形成，必须具备以下大尺度环境条件的基本特征：有利的中、低层斜压环境；适当的水汽条件与低空急流存在；高空急流出口区北侧的强辐散环境；大气层结位势不稳定；东亚大陆地形有利于造成东亚沿岸的强斜压区，形成沿海大风和强风区。

海上爆发性气旋大风的预报实际上就是冷空气入海后由于下垫面摩擦减小、海表热力作用、高空动量下传以及周边补充冷空气等因素影响造成地面气旋急剧降压，使得气压梯度猛烈发展变化的预报。我国沿海气旋主要来自黄河气旋、江淮气旋和东海气旋。在强烈发展的气旋中，暖区出现偏南大风，冷锋后的冷区则出现西北大风。偏南大风多出现在春季，如东北气旋、江淮气旋、东海气旋在发展过程中经常有大风出现。东北地区偏南大风往往范围广、风力强，常可达 6～8 级，高空偏南气流与地面偏南气流相互叠置的地区有利于大风的出现。

陆地爆发性温带气旋大风的预报着眼点是关注地面低压的突然发展和加强。重点分析：

1)温度平流、涡度平流的作用：气旋发展初期和发展成熟期，温度平流是气旋发展的主要因子，涡度平流在气旋开始发展时有作用，但涡度平流较温度平流弱。

2)斜压性对气旋发展的作用：特别是气旋周围低层的斜压作用，通过计算对流层低层到中层锋生函数，气旋的发展加强与锋生函数大值区的发展密切相关，斜压强迫是气旋发展加强的主要因子。经验显示，地面 3 小时变压也是一个较好的参考指标。

3)气旋发生发展过程中高低层系统的相互作用：加强对等熵面上的风场分析，判断气旋发展过程中是否存在冷空气下沉并向南扩展以及暖空气向上、向北移动的过程。一般而言，蒙古气旋东南移发展过程中，对流层中、高层有一个相对的高位涡区从蒙古向东南移向中蒙边境；对流层低层也有个相对较高的高位涡区从内蒙古向东北移至中蒙边境；高空和低空的两个位涡大值区相互连接、合并，存在着明显的高低空系统的相互作用。移动过程中高位涡区始终与气旋发展的区域相配合。气旋发展位于位涡大值区前沿的东南侧，气旋的发展与冷空气活动关系密切，且高低空的相互作用明显。

12.1.3.3 爆发型气旋大风个例

2000 年 4 月 5—7 日，一次蒙古气旋的快速发展引发地面大风，造成华北出现严重沙尘天气，东北、江淮、江南地区以及朝鲜半岛和日本均受到浮尘影响。以北京市而言，4 月 6 日 9 时，风速突然增至 6～7 级，最大瞬时风力达 8 级，能见度也由 6 km 左右降到 2 km 左右，小于 1 km(沙尘暴)时段达 2～6 个小时，南苑机场能见度最低时只有 500～600 m，给交通运输、飞行、高空作业造成严重的影响。同时，沙尘暴天气也造成北京地区空气质量严重污染。

图 12.9 为 2000 年 4 月 5 日 09 时—6 日 00 时海平面气压分布图，可以看到气旋移动、演变和发展的全过程。5 日 09 时，有一地面低压槽从蒙古国东南部伸向我国内蒙古西北部地区。在此倒槽内有一弱的低压存在，中心气压约为 1000.0 hPa。而我国内蒙古东部和东北地区则被一个高压脊控制。到了 5 日 12 时，1002.5 hPa 等压线出现闭合，此后该气旋稳定少动。15 时气旋进一步加深，5 日 21 时，997.5 hPa 的闭合等压线形成。仅仅 12 小时气旋就从发生到急剧发展加强，气旋后部出现地面大风，大风中心达 14 m/s。从位于气旋中心附近的阿尔山站看，5 日 12 时至 6 日 00 时这一段时间气压下降幅度为 12 hPa(相当于 1 hPa/h)，表明该气旋发展速度达到爆发性气旋强度。

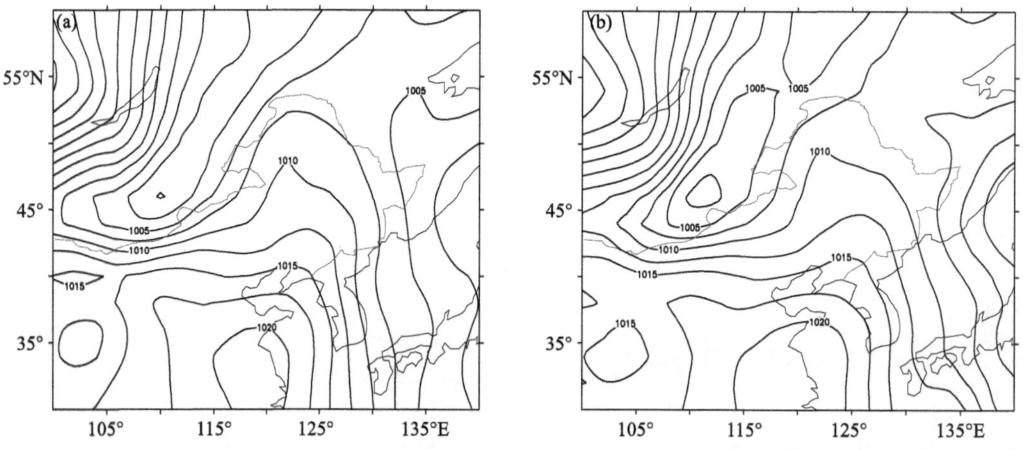

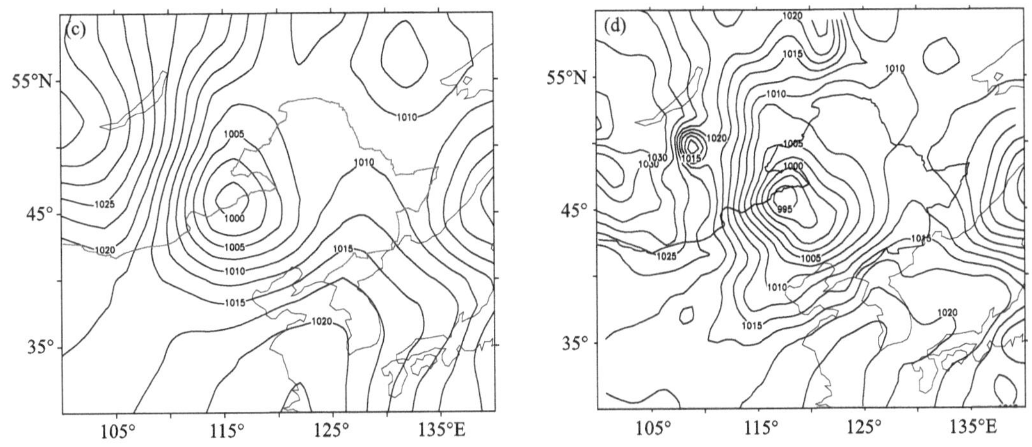

图 12.9　2000 年 4 月 5 日 09 时—6 日 00 时(UTC)海平面气压演变(单位:hPa)
(a)5 日 09 时;(b)5 日 12 时;(c)5 日 18 时;(d)6 日 00 时

5 日 12 时气旋初生期,沿 47°N 的温度平流剖面图上,从地面到对流层中层均为冷平流控制;400 hPa以上为暖平流,冷中心分别位于 800 hPa 和 300 hPa,且冷平流势力较强。这股冷平流也随气旋缓慢东移,到 18 时(图 12.10),气旋爆发时冷平流达最强,中心值达 64 K/d,很明显高空为暖平流,低层是冷平流,温度平流随高度是减弱的。由地面气压的发展方程得知,地面到无辐散层的平均暖平流有利于地面气旋的发展。此后,该冷平流始终与气旋相伴。相应的径向剖面图上及 850 hPa 温度平流图上也可以得到类似的结果。很明显,高空温度平流在该气旋的发生和发展中起了主要作用。

在气旋发展前期 5 日 12 时 500 hPa 高度场上,贝加尔湖附近(110°E)有一浅槽,槽的南部伸至 45°N,槽上与槽前略有疏散,说明槽前有正的涡度平流。该高度槽后有一温度槽相配合,温度槽明显落后于高度槽,槽前北行的暖平流和槽后南下的冷平流十分有利于高层扰动的维持和加强。同时,槽轴和脊轴均向西倾斜,这表明水平温度平流使扰动的有效位能增加,垂直环流又使有效位能转换为扰动位能。槽前我国东北地区为暖脊控制,暖平流较强,相应 850 hPa 高度场该地区的暖平流较 500 hPa 上的强,高空槽前南端地面上有一个气旋波动。6 日 00 时,低槽加深并向原先槽前暖平流的区域移动,且离地面气旋的距离越来越近。温度场也有所变化,原先槽后－30 ℃的冷舌也伸向地面冷锋的位置。此时,气旋发展加深为 995.0 hPa,地面气旋后部的气压梯度增大,强风区增强,大风中心达 16 m/s。

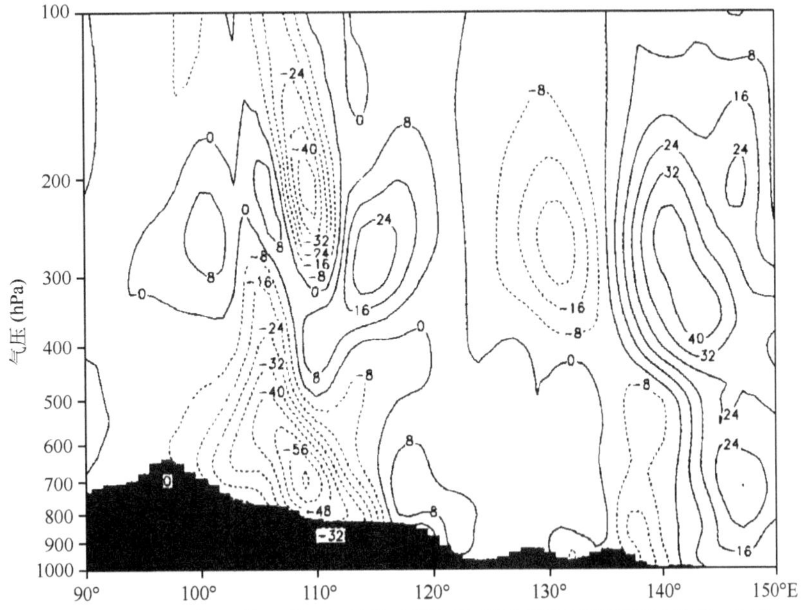

图 12.10　2000 年 4 月 5 日 18 时沿 47°N 温度平流垂直剖面图(单位:K/d)

12.1.4 地形性大风

以中尺度(10～300 km)的范围为限，在局部地方吹的风叫地形性风。在地形性风中有海陆风、山谷风等因地面增温不同而产生的风和由于越过山地或绕过山地而受到变形的风，即焚风和布拉风(bora)等。海陆风和山谷风是以一天为周期而变化的风，因此比较弱，但焚风和布拉风则在局部范围内很强烈，有时会造成巨大的灾害。

12.1.4.1 海陆风

晴天，海面和陆地增温的方式不同。因此，在海岸附近，昼间吹着由海面向陆地的海风，夜间吹着方向相反的陆风，两者合在一起，总称为海陆风。地面温度存在日变化，可是海面温度几乎不发生变化。日出后，在陆地上由于湍流热从增温的地面向空气中输送，因此气温随之上升；另一方面，海上的气温不发生变化。所以，在地面附近产生由海向陆的气流。在陆地上由于辐合产生上升气流，在海上由于辐散产生下沉气流，在边界层上部，作为补偿流产生由陆地吹向海面的风，形成海陆风环流。夜间，由于辐射地面温度下降，海面温度不发生变化，因此产生与昼间方向相反的环流。海风在13—14时前后达到最大，陆风在1—2时前后达到最大，但是海风比陆风要强，这是因为昼间地面附近的层结变得不稳定，湍流混合强烈，陆上气温上升所达到的高度增大。与此相反，夜间地面附近的层结稳定度大，因此陆风相对地减弱。海陆风在日射强的夏季，越是晴天越容易发生。同温带地方比较起来，热带的条件更好。海风吹向陆地可达离海岸线约20～40 km或更远的地方，而陆风的规模则小得多，在10 km以下。此外，海风所达到的高度为500～800 m，在该高度以上吹着方向相反的风。陆风所达到的高度要低得多(图12.11)。

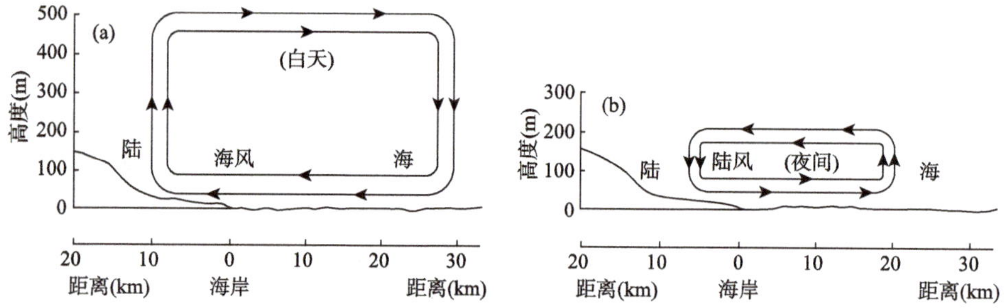

图12.11 海陆风环流示意图。(a)白天，(b)夜间

12.1.4.2 山谷风

山区地形是由各种地形单体组成的，不同地形由于辐射条件不同，所以热力条件也明显不一致，导致局地环流的形成，山谷风是最典型的例子。晴朗的白天，山坡及其附近的空气比离开山坡的自由大气增温快；而夜间则与此相反，山坡上的空气降温快。由于这种温度差，便发生如同海陆风那样的环流。也就是说，产生昼间沿山坡上升的气流，而夜间则产生沿山坡下降的气流，前者叫谷风，后者叫山风(图12.12)。山谷风越是在南坡越显著。一般说来，谷风较强。但是，如果山谷具有枝状的地形，有时夜间沿各支谷下降的山风便向主谷汇集，下降速度更快，在山麓形成强风。这种风有时也达到20 m/s，也被称为下吹风(Katabatic wind)。

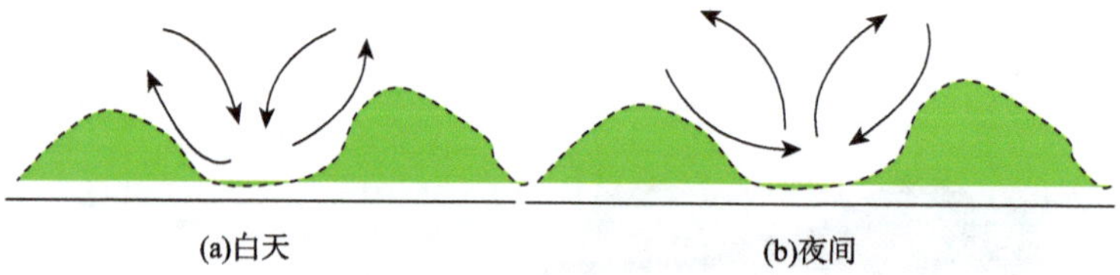

图12.12 山谷风环流示意图

12.1.4.3 下山风——焚风和布拉风

在山麓地区，有时受到从山上吹下的强风的袭击。这种风使山麓的建筑物、农作物、渔船等受到很

大的危害。这种自山上吹下的强风叫下山风。根据与温度有关的特征，下山风可分为焚风和布拉风。在背风面山麓，具有高温低湿的强风叫做焚风，具有低温低湿的强风叫做布拉风。焚风本来是对欧洲阿尔卑斯山脉谷地内由南方吹来的强风所取的名称，而布拉风则是对南斯拉夫的达尔马提亚山脉北面吹来的东北方向的强风的称呼。但是，现在无论焚风或布拉风都已成为与之同类的现象的通用名称。美国落基山脉东麓吹的钦诺克风(chinook)便是焚风(图 12.13)。

图 12.13　焚风示意图

关于焚风为什么带来高温低湿的空气，存在著名的汉思理论。在迎风面形成云，在其以降水形式下降的同时，空气发生湿绝热上升。也就是说，上升的空气块的温度以 0.5 ℃/100 m 的直减率下降，15 ℃的空气上升 1000 m 后成为 10 ℃；空气自山顶沿背风面山麓下降时，由于不含水滴，不进行蒸发，因此呈干绝热即按 1 ℃/100 m 的直减率增温，到达山麓时成为 20 ℃，比迎风面的空气增温 5 ℃。同时，空气所含的水分成为雨下降，因此相对湿度降低。但是，上升到山顶的空气为什么会下降到山腰？特别是，尽管焚风是暖的但还是下降，这乍一看似乎不可理解。然而，此层结应当稳定，而在这种情况下必须是绝对稳定。在稳定的情况下，被抬升到山顶的空气块比周围重，因此，空气能够一面随风移动，一面沿山坡下降。如对包括布拉风在内的大量下山风进行一番调查，可以发现，在与山顶大致相同的高度上都存在稳定层(在许多情况下为逆温层)，有时在迎风面并不发生降水却也会产生焚风。这种情况可以作如下的解释：在稳定层结情况下，遇到孤立山峰的气流，不是照原来的样子笔直地越过该山峰，而是具有绕过它的趋向。层结愈稳定，这种趋向愈强。根据数值实验，在这种情况下，在背风面形成地面风达不到的区域，该区域为上层的空气所占据。由于层结稳定，高空的空气达到地面，从而比周围的温度要高。一般来说，上层风越强，其动量下传特征越明显，这是不带来降水的焚风机制。

布拉风是越过山顶向背风山麓吹的寒冷强风，其实质是冷空气翻过山顶后形成的下坡大风。布拉风同焚风一样，从山顶下沉的空气发生绝热增温，但由于山顶的高度不太大，因此增温效果甚微，而且常常伴随有强烈的寒潮侵入，所以温度下降，这种风有时极为强烈，引起极大的灾害。也就是说，布拉风由于受到向峰顶的水平辐合的效应和自峰顶下降时的重力效应的双重作用而增强。

巨大的山系(如天山、秦岭等)可阻挡气流运动，可起到气候分界线的作用，而中小地形则能使气流的速度和方向发生改变。所以，在地形复杂地区，风系往往十分紊乱，局地实际的风与地转风有很大的偏离。大山脉对气流运动的作用主要有两方面，一是阻挡作用，二是翻越作用。阻挡作用发生在山脉高度超过移来气团的厚度的情况，例如天山能使进入新疆北部的冷空气的移动速度减慢，巴山、秦岭能阻挡厚度小于 3000 m 的冷空气，华南的南岭山系虽高度更低，也能对强度大为减弱的冷空气产生停滞作用，因而造成这些山系迎风和背风两侧的巨大气候差异。气流翻越山脉时，在迎风坡作动力上升，如山体高度较高(超过凝结层高度)，气流又较湿润，则上升气流中的水汽可成云致雨，气流翻越山脉之后下沉增温，可产生“焚风效应”。在焚风影响下，气温显著增高，相对湿度减小，风速大大加强；我国天山南坡、太行山东坡、大兴安岭东坡等地的焚风现象都比较明显。气流在大山系周围也能产生绕流现象，但不及中小地形明显。

中小地形(如丘陵起伏、坡向、坡度差异等)对气流的动力影响主要表现为绕流和翻越作用。当空气流经孤立山冈时，一部分将从正面越过，而另一部分将绕过山冈，从而使气流流线在山冈前后发生变形。在山冈的顶部和两侧，由于流线密集，风速大大加强；而在背风面，则因气流辐散，风速急剧减小。这种风经常袭击地带的共同的地形特征列举如下：

1)下山风发生于山脉的北面，其中在山的北面、山谷的出口等地特别强烈. 其范围狭窄，大致在10 km以下。

2)在迎风面的山脉中，简单的孤立山脉比复杂的山脉容易发生。盛行风向与山脉走向大致垂直，也可以说，盛行风向与山谷的走向一致。

3)向着山脉，在其左侧的北面容易发生下山风。

12.2 高温预报

高温天气作为极端灾害性天气的一种，对人们的生活和生产有很大的影响，也是社会和公众广泛关注的天气之一。持续的高温天气往往给工农业生产和人民的日常生活带来严重影响，此外还会引发大面积干旱，使得河水断流、水库干涸、城市供电供水和农业用水紧张。

气象上将日最高气温≥35 ℃定义为高温日，将日最高气温≥38 ℃定义为酷热日。每个测站持续出现3天以上(包括3天)≥35 ℃高温或持续2天出现≥35 ℃并有一天≥38 ℃定义为一次高温过程。

12.2.1 时空分布特征

气温是一个连续变化并具有一定规律的要素。制作高温预报前首先要分析本地历年逐月、逐日气温变化的气候规律，了解最低、最高气温的历年数值：包括最低气温、最高气温的平均值和极端值，作为高温预报的重要背景。

12.2.1.1 空间分布

从1961—2006年平均的高温日数分布来看，我国东南部和西北部分别为两个高值区，全年高温日数一般有15～30天，新疆吐鲁番99天，为全国之最。江南部分地区及福建西北部年高温日数可达35天左右；重庆市年高温日数也较多，有35天。中国年高温日数最大值分布与年高温日数分布大致相同，高值区位于东南部、西北部及重庆等地。年高温日数极大值一般有50～70天，局地可达113天。除青藏高原外，中国大部分地区极端最高气温均大于35 ℃，从海南岛到黑龙江均可出现40～41 ℃的极值，新疆吐鲁番曾出现47.7 ℃的高温。最长连续高温日数是日最高气温≥35 ℃连续日数的最大值。中国大于20天的最长连续高温日数区域主要分布在江淮、江南及四川东部、重庆、新疆南部、内蒙古西部和海南岛的部分地区，新疆吐鲁番最长，达到了73天(图12.14)。

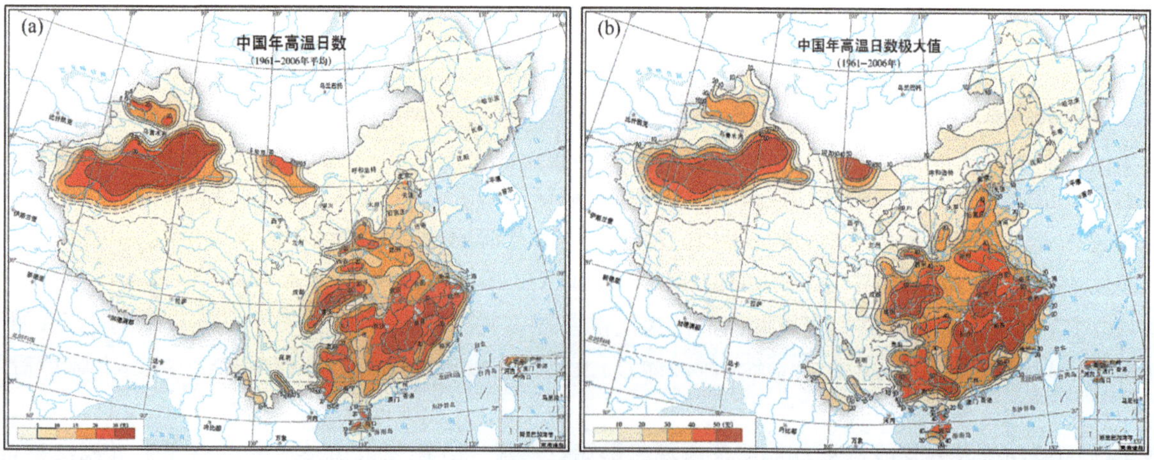

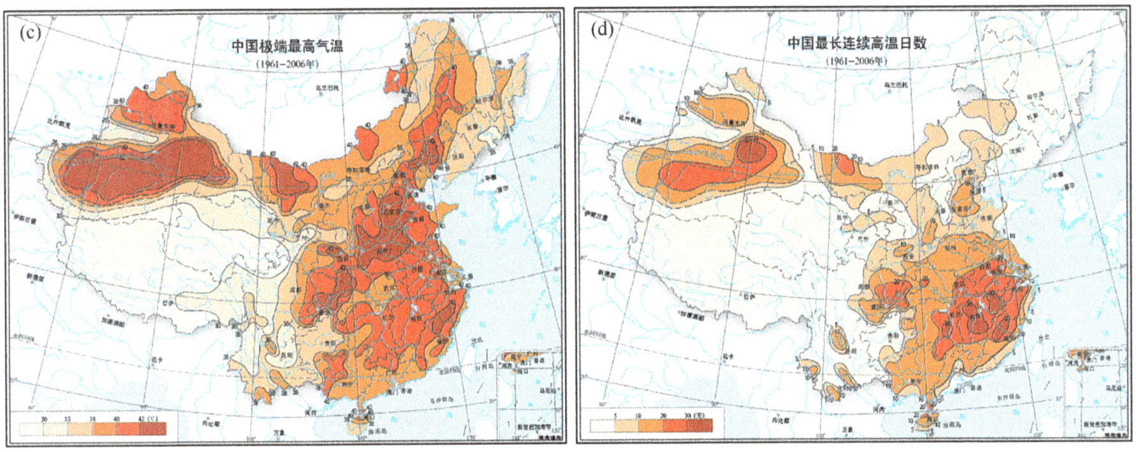

图 12.14 1961—2006 年中国高温天气统计分布图(中国灾害性天气气候图集 2007)

(a)中国年高温日数分布;(b)中国年高温日数极大值分布;(c)中国极端最高气温分布;(d)中国最长连续高温日数分布

平均年酷热日数为历年日最高气温≥38 ℃日数序列的平均值。江南、新疆大部及重庆等地在 3 天以上。最大值出现在新疆吐鲁番,有 62.5 天。从年高温过程次数来看,在 3 次以上的区域主要分布在江南大部、华南北部、新疆大部、内蒙古西部、重庆、广西西部以及云南的部分地区(图 12.15)。

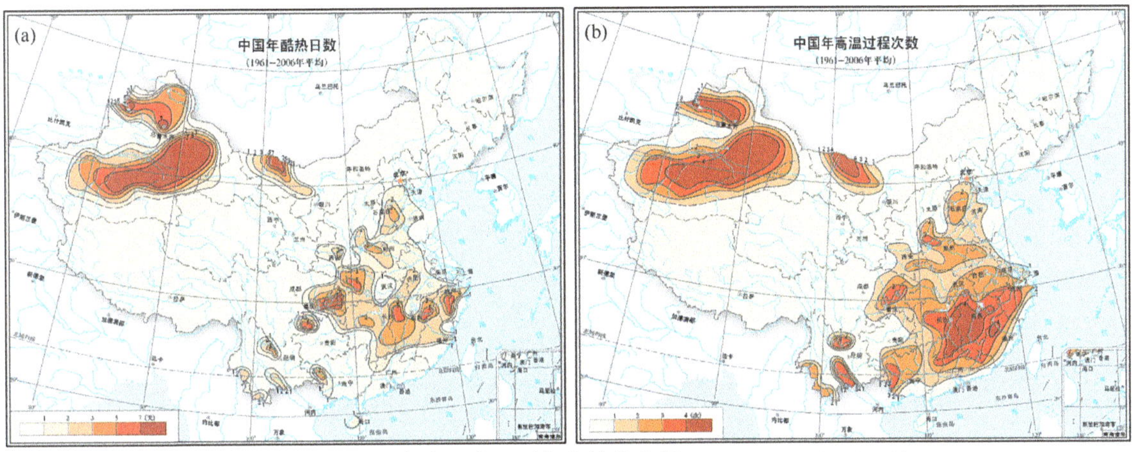

图 12.15 1961—2006 年中国高温天气统计分布图(中国灾害性天气气候图集 2007)

(a)年酷热日数分布;(b)年高温过程次数分布

中国年高温日数平均值为 7.1 天,最多年为 1967 年,有 10.8 天;最少年为 1993 年,只有 4.1 天。1961—2006 年中国年高温日数呈现先减后增的态势,20 世纪 60 年代至 80 年代初期高温日数减少,80 年代初期以后呈现显著增加的趋势(图 12.16)。

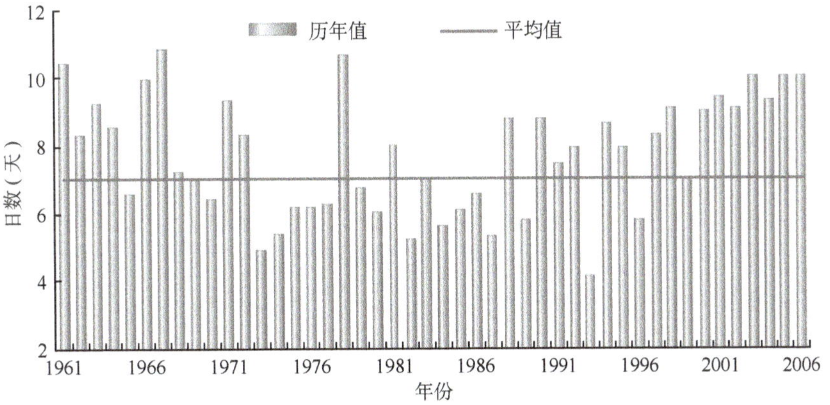

图 12.16 1961—2006 年中国年高温日数变化(中国灾害性天气气候图集 2007)

东北地区年高温日数平均值为 0.9 天，最多年为 2000 年，有 4.8 天；最少年为 1990 年，只有 0.05 天。华北地区年高温日数平均值为 5.6 天，最多年为 1997 年，有 13.3 天；最少年为 1989 年，只有 2.5 天。西北东部年高温日数平均值为 2.4 天，最多年为 1997 年，有 6.4 天；最少年为 1993 年，只有 0.5 天。西北西部年高温日数平均值为 14.8 天，最多年为 1997 年，有 23.8 天；最少年为 1993 年，只有 6.8 天。长江中下游地区年高温日数平均值为 15.7 天，最多年为 2003 年，有 30.8 天；最少年为 1993 年，只有 8.4 天。华南地区年高温日数平均值为 13.9 天，最多年为 2003 年，有 27.5 天；最少年为 1997 年，只有 5.5 天。西南地区年高温日数平均值为 6.3 天，最多年为 2006 年，有 16.3 天；最少年为 1974 年，只有 2.8 天(图 12.17)。

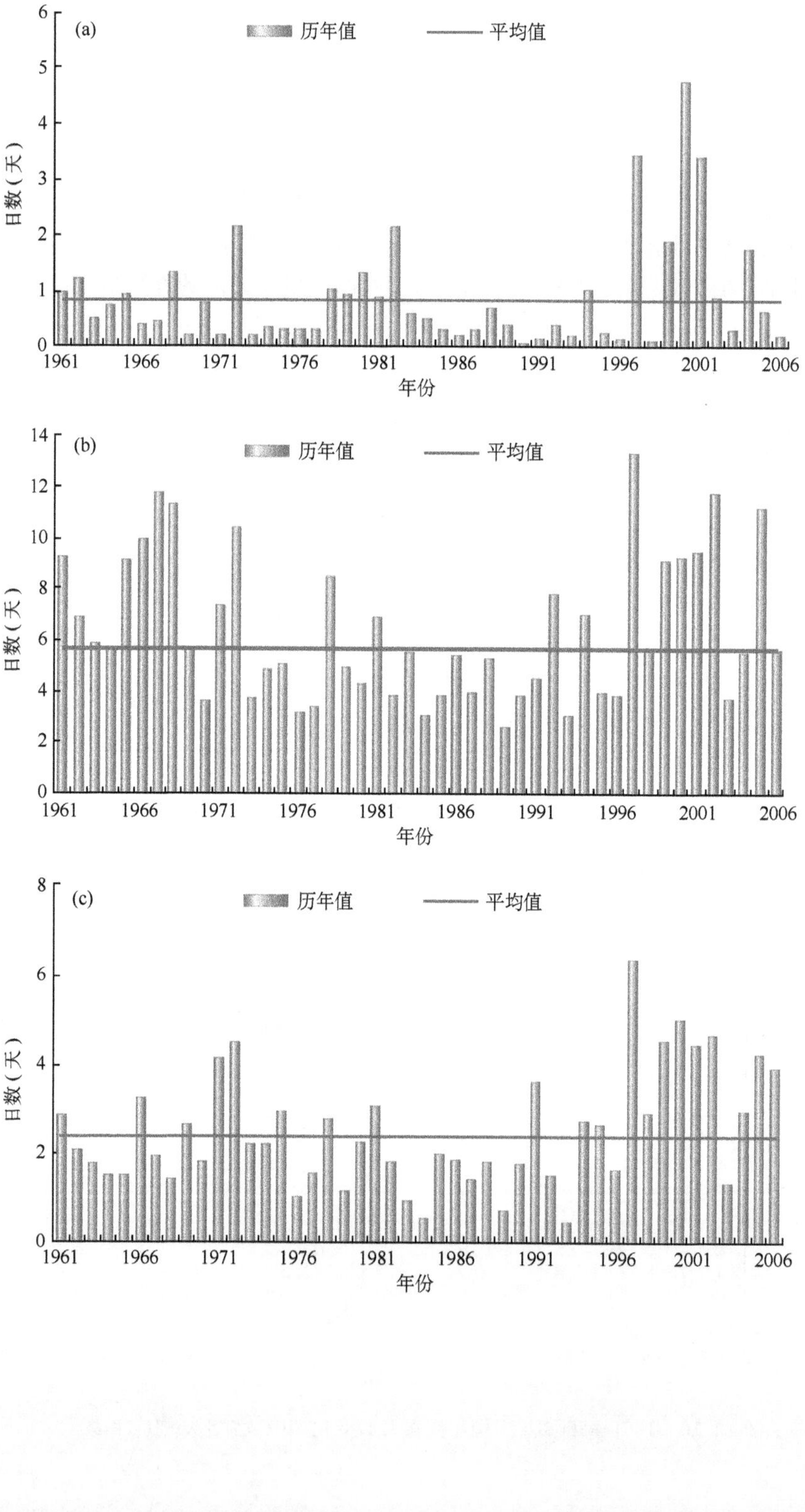

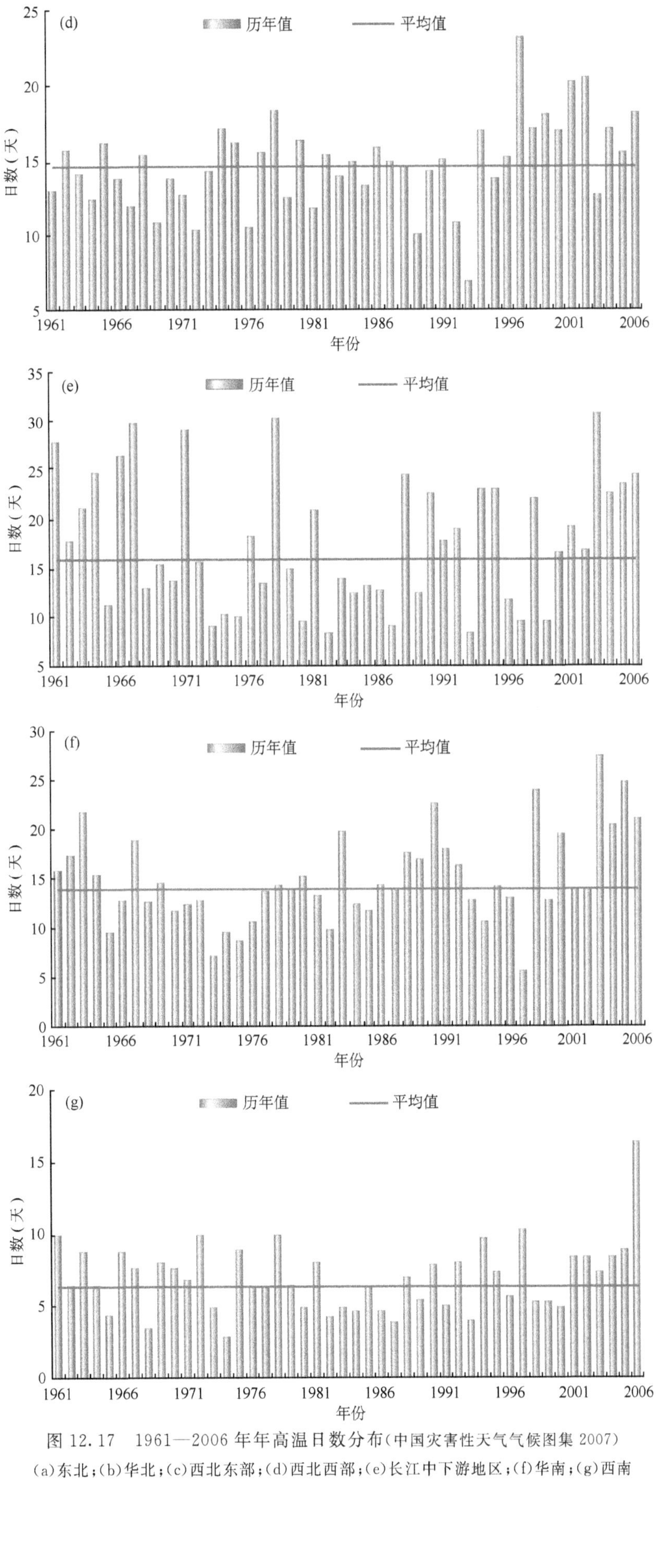

图 12.17　1961—2006 年年高温日数分布(中国灾害性天气气候图集 2007)

(a)东北;(b)华北;(c)西北东部;(d)西北西部;(e)长江中下游地区;(f)华南;(g)西南

2001—2006 年我国日最高气温≥35 ℃的高温日数较高的主要出现在三个地区。一个位于我国江南、华南地区，高温日数在 30 天以上，在福建、浙江和江西的交界处有 50 天以上的高温天气出现；另一个位于四川东部和重庆地区；第三个位于新疆东部和内蒙古西部，新疆的吐鲁番盆地高温日数超过 100 天。此外在我国云南中部的小部分地区高温日数也较多。在我国东北地区、青海、四川西部出现的高温天气很少。

12.2.1.2 季节变化

高温天气的产生有明显的季节特征，对我国大部分地区来说，高温天气主要集中在 6—8 月。总的来说高温日数由高到低的区域分布为：江南、华南、黄淮、江淮、华北和西南。6 月：各区中华北出现高温日数最多，因为这时华北还没进入雨季。7 月：随着盛夏的来临，江南、华南、黄淮、江淮、华北的高温日数最多，但华北比 6 月份增加的不是很多。8 月份：西南出现高温日数达到一年中的最多，其他各地区高温出现日数比 7 月有所减少；9 月—次年 5 月，除华南和江南 9 月有平均 5 天的高温外高温出现的就很少了（图 12.18）。

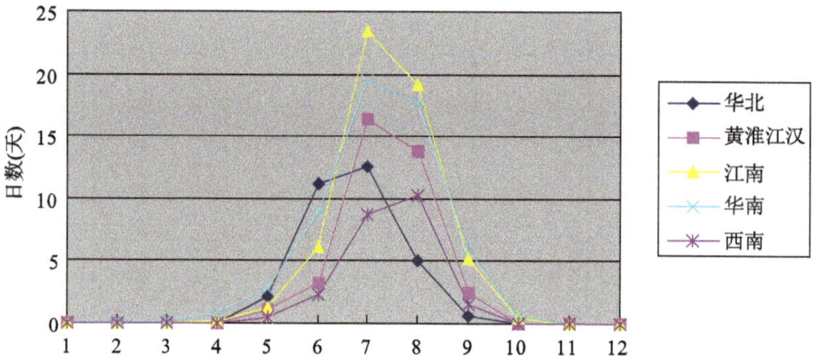

图 12.18 各地区高温日数的月际变化

一般来说，高温天气最早出现在云南中部、海南、华南南部的部分地区，以及新疆吐鲁番盆地附近和南疆部分地区，此后高温天气有自北向南开始并自北向南结束的特点。6 月开始，高温天气范围扩大，华北南部以及黄淮地区高温开始，并逐渐向南扩至江淮、江南和华南。同时，新疆高温范围扩大，内蒙古西部、甘肃西部以及我国东北地区出现小范围高温。7 月高温的范围最广，之后我国中东部的高温范围向南缩，华北的高温逐渐减弱。8 月华北的高温天气基本结束，高温范围逐渐南压，最后华南、重庆高温天气结束。9 月高温天气渐渐趋于结束，高温的范围大大减小。新疆的高温范围广、强度大、持续时间长，到 9 月高温趋于结束。此外，云南中部高温开始早、结束晚，但范围很小。

12.2.1.3 与地形的关系

高温天气与地形有密切的关系，一般来说，山地的背风坡由于气流越山的下沉增温作用，比较容易出现高温天气。例如我国华北平原的高温天气，与其位于太行山东侧的地形有关；东北平原的高温天气，与其位于大小兴安岭东侧的地形有关。高温天气多出现在地势比较低的地区，高山站出现高温的比较少。例如福建省宁德地区的福安市由于其地处赛溪谷地，极端最高气温相对偏高，出现高温比周围明显偏多；云南中部的元江高温开始早、结束晚，主要是由于元江谷地地形的作用；新疆的吐鲁番盆地高温日数多，持续时间长、强度大，盆地地形令高温聚积，难以与外界空气交换，天气异常炎热，高温日数多。

12.2.1.4 与云量和风的关系

云在辐射过程中起着至关重要的作用，因此地面的热量收支与天空中的云量和云状有着重要的关系。高温天气出现时，低层气温高，天空低云量少，无雨或少雨。

高温天气出现时，风速要明显偏小。湍流交换强弱在很大程度上决定风速，白天地面接受太阳辐射而增暖，气温随高度下降，湍流交换将地面热量向上传，使地面升温削弱。风强，湍流向上的热通量也强，白天最高温度不致太高；风弱，湍流向上的热通量也弱，有利于地面温度升高。

12.2.1.5　与基础温度的关系

高温天气出现，其前期的基础温度也是很重要的一个因素。从 2001—2006 年出现高温天气的前一天的最低温度的分布统计可见：

1)出现 35 ℃高温之前，在我国中东部地区最低气温要在 26 ℃以上，华南地区最低气温要在 28 ℃以上，新疆地区最低气温也要在 28 ℃以上。在内蒙古西部和东部的局地出现过前期最低气温较低而后期气温急剧升高达到高温的情形。

2)出现 37 ℃高温之前，我国长江以南的大部分地区最低气温要在 32 ℃以上，东北地区以及新疆大部也要在 32 ℃以上，华北的部分地区在 28 ℃以上，在内蒙古东部的部分地区温度在 22 ℃左右。

3)出现 40 ℃高温之前，我国南方地区要求最低气温在 36 ℃以上，华北地区在 32 ℃以上，新疆大部在 32 ℃以上。有部分地区也出现了较低的温度。

12.2.2　主要天气系统

根据历史个例的普查，将高温天气过程归纳为以下四种类型。

12.2.2.1　西风带暖高脊东移型

西风带暖高脊在东移过程中，不断有暖平流向脊区输送，暖舌不断增强，高脊控制区域强下沉增温，出现高温天气。典型个例：2001 年 6 月 1—6 日。

(1)高温实况

2001 年 6 月初，我国华北地区以及东北地区，河南和山东两省的中北部出现了高温天气。高温首先是从河北开始，然后向北扩展到东北地区。3 日高温范围扩大，4 日高温的范围和强度最大，黑龙江西南部、吉林西部和内蒙古东部的部分地区最高温度达到了 39～40 ℃。此后贝加尔湖小槽引导冷空气向南发展，东北的高温天气结束，但由于冷空气的影响比较偏北，华北地区的高温天气仍持续，只是强度有所减弱。

(2)天气形势

从 500 hPa 过程平均环流场(图 12.19)上可知，中高纬度为两槽一脊的环流形势。两槽分别位于日本海和巴尔喀什湖以西，之间为宽广的脊区，正是这个西风带暖高脊的东移给我国北方地区带来一次高温天气过程。同时西太平洋副热带高压脊线稳定维持在 20°N 附近，随着系统的东移略有东退。6 月 1 日在东移的东北低涡和巴尔喀什湖低槽之间为宽广的高压脊，在贝加尔湖西侧有 −12 ℃的暖中心。华北和东北等地都处在高压脊前和 500 hPa 槽后的西北气流中，有较强的负涡度平流。随着日本海上

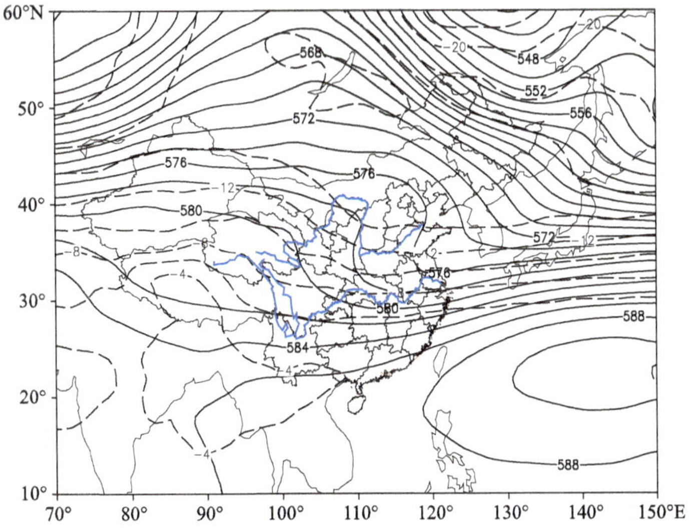

图 12.19　2001 年 6 月 1—6 日 500 hPa 过程平均高度场(实线，单位：dagpm)和温度场(虚线，单位℃)

的高空槽东移，贝加尔湖的高压脊也随之东移。3 日 00 时(UTC)在贝加尔湖地区有一小槽发展，此时 500 hPa的暖中心已经移到了内蒙古的东北部。4 日 00 时(UTC)850 hPa 上华北北部和东北地区为一暖区，暖中心达到 24 ℃，此时高温天气也达到了此次过程的最强，黑龙江西南部、吉林西部和内蒙古东部的部分地区最高温度达到了 39～40 ℃。地面则表现为一热低压，地面低压区与中高层的暖高脊一道加强东移，在东北地区形成闭合热低压，随着低压的加强，高温的范围也随之扩大。我国北方的高温天气，也与我国西部大范围高温区东移而来的平流增温相关。

12.2.2.2 大陆高压型(河套高压)

此类型高温天气主要是高空暖脊稳定维持并加强形成河套高压，同时地面对应热低压。暖高脊和热低压带来的平流增温以及强下沉运动引起的下沉绝热增温、晴空的辐射增温，导致高温天气的出现。典型个例：2005 年 6 月 19—24 日。

(1)高温实况

2005 年 6 月 17—24 日，华北、黄淮出现了大范围高温天气，其中河北、山西等地的日最高气温达到了 40 ℃以上并且持续数日。此次高温天气是在大陆高压控制下的干热天气，是一次河套高压加强东移的过程，随着高压的消失，高温天气结束。

(2)天气形势

500 hPa 平均环流为两槽一脊的环流形势。6 月 19 日我国北方地区开始受逐渐东移的暖性高脊控制，到 21 日暖高脊逐渐增强，在河套一带形成闭合小高压。此后河套高压东移加强，范围逐渐扩大，强度明显增强，高温的范围和强度也随之增强。24 日河套高压消失，暖高脊减弱东移，高温天气结束。700 hPa上也清楚地看到闭合高压，而在 850 hPa 并没有闭合高压环流。地面上对应一热低压东移。此次过程从 6 月 21 日开始高温的范围和强度有所增大，出现了大范围 40 ℃以上的高温天气，22—23 日高温达到了最强，此时对应高空 700 hPa(图 12.20)、500 hPa 均为闭合的河套高压控制。23 日在河北南部出现了 42 ℃的高温天气。

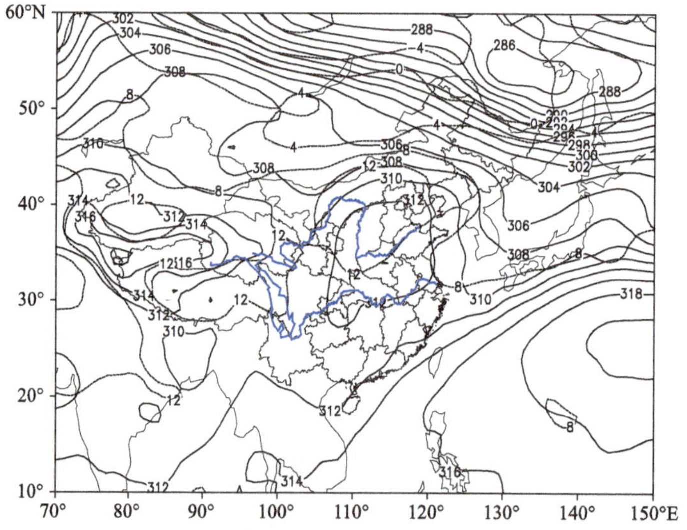

图 12.20 2005 年 6 月 23 日 00 UTC 700 hPa 环流形势(实线：高度场 dagpm；虚线：温度场℃)

12.2.2.3 大陆高压与副热带高压连通或交替影响型

此类高温天气，由于大陆高压与副热带高压的打通，其高温的影响范围比较广。由于高压坝阻挡了北面冷空气南下，所以高温强度也较大。此外有大陆高压与副热带高压交替影响，高温的持续时间长，强度也大。高压控制范围内，高层辐合低层辐散，整层均为下沉运动，高温天气持续。

大陆高压与副热带高压连通型个例：2002 年 7 月 8—16 日。

(1)高温实况

2002 年 7 月 8—16 日，我国东部出现大范围高温天气。15 日高温达到最强，其中河北、山东、山西南部、北京等地的日最高气温达到了 40～43 ℃，北京、石家庄、济南、青岛等地的日最高气温超过了历史同期最高纪录。石家庄、济南连续十天最高气温超过 35 ℃，其中 14、15 日都超过 40 ℃。

(2)天气形势

受巴尔喀什湖高空槽前暖平流的影响，贝加尔湖高压脊发展加强并向北伸展，控制我国西北大部和华北地区，与此同时，7 月 8 日，500 hPa、850 hPa 分别开始有－4 ℃和 20 ℃的大片暖区维持。西北、华北受大陆暖高压控制，部分地区出现 35 ℃以上的高温天气。10 日起，虽然贝加尔湖高压脊有所减弱，但在 0208 热带风暴“娜基莉”转向向东北移去后，西太平洋副热带高压开始西伸，12 日与大陆高压连成一片(图 12.21)，强大的暖高压阻挡了冷空气南下，500 hPa 暖区温度也上升到 0 ℃以上，我国东部大范围高温天气开始扩大。地面上，大陆高压对应着热低压，而副热带高压仍对应着地面的高压系统。15 日高温范围达到最大，在河北、山东、北京、河南北部、山西西南部和安徽、江苏两省北部均出现了 40 ℃以上的高温天气。16 日贝加尔湖高压脊和欧洲北部阻塞高压打通，亚洲中高纬度经向度明显加大，同时副热带高压南撤，冷空气南下，持续多日的高温酷热天气得到缓解。

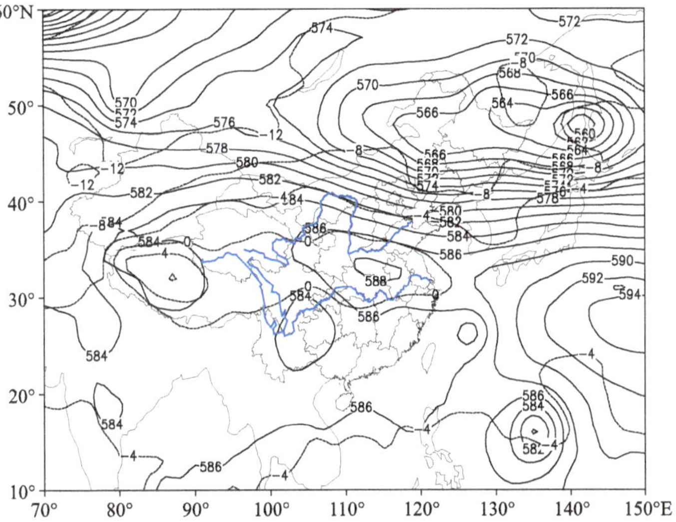

图 12.21　2002 年 7 月 12 日 12 UTC 500 hPa 环流形势(实线:高度场,dagpm;虚线:温度场,℃)

大陆高压与副热带高压交替影响型个例:2006 年 7 月 10 日—9 月 4 日川渝高温(彭京备等 2007，青泉等 2007)。

(1)高温实况

2006 年盛夏，重庆、四川盆地出现了 1951 年有气象记录以来最为严重的高温热浪天气和特大伏旱，具有持续时间长且强度强的特点。盆地中、东部的平均气温较历史同期偏高 3 ℃以上，为有气象记录以来最高值。77 个气象观测站的日最高气温创有气象记录以来历史极值。7 月 10 日—9 月 4 日，重庆市的高温日数为 52 天，比气候平均多 28 天；超过 38 ℃的日数为 37 天，超过 40 ℃的日数为 14 天，分别比气候平均高 27 天和 14 天。8 月 15 日，重庆市突破最高气温的历史记录，达到了 43 ℃。

(2)环流形势

副热带高压系统势力异常偏强，大陆副热带高压带东伸明显，副热带高压较往年偏强、偏西(图 12.22)，不利于印度洋和南海地区暖湿气流输送到西南地区以及北方冷空气南下。东亚中纬度西风带扰动偏北偏弱，热带地区对流活跃、孟加拉湾地区降水异常增多导致了热带加热场的异常。这些热带和中高纬度环流的配置有利于青藏高原偏强与西太平洋副热带高压的西伸，使得川渝地区多数时间受副热带高压和大陆高压的交替影响，上空盛行下沉气流，太阳辐射强烈，高温持续。

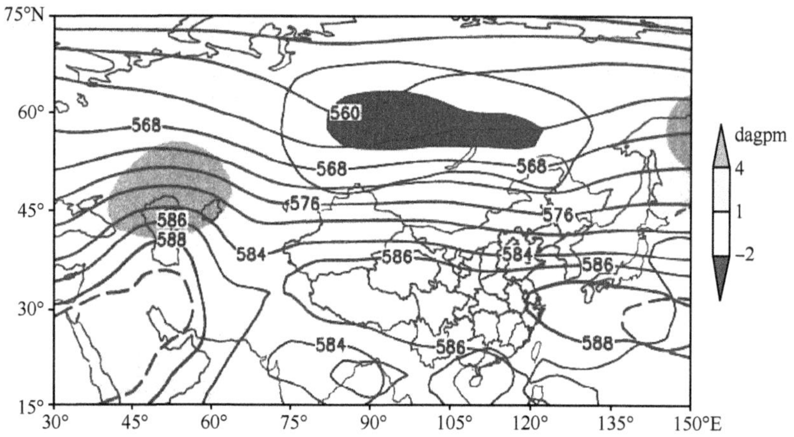

图 12.22 2006 年 7 月 10 日—9 月 4 日 500 hPa 平均高度场(单位:dagpm)
(阴影部分为同期的高度距平。粗实线和虚线分别表示同期 588 dagpm 线和气候平均值)

12.2.2.4 副热带高压控制型

副热带高压 588 dagpm 线控制范围基本与高温天气相一致,但往往 588 dagpm 线的控制范围要比高温的范围大。592 dagpm 线的控制范围则往往对应强高温区。高温的分布形状也大致与副热带高压的走向和形状一致。副热带高压控制型个例:2003 年 7 月—8 月上旬。

(1)高温实况

2003 年 7 月以来,我国南方及华北南部、黄淮一带都出现了高温天气,其中江南南部、华南北部的高温日数一般在 25 天以上。大范围高温天气的主要原因与副热带高压的位置和强度有关。副热带高压脊线偏北,西脊点偏西,强大而稳定的副热带高压阻止了冷空气继续南下,这种高空形势持续时段长,使得我国江南、华南的部分省份一直处于副热带高压的控制范围内,尤其是浙江、福建、江西三个省。

(2)天气形势

2003 年 8 月 1—2 日副热带高压控制淮河以南大部地区,588 dagpm 线西脊点位于 100°E 附近,在 592 dagpm 线控制的范围内,部分地区达到超过 40 ℃。3—4 日副热带高压进一步西伸,达到 90°E,但副热带高压的强度有所减小,高温范围缩小。5 日开始受到 0309 强热带风暴和 0310 台风的影响,前期强大的副热带高压分裂为两部分,一部分位于海上,另一部分位于我国长江以南,高温的强度和范围都有所减小。8 日受西北地区东移南下冷空气影响,副热带高压明显南压,强度减小。

(3)副热带高压范围与高温分布

副热带高压 588 dagpm 线控制范围基本与高温天气相一致,但往往 588 dagpm 线的控制范围要比高温的范围大,592 dagpm 线的控制范围则往往对应强高温区。高温的分布形状也大致与副热带高压的走向和形状一致。在 2003 年 7 月 27 日 00 时(UTC),副热带高压呈南北向的块状分布,对应 27 日的高温分布也呈南北走向块状分布。同时强高温区也与垂直速度的大值下沉区相对应。

12.2.3 高温预报

12.2.3.1 影响温度变化的因素

从影响温度变化的因素入手来考虑高温的预报,从热力学第一定律(12.1)式可以看到,温度的变化取决于温度平流、垂直运动、非绝热因子三项的变化。

$$\frac{\partial T}{\partial t}=-\vec{V}\cdot\nabla T-\omega(\gamma_{\mathrm{d}}-\gamma)+\frac{1}{C_p}\frac{\mathrm{d}Q}{\mathrm{d}t} \tag{12.1}$$

(1)温度平流项

温度平流项是由于气温沿水平气流方向分布不均匀时,空气水平运动所引起的局地气温变化,暖平流使气温上升,冷平流使气温下降。

1)气温变化的程度取决于温度平流的强度,温度平流因子对高空和地面的气温变化都有很大影响,特别是空中，由于辐射引起的温度变化比较小，而水汽凝结只出现在有限地区，所以温度平流显得很重要。对于地面气温，它是一个决定日平均气温的主要因子。

2)温度平流对于气温日变化也有很大的影响，常常会掩盖气温的正常日变化。

(2)垂直运动项

垂直运动对气温变化的影响，主要与垂直运动的方向、强度以及大气稳定度有关。

1)当大气层结稳定($\gamma_d-\gamma>0$)时：上升运动($\omega<0$)引起气温下降，下沉运动($\omega>0$)引起气温升高。

2)当大气层结不稳定($\gamma_d-\gamma<0$)时：上升运动($\omega<0$)引起气温上升，下沉运动($\omega>0$)引起气温下降。

3)当大气层结是中性平衡状态时：垂直运动对气温的变化没有太大的作用。

对高空温度，垂直运动因子十分重要，其作用大小与温度平流相当。

对地面温度(考虑地形的影响)，平原地区，垂直运动近于零，可以忽略此因子；对山区来说，该因子很重要，譬如，北京西北方向的燕山山脉高度约1 km，当冷空气自西北直下时沿燕山下沉，"焚风效应"会使温度增高几度。所以北京可以观测到，当夜间有寒潮侵袭时气温下降不严重的现象。

(3)非绝热变化

非绝热变化是空气与外界热量交换的结果，包括辐射、湍流交换、凝结等过程，主要表现在大气低层。当气团移过或静止于某一地方时，会影响气团的温湿特征，同时也会影响局地气温的日变化。例如当冷空气移到暖的下垫面时，气温会不断地升高。

另外，该项主要受到一些非绝热因子的影响：云的影响，风的影响，低层大气稳定度的影响，降水的影响，地表湿度及"城市热岛效应"的影响。

1)云的影响：决定地面气温日变化的最根本的因子是太阳辐射，而云影响辐射，因而云对地面热量收支有很大影响。

当白天有云时，可以减少地面得到的太阳辐射，使增温减少；当夜晚有云时，可以减少地面向外的有效辐射，使降温减少，这就是云层的"花房效应"。

白天晴天，夜间多云，则最高气温高；白天阴天，夜间晴天，则最低气温低。云量越多，持续时间越长，云底越低且云层越厚，这种差别越明显。所以，晴天气温日变化大，阴天气温日变化小。

2)风的影响：湍流交换强度在很大程度上决定于风速的大小。

白天接受太阳辐射而增温，气温随高度而降低，湍流交换将地面热量向上传递，使地面气温增温减弱。风速大时，湍流向上的热通量较强，有利于空气热量上下交换，使白天气温增温减缓；风速小时，不利于空气热量上下交换，气温增温加速。

夜间地面辐射冷却，常出现辐射逆温，湍流将空气热量向下传递。风速大时，向下的热通量也大，使最低气温降温趋缓；风速小时，向下的热通量减少，最低气温下降加速。所以，在风强的日子里，气温的日变化小，风弱时气温日变化大。

3)低层大气稳定度的影响：湍流热量交换不仅与风速大小有关，与层结稳定度也有关。

如果低层大气层结稳定时，地面热量不易向上传递到较高层次，日出后地面接收太阳辐射，大气热量聚积在近地面层内，气温剧烈上升，因此气温日变化大。

如果层结稳定度小，湍流容易将地面热量传递到较高层次，日出后地面气温缓慢上升，因此气温日变化小。

所以，层结稳定时气温日变化大；层结稳定度小时气温日变化小。

4)地表湿度的影响：地表干湿程度是土壤热通量的重要参数。

如果地面潮湿，地面把白天接受的大量太阳辐射向土壤深处传递，使地面最高温度不致太高。在夜间湿润土壤中的热量又上传至地表，补偿一部分地面辐射冷却，使地面最低气温不致太低。同时，由于地面潮湿，白天蒸发量较大，而夜间容易产生凝结(霜露等)放出潜热，同样也使气温日较差减小。

所以，对湿润的沼泽、草原、植被覆盖下的下垫面，气温日变化小；石滩、沙漠、无植被覆盖的下垫面，气温日变化大。

另外还有其他一些影响温度变化的因素，如季节因素：夏冬季日较差小，春秋季日较差比较大；地域地表特征：南方平均气温高，北方平均气温低，西部沙漠沙土地区极端最高气温所占比例大。

12.2.3.2 高温预报方法

(1)气候背景

做高温预报前首先要分析本地历年逐月、逐日气温变化的气候规律，了解高温的气候分布状况、最高气温的平均值和极端值，作为气温预报的重要气候背景。

分析环流背景和影响系统是否有利于高温的出现，主要考虑是否受到西风带暖高压脊、大陆高压(河套高压)、副热带高压脊控制或者其共同作用，低层多为热低压。

(2)动力和热力诊断分析

1)动力诊断：考虑垂直运动、风力状况等。

高温天气的根本原因是强盛下沉气流的作用，即高(低)层风场辐合(散)运动的结果。通过诊断涡度、散度、垂直速度，散度场上低层辐散、高层辐合，对应整层的下沉运动，这种垂直配置有利于空气的下沉绝热增温。

高温天气出现时风力不能太大。

2)热力诊断：考虑温度平流、辐射影响、湿度等。

高温的出现需要有暖平流输送、暖高脊的控制。暖空气活动主要考虑副热带高压、大陆高压、热倒槽、热低压的活动和影响。另外，考虑到冷暖平流对高温的开始和结束至关重要，所以用温度的平流变化来进一步订正温度的变化。

高温天气出现时天空状况比较好，天空晴朗，云量小，有利于大气的辐射增温；高温天气空气的相对湿度比较小，但也常有闷热的高温天气。

(3)利用数值预报产品

参考欧洲中心(EC)、T213、T639 等数值预报模式的 850 hPa 温度场及变温场预报以及 2 m 温度预报。一般来说，850 hPa 温度场 20 ℃控制的区域容易出现高温天气，而 24 ℃控制的区域内容易出现较强的高温天气(汪秀清等 2004)。

(4)统计学方法

应用数值预报产品的多元回归统计方法(MOS 方法)，将历史数值预报产品与预报要素建立统计关系(即预报方程)，预报时代入模式的预报因子，是反映预报因子和预报要素近似线性关系的较成熟的统计方法。利用 MOS 方法对温度的短期预报在大多数情况下都是可用或是可参考的。

(5)卡尔曼滤波方法

卡尔曼滤波方法是由 R. E. Kalman 建立的，他在 Wiener 平稳随机过程的滤波理论基础上建立了一种新的递推式滤波方法，可借助前一时刻的滤波结果递推出现时刻的状态估计量，因而提高了下一时刻的预测精度。该方法只需要少量的数值产品历史资料就能建立适应数值模式变化的统计模型，及时将预报误差反馈到方程中修正方程系数。该方法主要用作连续性气象要素预报，对温度的预报有较高的预报精度(黄旭等 2001，陆如华 1996)。

(6)综合预报

综上所述，日常业务中我们常用 850 hPa 的变温来考虑温度的变化，对比热力学方法中影响温度变化的三个因素，把 850 hPa 的变温当作是温度的一个综合变化。另外，考虑到冷暖平流对高温的开始和结束至关重要，所以用温度的平流变化来进一步订正温度的变化。在制作高温预报时，我们同时参考 MOS 高温预报、卡尔曼滤波高温预报，并考虑天气状况(风、云)、层结稳定度、降水、地面湿度以及 EC、T213、T639 的 850 hPa 和 2 m 温度预报，最后得出综合预报结果。从对比情况可以看出，综合预报效果是最好的。

12.2.3.3　中央气象台高温预报业务流程(图 12.23)

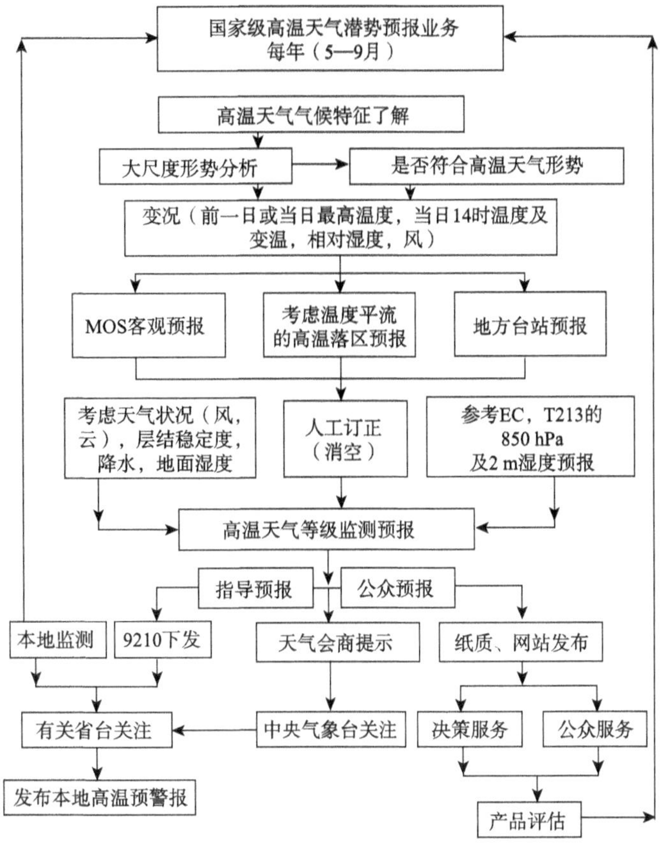

图 12.23　中央气象台高温预报业务流程

12.2.4　中央气象台高温预警标准

根据《国家气象灾害应急预案》的要求，中央气象台制定高温预警标准。

12.2.4.1　橙色预警

过去 48 小时 2 个及以上省(区、市)大部地区持续出现最高气温达 37 ℃，且有成片 40 ℃及以上高温天气，预计未来 48 小时上述地区仍将持续出现 37 ℃及以上高温天气，且有成片 40 ℃及以上高温天气。

12.2.4.2　黄色预警

过去 48 小时 2 个及以上省(区、市)大部地区持续出现最高气温达 37 ℃，预计未来 48 小时上述地区仍将持续出现 37 ℃及以上高温天气。

12.2.4.3　蓝色预警

预计未来 48 小时 4 个及以上省(区、市)大部地区将持续出现 35 ℃及以上，且有成片 37 ℃及以上高温天气。或者已经出现并可能持续。

12.3　寒潮预报

寒潮是我国重大的灾害性天气之一，是大范围强冷空气在一定环流形势下向南爆发的现象，是一种大型天气过程。寒潮天气的主要特点是剧烈的降温和大风，有时还伴有雨、雪、雨凇或霜冻。寒潮天气不仅会对我国国民经济、特别是农业生产造成巨大损失，而且还会对环境及人们的生活健康造成严重的影响和危害。做好寒潮天气预报，对服务于国防、经济生产部门以便采取积极措施预防其危害、利用其有利因素具有相当重要的意义。

12.3.1 气候特征

12.3.1.1 定义

寒潮天气过程是一种大规模的强冷空气活动，使某地的日最低气温 24 小时内降温幅度大于或等于 8 ℃，或 48 小时内降温幅度大于或等于 10 ℃，或 72 小时内降温幅度大于或等于 12 ℃，而且使该地日最低气温下降到 4 ℃或其以下的冷空气(注：48 小时、72 小时内的日最低气温必须是连续下降的)。

12.3.1.2 冷空气源地

影响我国的冷空气源地一般主要在三个地区：

1)新地岛以西洋面上，冷空气经巴伦支海、欧洲地区进入我国。它出现次数最多，达到寒潮的强度也最多。

2)新地岛以东洋面上，冷空气大多数经喀拉海、泰梅尔半岛、俄罗斯地区进入我国。它出现次数虽少，但气温低，可达到寒潮强度。

3)冰岛以南洋面上，冷空气经欧洲南部或地中海、黑海、里海进入我国。它出现次数较多，但温度不低，一般达不到寒潮强度。

12.3.1.3 冷空气路径

一般 95%的冷空气都要经过西伯利亚中部(70°—90°E，43°—65°N)地区并在那里积累加强，这个地区为寒潮关键区。

(1)西北路(中路)

冷空气从关键区经蒙古到达我国河套附近南下，直达长江中下游及江南地区。此路径冷空气在长江以北地区所产生的寒潮天气以偏北大风和降温为主，到江南以后，因南支锋区波动活跃可能发展伴有雨雪天气。

(2)东路

冷空气从关键区经蒙古到我国华北北部，在冷空气主力继续东移的同时，低空的冷空气折向西南，经渤海侵入华北，再从黄河下游向南可达两湖盆地。此路径冷空气常使渤海、黄海、黄河下游及长江下游出现东北大风，华北、华东出现回流，气温较低，并有连阴雨雪天气。

(3)西路

冷空气从关键区经新疆、青海、西藏高原东南侧南下，对我国西北、西南及江南各地区影响较大，但降温幅度不大，不过当南支锋区波动与北支锋区波动同位相叠加时，亦可造成明显的降温。

(4)东路加西路

东路冷空气从河套下游南下，西路冷空气从青海东南下，两股冷空气常在黄土高原东侧黄河、长江之间汇合，汇合时造成大范围的雨雪天气，接着两股冷空气合并南下，出现大风和明显降温。

12.3.1.4 时空分布特点

寒潮出现时间最早开始于 9 月下旬，结束最晚是第二年 5 月。春季的 3—4 月和秋季的 11 月是寒潮活动最频繁的季节。冬季(12—2 月)全国和北方地区的寒潮过程也比秋季、春季少得多，而南方地区却相反。

中国年寒潮频次分布呈现北多南少特点。东北、华北西北部和西北、江南、华南的部分地区及内蒙古每年发生寒潮在 3 次以上，其中北疆北部、内蒙古中北部、吉林大部、辽宁北部达 6 次以上。中国年寒潮频次极大值与年寒潮频次分布类似，亦呈现北多南少的分布特点。东北大部及内蒙古中东部大部、陕西北部、新疆北部等地年最多寒潮次数在 12 次以上，其中北疆北部、内蒙古中北部、黑龙江中北部、吉林中南部、辽宁北部出现过 15 次以上(图 12.24)。

1961—2005 年中国寒潮(含全国性寒潮、区域性寒潮)平均每年有 6.7 次，其中 1968 年、1976 年和 1979 年各出现 11 次，为出现寒潮最多的年份，最少的年份有 2 次，出现在 1983 年(图 12.25)。

对于全国和北方而言，寒潮在 11 月发生频次最多，对于南方地区，寒潮则是 3 月最多(图 12.26)。

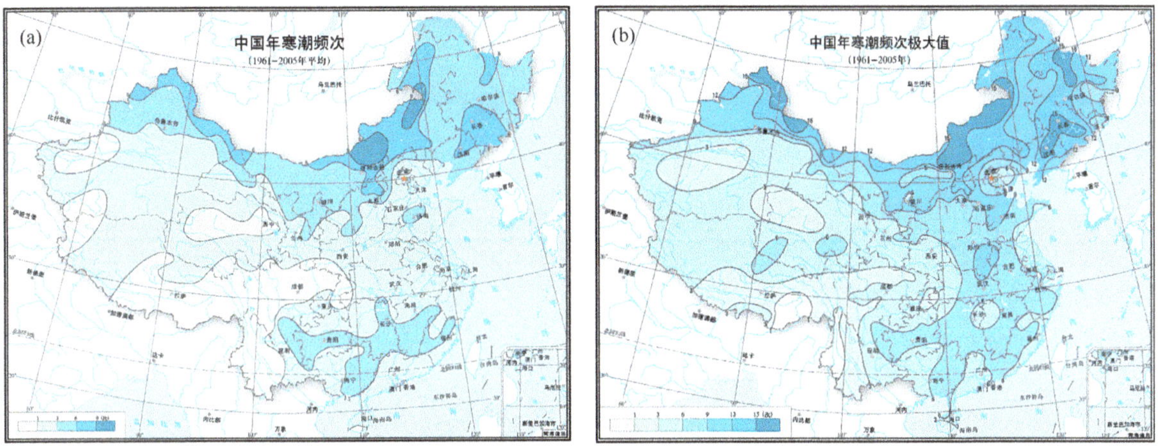

图 12.24　1961—2005 年中国年寒潮频次(a)及频次极大值(b)分布(中国灾害性天气气候图集 2007)

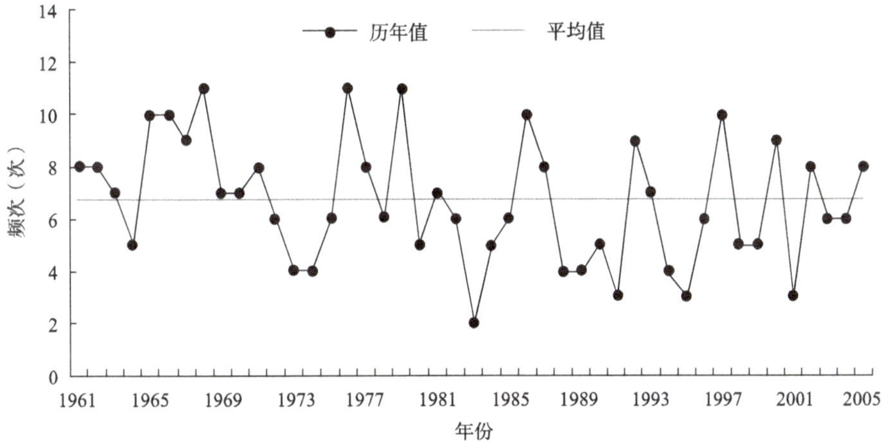

图 12.25　1961—2005 年中国年寒潮发生频次变化(中国灾害性天气气候图集 2007)

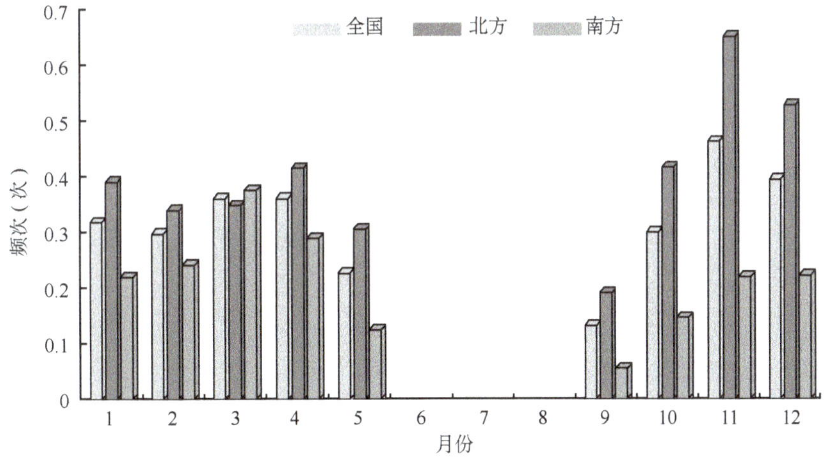

图 12.26　1961—2005 年平均全国、北方、南方各月寒潮过程频次(中国灾害性天气气候图集 2007)

12.3.2　主要天气系统

极涡:极涡中心出现频数最多且最集中的地区是以极地为中心向亚洲北部新地岛以东的喀拉海、泰梅尔半岛和中西伯利亚伸展,另一端则伸向北美洲的加拿大东部。极涡的路径有三种类型:经向性运动;纬向性运动;转游性移动。极涡中心的分布特点,按照 100 hPa 环流分四种类型:绕极型;偏心型;偶极型和多极型。

极地高压(深厚的暖性系统):500 hPa 有完整反气旋环流;有相当范围的单独的暖中心与位势高度场配合;暖高压主体在 70°N 以北;高压维持 3 天以上。

寒潮地面高压:寒潮地面高压多属于热力不对称系统,高压前有强冷平流,后部为暖平流,中心区温度平流趋近于零,它是热力和动力共同作用形成的。

寒潮冷锋:地面高压前部的强冷锋。冷锋随高度向冷空气一侧倾斜,在高空等压面上对应很强的锋区。

12.3.3 中高纬度环流特征

寒潮是大范围的强冷空气在一定环流形势下向南爆发的现象,是一种大型天气过程。在其整个生命史中,往往与半球范围的超长波、长波活动有密切关系,且又在这些不同尺度系统的相互作用中表现出阶段性的特点,构成了寒潮中期天气过程。

12.3.3.1 倒 Ω 流型

全国性寒潮天气 70%～80%属于该类型。这种流型的演变特点可分为三个阶段:

(1)初始阶段。在两个大洋北部有脊向极地发展,作为整个过程的开始。常常是太平洋东部的阿拉斯加暖性高压脊已经存在,后大西洋暖脊向西欧、向极地发展时,阿拉斯加暖脊也向西、向极地发展,有时两脊在极地打通,极涡分裂为二,分别移到东、西两个半球(或极涡偏向于东半球)。从东半球天气形势看,两个大洋脊挟持一个大极涡,形成倒大"Ω"流型。

(2)酝酿阶段。大倒 Ω 流型向亚洲地区收缩,乌拉尔山和鄂霍次克海建立暖性高压脊,亚洲极涡加强并南压,形成东亚地区的倒 Ω 流型。极涡底部有一支强西风,伴随着一支强锋区,锋区上常有长波发展或横槽缓慢南压,形成了强冷空气酝酿形势。例如 1987 年 11 月 23 日 500 hPa 高度场上,东亚形成倒 Ω 流型(图 12.27)。

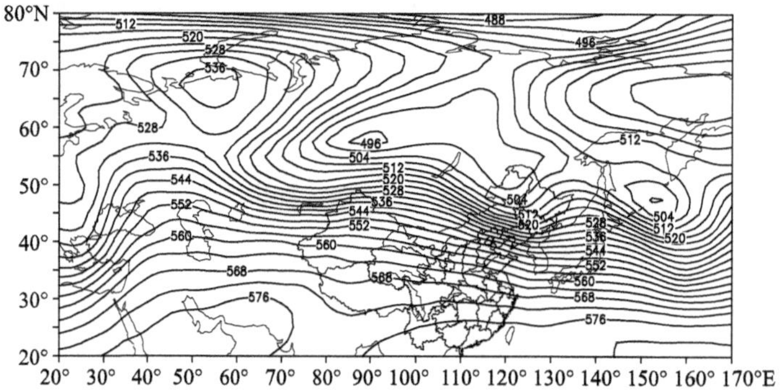

图 12.27 1987 年 11 月 23 日 00UTC 500 hPa 高度场(dagpm)

(3)爆发阶段。中纬度长波急流发展,或横槽转竖、或横槽南压,引导冷空气侵袭我国,最后东亚大槽加深并重建,过程结束。

整个寒潮中期天气过程由两个大洋暖高压脊发展—寒潮爆发—东亚大槽重建,一般为期 2～3 周。

12.3.3.2 极涡偏心型

初始阶段表现为大洋北部暖脊已发展,极涡已偏心于东半球。酝酿阶段则表现为两个大洋暖脊再次强烈发展,并迅速向东亚收缩,乌拉尔山的暖脊已移到西西伯利亚上空,亚洲极涡强度较强。爆发阶段则表现为西西伯利亚上空暖脊发展东移,脊前偏北气流加强引导强冷空气向南大举爆发。

12.3.4 天气过程

12.3.4.1 低槽东移型

低槽东移型寒潮的高空环流形势特点是西风带环流比较平直,有来自西方的冷高压活动,常伴有蒙古气旋发展,导致冷空气南下。由于冷空气长途跋涉气团变性,所以预报关键在于是否有与其他新鲜冷空气汇合,若有新冷空气补充则寒潮爆发,此型寒潮爆发大多与地面气旋的发展有关。低槽东移型个例:1970 年 11 月 9—14 日(朱乾根等 1980)。

欧亚大陆基本气流为纬向气流,在纬向的基本气流中槽、脊自西向东移动稍有发展,槽脊的振幅比较大,冷空气源地在欧洲(图 12.28(a)),长途跋涉到我国低槽东移过程中,有新鲜冷空气或贝加尔湖北部残留的冷空气合并使冷空气强度加强。低槽东移到乌拉尔山以东时，从黑海到里海有明显的暖平流，在暖平流作用下里海附近高压脊向北发展(图 12.28(b))，脊前西北气流加强，促使新鲜冷空气从新地岛加速南下与原低槽中的冷空气合并。合并后在 500 hPa 冷平流明显加强(图 12.28(c))，地面高压也加强。此型寒潮发生大多数与地面气旋的发展有关，蒙古气旋、东北低压强烈发展又向东北移去，有利冷空气主力向东偏北移去。黄河气旋及江淮气旋发展将导致冷空气南下而爆发寒潮。

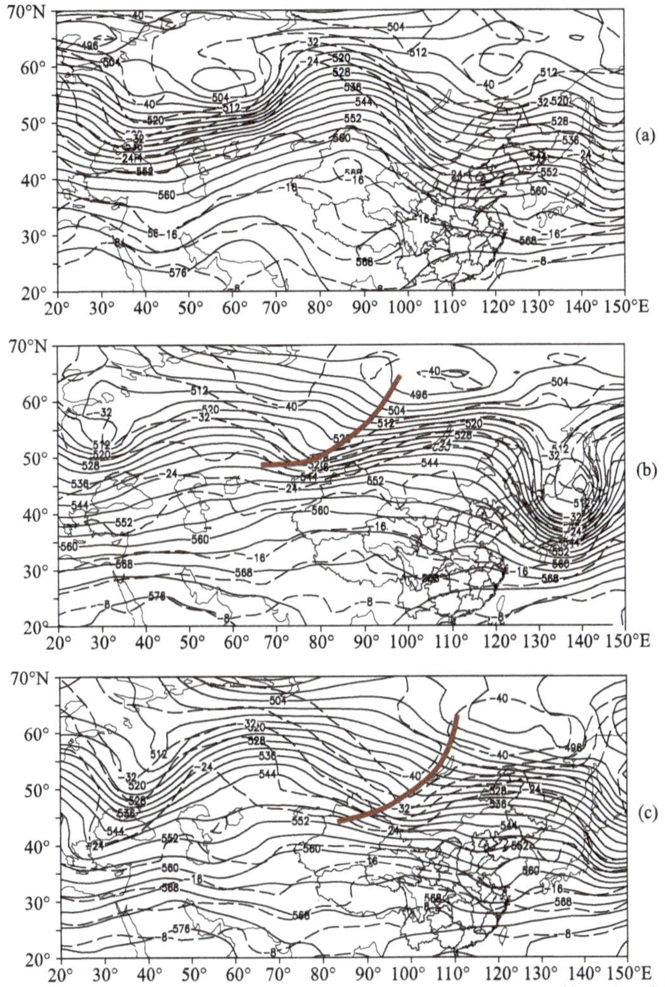

图 12.28　1970 年 11 月 9—12 日 500 hPa 等高线(单位：dagpm)和等温线(单位：℃)分布

(a)9 日 08 时；(b)11 日 08 时；(c)12 日 08 时

12.3.4.2　小槽东移发展型

小槽东移发展型又称脊前不稳定小槽东移发展型，也称为经向型。这类寒潮是由不稳定短波槽发展引起强冷空气爆发而造成的。预报关键在于北方不稳定小槽东移(移至贝加尔湖西部地区时)发展和乌拉尔山附近高压脊的重建，若小槽有强烈发展趋势且可能发展成东亚大槽，则寒潮会爆发。小槽东移发展型个例：1963 年 12 月 19—25 日(朱乾根等 1980)。

小槽能否发展、是否不稳定，从高度场上分析并不十分明显，但是在温度场上却较明显，表现为一个从极地伸向北欧的冷舌，且冷舌落后于高度槽约 1/4 波长。位于新地岛西南方的小槽(图 12.29(a))，该槽线上有冷平流，等高线也稍有疏散，即槽线上有正涡度平流，有利于小槽发展。在这个小槽两边的小脊，也是暖舌落后于脊，脊线附近的等高线也呈疏散，脊线上有暖平流和负涡度平流也有利于脊发展，从而使小槽后的偏北风加大，意味着冷平流加强，促进小槽发展。

小槽发展向南加深，边发展边随着基本气流向东移动。48 小时后，高压脊位于乌拉尔山以东地区，小槽也发展为位于巴尔喀什湖的较大的槽(图 12.29b)。12 月 22 日 20 时，500 hPa 东移发展的小槽处于贝加尔湖地区，小槽后的脊在东移过程中与东部移来的暖平流正变高叠加后发展加强。脊前的西北气流加强，冷平流也加强。脊前的地面冷高压中心增强到 1052 hPa，冷高压前沿的冷锋移到中蒙边境至新疆一线。停留在日本海的东亚大槽逐渐减弱，并于 22 日 20 时明显减弱并向东移(图 12.29c)。根据上下游效应，小槽将要发展成为大槽。25 日 20 时，小槽已经发展为大槽并移到我国东部，地面冷锋大部分已经移到海上，东亚大槽完成了一次更替，寒潮对我国的影响也告结束。

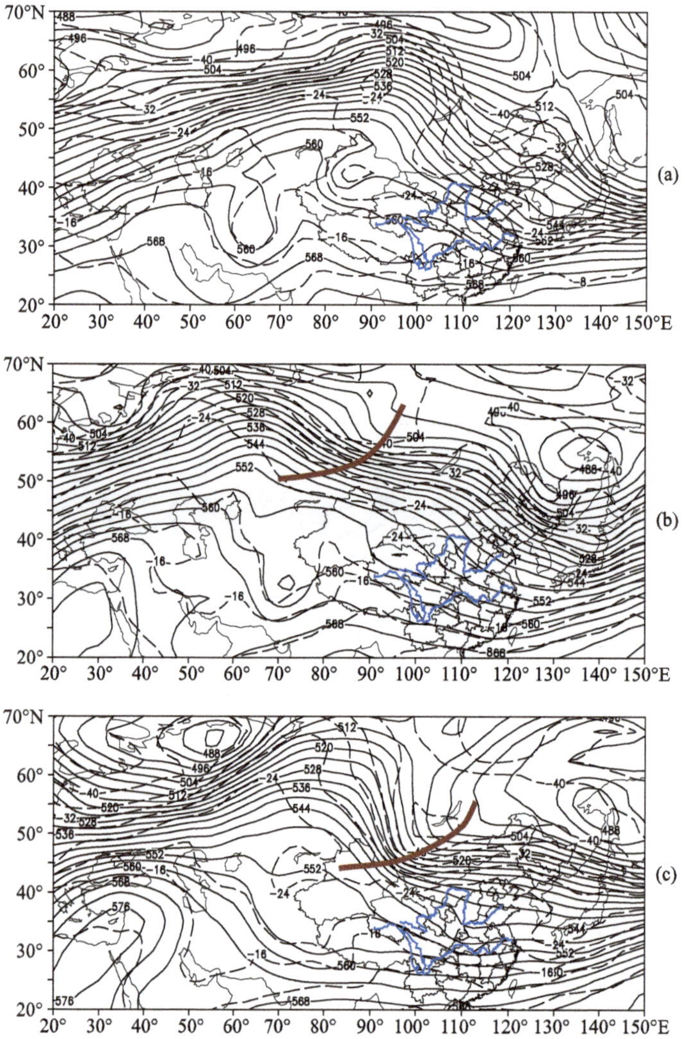

图 12.29　1963 年 12 月 19—22 日 500 hPa 等高线(单位：dagpm)和等温线(单位：℃)分布

(a)19 日 20 时；(b)21 日 20 时；(c)22 日 20 时

12.3.4.3　横槽转竖型

横槽型寒潮是阻塞形势崩溃引起的强冷空气爆发。预报关键在于横槽转竖及阻塞高压的崩溃或不连续后退。

(1)2005 年 3 月 10—13 日寒潮天气过程(许爱华等 2006)

1)天气实况

2005 年 3 月 10—13 日，我国大部地区爆发了一次罕见的寒潮天气过程。受其影响，西北地区大部、华北、东北地区南部、黄淮、汉水流域、江淮、江南、华南北部和四川盆地东部出现了 5～6 级偏北风，短时风力达 7～9 级，上述大部地区 48 小时的最低气温下降了 8～12 ℃，其中华北西部和北部、江淮、江南、华南北部等地降温 14～18 ℃，局部地区超过 20 ℃。11—13 日，陕南、豫南、皖中南、浙、鄂、湘中北、赣中北以及闽西北等地伴有 5～15 mm 大到暴雪和出现冰冻，其中鄂西南、湘北、赣东、闽西北部分地区降雪量达 18～25 mm。

2)环流形势

过程前 3～4 天，欧亚中高纬呈两槽一脊型经向环流，两长波槽分别位于贝加尔湖以东到东西伯利亚(东亚槽)和欧洲西部，贝加尔湖以西至东欧是一长波脊。南支槽在阿拉伯海到印度半岛西部。西太平洋副热带高压呈带状分布在中印半岛到菲律宾以东洋面，较常年偏强。500 hPa 黑海到里海、咸海一带强劲的暖平流致使在西伯利亚地区建立阻塞高压，形成横槽(图 12.30)，横槽北侧的东北气流引导超极地冷空气和西路冷空气合并加强，形成了异常强的冷高压、锋区、冷温度中心和冷温度平流，是造成本次寒潮天气的主要原因。两个短波槽东移侵入阻塞高压，48 小时内横槽出现两次建立和南移转为竖槽，阻塞高压崩溃，导致冷空气大举南侵。

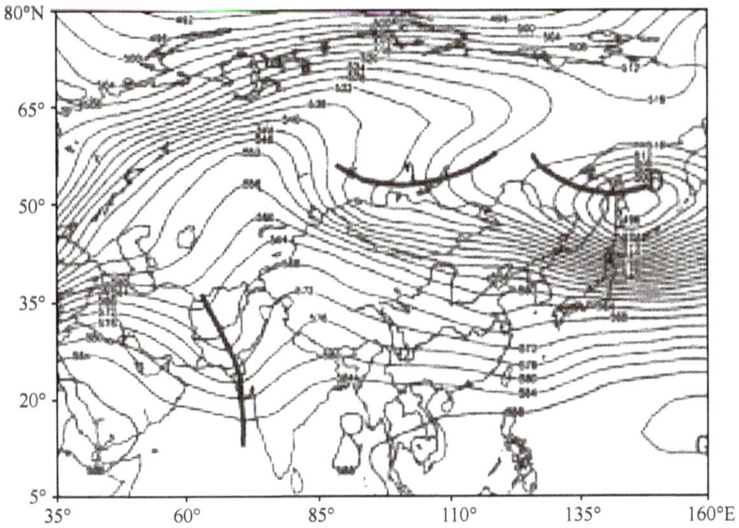

图 12.30　2005 年 3 月 9 日 08 时 500 hPa 高度场(dagpm)

(2)2008 年 12 月 2—6 日寒潮天气过程(牛若芸等 2009)

1)天气实况

2008 年 12 月 2—6 日，我国出现了入冬以来首次全国性寒潮天气过程，新疆北部、西北地区东部、华北、东北、黄淮、江淮、江南地区东部和南部、华南地区中东部日最低气温下降幅度普遍有 10～16 ℃，其中黑龙江西南部和东北部、吉林、辽宁东部等地下降幅度有 18～24 ℃，局部地区达到 26 ℃左右；长江中下游及其以北地区出现了 4～6 级偏北风，东部和南部海区出现了 7～9 级大风；新疆北部、甘肃中西部、内蒙古东北部、东北地区北部和东部、山东半岛等地出现了小到中雪或雨转雪，其中山东半岛局部地区为大到暴雪。

2)环流形势

2008 年 12 月 2—6 日寒潮天气过程是出现在欧洲脊强烈发展并缓慢东移、北半球中高纬环流形势由纬向型向径向型转换过程中。西脊前强偏北风带南移、横槽涡度西部大于东部、横槽前东南方的负变高和横槽后部的暖平流正变高等促使横槽转竖；南掉极涡与转竖低槽合并后，低槽明显向南加深，冷空气势力显著加强并开始向南爆发；自西脊西北部入侵小槽压迫高压脊向东南方向移动并逐渐崩溃，脊前偏北气流逆转为西北气流，引导冷空气大举向南爆发，造成此次寒潮天气过程(图 12.31)。

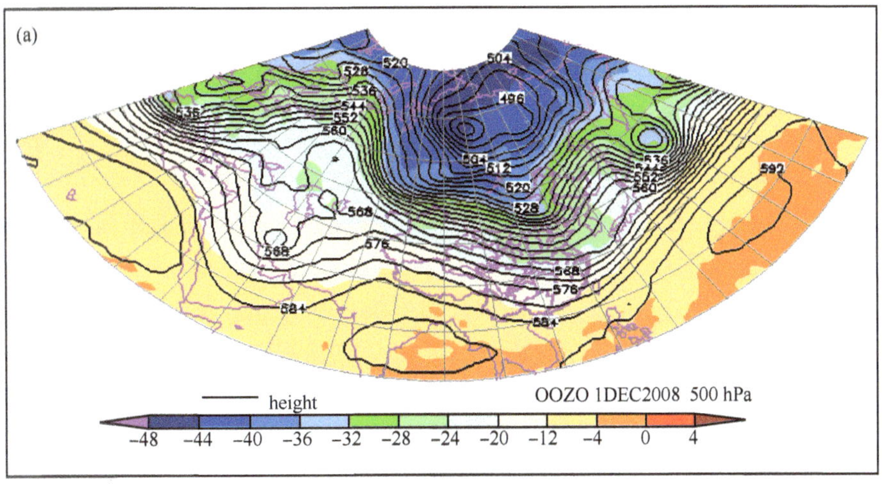

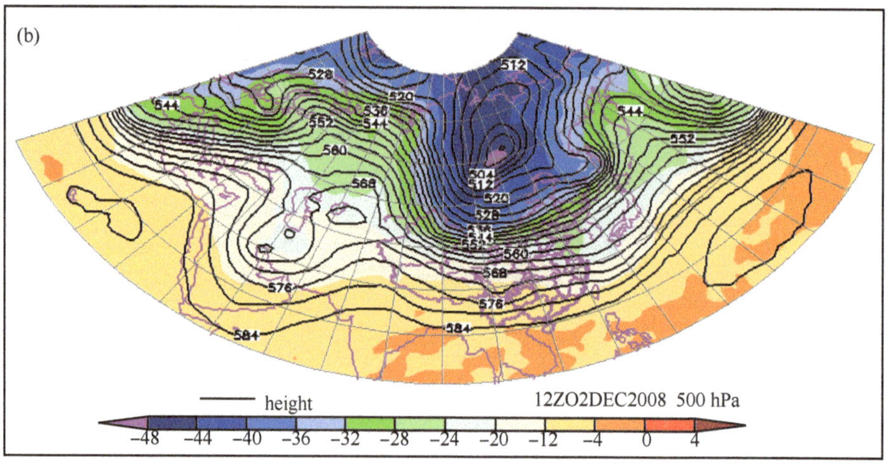

图 12.31 2008 年 12 月 1 日 00UTC(横槽转竖前)(a)、2 日 12UTC(横槽转竖后)(b) 500 hPa 高度场(单位:dagpm)和温度场(单位:℃)

12.3.5 寒潮的预报

12.3.5.1 寒潮的强冷空气堆积预报

一般根据各层天气图上冷中心及地面图上冷高压配合的情况判断强冷空气堆积。例如:500 hPa 上有一个−48 ℃的冷中心,700 hPa 上冷中心为−36 ℃,地面上又有一个强冷高压配合,则表明有强冷空气堆积。

但开始若为弱冷空气,则必须注意以后是否会堆积发展成强冷空气。以下 4 种情况有利于弱冷空气发展:

(1)配合的小槽为不稳定槽,将有大发展,槽后高压脊也将有大的发展;

(2)过程中有其他冷空气补充或合并加强;

(3)高空极涡分裂南下到亚洲北部;

(4)冷舌中产生绝热上升冷却的环流条件。

12.3.5.2 寒潮的爆发预报

实际工作中遇到的寒潮过程不可能与前述三大类过程完全相同,不能生搬硬套。事实上,三大类过程说明寒潮爆发时有两种不同环流系统:

1)不稳定短波槽脊东移中发展变为长波,经向环流加强,引导冷空气南下;

2)中高纬度已经存在准静止长波系统,上游有赶槽侵入长波系统,使长波遭受破坏,或与南支槽叠加后经向度加大,使冷空气南下。

(1)槽脊发展

当冷空气堆积不明显时,寒潮预报应着重考虑有无不稳定槽脊的发展,槽脊发展后就会引起冷空气堆积和加强并向南侵袭。

1)槽脊线前后若等高线沿气流方向疏散,槽脊将加强;反之,若等高线沿气流方向汇合,则槽脊将减弱。

2)500 hPa 等压面上的槽(脊)中,若下层有冷(暖)平流随高度减弱,有利于槽(脊)加强;反之,若冷(暖)平流随高度增强则有利于槽(脊)减弱。

3)槽的发展还与其他系统有关,例如南北两支波动(北支槽东移赶上南支槽,同位相叠加)、上下游效应(上游脊北伸加强,下游东亚大槽东移减弱)等。

(2)脊的崩溃

当冷空气已经堆积得很明显、相应环流是稳定的长波系统时,应重点考虑长波脊的崩溃东移以及下游槽的东移。当乌拉尔山长波脊受上游赶槽东移影响时,长波脊后暖平流区东移并由冷平流区替代(即长波脊前及其下游槽后出现暖平流，而乌拉尔山长波脊后为冷平流），则长波脊将减弱东移，它下游的长波槽也将东移，原来堆积在槽后脊前的冷空气就会随长波槽东移向南爆发。

根据预报经验，以下情况下脊将崩溃：

1）温度槽脊超前高度槽脊或二者重合，且温度槽脊振幅减小；

2）阻塞高压脊线以西 15～25 个经度内出现冷平流，$\Delta H_{24} \leqslant -10$ gpm；

3）脊线东移，移速达 10 个纬距/日；

4）阻高脊线由东北—西南走向转为南北走向或西北—东南走向；

5）正变高向东南移动中心到 60°N 以南，距横槽 10～12 个纬距。

12.3.5.3　寒潮路径与强度预报

（1）寒潮强度

1）地面图上冷高压的强度；

2）高空图上冷中心数值、高空锋区强度、冷区范围和冷平流强度；

3）地面图上冷锋强度（温度水平梯度）、冷锋后降温程度、变压中心强度及偏北风强度。

（2）寒潮路径

关注地面图上冷高压中心、高空图上冷中心、地面图上冷锋及冷锋后 24 小时正变压、负变温的移动路径。

12.3.6　寒潮天气预报

12.3.6.1　寒潮大风预报

寒潮大风预报重点考虑如下因素：

（1）风压场关系：寒潮冷锋逼近时风力一般加大，冷平流最强处风力最大，高压加强或气压梯度加大则风力也加大。冷锋前若有气旋或低压时，偏北大风出现的几率比单一冷锋时高得多，风力也大得多。

（2）温度层结：空气层结稳定时地面风力较小（垂直方向交换弱，动量下传较小），层结不稳定时地面风力较大（垂直方向交换强，动量下传较大）。

（3）变压场的影响：冷锋后最大风速出现在正变压中心附近变压梯度最大的地区（变压风）。

（4）热力环流：地表热力性质差异明显的地区常有地方性热力环流形成（如海陆风、山谷风）。

（5）地形影响：狭管效应（峡谷风）、冷空气翻山（等熵面坡度大于地形坡度时的下坡大风）。

（6）摩擦作用对风的影响：同样气压梯度情况下，海上风比陆上大 2～4 级，江面湖面风也比陆上大 1～2 级。

12.3.6.2　寒潮降温预报

寒潮降温预报重点考虑如下因素：

（1）温度平流的影响：实际工作中经常采用冷锋后测站的 24 小时变温作为判断冷平流的依据（但需注意形势变化及站点天气条件差异）。

（2）垂直运动的影响：当层结稳定时，如有上升运动则当地气温下降，有下沉运动则温度上升。

（3）非绝热作用：天空状况（云、降水、风）以及下垫面的影响。

上述因子作用不同，一般近地面层以平流变温和非绝热变温为主，自由大气以平流和垂直运动影响较大。

12.3.6.3　寒潮其他要素预报

（1）霜及霜冻预报

包括平流霜冻与辐射霜冻，预报关键在于冷空气活动和地面最低温度（0 ℃以下）。

（2）寒露风预报

关键在于低空有强冷空气入侵，高空在副热带高压控制下（干寒露风），有较强西南气流（湿寒露风），且南支槽活动频繁。

(3)雨凇预报

在一般降水预报的基础上,关键在于中空(700 hPa 附近)暖层和低空(850 hPa 以下)冷层的预报。

12.3.7 中央气象台寒潮预警标准

根据《国家气象灾害应急预案》的要求,中央气象台制定寒潮预警标准。

12.3.7.1 橙色预警

预计未来 48 小时 2 个及以上省(区、市)大部地区平均气温或最低气温下降 16 ℃以上并伴有 6 级及以上大风,长江流域及其以北一半以上地区平均气温或最低气温将下降 12 ℃以上,冬季长江中下游地区(春、秋季江淮地区)最低气温降至 4 ℃、局地降至 2 ℃以下。

12.3.7.2 黄色预警

预计未来 48 小时 2 个及以上省(区、市)大部地区平均气温或最低气温下降 12 ℃以上并伴有 5 级及以上大风,长江流域及其以北一半以上地区平均气温或最低气温将下降 10 ℃以上,冬季长江中下游地区(春、秋季江淮地区)最低气温降至 4 ℃以下。

12.3.7.3 蓝色预警

预计未来 48 小时 2 个及以上省(区、市)大部地区平均气温或最低气温下降 10 ℃以上并伴有 5 级及以上大风,长江流域及其以北一半以上地区平均气温或最低气温将下降 8 ℃以上,冬季长江中下游地区(春、秋季江淮地区)最低气温降至 4 ℃以下。

参 考 文 献

黄旭,陈燕,童文林,李跃清. 2001. 卡尔曼滤波方法在高温预报中的应用. 四川气象,**21**(2):18-22

林曲风,梁玉海,李艳. 2000. "11·24"寒潮大风成因分析. 山东气象,**20**(3):29-31

陆如华,何于班. 1996. 卡尔曼滤波在天气预报中的应用技术. 国家气象中心:数值预报产品评价公报,**33** (5-6) :28-36

牛若芸,乔林,陈涛,等. 2009. 2008 年 12 月 2—6 日寒潮天气过程分析. 气象(待发表)

彭京备,张庆云,布和朝鲁. 2007. 2006 年川渝地区高温干旱特征及其成因分析. 气候与环境研究,**12** (3): 464-474

青泉,汪丽,谢娜等. 2007. 2006 年川渝伏旱成因浅析. 四川气象,**27**(2):10-12

汪秀清,杨雪艳,石大明等. 2004. 数值预报产品在夏季持续高温预报中的释用. 气象科技,增刊: 47-49

许爱华,乔林,詹丰兴等. 2006. 2005 年 3 月一次寒潮天气过程的诊断分析. 气象,**32**(3): 49-55

朱乾根,林锦瑞,寿绍文. 1980. 天气学原理和方法. 北京:气象出版社

"十二五"国家重点出版物出版规划项目

现代气象业务丛书

现代天气业务

（下）

主　编　矫梅燕

副主编　章国材　曲晓波

气象出版社

China Meteorological Press

第 13 章 中期天气预报和延伸期预报

中期天气预报通常是指 4～10 天的天气预报。实践证明，中期天气预报对于工农业生产、国防、交通等国民经济部门有着重大应用价值，特别是在党中央、国务院以及各部门防灾减灾科学决策中起着重要作用，所产生的直接、间接社会经济效益是十分显著的。随着社会经济的快速发展和人民群众生活水平的提高，对中期天气预报的要求越来越高。2008 年我国南方发生历史罕见的低温雨雪冰冻灾害后，对延长预报时效提出迫切需求，由此，11～30 天的延伸期预报在国家级气象业务单位探索性地开展起来。本章重点介绍中期预报技术方法，也简要概述目前中央气象台试验性开展的延伸期预报业务所采用的预报技术方法。

13.1 中期天气预报思路

13.1.1 中期天气预报理论基础概述

中期天气预报所研究的对象不同于短期预报，中期预报着重于研究行星尺度系统或者研究一群天气尺度系统的演变规律。因此，中期天气预报除在 4～7 天内开展逐日天气预报以外，还制作未来 10 天内天气要素(降水、气温)的总体特征。

由于中期预报是研究时、空尺度较大的大气运动规律，它所研究的空间范围远比短期预报所涉及的要大得多。根据理论推导，对预报地区有影响的范围要 3 次方地增大。例如，要做我国大范围的中期预报，就需要研究西起大西洋东至太平洋、甚至整个北半球的大气环流，在夏半年还要向南延伸到南半球的副热带地区。在垂直方向不仅要研究对流层大气环流的中期变动状态，还要研究平流层的大气环流过程。因此，我国中期天气过程涉及的环流系统主要包括 100 hPa 南亚高压、200 hPa 副热带高空急流、500 hPa 西风带长波(阻塞高压、切断低涡)、极涡和副热带高压、850 hPa 赤道辐合带以及海平面蒙古高压等等。

在探讨中期环流变化时，系统之间特别是天气尺度系统与行星尺度系统之间的非线性相互作用是主要的研究内容，这是中期物理过程的一个主要方面。天气预报的实践表明，在中期天气过程中，长波系统的活动构成具体的天气过程，但长波活动是与时、空尺度更大的超长波活动密切联系的，所以，超长波可以看作长波活动的背景。为监测和分析超长波的特征，理论上采用时间平均图、空间平均图、谐波分析和平流层等压面形势图等工具和方法分离超长波。

如上所述，短期预报着眼于一定范围内天气系统的演变，而对于中期预报来说则必须着眼于甚至是整个北半球大气环流的调整。所谓大型环流的调整就是指大范围气流的明显转变。例如，北半球大气环流型的相互转换、指数循环中的转折阶段等都是大型环流调整的标志。可见，大型环流调整主要表现为大气长波系统的剧烈转变，因此，也叫作长波调整。长波调整不外乎表现为长波的移动、变形、加强、减弱、形成和崩溃等方面。由于大气环流是一个整体，一个地区长波系统的调整常可影响其他地区。天气实践经验表明，对于我国来说，特别要注意乌拉尔山地区、欧洲沿岸、格陵兰地区及太平洋西部和西南亚地区大型环流的变化。

大范围上、下游长波调整并非是孤立的，是相互联系的，称为上下游效应。上游某地区长波系统发生某种显著变化之后，接着就以相当快的速度(通常比系统本身移速以及平均西风风速都快)影响下游系统也发生变化，叫上游效应。在长波调整过程中上游效应非常重要，对于我国而言，在西风带上游效应中，乌拉尔山地区、欧洲北大西洋和北美东岸这三个关键地区最为重要。当下游某地区长波发生显著变化后也会影响上游环流系统随着发生变化，称为下游效应，北太平洋地区就是我国西风带的下游效应的关键地区。

长波调整以及相伴随的上(下)游效应，是中期预报环流形势变化趋势定性分析的主要出发点，也是中期数值预报解释应用的出发点。

13.1.2 中期天气预报业务内容

20世纪50年代前期，在全国各省(区、市)气象台建立了中期天气预报业务。从此，我国开始制作中期天气预报，全面开展中期天气预报服务。经过50多年的努力，中期天气预报业务取得了很大的成绩和进展，预报准确率逐年稳步提高。

中期天气预报一般是指4～10天的天气预报，特殊情况下可延长至半个月或一个月(延伸期预报)。中期天气预报内容包括未来4～7天逐日滚动天气预报和未来一旬、周的降水、温度要素的累计或平均预报，即旬、周累计降水量及其距平百分率预报、平均温度距平预报(图13.1)。灾害性、转折性、关键性天气过程预报是中期天气预报的重点任务，夏季主要考虑雨带位置和强度、重要降雨过程，冬季侧重冷暖趋势、冷空气过程等。每旬末，中央气象台组织全国中期天气会商，讨论未来一旬天气趋势预报，而后发布下一旬中期旬天气预报，其内容包括旬内天气趋势预报、主要天气过程预报以及旬降水量预报、旬气温距平预报、亚洲地区西风环流指数(前10天实况)、120°—140°E副热带高压脊线位置(前10天实况)等，其他各级气象台也发布相应的中期预报。此外，近年来中央气象台也试验制作了11～20天的客观降水量和气温距平的延伸期预报。

中期预报服务包括公众预报服务、决策预报服务、专项预报服务等。除上述预报服务任务外，中央气象台作为国家级业务单位，面向全国范围，为地方气象台站提供指导产品和技术指导。

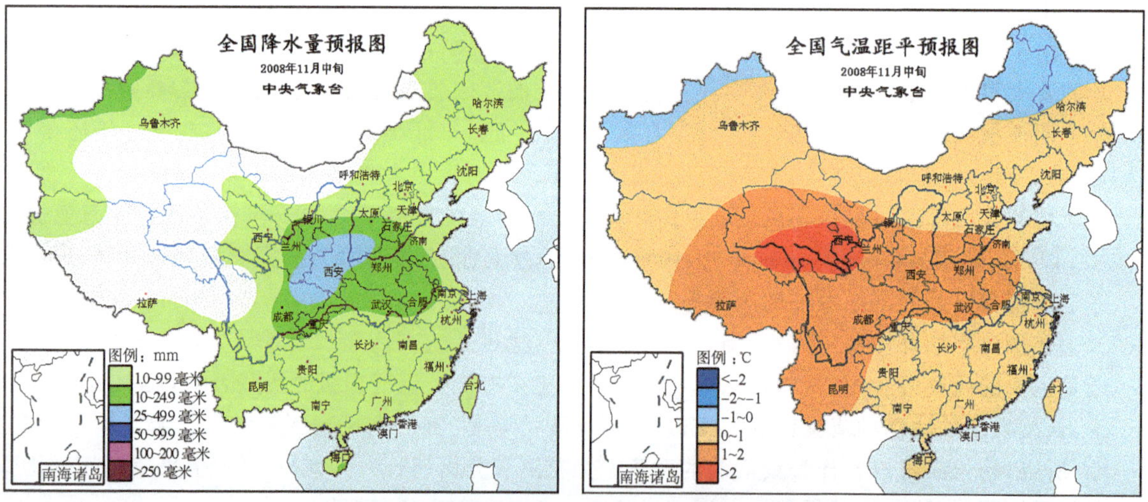

图13.1 中央气象台旬降水量及旬气温距平预报产品

13.1.3 中期天气预报技术方法和思路

随着气象科技水平的提高，中期天气预报技术方法不断进步，预报业务平台不断更新和完善，预报思路也在与时俱进、不断发展，概括其发展历程可以分为如下五个阶段：

13.1.3.1　自然天气周期方法(1950 年代)

20 世纪 50 年代前期，在全国各省(区、市)气象台推广自然天气周期方法。自然天气周期中期预报方法，是以天气过程演变的自然周期为基础，根据同一类自然周期内影响系统的移动、演变和天气过程具有的相似性以及相邻自然天气周期之间天气形势要发生转折性的变化等原理，预报本自然天气周期内天气过程，而对下一个自然天气周期的天气形势则主要采用天气气候上的统计转换关系来预报。

13.1.3.2　环流型预报方法(1960 年代)

20 世纪 60 年代，环流型预报方法成为我国中期天气预报业务中的一个具有代表性的预报方法。我国预报员普查了大量历史天气图资料，对亚欧地区盛行的环流型及其天气特点进行了分类，并做了大量有关各型持续和转换概率的天气气候统计工作。对环流形势做了不同的分类，分析统计了环流型的持续、转换规律以及环流型与影响天气系统及大范围天气变化的联系，提出了一些可用的指标，在实际业务工作中发挥了很大的作用。

环流分型是一种定性表征大型环流的方法，主要是按大范围内高空行星锋区急流的位置和走向、长波槽脊的位置和发展状况以及纬向、经向环流的不同进行划分。不同的环流型盛行不同的天气过程，并具有不同的天气特点。从整个北半球而言，中高纬度西风带一般可分成三种环流型，即纬向型、经向型、阻塞切断型。至于副热带地区，一般可分成两种主要类型，即纬向型和经向型。

13.1.3.3　超长波和长波分析预报方法(1970 年代)

20 世纪 70 年代中后期，我国各级气象台站在预报技术方法上又设计了一些时空尺度适合于揭示中期天气过程的图表，把北半球天气图用到日常预报工作中去，对一些资料进行了时间平均或空间滤波，以识别长波、超长波的演变，分析其活动过程。在考虑长波系统影响时，分析超长波形势的变化，有助于做出更长时效的中期天气预报。

13.1.3.4　统计学方法(1980 年代)

20 世纪 80 年代前期，中央气象台和部分地方气象台开始使用国内外数值预报产品制作中期天气预报。把大尺度环流形势的数值预报转化为区域性的具体天气预报，是这个时期中期天气预报业务发展的一个新的研究课题。一些气象台利用统计学方法，直接把数值预报物理量资料作为预报因子，推导出气象要素预报方程。有些气象台则利用历史资料样本，导出同时期的关系方程，然后使用数值预报产品代入。这类方法效果的优劣依赖于数值天气预报的质量和样本的数量，同时也取决于对数值预报产品长期使用经验的积累。

13.1.3.5　综合预报方法(1990 年代以来)

自 20 世纪 90 年代以来，我国中期预报技术人员综合吸收、广泛利用过去各个时期有效的预报技术经验、成果，特别是近些年，中期预报业务技术现代化水平有了很大的提高，数值预报产品的应用已成为目前中期预报的重要手段，客观预报方法在业务中得到广泛应用。预报员利用人机交互气象信息综合分析处理系统，调阅分析各家数值预报产品及其二次加工产品、客观预报信息、历史资料、基本统计图表、结合预报经验，综合分析制作中期天气趋势预报和要素预报。

现代中期天气预报制作的基本思路，首先要掌握天气气候特点，分析天气气候背景和近期天气变化实况；其次，需要在了解各家数值模式(包括集合预报)性能的基础上，集成多家模式信息，对北半球甚至南半球的大尺度环流形势的演变和经纬向环流的发展趋势、环流有无明显转折、南北两支系统的相互影响以及锋区、高低空急流和副热带高压等大型环流的演变特点等进行细致而深入地分析；同时还要分析 850 hPa 温度场和地面气压场的分布特点，然后再参考其他统计图表和客观要素预报信息，结合预报经验，最后综合分析判断，确定出未来主要天气过程的开始、持续、结束及天气特点等天气趋势，重点是中期时段内有无灾害性、转折性、关键性天气过程。

由于中期数值预报产品存在其误差随预报时效不断增大的局限性，因此中期天气预报虽然以数值预报产品为基础，但不能是简单地直接应用数值预报产品。预报员制作中期预报时，要充分考虑模式的性能，特别是数值模式近期的预报性能和预报变化的趋势，对产品进行订正。从这个角度来说，中期天气预报应是多结果的集成，不仅是多模式、多方法的客观集成，也包括预报员的主观经验集成。4～6天的预报，主要以数值预报为基础；7～10天的预报仍可以参考数值模式，主要以多家模式的客观、主观的综合预报集成；11～15天的中期延伸期天气预报，以集成、统计、经验、外推等方法综合应用数值预报产品制作完成。

集合预报是近年数值天气预报领域的一个重大发展。集合预报通常是在实际观测和分析所得的初始场的基础上，叠加适当小扰动，从而形成稍有差别的多个初始场，做出多个动力延伸预报，然后进行综合，以获取更多的有用信息。由于大气运动对初值和物理过程等的敏感性，确定性的预报一般认为只有3.5天。3.5天之后，初始场和物理过程等的细微差异，就可能导致解的分岔。因此，中期天气预报必须引入集合预报。集合预报优于确定性预报，集合预报已成为未来数值预报发展的方向之一，最终可能会取代目前单一的确定性预报，成为业务预报的主要使用产品。

13.2 中期客观预报工具和方法

由于中期天气预报的难点在于未来环流形势预报参考信息的不确定，为减少这种不确定性，需要增加较多基于中期预报基础理论、通过数值预报产品解释应用而获得的再加工、再提炼的客观分析产品，这是减少中期预报不确定性的重要途径。

13.2.1 中期预报辅助图表

目前在中期预报实际业务中使用的辅助图表有：各种气候资料图表、地转风场、波谱分析、西北太平洋副热带高压(以下简称副高)脊线、西风环流指数、500 hPa高度候、旬平均及距平预报图等。这些图表基本能反映大气运动的主要特征，可以揭示北半球范围极地涡旋、超长波、长波和急流的活动特点。

13.2.1.1 气候资料图表

熟悉和掌握各季节的天气气候背景是做好中期天气预报的一个关键。这是因为随着季节的不同，大气环流的主导系统、影响系统和天气系统的活动特点会出现明显的差异，也就是说季节不同，天气规律也不一样。因此，制作预报时必须按照季节的变化，参考使用各类天气气候图表和资料。如多年平均的各旬降水量图、各旬气温图以及早、晚、平均霜冻出现的均值图、历年冷空气过程表等气候图表。除此之外，还有各候(旬)多年500 hPa平均高度场、850 hPa平均温度场、副高脊线位置、台风资料等(图13.2)。

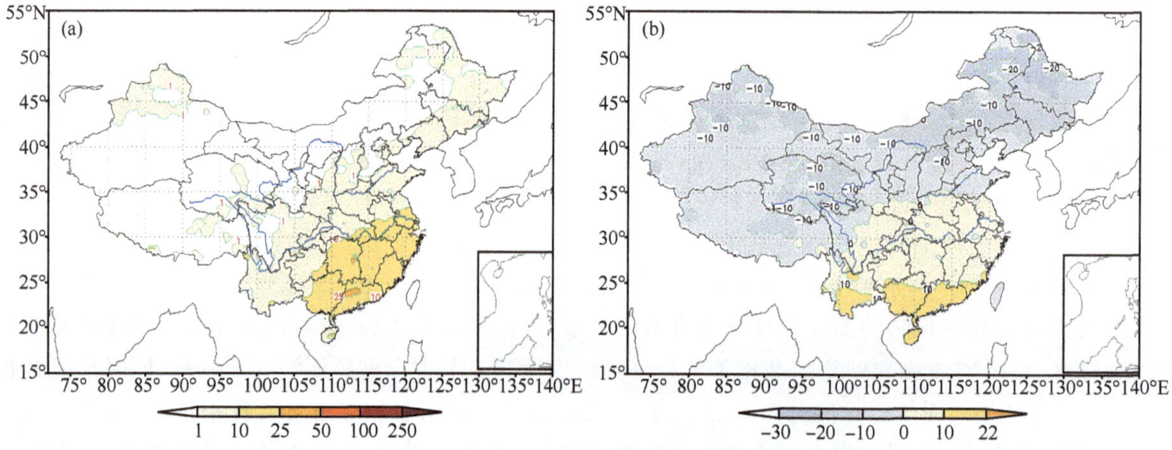

图13.2 我国1月上旬多年平均降水量(mm)(a)和平均气温(℃)(b)

13.2.1.2　环流指数

环流指数是把复杂的大气运动进行简化的一种方法，它近似地反映了大气运动的基本状况。西风环流指数 I 定义为 500 hPa 上 45°—65°N 两个纬度带间的位势高度差，亚洲中高纬西风环流指数 $I=\sum_{\lambda=65}^{155}(H_{\lambda,45^\circ}-H_{\lambda,65^\circ})$，其中 λ 为经度值，从 65°E 至 155°E，每隔 10 个经度取一个位势高度值。

西风环流指数对应于北半球中高纬度环流的经向度，当纬向环流建立或增强时，西风指数就上升，反之就下降。一般是当高指数转为低指数，也就是说纬向转经向时，往往会带来一次比较强的冷空气过程。西风带的环流转换又是与西风指数的变化密切相关的。在强冷空气（包括寒潮）预报应用上的重要意义是由高→低转折点的预报。例如，2008 年 1 月 10—14 日，就是由高指数（336 dagpm）向低指数（3 dagpm）转变时发生的一次全国性强冷空气过程（图 13.3）。

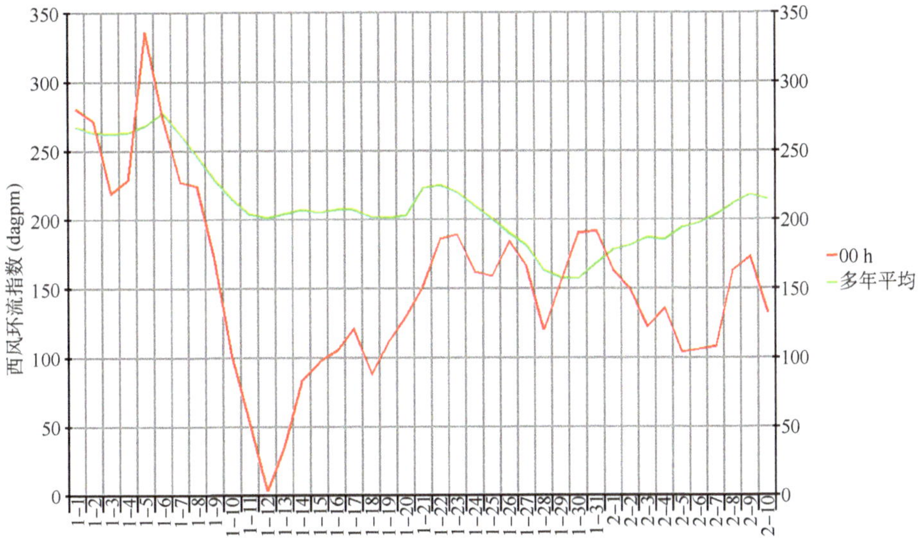

注：后十天为预报场数据

图 13.3　2008 年 1 月 1 日至 2 月 10 日北半球西风指数演变图
（红色线条为数值预报零场分析和未来 10 天预报，绿色线条为多年平均）

西风环流指数常有大约一个月和半个月左右的振动周期，但有时周期变化不够规则；当某种指数特征维持较长时间（约一个月以上）之后，对应着后期的另一种指数特征；上下游地区环流指数的剧烈变化经常是亚洲环流指数变动的先兆。总之，利用环流指数变化规律，可以粗略地判断一旬之内大型环流的经纬向发展趋势。

13.2.1.3　500 hPa 地转风场

根据地转风公式，从 500 hPa 高度场分别计算出地转风的 u、v 两个分量。

P 坐标系中地转风公式为

$$u_g=-\frac{9.8}{f}\left(\frac{\partial H}{\partial y}\right) \tag{13.1}$$

$$v_g=\frac{9.8}{f}\left(\frac{\partial H}{\partial x}\right) \tag{13.2}$$

其中 f 为科里奥利参数，H 为位势高度。

实际应用表明，地转风与降雨有较好的对应关系。主要雨带出现在 v 场的南北风交界线和低纬最大风轴之间，且两者之间间隔不大于 15 个经纬距，但是不包括冷涡降水和台风直接影响造成的降水。利用地转风 v 场，分析南北风分界线和中低纬最大南风轴，可以预报未来一段时间的主要雨带的分布。

降雨强度与地转风 V 的关系是：风向切变线（南北风分界线）与最大南风轴间距离越小，预示大气质量在该地区聚集越多，辐合上升加大，同时南、北风风速越大，表示冷暖空气势力都十分强盛，因此降雨量也越大。

降雨强度与地转风 u 场的关系是，西风急流越强，主要雨带强度越强。例如，2007 年 6 月 29 日预报 7 月 1—5 日 500 hPa 候平均地转风 u、v 场分布(图 13.4)，30°—35°N，110°—130°E 上，u 场上平均西风急流强度有 10～16 m/s，明显偏高于常年平均西风强度，表示冷空气强度较强；同时 v 场上，30°N 以南均为南风控制，最大南风风速也十分强，有 4～6 m/s；因此可以大致判断 7 月上旬淮河流域将出现强雨带。

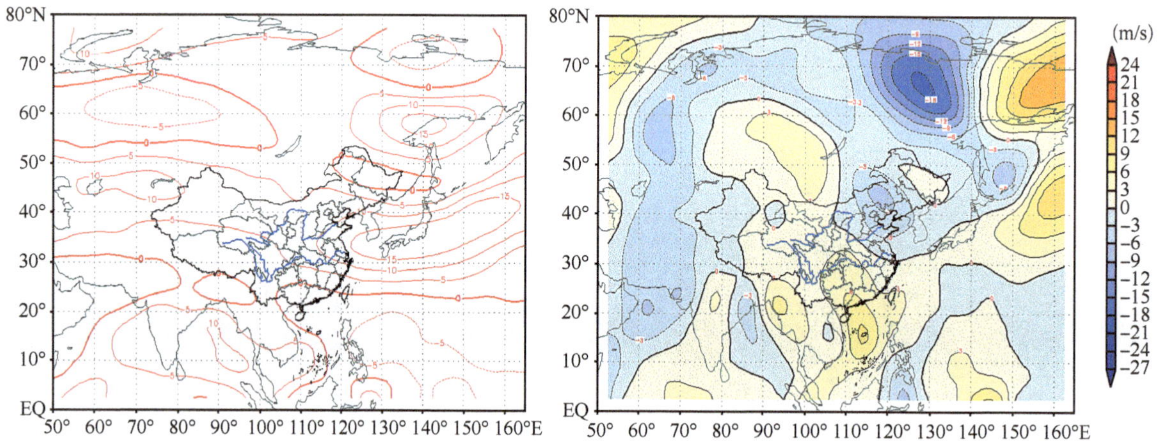

图 13.4 2007 年 7 月 1—5 日平均 500 hPa 地转 u、v 风分布

13.2.1.4 谐波分析

谐波分析能对冷空气、降水等中期天气过程的大尺度环流形势演变与转换调整做出客观、定量的描述，具有较明确的天气学意义，因而也作为一种技术方法被引入中期预报，成为中期业务预报的一种预报工具。

高度场上某纬圈动能 E_k 的谱展开公式为：

$$E_k=\frac{g^2}{16\Omega^2 r^2 \sin^2\varphi(\nabla\varphi)^2}[(a_k(\varphi_1)-a_k(\varphi_2))^2+(b_k(\varphi_1)-b_k(\varphi_2))^2] \tag{13.3}$$

其中 k 为波数，Ω 为地球转动角速度，r 为地球半径，φ 为所计算纬圈的纬度，φ_1，φ_2 为 φ 的两相邻(南、北)纬圈的纬度，$\nabla\varphi=\varphi_1-\varphi_2$，$a_k$，$b_k$ 为傅里叶展开系数：

$$a_k=\frac{2}{n}\sum_{i=0}^{n-1}h_i\cos ki \tag{13.4}$$

$$b_k=\frac{2}{n}\sum_{i=0}^{n-1}h_i\sin ki \tag{13.5}$$

其中 n 为所计算纬圈上的格点数，h_i 为格点上的高度值。

寒潮中期过程能量演变特征分析显示，在寒潮过程初始酝酿阶段，北半球高纬度以 2 波出现峰值为主要特征；在寒潮爆发前，高纬度 2 波或 3 波为优势波的概率较大；3 波或 4 波剧烈增幅时是冷空气爆发阶段。

13.2.1.5 候、旬 500 hPa 高度场平均、距平

对数值预报产品进行计算，制作出 500 hPa 候、旬平均环流形势预报图和距平图(图 13.5)。候、旬平均环流形势预报和距平图可以反映出大型环流的分布趋势和超长波的特点，是中期预报的一种常用工具。它在春播期间连阴雨、江淮梅雨、长江中下游高温伏旱以及东北夏季低温冷害等的预报中应用效果都比较好。

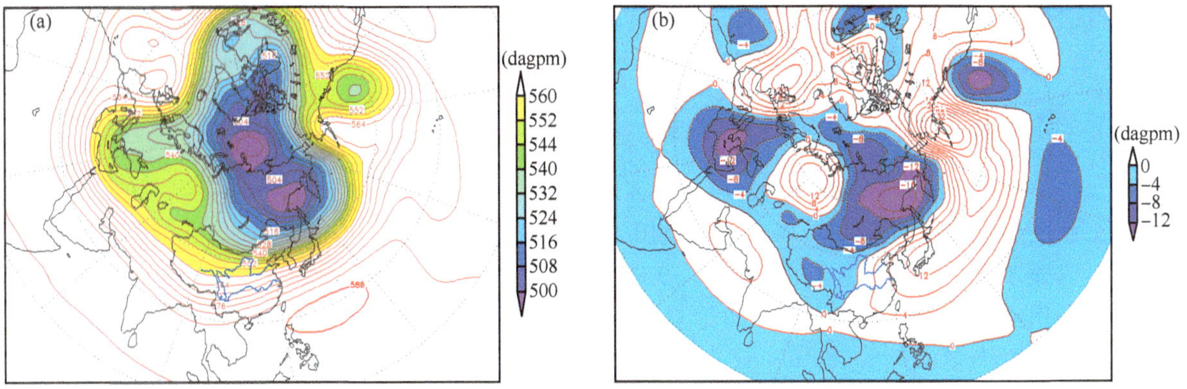

图 13.5　500 hPa 高度场候平均(a)及候距平(b)预报示意图

13.2.1.6　副高特征指数分析

西北太平洋副热带高压(副高)对我国天气、气候有重要影响,它是大气环流重要的组成部分,也是副热带地区重要的大型天气系统。副高特征一般用副高面积、副高强度、副高脊线位置、副高西伸脊点位置等指数来表征。副高的范围在 500 hPa 图上用 588 dagpm 线表示。它的位置和强度随季节而变化,其位置的南北方向变化用副高脊线所在纬度的平均值代表,副高脊线是副高内部东西风场的分界线或称零风速线。副高东西方向变化用 588 dagpm 线西伸端点所在经度代表。中央气象台中期业务中常使用 110°—130°E 平均逐日副高脊线演变和 588 dagpm 线西伸脊点来分析判断副高的具体变化。

6—8 月副高脊线平均位于 24°N 附近,588 dagpm 线西伸脊点平均位于 122°E 附近。副高的强度和位置有明显的季节变化。每年 6 月以前,副高脊线位于 20°N 以南,高压北缘是沿副高脊线北上的暖湿气流与中纬度南下的冷空气相交绥地区,锋面、气旋活动频繁,形成大范围阴雨天气,受其影响华南进入雨季,就是人们常说的华南前汛期。到 6 月中、下旬,副高脊线北跳,并稳定在 20°—25°N 之间,雨带随之北移,长江中下游地区进入雨季,即梅雨期。7 月上、中旬,副高脊线再次北跳,摆动在 25°—30°N,这时黄河下游地区进入雨季,长江中下游地区的梅雨结束,进入盛夏;由于副高稳定控制,使这一地区出现晴热无雨天气,造成高温伏旱。7 月末至 8 月初,副高脊线跨越 30°N,到达一年中最北位置,雨带随之北移,华北、东北地区进入雨季。8 月底或 9 月初,副高脊线开始南退,雨带随之南移。10 月以后,副高脊线退至 20°N 以南,大部分地区雨季结束。

从上述可知副高的季节性活动特点:夏季北进时,持续时间较长,移动速度较慢,而秋季南退时,却时间短、速度快。副高活动的年际变化较大,当其活动出现异常时,常常造成我国较大范围的旱涝灾害。

13.2.1.7　每旬天气与农业气象服务

为农业服务是气象服务工作中的重点之一。要做好全国范围的农业气象预报服务工作,必须全面了解和掌握不同地区、不同季节的天气特点和农业生产特点。“每旬天气与农业气象服务”是为预报员提供与农业生产、农事活动相关的各旬灾害性天气一览表,每旬 1 张,全年共 36 张,主要内容包括全国各地每旬的农业气象服务重点、全年各季节的主要农事活动、基本气候特点、重大的灾害性天气以及造成灾害性天气的环流形势和影响系统。同时,还总结、归纳出主要农作物各发育期有利与不利的天气条件及其对农作物的影响,后附有 20 张有代表性的典型灾害性天气形势图。文字简述与图示相结合,易于查询,便于在预报值班中紧密结合农业生产的需要,有针对性地做好预报服务,对提高气象预报服务质量起着重要作用。

13.2.2　综合相似预报方法

该方法是一种人机交互式、主客观相结合的综合相似预报方法。该方法利用历史资料和中期数值预报产品,选用反映大气环流特征的参数和与中期天气过程有关的物理量,并且依据预报员经验输入大尺度天气系统的参数，客观、自动找出与历史最佳相似样本以及相似样本的天气过程和旬温度高低、降水多少等，为预报员制作中期时效的预报提供参考。

13.2.3 旬平均温度距平客观预报方法

中央气象台的我国冬半年旬平均温度距平客观预报是以车贝雪夫多项式展开系数和前期基础温度作为预报因子，通过历史资料回归而建立的全国 40 个代表站点的冬半年旬平均气温距平客观预报方法。车贝雪夫多项式是一种建立在场的资料基础上的数学方法，它能够提取整个场上资料的主要信息，并有较好的稳定性和代表性，因此在气象中有广泛的应用。

利用车贝雪夫多项式将 500 hPa 候平均高度、850 hPa 候平均气温和海平面气压 3 个常规气象场展开，以更好地表征各场的主要特征，同时浓缩了资料量。在全国范围内取较为均匀分布的 40 个代表站，使用下一旬第一候的一维、二维车贝雪夫展开系数和前期基础温度共 181 个预报因子，以下一旬的平均温度为预报量，用逐步回归方法建立完全预报方程。在业务使用中，将数值模式的下一候预报做车贝雪夫展开加上前期基础温度作为预报因子代入预报方程，得到下一旬的气温距平预报。

实时业务预报中，每旬末使用 ECMWF 48—144 小时的北半球 500 hPa 高度、850 hPa 温度和海平面气压平均场作为第一候的资料进行车贝雪夫展开，取其系数作为预报因子；另外，计算上一候前 3 天(即制作旬预报日期的前 3 天)平均温度作为基础温度因子；代入预报方程，制作旬温度距平客观预报。在全国 40 个代表站旬平均气温距平预报图上，填绘各站的气温距平值，并以 2 ℃为间隔进行分析，最后输出旬平均气温距平预报图。对 1994 年和 1995 年两年冬半年的旬温度距平进行了试报，预报结果检验如表 13.1。

表 13.1 客观预报与多年平均预报评分比较(%)

	10 月	11 月	12 月	1 月	2 月	3 月	4 月
试报	81.1	81.2	73.6	77.5	81.1	73.7	79.8
业务	81.8	84.6	82.7	83.8	80.6	81.5	79.8
多年平均	76.7	78.7	80.3	76.3	77.7	78.7	75.0

在 42 次试报中，有一次预报评分为 57.5，低于 60 分，其余评分都在 60 分以上，最高达 95.5(1994 年 11 月下旬)，有 27 次超过了多年平均主观预报评分，约占 2/3。从表 13.1 可以看出，每月平均都在 70 分以上，与多年预报平均评分相比，有 5 个月超过了多年平均，只有 12 月和 3 月份低于多年平均。另外，在两年的试报中还发现，对南方的预报可信程度更大，即使在评分较低时，预报误差也主要出现在东北和华北北部，在应用中预报员可以根据预报区域参考客观预报结果。从各次预报评分可以看出，用车贝雪夫展开来制作的旬平均温度预报较为稳定，一般不出现大起大落的情况，有较高的预报参考价值。

13.2.4 寒露风害客观预报方法

寒露风害中期客观预报技术方法，是以天气学的基本原理和中期预报理论为基础，结合预报经验，采用车贝雪夫多项式技术，对中期数值预报产品和历史资料进行展开，展开系数代替格点作为预报因子，用逐步回归方法建立日平均气温的完全预报方程。寒露风害客观预报系统以选取菜单形式，输入日期，自动计算，并可显示或输出单站和某区域未来 7 天有无寒露风天气过程的客观预报结果。

13.2.5 集合预报产品在中期预报业务中的应用

集合预报产品的业务应用大概经历了 3 个阶段：

第一阶段，集合预报的产品主要是邮票图、集合平均图等初级产品(图 13.6)。邮票图是展示集合预报产品最直接、最基本的一种方法。它将所有集合成员和业务预报的结果放在同一张大图上，预报员凭经验进行主观判断，由于集合预报成员一般较多，这种产品的分析效率比较低。集合平均，就是所有预报成员的平均，由于集合平均能够过滤掉不可预报的随机信息，集合平均往往比单一确定性预报准确，但集合平均也可能过滤掉少数成员中包含着的极端天气预报信息。

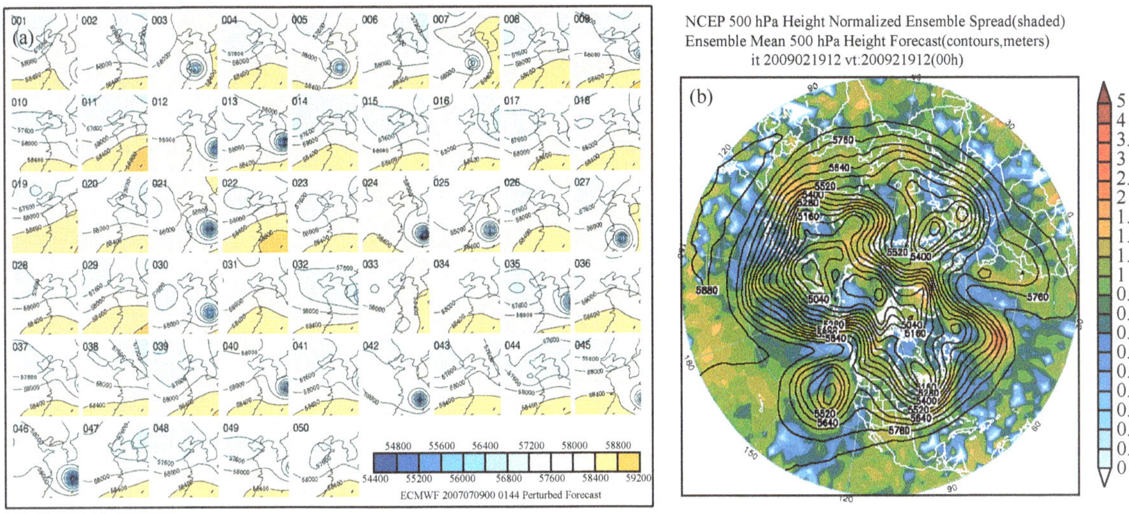

图 13.6 (a)ECMWF 集合预报 500 hPa 邮票图；(b)NCEP 500 hPa 集合平均预报产品(阴影为集合离散度)

第二阶段，进一步发展了面条图、分类图、概率图等(图 13.7)。面条图是指选取一条或几条特征等值线，把所有成员中预报的该等值线绘制在同一张图上。一般来说，等值线的发散程度大致反映出预报的可信度，等值线越是集中，表示集合成员之间的离散越小，预报可信度越大。分类图是利用客观聚类方法把集合预报中相似的成员合并成一类(并同时给出该类出现的相对频率)，从而浓缩集合预报产品信息供预报员使用，一般聚类时相似度的标准可用相关系数或均方差等来度量。对于某个特定预报对象，可以从集合所有的成员预报中算出其发生的相对概率，从而形成概率预报图。概率的分布包含了该集合预报系统所能提供的所有信息，最大程度包含了实际大气可能发生的种种情况，所以，概率预报是表达集合预报的有效方法之一。

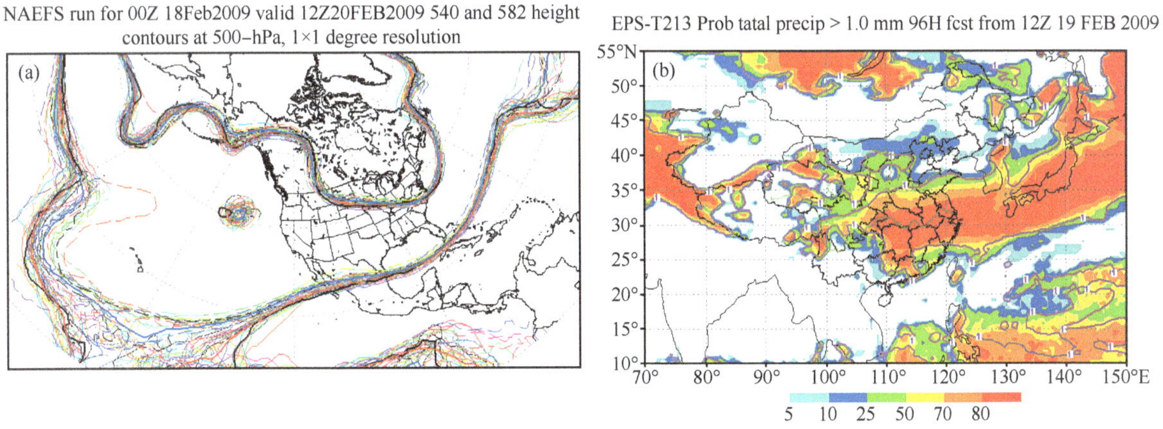

图 13.7 (a)NCEP 集合预报 500 hPa 高度特征等值线面条图；(b)我国 T213 集合预报降水概率预报图

第三阶段，各种预报图的信息进一步延伸到了要素预报(图 13.8)，对集合预报产品的可信度也有了一定的认识。例如针对降水、气温、风等要素，可以制作出不同量级或大小范围的概率预报，甚至对于某一特定的地点，可以制作出概率烟羽图。

集合预报优于确定性预报，集合预报已成为未来数值预报发展的方向之一，最终可能会取代目前单一的确定性预报，成为业务预报的主要使用产品。

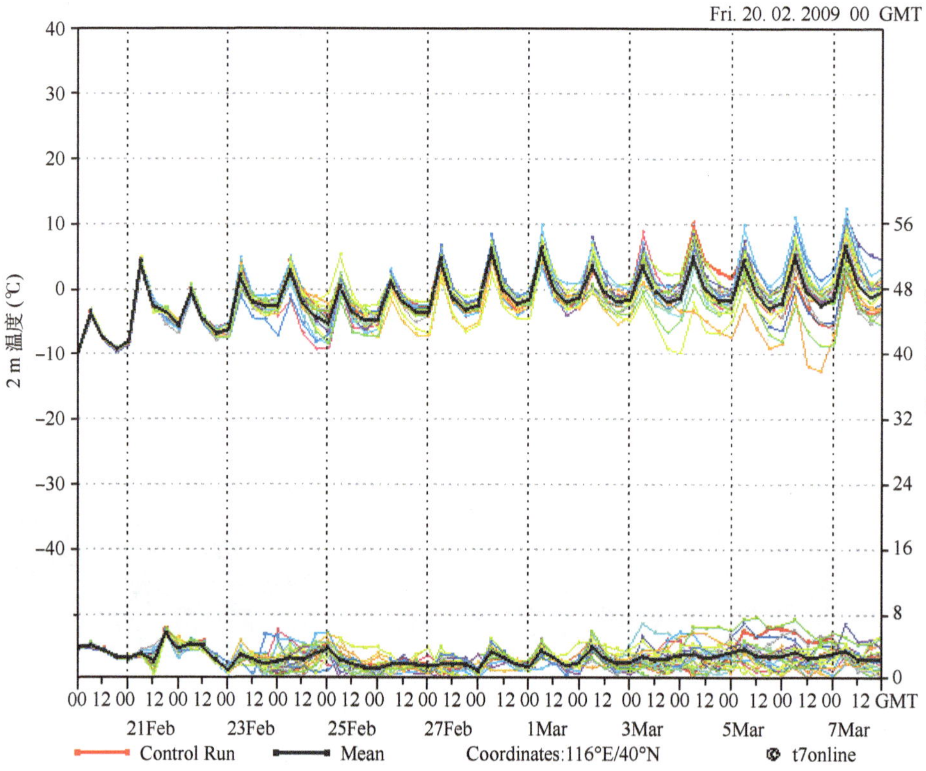

图 13.8 GEFS 北京地面 2 m 气温及 10 m 风速集合预报烟羽图

13.3 灾害性天气中期预报

对区域性的强降水、大风、沙尘暴、高温、低温以及连阴雨等天气过程一般认为有可能在中期时效内做出预报。对于突发性强天气的可预报性问题还有待深入研究，国内一般认为在目前的科学技术水平下，提前 4 天做出预报可能性较小。应充分发挥预报员的经验和决策能力，基于数值预报产品，并注重数值预报产品性能分析和订正，综合利用天气学、动力学、统计学等方法，同时结合多年来对中期灾害性天气的研究分析，可以有效地提高中期灾害性预报的质量和技术水平。

环流形势的稳定、大尺度环流系统的演变和调整，是造成灾害性天气的主要环流背景。准确判断大气运动不同阶段的环流和天气的演变趋势，是中期灾害性天气预报的关键问题。

中期预报主要制作以下灾害性天气预报：北方地区冬春连旱、江南春季低温阴雨、北方春季沙尘、北方麦区初夏干热风、麦收期间连阴雨、华南前汛期暴雨、江淮梅雨、北方暴雨、长江中下游伏旱、夏季大范围持续性高温、东北夏季低温冷害、华西持续秋雨、江南深秋寒露风、冬季冷空气过程、台风、霜冻、冬季南方持续性低温雨雪冰冻等等。

13.3.1 麦收期间连阴雨的预报

王秀文等(2005)分析研究北方麦收期间连阴雨指出：麦收期间连阴雨天气过程是在大型环流形势稳定的情况下出现的，一般为稳定性降水天气。由此看来，连阴雨的预报必须着眼于稳定的环流形势背景。连阴雨天气过程与乌拉尔山高压脊、贝加尔湖低压槽、中纬度强锋区、地面东高西低气压场的配置、副高脊线的位置、588 dagpm 线北界的位置、孟加拉湾低值系统等都有着密切的关系。

1991 年 5 月 23 日—6 月 2 日在阻塞形势下，出现长达 11 天的连阴雨天气；1985 年 5 月 25—30 日、1995 年 6 月 16—20 日等长连阴雨过程，也是在阻塞形势下出现的。阻塞形势的形成与维持，十分有利于麦收区降水；有阻塞高压且贝加尔湖附近有冷涡相配合或伴有华北冷涡，则更有利于麦收区产生降水，导致阴雨天气持续时间更长，雨量更大。2000 年 6 月 8—10 日和 2004 年 6 月 14—19 日等个例，就是在华北冷涡活动的情况下出现的。冷涡多出现在经向环流维持或纬向环流向经向环流转换的时期，冷涡降水具有雨量大、范围广的特点，但冷涡生命史较短，一般 1～2 天，之后减弱为冷槽降水。1991 年是阴雨日数多、对麦收工作影响较为严重的一个年份。在 1991 年 5 月下旬 500 hPa 平均地转风 u 场上，西风锋区位于 45°N 附近，40°—50°N、90°E 以东西风强度在 12～18 m/s；其位置比常年同期略偏南，但强度明显高于常年。同时，在乌拉尔山中部经西伯利亚至鄂霍次克海地区为东风带，65°N、100°E 附近地区和 60°N、145°E 附近地区最大东风均为 6 m/s。u 场的这种正、负分布特征表明 1991 年 5 月下旬冷空气异常活跃，其势力较强；也十分有利于北支锋区上冷空气不断南下与暖湿空气在麦收区交汇，造成麦收区出现连阴雨天气。从 1991 年 5 月下旬 500 hPa 平均地转风 v 场分布上(图 13.9)可以清楚看出，自华南西部经江南西部至江淮地区有 4 m/s 左右的最大南风轴，河南、安徽、江苏、山东等麦收区均处在南北风交界线处，表示在该地区易产生辐合上升运动。分析表明，南风维持和向北扩展的现象与麦收区连阴雨天气过程关系密切。

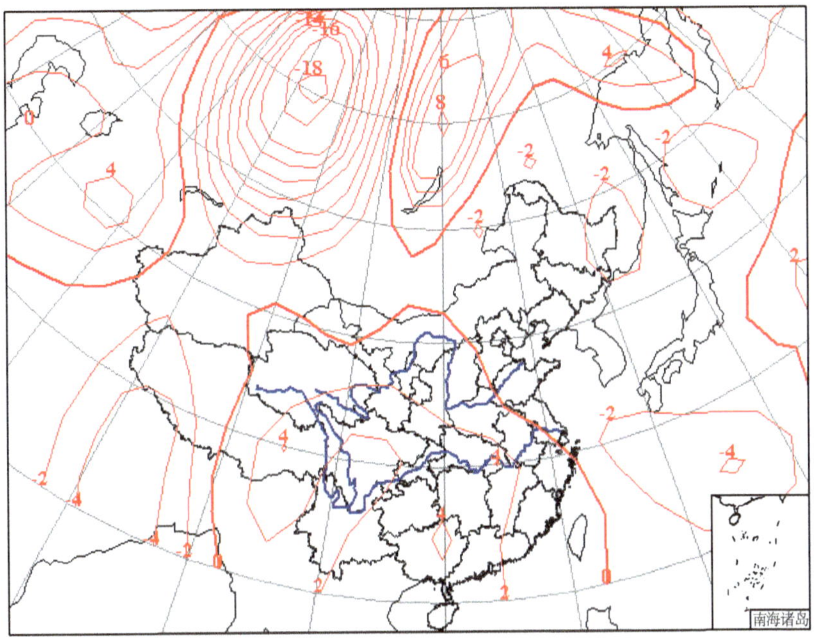

图 13.9　1991 年 5 月下旬 500 hPa 平均地转风 v 场

13.3.2　江南春季低温阴雨天气的预报

2 月下旬至 4 月中旬，主要农事活动是南方早稻播种育秧，在此期间常受北方冷空气侵袭，形成持续低温阴雨天气，引起早稻大面积烂种烂秧。这种天气是早稻育秧的主要灾害性天气。此时，除预报冷空气影响造成的低温阴雨时段外，还进一步预报转晴回暖以及冷尾暖头的适宜播种时段，以便于安排抢晴播种。

江南春季低温阴雨天气，也同样是在大型环流形势稳定的情况下出现的。以 2004 年为例说明这个问题。2004 年 3 月中下旬，长江中下游地区出现持续性低温阴雨天气，春播生产受到严重影响。低温阴雨天气期间，亚欧地区有稳定的大型天气系统，如阻塞高压、切断低涡、北方大低涡、孟加拉湾低槽等，同时副高稳定在 18°—20°N 的菲律宾太平洋上，即蒙古西部至乌拉尔山附近为一脊区，贝加尔湖至我国东北为一槽区，孟加拉湾为一稳定的长波槽区(图 13.10)。

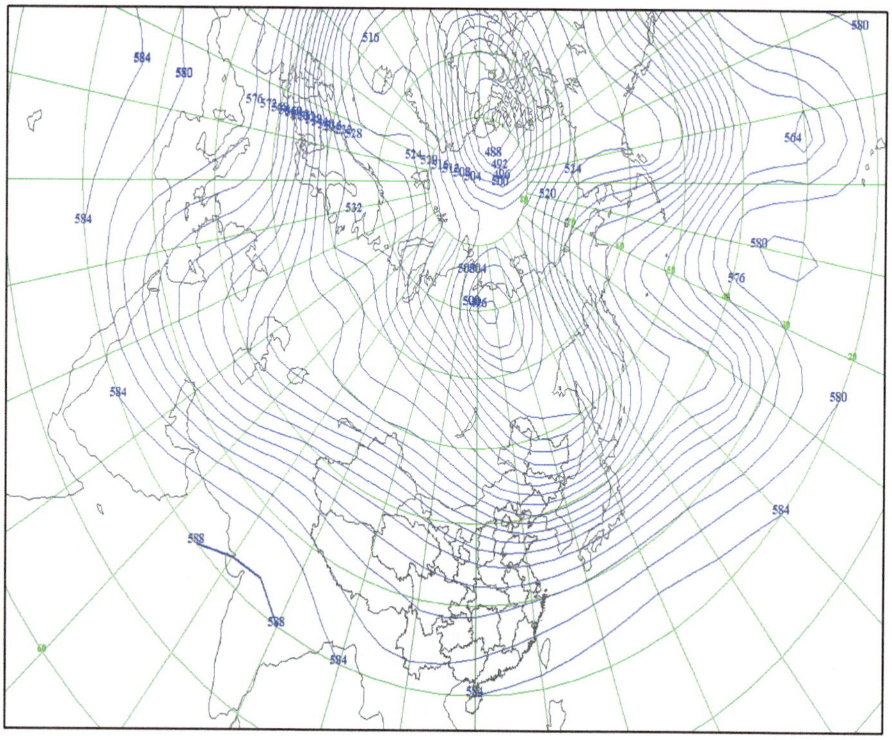

图 13.10　2004 年 3 月 16—20 日南方春播期间连阴雨天气典型 500 hPa 候平均形势

13.3.3　干热风的预报

干热风系指小麦开花、灌浆期间出现的高温低湿并伴有一定风力的农业灾害性天气。一般都选用温、湿、风三要素作为干热风的气象指标，常说 3 个 3，即温度大于 30 ℃，湿度小于 30%，风力大于 3 m/s。干热风主要危害：温度越高、湿度越小、风力越大，危害越严重。这种天气可使小麦干尖、炸芒、植株枯死。预防干热风措施是浇灌浆水、麦黄水。

2009 年 5 月 23—26 日，河北、北京、天津等地出现较严重的干热风天气(图 13.11)。干热风天气形势和影响系统主要有以下几个特征：500 hPa 形势图上，东亚沿海为一槽区，蒙古至贝加尔湖为一高压

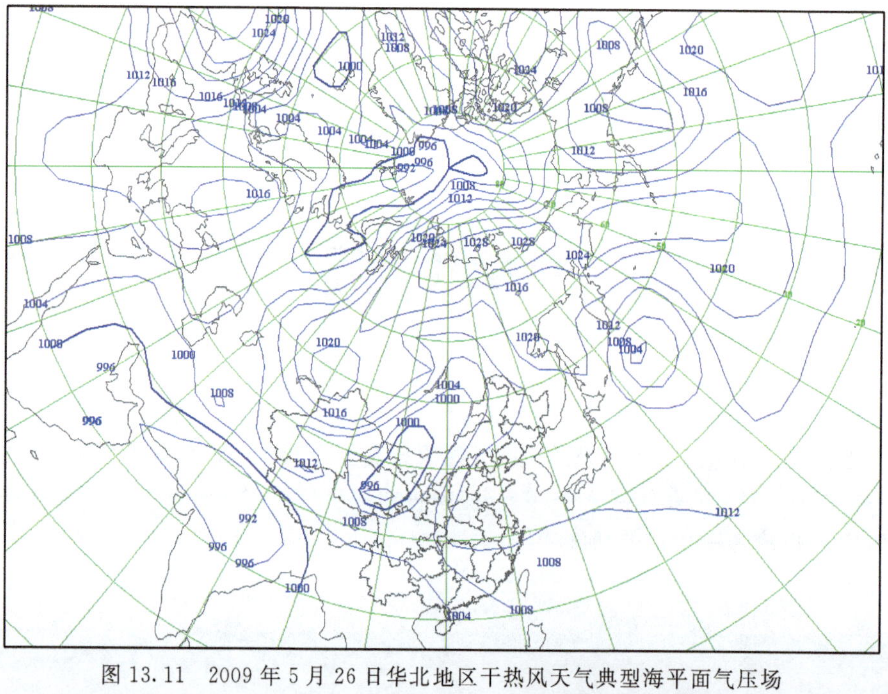

图 13.11　2009 年 5 月 26 日华北地区干热风天气典型海平面气压场

脊；850 hPa 温度场上，自印度至蒙古国为一暖舌；地面气压图上有冷高压南下，剧烈增温形成干热的变性气团，这时在变性高压的后部、暖低压的前部有利于干热气团北上形成干热风。所以干热风总是以西南风为主。地面气压场的配置大多为东南高、西北低，有时为东高西低或南高北低。

13.3.4　江淮梅雨的中期预报

"梅雨"是我国一个很古老的气象名词，并一直沿用至今。"梅雨"人们都比较熟悉，梅雨期可以出现在 5—7 月份的各个时段。如果梅雨来得早，对江淮流域小麦和油菜的收打非常不利；如果梅雨来得过晚或甚至没有什么梅雨(俗称空梅)，往往引起大范围干旱(如 1934 年、1958 年、1978 年)；梅汛期雨日集中，雨量大，持续时间长，不但对农作物有很大影响，对人民生命财产也有很大威胁(如 1954 年、1991 年、1998 年、1999 年、2003 年)；雨量适中，则对工农业生产、人民生活都十分有利。所以说，梅汛期是气象部门整个汛期预报服务当中最关键的时段。

梅雨天气特征为：雨量充沛，相对湿度大，云多，日照时间短，风力小，降水多属于连续性，梅雨是大范围降雨过程，而不是局部的小范围天气现象。我国梅雨主要发生在宜昌以东 26°—34°N 的江淮流域。梅雨与春雨的主要区别是春雨天气阴冷，梅雨天气闷热。

梅雨期高空环流形势是比较稳定的。也就是说，在中高纬度的西风带中，有稳定的长波脊或阻塞高压。抓住大型环流的基本特征，是制作中期预报所必需的。

梅雨期大致可分三种较典型的天气形势：

1)双阻型，在 50°～70°N 的欧亚范围内有两个稳定阻塞高压存在，分别位于乌拉尔山和鄂霍次克海一带，其间为一宽广的低压槽；

2)三阻型，从欧洲中部、贝加尔湖到鄂霍次克海共存在三个稳定的阻塞高压，其南方中纬度为一支平直西风带，并不断有短波槽东移；

3)单阻型，仅有一个稳定高压位于贝加尔湖附近，我国东北地区则维持一个稳定的冷涡，这种高纬阻塞形势保证了在 35°～45°N 的锋区上经常存在一个或几个短波槽活动于河套至朝鲜半岛之间。副高脊线在 20°N 以北、27°N 以南。

除上述三种典型梅雨形势之外，在日常业务值班中，发现梅雨期间大尺度环流还有以下 6 个特征，以 2003 年 6 月第 5 候平均图为例(图 13.12)：

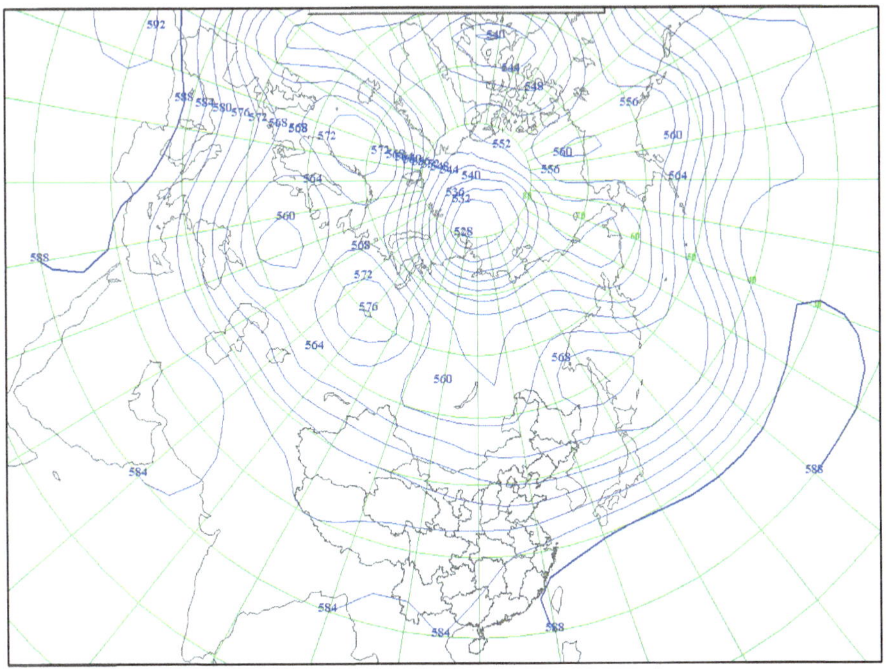

图 13.12　2003 年 6 月 26—30 日江淮梅雨 500 hPa 高度候平均形势

1)阻塞高压活动较频繁；

2)贝加尔湖附近至130°E多为低压槽区；

3)中纬度环流较平直，沿淮或沿江地区500 hPa等高线多处于580～584 dagpm之间；

4)孟加拉湾和青藏高原地区一般为低值区；

5)西北太平洋副热带高压较稳定，脊线一般位于20°～25°N之间；

6)100 hPa南亚高压脊线基本维持在28°～31°N之间。

需要指出的是，110°～130°E平均副高脊线位置在20°～25°N是出现梅雨的有利条件，而不是必要条件。也就是说，副高在20°N以南或25°N以北，江淮流域也可以出现持续性降雨；同样可以出现强降雨。

13.3.5 长江中下游地区高温伏旱的预报

7—8月份，长江地区在副热带高压控制下，天气晴热，雨量相对减少，常形成伏旱。典型形势是副高势力较强，中心偏西，脊线偏北，多呈带状分布，稳定控制长江中下游地区，使这一地区出现晴热无雨天气，造成高温伏旱；或大陆高压势力较强，500 hPa形势图上我国大陆呈现西高东低形势。在这种形势下，长江中下游常常出现晴热天气，也可造成高温伏旱。因此对这些高温伏旱灾害性天气的预报重点就是天气形势的预报。一般看500 hPa高度图上该地区是否被副高所控制。如1988年7月至8月上旬初、2003年7月下旬和2009年7月中旬，长江中下游地区长时间被588 dagpm线所控制，致使不少地方出现10余天日最高气温在35 ℃或其以上的持续性高温天气(图13.13)。

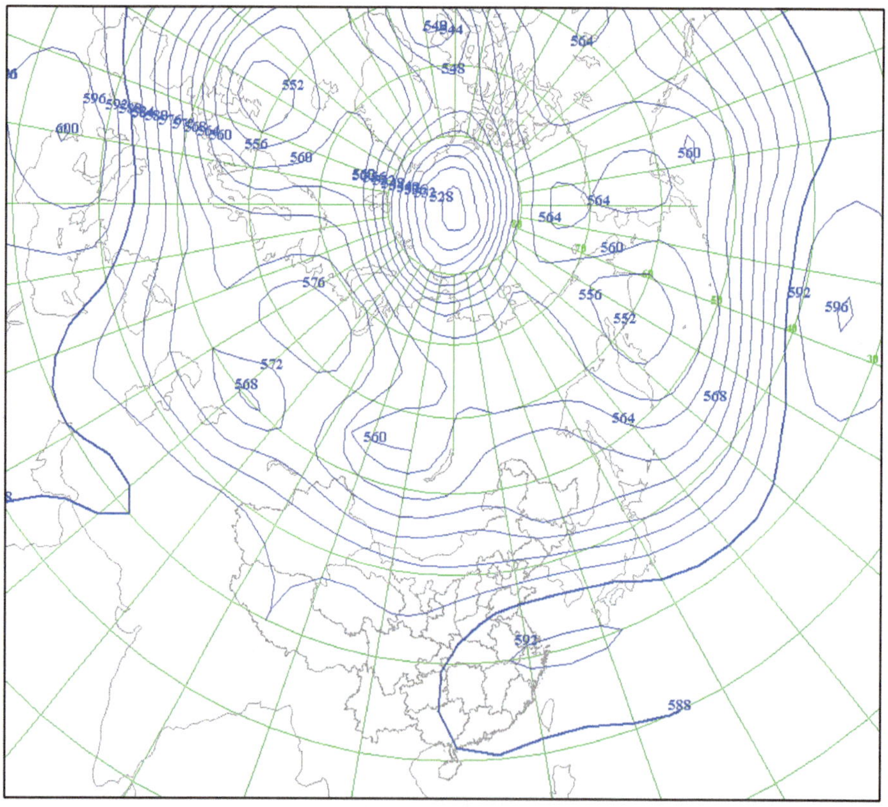

图13.13　1988年7月6—10日长江中下游地区典型高温伏旱500 hPa高度候平均(dagpm)

13.3.6 华西秋雨的预报

华西秋雨是我国西部地区秋季多雨的特殊天气现象，主要指9、10月份在我国西部地区(陕南、关中、陇南、鄂西、湘西、四川、重庆和贵州大部)出现平均22天以上的连阴雨天气。平均来讲，降雨量一般多于春季，仅次于夏季，在水文上则表现为显著的秋汛。华西秋雨的年际变化较大，有的年份不明显，有的年份则阴雨连绵，持续时间长达一个月之久。秋雨一般有利于农作物的生长，但长时间的阴雨天气对当地人民生活以及棉花的收晒有一定影响。

1964年秋雨期间，一般地区达40天，陕西、四川盆地等地最长达45～55天，总降雨量有240～630 mm，比常年多50%～150%。2001年秋季，华西地区阴雨日数较多，强降雨时段集中在9月份。鲍媛媛等(2003)指出：该月，巴尔喀什湖地区500 hPa呈准稳定的低压槽，其上不断有短波分裂东移，携带冷空气经高原东移，与强大的副高西南侧的东南暖湿气流和来自孟加拉湾的西南暖湿气流交汇于四川盆地、陇南、陕南一带，致使该地区持续阴雨天气。诊断分析表明，9月，青藏高原地区对流旺盛，水汽凝结释放潜热，使其成为一个强大的热源中心；而江淮、江南一带多受副高控制，盛行下沉气流，为热源低值区；四川盆地处于高原高能量带与盆地以东低能量带之间的能量锋区。此能量锋区的存在促使从巴尔喀什湖低压槽分裂东移的短波槽在该地区发展。同时，东路冷空气的渗入进一步加大了能量锋区的强度，激发不稳定能量释放，造成了四川盆地部分地区出现大暴雨甚至特大暴雨(图13.14)。

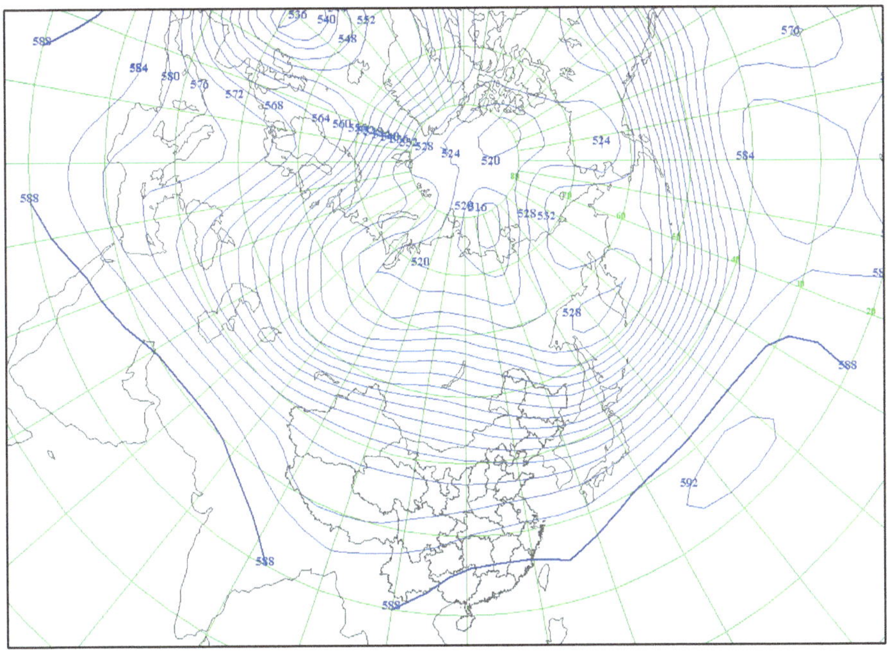

图13.14 2001年10月16—20日华西秋雨典型500 hPa高度候平均(dagpm)

华西秋雨是秋季频繁南下的冷空气与滞留在该地区的暖湿空气相遇，使锋面活动加剧而产生较长时间的阴雨，主要决定于副热带长波形势，而与高纬度环流形势关系较少。当乌拉尔山以东到中亚一带为一个槽区，且东亚上空气流平直时，有利连阴雨天气的持续和加强。当秋季副热带长波类似夏季，且长波槽稳定在70°～80°E附近时，将出现大范围的降雨。在105°E以东，500 hPa等压面高度比多年平均高(正距平)，在105°E以西则低(负距平)。

13.3.7 寒露风的预报

冷空气活动和降水天气是造成寒露风天气的主要成因，寒露风期间，当冷空气南下与逐渐减弱的暖湿气流相遇时，不但气温低，还通常伴有阴雨天气。江南与华南晚稻抽穗扬花期，如遭到寒露风影响，可造成穗粒畸形、变态等现象，导致减产。

造成寒露风危害的因素较多，但主要是低温。一般在抽穗扬花期，低温出现越早、温度越低、低温持续时间越长，受害就越重，若伴有大风、阴雨或低湿(干燥)，则加重其危害。如华南沿海一带，当冷空气南下与台风相遇时，风力较大，并伴有大雨、暴雨或连阴雨，日照短缺，不仅影响晚稻抽穗扬花，而且造成机械性损伤，危害更大。

华南地区的“寒露风”平均出现在10月上、中旬，最早出现日期一般为9月下旬，最晚出现日期为

10 月下旬。例如，2004 年 10 月上旬，广东、广西出现的严重寒露风天气，范围大，持续时间长（图 13.15），在历史上仅次于 1979 年、1992 年和 1993 年。

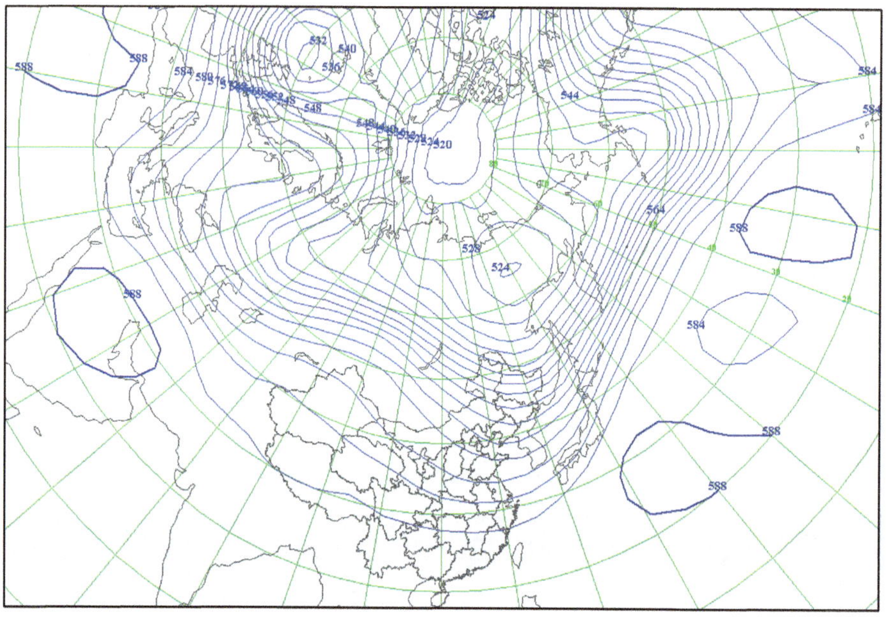

图 13.15　2004 年 10 月 1—5 日南方典型寒露风天气 500 hPa 高度候平均（dagpm）

南方寒露风天气过程的环流特征：亚洲西部（70°～90°E）高压脊发展。中低纬度 95°～105°E 为低压槽，并有 −32 ℃闭合等温线；副热带高压较弱，国内大部地区受西北气流控制；地面图上，冷高压中心闭合线为 1035 hPa，1020 hPa 等压线南压到南岭以南。

13.4　延伸期预报的可行性分析

在中国气象业务部门，延伸期天气预报是指 11—30 天的天气预报。考虑延伸期天气过程的物理性质和基本原理，延伸期天气预报对象主要有重大天气过程趋势预报、气象要素气候平均值或距平值及其概率预报。目前，延伸期预报业务是国家气象中心正在尝试开展的试验性预报业务。

在理论上，逐日的天气预报和气候预测代表了两类不同的问题。由于大气是一个高度非线性的混沌系统，因而数值天气预报的结果对初始条件的微小误差非常敏感。即使具有几乎“完整”的初始资料和“完善”的数值模式，也永远不能做出预报时效超过两周的准确率超过随机猜测水平的逐日数值天气预报，这是大气的可预报性问题。可预报性问题实质上是时空尺度问题，它限定了逐日天气预报的上限，但并不意味着不能做气候预测，如同局地雷雨、大风或冰雹等强对流天气的可预报性上限只有几个小时，但并不意味不能做潜势意义的短期天气预报一样。理论研究表明，大气环流模式的非线性项的误差增长到一定大小后，一些与大气以外环境情况（如海温、雪盖、太阳辐射）相关的物理过程将使误差增长减慢或停止，这些误差可能在符号上随时间迅速的改变，所以几天或更长时间的平均值是可以预报的。11—30 天延伸期预报，是涵盖了逐日误差增长过程上限和外强迫因子缓变过程下限，介于天气和气候两类问题之间，因此，在科学和技术上均具有相当的复杂性，至今仍然是一门年轻而又不很成熟的学科。

尽管如此，延伸期天气过程也是可预报的。首先，有研究指出虽然随着时间的增长，大气的确定性减弱，逐日天气不能预报，但某段时间平均的天气状况却是可以预报的，其概率预报要好于确定性的天气预报。另外，季节内振荡在天气气候的演变中扮演了重要角色，对阶段性、持续性异常/极端事件/高影响事件的发生具有重要作用。Yasunari（1979）指出印度夏季降水与热带低频振荡有关，促进了国际上对季节内振荡与天气气候事件的关系研究。我国关于季节内振荡与天气、气候的关系研究表明，中国各区域特别是中国东部地区的夏季降水都与大气低频振荡(LFO)有关。在中国的多次持续性大暴雨过程中,低频振荡传播到暴雨区是其发生的重要原因之一,如 1991 年和 1998 年江淮持续性大暴雨都有三次低频振荡的影响。低频振荡主要包括周期为 30～60 天和 10～30 天左右的季节内变率。大多数研究主要集中于 30～60 天季节内变率对降水等天气气候事件的影响。在冬半年,中高纬环流系统及强寒潮事件则表现出较明显的 10～20 天左右的季节内振荡。而 10～30 天低频振荡对夏季西太平洋副热带高压及江淮流域、长江下游、松嫩流域降水的持续性和阶段性变化亦具有明显的作用。上述研究表明,作为高频天气变化的重要背景,季节内振荡/变率是联系天气与气候的直接纽带,可作为开展延伸期预报的主要预报系统。例如,MJO(Madden-Julian Oscillation)是大气环流的一个重要部分,其时间尺度介于月、季之间,因而同月、季时间尺度长期天气预报和短期气候预测均有密切关系。由于 MJO 为季节内时间尺度的准周期现象,可作为季节内天气异常的预测信号。最近的许多研究表明,基于 MJO 季节内振荡的预报时效(潜在可预报性)对降水而言可达 15 天,而对高空环流场可以达到 30 天。Wheeler 和 Hendon(2004)采用近赤道平均的 850 hPa 纬向风、200 hPa 纬向风及 OLR 的多变量 EOF 方法,分解出描述近赤道 MJO 空间结构的前两个主模态 EOF1 和 EOF2,对应的主成分存在显著的季节内振荡特征。在 MJO 的实时监测中,将实时的多变量投影于前两个主模态,由此得到的主成分 RMM_1、RMM_2 作为 MJO 实时监测与预测的指数,在实时多变量 MJO 指数 RMM_1、RMM_2 确定的位相分布图上可点出逐天的 MJO 的空间位相演变;MJO 的强度则由 RMM_1、RMM_2 确定,当 $\sqrt{RMM_1^2+RMM_2^2}$ 大(小)于 1,为强(弱)MJO;从位相分布图上可看出 MJO 的自西向东移动及其强度的变化。关于实时的延伸预报业务,美国国家环境预报中心气候预测中心建立了 MJO 的监测和预测工具,以监测、评估和预报 MJO 及其影响。除采用经验统计模式预报热带 MJO 外,还将 Wheeler 和 Hendon 定义的 MJO 指数用于全球业务中心的动力模式资料上进行 MJO 实时业务预报。

其次,以减少或消除大气的不确定性而在世界许多国家气象部门开展的集合数值预报(EPS),已经以天气要素平均值概率预报形式将天气预报时效延长至两周甚至更长时间。例如,欧洲中期天气预报中心(ECMWF)将 11—30 天延伸期预报又称为月预报(monthly forecasting),预报产品基于集合预报系统数值预报产品。ECMWF 的 EPS 在 1994 年正式投入业务,为延长预报时效,将中期预报进行动力延伸,并在预报起始日的第 10 天后开始考虑海气耦合作用。具体做法是,在第 10 天前模式中海温保持恒定,从第 10 天开始利用风应力驱动海洋模式来产生海洋的初始场,热通量和 EP 通量由集合预报成员产生。输出的产品有 500 hPa 位势高度场、海平面气压、12 小时累积降水和 850 hPa 温度场,以气象要素的周平均值及其概率形式给出,预报时效为未来 5—11 天(第一周)、未来 12—18 天(第二周)、未来 19—25 天(第三周)、未来 26—32 天(第四周)。

2002 年开始,国家气象中心利用历史资料和我国月动力延伸模式预报产品及中期集合数值预报产品,通过分析重大天气过程的大气持续性异常特征、大气周期变化性质以及利用相似延伸预报模型,研发国家级延伸期监测应用和预报模型,并以此建立了延伸期预报业务系统。目前以该系统为技术支撑,2005 年 9 月开始开展准业务化延伸期预报业务,以旬为单位滚动制作未来第二旬和未来第三旬降水量及其距平百分率、温度及其距平以及相应旬的主要天气过程预报,通过中央气象台网站向社会公众发布。目前,随着我国的 T213 集合预报技术发展,将集合预报系统预报时效由 10 天延长至 15 天的发展计划已经开始启动,加之亚洲 TIGGE 资料库在中国的建立,均为进一步发展延伸期预报技术提供了有利的支撑。

13.5　延伸期预报方法

延伸期预报至今仍是世界性难题,为尽可能延长天气预报时效,基于延伸期天气过程的物理性质和大气异常变化可预报性基础理论,着重研究和开发动力学、动力统计学、物理统计学、天气气候学等延伸期天气预报方法。

13.5.1 动力学方法

观测误差的存在和大气环流模式的非完全性,使数值预报存在最大可预报期限,预报准确率存在理论上限。但超出此上限,仍然可以鉴别出某种程度的正技巧。动力延伸预报就是大气环流模式积分时间超出确定性预报理论上限的一种预报,该方法可以尝试用于延伸期预报。国家气候中心利用全球谱模式 T63L16 积分 45 天进行月动力延伸预报,以旬为单位提供未来第二、三旬 500 hPa 高度平均场、累计降水及其距平百分率、平均温度及其距平的延伸期预报产品。

此外,如前文所述,为了减缓初值误差对预报结果的影响,克服单一动力预报的随机误差,可以采用集合预报,或者说集合的动力学方法,即在初始观测场叠加随机扰动,产生 N 个初始状态的集合,然后对集合的每个成员作时间积分,用积分得到的预报集合计算所要求的估计值。目前在世界许多国家气象部门开展的集合数值预报,已经以天气要素平均值概率预报形式将天气预报时效延长至两周甚至更长时间。例如,欧洲中期天气预报中心(ECMWF)可以提供月内的集合数值预报产品、美国国家环境预报中心(NCEP)中期集合预报系统可以提供未来 16 天集合预报产品,等等(图 13.16)。

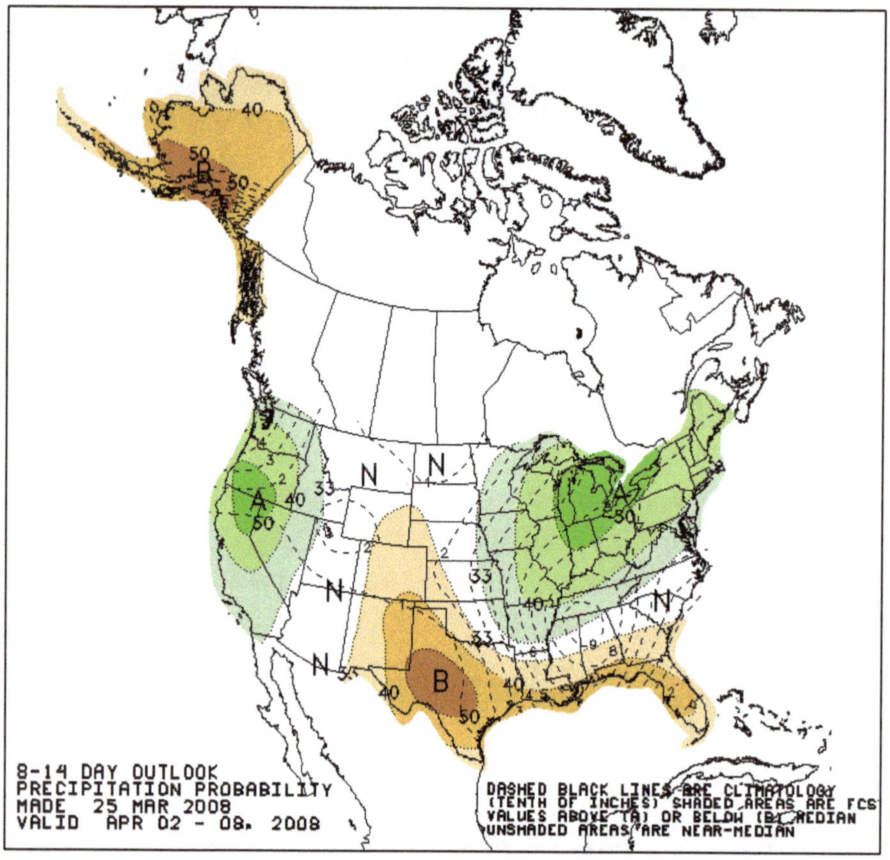

图 13.16 NCEP 发布的 8—14 天累计降水正、负距平概率展望

13.5.2 动力统计学方法

动力统计学预报方法,即把动力学方程作为统计模式,将物理参数视为回归系数,利用历史资料反演物理参数,得到动力统计预报模式。例如,金荣花等(2002)考虑旬天气尺度大气环流特点,采用准地转近似模式,利用历史实况资料通过反演算法计算,建立旬降水距平百分率预报模型。将该预报模型应用于实际预报试验中,结果表明动力与统计相结合的方法对月动力延伸集合预报产品的释用具有明显的效果。

13.5.3　物理统计学方法

物理统计学方法是通过对某种重大天气过程的延伸期物理过程分析，建立物理量指标及物理量输送和交换与延伸期天气过程变化之间的物理统计预报模型的预报方法。可用的统计方法主要有：逐步回归、秩相关秩相似、谐波分析、周期或准周期性、多层递阶、经验正交展开、灰色预报等。

国家气象中心采用该方法建立了基于西风指数循环理论的寒潮天气过程延伸期预报方法。通过统计分析西风指数演变与寒潮天气的关系，利用西风指数循环低频振荡特征，采用周期分析、后延相关分析以及动态追踪分析等方法建立了基于西风环流指数循环的 11—30 天寒潮天气过程的延伸期预报模型。具体的预报指标：1）利用前期历史实况和数值预报产品计算西风指数逐日数值，判断是否有 5 天内变幅大于 160 dagpm 的情况，如有，则预报有一次冷空气过程；如果 5 天平均即滑动候平均西风指数距平小于零，则有冷空气过程可能性更大。2）利用后延相关分析结果，分析后期是否有可能出现大于 150 dagpm的情况，然后采用周期分析得出寒潮可能出现的时段。

以 2008 年初低温雨雪冰冻灾害期间天气为例，利用该模型于 12 月 31 日成功预报 1 月 16 日我国将有冷空气活动过程（图 13.17）。

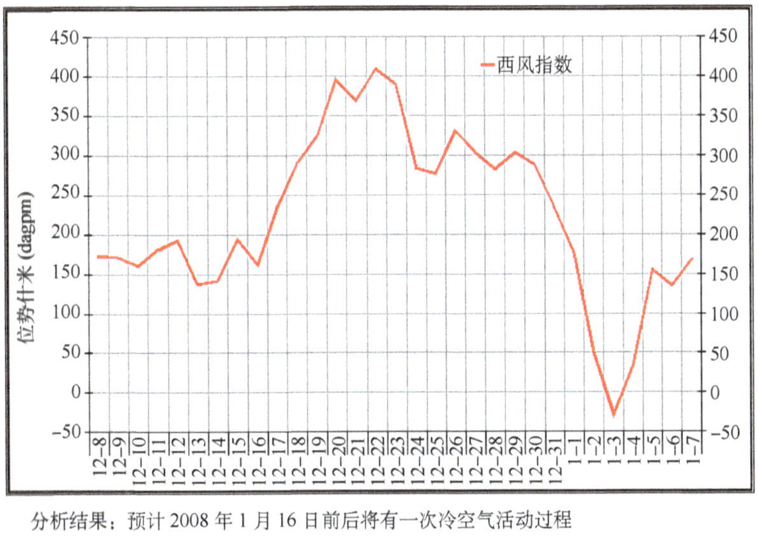

图 13.17　基于西风指数循环理论的强冷空气过程延伸期预报模型

13.5.4　天气气候学方法

天气气候学方法是利用历史样本与当前或前期天气过程模式、大气环流模态以及大气活动中心的特征量演变的相似性，进一步将相似历史样本后延至延伸期预报时效的天气状况作为预报参考的方法，例如气象业务部门常用的相似延伸预报。天气过程存在着持续性和周期性，这是大气演变过程可预报性的重要条件。在大形势基本一致的条件下，根据天气过程的持续性，假定其后 11—30 天大型天气过程的变化具有相对稳定性，这样就可以按照已获得的历史同期的相似场，外推出其后 11—30 天的天气过程变化情况。基于这样的观点，使用数值预报产品未来 5 天平均 500 hPa 高度场、850 hPa 温度场等资料，根据相似法原理，寻找历史同期的相似场，以这些历史相似场的候为基准，将基准候延后 11—20 天内的天气要素的分布作为未来 11—20 天预报，为延伸期天气预报提供预报参考。

有理论研究表明，动力学方法和动力统计学方法是最具有开发应用潜力的延伸期天气预报方法。

参考文献

鲍媛媛,李锋,等. 2003. 2001年华西秋雨时空分布特点及其成因分析. 应用气象学报,**14**(2):215-222

金荣花,李维京,等. 2002. 集合预报产品释用方法的研究. 南京气象学院学报,**25**(4):442-448

王秀文,李月安. 2005. 北方麦收期间连阴雨天气环流特征. 气象,**31**(9):52-56

Wheeler M and H H Hendon. 2004. An all-season real-time multivariate MJO index:Development of an index for monitoring and prediction. *Mon. Wea. Rev.*,**132**:1917-1932

Yasunari T. 1979. Cloudiness fluctuations associated with the Northern Hemisphere summer monsoon. *J. Meteor. Soc. Japan*,**57**:227-242

第 14 章 天气引发的次生灾害预报

天气引发的次生灾害指一些与气象条件密切相关的灾害，主要包括地质灾害、森林和草原火灾、山洪和渍涝灾害、农业气象灾害、生态气象灾害等。多种次生灾害事件叠加会引发一系列对环境、交通、电力、水利、通信等基础设施的破坏损毁，甚至造成人员伤亡和巨大财产损失，破坏程度较单一次生灾害要大得多。鉴于天气引发次生灾害可造成严重破坏，我国投入大量人力和物力进行相关研究，并将次生灾害预报提到日程上来。目前，我国已经开展了降雨诱发地质灾害气象预警、山洪预报、渍涝风险和森林与草原气象火险等级、农业气象灾害、生态气象灾害等预报业务，加强了我国对天气引发的次生灾害的防灾减灾能力，减少气象次生灾害对人民生命财产和社会经济的影响。本章重点介绍山洪、地质灾害、渍涝灾害、积涝灾害、森林和草原火灾等预报方法。

14.1 天气引发的次生灾害预报思路

对天气引发的次生灾害预报是通过对大量历史灾情和气象观测历史资料的统计与分析，建立和发展针对该类灾害的统计和动力预报模型，并以此为基本预报方法，结合实时监测信息和未来天气预报开展次生灾害中短期预报。

持续性降雨、短时强降雨能造成局地山洪暴发，导致生产设施和居家房屋被冲垮，洪水流经之处一片狼藉，破坏力惊人。持续性降雨、短时强降雨还能破坏地表浅层的平衡，引发泥石流、滑坡、崩塌等地质灾害；还会使得土壤含水量增加直至过饱和，地表出现大面积积水，在农村容易形成渍涝灾害，在城市容易形成积涝灾害。

干旱少雨天气使得土壤湿度减小，空气干燥，森林和草原植被水分蒸发量加大，树木、草地易干枯，发生火灾的可能性增大，特别是在秋季，森林和草场植被自然枯黄落叶，容易在人为因素或干雷暴天气下引发森林或草原火灾。

由天气引发的山洪、地质灾害、渍涝灾害、积涝灾害、森林和草原火灾在全国地域范围分布很广，这些灾害发生地的地质地理条件各不相同，触发的天气条件也不尽相同。要做好对天气引发次生灾害的预报，不但要做好气象预报，而且气象与地质、水文、农业等不同学科的交叉、渗透和应用是解决次生灾害预报的关键。首先要在全国范围内对各种次生灾害作历史灾情评估分析，确定产生次生灾害的临界天气条件和灾害易发区等级区划。其次在灾害区划基础上，分析引发次生灾害的天气因素，如前期降雨和当日降雨，统计分析天气因素阈值与发生次生灾害的概率关系，再按概率来划分由天气因素引发次生灾害的可能性程度或气象等级。也可结合 GIS(地理信息系统)，在天气因素分析基础上，增加下垫面的地质地理、植被特性等因子，确定各因子阈值发生概率，建立和发展针对该类灾害的统计和动力预报模型，并以此为基本预报方法，结合实际监测信息和天气条件开展短期预报，提供次生灾害的气象等级或概率预报，指出预报区域未来由天气引发的次生灾害发生的可能性。在实际业务中，制定该类次生灾害预报对外发布标准，当预报该类次生灾害发生的气象等级高时，发布灾害预警，政府部门可启动对应预案，开展预防次生灾害工作。

14.2 山洪预报

突发山洪是集水面积上的短时强降雨和来水大大超过其出水量而产生的地表径流，具有突发性、暴涨暴落的特性，往往体现在山地谷沟或河道上，短时强降雨汇集成洪流汹涌而下。山丘区小流域因流域面积和河道的调蓄能力小，坡降较陡，洪水持续时间短（历时几小时到十几小时，很少能达到 1 天），但涨幅大、洪峰高，洪水过程线呈多峰尖瘦峰型。山洪由于其突发性、水量集中、破坏力大等特点，导致其诱发的泥石流、滑坡常毁坏房屋、田地、道路和桥梁等，甚至可能导致水坝垮塌、山塘溃决、人员伤亡，造成巨大经济损失。

降雨是导致山洪灾害的最主要因素，降雨量、降雨强度的控制指标（临界雨量或临界雨强），是实时山洪灾害预警业务中诊断山洪灾害是否可能发生并及时采取相应预防措施的关键性指标。通过对山洪灾害的成因分析，研究并确定山洪灾害发生的临界雨量或临界雨强值（不同等级的山洪对应不同的临界雨量）。

不同等级的山洪发生的临界降雨量（或雨强）指标，是指山洪灾害防治区中，可能导致某等级山洪发生的一定时段的最小雨量。不同气候、不同地域、不同地形地貌、不同植被环境，临界降雨量指标是不同的，需根据实测、调查资料及对比分析，深入研究降雨量、降雨历时、降雨强度与山洪之间的成因关系，综合分析确定临界雨量指标。由于绝大多数山洪沟都没有雨量观测，因此利用天气雷达定量估测降水技术，分析引发山洪的临界雨量是十分必要和可行的。

溪河洪水灾害的临界降雨指标，是通过对已发生的溪河洪水灾害与不同时段的致灾暴雨间的成因关系来确定的。根据溪河流域面积和汇流时间的不同，宜以 1 小时、3 小时、6 小时时段雨量为重点进行分析，确定不同地区导致溪河洪水的不同时段雨量指标。以下举例简要说明美国实时山洪预报。

例：美国实时山洪预报

对于某一条山洪沟，收集历史上发生山洪的个例，并将山洪分为五级，级别越高对应的山洪越强。然后用 WSR-88D 估测山洪发生前的降雨量，计算该山洪沟不同等级山洪小流域的临界面雨量，得到如下结果（表 14.1）：

表 14.1 山洪级别与面雨量关系样例

山洪级别	山洪沟流域临界面雨量(mm)
1	25.4
2	50.8
3	76.2
4	101.6
5	127.0

由于山洪沟流域的面积很小，中短期降水预报的准确率难以满足要求，因此主要依靠降水量的临近预报去做山洪预报，当临近预报山洪沟流域面雨量达到表中的某一临界值时，就可以预报该级别的山洪了。

在山洪预报中，除了统计方法之外，还可以应用水文模型，例如 TOPMODEL 做山洪预报，由 GIS 信息可以得到地形指数和河道距出口的距离面积分布，然后向该模型输入小流域的降雨量和蒸发量，便可以输出流量。对固定的流域，由流量可以计算水位（其计算过程十分复杂），当水位超过堤岸时便产生了山洪。

在我国，关于山洪的特征、成因及其预报已有不少研究，如江西省水文局史端文（1994）根据历史资料和调查报告，用统计分析方法，认识山洪特征和山洪成因，探索山洪警报。山西省防汛办公室姜梦九研究了特定的自然地理条件形成山西省暴雨山洪的特点。河南省防汛抗旱指挥部办公室、河南省水文水资源局等单位共同完成了《基于分布式水文模型的山洪灾害预警预报系统研究》的科研研究，研究和采用新型地貌单位线等水文分析最新成果，为山丘区无水文资料地区进行洪水预报预警。马建华等(2007)在掌握大量全国山洪灾害调查数据的基础上，综合分析中国山洪灾害发育现状、成因、时空分布特征，将中国山洪灾害防治区划分成一级重点防治区、二级重点防治区和一般防治区等三个类型区。武汉中心气象台的王仁乔等(2006)对湖北省山洪灾害临界雨量及降雨区划也进行了研究。

14.3 洪水预报

水文预报是从降水到达地面后开始的，用实测的降水来研究流域产流—汇流，从而预报河流的水位、流量，再做出洪水预报。近年来随着数值天气预报模式水平的提高，降水预报水平也逐渐提高，利用定量降水预报延长水文预报有效预见期已成为可能。在欧美发达国家，降水预报早已用于水文预报，而在我国这方面的技术研究和业务服务正处于起步阶段。

14.3.1 我国气象与水文耦合模型研究进展介绍

目前，我国气象部门正开展气象与水文模型耦合，制作洪水发生概率的相关研究，取得了一些成果。

数值天气预报模式与水文模型耦合分为单项耦合和双向耦合。单项耦合是将数值天气预报模式预报的气象要素(主要是降水和蒸发)直接输入到水文模型中做水文预报，这种做法相对比较简单；双向耦合是把数值天气预报模式与流域水文模型结合起来，考虑它们之间的相互作用，进行水文气象预报，这方面的研究工作正在尝试。

2006 年，中央气象台在研究渍涝风险等级预报业务相关课题中，利用 GCM(大气环流模式)模拟的 24 小时降水和最高最低温度驱动陆面模式(VIC)和水文汇流模式，提供土壤湿度、径流和河流流量等初步预报产品。2007 年，淮河流域气象中心以 GIS 为数据处理平台，建立了水文气象数据库，分别建立了以新安江模型为基础的王家坝和蚌埠闸以上流域的洪水预报系统；在淠河流域以 SWAT(Soil and Water Assessment Tool)。模型为基础建立了该流域的径流模型，建成了包括水文气象信息传输、雨情水情服务、降水预报精细化、洪水预报和信息发布等较为完整的水文气象业务系统。黄河流域气象中心最近也建立了黄河三花间水文预报模型，可以提供三花间 5 个关键点的 24 小时水位、流量预报，开展了支流渭河流域的水文预报方法研究，应用 HEC-HMS 模型建立了渭河流域主要控制站水文模型。贵州省气象台尝试通过对中小河流暴雨洪水预警技术研究，建立较完备的实况雨情、水情监测，耦合气象降雨和水文模型，建立易发洪水的主要河流基于径流量预报的洪水分级预警系统。气象部门其他地方台站也做了相关的科研工作，例如天津暴雨内涝灾害风险模型、广西柳州大暴雨渍涝灾害模型、辽宁水文气象预警系统，这些研究许多建立在对历史灾情统计分析的基础上，但由于我国水文与气象业务独立运行的机制，导致缺乏水文模型输出的水文水情信息的支持。

14.3.2 国外洪水预报现状

自 1993 年美国的特大洪水使爱荷华州得梅因市发生了严重的洪灾以后，美国国家天气局就开始着手建立水文预报服务系统。1997 年 3 月，首次对美国爱荷华州得梅因河流域提供了预报服务以后，就建立了美国海洋和大气管理局(NOAA)水文预报服务系统(AHPS)。目前，AHPS 已经在美国东北部、东南部、中西部和西部的关键地区展开了部署。该预报系统融合了水文学、气象学和气候学等综合的信息技术。应用于 AHPS 的先进科学成果包括：新的模型校正方法、分布式模型方法、预报和数据利用技术、新的数据分析程序、洪水预报图、水力传导模型、多遥感器的降雨估测技术等。水文预报产品的形式和内容也在不断得到改进，新的预报特征有：

(1)覆盖了所有范围内的水文事件(包括小流域和小城市的短期洪水、大河流域潜在的洪水、干旱或径流量小的地区的河流等)；

(2)把新的校正方法应用到模型中，更有效地把时间尺度上的大气和水文模型与预报信息结合起来，提高预报的准确度；

(3)包括了洪水发生频率和覆盖面积的信息，使用户可以利用辅助决策工具来提高风险管理；

(4)为了利用能够突出小流域受大降雨影响的工具，确定过度降雨的分布范围，预测洪水发生的时间和程度，需要更多及时的洪水信息；

(5)保持核心产品的形式和信息的一致性；

(6)利用地理信息系统(GIS)将洪水预报绘制成图，预测大坝决堤后可能造成的影响；

(7)丰富基于因特网的预报信息以扩大获取水文信息的途径，方便水资源管理者制定决策；

(8)让合作者和消费者更多参与，使水文服务能不断得到改进和完善。

AHPS 下一步的目标是在已经建立水文预报系统的地区加快预报服务的实施，并使其扩大到美国南部、西部。NOAA 的目标是到 2014 年为全美大约 4000 个地方提供 AHPS 预报服务。

欧洲中心已经建立了多个服务对象的水资源预报和应用系统。对于洪水预报，能够提供 3～5 km，1～5 天的局地的或者区域的预报。对于水资源管理，Thielen(2008)分析表明基于 10～15 天的中期预报，能够提供 20～80 km 分辨率的水库洪水和水资源控制和管理的预报。目前已经开展了基于集合预报的水文气象概率预报系统。该系统在天气和气候预报的基础上，大气集合预报系统和水文集合预报模式耦合流域的水文模式，结合陆面同化系统，最终提供概率化的水文预报产品。

14.4 地质灾害预报

我国是世界上地质灾害最为严重的国家之一，崩塌、滑坡、泥石流、地面塌陷、地面沉降、地裂缝等种类的地质灾害十分频繁，崩塌、滑坡和泥石流的分布范围占国土面积的 44.8%，其中又以西南、西北地区最为严重。地质灾害给我国的经济建设、社会发展和人民生命财产造成了巨大的威胁。据统计，仅 1995—2003 年间，滑坡、崩塌、泥石流、地面塌陷等突发性地质灾害造成了 10499 人死亡或失踪、575 亿元财产损失。目前，全国有地质灾害隐患点 16 万处，威胁人口 1150 多万人，威胁财产超过 2000 亿元。一些地区和县(市)的地质灾害已成为制约地方社会经济发展的重要因素，对我国社会经济可持续发展战略的实施造成了严重影响。

我国每年特别是在汛期，由降水诱发的滑坡、泥石流等突发性地质灾害占地质灾害总数的 80%以上。可见，降水已成为地质灾害的主要诱发因素，因而也是地质灾害预报的关键要素之一。

14.4.1 地质灾害气象预报历史进程

自 20 世纪 80 年代末起，随着联合国“国际减轻自然灾害十年(INDR)”计划的启动，滑坡、泥石流等地质灾害引起了国际社会的广泛重视，极大地推动了全球范围内对降雨引发的地质灾害的预测预报研究。

目前至少已经有香港、美国、日本、巴西、委内瑞拉和波多黎各等 6 个国家和地区曾经或正在向公众提供区域性降水滑坡实时预报，预报精度可以达到以小时来衡量。这些地方的共同特点是：拥有长期、比较完整的降雨资料，具有布置密度比较合理的降雨监测系统和先进的数据传输系统，完成了详细的灾害调查和深入的灾害发育特征、灾害易发区或危险分区评价研究。

在国际减灾十年计划的推动下，我国开展了大规模的地质灾害整治计划。如长江上游滑坡泥石流防治计划，并建立重点灾害区的预警系统。这些工作都为建立全国范围的地质灾害气象预警系统打下了坚实的基础。重庆市于 2001 年率先建立了山体滑坡气象条件等级预报业务系统并投入运行。

2003 年，国土资源部和中国气象局决定联合开展地质灾害气象预报警报工作，并委托中央气象台和中国地质环境监测院联合攻关，研究开发全国地质灾害气象预报模式，初步建立了国家级地质灾害气象预报预警系统，并于 2003 年 6 月 1 日正式运行，为日后的研究工作打下了坚实的基础。经过 6 年多的业务运行和完善，目前，这一国家级地质灾害气象预警业务系统仍然发挥着主要作用。

14.4.2 地质灾害气象预报方法

在地质灾害气象预报研究方面，国内外研究主要集中在降雨引发地质灾害重要影响因子的研究。近十余年来，国际学术界对于降雨引发地质灾害的预测研究取得了长足的进展，许多灾害频发的国家和地区基于预测研究成果，建立了降雨引发地质灾害预警系统和进行灾害易发性评估。

影响滑坡、泥石流等地质灾害的因素很多，有坡度、高程、地下水、斜坡岩石结构和岩性、植被状况等，但降雨始终是最重要的触发因子。根据国土资源部全国县(市)地质灾害调查结果，降雨不仅是全部的泥石流，也是 90%的滑坡和 81%的崩塌灾害的引发因素(李媛等 2004)。降雨引发地质灾害预测方法主要以统计模型方法为主。降雨地质灾害统计预测模型又可分为两类：临界雨量模型和发生概率模型。

临界雨量模型直接将地质灾害的发生与雨量判据联系起来，通过寻找各种降雨指标与滑坡发生之间的经验关系，来确定临界降雨强度。对于暴雨引发地质灾害的降雨临界值分析，具有代表性的工作如 Lumb(1975)、Brand(1984,1985)、Premchitt 等(1994)对香港地区斜坡破坏与降雨条件进行的一系列相关分析研究，总结出局部短时暴雨造成了大量滑坡的发生，前期雨量对滑坡的发生影响很小，并确定 70 mm/h 暴雨强度为引发滑坡的临界雨强。日本濑美克美等(1991)对从 10 分钟雨量到多日累计雨量在内的各种降雨指标进行验证，找出与泥石流发生相关最好的指标，从而制定泥石流发生的“报警”、“避难”的降雨临界值。

我国学者对地质灾害与降雨的关系也进行了大量深入细致的研究(张先发等 1995，钟荫乾 1998，柳源 1998，林孝松等 2001，黄玲娟等 2002，崔鹏等 2003)，全面分析了触发滑坡的降雨特征，主要包括临界降雨强度、降雨持续时间、降雨类型、降雨量或累计降雨量等，在临界雨量模型方面做了大量有创新性的工作(文科军等 1998，谭万沛等 2000，王礼先等 2001，吴树仁等 2004)。魏永明和谢又予(1997)还在预测模型中加入了若干地学因子。我国目前开展的国家级地质灾害气象预警业务(姚学祥等 2005，刘传正等 2004)，所采用的预测模型也是基于临界雨量方法划分预警等级。

临界雨量模型具有简单易行、适用性强的特点，便于快速投入业务运行。但这类模型通常缺乏严格的统计理论基础，模型的建立往往需要人为干预，同时模型一般都是建立在假设一定预报区域内地质灾害只与降雨有关的前提之下，而无论是区域预报还是沟谷型地质灾害预报的临界降雨量都因下垫面条件的不同而不同，因此，过分依赖临界降雨量的地质灾害预报具有极大风险，预测结果有较大的不确定性。

发生概率模型则是基于严格的统计方法，考虑不同下垫面状况下，对降雨引发地质灾害的发生概率进行预测。Dai 和 Lee(2003)利用香港大屿山部分地区两次暴雨所引发的多处滑坡的观测资料，在 GIS 技术基础上建立直接引入 24 小时雨量作为滑坡发生概率预报因子的 Logistic 模型。通过输入具有不同回归周期的雨量值，可以对未来降雨引发滑坡的危险性进行直接的评估。该模型也初步具备了对降雨滑坡发生概率的动态预报能力。然而，由于该研究只限于两次暴雨过程中引发的滑坡，虽然采用了滚动 24 小时雨量，但不足以反映出长时期内降雨和滑坡发生之间的关系。韦方强等(2004)等利用可拓模型建立了区域泥石流预测系统，马志江(2003)尝试用支持向量基的方法做浙江庆元地区的地质灾害预测，这些来自人工智能和模糊数学领域的技术在地质灾害预测领域的应用拓展了地质灾害预测技术的视野。

14.4.3 中央气象台地质灾害气象预警业务

我国地质灾害的严重性引起了社会公众和政府部门的广泛关注。2003 年 11 月 19 日国务院第 29 次常务会议通过了《地质灾害防治条例》(以下简称《条例》)，2003 年 11 月 24 日以国务院第 394 号令予以公布，自 2004 年 3 月 1 日起施行。从此，我国地质灾害防治工作走上了法制化、规范化的轨道。《条例》确定了地质灾害防治工作应当坚持预防为主、避让与治理相结合和全面规划、突出重点的原则；规定了地质灾害预报制度，预报内容主要包括地质灾害可能发生的时间、地点、成灾范围和影响程度等。《条例》明确规定，地质灾害预报由县级以上人民政府国土资源主管部门会同气象主管机构发布。2003 年 6 月 1 日，国土资源部和中国气象局正式开始地质灾害气象预报预警工作。

中央气象台地质灾害气象预警业务是基于临界雨量的全国地质灾害潜势预报，其预警系统的建立包括确定地质灾害气象预警区划、降雨诱发地质灾害统计分型、选取降雨因子和建立预报模型四大部分（姚学祥等 2005）。

14.4.3.1 中国地质灾害气象预警区划

为了开展全国地质灾害预报警报业务，中国地质环境监测院根据中央气象台提供的气象资料，结合最新的地质灾害资料对我国地质灾害进行了新的区划研究，将全国划分为 7 个一级区、28 个二级（预警）区（图 14.1）。一级区主要考虑长时间周期、大空间尺度的气候区划和地质环境条件，以全国性分水岭或雪线为界；图 14.1 中用 A、B、C、D、E、F、G 表示；二级区的划分主要以重大水系、区域分水岭、区域气候、地质灾害分布密度（暂代发生概率）、地质环境条件、斜坡表层岩土性质和年均降雨量分布等区域性因素为依据，图中用英文字母加数字表示。

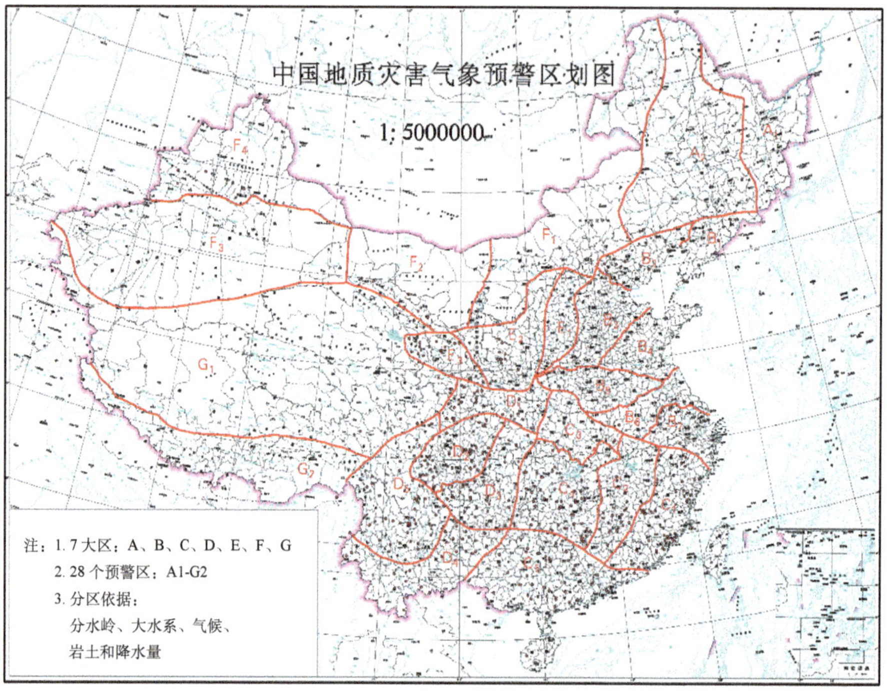

图 14.1 中国地质灾害气象预警区划图（中国地质环境监测院提供）

14.4.3.2 降雨引起地质灾害的统计分型

由于泥石流等地质灾害的发生与前期降雨有密切的关系，除了当日降雨，前期降雨也很重要。一般来说，在充分的前期降雨条件下，如果再有突发性暴雨，则爆发滑坡、泥石流等地质灾害的可能性就很大。其实，如果前期降雨充沛，下垫面含水量高，则再有很小的降雨就可能会激发滑坡、泥石流等地质灾害。因此，许多预报模型不仅包含临近数分钟和数小时的降雨量因子，也包含前期几天、十几天的降雨量因子（文科军等 1998，吴积善等 1990）。

基于国内外研究成果和所收集到的不完全资料的统计分析，姚学祥等（2005）对由降雨引起的滑坡、泥石流等地质灾害进行了统计分型，由降雨引发的地质灾害大概可以分为以下三种类型：

（1）当日大降雨型

大量的研究表明，当日大降雨与地质灾害的关系最为密切。即使前期累计雨量不大，持续时间也不长，只要当时有足够大的强降雨，地质灾害就可能发生。例如香港地区，当日降雨量小于 100 mm/d 时，很少有滑坡发生；而当降雨量大于 270 mm/d 时，就会诱发较多的滑坡；并且，当小时降雨强度超过 70 mm时，滑坡的数量和严重性剧增。又如，有研究将四川盆地、陕南、鄂西暴雨滑坡的临界降雨强度分别定为 200 mm/d、70 mm/d、100 mm/d，超过临界雨强就可能发生滑坡灾害。泥石流的发生也有其临界雨量，不同的地区有不同的临界雨强，如四川东南部临界日雨量为 180 mm，临界小时雨量为 60 mm。

(2)持续降雨型

前期降雨持续时间长，已经使下垫面饱和，地质灾害易发地带变得很脆弱，尽管灾害发生当日雨量不大，也会发生地质灾害。对于这种类型，持续降雨天数是很重要的因子。1998 年在长江流域多发地质灾害就与持续降雨天数多有密切关系。蒋家沟模型考虑了前期 20 天的降雨情况(吴积善等 1990)。

(3)前期降雨型

灾害发生前的降雨不一定持续，但前期的累计雨量大，也会使下垫面饱和，地质灾害易发地带变得很脆弱，即使当日雨量不一定很大，同样会激发滑坡、崩塌和泥石流等地质灾害。对于这种类型，有效(实效)降雨量是重要因子。除了蒋家沟模型外，许多学者对前期 3 天和 15 天、14 天、5 天雨量与地质灾害的关系也进行了研究(文科军等 1998，谭万沛 2000，王礼先等 2001)。

14.4.3.3　地质灾害气象统计潜势预报模型

众多滑坡、泥石流等地质灾害预报的研究者，通常是将暴雨滑坡、泥石流等地质灾害预报简化为降雨量与滑坡、泥石流等地质灾害发生(如阈值雨量)的简单判别关系，从而便于运作和实施预报分析(高速等 2002)。姚学祥等(2005)参考这种做法，建立地质灾害的预报模式。具体做法是，针对地质部门提供的全国危险度区划(图 14.1)，对每个区域计算多因子的临界阈值，然后根据历史资料的统计得出因子不同取值时的概率，最后求出合成的概率。

(1)预报因子的选取

假定在同一个预警区内，发生地质灾害的其他潜在条件都相似，降雨量成为唯一的决定因素。这样就可以根据各区内的降雨量与地质灾害发生之间的统计关系建立分区预报方程。为了解决预警区地质灾害的预报问题，挑选出预警区内附近有雨量测量站(小于 110 km)的泥石流发生地并对相应的降雨资料进行整理；然后通过统计历史记录中泥石流过程与前期降雨的关系，针对不同的预警区建立起气象统计潜势预报模型。

根据上述降雨分型，选取五个与降雨有关的预报因子，分别是：

1)因子 1，灾情发生当日的 24 小时降雨量。实际预报中采用中央气象台 24 小时(20 时—次日 20 时)降雨量预报值。本因子的选取，就将气象预报和地质灾害预报结合起来，使得预报时效大大延长。

2)因子 2，灾情发生前一日 24 小时降雨量。考虑到地质灾害的夜发性，也就是说 20 时以后数小时就可能发生地质灾害，20 时以前的降雨量是非常重要的。而且因为因子 1 是预报量，有一定的误差，这里也有意加大前一日 24 小时雨量的权重，所以选为独立因子。要特别指出的是，因为每天晚上的地质灾害预报是下午开始制作的，当时只能获得 14 时以前的雨量实况，因此在计算 24 小时降雨量时，14—20 时的 6 小时雨量是用国家气象中心全球数值天气预报模式降雨量预报代替。

3)因子 3，累计降雨天数。指灾害发生之前日雨量超过 5 mm 的连续降雨时段的天数。该因子和因子 4 的选择是考虑到持续降雨型地质灾害，即持续性降雨天气的影响，考虑到全国各地的情况，我们取 5 mm/d 作为持续降雨的条件，即中雨标准的一半。

4)因子 4，累计降雨量。指灾害发生之前日雨量超过 5 mm 的连续降雨时段的累计降雨总量。

5)因子 5，有效(实效)雨量。考虑到因子 1 和因子 2 已经考虑了灾害发生当天和前 1 日的雨量，有效雨量从灾害发生前两日算起。对于式(14.1)中的 N，各文献取的数值不尽相同。例如，在蒋家沟模型中取 $N=20$。

参考已有的研究成果(例如蒋家沟模型)，将有效雨量

$$R_a = \sum_{l=m}^{N} R_l K^l \qquad (14.1)$$

其中 R_a 表示有效雨量，R_l 表示从灾害发生当日的前一天算起的第 l 日（灾害发生当日 $l=0$，灾害发生前一日 $l=1$，前两日 $l=2$）的雨量，K 为递减系数。日本的模型中取递减系数为 0.5，蒋家沟模型取递减系数为 0.8。依照蒋家沟模型，本研究取 $K=0.8$。另外考虑到当天和前一天的降雨已另有因子（因子 1 和因子 2）表示，故 l 从第 2 天算起，到第 14 天共 13 天，加上因子 1 和因子 2 的两天，实际上也考虑了 15 天降雨量。式（14.1）变为

$$R_a = \sum_{l=2}^{14} 0.8^l \times R_l \qquad (14.2)$$

从式（14.2）不难看出，实际上 10 天以后的雨量对有效雨量的贡献并不大，以 14 天为例，0.8^{14} 是个很小的数。因此，我们的结果与用 20 天雨量计算的有效雨量差别不大。

（2）气象因子与地质灾害频次关系的分析

以地质灾害气象预警区 C1 区（福建、浙江南部、广东东北部）为例，在该区选取 139 个代表气象站点。基于参加统计的 2401 个灾情点，共获得 554 条不重复的气象站点雨量资料。首先考察所选的 5 个气象预报因子的统计关系，图 14.2—14.6 给出了这里所选气象预报因子与地质灾害发生频次之间的关系图。图中虚线是地质灾害发生频数，实线是地质灾害百分比。

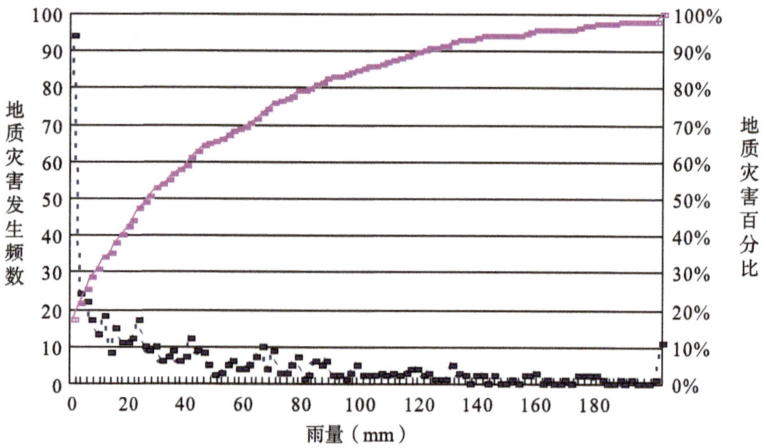

图 14.2 当日降雨量与地质灾害发生频数之间的关系（姚学祥等 2005）

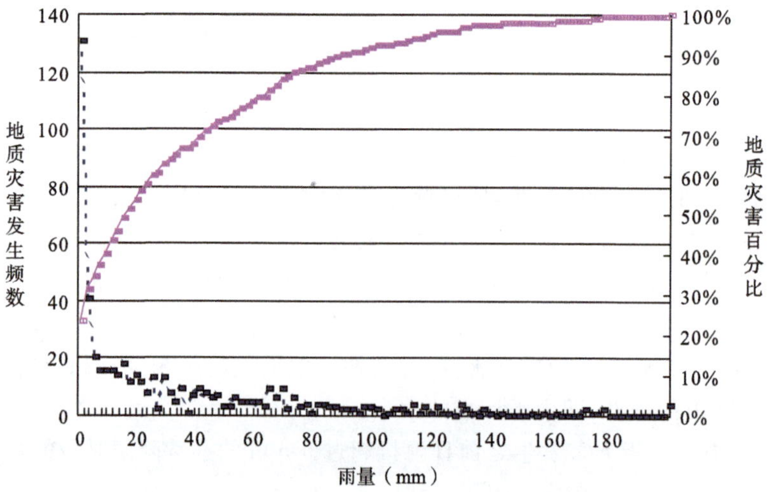

图 14.3 前一日降雨量与地质灾害发生频数之间的关系（姚学祥等 2005）

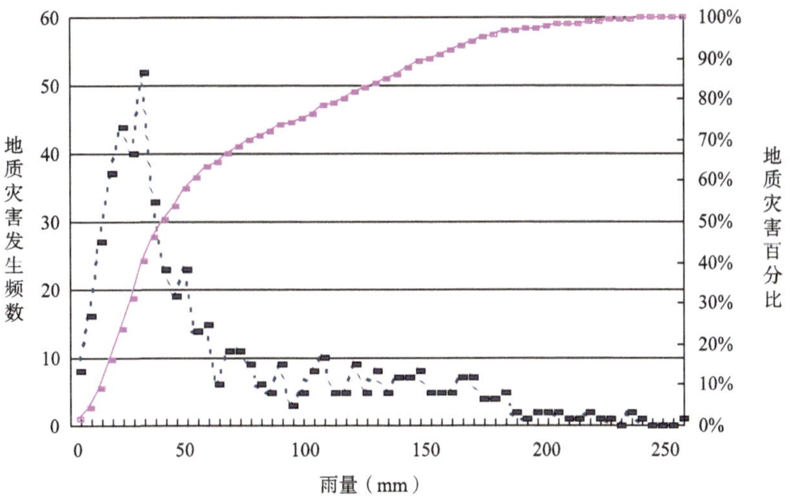

图 14.4　前 14 日有效雨量与地质灾害发生频数之间的关系(姚学祥等 2005)

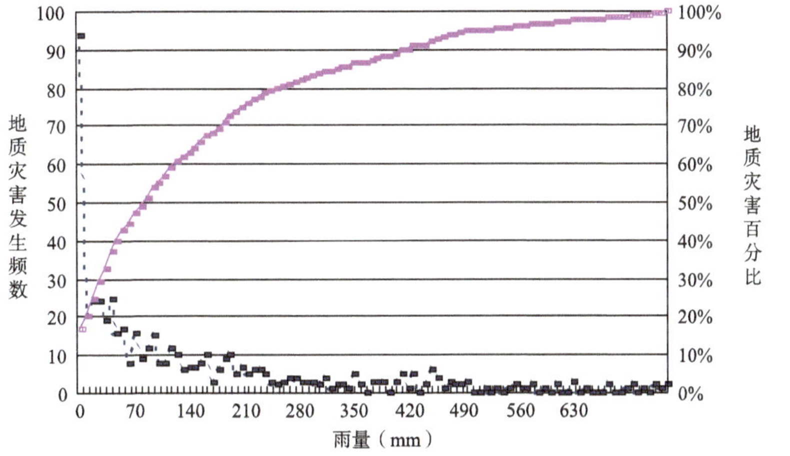

图 14.5　累计雨量与地质灾害发生频数之间的关系(姚学祥等 2005)

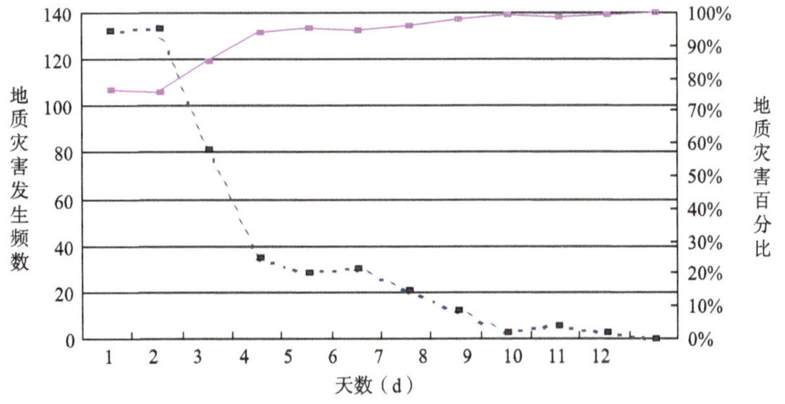

图 14.6　降雨持续天数与地质灾害发生频数之间的关系(姚学祥等 2005)

(3)地质灾害潜势预报建模

根据方法论(金哲等 1990)，在建立模型时，将地质灾害发生概率为 10%、25%、50%、75%和 95%定义为可能性很小、可能性较小、可能性较大、可能性大、可能性很大的临界概率。与这些概率对应的因子取值作为地质灾害发生该概率时的临界值。

在建立模型时，要针对不同的地质灾害预警区进行统计分析，找出各个预报因子 $f(i)$的等级临界值 $c_j(i)$，确定出灾害潜势等级 $a(i)$，最后得出综合的地质灾害潜势等级预报 a(分为 1—5 级)。i 表示不同的因子。

1)确定因子的灾害潜势等级

下面以 C1 区为例,对于第一个因子:当日降雨量 $f(i)=f(1)$ 为例说明。

当 $f(1)<1$ mm,地质灾害发生数占总数的 10%以下,取 $a(1)=1$;

当 1 mm$\leqslant f(1)<5$ mm,地质灾害发生数占总数的 10%以上,取 $a(1)=2$;

当 5 mm$\leqslant f(1)<26$ mm,地质灾害发生数占总数的 25%以上,取 $a(1)=3$;

当 26 mm$\leqslant f(1)<65$ mm,地质灾害发生数占总数的 50%以上,取 $a(1)=4$;

当 65 mm$\leqslant f(1)<154$ mm,地质灾害发生数占总数的 75%以上,取 $a(1)=5$;

当 $f(1)\geqslant 154$ mm,地质灾害发生数占总数的 95%以上,地质灾害几乎必然发生,直接取 $a=5$。

2)确定总的地质灾害潜势等级值 a

然后利用统计公式

$$a=\frac{1}{5}\sum_{i=1}^{5}a(i),$$

其中,

$$\begin{cases}a(i)=1,\text{当 } f(i)<f_1(i)\text{时}\\ a(i)=2,\text{当 } f_1(i)\leqslant f(i)<f_2(i)\text{时}\\ a(i)=3,\text{当 } f_2(i)\leqslant f(i)<f_3(i)\text{时}\\ a(i)=4,\text{当 } f_3(i)\leqslant f(i)<f_4(i)\text{时}\\ a(i)=5,\text{当 } f_1(i)\geqslant f_4(i)\text{时}\end{cases}\qquad(14.3)$$

当因子值超过地质灾害发生的临界值后(超过 95%),因为本因子已经达到地质灾害发生的条件,因此,将地质灾害预报等级直接令其等于最高($a=5$),即当 $f(i)>f_4(i)$时,取 $a=5$。

3)确定每个分区的灾害潜势等级预报

最后,按照式(14.3)计算结果,将预报结果划分到五个预报警报等级,分别是:①$a=1$ 可能性很小;②$a=2$ 可能性较小;③$a=3$ 可能性较大;④$a=4$ 可能性大;⑤$a=5$ 可能性很大。

14.4.3.4 业务应用

根据我国滑坡、泥石流等地质灾害与降雨的关系,中央气象台将降雨诱发地质灾害归纳为三种概念模型,即:当日大降雨型、持续降雨型、前期降雨型。在地质灾害区划的基础上,分区建立了基于降雨量观测和预报的地质灾害气象统计潜势预报模式,并以此模式为主要技术方法建立了全国地质灾害气象预警业务系统。经过 2003—2007 年夏季的业务应用,表明本预报模式具有较好的预报性能。

在业务实施上,中央气象台将地质灾害气象潜势预报模式结果分为 1—5 共 5 个等级,分别表示发生地质灾害的可能性很小、可能性较小、可能性较大、可能性大、可能性很大。在实际预报中,预报员根据模式客观潜势预报结合实况降雨观测、数值预报、雷达估测降水、主观订正降雨落区、地质灾害易发程度区划、地质地理条件等资料综合考虑,与国土资源部业务人员会商预报结果,在全国范围内制作地质灾害气象等级预报。当气象等级达到 4 级时,必要时要与有关省气象台会商,确定地质灾害气象预报区域和等级,制作服务产品,通过中央电视台天气联播节目向电视观众发布,同时通过中国气象局、国家气象中心等网站发布预警信息。

很显然,中央气象台的地质灾害预报仍然是一种地质灾害的潜势预报,空间分辨率也不高,地方气象台站应当发展更加精细的地质灾害预报业务,其思路与山洪预报一样:收集历史上发生滑坡或泥石流的个例,利用天气雷达定量估测降水技术分析产生滑坡或泥石流的临界降水量,以后就可以用得到的临界降水量制作类似下垫面(地质、地理和植被条件相同)的滑坡或泥石流的预报了。

14.5 森林和草原火险气象等级潜势预报

森林与草原燃烧是自然界中燃烧的一种现象。当失去控制的燃烧对森林草原生态系统和人类带来一定危害和损失,就成为森林草原火灾。全世界每年发生的森林火灾达几十万次,受灾面积约占森林总面积的 0.1%,给森林资源、森林生态系统和人类生命财产带来严重危害和损失。特别是在气候变暖的背景下，陆地地表干旱化加重，森林草原火灾多发期加长，高森林草原火险区域增大。这些变化特点在北半球中高纬度地区最为明显。有效预报气象条件对森林草原火险的影响是世界各国预防、控制甚至扑救森林草原火灾的有效保障。

14.5.1 我国森林火险气象等级潜势预报业务

早在 20 世纪初，气象和林业专家就开始研究森林火险气象指数。我国是从 20 世纪 50 年代开始森林火险指数的研究，主要是在前苏联、美国、加拿大等国成果的基础上，结合我国的实际情况进行的。1980 年以后，国内森林火险气象指数的研究发展较快，但都是基于局地的研究，如肖飞等(1996)利用干旱度指数作为小兴安岭的森林火险气象指数；郑海青等(2001)、李兴华等(2004)人分别提出了福建省和内蒙古的森林火险气象指数的计算方法；张映堂等(1995)、李春燕(1994)、覃先林等(2001)还利用气象条件与林中可燃物含水量的关系相继建立了我国西南林区、东北林区的森林火险气象指数的预报模型。1998 年国家气象中心结合美国洛杉矶林业试验站布龙—戴维斯方案，利用特大火灾历史数据库验证研制出了国家级的森林火险气象指数(牛若芸等 2006)，并开发了森林火险气象等级数值预报系统，初步形成了我国的森林火险气象业务系统。此后，森林火险气象业务在实践中不断完善，形成了从监测、预报、产品发布等一系列较为完善的森林火险气象等级潜势预报业务流程。

14.5.1.1 相关术语

森林火险是一个用来表示对林火环境的固定和可变因素作出估价的通用术语，这些环境因素决定了林火引燃难易程度、蔓延速度、控制难度和产生的影响，对影响火险的单个和组合的因素作出系统的估计和综合，称为森林火险等级。对于某一林区来说，森林火险等级是该林区发生森林火灾危险性的量度。

森林火险气象等级是在主要考虑天气和气象要素的变化对森林可燃物易燃性的影响程度，以此为依据划分的火险等级。制作和发布火险天气等级的预报称为森林火险气象等级潜势预报。

14.5.1.2 监测系统

对森林火险的监测主要从三个方面开展：森林历史和实时火情、卫星监测产品、气象要素监测产品。

(1)森林火情监测

森林火险历史数据形成数据库，并在此基础上产生我国森林火险区划图。

森林火情信息的收集主要由林业部门自下而上完成。主要监测内容包括：火情时间、地点、过火面积、森林火灾等级(森林火警、一般森林火灾、重大森林火灾、特大森林火灾)、人员财产损失情况等。通过电话的形式通知气象部门。

(2)卫星监测产品

目前根据 FY-2C 卫星监测资料，已研制出相应的卫星热源点及植被监测系统。通过对热源点的监测，可以拓宽人力监测火情的范围，及时发现火情，采取相应措施。植被监测产品是根据卫星资料反演植被与上年同期相比全国植被长势情况，为森林火险气象等级潜势预报提供可燃物的相关信息。

(3)气象要素监测产品

气象要素监测产品主要有以下四种：

1)气候旱涝监测产品，主要基于降水距平及可蒸发量得到的全国气象旱涝监测产品；

2)降水距平监测，分为 10 天、20 天、30 天降水距平监测产品；

3)温度距平监测，分为 10 天、20 天、30 天温度距平监测产品；

4)最高最低温度监测，分为 10 天、20 天、30 天全国最高最低温度分布的监测产品。

14.5.1.3 预报方法

(1)火险等级与气象要素关系

林火发生的季节、时段、强度和蔓延的快慢，都是与气象要素的变化有密切的关系，如大气环流的演变、天气的变化、气候的异常等。影响森林火险等级高低的气象要素很多，包括气温、风、降水量、相对湿度、日照、能见度以及它们的相互作用。气象要素随时间和空间变化很快，是影响林火发生和蔓延的易变因素。

1)与火险等级呈正相关的气象要素

森林地被物含水率的多少除受降水量的影响外,最主要的是蒸发能力、蒸发速度的影响。有降水时,地被物因吸收水分含水率增大,气温高、天气干燥时蒸发能力、蒸发速度加快,森林中的枯枝落叶和细小可燃物就会越干燥,就越容易点燃,火险等级就高(在火险预报中经常统计日最高气温与林火发生的关系)。利用可燃物含水率随空气条件变化的关系,可以通过空气温度、湿度等来预测可燃物含水率。

风在林火预报中是除可燃物含水率外另一个十分重要的因子。风速和风向对林火蔓延影响很大。风不仅能加快可燃物水分蒸发,加速干燥而使可燃物易燃,而且同时不断补充新的氧气,增加助燃条件,加速燃烧过程。此外,风还能改变热对流,增加平热流,大大加快林火向前蔓延的速度,有时还会造成飞火,扩大火灾面积。一般来说风速随高度的增加而增大,树冠层风力往往比地面风力大。因此,在森林可燃物干燥易燃的情况下,风向和风速是制约林火蔓延速度、林火强度和火灾面积的决定性因素。

饱和差是描述空气干燥程度的气象变量。空气中实有的水汽压与当时温度下的饱和水汽压的百分比称为相对湿度,用100%减去相对湿度,得到的数值即饱和差。数值越大,表示空气越干燥,火险等级越高;连旱日数越多,林内地被物也就越干燥,火险程度就越高,超过一定天数,就容易发生森林火灾。

温度是火险预报的直接因子,从火险预报研究一开始就普遍受到重视。现代林火预报从两个方面来考虑温度的作用。可燃物本身温度和土壤温度直接影响可燃物点燃的难易程度。空气温度的高低可以通过对环境的影响间接作用于可燃物,改变可燃物的物理性质,影响火险等级。

2)与火险等级呈负相关的气象要素

降水量以毫米为单位,降水量越大或连续降水日数越多,对降低森林火险等级愈有利。较大的林火绝大多数都是由自然降水或人工增雨作业增加降水量以后被浇灭的。在有降水的日期,森林火险等级可以维持较低,所以连续无降水日数的统计对森林火险预报也是重要的,降水量越大或连续降水日数越多森林火险等级越低;空气中的湿度越大,森林可燃物的含水量越高,森林火险等级越低;森林地被物的含水率,特别是细小可燃物的含水率的高低与森林火险等级关系十分密切,地被物含水率越高森林火险等级越低。在林火预报的具体应用中,主要考虑降水量、降水形式和降水间隔期(干旱期)。

空气的相对湿度大,可燃物的含水量会随之增大;相对湿度小,可燃物的含水量会随之减少,森林火险就越高。相对湿度与森林火灾发生的关系如表14.2所示。

表14.2　相对湿度与森林火灾发生的关系

相对湿度(%)	火灾发生状况
>75	不会发生森林火灾
75~55	可能发生
55~30	可能发生大火灾
<30	可能发生特大森林火灾

(2)森林火险数值预报方法

1)概述

国家气象中心业务森林火险气象等级预报系统主要考虑短期内天气和气象要素的变化对森林和草原可燃物易燃性的影响,并以此为依据划分火险等级。森林火险气象等级预报系统主要采用T213预报模式输出的48小时预报时效产品(水平分辨率为0.5625°×0.5625°),同时增加了遥感资料对地面植被的分类和识别。系统预报范围:15°—60°N,70°—140°E。

2)方案

整个系统的核心部分为火灾隐患区判断程序方案,它是结合国家林业局和布龙—戴维斯方法,经过特大火灾历史数据库反复验证后得出的修正的布龙—戴维斯方案。

①布龙—戴维斯火险标尺法

该方法是美国洛杉矶林业试验站布龙和戴维斯根据物理学的试验方法制定出来的,采用风速、温度、相对湿度、可燃物湿度及降水间隔日数等因子，并把这些因子作为火灾危险度的变量看待，火灾危险度指标是各变量贡献之和，各变量均用百分数表示，计算火灾危险度 U 的表达式为：

$$U(V,T,F,M)=f(V)+f(T)+f(F)+f(M) \tag{14.4}$$

式中 U 为火灾危险度指标，V 为风速（m/s），T 为气温（℃），F 为可燃物湿度＋1/4 相对湿度，M 为降水间隔天数。各变量对应参数变化见表 14.3。

表 14.3　布龙—戴维斯火险气象因子及其指数查对表（牛若芸等，2006）

风速 V (m/s)	$f(V)$ (%)	气温 T (℃)	$f(T)$ (%)	相对湿度 RH(%)	$f(F)$ (%)	降水间隔天数 M	$f(M)$ (%)
0～0.9	5	15～19	0	>75	0	0	0
1.0～2.9	15	20～23	3	40～75	5	1	3
3.0～5.9	25	24～28	6	25～39	10	2	10
6.0～10.9	30	29～32	9	15～24	15	3～5	15
≥11	35	33～37	12	8～14	20	6～8	20
		>38	15	0～7	25	>8	25

②修正的布龙—戴维斯方案

修正的 $U1$ 表达式为：

$$U_1(V,T,F,M)=f_1(V)+f_1(T)+f_1(F)+f_1(M) \tag{14.5}$$

式中 V 和 T 分别采用 14 时观测风速（m/s）和气温（℃），F 与 M 含义同（14.4）式。

各变量对应参数变化见表 14.4。

表 14.4　修正方案中气象因子及其指数查对表（牛若芸等，2006）

风速 V (m/s)	$f_1(V)$ (%)	气温 T (℃)	$f_1(T)$ (%)	相对湿度 RH(%)	$f_1(F)$ (%)	降水间隔天数 M	$f_1(M)$ (%)
0～1.5	3.846	<5	0	>70	0	0	0
1.6～3.4	7.692	5～10	4.61	60～70	3.076	1	7.692
3.5～5.5	11.538	11～15	6.1	50～59	6.153	2	11.538
5.6～8.0	15.384	16～20	9.23	40～49	9.23	3	19.23
8.1～10.8	19.236	21～25	12.5	30～40	12.307	4	23.076
10.9～13.9	23.076	>25	15.384	<30	15.384	5	26.923
14.0～17.2	26.923					6	30.7
						7	34.615
>17.2	30.9					>8	38

对 U 和 U_1 进行加权平均，再经各项指数订正，得出最终的森林火险指数 I：

$$I=(AU+RU_1)\times C_s\times C_r \tag{14.6}$$

式中 A 和 B 表示权重系数，值分别取 0.3 和 0.7；C_s 为地表状况修正系数，取值范围为 0～1；C_r 为降水量修正系数，当日有降水取值为 0，当日无降水取值为 1。

森林火险指数 I 与火险等级对应关系见表 14.5。

表 14.5　系统中燃烧指数与火险等级对应关系

I	火险级别	表述	火险程度
0～22	Ⅰ	不能燃烧	没有危险
23～43	Ⅱ	不易燃烧	不危险，要注意野外用火
44～61	Ⅲ	能燃烧	危险，控制野外用火、注意雷击火
62～75	Ⅳ	易燃烧	很危险、禁止野外用火、注意雷击火
76～100	Ⅴ	极易燃烧	极危险，禁止一切用火

③结构

系统由T213场库和实时要素库读取所需气象资料，经火灾历史数据库订正和卫星遥感资料对地面植被进行分类和识别，由火灾隐患区判断程序方案计算得出全国森林火险气象等级，最后输出MICAPS格式图形产品供预报员参考。

④检验

参考火灾信息对系统的预报效果进行检验，在有较严重森林火灾发生时，系统基本可以报出Ⅲ级火险以上级别，预报效果可以接受。

(3)森林火险天气预报方法

根据森林火险区划情况、森林火险数值预报产品和干旱区域分布，预报员初步判断可能发生火险的区域，然后考虑该区域空气湿度的实况及未来的变化趋势、最高最低温度的变化、风向风速、地形、植被较常年的长势状况、当地的农事活动状况、土壤干旱状况等，结合预报员经验综合分析之后，对高森林火险气象等级并存在热源点区域与林业部门及当地气象部门进行会商，得到预报结论。

14.5.2 我国草原火险气象等级潜势预报业务

近几年来，草原火灾的频繁发生已日益引起人们的高度重视。尤其对于我国来说，草原畜牧业经济发展水平低，承灾能力差，受害严重。自新中国成立以来截止到1987年，仅全国牧区就发生了草原火灾5万余次，累计受害草原面积2亿km^2，直接经济损失累计高达300亿元。因此，在草原气象灾害中，草原火灾也是阻滞畜牧业持续稳定发展的一个重要的灾害类型。2005年农业部草原防火办公室与中国气象局预测减灾司签署了“2005年联合开展草原火灾气象预测预报工作协议”。同年9月15日草原火险气象等级潜势预报业务正式运行。

14.5.2.1 草原火灾特点

草原火灾与森林火灾相比，具有以下几个特点：一是火势猛、速度快、火头高(乌日根等2006)，由于草原开阔、河流少，火借风势迅速蔓延；二是由于草原风向多变，易形成多岔火头，极易形成火势包围圈，造成人畜伤亡事故；三是过火后的牲畜卧盘形成暗火，有时长达几个月，留有死灰复燃的隐患。

从全年各月火灾分布动态来看，草原地区火灾主要发生在3—6月和8—11月，全年火灾发生期长达8个月之久。春季3—6月火灾发生次数和过火面积分别占全年总数的59.18%和91.86%，4月份火灾次数最多，5月份过火面积最大，是全年和春季的重点防火时段；秋季9—11月份出现第二个火灾发生高峰期，以10月份火灾次数和过火面积最大，是秋季以及全年第二个重点防火阶段。

14.5.2.2 草原火险气象等级潜势预报系统

(1)草原火险区划

目前业务系统中，草原火险气象等级预报主要考虑易发生和较易发生火险的54个地级市(盟、县)。

(2)草原火险气象等级潜势预报因子

火险状态受火环境中的多种因子的影响，就气象等级潜势预报来讲，仅考虑气象要素即可。然而，气象要素有多个，全部纳入预报系统中是不现实的，这不但增加了模型的复杂性，削弱了某些相对重要因子的作用，而且预报的准确率也会降低。因此，既要减少预报因子的入选数量，又要保证模型的预测精度。草原火灾除与植被的状况有关外，主要取决于气象条件。选取逐日气温、相对湿度、风速风向及24小时、6小时降水量共4个气象要素，分析它们与草原火灾的关系。

1)草原火灾与气温的关系

草原火灾集中发生在14时气温为0～12 ℃的条件下，这与草的返青与枯萎有关。但是，也存在重大草原火灾发生在高于12 ℃的条件下。单纯从气温与火险的统计关系看，气温是增因子。

2)草原火灾与相对湿度的关系

草原火灾发生率与相对湿度之间存在着明显的反相关关系。统计表明，相对湿度$RH\leqslant 30\%$时的火灾个例占67%，$RH\leqslant 45\%$时的火灾个例占93%，$RH\leqslant 50\%$时的火灾个例占98%，$RH\geqslant 65\%$时无火灾发生。可见，相对湿度是火灾发生的决定性因子。

3)草原火灾与降水的关系

91%的草原火灾个例发生在无降水条件下，仅有少数个例对应有少量降水。所以，草原火灾基本上是无降水情况下发生的。

4)草原火灾与风的关系

草原火灾与风速的相关曲线类似于与气温的相关曲线，即中间高两边低。对应 5～6 m/s 风速的草原火灾次数最多。理论上讲，风速越大，火险程度应越高。但风速在 6 m/s 以上时，火灾发生的个例反而较少。分析结果表明，76%的草原火灾个例对应着偏西风和偏北风，以偏北风为多。

(3)草原火灾发生的天气形势特征

分析现有的草原火灾资料发现，76%的火灾发生在受高压系统控制的地域，而且绝大多数草原火灾发生在地面高压边缘，如高压前部、后部；另有 24%的火灾与低压系统的暖区有关。稳定环流形势下的高压区内连续晴天高温、风速不大也会发生重大草原火灾。68%的火灾发生在暖气团内或由冷气团向暖气团的过渡区；另有 32%的火灾发生在冷气团控制的区域。

(4)草原火险预报流程

草原火险的初步结果来自于数值模式结果(同森林火险)，预报系统同时生成 6 小时、24 小时雨量、14 时风向风速、14 时温度、14 时相对湿度等相关指标诊断结果，通过综合判断，预报员制作草原火险气象等级潜势预报。

14.5.2.3　草原火险气象等级潜势预报产品发布系统

草原火险气象等级潜势预报产品分为图形产品和文字产品。当草原火险气象等级达到或超过Ⅲ级时制作图形产品；当草原火险气象等级达到或超过Ⅳ级时制作文字产品。产品通过全国气象信息系统、NOTES、9210 向气象部门发布，通过电视媒体向公众发布，通过 Internet 向农业部门发布。

14.6　城市积涝预报

14.6.1　定义和影响

城市内涝灾害是在遭遇暴雨天气的情况下发生的衍生灾害。由于雨量过多，在地势低洼的地方，积水不能及时排除而形成灾害。内涝灾害发生时，受影响最大的是城市交通。当积水深度达到 20 cm 时，步行困难；积水超过 30 cm 时，则自行车、小汽车行进困难；积水超过 80 cm 时，则交通完全中断。城市空间立体开发使下穿隧道、地下商场、停车场和轨道交通等地下设施大量增加，积水倒灌浸泡的隐患空前增大，积水不仅造成房屋、物品浸泡，造成财产损失，甚至会威胁生命安全。积水常常变成污水，对城市环境卫生造成不良影响。可见，暴雨造成的内涝灾害严重影响城市正常的生活秩序。

14.6.2　成因

近年来，城市暴雨内涝灾害有不断加剧的趋势，这与城市化进程密切相关。随着城市发展，沥青、混凝土铺盖以及城市建筑群的扩张，不透水面积不断增加，雨水渗透减少；原有的坑塘、湖泊面积不断减少，对雨水调蓄的功能也在不断下降；产汇流时间缩短，地表及河道径流量增大，使河道洪峰流量成倍增加，洪峰提前；城市人口不断增加，用水量和排水量也不断加大，使城市原有排涝标准呈下降趋势，遇暴雨时容易出现内涝灾害；城市扩张使原有农田变成市区，城外的行洪河道变成市内排水渠沟，加重了防洪负担，还往往造成水土流失加剧和局部水系紊乱，部分河道与排水管网淤塞，人为导致城市防洪排涝能力的下降；雨水补给减少和超采地下水导致的地面沉降，也使城市排涝能力减弱，增加了城市暴雨内涝灾害的风险。因此，及时监测、预测内涝灾害的发生，评估灾害的影响程度，有利于防汛部门及时采取排涝措施，减少灾害损失。

14.6.3 预报方法

对城市暴雨沥涝灾害而言，传统的监测方法是在易于发生沥涝地段设置人工测量点，观测特定积水片的积水深度和范围，利用统计方法，建立降水强度与积水深度的数理统计方程。该方法的优点是节省费用，不足是只能反映离散点的状况，难以从时间上连续反映积水的动态过程。

随着计算机和数值模拟技术的发展，人们利用数值模拟技术对流域或库区的洪水淹没过程进行模拟研究。随后，为了城市防灾减灾的需要，将这一技术应用到城市的防洪规划中。近年来人们利用GIS和分布式水文模型进行城市暴雨积水过程的研究不断增多，如程晓陶(1995)、徐向阳(2003)、张敏(1994)等分别采用水文学与水力学相结合途径进行城市暴雨积水过程的模拟研究，并借助GIS的功能动态地演示地面积水的涨消过程。程晓陶等(1995)分别采用具有时空变化特征的实时降水信息和降水的数值预报结果，动态地模拟城市中暴雨形成的内涝灾害演进过程，为城市防洪排涝调度和减灾决策提供了有力依据。此外，在城市排水管网系统的模拟方法上实现了地面与地下管网水体相结合的模拟计算，使得城市沥涝仿真模拟的计算方法和精度进一步提高。

14.6.3.1 城市暴雨内涝数学模型的基本原理及网格划分

城市暴雨内涝数学模型(韩素芹等 2001)以城市地表与明渠河道水流运动为主要模拟对象，基本控制方程以平面二维非恒定流的基本方程为骨架。同时，针对小于离散网格尺度的排水渠涌或河道，在二维模型中结合了一维明渠非恒定流方程的算法。

二维非恒定流基本方程如下：

连续方程：

$$\frac{\partial H}{\partial t}+\frac{\partial M}{\partial x}+\frac{\partial N}{\partial y}=q \tag{14.7}$$

动量方程：

$$\frac{\partial M}{\partial t}+\frac{\partial (uM)}{\partial x}+\frac{\partial (vM)}{\partial y}+gH\frac{\partial Z}{\partial x}+g\frac{n^2 u\sqrt{u^2+v^2}}{H^{1/3}}=0 \tag{14.8}$$

$$\frac{\partial N}{\partial t}+\frac{\partial (uN)}{\partial x}+\frac{\partial (vN)}{\partial y}+gH\frac{\partial Z}{\partial y}+g\frac{n^2 v\sqrt{u^2+v^2}}{H^{1/3}}=0 \tag{14.9}$$

式中 H 为水深；Z 为水位，$Z=Z_0+H$，Z_0 为底高程；q 为源汇项，包括有效降雨量和排水强度两项；M，N 分别为 x，y 方向上的单宽流量，且 $M=Hu$，$N=Hv$；u，v 分别为流速在 x，y 方向上的分量；n 为糙率；g 为重力加速度。

一维非恒定流基本控制方程：

$$\frac{\partial Q}{\partial t}+\frac{\partial}{\partial l}\left(\frac{Q^2}{A}\right)+gA\frac{\partial H}{\partial l}=-gAS_f \tag{14.10}$$

式中 Q 为截面流量，A 为计算断面的过水面积，S_f 为摩阻坡降，由曼宁公式可得：

$$S_f=\frac{U^2n^2}{R^{4/3}}=\frac{n^2Q|Q|}{A^2R^{4/3}}$$

宽顶堰溢流公式

$$Q=m\sigma_s\sqrt{2g}H^{3/2} \tag{14.11}$$

式中 Q_j 为堰顶单宽流量，m 为宽顶堰溢流系数，σ_s 为淹没系数，H 为堰顶上游水位。

产汇流计算基本公式：

$$CIM=0.4+0.4\times AXY \tag{14.12}$$

式中 CIM 为产汇流系数，AXY 为不透水面积百分比。

数值模式计算通常采用规则矩形网格或拟一致的三角形网格对计算区域进行剖分。但是城市局部地区地形复杂，街道、河流分布各异，各种建筑物特别是防洪排涝工程措施在不同城市差异很大。为了更好地反映城市暴雨径流的特点，模型应用有限体积法的思想，采用无结构不规则网格。根据城市不同的地形地貌特征将计算网格设计成多边形，网格各边定义成通道。取网格单元为控制体，在网格中心处计算水位，在网格周边通道的中点处计算流量。水位具有网格平均值的含义，流量具有通道平均值的含义。另外，水位和流量在时间上采取时间交错计算方式。

14.6.3.2　基本方程的离散格式

网格单元的水深由连续方程算出。根据高斯定理将连续方程转化为离散格式：

$$H_i^{T+2dt}=H_i^T+\frac{2dt}{A_i}\sum_{k=1}^{K}Q_{ik}L_{ik}+2q_i^{T+dt}dt \tag{14.13}$$

式中 A_i 为 i 单元网格面积；L_{ik} 为 i 单元第 k 条通道长度，即多边形网格的边长；Q_{ik} 为 i 单元第 k 条通道上的流量；H_i 为 i 单元的水深；q_i 为 i 单元的源或汇；dt 为 T 时刻的时间增量。

网格周边通道的流量 Q_{ik} 按简化的动量方程离散格式计算。在平面浅水运动中，对流项作用很小，通常可以忽略不计。而且，对不规则网格，如果严格按照动量方程计算任意方向通道上的流量，计算量较大，因此采用分类简化处理的方法计算流量，即假定同一时段内同一网格的水位变化不大，采用分类处理的方法求任意网格各个通道上的单宽流量。通道分为河道型、路面型、特殊通道型、其他型（含堤坝、泵站、闸门、淹没出流管道等），根据不同的通道类型对动量方程进行简化，计算流量。

河道型通道的动量离散方程：

$$Q_{ik}^{T+dt}=Q_{ik}^{T-dt}-2gH_i\frac{Z_{ik2}^T-Z_{ik1}^T}{dL_{ik}}dt-2g\frac{n_{ik}^2Q_{ik}^{T-dt}\left|Q_{ik}^{T-dt}\right|}{H_i^{7/3}}dt \tag{14.14}$$

式中 Z_{ik1}，Z_{ik2} 为 i 单元第 k 条通道两侧 1、2 断面的水位；dL_{ik} 为 i 单元第 k 条通道两侧单元形心距离；n_{ik} 为 i 单元第 k 条通道上的糙率；g 为重力加速度。

地面型通道的动量离散方程：

$$Q_{ik}^{T+dt}=sign(Z_{ik1}^T-Z_{ik2}^T)H_i^{5/3}\left(\frac{\left|Z_{ik1}^T-Z_{ik2}^T\right|}{dL_{ik}}\right)^{1/2}\frac{1}{n_{ik}} \tag{14.15}$$

有连续堤或缺口堤的通道，其流量采用宽顶堰流公式（14.11）计算，即

$$Q_{ik}^{T+dt}=m_{ik}\sigma_{ik}\sqrt{2g}H_i^{3/2} \tag{14.16}$$

式中 m_{ik} 为 i 单元第 k 条通道流量系数；σ_{ik} 为 i 单元第 k 条通道下游淹没系数。

城市内较窄河道（明沟）为特殊通道，它与两侧网格之间的流量，采用宽顶堰溢流公式（14.16）计算；沿河道的单宽流量 Q_s 采用与河道型通道动量离散方程（14.14）相似的公式进行计算；特殊单元的水深按以下离散格式计算：

$$H_{di}^{T+2dt}=H_{di}^T+\frac{2dt}{A_{di}}\left(\sum_{k=1}^{N}Q_{ik}^{T+dt}L_{ik}+\sum_{j=1}^{2N}Q_{dij}^{T+dt}L_{dij}/2\right)+2q_{di}^{T+dt}dt \tag{14.17}$$

式中 A_{di} 为 i 特殊单元的面积；q_{di} 为 i 特殊单元上的源汇项，即特殊单元上的降雨强度，可以取特殊节点处的降雨强度作为整个单元的平均值；H_{di} 为 i 特殊单元的水深；Q_{dij} 为 i 通道周边的单宽流量；L_{dij} 为 i 通道周边的边长。

14.6.3.3　城市排水系统的模拟

城市排水系统由排水管道、水井、明沟、泵站、闸门等组成。不同城市的排水设施的布设及控制运作差异很大，往往是因地制宜。

城市排水管道纵横交错，通过雨水井承接地面来水。管道水的排出由泵、闸或淹没出流管道来实现，城市的一级、二级河道、明沟和坑塘、湖泊接纳泵站、闸门或淹没出流管道的来水（图 14.7）。

地下排水管网内的水流，采用一维非恒定流方程计算，自成体系。地下排水管网与含管网的单元的水量交换，可以通过连续方程的源汇项控制，即将源汇项分解成为有效降雨强度（径流量）和单元排水强度两部分。单元排水量根据降雨强度、单元积水深度，以及单元最大排水能力来确定：当降雨强度小于单元最大排水能力且单元积水较浅时，降雨量全部转化为排水量进入地下管网，单元的排水强度为降雨强度；反之，即降雨强度大于单元最大排水能力，或单元积水较深时，单元的排水强度达到最大排水强度，降雨强度与单元最大排水强度之差转化为地表径流量。

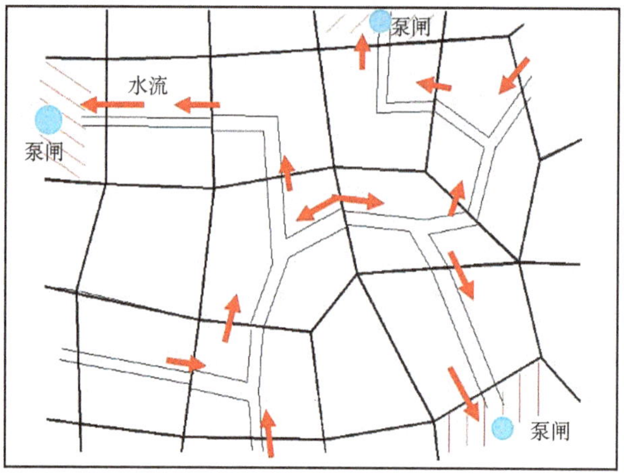

图 14.7 概念化的排水管网空间交错布置方式图

管道内的流量计算采用一维非恒定流方程的离散形式：

$$Q_{pi}^{T+\mathrm{d}t}=Q_{pi}^{T-\mathrm{d}t}-2gA_{pi}\frac{Z_{i2}^{T}-Z_{i1}^{T}}{\mathrm{d}L_i}\mathrm{d}t-2g\frac{n^2Q_{pi}^{T-\mathrm{d}t}\left|Q_{pi}^{T-\mathrm{d}t}\right|}{A_{pi}R_{pi}^{4/3}}\mathrm{d}t \tag{14.18}$$

式中 Q_{pi} 为管道计算断面的流量(非单宽流量)；$\mathrm{d}L_i$ 为相临两网格形心到通道中点距离之和；R_{pi} 为水力半径；当管道为明渠流动时，A_{pi} 为管道计算断面的过流面积，Z_{i1}，Z_{i2} 分别为相临两网格管道中的水位；当管道为有压流动时，A_{pi} 为管道计算断面的断面面积，Z_{i1}，Z_{i2} 分别为相临两网格管道窄缝中的压强水头值。

管道内的水深(或压力水头值)计算采用连续方程的离散形式：

$$H_{pi}^{T+2\mathrm{d}t}=H_{pi}^{T}+\frac{2\mathrm{d}t}{A'_{pi}}\sum_{k=1}^{N}Q_{pk}^{T+\mathrm{d}t}+2q_1^{T+\mathrm{d}t}\frac{A}{A'_{pi}}\mathrm{d}t \tag{14.19}$$

式中 H_{pi} 为管道的水深或压力水头；q_1 为管道的排水强度；N 为单元内有排水管道通过的通道数；A'_{pi} 为计算单元内管道的等效底面积。

一些城市(天津、上海、柳州)的排水系统采用泵站或闸门将地下管网的水体排入邻近河道，更多的城市采用淹没出流管道以自流方式进行排水。

模型将排水泵站、闸门或淹没出流管道概化在临河或临湖的通道上。在降雨过程中，地面积水向管道内汇集，沿管网系统汇合至出口处，出口处由闸门或泵站向河道泄水，形成"雨水—地面积水—管道汇水—泵、闸门、淹没出流管道排水—河道汇水"的模拟过程(如图 14.8 所示)，采用不同的控制条件计算排水量。

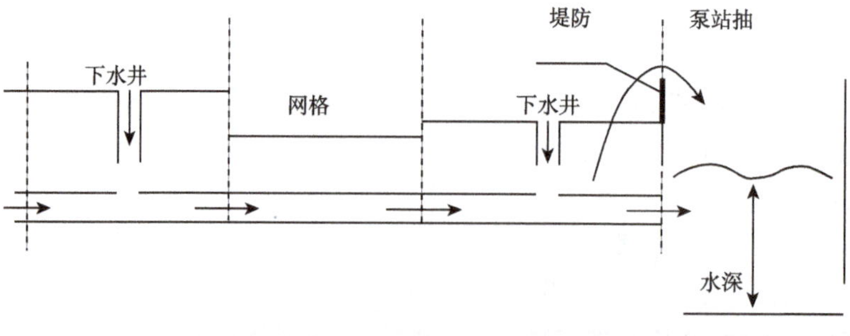

图 14.8 排水管道系统中泵站、闸门和堰的示意图

泵站的排水量以水泵单位时间抽排水量和管道内的水量为控制条件，当泵站抽排能力大于应抽取的网格所包含的管道内的水量时，通过独立管网之间的拓扑关系和水动力输送方程抽取下一级管道的部分水量。一些泵站并不设置在临近河湖处，它们的作用是加快地下管道之间的定向排水能力，此时在模式设计上仍以水泵单位时间抽排水量和被抽排管道内的水量为控制条件，排水方向是固定的，不能自

动调节。另外，在一些容易积水的特殊地点，如立交桥下，往往设置临时泵站，作用是将地面积水排入特定管网，其排水量以水泵单位时间抽排水量和管道内的水量为控制条件。

闸门的排水量同样按闸孔自由出流计算自流口门的设计流量，闸门处是控制、调节管网间、管网与河道间、河道间流量的衔接部位，可根据要求的条件开启、关闭或模拟开度过程。

管网出流管口为淹没和自由出流相互转化型，当出流管口被淹没或处于河道水位以下时，淹没出流管道的排水量根据管道水位与河道水位自行调节，当管道水位高于河道水位时，管道的水流向河道，反之则出现倒流即河水向管道里流。当出流管口高程高于河道水位时按管道孔口自由出流计算流量。

对淹没出流管道而言，当河道水位低时能使水体顺利排出，但河道水位高时也会出现倒流，因此控制河道水位显得非常重要。为了调节河道水位，泵站和闸门设在河道中，它们接纳的不是河岸网格单元和排水管道的来水而是接纳上游河道的来水。在这种情况下，泵站和闸门的开启以及排水量的大小是根据控制水位来调节的，当河道水位超过控制水位时泵站和闸门开启，排水量小于或等于泵站和闸门的排水能力。随着城市的发展，河道不仅具有排沥功能，还兼备景观功能。因此控制水位有两个，低控制水位用于维持景观水位，高控制水位用于控制河道的排沥。当河道水位低于低控制水位时，泵站、闸门关闭起蓄水作用，即完全不排水；当河道水位高于高控制水位时，泵站和闸门完全开启。

14.6.3.4　城市面雨量的计算

对自动雨量站观测、雷达观测或用不同方法预报的降雨量，必须采用有效的插值方法转换成为无结构不规则网格的面雨量，以此作为仿真系统的降雨边界条件。通常采用二次曲面方法和泰森方法进行面雨量计算。

二次曲面方法：设雨量观测站的个数为 N，对计算区域内任意一位置(x,y)，可以选取与之最近的 n $(n\leqslant N)$个观测点，由这 n 个观测点的实测降雨量 $q_1,q_2,\cdots,q_n$，用最小二乘法拟合一个二次曲面，(x,y)点的降雨量可以由这个二次曲面来确定。设二次曲面方程为：

$$q(x,y)=a_1x^2+a_2y^2+a_3xy+a_4x+a_5y+a_6 \tag{14.20}$$

n 点的误差和为：

$$R=\sqrt{\sum_{i=1}^{n}(q-q_i)^2} \tag{14.21}$$

由最小二乘法原理，要使点的误差和达最小，则有：

$$\frac{\partial R}{\partial a_i}=0 \qquad i=1,2,\cdots,n \tag{14.22}$$

由式(14.22)求出 $a_i(i=1,2,\cdots,n)$，再代入式(14.20)中，求出(x,y)的插值降雨量 q。

泰森方法：根据离散分布的气象站降雨量来计算平均降雨量，即将所有相邻气象站连成三角形，作这些三角形各边的垂直平分线，于是每个气象站周围的若干垂直平分线便围成一个多边形。用这个多边形内所包含的一个唯一气象站的降雨强度来表示这个多边形区域内的降雨强度，并称这个多边形为泰森多边形。面雨量计算方法如下：

$$\overline{P}=\sum_{i=1}^{n}P_i\frac{f_i}{F} \tag{14.23}$$

式中 P_i 为雨量站的降水量，f_i 为雨量站控制面积(泰森多边形面积)，F 为城市区域面积，n 为雨量站站数。

14.6.4　城市暴雨内涝业务系统

城市暴雨内涝仿真系统利用地理信息系统为支撑平台，依托基本气象业务，应用自动气象站网监测的雨量信息、多普勒雷达系统的雨量估算信息、多种预报方法提供的降水预报产品，利用暴雨内涝数学模型模拟暴雨内涝灾害，实现内涝灾害的预警。系统组成见图 14.9。

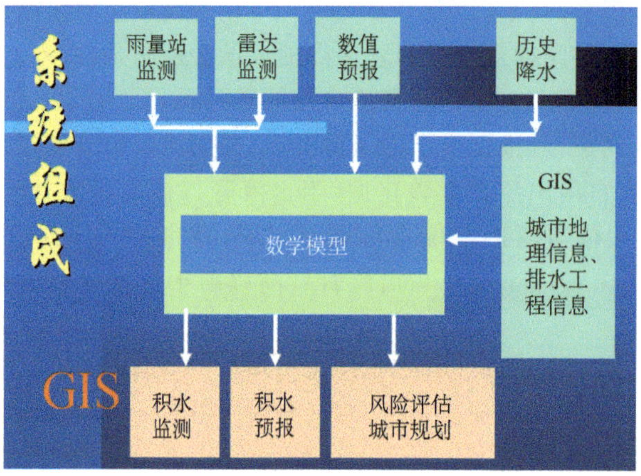

图 14.9　城市暴雨内涝系统结构

依托 GIS 建立城市暴雨内涝仿真系统的基础信息预处理平台。城市暴雨内涝仿真系统需要多类基础空间信息，利用 GIS 管理上述基础空间信息，其优点是可以集成多种不同类型的空间数据，将其纳入统一的地理坐标。在 GIS 环境下，可以清楚地展现上述各类数据的空间分布特征以及数据之间相互关系。预处理平台包含大量基础信息分析处理程序，通过这些程序可以建立模型数据之间的拓扑关系，既方便建立模型，也可对排水工程运作信息进行管理。

但 GIS 不能承担复杂的数值模拟计算。因此，暴雨积水模拟仍可以 FORTRAN 语言程序为计算工具，基础信息预处理平台设计 GIS 与仿真模型的接口，可以比较方便地将基础信息数据转换成仿真模型能够识别的数据，也能将仿真模型计算结果转换成 GIS 能够调用的数据。

暴雨内涝数学模型的计算结果是一系列数据。为了使用户了解城市暴雨造成的积水情况，在 GIS 的基础上开发了积水信息后处理平台。利用该平台，可以在地图上直观地看到暴雨积水的动态变化和最大积水深度，可以查询某一水深值在全市的覆盖范围，显示该水深值在市区的坐落位置。为了满足气象服务需求，可以有针对性地建立不同类型的重点区域数据库，如针对交通、仓储和居民生活等。在重点区域数据库中，可以设置区域名称、水深报警，还可以给出该区域的情况简介和对策方案。用户在选择降水过程后，点击图中的重点区域，系统自动给出该区域的水深演变情况，当水深超过报警水位时，显示减灾对策方案；未超警戒水位，则给出区域情况简介。可以将城市区域及水深度的分布绘制成 JPG 和 WMF 格式的图形，供网上服务(图 14.10)。

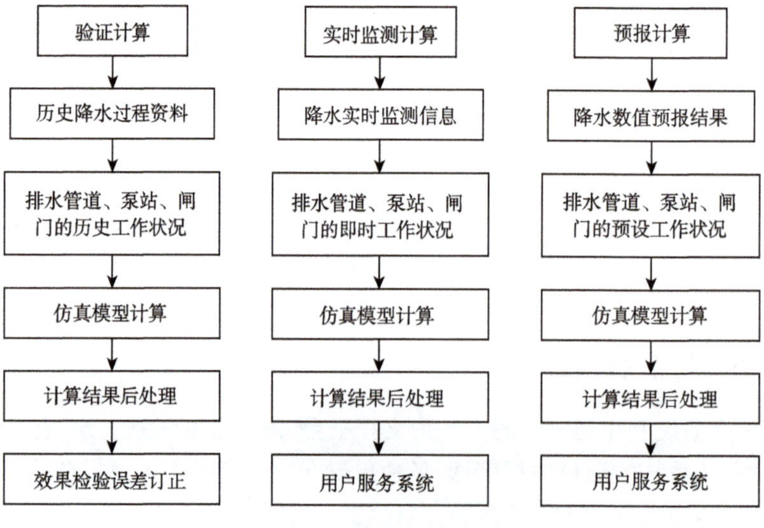

图 14.10　城市暴雨内涝模型的三种运行方式

对暴雨内涝数学模型而言，各类降水监测预报信息是边界条件，业务运行系统需要实时采集各类降水资料，加工成面雨量，提供给数学模型进行模拟计算。实时采集的降水资料包括：自动雨量站监测资料、多普勒雷达降水估算资料、中尺度数值模式预报的降水产品、多种预报方法提供的降水精细预报产品等。将这些数据转换成数学模型能识别的数据格式提供给数学模型。数学模型不仅可对各类降水监测资料、数值预报资料进行模拟，还可对历史资料进行验证；在计算过程中输出积水深度、面雨量分布、排水情况等。

14.6.5　业务与服务

14.6.5.1　暴雨积水灾害等级的划分

城市暴雨内涝灾害仿真系统用于模拟或预报暴雨造成的积水内涝灾害。城市地表复杂，地下排水系统能力都不相同，积水分布也很不一样。为了描述一个城市的积水沥涝灾害的范围和程度，对强降水造成的积水灾害划分了气象等级，以利于开展气象服务。积水灾害的气象等级如下：

$$\begin{cases} 0.0 \leqslant h < 0.1 & 0\text{ 级} & \text{无积涝} \\ 0.1 \leqslant h < 0.30 & 1\text{ 级} & \text{轻度积涝} \\ 0.3 \leqslant h < 0.6 & 2\text{ 级} & \text{中度积涝} \\ h \geqslant 0.6 & 3\text{ 级} & \text{重度积涝} \end{cases}$$

其中 h 是积水深度，单位为米。约束性描述规定：

$$\begin{cases} \text{积水比率} < 2\% & \text{不定级} \\ 2\% \leqslant \text{积水比率} < 30\% & \text{局部} + X\text{ 级} \\ 30\% \leqslant \text{积水比率} < 60\% & \text{大部} + X\text{ 级} \\ \text{积水比率} \geqslant 60\% & X\text{ 级} \end{cases}$$

积水比率为积水深度达到某一级别的网格数占总网格数的百分比，X 为某一积水级别。

城市暴雨内涝仿真系统的服务对象是政府决策部门、广大公众和有特殊需求的用户。气象部门可以通过电视、广播、121 声讯电话、网页、传真、手机短信等形式开展暴雨内涝灾害的预测和服务，还能将历史上暴雨资料代入仿真系统进行暴雨内涝灾害的风险分析，为城市规划提供依据。

14.6.5.2　城市暴雨内涝预警系统的业务运行

由于暴雨是造成内涝灾害的直接原因，因此在实际业务中，只有做好暴雨（特别是短历时强降水）的监测和预报才能更有效地监测、预测暴雨内涝灾害的分布，评估内涝灾害的程度。根据各地的具体情况，当预测或实况出现一定量级的降水时启动城市暴雨内涝仿真系统。

在日常业务中，城市暴雨内涝预警系统启动条件：当预报未来 12 小时内有中雨以上降水过程或自动雨量站出现 10 mm/h 的降水即开始启动仿真系统。

14.6.5.3　城市暴雨内涝服务产品

城市暴雨内涝仿真系统可以提供以下产品：

1）仿真监测或预测的强降水过程的最大积水分布情况；

2）达到或超过某一水深值的地区占全市的面积和位置；

3）城市中各部位逐小时积水过程演进情况；

4）针对重点区域，系统可以给出选择区域积水最大值随时间的变化图；

5）当某区域超警戒水位时给出区域的排水对策和区域简介。

南京市对预报产品作了更细致的分析，以积涝指数的形式给出了南京市各区的不同等级的积水分布和积水涝灾的定性描述（图 14.11）。同时，通过点击图中按钮“积涝路段查询”，给出南京市各街道（小区）积水分布和积涝等级描述。

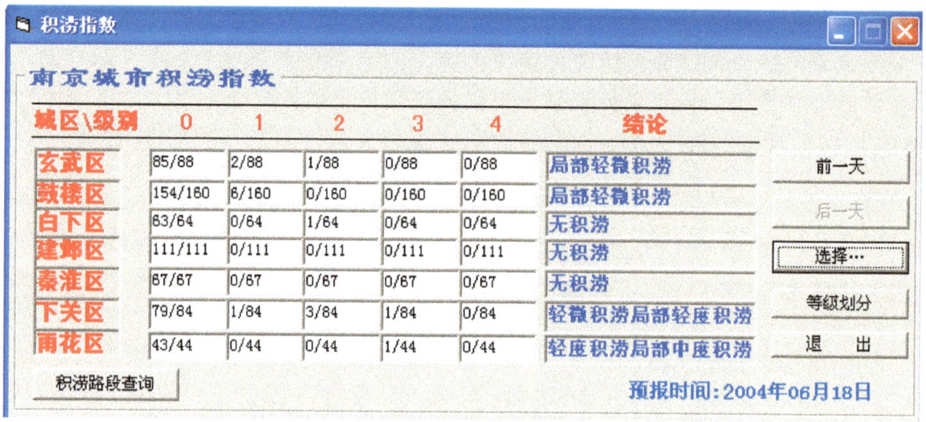

图 14.11　对南京市的积水分布统计后的预报结果

14.6.5.4　产品发布

城市暴雨内涝仿真系统的服务对象是政府决策部门、广大公众和有特殊需求的用户。气象部门可以通过电视、广播、121 声讯电话、网页、传真、手机短信等多种形式开展城市暴雨内涝灾害的预测和服务。

14.6.5.5　城市暴雨内涝的风险分析

暴雨内涝灾害作为能导致财产损失及其他经济损失的不测事件，其发生的可能性称之为风险。城市是暴雨内涝灾害风险变化最迅速、最显著的区域，如能分析、把握市区的内涝灾害风险的分布特征与演变规律，对于合理制订城市排涝减灾及发展规划是十分重要的。暴雨内涝灾害的风险分析通常包括灾害的风险辨识、风险估算与风险评价三个步骤。风险辨识是在大量调查研究的基础上，了解可能构成城市暴雨内涝灾害的致灾因子与影响因素。风险估算致力于定量描述暴雨内涝事件的成因、发生的概率、影响的范围与强度以及不同规模强度的暴雨内涝可能产生的后果。风险评价则是对暴雨内涝事件的后果进行影响分析，明确风险是否超出社会的承受能力，为制定避免风险或削减风险的对策提供科学的依据。图 14.12 为天津市积水灾害风险图。

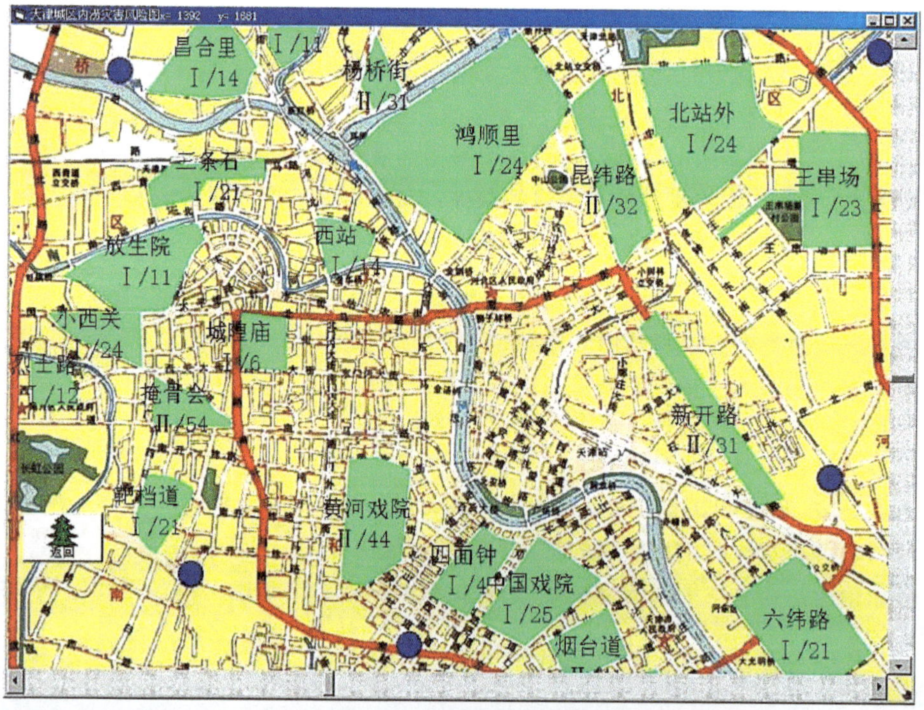

图 14.12　天津市暴雨重现期为一年一遇的积水灾害风险图

利用暴雨内涝灾害仿真模型，采用数值模拟方法进行暴雨内涝灾害的风险评估，可以满足暴雨内涝灾害风险分析的需要。风险分析的具体方法如下：

1）分析暴雨等级分布特征。暴雨以日降水量来划分等级，将大雨以上降水按 25 mm 一个量级划分成若干等级，统计不同等级内的出现频次。对频次取对数，建立频次的对数与降水等级之间的关系。

2）根据降水等级出现的概率 P 计算该等级降水的重现期（为该等级降水出现概率的倒数，即 $T=1/P$）。

3）按照现有城市建设和排水系统状况，选择历史上不同重现期的短历时降水过程代入暴雨内涝仿真系统进行模拟。

4）分析不同重现期强降水的灾情分布情况和灾害等级，进行风险评估（表 14.6）。

表 14.6　天津市不同等级降水的灾情风险分布（解以扬等 2004）

灾情等级	50—74.9 mm	75—99.9 mm	100—124.9 mm	125—149.9 mm	150—174.9 mm	175—199.9 mm
Ⅰ	80.5%	69.4%	63.9%	25%	16.7%	19.4%
Ⅱ	19.5%	30.6%	36.1%	75%	80.5%	75%
Ⅲ	0	0	0	0	2.8%	5.6%

14.7　农村渍涝预报

14.7.1　农村渍涝概况

我国大部分地区处于季风气候区，降雨主要集中在 6—8 月，降雨频率大，雨量集中，极易引发水灾。水灾是造成损失最严重的自然灾害，占所有灾害损失的 40%。以黄淮海平原和长江中下游最为严重（郎根栋 2000）。渍涝灾害是水灾的一部分，是由于积水过多导致土壤过度浸泡或地面受淹而造成的一种自然灾害。强降水或持续性降水是造成渍涝的最主要原因。

渍和涝是一个问题的两个方面，既相互联系又相互依存，涝在渍存，有渍易涝。渍强调由于地面径流、排水和土壤容水能力不足，使土壤过度浸泡，植物根部有毒气体聚集、营养成分减少、缺氧而导致植物的损害、死亡和严重减产；涝强调地面受淹导致的直接灾害。渍涝灾害引发土壤盐碱化、土壤结构退化、水污染和疫病等一系列问题。

我国易发生渍涝灾害的地域分布很广，每年都有不同程度的渍涝，并造成严重损失。仅以农田渍涝为例，易发生渍涝的耕地广泛分布在七大江河流域中下游的平原区（史培军等 1992），占总耕地面积的 30%以上。1950 年以来，仅七大江河流域平均每年受灾就达 529 万公顷（其中绝收约 222 万公顷），占全国易发生渍涝耕地面积的 21%以上。对应的粮食损失为每年 62.3 亿千克，直接经济损失（折算为 1990 年价）为每年 46.71 亿元，1963 年更达到 99.75 亿元。随着极端天气气候事件的增多和农业单产提高，渍涝灾害损失呈上升趋势。因此，渍涝灾害既关系到粮食安全问题，也关系到生态、环境和可持续发展等一系列问题。

14.7.2　我国渍涝成因及时空分布特点

一般降雨落在耕地面，首先入渗土壤，当土层土壤水分大于田间持水量，就开始补给地下水（或形成上层滞水）；逐步抬高地下水位直至地表（土壤饱和），并填满耕地表面所有坑洼（地表残积水）；续后降雨形成地表径流向耕地外排水，这个过程称蓄满产流。当降雨强度大于土壤入渗速度，能产生更大的地表径流，一般称其为超渗产流。降雨形成土壤水和地表残积水，可使耕地土壤孔隙被水占据，当土壤通气孔隙率＜10%甚至等于 0，为土壤过湿，就会影响旱作物和土壤微生物呼吸和正常繁衍生息，甚至窒息死亡；土壤过湿降低土壤承载力，就会影响人和机械正常运行和耕作（尤其机械化作业），影响耕作质量和农时甚至破坏土壤而危害农业生产，称为“渍涝”。形成这种灾害主要是长历时大雨，即这种降雨强度较小，时间较长，易形成土壤过湿。历时越长、雨量越大，形成过湿天数越多，一般以过湿天数或地下水埋深<30 cm在生育期累计值大小表示。

因此，地形因素是形成涝渍的主要原因之一，特殊的地形使地表径流不畅，地域易形成渍涝；土壤因素是产生涝渍的主要矛盾，土壤母质黏重，透水性等因素使降雨稍多，土壤便饱和，造成土壤过湿，形成涝渍。外部排水条件等因素也是影响渍涝的程度。

汛期降水和暴雨是农业渍涝灾害形成的直接原因。我国的主要降水出现在汛期，占全年总降水的60%—80%，大暴雨多出现在5—9月，且强度大、范围广、降雨过程长。由于大部分地面高程低于江河水位，江水上涨时，形成的大部分地面径流不能自排入江，所以常常形成外洪内涝的局面。渍涝即多发生于汛期，尤其是在汛期连续集中降雨及连阴雨过程，而在非汛期发生的渍涝几率较小。但对于东北地区，若连续涝年出现，特别是秋雨大，墒后封冻，降水多冻结在地表，形成地表积水与土壤过湿，而形成具有高寒地区特色、且难以防治的春涝。不同地区渍涝发生季节不同，华南最早，3－4月份常有渍涝，5－6月多洪涝，长江中下游地区4－5月多渍涝，6－7月常发生洪涝；7－8月是黄淮海平原和东北地区发生涝灾的时期；云贵川夏季有洪涝，秋季有渍涝，沿海各省受台风影响雨涝发生期较长，浙南到广西沿海为5－9月，浙南到江苏一带为6－9月。

我国渍涝区域主要分布在七大江河中下游的广阔平原区：东北地区的三江平原、松嫩平原、辽河平原；黄河流域的巴盟河套平原、关中平原；海河流域中下游平原；淮河流域的淮北平原、滨湖洼地、里下河水网圩区；长江流域的江汉平原、鄱阳湖和洞庭湖滨湖地区、下游沿江平原洼地；太湖流域的湖东湖荡圩区；珠江流域的珠江三角洲等。山区谷地和河谷平原因受地下水影响，很易发生渍害，尤其是各流域的中、上游地区，如桂、川、赣、湘、豫、陕、晋等省区的丘陵山区。

总的来说，我国淮北及南方的农田属涝渍型农田，灾害发生在雨季，农田先受涝，待地表水排除后，由于地下水回降过慢而受渍，所以灾害是涝渍双重作用的结果；对于我国北方，短历时暴雨已不是农业生产主要成灾雨型，而长历时大雨是主要成灾雨型，尤其二者叠加与反复叠加雨型才是最主要成灾雨型。因此，我国北方涝轻渍重。一般短历时暴雨型，长历时大雨型及二者叠加雨型是三种成灾雨型。

14.7.3 渍涝灾害气象等级的划分

国内农业部门认为，降雨100 mm/d为轻涝；150 mm/d为中涝；200 mm/d为重涝渍涝，这种划分较粗略，对于发布专业预报标准是不够的。根据中央气象台研究和业务试用，将渍涝灾害气象等级由弱至强依次分为一级、二级、三级、四级、五级共五个等级。各级划分标准及表示含义见表14.7。

表14.7 渍涝风险气象等级发布标准及意义

级别	名称	发布标准	物理意义	风险等级计算标准
1	无影响	可能性很小	降水强度小、持时短，土壤湿润	
2	轻度渍害	可能性小	土壤水分大于田间持水量，开始补给地下水（或形成土壤上层滞水），无地表径流	$JLL=0$ mm $TS_1=50\%\sim100\%$ $TS_2=45\%\sim85\%$ $TS_3=20\%\sim50\%$ $R_0>10$ mm，$R_5>25$ mm
3	严重渍害	可能性较大	逐步抬高地下水位直至地表（土壤饱和），并填满耕地表面所有坑洼（地表残积水），有小的地表径流	$JLL=0\sim10$ mm $TS_1=70\%\sim100\%$ $TS_2=55\%\sim100\%$ $TS_3=20\%\sim100\%$ $R_0>25$ mm，$R_5>50$ mm

续表

级别	名称	发布标准	物理意义	风险等级计算标准
4	轻度涝灾	可能性大	当降雨强度大于土壤入渗速度，能产生更大的地表径流，一般称其为超渗产流	JLL=10～20 mm TS_1=70%～100% TS_2=50%～70% TS_3=20%～50% R_0>50 mm，R_5>100 mm
5	严重涝灾	可能性很大	径流量大，就会冲刷土壤、冲毁作物，形成水土流失；沟河顶托冒漾，淹没低洼耕地，使作物减产、绝产且破坏耕地	JLL=20 mm 以上 TS_1=70%～100% TS_2=50%～100% TS_3=20%～100% R_0>100 mm，R_5>200 mm

（JLL：径流量；TS_1：表层土壤含水量；TS_2：次表层土壤含水量；TS_3：第三层土壤含水量（JLL、TS_1、TS_2、TS_3 皆为水文模型输出量）；R_0：24 小时预报降水；R_5：前 5 天累计降水）

14.7.4　渍涝灾害气象等级预报

国家气象中心与中国科学院、中国气象科学研究院等科研单位开展合作，整合利用农业气象、水文气象、遥感应用、GIS 应用等方面的业务科研成果，开展了“渍涝监测预警气象业务服务系统”基建项目的研发工作。在该项目的支持下，2006 年 7 月 11 日，国家气象中心渍涝监测预警业务系统正式进入试运行。

国家气象中心针对渍涝风险预报，在土壤水分动态监测研究的基础上，开发以土壤水分平衡为核心的农田渍涝灾害监测预报方法。利用水文模型输出的径流量和三层土壤相对湿度等部分水文变量，选取前期累计 5 天降水量、前期累计 14 天降水量、24 小时降水等预报及三层土壤相对湿度预报等与渍涝灾害相关的预报因子，依据不同预报因子的影响指标，建立了渍涝风险客观预报系统。在考虑客观渍涝风险气象等级预报的基础上，预报员从近期渍涝风险气象等级预报检验情况出发，进一步了解前期旱涝监测、降水实况和预报、不同区域的渍涝发生特点、地形地貌等因素角度进行主观分析订正，发布渍涝风险气象等级预报。

14.7.5　渍涝灾害气象等级预报发展方向

专业气象服务产品的精细化、专业化和服务手段的现代化是专业气象业务发展的重要趋势。渍涝预报在提高准确率同时，时空分辨率的提高也是目前努力的重点方向。建立常规雨量站、水文站、多普勒天气雷达、卫星遥感、遥测等组成的水循环监测网，构建具有高时空分辨率的水文—气象综合监测系统及其监测信息共享平台，发展气象—水文资料一体化信息服务系统，发展水资源综合评估（包括水力发电、水环境评估与预测等）技术，发展气象—水文耦合数值模式，完善水文—气象监测、预警、预报、评估系统，提高旱涝灾害预报准确度和时效，改进水资源时空分布的评估和预测也是气象业务发展的重要趋势。

总之，次生灾害预报的关键是要研究产生次生灾害的临界气象条件，一旦临界气象条件找到了，我们就可以利用气象要素和灾害性天气的预报制作次生灾害预报。

参考文献

程晓陶，仇劲卫，陈喜军．1995．深圳市洪涝灾害的数值模拟与分析．自然灾害学报，**4**(增刊)：202-209

崔鹏，杨坤，陈杰．2003．前期降雨对泥石流形成的贡献——以云南蒋家沟为例．中国水土保持科学，**1**(1)：11-15

高速，等．2002．泥石流预测预报技术方法的研究现状浅析．工程地质学报，**10**(3)：279-283

韩素芹，夏祥鳌，黎贞发，解以扬．2001．天津市城区暴雨沥涝动态仿真模拟系统．灾害学，**16**(1)：18-22

黄玲娟,林孝松. 2002. 滑坡与降雨研究. 湘潭师范学院学报(自然科学版),**24**(4):55-62

解以扬,韩素芹,由立宏,王彦,阎春林. 2004. 天津市暴雨内涝灾害风险分析. 气象科学,**24**(3):342-349

金哲,等. 1990. 当代新方法. 上海:上海人民出版社,103-106

濑美克美,等. 1991. 泥石流报警避难降雨指标的制定(孟河清译). 水文科技情报,**8**(1):32-36

郎根栋. 2000. 我国水灾与可持续发展研究. 灾害学,**15**(1):51-55

李春燕. 1994. 森林可燃物含水率与火险等级关系的研究. 林业调查规划,(4):37-42

李兴华,杨丽萍,吕迪波. 2004. 内蒙古夏季森林火灾发生原因及火险等级预报. 内蒙古气象,(2):27-29

李媛,等. 2004. 中国地质灾害类型及其特征—基于全国市县地质灾害调查成果分析. 中国地质灾害与防治学报,**15**(2):29-34

林孝松,郭跃. 2001. 滑坡与降雨的耦合关系研究,灾害学,**16**(2):87-92

刘传正,温铭生,唐灿. 2004. 中国地质灾害气象预警初步研究. 地质通报,**23**(4):303-309

柳源. 1998. 滑坡临界暴雨强度. 水文地质工程地质,(3):43-45

马建华,张平仓,任红玉. 2007. 我国山洪灾害防治区划方法研究. 中国水利,(14):21-24

马志江. 2003. 基于支持向量机理论的滑坡灾害预测. 浙江大学学报,**30**(5):592-596

牛若芸,翟盘茂,孙明华. 2006. 森林火险气象指数及其构建方法回顾. 气象,**32**(12):3-8

史端文. 1994. 江西山洪. 江西水利科技,**20**(3):227-229

史培军,顾朝林. 1992. 1991年淮河流域农村洪涝灾情分析. 地理学报,**47**(5):385-393

覃先林,张子辉,易浩若,纪平. 2001. 一种预测森林可燃物含水率的方法. 火灾科学,**10**(3):159-162

谭万沛,等. 2000. 暴雨泥石流预报程式. 自然灾害学报,**9**(3):106-111

王礼先,于志民. 2001. 山洪及泥石流灾害预报. 北京:中国林业出版社

王仁乔,周月华,等. 2006. 湖北省山洪灾害临界雨量及降雨区划研究. 高原气象,**25**(2):330-334

韦方强,等. 2004. 区域和沟谷相结合的泥石流预报及其应用. 山地学报,**22**:321-325

魏永明,谢又予. 1997. 降雨型泥石流(水石流)预报模型研究. 自然灾害学报,**6**(4):48-53

文科军,等. 1998. 暴雨泥石流实时预报的研究. 北京林业大学学报,**20**(6):59-64

乌日根,等. 2006. 浅谈草原火灾的预防与扑救. 内蒙古草业,**18**(1):38

吴积善,等. 1990. 云南蒋家沟泥石流观测研究. 北京:科学出版社

吴树仁,等. 2004. 滑坡预警判据初步研究—以三峡库区为例. 吉林大学学报(地球科学版),**34**(4):596-600

肖飞,金希蕾,张学龙. 1996. 森林大火潜在危险和可燃物干旱度研究. 灾害学,**11**(4):54-57

徐向阳,刘俊,郝庆庆,丁国川. 2003. 城市暴雨积水过程的模拟. 水科学进展,**14**(2):193-196

姚学祥,徐晶,等. 2005. 基于降水量的全国地质灾害潜势预报模式. 中国地质灾害与防治学报,**16**(4):97-102

张敏,沈荣芳. 1994. 城市暴雨积水预报系统的理论模型及模拟计算. 同济大学学报(自然科学版),**22**(3):334-338

张先发,李明华,张小刚. 1995. 长江上游暴雨与滑坡崩塌关系. 地理,**8**(3):102-106

张映堂,霍义强. 1995. 滇中地区森林火险等级预报方法的研究. 林业科学,**31**(3):239-245

郑海青,陈敬平,张星. 2001. 福建省森林火险天气等级预报系统. 气象,**26**(4):30-34

Brand E W. 1984. Relationship between Rainfall and Landslides in Hong Kong. *Proc. 4th Int. Symp.* Landslides Toronto,**1**:377-384

Brand E W. 1985. Predicting the Performance of Residual Soil Slopes. *Proc. 11th ICSMFE*, San Francisco,**5**:2541-2578

Dai F C and Lee C F. 2003. A spatiotemporal probabilistic modeling of storm-induced shallow landsliding using aerial photographs and logistic regression. *Earth Surface Processes and Landforms*,**28**:527-545

Lumb P. 1975. Slope failures in Hong Kong. *Quarterly Journal of Engineering Geology*,**8**:31-65

Premchitt J,Brand E W and Chen P Y M. 1994. Rain-induced landslides in Hong Kong. *Asia Engineer*, June:43-51

Thielen J,J Bartholmes,M-H Ramos and A de Roo. 2008. The European flood alert system—part 1:Concept and development[J]. *Hydrology and Earth system Sciences Discussions*,**5**:257-287

第15章 海洋气象

海洋气象学是研究海上大气的物理信息以及海洋与大气相互作用规律的学科。海洋气象学既涉及大气又涉及海洋，因此它是大气科学和海洋科学共同研究的领域。由于地球表面的绝大部分为海洋所覆盖，而海水又具有和陆地迥然不同的物理、化学性质，这就决定了海洋在海洋气象学研究中的重要地位。海洋气象包括海洋观测、海洋预报和海洋服务等。

15.1 海洋气象的内涵和预报方法

15.1.1 海洋气象的内涵

海洋气象是指海洋环境气象水文要素和灾害监测、预报以及海上事故救援气象保障。

海洋气象预报的内容包括海洋气象水文要素的预报和海洋灾害性天气的预报警报两大类。海洋气象水文要素主要有海区天气现象、气温、湿度、气压、风和能见度的预报及海浪、海冰、海温预报等；海洋灾害性天气主要有热带气旋、海上大风、海雾、风暴潮的预报和警报等。按预报时效来划分，海洋气象预报业务包括海洋天气监测、沿海及海区临近预报、短时预报、短期预报、中期预报、延伸期预报。对各类预报都要进行预报质量检验。海洋气象业务还包括建立各种海洋气象灾害的应急预案和按海域分等级的海上事故救援气象保障预案，提供海事区域风、能见度、浪、降水、气温等预报，开展海洋气象灾害评估和海上事故救援气象保障服务效果评估。

在经济社会快速发展的今天，对未来海洋资源的开发，使国家对海洋气象业务提出了越来越多的需求。我国海洋气象业务经过几十年的发展，尤其是近几年逐步建立起了海洋气象监测、预报、警报、服务业务体系和与之配套的科学研究与技术开发机制。

15.1.1.1 国外现状

从 20 世纪 80 年代开始，联合国等多家机构相继开展了一系列的海洋观测计划，获得的结果也为海洋学、大气科学以及其他相关学科的发展提供了关键的观测依据。目前，日本气象厅常规制作逐日、10 天和每月海面温度分析以及每月海面以下温度分析和海冰图。

美国海洋预报中心（OPC）的主要职责是发布海洋天气预报、警报并监测和分析各种海洋资料、提供各种海洋大气要素指导产品，这些产品以文字和图表两种方式下发。另外，OPC 也对全球海洋观测资料（比如船舶、浮标站、海洋自动观测站等，1 天可以收到近 11800 个站点资料）进行质量控制，经过质量控制后的海洋观测资料将会用于数值模式的资料同化。此外，OPC 还会与热带预报中心（TPC）协调，发布大西洋上 65°W 以东的热带气旋预报。在紧急情况下，OPC 还会作为 TPC 的备份/后援中心以及位于夏威夷的 WFO/NWS 的备份/后援天气预报台，来承担相应的业务职责。OPC 根据与海岸线的距离远近，分为 3 类预报：沿海、近海和远海海洋预报。根据职责划分，沿海海洋预报由沿海的地方天气预报台提供，近海预报和远海预报由 OPC、TPC 及位于夏威夷和阿拉斯加的天气预报台按照各自的责任海区联合提供。产品通过 3 种方式到达用户：网站、高频短波无线电传真和短波无线电广播。主要产品有海平面气压场分析和预报、500 hPa 高度场分析和预报、海况分析、风/浪分析和预报、浪周期/方向预报。另外对于海冰和海雾的监测也是 OPC 的业务范畴。不同产品每天更新频次不一样，如风浪分析产品一天更新 8 次，而海况分析产品一天只更新 1 次。预报时效最长为 96 小时，如 96 小时 500 hPa 高度场、海平面气压场、风浪、浪周期和浪向预报等。

15.1.1.2 国内现状

中国气象局台风与海洋气象预报中心的主要职责是发布中国近海以及世界气象组织规定的责任海区的海洋天气预报、警报，监测和分析各种海洋资料，提供各种海洋大气要素指导产品，这些产品以文字和图表两种方式下发。通过多年建设，目前国家级海洋气象业务可为省及省以下气象台站提供的海洋气象指导产品主要包括西北太平洋海平面和 500 hPa 的形势分析和预报、近海海区天气预报、海雾和海浪以及全球海洋气象数值预报产品等两大类 31 种指导预报产品。

台风与海洋气象预报中心研发了国家级海洋气象预报警报业务服务系统，并于 2007 年投入业务运行。该系统不仅完成了海洋气象数据集收集和海洋气象预报业务平台的建立，还搭建了海雾、海浪、风暴潮等数值预报模式系统，开展我国近海大风数值产品释用的客观预报方法，发展卫星广播、海洋电台等防灾应急服务体系，建立和完善海洋气象公众网络发布系统。

我国近海还设立了 3 个行政区域海洋预报中心：大连海洋气象预报中心，上海海洋气象预报中心，广东海洋气象预报中心。3 个区域海洋预报中心分别负责各自辖区内近海海洋气象预报产品，同时负责辖区海域的市、县的海洋气象指导产品。

(1)海洋气象数据集和海洋气象业务平台

最大限度收集近岸和海岛站资料、海洋气象观测资料(包括浮标和船舶站资料)、海洋环境资料、台风及相关资料等进入业务系统；建成了综合性海洋气象数据集。基于 MICAPS 3.0 技术框架部分的修改和完善，建立了海洋气象版的 MICAPS 3.0 业务平台，该平台可以完成基本指导产品和预报产品的制作及主要资料处理、分析和显示等。

(2)黄渤海海雾数值预报

在大量观测分析的基础上，优选模式微物理过程和大气边界层参数化方案，对 WRF 模式进行改进和优化。开发海雾(能见度)诊断程序，将该程序嵌入模式后处理作业，并实现模式输出海雾产品图形化，每日 2 次起报(世界时 00 时和 12 时)，预报时效 72 小时，间隔 6 小时。

(3)黄渤海和东海风暴潮数值预报

建立了一个无结构网格渤海、黄海、东海风暴潮数值模式，在正确模拟天文潮的基础上，考虑天文潮和风暴潮非线性相互作用，计算风暴潮的增水过程；并实现模式输出产品图形化，每日 2 次起报(世界时 00 时和 12 时)，预报时效 72 小时，间隔 3 小时。

(4)黄渤海精细化海浪数值预报模式

黄渤海精细化风浪数值预报模式实现了区域中尺度模式 WRF 和海浪 WAVEWATCH Ⅲ的耦合，实现了区域精细海浪模式的嵌套运行；并实现模式输出海浪产品图形化，每日 2 次起报(世界时 00 时和 12 时)，预报时效 72 小时，间隔 6 小时。

(5)建立全球海浪集合预报模式

实行了在全球集合天气预报风场成员的驱动下 15 个海浪预报集合成员的运行，建立了分辨率为 1°×1°的全球集合海浪数值预报系统，开发了可应用的集合海浪数值预报产品。

(6)近海(黄渤海)海上大风预报方法

基于数值产品释用的沿海大风客观预报产品。

(7)青岛奥帆赛期间海陆风发生的三维概念模型及预报指标

开展青岛近海夏季海风客观预报方法研究，在对数值预报模式产品进行订正基础上，输出青岛近海风速精细化客观预报产品，为海上专项气象保障服务积累经验。

15.1.2 海洋气象预报方法

以国内外数值预报（大气、海洋模式）产品为基础，结合预报员经验，制作近海海区天气形势分析预报产品，制作气象水文要素及海况和相关海洋气象灾害（不包括热带气旋）的预报产品。

15.1.2.1 海洋气象要素模式预报

国家气象中心开展的海洋气象数值预报业务主要包含各类海洋气象观测资料同化与全球和中尺度数值天气预报、全球和区域短期集合数值天气预报、海雾数值预报、海浪、风暴潮等专业气象数值预报业务、数值预报产品检验业务、数值预报产品解释应用、观测资料质量监视与评估业务等。

15.1.2.2 海上大风预报方法

我国近海大风预报方法是综合海岛站、岸基站和遥感监测数据和数值产品，研究数值产品释用的沿海大风客观预报方法。利用卫星遥感技术开发基于星载散射计（QUIKSCAT）的洋面风场探测资料处理、洋面风场综合图形显示和洋面风场真实性检验为一体的洋面风场资料实时处理和显示分析平台，为温带气旋、东风波等系统的监测提供风场分析资料。

15.1.2.3 海雾数值预报模式

海雾的监测除了近海常规气象站、海岛观测、浮标站外，对于卫星遥感监测进行多通道云雾判识方法组合模型研究，建立静止气象卫星包括夜间在内的全天 24 小时连续监测海雾的遥感识别方法与模型，建立利用雾的纹理结构特征分析算法模型，提高分辨海雾与海上层云的水平。

海雾数值预报系统是在研究海雾生消变化规律的基础上，综合考虑大气边界层方案、云辐射等方案，结合地表能量收支、植被、液态水的重力沉降等物理因素，对高分辨率区域中尺度数值天气预报模式加以优化，使之成为能对海雾进行数值模拟和预报的模式业务系统，开发图形和数据产品。

15.1.2.4 海浪数值预报

建立中国海域 15 km、重点海域分辨率为 5 km 的海浪数值预报试验系统，开发图形和数据产品，获得中国海域单点浮标连续时间序列资料，进行系统预报效果的检验。在全球集合天气预报风场成员的驱动下 15 个海浪预报集合成员的运行，建立了分辨率为 $1°\times1°$的全球集合海浪数值预报系统，开发了可应用的集合海浪数值预报产品。

15.1.2.5 风暴潮数值预报

风暴潮数值预报包括大气数值模式和风暴潮数值模式两部分。首先是通过数值天气预报模式给出风暴潮计算所需的海上风场和气压场，然后根据海上风场和气压场，在适当的边界条件和初始条件下，求解风暴潮动力学方程组，求得风暴潮位和潮流的时空分布，即沿岸的风暴增水分布和特定地点风暴增水的时间变化。因此，风暴潮数值预报的时效性和准确性，很大程度上取决于数值天气预报的时效和准确性。从提高精度、增加时效等几个方面考虑，对风暴潮发生、发展、致灾的内在机理有重点地开展研究；适当引进一些国外先进的风暴潮数值模式技术，结合我国海域地理特征，对重点区域建立数值模型和必要的专门预警预报系统，结合实际观测信息开展实时预警预报。

15.1.2.6 全球导航智能系统

在海洋气象服务技术研究和服务应用方面，开发近海气象信息智能化服务系统。完成基于矢量电子海图的数据显示以及船舶监控管理模块，完成气象信息与海图、船舶管理模块的集成，向海事搜救、船舶和航运用户提供综合的海洋气象服务。

研究制定各种海洋气象灾害的应急预案和建立按海域分等级的海上事故救援气象保障预案，提供海事区域风、能见度、雷电、降水、气温等预报，为海上事故救援提供优质气象服务。开展海洋气象灾害评估和海上事故救援气象保障服务效果评估。

全面提升海洋气象导航业务服务能力。重点完善全球海洋气象导航业务平台升级换代；建立海上航线优选和航线上灾害性天气预报技术方法，不断完善船舶失速方程的技术研究和业务应用，减少海难、海损事故发生，提高海上航运经济效益。加强近海航线咨询服务和海损气象海况分析技术方法研究与业务服务，进一步提高航线评估分析能力。

15.1.2.7 海洋气象要素综合预报

目前海洋气象要素的预报主要是在数值预报指导产品基础上的预报员主观预报。中央气象台负责中国近海乃至世界气象组织规定的责任海事区域海洋气象预报，着重于重大灾害性、转折性、关键性天气预报服务，如海上大风、海雾、风暴潮等等。无论做任何天气的预报，都离不开从预报现象的气候特征、引起该现象的环流形势和影响天气系统及相应的物理量要素这几个方面进行考虑。

15.2 海洋气象监测

海洋和大气的相互作用产生了多种多样的海洋灾害，这些灾害都是海洋和大气相互作用、相互影响而引发的。中国濒临并不“太平”的太平洋，是海洋灾害的多发区。这些灾害有的是自然因素造成的，有的是人的活动破坏了海洋生态环境导致的。自然因素引发的海洋灾害如台风、冷空气大风、海雾等现象有些具有原生灾害的性质；而像海浪、风暴潮、海冰、海啸等次生灾害大都是由大风、冷冻、地震等原生灾害产生的；其他如赤潮和海水污染等灾害却是由于人类活动对海洋环境的破坏造成的，这类灾害主要发生在距离陆地不太远的近海。在远洋船舶航海过程中，大风、巨浪和低能见度是影响海上正常航行的三大主要灾害。

汪兆椿等(2001)归纳引发海洋灾害的主要原因，大致可以分为如下5个方面：

1)受大气强烈扰动产生的海洋灾害，如台风、冷空气大风等，这种灾害往往具有多发性的特点，十分频繁。

2)受上层海洋和低层大气之间动力和热力差别造成的海洋灾害，如海雾。这种灾害具有明显的区域性和季节性，由于海气相互作用的复杂性，使得海雾的业务预报具有一定的难度。

3)受海水的扰动或状态的骤变而引发的海洋灾害，如风暴潮、海冰、巨浪等灾害。这类灾害跟海域所处的地理位置和海域的形状还有很大关系，具有较强的地域性。

4)受海底地震、火山、塌陷等岩石圈活动引发的海洋灾害，如海啸。这类灾害的特点是突发性强，尚不能准确预测和预报。海啸一旦发生，损失就比较严重，但我国是一个多地震而少海啸的国家。

5)受人类活动影响引发的海洋灾害，如赤潮、浒苔、海洋污染等。随着人类社会经济的发展，这类灾害在某种程度上有加重的趋势。

因此，海洋气象监测的主要对象有：台风、温带气旋、寒潮、东风波、大风、雾、赤道辐合带(ITCZ)、热带扰动、风暴潮、海浪、海涌、赤潮、潮汐、海流、海冰、盐分、海温、温跃层、海洋污染等。

15.2.1 东风波

东风波是在副热带高压南侧东风气流中产生的自东向西移动的天气尺度波状扰动。其所处高度多限于对流层中下部，有的也可以延伸到对流层上部，波长一般为2000～4000 km，西移速度为5～6经度/天，波轴随高度向东倾斜。天气分布与东风波强度有关，弱者云系呈倒“V”型，相对于轴线较对称；强者云系呈涡旋状，主要位于波轴后方。

Frank(1969)根据大量卫星观测结果，提出倒“V”型对称式的东风波模式(见图15.1)，其中云带大体上与低空风切变方向一致，波轴正好位于倒“V”云带的平分线上，这种模式主要出现在大西洋西部和加勒比海地区。在东太平洋和中太平洋上也可经常发现一些倒“V”云型西移。

而西太平洋上则以另外一种东风波模式，即涡旋模式(见图15.2)较多。这种东风波常有较明显的天气，并且地面或低层有涡旋环流出现，云带或雨区出现在波轴之后，它是一种较强的东风波。

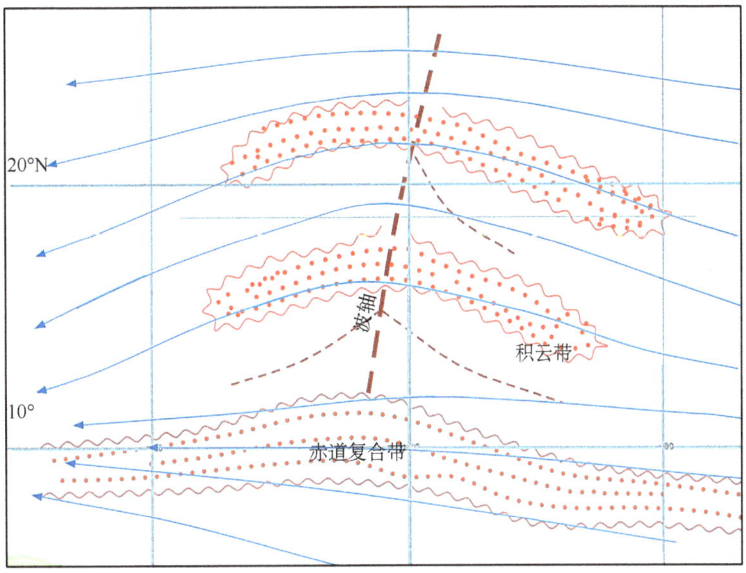

图 15.1　倒“V”云型的东风波模式

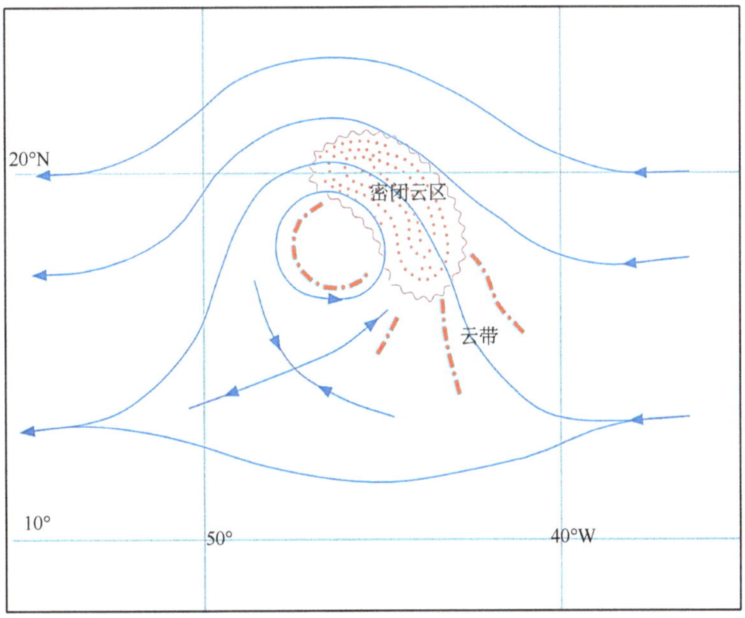

图 15.2　涡旋状云型的东风波模式

东风波有两个主要活动区，一为非洲、大洋洲到加勒比海。这里的东风波起源于非洲大陆，是由于撒哈拉沙漠南侧对流层中上部东风急流的正压不稳定所产生的，故此也称为非洲波状扰动。其轴线和后部有猛烈辐合上升，云系呈逗点状，移入大西洋中西部和加勒比海后，有些可发展成为热带风暴。另一为中西太平洋和我国东南部，这一地区的东风波有两种：一种沿 25°～30°N 西移，坏天气主要在波轴后部，影响日本和我国台湾、福建和浙江等省，带来强烈的飑线和暴雨天气；另一种则在 25°N 以南活动。这里低层的西南季风强盛，故东风波只存在于对流层中上部，在 400～200 hPa 等压面上最清楚，其坏天气多在波轴前方。

15.2.2　海上大风

引发海上大风灾害的系统可以分为台风大风、温带气旋大风、冷空气大风和中尺度大风(如低涡，飑线、暴雨团)等，这些都有相应的章节介绍，这里不再赘述。

15.2.3 海雾

大气科学辞典(1994)指出,海雾是海上生成的雾,其种类甚多,有冷(暖)空气平流到暖(冷)海面而生成的平流雾;冷(暖)空气与海面上暖(冷)湿空气混合而生成的混合雾;海面辐射冷却而生成的辐射雾;也有岛屿、海岸附近形成的地形雾。常见而范围比较大的是暖空气平流到冷海面上而生成的平流冷却雾。太平洋、大西洋和印度洋上的海雾基本上属于这种类型。近岸海区的海雾常出现在寒流流过的海区,因而海雾的分布和海流的关系甚为密切。此外,表层海水温度、气温、湿度、风和大气稳定度等水文气象因素对海雾的生成和消失都有重要的作用,并由此而形成各海区海雾生消的特殊规律和分布热点。在中国海区,除了纯粹属于伴随天气系统而形成的雾(主要是锋面雾)外,就海雾而言,主要是平流冷却雾。这两种雾的比率各海区不尽相同,如青岛以平流冷却雾为主(占70.9%)。海雾有着明显的月际变化,在沿岸及岛屿还受陆地影响而有明显的日变化。海雾是海上和沿海地区航海的危险性天气之一,因此开展海雾研究和预报对海上交通运输以及国防都有重要的意义。

15.2.4 赤道辐合带(ITCZ)

赤道辐合带是热带对流层低层风场上的辐合带,通常出现在赤道两侧5~10个纬度处。在卫星云图上表现为一条由许多云团有间隔地组成的、近东西向的长云带,宽约200~300 km,断断续续地几乎绕地球一周。有时在一些地段,南北半球各有一条同时出现,形成所谓"双热带辐合带"形势。

ITCZ的短期活动主要由其两侧气流的消长所决定,并大致可分为强(活跃)和弱(不活跃)两种时段。在强时段,偏离赤道较远对流运动强烈,表现为一连串天气尺度云团或密闭云带,并常有气旋性涡旋环流出现。在弱阶段,较靠近赤道,带内云系发展不强,主要表现为尺度较小、分布散乱的积云。

赤道辐合带是热带上升运动的集中地区,其中深厚积云对流旺盛。特别是在强时段,有的积云可达对流层顶。在辐合强烈的地段,常有热带扰动低压生成。这些扰动在外界条件适合时可以发展加强为热带气旋。据统计,约有70%~80%的热带气旋是由热带辐合带内的热带扰动加强而成的。

辐合带的降水范围通常可达200~800 km宽,主要降水区一般位于辐合带两侧附近。辐合带的天气分布是不连续的,最大降水区位于辐合最强的气旋性环流区域。

15.2.5 对流层上部大洋中部槽(TUTT)

对流层上部大洋中部槽是暖季发生于北太平洋中部和北大西洋中部热带地区对流层上部的低压槽,又称大洋中部槽,英文简称为TUTT。它多活动于北太平洋和北大西洋中部北纬5°—25°间300 hPa等压面以上的对流层上部,此槽在200 hPa等压面上最明显。该槽由大洋东部向西南延伸,贯穿整个大洋中部,是暖季大气环流的一个重要系统。

夏季在热带高空200 hPa等压面上,存在着低压槽和高压脊的复合体(图15.3),脊线呈螺旋状,在北大西洋和北太平洋出现双重脊线;两脊之间即为热带对流层上部槽。槽中盛行下沉气流,天气晴好。槽的北侧为东风气流,经常出现卷云;槽的南侧或东南侧为西风气流,可出现对流云系,一般并不深厚;槽内冷性涡旋中心也常为晴空区,涡旋东南侧可出现深厚的对流云系。在低空条件合适时,对流云发展旺盛,由水汽凝结释放的潜热,使对流层中上部增暖,冷性涡旋趋于破坏,这时热带对流层上部槽减弱。有时,热带对流层上部槽内的冷性涡旋加强,向下伸展至低空的东北气流中,诱使东风气流发生波动,甚至产生弱的涡旋。热带对流层上部槽的强弱同低空的强弱或台风发生的数量有密切的关系。据统计,西太平洋热带辐合带强和台风发生较多的年份,大多是热带对流层上部槽较弱的年份,反之亦然。热带对流层上部槽中的冷涡生成后,一般可存在4~7天,以十分缓慢的速度西移,但低空东风气流中的气旋性扰动西移较快。当低空气旋性扰动移到高空冷涡东侧时,低空系统常被激发加强,当低空气旋性扰动移到冷涡中部或西部时,激发作用随即消失。北太平洋热带对流层上部槽的变化很大,在不太活跃时期,槽中一般没有闭合的气旋式涡旋;在活跃时期,它可从亚洲大陆高空的高压脊以南向西延伸直到南海上空,并在槽内形成一串冷性气旋式涡旋。

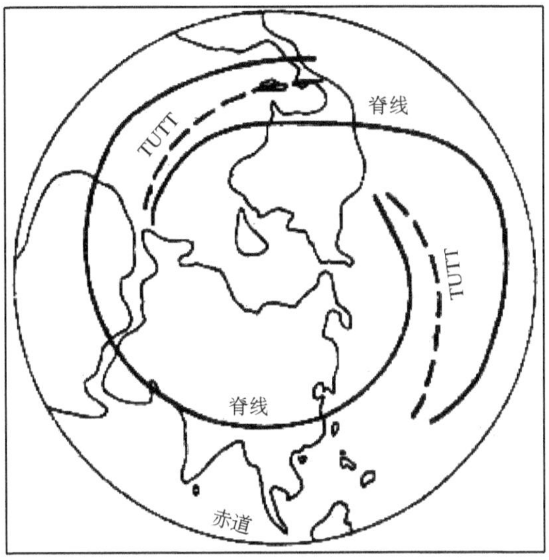

图 15.3　北半球 7 月 200 hPa 等压面上的槽脊分布示意图

15.2.6　风暴潮

风暴潮是由强风和高潮水位共同引起的猛烈增水、酿成重大灾害的现象，是发生在海洋沿岸的一种严重自然灾害。

分析风暴潮产生的原因，首先，要有持续向岸的大风，引发海上大风的系统主要有台风、温带气旋和寒潮冷空气；其次，要和天文大潮的高潮位相遇，如果风暴潮的增水和朔望大潮的高潮上涨叠加在一起，就很容易使风暴潮形成灾害；三是与受灾地区的地理位置、海岸性状、海底地形和社会经济情况有关，通常来说，位于海上大风袭击的正面、海岸性状呈喇叭口状、海底地形由海向陆逐渐变浅的地方会使风暴潮增水更加明显。

统计结果表明，最易发生风暴潮灾害的国家有孟加拉国、日本、美国、荷兰、中国，另外菲律宾、越南等国也多有风暴潮发生。中国的特大风暴潮灾主要是由台风形成的，例如 2008 年 14 号台风"黑格比"在广东省茂名市电白县登陆，受风暴潮和近岸浪共同影响，广东省、广西壮族自治区和海南省直接经济损失 132.74 亿元，风暴潮增水超过 100 cm 的验潮站有 21 个，其中增水超 200 cm 的验潮站有 4 个，最大的增水达 270 cm。另外，冬季的冷空气大风和温带气旋也能形成渤海海域的风暴增水。2007 年 3 月 3—6 日，受北方强冷空气和黄海气旋的共同影响，我国渤海、黄海和东海沿海发生了严重的风暴潮和海浪灾害，其中渤海湾、莱州湾沿岸为风暴潮影响严重岸段，渤海、黄海、东海地区为灾害性海浪影响严重海域。辽宁、河北、天津、山东、江苏 4 省 1 市遭受到不同程度的灾害损失，其中山东、辽宁、江苏三省出现人员伤亡和严重财产损失。天津市塘沽站最大风暴增水 115 cm；河北省黄骅站最大风暴增水 125 cm；山东省羊角沟站最大风暴增水 202 cm，最高潮位超过当地警戒潮位 19 cm；龙口站最大风暴增水 158 cm，最高潮位超过当地警戒潮位 11 cm；烟台站最大风暴增水 139 cm，最高潮位超过当地警戒潮位 49 cm，为 1960 年建站以来的第二高值。江苏省连云港站最大风暴增水 111 cm；吕泗站最大风暴增水 147 cm。

15.2.7　海浪

海水高低起伏的运动便形成了海表面的波浪。海浪一般指风浪、涌和近岸波。对一定海区，未来一定时期间内波浪要素（波长、波高和波浪周期）的分析和预报，一般说根据天气预报所提供的风速、风时、风区等风情数据，辅以风浪统计图表进行分析并预报。但是除了风情之外，气温和海表温度之差值、水深变化、潮汐潮流以及波浪折射等都会使波高和周期等发生变化。

15.2.8 涌浪

涌浪也称为长浪，是离开风区继续向远处传播的波浪，往往是风停止、减弱或转向以后遗留下的波浪。涌浪的特点是波峰平滑、波形较为规则，波速和波长都较大，波速可达 70 节，波长可达 800 m。海上风暴所引起的涌浪，因为受空气阻力作用，波高降低，理论和观测都证明波速明显增大，其传播速度比风暴中心移动速度快 2～3 倍左右，故此风暴来临之前涌浪已经达到，常被作为恶劣天气的先兆。

15.2.9 赤潮

赤潮也称为红潮，是海水表层中浮游生物大量繁殖而引起海水变色的现象，多由单细胞浮游植物或微型浮游生物所引起。当某个海区氮和磷的盐类、铁锰等微量元素及某些有机物含量丰富时，赤潮生物就会大量繁殖，在水中的密度骤然增大，使海面呈现红色、红褐色或粉红色。赤潮发生时，可大量消耗海水中的溶解氧，对鱼类等海洋生物危害很大，是海洋污染的危险信号。赤潮在我国近海海域时有发生。

15.2.10 浒苔

浒苔是多细胞生物，在植物分类学上，浒苔是绿藻门石莼科的一属。浒苔虽然无毒，但是大规模爆发也不是什么好事。和赤潮一样，大量繁殖的浒苔也能遮蔽阳光，影响海底藻类的生长，死亡的浒苔也会消耗海水中的氧气。还有研究表明，浒苔分泌的化学物质很可能会对其他海洋生物造成不利影响。浒苔爆发还会严重影响景观，干扰旅游观光和水上运动的进行，这正是人们想要竭力消除的最大不利影响。所以，现在国外已经把浒苔一类的大型绿藻爆发称为“绿潮”，视作和赤潮一样的海洋灾害。

引起浒苔爆发的原因与赤潮相似，都是由于海水的富营养化。近海的污染，大量有机废物、垃圾直接排入大海以及近海养殖使用饲料失控都是造成海水富营养化的最重要的原因。另外，夏季的气温、全球变暖、海水水温等因素又为浒苔成长创造了必要条件。浒苔爆发的治理相对比较容易，只要持续不断地打捞，待水中的营养元素消耗殆尽，绿潮自然会逐渐消退。

15.2.11 潮汐

潮汐是海水的周期性涨落现象，由月亮和太阳的引潮力作用，加之港湾地形等影响而引起，潮汐的涨落一般为几米，实测最大可达 19 m。多数海区海水涨落的周期半天，每隔 24 小时 50 分钟海水出现两次涨潮和两次落潮（半日潮港），少数海区的涨潮周期接近一天（全日潮港）。在朔日和望日前后，由于月亮和太阳引潮力的合力达到最大，为大潮时期，此时如遇到向岸大风，易发生异常大潮（风暴潮）。由于太阳和月亮的位置可以事先精确计算，根据潮汐的动力学理论，可计算出各个分潮的周期，用谐波分析分解其中的各个分潮的振幅和位相，由此可以较为准确地预测出未来任何时刻的潮位，得到潮汐表。然而由于风等原因的影响，有时潮汐表和实际潮位有所差异。

15.2.12 海流

海流是海水大规模相对稳定的流动，它是海水的普遍运动形式之一。它像人体的血液循环一样，把整个世界大洋联系在一起，使整个世界大洋得以保持其各种水文、化学要素的长期相对稳定。水流流去的方向称为流向，单位时间流过的距离称为流速，以海里/小时（节）或者 cm/s 为单位。海流主要有热盐环流和风海流两种类型，在海洋的对流层内，风海流与热盐环流同时存在，而以风海流居主导地位；在海洋平流层内的海流则纯属热盐环流。

15.2.13 海冰

海冰是在海上所见到的由海水冻结而成的冰，海水有一定的盐度，使海水最大密度时的温度不是 4 ℃，而是随着盐度的增大而降低，同时海水的冰点也要下降，当盐度为 24.7‰时，海水密度最大的温度与其冰点一致为－1.332 ℃。盐度再增大，海水密度最大时的温度还可以降到其冰点以下。因此海水和纯水不同，它不能在某个温度下突然完全冻结，因为海水温度降至冰点后开始结冰，冰中许多小洞穴的海水的盐度逐渐加大，欲使其继续结冰，还需使温度下降至更低的冰点。在海上，表层海水因冷却而密度增大，海水内形成对流混合。海水继续冷却至冰点时，海面以及对流混合所及的深层海水内便有针状、薄片状的冰晶析出，它们聚集到海面，连同降雪产生的雪晶，便形成暗灰色的糊状冰。在波动的海面上，糊状冰遇冷形成饼状冰；在海面平静情况下便形成灰色玻璃状冰层，继而发展成为片冰和厚冰。海冰在海区波浪、海流、潮汐等的影响下可以发展成各种形状和大小的浮冰块、流冰以及各种形式的压力冰，对舰船航行和海上建筑物造成危害。海冰在冻结和融化过程中还会引起海况的变化。

15.2.14　海温

严格意义上的海温是指海水各个层面、各个海域的温度，气象上一般指海水表层（海表面以下 1 m 以内水层）温度，也称为海表温度或海面温度。海表温度的高低取决于太阳辐射过程、大气和海水之间热量的交换和水的蒸发、海水流动等因素，变化幅度一般为 −2～30 ℃，当然在内陆所包围的海区中，海表温度可能会比上述最高值更高，但是在大洋及大部分浅海中很少有超过 30 ℃的。

15.2.15　温跃层

海水温度自表层至底层有着很大的变化，表层稍下有一个温度垂直梯度较其上或其下水层都大的水层，称为温度跃层，是海水温度垂直分布的不连续面。其形成的特定条件通常是海水的垂直混合，或不同来源的两个水团相互叠置。由于局地条件的差异，温跃层的存在有暂时的、季节性的、永久的几种，其出现的深度也不尽相同。一般以中低纬度地区夏季温跃层最为明显。温跃层上面温度较高的水层，由于海水混合作用变得比较均匀，其厚度视海水受热以及冷却过程和海流的性质而不同。大约 1000 m 以下，海水温度变化缓慢，近于低温恒温状态。

15.3　海洋气象预报

15.3.1　海洋天气系统预报

海洋天气系统主要是指在海洋上生成的天气系统，热带地区的天气系统主要包括台风、东风波、赤道辐合带等；中、高纬度的天气系统主要包括低压（气旋）系统。下面介绍一下这些天气系统的预报方法。

15.3.1.1　台风

台风是一种发生在热带海洋上的强烈风暴，这种风暴在全球三个海区上影响最大，即西北太平洋（包括南海）、西北大西洋（包括加勒比海和墨西哥湾）和孟加拉湾。关于台风的预报方法详见第 5 章有关内容。

15.3.1.2　东风波

（1）外推法

东风波在海洋上形成后，自东向西移动，移向与波槽垂直，移速比较稳定。直接用外推法预报东风波对本地区天气的影响，套用天气扰动模式作出未来 1～2 天内的短期天气预报，并根据所掌握的一般有关系统发展演变规律的知识，进一步推断系统未来可能的发展变化。当东风波发展加强时，移速一般会减弱。若西移过程中与西风槽接近，二者都会减速。东风波有时可发展成热带低压，有的则可发展成台风。东风波移至大陆后，都会减弱消失。影响浙江一带的东风波，都有低云和降水，有时可引起暴雨。东风波从台湾移至广州一带需要两天左右的时间，常引起雷阵雨天气。波槽过境后，天气转好。西太平洋上低层的东风波向西移过菲律宾后，可沿着副热带高压西南部的气流向西北转向，这时，一般在风场上已不清楚，但仍有坏天气。

(2)应用卫星云图法

章国材等(2007)指出，夏季在西北太平洋上，当副热带高压脊线位于30°～35°N时，在其南侧的东风气流中，有时可以看到东风波云系。它通常向西南方向进入我国南海东北部。较强的东风波具有较完整的螺旋云系，而弱的东风波则表现为一团小范围的云区。

(3)时间剖面图法

东风波有时在等压面图上不太明显，掌握其活动就有一定困难。我们可以选择本站以东的几个测站，绘制高空风的时间剖面图，如发现东风波向本站移动，可根据风向的变化、东风波与本站的距离、天气分布的特点来预报本站的天气。

15.3.1.3 赤道辐合带(ITCZ)

(1)天气学方法

朱乾根等(2000)指出，赤道辐合带的强弱和移动与副热带高压的强弱和进退、南海和孟加拉湾的天气系统、中纬度的天气系统活动等均有直接和间接的关系。

1)当副热带高压增强西伸以后，如果我国西部地区无明显的大槽向东移动，中纬度为平直西风气流，则副热带高压可稳定地控制我国华中、华南一带，其南侧的偏东气流也就稳定地控制华南沿海地区；而此时如果低纬地区的西南气流也比较强盛时，维持时间一般较长。

2)当中纬度地区有低槽出现并加强东移时，则副热带高压将很快减弱东撤，低纬地区的西南气流亦很快北上，赤道辐合带便在北移过程中很快减弱消失。

3)当有较强冷空气南下影响中南半岛北部和华南沿海一带时，华南沿海及中南半岛北部地区的东北风会增强，不过持续时间一般不长，它随东北气流的减弱而迅速减弱。

4)孟加拉湾及南海地区同时有低压(或风暴、台风)活动时，中南半岛上赤道辐合带也比较活跃；如果台风在华南沿海一带登陆，台风前部的偏北气流常可使赤道辐合带一度加强，随着台风或低压的西移减弱或北上消失，辐合带也很快地减弱或消失。

5)赤道辐合带在短期内的移动很不规则，南北摆动显著，其摆动幅度最大可达400～500 km/d。最北位置可达22°～25°N，影响华南、云贵一带的天气。

6)赤道辐合带北侧附近各站风向、风速和变高的变化，可以帮助判断赤道辐合带的移动情况，如果其风向普遍逆转，风速增大或者24小时正变高比较明显，则辐合带将开始迅速南移；反之，若风向顺转，风速减小或者24小时为负变高，同时南侧有正变高，西南风加大，则辐合带将北移。

(2)气候学法

运用天气学方法预报赤道辐合带时，气候背景对天气预报是非常重要的，因为热带地区的某些气象要素的实际变化以至季节变化反比日变化小；其次，气象要素水平分布比较均匀；再次，赤道辐合带的尺度比较大，移动变化一般比较缓慢，除了移动发展迅速的天气扰动影响外，在短期内，热带地区的逐日天气变化比较小。因此，应该充分运用气候资料，结合天气模式做天气预报。

(3)应用卫星云图法

在卫星云图上的低纬地区，在赤道辐合带的位置上表现为一条东西走向的云带，其上有强烈的积雨云活动。在辐合带中常有扰动出现，每个扰动伴随着一片稠密的积雨云区。有时云带很窄(只有2～3个纬距)，但云区连续且长达数千千米；有时它的云带断裂成为一个个大云团，其直径可达5～10个纬距，其中有些表现为涡旋云系。这种扰动云系一般自东向西移动，西太平洋上的大多数台风就是由它们发展起来的。赤道辐合带包括季风槽和信风槽两种。季风槽由西南季风和偏东信风汇合而成，槽中风速小，扰动较为活跃。信风槽是由东北信风和东南信风汇合而成，表现为一条辐合渐进线云带，内嵌的扰动不太活跃。

15.3.1.4 温带气旋系统

(1)中国近海温带气旋

秦曾灏等(2002)分析表明，中国近海温带气旋是指那些在中国大陆生成后进入中国东部海域以及在中国近海(130°E以西)生成的锋面气旋。

中国近海温带气旋主要来源于:1)长江中、下游和淮河流域,约占44.4%;2)东海南部和台湾东北部,约占30.7%;3)黄河下游和海河流域(含渤海、南黄海),约占22.9%。依次把发生在该三源地的气旋通称为江淮气旋、东海气旋和黄河气旋。少数(2%)其他类气旋包括蒙古气旋、东北气旋以及在中国海区外围发生的气旋。南海并无气旋发生。

中国近海温带气旋活动频繁,四季皆有,平均每年有63.9个。气旋一年之中多发于2—7月,约占全年总频数的64.3%;尤以6月最多,约占22.1%;秋季最少,约占15.9%。各类气旋多发期随季节进程自南(东海气旋)向北(江淮气旋、黄河气旋)进退。东海气旋多发于冬、春与初夏(1—6月),3月最多;江淮气旋多发于2—7月,尤以4—6月最多;黄河气旋多发于夏季(6—8月)。

各类气旋在源地生成后,约有95%是向东或东北方向移动的。东海气旋主要向东北方向移动,其次为向东移动;江淮气旋和黄河气旋均以向东移动为主,其次为向东北移动。气旋移速为冬季最快,春、秋季次之,夏季最慢。

(2)爆发性气旋

北半球中高纬的洋面上,温带气旋往往能获得迅速发展。温带气旋发生、发展的特点是发展速度快,地面气压下降幅度大。有的气旋其加深率可达24 hPa/h以上,风力迅速增加到30 m/s以上,表现出具有爆发性发展的特点,称为爆发性气旋,亦有“气象炸弹”之称。

我国近海各类气旋中约有15%可以东移发展成爆发性气旋。其中,以东海气旋和江淮气旋最多,分别占47%和33%。爆发性气旋在27°~54°N,122°~180°E的范围内均可发生,但主要几种在日本以东的32°~38°N,142°~150°E的洋面以及日本以南的33°N,135°E附近洋面上;日本海内也有相当数量的爆发性气旋发生。在45°N以北和165°E以东以及130°E以西的中国近海极少出现爆发性气旋。

爆发性气旋的路径比较集中,主要向东北和东北东方向移动,很有规律。爆发性气旋发生的频数具有一定的年际变化规律,各年发生频数均在10次以上。冷季月份内爆发性气旋发生频数的年变化趋势是从10月至翌年3月逐月增多,而后骤减,以3月发生最多,其次为12月和1月。

爆发性气旋还有一个连续爆发的特性,即以12小时为间隔,连续24小时达到爆发性气旋标准来计算的。统计表明,冷季各月均有连续爆发现象,发生连续爆发最多的月份是12月,其次为1月,10月和4月最少。

(3)温带气旋的预报方法

1)天气学方法

寿绍文等(2006)指出,温带气旋的生成一般以三个方面条件来判定:

①气旋环流中心开始出现;

②有一根以上的闭合等压线;

③有暖锋和冷锋穿过气旋中心。

其中③是必须出现的,若满足③再外加①、②中的任一个均可视为温带气旋新生,但只有①、②则并不能认为有温带气旋生成。

温带气旋的发展可以从以下几个方面来判断:

①气旋中心气压降低(注意应除去日变化的影响),中心$-\Delta p$大;

②气旋性环流加强,范围扩大;

③与气旋相伴的正涡度中心强度加强;

④气旋云系发展,降水加强。

2)应用卫星云图法

在卫星云图上,成熟的温带气旋云型由三部分组成,即斜压带云(A)、涡度逗点云(B)和变形带卷云(C)。根据温带气旋云系的生成方式可以分为两类:即A类和B类。

A类气旋云型:A类气旋从低层开始发展,随着它的成熟而出现在对流层中上部。这类气旋云型特征是:逗点云系(B)东侧的斜压带卷云(A)大范围地向东扩展形成卷云盾,常常遮蔽了向上仅到达对流层中层的逗点云尾部；在逗点云头附近有少量的变形带卷云(C)；斜压带卷云(A)和变形带卷云(C)明显分开；有一支完整的急流轴位于斜压卷云带北界附近(图 15.4(a))。这类气旋在海洋上多见。有时，A 类也可以发展成 B 类。

B 类气旋云型：它从中层开始发展，并同时向上、向下发展；要比 A 类气旋强，云系完整而深厚。在逗点云下方常伴随各类型的强天气，例如春季强雷暴、秋冬季的对流性强降水、冬季的雪暴等。它的斜压带卷云(A)和变形带卷云(C)合并在一起，而且斜压带卷云比中层的逗点云(B)移动要快，因此涡度逗点云从斜压带卷云后边界处显露出来，两者之间大约有 4～6 个小时的中高云减少或晴空。由于急流在斜压带卷云下方扩展(图 15.4(b)中 B 处三个粗箭头所示)而变得模糊不清。斜压叶状云常发展成 B 类气旋。由于大面积卷云，使锋面难以确定。

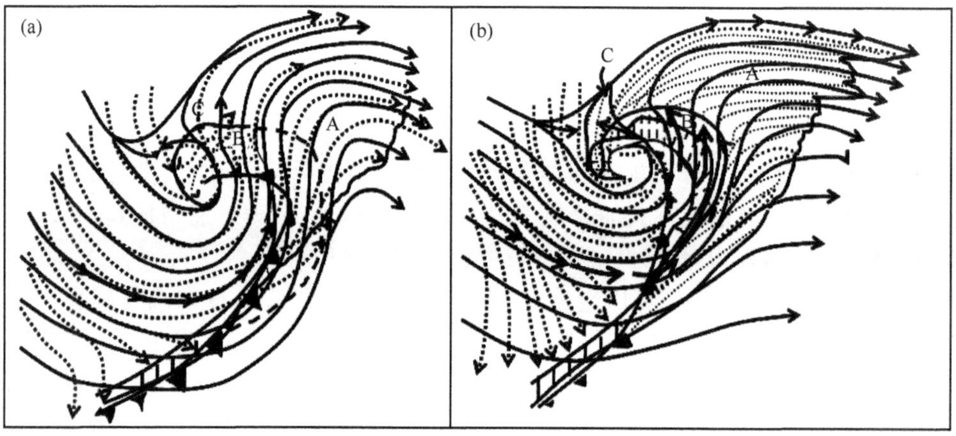

图 15.4 两类成熟温带气旋云型模型图(章国材等 2007)

(图中长实线为 300 hPa 流线；虚线为低层流线；短粗箭头串为急流轴；齿状线为地面锋面)

3)拟合算法

黄思训等(2001)指出，爆发性气旋的路径预报，需要用到该气旋的历史位置、范围、移速、移向等信息。为了准确计算、方便操作，用气旋中心的移动来表征气旋的移动。从历史天气云图上提取信息，再结合天气图等常规资料，得到气旋每一历史时刻的位置，然后进行曲线拟合，也称为数据拟合。通过求出的曲线斜率可得到将来的移动方向，通过拟合出速度场可确定移动的路径。该方法可在以后的工作中加强完成。

15.3.2 海洋天气预报

15.3.2.1 海上大风预报技术

对于海上大风的预报或警报，单单常规观测是不够的。除了常规资料外，还需要利用大量的非常规资料，尤其是气象卫星云图、雷达、地面自动气象站以及风廓线仪的资料。临近、短时预报采用客观和主观分析相结合的方式进行。客观分析的主要思路是以高分辨率数值预报模式的 1—3 小时预报为初猜场，结合卫星、雷达、近海观测、风廓线仪，形成某一时刻天气实况的分析场，并快速更新。主观分析的一项重要内容是每隔 1 小时一次的地面图分析，重点确定中尺度高低压系统、锋面、海陆风边界等。主观分析的另一项重要内容是大气垂直稳定度和垂直风切变的分析，也就是通常所说的 T-ln$p$ 图分析。

海上大风的预报内容主要包括起风的时间、风向、风力(包括平均风力与阵性风力)和大风持续时间等。

海上大风预报思路：首先对实况观测资料进行仔细分析，包括大风演变实况(24 小时、6 小时、1 小时风向、风速)、高空和近海观测资料、自动观测站(海岛和海上平台、浮标站)资料、相关物理量场资料以及前期的发生、发展演变；然后从气候学、影响系统、物理量逐一进行分析。首先分析海上大风的气候特征，包括大风的时空分布和季节变化特征；第二，分析大风的影响系统，包括大尺度环流形势、副热带高压位置以及在此环流形势下的地面冷锋、高空短波槽、高低空急流、温带气旋、高空冷涡天气尺度系统和镶嵌在天气尺度系统中的中间尺度气旋(1000～2000 km)、中层涡旋(对流层中部附近)以及在卫星云图上的中尺度对流云团;第三,分析由基本观测要素计算出的相关物理量场,如涡度、散度、假相当位温θ_{se}、对流稳定度、水汽通量散度以及对流有效位能CAPE等;第四,分析其他相关资料,如卫星云图资料的亮温、水汽图像、雷达资料、地面自动站资料等以及它们的前期演变情况,了解各种天气现象的生命史、日变化;第五,数值预报产品分析,包括分析数值预报场的形势演变(移动趋势、强度变化)以确定属于那种海上大风天气概念模型,分析大风实况与数值预报分析场(天气概念模型)的配置关系,比较主观分析场与数值预报分析场的差别,分析大风实况与物理量的配置关系,检验数值预报场(环流等),以数值预报环流形势为基础进行检验、订正,确定订正后的预报场和主要影响系统(包括位置、强度),分析并检验物理量场,以确定大风范围和强度,同时考虑有无强对流天气如雷雨大风等,分析影响区域的海洋因素(如海温、海浪等),最后做出大风范围和强度预报结果:以某一模式为主要参考依据,在订正后的预报场背景下做出大风预报场,或根据各家数值预报模式的预报性能,给以适当权重,做出暴雨预报场(主观集成预报)。

(1)从形势预报入手的海上大风预报方法

朱乾根等(2000)指出,预报着眼点放在预报地区范围中今后是否会出现产生大风的气压场形势,如有无锋面过境、有无气旋发生发展、会不会出现“南高北低”或“东高西低”的气压形势或其他可能产生大风的天气系统。若在预报区中将会有产生大风的气压场形势,并预报有大风出现的可能,则要考虑出现大风的起止时间及风力多大。一般气象台所用的方法是,在产生大风的天气系统移来的方向上游选取几个指标站,用历史资料统计出指标站的气象要素或指标站与本站之间的要素差值(近似的梯度值)与本站出现大风的时间与风力的关系。这种方法简单易行,只要气压场形势预报正确,大风预报一般也都会正确。

(2)天气模式与统计物理量相结合的海上大风预报方法

朱乾根等(2000)指出,上海海洋气象台把历史上预报海域中所发生的大风分不同季节按风向(偏北大风、偏东大风等)归类,然后按不同类型的大风,找出产生各类大风的起始场信息作为产生这类大风的起报条件。日常预报工作中只要看到天气图上出现某类信息,就可预报在预报区中未来24小时内有这类大风出现;再用一些指标或统计物理量把风力大小具体地预报出来。

(3)海上大风预报的统计学方法

赵伟(2008)的统计学方法是,首先定义大风过程,如将所考察的海岛站风速≥11 m/s(6级)作为海上大风标准,且之前24小时内未出现≥11 m/s测风记录。例如选取成山头站作为考察站,然后在上游选取几个代表站。由于冷空气的路径有西路、西北路、东路等,所以要在可能影响考察站的上游路径上选取代表站。代表站的选取标准既要满足同时具有高空及地面站数据,又满足站点海拔低于1500 m,以减小海拔高度对气压变换的影响。

考察站和代表站确定后,做相关性分析。在相关性好的代表站点中选取出典型站,将成山头站的风速与上游台站的6小时变压、24小时变压、24小时变温、压差建立相应的线性方程,以供在大风预报中使用。

以上统计分析方法中,比较重要的是上游典型站的选取,并且要控制相关性的大小,相关性差则会影响线性方程的建立,进而影响大风预报的结果。

(4)海上大风预报的神经网络法

张增海(2008)针对海上大风预报的应用个例表明,可以基于Matlab的神经网络工具箱,对渤海及邻近海域周边两个具有代表意义的测站的风速进行训练和预报。站点分别为长岛、成山头,训练时段为2001—2005年,预报时段为2006—2007年。选择观测出现过8 m/s及以上大风的过程进行训练和预报。

由于300 hPa高空最大急流、500 hPa高度场最大变高、700 hPa最大温差和最大变温、850 hPa最大温度平流和涡度平流等要素都是每天2次观测,而地面风速为每天4次资料,因此在网络设计中采取了输出层为两层的形式。每一个00时预报因子对应00、06时的结果,而12时的预报因子对应的为

12、18时的结果。选单隐含层的BP网络进行站点大风预报，由于输入样本为7维的向量，而输出是2维的向量，因而中间隐含层节点数目选择为15个，这样网络结构就是7×15×2。

按照BP网络的一般设计原则，中间层神经元的传递函数选择为S型正切函数，在网络的训练和预报中，输入和输出都做了归一化处理，即归一化到区间[0,1]中，因而输出神经元的传递函数设定为S型对数函数。网络的训练函数选择为下降速度较快的Levenberg-Marquardt函数。

由于神经网络训练学习和预报的非线性，每一次预报的结果都不尽相同，为了避免出现偶尔的预报误差较大，这里采取多次训练、统计平均的方法。

人工神经网络算法在大风预报的应用上还比较少见，以后的工作中可以做进一步的探讨。

15.3.2.2 海上大雾预报技术

目前海雾预报的难度还是很大的，海雾预报是世界性的难题，无论主观预报还是客观预报的准确率仍有待提高。目前对于海雾常规的观测是远远不够的，海雾的监测应结合常规观测和非常规观测，尤其非常规资料的运用对海雾预报有很好的参考价值。

对于海雾的预报或警报，常规资料不能真正代表海雾，因为常规气象观测都距离海岸有一定距离，当常规观测到有雾时，还无法判别是否是海雾的影响，因此只有参考价值，海雾的识别还需要利用大量的非常规资料，尤其是气象卫星云图、遥感、浮标站；这些资料必须综合利用，卫星云图和遥感对于监测海上的雾很有代表性，但是卫星监测当海上有云覆盖时，无法识别近海面的雾，同时卫星监测无法检测海雾的能见度值的大小，只能识别有雾或无雾，因此需要结合卫星监测、浮标站、沿海自动站等资料识别海雾；临近、短时预报采用客观和主观分析相结合的方式进行。客观分析的主要思路是以高分辨率海雾数值预报模式预报为初猜场，结合卫星、浮标站、近海观测、风廓线仪形成某一时刻天气实况的分析场，并快速更新。主观分析的另一项重要内容是大气垂直稳定度和垂直风切变的分析，也就是通常所说的T-ln$p$图分析。

海雾预报思路：首先对观测资料进行仔细分析，利用高空（卫星监测）和近海观测资料、自动观测站（海岛和海上平台、浮标站）资料、相关物理量场资料，然后从气候学、影响系统、物理量逐一进行分析。第一，分析海雾的影响系统，首先雾的形成前提条件是大气稳定、湿度高，关注T-ln$p$图分析；第二，分析由基本观测要素计算出的相关物理量场，如低层的相对湿度、风场、对流稳定度、水汽通量散度以及对流有效位能CAPE等；第三，分析其他相关资料，如海温、气海温差、露点温度和海表温度的差、卫星云图、雷达资料、自动站资料等以及它们的前期演变情况、日变化；第四，海雾数值预报产品分析，包括分析数值预报场的形势演变（移动趋势、能见度变化），分析海雾实况与数值预报分析场的配置关系，比较主观分析场与数值预报分析场的差别，分析海雾实况与物理量的配置关系进行订正，确定订正后的预报场和主要影响系统，分析并检验物理量场，分析影响区域的海洋因素（如海温、气海温差等），最后做出预报结果。

(1)海雾预报的天气学方法

王彬华(1983)把海雾作为天气现象之一，采用一般天气预报方法，尽可能地考虑到各个气象要素的作用及其相互关系，特别是水文要素与气象要素之间的相互关系，从促成海雾的生成、持续和消散条件上，结合演变过程的时间因素预报海雾，可以获得一定效果，不过在选择有影响的气象因子方面，须结合历史资料慎重考虑，要不是大面预报而是做某一个地点预报，更要注意选择对于该地点特别敏感的有效因子。

天气学方法预报海雾，沿海气象台站都曾采用过，而且现在还在继续使用，并取得一定效果。针对某一点来说，常常结合天气型及其变化（事实上就是考虑风场和温度场变化），从预报点上选择有敏感影响的气象要素作为预报因子，而以点聚图的形式表现出来。

(2)海雾的数值预报方法

国家气象中心建立了海雾数值预报系统，该模式是在研究海雾生消变化规律的基础上，综合考虑大气边界层方案、云辐射等方案，结合地表能量收支、植被、液态水的重力沉降等物理因素，对高分辨率区域中尺度数值天气预报模式加以优化，使之成为能对海雾进行数值模拟和预报的模式业务系统，开发图形和数据产品。

该模式输出的要素为：能见度、2 m 相对湿度、不同层次上的相对湿度和风场(975 hPa，950 hPa，925 hPa，850 hPa)、2 m 温度、海表温度、10 m 风场、海平面气压、850 hPa 上的垂直速度、露点温度。其中，后面 7 个要素是为预报员主观预报雾而输出的参考物理量。预报员可以根据能见度的值，综合参考物理量预报雾。

(3)海雾预报的统计方法

统计方法是通过对气象资料的分析整理，找出要素之间内在联系的客观规律，如果把相关联的要素分别作为在一定时段内的自变量和因变量看待，便可以把统计方法应用到天气预报中去，海雾预报也是这样。可采用相关图法、回归分析法、判别分析法和时间序列法。

(4)应用卫星云图法

由于雾滴在 3.75 μm 波长的卫星测值明显低于 11 μm 波长处的特征，以及它在可见光和红外云图上的特征，选用 NOAA 卫星 AVHRR 第 1、3 和 4 通道监测白天雾；用通道 3、4 和 5 的信息对夜间雾进行监测。图 15.5 就是卫星监测到的黄海雾。受卫星探测水平及研究手段的限制，用现有探测通道信息还不能十分准确地区分低云和雾。

在目前海上观测资料匮乏的情况下，通过模式预报和检验结果的比对，确定各个海区海雾监测代表气象站，可以为海雾预报提供参考。

图 15.5　2007 年 7 月 1 日 22 时 29 分(世界时)卫星监测的雾个例

15.3.3　中央气象台海上大风预警标准

根据《国家气象灾害应急预案》的要求，中央气象台制定海上大风预警标准。

15.3.3.1　橙色预警

预计未来 48 小时我国海区将出现平均风力达 11 级及以上大风天气。

15.3.3.2　黄色预警

预计未来 48 小时我国海区将出现平均风力达 9～10 级大风天气。

15.4 海洋水文预报

15.4.1 海浪预报

海浪是发生在海洋中的一种海水波动现象。一般指的海浪是由风产生的波动，其周期为 0.5～25 s，波长为几十厘米到几百米，一般波高为几厘米到 20 m，在罕见的情况下波高可达 30 m 以上。海浪的空间范围一般从几百千米至上千千米，时间尺度从几小时至几天。海浪影响区域随大气扰动因子的移动而移动，因而一次波高大于 3 m 以上的海浪过程可影响北起渤海、黄海、东海直至台湾海峡和南海北中部海面，有时甚至遍及日本海、日本以南、我国台湾省以东洋面、巴士海峡和菲律宾附近海域，影响时间多达数天之久。

15.4.1.1 海浪种类和特征

海浪包括风浪、涌浪和近岸浪三种。风浪是在风的直接作用下产生的水面波动，风浪中同时出现许多高低长短不等的波，波面粗糙，波峰附近有浪花和大片泡沫，波峰线短。涌浪是风停后或风速风向特变区域内尚存的海浪和传出风区的海浪，具有较规则的外形，排列整齐，波面较平滑，波峰线长。近岸浪是由外海的风浪或涌浪传到海岸附近时，受地形作用而改变波动性质的海浪。此外，在海洋上还经常遇到不同来源的波系(如风浪与涌浪或另一系统的涌浪)叠加而形成的海浪，称为混合浪。

15.4.1.2 海浪的危害

海浪在海上主要给航海、海上施工、渔业捕捞和海上军事活动等带来灾害。例如海浪在海上会引起船舶横摇、纵摇和垂直运动。横摇的最大危险在于船舶自由摇摆周期与海浪周期相近时，会出现共振现象，使船舶颠覆。剧烈的纵摇使螺旋桨露出水面，使机器工作不正常而引起失控。当海浪波长与船长相近时，由于船舶的自重能使万吨巨轮拦腰折断，船舶在海浪中的垂直运动还会造成在浅海中航行的船舶触底碰礁。

海浪到了近海和岸边，不仅冲击摧毁沿海的堤岸、海塘、港口码头和各类建筑物，还伴随风暴潮，沉损船只，席卷人畜，并致使大片农作物受淹和各种水产养殖品受损。海浪所致的泥沙运动使海港和航道淤塞。海浪到了近岸和岸边，对海岸的压力可达到每平方米 30～50 吨。

海浪是海难事故的最主要原因，是海上经济开发的最大障碍。近代研究表明，海上破坏力的 90%来自海浪，仅 10%的破坏力来自于风。我们平常说的所谓“避风”，实际上是“避浪”，因为任何避风港和锚地都是避不住风的，而只能是避浪。据原海上安全指挥部的粗略统计，我国近海由海浪引起的海难每年平均有 70 次，损失约 1 亿元，死亡约 500 人。

15.4.1.3 海浪形成的主要天气系统

中国海位于欧亚大陆东南部并与太平洋相通，受世界最大陆地和最大海洋的影响，南北冷暖气流交换异常活跃，冬季受西伯利亚、蒙古冷高压影响，夏季受台风的袭击，春秋季节常常受温带气旋的影响。许富祥(2002)指出，形成中国近海及邻近海区海浪场的主要天气系统有以下四类：

(1)台风型海浪场

台风能形成很大的海浪。台风形成的海浪场有如下特点：1)台风外围海域有广大的涌浪区。涌浪区域的宽度和涌浪的大小主要受台风强度、台风移动方向和台风移动速度等因子影响；涌浪的波高随离台风中心距离的增加而减小；涌浪周期随离台风中心距离的增加而增大。台风涌浪波长长，传播速度快。沿海人们常常在台风离得很远时就能感受到台风涌浪的影响，因而能提前 1～2 天做好防台准备。2)台风域内的海浪分布，按风向和台风移动方向可分为三个区：一是风向与台风移动方向相同区，该区风速大，大风持续时间长，海浪发展充分，因而是台风域内海浪最大的区域；二是风向与台风移动方向相反区，该区海浪最小，大风持续时间短，海浪生成后不久就移出台风域外；三是风向与台风移动方向相交区。3)台风海浪场的强弱与台风的移向、移速和路径有密切关系，当台风移动速度快时，台风域内的海浪增长速度慢、海浪小、浪区范围小，台风域内海浪高值区明显偏于台风移动方向右后部；当台风移动速度慢时，台风域内海浪不仅得到充分成长，海浪大，浪区范围也大，台风域内海浪高值区在台风域内的分布也比较均匀。4)在台风中心，虽然风力较小，但由于台风域内海浪都向中心汇集，所以海浪很大，并且出现接近最大波陡的三角浪。

(2)冷高压型海浪场

在冬季，当西伯利亚或蒙古冷高压形成东移时，地面天气图上只有一条西南—东北走向的冷锋经过渤海、黄海和东海，造成渤海、黄海和东海海域出现北到东北向大风。同时冷锋还常常越过南岭，直达南海中部和南部，然后再向东扩展到日本以南和日本以东洋面，这时中国近海和邻近海域都会形成 4 m 以上的海浪场。冷高压型海浪场分布一般具有以下特点：4 m 以上的巨浪中心一般出现在冷锋附近，巨浪中心区最大波高一般为 4～8 m，最大时可达 9～15 m，渤海最大可达 7.3 m，黄海最大可达 9 m，东海最大可达 9～12 m，台湾海峡最大可达 9～11 m，南海最大可达 10～15 m。4 m 以上巨浪区维持时间渤海一般为 12～36 小时，黄海 24～48 小时，东海 24～72 小时，南海 36～72 小时，最长的可达 96～120 小时。波向为渤海西北—东北，黄海北—东北，东海、台湾海峡和南海以东北为主。

(3)气旋型海浪场

中国近海一年四季都受气旋影响，尤其是渤海、黄海、东海、日本海、日本以南和以东洋面。但温带气旋的强度与季节有密切的关系。春初、秋末和冬半年气旋入海后，气旋后部有自大陆南下入海的冷高压配合，前部和东南部有海上副热带高压配合，北部有高纬度高压配合形成 3 个风区。所以气旋型海浪场分布特点：冷锋后的西北风区以风浪为主，冷锋前的西南风区和暖锋前的偏东风区以涌浪和风浪并存的混合浪为主。浪区的范围和浪区中心最大波高近海小于远洋，在渤海、黄海、东海，最强的气旋浪最大波高为 6～9 m，中等强度气旋为 4～6 m，较弱的气旋为 2～4 m。日本以南和日本以东洋面最强的气旋最大波高为 9～12 m，日本以东洋面最大可达 15 m，中等强度气旋为 6～9 m，较弱的气旋为 4～6 m。影响中国近海的气旋主要有：①黄渤海气旋，气旋一般从渤海或黄海移到日本海，由于此类气旋在海上时间短，形成的海浪不大，但浪区就具有形成快、移动快的特点，尤其是具有突然爆发和突然增强的隐患，给及时正确预报带来困难；②江淮气旋，气旋从黄海南部移动到日本海，此类气旋入海前常常与海上副热带高压配合，暖锋前的偏东风就能形成 2～4 m 的偏东向海浪；③东海气旋，气旋从东海移到日本以南和以东洋面，此类气旋冬季冷锋后的西北向浪大于暖锋后的西南向浪，夏季则以冷锋前的西南向浪和暖锋前的偏东向浪为主；④东北低压，东北低压虽然大部分都在陆地上移动，并不在海上活动，但在其移动发展过程中，无论暖区中的偏南大风还是冷锋后的北—东北大风都会在渤海、黄海北部形成 2～4 m的海浪，主要原因是东北平原和渤海的辽东湾至渤海湾的地形都是东北—西南向的带状结构，加上东北低压东南部和西北部常常有高压与它配合。

(4)冷高压与气旋配合型海浪场

这类天气系统主要出现在春初、秋末和隆冬季节，发展强烈的气旋与冷高压配合，在 30°N 以北海域常常形成 4 m 以上海浪场，浪区中心最大波高可达 10 m，仅次于台风形成的海浪场。

15.4.1.4 海浪预报的主要方法

海浪预报是根据影响海浪生成、发展和消衰的外界条件，结合海区内的现时海浪状态，对海区未来的海浪状态作出计算和预报。制作海浪预报必须了解三个因素：一是气象条件，从进行预报的时刻到被预报的未来时刻的时间间隔内，海面上的风速和风向在预报海区内的空间分布和时间变化；二是海区的地理环境，主要包括水平方向上的陆界分布和垂直方向上的深度分布；三是预报海区内预报时刻海浪分布状态，通常是根据海浪观测网监测的现场观测资料经过计算分析得到。海浪预报为海上的船舶运输、渔业生产、海上石油开发和军事活动等提供环境资料，保障海上活动安全。

海浪预报的方法随预报内容、时效和科学技术发展水平而异。经验预报、天气图预报方法仍广泛应用于短期海洋天气预报和海浪预报，但图表的填制、分析等方面已实现自动化。常用客观预报方法主要是统计预报法、动力数值预报法和统计与数值相结合预报法等，它们是海浪预报自动化、定量化的必要途径，也是发展方向。

(1)海浪实况图与海浪预报图的制作

海浪实况图与预报图的制作首先需要获得当天海浪实况资料，并由计算机提案在区域海洋图上，预报员据此应用海浪计算方法结合天气图资料进行分析、绘制当天海浪实况图(图 15.6)。其次是根据常规的天气预报方法预报出未来 24 小时海上风场，然后应用海浪经验统计预报方法、半理论半经验海浪预报方法和能量平衡导出波谱预报方法计算海浪波高、周期和波向。最后还须根据不同海区海浪状况和影响海浪成长、发展、消衰的各种因子和经验进行综合分析、绘制 24 小时海浪预报图。

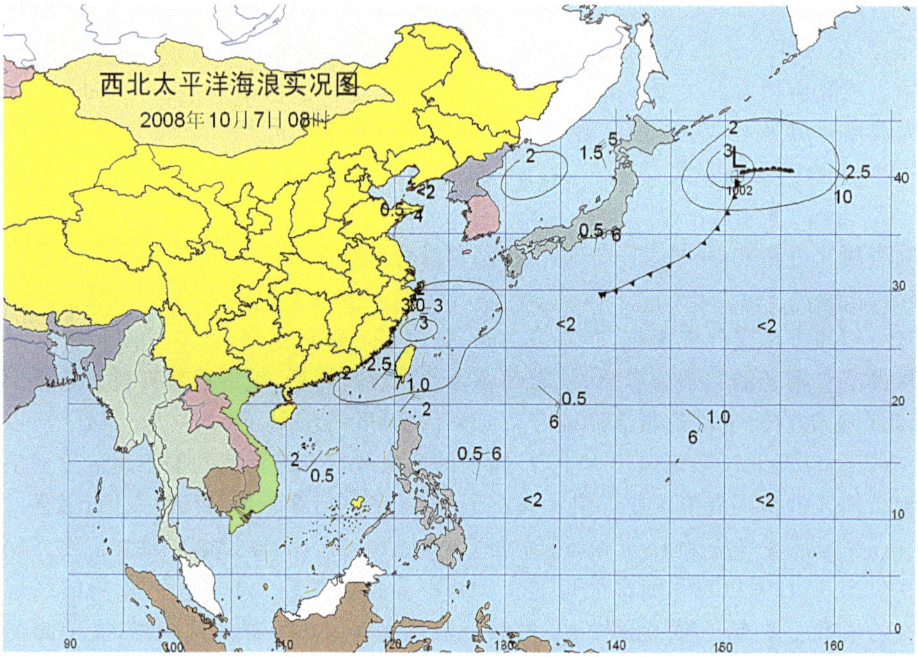

图 15.6 西北太平洋海浪实况实例图

(2)风资料计算海洋要素的方法

在没有实测海浪资料和实测资料稀少的海域，可利用地面天气图，由天气图上的风场要素计算相应的海浪要素。

(3)半理论半经验海浪预报方法

许富祥(2003)指出，半理论半经验海浪预报方法常用的有三种：一是特征波预报方法也称有效波预报方法；二是波谱预报方法；三是能量平衡导出谱的预报方法。

1)有效波预报方法(也称 SMB 预报方法)

这是由 Sverdrup 和 Munk 最先提出的一种较系统的海浪预报方法，包括深水和浅水风浪与涌浪预报，后经 Bretschneider 修正，所以简称 SMB 方法。美国海岸工程研究中心(1977)指出，此法主要依据有以下几点：

①海上风浪大小和周期是由风速、风时和风区决定的。Sverdrup 等把风时和风区分别考虑，即风区充分大时，海浪状态取决于风时；风时充分大时，海浪状态取决于风区；在风区和风时都有限时，上述两种情况都能求出可能的海浪上限，这时从两个预报值中取小的一个。

②把有效波高和周期作为海面复杂海浪状态的参数，但其基本方程是对海浪能量求解。这种假定适应了目测海浪资料的统计规律，这是此方法成功的第一个原因。

③在能量由风传递给海浪的过程中，不但考虑了垂直海面压力，也考虑了切应力效应。

④为了预报海浪周期，用经验的方法求出了波陡与波龄的关系。

根据以上得到的结果绘制成风时、风区预报图。再根据天气图或实测风资料，应用风时、风区预报图查算出预报区域的风速、风时和风区，最后用这些风速、风时和风区求出有效波的波高和周期。这种方法由于计算结果与实况吻合较好，至今被广泛应用。

2)波谱预报方法

这种方法是以谱概念为基础，由 Pierson、Neumann 和 James 提出的一种预报方法，简称 PNJ 方法。其特点是直接通过谱得到海浪要素，而不是通过海浪能量变化的计算求得海浪要素。

3)能量平衡方程导出谱的预报方法

这种方法是我国科学家 20 世纪 60 年代中期的研究成果，其特点是将上述两种方法结合起来，由能量平衡导出谱，然后由谱给出海浪要素，或者是将谱引入能量平衡方程求得海浪要素随风区、风时和风速成长关系。

4)海浪经验统计预报方法

海浪是一种十分复杂的随机现象，海浪的物理机制研究进展缓慢，至今仍没有理论上严密和完善的海浪预报方法。但是随着海洋经济迅速发展，为了满足日益增多的海上活动和海洋工程、海岸工程的需要，不得不依靠一些海浪经验统计预报方法。尽管这些方法理论依据不够充分，由于它们与实际结合紧密，实测资料系列长，所以在实际海浪计算和海浪预报中起到了很重要的作用。国家海洋环境预报中心应用 20 多年东亚地面天气图和海浪实况图资料，提出一些适合我国近海和邻近大洋海浪经验统计预报方法。这些方法大致分为三类：一是冷空气影响下海浪场的分析预报方法；二是温带气旋影响下海浪场分析预报方法；三是热带气旋影响下海浪场分析预报方法。

1)冷空气影响下海浪场的分析预报方法

冬季，袭击我国近海的强冷空气频繁南下，致使我国近海海域经常出现北到东北大风，并伴有汹涌的海浪，尤其是我国的东海、台湾海峡和南海北部，由冷空气形成的海浪仅次于热带风暴和台风形成的海浪。由冷空气形成的海浪的波高一般在 3～5 m，有时甚至可达 8～10 m。因此正确和及时预报海浪是十分必要的。

王喜年等(1981)的文章中介绍了如何利用两站间气压差预报海浪的方法。这种方法是在海上缺乏海浪资料的情况下，利用沿海气象站的气压资料预报海浪。该方法依据冬季形成大浪区和巨浪区的天气形势，分别将四个海区按等压线的走向分为北、东北和西北三种类型，并根据不同类型摘取两站间的气压差和海上相应海浪资料，建立各海区大浪区和巨浪区形成的预报指标。

黄爱军等(1988)的文章中介绍了利用变温和变压预报南海海浪的经验统计预报方法。该方法是通过对 95 次冷空气过程影响下的南海海浪场的分析，发现南海的大浪区的形成及浪区内波高的大小同时受到地面 24 小时变压和高空 700 hPa 等压面上 24 小时变温的制约而建立的一种南海海浪经验预报方法。它包括南海大浪区形成和维持增加的预报指标和大浪区内最大波高的计算公式两部分。

2)温带气旋影响下海浪场分析预报方法

我国近海全年受温带气旋影响，尤其是渤海、黄海、东海气旋活动频繁，特别是秋末至春初的冬半年，发展强烈的气旋与冷空气配合，常常形成大风巨浪。由气旋形成的海浪的波高一般在 3～4 m，有时甚至可达 6～9 m。国家海洋环境预报中心李风金等(1988)利用 10 多年天气图和海浪图资料，对影响我国近海的气旋海浪场进行分析，将气旋海浪场分为三个类型探讨了气旋海浪场与气旋中心气压、计算点离气旋中心距离等因子的关系，建立了两种分析预报气旋海浪场的经验统计公式：

①气旋海浪场的波高计算公式

$$\begin{aligned} H_{1/3} &= 3.5186\Delta P^{0.3}[F+\sin\theta]^{0.19}/R^{0.509} \\ H_{1/3} &= 2.4842U^{0.347}[F+\sin\theta]^{0.16}/R^{0.7429} \end{aligned} \tag{15.1}$$

②气旋与冷空气配合海浪场的波高计算公式

$$\begin{aligned} H_{1/3} &= 1.384\Delta P^{0.6}[F+\sin\theta]^{0.162}/R^{0.6003} \\ H_{1/3} &= 1.2523U^{0.5}[F+\sin\theta]^{0.13202}/R^{0.4804} \end{aligned} \tag{15.2}$$

式中 $H_{1/3}$ 为计算点的有效波高，以 m 为单位；$\Delta P=P-P_0$，P 是计算海区多年月平均气压值(因海上资料少，此值为沿岸海洋站多年月平均气压值)，P_0 是气旋中心气压值，以 hPa 为单位，θ 为计算点相对于气旋中心移向间的角度，F 为考虑气旋冷暖锋两侧波高的增值速度随变化引入的角度因子订正值；R 是计算点至气旋中心的距离，以纬距为单位；U 是计算点的风速，以 m/s 为单位。

为便于应用，将上述四个公式计算结果绘制成几种气旋海浪场计算诺模图，这样只要有 ΔP 或 U

的值，就可从诸模图中直接读出离气旋中心距离 R、方位 θ 处的波高值。该方法虽然因为气旋海浪场复杂，还存在许多不足之处，但通过使用证明，方法简便并有一定可靠性。

3)热带气旋影响下海浪场分析预报方法

在热带海洋上常有热带气旋生成，当其发展为热带风暴时，将带来狂风暴雨和巨大海浪，严重地威胁海上和沿海交通运输、渔业捕捞、科研调查、资源开发、工程建设、水产养殖、体育运动、旅游休闲等生产活动的安全，给人们的生命财产造成巨大灾害。我国由于海上缺少实测海浪资料，分析和预报热带气旋引起的海浪十分困难。目前常用的台风浪经验统计预报方法有很多种，70 年代中期，郑少统等(1975)统计分析了 66 个西太平洋热带风暴(包括台风)和在南海生成的 27 个热带风暴(包括台风)影响下的南海海浪资料，提出预报南海台风浪的经验统计预报方法。许林之(1985)通过对东海 37 个热带风暴(包括台风)影响下的海浪资料统计分析，提出了预报东海台风浪的经验统计预报方法。林均珊(1988)通过对我国近海 50 个热带风暴(包括台风)影响下的海浪资料分析研究，探讨了台风海浪场与台风中心气压、7 级大风半径以及计算点离台风中心间距离等因子相互关系，建立了分析与预报我国近海台风浪经验统计预报方法。

5)海浪数值预报方法

闻斌等(2006)指出，要做好海浪预报，就必须对海浪数值预报进行深入研究。海浪数值预报研究一般采用两种方法：一是动力学方法，二是统计学方法，往往在研究中将这两种方法结合。海浪数值预报研究的主要内容是海浪的生成、成长、消衰及传播规律，建立海浪数值模型，依据给定的海面风场计算海浪场中各点的海浪要素，进行海浪的模拟、后报与预报。

1)海浪数值模型

海浪的数值模型按照原理一般分为三类，第一类是基于 Boussinesq(布西内斯克)方程的计算模型，它直接描述海浪波动过程水质点的运动；第二类是基于缓坡方程的计算模型，它基于海浪要素在海浪周期和波长的时空尺度上缓变的事实，描述的是海浪波动能量、波高、波长、频率等要素的变化，即着眼于海浪宏观上的整体特征，而不涉及具体的水质点运动过程；第三类是基于能量平衡方程的计算模型，各种物理过程(如风生浪作用、底摩擦耗散、波浪破碎、波—波相互作用等，但不能考虑波浪的绕射作用)用不同的源函数表示。

Boussinesq 方程是一个二维非线性浅水波方程，它反映了色散性和非线性之间的平衡，有许多高阶的 Boussinesq 方程包括波浪的浅水变形、折射、绕射和反射机理，它对一个波长内的网格密度要求较高，只适用于较小水域，同时由于稳定性的原因，一般不适用于长时间尺度的计算。它最大的缺点就是计算量非常庞大。缓坡方程不涉及具体的水质点运动过程，Berkhoff 在缓坡条件假定下，用摄动展开的方法，推导出了二维线性的经典缓坡方程，用于描述波浪的折射、绕射、反射和浅水变形，随后又出现了许多扩展型缓坡方程，例如忽略波浪反射作用后得到的抛物线缓坡方程、引入非线性效应提出的非线性缓坡方程等等，由于是椭圆方程，它只适用于很小的水域；另外，缓坡方程不适用于小尺度较急剧变化地形，而且不易反应底坡反射作用，因此不适用在地形较复杂的小区域。能量平衡方程是对海浪谱进行描述，有效地简化了海浪场的动力学，同时它对时间步长和空间步长没有苛刻的要求，可适用于比较大的区域和长时间尺度的计算。

2)国外海浪数值模式

海浪的数值模拟发展到 20 世纪末已达到比较成熟的阶段。闻斌等(2006)指出，西欧一些国家自 1985 年起着手开始了所谓第三代波浪数值预报的研究计划，成立了一个 WAM(Wave Modelling Group)小组。他们的目的是更全面地考虑能量平衡方程中的各个项，以包括更多的物理过程，开发一个全球的波浪数值预报模式。第三代海浪模式的特征是直接计算波—波非线性相互作用，通过积分作用力(能量)平衡方程，并且不对谱形预加任何约束，其改进归结为各源函数项的计算；第三代海浪模式的另一优点是能够处理风速、风向的骤然变化，而较早的模式无此能力。现在由 WAMDI 小组开发的海浪模式 WAM 已被国际上广泛使用，许多国家将其作为业务化的运行模式发布区域或全球的海浪预报。但在近岸浅水区，由荷兰科学家开发的 SWAN(Simulating Wave Nearshore)模式具有较好的海浪模拟精度。美国NOAA/NCEP环境模拟中心海洋模拟小组(Ocean Modeling Branch)1996年在Delft技术大学和美国航空航天局Goddard(戈达德)空间飞行中心分别开发的WAVEWATCH和WAVEWATCH Ⅱ的基础上,开发了一个全谱空间的第三代海浪数值模式WAVEWATCH Ⅲ,简称为WWATCH Ⅲ,该模型主要用于大尺度空间波浪传播过程,在传播过程中考虑了地形和海流空间变化导致的波浪折射作用、浅水变形作用和线性的波浪传播运动等。该模式对过去模式的控制方程、程序结构、数值和物理的处理方法等作了改进,使之不仅在考虑波流相互作用和风浪物理机制方面更加合理,而且利于采用并行计算技术,从而提高模式的性能和效率。

为改善WWATCH Ⅲ模式的计算结果,Tolman等(2002)于2000年3月1日—2001年2月28日期间,利用ERS-2卫星资料和NDBC的全球浮标资料对WWATCH Ⅲ模式进行一年的推算,测试了新版本(V2.22)模式的功能并与旧版本模式(V1.18)相互比较获得了很多改进。Wingeart等于2001年利用WWATCH Ⅲ模式进行全球海域海浪的推算,解决了模式中由于风区外低频成分的能量(涌浪)在风速微弱或逆风的情况下导致能量迅速消散的问题。2000年3月9日,WWATCHⅢ正式成为NCEP的全球业务化预报模式。目前NOAA运用WWATCHⅢ模式分别建立了全球(分辨率为1.25°经度×1°纬度)和阿拉斯加、西北大西洋、东北太平洋、北大西洋飓风(区域模式的分辨率都为0.25°经度×0.25°纬度)等海浪预报系统,除北大西洋飓风海浪预报系统对外公开发布126小时海浪预报外,其他预报系统都是发布180小时海浪预报,业务化运行状态良好。

3)我国海浪数值模式

我国海浪理论及预报研究始于新中国成立后。海浪理论研究的开创者是中国科学院院士文圣常教授,他创立了我国物理海洋学的分支学科。20世纪60年代文圣常教授就将当时国际上盛行的能量平衡法和谱方法两种计算海浪的方法结合起来,导出了随风时或风区成长的普遍风浪谱,被誉为“文氏风浪谱”,在当年有关的国际科学进展评论中列为重要研究成果。文圣常等在我国“七五”科技攻关项目成果中提出的一种新型混合型海浪数值模式,是我国具有自主创新特点的模式。该模式的风浪部分基于有效波的能量平衡方程,将当时风浪能量计算中所有无法避免的经验成分集中于一项,并通过可靠的风浪成长经验关系予以确定。该模式有两个显著特点:一是可靠性,由于以可靠的风浪成长经验关系得到源函数取代通常逐项计算源函数,避免了复杂的、难以精确的计算手续,使模式的精度得到根本的保证;二是节约机时,由于综合性源函数避免直接计算波－波相互作用,节省大量的计算量,在相同条件下所用机时仅约为WAM模式的1/60。此模式已经过大量各种天气形势下海浪的预(后)报检验,并已在国家和地区性海洋预报中心投入业务化应用。

我国在这方面的另一重要进展是袁业立院士等(1992)改进了国际盛行的WAM模式,发展了在全新提法基础上的第三代海浪数值模式LAGFD-WAM(Key Laboratory of Geophysical Fluid Dynamics-WAM)模式。该模式用理论导出的能量耗散源函数取代了WAM模式中的经验公式,这一点使高海况下的计算结果有明显的改进。同时还在控制方程中引入了浪—流相互作用项,考虑了非均匀和非定常流场的作用。在计算方案上,引入了嵌入特征线方法,不仅适于物理空间,而且适于波数空间。潘增弟等还发展了基于此模式的区域性模式。迄今,此模式已在我国海洋工程、海洋环境参数计算上得到了较好的应用。国家海洋局第一海洋研究所杨永增研究员等在LAGFD-WAM模式基础上,建立了球坐标系下MASNUM(Key Laboratory of MArine Science and Numerical Modeling)海浪数值模式,以便进行全球区域海浪数值模拟。

中国科学院海洋研究所尹宝树等提出了YE-WAM海浪数值预报模式,该模式在浅水考虑了深度限制引起的破碎能量耗散,使之能更好地适合浅水;中国科学院南海海洋研究所陈俊昌等提出了适用于深、浅海的海浪数值预报模式,还考虑了波—波间非线性能量转移,而且包含了折射、底摩擦等浅水效应。

15.4.2 风暴潮预报

风暴潮是一种灾害性的自然现象。冯士筰(1982)指出,由于剧烈的大气扰动,如强风和气压骤变(通常指台风和温带气旋等灾害性天气系统)导致海水异常升降,使受其影响的海区的潮位大大地超过平常潮位的现象，称为风暴潮。

15.4.2.1 风暴潮的分类

风暴潮根据风暴的性质，通常分为由台风引起的台风风暴潮和由温带气旋引起的温带风暴潮两大类。

台风风暴潮，多见于夏秋季节。其特点是：来势猛、速度快、强度大、破坏力强。凡是有台风影响的海洋国家，沿海地区均有台风风暴潮发生。

温带风暴潮，多发生于春秋季节，夏季也时有发生。其特点是：增水过程比较平缓，增水高度低于台风风暴潮。主要发生在中纬度沿海地区，以欧洲北海沿岸、美国东海岸以及我国北方海区沿岸为多。

有人称风暴潮为“风暴海啸”或“气象海啸”，在我国历史文献中又多称为“海溢”、“海侵”、“海啸”及“大海潮”等，把风暴潮灾害称为“潮灾”。风暴潮的空间范围一般由几十千米至上千千米，时间尺度或周期约为 1～100 小时，介于地震海啸和低频天文潮波之间。但有时风暴潮影响区域随大气扰动因子的移动而移动，因而有时一次风暴潮过程可影响 1000～2000 km 的海岸区域，影响时间多达数天之久。

15.4.2.2 风暴潮的灾害

国际自然灾害防御和减灾协会主席 M. I. El-Sabh(1990)认为，风暴潮在世界自然灾害中居首位，甚至在人员死亡和破坏方面超过地震。他指出：从 1875 年以来，全球范围直接和间接的风暴潮经济损失超过 1000 亿美元，至少有 150 万人在风暴袭击下丧生；这些损失还不包括与风暴潮相关联的海岸和土地侵蚀的长期影响。而死亡人数中的 90%以上是死于风暴潮，余下的不足 10%是死于风的影响。国际上作为防潮、减灾经验强调：受潮灾之苦的沿海民众要牢记所在区域的风暴潮历史。美国官方和世界气象组织认为风暴潮是来自海洋的杀手。这个问题提出的现实意义在于：随着沿海区域人口的增加，不少人从未经历过或只经历过轻风暴潮的袭击，这样经历往往导致灾害性风暴潮警报发布时不以为然而延误行动，以致丧失生命。显然，研究和深入了解我国沿海潮灾史，对做好防潮减灾工作具有十分重要的现实意义；同时对防潮减灾规划的制定与沿海防潮工程的设计也具有不可低估的参考价值。

风暴潮能否成灾，在很大程度上取决于其最大风暴潮位是否与天文潮高潮相叠，尤其是与天文大潮期的高潮相叠。当然，也决定于受灾地区的地理位置、海岸形状、岸上及海底地形，尤其是滨海地区的社会及经济(承灾体)情况。如果最大风暴潮位恰与天文大潮的高潮相叠，则会导致发生特大潮灾，如 8923 和 9216 号台风风暴潮。1992 年 8 月 28 日至 9 月 1 日，受第 16 号强热带风暴和天文大潮的共同影响，我国东部沿海发生了 1949 年以来影响范围最广、损失非常严重的一次风暴潮灾害。潮灾先后波及福建、浙江、上海、江苏、山东、天津、河北和辽宁等省(市)。风暴潮、巨浪、大风、大雨的综合影响，使南自福建东山岛、北到辽宁省沿海的近万千米的海岸线遭受到不同程度的袭击，受灾人口达 2000 多万人，死亡 194 人，毁坏海堤 1170 km，受灾农田 193.3 万公顷，成灾 33.3 万公顷，直接经济损失 90 多亿元。

当然，如果风暴潮位非常高，虽然未遇天文大潮或高潮，也会造成严重潮灾。8007 号台风风暴潮就属于这种情况。当时正逢天文潮平潮，由于出现了 5.94 m 的特高风暴潮位，仍造成了严重风暴潮灾害。依国内外风暴潮专家的意见，一般把风暴潮灾害划分为四个等级，即特大潮灾、严重潮灾、较大潮灾和轻度潮灾。

据统计，汉代至公元 1946 年的两千年间，我国沿海共发生特大潮灾 576 次，一次潮灾的死亡人数少则成百上千，多则上万及至十万之多。

中华人民共和国成立以来，我国曾多次遭到风暴潮的袭击，也造成了巨大的经济损失和人员伤亡。台风“麦莎”(0509)于 2005 年 8 月 6 日 3 时 40 分在浙江省玉环县干江镇登陆。8 月 6—9 日，“麦莎”风暴潮相继影响浙江、上海、江苏、山东、天津、河北、辽宁省(市)，共造成直接经济损失 35.19 亿元，死亡 7 人。此次特大风暴潮过程是继 9711 号台风风暴潮后，影响我国东部沿海最严重的一次。台风“派比安”(0606)于 2006 年 8 月 3 日 19 时 20 分在广东省阳西县和电白县交界处沿海登陆。受“派比安”风暴潮与台风浪的共同影响，广东和广西两省(区)直接经济损失 77.06 亿元，广东省 61 个县市的 473.49 万人受灾，紧急转移 28.18 万人，农田受淹 33.9 万公顷，沉没损毁船只 508 艘，损毁房屋 2.49 万间，直接经济损失 70.02 亿元；广西壮族自治区的北海、钦州、防城港三市受灾人口 167.75 万人，死亡 1 人，海洋水产养殖损失 5700 公顷，损毁海堤 35.735 km，直接经济损失 7.037 亿元。2007 年 3 月 3 日至 5 日凌晨，受北方强冷空气和黄海气旋的共同影响，渤海湾、莱州湾发生了一次强温带风暴潮过程，辽宁、河北、山东省海洋灾害直接经济损失 40.65 亿元。

五十多年中，尽管沿海人口急剧增加，但死于潮灾的人数已明显减少，这不能不归功于我国社会制度的优越和风暴潮预报警报的成功。但随着濒海城乡工农业的发展和沿海基础设施的增加，承灾体日趋庞大，每次风暴潮的直接和间接损失却正在加重。据统计，中国风暴潮的年均经济损失已由 20 世纪 50 年代的 1 亿元左右，增至 80 年代后期的平均每年约 20 亿元，90 年代前期的每年平均 114 亿元，21 世纪（至 2008 年）平均每年约 160 亿元，其中 2005 年为风暴潮重灾年，经济损失约为 329.8 亿，死亡失踪人数为 137 人。风暴潮正成为沿海对外开放和社会经济发展的一大制约因素。

15.4.2.3　风暴潮形成的天气形势

（1）温带风暴潮

冷锋配合低压类：这类风暴潮多发生于春、秋季。渤海湾、莱州湾沿岸发生的风暴潮，大多属于这一类。其地面气压场的一般特点是，渤海中南部和黄海北部处于北方冷高压的南缘、南方低压或气旋的北缘。辽东湾到莱州湾吹刮一致的东北大风，黄海北部和渤海海峡为偏东大风所控制。在这样的风场作用下，大量海水涌向莱州湾和渤海湾，最容易导致强烈的风暴潮。2007 年 3 月 3 日至 5 日凌晨，受北方强冷空气和黄海气旋的共同影响，渤海湾、莱州湾发生了一次强温带风暴潮过程，沿海增水超过 100 cm 的有 4 个验潮站，最大风暴增水发生在莱州湾羊角沟验潮站，为 202 cm；羊角沟、龙口和烟台验潮站超过当地警戒潮位，其中烟台验潮站超过当地警戒潮位 49 cm。图 15.7 为该次过程对应的地面天气形势。莱州湾西岸位于小清河口的羊角沟站，1969 年 4 月 23 日曾记录到有验潮记录以来的最大温带风暴潮值（3.55 m），也是该类风暴潮过程造成的。

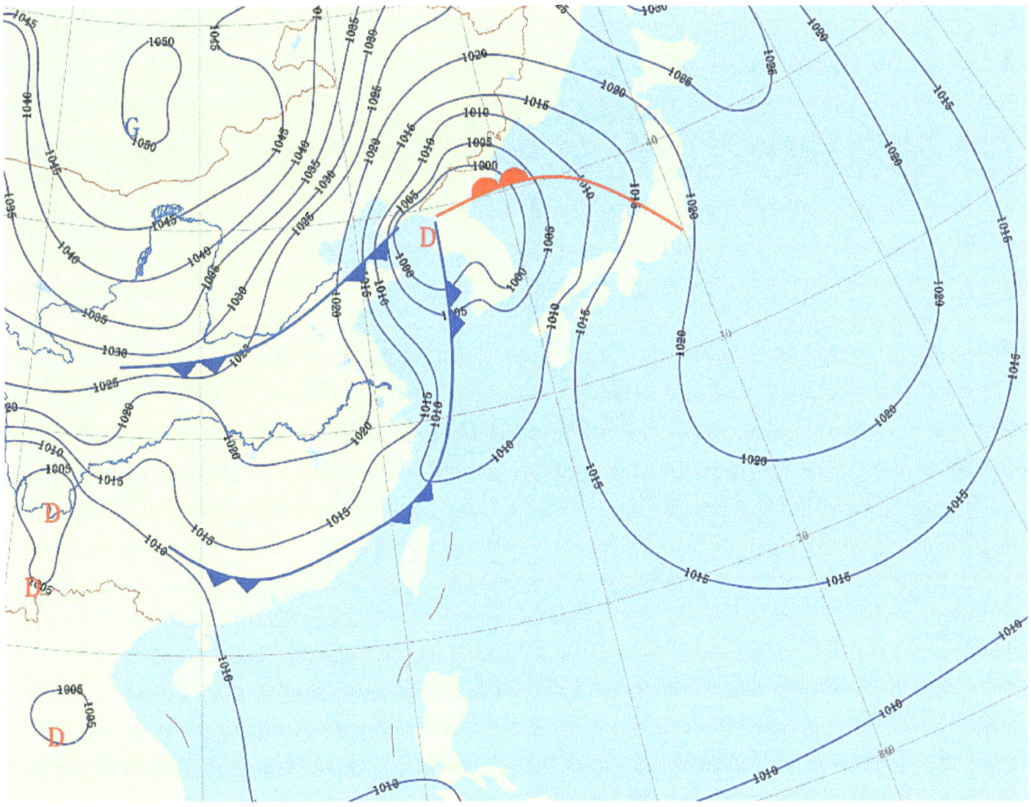

图 15.7　2007 年 3 月 3 日 20 时地面天气图

冷锋类：当西伯利亚或蒙古等地的冷高压东移南下，而我国南方又无明显的低压活动与之配合时，地面图上只有一条横向冷锋掠过渤海，造成渤海偏东大风，致使渤海西岸（渤海湾沿岸）和西南岸（黄河三角洲）发生风暴潮，多发生于冬季、初春和深秋。此类的风暴增水幅度一般在 1～2 m 之间（1974 年 11 月 8 日 03 时塘沽站曾出现了 2.12 m 增水值），比前一类低。图 15.8 给出了 2009 年 4 月 15 日一次冷锋过境的例子。在该次过程中渤海湾、莱州湾沿岸最高潮位达 4.6 m。当横向冷锋继续南移掠过海州湾时，也能造成该湾偏东大风，使海州湾沿岸产生此类风暴潮。

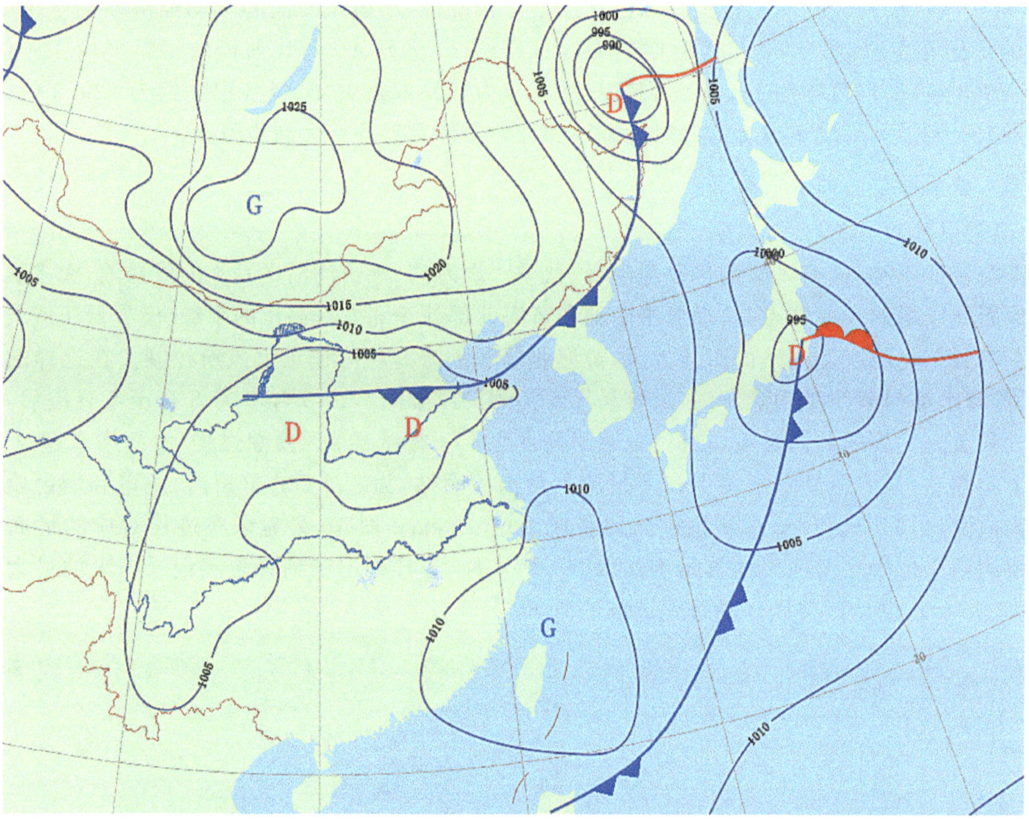

图 15.8 2009 年 4 月 15 日 02 时地面天气图

强孤立温带气旋类：指无明显冷高压与之配合的、暖湿气流活跃的气旋。这类风暴潮往往在春、秋季和初夏期间发生。渤海有验潮记录以来的这类风暴潮的最大值是 2.19 m，是 1973 年 5 月 7 日莱州湾羊角沟站记录到的；渤海湾最大值是 1.61 m，是 1971 年 6 月 26 日塘沽站记录到的；海州湾有验潮记录以来的这类风暴潮的最大值是 1.12 m，是 1973 年 5 月 1 日连云港站记录到的。2008 年 8 月 22 日，渤海沿海发生了一次此类风暴潮过程（图 15.9）。受其影响，沿海最大风暴增水 109 cm，出现在辽宁省营口市鲅鱼圈站；天津市塘沽站增水 101 cm，最高潮位超过当地警戒潮位 16 cm。

（2）台风风暴潮

在西北太平洋沿岸国家中，我国沿海遭受台风风暴潮袭击既频繁又严重。丁骏（2003）指出，台风风暴潮增水过程比较复杂，但大致可分为三类：标准型、波动型和混合型。判断台风风暴潮增水的类型有利于做出准确的预报。

标准型：这种类型增水时间较短，增水曲线呈单峰状，增水过程可分为“前兆增水”、“暴潮主体”和“余振”三部分。“前兆增水”是指台风远离站点时水位缓慢升高阶段；此后是水位急剧上涨阶段，并形成明显的峰值，成为台风增水的主体；峰值过后水位降低很快，随后是振幅很小的阻尼振荡，这部分为“余振”阶段。对这种类型的增水，前兆波增水一般是缓慢上升的单调曲线，主要可以根据台风的路径、强度和前期增水来做预报。

波动型：这类增水过程具有明显的波动性，周期一般在半日左右，增水曲线有多个峰值，影响时间较

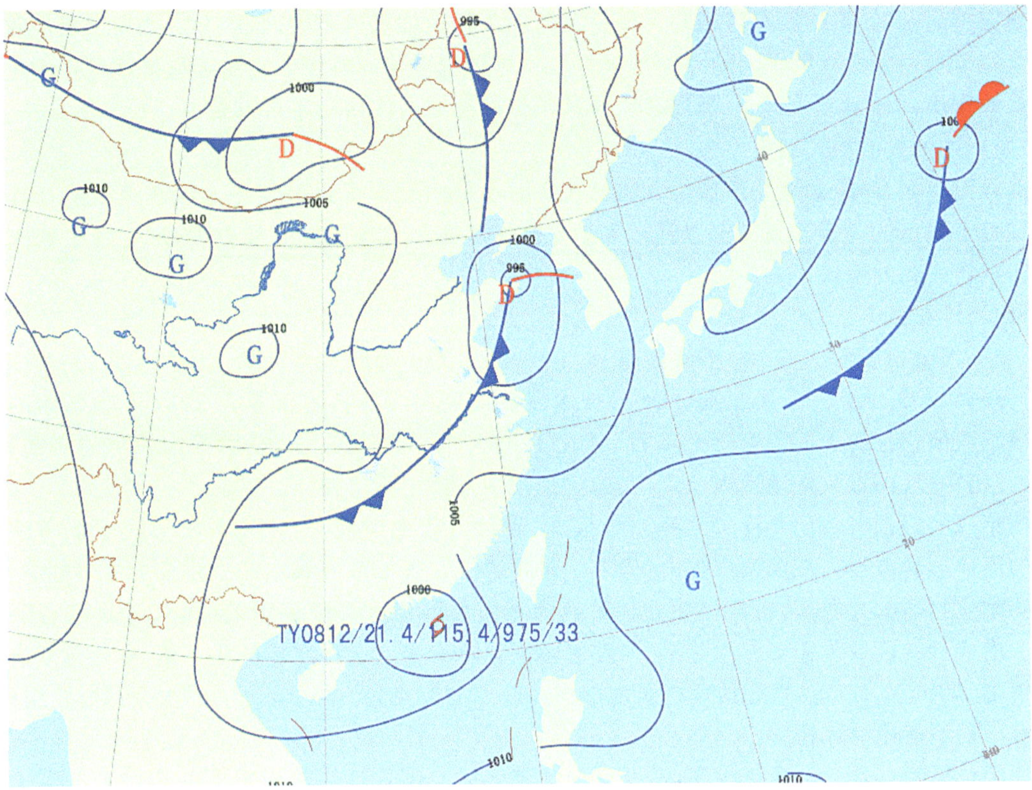

图 15.9　2008 年 8 月 22 日 08 时地面天气图

长。其物理机制是由天文潮和风暴潮之间相互耦合作用所致。这种类型的增水也比较有规律，因为此类型前兆波增水是周期性的波动，只要绘出了一个增水波的波动过程就可以根据台风位置和强度推出其后的多个增水波波动过程，然后叠加上天文潮就可以来预报高潮位了。

混合型：混合型增水类型是介于标准型和波动型之间，在增水过程中叠加了许多小波动，一般增水值较大，增水历时较长。这种类型的增水比较复杂，需要密切注意台风中心的临近而造成的增水的增加。

值得注意的是，在我国渤、黄海沿岸，余振还可以是台风过后沿岸传播的边缘波引起。当余振的波峰与天文潮高潮叠加，仍然会出现意想不到的超警戒水位的高潮位。王喜年(1986)曾经指出，1985 年 8509 号台风登陆山东半岛，后经渤海海峡登陆辽东半岛，当风暴中心进入沈阳市境内，位于渤海湾西岸的天津塘沽仍然出现了意想不到的超过警戒水位 50 cm 的高潮位。当时塘沽海面无风无浪，天气晴好，岸边水位缓慢升高淹没了低洼区。作者同时指出英国东海岸也存在自北向南传播的边缘波。徐建成(2001)指出，2000 年 9 月 1 日 02 时第 12 号台风已接近进入日本海，上海天气晴朗，可就在 9 月 1 日 2 时 07 分上海黄浦公园站令人惊奇地出现了 510 cm 的高潮位(高潮增水 83 cm)，位居历史记录第 5 位，险些酿成大灾。国家海洋环境预报中心与上海防汛信息中心合作建立的适合上海及其临近海域的最新一代台风风暴潮模式 SLOSH，曾对这次风暴潮过程进行了跟踪预报，并成功模拟计算出台风过后余振波的存在。

15.4.2.4　风暴潮的预报

风暴潮预报方法分为两大类：经验预报方法和数值方法。后者包括诸模图方法和数值模式预报方法。

(1)风暴潮的经验预报方法

这类预报方法包括预报员的主观经验和经验统计预报方法。前者取决于预报人员经验积累的多寡和对风暴潮复杂物理本质理解的深浅。经验统计预报方法的灵魂是选取物理意义清楚的气象因子(数值模式计算为因子的选择提供了科学依据)与风暴潮建立相关关系。然而统计方法要以大量的符合要求的观测资料为基础，不是所有区域都具备这种历史资料。就世界范围而言，在一些地区已经收集了一些不完全的资料用于建立风暴潮的经验预报方法。尽管就全球而言数值方法在风暴潮预报中正发挥着越来越大的作用，但经验预报方法对提高风暴潮预报准确度的作用仍不可低估。

(2)风暴潮的数值模式预报方法

就世界范围而言，风暴潮数值预报方法已在实时预报中发挥了重要作用。风暴潮数值计算必须给出计算域每个格点的气压值和风应力值。风暴潮模式模拟和预报结果的准确度，决定性地取决于风暴气压场和风场模式的质量。

1)SLOSH 模式

SLOSH(Sea, Lake and Overland Surges from Hurricanes)飓风暴潮数值预报模式，是美国国家海洋大气管理局(NOAA)、国家天气局(NWS)技术发展研究所海洋技术部早在 1981 年就开始的一项关于飓风暴潮数值预报的美国国家研究项目，截止 1992 年发表技术报告，经历了十多年的研制和改进。它是美国最新一代国家风暴潮预报模式，在防灾预报中发挥了重要作用。

王喜年(2002)指出，SLOSH 模式是二维模式，不计方程的对流项，采用数值方法求解考虑有限振幅效应的流体运动方程。在求解过程中，模式是先将笛卡儿坐标系中表示的方程变为极坐标方程，为了输出风暴潮位打印的方便，又将极坐标方程转换为正方形网格系统中表示的方程，用 B 型有限差分格式求解。模式计算区域覆盖部分大陆架、内陆水体以及障碍物。这种网格的优点是：岸边重点区域的网格可以很细(1 km 左右)，能很好地反应微地形对风暴潮的影响；离岸边较远的深水区网格较粗(节约内存和机时)，而不影响计算精度。

模式的计算程序是一个通用程序，适合任何计算区域。模式计算前最重要的工作是按模式要求整理数据文件。首先每个网格点必须给出地形高度(陆上)或者水深(海上)。由于考虑了淹没陆地，因此，与网格尺度可以比较的障碍物(沙丘、防洪堤、废渣区、天然山脊、礁石以及许多人造结构)也都予以考虑。同时要求仔细分析出通过障碍之间通道的一维流或次网格流(障碍物之间的通道宽度不足一个格距)，还有一维水道流和水道流宽度的变化(不足一个格距)及河岸的高度。

当模式预报正在进行时，若水漫过障碍物，接着水溢出并储存在障碍物之后的区域里，模式计算转向新的网格区块进行。同样，当风暴过后水退之后，已退水的干网格就停止计算。水侵入内陆直到被其他障碍物或天然升高的地形所阻挡，飓风可能产生横过低地的巨大潮水淹没，向内陆扩展数英里。

模式是对给定的飓风进行运算，所以必须能提供尽可能准确的飓风参数：飓风中心位置(经度、纬度)、中心气压、最大风速半径。从登陆前 48 小时到登陆后 24 小时，以每 6 小时为间隔输入这些参数。

SLOSH 模式的漫滩功能是这样实现的：模式计算的潮水淹没范围是针对风暴潮叠加在平均海平面上(相对于半潮面)的情况；要知道风暴潮发生在当地高潮时的淹没范围，只需将模式计算值减去半潮差。

SLOSH 模式在美国 9 个计算域上所做的 9 个风暴潮数值模拟结果表明，总数为 570 个验潮站记录、验潮杆和高水位标志观测值用于拟合模式结果，其误差一般在±20%之间(均方差 47 cm)，只有几个观测值在这个范围之外。

近几年，美国 SLOSH 模式创建单位的专家们，开始采用地理信息系统为模式准备输入的水深资料和地面高程资料。同时，在此基础上开展了沿海特定区域的风暴潮风险分析。

到 1994 年为止国家海洋环境预报中心和美国专家合作建立了覆盖中国海的 5 个 SLOSH 计算区域(图 15.10)，并实现业务化。之后，针对已经投入业务化使用的模式，在模式的水平分辨率和网格的嵌套技术方面作了改进和提高，所建立的针对局部区域的两重嵌套网格高分辨率台风风暴潮数值预报模式，其两套网格的嵌套采用单向松弛套网格技术，对预报的物理量进行松弛，避免了边界附近寄生波的产生，增加了模式的稳定性，而所建立的水平分辨率约为 3.7 km 的模式从 2003 年起投入业务化运行，在风暴潮预报中起到了重要的作用。截至 2005 年，共对 11 次台风的风暴潮做了跟踪计算，预报了 338 站次的风暴增水，相对误差在 30%以内的为 238 站次，每年的预报保证率均达到 70%。数值预报模式为每次台风风暴潮的预报提供了科学的依据，在工作中发挥了重要的作用。

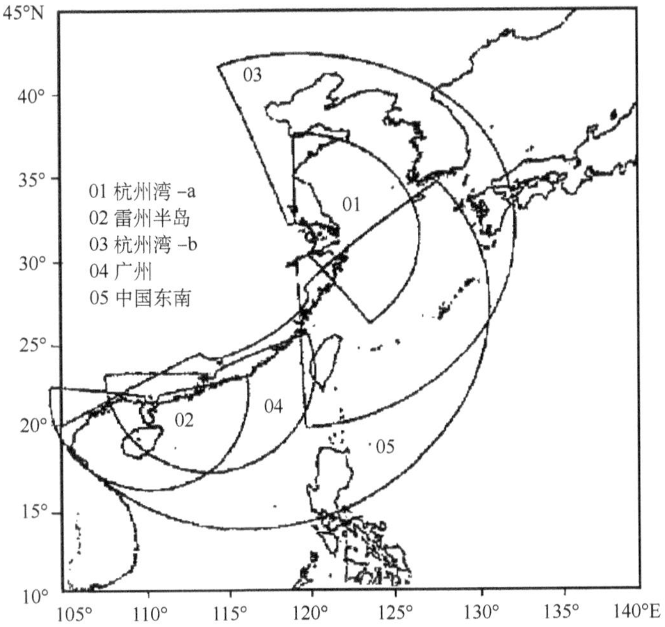

图 15.10 中国海 5 个 SLOSH 计算区域

2)FVCOM 模式

Chen 等(2003)、Geoffrey Cowles 和 Woods Hole 海洋研究所的 Robert C. Beardsley 联合开发了海洋模式 FVCOM(Finite-Volume Coastal Ocean Model)。FVCOM 不同于其他海洋模式的是它采用了无结构三角网格,因此可以更好地拟合岸界,提高沿岸地区网格的分辨率,该模式现在已被广泛地应用于河口以及浅海地区的海流、水位、悬浮物等物理量的模拟中。该模式应用于风暴潮模式可以考虑边界处淡水径流量对风暴潮的影响,部分地考虑了天文潮和风暴潮非线性相互作用对风暴增水的影响,其采用的三角网格可以相当大地提高沿岸地区的模拟精度,模式中需要输入的风场和气压场由其他模式提供。目前,国家气象中心正与华东师范大学合作将该模式应用于风暴潮数值预报业务化工作,目前的计算区域为东中国海(图 15.11 和 15.12),该网格在沿岸的最高分辨率约为 200 m,模式的开边界由 16 个主要分潮和气压产生的水位抬升组成。

FVCOM 模式的控制方程由球坐标系下垂向平均的动量方程、连续方程组成。数值计算方法采用无结构三角形网格有限体积方法,对原始方程直接作有限差分。采用无结构三角形网格,是为了完全拟合岸线和局部加密。在河口海岸,由于多变的岸线和众多的岛屿,在整个计算区域内要做到所有岸线和岛屿与网格拟合和局部加密,一般有结构的四边形网格是做不到的。有限元方法也采用三角形网格,但数值计算方法采用样条函数,代入原始方程后求其待定系数。而有限差分方法,则是对每个计算单元(三角形和多面体)对写成通量形式的原始方程作面积分,采用高斯定律,再把面积分转化为线积分。线积分的物理意义为流过该边的法向通量,一个单元内经过各边的净通量即为该单元物理量的变化率。因此,这种数值计算方法具有很高的计算精度。

3)海模式

英国海模式(Sea Model)的气压场和风场计算方法代表当今世界温带风暴潮预报技术领先水平,王喜年(2002)对海模式进行了简单的介绍。海模式 1978 年用于预报业务。气压场和风应力场采用 10 层大气模式提供的预报结果,计算域覆盖不列颠诸岛附近的大陆架,计算域外边界水深 183 m,每天(冬半年,每年 9 月至翌年 4 月)运算两次。与逐次递推的 36 小时气压和风的预报相对应,每 12 小时可以获得 30 小时预报时效的风暴潮预报。海模式是 Bidston 海洋研究所在 Heaps 二维线性模型的基础上发展起来的,潮汐和风暴潮一起计算,考虑了两者间的相互作用,减去单独计算的潮汐获得风暴潮预报值,将预报值加到对应位置的准确潮汐预报上,得到总体水位的预报值。1982 年与之相联接的大气模式由 10 层发展到 15 层;而用于计算天文潮的水边界值由 2 个分潮增加到 6 个分潮。同时为了考虑形成于陆架区边缘的风暴潮而扩大了模式的计算区域。

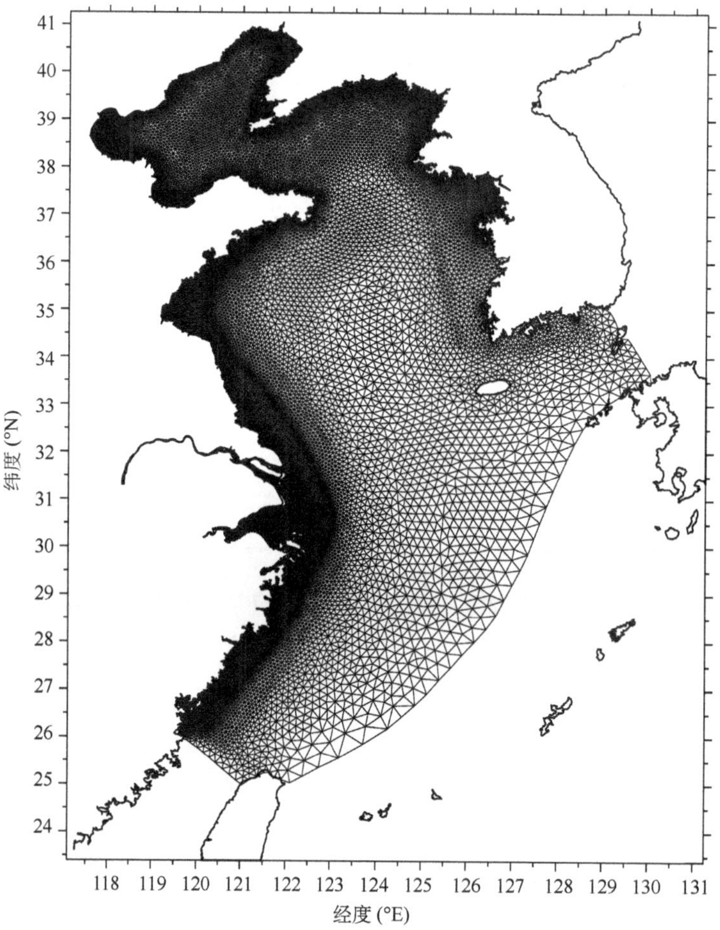

图 15.11　FVCOM 在东中国海的无结构三角型网格

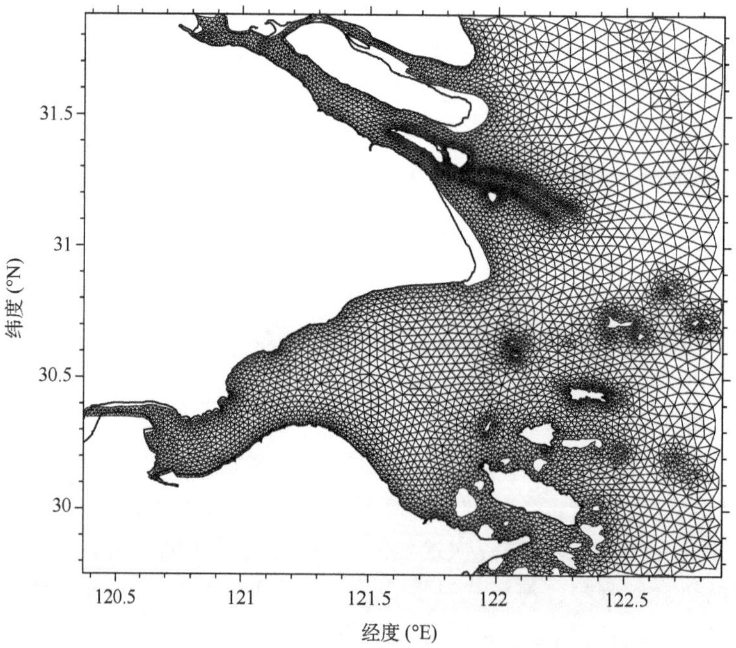

图 15.12　局部放大了的长江河口杭州湾网格

15.5　海洋气象服务

15.5.1　海洋军事气象服务

气象水文要素是影响军事行动的重要战场环境条件之一，军事行动的各个领域或环节都不同程度地受到气象水文环境的影响制约。20 世纪 80 年代以来若干次高技术局部战争充分证明，气象水文环境不仅影响参战军兵种的战斗力和高技术武器装备的作战效能，而且还影响着战役的进程，是决定战争胜负、制约战争进程的重要因素之一。

黄志松等(2006)指出，海流、潮汐不仅直接影响舰船特别是潜艇的航向、航速，还对核化及生物武器的辐射和扩散及海上救生、打捞等活动有影响。海水温度、盐度、密度及跃层对水雷、潜艇等军事活动有影响，海浪、海况及内波对舰船活动、登陆作战、舰载雷达、鱼雷和导弹的发射等军事活动有影响，潮汐对登陆作战、布扫雷行动、舰载雷达的观测等军事活动有影响，水声、大洋声道对军事活动也有影响。风会影响水面舰艇的航向、航速，还直接影响弹丸的命中率，影响飞机的飞行速度和起降活动；气温、气压、湿度的变化会影响导弹的飞行和射程；海雾降低海上能见度，对舰船的航行有重要影响；大气波导与辐射对舰载武器和军事活动也有影响。

15.5.2　海洋气象导航

15.5.2.1　气象导航原理

海洋气象导航也称为气象定线，就是为船舶设计航线并跟踪预报沿航线天气和海况，航线服务结束后给出评价报告这一系列技术工作的综合。海洋气象导航的基本原理是根据当前天气、短、中、长期天气和海况预报，结合船舶特性和船舶运载情况，选择一条尽量能避开大风浪、特别是顶头浪和横浪等不利因素又能充分利用有利的风、浪、流等因素的航线，使其达到最佳经济和安全航线。其目的一是安全，二是经济。可见，大范围、中长期的天气和海况预报是船舶气象导航的基础。

郭禹(2005)、李志华等(2005)、丁勇等(2001)指出，航线设计是一项比较复杂和细致的工作，涉及知识面广，选择性和多变性强。由于海区广、活动余地大、气象条件多变，各种船舶情况差异不同，要综合考虑各方面的因素，如船舶状态、货载情况、物料和燃油、淡水数量及航区的助航标志、危险障碍物、分道通航制和各有关航行规章以及航区的政治情况、水文气象的分析等，最后设计出一条经济安全的理想航线。

影响船舶运动的环境因素有风、雾、海流和海浪。从广义上说气象导航适用于所有海上航线，但由于船舶沿岸航行和狭水道航行时风、浪条件都不会很恶劣，也没有必要设计航线，所以在这种情况下进行气象导航是没有意义的。另外，在低纬度，除热带气旋活动外，天气很稳定，气象航线与气候航线几乎没有什么区别，也没有必要使用气象导航。气象导航经常在横渡大洋的中高纬大洋航线上使用。

在实际的气象导航工作中，可以根据船舶不同的航行目的，在保证航行安全的前提下，为其提供不同要求的航线。通常有以下几种航线可供选择：

(1)安全航线：为船舶提供对于货物和人员最为安全的航线，一般来说安全航线并不是最经济的航线。

(2)最短航线：选择距离最短的航线航行，在大洋上尽量走大圆航线，这种航线最为省时但安全性得不到保证。

(3)混合航线：在安全得到保障的情况下尽可能的走最短航线，在有大风浪的区域走安全航线。这种航线也是气象导航经常推荐的一种航线。

(4)特殊航线：为满足船舶的特殊要求而选择的航线。

15.5.2.2　气象导航的工作方式

海洋气象导航可分为岸上气象导航(岸导)、船舶自行气象导航(自导或船导)和船岸结合导航三种方式。目前，由于岸导开展时间早，技术手段比较成熟，仪器设备比较先进，人员经验丰富，所以为主流气象导航方式。而自导和船岸结合的导航由于开展较晚，技术不成熟应用面不广。

(1)岸上气象导航

岸上拟定船舶气象航线的业务包括许多方面：要有一个专门的业务班子，由气象专家、海洋专家和有丰富航海经验的船长组成；要有先进的通信手段和联络线路，以便及时指导和监督航行中的船舶；还要有先进的计算工具，用来处理大量观测数据，求解复杂的预报方程进行自动定线计算。

气象导航首先是由船长或船舶所属公司向气象导航机构提出申请。申请电文中包括该船的预计起航时间、航速、吃水、干舷高度、稳性、燃油状况和货载等基本情况以及在本航次中的特殊要求(如货物安全、乘客舒适或急需在一定时间抵达目的港等要求)。气象导航机构收到申请电文后，根据船长提供的有关资料和要求，利用已有的大量气候资料和中短期的天气资料，再结合该船的具体情况和要求提供整个航程最佳推荐航线和气象、水文预报。如果船舶开航时间有变更，则气象导航公司再通过上述程序重新给出推荐航线。船舶开航后，气象导航机构要进行跟踪导航服务，要求船长每两天向气象导航机构报告一次中午船位和天气、海况、船舶状况等事项，并向船长提供最新的航区内天气系统、海况变化情况以及未来3～4天内船位预报和可能遇到的天气状况。如预料船舶前进航线上将会出现特殊恶劣天气和海况时，气象导航机构会及时报警提示，必要时经慎重考虑后会向被导船舶提出修改航线或调整航速的建议，以使船舶尽量减少遭遇恶劣天气的机会和因此而造成的损失。当然，如因恶劣天气和海况而影响船舶不能按时起航时，气象导航机构会及时建议船舶推迟起航。

船舶航行结束后，气象导航机构还要向船舶公司提供一份航次评价分析报告，报告内容包括航程、航时、平均航速、天气失速因子、洋流失速因子、执行航速、船舶失速、燃油消耗状况及航行期间风、浪、流统计，并绘制航线图。这份报告除了供船舶公司审核整个航行过程外还具有法律效应，可以提供给海事法庭作为船舶公司赔偿或拒赔依据。

现代通信技术对气象导航具有很重要的意义。如果没有迅速可靠的通信，气象导航机构就不能及时接收来自全球气象通信网的各种气象报告、海洋资料、分析图表和预报产品，也就无从计算最佳航线。同样，岸—船通信不畅就不可能对被导航的船舶进行跟踪服务，气象导航业务也就难以实施。目前卫星通信的发展为气象导航业务的顺利进行创造了十分有利的条件。

岸导尽管有着诸多的优势，但也有不少不足，受到多方面的局限。

1)距离船舶太远，仅靠船舶的基本观测资料很难判断船舶的实际情况，造成航线预报的准确性下降。

2)对船舶本身性能了解有限，只是很简单地了解船舶的船速、吃水、装载量等粗略情况，对于船舶的载货详细情况、结构组织、受风面积、主辅机性能等详细情况不了解，造成船舶失速计算和设计最佳航线出现偏差。

3)航行中航线修改滞后。在航行过程中，岸导机构要根据船舶报告的船位和天气海况情况来修改推荐的航线，在船岸联系中往往花费很多时间，因而难于做到实时导航。

4)航线修改的局限性。航行中船舶可能会短时遭遇到一些局地性的恶劣天气和海况，由于现代天气预报对于中小尺度的天气系统预报准确率很低造成岸导机构不能及时提出航线修改意见，此时就需要船舶临时变更航线或采取紧急措施，岸导方式限制了船长灵活指挥船舶航行的主动性。

5)岸导保密性差。接受气象导航的船舶必须将出发港、目的港、起航日期和载货情况等信息提供给岸导公司。对于某些用途的船舶，由于不宜公开这些信息，因而无法采用气象导航。

(2)船舶自行气象导航

船舶自行气象导航也叫自导或船导。李志华等(2001)、冷梅(2000)指出，岸导机构是一个咨询性的机构，它所推荐的航线只是一种建议性的航线，不负任何法律责任和经济责任，船舶是否采用岸导机构推荐的航线要由指挥船舶航行的船长来决定。同时，岸导机构推荐的航线也不可能绝对无误，即使是正确率相当高，也不可能代替船长的现场指挥。近年来，由于数值预报和通信技术的发展，船长在航行中可以得到丰富、详细的资料，在航行中始终掌握海上天气及海况变化的第一手资料，使船舶自行导航成为可能。

船舶自行气象导航具有以下三个优点：

1)即使接受岸导公司的气象导航服务，船舶自行气象导航也可以帮助船长充分理解岸上定线意图，最大限度地配合气象导航公司完成航行任务。

2)驾驶员亲自分析气旋发展移动形势和现场情况，弥补了岸上分析的不足，在任何时刻都掌握主动权，使他感到更自信踏实，这一点从心理感觉上也很重要。

3)采用自导可减少岸导时繁复的通讯联系和电报业务，节约导航费用。

自导也有其本身的局限性限制了其广泛应用：

1)对于天气、海况资料的获取不方便。虽然现在船舶通讯手段较为先进但其获得的资料也远远比不上岸导机构。

2)船长对于气象毕竟是外行，要求船长的预报能力达到专业预报员的水平是不现实的。

3)船上的计算设备也远远落后于岸上，这对于需要大量运算的航线设计和修改、气象资料的运用有极大的限制。

4)如出现海损还要单请气象导航机构出具证明，从经济上来说得不偿失。

(3)岸船结合气象导航

为了充分发挥岸导和自导两者的优势，克服、弥补它们各自的不足，在船岸结合实施气象导航方面，国内外都提出了有关设想的研究方案。它的主要内容是岸导机构为船长提供初始推荐航线和中期天气、海况预报，最后由船长选定航线；或者为船长提供第一阶段航线，即从进入公海始至 48 小时这一段航线，不断提供气象、海洋方面的预报资料，以后的航线设计由船长完成。这就要求船长充分理解岸导航线的意图，最大限度地参考它；另外，由于大部分选择航线的工作由船长来完成，要求船上添加一定的设备来支持这一工作系统。

目前得到应用的是日本天气新闻公司(WNI)的 BRIDGE 系统。它可以提供 10 天的风、浪、涌、流预报，并将导航机构提供的推荐航线和船长的意向航线一起显示在系统中，让船长在直观的情况下选择最佳航线，很好地发挥了岸导和自导的优势。

海洋气象导航利用世界海洋监测网、GPS 技术、廓线浮标站(Argo)、卫星遥感及海气通量观测等新的观测资料，在提高监测水平的基础上，以数值大气—海洋耦合模式预报产品作为航线优选和航线天气预报的主要依据，提高指导船舶规避海洋灾害的能力，以减少海难、海损事故的发生，改善导航服务的质量；利用不断改进和提高分辨率的全球海—气耦合模式和区域模式输出的多种海洋要素预报产品，研究建立智能化海洋气象导航系统，客观、定量、自动精选最优航线，更好地为海洋气象导航服务。

15.5.3 海洋渔业气象服务

绝大多数的水产养殖都是在露天的自然环境下进行的，海洋捕捞业更是如此，因此，自然气候风险始终是渔业生产活动中的主要风险。我国的渔业产业组织化程度低，大部分生产经营者独立生产经营，资本和技术力量单薄，防灾投入不足，防灾的意识单薄，抵抗灾害的能力也非常有限，渔业整个产业对灾害的承受能力很弱，在重大灾害侵袭时十分脆弱。

许朝霞(2007)指出，近年来海洋渔业气象灾害的致损特点为：1)灾害强度逐渐增大，致损呈现逐年扩大的趋势；2)灾害突发性强，预报准确度不够，难以预防；3)灾害损失难以估算，统计数据误差大；4)灾害波及面积大，有明显的地域集中性；5)受损后恢复生产困难，渔民返贫现象严重。

陈松菊(1995)指出，减少渔业损失，从气象防灾上我们应做到以下几点：1)尊重科学，安全第一。在预报中切忌保险系数过大或过小而导致低效益、无效益或事故的发生。2)加强联防，提高预报准确率。要加强上下游台站之间的联防、组织会商，使预报产品更加精准及时。3)慎防低压系统的灾害。低压大风是预报分析研究的难题，黄渤海低压具有起风快、风力强的特点，往往使预报估计不足，造成海损事故，因此在预报时要警惕黄渤海低压的发生和发展。4)预报要准确，指导要得力。5)海雾的灾情不容忽视，海雾也是渔场发生重大海损事故的因素之一。海雾使海面视程恶劣，直接影响渔船的航行和捕捞作业，特别是渔业转制以后，一些船员技能差，由于雾的存在致使渔船在家门口撞礁翻船，造成人员伤亡，在海上作业时，也会因为海雾浓、视程恶劣造成撞船事故。

15.5.4 海洋资源开发气象服务

在海洋气象预警、预报业务的基础上，提高海洋资源综合开发的气象保障服务水平是迫切要求。海洋资源开发的气象保障业务需进一步完善，对港口工程、海洋油气、生物资源开发、海上旅游、海洋渔业、海盐和盐化工业等海洋资源的气象服务保障能力需进一步提高，对风能、太阳能、潮汐能等海洋再生能源开发的气象服务保障能力要有所突破。

15.5.5 海上救援气象服务

国际海上搜索和营救公约强调气象和海洋情报在支援海上搜救方面的重要性。对于遇难船只或飞机可能走过的航线上的现在和未来的天气及海况的分析将大大有助于搜索。当搜索漂流的幸存者时，需要考虑风、洋流和潮汐的作用，例如近海洋流、潮汐或在海岸附近旋转的海流、风、涌浪和漂流。未来要建立高智能海上事故救援气象保障系统，实现监测、预警及救援决策一体化，对海上事故救援提供及时准确的气象保障。

15.5.6 盐业生产气象服务

严明良等(2006)指出，经统计检验对海盐生产的警示预报，影响盐业生产的气象因子，相关性最好的是天气、温度、湿度等气象因子。影响卤水蒸发过程的因素主要有温度、太阳辐射吸收量、卤水自身的成分、湿度等。在同等气象条件下，蒸发量大的年份盐产量相对高一些，气温越高，卤水温度相应增高，蒸发量随之增大。卤水深度不同，接收的太阳辐射能是不一样的，从而引起的蒸发效果也不一样。卤水深时，卤水接收的热能多，浅水利用的热能少。同等气象条件下，卤水浓度越高，蒸发量越小；湿度大不利于蒸发，湿度小有利于蒸发。大风对制盐生产弊多利少：刮起的尘土扬沙影响盐的质量，损坏塑膜，而且常伴有降水；益处是加大走水深度后，不但可提高蒸发效果，而且可利用大风分撇制卤。上风头浓度高，下风头浓度低，将上风的卤水分撇出来，可多制中级卤水。

根据盐业生产的纳潮、制卤保卤、结晶、扒盐 4 个主要过程，把季节和天气状况、蒸发量、日照、风速等气象因子作为主要的因子，对应各生产流程分别归纳出不同的气象警示及其必须采取的相应生产管理决策措施，从而为海盐生产提供科学指导。根据这些因子与海盐生产的关系，设计了预报方程，最终预报出海盐生产的警示级别。

15.5.7 海洋灾害性天气保障服务

无论是海上军事、航运、渔业、盐业等气象服务还是海上救援应急气象保障都要求做好海洋灾害性天气预报服务工作。建设现代化的海洋气象服务系统就是建立完整的沿海海洋气象预报预警和相应的气象服务体系，提供一流的海洋气象保障服务。海洋气象服务的重点是为客货运输、海洋导航、海洋油气田等提供气象服务；开展滨海工业环境气象影响评价服务、海岛和滩涂开发的海洋气象服务、海洋气候资源的合理开发利用服务。

15.5.7.1 海洋气象监测服务

利用天基、空基、地基(海上、陆上、岛上)观测系统对气象、海洋环境要素进行观测，实现对海风、海雾等进行实时、全天候的监测，并通过各种渠道，在第一时间内把监测信息分发到用户手中。

15.5.7.2 海洋气象预报警报服务

进一步提高海洋气象数值预报产品的准确率，延长海洋气象灾害的预报、警报时效，研究建立各种海洋环境要素的客观预报方法，提高对各种海洋气象灾害(如海雾、大风等)的预警、预报能力，建立完善的中国海洋气象灾害预警系统，提高对海洋资源利用、海上运输和海损、海难救援的气象服务保障能力。

参考文献

陈松菊. 1995. 搞好渔业气象预报的儿点体会. 气象,**21**(12)51-52

大气科学辞典编委会 1994. 大气科学辞典. 北京:气象出版社

丁骏. 2003. 浙江沿海台风风暴潮类型与成因探讨[J]. 海洋预报,**20**(2):5-14

丁勇,等. 2001. 航海学. 北京:人民交通出版社

冯士筰. 1982. 风暴潮导论. 北京:科学出版社,1-241

郭禹. 2005. 航海学[M]. 大连:大连海事大学出版社

黄爱军,李风金. 1988. 依据变温、变压值与波高间的相互关系预报冬季南海大浪区[J]. 海洋预报,**3**:24-30

黄思训,任荣生. 2001. 大气科学中的数学物理问题. 北京:气象出版社

黄志松,姜百冬,等. 2006. 海洋-大气环境影响海军武器装备和海上作战的评估研究 .//第三届军事海洋战略与发展论坛论文集[C],665-670

冷梅. 2000. 船舶自行气象定线研究[A].//中国航海学会海洋船舶驾驶专业委员会天气海洋与航海安全论文集[C],120-125

李风金,黄爱军. 1988. 我国黄、东海气旋浪分布和计算[J]. 海洋湖沼通报,**3**:1-8

李志华,陈家辉,王辉. 2001. 海洋船舶自行气象导航[J]. 世界海运,**24**(1):18-19

李志华,等. 2005. 海洋船舶气象导航. 大连:大连海事大学出版社

秦曾灏,李永平,黄立文. 2002. 中国近海和西太平洋温带气旋的气候学研究. 海洋学报,**24**(1 增刊):105-111

寿绍文,等. 2006. 天气学分析. 气象出版社

王彬华. 1983. 海雾. 海洋出版社

王喜年,许林之. 1981. 我国海区冬季大风海浪经验预报方法研究[R]. 海洋科技资料, **1**:9-17

王喜年. 1986. 风暴潮预报及预报技术讲座第一讲风暴潮及其危害[J]. 海洋预报,**3**(2):66-72

王喜年. 2002. 风暴潮预报知识讲座第六讲:风暴潮预报技术(3)[J]. 海洋预报, **19**(3):65-72

汪兆椿,李茂和. 2001. 形形色色的海洋灾害. 商务印书馆,

闻斌,刘俊. 2006. 海浪数值模式研究回顾与进展[J]. 海洋预报,**23**(4):76-81

徐建成. 2001. 派比安台风对上海黄浦江潮位的影响及其成因探讨. 海洋预报,**18**(1):1-10

许朝霞. 2007. 简析极端性气象灾害对海洋渔业的影响. 渔业经济研究,26-30

许富祥. 2002. 海浪预报知识讲座第六讲海浪的地理分布与季节变化(2)[J]. 海洋预报,**19**(3):78-81

许富祥. 2003. 海浪预报知识讲座第九讲海浪预报技术及预报方法(2)[J]. 海洋预报,**20**(2):79-83

严明良,等. 2006. 江苏沿海气象灾害预报及产业警示技术. 气象科技,**34**(6):35-740

袁业立,等. 1992. LAGFD-WAM 海浪数值模式Ⅰ:基本物理模型[J]. 海洋学报,**14**(5):1-7

张增海. 2008. 海上大风神经网络预报方法研究技术报告

章国材,矫梅燕,李延香,等. 2007. 现代天气预报技术和方法. 北京:气象出版社

赵伟. 2008. 海上大风统计方法技术报告

朱乾根,林锦瑞,寿绍文,唐东升. 2000. 天气学原理和方法. 北京:气象出版社

Chen Changsheng, Hedong Liu, Robert C Beardsley. 2003. An Unstructured Grid, Finite-Volume, Three-Dimensional, Primitive Equations Ocean Model: *Applicaion to Coastal Ocean and Estuaries*. **20**:159-186

Coastal Engineering Research Center(海岸工程研究中心). 1977. Shore Protection manual. U. S. Armg. Fort Belvoir, 3rd ed.; Vol. **1**:517

El-Sabh M I. 1990. Statistical Analysis of long-Term Storm Surge Data, Storm Surge: Observation and Modelling. // *Proceedings of International Symposium on Storm Surge*. Sept. 15-17, 1987,Beijing, China, China Ocean Press, 313-314

Tolman HL, D Chalibov. 2002. Testing of Wave Watch Ⅲ Version 2. 22 in NCEP's NWW3 ocean Wave Model Svite Technology Note 214, NOAA/NWS/Ncep/OMB,2002,99

第16章 水文气象

水文气象是气象业务的重要组成部分，是专业气象业务的主要内容之一。加强暴雨洪水实时监测和预报，开展水资源、水环境分析评估，提供及时、准确、全面的水文气象服务信息，是防灾减灾、保障江河湖库安全、应对水资源短缺的迫切需求，也是水文气象业务的主要任务。随着社会经济的发展，水旱灾害损失越来越大，水资源紧缺和水环境污染日趋严重，各级政府管理部门及社会公众对水文气象工作提出了更高的要求，迫切要求加强水文气象服务，充分发挥水文气象服务效益。

16.1 水文气象的内涵和方法

16.1.1 水文气象的内涵

水文气象学是应用气象学、水文学的原理和方法，研究与水文要素演变有关的各种大气现象的发生、发展及其分布规律的一门科学。主要研究大气与下垫面的水分交换，降水、蒸发、温度、湿度、风的变化规律与水文要素变化和水循环之间的关系，以及水文状况变化的气象效应等。它是气象学与水文学之间的边缘学科，既是现代水文学中最富有生机的分支学科，又是应用气象学的重要组成部分。

水文气象学主要应用于江河湖库的防洪兴利、水资源调度、水环境管理和水利水电工程的规划设计等。江河湖库防汛的最重要工作之一，就是依靠水文与气象方法的密切结合，开展暴雨洪水的监测、预报和警报工作。一个地方水资源评价以及旱涝规律分析和长期趋势预报，也必须依靠水文与气象方法的密切结合。在水利工程特别是大型水利工程规划设计中，必须对规划设计方案进行气象上的合理性分析和气候风险的评估与论证，使水利工程建筑在更为安全可靠和经济合理的基础上。随着社会经济的发展，水旱灾害损失越来越大，水资源紧缺、能源紧缺和水环境污染问题日趋严重等，各级政府管理部门及社会公众对水文气象工作提出了更高的要求，迫切要求加强水文气象的科学知识和技术方法的应用，充分发挥水文气象服务效益。

目前，水文气象业务服务主要有流域雨情实时监测，区域干旱、渍涝监测，为江河湖库防汛抗旱、水资源调度、水环境管理以及水利工程建设与管理等开展的气象要素预报，流域降水预报，洪水预报，江河冰情凌汛监测预报，风浪预报，水污染气象条件潜势预报，流域旱涝趋势预测，以及气象条件对水资源、水环境的影响的分析评估等。

建立综合监测体系，构建由水文站、气象站、加密雨量站、多普勒雷达、卫星遥感等组成的具有高时空分辨率的水文气象综合监测系统及其监测信息共享平台，建立水文气象综合监测体系，实现水文气象资料共享，提高雨量及相关气象要素及水位、流量、水资源、凌汛等实时监测自动化和资料收集的现代化水平，是延长洪水预报时效并提高洪水预报精度、加强水资源分析评估以及流域旱涝趋势预测等现代水文气象业务服务工作的基础。

加强面向重点防范流域、重点江河湖库的大范围中短期乃至延伸期的强降水过程预报预测，结合水文预报将传统的强降水过程预报向流域洪水过程预报延伸，是延长洪水预报的关键，对于提高防汛决策服务能力具有重要作用，也是水文气象适应社会需求、满足服务需要、进行自我适应和发展的总体趋势。

16.1.2　水文气象的研究方法

水文气象的研究是在实测资料的基础上，对水文气象现象的基本特征进行综合分析。它的特点是通过已获取的实测水文气象资料，把它们同大气圈、岩石圈、水圈、生物圈及人类活动结合起来，进行水文气象过程和水文气象规律的研究，并对将来的水文气象状况进行预测预报和分析评估。根据水文气象的这些特点，其研究方法从水文学角度可以划分为成因分析法、数理统计法和地理综合法等。水文气象学的成因分析法是以物理学原理为基础，利用实测资料研究确定水文气象要素间的定量、定性关系，建立各种确定性模型。数理统计法是以概率论为基础，对水文气象观测资料进行分析处理，计算分析水文气象要素特征值的统计规律以及与各影响因素间的相关关系，建立不同要素不同时效的分析与预报经验性模型。地理综合法是按照水文气象现象的地带性规律和非地带性的地区差异，建立地区性的经验公式，揭示地区性的水文气象特征。

从气象学角度，水文气象的研究方法可以划分为天气学方法、数值模型方法和统计动力方法等。天气学方法是根据天气学的原理，以天气图为主要工具，配合卫星云图、雷达资料以及各种经验规则和统计图表，分析和研究天气的变化规律，并对降水、蒸发、湿度、温度、风等水文气象要素进行分析预报。数值模型方法（又称动力学方法）是根据流体力学理论，利用一系列表述流体变化的数学物理方程描述水文气象现象状态，并通过大型、快速的电子计算机求解描述大气（或水体）运动的数学物理方程组，预报未来水文气象要素的变化。动力统计方法是数学模型与概率统计相结合的方法，即考虑到求解描述大气（或水体）运动的数学物理方程组目前还有许多难以克服的困难，将数学物理方程组中的一些重要变量作为因子，采用统计学的方法建立模式，形成统计-动力水文气象模型。这类方法既具有物理基础，其预测预报结论相对客观，又有一定的可操作性，但主要问题在于对物理因子的数学物理方程组中变量的统计处理。

随着水文学与气象学的发展，当前，水文气象主要以数值预报模式为基础，采用水文和气象资料的融合、同化方法，通过数值模式及其释用产品的开发和应用，建立气象-水文-土壤耦合模式，制作包括流域天气、土壤水分、水位、流量、水资源、地表径流循环及江河湖面大风和雾等各类精细化水文气象预报产品，并分析评估产品等。

16.2　水文气象监测

在水文循环中，下渗、地下水及地表径流等，主要属水文学的研究范畴；而降水和蒸发，则为水文学和气象学共同关注的问题。因此水文气象监测可分为气象监测、水文监测及水环境监测三个方面。

16.2.1　监测对象

水文气象监测的项目很多，包括降水、蒸发、气温、大气湿度及风等主要气象监测内容，水位、流量、泥沙、地下水水位、冰情、泥沙颗粒级配、水温、土壤含水量等水文监测，以及水质、蓝藻水华等水环境监测。气象工作者对气象监测比较熟悉，各种文献已有较多介绍，这里不再重复，下面重点介绍水文及水环境主要监测项目。

16.2.1.1　水位

水位是指河流或其他水体的自由水面相对于某一基面的高程，目前全国统一采用黄海基面。其单位为米（m）。水位是反映水体、水流变化的重要标志，是水文监测中最基本的观测要素，是水文站常规的观测项目。水位观测的设备有水尺和自记式水位计两类。水尺观测时，水面在水尺上的读数加上水尺零点高程即为当时水位值。自记式水位计能将水位变化的连续过程自动记录下来，有的还能将所观测的数据传送到室内，使观测工作自动化和远传化。

16.2.1.2 流量

流量是单位时间内流过江河某一横断面的水量，它是根据河流水情变化的特点，在水文站上用各种测流方法进行流量测验取得的实测数据，经过分析、计算和整理而得的资料，单位为立方米/秒(m^3/s)。流量是反映水资源和江河、湖泊、水库等水量变化的基本资料，也是河流最重要的水文要素之一。

16.2.1.3 泥沙

河流中的泥沙，按其运动形式可分为悬移质、推移质和河床质三类。悬移质泥沙悬浮于水中并随之运动；推移质泥沙受水流冲击沿河底移动或滚动；河床质泥沙则相对静止而停留在河床上。全国现有推移质泥沙取样站20多个，河床质泥沙只根据需要取样，悬移质泥沙测验是经常性的。

16.2.1.4 冰情

冰情是指冬季河流或水库的水体随气象、水利、地形因素的变化而发生的一系列复杂的结冰、封冻、解冻现象的总称。

16.2.1.5 土壤水分

土壤水分即土壤水，是指保存在土壤中的水分。降雨、蒸发和人类进行的灌溉、排水活动可以起到调节土壤水分的作用。土壤水分的含量与干土重之比又称为土壤湿度。土壤水分资料的获取有地面观测和遥感探测两种方法。

16.2.1.6 水质监测

水质监测以江、河、湖、库及地下水等水体和工业废水、生活污水等排放口为对象进行监测，检查水的质量是否符合国家规定的有关水的质量标准，为控制水污染、保护水资源提供依据。

16.2.1.7 藻类监测

藻类监测主要指对藻类暴发的监测以及对相关气象影响因子的监测。目前，我国部分湖泊由于富营养化，导致蓝藻等藻类物质大量繁殖，形成水华，引起水体生物大死亡、湖泊水质恶化，严重威胁湖泊周围地区的饮水安全。

16.2.1.8 洪涝监测

洪涝监测主要是指洪水发生时淹没区域的监测。洪涝可分为河流洪水、湖泊洪水和风暴洪水等。其中河流洪水依照成因不同，又可分为暴雨洪水、山洪、融雪洪水、冰凌洪水和溃坝洪水。其中影响最大、最常见的洪涝是河流洪水，尤其是流域内长时间暴雨造成河流水位居高不下而引发堤坝决口，对地区发展损害最大，甚至会造成大量人口死亡。

此外，水文与水环境监测项目还有地下水水位、泥沙颗粒级配、水温监测等，这里不再一一赘述。

16.2.2 监测手段

水文气象监测主要是通过气象观测站网和水文观测站网来实现的。气象观测站可分为常规观测站和专业观测站。一个较完整的现代化气象观测系统由观测平台、观测仪器、资料收集和处理系统组成。

水文观测站网是进行水文观测的基层单位和搜集水文资料的基地。水文站布站的原则是通过所设站网采集的水文信息经过整理分析后，达到可以内插流域内任何地点水文要素的特征值。我国水文站网于1956年开始统一规划布站，经过多次调整，布局已比较合理，对国民经济发展起积极作用。但我国水利水电的发展及大规模人类活动不断改变着天然河流产流量、蓄水及来水量等，因此目前水文站网还在不断地进行适当调整和补充。

基本水文站(流量站)的建立要经过选择测验河段和布设观测断面，具体就是使测站的水位与流量之间呈良好的稳定关系。水文测站一般布设基线、水准点和各种断面。断面包括基本水尺断面、流速仪测流断面、浮标测流断面及比降断面。基本水尺断面设立基本水尺，用来进行经常的水位观测。测流断面应与基本水尺断面重合，且与断面平均流向垂直。若不能重合，亦不能相距过远。浮标测流断面有上、中、下三个断面，一般中断面应与流速仪测流断面重合。上、下断面之间的间距不宜太短，其距离应为断面最大流速的 50～80 倍。比降断面设立比降水尺，用来观测河流的水面比降和分析河床的糙率。水准点分为基本水准点和校核水准点，均应设在基岩或稳定的永久性建筑物上，也可埋设于土中的石柱或混凝土桩上。基线通常与测流断面垂直，起点在测流断面线上。其用途是用经纬仪或六分仪测角交会法推求垂线在断面上的位置。基线长度视河宽 B 而定，一般应为 $0.6B$。在受地形限制的情况下，基线长度最短也应为 $0.3B$。

在河流或流域内的固定点上对水文要素的观测称驻测，这是我国收集水文信息的最基本方式。为更好提高水文信息采集的社会效益和经济效益，目前采取驻测、巡测、间测及与水文调查相结合的方式观测。巡测是观测人员以巡回流动的方式定期或不定期地对一地区或流域内各观测点进行流量等水文要素的观测。间测是中小河流水文站有 10 年以上资料分析证明其历年水位流量关系稳定，或其变化在允许误差范围内，对其中某一要素（如流量）停测一时期再施测的测停相间的测验方式。水文调查是为弥补水文基本站网定位观测的不足或其他特定目的，采用勘测、调查、考证等手段进行收集水文信息的工作。

遥感技术在水文水资源领域有广泛的应用，成为收集水文信息的一种重要手段，其内容主要概括为如下几方面：

(1)流域调查：根据卫星照片可准确查清流域范围、流域面积、流域覆盖类型、河长、河网密度、河流弯曲度等。

(2)水资源调查：使用不同波段、不同类型的遥感资料，可判断各类地表水的分布，可分析饱和土壤面积、含水层分布以估算地下水储量。

(3)水质监测：遥感资料可分析识别热水污染、油污染、工业废水及生活污水污染、农药化肥污染以及悬移质、藻类繁殖等情况。

(4)河口、湖泊、水库的泥沙淤积及河床演变、古河道的变迁等。

(5)洪涝灾害监测：包括洪水淹没范围的确定，决口、滞洪、积涝的情况，泥石流及滑坡的情况。

16.3　水文气象预报

水文气象预报是指为江河湖库防汛抗旱、水资源调度、水环境管理等而开展的气象要素预报，以及致洪暴雨预报、山洪预报、风浪预报、水污染气象条件潜势预报、旱涝趋势等专题预报。

16.3.1　水文气象要素预报

16.3.1.1　降水及面雨量

从水文气象角度来说，降水包括降雨量、降雨强度、降雨历时、降雨过程、降雨分布、笼罩面积及暴雨中心位置等等。降雨量是指与洪水过程相应的一次降雨过程的总量，它可以指某个雨量站的降雨量，若对一个流域而言，则指流域的面平均雨量，即面雨量。一般在进行降雨预报的同时，还根据河流流域地貌、流域水分状况、水利工程质量和标准以及降雨和径流的关系等因素，针对防洪要求作出未来暴雨、洪水可能发生地区的预报。将降雨预报和洪水预报有效结合起来，可以延长洪水预报时效并提高洪水预报精度。

流域面雨量预报气象业务工作，是各级政府组织防汛抗洪和水库调度等决策的重要依据。面雨量是一切洪水预报模型的输入场，所以面雨量估算和预报是水文气象预报的关键因素。面雨量是指某一时段内一定面积上的平均雨量，可表示为：

$$\overline{P} = \frac{1}{A}\int_A P\,\mathrm{d}A \tag{16.1}$$

式中 $\overline{P}$ 为某一区域的面雨量，A 为区域的面积，P 为有限元 dA 上的雨量。流域的流量、江河抗洪能力及水库蓄洪规模都与流域平均降雨量(面雨量)密切相关，因此面雨量是与洪水预报相联系的。目前国内外对于面雨量的研究主要采用的方法有实况插值法、要素回归法、遥感相关法、神经网络法和物理模型法等。其中又以实况插值法的实用性最强，要素回归法对比较长的时段效果较好，月雨量、年雨量回归计算在某些地方已取得区域试验的成功并应用于实际服务，遥感相关法、神经网络法、物理模型法等也有成功的个案，但基本还是以研究为主。

16.3.1.2　温度

温度主要包括气温和水温。气温作为热量指标对流量的主要影响表现在以下几个方面：一是影响冰川和积雪的消融；二是影响流域总蒸散量；三是改变流域高山区降水形态；四是改变流域下垫面与近地面层空气之间的温差，从而形成流域小气候。

预报气温变化时，不同的天空状况对气温变化有不同的影响，当天空中有云时，白天云能减弱地面获得的太阳辐射，使地面受热减少，而夜间云却能使地面不致散失更多热量。云的这种作用，使得白天地面气温不易升得很高，夜间不易降得很低。

雾对气温的影响与云类似，白天使气温不易升得太高，夜间不易降得太低。据统计，在浓雾日空气增温值相当于晴天正常增温值的 1/4，最低气温值与形成雾时气温值的差不超过 4 ℃。

在有降水的情况下，雨滴在降水过程中不断地蒸发，并大量地吸收周围空气的热量，这就可使地面气温降低。在降雪的情况下，气温一股并不降低。雪后天晴时，由于地面积雪反射太阳辐射，使地面吸收热量减少，加之雪融化消耗热量，可使气温降低。

风对气温日变化有着重要影响。风速大时，湍流交换强，有利于空气的热量上下交换。白天可使地面气温增温减慢，夜间则降温减慢。例如，夜间风速达 2～3 m/s 时，最低气温比静风时高 1～2 ℃左右。

水温是影响水面蒸发的主要因子，气温是影响水温的主要因子。水温增加，水分子运动速度加快，易于逸出水面跃入空气中。因此，水面蒸发量随水温的增加而增加。对水温预报的方法主要有两种：一是统计法，通过相关分析筛选出有效因子，运用数理统计学的方法进行预测；二是数值法，通过动力学和热力学方程建立预报模式，按给定的初始条件和边界条件进行数值解后作出预报。

16.3.1.3　风

通常所说的风是指空气相对于地面的水平运动，是一个水平矢量，由风向和风速组成。风向是指风的来向；风速是指单位时间内空气相对于地面移动的水平距离。在水文气象预报中，主要考虑风速对蒸发及风力对湖水运动的驱动影响。风吹过水面时，要携带走水面上空的水汽，这有利于增加水面水分子的逸出量。一般而言，水面蒸发量随风速的增加而增加。但当风速达到某一临界值时，水面蒸发将不再增加。

16.3.1.4　土壤湿度

土壤湿度预报对于灌水定额的计算非常重要。土壤湿度变化受多方面因素制约，土壤湿度预报目前常用方法有两类，一类是在土壤水分平衡分析的基础上，对影响土壤水分平衡因子进行简化后，通过确定土壤水分收支数量预报未来的土壤湿度；另一类是用土壤水分观测资料与影响土壤水分变化的气象因子建立统计模式预报土壤湿度。

16.3.2　水文气象专题预报

16.3.2.1　致洪暴雨预报

致洪暴雨就是形成特定地域内江河洪水的大面积、长历时的强降水(梁钰等 2005)。致洪暴雨的定义式可以表示为：

$$FTR = \iint_{s\,t} I_g \,\mathrm{d}s\mathrm{d}t + BQ \tag{16.2}$$

式中 FTR 表示致洪暴雨强度；I_{st}，ds 和 dt 分别表示强降水的强度、面积和历时，$\iint_{s\,t} I_{st}\,\mathrm{d}s\mathrm{d}t$ 表示三者的综合效果，描述了致洪暴雨的气象成因，是致洪暴雨重要的气象参数；BQ 笼统地表示前期基础降水量，它是一个复杂的函数，可认为是与前期江河底水或起涨流量、流域内土壤湿润状况、下垫面特征、水库分布、地表径流和流域汇流特性、及下游顶托效应等多种水文和地理因素有关，从而给致洪暴雨的确定带来颇大困难(沈浒英等 1996)。此外，某一地域洪涝灾害出现与否，除了上述自然因素之外还和人的因素有关，如水利工程设施质量、防御能力强弱、防御措施是否适当等，都受人的活动或人的主观能动性制约。气象工作者为满足水文预报的需要，首要的任务是在一定的水文条件下，确定某一特定地域致洪暴雨面雨量的临界值，凡大于临界面雨量的暴雨，称为致洪暴雨(章淹等 1993)。

16.3.2.2　山洪预报

山洪预报是防御山洪灾害、降低或减轻山洪灾害损失的一项重要工作。山洪预报制作基础是考虑山洪地域性和地形地貌特征的降水预报。通常产生山洪的暴雨强度大、历时短、汇流快，并且产生山洪的流域面积小，短期面雨量预报精度不高，但基于天气雷达的小流域面雨量估测和临近预报具有较高的时空精度，对于获得防灾避灾的主动权具有重要作用。同时在山洪灾害易发区的主要河流和水库，监测预报山洪的汇流时间、流量及泥沙含量、沟溪坡降及随山洪冲蚀的边界变化，可以获取山洪强度大小的重要技术数据，并同时对受灾地区的人民生命财产可能遭受的损失进行预报。

16.3.2.3　风浪预报

水库湖泊中的波浪主要是由风引起的，即风对表层湖水的作用所导致的波浪，又称为风浪。湖泊风浪的产生与发展，取决于风速、风向、吹程及其作用的持续时间、水深和湖盆等因素。波浪的特征主要由下列要素描述：①波峰与波谷间的垂直距离为波高；②两相邻波峰间或波谷间的距离为波长；③波形上任一点在单位时间内所传播的距离为波速；④两相邻波峰通过空间同一点所需时间为周期。风浪的预报主要是对水域风向、风力及形成的浪高等的预报。

16.3.2.4　旱涝趋势预测

旱涝趋势预测是指时间尺度大于 1 个月的气候预测，包括月、季、年、年际等时间尺度。一般而言，大气运动的时间尺度越长，它的空间尺度也越大。目前对于较长时间尺度的旱涝趋势预测，不仅大气内部的动力、热力过程是重要的，大气外部强迫因子如海洋和陆面热状况也是十分重要的。

16.3.2.5　水污染气象条件潜势预报

当进入水体中的污染物含量超过了水体的自净能力，就会导致水体的物理、化学及生物特性的改变和水质的恶化，从而影响水的有效利用，危害人类健康，这种现象称为水体污染。水污染气象条件潜势预报主要是通过风向、风速、温度、湿度、日照、流域降水等气象要素的预报，分析气象条件对蓝藻生长、爆发和聚集的影响。

16.3.3　水文气象预报主要产品

短时预报产品：0～12 小时的气温、风等水文气象要素预报、面雨量预报；重点区域渍涝风险等级；山洪预警气象服务及以气象-水文耦合模式为基础开展有关水文要素预报等。

短期预报产品：未来 1～3 天的面雨量预报；气温、风等水文气象要素预报；重点区域渍涝风险等级预报，以气象-水文耦合模式为基础开展有关水文要素预报等。

中期预报产品：未来 4～10 天的面雨量趋势预报；气温、风等水文气象要素趋势预报；逐旬旱涝监测；逐旬土壤墒情监测预报；重点区域渍涝风险等级预报及以气象-水文耦合模式为基础开展有关水文要素趋势预报等。

延伸期预报产品：重大天气、洪水过程趋势预报；降水与气温趋势预报；月气候预测及影响评价等。

旱涝趋势预测产品：汛期(6—8 月)、冬季、春季、秋季气候预测；年度气候预测等。

16.4 水文预报

水文预报是现代水文学科的一个分支。它是在充分掌握水文客观规律的基础上，利用降雨过程在流域出口断面形成径流过程的水文学规律，包括产汇流计算、建立流域水文模型及对模型预报的联机实时校正等内容，进行流域出口断面的水位流量过程预报。

16.4.1 降雨径流预报

流域内降雨形成流域出口断面的径流过程分为两个阶段：一是降雨转化为净雨的过程。降雨扣除植物截留、填洼等损失后，剩余的部分称为净雨。净雨在数量上等于它所形成的径流量。这个过程也称为产流过程，净雨量的计算称为产流计算。二是净雨沿地面和地下汇入河网，并经河网汇集所形成流域出口断面的径流过程，称为流域汇流过程，与之相应的计算称汇流计算。二者合称流域产汇流计算（林三益 2001）。

16.4.1.1 流域产流计算

降雨产流量预报是以降雨径流形成理论和坡地产流基本规律为基础，由降雨量预报流域出口断面的径流量，即净雨量。目前常用的方法有降雨径流相关法、蓄满产流模型和超渗产流模型等。

（1）降雨径流相关法

降雨径流相关图是在成因分析统计的基础上，用每次流域平均雨量和相应产生的径流量以及影响它们的主要因素所建立起来的一种定量相关图。国内考虑相关图中的主要影响因素是前期影响雨量 P_a，称为降雨径流相关图（长江水利委员会 1993）。

用前期影响雨量 P_a 作参数推求时段径流量，是先计算出 P_a 及各个时段的累积雨量，然后在降雨径流相关图上查得各时段的累积径流量，相邻两时段累积径流量之差就是该时段的径流量。

（2）蓄满产流

蓄满产流基本假设为：任一地点上，土壤含水量达蓄满（即达田间持水量）前，降雨量全部补充土壤含水量，不产流；当土壤蓄满后，其后续降雨量全部产生径流。这种产流机制比较接近或符合土壤缺水量不大的湿润地区（芮孝芳 2004）。

流域的产流过程在空间上是不均匀的，在全流域蓄满前，存在部分地区蓄满而产流。一般可由流域蓄水容量曲线表征土壤缺水量空间分布的不均匀性。流域蓄水容量曲线是将流域内各地点包气带的蓄水容量，按从小到大顺序排列得到的一条蓄水容量与相应面积关系的统计曲线，如图 16.1 所示。

图中纵坐标 WM' 为各地点包气带蓄水容量值，WMM 为其中最大值，一般都以 mm 表示；横坐标 α 为面积的相对值 f/F，F 是全流域面积，f 为流域内包气带蓄水容量小于或等于 WM' 的面积，曲线所围的面积 WM 为全流域平均的蓄水容量。蓄水容量曲线可由抛物线方程近似描述。

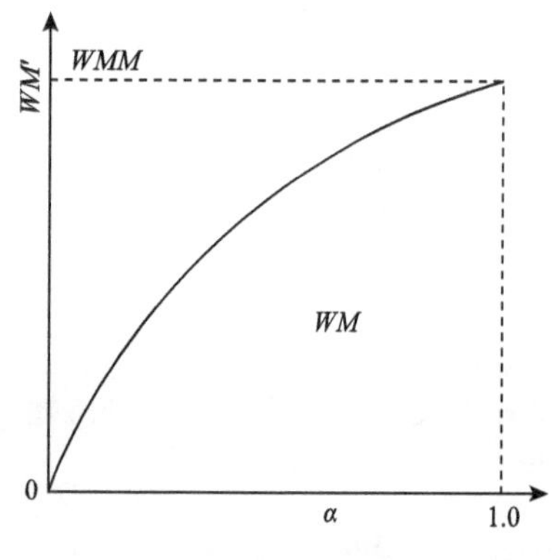

图 16.1 包气带蓄水容量曲线（林三益 2001）

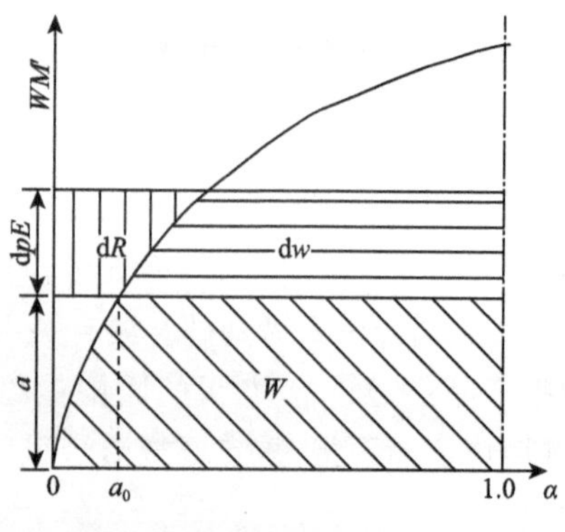

图 16.2 流域初始土壤湿度分布与降雨产流量示意图（林三益 2001）

各次降雨前的初始土壤含水量分布是不相同的，但认为分布规律符合图 16.1 所示的变化。如图 16.2 中斜线所示面积为流域平均的初始土壤含水量 W。这时有扣除雨期蒸发后的时段雨量 dPE，相应的产流量为 dR、损失量为 dW。

以上各变量都有专门的计算公式，目前已经都采用计算机编程计算。

(3)超渗产流

在干旱和半干旱地区，地下水埋藏很深，流域的包气带很厚，缺水量大，降雨过程中下渗的水量不易使整个包气带达到田间持水量，只有当降雨强度大于下渗强度时才产生地面径流，这种产流方式称为超渗产流(芮孝芳 2004)。

超渗产流认为雨强小于地面下渗能力时，降雨量全部下渗补充土壤含水量而不产流；雨强大于地面下渗能力时，超出部分全部产流。任何时刻的地面下渗能力取决于该时刻的土壤含水量。

根据超渗产流机制，超渗地面径流量为雨强与下渗率之差与时间的乘积，即雨强过程扣除下渗过程所得为净雨过程。因此不同形式的下渗关系形成了不同的超渗产流计算方法。国内常用霍顿下渗率公式进行超渗产流计算。

16.4.1.2　流域汇流预报

流域汇流预报是指由净雨量预报流域出口断面的洪水流量过程，包括地面径流、壤中流和地下径流经汇集于出口断面的流量过程预报，其预见期是流域汇流历时。流域汇流计算方法有经验单位线法、瞬时单位线法和等流时线法等。

(1)经验单位线法

单位线的定义：在给定的流域上，单位时段内时空分布均匀的一次降雨产生的单位净雨量，在流域出口断面所形成的地面(直接)径流过程线，称为单位线，记为 UH。单位净雨量常取 10.0 mm，单位时段长可任意选取。单位线有两个假定：①如果单位时段内净雨深是 N 个单位，它所形成的出流过程的总历时与 UH 相同，流量值则是 UH 的 N 倍；②如果净雨历时是 m 个时段，则各时段净雨量所形成的出流量过程之间互不干扰，出口断面的流量过程等于 m 个流量过程之和。

$$Q_d(t)=\sum_{i=0}^{m} r_{d,i}q_{t-i+1} \tag{16.3}$$

式中 Q_d 为流域出口断面时段末直接径流流量(m^3/s)；r_d 为时段净雨量(用单位净雨量的倍数表示)；q 为单位线时段末流量(m^3/s)；t 为直接径流流量时序，$t=1,2,3,\cdots,m+n-1$，其中 m 为净雨时段数，n 为时段单位线时段数。

如果 UH 已知，即可由净雨转换为出流，计算十分简便。实际洪水过程大多为多时段净雨所形成，需分割出各时段净雨量所形成的直接径流过程后推求 UH。实际工作中常用试错法。首先将本流域中由一个时段净雨量分析得到的单位线作为第一次假定的单位线 $q(t)$，求出最大时段净雨量以外的各时段净雨量产生的部分地面径流过程，把它们错开时段叠加，与总地面径流过程相减，相差值就是最大时段净雨量 $r_{d,2}$ 所产生的部分地面径流过程 $r_{d,2}q(t)$，把它乘以 $\frac{10}{r_{d,2}}$，就得一条试算单位线 $q'(t)$。若与第一次假定单位线 $q(t)$ 接近，即为所求；否则将两条单位线相应的纵坐标平均值作为第二次假定的单位线。重复上述步骤，直至假定单位线与试算单位线基本相符为止。

(2)等流时线法

假设流域中水流汇集速度分布均匀，则其中任一水滴流达出口断面的时间仅取决于它离开出口断面的距离。据此就可以绘制一组等流时线。相邻两条等流时线之间的流域面积称为等流时面积。按等流时线概念，瞬时降落在同一条等流时线上的水滴必将同时流达出口断面，而瞬时降落在等流时面积上的水滴将在两条相邻等流时线的时距(记为 Δt)内流出出口断面。

等流时线法把流域内降雨的空间分布和流域形态同流域出口断面流量组成联系起来，表示了其间的成因关系，也有利于对降雨空间分布不均匀的处理，但它需要处理一个关键性问题是槽蓄的调节作用。

1945 年克拉克(C. O. Clark)提出流域调蓄作用可以分两步来模拟:首先按面积-时间曲线调节,然后再按单一线性水库调节。克拉克模型实际上是面积-时间曲线和单一线性水库串联而成的模型,它是对等流时线作调蓄改正的一种处理方法。

16.4.2 河道流量和水位预报

在集水面积较大流域的中、下游河段,其上游断面的来水量常比区间入流量大,上、下游断面的水位(流量)过程线相似性好,水力要素差异也不大,使上、下游断面同位相的水文要素之间在定性和定量上存在着一定的变化规律,可建立其间的定量关系。河段洪水预报就是利用这种定量关系,根据上游断面刚出现的水位(流量)值预测下游断面未来的水位(流量)值,后者将发生的时间取决于洪水波在上、下游断面间的传播时间,此即为河段洪水预报的预见期。河段洪水预报实质是以水文学途径近似求解河道非恒定渐变流,其常用的方法有相应水位(流量)法和流量演算法。在介绍之前先说明一下基于水力学方法的洪水波分类情况。

16.4.2.1 洪水波及分类

在恒定流水面上,由于外来原因,例如暴雨径流、水电站运行、闸坝放水等,突然被注入一定水量,则原来恒定流水面便因此受到干扰而形成一种不稳定波动,这就是洪水波。水力学上认为河道洪水波是一维缓变不稳定浅水波。通常按水流运动的动力方程中各项作用力的对比关系,把洪水波分成四类:运动波、扩散波、惯性波和动力波,其中只考虑阻力项和重力项为运动波;不考虑惯性项为扩散波;不考虑阻力项和重力项为惯性波;全部考虑的为动力波。

16.4.2.2 马斯京根(Muskingum)法

马斯京根法是由 G. T. 麦卡锡于 1938 年提出的,因首先应用于美国马斯京根河而得名。即在忽略水流运动的动力方程惯性项的前提下,动力方程可简化为槽蓄方程。马斯京根法基本方程就是联立槽蓄方程和河段水量平衡方程所解得的流量演算方程式。我国从 20 世纪 50 年代起对该法进行深入的研究,并逐步加以改进。1962 年华东水利学院提出马斯京根法有限差解的河网单位线,随后长江流域规划办公室水文处导出马斯京根法河道分段连续流量演算的通用公式及完整的汇流系数表。1985 年华东水利学院提出了马斯京根非线性解以及矩阵解。在实际应用中,20 世纪 70 年代之前常用汇流系数直接推求出流过程,现在直接采用计算公式编程计算。

16.4.2.3 相应水位(流量)法

相应水位(流量)预报法是在大流域的中、下游河段广泛采用的一种实用方法,它是根据天然河道里洪水波运动原理,分析洪水波在运动过程中,波的任一位相水位(相当于水位过程线上任一时刻的水位)自上站传播到下站时的相应水位及其传播速度的变化规律,寻求其经验关系,据此进行预报的一种简便方法。相应水位是指河段上、下站同位相的水位。相应水位(流量)预报,可认为是用某时刻上站的水位(流量)预报一定时间(如传播时间)后下站的水位(流量)。

洪峰水位(流量)预报是从河段上、下站实测水位资料,摘录相应的洪峰水位值及其出现时间,点绘相应洪峰水位(流量)关系曲线及其传播时间曲线。有时遇到上站相同的洪峰水位,只是由于来水峰型不同(胖或瘦)或河槽"底水"不同,导致河段水面比降发生变化,影响到传播时间和下站相应水位预报值。这时如加入下站同时水位(流量)作参数,可以提高预报精度。在建立相应水位关系时,一般注意河道特性及应用历史洪水资料,使高水外延有一定的根据。

在防汛工作中,大江大河及有些河流的中下游,洪水历时很长,还需预报水位(流量)过程以弥补洪峰预报的不足。但采用峰谷做的方案进行过程预报可能误差比较大,这时要采用误差校正的方法,可以采用现实校正法,原理是依据相邻时段的预报误差存在着相关性,可用前一时段的预报误差来校正后一时段的预报值。

16.4.3 水文模型

水文模型是以流域为系统,模拟流域上降雨径流形成过程。系统的输入是降雨量和蒸发量,输出为流域出口断面的流量过程。流域模型有产流和汇流两个子系统，可以看做前述产、汇流模型的组合。产流模型模拟流域坡面上（水平向及垂直向）各种水分的活动与交换，以水量平衡为基础，又分为蒸散、土壤水、地表流、壤中流、地下水流等子系统。汇流模型模拟净雨量汇集至出口断面的自然过程，以流域调蓄为核心，又分为各种水源的坡面汇流及河槽汇流等子系统（李致家 2008）。目前国际上主要有新安江模型、SWAT 模型、萨克拉门托（Sacramento）模型、水箱（Tank）模型、TOPMODEL 模型，下面介绍新安江模型、SWAT 模型和 TOPMODEL 模型。

16.4.3.1 新安江模型

（1）新安江模型简介

新安江模型是河海大学赵人俊（1983）提出并且目前仍在广泛应用的水文模型。它是分散性（分布式）模型，其把全流域分成若干单元流域，对每个单元流域分别作产汇流计算，得出各单元流域的出口流量过程，再分别进行出口以下的河道洪水演算至流域出流断面，把同时刻的流量相加即求得流域出口的流量过程。

新安江模型由四个模块组成，分别为蒸散计算、产流量计算、分水源计算、汇流计算，图 16.3 为其模型结构框图（赵人俊 1983）。

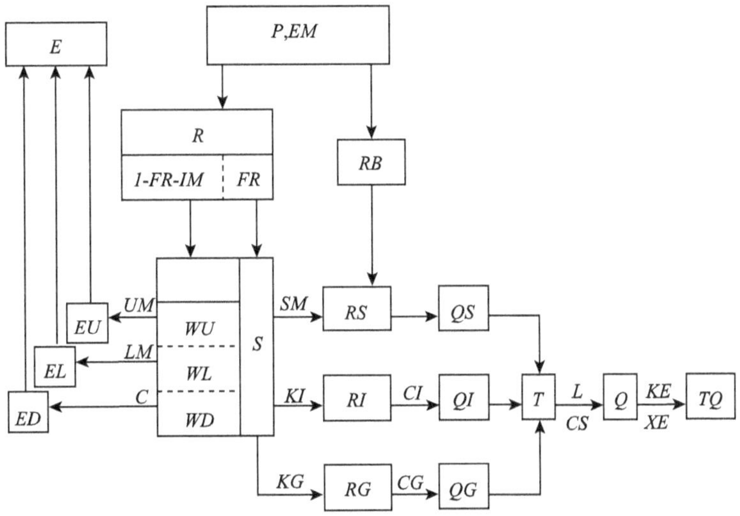

图 16.3 三江源新安江模型流程图（沈浒英等 1996）

图 16.3 中状态变量与参数的意义如下：E 为蒸散，EU 为上层蒸散，EL 为下层蒸散，ED 为深层蒸散，WU 为上层土壤含水量，WL 为下层土壤含水量，WD 为深层土壤含水量，UM 为上层土壤含水容量，LM 为下层土壤含水容量，C 为深层蒸散系数，P 为降水量，EM 为蒸散能力，R 为产流量，FR 为产流面积，IM 为不透水面积，RB 为直接产流，S 为土壤自由水含量，SM 为土壤自由水容量，RS 为地表径流，RI 为壤中流，RG 为地下径流，KI 为壤中流出流系数，KG 为地下水出流系数，CI 为壤中流消退系数，CG 为地下水消退系数，QS 为地表径流量，QI 为壤中流径流量，QG 为地下径流量，T 为子流域分块流量，L 为汇流滞时，CS 为河网汇流消退系数，Q 为子流域出口断面流量，KE 为蓄量常数，XE 为流量比重参数，TQ 为流域出口断面流量。图中方框内为状态变量，方框外为模型参数。新安江模型采用三层蒸发计算模式，它的输入是蒸发器实测水面蒸发和流域蒸散能力的折算系数 K，模型的参数是上层蓄水容量 WUM、下层蓄水容量 WLM、深层蓄水容量 WDM 和深层蒸散系数 C，$WM=WUM+WLM+WDM$。输出是流域的上层蒸散 EU、下层蒸散 EL 及深层蒸散 ED，$E=EU+EL+ED$。各层蒸散的计算原则是：上层按蒸散能力蒸发，上层含水量不够蒸发的时候，剩余蒸散能力从下层蒸发，下层蒸发与剩余蒸散能力及下层含水量成正比，与下层蓄水容量成反比。要求计算的下层蒸散量与剩余蒸散能力之比不小于深层蒸散系数 C，否则，不足部分由下层含水量补给，当下层水量不够补给时，用深层含水量补给。

产流量计算采用蓄满产流模式,前已述及,此不赘述。

计算的总径流 R 先进入自由水蓄水库,再划分水源,见图 16.4。图中状态变量与参数的意义参见图 16.3。此水库有两个出口,一个向下形成地下径流 RG,一个向旁侧形成壤中流 RI,由于蓄满产流模型的产流仅发生在产流面积,它的底宽是变化的。同时认为在产流面积上自由水的蓄水容量(SM)并不是均匀分布的,即要考虑 SM 的面上分布,对此还是采用抛物线来表示自由水蓄水容量曲线(图 16.5)。图中自由水蓄水容量为 SM,自由水蓄水容量曲线的方次为 EX,自由水蓄水容量对地下水的出流系数为 KG,壤中流的出流系数为 KI。

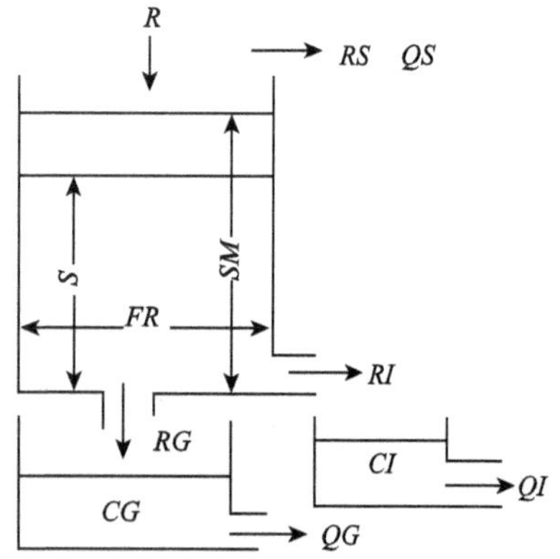

图 16.4 自由水蓄水库和坡地汇流结构
(沈浒英等 1996)

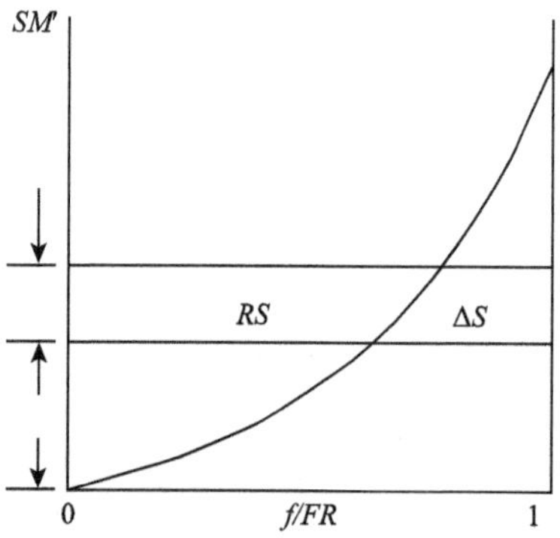

图 16.5 流域张力水蓄水容量曲线
(沈浒英等 1996)

新安江模型将流域汇流划分为两个阶段进行:坡地汇流阶段、河网汇流阶段。坡地汇流采用线性水库方法。地面径流的坡地汇流时间不计,直接进入河网;壤中流汇流的线性水库的消退系数为 CI;地下径流汇流的线性水库的消退系数为 CG,河网汇流采用滞后演算法。

若河网汇流采用滞后演算法,单元的新安江模型有 15 个参数。当河道汇流用马斯京根法时,总共有 17 个参数。参数需要经过优选率定和检验后才可用于模型计算。

(2)模型参数率定

概念性降雨径流模型是以流域为系统,以降雨径流形成理论为基础,模拟经概化和简化后的流域降雨径流形成过程。当模型的结构(或程序)已选定时,通过给定的输入(降雨及蒸散量)和输出(径流过程)求出模型的参数,称为参数率定。

要率定好参数,首先要掌握所选模型的结构、流程和参数的物理含义;其次是深入研制一套适合本流域的使用简便、安全可靠的软件,也可用已成熟的现有的软件;最后要仔细检查用于率定的水文数据的充分代表性和可靠性。一般率定的作法是,首先把模型参数分为两大类,一类是物理参数,可以通过计算或者分析得到;另一类是过程参数,要通过试错或优选确定,后者越少越好。其次,按类分别确定参数,先易后难。

可以初步确定的参数主要是一些与地理、地形有关的参数及有地区规律的和对模拟结果不太敏感的参数。参数率定须遵守一个原则,就是参数率定后要用这组参数模拟各场次的洪水过程,并与实测流量过程线作比较,检查是否有系统性偏差。要根据 2000 年我国水利部颁发的 SL 250—2000《水文情报预报规范》,使计算的洪峰流量及其出现时间和净雨深的误差都要小,流量过程的确定性系数要大。对模拟结果不好的各次洪水过程要给予特别的关注和分析。一般要再审查一次原始资料是否有误,并分析误差的原因。

16.4.3.2 SWAT 模型

(1)SWAT 模型简介

SWAT(Soil and Water Assessment Tool)模型是美国农业部农业研究服务处开发的适用于较大流域尺度的非点源污染负荷计算模型,它的全称是土水评价工具,SWAT 模型开发的目的就是预测有着复杂变化的土壤、土地利用和管理方式的较大流域中，土地利用及管理方式对流域产流、汇流、产沙及农业区的化学污染物负荷的影响。

该模型将流域水循环过程分为陆相和水相两部分。水循环的陆相部分控制着每个子流域内的水向主河道的输入量；水相部分为水、沙等物质从流域河道网络向出口的运移，其水文循环过程见图 16.6（贾仰文等 2005）。

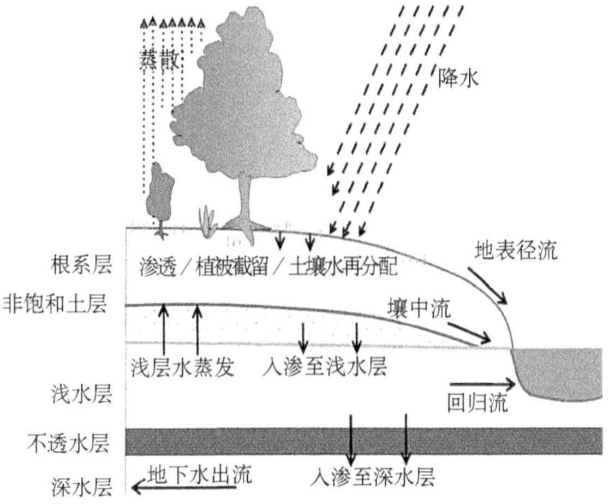

图 16.6　SWAT 模型水文循环过程示意图（章淹等 1993）

SWAT 模拟水循环陆相过程是基于水量平衡方程：

$$SW_t = SW_0 + \sum_{i=1}^{t}(R_{day} - Q_{surf} - E_a - W_{seep} - Q_{gw})_i \quad (16.4)$$

式中 SW_t 是第 t 天的土壤含水量(mm)；SW_0 是土壤初始含水量(mm)；R_{day} 是第 i 天的降水量(mm)；Q_{surf} 为第 i 天的地表径流(mm)；E_a 为第 i 天的蒸散量(mm)；W_{seep} 为第 i 天存在于土壤剖面底部的渗透量和壤中流(mm)；Q_{gw} 为第 i 天的地下水量(mm)。

对于地表径流的计算，SWAT 提供了两种方法：SCS-CN 法和 Green&Ampt 法。两种方法对冠层截留、地表存储和下渗的处理方式不同。

SCS 径流方程是一个经验模型，是对遍及美国的小流域降雨-径流关系经过 20 多年研究的结果。它考虑了流域下垫面的特点，如土壤、坡度、植被、土地利用等，并可应用于无资料流域，能针对未来土地利用情况的变化，预测降雨径流关系的可能变化。计算方程为：

$$Q_{surf} = \frac{(R_{day} - I_a)^2}{R_{day} - I_a + S} \quad (16.5)$$

式中 Q_{surf} 为径流量(mm)；R_{day} 为当天的降雨量(mm)；I_a 为在径流发生前，包括地面存储、截流和下渗的初损；S 为保持力参数(mm)，是后损的上限。由该式可以看出，只有在 $R_{day} > I_a$ 时才有径流产生。I_a 常用经验关系估计：

$I_a = 0.2S$，

$$S = 25.4\left(\frac{1000}{CN} - 10\right)$$

式中 CN 为曲线数(Curve Number)，它是反映降雨前流域特征的一个综合参数，与流域前期土壤湿润程度、植被、土壤类型和土地利用现状等有关，需要在进行模拟的过程中进行率定。

在计算蒸散时，考虑水面蒸发、裸地蒸发和植被蒸腾，SWAT 提供 3 种潜在蒸发计算方法，即 Penman-Montieth 方法、Priestley-Taylor 方法及 Hargreaves 方法。

SWAT 模拟水循环的水相过程包括主河道与水库汇流计算。利用曼宁公式计算河道里的流量和流速，当主河道为地下河时，洪水时可能为有压流，也可能为无压流，过程比较复杂。模型只考虑无压流，并率定曼宁系数，用马斯京根法或变动存储系数法(Variable Storage)演算河道汇流过程。

(2)SWAT 模型结构

SWAT 模型系统庞大，其 2000 版本已发展为由 701 个数学方程和 1013 个中间变量组成的模型体系，结构较为复杂。分布式模拟时，流域需要划分为多个子流域和水文响应单元，同时需要多种地理数据，数据量随研究区域的增大而变得十分庞大。这些因素都决定了模型的运行必须按照特定的组织和步骤进行。SWAT 模型采用模块化的结构方法(图 16.7)，模拟的各环节都有对应的子功能模块，模型运行采用命令行代码结构来控制相关模块的调用，命令行的控制由一个包含命令和代码的特定格式配置文件完成。

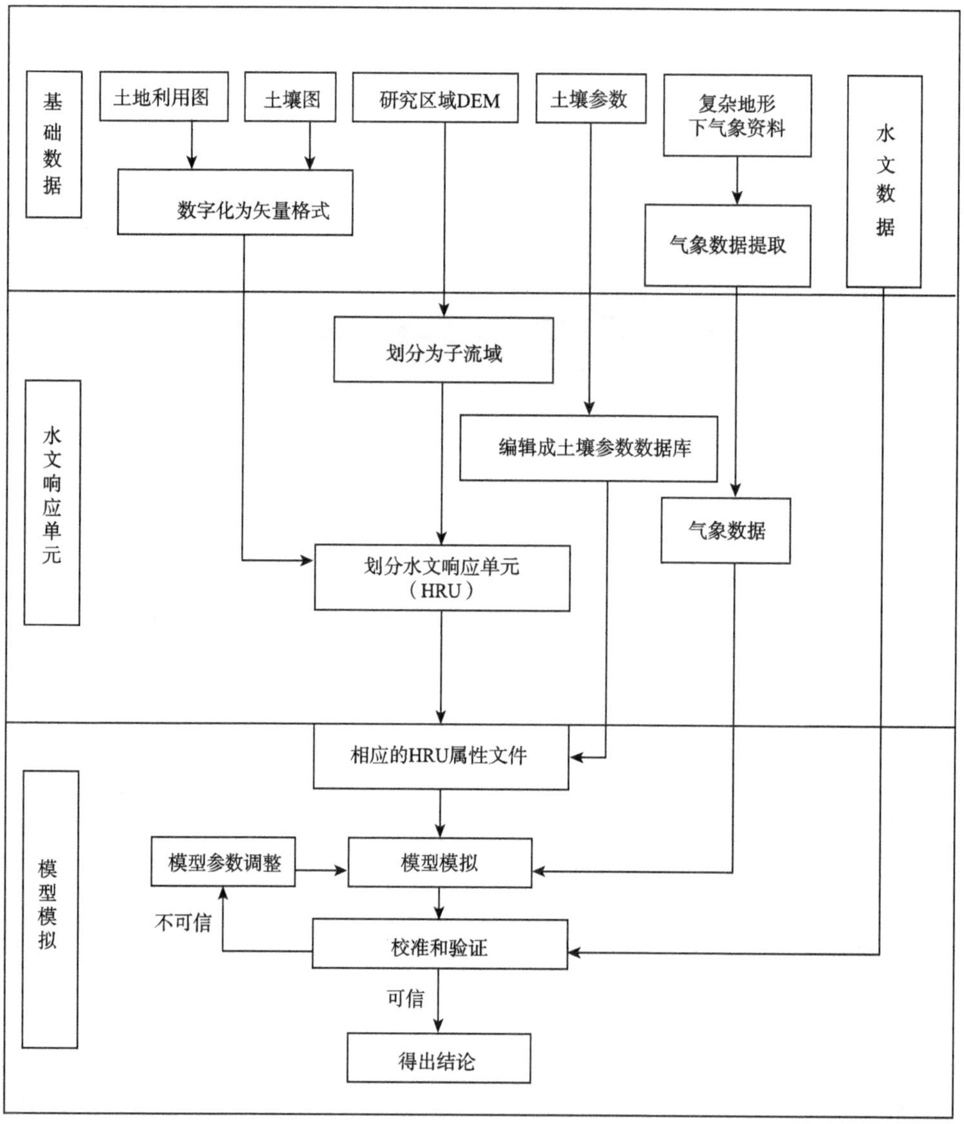

图 16.7　SWAT 模型运行结构示意图

(3)模型参数率定

分布式水文模型 SWAT 需要通过引入大量的参数来描述。由于参数的获取通常存在空间变异性、量测误差等问题，致使模拟值与观测值之间吻合程度不高，因此，应用 SWAT 模型对径流进行模拟，需要率定模型参数，以确保模型运行结果具有较高的准确度。

在 SWAT 模型 2005 版本中新增添了灵敏度分析模块，采用 LH-OAT 灵敏度分析方法，对模拟流域的参数进行灵敏度分析，辨析出对流量模拟精度影响显著的因子。SWAT 模型在淮河流域的子流域淠河流域的应用过程中，找出了 SCS 径流曲线数(CN)、土壤可利用水量(SOL_AWC)是影响淠河流域出口断面流量模拟精度的显著因子。参数率定主要对 CN 值和土壤可利用水量(SOL_AWC)进行率定。

SCS 曲线数 CN(其取值范围为 0～100)是一个无量纲参数,用于描述降水-径流关系,已将前期土壤湿润程度、坡度、土壤类型和土地利用现状等因素综合在一起。CN 值把流域下垫面条件定量化,用量的指标来反映下垫面条件对产汇流过程的影响。因此 CN 值是反映降雨前流域特征的一个综合参数,可以间接地综合反映人类活动对径流的影响,也在水文模型参数确定和遥感信息使用之间建立了直接的联系,为解决无资料地区的径流估算提供了新的手段。土壤可利用水量(SOL_AWC)(取值范围为 0～1)是指土壤中从田间持水量减去植物永久凋萎点的水分,土壤可利用水量与径流量呈负相关。

SWAT 输入参数大多具有物理意义,没有标准的优化步骤可适合所有的资料。一些没有基于物理过程定义的参数,如径流曲线系数及通用水土流失方程中的土地覆被和管理因子可以用来调整,以得到较好的模拟结果。

16.4.3.3　TOPMODEL 降水-径流模型

TOPMODEL 降水-径流模型是由英国里兹大学于 20 世纪 70 年代开发的,并不断得到发展和完善的半分布式流域水文模型,在我国也有广泛的应用(李致家 2008)。变动产流面积概念是 TOPMODEL 的理论基础,即饱和地表面积上形成的径流有两种方式:饱和坡面流和壤中流。饱和坡面流是在土壤水力传导性差、坡面平缓、坡形辐合的饱和坡面上形成的。饱和坡面流包括饱和地表面上的直接径流与回归流。近表层土壤水力传导度大以及坡面重力梯度大时则形成壤中流。

TOPMODEL 认为,流域水文响应的分布特性可以通过地形分布特征(地形指数)来描述,从而可以预测集水区土壤缺水量分布。该模型适合处理较小流域,其基本方程为:

$$S_i = S_{ave} - m\ln\left(\frac{a_i}{\tan\beta_i}\right) + m\lambda_{ave} \tag{16.6}$$

$$\lambda_{ave} = \frac{1}{n}\sum_{i=1}^{n}\ln\left(\frac{a_i}{\tan\beta_i}\right) = \frac{1}{n}\sum_{i=1}^{n}\lambda_i \tag{16.7}$$

式中 S_i 为点 i 处的局地饱和缺水量,S_{ave} 为流域平均饱和缺水量,λ_i 为地形指数,n 为流域格点数,m 为土壤饱和水力传导度随土壤深度的衰减率,a_i 为点 i 以上坡面汇水面积,$\tan\beta_i$ 为点 i 处的地表坡度。式(16.6)表明流域内任一点的饱和缺水量与流域平均饱和缺水量和地形指数有关,地形指数值较大的面积上首先容易达到饱和,产生饱和坡面流,这些面积上地形辐合、坡面平缓、水平方向透水性差,这些局部面积即为变动产流面积。

模型的 5 个输入参数为:土壤饱和水力传导度随土壤深度的衰减率 m、地表土壤饱和导水率 T_0 的自然对数值 $\ln(T_0)$(m^2/h)、根系层的最大蓄水量 $SR_{\max}$(m)、根系层的初始缺水量 SR_{init}(m)和流域内部表面流的汇流速度 Ch_{Vel}(m/h)。模型参数的寻优采用蒙特卡洛(Monte Carlo)方法和人工调试相结合的办法,模型率定的目标函数采用 Nash-Sutcliffe 模型效率系数 E:

$$E = 1 - \frac{\sum_{t=1}^{n}\left[Q_i^r(t) - Q_i^s(t)\right]^2}{\sum_{t=1}^{n}\left[Q_i^r(t) - Q_{ave}^r(t)\right]^2} \tag{16.8}$$

式中 Q_i^r 是第 i 个小时的参考流量,用于模型率定时指实测流量,Q_i^s 是模型模拟的流量,Q_{avg}^r 为参考流量的平均值,n 为时间序列长度。E 以 1 为最佳,越接近 1 越好。

TOPMODEL 模拟流域径流的过程如图 16.8 所示。模拟之前首先划分流域边界,计算流域面积,提取流域地形特征,包括地形指数分布和河道出口距离面积分布。地形指数越大的地方,越容易产流,地形指数分布可看成是流域河道的另一种表现形式;河道出口距离面积分布决定流域的汇流过程,TOPMODEL 假定流域表面流的汇流速度为常数,距离流域出口相同的格点上的产流同时到达流域出口,距离相同格点具有的面积大小控制流域出口的流量。对于确定的流域,其地形指数分布和河道出口距离面积分布是固定不变的。流域划分可以基于数字高程数据,采用数字高程流域水系模型 DEDNM(Digital Elevation Drainage Network Model),又称 TOPAZ(TOpographic PArameteriZation)作为数字地形分析工具进行流域河网水系识别和流域边界划分,并根据 TOPAZ 的输出结果计算河道出口距离面积分布。地形指数计算可以采用多流向法。

在模拟径流时，把流域面雨量和蒸散时间序列输入 TOPMODEL 模型，可以得到流域出口的流量序列。为了评价模拟结果的优劣，可以将实测流量过程和模拟的流量过程比较，计算目标函数，利用目标函数优化模型参数。

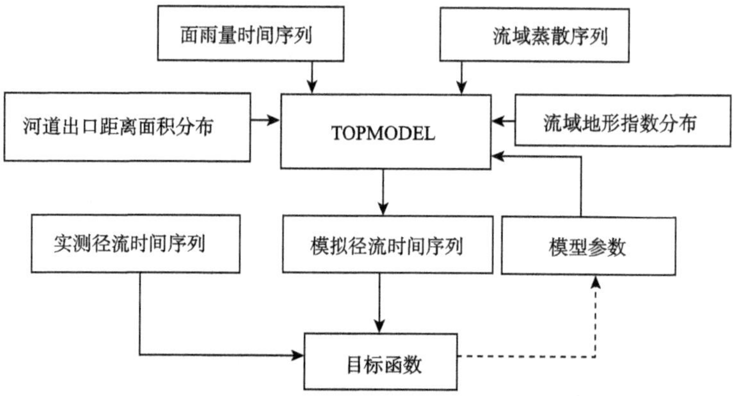

图 16.8 TOPMODEL 径流模拟流程(芮孝芳 2004)

16.4.4 实时洪水预报

实时联机预报是当今水文预报的一门综合新技术，它是指利用水文遥测系统，实时收集流域内的雨量和水位等水文信息，并将信息直接输入计算机进行同步数据处理，作出预报。这种预报技术的特点是快速和准确，信息的收集、传递，数据处理和作出预报几乎是同时进行的，因此增长了有效预见期。同时由于利用迅速反馈的信息，可对预报进行实时校正，所以又可提高预报精度。

进行实时校正需要实时信息的获取和科学有效的计算方法。近年来设置的防汛专用电台和正在兴建的流域河段水文遥测系统实现了实时信息的获取。校正方法有针对预报误差的误差自回归方法，也有一些把模型参数和预报误差一起进行校正的。前者使用很多，后者由于比较复杂使用不多。

误差自回归校正法的基本思路是，把流域或河道的雨洪关系，先用流域水文模型模拟，通过计算值与本时段相应实测值比较获取它们的实际误差序列系统，再用系统识别方法对此系统建立模型和在线估计参数，以此对水文模型预报作补充描述，这就是预报模型加实时校正。

16.4.5 旱情预报

旱情是指土壤含水量低于作物正常生长需水量时所发生的自然现象，主要由于降水量少或较长时期无降水，地下水位下降所造成。旱情主要系自然因素所致，即降水量稀少或无降水。由于用水管理不当等人为因素也可能出现旱情，但影响面积较小。作物不同生长期对需水量的要求是不同的；不同地区由于地理环境和气候条件不同，农业生产方式和方法不同，作物对需水量的要求也各异。因此划分旱情的标准各地不一，旱情预测的方法互有差异。目前我国旱情预报方法，大多从探索土壤含水量的变化规律出发，研究作物需水量与土壤含水量之间的定量关系，分析和预测是否会出现缺水或缺水程度，以确定旱情等级。近年一些不确定性系统分析方法(如随机理论、人工神经网络和混沌理论等)用于旱情预测也取得了不少成果，可参阅相关学术期刊和文献。

旱情分析预报主要途径有两类：一是用旱情指标值判断是否发生旱情和旱情程度；另一是按土壤含水量预报值判断对作物生长的影响程度。显然旱情分析预报的实质是在预见期内降水量和蒸散预报值的基础上，分析研究土壤含水量能否满足作物正常生长的需要。因此旱情分析预报还需依靠气象预报作分析计算。

16.4.6 凌汛预报

我国北方地区绝大部分河流每年冬季都出现不同程度的冰情。河流出现结冰、封冻等冰情现象以后，水流形态比畅流期有明显不同，而在出现冰塞冰坝后，还会导致凌洪泛滥成灾。因此观测研究冰情、作好预报是非常重要的工作。

在河流及水库湖泊中，冰的生消过程是大气与水体之间热交换作用的结果。河流中冰的生消变化大体上可归纳为结冰、融冰两个阶段或结冻、封冻和解冻三个时期。自开始结冰到最大冰厚出现为结冰阶段，从开始融冻至春季流冰终止为融冰阶段。自河流开始结冰到开始封冻为结冻期，从开始封冻至开始解冻为封冻期，从开始解冻至流冻终止为解冻期。

我国河流冰情主要在黄河流域及西北和东北地区开展预报工作，常规预报有封冻预报和解冻预报。

16.4.6.1 封冻预报

封冻预报包括流凌日期、封冻日期、冰厚及冰盖承载能力等预报项目。现行的方法大体归纳为三类：①以物理成因为基础的水力、热力因素指标法；②上下游相关法；③热量平衡计算法。前两类属经验性较强的方法，有一定预见期；第三类理论性强，但预见期和精度依赖于天气预报。

流凌开始日期预报通常以水温降至 0 ℃的时间作为开始流凌时间，以水体失热强度、平均水温、河段平均水深、气温低于 0 ℃日期、降温强度来计算预报。

封冻日期预报。河道流凌以后，当冰凌之间相遇时的冻结力大于水流的冰的曳引力时，河流开始封冻。冰凌之间的冻结力与流凌密度、凌块厚度及封冻时的气温有关，而水流的曳引力则决定于水位与流速。可以利用气候变化的区域规律进行预报，即利用寒潮入侵途径上高纬度地区的气象和冰情特征，作低纬度地区的冰情预报。

16.4.6.2 解冻预报

河流的解冻预报，包括解冻形势、解冻日期、解冻最高水位与最大流量及出现日期的预报。

(1)解冻形势预报。解冻形势是指河流解冻时的冰盖破裂条件和冰水汇流的形态，其主要依据是上游冰盖解冻时的冰来量，据此预报下游河段能否完全通过。

(2)解冻最高水位与最大流量预报。河流解冻期最高水位和最大流量取决于前期河槽蓄水量、冰雪融化的水量以及降水量和冰情特征等。现行的预报方法多采用经验相关法和槽蓄量法。

经验相关法具体指上下游凌峰水位(流量)相关法。作上游站解冻时最大流量与下游站解冻最高水位相关图，并以下游站同时冰情特征为参数，还加入上游站解冻时凌峰流量比值为参数。槽蓄量法是依据河槽蓄水量预报凌峰大小。河段槽蓄水量可根据上下过水断面面积和河段长计算求得，也可用水量平衡法来确定。冰盖强度也影响解冻最高水位，一般情况下，冰盖强度越大，解冻最高水位越高。用冰盖强度为参数点绘槽蓄量与解冻最高水位关系曲线可提高预报精度。

16.4.7 中长期水文预报

中长期水文预报具有较长的预见期，使人们在解决防洪与抗旱蓄水及弃水，以及各部门用水之间矛盾时，能够及早采取措施进行统筹安排，以获取最大的效益。因此积极开展中长期水文预报是非常必要的。但随着预见期的增加、许多影响因素变化的不确定性增强及目前科学技术水平的限制，中长期水文预报还处于探索、发展阶段。

中长期水文预报的预见期一般为 1 旬至 1 年，所使用的途径和方法与短期水文预报相比有明显差异(范钟秀 1999)。目前的主要方法有：

(1)天气学方法。径流的变化取决于降水，而降水又是由一定的环流形势与天气过程决定的。根据前期大气环流特征及表示这些特征的气象要素，预报未来降水过程，后接水文预报，建立起气象要素与水文要素定量关系的方法称为天气学方法。这种方法主要依赖于气象预报的准确率与预见期。

(2)天文地球物理因素方法。近代研究结果表明，地球自转速度的变化、海温状况、火山爆发、臭氧的多少、行星运动位置和太阳活动等对大气运动与水文过程都有一定的影响。分析这些因素与水文过程的对应关系后，就可以对后期水文要素可能发生的变化情况作出预测。

(3)统计学方法。从大量历史资料中应用数理统计方法去寻找分析水文要素变化与预报因子之间的统计规律和关系，然后应用这些规律进行预报。分为单要素法和多要素综合法。单要素方法在于通过分析预报对象自身随时间变化的规律来作为预报的依据。多要素综合法是从分析影响预报对象的因子中挑选一批预报因子建立其统计规律，作为预报的依据。

16.5 水文气象服务

水文气象服务是属于专业气象服务的范畴，主要任务是为防汛抗旱、水资源调度决策、改善水资源环境和流域生态、航运、旅游及水利工程建设等提供气象保障服务。水文气象服务在各级政府防灾减灾、趋利避害及促进国民经济建设和保护人民生命财产等方面有着重要地位和作用。

16.5.1 服务对象及服务方式

水文气象服务对象主要有政府防汛抗旱指挥部门、流域机构、航运部门及对天气敏感的管理部门和企业。

水文气象服务可以通过书面材料、传真、电话、电子邮件、网站、手机短信、电子显示屏等方式进行服务，还可以通过电视、电台、报纸等媒体提供服务。

16.5.2 服务类型

水文气象服务类型有：防汛抗洪与水资源调度决策服务，大型水利建设的气象保障服务，流域水环境污染决策气象服务，航运、旅游及水上搜救气象服务，流域生态环境气象条件评估服务等。

16.5.2.1 防汛抗洪与水资源调度决策服务

防汛抗洪与水资源调度决策气象服务主要有流域降水监测预报、致洪暴雨的监测预报、突发性强降水的短时临近预报、洪涝灾害及风险评估等服务。对于水资源调度，还要提供旱涝趋势预测和旱涝影响分析评估服务。

16.5.2.2 大型水利建设的气象保障服务

大型水利建设施工期的暴雨监测和预报对水利工程施工非常重要，同时，还要特别关注施工区的最高气温、最低气温、风向、风速、湿度预报及短时临近预报服务，如，温度、湿度预报服务对混凝土养护十分重要。

16.5.2.3 流域水环境污染决策气象服务

流域水环境污染决策服务主要有流域环境污染监测信息服务及突发性大范围强降水过程的预报服务。快速的水环境质量监测、评价及趋势预报对流域水环境污染治理决策的管理有重要的意义。少雨时段之后的突发性大范围强降水过程的预报是流域环境污染决策服务应该特别关注的重点。准确的强降水预报可以提醒相关部门及时启动水环境污染事故应急预案，防止污染事件发生。

16.5.2.4 航运、旅游及水上搜救气象服务

航运、旅游及水上搜救气象服务属于水域气象服务范畴，有它的特殊性，除常规天气要素预报服务外，我们还要特别关注水面能见度、风浪、强对流天气气象服务。对于水上搜救气象服务，要注意因恶劣天气造成的6级以上的风向风速预报服务和因雾、雪、暴风雨等造成的能见度不足1000 m的气象服务。

16.5.2.5 流域生态环境气象条件评估服务

流域生态环境气象条件评估服务包括：①流域气候变化监测、影响评估及应对措施等方面的服务；②流域湿地湖泊气候生态的监测评估；③对洪涝、干旱、水土流失、沙尘暴、酸雨等流域重大生态问题的监测分析服务。

16.5.3 服务产品分类

主要有三类：水文气象监测服务产品、预报服务产品及综合分析评估产品。

水文气象监测服务产品包括：水文气象要素实况图、流域雷达拼图、流域雨量图、流域面雨量图、雷达定量降水估测图、洪涝监测图、土壤墒情及干旱监测图、水体与水环境质量监测图、植被与生态监测图等。

预报服务产品包括：降水量预报（面雨量预报），强对流天气预警，致洪暴雨预报，山洪灾害预警，河流封冻、解冻和凌汛预报，水环境污染气象条件潜势预报，旱涝趋势预报等。

综合分析评估产品包括：流域气候及气候变化影响评价、洪涝灾害及风险评估、旱涝影响分析评估、水环境质量气象条件影响评价、植被与生态环境气象条件影响评估等综合性服务产品。

参考文献

长江水利委员会. 1993. 水文预报方法(第二版). 北京:水利电力出版社

范钟秀. 1999. 中长期水文预报. 南京:河海大学出版社

贾仰文,等. 2005. 分布式流域水文模型原理与实践. 北京:中国水利水电出版社

李致家. 2008. 水文模型的应用与研究. 南京:河海大学出版社

梁钰,布亚林,王蕊,等. 2005. 致洪暴雨预报模型应用研究. 气象科技,**33**(4):305-310

林三益. 2001. 水文预报. 北京:中国水利水电出版社

芮孝芳. 2004. 水文学原理. 北京:中国水利水电出版社

沈浒英,黄忠恕. 1996. 长江致洪暴雨与洪水中期集成预报系统. 人民长江,**27**(8):19-21

章淹,等. 1993. 长江三峡致洪暴雨与洪水的中长期预报. 北京:气象出版社

赵人俊. 1983. 流域水文模型——新安江模型与陕北模型. 北京:水利电力出版社

第17章 交通气象

交通在一个国家或地区国民经济和人们日常生活中的地位是十分重要的，同时，交通受气象因素影响造成堵塞的几率很高，尤其在像中国这样气象灾害十分严重的国家，这种影响更是不能忽视，必须投入相当的力量进行研究。本章主要介绍交通气象预警预报方法、实时业务使用及交通气象业务服务的发展前景。

17.1 交通气象的内涵和方法

17.1.1 交通气象的内涵

所谓“交通气象”，就是为了改善交通通行能力、保障交通安全、提高交通运输质量所进行的气象监测、预报、警报和服务工作。本章所阐述的交通气象主要包括公路、水路和铁路交通的有关气象问题，在交通工程的设计、施工和交通运营期间，很大程度上受到气象条件的影响和制约。航空气象作为一个特殊的领域与通常的地面交通有较大的区别，不归入本章交通气象的范畴。

不良天气直接影响到交通运输的质量和效率，灾害性天气甚至可导致交通运输的中断和交通事故的发生，造成不良的社会影响和巨大的经济损失。浓雾、强降水、大风、高温、大雪、结冰等气象灾害，以及由它们造成的次生灾害（如山谷风、路面积水、强降水时的低能见度等）或伴生的地质灾害（如山体坍塌、滑坡、泥石流等）都是交通气象业务所关注的范围。降低或消除气象灾害对交通运输的影响，是我国交通运输不断发展而产生的一个新需求，交通气象业务就是为了适应和满足这一需求的产物。具体来说，交通气象业务主要包含四个方面的内容。

17.1.1.1 高密度的气象监测是交通气象业务的基础

目前，气象部门已经拥有的现代化技术装备和业务系统是开展交通气象服务的基础，但是现有的气象监测网络系统的设置，还远不能满足交通气象服务的具体需要，特别是针对突发性浓雾、强降水等尺度比较小的灾害性天气，以及由于特殊地理条件造成的局地多发性气象灾害，还缺乏必要的基础监测，特别需要加强主要路段、港口码头、黄金水道等重点地区的交通气象监测网建设，这是构建交通气象服务系统的基础。目前，我国的交通气象监测网络还很不健全，但在局部路段、水道所建立的监测站点及其配套软件系统，为我国交通气象的发展奠定了良好基础。

17.1.1.2 精细化的预报警报是交通气象业务的关键

气象部门可以利用实时监测的交通气象信息，结合气象部门的已有资源和业务系统，组成交通气象专业科技服务队伍，制作气象灾害的预警和临近预报信息产品，实施 24 小时值守班，全天候对交通沿线的气象监测信息跟踪，对有可能出现的灾害性天气制作预警和临近预报。通过分析研究，揭示影响交通的灾害性天气特征以及灾害性天气与交通运输的关系，研制精细化预报的技术方法和流程，建立灾害性天气的定时、定点、定量的监测预报业务系统，做到灾害性天气出现前6小时预警。提前30分钟以上的精细化预报，能够基本满足交通运营管理部门在恶劣天气条件下对灾害性天气的监测与预警信息的需求，为交通运营智能化管理提供科学依据，进而提高交通安全系数。

17.1.1.3 全方位的气象服务是交通气象业务的最终目标

交通气象专项服务对减少交通事故、降低交通维护费用、合理布局交通干线、减少突发灾害影响、提高运营企业的经济效益和综合社会效益等方面可以发挥明显的作用。交通气象服务信息可在交通沿线的各类情报显示板、监控中心大屏幕、各职能管理部门的远程终端、互联网等媒体上显示发布，也可以通过适当方式向路上驾乘人员发布。交通气象服务应贯穿在交通工程的设计、施工、运营的各个阶段。

17.1.1.4 科学性的评估结论是交通气象业务的重要依据

交通气象业务服务的效益及交通气象灾害的灾前、灾中和灾后评估，都必须要有一整套的科学评估方法，这不仅是评价交通气象服务效益的依据，也为交通、公安、保险等行业提供重要的客观依据。在气象灾害来临前，提供气象灾害对交通影响的预评估；灾害发生时，及时收集各类交通事故资料以及气象灾害对交通的影响情况，及时分析评估；灾害发生后，提取出气象灾害对交通的影响数据，评估气象灾害所造成的直接和间接损失。

17.1.2 交通气象业务方法

根据交通气象的内涵，开展交通气象业务的主要方法分为四个部分：

17.1.2.1 交通与气象的关系

收集历史上不同的交通运输方式(公路、铁路、水路)各类交通事故、交通阻塞事件、管制措施、交通流量、经济效益等资料，结合历史同期的气象资料，采取回归统计、聚类分析、相似法等方法，找出不同交通运输方式与气象要素之间的关系，得出各种气象要素对交通影响的严重程度及其主要影响环节(张清1996)。图17.1是2002—2007年福建、浙江、江苏、安徽交通事故资料和气象要素的统计结果，从图中看出，在雨、雪、雾、风这四类高影响天气中，雨天发生交通事故的次数最多(占总事故数的18.0%)，雾天事故造成的经济损失最大(占经济损失总量的25.5%)，风的影响最小(贺芳芳等2004)。平均有26%左右的交通事故是在灾害性天气情况下发生的(采用沪宁高速公路的数据具体分析排除部分非天气因素，至少有20%的事故是天气原因造成的)。

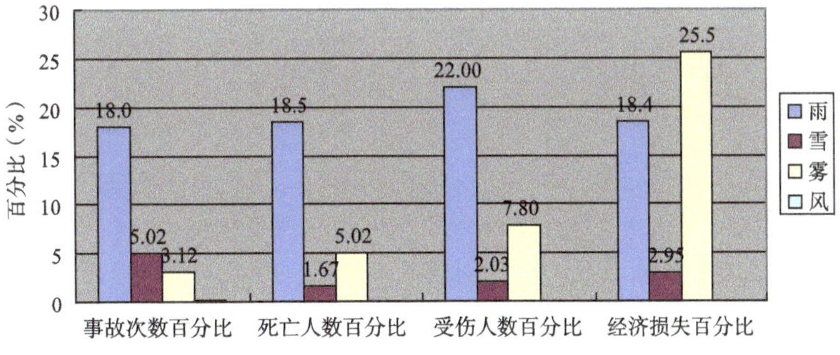

图17.1 四类天气情况与交通运输的关系

(1)低能见度

低能见度是影响交通的主要气象灾害，能见度的高低直接对交通安全产生影响，尤其对高速公路交通安全影响巨大。低能见度天气经常造成高速公路的堵塞、封路，直接导致交通运输中断，由于浓雾的影响，在高速公路上甚至发生几十辆到上百辆车连环相撞的特大交通事故，造成巨大的经济损失和人员伤亡，给人民生命财产、地方经济和高速公路自身经济效益造成极大的损失。由于高速公路的网络化，部分公路的封闭常常导致其他公路或周边小城镇出现交通堵塞甚至交通瘫痪。此外，因低能见度而造成严重的交通事故更是触目惊心。据统计，高速公路上因浓雾的影响造成的交通事故，大约占事故总数的1/4左右，雾天高速公路的事故率是平常的10倍，故有“浓雾是高速公路的‘杀手’”之说(王喆2007)。由于低能见度对高速公路的行车安全、直接经济效益的影响，进而产生的间接经济效益损失和不良社会影响就更加严重。雾、降水(雨、雪等)、空气湿度、大气尘埃、烟雾等是影响能见度的关键因素。浓雾使水平能见度下降，一般水平能见距离小于1 km，甚至不足200 m；对于火车而言，列车从制动到停稳要有800 m的滑行距离，所以在雾中行车若不减速，就极易发生事故；低能见度对水上运输的影响也很大，当能见度小于1500 m时，船只航行就会受到影响，很多港口被迫封航(程宏林等1996)。雾的局地性强，在我国的分布比较复杂，雾日最多的地方是在高山上，我国年平均雾日在50天以上的多雾区，北方仅限于东北的黄海沿岸，南方有闽西北山区、云南西南部地区、台湾山区、藏东南地区以及一些零星山区，另外华中、华东以及西南部分地区也经常发生浓雾。

(2)低温和积雪

低温造成的冰冻、积雪等天气现象直接影响了路面的摩擦系数。路面结冰、积雪将使路面摩擦系数大大降低，机动车安全制动距离也相应变大。桥梁或风口路段由于降温较快，路面容易结冰，机动车从正常路面经过这些路面时极易造成交通事故。积雪、雪崩、降雪等雪害对铁路交通的影响也很大，主要表现在：积雪掩埋路轨、路面打滑、能见度降低，影响行车速度，造成列车晚点，甚至造成列车颠覆，当积雪超过70 cm时，就会造成雪阻、交通中断。另外低温引起的冻土，可能引发铁路路基的变形。低温引起的江河封冻还直接影响到水上运输。我国东北和西北等地，最大积雪深度在50 cm以上，冬季雪害常有发生。青藏高原的低温冻土对青藏铁路也会产生一定的影响。南方地区冬春季节发生低温雨雪或雨凇天气，对交通的影响也非常严重。

(3)高温

气温高于30 ℃时，因空气密度小，发动机难以发动；高温还使油耗增加、驾驶员易于疲劳；气温在35 ℃以上时，路面温度往往达60 ℃左右。夏季我国有些地区最高气温可达40 ℃以上，公路路面温度更是高达70 ℃以上，高速公路由于水泥或沥青路面热容小，吸热能力强，温度将更高，机动车在炙热的路面上高速行驶，将导致轮胎气压过高，从而一方面引起摩擦系数降低，影响行车速度，另一方面可能引起爆胎，导致车毁人亡事故。近年来高温区域在我国的分布有扩大的趋势，从北方到南方都有可能发生高温，但南方的高温日数明显多于北方。

(4)大风和冰雹等强对流天气

大风、冰雹等强对流天气也会对交通造成较大影响，机动车被大风掀翻时有发生，汽车在风中行驶轮胎抓地能力明显减弱。根据风压理论，机动车受力与风速的平方和受风面积成正比，当车身宽边受风时，受力最大。风速达12 m/s以上，方向盘容易失灵，应减速慢行；引起公路事故的风速临界值常取15 m/s，相应阵风可达22 m/s，若同时伴有降雨，则汽车更不易控制。大风可对铁路、桥梁、通讯、电力设施造成危害，吹倒路树，阻断交通，风蚀路基，吹沙降低能见度。大风还可直接危害列车，使列车运行速度减慢，甚至使列车倾覆。大风对水上交通的影响也很明显，在水上开阔地带，船只来不及进入避风区域，经常造成船只被风吹翻等重大事故。冰雹也可以对机动车和道路交通设施造成破坏，但往往冰雹发生的范围较小，影响时间短，相对于其他天气现象对交通的影响较小。雷暴也同样会威胁到交通设施、桥梁等的安全。我国有三个风速较大、大风日数多的地区，一是中蒙边境地区；二是青藏高原；三是东南沿海。另外在一些地形特殊的地方，风速大，大风日数多。

(5)强降水及其次生灾害

在所有交通气象灾害中，水害的破坏性极大，其对公路、铁路的影响主要有三种方式：一是暴雨引发山洪和河水泛滥，直接冲毁路基或路轨、桥梁、通讯电力设施、涵洞和防护工程，淹没公路、路轨，暴雨可导致交通直接中断，其影响范围和程度，主要取决于暴雨的范围、强度和持续时间；二是暴雨引起泥石流、滑坡、塌方等灾害，冲毁公路、桥梁、涵洞、通讯、电力设施，掩埋公路或路轨，造成交通运行中断、汽车翻车、列车颠覆等重大事故；三是暴雨、洪水使路面积水、打滑，并产生低能见度，容易造成交通事故。我国有很大部分地区受暴雨灾害的威胁。我国是季风气候明显的国家，降雨丰富且分布很不均匀。据资料显示：暴雨洪涝灾害主要分布在辽东半岛、沿燕山、太行山及大巴山到海河、淮河、长江中下游以及珠江流域。暴雨引起泥石流、滑坡等灾害的区域，主要分布在我国山区，如滇、黔、川、湘、鄂、赣、闽、浙、陕、甘、青、新等地区。

17.1.2.2　交通气象监测网络建设方法

针对影响交通的气象灾害，研究有针对性的气象状况（如低能见度、路面和水面状况）监测技术；通过不同线路上影响交通的气候资料分析，以节约整合型、可代表性为原则，组建高密度的交通气象监测网；利用现代通信网络技术，构建自动化性能高的交通气象监控管理系统，实现对交通气象监测站网的全方位控制、资料采集以及和现有业务网络系统的无缝联结（杨亚新等 2003）。

（1）监测站选点原则

以高速公路、铁路、水道等骨干交通运输对象的"线"状为基本设计单元，由多条干线上的监测站点形成网状布局；站点布设时考虑到多条干线的交叉点上尽可能地布设站点；要能反映当地交通沿线的气象状况，并能代表周边一定范围内的自然状况；确保监测资料的可靠性、代表性、准确性（参照《地面气象观测规范》）；确保设备安全；具备无线通讯条件；能见度仪周围不能有反光体和火源；尽可能具备供电条件；便于维护操作。

（2）公路交通气象观测网建设布局方法

高速公路是公路交通骨干，而且灾害性天气对高速公路交通安全的威胁比普通公路大，所以在国家级的公路交通气象监测网布局中，原则上只设计国家高速公路交通气象监测网，省级高速公路和普通的等级公路交通气象监测网可根据各地实际情况加密建设。

1）以雾影响为主的地区

对于平原或低山丘陵地区，主要依据中国气象局 2007 年颁布的气象行业标准《高速公路能见度监测及浓雾的预警预报》（QX/T 76—2007）进行布设，在考虑浓雾灾害时，气象观测站的设置密度分为三类：浓雾偶发地区观测站的间距为 20～50 km；季节性浓雾多发地区观测站的间距为 10～15 km；浓雾多发山区和水网地区观测站的间距为 3～5 km。

对高山岭地等地形较为复杂的地区，其观测站密度设置应主要考虑关键点和一个观测点可能代表的地域范围。例如，广州热带海洋气象研究所在京珠高速公路粤境北段之云岩路段的 25 km 雾区路段内安装了 5 套装有能见度传感器的自动气象观测站，因为该路段一年之中任何季节都有可能出现浓雾，成为全路的交通瓶颈问题。

交通气象观测站的设置密度在考虑其他气象要素的观测时也应采取类似的方法给予分别对待，特别是某种气象灾害的"局地性"特征明显的，更应加强观测站点的设置密度。在经费和条件有限的情况下，应优先布点于浓雾等灾害性天气高发路段。所有监测站均应包含能见度要素。

2）以大风和沙尘暴影响为主的地区

大风和沙尘暴多发地区，监测站的间距为 20～30 km；大风和沙尘暴偶发地区，监测站的间距为 30～100 km；容易由地形引起公路横风或局部沙尘暴常发的地区，应加密布设中强风观测站。在经费和条件有限的情况下，应优先布点于沙尘暴等灾害性天气高发路段。所有监测站均应包含能见度要素。

3）以降雪影响为主的地区

冬季气温长期低于 0 ℃且多降雪地区，监测站的布设主要考虑地面积雪和地面冰冻、摩擦系数等要素的监测，间距为 30～50 km；降雪不多但冬季气温较低的地区，以路面摩擦系数为主要监测要素，监测站的间距可设为 50～80 km，容易结冰引起打滑的地段可以适当加密。在经费和条件有限的情况下，应优先布点于降雪天气的高发路段。所有监测站均应包含地面状况要素，重点监测地表温度、降水性质、地面积雪深度、摩擦系数等。

4）其他特殊地区

对于山区、河谷、丘陵等特殊地形以及多种灾害性天气综合影响的地区，根据不同地形和气候背景，分析主要影响因素，确定主要监测指标后重点布设高影响要素的自动站，布设密度根据灾害性天气的影响尺度和范围而定。部分站点应包含路面状况监测，主要安装在高速公路所经过的大型桥梁和高架立交桥上，在高速公路容易发生路面高温、结冰现象的重点地段也应安装。路面状况监测可根据当地的路面高温和结冰发生情况来选择安装监测路面温度或组合要素功能的传感器。路面状况监测的站点布设密度，以间距 30～50 km 为宜，在大型桥梁、高架立交桥和局部容易发生结冰现象的路段上要增加监测点。

(3)铁路交通气象监测网的建设布局方法

1)暴雨和浓雾影响为主的地区

局地暴雨和浓雾频发地区，平均间隔 10 km 布设一套包括雨量和能见度监测的自动站；易发生洪涝、泥石流、塌方等地质灾害的山区、丘陵、涵洞、桥梁、湖区等敏感路段，平均间隔 10 km 布设一套自动雨量站。目前，铁路部门在我国的一些重要铁路沿线均建设了雨量站，但监测资料基本未与气象部门共享。在布局设计中，要考虑到这些雨量站的存在，不需要重复建设。

2)大雪、大风和冻土影响为主的地区

大风多发地区，特别是曾经出现大风吹翻列车事故的地区，每隔 10 km 布设一套包括大风监测的自动气象站，采样时间间隔为 1 分钟。要素有 2 分钟最大风速、平均风速及风向，10 分钟最大风速、平均风速和风向等。在青藏高原等永冻层地区的铁路沿线，应在铁路沿线每隔 50～100 km 布设一套包含地面状况和气温观测的自动站，采样时间间隔为 1 分钟，要素主要有地温、地面积雪、冰冻状况、地面状况、土壤湿度、冻土深度以及气温等。东北和西北雪害常发地区，应加设积雪深度监测。

(4)水路交通气象监测网的建设布局方法

水路交通气象监测网主要布设于内河四级以上航道。根据内河航运对气象敏感特点，内河航运主要监测沿线浓雾、低能见度、大风、暴雨等灾害性天气，监测网布局原则是：能反映航运沿线的气象状况，并能代表周边一定范围内的自然状况；大风、浓雾高发航段，监测站布设间距 15～25 km，监测要素除一般气象要素以外，必须包含风向、风速和能见度的监测，能见度监测范围为 10～10000 m，监测分辨率为 1 m，能见度监测的时间间隔为 1 分钟。风的监测要素有 2 分钟最大风速、平均风速及风向，10 分钟最大风速、平均风速和风向等。重要的港口、码头等物资、人流集散地监测多要素，主要为能见度、风向、风速、气温、水温、相对湿度、雨量；多雾河段以监测能见度为主，辅以风向、风速、气温、相对湿度监测；易滑坡河段以能见度、雨量、风监测为主；一般河段只监测能见度和风。水面开阔地带要加设自动监测站；大型港区、码头加设自动监测站；复杂河段及河道大的转折处适当加密监测点。根据重要性和经费情况，可首先建设内河航线重要港口监测站。

(5)应用新的交通气象监测技术

采用适用于公路路面温度、水体温度、低能见度及其他要素监测的科学仪器及监测方法，满足不同交通运营方式的气象监测需要，并和国家统一布设的全国一般监测站网相兼容，相辅相成。通过网络摄像、无线通信、图像处理等技术，实时监测交通干线的天气实景，为判断浓雾、道路积雪(结冻)、水面波浪、水面结冰等基本状况提供依据。

17.1.2.3 交通气象预报预警方法

交通气象预报和预警主要包括三个方面，一是交通气象短期预报，主要提供交通沿线 0～48 小时的分段短期预报，要素包括天气状况、气温、路面路温定量预报以及能见度、大风和其他要素的预报；二是交通气象短时预警，一般提前 2～12 小时制作发布，主要提供交通沿线相关天气的具体影响路段、影响时间；三是交通气象临近预报，提前 0.5～2 小时制作发布交通沿线气象灾害的影响地点、影响时间和趋势。短期预报采用的方法以天气学、统计学结合数值预报为主，辅助实况观测资料的分析；短时和临近预报以交通气象监测和雷达观测分析为主，辅助天气学、统计学、数值预报、交通工程学方法，根据交通灾害性气象指标制作产品。在基本气象业务的基础上，建立交通气象业务平台，制作交通气象预报服务产品；开展对交通领域具有高影响性的气象灾害专业化预报，如对低能见度、高温、暴雨、大风、路面冰雪、水面波浪的预报等，提高时空精细化水平，做到无缝隙的预报服务；研究气象条件对交通的影响和高影响天气预报预警的机理问题和预报预警服务新技术。

(1)交通高影响天气数值模拟及预报

根据不同交通运输方式的实际地形、下垫面等情况，结合交通气象监测网和全区域自动站网的监测实况，建立适用于不同交通运输方式的气象要素预报的中尺度数值预报模式，结合动力学、统计学、诊断释用等方法，模拟和预报交通高影响天气(浓雾、降水、高温、冰冻、横风等)。针对交通运营线路进行分要素、分路段、分时段(1 小时)精细化预报，预报时效 48 小时。

(2)影响交通的典型天气过程资料档案管理

采用自动化程度较高的资料档案管理系统，当发生影响交通的重要天气时，能简便快捷地自动存储自行定义的相关气象资料，并进行显示回放、下载历史资料，便于对典型个例进行分析和研究。通过互联网或专线实现全区域资料共享，便于开展科研与服务。

(3)交通气象灾害的短时临近预警和评估

利用现有的交通气象监测网及自动站监测网资料、雷达和卫星云图等资料，结合天气学和经验方法，分别建立高速公路、铁路、水路交通高影响天气的短时临近自动化预报预警系统(冯民学等 2003)。

对于高速公路：充分利用气象部门已开展的对气象与交通安全方面的研究成果，以及对交通安全影响较大的天气要素的预报方法的研究成果，分析高速公路事故与天气之间的关系，结合高速公路监测网的实测资料，应用数值预报产品，开展高速公路精细化气象预报。通过历史资料分析高速公路事故与天气之间的关系，确定影响高速公路安全的主要气象要素，开展低能见度、短时强降水、积雪、结冰、大风等高速公路气象灾害的定量评估，建立高速公路气象灾害指标体系和评估模型，提高高速公路气象灾害的预报预警能力。根据评估结果对高速公路气象灾害进行分类、定级，如级别可分为不利影响、短时阻断、危险灾害，先期可以把雨、雾、雪作为处置重点。通过评估结果与预报结论的结合对外发布高速公路气象灾害警报，建立完整的高速公路气象预报、评估与预警系统。应用公路沿线的实时监测资料、气象卫星遥感和气象部门地面探测资料等，以中尺度模式、区域大气模式为基础，运用天气学、统计学、热力学的理论和方法，分析研究公路交通管理与气象条件的对应关系，建立公路专业天气预报模型和方法，在天气过程来临或持续阶段，做出公路“路况”及时、准确、客观、定量的预报，以便交通管理部门及早采取防范措施。研发全国主要公路沿线未来 1～3 天的天气预报模式、建立全国主要公路沿线未来 3～24 小时的天气预报方法，开展全国主要高速公路路面温度预报、路面状况预测。

对于铁路运输：建立铁路交通预报系统，根据铁路经过的地形，分析灾害性天气对不同路段的影响，利用沿线已布设的自动气象站信息，并根据需要加设观测站，结合已建的新一代多普勒天气雷达及其组网的实况分析，考虑铁路专业气象的实际业务需要，开展铁路沿线不同时效的气象预报，并将灾害性天气的预报对外发布警报，同时建立铁路交通气象灾害指标体系和评估模型。统计大风、强降水、沙尘天气易发铁路沿线的历史观测资料，分析形势场特征，在中尺度模式、T213 等数值预报模式的逐小时预报产品的基础上，运用卡尔曼滤波、非线性逐步回归、神经元等统计方法建立全国主要铁路沿线未来 1～24 小时大风、降水预报模式，开展部分铁路沿线积沙量预报和我国北方地区主要铁路沿线积雪深度预报。

对于水上运输：对水运影响较大的天气是大风、雨、雾，可以利用水运气象监测网的气象资料，结合已有的关于风、雨、雾的预报成果，如对雾的预报有传统的天气型法、因子指标法、统计学法及相对先进的结构分析预测方法、运用数值预报统计释用技术和回归分析技术建立的雾的客观预报方法等，结合新研制的各种预报模型和新一代天气雷达信息，对港口地区进行精细化的专业气象预报，建立长江、内河、大型湖泊、沿海地区的不同气象灾害指标体系和评估模型，提高水运交通气象灾害的预报预警能力，形成水运交通气象预报预警系统。

17.1.2.4　交通气象服务方法

交通气象服务首先要对服务产品进行加工，分析不同层次用户需求，开发精细化的交通气象服务产品；其次，要通过规范交通气象观测内容、传输格式、业务技术和业务流程开发制作业务产品，建立交通气象服务系统。针对交通畅通、安全需求和天气气候特点，建立和完善现代化的交通气象监测、警报、预警、预报综合系统。最后，建立通畅的传输渠道，实施全方位的交通气象服务。交通气象服务主要通过网络服务，建立与用户之间的服务专线（或采用互联网），使交通气象深入到交通运输的每一个环节（孟遂珍 2000）。

（1）气象信息数据库的接口

根据国家气象信息基本数据库的统一设计，实现交通气象信息与通用气象数据库的联结，为科研、业务以及网站开发等提供统一数据源，同时为交通气象相关科研项目提供基本资料和数据，有利于交通气象信息的共享和管理。

（2）气象条件对交通安全及运营决策分析

及时采集交通事故、灾害资料，并从防灾减灾和经济效益角度，对交通事故的发生和气象条件的关系、气象服务信息对交通运营经济效益的影响等作相关的科学分析（吴赞平等 2006），得出具有翔实依据的分析结论，为交通气象服务提供基础信息。

（3）交通气象综合服务平台

结合交通气象自动监测系统，将监测数据、预报和预警信息合并到气象基本数据库进行管理，形成交通指挥部门和气象部门共用的气象信息管理和综合展示共享平台，并设计相应的气象网站、手机网络、短信、多媒体显示屏等多种用户服务平台，同时与交通部门的决策管理平台进行整合，使气象服务与交通决策管理联系更紧密。在业务中心设立综合服务平台，全国各省市设置交通气象服务分平台，用于交通气象联合服务。通过智能化水平较高的交通气象预警服务信息产品分发系统，由气象部门制作并发布公路、铁路、水路沿线的风、能风度、气温、降水等气象要素预报服务信息。

针对不同的服务对象，采用不同的服务方式。

为政府部门服务：可采取多种通讯方式向省级政府部门、省级交通运营和安全管理部门及其直属业务部门提供全面、及时的交通气象监测、预警和临近预报服务信息。在相关部门建设服务终端，实时显示交通气象要素监测信息、灾害性天气实况及警报预报信息。

为公众服务：通过广播、电视每天多次定时播发交通干线气象监测和预警预报信息，在遇到突发气象灾害性天气的特殊情况下，可随时插播相关的预警、预报信息。

为重点专业用户服务：采取电话、传真、共享网络平台、96121 自动电话答询系统和终端工作站等方式，向专业用户及相关人群提供交通气象监测和预警预报服务信息。

交通服务信息反馈：依托互联网和交通专业气象服务网站建立交通气象保障服务反馈平台，及时了解公路、铁路、水运等管理部门的意见及建议，畅通信息交流渠道，规范信息交流方式。

（4）交通气象服务的业务化

交通气象服务以交通气象预报服务综合业务化平台为基础，实现选择的交通干线气象监测信息、气象预报信息、气象灾害的预警和临近预报服务信息、视频信息、交通安全服务所需要的其他信息的实时共享功能。交通气象服务业务、信息流程根据各省交通部门提出的业务需求，由各省交通气象业务中心专业人员队伍具体实施，制订出一系列气象服务产品，再发送给各省交通部门，由各省交通部门组织后续的分发信息服务至用户。

在开展交通气象服务过程中，还应注意以下事项：

1）当交通沿线出现气象灾情、实施控管或封路等措施、发生交通事故等情况时，相关信息应及时通报气象部门。

2）对发生的气象灾害，事后由交通部门提供相应时段、路段、航段的气象信息、验证信息、应用情况等材料，以便完善服务管理系统的功能需要。在值班期间，特别是气象灾害发生期间，双方应确保电话、传真及计算机网络的正常，以便及时互通信息。

3）开展重大活动、节日期间的交通运输气象保障服务。对于重大活动、节日期间或其他关键时段，交通部门可预先提出书面专项气象保障服务的需求，并配合气象部门制订气象保障服务的内容和流程，提供短、中期的气象预报，重点是针对关键期的气象灾害的预警和临近预报，可设立服务热线，甚至建立会商级的气象服务平台，切实保障活动期间的气象服务达到及时、准确的要求。

4）做好气象产品的应用和信息反馈工作。收集交通主管部门针对气象灾害的反馈情况、管理决策意见及实施情况，如采取的管理措施、封航情况，特别是出现重大交通事故和重要活动的关键期气象信息和预报产品所起的积极作用以及存在的不足方面，以便修正相关技术指标和服务流程。

5)做好技术研发与升级服务工作。为了提高预报服务质量，需要不断加强具有针对性的数值预报模式的研究和应用，从交通实际业务需求出发，研制并不断完善系统功能，及时升级相关软件，积极做好信息共享服务工作；通过业务试验，可以在相关技术规范、标准、管理措施、科研创新等方面取得成绩。

17.2　交通气象监测业务

17.2.1　低能见度监测

低能见度对交通运输安全和效率的危害是严重而且具有普遍性。低能见度灾害的分级和取值范围因服务对象和具体要求的不同而不同。例如，我国大多数高速公路将能见度低于 50 m 时(有时低于 100 m)作为"封路"的条件之一，而在长江航运中，有的江段把能见度低于 1500 m 或 1000 m 时作为"封航"的条件之一。类似高速公路和水上运输这样不同的用户群体，对低能见度灾害概念的理解和在业务管理中制订相应的管理措施存在明显的差异，对低能见度监测的要求也不尽相同。

广义上的能见度就是指人的正常视力能从极限远处背景中分辨出的最远目标物与观测者之间的距离。对于移动目标而言，又可分为消失距离和发现距离。消失距离是指当目标物向远离观测者的方向移去时，观测者最终看到景象逐渐模糊直至在背景中消失瞬间的位置与观测者之间的距离。发现距离是指当目标物从极限远处背景中向观测者的方向移来时，最初被观测者发现的位置与观测者之间的距离。

由于人所感知的"能见度"——目测能见度，除了与大气物理光学状态有关外，还与观测者自身的视力、视角、状态及所处环境、背景等多种因素有关。为了使"能见度"能客观地反映大气的物理光学状态，气象上给出了一个经典的能见度定义：标准视力的眼睛观察水平方向以天空为背景的黑体目标物(视角在 0.5°～5°)时，能从背景上分辨出目标物轮廓的最大水平距离，也称之为气象光学视程(MOR)。气象光学视程(MOR)是 1957 年世界气象组织建议采用的一种衡量大气光学状态的光学量度。

对影响交通的能见度观测，可以采用人工目测和器测两种方式，但由于交通运输的特殊性，人工目测必然存在着时空密度不够、工作量大、危险性高、观测不准确等弊端，所以目前一般采用自动观测方法进行观测。

目前国内外正在研制的各类能见度自动观测仪器中，由于仪器结构和采用的工作原理不同，对大气消光系数的测量方式存在很大差别。能见度观测仪器的主要类型有散射式(后向散射式、前向散射式)、透射式、摄像式、激光雷达式等，其中以前向散射式能见度观测仪较为常见。

17.2.2　降水监测

降水对交通运输的影响主要表现在以下几个方面：一是降水(雪)在路基上使得路面潮湿、冰冻等，导致路面的摩擦力变小；二是降水致使路面积水，还可引起路基坍塌、山体滑坡、泥石流、洪涝等灾害；三是强降水(暴雨、暴雪等)导致的能见度急剧下降，以及强降水时在行驶车辆的玻璃上形成的雨点和水帘等对驾驶员视线的影响等。对于降水或前期累积的降水导致路面出现积水、路面潮湿或低温天气因降水或洒水导致路面结冰等，都会降低路面的摩擦力，会对行驶车辆造成一定的危害。因此，路面积水和路面湿润度也是交通气象监测的一项关注内容。但是，由于路面积水或路面潮湿多是由于降水或前期降水积累导致的，所以降水是最基本、最重要的观测项目。

降水观测包括降水量和降水强度。

降水量是指某一时段内的未经蒸发、渗透、流失的降水，在水平面上积累的深度。以毫米(mm)为单位，取一位小数。

降水强度是指单位时间的降水量，通常测定1分钟、5分钟、10分钟和1小时内的降水量。为配合现代多普勒雷达观测，也有测定6分钟降水量并统计降水强度。气象站观测每分钟、时、日降水量。

常用测量降水的仪器有雨量器、翻斗式雨量计、虹吸式雨量计和双阀容栅式雨量传感器等。

在交通气象自动观测站中观测的降水量通常是指液态降水，常使用单翻斗或双翻斗式遥测雨量传感器。其基本原理是当雨水通过承水器收集到雨水，再通过翻斗的每次翻转带动干簧管吸合与断开来转换成"通—断"开关量脉冲信号，此信号传输到采集系统，由采集控制系统采集脉冲信号并计数，一定时间间隔内的计数累计值就可转换成所要的降水量。

采样算法：系统收到每1次脉冲信号计为1，代表0.1 mm的降水，累计计算1分钟的计数总量，即得到1分钟的降水量，并可进一步统计出5分钟、10分钟、1小时、日降水量等，还可统计出不同时间长度的降水强度。

在交通气象观测站中，对于固态降水（如雪），一种是在上述的遥测翻斗雨量传感器上加设加热装置对固态降水进行溶化后测得降水量，还有一种就是通过综合路面状况传感器来判断是否有积雪、测量积雪深度等相关项目来完成。

17.2.3 温度监测

每一类交通气象灾害的发生和发展都必然伴随着温度的起伏变化，温度也是人类感应最为强烈的一个气象要素，温度的高低及变化速率对交通的影响很大，如高温天气易使驾乘人员情绪烦躁不安和疲劳不适，路面高温导致行驶车辆爆胎、路基变形，低温会导致路面结冰、路滑等。因此，高低温除了对人的生理、心理会产生不良影响外，对交通运输工具、交通设施等也会产生较大影响，甚至是破坏性的危害。

在交通气象观测站中，测量有关温度的要素主要有气温、路面温度、水面温度等。气温、路面温度和水面温度都可经统计得出定时值（瞬时值）、不同时间段（如时、日、月、年）内的平均值、最高和最低值。由此还可间接地推导出路面所呈现的其他状态，如路面松软、摩擦系数变化以及结冰状态等。

在测量路面温度时，需要将传感器水平地固定在路面的表层，用沥青薄薄地覆盖以防阳光直射。同时做好信号线的隐蔽和固定处理。

在测量水面温度时，需要使用漂浮式固定支架装置将传感器固定在水面的表层，传感器水平放置，使得水刚好漫过传感器。同时做好信号线的防水、隐蔽和固定处理。

测量路面或水面温度的方法还可采用遥感测温类传感器，这类传感器在安装时因无需中断交通、不破坏路面等交通设施，因而具有一定的优势，符合交通气象观测技术的发展要求。

17.2.4 风向风速监测

风对交通的影响主要指强风。风具有明显的脉动性，短时的"强风"往往对交通运输和交通设施造成很大的危害。强风经常和台风、寒潮、强降水、雷电等灾害性天气相伴发生，使危害加重。

风压与风速的平方和受风面积成正比，在某些风向条件下，当风速达到一定量值时，特别是在地形条件的配合下，往往形成"横风"，它会对行驶的车辆诱发车祸，或者对大型交通设施的安全构成威胁。

探测空中湍流和风切变等，是航空运输中特别需要的监测项目，也有利于更好地开展公路和水上交通气象灾害预警预报。

人工观测时，测量平均风速和最多风向。在交通气象自动观测站中，测量并计算出瞬时（3秒钟）、2分钟和10分钟的平均风速和风向，还可统计出最大和极大风速及风向。

17.2.5 雷电监测

雷电对人类和人类赖以生存的自然资源和现代物质文明均构成巨大的威胁。由于在现代交通运输系统中，大量应用电子产品，如交通收费系统、交通监控系统等，它们中的许多设备大多暴露在野外且分散设置，外场设备和室内监控、管理等涉及的许多设备都是通过网络连接，往往一个地方遭受雷击，就会造成较大范围的相关系统瘫痪。所以，雷电也是对交通运输系统影响较为严重的气象灾害。

由于雷电灾害表现出巨大的破坏性，同时雷电还表现为强大的冲击波、剧变的电磁场、强烈的电磁辐射、炽热的高温等，而这些目前人类还无法控制和阻止它的产生。因此，在交通运营管理中，应加强雷电的预防和雷电灾害发生的应急处理。实施雷电监测也是做好雷电短时临近预警的一项基础工作，可为交通运营管理争取宝贵的采取防范措施的时间。

雷电的监测方法主要有目测法、照相法、电场仪、闪电计数器、光谱仪、脉冲电压记录仪、卫星闪电探测器、声探测器、雷达探测等。

17.2.6　道面综合状况监测

许多气象灾害的发生会直接在一些交通设施（如公路、铁路等）上产生累积、演变效果，如公路上的积水、积雪、结冰等以及高（低）温对路面、路基的影响等。虽然目前的相关技术还存在欠缺，能投入实际应用的成熟设备也较少，但加强和发展交通道面综合状况的监测技术仍是未来交通气象监测的一项重要内容。

17.2.7　交通气象综合监测站

为满足交通工程建设、营运提供气象咨询及保障服务而设的交通气象观测站，由于其一般布设在交通工程沿线、场站，受到各种条件的限制，它不能像常规气象站那样拥有标准的观测场地，观测仪器也无法按照常规气象观测站那样按一定标准摆放，无法实现逐站人工观测，尤其是对那些按需要建设在人迹罕至的特殊地段测站更是如此。同时由于气象灾害的突发性和局地性，也不能按整点进行观测，有些观测时距减少到十分钟甚至几分钟。因此，必须针对交通气象的实际，气象观测必须采用集各种要素观测于一体的综合气象观测站。

17.2.8　交通气象监测网络通信业务

独立的交通气象综合监测站在预报服务中的作用是无法体现的，必须采用计算机、通信、自动化等技术，构建监测、监控、数据本地存储与远程传输系统，实现交通工程沿线气象环境数据的实时传输，满足交通工程沿线气象预报预警及防灾减灾决策的需求。

近年来，随着计算机技术、自动化信息技术和通信技术的发展，交通气象监测的技术结构也随之发生变化。交通气象监测系统由单一的计算机集中处理方式代之为多计算机功能分散的计算机网络处理方式，从而使系统可靠性提高，程序编制简单，易于维护和功能扩展，使应用于系统中的各种设备向智能化方向发展，为今后交通气象监控信息为交通气象服务提供了准确、及时的数据保障。

17.3　交通气象预报警报业务

交通气象预报是一项为保障交通运营安全、提高交通运营效率的新科技服务业务，它所涉及的气象灾害种类多、突发性强，危害重，因而预报警报难度大，目前还缺少成熟的技术方法。本节仅以南京交通气象研究所六年多来的业务工作经验为例，结合一些分析研究成果，为气象部门开展交通气象预报预警工作提供借鉴和参考。

17.3.1　影响交通的降水预报和警报

调查分析表明，降水危及公路交通的安全运营主要反映在三个方面：一是一般降水天气，尤其是由晴转雨，降水润湿了路面，减少了路面与轮胎之间的摩擦系数，由此诱发交通事故；二是由于暴雨或特大暴雨使公路边沟积水浸泡路基，造成滑坡、塌陷、路面泛浆以及诱发地质灾害（如泥石流等），毁坏公路、铁路等；三是短时强降水，造成公路沿线能见度急速下降和车前挡风玻璃窗模糊，严重影响驾驶员的视线，造成交通事故。前两者在气象业务部门早已纳入预报业务范畴，其预警预报技术已广为人们了解。而后者——短时强降水的分析、预报，包括对强降水的定义，尤其是短时强降水造成的低能见度对公路交通安全运营的危害，是交通气象领域当今面临的急需探索研究的课题。

17.3.1.1 暴雨和短时强降水

根据目前的业务规定，24 小时降水量达 50～99.9 mm 定为暴雨，但从实时监测雨量分析，24 小时累计降水量达到暴雨量级有两种情况：一是并非 24 小时都有大的降水，通常情况下是 24 小时内某一短时段内下了倾盆大雨，使日降水量达暴雨程度。如 2006 年 7 月 19 日 12:00 到 7 月 20 日 12:00 沪宁高速公路无锡新兴塘站总降水量为 98.7 mm。但真正造成这场暴雨的强降水时段从图 17.2 中可见，只有 2 小时，即从 7 月 20 日 05:00—07:00，分别在 1 小时内下了 43.8 和 32.4 mm。

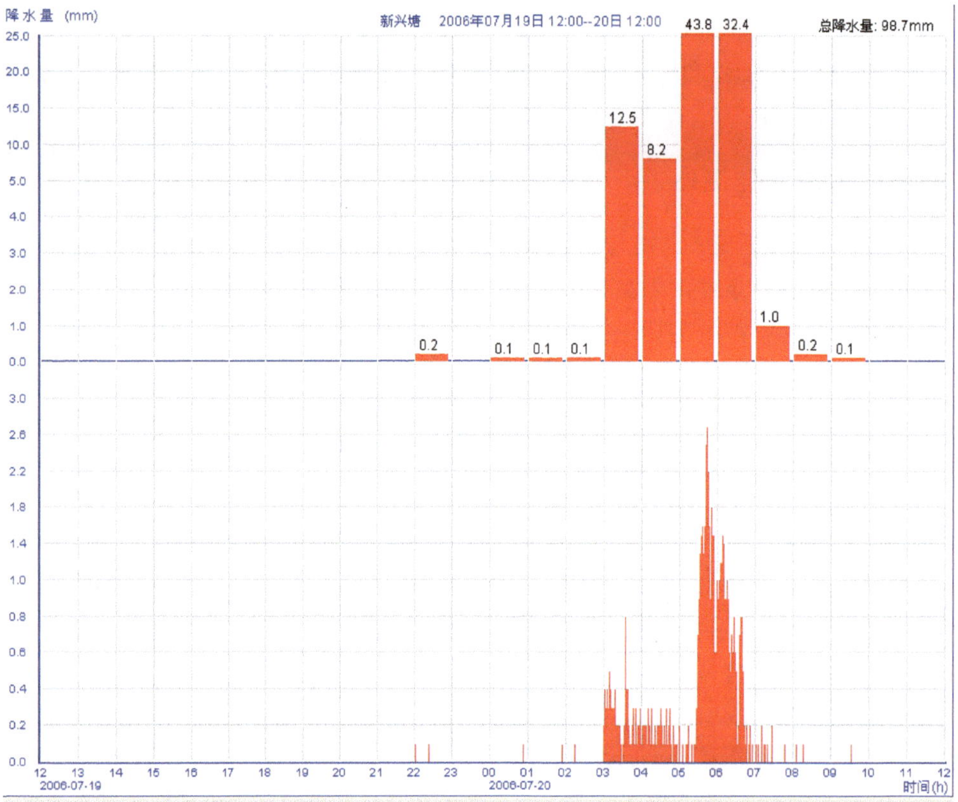

图 17.2 2006 年 7 月 19 日 12 时—7 月 20 日 12 时无锡新兴塘雨量与雨强分布图

而另一种情况是持续几个小时都有较大降水。如苏州陆家站 2006 年 5 月 18 日 05 时—19 日 05 时，总降水量达 56.4 mm，达暴雨量级。但从图 17.3 中可见，从 5 月 18 日 11 时到 5 月 19 日 01 时，每小时都有 2 mm 以上的降水，其中持续 5 个小时每小时降水量都在 4～6 mm 左右，5 小时总降水量达 25 mm 以上。

从以上分析可以认识到如单从当前业务规范的暴雨来定义，这两次均为暴雨天气过程。但如从降水的强度来分析，以上二例则大相径庭。前者显然是一次短时强降水过程，而后者则不是。经过众多的暴雨（包括逐时降水强度）个例分析，危害行车安全的是短时强降水天气，尽管它只有 1 小时甚至几十分钟，但交通事故就出现在这一瞬间。

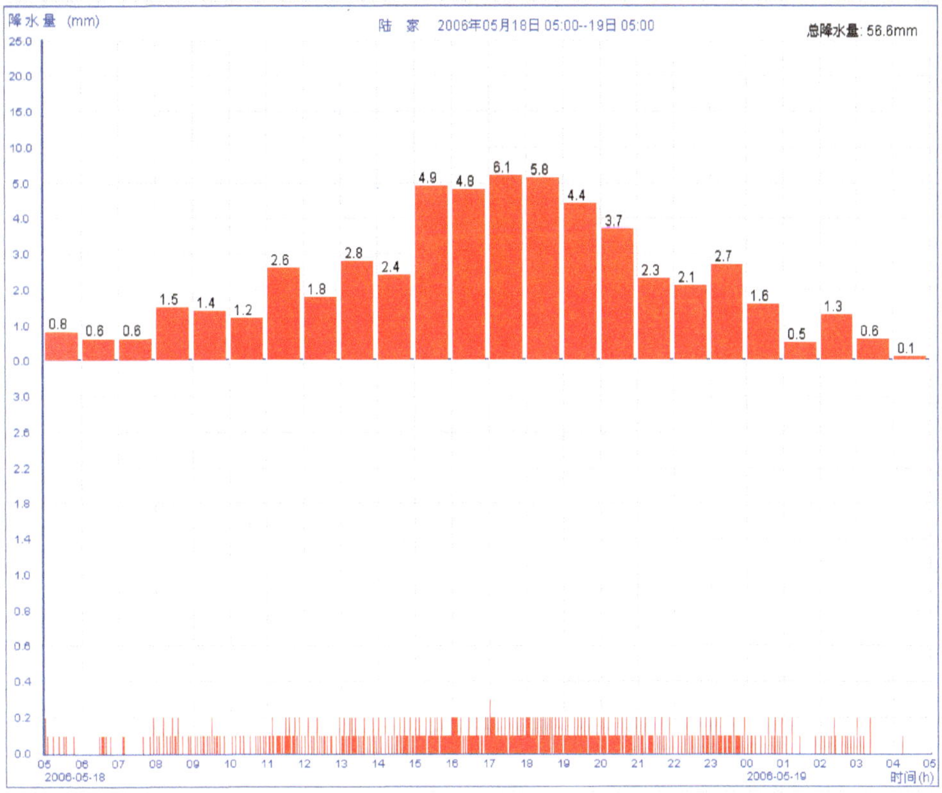

图 17.3 2006 年 5 月 18 日 05 时—19 日 05 时无锡陆家降水量和雨强分布

17.3.1.2 短时强降水与低能见度

经设置高速公路沿线的自动站记录监测分析，短时强降水的雨强是造成低能见度陡降的关键。

表 17.1 短时强降水雨强与能见度值

1 小时雨强(mm)	1 分钟雨强(mm)	能见度平均值(m)	能见度最小值(m)
≥10	0.8～1.0	300～400	250
≥15	1.2～2.0	200 左右	100～150
≥30	1.8～2.5	100～150 以下	50～100

从表 17.1 可见，当 1 小时降水量大于 10 mm，其中 1 分钟的降雨量达 0.8～1.0 mm 时，公路沿线能见度值就能迅速降至 500 m 以下；当 1 小时雨量达 15 mm 以上，其中 1 分钟雨强达 1.2～2.0 mm 时，能见度即可下降至 200 m 以下；一旦当 1 分钟雨强大于 2.0 mm 时，能见度将降至 100～150 m 左右或低于 100 m。经对 1 小时雨强和 1 分钟雨强与能见度值的降幅演变分析可得：

1)1 分钟降水量的强度是关键。有监测资料表明，如 1 小时降水量在 10 mm 左右，但如其中有 1 分钟的雨强达 1.8 mm 或其以上时，仍可造成能见度值在短时间急速降至 200 m 以下。

2)短时强降水造成的低能见度在维持时间上是短暂的，通常几分钟到半小时，时段长的可以维持 1 小时，如无锡北监测点监测到的 2006 年 7 月 4 日 19:30—20:30 的能见度值图(图 17.4)。最长的可持续 3 小时左右，如 2006 年 6 月 22 日 19:00—23:00 监测到的芳茂山附近的能见度值。短时强降水造成的能见度值波动性很大，它随着 1 分钟雨强的大小而波动，因而会出现显著的能见度时好时坏、起伏不定的间断性(图 17.5)。

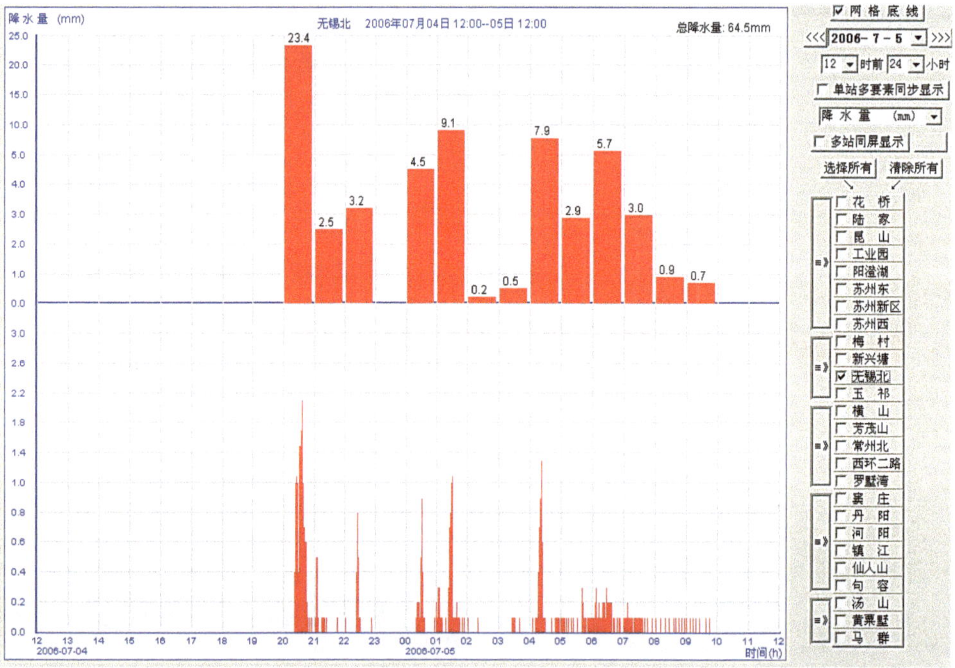

图 17.4 2006 年 7 月 4—5 日无锡北降水实况(上:1 小时雨量;下:1 分钟雨量)

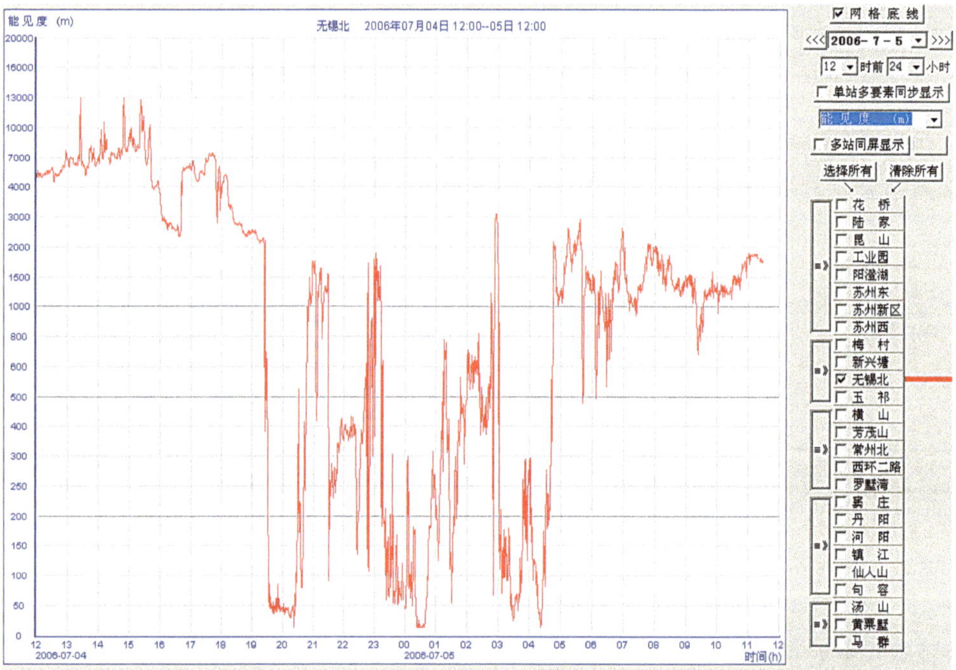

图 17.5 2006 年 7 月 4 日—5 日无锡北能见度变化曲线

17.3.1.3 多普勒雷达资料在影响交通的降水预报中的应用

(1)雷达图像与高速公路地理信息的叠加显示

雷达 PUP 软件中有地图叠加功能,叠加选项中有“高速公路”项,但生产厂家提供的地图文件中并没有高速公路数据(空项)。找出高速公路在 PUP 程序和地图文件 MAP??? .MAP 中的特征码以及地图文件 MAP 的数据格式,将高速公路地理信息进行坐标变换,组成新的地图文件(各雷达站专用)(图 17.6)。

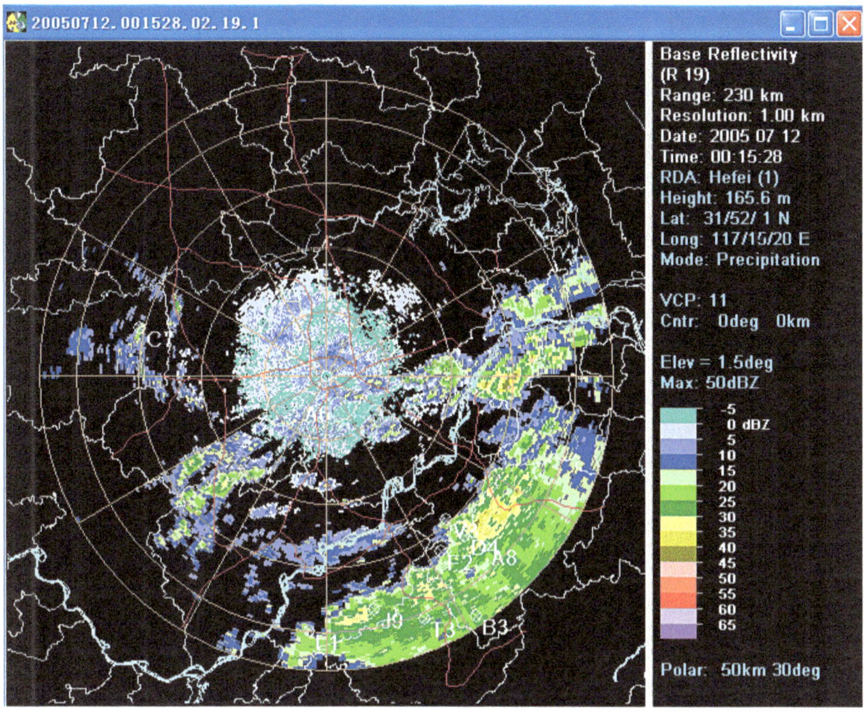

图 17.6 多普勒雷达图与高速公路的叠加

(2)强降水的短时临近预报。

直接利用现有的交通气象观测站、结合自动站监测网、雷达等资料，使用天气学和经验等方法作出的短期、短时和临近预报与监测预警结果，根据交通气象的特殊性，开展针对性服务。监测预警系统主要功能：显示多部雷达回波的拼图，强对流回波标出风暴编号，并用箭头表示未来的移动方向；程序自动提取和显示风暴的 ID、方位、距离、位置、移速、移向、阈值、最大反射率因子、回波顶高、垂直累积液态含水量等信息，并在系统主界面上显示；程序将灾情实况和预警结果以文件方式记录并保存，同时在报警信息栏中显示；程序自动判断强回波中心的位置以及最大强度和顶高，给出未来 1 小时内将要影响的地区，自动生成预报文本模板。以风羽的方式显示大风的风向及风速，同时标注大风出现的时间以及最大风速。

17.3.1.4 影响交通的强降水统计预报

浙江省气象台在交通气象降水业务预报中，采用的一种统计预报方法可以借鉴。该方法引入了降水可能函数的概念，把对降水这个不连续量的预报转化为对一个连续量的预报，即对降水可能函数的预报。降水可能函数是个构造函数，由实况值确定，通过对它的预报可以达到对降水的预报。此函数应该遵守这样的条件：在有降水时，函数和此时段的降水量有一定的关系；在没有降水时，函数和此时段的降水可能性有一定的关系。因而降水可能函数是降水预报模型建立的前提条件。通过降水历史资料及相对湿度的统计分析，得到降水可能函数的分布式，而计算得到的预报结果需要反馈到降水可能函数的表达式中，进一步修正降水可能函数的统计表达式。在建立了比较可靠的降水可能函数的基础上，主要利用自动站要素的实况因子和降水可能函数之间建立线性回归模型，回归分析所需的预报因子主要有站点气压、3 小时变压、温度、露点温度、露点温度差、地面温度、相对湿度、风速、水汽压、三小时前降水、前三小时降水总量等 11 个要素，通过拟合的预报方程，计算降水可能函数的预报量，再利用降水量和降水可能函数的统计关系，反算出三小时降水量。用此方法可以实现逐个基准站定量、定时的降水预报模型。该方法建立在前三小时实况的外推基础上，前三小时实况可以及时反馈到下一次预报中。

17.3.1.5 短时强降水预警流程

根据目前气象业务部门的科技基础和预报技术水平，对强降水的预警以实时信息的监测、预报技术人员的跟踪分析和专家经验判断为主。

(1)强降水预警预报的发布

当周边出现 6 小时≥25 mm 降水实况或实况有 25 mm 的降水且考虑到强降水区会影响到辖区交通线路时,可考虑发布强降水预警。

当发布强降水预警后,应立即采用如下步骤:①通知雷达值班人员对多普勒雷达进入连续监测、跟踪,并获取 20 分一次的滚动短时预报降水量分析结论;②跟踪监测有关信息(云图、周边雷达监测的信息、自动站降水实况等)综合分析、判断并及时做出进一步发布临近预报或取消预警的结论。

(2)临近预报的发布

当交通沿线或沿线附近的自动站出现:1 小时降水量≥10 mm;10 分钟降水量在 4～6 mm;1 分钟降水量在 0.7～1.0 mm 时,可考虑发布强降水的临近预报。临近预报时效在半小时左右,预报地段可分段或分区。

能见度降至 200 m 以下的强降水量临界值为:1 小时降水量≥15 mm 以上;10 分钟降水量在 8～12 mm;1 分钟降水量在 1.2～1.4 mm,可据此发布能见度的临近预报。

(3)强降水预警预报发布个例介绍

2007 年 7 月 7 日 16:35:09 南京交通气象研究所发布强降水临近预报,预报 16:40 到夜里沪宁高速公路江苏全段有强降水,在强降水出现时能见度降至 500 m 以下,短时能见度陡降至 200 m 或其以下,见表 17.2 和表 17.3。

表 17.2 发布的强降水临近预报

发布时间:2007 年 07 月 07 日 16:35:09		
天气实况及灾害实况:受梅雨锋区南压影响,有强降水,能见度降低,导致路面湿滑。请注意行车安全。		
预警	路段	
	时间	
	气象灾害	
临近预报	路段	沪宁高速公路全线
	时间	16:40—夜里
	气象灾害	强降水
	发展趋势	
说明:		
值班员		
南京交通气象研究所咨询电话:××××××		

表 17.3 2007 年 7 月 7 日发布临近预报后沪宁全线强降水实况

地名	时间	降水量(mm)	地名	时间	降水量(mm)	地名	时间	降水量(mm)
南京	17:16	25	句容	17:26	25	镇江	17:28	25
江宁	17:32	26	南京	17:36	50	江宁	17:44	50
常州	17:59	25	丹阳	18:17	51	张家港	18:34	25
江阴	18:36	26	江宁	18:46	100	金坛	19:16	30
无锡	19:15	50	昆山	19:56	25	南京	19:58	100
镇江	20:55	50	常州	22:24	50			

从图 17.7 中可以见到南京马群监测站从 7 月 7 日 16 时到 21 时监测到的 1 小时降水强度、1 分钟雨强和相应时段的能见度值。

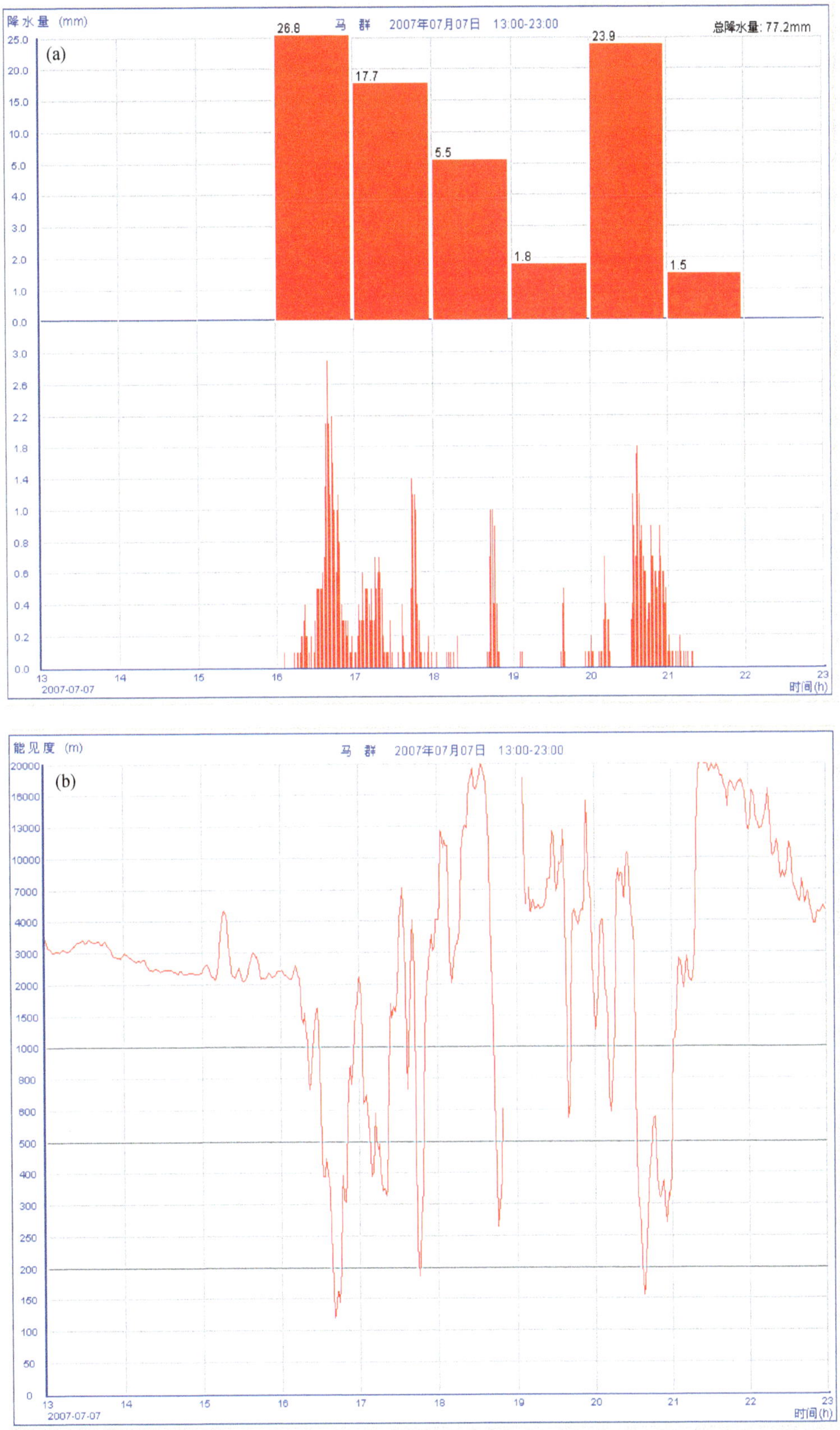

图 17.7　2007 年 7 月 7 日 16 时—21 时南京马群监测站降水量、雨强(a)和能见度(b)实况

(图(a)中分别为 1 小时和 1 分钟雨强)

17.3.2 影响交通的浓雾预报和警报

通过对沪宁高速公路提供的1999—2002年由于浓雾造成的低能见度而采取封路措施的76个浓雾个例档案分析，影响高速公路正常运营而是否采取分流、封路等措施的能见度界限是<200 m，造成汽车追尾等恶性交通事故的能见度均低于100 m。根据交通监管部门提出的需求，在浓雾低能见度的预报时效上有30分钟即可采取封路等管理措施，但在预报内容上要做到：定时(出现浓雾<200 m时段)、定点(分段)、定量(<500 m、<200 m、<100 m)的预报。总的要求是时效上不求过长，但预报内容上要过细。

17.3.2.1 低能见度浓雾的预报思路

采取浓雾形成的环境特征分型(入型条件)→每小时卫星云图跟踪分析(大范围雾区的识别、云区的覆盖、雨区的移动、晴空区控制范围等)→数值预报产品应用(逐时温度、露点、湿度、近地层风场、温度、露点差……)→公路沿线自动监测仪的实况和能见度演变规律的分析(结合周边自动站资料分析)→最终做出能见度<500 m、<200 m(出现时段、路段)→雾消(能见度>200 m的时段、路段)的预警预报和临近预报。

预测思路可以概括为：从大的天气背景着手，从远到近地采取跟踪判断(应用归纳、总结得出的形成低能见度气象要素临界指数值的指标判断)预报法，摒弃了以往用于预报有无区域性浓雾的统计预报方法。这也为今后中尺度区域数值预报产品要素的应用打下基础，其预报能力也将随着中尺度区域预报模式的改进、产品质量的提高而提高。

17.3.2.2 低能见度浓雾的特征

(1)浓雾平流性特征

在一定的天气背景下沪宁高速公路低能见度的形成，存在东西地域的平流特性。

表17.4 2002年2月24日沪宁高速公路无锡段成雾过程AMW监测实况

站名	能见度最早稳定<200 m时间	能见度<50～100 m时段	能见度<50～100时段风向风速	能见度稳定>200 m时间
锡北	24日04:10分	24日 4:10—9:25分	0.3～0.7 m/s 240°～330°	09:25分
锡澄	24日04:25分	24日 4:40—9:00分	0.3～1.7 m/s 270°～350°	09:15分
锡东	24日06:05分	24日 6:05—8:50分	0.9～1.4 m/s 340°～19°	08:55分

从反映在自动气象监测仪能见度的连续变化上，可以分析出浓雾自西向东逐时逐地的形成过程。仅从表17.4无锡段成雾时间上分析，锡北(最西端)到锡东(最东段)相差11 km，而自西向东发生浓雾的时间前后相差近2小时。

(2)浓雾波动性(先期象鼻形)特征

分析表明：能见度下降到<100 m过程中有时有很强的波动性，这个过程一般持续45分钟到1小时，最长可达2小时45分钟，2002年3月12日锡东从04:10到06:55能见度一直在1000～200 m之间波动，直到07:10分才稳定降至100 m以下，见图17.8。

分析六年来积累的监测资料和能见度图谱，发现能见度稳定<100 m(封路能见度)的浓雾出现之前，往往普遍出现一个"象鼻形"的先期振荡前兆，它出现时间短，能见度值不是很低也不稳定，一般在100(200)～800 m之间波动，但这是突发浓雾的前奏，具有一定的预报信息，可总结为"象鼻形"先期振荡的概念模型(袁成松等2003)，如图17.9。

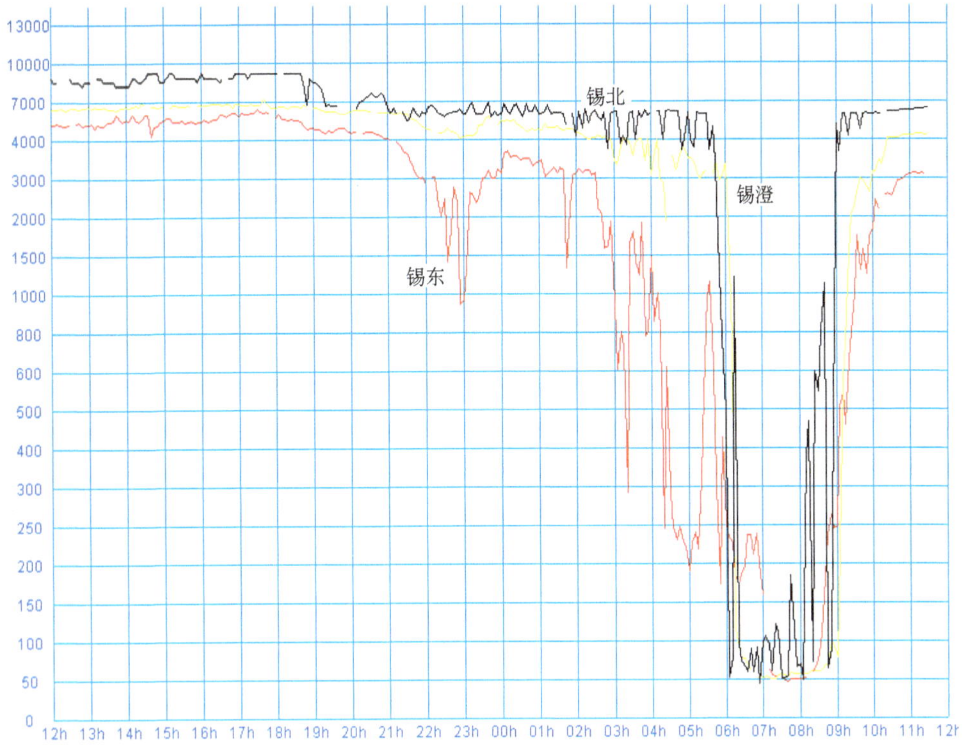

图 17.8　2002 年 3 月 12 日无锡段能见度波动图

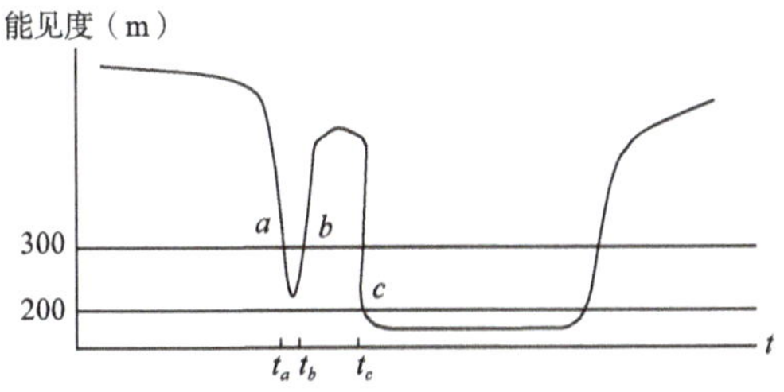

图 17.9　“象鼻形”先期振荡的概念模型

象鼻形先期振荡的取样指标：能见度<300 m，即 a、b 之间。

浓雾过程(象体)的确定指标：能见度<200 m，即 c 点之后。

30 个样本中，出现先期振荡后有浓雾过程的有 27 次，占 90%；仅出现先期振荡而未出现浓雾过程的 2 次，占 6.7%；有浓雾过程而没有先期振荡的 1 次(当时仅在无锡段设了 3 个监测站)。以上统计表明，低能见度浓雾形成前有先期振荡不是一种偶然现象，因而具有预报应用价值。经统计“象鼻形”先期振荡的持续的时间(t_b-t_a)大多在 10 分钟左右，且应该注意先期振荡也是突然出现的，但能见度(VV)降得还不是很低，VV_{min}在 200～300 m 占 53.3%，VV_{min}在 100～300 m 占 82.7%，仅一次个例 $VV_{min}<$ 50 m，因此能见度的前期振荡由于周期短、能见度只降至 100～300 m，不会造成对公路行车安全的严重危害。

(3)先期振荡与临近预报

低于 200 m 的稳定低能见度浓雾过程形成前存在先期振荡，这一监测到的事实说明突发性浓雾的形成不是一次完成的，究其成因是近地层大气中初次产生凝结后，存在凝结潜热释放的物理过程，加上成雾对地面辐射的阻隔，使近地层的气温有所上升，在 27 例实测记录中均发现有这种回温现象。经统计：回温幅度 ΔT 在 0.1～1.0 ℃之间，平均回温幅度$\overline{\Delta T}$为 0.36 ℃。温度回升使近地层空气由饱和态变为不饱和态，致使能见度迅即好转。但由于存在稳定的有利于成雾的天气条件没有改变，辐射降温过程必将恢复，在把升温效应“消化”以后，稳定的低能见度浓雾才真正形成。

对 27 例低能见度浓雾稳定出现前的先期振荡统计，距低能见度稳定＜200 m 的过程的间隔时间(t_c-t_a)虽然比较离散，但仍具有作为低能见度浓雾这一难度颇大的临近预报的实用价值。

(4)浓雾突发性特征

在低能见度浓雾的监测预报实践中，发现浓雾的生消变化不是一个渐变的过程，测站能见度从1000～2000 m 降至 100 m 以下平均为 20～30 分钟，有时甚至几分钟内能见度出现急降，无论是平流雾、辐射雾或团雾的影响，发生过程均有此共性，如 2002 年 4 月 2 日无锡锡北的能见度由 1065 m 降至 85 m 只有 10 分钟，见图 17.10。

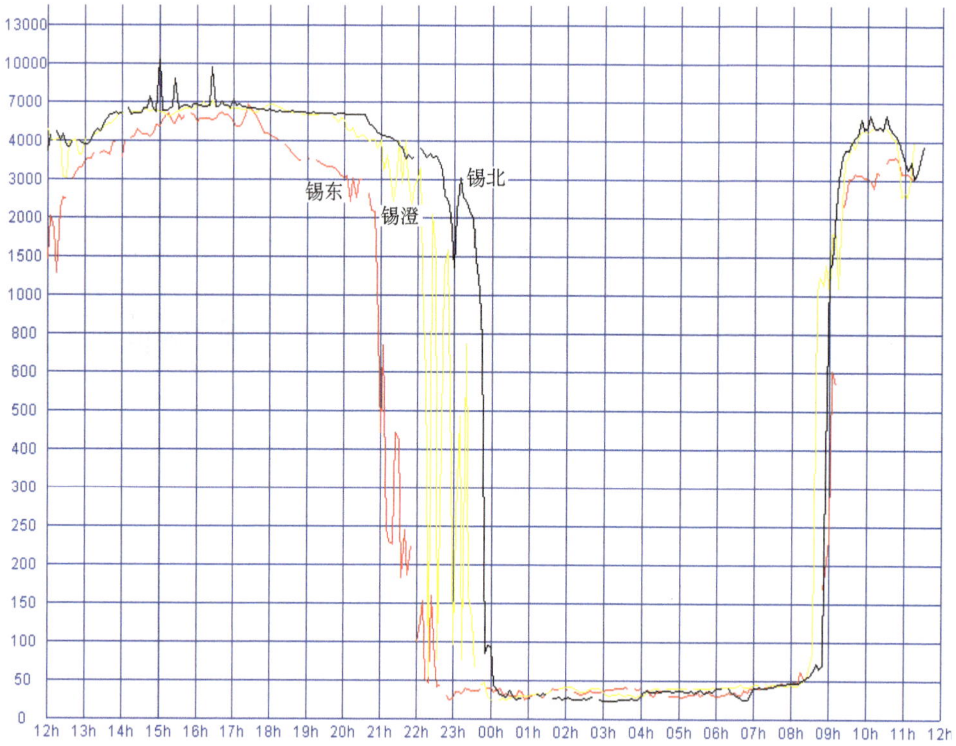

图 17.10　2002 年 4 月 2—3 日无锡段能见度演变时序图(5 分钟间隔)

分析浓雾具有突发性这一事实，有利于增进预报员对低能见度形成的感性认识和掌握突发性浓雾形成时的物理成因。浓雾突发性的物理成因可进一步从监测到的风、气温等要素的持续演变特征中得到启示。

在图 17.11 中可见，在低能见度浓雾形成前瞬间风速具有显著的变化，可称为风的脉动作用，因为在不均匀的风力作用下加剧了雾粒的碰并，使部分雾粒增大，雾滴的曲率半径越大，其表面的饱和水汽压越小，促进小雾滴及空气中的水汽向大雾滴凝聚。在达到饱和态时，雾滴表面的蒸发微弱，故在风力作用下大雾滴迅速形成，能见度急剧下降。分析研究可以认为，风的脉动引起扰动的不均匀，进而使近地层空气的降温不均匀。从图中还可分析出，在夜间每一次风速较明显的峰值后都对应着一次较明显的降温，当一次明显的降温使温度趋近于露点时，空气达到饱和，浓雾突然形成，这可视为风在突发性浓雾形成时的动力—热力贡献。

17.3.3　影响交通的区域强风预报和警报

就区域性强风的预报服务而言，在气象业务部门是一项很早就开展的服务项目；就其预报技术方法而言，是属于比较成熟的一项预报业务。但对影响交通安全运营有针对性的区域性强风的预警预报方面，无论从对交通有影响的强风量级的确定还是从预报服务的精细化、专业化等方面的需求，均有待于更深入的探讨与研究。随着全国高速公路和高速铁路的普及，强风对正在高速运行的车辆造成的危害与事故正在增加。因而，做好针对性的区域性强风对交通运行有重大危害的预警预报就迫在眉睫。

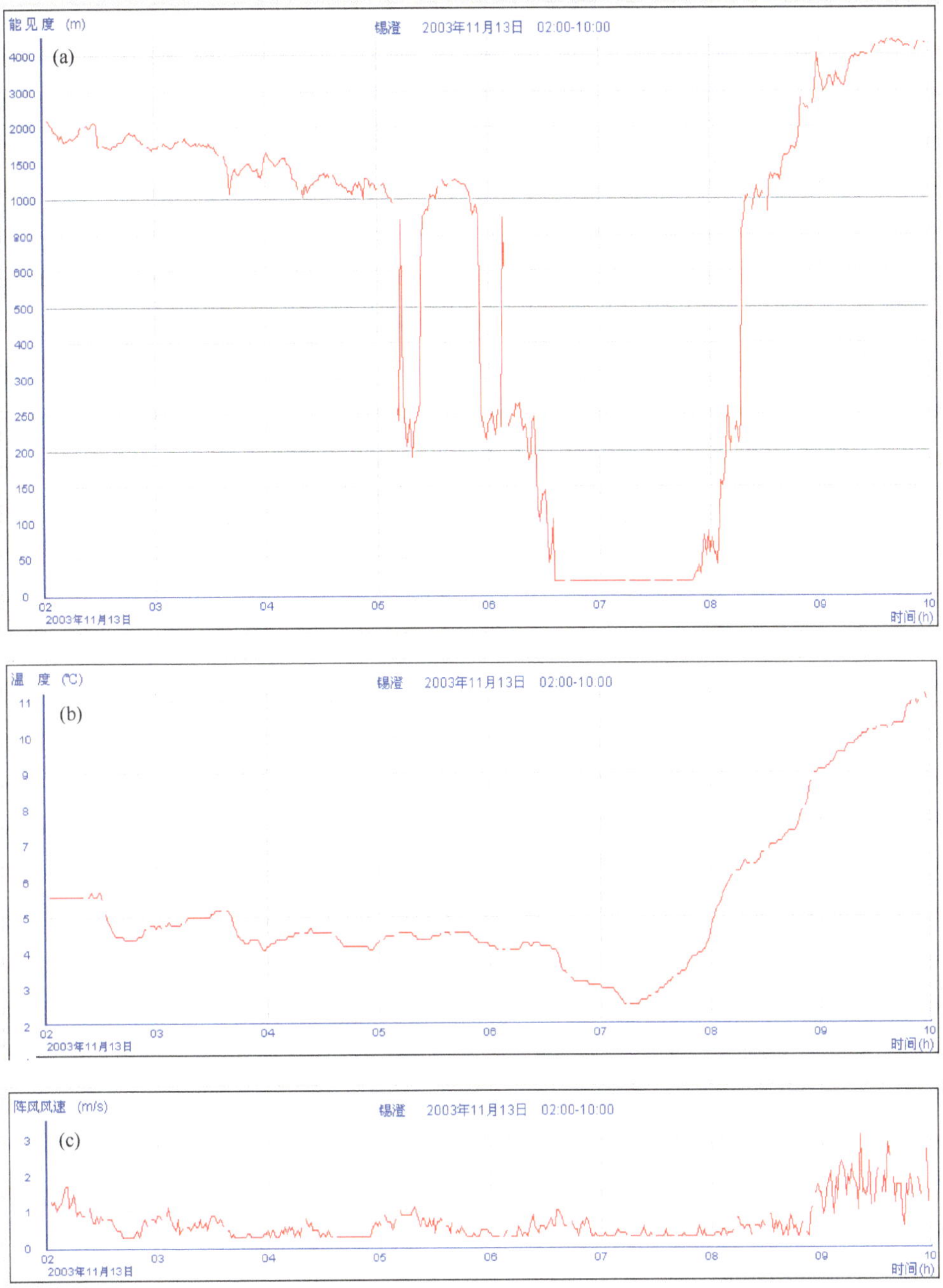

图 17.11　2003 年 11 月 13 日无锡锡澄站能见度(a)、温度(b)、风速(c)变化曲线

影响交通运营的区域性强风的预警预报，不同于具有突发性和局部性的浓雾、短时强降水。从预报思路而言，后者应以监测—临近预报为主。而危害交通安全运营的区域性强风则是非突发性的也是非局地性的雷雨大风，因而对于区域性强风(包括台风大风)的预警、预报从时效方面讲可以适当提早；从预报技术方面讲，应以着重分析产生区域性强风的天气系统和统计能表征产生强风的临界指数值为主。要以大范围的地面气压场演变特征为基础，密切注意预报责任区周边的自动气象站的监测实况，综合分析判断，发布强风预警预报。

17.3.3.1　产生影响交通的区域性强风判别

危及交通运行安全强风量级一般为：

内湖和长江：平均风 6 级或平均风 5～6 级、阵风 7 级(16 m/s)；

高速公路：平均风 7 级、阵风 8 级；

高速铁路：平均风 10 级。

17.3.3.2 区域性强风的预警发布流程

以南京交通气象研究所根据沪宁高速公路管理中心的需求拟定的强风量级和预警流程的内容为例。

(1)强风量级

根据沪宁高速公路强风基本走向是东西向、强风的风向以偏北和偏南的侧向风为准，强风量级经调查统计分析定为风速≥15 m/s(7 级)。

2006 年 7 月 22 日《南京日报》刊登标题为“狂风吹得面包车撞高速护栏”的新闻，其副题为：大风已成为危害高速公路行车安全的第 5 大“杀手”，经调查核实这次在沪宁高速公路上的汽车撞护栏事故，当时的平均风速为 15 m/s，由此也证实了确认风速≥15 m/s(7 级)作为强风量级是恰当的。

(2)预警发布流程

第一步：发布强风的预报。当出现强冷空气南下、气旋发展、低压或低压槽加深时，或热带气旋进入划定的风雨影响警戒区时，可以提前 3～6 小时发布强风的预警预报，预报内容包括影响时段、路段和发展趋势。发布预警预报后，值班预报员进入连续跟踪监测过程，要及时做出是否进一步发布强风临近预报或取消强风预警预报的判断。

第二步：发布强风的临近预报。当周边自动站出现 10 m/s 平均风或实况有 14 m/s 的阵风时，或台风已到登陆前后或已近海北上到达规定海域，且判断有≥15 m/s 的区域性强风时，应发布强风的临近预报。临近预报时效在 0.5～1 小时，台风产生的强风应提前 1～2 小时。预报应分地段、时段、风向和强风风级。在发布临近预报时段内应连续跟踪，及时做出订正预报。

17.3.4 影响交通的高、低温预报和警报

关于标准的环境温度(百叶箱温度)预报，在气象业务部门与风的预报一样已具有相当的历史进程，且早已成为公众预报的必报项目，尤其是冬半年的最低气温与夏半年的最高气温，更为社会各界所关注。最高气温≥35 ℃，已作为盛夏高温日和采取防暑降温的标志性指标值。

但就影响交通安全运行的路面高温和低温的预报而言，对气象业务部门还是一项新的预报业务项目。当然对高、低温的预报技术方法而论已是比较成熟、可信的。气温预报包括各层大气的温度预报，也是目前数值预报产品精确度和可信度较高的气象要素值预报。所以当今开展交通气象高、低温预报的关键问题是“裸露”的公路路面对交通运营有危害的高、低温临界值的确定和公路路面的最高温度、最低温度与环境最高气温和最低气温间的大致差值。

前者的解决方案，可采取在高速公路路面设置地表温度的实时监测，以提供实时的公路路面温度记录，并作为制作冬半年公路最低气温和夏半年公路最高气温的主要参照依据。后者则通过自动气象监测仪实测环境最高、最低温度作对比分析，得出环境温度与公路地表温度间的差值以供预报应用。

17.3.4.1 高速公路最高地温、最高气温的监测对比分析

选取 2006 年 7—8 月沪宁高速公路出现最高气温≥35 ℃较持续的时段作为个例，公路实测记录见表 17.5。

表 17.5 沪宁高速公路最高地温与最高气温实测表　　单位：℃

日期	无锡段梅村服务区		镇江段仙人山服务区	
	最高地温(出现时间)	最高气温(出现时间)	最高地温(出现时间)	最高气温(出现时间)
7 月 27 日	57.1(12:46)	35.0(12:20)	49.3(15:58)	34.2(15:24)
7 月 28 日	61.0(13:47)	38.5(13:55)	59.0(13:46)	37.5(15:03)
7 月 29 日	63.6(13:57)	40.2(14:01)	60.7(14:10)	38.7(15:19)
7 月 30 日	63.1(13:17)	39.0(13:58)	61.8(13:41)	39.4(15:46)
7 月 31 日	62.8(13:17)	39.7(14:23)	60.1(13:35)	37.9(13:25)

续表

日期	无锡段梅村服务区		镇江段仙人山服务区	
	最高地温(出现时间)	最高气温(出现时间)	最高地温(出现时间)	最高气温(出现时间)
8 月 1 日	61.8(12:36)	38.9(12:34)	56.3(14:47)	37.1(14:43)
8 月 2 日	61.9(12:55)	37.7(12:53)	52.3(13:58)	35.5(15:34)
8 月 3 日	59.0(13:04)	36.5(14:43)	56.2(13:46)	35.3(14:43)
8 月 4 日	57.3(12:21)	35.7(14:27)	56.3(13:46)	35.2(13:58)
8 月 8 日	59.3(12:23)	36.5(14:43)	54.8(13:12)	35.2(13:08)
8 月 9 日	58.9(13:10)	35.2(13:07)	51.3(12:47)	34.1(13:21)
8 月 11 日	59.3(13:47)	37.0(14:39)	53.2(14:09)	35.9(13:29)
8 月 12 日	62.4(13:19)	40.1(14:08)	60.1(13:45)	39.6(14:07)
8 月 13 日	61.3(12:10)	39.9(12:02)	60.1(14:11)	39.8(14:17)
8 月 14 日	58.2(11:52)	40.4(11:43)	60.6(14:14)	40.8(13:58)
8 月 15 日	58.0(12:48)	37.5(12:44)	58.3(13:16)	39.8(12:55)
8 月 16 日	50.8(12:16)	36.5(11:09)	47.0(11:18)	34.6(12:01)

从表 17.5 分析可见：

(1)无锡段梅村服务区站个例

在公路最高气温≥35 ℃的 17 例中，相应公路路面温度在 55 ℃以上占 16/17；当公路最高气温35～38.9 ℃时，公路路面最高温度在 57～62 ℃；当公路最高气温≥39 ℃时，公路路面最高温度在61～64 ℃。

在 2006 年 7—8 月高温时段测得的公路路面地表最高温度为 63.6 ℃，公路最高气温为 40.4 ℃。公路路面最高温度与最高气温相差最大值为 24.2 ℃，一般差值在 21～23 ℃，个别阴雨日在 14～18 ℃，平均差值为 21.9 ℃。

公路路面最高温度出现时段绝大多数在 12:30—14:00，而公路最高气温绝大多数出现在 12:50—14:48，稍落后于公路路面最高温度出现时间。

(2)镇江段仙人山服务区站个例

在公路最高气温≥35 ℃的 14 例中，相应公路路面温度在 55 ℃以上占 11/14；当公路最高气温35～38.9 ℃时，公路路面最高温度在 56～61 ℃，占 6/9；当公路最高气温≥39 ℃时，公路路面最高温度绝大多数在 60～62 ℃。

在 2006 年 7—8 月高温时段测得的公路路面地表最高温度为 61.8 ℃，公路最高气温为 40.8 ℃。公路路面最高温度与最高气温相差最大值为 22.2 ℃，一般差值在 20～22 ℃，个别阴雨日在 12～15 ℃，平均差值为 19.2 ℃。

公路路面最高温度出现时段绝大多数在 12:47—14:47，公路最高气温绝大多数出现在 12:55—15:19，稍落后于公路路面出现最高值的时间。

17.3.4.2　高速公路冬季最低地温与最低气温的监测、对比分析

选 2007 年 1—3 月沪宁高速公路仙人山自动站气温<0 ℃个例共 18 例作对比分析。

表 17.6　沪宁高速公路仙人段最低地温与最低气温实测表　　单位:℃

日期	仙人山服务区	
	最低地温(出现时间)	最低气温(出现时间)
1 月 7 日	−3.0(07:15)	−4.1(06:59)
1 月 8 日	−3.4(06:47)	−4.4(07:38)
1 月 9 日	−3.4(06:20)	−3.8(07:37)
1 月 10 日	−2.6(06:40)	−4.0(06:57)
1 月 13 日	−0.9(05:45)	−2.4(07:01)
1 月 14 日	−1.5(02:16)	−2.2(06:55)

续表

日期	仙人山服务区	
	最低地温(出现时间)	最低气温(出现时间)
1月18日	−1.8(06:11)	−0.9(06:57)
1月24日	−1.6(06:52)	−2.9(06:52)
1月25日	−1.3(04:10)	−2.0(04:41)
1月27日	−2.5(06:28)	−2.4(06:48)
1月28日	−1.1(06:46)	−2.7(07:42)
1月21日	−1.2(06:47)	−2.2(06:50)
2月1日	−2.7(05:23)	−3.2(07:09)
2月2日	−4.0(06:36)	−4.3(06:45)
2月3日	−1.0(07:11)	−1.1(06:47)
2月13日	−1.0(06:05)	−2.5(06:53)
3月6日	−2.7(06:57)	−4.9(06:59)
3月7日	−2.0(06:40)	−3.1(06:27)

从表17.6可分析：

2007年冬季<0 ℃的个例中，公路最低地温绝大多数低于公路最低气温，公路最低气温为−4.0 ℃，而公路最低地温为−4.9 ℃。

公路最低气温与最低地温相差最大值为2.2 ℃，个别阴天情况下最低地温会高于最低气温。最低地温偏低于最低气温平均值在0.8 ℃，大大小于最高地温与最高气温的平均差值。

根据以上地面最低温度历史极值和公路路面最低地温的实测数据，综合分析得出了交通气象发布公路高温、低温预警预报的临界指数值。

17.3.4.3 高速公路路面高温的统计模型

(1)路面温度日变化规律

从2007年7月31日20时—8月1日20时高速公路路面温度每分钟的实测资料分析发现，在前一日20:00到次日20:00路面温度日变化为单峰右偏态类似于抛物线的曲线，一般在13:00—15:30时段内出现一日当中的最高值，在日地面温度的最高时段内呈高频振荡的变化趋势，表明温度受大气状况、天空状况及周围环境的影响比较大(图17.12)。以2007年8月10日20时—11日20时的梅村和仙人山为例，当白天在临近高温出现时段的10:00—12:00内产生10 mm以上降水时，地面日最高温度很难

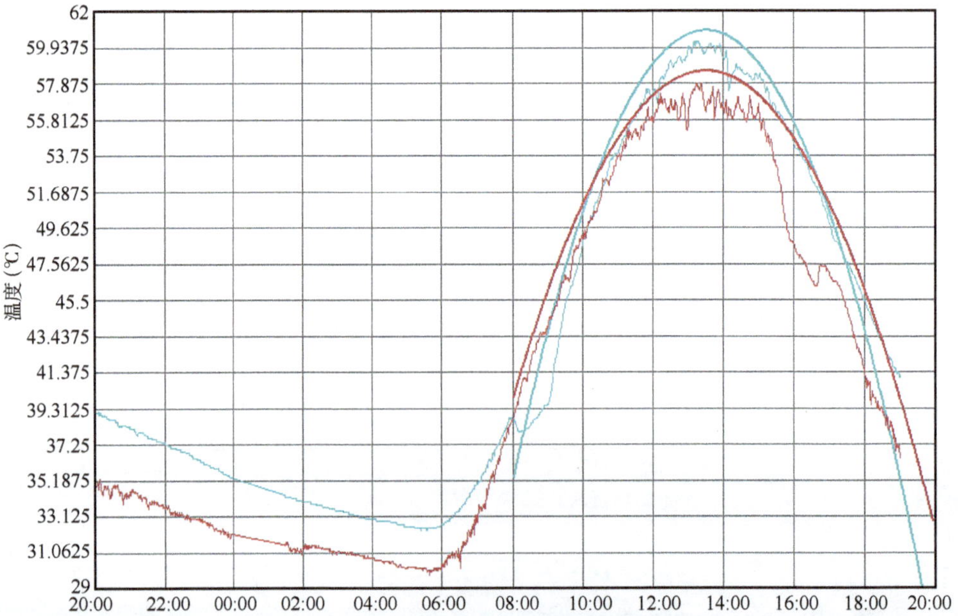

图17.12 2007年7月31日20时—8月1日20时晴空状况下路面温度的日变化特征

突破 55 ℃，而且由于雨水蒸发及太阳辐射的减少，日温度的变化规律不再是单峰右偏态变化曲线，随天气过程的出现而波动，当降水结束路面变干后，由于日照的作用路面温度迅速升高，但升高的幅度却有限，最高温度难以突破 55 ℃(图 17.13)。

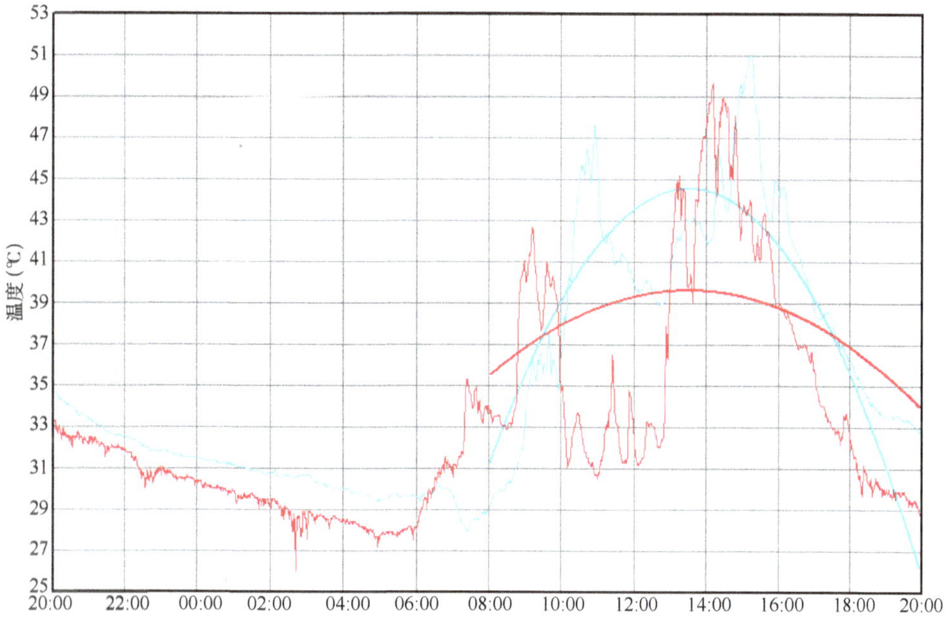

图 17.13　2007 年 8 月 10 日 20 时—11 日 20 时有降水情况下路面温度的日变化特征

(2)高速公路路面上 3 m 高处气温的日变化特征

以 2007 年 8 月 9 日 20 时—10 日 20 时沪宁高速公路苏州段在晴空条件下气温的日变化为例(图 17.14)，可以清楚地看到，在夏季炎热季节，气温日较差低于 10 ℃的情况下，日气温大于 30 ℃的时间跨度可以从上午 09:00 持续到晚上的 20:00，在此时间段内，温度以 13:00—15:00 为中心呈抛物线型单峰变化状态。

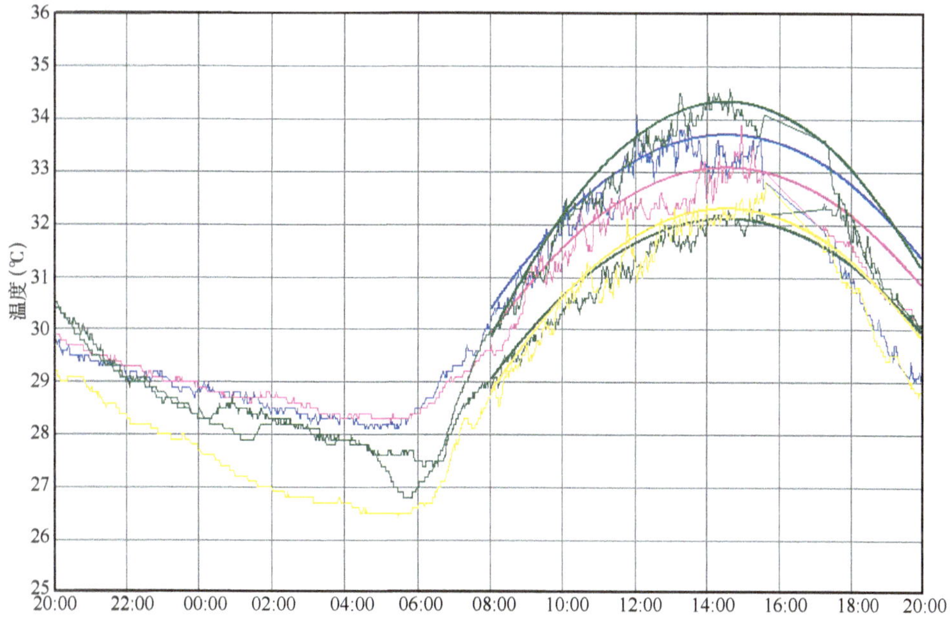

图 17.14　2007 年 8 月 9 日 20 时—10 日 20 时晴空条件下日气温(路面上 3 m 高处)的变化特征

以 2007 年 8 月 10 日 20 时—11 日 20 时沪宁高速公路苏州段出现 10 mm 以上的降水为例(图 17.15),当白天在临近高温出现时段的 10:00—12:00 产生 10 mm 以上降水时,气温的日变化比较凌乱,在降水时段气温下降,但下降的幅度不大,在降水的中心区温度下降 10 ℃左右,而其他站点仅下降了 4 ℃,这说明在相同条件下,由于路面积水,降水对地温的影响幅度要远大于对气温的影响幅度,温度的变化随天气过程的出现而剧烈振荡,但日最高气温难以越过 35 ℃,地面最高温度难以越过 55 ℃。

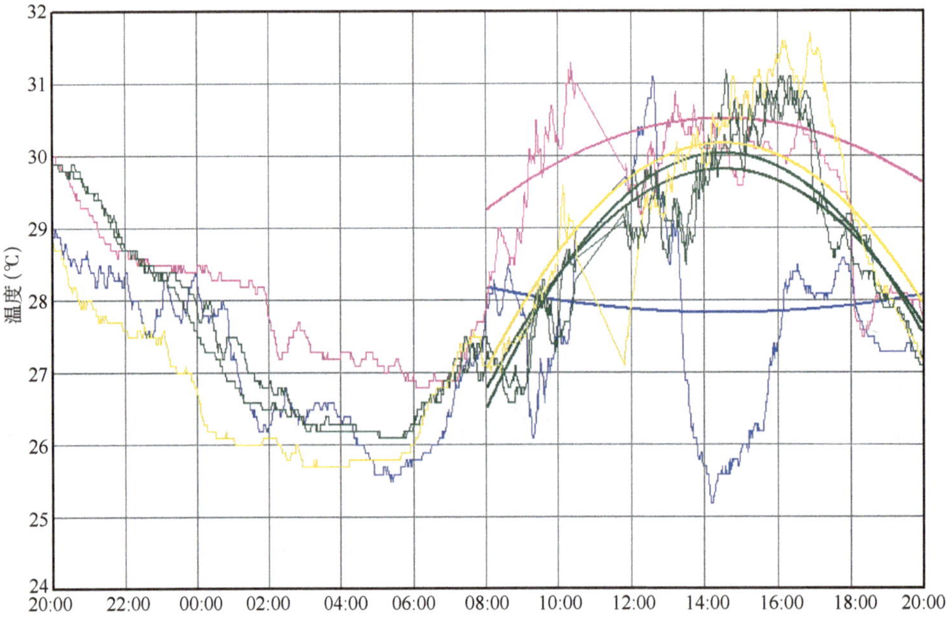

图 17.15 2007 年 8 月 10 日 20 时—11 日 20 时有降水情况下日气温(路面上 3 m 高处)变化图

(3)地气温度的同步变化特征

从前面地气温度的日变化特征分析结果可以看出,如果当日出现降水、大风等剧烈天气过程,日最高温度将受到较大影响,不利于高温天气的出现,因此在分析地气温度的同步变化特征时,主要讨论晴空条件下地气温度的同步变化规律。以 2007 年 8 月 9 日 20 时—10 日 20 时沪宁高速公路苏州段及梅村、仙人山在晴空条件下地气温度的日变化为例,从图 17.16 中可以看出,在 08:00—20:00 的时间范围内,地气温度具有很好的同步变化规律,高温出现的时段基本相当,在上午,地气温差随日照强度的增加

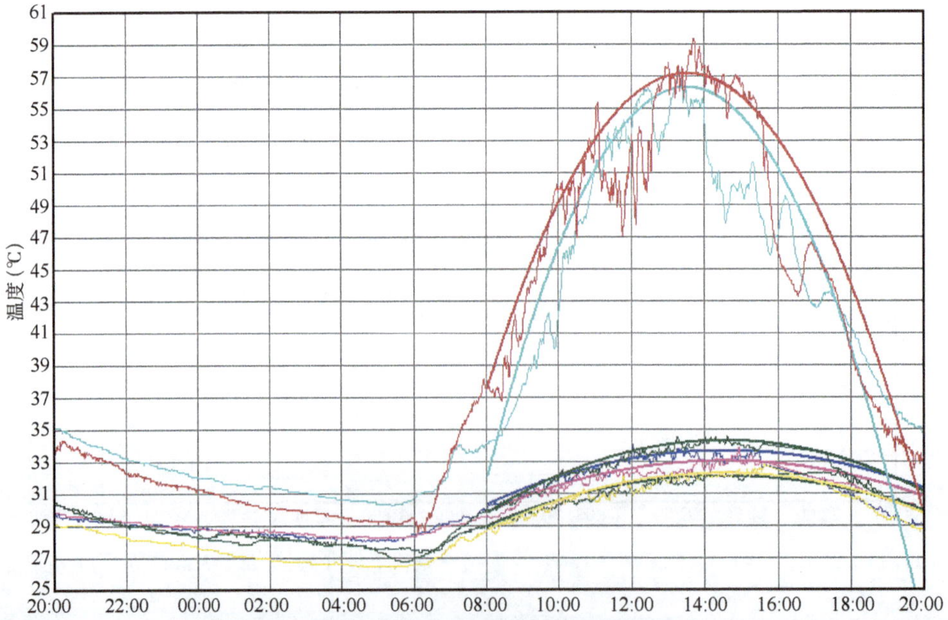

图 17.16 2007 年 8 月 9 日 20 时—10 日 20 时晴空条件下地气温度(路面上 3 m 高处)的同步变化特征

而变大，地气温差随日照强度的减弱而变小，往往地气温差最大的时候即为地温最高的时候。因此，根据少数站点的地气温度实况资料及待预测区域气温的实况或者预报结果，就可以实现对没有地温观测站点地温数据的预测。

17.3.4.4　路面高温反演模型

由于国内对于路面温度的研究很少，基本上都是经验统计模型，不具普适性，因此可以基于地表热量平衡方程，考虑太阳短波辐射、大气和地面长波辐射、感热和潜热，建立一种计算高速公路路面温度的机理模型。

(1)路面温度的计算模型

路面热量平衡方程包括：地表热通量 $G(t)$，太阳短波辐射 Q，地面接受的净长波辐射($L\downarrow - L\uparrow$)，感热通量 H，潜热通量 LE。

$$G(t)=(1-a_s)Q+L\downarrow - L\uparrow - H - LE \tag{17.1}$$

其中 a_s 是沥青公路路面反射率，在这里取 0.1。要求得地表热通量 $G(t)$，必须计算其他四个分量的值。

1)太阳短波辐射

在理论上，太阳总辐射可以用 M. E. 别尔梁德公式的改进形式表示：

$$Q_0=\frac{I_0\sin h_0}{1+fm}Dr \tag{17.2}$$

式中 I_0 为太阳常数，其值取 1367 W/m^2；h_0 为太阳高度角；m 为大气光学质量，一般取 $1/\sin h_0$；Dr 为日地平均距离；f 为表征大气混浊度和地表反射特性的参数，计算公式为：

$$f=[0.174+0.056\ln(1+\mathrm{e})]p/p_0 \tag{17.3}$$

$$\sin h_0=\sin\varphi\sin\delta+\cos\varphi\cos\delta\cos\gamma \tag{17.4}$$

其中 φ 为站点地理纬度；δ 为太阳赤纬，由纬度和日期决定；γ 为时角；e 为水汽压，p 为本站气压，p_0 为海平面气压。

考虑云的削弱，由于受到台站观测项目的限制，我们采用较为简单的埃斯屈姆-萨维诺夫公式：

$$Q=Q_0[1-(1-k)N] \tag{17.5}$$

式中 N 为总云量(取值 0～1 之间)，k 为经验系数，本文取 $k=0.45$。

2)长波辐射的计算

长波辐射分为地面放射的长波辐射($L\uparrow$)和大气逆辐射($L\downarrow$)两个部分，根据 Stefan-Boltzmann 定律，长波辐射的计算公式为：

$$L\downarrow=\varepsilon_a\sigma T_a^4 \tag{17.6}$$

$$L\uparrow=\varepsilon_s\sigma T_s^4-(1-\varepsilon_s)L\downarrow \tag{17.7}$$

其中 σ 为 Stefan-Boltzmann 常数(5.6697×10^{-8} J/m^2)，T_a、T_s 分别为站点的气温和地温，ε_a、ε_s 分别为天空显性辐射系数和路面放射率，沥青路面时 $\varepsilon_s=0.956$，ε_a 可根据左大康等所总结的经验公式得到：

$$\varepsilon_a=0.699+0.0083e+0.077N^2 \tag{17.8}$$

式中 e、N 含义同上。

3)感热和潜热的计算

一般来说，感热和潜热可以用以下公式进行计算：

$$H=C_p\rho C_H|V_a|(T_a-T_s) \tag{17.9}$$

$$LE=L\rho C_E|V_a|(q_a-q_s) \tag{17.10}$$

其中 ρ 为近地面空气密度，取 1.29 kg/m^3；C_p 为常压下的空气比热容，取值为 1.0×10^3 J/kg；C_H、C_E 为感热和水汽输送系数，取值分别为 1.81×10^{-3} 和 0.15×10^{-3}；L 为凝结潜热，值为 2.5×10^6 J/kg；V_a、T_a、q_a 分别为测量高度的风速、气温和相对湿度；T_s、q_s 分别为路面温度和路面湿度。在这里，q_s 由路面湿度参数 W_s/W_c 决定：

$$q_s=\left(\frac{W_s}{W_c}\right)q_{sat}(T_s)+\left(1-\frac{W_s}{W_c}\right)q_a \tag{17.11}$$

式中 $0 \leqslant W_s/W_c \leqslant 1$，$W_c = 0.5\ \text{kg/m}^2$，$W_s$ 为公路地表水，确定这些值比较困难，可作为降水强度 R 的一个线性变化函数而计算得出，当降水强度为 0.5 mm/h 时，W_s 达到最大值 0.5 kg/m²。$q_{sat}(T_s)$ 是路面温度为 T_s 时的饱和比湿，由 Teten 方程算得：

$$q_{sat}(T_s) = 0.622\frac{e_s(T_s)}{p_0 - 0.378e_s(T_s)} \tag{17.12}$$

$$e_s(T_s) = 6.1\exp\left(17.269 \times \frac{T_s - 273.16}{T_s - 35.86}\right) \tag{17.13}$$

其中 p_0 为地面气压，T_s 为路面温度。

由公式(17.1)—(17.13)可以求得路面的地表热通量，假设路面为均匀分布的均质体，根据热力学方程，t 时刻单位质量的路面温度 $T_s(t)$ 和 $G(t)$ 之间的关系为：

$$\frac{\partial T_s(t)}{\partial t} = \frac{1}{C_{pd}}\frac{\partial G(t)}{\partial t} \tag{17.14}$$

C_{pd} 为高速公路路表层的比热容，沥青路面取 420 J/kg，但由于高速公路的材料结构比较复杂，本文经过对实测资料的订正，取 428.31 J/kg。

以 t 时刻的数据为初始资料，对式(17.14)进行时间差分：

$$\frac{T_s(t+1) - T_s(t)}{\Delta t} = \frac{1}{C_{pd}}\frac{G(t+1) - G(t)}{\Delta t} \tag{17.15}$$

取 Δt 为 1 小时，代入 t 时刻的实测资料，即可得到下一时刻的预报地温。

(2)模型实例

利用沪宁高速公路沿线梅村和仙人山两个自动气象观测站 2006 年 7 月 7 日—12 月 31 日(剔除其间资料不齐全的共 50 天)的逐分钟气象观测资料，对模型进行数值试验，以检验模型在预测路面温度极值方面的有效性。

表 17.7　两站误差分析

	样本数	预报误差的方差	相关系数 r	最大误差值(℃)	最小误差值(℃)
梅村	3528	4.75	0.985	10.02	−9.41
仙人山	3744	3.11	0.990	11.21	−7.69

由于受到云量、水汽压等资料日观测频次的限制，模型时间步长取 1 小时，计算逐日逐时自动站所在的高速公路路面温度预报值，并与实测值进行对比，结果见表 17.7。从表 17.7 可以看出，梅村和仙人山站的地温预报值与实测值的相关系数均超过 0.98，通过了 0.01 的显著水平检验，预报误差的方差分别为 4.75 和 3.11，预报效果较好，从预报误差的方差值来看，仙人山站的预报效果优于梅村站。图 17.17 给出了路面温度预报误差的频率分布，从图中可知，预报值低于实测值的频率稍大，梅村和仙人山站的频率分别为 61.95% 和 64.33%。预报值误差在 ±3 ℃ 以内的频率分别高达 82.76% 和 87.69%，且误差在 ±1 ℃ 范围以内的频率达到了 59.60% 和 63.35%，表明数值模式具有较高的预报水平，可用于实际业务当中。

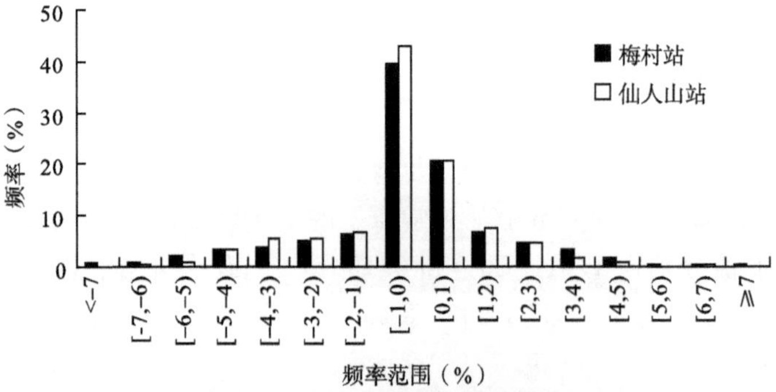

图 17.17　地温预报误差的频率分布

图17.18给出了各个季节的预报误差绝对值的平均值，受观测资料序列的限制，夏季取7、8月，秋季取9、10、11月，冬季取12月。在2006年7月7日—12月31日之间的整个预报时段内，梅村和仙人山两站的绝对误差平均值分别为1.43 ℃和1.20 ℃，各季节的绝对误差平均值的排列顺序两站均为夏季＞秋季＞冬季，但相差不大，均在2 ℃以内，表明模型在不同季节内均可以用于路面温度的预测，冬季的预测水平优于其他季节。

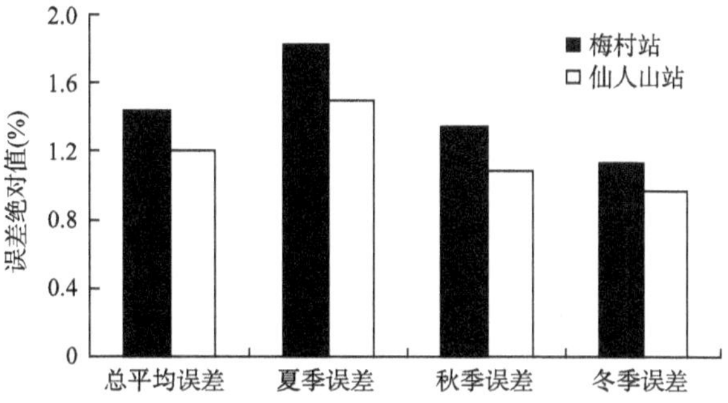

图17.18　地温预报误差的各季节绝对误差平均值

进一步的实验证明：该模型在有降水和无日照时，预报值和实际值基本吻合，只有少数时段预报值略低于实际值；有日照的情况下，预报值和实际值趋势吻合，但时间上略有错开，07:00—15:00预报值略低于实际值，15:00—21:00预报值略高于实际值，存在明显的滞后效应，其他时段预报值与实际值基本吻合。

另外，当实际地温低于0 ℃时，模型的预报误差均为负值，即预报值低于实际值，且误差大部分在0～1 ℃以内，预报效果良好，具有实际意义，可用于实际的路面低温预报当中。对比来看，数值模型在预报冬季低温时的准确率大于夏季高温的准确率。

17.3.4.5　交通沿线气温的统计预报

主要利用多元逐步回归分析方法，发展基于过去三小时实况温度的各基准站点的三小时温度预报模型。所用资料来源于自动站实况要素，包括前三小时温度、地面温度、露点温度、露点温度差、三小时变温、三小时最高(最低)温度、三小时平均温度、相对湿度、降水、风速、前一日对应时刻的温度等12个预报因子，针对预报站点的温度和预报因子之间，利用一个月的历史资料做回归分析，由逐步回归算法，逐步引入预报因子，根据因子的方差贡献来剔除贡献小的因子，保留方差贡献较大的因子，直到没有预报因子可以引入为止，由此建立三小时温度的定点、定量、定时的预报模型。

17.3.4.6　影响公路交通的高温、低温预警发布流程

(1)公路高温预警的发布临界指数值和流程

1)高温预警的发布

当所预报的路段处在副热带高压脊或西风带暖高压脊控制下，天气晴热，并关注云量应≤5；根据监测站逐时温度监测实况：10:00地表温度≥55 ℃，气温预计≥35 ℃；发布时间在10:30以前；发布高温预警，应预报高温出现的大致时段、地段。

2)高温临近预报的发布

当监测点地表温度≥60 ℃(并预计可达≥62 ℃)可发布高温临近预报；发布时间可在12:30之前；应预报高温出现的时段、地段；当发布临近预报后，如考虑天气条件不利于在预报时段和地段内出现高温时应及时解除预警、预报。

(2)公路低温预警的发布临界指数值和流程

1)低温预警的发布

当有强冷空气南下(或冷空气持续补充南下)气温将降至－2 ℃以下(或持续在－2 ℃以下)时，应发布低温(路面冰冻)预警；发布预警的时间在晚上24:00以前。

2)低温临近预报的发布

当自动站地表温度降至－4 ℃，气温已在－2 ℃以下，且预计地表温度将会降至－5 ℃或其以下，应

发布临近预报;发布临近预报应提前 1～2 小时。

低温预警、临近预报应预报低温出现的大致时段、路段(可全段或可分段);路面温度可分以下三个等级:－5 ℃或其以下;－5～－10 ℃;低于－10 ℃。当路面因有雨或积雪(水)可能有结冰时,应在预警、临近预报中注明。

17.3.5 影响交通的降(积)雪与冰冻预报和警报

降雪对交通的危害和运营的影响,除了积雪的深度外,主要是下雪(冻雨)后的结冰,尤其是当公路路面积雪后在路面低温条件下,经车辆碾压后形成路面冰冻层,极大地减小了车轮与路面的摩擦系数从而造成交通事故。所以,对交通有影响的积雪(冰冻)预报,关键是对降雪的预报和环境低温包括路面低温的预报。

就降雪和低温预报而言,在气象部门早已纳入公众预报和业务服务,其预报的技术方法也比较成熟。而对公路交通、机场航运而言,主要是降雪预报的及时、正确,要给交通部门留有采取应急措施的余地。所以为做好降雪(路面冰冻)的预警和临近预报,还是应从设计发布降雪的预警、预报的临界指数值的确定着手。为此在借鉴以往关于降雪、冰冻预报已有成果和预报经验的基础上,确定了如下的预报指标与临界指数值以及设计了发布降雪(冻冻)的预警、预报流程。

17.3.5.1 冬季路面结冰打滑类型

经统计分析,冬季降雪(雨夹雪)造成公路路面摩擦系数减小(谢静芳等 2006),车轮打滑的类型有三类,见表 17.8。冬季路面打滑主要涉及有无降雪、气温和地表温度的预报。

表 17.8 降雪、降水路面打滑类型分类

打滑类型	气温(T_a)	地表温度(T_s)
雪降至暖路面	≤0 ℃	>0 ℃
雨或雨夹雪降至严寒路面	>0 ℃	<0 ℃
雪降至严寒路面	≤0 ℃	<0 ℃

17.3.5.2 降雨、降雪结冰的温度指数值

从表 17.9 分析可见:不论是降雪还是降雨,要使路面结冰,当日的地表温度均应在 0 ℃以下,但降雨结冰地表温度值要高于降雪结冰值。从气温值分析,降雨结冰气温在 0 ℃以上即可,但降雪结冰时气温要在 0 ℃以下。从高层 850 hPa 和 700 hPa 的温度分析,不论是降雨还是降雪,结冰其气层的温度值均在 0 ℃以下,且降雪结冰的气层温度远低于降雨结冰的气层温度。

表 17.9 地面结冰的温度值 单位:℃

分类	气温	850 hPa 温度	700 hPa 温度	当日最低地表温度
降雪结冰	－0.33	－6.11	－4.95	－1.44
降雨结冰	3.31	－1.94	－3.89	－0.83

17.3.5.3 影响公路交通降雪(冰冻)预警发布流程

当 850 hPa 温度(参见本地探空、EC 850 hPa 温度实况和预报)达到－3 ℃以下,邻近地区自动站气温降至 1～2 ℃,且有降水将转雪或将有降雪。

在周边地区天气图上已能发现有小阵雪记录,且 850 hPa 0 ℃等温线已过 31°N。

凡符合以上任一条应发布预警。

降雪临近预报发布的临界指数值:当周边已出现连续性小雪或中雪时,应发布临近预报。

在发布临近预报时应考虑:当有小雪且地表温度低于－2 ℃时,要考虑公路路面结冰;当气温已降至0 ℃附近或以下时,且 850 hPa 温度在－5 ℃或其以下时,周边已有连续性中—大雪或本区域已有中—大雪,要考虑公路路面积雪;发布临近预报时,应注明路面有无结冰和有无积雪;发布临近预报应提前 1～2 小时。

17.3.5.4　*应用实例*

2008 年中国南方低温冰冻雨雪巨灾留给我们许多值得反思的地方。受北方持续不断南下的冷空气和南方暖湿气流的共同影响，江苏省在 2008 年 1 月 10 日至 2 月 10 日也遭遇了历史罕见的低温连阴雨(雪)和区域性暴雪天气。受强降雪的影响，江苏境内部分高速公路封闭，南京周边地区的高速公路和大桥全部封闭，高速公路上的交通事故频发，仅从 26 日 17 时至 29 日 10 时扬州境内的京沪、宁通、扬溧三条高速公路，由于道路积雪、路面湿滑等原因造成各类交通事故就达 160 多起。

江苏凭借建成的沪宁高速公路交通气象监测系统，同时利用共享网络平台，可调用沪宁高速公路上 101 个视频摄像信息，及时查看公路路面状况。预报人员实行全天候值班制度，在掌握大的天气背景形势的前提下，按照制定的高速公路低温和冰雪预报流程，密切监控沪宁高速公路沿线的 26 个交通气象监测站点的气象要素变化，结合公路路面温度监测数据和公路沿线的视频图像，准确预报了降雪过程的范围、强度和间隙、路面结冰等天气情况，为沪宁高速公路抗击这场历史罕见的雪灾提供了及时、准确的气象信息。由于提供的气象服务信息丰富、及时、准确，期间沪宁高速公路未发生大的交通事故。

17.3.6　中尺度数值预报模式的应用

中尺度模式预报在交通气象预报中具有重要参考意义，可以将模式输出结果插值到高速公路代表站，获得各路段逐小时气温、风向、风速、降水、海平面气压、相对湿度、云量等 7 要素预报。

经过实践发现，对于南方地区而言，大多数中尺度数值模式对温度的预报在易成雾的比较稳定的天气条件下效果比较好，对露点、相对湿度值的预报效果还难于应用，但对露点的变化趋势有可应用的方面。

改进途径：在模型参数未作更改前，可采用相同类型天气条件下用逐时订正的方法以减小误差：

$$\Delta X_i = \hat{X}_i - X_i$$

$$\Delta X'_i = \Delta X_i - \Delta X_{i-1}$$

如若相邻两天的预报误差逐时对应值相近，即 ΔX_i 与 ΔX_{i-1} 趋近，则用 ΔX_{i-1} 对 ΔX_i 作临近订正便能产生良好的效果，即使 $|\Delta X'_i|$ 明显减小。

图 17.19 为华东部分高速公路各路段代表站逐小时气温、风向、风速、降水、海平面气压、相对湿度、云量等 7 要素预报。

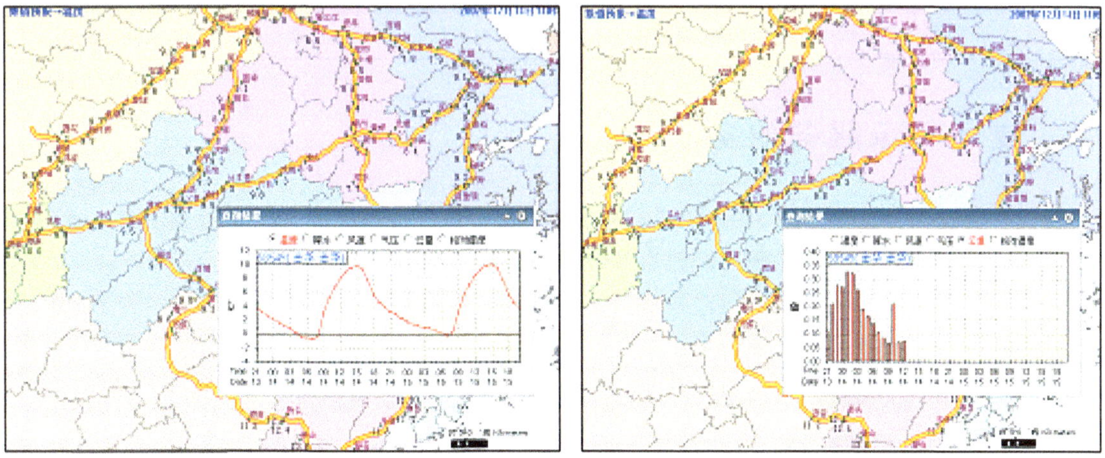

图 17.19　中尺度数值预报区域要素预报输出界面

17.3.7　高速公路行车安全气象指数预报

浙江省气象台通过对高速公路交通事故、事故形态分布情况、交通方式等的综合分析，找出影响交通事故的主要气象因子，对月份、时段、天气和交通事故之间的关系进行详细分析，在对浙江高速公路沿线灾害性天气规律及分布特征进行分析的基础上，特别是对晴、阴、雨日、雨量、雾、雪、气温、湿度和交通事故进行了统计分析和比较，研制了行车安全气象指数(见表 17.10)。

表 17.10 行车安全气象指数

雨雪天气(A)	编码	影响程度	服务用语
无降水、无积雪、路面无结冰	1	安全	交通气象条件良好，车辆可以正常行驶
小雨($RR<1$ mm) 小雪($RR<0.5$ mm)	2	较安全	对汽车行驶影响不大，但仍需谨驾驶
雨(1～38 mm) 雪(0.5～3 mm)	3	较易发生事故	应控制车速，避免使用紧急制动，遇弯道不可急转方向盘
雨($RR>38$ mm) 雪(3～8 mm)	4	容易发生事故	请严格控制车速，握稳方向盘，跟车要保持一定距离
雪($RR>8$ mm) 积雪厚或路面冻结	5	极易发生事故	最好停止发车，如工作或生产需要不能停车， 除了要谨慎驾驶外，还需安装防滑链
雾(B)	编码	影响程度	服务用语
不出现雾	1	安全	交通气象条件良好，车辆可以正常行驶
大雾	4	容易发生事故	请严格控制车速，开亮小灯及防雾灯，跟车要保持一定距离
浓雾	5	极易发生事故	车速应控制在 20 km 以下，开亮小灯及防雾灯，跟车要保持一定距离，如视线在 5 m 以内应停止行驶，将车停在安全地带，待能见度转好后再行驶
$T_{min}\geqslant-2$ ℃	1	安全	交通气象条件良好，车辆可以正常行驶
-5 ℃$\leqslant T_{min}<-2$ ℃	2	较安全	晚上汽车入库后(或长时间停放)请将水箱水放完
$T_{min}<-5$ ℃	3	较易发生事故	晚上汽车入库后(或长时间停放)请将水箱水放完，早晨发车前需加沸水预热发电机
最高温度(C)	编码	影响程度	服务用语
$T_{max}\leqslant35$ ℃	1	安全	交通气象条件良好，车辆可以正常行驶
35 ℃$\leqslant T_{max}<38$ ℃	2	较安全	避免长时间行车，以防车胎温度过高
$T_{max}\geqslant38$ ℃	3	较易发生事故	避免长时间行车，控制车速，避免使用紧急制动和频繁制动

17.4 交通气象服务业务

气象灾害对交通的影响、威胁和危害正在与日俱增，所以交通气象灾害的预报预警与信息传递、发布在当前尤显迫切与必要。在美国已经建有"智能交通系统和交通天气信息系统"。智能交通系统是通过通讯系统和信息网络系统把交通运输各部门连接起来，其目的是为交通运输系统各部门提供信息交流和为已连接到智能交通系统通讯网络中的任何部门、任何个人传送交通天气信息，用户均可调用智能交通系统里的交通天气信息数据。因此，智能交通体系为适应不同用户需求的交通天气信息的发布提供了技术支持。

17.4.1 公路交通气象信息需求

在天气预报信息方面，从天气要素(如降雨、降雪、结冰、高低温等)临界值(不同天气要素对交通运输产生危害的临界状态)、影响(对各类交通工具、公路维护等，当某种特定的天气要素一旦达到临界值将产生的潜在安全后果等影响)和预报时效(是指灾害天气事件发生前的预警，能给决策者有适当时间做必要准备)等方面拟定了公路交通气象的需求一览表(美国商业部 2002)。

表 17.11　公路交通气象需求表

天气要素	临界值	活动	影响	措施	预报时效
冻雨	任意	公路维护	交通延误、能见度降低、交通堵塞、道路毁损、通讯、能源中断	启动预案，通过新闻媒体向社会公众发布预警信息，调整交通计划，预报危险区域，选择处理方案	24～48 小时（事件开始时间非常重要）
		车队及交通工具运输	驾驶人员安全，日程推迟	向驾驶员建议，重定运输时间、重选运输路线	12 小时
公路积冰（英寸）	任意	公路维护	灵活性减弱，牵引力减小，公路损坏，安全风险，除雪/破冰处理操作	选择并实施除雪和（或）冰处理方案，清除残雪碎冰	实时观测
固态降水（雪，英寸）	≥8 英寸（～20.3 cm）	公路维护	能见度降低，牵引力减少，道路堵塞，灵活性降低，道路损害，通讯、能源中断，斜坡不稳定（雪崩危险）	启动预案，准备设备，调整人员，调整计划，通过新闻媒体向社会公众发布预警信息，提高公众意识，对交通计划作出调整，预报危险区域，选择处理方案	24～48 小时
		车队及交通工具运输	驾驶员安全危险，损坏风险，日程推迟	向驾驶员提出建议，重定运输时间、重选运输路线	12 小时
公路积雪深厚观测（英寸）	任意	公路维护	丧失牵引力，削弱机动性，影响除雪/除冰业务	选择应对措施	实时观测
液态降水（英寸）	大雨	车队及交通工具运输	安全风险，业务延误	修改/限制业务，重新安排，改道	12 小时
有闪电的雷暴（离路线或业务区域的距离）	≤5 英里（～8 km）	路面维护	生命财产损失，通讯/电力中断，安全风险，维护业务延误，旅行延误	通知司机、旅游者	6～12 小时
				停止燃料补给，限制或中止户外业务	3—6 小时
		车队及交通工具运输	安全风险，业务延误	修改/限制业务，重新安排改道	12 小时
飓风带来的大风（风速，离路线或业务区域的距离）	≥74 mph（～120 km/h）≤50 英里（80.5 km）	卡车业务	驾驶员安全风险，货物损坏风险，日程推迟，危险货物碰撞、溢出的风险性增加	组织风险评估，适当推迟，重选运输时间或重选行车路线，如果在行进中，尤其是在运输危险品途中，应找一个安全停靠点	48～96 小时
气温	≥110 ℉（～43 ℃）	公路维护	温度和安全风险，发动机/设备过热	通知业务员，修改/限制业务	12～24 小时
		车队及交通工具运输	温度和安全风险，发动机/设备过热	通知业务员，修改/限制业务	12 小时
气温变化	大约 60 ℉/天（～15.5 ℃/天）	公路维护	强烈的热胀冷缩使得路面损坏	预测受影响地区，选择应对策略，快速修复路面	12～24 小时预报和实时观测
公路条件	雪，被雪覆盖	公路维护	乘客受伤，丧失牵引力，丧失稳定度/机动性，安全风险	预测受威胁地区，选择应对策略，准备、配置、打开应急设备，应用化学药品。铲雪，管理交通流量	实时观测
能见度包括限制条件，比如雾、霾、沙尘、烟	0.25～0.5 英里（400～800 m）	房车交通	看见和被看见的安全距离大大缩小了	停止旅行	3 小时
		巴士业务	安全风险，业务延迟	建议业务员，修改业务，减慢速度	6 小时

续表

天气要素	临界值	活动	影响	措施	预报时效
风：逆风、侧风、顺风	＞30 mph (13.4 m/s) ＜50 mph (22.4 m/s)	巴士业务	增加安全风险，杂物物起，交通堵塞，生活用电线路和电线杆倒塌，增加巴士和财产损失	改道行驶，如果发布了大风警戒，修改、限制或取消业务，通知乘客	6小时
		私人交通	乘客安全危险，旅行延误	建议乘客变更旅游	6小时
	≥50 mph (22.4 m/s)	车队及交通工具运输	安全风险	改期、改道	12小时
风寒(华氏度)	≤20 ℉ (−6.7 ℃)	车队及交通工具运输	安全风险(体温过低、冻伤)	建议业务员，修改业务	6小时
热指数(华氏度)	≥105 ℉ (40.5 ℃)	车队及交通工具运输	人员中暑	建议业务员修改/限制业务	6小时
雪崩危险	高、中、低	公路维护	机动性受损，生命财产损失，交通堵塞	关闭道路，除雪	12～24小时预报和实时观测

表17.11是美国公路系统业务经调查后制定的公路交通气象需求(经选择摘录部分内容)。从表17.11可见，“天气要素类”对公路积冰、降雪、积雪、大风、最高气温、最低气温、能见度等尤其关注。在“临界值”一栏中，均设定了天气要素在开始出现临界值的重要性，当出现某种天气要素临界值上限和下限时，开始对公路运输活动产生影响。关于“预报时效”的分析，可见对6～12小时预报时效的需求最多，其次是3小时，有的只是实时观测。

就国内而言，交通气象灾害的预报预警与有关国家相比还存在一定差距，尤其在对交通有危害的灾害性天气预警预报信息的传播和供社会运输部门、公众的广泛应用方面更显不足。但在进入21世纪以来，我国的交通气象已经取得长足进展，但应该认识到有关交通气象灾害预报服务的专业性、时效性和信息应用性均应进行深入的研究和提高，因为它无论在预报内容的多样性、时效的正确性方面，还是从预报信息发布的快速传递方面，均远胜于公众预报。换言之，它实际上是一种新颖的、更现代化的精细天气预报和更具有针对性、能最大程度满足交通安全运营需要的专业化预报。因而制作交通气象灾害预报，从预报内容上要求定量(量级)、定点(地段)、定时(时段)；在预报信息服务上，应是实况监测、预报信息的不间断跟踪服务。所以如何做好交通气象灾害的预报和服务，对气象业务部门而言是一个新的研究课题，也是一个新的开发领域，是对我们业务技术能力的新挑战。但就目前我国气象业务的科技水平而言，还不能做到尽善尽美，它还是一项需要逐步摸索、完善、不断改进和提高的科技服务项目。

交通气象灾害的发生具有突发性、局部性，当然也有区域性，所以交通气象灾害的信息发布，尤其是突发性灾害天气的临近预报必须及时快捷，信息发布的渠道从专业用户对象到公众媒体都要保持高度畅通，在灾害天气来临前公诸于众，以便用户和公众及有关部门采取应急防御措施。

17.4.2 专线服务终端

专线服务方式是一种点对点的服务，在气象部门与服务对象之间建立专线，预报中心建立服务器，被服务部门建立服务终端，这种形式可保证资料的实时性，服务的内容丰富、安全，如南京交通气象研究所和沪宁高速公路运营指挥中心之间建立的专线服务终端，主要发布沪宁高速公路沿线最新的路况实时监测信息和预警、预报信息及决策管理信息。终端安装在沪宁高速公路马群指挥中心，沪宁高速公路各管理分中心均可通过WEB方式浏览服务器的所有信息，所有信息均为自动显示。终端信息显示界面如图17.20。

信息显示终端对已出现的灾害性天气实况设置了预警界限，如对能见度而言：绿色为某站能见度值已降至500～200 m；黄色表示某站能见度值已降至200～50 m；红色表示某站能见度值已＜50 m。同时，在相应测站上的色标会闪烁，以起到警示作用。

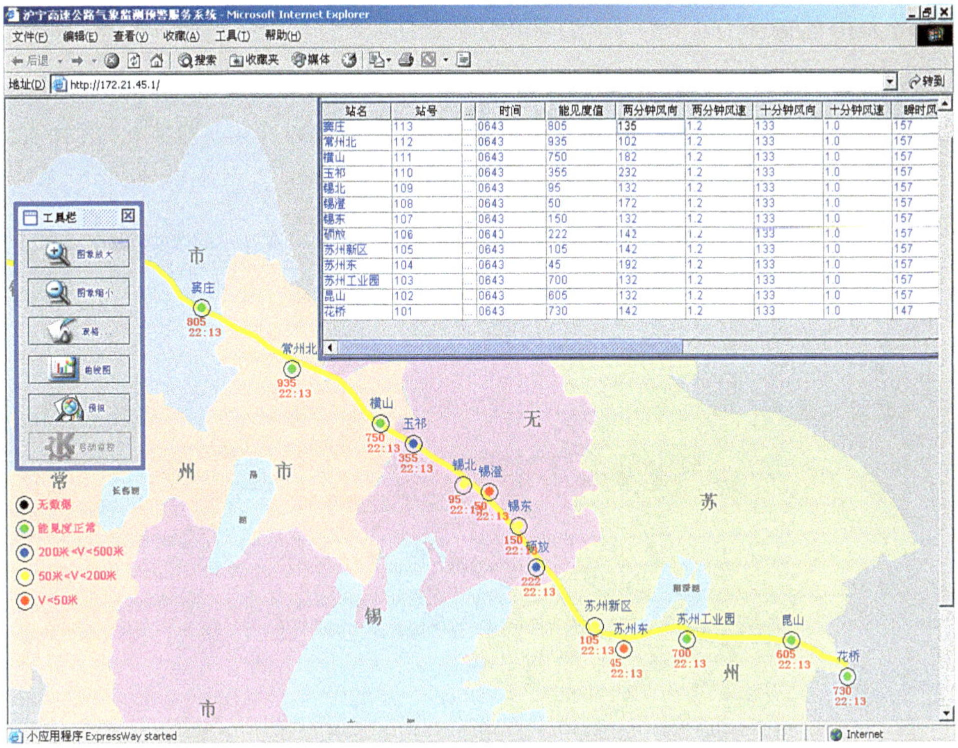

图 17.20　终端信息显示界面

系统可以对图形进行放大或缩小，也可移动图形，调整最佳的可视比例和重点显示区域。

系统提供了环境气象要素实时监控、历史气象要素查询、历史及实时资料绘图等三个界面。如低能见度监测、预警信息的自动显示，见图 17.21。

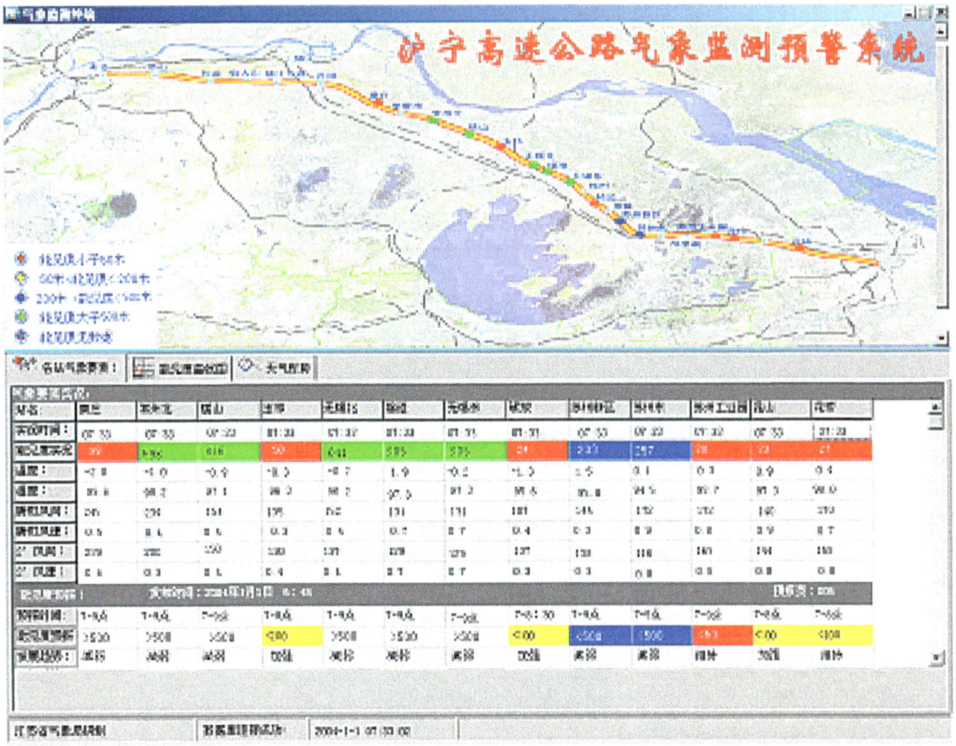

图 17.21　低能见度图监测预警信息自动显示

17.4.3 公路大屏信息显示

在高速公路间隔一定间距设置跨路面的大屏显示栏，及时滚动显示气象部门发布的交通气象灾害信息和临近预报，向过往司机发出警示性要点，如“减速慢行”、“前方 XX 处限速”、“前方 XX 出口处分流”、“前方 XX 段到 XX 段封闭”等(见图 17.22)。

图 17.22 设置在沪宁高速公路上的大屏显示栏

17.4.4 交通气象网站

在当今的网络时代，网络服务已成为开展气象服务的主要途径之一。建立交通气象网站是开展交通气象服务的有效手段。南京交通气象研究所开发的“E 路天气网”(华东交通气象网)就是典型的服务平台之一。网站集全国、区域交通气象监测、预报信息以及交通气象研究成果、交通气象新闻、交通气象灾害及其评估等内容为一体，追踪国内外交通气象科技前沿。同时，还通过网站展示了华东区域各省在交通气象领域已完成和在研的大量科研成果和论文，共享各种科技资源，不仅可以为交通行业用户提供优质的服务，也为全国气象部门提供了交通气象交流平台。由于现有的页面都是根据一定的需求模型设计的，可能难以满足网站的个性化需求；网站管理员可以通过此功能自己定义网页，并通过模板和中文标签来控制该页面的内容，不需要代码编写就可以扩展功能满足个性需求。

网站部分界面见图 17.23—图 17.27。

图 17.23 江苏交通气象网页视屏显示

图 17.24　京沪高速公路预报信息和监测信息显示

图 17.25　江苏公路各路段预报信息显示

图 17.26　沪宁高速公路气象要素信息监测显示

图 17.27 沪宁高速公路各路段天气预报显示

17.4.5 电视专栏节目

可应用手机短信、通过电视插播(滚动播发)、无线广播(各地的交通台)向媒体、公众及时发布交通气象灾害的相关信息,使准备外出或已经出行的公众获得气象灾害侵袭某地域的信息,作好预防措施,提高公众对气象灾害的应对能力。

目前很多地区开辟了交通气象早间电视节目,交通气象专栏以简明扼要的方式向观众朋友介绍以当地以及附近交通沿线的交通枢纽城市和重要城市的天气情况,旨在为广大电视观众早间出行提供指导和帮助。电视节目的制作采用两种方式,一种是录播方式(如《安徽卫视早间天气预报》中播出的交通气象专栏节目),在栏目播出前通过 FTP 获取最新的天气预报信息,将节目录像带制作完成,交给电视台以备播出。另一种是直播方式,如江苏开通的《早安江苏》节目,与电视台直接连线,背景就采用高速公路的实况视频,由主持人直接解说高速公路的交通状况(图 17.28)。

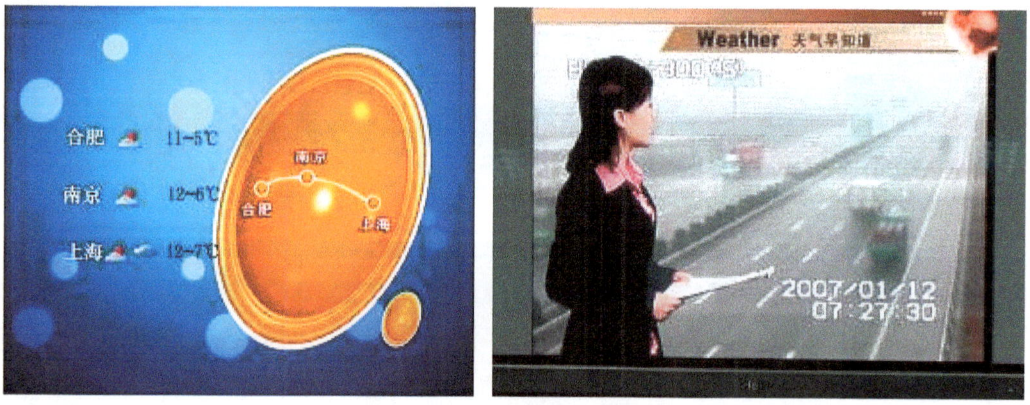

图 17.28 电视节目中播出的交通气象专栏

17.4.6 基于 GIS 的交通气象综合服务平台

17.4.6.1 基础地理信息数据的处理

基础地理数据是最基本的地理信息,通用性最强,共享需求最大,几乎被所有与地理信息有关的行业采用而作为统一的空间定位和进行空间分析的基础地理单元。由于目前国内流行的 GIS 软件多达十多种,而每一种 GIS 软件都有其特定的数据格式,各省的基础 GIS 资料的格式各不相同,这些基础地理信息资料需要进行统一格式转换才能使用。数据在逻辑上是无缝的，物理上还是分开的，为了应用的方便，需要对数据进行物理拼接。

(1)基于GIS标准的基础地理数据质量检验

由于数据获取的途径不同，基于GIS标准的基础地理数据的质量差别很大，需要进行数据质量检验。

基础地理数据质量标准包括位置精度、属性精度、逻辑一致性、要素完备性和附件质量等。数据质量检验是一个工程性过程，要经过如下几个步骤：

1)对各种源数据进行分析，发现数据中存在的错误；

2)按照不同优先级别、逻辑关系等将发现的各种错误分类，并制定处理解决方案；

3)按照制定的解决方案有计划、有步骤地纠正错误；

4)循环往复纠正错误，直到消除所有错误。

(2)基于GIS标准的基础地理数据格式转换

多种来源的矢量数据格式参差不齐，加工预处理工作量巨大，需进行格式转换与统一，格式转换处理不当会造成数据信息的丢失。

首先对少量数据进行资料格式转换试验，并对转换后的数据进行空间信息与属性信息的质量检验，在试验性数据格式转换成功后再进行大批量数据格式转换，将转换后的DLG矢量数据按shp和E00两种格式来存储，DEM数据按grid格式来存储栅。另外，有些数据在转换后还要进行拓扑关系建立、属性信息拓充与完善等处理工作，工作量巨大。

国家基础地理数据是所有源数据中质量最好的，但正如前面所提到的，由于数据生产过程中不可避免地会存在人为疏忽或错误，因此还需要对拼接好的数据文件进一步进行质量检验，主要是检查空间数据与属性数据的匹配程度，对于属性字段出现的赋值错误还需要人工改正过来，对于出现错误的线状或面状地理要素还需要重新进行整合、归并等错误纠正处理。

17.4.6.2 共享数据库系统的架构

(1)数据库系统的安全性处理

考虑到数据库有多个部门使用，因此在设计访问数据表时对不同用户的访问权限需要做严格的划分。系统管理员拥有可以操作数据库的一切权利，预报员对于产品库来说只具有SELECT、INSERT、UPDATE的权限，而其他用户只仅仅具有SELECT的权限。

(2)交通气象数据结构的设计

在交通气象数据信息系统的设计中，服务器操作系统采用RedHat Linux 5.0服务器版结合Mysql 5.0版来实现。在数据库的设计中，建立Product数据库，Product主要包括三类表，其中以监测站站号及年份组合命名(J???? _yyyy)的数据表用来存放每分钟的历史气象监测数据，RealTimeData数据表用来存放最新的实时气象监测数据，以便于监控系统来访问实时气象数据，此表中始终保持最新数据记录，以提高检索查询速度。Temp_Forecast_Product数据表用来存放气象预警预报服务信息。

(3)历史交通气象实况数据表的设计

历史数据表用来存储各监测站点的每分钟气象数据，以一个监测站、一年时间内的每分钟一条记录、每条记录包括各气象要素的监测数据来构成一个表。

17.4.6.3 信息展示平台

由于考虑到实用性、经济性和开发的高效性，通过对GIS组件调研工作，可选择GIS组件Tatuk GIS Developer Kernel(DK)。

DK是一个用于开发自定义地理信息系统(GIS)应用程序以及解决方案的综合性软件开发工具包(SDK)。本产品被超过50多个国家的大量个人、公司以及政府客户使用来实现其地理信息系统解决方案(图17.29)。

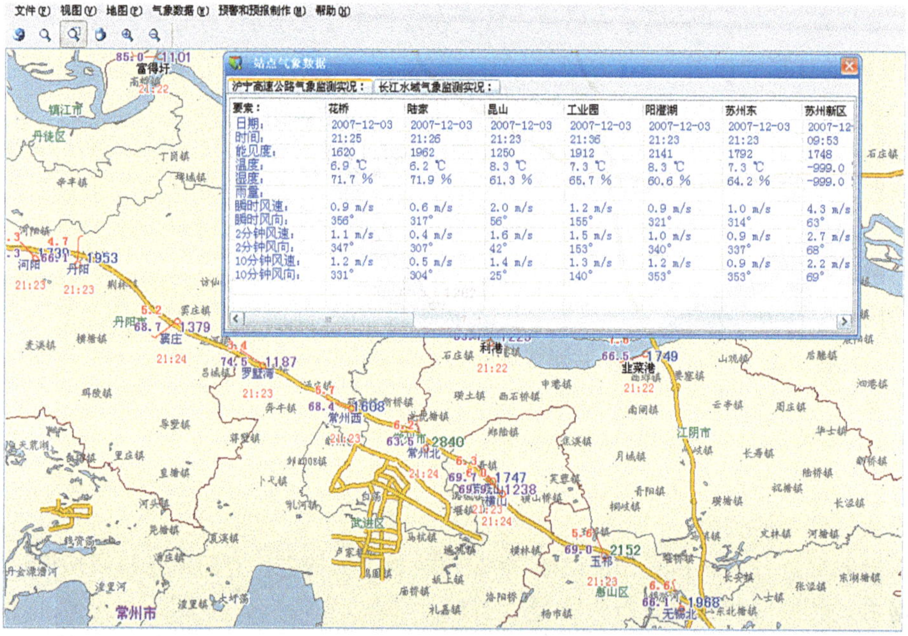

图 17.29 二维 GIS 信息平台的局部放大显示

(1)基本操作

地图可实现无级缩放，利用鼠标的滚轮或者工具栏上的“放大/缩小”按钮可以任意比例快速放大/缩小地图。“放大/缩小”按钮还允许用户进行拖窗放大/缩小，即用鼠标在地图上拖出一个矩形框，即可缩放该指定的矩形区域。

利用工具栏上的“平移”按钮，可以快速地移动地图到用户想要的区域。在平移状态下，地图比例不发生变化，只是显示的区域左右/上下移动。

工具栏上的“缩放到原始大小”按钮使地图在任意比例尺下缩放到全图，方便用户快速切换。

为了快速定位到特定的区域和路段，菜单栏中设置了“路段”和“政区”两个菜单，可以帮助用户快速精确地缩放到指定的路段和指定的行政区划(包括市和县)，并用透明的蒙板色指示出选中的区域。使用工具栏上的“清除选中内容”按钮可以清除选定的透明的蒙板色。

(2)时次跳转操作

利用工具栏上的时次/日期子工具栏和时次选择器可以方便地在不同时次的气象产品之间实现跳转。

(3)气象要素显示和查询

利用菜单栏中“产品”和“要素”菜单，可以显示不同气象产品的各种气象要素。其中要素产品中的标量要素会以数值的形式填充到地图上，矢量要素会以风向杆填充到地图上。

对于指定站点详细要素情况，可以通过工具栏上“查询”按钮执行查询操作，查询结果可实现表格和图形两种方式显示。

17.4.6.4 三维可视化展示平台

为了增强信息的可视化效果，实现三维可视化显示，选择 NASA World Wind JDK 作为开发工具，NASA World Wind 可视化技术并不仅仅是一个炫目的软件，它包含了访问 NASA 数据和影像的功能。另外，NASA 合作伙伴的数据在 World Wind 中也是可用的。World Wind 在科学、教育、商业和政府等行业的应用中都有非常大的潜力。World Wind API 主要以接口设计，因此用户可以选择性地替换已有组件。基于该项技术，开发了三维可视化交通气象信息显示平台(图 17.30)。

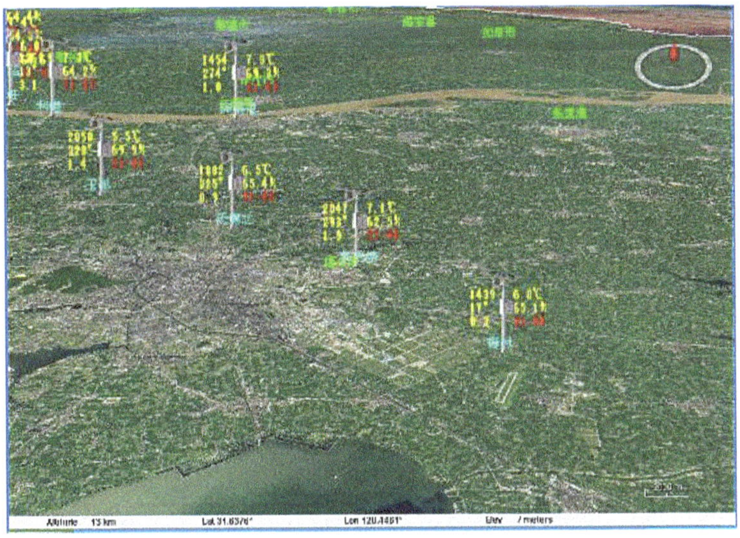

图 17.30 交通气象信息三维可视化平台

17.5 发展中的现代交通气象业务

交通运输作为国民经济的基础行业，承担着人们的出行和货物的流通。交通部预计，随着社会经济的发展，交通运输的需求将进一步增长，未来 20 年交通运输需求总量将增加 1.5～2 倍。到 2020 年，全国铁路网规模将达到 10 万千米，其中客运专线约 1 万千米；公路里程达到 400 万千米，其中高速公路约 8 万千米；全国沿海港口中级以上泊位达 2800 个左右，其中深水泊位 1500 个，沿海港口货物吞吐能力达到 40 亿～45 亿吨；预期 2010 年航空运输总周转量达到 500 亿吨千米，旅客运输量达到 2.7 亿人，货邮运输量达到 570 万吨，后 10 年仍将保持 11%左右的年均增长速度。实现各区域间的通畅，连接区域经济中心、重要工业基地和众多的大中型城市，并与多个地区交通网相连接的京沪、京广、京哈、沿长江、沿海、陆桥、西部出海等全国性交通大通道正在构建，交通运输管理正在向智能化发展，现代交通事业的快速发展，将进一步促进经济社会的发展，提高人们的生活质量。

作为在大气边界层内开展的各项交通活动，包括交通基础设施的规划、建设以及建成后的运营，无不受到各种天气气候条件的影响和制约；同时，交通活动也对大气气候环境产生着影响，尽管这种影响是潜在的、长期的、累积的、难以逆转的。在全球气候变化的背景下，大量事实表明，交通系统面临着严重的气象环境威胁，不良天气增加了交通安全风险和经济成本，也影响着所有交通运输系统的运营效率，现代交通对交通气象工作提出了更高、更迫切的需求，人们从来没有像今天那样关注人类活动对气候、环境的影响，人们的出行也从来没有像今天那样关注天气的变化，他们不仅关注当地的天气，也关注沿途的天气，甚至关注天气状况乃至某一气象要素变化的范围和影响程度。交通建设、运营对气象信息的需求变得越来越广泛、越来越精细，他们需要更高时空分辨率的气象信息，并要求天气预报更加准确，尤其是较长时间尺度的预报(12 小时至数天)。如何更好地满足交通发展对气象信息日益增长的需求，是交通气象始终面临的课题。

我们看到，我国交通气象发展过程中仍然存在着诸多的问题。交通基础设施建设、运营管理以及灾害评估、安全、灾害应急等方面对交通气象信息产品的时空尺度几乎没有明确定义，也没有定义影响交通的天气和相关要素的具体界线或阈值；交通与气象相互作用、相互影响，人们更多地关注气象灾害对交通运输的影响，而较少关注大型交通设施及运营对气候环境及生态的影响，或缺少更加客观的评估技术，对其相互作用的机理缺乏深入的研究；交通气象信息的生成、获取、传递和应用方法标准缺乏，严重阻碍了信息的传播、共享和应用；监测资料和预报信息不规范，缺乏针对性，削弱了气象信息对交通运输相关决策过程的价值；除航空交通外，专门针对交通气象灾害防御而建设的交通沿线、场站气象监测系统极不完善，仅少数公路、铁路沿线布设了运行气象环境监测系统，无法对交通沿线的气象灾害实施实时监测，监测资料的缺乏影响了沿线气象预报的准确率，使气象信息缺乏针对性；现有的公路和铁路状况预报技术一般仍处于常规预报阶段，对复杂地形下的局地天气预报准确率不高，影响了用户对气象产品应用的信心；交通、气象、规划、建筑等相关部门间的协作仍不紧密，对交通对气象信息的具体需求把握不够或不明确；相关的法律法规制度不健全，影响着各项防御措施的有效落实等等。这些问题的存在，影响着交通气象工作的发展，影响着交通气象灾害的有效防御。

我们无法控制天气对交通的影响，但能通过气象信息的有效利用，合理规划、设计交通基础设施，采取必要的措施规避和减轻气象灾害的危害，通过交通沿线气象环境的监测、预报预警，为交通管理、人们的出行提供他们需求的信息，帮助他们减轻或避免不利天气带来的负面影响。可喜的是，气象科学与环境科学以及计算机与数字通讯技术的进步，为交通气象的发展提供了强有力的技术支撑，这些技术的应用已经并将继续促进交通气象灾害监测、预报预警和评估水平的提升，目前，交通、公安、海事、规划设计、气象等部门已经开始加强合作，促进相关学科的融合，增进对诸多领域的了解，共同研究交通与气象环境相互作用的机理，建立高分辨率的交通气象监测和现代化的数据收集、分发、共享系统，研发先进的中小尺度数值运算模式和预报预测、评估技术，完善交通气象信息传播系统。交通气象相关技术的研发和成果的应用将帮助交通部门减少与气象相关的费用，给公众提供更多、更准确的实时气象信息，减少气象因素引发的事故。

相信随着气象观测和预报时空尺度分辨率的增加，气象灾害评估技术和预报准确率的提高及信息传播和应用能力的增强，许多当前无法满足的交通气象信息需求，能够在不远的将来逐步得到满足，气象信息必将成为未来交通运输系统的一个重要部分，成为交通系统所需的最基本、最安全且经济效益很显著的信息，这些信息的有效利用，将对国家安全、避免和减少经济损失、提高交通运输效益、保障人民生命财产安全等方面带来更多实质上的好处。在此过程中交通气象工作面临着来自技术、管理、标准、法规等诸多方面的机遇和挑战，交通气象工作者任重道远。

参考文献

程宏林等. 1996. 江苏内河航运交通事故气象条件分析[J]. 气象，**22**(12)：51-53

冯民学等. 2003. 沪宁高速公路无锡段春季浓雾的实时监测和若干特征[J]. 气象科学，**23**(4)：435-445

贺芳芳等. 2004. 上海地区不良天气条件与交通事故之关系研究[J]. 应用气象学报，**15**(1)：126-128

美国商业部/国家海洋大气管理局. 2002. 交通气象信息国家需求评估报告[R]，FCM-R18-2002 Washington，DC

孟遂珍. 2000. 国外高速公路的管理与气象信息[J]. 气象科技，**4**：60-62

王喆. 2007. 高速公路灾害性天气研究[J]. 交通标准化，**1**：104-107

吴赞平等. 2006. 沪宁高速公路气象决策支援系统[J]. 现代交通技术，**5**：91-94

谢静芳等. 2006. 高速公路路面摩擦系数气象指数预报方法[J]. 气象与环境学报，**22**(6)：18-21

杨亚新，范德新. 2003. 建立高速公路气象灾害实时监测与决策服务系统的设想[J]. 公路 **7**：90-93

袁成松等. 2003. 高速公路上低能见度的监测与预报[J]. 气象，**29**(11)：36-40

张清. 1996. 1995 年气候对交通系统的影响[J]. 灾害学，**11**(2)：76-79

第18章 环境气象

环境气象是大气科学和环境科学两种学科交叉的分支学科，它与气象学关系密切，它是从人类环境的角度来研究地球大气。环境气象预报和服务是近年来在国内外开展迅速、效益显著、备受社会关注的预报服务新领域，随着社会经济的发展、人民生活水平的提高，各行各业生产及人们日常生活对环境气象服务的要求也越来越高。

18.1 环境气象的内涵和预报方法

18.1.1 环境气象的内涵

在人类的生活环境中，许多现象都与气象具有密切的关系。广而言之，环境气象包括的内容十分广泛，涉及空气质量、大气污染物扩散等大气边界层问题；酸雨、大气臭氧等大气化学问题；建设项目的大气环境评价、区域大气环境评价、住宅小区大气质量评估等污染气象学问题；温室气体引发的气候变暖问题；通过大气传播的传染病与特质性过敏症以及与大气参数相关联的医疗气象问题；在人工生态系统中日益突出的城市高层建筑、大型桥梁抗风问题与城市排水系统等工程气象问题；高速公路、机场、港口面临受到浓雾严重影响的问题；以及人类通过人工手段抗击干旱、暴雨、冰雹、霜害、雾害、雷电等人工影响天气问题，均属于环境气象学研究的范畴。环境气象的基础知识相当广泛，涉及气象学、气候学、大气物理学、大气化学、地理学、生态学、生物学、农学、林学、水利学、工程学、流行病学、环境卫生学、社会学、经济学、法学、民俗学、家政学等等。

本书取环境气象的狭义定义，仅包括空气质量、突发环境污染事件、城市热岛的监测和预报。

大气污染的成因有自然因素，如火山爆发、森林火灾、岩石风化等；也有人为因素，如工业废气、燃烧、汽车尾气和核爆炸等。随着人类经济活动和生产迅速发展，在大量消耗能源的同时，产生大量的废气、烟尘物质排入大气中，严重影响了大气环境质量。大气污染对人体的危害主要表现为呼吸道疾病；对植物可使其生长不良，抗病抗虫能力减弱，甚至死亡；大气污染物能腐蚀物品，影响产品质量；近十几年来，不少国家发现酸雨，即雨雪中酸度增高，使河湖、土壤酸化，鱼类减少甚至灭绝，森林发育受影响等等。空气质量的好坏反映了空气污染的程度，它是根据空气中污染物浓度的高低来判断的。随着工业及交通运输业的不断发展，越来越多的有害物质被排放到空气中，改变了空气的正常组成，使空气质量变坏的趋势逐渐加剧，因而空气质量问题变得日益突出。

随着社会经济的发展、城市人口的集中和社会活动强度的增大，环境污染事故逐渐增多，重大、特大突发性环境污染事件时有发生，对影响区域内人民的身体健康、生产、生活带来很大影响，给环境造成严重污染。随着我国社会经济的飞速发展，当前我国已进入环境污染事故的高发期，有效防控环境污染突发事故的形势十分严峻。尤其是 2000 年以后我国污染事件呈明显上升趋势，2001

年全国发生各类污染事故1800起;2002年全国发生特大和重大污染事故11起,共造成12人死亡,近3000人中毒;2004年第一季度我国就发生突发性重大污染事故8起,全年因环境污染事故造成的经济损失5228亿元;2005年全国发生各类污染事故1406起,一些地方在相继发生安全生产事故的同时,引发了重(特)大环境污染事故。2006年,国家环保总局共接报处置161起突发性环境污染事件,比2005年增加85起。总之,环境污染事故形式多样、发生突然、难于处置、危害严重,日益受到社会的广泛关注。环境污染事故频发对公共安全乃至社会秩序造成了严重的威胁,甚至会升级成国际事件和国际纠纷。

城市热岛效应是指城市中的气温明显高于外围郊区的现象。在近地面温度图上,郊区气温变化很小,而城区则是一个高温区,就像突出海面的岛屿,由于这种岛屿代表高温的城市城区,所以就被形象地称为城市热岛。城市热岛效应使城市年平均气温比郊区高出1 ℃,甚至更多。夏季,城市局部地区的气温有时甚至比郊区高出6 ℃以上。此外,城市密集高大的建筑物阻碍气流通行,使城市风速减小。由于城市热岛效应,城市与郊区形成了一个昼夜相反的热力环流。近年来,随着城市建设的高速发展,城市热岛效应也变得越来越明显。原则上,一年四季都可能出现城市热岛效应。但是,对居民生活和消费构成影响的主要是夏季高温天气下的热岛效应。为了降低室内气温和使室内空气流通,人们使用空调、电扇等电器,而这些都需要消耗大量的电力。高温天气对人体健康也有不利影响。有关研究表明,环境温度高于28 ℃时,人们就会有不适感;温度再高还容易导致烦躁、中暑、精神紊乱等症状;气温持续高于34 ℃,还可能导致一系列疾病,特别是心脏、脑血管和呼吸系统疾病的发病率上升,死亡率明显增加。此外,气温升高还会加快光化学反应速度,使近地面大气中臭氧浓度增加,影响人体健康。

18.1.2 环境气象预报方法

目前,城市化进程已成为全球经济发展的一个重要特征,2008年是人类历史上的一个重大分水岭,在这一年,世界人口的天平首次从农村倾向城市,在全球67亿人口中,有超过一半生活在城市里。据推测,到2030年世界城市人口将增长到50亿,占到全世界人口总数的60%。城市的扩大伴随着一系列环境问题,对城市的可持续发展以及人类的健康、生态环境的保护等带来一些明显或潜在的负面影响,因而城市环境气象研究和服务受到了世界各国的高度重视。

自20世纪70年代以来,世界气象组织和世界卫生组织召开了一系列国际会议,重点研究城市气象环境问题。进入20世纪90年代,国外一些发达国家的城市气象研究发展较快,政府也给予高度重视。如德国在城市发展规划和城市建设中,考虑了气候条件以及城市建设对局地气象环境的影响;日本根据地域特点,也开展了诸如城市气象与减灾、气象与疾病等方面的研究。面临城市化快速发展的发展中国家,也都非常重视城市气象服务,如20世纪90年代初期,墨西哥政府投资450万美元与美国合作,开展墨西哥城空气质量研究计划。

与此同时,一些与城市环境气象有关的国际机构及研究计划相继确立,开展了诸如气候变化、温室气体排放、空气质量(城市气流模拟及城市大气化学试验)和空气污染评估、城市植被与大气相互作用、城市地区及建筑物附近的湍流输送和扩散过程、城市风和环流系统、城市与周围地区的中尺度相互作用、城市能量收支和水收支、城市热岛效应及其对长期气温记录的可能干扰、城市对天气的影响等。

我国在城市环境气象方面的研究起步较晚,除20世纪70年代到80年代初期进行过一些疾病与气象的研究外,主要集中在城市气候的研究上,研究区域也多限于北京、上海及沿海的大中城市。这些研究受城市气象监测条件的限制,大多为定性的气候描述。进入20世纪90年代,环境气象业务才初步形成。北京、上海、广州、杭州、武汉等城市已进行了有关城市环境气象的研究和应用。随着国民经济的高速发展、城市化进程的加快以及城市居民生活质量的提高,城市气象服务也面临新的挑战和发展机遇。

目前开展城市环境气象预报的主要技术方法有统计预报法和模式预报法。

18.2　空气质量监测和预报

大气污染通常是指由于人类活动或自然过程引起某些物质进入大气中，呈现出足够的浓度，维持足够的时间，并因此危害人体健康或环境的现象。常见的大气污染物主要有二氧化硫、颗粒物、二氧化氮等。

二氧化硫是城市中普遍存在的污染物。空气中的二氧化硫主要来自火力发电及其他行业的工业生产，比如固定污染源燃料的燃烧，有色金属冶炼，钢铁、化工、硫厂等的生产，小型取暖锅炉和民用煤炉的排放等。二氧化硫是无色气体，有刺激性，在阳光下或空气中某些金属氧化物的催化作用下，易被氧化成三氧化硫。三氧化硫有很强的吸湿性，与水汽接触后形成硫酸雾，其刺激作用较二氧化硫强 10 倍，这也是酸雨形成的主要原因。人体吸入的二氧化硫，主要影响呼吸道，在上呼吸道很快与水分接触，形成有强刺激作用的三氧化硫，可使呼吸系统功能受损，加重已有的呼吸系统疾病，产生一系列的症状，如气喘、气促、咳嗽等。最易受二氧化硫影响的人包括哮喘病、心血管病、慢性支气管炎及肺气肿患者以及儿童和老年人。当二氧化硫与下述的颗粒物共存时，其危害作用会加强。

颗粒物是烟尘、粉尘的总称。有天然来源，如风沙尘土、火山爆发、森林火灾等造成的颗粒物；也有人为来源的颗粒物，如工业活动、建筑工程、垃圾焚烧以及车辆尾气等。由于颗粒物可以附着有毒金属、致癌物质和致病菌等，因此其危害更大。空气中的颗粒物又可分为降尘、总悬浮颗粒物和可吸入颗粒物等。其中可吸入颗粒物，能随人体呼吸作用深入肺部，产生毒害作用，因此在空气质量预报中有着重要的意义，应该尤其值得关注。

二氧化氮是氮氧化物的一种，在大气中浓度较高，同二氧化硫一样，也有自然来源和人为来源。除自然来源的二氧化氮外，能导致环境污染的主要来自于燃料的燃烧，城市汽车尾气中也含有大量的二氧化氮，此外，工业生产过程也可产生一些二氧化氮。据估计，全世界人为污染源每年排出的氮氧化物大约为 5300 万 t。人体吸入二氧化氮可对肺组织产生强烈的刺激作用和腐蚀作用，从而引起肺水肿。呼吸系统有问题的人如哮喘病患者，较易受二氧化氮的影响。对于儿童来说，二氧化氮可能会造成肺部发育障碍。

空气质量的好坏反映了空气污染的程度，它是根据空气中污染物浓度的高低来判断的。随着社会经济的快速发展，工业化水平的提高，人类活动对环境产生的影响越来越大，尤其是在城市，集中了大量的工厂、车辆和人口。空气质量由于以上原因逐渐恶化。

如何在创造高度发展的物质文明的同时，保护好自然资源，兼顾环境与效益，合理控制污染排放，密切监视环境污染变化动态，预防严重污染事件的发生，及时、准确、全面地提供未来大气污染变化的信息是亟待解决的问题。因此，开展空气质量监测和预报工作是十分必要的。

18.2.1　空气质量监测

空气质量监测是指为确定环境空气质量状况、防治空气污染所进行的常规例行环境空气质量监测活动。及时、准确地提供监测和分析结果，能够客观地反映环境空气质量变化趋势、空气污染水平和环境空气质量是否满足环境空气质量标准的要求，是国家环境管理的需要。

18.2.1.1　空气质量监测网

环境空气质量监测网的组建是为了能够客观反映环境空气污染对人类生活环境的影响。为开展环境空气质量监测活动，国家根据环境管理的需要设置国家环境空气质量监测网，用于确定全国城市区域环境空气质量变化趋势，反映城市区域环境空气质量总体水平，掌握全国环境空气质量背景水平以及区域空气质量状况，判定全国及各地方的环境空气质量是否满足环境空气质量标准的要求，从而为制定全国大气污染防治规划和对策提供依据。各地方设置省(区、市)级或市(地)级环境空气质量监测网，用于确定监测网覆盖区域内环境空气质量的背景水平和变化趋势，监测空气污染物可能出现的高浓度值以及重要污染源对环境空气质量的影响，掌握监测网覆盖区域内各环境质量功能区空气污染物的代表浓度，判定其环境空气质量是否满足环境空气质量标准的要求，从而为制定地方大气污染防治规划和对策提供依据。

监测网的布点主要是依据本地区多年的环境空气质量状况及变化趋势、产业和能源结构特点、人口分布情况、地形和气象条件等因素，充分考虑监测数据的代表性，并按照监测目的来确定。

根据所设监测点位的代表性，常规环境空气质量监测点可分为4类：污染监控点、空气质量评价点、空气质量对照点和空气质量背景点。其中：

污染监控点是指为监测地区空气污染物的最高浓度，或主要污染源对当地环境空气质量的影响而设置的监测点。为监测固定工业污染源对环境空气质量影响而设置的污染监控点，其代表范围一般为半径100～500 m的区域，有时也可扩大到半径500 m～4 km(如考虑较高的点源对地面浓度的影响时)的区域；为监测道路交通污染源对环境空气质量影响而设置的污染监控点，其代表范围为人们日常生活和活动场所中受道路交通污染源排放影响的道路两旁及其附近区域。

空气质量评价点是指以监测地区的空气质量趋势或各环境质量功能区的代表性浓度为目的而设置的监测点。其代表范围一般为半径500 m至4 km的区域，有时也可扩大到半径4 km至几十千米(如对于空气污染物浓度较低，其空间变化较小的地区)的区域。

空气质量对照点是指以监测不受当地城市污染影响的城市地区空气质量状况为目的而设置的监测点。其代表范围一般为半径几十千米的区域。

空气质量背景点是指以监测国家或大区域范围的空气质量背景水平为目的而设置的监测点。其代表范围一般为半径100 km以上的区域。

另外，还可以设置加密网格点，将城市的建成区划为规则的正方形网格，单个网格应不大于2 km×2 km，加密网格点设在网格线的交点上。

18.2.1.2 空气质量监测项目

环境空气质量常规监测项目是从环境空气质量标准规定的污染物中选取的。按照《环境空气质量监测规范》(试行)的要求，国家环境空气质量监测网的测点须开展必测项目的监测(必测和选测项目详见表18.1)；国家环境空气质量背景点以及区域环境空气质量对照点还应开展部分或全部选测项目的监测；地方环境空气质量监测网的测点可根据各地环境管理工作的实际需要及具体情况，参照国家环境空气质量监测网监测项目确定其必测和选测项目。

表18.1 国家环境空气质量监测网监测项目

必测项目	选测项目
二氧化硫(SO_2)	总悬浮颗粒物(TSP)
二氧化氮(NO_2)	铅(Pb)
可吸入颗粒物(PM_{10})	氟化物(F)
一氧化碳(CO)	苯并[a]芘(B[a]P)
臭氧(O_3)	有毒有害有机物

注：可吸入颗粒物(PM_{10})：悬浮在空气中，空气动力学当量直径≤10 μm的颗粒物；铅(Pb)：存在于总悬浮颗粒物中的铅及其化合物；苯并[a]芘(B[a]P)：存在于可吸入颗粒物中的苯并[a]芘；氟化物(F)：以气态及颗粒态形式存在的无机氟化物。

18.2.1.3 空气质量监测方法

空气质量监测方法分为手工监测和自动监测两种。所谓手工监测是指在监测点位用采样装置采集一定时段的环境空气样品，将采集的样品在实验室用分析仪器分析、处理的过程。自动监测是指在监测点位采用连续自动监测仪器对环境空气质量进行连续的样品采集、处理、分析的过程。

按照《环境空气质量监测规范》(试行)的要求，国家环境空气质量监测网中的空气质量评价点、空气质量背景点上的环境空气质量监测应优先选用自动监测方法，国家环境空气质量背景点上的环境空气质量监测还应具备完善的手工监测能力，并可用手工监测方法进行非常规项目监测。采用自动监测方法进行环境空气质量监测，应按《环境空气质量自动监测技术规范》(HJ/T 193—2005)所规定的方法和技术要求进行；采用手工监测方法进行环境空气质量监测，应按《环境空气质量手工监测技术规范》(HJ/T 194—2005)所规定的方法和技术要求进行。

作为主要的监测手段，空气质量的自动监测由环境空气质量自动监测系统来实现。环境空气质量自动监测系统由监测子站、中心计算机室、质量保证实验室和系统支持实验室等 4 部分组成(图 18.1)。

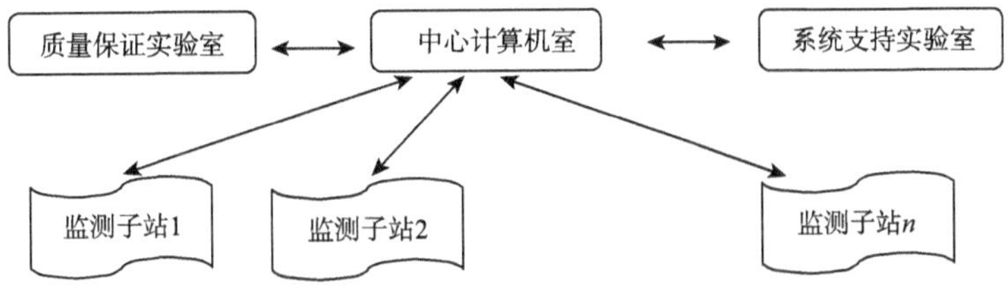

图 18.1　环境空气质量自动监测系统基本构成框图

监测子站的主要任务是对环境空气质量和气象状况进行连续自动监测；采集、处理和存储监测数据；按中心计算机指令定时或随时向中心计算机传输监测数据和设备工作状态信息。

中心计算机室的主要任务是通过有线或无线通信设备收集各子站的监测数据和设备工作状态信息，并对所收取的监测数据进行判别、检查和存储；对采集的监测数据进行统计处理、分析；对监测子站的监测仪器进行远程诊断和校准。

质量保证实验室的主要任务是对系统所用监测设备的标定、校准和审核；对检修后的仪器设备进行校准和主要技术指标的运行考核；系统有关监测质量控制措施的制定和落实。

系统支持实验室的主要任务是根据仪器设备的运行要求，对系统仪器设备进行日常保养、维护；及时对发生故障的仪器设备进行检修、更换。

18.2.1.4　空气污染指数

空气污染指数(Air Pollution Index API)指将空气中污染物的浓度依据适当的分级浓度限值对其进行等标化，计算得到简单的无量纲的指数，可以直观、简明、定量地描述和比较环境污染的程度。

(1)空气污染指数分级及其浓度限值规定

城市空气质量日报及预报采用空气污染指数(API)形式。确定空气污染指数对应的污染物浓度限值按表 18.2 执行。

表 18.2　空气污染指数对应的污染物浓度限值

污染指数 API	污染物浓度(mg/m^3)				
	SO_2(日均值)	NO_2(日均值)	PM_{10}(日均值)	CO(日均值)	O_3(8 小时均值)
50	0.050	0.080	0.050	5	0.120
100	0.150	0.120	0.150	10	0.200
200	0.800	0.280	0.350	60	0.400
300	1.600	0.565	0.420	90	0.800
400	2.100	0.750	0.500	120	1.000
500	2.620	0.940	0.600	150	1.200

空气污染指数分级和相应的空气质量状况见表 18.3。

表 18.3 空气污染指数范围及相应的空气质量类别

空气污染指数 API	空气质量级别	空气质量状况	表征颜色	对健康的影响	建议采取的措施
0～50	Ⅰ	优	绿	可正常活动	
51～100	Ⅱ	良	蓝		
101～200	Ⅲ	轻度污染	黄	易感人群症状有轻度加剧，健康人群出现刺激症状	心脏病和呼吸系统疾病患者应减少体力消耗和户外活动
201～300	Ⅳ	中度污染	红	心脏病和肺病患者症状显著加剧，运动耐受力降低，健康人群中普遍出现症状	老年人和心脏病、肺病患者应留在室内，并减少体力活动
＞300	Ⅴ	重污染	黑	健康人运动耐受力降低，有明显强烈症状，提前出现某些疾病	老年人和病人应当留在室内，避免体力消耗，一般人群应避免户外活动

(2)空气污染指数的计算方法

1)基本计算公式

设 I 为某污染物的污染指数，C 为该污染物的浓度，则

$$I=\frac{I_{大}-I_{小}}{C_{大}-C_{小}}(C-C_{小})+I_{小} \tag{18.1}$$

式中 $C_{大}$ 与 $C_{小}$ 为在 API 分级限值表中最贴近 C 值的两个值，$C_{大}$ 为大于 C 的限值，$C_{小}$ 为小于 C 的限值；$I_{大}$ 与 $I_{小}$ 为在 API 分级限值表中最贴近 I 值的两个值，$I_{大}$ 为大于 I 的值，$I_{小}$ 为小于 I 的值。

2)全市 API 的计算步骤

①求某污染物每一测点的日均值：

$$\overline{C}_{点日均}=\sum_{i=1}^{n}C_i/n \tag{18.2}$$

式中 C_i 为测点逐时污染物浓度，n 为测点的日测试次数。

②求某污染物全市日均值：

$$\overline{\overline{C}}_{市日均}=\sum_{j=1}^{l}\overline{C}_{点日均j}/l \tag{18.3}$$

式中 l 为全市监测点数。

③将各污染物的全市日均值分别代入 API 基本计算公式所得值，便是每项污染物的 API 分指数。

④选取 API 分指数最大值为全市 API。

3)全市主要污染物的选取

各种污染物的污染分指数都计算出以后，取最大者为该区域或城市的空气污染指数 API，则该项污染物即为该区域或城市空气中的首要污染物，即

$$\mathrm{API}=\max(I_1,I_2\cdots,I_i\cdots,I_n) \tag{18.4}$$

假定某地区的 PM_{10} 日均值为 0.215 mg/m^3，SO_2 日均值为 0.105 mg/m^3，NO_2 日均值为0.080 mg/m^3，则其污染指数的计算如下：PM_{10} 实测浓度 0.215 mg/m^3 介于 0.150～0.350 mg/m^3 之间，按照此浓度范围内污染指数与污染物的线性关系进行计算，即此处浓度限值 $C_2=0.150$ mg/m^3，$C_3=0.350$ mg/m^3，而相应的分指数值 $I_2=100$，$I_3=200$，则 PM_{10} 的污染分指数为：

$$I=\frac{200-100}{0.350-0.150}\times(0.215-0.150)+100=132$$

这样，PM_{10} 的分指数 $I=132$；污染物的分指数分别为 $I=76(SO_2)$，$I=50(NO_2)$。取污染指数最大者报告该地区的空气污染指数：

$$\mathrm{API}=\max(132,76,50)=132$$

则该地区的首要污染物为可吸入颗粒物(PM_{10})。

18.2.2 空气质量预报

空气质量预报是环境保护工作中一项具有方向性和指导意义的工作，它不但可以更好地反映空气污染的变化趋势，有针对性地控制和预防污染事件的发生，而且可以为环境管理部门提供及时、准确和全面的环境质量信息，提高公众的环境意识，推动环境监测工作的开展。

18.2.2.1 国内外空气质量预报情况

国外对空气污染预报的研究起步于 20 世纪 60 年代，随着大气污染防治和研究工作的开展，人们迫切需要了解空气污染的影响和变化趋势，空气污染预测预报应运而生。国际上许多国家和地区按照各自环境保护法规的要求和规定，相继开展了空气污染警报发布和污染预报工作，且已成为空气监测网络的主要任务之一。

日本为了加强防治日趋严重的汽车尾气污染，从 1988 年 12 月开始对东京、大阪等地区的氮氧化物进行污染预报。在每日的新闻中发布前一日的污染状况和当日的空气污染预报。如果空气污染超过规定的警报水平时，城市大气自动监测系统便通过媒体向社会发出污染警报，呼吁社会各界对政府的污染防治计划给予合作。

1989 年，荷兰开始在部分地区进行空气污染预报，1992 年已能够在全国范围以日均浓度水平发布空气污染预报，冬季预报二氧化硫（SO_2）和可吸入颗粒物（PM_{10}）浓度，夏季预报臭氧（O_3）的浓度，并开发研究多种预报技术方法，预报周期从几小时到 2～3 天。

美国从 20 世纪 60 年代就开始作空气污染潜势预报。美国国家气象局根据天气预报的风、温度及天气状况、大气稳定度、混合层高度等气象因子，用数值预报模式，对污染源进行未来 24 小时的扩散计算，从而作出空气污染预报。目前，美国环境保护署（简称 EPA）开展了一个改善空气质量的预报计划。由 EPA 科研部门和大学联合研制了最先进的集成数值预报模式系统。该系统由 Eat、MM5、污染源排放模式和 RADM 组成。他们使用该系统进行 24～36 小时的 O_3 和 PM_{10} 平均浓度及小时最大 O_3 浓度的业务预报，代表国际领先水平。

德国、瑞典等一些工业发达国家，已采用先进的包括边界层气象资料库在内的大气质量实时动态监测系统，以利于开展空气污染浓度预报和空气污染潜势预报，为当地政府提供依据，对可能出现的空气污染提前采取措施，如通知工厂限产，限制车辆行驶数量，让人们减少户外活动等。在西欧用“国际网络”的形式预报空气污染也已经起步，并且正在日趋完善。各国在空气污染预报中按本地区具体情况确定项目，以 SO_2，NO_2，PM_{10}，O_3 和 CO 为主，同时监视灾害性的大面积酸雨、光化学烟雾事件的发生。

法国于 1997 年 3 月 11 日颁布了一旦空气质量达到三级警报程度的有效措施及相应的优惠政策。主要内容包括：警报程度下在巴黎及其近郊区，汽车分单双日行驶；对所谓“零污染”汽车发放绿卡；压缩工业生产；加强空气污染监测，特别是汽车尾气监测，对超标车就地停驶；与此同时，在空气污染严重而实行管制时，实行公交车免费，住宅区免费停车，上班多人和乘一辆私车允许在警报程度下通行等。政府计划还将以上措施推广到法国境内其他所有大城市。

在我国，随着社会、经济的发展，人们越来越重视生活质量，公众的环保意识不断提高，对大气污染状况和空气质量水平日益关注。从 1973 年第一次全国环保工作会议开始，陆续在大气扩散模式、污染气象学、污染气象参数与污染浓度之间的关系以及空气污染预报等方面进行了研究，并先后在北京、沈阳、兰州、太原、长沙等城市初步开展了以二氧化硫为主的城市空气污染试验预测和预报研究工作。1997 年 6 月中国环境监测总站分批组织 46 个环保重点城市开展空气质量周报，并于 1998 年 1 月 1 日起，陆续在中央电视台、中国环境报、中央人民广播电台等新闻媒体上向社会公众公布。2000 年 6 月 5 日，又组织 42 个重点城市开展了空气质量日报。从 2001 年 6 月 5 日起，国家环保总局与中国气象局联合向社会公众发布 47 个重点城市空气质量预报。

18.2.2.2 空气质量预报方法

空气质量预报方法种类很多，大致可以分为统计预报方法和数值预报方法两种。

统计预报方法是利用较长时期的污染物浓度和气象参数的同步监测资料，建立因变量（比如污染物浓度）与一系列具有潜在权重的预报因子统计关系式，且要求在这段长时期内污染源基本保持不变。为决定哪一类因子最适合预报污染物浓度，如某污染物当天的浓度、气压梯度、混合层厚度和气温随高度的变化等，需通过统计分析大量的预报因子，不太重要的独立因子被舍弃。此类方法气象因子的选取对空气质量预报的准确率有着很大的影响，因此其关键点是准确分析气象因子对污染浓度的影响，寻找合适的气象因子（预报因子）。在空气质量预报中，统计预报方法应用得比较多的有多元线性回归和卡尔曼滤波方法等。

数值预报方法是根据预报的气象参数和预报时段中污染源的状况，通过模式计算获得浓度的预报值。显然其首要的问题是建立合适的数学模式，对于城市污染问题，由于污染源状况比较复杂，一般均采用复合源模式，即将孤立高架源单独按点源处理，而将分散广、强度弱的低源考虑为面源。要建立一个合理、适用的数学模式，首先需要有适合于模式应用的污染源调查资料，其次是要获取温度垂直分布、水平风场特征、风速廓线、大气稳定度等气象参数。在污染源变化不大的情况下，污染物浓度预报的关键是模式计算所需的气象参数的预报。随着城市边界层结构的观测和研究工作的发展、中尺度数值预报的建立以及城市多源扩散模式研究的开展，空气污染浓度的数值模式预报方法逐渐成为空气质量预报的发展趋势。

（1）区域大气成分数值预报系统 CAPPS-3

中国气象科学研究院建立的城市空气污染数值预报系统 CAPPS（徐大海等 2000），是在 ADPIC 模式概念的基础上建立的，即用拉格朗日方法在欧拉网格上表示污染物的瞬间浓度。CAPPS 是用有限体积法对大气平流扩散方程积分得到的多尺度箱格预报模型，是与 NCAR/PSU 中尺度数值预报模式（MM4 或 MM5）嵌套形成的城市空气污染数值预报系统。

它不需要污染源强资料，只根据污染物浓度的监测值就可预报出城市空气中 SO_2，NO_2，PM_{10}，CO 等主要污染物的污染指数（API），克服了由污染源调查本身具有的不确定性给城市空气污染的数值预报所带来的困难。

此外，CAPPS 系统暂时不考虑污染物的化学转化过程，便于在我国现有条件下投入业务应用。CAPPS 系统与简单箱模式有很大差别，箱模式只能得到箱体内污染气体完全混合达到平衡后，其中气体的平均污染浓度；而 CAPPS 系统能够给出箱格内污染气体在平流扩散过程中，随时间连续变化的浓度值。CAPPS 系统中的箱格可以根据中尺度数值预报模式预报范围内城市的个数、位置和尺度随意选取，因此可以同时作出多个城市的污染指数数值预报。

目前 CAPPS-3 已由最初的大气平流扩散箱模式即原来的单城市模式升级为与中尺度数值模式一致的网格化区域模式，同时加入了必要的化学过程，通过不同尺度的数值预报模式提供的污染气象背景场后，能够模拟大气污染物在不同的空间尺度上的输送过程；并建立了我国大气 SO_2，NO_x 和 PM_{10} 的浓度区域数值预报平台，开发了我国区域 SO_2 和 PM_{10} 的浓度预报产品，预报时效可达 36 小时，还可提供全国 47 个重点城市 SO_2，NO_x 和 PM_{10} 的污染等级和污染指数预报。

（2）CMAQ-MOS 区域空气质量统计修正预报模型

目前空气质量模式的发展趋势是动力-化学耦合模式系统，以美国环境保护署（EPA）开发的第三代空气质量预报和评估系统 MODELS-3 为代表，它使用一套各个模块相容的大气控制方程，不仅可用于日常的空气质量预报，而且可帮助环境工作者进行环境评估和制定环境控制决策，是理想的大气质量业务系统。MODELS-3 由中尺度气象模式、污染源排放模式和多尺度空气质量模式三部分组成，其核心是空气质量模式 CMAQ（Community Multiscale Air Quality Model）。

作为 MODELS-3 系统的核心，CMAQ 模式可以进行局地、城市、区域和大陆等多种尺度的模拟研究，在预报方法上加入了化学物质和气象要素之间的相互作用，因此具备预报异常污染状态的能力，预报的污染物种类多达 80 种，包括能见度、PM 粒子、O_3、VOC 等，实现了多污染物种、多空间尺度范围、多时间尺度时效的预报系统。

国外已有学者研究了 O_3 和气溶胶对 CMAQ 模式网格及传输算法的敏感性，张美根等（2003）用耦合了 RAMS 的 CMAQ 模式系统研究了硫酸盐和硝酸盐气溶胶的空间分布和变化特征，发现 CMAQ 模式的模拟结果和观测值具有很好的一致性。国内 CMAQ 模式应用于城市尺度的空气质量预报尚处于研发阶段，Liu 等(2003)历经数年试验研究，在科技部城市环境项目实施的 BECAPEX 试验中，成功地应用 CMAQ 模式实施了北京及周边地区污染物浓度的预报试验，项目组与国家气象中心有关人员进一步将模式移植到国家气象中心的神威计算机上，实现了华北区域准业务化运行。

CMAQ 模式的预报效果取决于模式采用的源排放清单精度，能否客观、准确地反映污染源强度的时空分布及其动态变化特征，改进模式源排放可靠性问题一直是目前新一代空气污染数值预报模式技术的"瓶颈"。现有的源排放清单难以客观描述城市污染源的时空变化特征，这在很大程度上影响了 CMAQ 模式城市空气质量预报的精度，目前各国科学家亦正在采用各种反演模型等计算方法试图解决源影响等因素造成的模式预报误差。

鉴于现有的源排放清单很难精细、客观地反映城市尺度污染源影响特征，且改进模式源影响计算方案尚处于研究开发阶段，为了加速推进 CMAQ 等空气质量预报模式业务化的进程，中国气象科学研究院提出点-面结合的 CMAQ-MOS 动力-统计源修正模型技术新途径，即结合前期的大气污染观测资料和 CMAQ 模式预报产品，建立数学统计模型；利用污染源影响域内大气污染过程同位相变化区域性特征，对前期试验资料进行分析对比，基于 CMAQ-MOS 产品，从点-面结合预报思路出发，建立中心测点与周边影响域预报相关模型；并且对上述两种模型分别实施预报检验，即采用未参加统计的观测时段样本检验预报效果，从理论模型及实际效果角度解决模式中污染源影响不确定性误差的技术难点(许建明等 2005)。

18.3　环境污染事件监测和预报

环境污染事件是指由于某种原因造成诸如核泄漏、化学品泄漏等导致环境严重污染的事件，对这些事件的及时监测和对污染物扩散趋势的预报是十分必要的。

18.3.1　环境污染事件监测

18.3.1.1　环境污染事件的危害

随着社会经济的发展、城市人口的集中和社会活动强度的增大，环境污染事故逐渐增多，重大、特大突发性环境污染事件时有发生，对影响区域内人民的身体健康、生产、生活带来很大影响，给环境造成严重污染。

1975 年，意大利 Seveso 市的某工厂反应炉失控，造成二噁英等污染事故，193 人中毒。1979 年，加拿大的 Missisauga 地区发生氯气、甲苯运输爆炸事故，疏散 25 万人。1986 年，前苏联切尔诺贝利核电站核反应堆爆炸，造成 33 人死亡，1358 人受伤，13.5 万人迁移。1987 年，印度博帕尔化工厂氨泄露，死亡 6400 人，受伤 13.5 万人，迁移 20 万人。1992 年，墨西哥的后达拉结那地区发生天然气爆炸事故，死亡 210 人，受伤 1500 人。

随着社会经济的飞速发展，当前我国已进入环境污染事故的高发期，有效防控环境污染突发事故的形势十分严峻。1993 年，我国深圳清水河危险品仓库发生爆炸、火灾事件，涉及多种化学品，造成 15 人死亡，损失 2 亿多元。1995 年，我国抚顺市发生氯气泄漏事故，造成 200 余人中毒。1987 和 1995 年，我国靖江地区发生光气污染大气事故，中毒 50 余人。2003 年 12 月 23 日，重庆市开县发生特大井喷事故，从而造成有毒物质扩散，导致大量人员中毒，243 条生命瞬间逝去。2000 年以后我国污染事件呈明显上升趋势，2001 年全国发生各类污染事故 1800 起；2002 年全国发生 11 起特大和重大污染事故，共造成 12 人死亡，近 3000 人中毒；2004 年第一季度我国就发生突发性重大污染事故 8 起，全年因环境污染事故造成的经济损失 5228 亿元；2005 年全国发生各类污染事故 1406 起，一些地方在相继发生安全生产事故的同时，引发了重(特)大环境污染事故。2006 年，国家环保总局共接报处置 161 起突发性环境污染事件，比 2005 年增加 85 起。

总之,环境污染事故形式多样、发生突然、难于处置、危害严重,日益受到社会的广泛关注。环境污染事故频发对公共安全乃至社会秩序造成了严重的威胁,甚至会升级成国际事件和国际纠纷。

18.3.1.2 现场应急监测的必要性

环境应急监测包括重大污染事故监测、突发性污染事故监测、对环境造成重大影响的自然灾害等事件的监测以及在环境质量监测、污染源监测过程中发现异常情况时所采取的监测等,可分为定点监测和动态监测。环境现场应急监测对于防范突发性环境污染事故,在事前预防、事中监测、事后恢复的各个过程中均起着极其重要的作用。只有通过应急监测,才能为事故决策处理部门快速、准确地提供引起事故发生的污染物质类别、浓度分布、影响范围及发展态势等现场动态资料信息,为事故快速处理、准确决策赢得宝贵的时间,为有效控制污染范围、缩短事故持续时间、将事故的损失减至最小,提供有力的技术支持。

我国各级政府及相关管理部门已把建立和完善环境安全应急事故处理预案列为重要工作来落实,环境应急监测也面临更高的要求。随着环境监测能力建设的加强和各级环境监测技术人员的不懈努力,全国应急监测工作的技术水平和装备水平逐步提高,大部分地(市)以上的环境监测站也都建立了自己的应急监测机构和响应程序,通过吸收国外技术和实践积累的经验,使环境应急监测工作在技术方面有了一定的提高,在环境污染应急事故处理中发挥了不可替代的作用。

18.3.1.3 管理手段和监测技术

1979 年美国就成立了联邦紧急事故管理署(FEMA),负责紧急事故的准备、应对及事后重建和修复。美国国家环境保护局也发布了《化学品事故排放风险管理计划》。1989 年,联合国环境规划署提出了《地区及紧急事故意识和准备计划》(即“APELL”计划),该计划旨在提高公众对环境污染事故的了解和认识,帮助他们应对环境紧急事件。欧洲也有污染事故管理条例,涉及环境、工业、农业、金融、教育等诸多领域,并强调要对造成污染事故的责任方实行经济制裁。英国、法国、西班牙、意大利、俄罗斯、加拿大等国家均设有环境应急机构和系统。为了对环境管理提供技术支持,这些国家研究开发了大量的应急监测技术和方法,并建立了多种以数学计算为基础的事故处理模型和仿真系统,使环境污染事故的管理制度化、定量化。

我国应急监测起步较晚,与国外发达国家有很大差距。20 世纪末,随着国内经济的发展,污染事故的发生率直线上升,国家环境保护总局指示要建设既能对突发性环境污染事故实施统一协调、现场快速监测和应急处理,又能对污染隐患进行监控和警告的应急响应系统,并于 2002 年成立了环境应急事故调查中心。全国一些省级监测站和市属监测站纷纷展开应急监测技术开发研究工作,有的单位配备了应急监测车、应急监测管、快速测定仪和便携式有机物分析仪等,并且对发生的部分污染事故实施了应急监测,在污染事故处置中发挥了应有的作用。从 2003 年 12 月 23 日重庆市开县发生特大井喷事故,重庆市气象局开展现场气象观测和气象服务以来,中国气象局要求各省(区、市)气象局建立突发环境污染事故现场气象观测和服务业务,国家气象中心用数值模式进行污染物的扩散计算。

通过现场监测可以有效分辨大气污染物质的种类和排放强度等,但更重要的是能在尽可能短的时间内判断污染物扩散特点,评估浓度分布和影响范围,对未来污染状况进行预测,进而及时疏散受影响人群,采取污染防治措施有效降低污染造成的危害,这就需要气象部门在污染产生地点和周围区域进行气象条件的同步监测和预测,从而进一步模拟污染物扩散情况,为管理部门快速制定对策提供依据。所以,根据新形势下大气环境污染防治的需求和自身工作特点,气象部门也相继建立了环境污染应急监测系统。

(1)应急监测的制度保障

1)制定突发环境事件应急预案

针对可能发生的大气环境污染事件,制定应急监测预案,对人员、车辆、设备的调配和具体工作部署进行全面周密计划。

2)建立应急监测人员及装备的值班制度

加强应急监测技术人员的岗位培训,提高监测人员对大气污染事故的快速反应能力,保证值班电话随时有人接听，保证第一时间进入现场。检测设备配备齐全，能够同时对多种常见化学品进行快速准确监测实验。

3)建立健全危险化学品档案库制度

对区域内的大气污染事故隐患进行调查，了解并掌握可能发生大气污染事故的单位及污染物的种类和数量等情况。

4)建立应急监测装备专项使用制度

建立应急监测装备专项使用制度，保证应急监测装备随时在位，随时能进入现场。根据具体情况，配备便携式测定仪器，以便在事故现场就可以进行监测分析，及时提供监测数据，掌握污染现状。

5)建立起立足自身决断与专家远程指导相结合制度

操作人员要在加强本行业本专业知识学习的同时，多方面、多角度地加强相关行业知识的学习，同时通过电话、网络等介质与相关行业专家进行互通，在专家的远程指导下及时高效地解决好环境污染事故。

6)建立实战演练制度

开展环境污染事件应急响应演练，对所制定的预案和相关保证措施、人员操作水平和设备工作情况进行全方位检验，查找不足，积极改进。

(2)应急监测的技术保障

1)突发环境污染事件应急指挥系统

突发环境污染事件现场指挥的主要任务是接受和传达上级指示、命令，及时准确地掌握和报告现场情况，根据上级指示和现场实际情况，适时提出人员调整和行动的建议，指挥现场分队的行动。应急指挥系统应建设的数据库：①预案数据库：对应各种环境污染应急事件的解决预案，包括不同的等级、预案措施和不同的上报级别等；②应急指挥实例数据库：各种环境应急事件的影响范围、损失范围、解决方案等，以帮助决策；③专家库和资源库：对应各种环境应急事件，专家库提供相关的行业专家的资料，帮助决策和管理；资源库提供各种可以支配和调度的资源，实现统一、高效的服务和救援；④系统会商数据库：在各种环境应急指挥事件中，通过电子政务视频、电话等方式提供会商的数据信息；⑤系统决策和反馈信息数据库：汇总决策数据、指令布达数据和执行单元反馈信息。总之，现场指挥必须尽快确定污染物的理化性质和毒性、监测技术和分析方法、防护措施和泄漏处理措施及最优行车路线等一系列内容，及时将污染事故现场的污染源性质及分布、污染区域大小、污染测定结果等信息快速传至各级指挥中心，提供现场图像、背景数据、同类事故处理办法、相关政策法规查询及应急预案等专家决策系统，及时为应急指挥中心提供有效的决策依据。

2)突发环境污染事件应急监测仪器和设备

突发环境污染事件应急监测仪器和设备应遵循的基本原则为：①准确定性、快速定量，易掌握，具有易实施性和可操作性，对于不得不采用实验室方法分析的项目，应选择现有最简单快速的分析方法；②轻便化，满足便携或车载的要求；③尽量结合我国的现状与水平，力求做到在国内应用的普适性；④监测结果直观，并满足国标方法或有一定的可比性；⑤满足通信系统的开放性，要求仪器通信系统应具有良好的开放性，适合于数据采集、集成及传输，提高应急监测效率，使应急监测指挥中心及时掌握数据结果；⑥满足安全性要求，应急监测现场有许多潜在的危险，有易燃、易爆等物质，如果仪器本身在使用时会发生放电等现象，有可能引发爆炸等极度危险事故。

3)污染物扩散模拟系统

借助GIS地理信息系统、GPS卫星定位系统和电子地图，结合气象参数、危险化学品的理化特性，模拟大气中污染物扩散预测，快速锁定重点防护区域和流域，为人员疏散、撤离及下风向和下游相邻地区采取相应紧急措施提供决策帮助。

4)危险化学品应急处置专家库

各地应根据辖区内危险源、危险品调查结果，摸清突发环境污染事件危险源和危险品基本情况，在此基础上建立动态危险化学品应急处置专家库。主要包括：危险化学品的理化、毒理特性，对环境的影响，现场应急监测方法，实验室监测方法，环境标准及应急处理处置方法等。

5)现场视频无线传输和通信系统

应用有线、无线信道或卫星通信系统，及时将污染事故现场的污染源性质及其分布、污染区域大小、污染测定结果等信息(图像、声音、图片、文字等)快速传至各级指挥中心，确保事故现场与专家组和指挥中心联系通畅无阻。

6)气象系统

配备气压、温度、湿度、风向、风速等气象测试仪器和数据采集软件，自动采集有关数据，与污染扩散模型连接，为污染物扩散预报和指挥决策提供依据。移动式自动气象站是应急气象环境监测的重要手段，其特点是具备良好的野外机动性能、仪器的高稳定性能、快捷安装、数据及时采集传输的特点，同时能对时、空随机性强的重大灾害性天气事件进行追踪监测，对重要区域影响严重的突发性环境污染事件进行现场气象监测和快速应急服务，为重大活动的现场监测和气象保障服务。

7)环境应急监测车辅助系统

配备应急照明系统，提供夜间采样、分析、处理的支持；配备电动绞盘，在恶劣的环境条件下，保证应急监测车的通过性能；配备多重供电方式、独立发电机、车载 UPS 电源和稳压系统，满足野外现场监测需要；采用车内恒压系统，有效预防有毒气体对车内人员的危害，确保环境应急监测人员的安全；配备车载冰箱，将采集的样品和化学试剂低温保存；配备卫星定位系统，以确定事发现场和污染物扩散的准确位置，划定隔离区、防护区和安全区。

(3)应急监测的仪器设备

国外的应急监测仪器种类繁多，有快速检测管、检测箱和便携式监测仪等。检测管和检测箱是在应急监测早期使用的产品，现在大多数国家已进入便携式现场监测仪器的发展阶段。随着电子工业的发展，分析仪器小型化成为可能。发达国家生产的现场分析仪器体积小、重量轻、分析速度快、操作简便，性能指标接近或达到实验室台式分析仪器的水平，而能源和溶剂的消耗却大大减少。现场分析仪器实现了对污染源的连续监控，使区域环境污染的网络监测成为可能。目前，国外利用便携式仪器进行环境常规污染物如 CO、NO、COD 等的监测方法早已成熟，便携式气相色谱(GC)作为现场分析仪器也已使用多年，最近在常用的氢火焰检测器、电子捕获检测器、光离子化检测器的基础上又出现了声表面波检测器(SAW)，这种智能化的传感器可以通过“训练”，像人的鼻子一样辨别出不同的气味，又称“电子鼻”，它与快速色谱技术联用，可以对气体样品进行快速的采集和分析，另外，实验室的样品前处理设施也正在逐渐趋于小型化，并用于野外分析。气相色谱和质谱联用技术(GC/MS)是实验室进行有机物定性、定量的有力工具，近年来，关于车载/便携式 GC/MS 用于野外现场分析的报道很多。生物技术的应用是国外应急监测仪器发展的另一个热点，可以使用生物传感器对化学、生物毒物做早期预警和野外快速筛选。发达国家的应急监测质量保证系统也非常健全，如美国 EPA 要求应急监测数据必须具有代表性、完整性、可比性、准确性和一定的精密度，同时还要考虑方法的检出限、定量限和正、负误差等。

国内的应急监测仪器相对较落后，大多数监测单位主要使用实验室仪器和进口检测管进行应急监测。实验室分析仪器精度较高，方法成熟，但现场采样带回实验室分析所用时间较长，在储存和运输过程中样品的组分和浓度会发生变化，从而使分析结果不能反映现场情况。国内有些监测单位配备了单项快速测定仪进行应急监测，这些仪器大多使用特定传感器进行测定，如 Dreager 的气体检测仪，美国 REA 公司的 VOC 测定仪等。便携式 GC 可以进行环境中有机污染物的成分分析，是应急监测中不可缺少的工具，我国部分环境监测单位已装备了便携式 GC。

18.3.1.4 环境污染监测存在的主要问题

目前，我国在突发环境污染事件应急监测工作中存在的主要问题是：

(1)污染源情况“底数不清”

实施应急监测的部门对本地区的主要污染源种类、排放情况、存放地点及可能导致事故的途径缺乏足够了解，尤其随着经济的发展和人民生活水平的提高，区域污染源发生了很大变化，出现了一些法规上没有的污染物。如果没有摸清上述情况，就无法正确选择应急监测仪器，确定相应的分析方法。

(2)应急监测硬件设施有待提高

目前,我国的应急监测系统的仪器配置远远落后于国外,常规污染物的便携式仪器种类不足,能够对污染物进行定量成分分析的色谱和质谱较少,不能满足多种环境基体不同污染物的应急监测和分析需要。

(3)缺乏统一的技术规范

应急监测属于特种监测,一般的环境保护技术规范已不能满足应急监测的要求。我国对应急监测没有统一的技术指导,监测单位在仪器选型、方法选择、采样点布设、数据的取舍等诸多方面存在较大的随意性,妨碍应急监测的数据质量。

(4)应急监测技术储备不足

由于我国应急监测仪器水平较低、人员素质不高,应急人员对多种现场采样分析仪器的掌握、相应方法的应用能力不强,同时,应急监测经历有限也影响了他们的应急响应能力。因此,有关人员应加强技术培训与演习,了解国内外分析技术发展动向,并定期进行经验交流,以强化反应能力,提高自身素质。

(5)缺乏统一布局的区域环境应急监测技术网络

我国应急监测处于较混乱状态,有些地方仪器设备重复配置,造成资源浪费。应有计划地开展应急监测工作,在本区域内合理布设技术资源,形成良好的系统运行程序。

(6)应急监测实战能力差

目前各级环保、气象部门已经认识到应急监测的重要性,都在各自的监测部门成立了应急监测小组,建立了应急监测体系,但大都停留在文字上,缺乏实战演习和有效的组织,一旦发生污染事故,很难立即组织起来在第一时间赶到第一地点,取得第一手的环境资料,从而影响应急监测的快速性和准确性,进而影响对突发事故的处理和决策。

(7)协同作战能力差

环境污染事故的发生及所造成的后果受到气象、危险品安全管理、不同化学品之间的相互反应、劳动保护等多方面的影响,目前在这方面的准备工作还比较欠缺,一旦发生环境污染事故,与相关部门的协同作战存在问题。

18.3.2 污染物的扩散预报

风、大气湍流、温度层结和降水等气象条件对大气污染物的扩散传输、应急防护措施的选择和应急响应行动的组织实施等有着直接影响,因此,气象保障是环境紧急响应工作不可或缺的一个重要组成部分。通过对大气污染现场的应急监测,可以获得污染物的种类、排放强度和现场的气象条件情况,但是这些服务远不能满足污染事故处理的要求,为了能使大气污染对环境和人的生命财产安全的损害降到最小,就需要对污染物的迁移和浓度变化情况进行模拟和预测,即依据突发性事件发生当时污染源参数和气象条件,对污染物颗粒或烟羽的弥散路径、空中和地面污染浓度与范围作出及时准确的预报,并将这些预报结果及时分发给紧急响应决策、组织实施乃至公众部门,为制定应对方案提供科学的参考和依据,因此,应急扩散预报是环境紧急响应气象保障业务的重要内容。

18.3.2.1 大气污染物应急预报进展

联合国对包括核应急响应在内的环境紧急响应工作十分重视,早在 20 世纪 80 年代前苏联发生切尔诺贝利核事故后,便授权国际原子能机构(IAEA)成立紧急响应小组(Emergency Response Unit,ERU),负责收集并通告核事故早期信息,协调和指导有关国际性的核应急响应工作;同时授权世界气象组织(WMO)成立承担环境紧急响应职能的区域专业气象中心(Regional Specialized Meteorological Centre for Environmental Emergency Response,RSMC for EER),当大气环境可能或已经受到核辐射、火山爆发或有害气体扩散等污染时,承担污染监测、预报及产品发送等职责。为此,WMO 先后在几大洲认定了八个这样的区域气象中心。它们分别是:美国国家环境预报中心、加拿大国家气象中心、法国气象局、英国气象局、澳大利亚气象局、中国气象局国家气象中心、日本气象厅、俄罗斯联邦水文气象中心。中国气象局国家气象中心是在 1996 年 11 月于埃及开罗召开的 WMO 基本系统委员会(CBS)第 11

届大会上，被正式认定为亚洲区三个承担环境紧急响应任务的区域专业气象中心之一，并从1997年7月1日起履行相关义务。

在应急气象数值模拟系统和相关数值模型方面，国外的研究相对较早，Brown等(2001)利用中尺度模式(HOTMAC/RAPTAD)和计算流体力学软件(GASFLOW)研究了城市街区气流精细模拟对中尺度烟流扩散的影响；Ehrhard等(2000)将中尺度模式MEMO与微尺度模式MIMO进行了耦合，并将其用于德国某工业区内的风场模拟，取得了良好的效果；Trukenmüller等(2004)提出将中尺度的METRAS模式与微尺度的MITRAS模式结合，进行不同尺度上的城市边界层数值模拟，并为城市大气环境的研究提供服务；印度与德国学者联合研制的SPEEDI模式系统，被用于核电厂泄漏事故中放射性物质的浓度预测；Savannah River技术中心开发了基于中尺度数值模拟的预测泄漏化学气体的扩散浓度的数值预报系统。国内在相关研究中起步相对较晚，但是发展迅速。北京市气象局等单位建立了城市规划大气环境影响多尺度数值模拟系统，开展了城市边界层的多尺度数值模拟研究，包括城市边界层的中尺度数值模拟(RAMS)、城市冠层的微尺度数值模拟(Fluent)和多尺度结合数值模拟试验(RAMS+Fluent)。苗世光等(2002)从城市小区气象条件与污染扩散精细预报的科研需求和城市大气环境应急响应的应用需求出发，利用GRAPES(Global/Regional Assimilation and Prediction System)模式、城市小区尺度污染扩散模式(UNSM)和城市尺度污染扩散模式(USDM)，初步建立城市小区气象条件与污染扩散的精细预报方法。

从1998年开始，国家气象中心就建立了核污染扩散传输预报系统，将全球模式预报结果作为污染扩散传输模式(HYSPLIT4，NOAA)环境场输入资料，预测核污染物扩散迁移路径、浓度及干/湿总沉降，并参加了多次世界气象组织的演习。2007年，国家气象中心建立了基于精细中尺度数值天气预报模式的污染物扩散环境应急响应模式系统，该系统基于奥运精细模式与污染物扩散传输模式的耦合，能够提供精细、具有高时效和高分辨率的包含地形、县市行政边界以及人口分布等地理信息的精细污染物扩散数值模式产品。2007年7和11月，国家气象中心和北京市气象局分别进行了突发有毒化学物质污染应急响应演练，对所建立的污染应急预报系统进行了测试，均达到了很好的效果。

18.3.2.2 气象条件对大气污染物扩散的影响

(1)风对大气污染物扩散的影响

风对大气污染物的扩散有两方面的作用：风向确定烟羽弥散的方向，亦即空气污染的方位；风速表征烟羽弥散的速率，即烟羽到达下风向各地上空的时间和空中污染的轻重程度。由于不同高度、不同地点、不同季节，空中风是不一样的，烟羽弥散的方向和速率也是不同的，空中污染的方位和强度也就有所区别。

大气污染物中的粒子在风和重力的作用下，边飘移边降落，其中较重的粒子在几分钟到几小时内就降落至地面，造成近区污染；较轻的粒子在几小时到几十小时，甚至几天内降落至地面，造成远区污染。从地面到烟羽顶部各高度上的风是影响地面污染分布的重要因素。从地面到烟羽顶部各高度上的风向变化不大时，地面污染区形状多呈带状或椭圆状；各高度上的风向差异很大时，地面污染区的形状会变得十分复杂。

当地面有大风时，可使已经沉降到地面的粒子重新扬起来，悬浮于近地面的空气中，从而加重空气的污染。大风引起的浮尘，待风停后，随着尘埃的降落，也会把空气中的粒子带到地面，加重地面污染。

在同样的天气条件下，由于地形、地物的差异，会造成不同的局地风，从而对烟羽的弥散产生不同的影响，使得有的地方污染较轻，有的地方污染较重。如在山区，不同地点、不同高度、不同时间的气流差异很大。

(2)大气湍流、温度层结对大气污染物扩散的影响

大气污染物的弥散形式及污染范围和强度与大气温度层结和伴随的大气湍流状态密切相关。温度层结稳定，湍流受到抑制，烟羽弥散缓慢，污染范围小；温度层结不稳定，湍流发展，烟羽弥散快，污染范围大。平坦地区，在不同温度层结和伴随的湍流状态下，放射性烟羽大致有扇型、漫烟型(熏烟型)、环链型(波浪形)、圆锥型、屋顶型(爬升型)等五种。

(3)降水对放射性烟羽弥散的影响

烟羽经过地区遇有降水时，烟羽中的粒子将被雨雪黏附携带下来，加速沉降，加重降水区地面、露天

水源和裸露物体的污染，但可减轻对空气的污染。沉降量的大值区与最大降水区大体一致。

总之，烟羽弥散状况与气象条件密切相关。由于气象条件千变万化，因此，烟羽弥散的状况也是千差万别的，由此而造成的地面污染分布变得十分复杂，有时地面污染分布还会出现孤立的污染斑点。熟悉、了解、掌握大气污染事故发生区域和周围的气象条件及其随时间、随地域的变化规律，是作好大气污染事故应急气象保障的关键。

18.3.2.3　大气污染物传输模式基本理论

由于绝大部分污染物扩散过程发生在受地球表面（陆面或水面）直接影响的大气边界层中，因此，这些污染物在大气中的扩散传输主要遵循大气边界层基本理论。

大气边界层的主要特征是气流的湍流特性。湍流混合是阻止大气污染局地聚集的重要因素。大气边界层一般分为三种状态：中性、不稳定和稳定。

在中性大气边界层内，地面温度等于空气温度。真正的中性大气边界层（位温在整个大气边界层内是相同的，只有机械扰动）是不常出现的。在地面边界层中，风的垂直分布遵循对数廓线。在地面边界层以上，科氏力变得重要起来，风随高度旋转（在北半球为顺时针方向旋转，在南半球按反时针方向旋转）。风随高度增大，到大气边界层顶，风速和风向均变到与自由大气层地转风相同。

在不稳定大气边界层内，地面温度大于空气温度（地表加热空气），浮力配合机械效应，产生强扰动。这一厚度层可以分成三个分区：第一，带有超绝热温度梯度和相当强的风切变的地面层（厚度一般为几十米）；第二，位温和风随高度几乎不变的混合层；第三，夹卷区，有一覆盖大气边界层的温度逆温层，这里，扰动被较强的稳定层结所抑制。

在稳定的大气边界层中，地面温度低于空气温度（空气加热地表）。此时，热效应抵消由机械扰动导致的运动。地面层表现为在大约几十米的高度上方的低绝热温度梯度。在这一层释放的污染物仍然停留在其源附近。近地面风一般很弱，其最大风速（低层急流）常常发现在逆温层顶。稳定的大气边界层通常发生在夜间。

所有大气传输模式都是以“平流扩散方程”为控制方程的，它是污染空气浓度 C 的连续方程。平流扩散方程规定在一点的污染物浓度的变化依赖于几个不同的物理过程：(1)依靠平均风的平流或传输；(2)依靠不可分辨的扰动风涡旋的扩散或混合；(3)排放量（emission）：它描述污染物在大气中释放的过程；(4)损耗（depletion）：它描述污染物从大气中消除的过程。一般的，为便于做到快捷和连续响应，紧急响应期间使用的大气传输模式是诊断性的或者非针对性的。弥散（dispersion）计算不是一个完整意义的数值天气预报过程，然而，大气传输模式作为一个单独的模式，它必须以来自数值天气预报模式的气象数据作为其输入。因此，大气传输模式的结果受到数值天气预报模式的影响。

18.3.2.4　大气污染物应急扩散预报实例

北京市气象局从 2005 年开始展开研究，尝试将数值模拟技术应用于应急气象服务中，并于 2008 年初步建立了基于数值模拟技术的“北京地区突发公共化学事件应急气象服务系统”。系统分为两大部分，一是基于数值模式与高速并行计算的“污染快速预报系统”；二是基于“精细数值模拟＋统计”的“化学危害快速评估软件”。系统可提供化学污染预报及化学气体影响范围分析，能够为化学恐怖袭击的现场处置提供科学依据。

(1)基于数值模式的污染快速预报技术研究

1)RAMS 6.0 模拟能力检验

选取 RAMS 6.0 为污染快速预报系统的核心。RAMS 模式的全称是区域大气模拟系统（Regional Atmosphere Modelling System），它是 20 世纪 80 年代初期由科罗拉多大学（CSU）结合 3 个相关模式（CSU 云/中尺度模式、流体静力的云模式和海陆风模式）发展起来的一个多用途数值模式，经常被用于中尺度系统的模拟。RAMS 模式自建立以后便一直在不断地发展，例如逐步引进网格嵌套技术，添加新的微物理过程以及其他参数化方案，其最新的版本 RAMS 6.0 于 2004 年 12 月正式发布。RAMS 已被尝试用来模拟大、中、小各种尺度的大气现象，有的学者甚至将其用于模拟建筑物绕流这样的微尺度现象，在一些模式比较研究中，RAMS 表现出了相当出色的性能。

RAMS 4.4 的基本控制方程组如式(18.5)至(18.9)所示。这些方程是基于雷诺平均原始方程推导而得到的，所有变量除特别说明外，均指网格体积平均量，式中的平均符号省略。其中，运动方程：

$$\frac{\partial u}{\partial t}=-u\frac{\partial u}{\partial x}-v\frac{\partial u}{\partial y}-w\frac{\partial u}{\partial z}-\theta\frac{\partial \pi'}{\partial x}+fv+\frac{\partial}{\partial x}\left(K_m\frac{\partial u}{\partial x}\right)+\frac{\partial}{\partial y}\left(K_m\frac{\partial u}{\partial y}\right)+\frac{\partial}{\partial z}\left(K_m\frac{\partial u}{\partial z}\right) \tag{18.5}$$

$$\frac{\partial v}{\partial t}=-u\frac{\partial v}{\partial x}-v\frac{\partial v}{\partial y}-w\frac{\partial v}{\partial z}-\theta\frac{\partial \pi'}{\partial y}-fu+\frac{\partial}{\partial x}\left(K_m\frac{\partial v}{\partial x}\right)+\frac{\partial}{\partial y}\left(K_m\frac{\partial v}{\partial y}\right)+\frac{\partial}{\partial z}\left(K_m\frac{\partial v}{\partial z}\right) \tag{18.6}$$

$$\frac{\partial w}{\partial t}=-u\frac{\partial w}{\partial x}-v\frac{\partial w}{\partial y}-w\frac{\partial w}{\partial z}-\theta\frac{\partial \pi'}{\partial z}-\frac{g\theta'_v}{\theta_0}+\frac{\partial}{\partial x}\left(K_m\frac{\partial w}{\partial x}\right)+\frac{\partial}{\partial y}\left(K_m\frac{\partial w}{\partial y}\right)+\frac{\partial}{\partial z}\left(K_m\frac{\partial w}{\partial z}\right) \tag{18.7}$$

热力学方程：

$$\frac{\partial \theta_{il}}{\partial t}=-u\frac{\partial \theta_{il}}{\partial x}-v\frac{\partial \theta_{il}}{\partial y}-w\frac{\partial \theta_{il}}{\partial z}+\left(\frac{\partial \theta_{il}}{\partial t}\right)_{\text{rad}}+\frac{\partial}{\partial x}\left(K_h\frac{\partial \theta_{il}}{\partial x}\right)+\frac{\partial}{\partial y}\left(K_h\frac{\partial \theta_{il}}{\partial y}\right)+\frac{\partial}{\partial z}\left(K_h\frac{\partial \theta_{il}}{\partial z}\right) \tag{18.8}$$

质量连续方程：

$$\frac{\partial \pi'}{\partial t}=-\frac{R\pi_0}{c_v\rho_0\theta_0}\left(\frac{\partial \rho_0\theta_0 u}{\partial x}+\frac{\partial \rho_0\theta_0 v}{\partial y}+\frac{\partial \rho_0\theta_0 w}{\partial z}\right) \tag{18.9}$$

利用其自带的标量湍流扩散输送计算功能，对模式源代码进行改写，使其可根据参数配置文件引入化学物质源强，从而为模式引入模拟气态污染物湍流扩散过程的能力。为检验 RAMS 6.0 的模拟能力，利用经脱密处理后的某次化学外场实验的观测资料进行了对比检验。实验于某日凌晨进行，当时地面观测风向为偏南风，采集到的示踪物浓度资料经处理后形成以剂量为单位的资料。为对比检验 RAMS 6.0 的模拟能力，还特地挑选了北京大学的大气边界层模式 PUMA 进行了对比模拟。

在数值模拟中，利用实验当日最近时次的探空资料结合现场观测的地面风向资料，设置模拟初始时刻的气象条件，总共模拟 2 个小时，毒气从模拟 0.5 小时后开始释放。输出结果为 1 分钟 1 次，对模拟的浓度进行时间积分，得到剂量的分布，如图 18.2 所示。表 18.4 给出了模拟和观测到的不同距离的剂量，表 18.5 给出了模拟和观测到的 701 和 1101 μg · min/L 剂量化学物质的纵深距离。

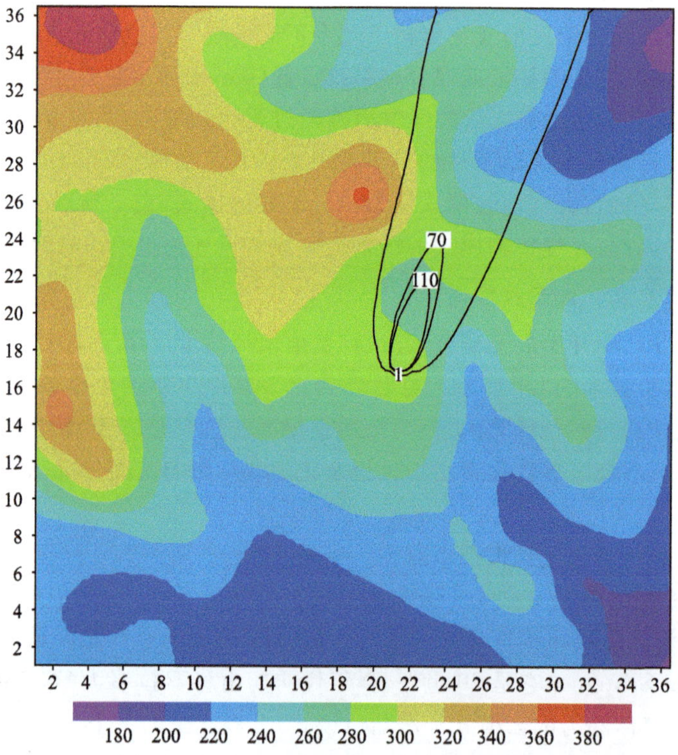

图 18.2 RAMS 6.0 模拟的化学物质剂量等值线(底图颜色标志地形，横纵坐标单位为 km)

表 18.4　不同距离剂量的结果对比

爆炸点中心下风距离(km)	1.5	2.5	4.0	6.0	8.5
实测毒害剂量(μg·min/L)	546	316	196	154	46
PUMA 模拟毒害剂量(μg·min/L)	493	280	140	82	49
RAMS 模拟毒害剂量(μg·min/L)	561	274	152	80	56
PUMA 相对误差(%)	−9.7	−11.4	−28.6	−46.8	6.5
RAMS 相对误差(%)	2.7	−13.3	−22.4	−48.1	21.7

表 18.5　不同剂量纵深距离的结果对比

毒害剂量纵深距离(μg·min/L)	701	1101
实测结果(单位:km)	5.7	9.42
PUMA 模拟结果(单位:km)	5.4	11.8
RAMS 模拟结果(单位:km)	5.3	7.6
PUMA 与实测结果的相对误差(%)	−5.3	25.3
RAMS 与实测结果的相对误差(%)	−7.0	−19.3

图 18.2 中模拟得到的 1 μg·min/L 的轮廓与利用实测数据绘制的图形(图略)非常相近。从表 18.4 和表 18.5 可知,无论是不同距离上的剂量值,还是不同剂量的纵深距离,RAMS 6.0 的模拟结果都与 PUMA 相差不远,甚至在有的项目上还超过了 PUMA(例如 1101 μg·min/L 的纵深距离,RAMS 6.0模拟的结果比 PUMA 好)。考虑到 PUMA 是一个垂直分辨率较高的边界层模式,RAMS 6.0的表现已经足够好,同时 RAMS 6.0 在并行计算方面的优势,使得它比 PUMA 更适合成为一个业务系统的核心模式。

综合上述分析可认为,RAMS 6.0 及增加源模块可较好地描述化学气体的输送和扩散行为,在其基础上建立污染快速预报系统是可行的。

2)污染快速预报的实现思路

充分利用数值模式可提供高时空分辨率气象场和污染物浓度场的优势,为此设计了污染快速预报系统的流程,如图 18.3 所示。

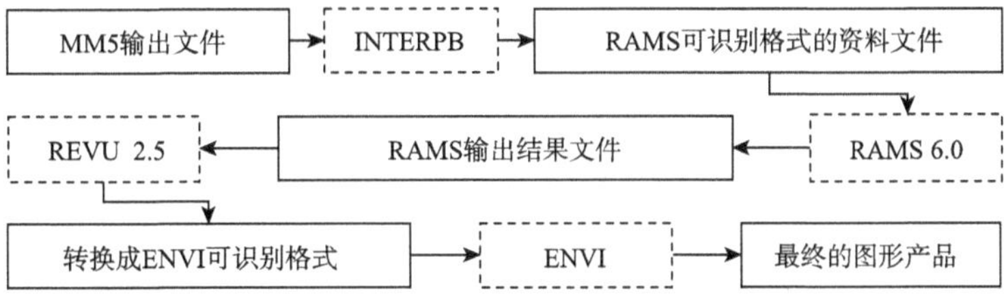

图 18.3　污染快速预报系统的实现思路

作为一个针对化学恐怖袭击的事后快速预报系统,如何快速获取事发周边的高分辨率风场至关重要。由图 18.3 可知,系统采用北京市气象局每日两次的未来 72 小时 MM5 数值预报结果作为污染快速预报系统的背景场,通过这种方法大大减少了获取高分辨率背景资料所消耗的时间。在 MM5 与 RAMS 6.0 的数据接口方面,通过对 MM5 的后处理程序 INTERPB 进行改写,使其可以输出 RAMS 6.0可识别格式的风、温度、相对湿度及等压面高度资料。

RAMS 6.0 在 MM5 输出数据的驱动下,进一步进行更高分辨率的气象场及污染物浓度场的模拟。模拟采用两层网格嵌套,其中内层水平网格格距为 500 m,模拟范围为 25 km×25 km。在垂直方向上总共有 35 层,采用拉伸网格,越往上垂直格距越大,最底层的垂直格距为 30 m。同时,改进后的 RAMS 6.0具有自动读取北京 500 m 格距地表类型资料的能力,对于提升模拟性能起到了一定作用。

污染快速预报系统的预报时限为事发后至少 1 小时,每隔 10 分钟输出一次化学物质浓度数据。反恐气象服务人员根据系统的预报数据,利用改进的“ENVI”系统进行后处理,让化学物质浓度等值线与北京的行政区划 GIS 信息相重合，在此基础上制作预测分析产品。

3)污染快速预报系统的基本性能和应用效果

目前，“污染快速预报系统”的硬件载体为北京市气象局 IBM Blue Moon 高性能计算机，其浮点运算速度可达到每秒 10 万亿次。“污染快速预报系统”从业务脚本启动到运行结束，大概需耗费 240 秒时间，加上系统操作人员设置配置参数文件和产品制作时间，应急值守人员可在接到命令后 15 分钟以内完成化学危害预测分析产品的制作。对于预测事发后 1 个小时的化学扩散情况，15 分钟的反应时间已初步具备实用性。

图 18.4 给出了残奥会开幕式当日提供的产品示例。在图中假设当夜 22:00 在鸟巢东南角发生了化学恐怖袭击，根据这些信息利用污染快速预报系统进行了假设情景的预测模拟。图中给出了事发后 20 和 40 分钟化学物质浓度的分布情况，由于图中叠加了较为精细的 GIS 信息，对于现场应急处置人员和指挥人员正确部署力量和组织施救都有一定的参考价值。

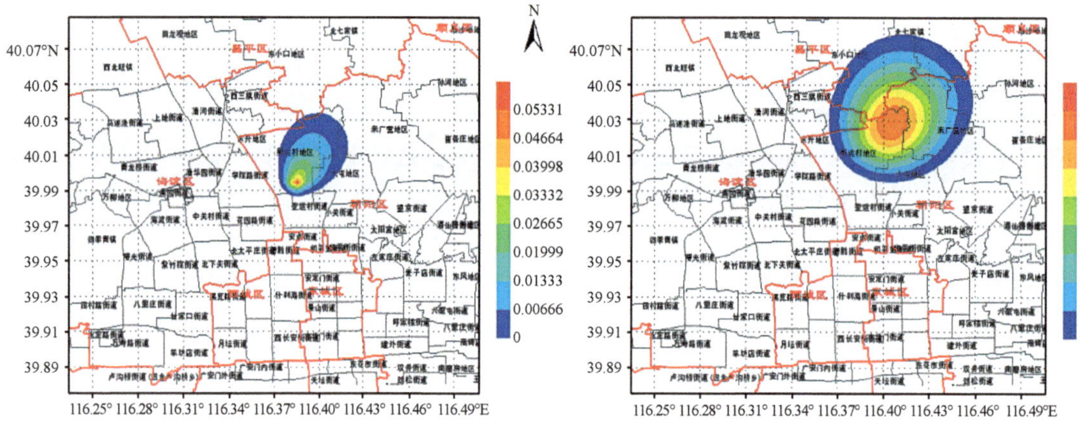

图 18.4 假设 2008 年残奥会开幕日 22 时鸟巢出现化学污染事件的预测产品

(2)化学气体影响范围的实时评估技术研究

1)“精细数值模拟＋统计”方法简介

污染快速预报系统仍然存在一定局限性，首先，它对硬件具有较高的依赖性，一旦 IBM 硬件平台出现问题，则整个系统就会瘫痪；其次，即使硬件平台运行正常，系统的反应效率还受到操作人员熟练程度的限制，操作人员的不熟练可能导致反恐应急任务不能快速完成；最后，作为一个预报系统，即使硬件平台非常先进，进行数值模拟预测仍然要消耗一定时间。因此，对于化学恐怖袭击事件而言，根据现场实测风场进行“实时”评估能提供更为快速的服务。

为弥补“污染快速预报系统”的局限性，研究出了一套基于“精细数值模拟＋统计”的实时评估方法，并在此技术上开发了一套“化学危害快速评估软件”，其设计思路如图 18.5 所示。

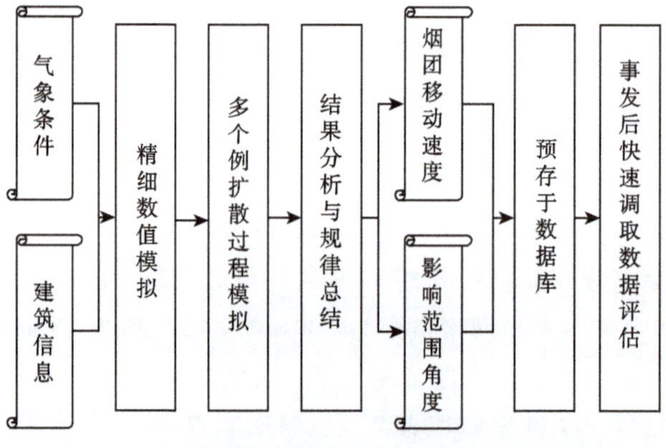

图 18.5 基于“精细数值模拟＋统计”的实时评估方法思路

由图 18.5 可知，基于“精细数值模拟＋统计”的实时评估方法遵循了“复杂街区建模—精细化数值模拟—模拟数据统计—获得简单经验公式—预存到数据库—事发时快速提取”的思路。

最终存入数据库的数据包括自变量与因变量两类数据，自变量数据包括地点、风速、稳定度；因变量数据包括影响范围角度、气团中心移动速度。这里将评估烟团影响范围的问题简化为“找扩散范围夹角”的问题，通过对大量模拟结果进行统计，找到一个沿风向的夹角，在夹角的两线之间，即为烟团可能扩散到的范围。假设对于某一个具体的地区，对某一具体的气象条件，影响范围的夹角是一定的，而且烟团的移动速度也是一定的，就可以将烟团移动速度和影响范围夹角预存于数据库中，当突发事件发生时，立刻将相应的数据调取出来，根据实测的风速和风向以及估算的稳定度，即可快速评估烟团的影响范围。通过这种极度简化的方法得到的评估结果虽然比直接进行数值模拟更为粗糙，但是在时效上要迅速得多，软件运行所耗费的时间几乎可以忽略，完全可以满足反恐气象服务在时效性方面的要求。

2）精细数值模拟

在开发化学快速评估软件的过程中，针对五棵松和奥林匹克公园进行了大量的精细模拟试验，在模拟工具方面，选择了计算流体力学软件 FLUENT 和城市街区尺度模式 USSM 两种工具。图 18.6、图 18.7、图 18.8 以奥林匹克公园的 FLUENT 模拟结果为例，给出了精细模拟试验的实施过程。

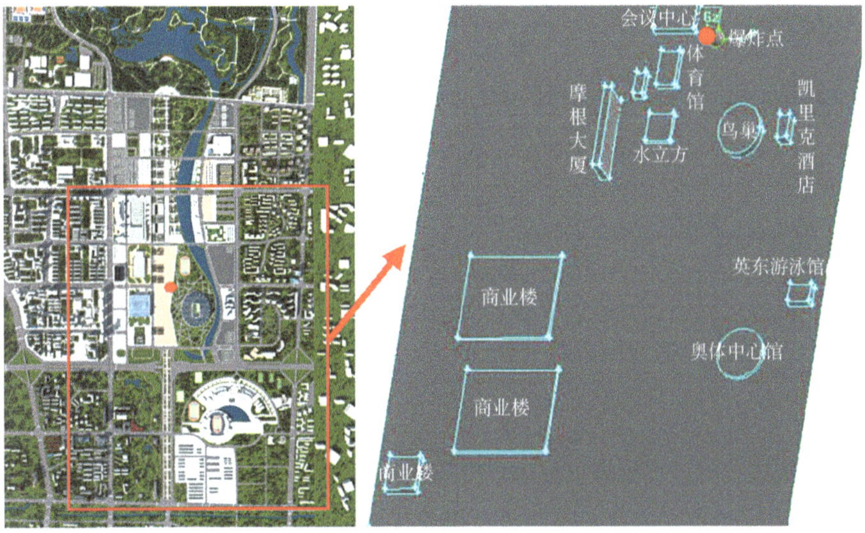

图 18.6　建立奥林匹克公园局部的 FLUENT 计算模型（红点为假设爆炸发生地点）

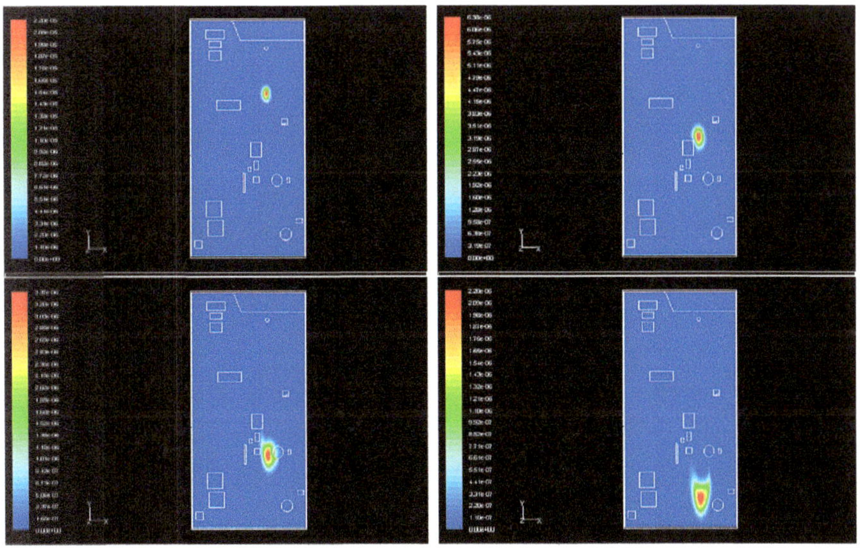

图 18.7　北风条件下奥林匹克公园内化学气团的移动情况

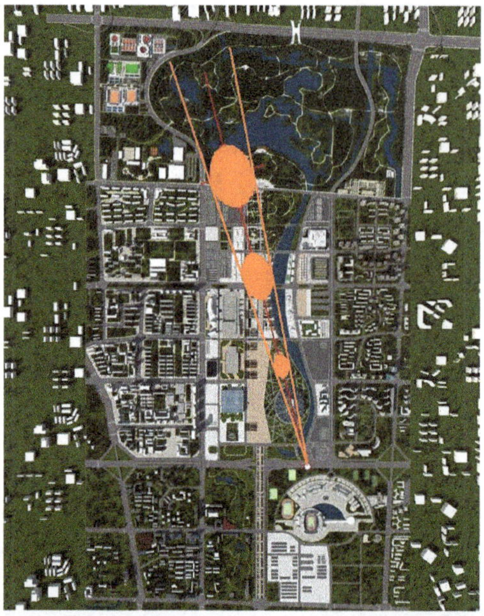

图 18.8 大量案例统计基础上得到的化学气团影响范围夹角示意图

图 18.6 为根据奥林匹克公园东南局部地区的建筑几何尺寸信息，所建立的简化的 FLUENT 计算模型。图 18.7 为北风条件下 FLUENT 模拟的化学气团的移动状况。图 18.8 为化学气团影响范围夹角的示意图，橘红色的直线所标志的范围，即是在某种风速和风向条件下，鸟巢东南角四环路上产生的化学气团可能影响到的区域。

3)实时评估示例

在 2008 年 5 月某日北京市组织的巴沟地铁站化学爆炸处置演习中，反恐气象服务人员接到命令，需要对巴沟路假想化学扩散源的影响进行快速评估。接到命令后，服务人员根据现场应急处置车传回的经纬度、风速、风向资料及稳定度进行了快速评估，并将结果发回演练现场(如图 18.9 所示)。

在巴沟路的演练中，从接到命令到产品发送完毕总共耗时约为 4 分钟，相比依靠数值模式的“污染快速预报系统”而言，耗时不到 1/3，在时效上已完全满足反恐气象服务的要求。同时，由图 18.9 与图 18.4 的对比可见，化学危害快速评估软件还能给出比污染快速预报系统更为精细的 GIS 信息，可以为化学危害的现场处置提供即时参考依据。

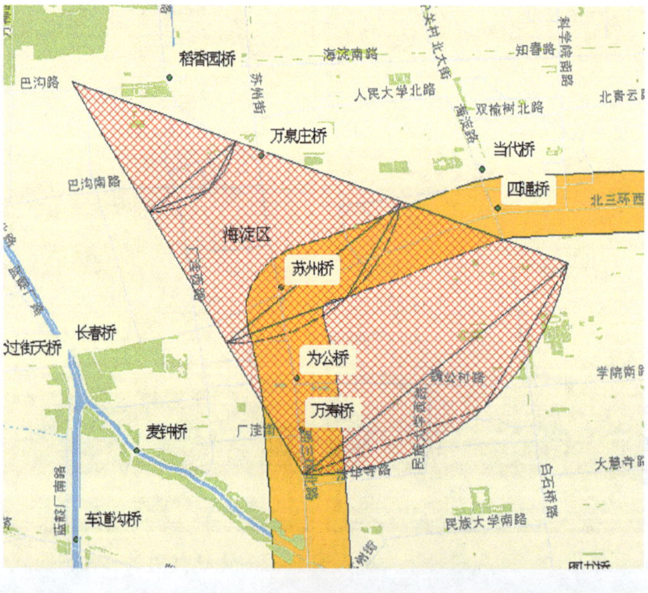

图 18.9 巴沟路化学爆炸处置演习污染物扩散快速评估示意图

18.4　城市热岛监测和预报

城市气候是指在大气候或区域气候的背景下，在城市化过程中由于人口高度密集、特殊的城市下垫面、高强度的经济活动消耗大量能源释放出有害气体与烟尘以及其他人类活动的影响，改变了原有的区域气候状况，形成一种与城市周围乡村不同的局地气候。城市气候既受所属区域大气候背景的影响，又反映了城市化后人类活动所产生的作用。不同气候区的城市气候不尽相同，但也存在一些共同的城市气候特征，集中表现在“五岛”效应上。而“城市热岛效应”是城市中最为明显的城市气候特征之一。

由于城市下垫面的特殊性质，城市人类活动释放大量的二氧化碳等温室气体，加上人为热源的影响，使城市气温明显高于郊区，这种现象称为城市热岛效应。国内外许多学者的研究表明，城市热岛强度夜间大于白天，日落以后城郊温差迅速增大，日出以后明显减小。

城市热岛效应不仅在近地面气温中有反应，而且对城市的边界层大气环流产生影响。由于城市热岛效应，市区中心空气受热不断上升，四周郊区相对较冷的空气向城区辐合补充，热岛中心的空气上升到一定高度又向四周郊区辐散下沉，形成一种局地的热岛环流（见图 18.10）。这种环流在晴朗少云、背景风场极其微弱的静稳天气条件下最为明显。虽然城市热岛效应夜间强于白天，但由于夜间郊区大气层结稳定，有时还存在逆温层，因此夜间的上升气流不强；而白天郊区大气层结本身不稳定，流入城市后上升速度快，所以城市热岛环流白天要比夜间强，而且夜间的郊区风还具有阵性。

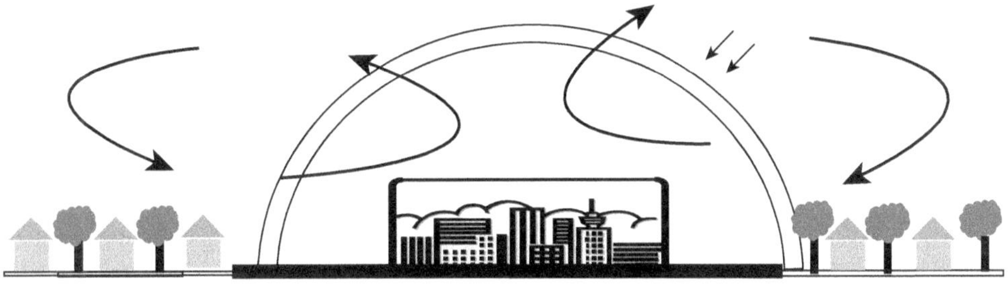

图 18.10　城市热岛环流示意图

18.4.1　城市热岛监测

18.4.1.1　城市热岛效应的成因

热岛效应是城市系统结构的综合反映，是在城市化的人为因素和局地气象条件共同作用下形成的，形成城市热岛主要有以下原因。

（1）城市下垫面类型与特征

1）城市下垫面

在城市化过程中下垫面性质的改变最为突出。道路、广场、建筑物等城市下垫面都是由砂石、沥青、钢筋混凝土、人为烧制的砖瓦和金属构件等组成。涂有沥青和各种涂料的墙壁、屋顶、盖着烧制陶片的楼房、沥青路面、覆盖石材的贴面和包着玻璃幕墙的建筑物等，具有热导率高、吸收能力强和热容大的特点。城市下垫面在白天吸收大量太阳辐射和人为热能，处于高温热平衡状态和热交换过程，吸收的热量难以向外扩散，使城市地表的温度偏高。到了晚上失去阳光照射后，地表及大气温度会很快降低，但城市下垫面由于地温高于环境温度，以较强的热辐射能力向城市上空不断释放热量，并与城市上空的温室气体进行热交换。在它们的共同作用下产生了城市上空的热岛环流，使城市夜晚仍然保持较高温度，热岛效应比白天更加明显。

即使没有温室气体，城市上空也会出现热岛现象，但两者有明显的不同。温室气体作用下的城市热岛效应，是温室气体增温作用和热岛环流增强作用共同形成，在有限的时间和空间上温度不断升高；而无温室气体作用下的热岛效应是热量高度集中释放和城市下垫面对热辐射强吸收所形成的城乡强烈温差，它的温度随夜晚时间推迟和距城市中心远近而呈缓慢降低趋势。

2)蒸散

由于城市下垫面材料的密度和覆盖面积大，使下垫面的不透水性得以增强，直接导致降水能通过排水设施快速流失，减少了水分蒸发散热，这也是城市热岛效应加强的原因之一。

水体是地球生态系统对环境起调温作用的巨大热容器，通过蒸发、传导、对流和辐射等过程，使水体具有多种热平衡和热交换能力，能将获得的热量以水蒸气形式进入大气环流的热交换过程，使水分在全球热量交换和温度调节过程中起到决定性作用。组成城市下垫面的材料对太阳辐射的吸收较强，热惯量也比自然植被大，虽然与水的热惯量相差不大，却无法像水体那样通过蒸发及各种传热过程来阻止下垫面温度的快速升高。

3)街谷效应

城市街道具有类似峡谷的地形特征，太阳辐射的多次反射与散射使得短波辐射更容易被吸收，多层次的几何结构还有利于日出或日落等太阳高度角较低时段的太阳辐射的吸收。峡谷结构可降低城市的整体反射率，这与地表材料单独的反射率无关。天空视场角的减小也减少了城市的长波辐射散热。多层次的地表结构还可多次吸收长波辐射，从而减少地表辐射降温的热损失。

4)地表粗糙度增加

城市地表粗糙度增加削弱了风速，限制了城市通过大气对流和平流的显热损耗，使城市中积聚的热量不易散失。

(2)城市人类活动

1)大气污染

城市大气污染一般要比周围郊区更严重。城市释放的二氧化碳和水汽等温室气体都能吸收地面的长波辐射并以逆辐射的形式投向地表使地表增温。城市大气中的悬浮颗粒物，尤其是气溶胶会产生类似于温室的效应，在白天吸收一定波长的太阳辐射，夜间则笼罩在城市上空，增加长波逆辐射，减少城市的长波净辐射损失，从而加强夜间的城市热岛强度。

2)人为热源

各种人为释放热都主要以城市为基地，中高纬度城市冬季排放的大量的人为热是热岛形成的一个重要原因，包括机动车、工业设备、取暖与空调装置以及建筑物的释放热；空调制冷和机动车的使用是夏季许多城市人为释放热的来源。城市中人类每天生产生活向自然界所释放的热量，在危害城市环境的同时，也危害着全球的大气环境和能量平衡，破坏了生态系统的稳定。统计资料表明，2001 年夏天北京市居民仅空调用电就高达 200 万 kW·h，相当于每小时燃烧 800 吨煤。

(3)气象条件的影响

同一时期同一城市的热岛现象时有时无，时强时弱，这是因为城市热岛的形成不仅受人为因素的影响，还受到天气形势和气象条件的制约。在不同纬度、不同区域的气候条件下，各因素在不同城市、不同季节和一天中不同时段在热岛形成中所起作用与程度是不同的。大量观测事实证明，稳定和气压梯度小的天气形势有利于城市热岛的形成。云量，尤其是低云量多不利于热岛的形成，风速也与热岛效应呈明显的负相关，城市风速小有利于热岛的形成。

在上述因素影响下，当城市地区温度高于乡村地区时，城市地区上空的大气具有较强的热力和动力效应，产生温度较高的上升气流，使城市地区形成低气压，导致乡村地区的低温气流向城市中心地区补充，从而形成城市特有的热岛环流。在城市下垫面较大的粗糙度和热岛环流的共同影响下，城市上空大气层的风廓线和温度廓线与乡村地区也有明显的差别，但主要集中在 500 m 以下。

不论白天还是晚上，热岛控制下的城市中心大气垂直切变明显不同于城郊和乡村。这是因为城市热岛形成的上升气流和城市下垫面的粗糙结构使流经城市上空的气流在近地层产生气流的动力方向和热力结构的变化。城市大气层结中，下层与上层的动量能够充分交换，造成风速的垂直切变减小而温度廓线的垂直变化增大。在郊区和乡村地区则相反，上下层交换不充分，风速垂直切变增大，温度的垂直变化较小。因此，在天气形势变化不十分强烈的背景下，城市热岛效应作用下的大气环境具有较强的不稳定度，在城市气温明显高于郊区和乡村的同时，城市地区的等温线也形成许多密集的闭合区域，这些正是对城市大热岛起增强和促进作用的许多小热岛，是城市气候的重要动力源和热力源。

18.4.1.2　城市热岛的时空分布特征

城市热岛强度有着明显的日变化，一般情况下，在风速较小的晴空或少云天气条件下，城市热岛强度大都是夜晚强，白昼的午间弱。城市热岛强度还有明显的季节变化，但不同城市的热岛强度随季节变化略有差异，主要因区域气候和人为因素而异。城市热岛一般出现在高气压影响下，少云、小风、湿度小、大气稳定的天气条件。我国大部地区属季风气候区，城市热岛强度一般是秋冬强，春夏弱。

大量研究表明，世界上所有城市无论规模大小，纬度高低，位于沿海还是内陆，以及地形、环境不同，都存在城市热岛效应。一般百万人口大城市的市区平均气温要比郊区高出 0.5～1.0 ℃，城市越大，热岛效应越显著。一般情况下气温在城市与乡村交界处有一个突变，随着向近郊、住宅区和商业区深入气温逐渐上升，最高温度出现在市中心商业区或其他人口高密度地区。在某种程度上植被覆盖和人口低密度区域能够缓解热岛效应，例如高尔夫球场、公园、游乐场、大面积绿地和水体等。

18.4.1.3　城市热岛效应的监测

根据著名城市气象学家 Oke(1976)的研究，可以在城市冠层(Urban Canopy Layer，UCL)和城市边界层(Urban Boundary Layer，UBL)以及城市地表(Urban Surface)上定义大气热岛。UCL 指城市大气从地表向上延伸至建筑物平均高度处，而 UBL 就是位于 UCL 之上并始终受到城市地表影响的那一层。UCL 城市热岛主要由在标准气象高度(Screen-level)上的传感器或绑定在交通工具上的传感器测量所得。UBL 城市热岛是由更专业的传感器平台，例如高塔、声雷达、探空气球等设备测量所得。由热红外遥感观测到的城市热岛称为地表城市热岛(Surface Urban Heat Island，SUHI)，在 SUHI 有效辐射源区看到的地表依赖于传感器的几何视场和地表结构。但由于城市地表的三维结构，可能无法看到完全城市地表中很重要的部分。与空气温度热岛的直接现场测量相比，热红外遥感所得的地表城市热岛是间接的测量，需要考虑大气的影响以及包括在传感器波长范围内影响辐射发射和反射的地表辐射特性。我国从 20 世纪 60 年代开始才陆续有少数学者着手城市热岛效应现象的研究和观测，20 世纪 80 年代以后发展较快，主要利用实测气象数据研究不同类型城市热岛的时间变化，研究手段与方法多种多样。

表 18.6　城市热岛的不同监测方法比较

研究方法	优　点	缺　陷	对　策
气象站法	利用长期观测资料研究城市热岛历史演变	气象站点有限，空间分辨率低；选取不同站的研究结果差异较大；测点经纬度和高度变动、观测习惯改变、仪器误差等均影响分析结论	选取多个有代表性气象站点数据综合分析；统一仪器和观测习惯，避免选用位置变迁的气象站数据分析
定点观测法	精确比较不同位置温度差异；可进行同期其他气候因子测定	工作量大；受局部环境影响较大，缺乏代表性；受人力、物力限制难以获取大面积温度场分布	观测场地尽量一致，减少局地影响；规范观测人员试验操作，提高仪器精度
流动观测法	可利用有限仪器获取多点温度，便于进行城市温度场断面分析	温度不是同期测定，不便比较；受局地环境及交通工具影响，代表性较差	提高仪器温度灵敏度；避免外界温度变化激烈时测定
遥感监测法	空间分辨率高，可获取大面积温度场；监测快捷，更新容易	受天气、云等影响；实际温度反演受到挑战；卫星遥感过境周期较长，时间分辨率低；航空遥感耗资大，一般城市不易开展	反演温度前去除云斑、噪声影响；加强温度与比辐射率分离、地表真实温度模型反演等遥感理论研究

续表

研究方法	优　点	缺　陷	对　策
模型模拟	减少大量现场观测，从理论上揭示城市热岛产生、发展机理	城市热岛复杂多变，模型通用性差；需要一定数量观测数据，但现场观测试验测试条件不易控制，重复性较差；实验室模拟不能代表实际复杂的城市环境；统计模型和能量平衡模型只能从宏观考虑影响因素，难以从时空上体现多种要素作用过程	实验室模拟试验可深入分析城市热岛机理及规律，为其他模型提供试验验证数据；数值模型可从时空详细研究城市热岛产生、发展、变化及对环境产生的影响；不同城市环境差异较大，可进行模型校正，提高精度和预测准确性

由于城市气象服务的多样性和特殊性，常规气象观测时空分辨率和观测项目，已不能满足城市气象服务的要求。随着一些省级中尺度灾害性天气监测系统建设以及城市气象科研与服务的投入增加，在常规气象观测的基础上，开始建立以城市为中心的中尺度自动监测网、特殊天气监测系统和特种要素观测网。综合探测网包括地面自动观测网、高空观测、新一代天气雷达、卫星遥感监测、多普勒风廓线仪、无线电声探测系统(RASS)、地基 GPS 水汽探测、特种观测等。这些综合探测网已在北京、上海、南京、天津等大城市基本建成或正在积极筹备建设，相当一部分已经投入业务运行。同时，开始建立了一些针对城市服务特殊需求的非常规气象观测项目，如各种城市下垫面地表温度观测、不同高度的环境气象要素观测等。新的探测技术和探测手段的不断加强，为天气预报和中尺度数值模式提供了更高精度和更高时间分辨率的探测数据，使城市气象信息日益丰富，在灾害性天气的监测预警和城市环境气象预报与服务中发挥着重要作用。以北京为例，为了提高灾害性天气的监测预报及预警能力，提高城市天气预报和专业气象服务的质量，已经建成地面观测站 22 个，高空观测站 1 个，自动气象站 40 个(六要素或四要素，其中城区自动站有 13 个，空间分辨率为 6 km 左右)，多普勒天气雷达 1 部，风廓线仪 1 部；特种观测有闪电定位、紫外线、能见度、花粉浓度、负离子、空气污染监测、太阳辐射、酸雨监测和大气边界层监测等。另外，已经建设部分风廓线仪和 GPS 水汽探测网。除此之外，还有一些民用和军用机场气象观测台(站)，观测项目较齐全，主要为北京市民用和军用航空气象服务提供气象资料。上海市雾的自动监测系统充分利用了世界上先进的具有雾和天气现象自动识别功能的自动气象观测站和边界层风廓线仪，提高了上海市雾的监测、预报和服务能力。天津建立的 255 m 高的城市边界层梯度气象观测塔实现了对 255 m 内 15 个高度层的风向、风速、温度和三个高度层的相对湿度的自动采样和传输，在大气边界层研究、空气污染气象研究、中小尺度灾害性天气研究、区域数值预报模式中近地层湍流通量参数化研究及其相应的天气预报、环境和空气质量预报中发挥着重要作用。南京也正在建立中尺度灾害性天气系统立体的连续和自动化监测综合探测网。

可以看出，这些新的探测技术和探测手段以及获取的新的探测资料在城市气象灾害(暴雨、雷电、浓雾、低能见度、沙尘等)的监测预警、城市气象预报与服务领域显得越来越重要。但是，要深入研究城市天气气候特征、边界层特征及其效应、城市环境等，提高城市天气预报和服务的水平，还需不断加强探测系统的建设，强化以城市为中心的自动气象观测网和开展城市非常规气象观测，积极发展地球环境观测项目，增强观测资料的综合分析和利用率。

18.4.2 城市热岛预报

随着社会进步、城市经济发展和人民物质文化生活水平的提高，气象与人们的生产和生活关系越来越密切，对城市天气预报及气象服务提出了许多新的需求。作为社会活动中心，大城市各类大型社会活动和外事活动频繁，要求定时、定点、定量的高精度天气预报；作为经济活动中心，城市减灾防灾对气象服务提出了越来越高的要求，如高速公路的浓雾、城市沥涝、空气污染、雷电、火灾等；同时，各行各业和市民对气象信息的需求多种多样，如健康、旅游、交通、城市保障、城市环境等等。这些就要求气象服务必须满足不断增长的社会需求，使得城市环境气象与特种气象预报服务成为气象业务为公众服务的新的增长点。城市气象作为现代应用气象领域一个新的科学分支，其发展越来越受到国际和国内气象界的关注，城市天气预报和专业气象预报与服务得到不断改进与发展。

城市热岛的形成及强度与城市特征（如：城市建筑物平均高度及密度、街区走向、街区天空可视因子、城市规模、人口密度、人为热源的排放量等）和气象环境都有密切关系。有关城市热岛成因的研究主要基于三个方面：观测、理论分析和数值模拟。城市热岛的形成主要与城市三维结构和城市地区人为热源排放有关，关于人为热源对城市热岛的贡献研究已经有很多，但是有研究指出城市热岛形成中，城市地区冠层建筑物三维几何结构及其物质热力性质对热岛的影响比人为热源的作用要大。国内已有很多学者对城市冠层对气象环境及城市边界层的影响以及城市化进程对城市热岛的影响做了大量的研究工作。

18.4.2.1　城市热岛的数值预报

数值模式是了解天气气候成因和进行天气气候预测最具发展潜力的工具。由于城市下垫面结构和人为活动直接影响了城市大气的热力、动力过程，因此模式中需要考虑城市中特有地表状态的复杂、详细的地理信息，同时要考虑城市能量平衡的特殊性和复杂性，研究城市结构对大气热力及动力结构特征的影响，不断发展完善城市数值模式。当前应用较多的城市数值模式是水平尺度较小、水平分辨率较高的模式，通常对于城市边界层气象模式的处理方法是采用将网格距缩小的中尺度气象模式，如 WRF，MM5，RAMS，ARPS 等，这些中尺度模式适用于模拟分辨率为几到几十千米的中尺度系统，也可以采用分辨率为 1 km 或 2 km 的网格来模拟城市气象环境。由于目前的中尺度模式只有一个“城市”的类型，主要是利用建立在平坦、均匀地面上的传统 Monin-Obukhov 近地层相似理论和能量收支理论，即通过区别于其他下垫面的动力及热力特征参数来体现城市下垫面对低层大气动力、热力结构及地面能量平衡的影响，对城市中的众多类型则没有细分，未考虑城市下垫面结构的非均匀性和城市建筑对城市低层大气的动力、热力特征及地面能量平衡的影响，在很大程度上限制了中尺度模式对城市大气环境的模拟能力，难以准确地模拟城市的天气气候。

近年来我国在城市数值预报模式研究方面开展了很多工作，开始尝试在数值模式中加入体现城市作用的部分，除专门为城市地区研究而发展的城市边界层模式，一些考虑城市冠层、边界层参数化方案和城市精细下垫面地形资料的数值模式也成为城市大气模拟研究的有利工具。国内的研究以北京大学和南京大学城市边界层模式为代表，在中尺度背景场下考虑了城市下垫面对边界层大气的动力、热力作用及能量交换过程。如佟华等（2002）以城市中 500 m 网格内的各种地表类型的地表参数为基础，建立了分辨率为 500 m 的城市边界层能量平衡模式，并将此城市边界层能量平衡模式嵌入动力学框架，用中尺度模式 MM5 作为初始条件和边界条件，建立了一个既考虑中尺度背景场又详细考虑城市下垫面复杂性与多样性的城市边界层模式系统，该系统经在香港应用，表现出具有在中尺度的背景场的控制下模拟海陆风环流、过山堆积和绕流及城市热力影响的能力。陈燕等（2004）通过高分辨率的卫星遥感资料获得土地利用类型，以及地表反照率、植被指数等地表参数，运用数值模拟手段模拟表明，随着城市的发展，城市反照率减小，植被减少，地表湿度减小，蒸发耗热减少，感热通量增加，城市波恩比增加，地表和大气之间热量交换加强。李晓莉等（2003）设计的城市冠层参数化方案，根据实际城市下垫面结构的特点，确定了各种城市特征参数。在动力方面，根据城市冠层湍流动量通量的变化特征，修改了传统的近地层常值通量相似理论，考虑冠层中建筑结构对大气动量和湍流动能的“曳力强迫”作用；在热力方面，考虑了城市冠层中非常值通量的湍流热量通量的影响、净辐射通量的垂直变化和人为热量通量的影响，以及城市建筑和人为热量对地面能量收支平衡的影响等。

也有学者通过加入人为热源对城市边界层结构影响的数值模拟研究，考虑时空变化的人为热源按比例分别引入到地表能量平衡方程和大气热量守恒方程中，蒋维楣等（2007）在区域边界层模式（RBLM）中对城市中的人为热排放分层考虑，将低层的人为热源加入地表能量平衡方程，将高层人为热源分布与建筑物高度和密度联系起来，加入热量方程，同时考虑人为热源强度的日变化，结果表明，这是一种比较合理的处理方案。何晓凤等（2007）用南京大学多尺度模式系统在不同区域进行了多种人为热源引入方案的研究，结果表明：考虑时空变化的人为热源按比例分别引入到地表能量平衡方程和大气热量守恒方程是将人为热源引入模式的最优方案。人为热通量密度变化的敏感性试验结果发现人为热源的存在对城市热岛的生成有重要作用,陈炯等(2006)设计了一个考虑城市建筑物动力作用和人为热量影响的城市边界层参数化方案(UBP),并将之耦合到新一代中尺度模式 WRF 中。利用 WRF/UBP 模式对北京地区夏季晴空下边界层结构进行了数值模拟分析,并与不考虑建筑物及人为热源影响的 MYJ 方案的模拟结果进行对比。结果表明,考虑建筑物影响的 UBP 方案可明显改善模式对城市近地面要素的模拟能力,对城市边界层的描述更为合理。周荣卫等(2008)在城市边界层预报模式中耦合了一个单层冠层模式,此模式能够体现城市冠层结构和人为热源对城市热岛的共同作用。通过传统平板模式和城市冠层模式的模拟结果与自动气象站观测资料对比发现,耦合了城市冠层模式的模拟结果与观测资料更为吻合,尤其能够较好地模拟出城市地区夜间地面的气温变化情况。杨玉华等(2003)用非静力平衡的中尺度模式 MM5 来模拟北京冬季的热岛,在模式中加入分辨率为 200 m×200 m 的实测北京建筑物高度和地表利用资料,并将下垫面的城市人为热源分为常数部分和日周期变化部分,结果显示考虑了日周期变化的人为热源作用的数值试验模拟出的热岛日变化比将热源单纯考虑为常数与实况更接近,这表明加入与实际情况相符的人为热对模拟有改善。

在目前数值模式研究工作中,如何在模式中全面、细致地描述城市化作用对大气边界层动力、热力结构的影响并建立合理的参数化方案,不仅是提高数值模式对城市大气环境的模拟及预测水平所亟待解决的关键问题和技术难点,同时也是近年来国际上城市大气环境研究中所面临的前沿科学问题之一。

18.4.2.2 城市热岛的统计预报

城市热岛效应的统计模型预报也是近年来研究城市发展与城市人的效应的研究方法。通常,利用统计知识对城市热岛的观测资料进行分析研究,建立城市热岛强度与其他气象要素及城市社会经济数据的数学模型。大量的研究表明,城市热岛强度与云量、风速等气象要素有关,并且不同城市的热岛强度还与其发展、城市规模密切相关。

Sundborg(1950)最早提出了城市热岛和城市规模的数学模型,表明热岛强度(即城乡温度差)随每天的气象条件变化而变化。如白天有:

$$\Delta T = 1.4 - 0.01n - 0.09u - 0.01T - 0.04e \tag{18.10}$$

夜晚有:

$$\Delta T = 2.8 - 0.01n - 0.38u - 0.02T - 0.03e \tag{18.11}$$

式中 ΔT 为热岛强度,n 为云量的十分之一,u 为风速(m/s),T 为温度,e 为水汽压。

然而 Sundborg 的统计模型中没有一个参数直接表示城市热岛强度与城市发展、城市规模有联系,它只明显地确定了热岛强度与气象要素之间的关系。实际观测中,对城市热岛效应起关键作用的气象要素是风速、云量等,城市风速和周围乡村存在明显不同,但 Sundborg 的统计模型中风速随城市规模的变化却没有体现出来。Oke(1987)提出了用城市人口来描述城市规模,建立了风速与城市规模的关系。

$$U = 3.4\lg P - 11.6 \tag{18.12}$$

式中 U 为城市风速,P 为城市人口。

热岛强度和城市人口的统计分析为:

$$\Delta T = \frac{P^{0.27}}{4.40U^{0.56}} \tag{18.13}$$

Oke 统计模型考虑了城市人口和风速的影响。Ludwig 则建立了城市热岛强度与城市规模、大气环境温度递减率的数学关系,对于城市人口小于 50 万,热岛强度为:

$$\Delta T = 1.3 - 6.78\gamma \tag{18.14}$$

对于城市人口在 50 万到 200 万之间,热岛强度为:

$$\Delta T = 1.7 - 7.24\gamma \tag{18.15}$$

对于城市人口在 200 万以上,热岛强度为:

$$\Delta T = 2.6 - 14.8\gamma \tag{18.16}$$

式中 γ 为环境温度的垂直递减率。

城市规模不仅与城市人口有关，同时还与城市建筑面积、城市能源消耗有关，而且与城市的社会经济有关。我国学者采用社会经济数据对北京城市平均温度热岛效应进行分析，结果表明，城市人均 GDP 与城市平均温度热岛效应关系密切(图 18.11)，在人均 GDP 开始增长时，城市平均温度热岛效应迅速增长，当人均 GDP 增长到 7000 元左右时，城市平均温度热岛效应随人均 GDP 稳步而缓慢增长。能源消耗增加是城市化进程的重要表现之一，尤其是建筑用能和生活用能直接与城市热岛效应有关，图 18.12 为城市平均温度热岛效应与城市用电量之间的关系，可以看出城市平均温度热岛效应随城市全年用电量关系也呈对数增长关系。

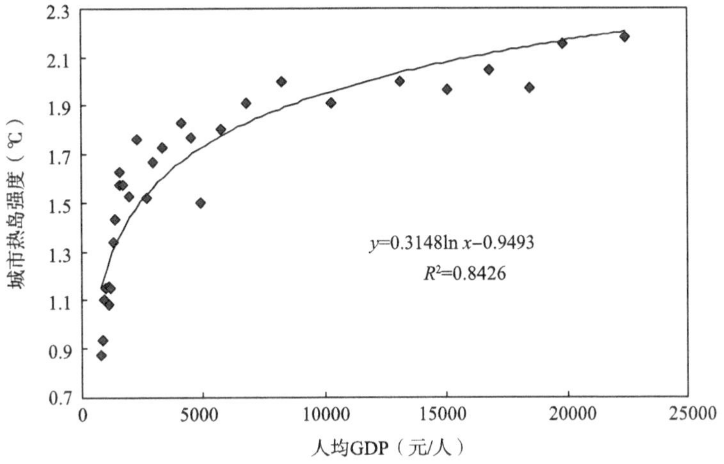

图 18.11　人均 GDP 与热岛强度关系

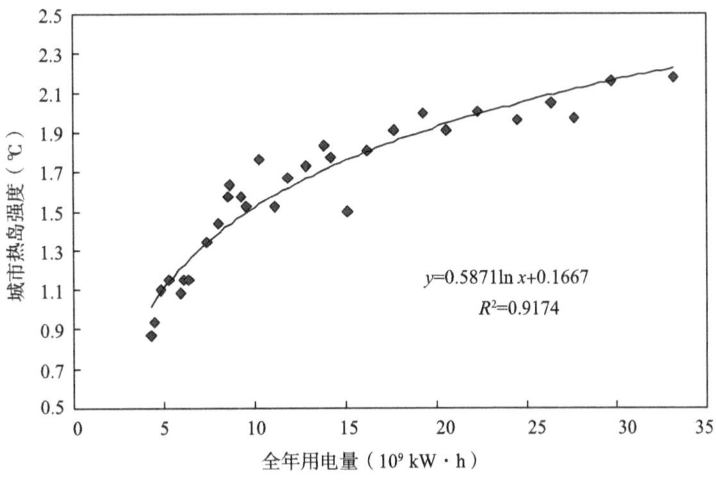

图 18.12　热岛强度与城市用电量的关系

城市人口的增加与城市热岛效应关系密切，图 18.13 为北京城市总人口与城市热岛效应的关系，同文献记载一样，二者之间也存在着对数关系。城市土地利用方式的变化是城市化的重要特征，也是城市热岛形成的重要原因。城市道路和房屋建筑的增加使得原有下垫面发生改变，对辐射的吸收增加，不透水地表的面积增加，加上日益增多的建筑使城市中的热量不易扩散，城市热岛效应也增强。城市年末实有房屋建筑面积也是城市化进程中的一个重要指标，城市热岛效应与城市年末实有房屋建筑面积关系密切，尤其是年末实有房屋建筑面积超过 2 亿 m^2 后，城市热岛强度显著增加(见图 18.14)。

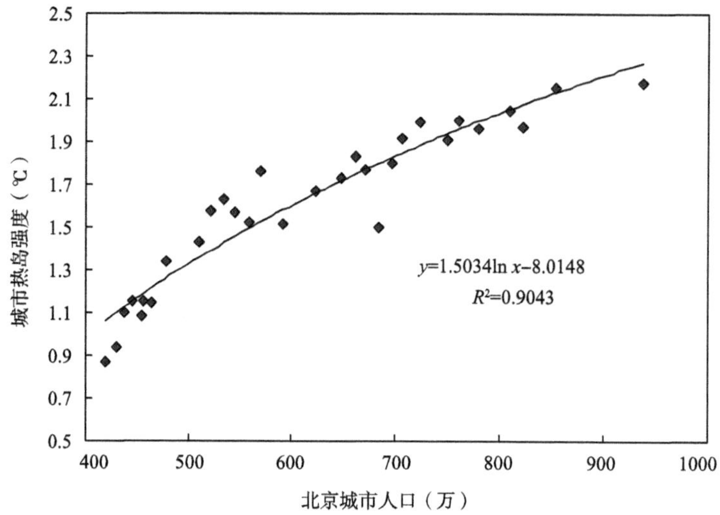

图 18.13 城市人口与城市热岛效应的关系

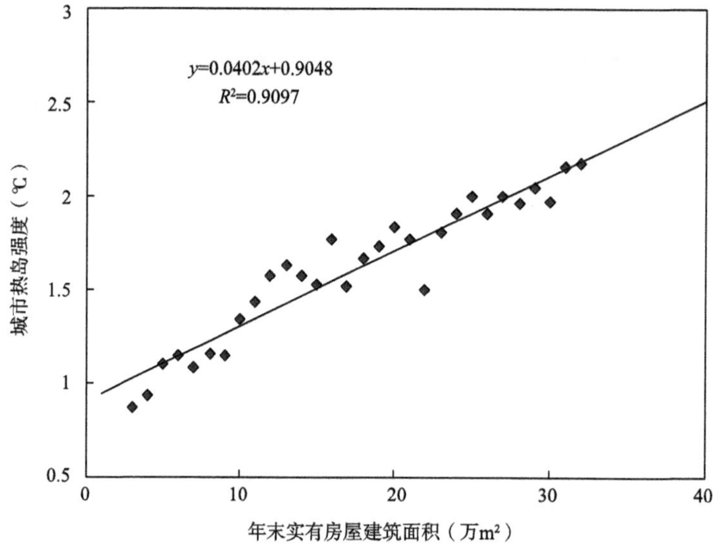

图 18.14 房屋建筑面积与热岛效应的关系

近年来，还出现了许多城市热岛的统计预报模型，因城市热岛的统计模型是依据观测资料和相关数据的分析和研究而建立的，不同的研究者由于分析对象不同可能建立不同的统计模型，这些统计模型都可反映城市热岛效应的强度，但由于统计模型对城市热岛产生及其发展的机理没有进行分析，尤其是对于不同类型的城市，特别是不同纬度城市、不同类型城市所建立的模型可能不一致。因此，统计模型的应用有待于进一步研究和证明。

参考文献

陈炯，王建捷. 2006. 边界层参数化方案对降水预报的影响. 应用气象学报，**17**(增)：11-17

陈燕，蒋维楣，吴涧，等. 2004. 利用区域边界层模式对杭州市热岛的模拟研究. 高原气象，**23**(4)：519-528

何晓凤，蒋维楣，陈燕，等. 2007. 人为热源对城市边界层结构影响的数值模拟研究. 地球物理学报，**50**(1)：74-82

蒋维楣，陈燕. 2007. 人为热对城市边界层结构影响研究. 大气科学，**31**(1)：37-47

李晓莉，何金海，毕宝贵，等. 2003. MM5 模式中城市冠层参数化方案的设计及其数值试验. 气象学报，**61**(5)：526-539

苗世光，蒋维楣，王晓云，等. 2002. 城市小区气象与污染扩散数值模式建立的研究. 环境科学学报，**22**(4)：478-483

佟华，桑建国. 2002. 北京海淀地区大气边界层的数值模拟研究. 应用气象学报，**13**(特刊)：51-60

徐大海，朱蓉. 2000. 大气平流扩散的箱格预报模型与污染潜势指数预报. 应用气象学报，**11**(1)：1-12

徐敏,蒋维楣,季崇萍,等. 2002. 北京地区气象环境数值模拟试验. 应用气象学报,**13**(特刊):61-68

许建明,徐祥德,刘煜,等. 2005. CMAQ-MOS 区域空气质量统计修正模型预报途径研究. 中国科学(D 辑),**35**(增刊 Ⅰ):131-144

杨玉华,徐祥德,等. 2003. 北京城市边界层热岛的日变化周期模拟. 应用气象学报,**14**(1):61-68

张美根,韩志伟. 2003. TRACE-P 期间硫酸盐、硝酸盐和铵盐气溶胶的预报研究. 高原气象,**22**(1):1-6

周荣卫,蒋维楣,何晓凤. 2008. 城市冠层结构热力效应对城市热岛形成及强度影响的模拟研究. 地球物理学报,**51**(3):715-726

Arnfield A J. 2003. Two decades of urban climate research: A review of turbulence, exchanges of energy and water, and the urban heat island. *International Journal of Climatology* **23**:1-26

Brown M J, Müller C, Wang G, *et al*. 2001. Meteorological simulations of boundary-layer structure during the 1996 Paso del Norte Ozone Study. *Sci. Total Environ*, **276**:111-133

Ehrhard J, Khatib I A, Winkler C, *et al*. 2000. The microscale model MIMO: Development and assessment. *Journal of Wind Engineering and Industrial Aerodynamics*, **85**:163-176

Johnson G T, Steyn D G, Watson I D. 1991. Simulation of surface urban heat islands under 'ideal' conditions at night. Part 2: Diagnosis and causation. *Bound. -Layer Meteor.*, **56**:339-358

Liu Yu, Li Weiliang, Zhou Xiuji. 2003. Mechanism of formation of ozone valley over Tibetan Plateau in summer transport and chemical process of ozone. *Advances in Atmospheric Sciences*, **20**:103-109

Oke T R. 1976. The distinction between canopy and boundary layer heat islands. *Atmosphere*, **14**:268-277

Oke T R. 1987. Boundary Layer Climates(2nd ed.). Cambridge: the University Press

Sundborg A. 1950. Local climatological studies of the temperature conditions in an urban area. *Tellus*, **2**:222-232

Trukenmüller A, Grawe D, Schlünzen K H. 2004. A model system for the assessment of ambient air quality conforming to EC directives. *Meteorol. Zeitschrift*, **13**(5):387-394

第19章 健康气象

人类健康与社会制度、自然环境、生活居住条件等诸因素有关，但环境条件中的天气、气候及居住小气候对人体健康的影响是不能忽视的。大气温度、大气压、空气湿度、风向风速、太阳辐射等气象环境的变化对人体的影响是通过皮肤、呼吸系统、感觉系统等来实现的。气象环境的突变，会直接或间接地影响人类生活和人体健康，与人类的健康息息相关。这就是健康气象要研究的内容。

19.1 健康气象的内涵和方法

19.1.1 健康气象的内涵

健康气象学就是研究大气环境变化对人体影响规律的一门边缘学科，介于气象学与医学之间，也可以说是生物气象学的一个分支。健康气象学的基础知识非常广泛，涉及气象学、气候学、生物学、流行病学、人类学等。

早期的健康气象学附属于生物学，主要从两方面进行研究，一方面从天气角度出发，用现代统计方法探究天气、气候和疾病的关系；另一方面在人工气候室进行了大量生理常数研究，观察不同气象要素对人体产生的影响。国际上自1957年在维也纳召开了第一届生物气象研讨会后，该学科取得了长足的进展，主要有：生物气候学、生物气象学的实验与研究方法；人对热的适应及气候医疗；高山生物气候学、高山气候对人体的影响、热带生物气候学、皮肤和血管及心脏对热的反应、世界疾病的流行分布与生物气候分类的关系、人类生物气候区划及医疗气象预报；生活与健康气象学的近代进展及将来的研究方向；生物节奏和周期分析方法；大气环境对人体的影响，包括空气负离子、大气电磁场对人类的生物效应；特殊气象条件的防护、气象条件对生殖的影响、人类对气象应激反应耐受的种族差异、老年人对气象的应激反应、环境舒适度的改善对工作能力的影响、城市天气气候和大气污染对人类行为的影响、重力场及地球外电磁和微粒辐射对人类生物效应的影响、自然及人工负离子的生物作用、热浪与死亡及发病的关系、生活与健康气象学的系统分析、天气气候与人体健康及药物反应的关系、干热环境对人体的影响、未来气候变迁对人体的影响；离子及带电粒子的生物效应；城市生物气象学；医疗气象预报进展及其业务开展形式等。

19.1.1.1 气象与生理

研究气象对人体的影响，关键是研究气象要素引起的人体的生理变化。目前研究的方法有两种，一是直接对人体的影响，另一种是用动物进行实验研究。随着科学的发展、实验方法的进步，在研究中也采用了一些新的手段，着重研究了气象要素对人的内分泌、血液理化状态、大脑皮层活动、心血管、电解质平衡、生殖及肝、脾、胰脏生理功能的影响，还研究了气象要素与免疫学的关系、老年人对气象条件的适应等。

19.1.1.2 *气象与疾病*

近年来气象病的研究较多集中于哮喘、感冒、冠心病、关节炎、传染病、眼病、高山病、牙病、糖尿病、胃溃疡、老年病等，初步建立了医疗气象预报方法。

1995年，"国际环境与生物气象学术讨论会"首次在我国北京召开，会议的主要议题有：21世纪生物气象学；生物多样性与气候；沙漠化与生物气象学；紫外辐射和臭氧的生物学影响；大气电参数与生物圈；城市气象学；天气与健康；气候、发病率与死亡率；气候、人类适应性；气候与微生物等。表明生物气象学正日益与社会经济发展接轨。人类正面临着全球性环境、资源与人口三大危机，温室效应和全球气候变化的研究蓬勃发展，诸多生物气象学问题的研究迫在眉睫，特别是人类的环境适应性问题日益受到重视，导致生物气象学研究在国民经济建设和人类生存中受到格外关注，成为研究人类与生物如何适应全球气候变化及对策的专门学科。

国内健康气象学的研究起步较晚。北京、上海、天津、重庆、河北、辽宁先后开展了人体舒适度、紫外线强度、花粉浓度预报；北京、上海、天津、武汉等城市开展了哮喘、感冒、支气管炎、心肌梗死、中暑等病症的医疗气象预报，但与国际水平还有一定的差距，需要全国气象部门通力合作，加大研究力度，尽快缩短与国际水平的差距。另外，由于健康气象学与流行病学、环境卫生学密切相关，介于气象学与医学之间，因此要尽快建立和完善与卫生部门的合作机制，通力合作，共同促进健康气象预报的发展。

19.1.2 健康气象方法

分析研究气象环境与人体健康的关系，是健康气象研究的主要内容，是各种气象指数预报研究的基础和依据。

19.1.2.1 *生物医学实验方法*

通过动物或人体在不同模拟气象环境下生理指标的变化，研究气压、气温、湿度等气象因子对健康人体和疾病患者的影响。

19.1.2.2 *临床观察和分析方法*

通过观察患者临床症状、体征、检验指标等随天气的变化过程，分析天气的影响。

19.1.2.3 *统计分析方法*

与其他方法相比，统计分析方法是较为简单、实用和经济的方法，也是目前最广泛应用的方法。尤其是对于一些天气影响较为复杂、机理尚不十分明确的疾病或与人类健康相关的环境因素，统计分析结果能带给我们一些有益的启示。

统计分析方法包括调查统计、相关和回归分析、方差分析、聚类分析、判别分析、气象倾向估价等多种方法。相关分析方法是一种经常使用的而且有效的方法，因为受气象环境影响的疾病，其发病率与天气系统、气象要素之间存在相关性。但由于发病率与气象因子之间关系极为复杂，而且在多数情况下，气象因子并不是致病的最主要因素，因此在使用该方法时，相关因子和相关时段的选择十分重要。

19.2 医疗气象预报

医疗气象预报，是根据天气、气候或气象因子与人体某些疾病的关系，运用医疗气象的研究方法和天气预报的手段，预报未来特定的气象条件对此类疾病发生、加重或缓和可能产生的影响。由于各地的气候条件及人的适应性等因素的影响，引发各种疾病的气象条件会有很大的变化。

医疗气象预报的任务有三方面：

(1)研究天气、气候对正常健康人体生理过程的影响机理。

(2)研究制作短期、中期及长期医疗气象预报方法，提高预报准确率。

(3)研究不同季节、不同区域气象要素与疾病的关系,包括直接关系和间接关系。

医疗气象预报流程由三部分组成,首先分析常规天气图及数值预报产品,制作出天气过程和相应的气象要素预报;然后再对应预报出的气象要素,依据人体生理机制,预报出可能发生的疾病倾向;最后通过电视等媒体对社会发布。

在这个过程中,最关键的问题有两个:第一个是天气过程和气象要素的预报准确性,直接影响医疗气象预报的准确性;第二个是建立正确的气象要素与可能发生疾病的因果关系。

建立医疗气象预报,仅根据个人的经验体会或前人根据现象而总结的看法是不行的,必须长期积累气象和医学资料,通过科学的统计分析,才能建立真正的因果关系,才能作出比较正确的预报结果,运用历史的气象和医学数据,采用高斯积分概率法、时间 N 测验法等方法,建立各类疾病的气象指标判据条件。但是这里应该说明,天气对人体的影响,对适应者和不适应者引起的反应差异很大,因此医疗气象预报并非是绝对准确,它仅仅是对未来天气可能影响人体的健康的评价。

医疗气象预报,从时间尺度上划分,可分为短期、中期和长期预报。短期预报可以逐日发布,中期预报每周发布一次,目前已具备逐日滚动发布中期预报的能力,主要是制作疾病可能发生的过程;长期预报每月发布一次,主要预报未来气象条件可能引发传染病的估价,为防止流行及早采取措施。

19.2.1 呼吸道疾病预报

在冬、春季节一般流行的呼吸道疾病主要有两类:一类是由病毒引起的疾病,主要有传染性非典型性肺炎、流行性感冒、百日咳、麻疹、水痘、风疹等;另一类是由细菌引起的疾病,主要有流行性脑脊髓膜炎等。

冬、春季节由于节令变化,北方早晚温差大、天气干燥,人们往往户外活动减少,停留于室内环境的机会增多。由于人体免疫力及呼吸系统抵抗力在冬、春季节相对较低,如人们平时不根据气温变化及时增减衣物,室内空气飞沫中飘荡的各种致病菌极易侵害人体,是造成呼吸道疾病于冬、春季节高发的主要因素,假日、旅游、探亲、访友又增加了人群聚集机会,给疾病的广泛传播创造了适宜的条件。

19.2.1.1 *感冒的发病预报*

感冒,通常又叫上呼吸道感染,是由多种不同病毒或细菌引起的,是人们一年四季最常见的疾病,其中以冬、春季发生较多。成人的感冒主要由鼻腔病毒引起,而儿童则主要由副流感和呼吸道融合病毒引起,这些病毒通过含有病毒的飞沫或被污染的用具进行传播。感冒发生的病理机理,医学界已有不少研究。而天气气候条件变化诱发感冒的机理及其预报工作,德国、美国等已有较多的研究成果,在我国,一些地区也开始了研究,例如通过对成都地区一年中感冒的每日发病比率,即

$$\text{某天的发病比率}=\frac{\text{该天感冒的人数}}{\text{全年内感冒的人数}} \tag{19.1}$$

与气温、气压差、降水量、风速、气温日较差、相对湿度等气象条件的相关分析,得出了感冒的发病比率与气温相关较好,并且用费舍尔判别法分别建立了每月感冒发病趋势的判别方程,如一月份的判别方程为:

$$y=-0.067x_1-0.003x_2-0.035x_3-0.035x_4 \tag{19.2}$$

式中 x_1 为前一天日平均风速(m/s),x_2 为前一天日平均气压的 24 小时变压(hPa),x_3 为前一天日平均相对湿度(%),x_4 为前一天日平均气温的 24 小时变温(℃),判别临界值 $y_0=-0.367$。当将前一天各气象因子代入式中,计算出 $y>-0.367$ 时,则第二天感冒的发病比率大于该月的平均发病比率,即发病呈上升趋势;反之呈下降趋势。

在进行感冒发病趋势预报的同时,还进行感冒发病比率的预报,预报方程为:

$$P=0.637+0.220x_5 \tag{19.3}$$

$$P=0.643+0.087x_6 \tag{19.4}$$

式中 P 为感冒发病比率,x_5 为前一天 14 时的 24 小时变温,x_6 为前一天 20 时的 24 小时变温。其预报准确率分别为 81%和 76%。

19.2.1.2　气管炎的发病预报

天津市气象局和天津医学院用判别法作了天津地区气管炎发病的医疗气象预报。由于每年 8 月至翌年 1 月为发病高峰期，2—7 月为发病的低值期，所以分别建立了它们的判别函数。

8 月至翌年 1 月的判别函数为：

$$y=13.067x_1+0.285x_2-2.065x_3 \tag{19.5}$$

2—7 月的判别函数为：

$$y=0.97x_4+0.464x_5+0.03x_2 \tag{19.6}$$

式中 x_1 为上一候气压变化(hPa)，x_2 为上一候平均气温(℃)，x_3 为上一候总降水量(mm)，x_4 为上一候平均气压(hPa)，x_5 为上一候气温变化(℃)，判别临界值 $y_0=100$。当上一候各气象因子代入式中，计算出 $y>100$ 时，则下一候为气管炎发病的高峰；$y<100$ 时，则下一候为气管炎发病的低谷。

19.2.2　心脑血管疾病预报

天气气候的剧烈变化对常见的心脑血管疾病如高血压、中风、脑卒中、脑出血、冠心病、心肌梗死等的影响很大。例如，无论出血性中风还是缺血性中风的发病均存在明显的季节分布特征，高气压、低气压和低气温条件，尤其是这些因素的剧烈变化与中风发病季节性增高关系密切，说明中风发病的季节分布是气候因素的季节差异造成的。气候的剧烈波动，在中风发病的过程中可能是一个非常重要的触发因素。对南宁市脑卒中和高血压发病人数与气象要素关系的分析表明，气温、气压等气象要素与脑卒中发病有较密切关系，逐日发病人数与 14 时气压呈明显的正相关，与最低气温呈明显的负相关，气压上升、气温骤降的冷空气天气过程可导致脑卒中病人急剧增加；而高血压病与气温、气压等气象要素的急剧变化有显著关系，在春、秋季强冷空气来临之前后，即在气温、气压等气象要素变化幅度较大的时段里高血压病人发病率很高。气温骤降前病人血压控制达到目标血压而气温骤降后病人的收缩压和舒张压均显著上升。研究表明寒冷刺激能使未服药的高血压病人收缩压、舒张压和心率上升，且较非高血压者升高明显。急性心肌梗死(AMI)的发病也与气温、平均风速关系密切。气温骤降、风力过大易于引起急性心肌梗死的发生，研究认为这是由于寒冷和大风对人体的刺激，易于引起人体交感神经兴奋，导致血压升高、心率加快、体循环血管收缩、心肌耗氧量增加、血管收缩、心肌供血下降、心肌缺血，从而诱发心绞痛而致急性心肌梗死的发生。

谢静芳等(2004)搜集了长春市 219 例高血压、冠心病、脑卒中患者病例资料，对发病日与同期和前 9 日的气象要素(日平均气温、气压、相对湿度和日变温、变压)进行相关分析，分别建立了冠心病、脑卒中和高血压疾病指数的判别预报指标。

表 19.1 列出了几种心脑血管疾病的预报方法。由表 19.1 可见，20 世纪 80 年代只有中国气象科学研究院根据逐日天气形势图分成“激发型”或“缓和型”来判断次日是否出现心肌梗死高峰日，从而成为该领域开展医疗气象预报的首次尝试，尽管其预报内容属于定性预报范畴，但 90 年代以来，此类研究逐渐增多，预报内容从定性预报、等级预报进展到定量预报，预报时效从起初的 1～2 天延长到 1 个月至数月，预报准确率也稳步提高。值得一提的是，最近国家气候中心研制设计的脑卒中发病率预测模型，拟合值和实测值的重合率达 90%以上，一些峰值和谷值都能比较准确地反映出来(杨贤为等 2003)。北京地区对未来 1～12 个月脑卒中发病率预测的准确率达 90%左右，只要保持一定的稳定性，基本上可以在业务预报中试运行。

表 19.1　心脑血管疾病的医疗气象预报

制作时间	制作单位	预报内容	预报方法	预报时效	准确率
1985 年	中国气象科学研究院	是否心肌梗死发病高峰日(日发病人数/年平均日发病人数+1)	预报模式图	1 天	83%
1996 年	驻马店气象局	有无心肌梗塞发病	0,1 回归方程	1～2 天	80%

续表

制作时间	制作单位	预报内容	预报方法	预报时效	准确率
1998 年	国家气候中心	脑卒中发病率等级(5 级)和趋势(偏多或偏少)	多元回归	1～2 个月	等级(5 级)准确率 60%,趋势准确率 70%
2001 年	河北省气象科学研究所	冠心病发病	气象要素综合分析结合 T106 数值预报产品	1～5 天	不详
2001 年	湖北省气象科学研究所	脑梗死发病率等级(5 级)	逐步回归	1～3 天	回代检验准确率达60%～70%
2003 年	国家气候中心	京、沪两地脑卒中发病率	均生函数、最优子集回归	1～12 个月	拟合准确率 90%以上;预报准确率:北京为 90%,上海为 70%

19.2.3 传染病预报

天气气候变化、极端天气事件以及气象灾害等对呼吸道传染病、肠道传染病，以及各种自然疫源性疾病都有影响，同时气候和环境的变化还对某些新传染病的产生和某些传染病的消亡也具有影响(谈建国等 2005)。因而传染病与气象条件的关系研究很多，如：干旱地区气象因素对常见传染病疫情影响；北京地区主要传染病与气象条件的探讨；气象要素对肠道传染病的影响；气象因素变化与霍乱发病的相关性；臭氧层变化与流行性脑炎及鼠疫流行的关系；气候与环境因素对登革热流行的影响等等。至于一些新传染病的发生与气候的关系也有研究，如近年发生的埃博拉病毒病、疯牛病、O139 霍乱、O157 出血性大肠菌病、委内瑞拉脑炎、锥虫病以及裂谷热病等新传染病的发生与气候异常之间的关系研究等。流行病学家们也很关注气象灾害与人类健康之间的关系。气象灾害对人类健康造成最直接的危害是引起伤亡，间接危害是导致生态环境的改变，自然疫源地的迁徙、扩大，从而引起各种传染病的暴发流行。洪涝灾害时易发生的传染病主要有：消化道传染病(霍乱、甲肝、戊肝、痢疾、伤寒、感染性腹泻、肠炎等)，呼吸道传染病(流脑、麻疹、流感、感冒等)，自然疫源性疾病(鼠疫、血吸虫病、钩体病、出血热等)，虫媒传染病(乙脑、疟疾等)，皮肤病(湿疹、皮肤真菌感染等)，红眼病等。例如安徽省 1991 年发生了特大洪灾，灾后传染病监测资料表明：肠道传染病、呼吸道传染病、某些自然疫源性疾病和虫媒传染病均有不同程度的上升。1998 年，我国长江流域发生特大洪灾，湖北是受灾比较严重的省份之一，灾后的传染病监测资料表明：水灾地区传染病发病以肠道传染病为主，虫媒与自然疫源性疾病也有不同程度的上升。

天津市气象局与天津市疾病控制中心合作 1998 年对全市近 10 年肠道传染病发病情况进行分析，结果表明，肠道传染病全年都有发病，一般在夏、秋季多发，冬、春季低发，月发病情况随时间的分布形态规则、季节性明显。春季发病指数开始急速上升，盛夏达到最大值，秋季迅速下降，冬季维持在最低水平上。这种周而复始的季节性变化同气温等气象要素的变化趋势相近，与天气条件密切相关。

气温同肠道传染病发病有着明显的正相关，气温愈高，发病率愈高。其中月发病与最低温度的相关系数达到了 0.72 以上。每年春季天气系统开始活跃，气温逐步上升，当最低气温达到病菌繁殖所需的基本温度后，肠道传染病就开始急剧增加。同其他一些与气象条件有关的疾病不同，肠道传染病的发病主要是由于传染病菌所致。作为一种微生物，肠道病菌的繁殖需要一定的湿度条件作保障。相对湿度与肠道传染病发病也成正比，湿度很高的盛夏是肠道传染病的高发期，其月单相关系数达到了 0.66。这在其他病种的医疗气象分析研究中很少见到。

天津市气象局 1998 年开始建立肠道传染病发病预报系统，每年 5—11 月根据天气变化发布肠道传染病发病预报，将发病程度分为 5 个等级并给出预防提示，高发期通过各种媒体服务于社会，收到了很好的社会效益。

近几年天津市肠道传染病发病呈逐年增长趋势，增长的幅度比较大，天津市气象局与天津市疾病预防控制中心合作对逐日发病情况进行分析并更新预报系统，分析结果显示天气条件的变化仍然是引发肠道传染病发病的主要因素之一。

19.2.4　其他疾病预报

19.2.4.1　风湿性疾病

风湿性疾病是泛指影响骨、关节及其周围软组织的一种疼痛性疾病。其发病原因有感染性的（如国内新发现的 lyme 关节炎）、免疫性的（如类风湿关节炎）、代谢性的（如痛风）、内分泌性的（如肢端肥大症）、退化性的（如黏多糖病）等。风湿病发病以疼痛（关节、肌肉、软组织、神经等）为主要症状。

当天气变化（气象要素波动）时，会引起患者体温调节机制的紊乱而使血管扩张、收缩不充分，且时间延长、黏蛋白代谢和酶活动紊乱、关节温度下降而使病人关节疼痛加剧。

根据前人的研究得知，当日平均气温升高或降低 3 ℃以上，或逐日平均气压升高或降低 10 hPa 以上，或逐日相对湿度变化大于 10%，风湿病发病显著增加，冷锋、暖锋、静止锋都对其有影响，且发病往往在气象因子波动的前一天。如对成都 1996—1998 年逐日风湿发病数量的分析（胡毅等 2005）可以看出，风湿发生一年四季都有，但其高峰期出现在春末夏初、秋末冬初的 5，6，10，11 和 12 月。

对每月中大于当月平均发病数量的发病量及对应的各个气象因子的相关关系进行普查，选出相关关系较好的因子，得出相对四川盆地具有代表性的成都在 5—6 月风湿的发病数量与日照、相对湿度和最高温度相关关系较好，即当日照越少、温度越低、相对湿度越大时风湿的发病量越大；秋末冬初的 11 和 12 月风湿的发病数量与相对湿度、降水量以及变温的相关关系较好，即当相对湿度越大、变温越大时，风湿的发病量越大。根据风湿病发病量的临床资料和响应时间的气象要素资料，利用统计方法来预报风湿病的发病量，可作为预报的依据。

19.2.4.2　眼病

高原低气压对正常眼睛的生理反应有很大影响。人的视功能对低气压和缺氧非常敏感，向高攀登，人的色觉、中央视觉、周围视觉、暗适应及眼内压都有变化，视觉运动反应速度也会减慢，视野变狭窄。过热的天气和强烈的日照对视功能和眼内压也会产生不良的影响，光线过弱也会有不良影响。北方地区近视眼较南方多，主要与北方日照不足有关。长时期在野外工作，角膜被风沙刺伤，会产生特异性角膜变性。

某些眼病的发作与气象条件有对应关系。气象要素诱发眼病的根本原因还未彻底明了，但有些气象要素对眼病的影响还是可以解释的。比如在特别热的天气后突然转冷，血压和眼内压都会升高，易于诱发青光眼和出血。在锋面过境或暖气团进入后，因毛细血管扩张，有时可使白内障手术后发生小血栓的脱落。光感性眼病主要是眼睑、结膜、角膜对紫外线及红外线过敏，一般色素较多的人种不发生这类光感性眼病，而虹膜呈蓝色的人种最易过敏。光感性眼病一般发生在春天及秋天，这与全年各月份光谱组成不同而形成的季节性变化有关。

青光眼多发生在冬季最冷月份，当冷锋过境或冷气团进入后易于发作。夏季较少发作，但当夏季出现特殊的炎热天气时也可发生。视网膜剥离多发生在春、夏季节，冬季少发。白内障手术后前房出血，易发生在湿热天气气压下降时。

19.2.4.3　溃疡病

溃疡病发生的季节以秋冬季为多，特别好发于 12 月至翌年 2 月。天气对溃疡病的影响是多方面的：天气变化可以影响植物神经系统，从而对肠胃功能产生影响；天气变化使毛细管的抵抗力减退，膜的通透性增加，胃酸对胃黏膜的作用增强；天气变化还可通过垂体影响胰岛素的生成，胰岛素的增加可增高胃液的酸度。

紫外线照射可使人体产生组织胺，组织胺又能促使胃酸分泌，故紫外线对溃疡病人不利。如果植物神经功能不稳定，那么溃疡病人对紫外线的敏感度常比一般人大数倍。

19.2.4.4　精神疾病

精神疾病和心理疾患被医学专家称为 21 世纪的第二大疾病。世界卫生组织的资料表明：精神障碍在我国疾病总负担的排名居首位，超过了心脑血管、呼吸道系统及恶性肿瘤等疾患。如何使人们拥有一个健康的精神世界，已经成为全社会都需要支持和参与的大问题。

气象要素及其变化对精神疾病有一定的诱发作用，这一观点已得到国内外的广泛认可。许多精神疾病的发病率和复发率都与天气有关。据某些地区调查，春天精神类疾病的发病率和复发率比其他季节高出20%以上。人的精神面貌和心态每时每刻都受到天气状况的影响，在阴雨天气，人们往往会感到心情压抑、情绪低沉，注意力容易分散；在炎热的天气，人们的情绪容易烦躁、失控。

天津市气象局2002年开始与天津市安定医院合作，分析研究对天气变化比较敏感的精神分裂症和躁狂症的发病特点及其与气象要素的关系。结果表明，这两类病种发病周期性比较明显。每年2—3月发病人数开始增多，4—6月达到最高峰，其中全年最高值出现在5月份，9月份发病人数开始下降，11—12月发病人数最低。气温、相对湿度和降水量与发病率基本上呈正相关，与气压及其变化则是负相关。在气温偏高、气压偏低的时候精神类疾病发病比较多，这一结果同实际情况非常吻合。但是，发病的天气条件与呼吸道疾病、心血管疾病、脑血管疾病和循环系统疾病比较起来，差异很大。值得注意的是精神疾病与云量的关系比较好，单相关程度高于降水量和相对湿度，可以和温度和气压相提并论。这为阴雨天气发病率高、晴好天气发病率低提供了科学依据。

从气压、气温、湿度等气象要素中找出影响精神疾病发病的主要气象因子，通过逐步回归组建精神疾病发病趋势回归预报方程，结果通过了显著性水平 $\alpha=0.05$ 的相关性检验，表明精神疾病发病情况可以用气象要素的变化来预测。从2002年开始投入城市环境气象业务内容中，在每年春季高发期通过城市环境气象业务服务于社会并做出相应的健康提示，得到医学界和公众的欢迎。

19.2.4.5 高山病

高原地区的低气压，会引起人体的一系列的生理变化，如果在一定条件下人体不能适应时，便可发生适应不全。高山病的发生与海拔高度有关，因为气压高低决定于高原的高度。一般在3000 m以下，外来人员不会致病，但在3000 m以上可能出现症状。但是高山病的发生74.1%在冬季，说明寒冷是一个诱发因素，气候突变或大风雪也可诱发高山病。

气象条件能诱发的疾病还很多，例如痱子是夏天气温过高、出汗过多引起的汗腺炎症；冻疮则是在0 ℃左右的寒冷环境中，局部血液循环不好，发生组织的水肿淤血；两下肢直立性水肿一般多发生在气温在27 ℃以上时；天气变化还可以使牙痛加剧。

气象要素对疾病的影响是复杂的，因此有时会见到不同的研究得出的结论不一致。这是因为研究的方法不统一、选择的观察指标不统一、所在地区的气候或其他条件不一致造成的。此外，不同的人对同一天气条件反应也不一样，而同一人在不同时期对同一天气条件的反应也不一致，所以也可能出现不重复的现象。

19.3 舒适度、风寒、热浪等气象预报

19.3.1 舒适度气象预报

19.3.1.1 人体舒适度的定义

人是恒温动物，人体通过将吸收的营养转变为动能，并释放所生成的热量将体温保持在36.5 ℃左右。人体会根据环境气温的高低来适应与调节体温，使人体感到舒适。外界环境中的气温、气压、湿度、风等气象因子都会对人体产生一定的影响，其中最主要的是气温。在人体的热代谢和水盐代谢过程中，湿度、风和温度往往共同对人体产生影响，即湿度和风是通过影响人体的热散失速率来影响人体的舒适程度的。

人体舒适度是表示人体对气温、湿度、风等气象因子综合效应的一种反应指标，它表征人体在大气环境中的舒适程度。目前舒适度指标多以人体主观感觉结合环境气象因子，用经验公式计算的人体舒适指数、不舒适指数(温湿指数)、炎热指数等来表示。

19.3.1.2 气象要素与人体舒适度

人体舒适度是各种环境因素综合影响的结果。气象环境是影响人体舒适度的最主要因子。由于气象环境复杂多变，表现形式各异，其与舒适度的关系也具有复杂性和多样化特征。各种气象条件均可引起人体生理上相应的变化，并可能使人体在一定条件下产生舒适或不舒适的感觉。对人体舒适度影响较大的气象要素主要为气温、湿度和风。

(1)气温与舒适度

气温是影响人体舒适度最主要的气象要素之一。气温对人体舒适度的影响主要表现为人体对环境产生冷或热的感觉，即温度(冷热)舒适度。人体通过进食获得热能和体能，通过辐射、对流、传导、蒸发等方式与外界交换热量，保持体温恒定。当环境温度高于人体皮肤温度时，人体热量不易散失，因而使人有热的感觉，温度越高，热的感觉就越明显。当环境温度低于人体皮肤温度时，人体热量易于散失，因而会使人有冷的感觉，温度越低，冷的感觉就越明显。

(2)空气湿度与舒适度

空气湿度主要作用于人的皮肤和呼吸系统。湿度增大时，人体汗液蒸发较为困难，妨碍散热；湿度减小时，嘴唇和上呼吸道随之变得干燥，皮肤上还会形成硬皮层，阻碍蒸发。空气湿度对舒适度的影响与气温有很大关系。气温适宜时，人们对湿度的变化更容易适应，而极端温度和极端湿度条件下，往往加剧由于气温和湿度引起的不舒适感。当湿度很大时，人们对高温和低温环境的耐受能力或不适感觉明显下降；当湿度很小时，高温和低温都能加剧干燥的不适程度和影响。

(3)风与舒适度

风力对人体的热平衡有直接影响。流动的空气作用于人体皮肤，有利于人体与空气的热量交换，增加对流和汗液蒸发，因此热天时风能带给人舒适感；冷天则会加剧不舒适感，当风力很大时，可造成人体多方面的不适感觉。当气温在36 ℃以上时，人体皮肤温度通过风的影响而上升，汗液蒸发加强，水分大量丧失，体温调节发生障碍；当气温较低时，风使大气的热传导和对流加强，从而身体热量散失加快。

19.3.1.3 人体舒适度的预报方法

关于人体舒适度的研究，有两类方法：一类是根据感热温度理论，充分考虑人体产热、得热、失热之间的关系，建立温热条件下的人体热量平衡方程。由于模型考虑了影响人体温度感觉的因素，使其具有广泛的使用性。另一类是根据试验数据，考虑温度、湿度、风的共同影响，提出经验性的计算公式。目前，我国关于人体舒适度的计算和预报一般采用第二种方式。以下是一些省(区、市)气象局关于人体舒适度的预报方法：

(1)北京市舒适度预报

北京市气象局直接使用华氏温标表示的炎热指数作为人体舒适度指数，并据此建立了北京地区人体舒适度预报服务的指数范围和感觉程度。

炎热指数是由Tom提出，Bosen又作了发展，是热应力的舒适指标，也是温湿指数的一种表示方法，表示人体舒适度与温度、湿度的关系，用下式求得：

$$Et = T_d - 0.55(1 - RH)(T_d - 58) \tag{19.7}$$

式中 Et 为舒适度指数，T_d 为干球温度(°F)，RH 为相对湿度。其中 $T_d(°F) = T_d(℃) \times 9/5 + 32$。

表19.2是北京市人体舒适度指数范围与人体感觉程度的对应关系。

表19.2 北京人体舒适度指数范围及感觉程度

指数范围	感觉程度
50～54	绝大多数的人普遍会感觉好似进入深秋季节
54～57	大多数的人普遍会感觉好似进入深秋季节
57～60	少数的人会感觉好似进入深秋季节
60～63	绝大多数的人普遍会感觉到非常凉爽和舒适
63～65	50%以上的人会感觉到非常凉爽和舒适

续表

指数范围	感觉程度
65～68	绝大多数的人普遍会感觉到比较凉爽和舒适
68～70	大多数的人会感觉到比较凉爽和舒适
70～72	小部分人开始感觉有点儿热，但是完全可以接受
72～74	大部分人会感觉有点儿热，但是完全可以接受
74～76	几乎所有人都感觉有点儿热，但是完全可以接受
76～78	少数人开始感到天气有点儿偏热，有些不舒适
78	50%以上的人会感到天气偏热，有些不舒适
79	少数人开始感到天气有些闷热，很不舒适
80～83	大多数人都会感到天气闷热，很不舒适
83～85	绝大多数人都会感到天气闷热，很不舒适
85	少数人会开始感到天气很闷热，难以忍受
86	大多数人都会感觉到天气很闷热，难以忍受
87	绝大多数人都会感觉到天气很闷热，难以忍受
88	少部分人开始感到天气极其闷热，若不采取降温措施，实在无法忍受
89	大部分人都会感到天气极其闷热，若不采取降温措施，实在无法忍受
≥90	所有的人都会感到天气极其闷热，若不采取降温措施，实在无法忍受

(2)北方城市舒适度预报

谢静芳等(2004)指出，长春市人体舒适度预报以体感温度为主要影响因子，构造的舒适度指数预报函数为：

$$SSD=f(\text{体感温度,着装})$$

着装是一项影响显著、又十分复杂的因子。在北方地区，尤其是春、秋季节，着装厚度随着气温不同变化很大，其对舒适度产生的影响是不可忽视的。在长春市舒适度的预报中，采用了另外一种简化着装因子的方法。长春市春、秋季节气温变化幅度比较大，从2月下旬到5月底，日平均气温相差27 ℃左右，而日极端气温相差更大。在气温回升过程中，人们的着装厚度也在逐渐减小，人们感觉适宜时的环境温度和体感温度也相应升高。秋季降温时则相反。由此看来，人们在某一段时间内的平均着装厚度，与同期的平均气温相关。从另一方面来说，当体感温度接近平均气温时，冷热感觉适宜；当体感温度低于平均气温时，感觉冷，不舒适，需要增加着装厚度；当体感温度高于平均气温时则相反。于是，可以将上述公式简化为：

$$SSD=f(\text{体感温度}-\text{平均气温}) \tag{19.8}$$

式中 SSD 为舒适度指数，平均气温为旬平均气温，再根据各旬气温的变化幅度，确定相应的舒适度等级标准。

该方法原理非常简单，应用方便，即使在气温年较差很大的地方，也能适用于全年各个季节。经过三年多的使用，效果较好。

(3)南方城市舒适度预报

安徽省气象局利用温湿指数，略作变形，用露点温度代替湿球温度来制作江淮地区的人体舒适度预报，并在不同季节对预报结果采取了不同的调级处理。主要是考虑到春季当地人群御寒能力较强，向指数高端调一级；秋季当地人群御寒能力较弱，向指数低端调一级。经过70天代表性人群的人体舒适度调查，得到了温湿指数在江淮地区的舒适感觉判据。

温湿指数(有风与日晒时)的计算公式为：

$$THI=0.72(T_d+T_w)-7.2\sqrt{u}+0.03J+40.6 \tag{19.9}$$

式中 THI 为温湿指数，T_d 为干球温度(℃)，T_w 为湿球温度(℃)，J 为日辐射量(W/m²)，u 为风速(m/s)。

19.3.2 风寒气象预报

19.3.2.1 风寒指数的定义

人们在野外低温、强风、潮湿和衣着单薄的情况下，就会感到寒冷，但是当气温在冰点附近，如果衣着充分时，也不一定感到严寒。只有当气温低于 0 ℃，并有强风刮起时，人体的对流耗热量迅速增大，才会使寒冷感觉增强。

在北极或南极考察经常面临极端的寒冷威胁，"风寒"这个术语就是由 Siple 在南极探险研究中提出来的，用来描述风和低温共同影响下引起的不舒适感觉。风寒指数又称寒冷指数、风冷力指数，是指人类在有风条件下对温度的实际感受程度。像加拿大、美国这些经常经历严冬的国家，很久以来就在公众天气预报发布中考虑了风的风寒效应。

19.3.2.2　风寒指数预报方法

(1)Siple-Passel 风寒公式(Dixon 等 1987)

Siple-Passel 风寒公式是 1941 年在南极进行的试验中建立的，为

$$H=(12.12+11.6\sqrt{v}-1.16v)(33-t_a) \tag{19.10}$$

式中 H 为风寒指数，v 为风速(m/s)，t_a 为环境气温(℃)，33 为裸露的皮肤温度(℃)。该式仅适用于裸露的皮肤或人，最初应用于冻伤预报，后来就成了指导着装的指标，在美国、加拿大等国得到了广泛应用。

Siple-Passel 风寒公式得出的结果是风速和温度每种组合的热损耗率(W/m^2)，其大小与多数人的感觉对应关系如表 19.3 所示。

表 19.3　风寒指数及多数人的感受

风寒指数(W/m^2)	多数人的感觉
348—696	凉
697—929	很凉
930—1160	冷
1161—1390	很冷
1391—1625	极冷
>1625	裸露皮肤冻伤

(2)Steadman 风寒公式

1971 年 Steadman 在热量平衡概念的基础上，提出了着衣人的风寒指数公式：

$$I_t=16.29+0.22(37-T_a)+0.13(30-T_a)/R_a+0.5(30-T_a)/(0.5+R_a)+3.55(33-T_a)/(R_f+R_a) \tag{19.11}$$

上式是假定一个健康的成年人在室外以 3 英里/时的速度步行，其产生的热量抵消了身体的热量损耗以保持在不同的天气条件下的热量平衡。式中 I_t 为风寒指数，T_a 为环境气温(℃)，37 为人体内部温度(℃)，33 为衣着充分时的皮肤温度(℃)，30 为裸露皮肤的温度(℃)，R_f 为衣服阻力(m^2 · s · ℃/cal*)，R_a 为表面阻力(m^2 · s · ℃/cal)。

1984 年 Steadman 又对其进行了改进，扩展了气温(−40～50 ℃)和风速(～20 m/s)的应用范围，考虑了湿度影响及风寒和热应力两者的作用。

(3)风寒相当温度

风寒公式给出了人体热量损耗率的值，但是对于普通公众来说更直接的是风寒相当温度，它表示在有风条件下由于风的制冷作用使人感觉到的温度相当于无风时的温度值。风寒相当温度的表达式为：

$$T=33-[(12.12+11.6\sqrt{v}-1.16v)(33-T_a)]/27.81 \tag{19.12}$$

式中 T 为风寒相当温度，v 为风速，T_a 为气温。该式在低风速范围要比高风速范围更敏感。

在冬季天气酷寒的北美，定期地发布风寒相当温度预报，使人们对户外的感觉寒冷程度有一个适当的标准。

* 1 cal=4.18 J，下同。

19.3.3 热浪气象预报

19.3.3.1 热浪的定义

热浪(Heat Wave)是夏季对人体健康影响最直接的天气事件。热浪一般可以持续几天甚至几周,热浪可以使人体耐力超过限度导致死亡。世界气象组织(WMO)建议日最高气温高于 32 ℃持续 3 天以上的天气过程为热浪;荷兰皇家气象研究所认为热浪为一段最高气温高于 25 ℃持续 5 天以上(其间至少有 3 天高于 30 ℃)的天气过程;美国、加拿大、以色列等国家气象部门都综合考虑了温度和相对湿度影响的热指数(也称显温)发布高温警报:当白天热指数预计连续两天有 3 小时超过 40.5 ℃,或者预计热指数在任一时间超过 46.5 ℃,发布高温警报。我国对高温热浪的定义是持续一段时间(一般为 2 天以上)的因炎热使人体感觉极不舒适,通常情况下相对湿度又大的暑热天气过程。这种天气过程会对人体健康、干旱、能源消耗等涉及公众生活及工农业生产的多个方面带来一定的影响。

19.3.3.2 热浪对人体健康的影响

热浪直接威胁到人体健康,因而引起了各国政府和国际机构的高度重视,不仅受到社会公众的普遍关注,而且也成为科学家们研究的新课题。

热浪对人体健康最直接的影响是发病率和死亡率的升高。在美国、加拿大、新西兰、希腊等地的城市,热浪袭击时总死亡率呈上升趋势。这一现象在温带地区表现得尤为突出,例如 1995 年伦敦的热浪使总死亡率增加 15%,而上海 1998 年经历了近几十年来最严重的热浪,整个夏季出现了 4 波 3 天以上的热浪(7 月 8—20 日、8 月 1—3 日、8 月 7—17 日、8 月 21—23 日),热浪期间的总死亡人数可达非热浪期间的 2～3 倍,最高温度和热浪的持续时间是导致死亡人数增加的主要原因。

热浪期间,65 岁以上老年人死亡率增加更为明显。婴幼儿因热浪而引起的危险性同样很大,婴幼儿若患有某些疾病如腹泻、呼吸道感染和精神性缺陷等在热浪期间最易受高温危害。热浪除了直接导致中暑死亡外,也容易侵袭患有心血管疾病、呼吸系统疾病的病人,导致病情恶化而提前死亡。

热浪频发于每年夏季,但是热浪发生的区域、时间、频次和强度都是有变化的,这种变化在中纬度地区最大,使得中纬度地区的人群对热浪最敏感。热浪发生的季节早晚对健康的影响程度有差异,由于人的气候适应性,发生在夏季初的热浪影响要大于夏季末的热浪。

热浪对健康的影响城区比郊区和农村要大得多。由于城市“热岛效应”,城区温度不仅高且持续时间长。炎热强度及持续时间比瞬时最高温度对死亡率有更大影响。

热浪对人体健康的影响还与城市生活状况、社会经济因素和预防干预措施等有关。城市生活状况是一个重要的因子,住在顶楼、闹市区、没有空调环境的居民区具有较高的“与热有关”的发病率和死亡率。社会经济因素包括贫富差异、社交面以及受教育程度等也是影响因素,在高犯罪率地区定居、很少接触媒介(如电视、报纸)的人往往缺乏防御热浪危害的意识和降低危险的方法。

19.3.3.3 热浪的预报方法

美国国家天气局(NWS)提出了热指数(Heat Index,HI)概念,有时称为显温。热指数以温度表示,它能准确地反映出人在相对湿度与气温共同作用下的实际感受。热指数的计算公式为:

$$HI=-2.653+(0.994\times T_a)+(0.0153\times T_d^2) \tag{19.13}$$

式中 HI 为热指数,T_a 为环境气温,T_d 为干球温度。

根据热指数发布高温警报,当热浪可能会明显影响公众安全时,即

(1)连续 3 天的最大热指数为 38～41 ℃,且 3 天中至少有 2 天的太阳辐射时间超过 85%或最小热指数为 27 ℃以上;或连续 2 天的最大热指数为 41～43 ℃。

(2)任意 1 天的热指数超过 43 ℃。

当出现以上两种情况中的一种时,NWS 启动警报程序,并提供相应的建议或警告。

我国高温热浪的预报研究刚刚起步,由国家气象中心起草制定的国家标准《高温热浪等级》目前正处于标准审查阶段。该标准对高温热浪的判别指标定义如下:以综合表征炎热程度和过程累积效应的

热浪指数作为热浪的判别指标。热浪指数的计算公式如下：

$$HI = 1.2(TI - TI') + 0.35\sum_{i=1}^{N-1}\frac{1}{nd_i}(TI_i - TI') + 0.15\sum_{i=1}^{N-1}\frac{1}{nd_i} + 1 \tag{19.14}$$

式中 HI 为热浪指数，TI 为当日的炎热指数，TI' 为炎热临界值，TI_i 为当日之前第 i 日的炎热指数，nd_i 为当日之前第 i 日距当日的日期数，N 为炎热天气过程的持续时间。

在对热浪进行判别时，使用炎热指数作为评价气象环境对人体舒适感影响的综合气象指标。考虑到高温干热天气条件下，相同温度不同相对湿度的气象条件对人体产生的影响是基本等效的。因此，对传统的炎热指数计算公式进行了调整：当相对湿度小于等于 60%时，均以 60%作为相对湿度的常数项带入炎热指数计算公式。调整后的炎热指数计算公式如下：

$$\begin{cases} TI = 1.8T_{\max} - 0.55(1.8T_{\max} - 26)(1 - 0.6) + 32 & (RH \leqslant 60\%) \\ TI = 1.8T_{\max} - 0.55(1.8T_{\max} - 26)(1 - RH) + 32 & (RH > 60\%) \end{cases} \tag{19.15}$$

式中 TI 为炎热指数，$T_{\max}$ 为日极端最高气温(℃)，RH 为日平均相对湿度。

炎热临界值主要是作为判断是否为高温炎热天气的指标。当炎热指数大于该临界值时，表示当日已达到高温炎热级别。采用分位数的方法来计算各地炎热临界值。利用当地 1996—2005 年 5—9 月逐日地面观测气象资料，计算其中日最高气温大于 33 ℃样本的炎热指数，并将该炎热指数序列按升序排列，选取第 50 分位数作为当地的炎热临界值。

上海市气象局引入美国特拉华大学的 SSC 天气分类方法，通过研究不同天气分型所对应的死亡人数，确定了热带高湿(MT＋)气团类型会造成上海高死亡人数，将其定义为上海地区引发热浪的“侵入型”气团。通过对该气团是否出现及出现后上海超额死亡人数的预报，确定上海高温热浪是否出现及热浪等级(表 19.4)。根据 1999 年的实测气象资料和相应时段的死亡人数资料，对上海热浪与健康监测预警系统进行检验，结果表明该系统对热浪具有较好的监测和预警效果(谈建国，2002)。

表 19.4　上海市气象局高温热浪预警等级划分标准

级别	描述	分级标准
0	无热浪	非高热带湿天气型或超额死亡人数≤1.0σ(39 人)
1	轻度热浪	高热带湿天气型且超额死亡人数＞1.0σ(39 人)
2	中度热浪	高热带湿天气型且超额死亡人数＞1.5σ(59 人)
3	严重热浪	高热带湿天气型且超额死亡人数＞2.0σ(78 人)

19.4　臭氧、紫外线、花粉监测预报

19.4.1　臭氧监测预报

19.4.1.1 臭氧预报的必要性

近年来，人们在关注平流层臭氧的同时，也越来越认识到对流层臭氧的重要性(朱蓉等 2005)。其一，对流层臭氧成为一种非常重要的温室气体，对流层臭氧增加将使地表增温；其二，臭氧极具活力，在许多对流层大气化学过程中起重要作用，如它与 SO_2 的均相、液相氧化能促成酸雨的形成，还是光化学烟雾的成因之一和重要指标；其三，地表附近的臭氧是一种重要的污染大气成分，其浓度的增加将直接危害人类健康、城市建设以及地表生态系统。最近的研究表明，地表附近臭氧浓度已呈全球尺度的逐年增加趋势，这与人类消耗能源结构的转变、城市规模的不断扩大及汽车持有量的迅猛增加有很大关系。世界上已有很多国家尤其是欧美等工业国，近地面臭氧污染已成为严重的空气质量问题。

在我国虽然目前近地面臭氧并不常成为各个城市的首要污染物，但国家环境保护部空气污染日报显示，臭氧体积分数超标率也在逐年上升。为了提高对臭氧浓度的监控能力及公众的预警防范能力，保护公民的身体健康，开展大气臭氧浓度的预报工作是很有必要的。

19.4.1.2　臭氧监测

我国大气臭氧研究始于20世纪40年代，50年代以后逐步开始了臭氧总量观测以及观测资料分析研究。从1979年开始，我国正式加入了世界气象组织大气臭氧监测网，而近地面大气臭氧的观测与研究工作从20世纪80年代才起步。

对臭氧垂直分布的探测主要包括被动的遥测（如利用臭氧层的Umkehr效应）和主动的观测臭氧探空。臭氧探空观测主要是在高空低压、低温环境下进行。目前我国许多城市已开始对臭氧进行监测。

19.4.1.3　臭氧浓度预报

臭氧是一种二次污染物，它并不是从污染源直接排出的，而是大气中的污染物在太阳光的作用下通过化学反应形成的，并且它的生成量及形成速度与氮氧化物、碳氢化合物初始浓度及光强等多种因素有关。因此，对于地面臭氧浓度的预报方法不能类同于SO_2和CO等其他活性较弱的污染气体的预报方法。

目前，国内外臭氧浓度预报采用的方法主要有潜势预报、统计预报和数值预报。其中应用较多的统计模式方法主要有回归模式、分类模式、集合分析以及比较新的人工神经网络技术等。一个完整的臭氧浓度数值预报模式需由大气扩散模式及光化学模式两部分组成。用于臭氧研究的大气扩散模式通常分为两类：欧拉型模式和拉格朗日轨迹模式，也有二者混合的模式。化学模式则复杂得多，目前应用比较广泛且可作臭氧浓度预报的化学模式有三维欧拉模式、混合单质点拉格朗日积分轨迹模式、碳键Ⅳ模式、通用反应集模式、积分经验比率模式。就模式的预报效果来说，依然是统计回归模式为最好，预报准确率一般可达约70%，而更复杂的三维传输扩散模式如三维欧拉模式和混合单质点拉格朗日积分轨迹模式一般预报准确率约为50%。

目前，我国最常用于臭氧浓度预报的统计方法是多元线性回归。部分学者对区域尺度的大气污染开展了一系列研究，建立了可供预报试验的我国区域大气污染预报模式系统，利用该系统对东亚黄沙的长距离输送、台湾北部地区臭氧等污染物的分布和演变进行了模拟和研究，并利用该区域模式成功地进行了多次东亚区域污染预报试验，预报时效为1小时，输出小时一次的臭氧、二氧化硫和氮的氧化物浓度等，得到了与实测资料比较好的一致性。中国科学院大气物理研究所建立了我国第一个城市空气污染预报模式系统。中国气象科学研究院发展的采用城市光化学模式（IER）与城市空气污染数值预报系统（CAPPS）相结合，进行臭氧浓度的预报。张建磊（2007）利用上海3个测站的小时臭氧浓度时间系列为研究对象，对各站臭氧浓度变化的混沌特性加以分析，在此基础上对臭氧浓度时间序列的混沌预报方法进行研究，建立了臭氧浓度时间序列混沌预报模式，取得了较好的预报效果。

在臭氧的监测和预报日趋完善的基础上，上海市气象局率先于2007年12月17日开展了臭氧浓度预报。以后，臭氧浓度的预报将逐渐在我国其他城市展开。

19.4.2　紫外线监测预报

太阳光线中含有紫外线。过去很长时间以来，人们只知道紫外线对人体是有益的。但是，现代科学研究表明，紫外线对人体的有害影响要远大于它的有利作用。过多地遭受紫外线辐射是有害的，它主要影响眼睛和皮肤，引起急性角膜炎和结膜炎，慢性白内障等眼疾，诱发皮肤癌。因此，人们应该十分注意紫外线辐射对人体的危害并采取必要的预报措施。

19.4.2.1　紫外线指数的含义

紫外线指数是衡量某地正午前后到达地面的太阳紫外辐射对人体皮肤（或眼睛）可能损害的程度指标，它主要依赖于纬度、季节、平流层臭氧、云况、海拔高度、地面反射率和大气污染状态等条件。国际惯例，紫外线指数一般用0～15的数字来表示，通常规定，夜间的紫外线指数为0，在热带高原地区，晴天无云时的紫外线指数为15。紫外线指数值越大，表示紫外线辐射对人体皮肤的红斑损伤程度愈加剧，也表示在愈短的时间里对皮肤的伤害程度愈强。世界气象组织规定了单位紫外线指数相当于25 mW/m^2。

根据中国气象局《紫外线指数预报业务服务暂行规定》(中气发〔2000〕8 号),目前我国的紫外线指数预报一般分为 5 级,其分级标准见表 19.5。

表 19.5 中国气象局统一规定的紫外线分级标准

级别	紫外线辐射强度	紫外线(UV)辐射量(W/m^2)	紫外线指数(UVI)	防护措施
1 级	最弱	<5	0 1 2	不需要采取防护措施
2 级	弱	5~10	3 4	可以适当采取一些防护措施,如:涂擦防护霜等
3 级	中等	10~15	5 6	外出时戴好遮阳帽、太阳镜,带上太阳伞等,涂擦 SPF 指数大于 15 的防晒霜
4 级	强	15~30	7 8 9	除上述防护措施外,上午 10 时至下午 4 时避免外出,或尽可能在遮阴处
5 级	很强	≥30	≥10	尽可能不在室外活动,必须外出时,要采取各种有效的防护措施

19.4.2.2 影响紫外线辐射的因素

影响到达地面紫外线辐射的因素比较多,其中较重要的有:臭氧总量、臭氧垂直分布、二氧化硫、气溶胶(平均状况)、火山气溶胶(爆发性)、地表反照率和云。这些因素将直接影响紫外线指数预报的准确性。

臭氧总量是影响到达地面的紫外辐射的最重要因子,数值试验的结果表明,臭氧总量的减少会导致地面紫外辐射的大量增加。目前,美国国家天气局用以确定地面紫外辐射的臭氧资料,来自 NOAA 卫星上搭载的太阳后向散射紫外线臭氧传感器和 TIROS 业务垂直探测器。为预报明天的紫外线辐射量,必须制作明天的臭氧场预报。研究发现,臭氧总量场与 50 hPa 上的温度场为正相关,而与 100 和 500 hPa上的位势高度场有一定的负相关。依据前天至昨天的高度场、温度场变化与臭氧场变化之间的关系,可以推断出昨天至明天的臭氧场。然后运用辐射传输模式计算出每一个网格点 290~400 nm 间每一波长的光辐射量,进而得到晴空条件下海平面的红斑病辐射量(mW/m^2)。美国环保局根据晴空条件下瞬间海平面红斑病辐射量的大小来划分紫外线指数,并依据其大小将紫外线辐射强度划分成了 5 个级别。

19.4.2.3 紫外线的观测

由于人类活动的影响,平流层臭氧的损耗导致太阳到达地面的紫外线辐射增加,从而影响整个人类生存环境的变化。随着人们生活水平的提高和自我保护意识的增强,世界各国对紫外线辐射强度的观测和预报逐渐开展起来。新西兰、澳大利亚、美国、奥地利等国家开展较早,我国自 20 世纪 90 年代开展紫外线辐射的观测与研究,但观测站点较少,且观测时段较短。

国际上已经开展的紫外线辐射测量有两类:一类是采用滤光片式的紫外辐射表,即测量具有滤光片加权的紫外辐射某波段总辐射量;另一类是紫外光谱辐射测量,即利用具有绝对定标能力的光谱辐射计进行测量,获得光谱辐射绝对值。我国近几年在一些大城市开展的紫外线辐射观测,都是采用滤光片式的紫外辐射表观测的。由于我国各地紫外线监测仪器不尽相同,没有统一标准,因此,建立全国统一的紫外线观测业务规范是十分必要的。

19.4.2.4 紫外线指数预报方法

确定地面上的紫外线辐射量,可用地面仪器测定,也可用总臭氧量由辐射传输模式推断出。美国国家天气局采用了后一种方法。首先用数值预报模式作出臭氧场预报,再运用辐射传输模式计算出每一个网格点 290～400 nm 间每一波长的光辐射量，进而得到晴空条件下海平面的红斑病辐射量，这是瞬间的预报值，红斑病一般需要经过一段时间的辐射量累积才能发生，在夏季(5—8 月)，中午 11:30—12:30 之间 1 小时辐射量积分所得到的累积值，仅比红斑病的致病辐射量少 2%。最后根据晴空条件下瞬间海平面红斑病辐射量的大小来划分紫外线指数。

我国紫外线预报大致可分为统计预报方法和模式预报方法(邓英姿等 2000)。前者应用观测资料和数值预报产品，寻找与紫外线强度的统计关系，而模式预报方法主要依赖于臭氧等资料的观测、预报和大气辐射传输模式的应用。

孙明华等(2002)在作全国大范围紫外线预报时采用了模式预报方法。引进 Chou M D 的 NASA 大气辐射传输模式，该模式计算由于水汽、臭氧、二氧化碳、氧气、云和气溶胶的吸收，以及由于云、气溶胶和各种气体的散射产生的太阳辐射通量。利用辐射传输模式需输入的参数有：模式层的气压(hPa)、温度(K)、比湿(g/g)、臭氧浓度(g/g)、二氧化碳混合比(10^{-6})、云水的混合比(g/g)、云的光学厚度、云滴的有效半径(μm)、云量、气溶胶的光学厚度和太阳天顶角的余弦等。

北京市气象局用两年晴空日期的地面紫外线辐射实际观测资料，与国家气象中心 T106 全球数值预报模式的产品建立了紫外线强度预报方程，用来预报紫外线强度。他们将紫外线辐射强度分成 5 个等级作为预报变量，把 T106 模式提供的 850，700，500，400，300 和 200 hPa 各层的高度、温度、露点温度预报场作为预报因子，通过逐步回归等方法，筛选因子，并建立多元线性 MOS 方程。

孙凤华(2004)结合沈阳地区特点，在现有的数值预报基础上，设计了一个到达地面紫外线辐射强度预报模式。该模式充分考虑了平流层中的臭氧量、城市中的气溶胶和二氧化硫的变化，再根据预报城市的地理纬度、海平面高度及预报时间的太阳高度角等预报出了辽宁省 14 个城市晴天的到达地面的紫外线辐射强度，然后通过数值天气预报得出各城市云量，计算出有云天气的紫外线辐射强度。

吴兑等(2007)依据到达地面的紫外辐射强度观测值的气候分布，得到华南地区晴天到达地面紫外线辐射强度，然后通过热带有限区域数值天气预报模式得出各地云量，计算出有云天气的紫外线辐射强度，最后根据美国 Eppley 紫外线辐射仪观测值，对紫外线辐射强度预报进行订正后，发布华南地区各大城市和主要旅游区的紫外线指数预报。

19.4.3 花粉监测预报

19.4.3.1 花粉预报的必要性

花粉是植物的雄性生殖细胞，在风媒或虫媒的作用下，在空气中传播，有些人在呼吸过程中吸入花粉后，便会产生过敏反应，即花粉症(pollinosis)。花粉症是一种严重危害人体健康的常见病和多发病。花粉症的发生虽有地域性和季节性的特点，但气象条件也是影响花粉播散的重要因素。影响空气中花粉播散规律的气象要素主要有：气温、风速、降水量。开展气象条件与空气中的花粉浓度的关系，以及气象条件与花粉播散的关系的研究是十分必要的。开展花粉监测进而预报空气中的花粉浓度，便于花粉症患者了解不同地区、不同季节空气中的花粉浓度的实况，对诊断和预防花粉过敏症有重要作用。

19.4.3.2 花粉浓度监测

花粉在空气中的浓度和传播具有明显的地域性和季节性特点，同时对人体产生不良反应，即变态反应。在进行花粉浓度监测前应先建立本地的花粉图谱，按不同季节在野外采集不同植物的花粉样品，在显微镜下观察后制成图谱，以备监测时比对分类。

花粉浓度监测一般分为碰撞取样法和曝片法。碰撞取样法采集的花粉谱段较宽、较完整，能确切地得到花粉浓度；曝片法成本低，但采不到 10 μm 以下的粒子。

19.4.3.3 花粉浓度预报

北京市气象局在协和医院有关专家的指导下，从 1998 年 4 月 1 日起，在北京近郊区建立了 6 个花粉监测站，开展北京地区花粉浓度监测工作，计划逐步开展花粉预报服务，提供更好的特种预报产品。

李源等(2000)进行了变态反应性鼻炎与气象因素关系的研究，分析了变态反应性鼻炎发病与气温、气压、湿度、雨量及天气突变的关系。

利用所获得的气象信息及其气象要素预报，预测花粉浓度，将花粉浓度分为 4 个等级并给予预防提示。1 级：花粉浓度低，对花粉特别敏感的人，外出时要多加注意。2 级：花粉浓度偏高，有花粉过敏的人应尽量避免到花草树木多的公园、野外去，避免同过敏原接触。3 级：花粉浓度高，凡对花粉过敏的患者，应尽量减少外出，重症患者应避免外出，必须外出时，应采取积极有效的防护措施。4 级：花粉浓度极高，凡对花粉过敏的患者无论轻重，都应高度注意，重症患者避免外出，同时及时服用抗过敏的药物，外出必须采取积极有效的防护措施。

从同期气象条件来看，空气中的花粉量与风速和相对湿度相关最好，即风速越大，空气湿度越小，越有利于花粉的飘散，但不同季节的相关性不一样，因而对花粉含量的预报要分季节建立预报模式。在预报春季花粉含量时，风速、相对湿度、降水、气温都是很好的指示因子；而秋季预报花粉含量，只考虑影响花粉飘散的风速、相对湿度就可以。

参考文献

邓英姿，董蕙青，等. 2000. 紫外线指数及其预报技术介绍. 广西气象，**21**(3)：38-40
胡毅，李萍，等. 2005. 应用气象学(第二版). 北京：气象出版社
李源，袁业畅，等. 2000. 武汉市人体舒适度计算方法及其预报. 湖北气象，(1)：27-28
孙凤华. 2004. 沈阳地区气象条件对人体健康影响的研究及预报. 气象科学，**24**(3)：367-372
孙明华，徐大海，等. 2002. 城市空气臭氧污染业务预报方案研究. 气象，**28**(4)：3-8
谈建国，殷鹤宝，等. 2002. 上海热浪与健康监测预警系统. 应用气象学报，**13**(3)：356-363
谈建国，郑有飞. 2005. 近 10 年我国医疗气象学研究现状及其展望. 气象科技，**33**(6)：550-553
吴兑，邓雪娇. 2007. 环境气象学与特种气象预报. 北京：气象出版社
谢静芳，秦元明，等. 2004. 气象环境与舒适度及健康. 北京：气象出版社
杨贤为，叶殿秀. 2003. 我国心脑血管病的医学气象研究. 气象科技，**31**(6)：376-380
张建磊. 2007. 上海市近地层臭氧浓度时间序列混沌预报模式研究. 华东师范大学硕士学位论文
朱蓉，徐大海，等. 2005. 国产臭氧探空仪观测数据质量分析. 应用气象学报，**16**(5)：608-618
Dixon J C, Prior M J. 1987. Wind-Chill indices—A review. *Met. Mag.*, **116**：1-15

第20章 电力与能源气象

人类社会的发展历史，就是人类适应自然、利用自然并尝试改造自然的历史，人类从对自然界的敬畏，到主动利用气象条件进行经济和社会活动，在很大程度上表现了科技的进步和社会的发展。目前，气象的功能已经从简单的天气气候预报预测和防灾减灾发展到充分利用气象条件创造财富，即充分发掘气象的生产力功能，本章从能源（主要是电力）服务方面介绍气象的业务应用和一些最新进展。

20.1 电力与能源气象的内涵和方法

20.1.1 电力与能源气象的内涵

气象既是一种自然的生产力，又是一种自然的破坏力。气象的这一对矛盾是气象服务得以存在和发展的条件。气象服务工作与电力和能源事业的发展有着密切的联系，电力与能源生产、电网安全以及电力需求方面都或多或少地受到气象条件变化的影响。近年来，随着社会经济的发展，气象部门与电力能源部门的合作进一步展开，气象为电力与能源的服务已转变为富有行业特色的专业预报服务。就其内涵来说，电力与能源气象包括电力负荷气象预测、水力发电气象保障和评估、电力生产以及电网安全气象保障与评估、风能和太阳能等二次能源的实时预报以及核电站安全气象保障等等。

20.1.2 电力与能源气象方法

电力与能源气象方法主要分两类，一类是统计学方法，另一类是利用数值模式模拟和预报方法。

20.1.2.1 统计学方法

该方法是基于影响电力和能源生成以及安全的各种气象要素的相关关系分析，利用数理统计方法进行相关的研究。例如根据电力负荷变化与气象条件（气温、湿度、天空云量、雨量等）的相关关系分析，利用逐步回归方法建立电力负荷预测模型。

20.1.2.2 数值模式模拟和预报方法

该方法是利用各种数值模式向各个电力和能源部门提供各种有针对性的预报产品，保证其生产和安全顺利进行。例如电线覆冰的数值模拟，在温度、湿度、风、降水等气象要素预报的基础上，制作电线覆冰预报等。

20.2 电力负荷预测

20.2.1 预测方法

20.2.1.1 单耗法

单耗法是按照国家安排的产品产量、产值计划和用电单耗确定需电量，分产品单耗法和产值单耗法两种。采用单耗法预测电力负荷的关键是确定适当的产品单耗或产值单耗。从我国的实际情况来看，一般规律是产品单耗逐年上升，产值单耗逐年下降。单耗法的优点是：方法简单，对短期负荷预测效果较好；缺点是：需做大量细致的调研工作，比较笼统，很难反映现代经济、政治、气候等条件的影响。

20.2.1.2 趋势外推法

当电力负荷依时间变化呈现某种上升或下降的趋势，并且呈无明显的季节波动，又能找到一条合适的函数曲线反映这种变化趋势时，就可以用时间 t 为自变量，时序数值 y 为因变量，建立趋势模型 $y=f(t)$。当有理由相信这种趋势能够延伸到未来时，赋予变量 t 所需要的值，可以得到相应时刻的时间序列未来值。这就是趋势外推法。应用趋势外推法有两个假设条件：①假设负荷没有跳跃式变化；②假定负荷的发展因素也决定负荷未来的发展，其条件是不变或变化不大。选择合适的趋势模型是应用趋势外推法的重要环节，图形识别法和差分法是选择趋势模型的两种基本方法。外推法有线性趋势预测法、对数趋势预测法、二次曲线趋势预测法、指数曲线趋势预测法和生长曲线趋势预测法。趋势外推法的优点是：只需要历史数据，所需的数据量较少；缺点是：如果负荷出现变动，会引起较大的误差。

20.2.1.3 弹性系数法

弹性系数是电量平均增长率与国内生产总值之间的比值，根据国内生产总值的增长速度结合弹性系数得到规划期末的总用电量。弹性系数法是从宏观上确定电力发展同国民经济发展的相对速度，它是衡量国民经济发展和用电需求的重要参数。该方法的优点是：方法简单，易于计算；缺点是：需做大量细致的调研工作。

20.2.1.4 回归分析法

回归预测是根据负荷的历史资料，建立可以进行数学分析的数学模型，用数理统计中的回归分析方法对变量的观测数据统计分析，从而实现对未来的负荷进行预测，有一元线性回归、多元线性回归、非线性回归等回归预测模型。其中，线性回归用于中期负荷预测，优点是：预测精度较高，适于在中、短期预测中使用。缺点是：①规划水平年的工农业总产值很难详细统计；②用回归分析法只能测算出综合用电负荷的发展水平，无法测算出各供电区的负荷发展水平，也就无法进行具体的电网建设规划。

20.2.1.5 时间序列法

就是根据负荷的历史资料，设法建立一个数学模型，用这个数学模型一方面来描述电力负荷这个随机变量变化过程的统计规律性；另一方面在该数学模型的基础上再确立负荷预测的数学表达式，对未来的负荷进行预测。时间序列法主要有自回归AR(p)、滑动平均MA(q)和自回归与滑动平均ARMA(p，q)等。这些方法的优点是：所需历史数据少、工作量少；缺点是：没有考虑负荷变化的因素，只致力于数据的拟合，对规律性的处理不足，只适用于负荷变化比较均匀的短期预测的情况。

20.2.1.6 灰色模型法

灰色预测是一种对含有不确定因素的系统进行预测的方法。以灰色系统理论为基础的灰色预测技术，可在数据不多的情况下找出某个时期内起作用的规律，建立负荷预测的模型，分为普通灰色预测模型和最优化灰色模型两种。

普通灰色预测模型是一种指数增长模型，适合在电力负荷严格按指数规律持续增长时使用。此法有预测精度高、所需样本数据少、计算简便、可检验等优点；缺点是对于具有波动性变化的电力负荷，其预测误差较大，不符合实际需要。而最优化灰色模型可以把有起伏的原始数据序列变换成规律性较强的呈指数递增变化的序列，大大提高预测精度和灰色模型法的适用范围。最优化灰色模型的优点：要求负荷数据少、不考虑分布规律、不考虑变化趋势、运算方便、短期预测精度高、易于检验；缺点：一是数据离散程度越大，即数据灰度越大，预测精度越差；二是不太适合于电力系统的长期后推若干年的预测。灰色模型法适用于短期负荷预测。

20.2.1.7 德尔菲法

德尔菲法是根据有专门知识的人的直接经验，对研究的问题进行判断、预测的一种方法，也称专家调查法。德尔菲法具有反馈性、匿名性和统计性的特点。德尔菲法的优点是：①可以加快预测速度和节约预测费用；②可以获得各种不同但有价值的观点和意见；③适用于长期预测，在历史资料不足或不可预测因素较多时尤为适用。缺点是：①对于分地区的负荷预测则可能不可靠；②专家的意见有时可能不完整或不切实际。

20.2.1.8 专家系统预测法

专家系统预测法是对数据库里存放的过去几年甚至几十年的，每小时的负荷和天气数据进行分析，从而汇集有经验的负荷预测人员的知识，提取有关规则，按照一定的规则进行负荷预测。实践证明，精确的负荷预测不仅需要高新技术的支撑，同时也需要融合人类自身的经验和智慧。因此，就会需要专家系统这样的技术。专家系统法，是对人类的不可量化的经验进行转化的一种较好的方法。但专家系统分析本身就是一个耗时的过程，对某些复杂的因素（如天气因素），即使知道其对负荷的影响，但要准确定量地确定他们对负荷地区的影响也是很难的。专家系统预测法适用于中、长期负荷预测。此法的优点是：①能汇集多个专家的知识和经验，最大限度地利用专家的能力；②占有的资料、信息多，考虑的因素也比较全面，有利于得出较为正确的结论。缺点是：①不具有自学习能力，受数据库里存放的知识总量的限制；②对突发性事件和不断变化的条件适应性差。

20.2.1.9 神经网络法

神经网络（Artificial Neural Network，ANN）预测技术，可以模仿人脑做智能化处理，对大量非结构性、非确定性规律具有自适应功能。ANN 应用于短期负荷预测比应用于中长期负荷预测更为适宜。因为短期负荷变化可以认为是一个平稳随机过程，而长期负荷预测可能会因政治、经济等大的转折导致其模型的数学基础的破坏。神经网络法的优点是：①可以模仿人脑的智能化处理；②对大量非结构性、非精确性规律具有自适应功能；③具有信息记忆、自主学习、知识推理和优化计算的特点。缺点是：①初始值的确定无法利用已有的系统信息，易陷于局部极小的状态；②神经网络的学习过程通常较慢，对突发事件的适应性差。

20.2.1.10 优选组合预测法

优选组合有两层含义：一是从几种预测方法得到的结果中选取适当的权重加权平均；二是指在几种预测方法中进行比较，选择拟合度最佳或标准偏差最小的预测模型进行预测。对于组合预测方法也必需注意到，组合预测是在单个预测模型不能完全正确地描述预测量的变化规律时发挥作用。一个能够完全反映实际发展规律的模型进行预测完全可能比用组合预测方法预测效果好。该方法的优点是：优选组合了多种单一预测模型的信息，考虑的影响信息也比较全面，因而能够有效地改善预测效果。缺点是：①权重的确定比较困难；②不可能将所有在未来起作用的因素全包含在模型中，在一定程度上限制了预测精度的提高。

20.2.1.11 小波分析预测技术

小波分析是一种时域—频域分析法，它在时域和频域上同时具有良好的局部化性质，并且能根据信号频率高低自动调节采样的疏密，它容易捕捉和分析微弱信号以及信号、图像的任意细小部分。其优点是：能对不同的频率成分采用逐渐精细的采样步长，从而可以聚集到信号的任意细节，尤其是对奇异信号很敏感，能很好地处理微弱或突变的信号，其目标是将一个信号的信息转化成小波系数，从而能够方便地加以处理、储存、传递、分析或被用于重建原始信号。这些优点决定了小波分析可以有效地应用于负荷预测问题的研究。

20.2.2　气象要素对电力负荷的影响

近年来，越来越多的研究表明，气象因素对电力负荷的影响越来越大，特别是降温和取暖在总用电负荷中所占比例日益显著，构成用电的峰荷。例如，英国在 20 世纪 70 年代就发现，冬季每当降温 1 ℃，电力负荷就增加 118%，温度预报误差如达 2 ℃，一个冬日全英国可造成供电误差达 100 多万千瓦以上。因此，研究这部分负荷对于负荷控制和管理及电力系统的安全经济运行非常重要。

气象对电力负荷的影响包括很多因素，比如最高、最低气温，降水，气压，湿度等。如果预测时将这些因素全部考虑，势必增加算法的复杂性，也会使计算量剧增。实际上，气象因素对于负荷的影响是不一样的，比如气温对负荷的影响最大，而气压的影响就较小。应该找出对负荷影响力大的若干因素，然后具体研究其对负荷的影响，或者利用这些因素的信息寻找类似的历史资料作为前面所提到的预测方法的输入资料，得到考虑了气象因素的预测结果。至于其他对负荷影响很小的气象因素，则可以作为订正因子。

20.2.2.1　降水对电力负荷量的影响

分析日降水量大于 10 mm 所对应的日用电量发现，降水对电力负荷的影响很直接很明显。春季大的降水过程不多，但是出现降水过程时对电力负荷供应量有明显的影响。统计分析发现，绝大多数的降水过程均使日用电量减少。6—8 月份是降水集中时段，各种灾害性天气频繁出现，降水强度明显增大，降水过程对电力负荷供应量的影响程度也逐步加强，降水过程当日电力负荷总量比降水前一日的电力负荷总量平均下降 8.7%。其中，83.3%的降水日电力负荷总量下降。进入秋季，降水过程逐渐减少，降水强度明显减弱，进入了干旱少雨阶段，抗旱保秋时节用电量明显增加。一旦出现降水天气过程，用电量将明显下降。整个秋季，降水当日用电量比前一日平均下降 3.7%，最大下降 22.1%，降水过程当日用电量明显下降占总降水次数的 90.9%。冬季，降水明显减少，由于降水过程较少，个例没有普遍性。大多数降水过程均使电力负荷供应量有明显下降，出现暴雨以上降水过程供应量下降最为明显。

20.2.2.2　温度对电力负荷量的影响

温度反映的是介质的冷暖程度。对电力负荷量来说，温度有着另外的意义，日常生活当中，温度越高，使用电器设备降温解暑的就越多，用电量就随之上升。

地温反映的是地面 0～20 cm 的土壤温度，与气温相比，地温的变化相对慢一些，有一定的滞后性，没有气温与周围环境的相关敏感性强。因此，地温的持续性变化对电力负荷量的影响较明显。通过对电力负荷总量与地面 10 cm 平均地温的逐日变化曲线分析发现，二者有很好的正相关关系。

降水、气温、地温对电力负荷的影响比较明显，特别是降水。每一种气象要素对电力负荷都有不同的敏感期，这其中尤其是前日地温与电力负荷有很好的相关性，这也给电力负荷预报提供了参考因素。

20.2.2.3　湿度及云对电力负荷的影响

为了研究湿度对电力负荷的影响，计算了电力负荷与气温、空气湿度之间的复相关系数，发现电力负荷与气温、空气湿度的复相关系数仍有着电力负荷与气温相关系数的变化规律，而且在 5,6,7,8 月的夏季三者的复相关系数还比同时间电力负荷与温度的相关系数要大一些，因此湿度也是预报电力负荷的一个重要因子。通过研究还发现，夏季白天云量与电力负荷没有明显的关系，冬季云量与电力负荷有一定的正相关，由于一年当中云量影响日照度的时间比较少，因此在制作预报时也可以用订正的方法。

20.2.2.4　气象要素影响的季节性变化

气象要素对电力负荷的影响随季节而变化。冬、夏两个季节用电量明显高于其他季节，这种年变化基本符合气候变化的规律。高温酷暑季节的电力负荷明显高于其他季节，冬季(主要是 12 月)、过渡季节(3 和 11 月)电力负荷与温度呈负相关，夏季电力负荷与温度呈正相关，春、秋季的 4 和 10 月相关不是很明显，因为这两个月气温适宜。处于隆冬季节和冬季，电力负荷与气温应该呈负相关，如果气温一直处于很低状态，它在这个低状态的变化不会引起加热的用电量的变化时，二者的相关自然就小了。例如：同样是 5 和 7 ℃，在两个温度下人们用电取暖的几率差不多，在这种情况下电力负荷与温度的相关系数很小；而在过渡季节气温变幅比较大，二者的相关性就比较容易体现出来。但如果二者在这两个月呈正相关，就不能用气象因素而只能用社会因素来解释。

根据气象条件对用电量进行预测，做到电量的合理调度，可以充分保证社会用电，还能提高用电效率，为电力系统制订规划和运行管理提供了重要依据，也对电力系统安全和经济运行起重要作用，具有很强的现实意义。

20.2.3 电力负荷气象预报

电力负荷是电力系统规划设计和运行管理的最重要指标之一，研究负荷的特征及其变化规律是达到电网安全、稳定、优质和经济运行的首要条件。近年来，随着经济的发展、人民生活水平的提高，冬季取暖和夏季制冷在生活中逐渐普及，而这二者的耗电量都相当大，我国一些省份的空调负荷已经占到电力总负荷的 30%以上。此外，雨量有时对电力公司的电力供应也有影响，如德国一家能源公司夏季为当地农民供电，用来抽水灌溉，在多雨的夏季，农民用电量明显减少，对该公司的电力销售产生很大影响。因此电力负荷的变化与气象条件的相关关系逐步密切，气象因子对电网负荷影响程度有提高的趋势。

研究气象条件变化和用电负荷变化的统计规律，探索气象要素时空分布异常变化对区域用电负荷的影响，重点研究高峰期用电负荷显著增长的气象要素分析，建立电力负荷专业气象预测系统，提供不同预报时效的用电负荷预测结果，为网间电力负荷调度提供科学依据，也为因此而引起的燃料供需变化提供科学依据。

电力系统是一个多因素影响的复杂系统，研究表明，至少有以下因素会对电力负荷产生影响：周内不同时间的影响；节假日的影响；大型用户生产安排调整的影响；天气因素（气温、湿度、天空云量）的影响；特殊时间因素的影响等。

气象部门根据气象条件与电力负荷变化的相关关系分析，近年来开展了利用数理统计方法进行电力负荷气象预测的技术研究。

国家气象中心利用北京、上海、福州三个城市 2001—2004 年 4 月的电力负荷和相应的气象资料，研究了不同气象要素对电力负荷的影响程度，重点分析了引起夏季高峰期电力负荷巨幅增长的气象要素特征，并利用逐步回归方法分别建立了三个城市 24 小时电力负荷预测模型。研究表明，综合类气象因子（如舒适度、炎热指数、温湿指数）、过程累积类气象因子（如持续温度、制冷度日指数）与电力负荷的相关性要好于单一的温度因子，利用这些因子并结合负荷实况订正因子建立的预报模型其预测值和实际观测值有很好的一致性。湖北气象局利用华中电网 1997—2000 年 5 月逐日的电力负荷资料，从中分离出随气象因子变化的气象负荷，分析了气象负荷和同期气象资料的相关关系，重点研究了气象负荷随气温变化的规律，研究表明华中电网日负荷与日平均温度的相关关系明显，在气温为 25～28 ℃时负荷对温度的变化最敏感。

国外气象服务公司针对电力负荷的服务已开展了很长时间。英国 9 个电网控制中心每 6 小时就可收到一份有关对电力需求有影响的气温、湿度、风、云量和光照强度的预报，还可接收 6～24 小时有关这些要素变化趋势的预报和 3～4 天的天气展望。美国许多气象公司如 SSI 公司在为 60 家电力和天然气公司提供天气要素预报产品和天气警报。目前国外气象部门为电力公司提供的服务产品一般分为两种：第一种是直接给用户提供常规和细化的天气预报产品，另外也提供与电力公司有关的极端天气开始和结束时间预报及路径预报；第二种是结合用户的特点，提供个性化的天气预报衍生产品，例如利用观测资料计算常规用电参数如取暖度日数 HDD、降温度日数 CDD 预报等。这种使用预报模式分析资料及导出的函数可以更好地表征用电量的变化并满足用户的需求，如采暖能源需求预报、制冷能源需求预报、电力负荷预报、天然气消耗量预报和能源价格预报等。

20.3 水力发电气象保障和评估

完善和改进水电生产气象服务系统。加强降水预报,准确预测流域来水情况,优化水库运行,不断提高水电生产气象保障业务服务能力。研究长、中、短期降水预报方法及不同时效降水预报的配套方法,在短期气候预测和中短期预报的基础上,发展水电生产专业气象业务模式:完善和改进水力发电的专业气象数值预报模式,在降水预报的基础上,开展地表径流预报、水库来水量预报、水库水位预报的方法研究。

水库、水坝等水利设施的基本功能根据其重要性一般依次为防汛抗旱、航运、治沙、发电等等。目前国家一些大型、超大型水库水坝如三峡水利设施、葛洲坝水利枢纽、丰满水库等都已持续并网发电,相关主管部门依据各种时空尺度的气象信息和社会需求统筹兼顾、调度管理、安全运行。

降水作为影响水库库容的重要因素,与水电生产有着很大关系。特别是近年来,随着天气预报准确率的不断提高,水电调度对气象信息的依赖程度也越来越高,气象信息在水电生产调度中所起的作用更加突出。保守估计,美国的DUKE电力公司如果有效利用定量降雨预报指导水电生产,DUKE电力在5年内能节约200万美元,改进48和72小时的定量降水预报还能给水力和水电生产部门增加经济效益。日本中部电力公司也利用天气信息获得了经济效益,他们利用气象雷达和卫星云图掌握雨区和雨情动向,有效地调节水库的贮水量,从而大大地提高了水力发电的运转率,每年可节约用于火力发电能源成本开支达16亿日元。

根据中短期气象预报的不同时效特性,其在服务的侧重点上也会略有差异。

中期天气预报,特别是每年雨季结束的时间和热带气旋影响的预报,是水库调度和生产发电工作十分关注的一个问题。利用准确的中期天气预报,可充分发挥水库的调节功能,在大水到来之前,增加前期发电量,预腾库容,洪尾拦蓄减少弃水量,进行最佳调度。例如,按计划三峡水电库每年9月中下旬开始蓄水,水位逐级上升,最高升至175 m水位,之后高水位运行,来年进入水位消落期,逐渐落至汛限水位145 m左右,在保证防洪抗旱、通航、泥沙调控、上下游用水和生态环境的前提下,最大限度地保证发电和电网安全,这就需要科学地利用气象信息,确定蓄放水的时间和强度,调度控制水位。近年来,随着我国数值预报技术的进步,数值预报的可用预报时效已延长到5天左右,以数值预报为基础的中期天气预报正逐渐由过去的以过程预报为主向定量化、精细化和滚动预报形式转变。目前,气象服务单位向水电生产部门提供的中期天气预报产品既包含了前5天的逐日预报,又附以天气过程综述,提高了预报产品的针对性和可用性。

短期天气预报,特别是暴雨预报,是水库防洪调度成败的关键因素之一。虽然水文预报(降雨落地)是依据,但由于汇流时间短,或是降雨就发生在库区范围,预见期往往很短,而依赖于短期天气预报的参考和补充,能够争取更多的时间,从而选择最优的调度生产方案。

同时,在水电生产专业服务中,气象与水文预报的结合更加紧密,面雨量预报已更多地在服务中得到了应用。由于面雨量建立了点与面的联系,其预报包含了对某一时段上每一块集雨面积上降雨量的信息,可以较为准确地描述降雨在流域上的发生发展过程,大大提高了流域预报的准确率,从而在水库调度生产中提供了更加有效的指导意义。

20.3.1 水电站来水预报

水电站来水预报一般分为以下过程:流域降雨量预报—流域面雨量预报—来水量预报—水位预报。

20.3.1.1 流域降雨量预报

流域降雨量预报在时空和强度尺度上基本与气象部门的降水预报业务一致,即长、中期降水预测和距平预测,短期降水预报。在不同的水库运行状态下,水利部门会提出增加最大降水预报、短时降水量预报的需求,如在超警戒水位和分洪决策时,会提出提供每小时降水预报等的需求。

20.3.1.2 流域面雨量预报

流域面雨量预报是根据数值模式和预报员综合预报结果，使用泰森多边形等方法把降雨量预报转化为流域面雨量预报。目前国家气象中心每日两次提供全国七大江河流域面雨量预报，在特殊需求下，可以提供子流域或更细分流域的多时间尺度面雨量预报。

20.3.1.3 来水量预报

运用水文模式，把地质地理信息、土壤湿度、表面植被、气候状态、降水面雨量等参数代入模式计算来水。根据不同的需求可以输出产流、径流、汇流、入库流量及时间分布、入库总量等。

20.3.1.4 水位预报

水位预报一般分为两种方式：理论预测和统计模式。由于水利设施的局地特性和基础科学理论在目前阶段不能够满足精度要求，因此在实践中均使用统计模式法，即运用该水库流域历史降水资料和水位记录，用统计方法寻找相关因子，进而确立统计预报关系。目前来看降水面雨量与日流量及日流量增幅关系较为可行，进而推算水位变化。

20.3.2 水电站水库调度

我国水电站水库调度就是不断处理和解决来水与用水、各用水部门之间的矛盾，使每一立方米水发挥最大的作用。水电站水库按其调节性能有不同的类型，其兴利运行调度方式也有不同的特点，在编制水电站水库运行计划时，必须考虑各自的特点。不同类型的水库运行调度特点简述如下：

(1)短期调节水库。短期调节水库由于蓄水能力小，兴利发电的大小及过程完全由流域内的水文气象条件及来水情况所决定。在枯水季节，一般可按一定保证率的来水情况编制运行调度计划，但在汛期有洪水时，来水大于可能最大的引用流量，水库无蓄水能力，于是除了发电引用量外，其余全部作弃水泄去。所以在汛期要做好洪水调度，妥善处理防洪与兴利发电的关系。在洪水来到之前尽量加大出力，放空水库；在洪水将过去时则注意抓住洪水尾巴，多利用一点水头和水量来多发电。

(2)年调节水库。年调节水库有相当的调节库容，能将洪水季节多余水量存蓄起来，到枯水季节来水不足时使用。所以年调节水电站的运行方式，在汛期水库消落到死水位，以便有充分的库容拦蓄洪水，但又不能过早地消落水位，以免损失水头。在洪水期可能发生弃水时，应尽量加大出力，减少弃水；汛末则尽量争取水库蓄满，使供水期保持较高的水头和充足的水量进行发电。

例如某一南方中小型水电站，每年根据气象信息进行水位控制和调节，这个水电站水库的汛期是4—8月，但洪水大部分集中在前汛期4—6月，后汛期7—8月大洪水较少，9—12月为枯水季节。经过实践摸索，制订出下述的调度原则：4—6月尽量满发；7和8月发蓄兼顾，做到水库不消落或稍有上升；9和10月注意经济用水，应该“细水长流”，尽量使枯水季节大部分时间保持较高水头运行；供水末期，再看准雨季到来前，争取增大发电，集中消落水位。

(3)多年调节水库。多年调节水库有较大的调节库容，可将水量在年与年之间进行重新分配，应充分发挥其以丰补枯的作用。在编制水电站水库调度方案时，应注意以下各点：遇丰水年应力争多发电少弃水，并蓄满水库；遇平水年水位应控制在年消落水位附近，并争取当年的水量大致平衡；遇枯水年，不要过快消落至死水位、过早用空多年调节库容，避免水库正常运行受到破坏。

由于气象因素错综复杂，目前的水文、气象预报都存在一定的误差，因此要注意收集、积累资料，加强调查研究，掌握水文气象变化规律，力求从物理成因上提高预报水平。

总之，水电站的水库调度，对不同的来水年采用不同的调度原则。丰水年的来水特点是雨量丰沛，各月来水量较多，一般有较大洪水发生，因此在主汛期应以防洪为主。在处理防洪与发电的关系上，采取“大发为主，发蓄兼顾”。在兴利调度方面，在汛初主要是及时加大出力和用水，大发水电，尽可能增发季节电能，在主汛期过后，则应注意抓住汛末的洪水，在保证水库安全的前提下，充分利用防洪库容蓄满水库。枯水年一般没有特大洪水，应“以水定电，细水长流”。对于平水年则应“发蓄并举”，要防止过多弃水，也不过低消落水位。

随着气象服务的开展，气象与水文预报的进一步融合是水电生产气象服务的一个主要发展趋势。在气象预报基础上的地表径流预报、水库来水量预报、水库水位预报以及通过降水来直接预报发电量的模式产品会逐渐在气象服务中得到应用，气象服务的专业化和针对性会进一步提高。

20.4　电网安全气象保障

电网安全气象保障的主要内容是：研究引发电网安全隐患的雷电、污闪和电线积冰的气象条件，提高骨干电网实时气象观测资料和闪电监测资料的综合分析应用能力，完善电网安全气象服务系统，开展雷电、污闪和电线积冰预警和预报服务；综合应用闪电定位监测网、风廓线监测网、雷达监测网以及卫星监测网监测产品，建立电网安全专业气象预警、预报服务和灾害影响评估业务。

电网的安全运营在一定程度上受气象条件的影响。闪电是直接影响电网安全的天气现象，同时，污闪和电线积冰等电网安全事故也与空气湿度、冻雨等气象条件有很大的关联。气象部门从电力行业的需求和为电网安全提供优质服务出发，应加强研究引发电网安全隐患的雷击、污闪和电线积冰的气象条件，提高骨干电网实时气象观测资料和闪电监测资料的综合分析应用能力，完善电网安全气象服务系统，开展雷电、污闪和电线积冰预警和预报服务。

20.4.1　雷电

近年来，对于雷电的检测和预报预警的研究已取得初步成果。北京市气象台综合利用闪电定位仪、多普勒天气雷达和卫星等多种探测手段，由卫星云图提供大范围雷雨云的监测、获取雷雨云演变的早期预警信息；利用天气雷达实现对北京周边 300 km 范围内全方位连续的立体实时监测，获取雷雨云生消演变状态；由闪电定位仪确定闪电发生的具体位置，实现了对北京及周边地区的地闪监测。对于闪电预报预警，北京市气象台利用 PUS/NCAR 非静力中尺度数值模式预报产品释用技术，计算了 17 种强对流参数，实现了雷暴潜势预报指标和北京（单站）雷击天气物理参数指标权重的集成判别，制作北京地区 0～24 小时雷电潜势预报和 0～12 小时雷暴云落区预报产品。同时，利用雷达和闪电定位数据，综合分析雷达、闪电定位及探空数据，采用人工神经网络技术实现对雷暴云的自动分类识别，运用动态匹配跟踪算法获得雷电回波的移动矢量，外推未来的雷电高发预警区域（详见第 7 章有关章节）。

20.4.2　污闪

近年来污闪事故日渐突出，所造成的电量损失以及给国民经济带来的负面影响十分惊人。2001 年 2 月东北、华北、华中等地在持续浓雾的恶劣天气下发生的大面积污闪（“2.22”污闪）再次给电力部门敲响了警钟，污闪事故已经成为威胁电网运行的主要的不安全因素之一。

电网运行中的绝缘子（包括线路绝缘子、变电站支持绝缘子和套管 3 大类）常会受到工业污秽和自然界盐碱、灰尘、鸟粪等的污染。在干燥情况下，这些污秽物的绝缘电阻很大，但当大气湿度较高时，在雾、露、毛毛雨等不利的天气条件下，绝缘子表面污秽物被润湿，其表面电导和泄漏电流剧增，使绝缘子的闪络电压显著降低，甚至在工作电压下就会发生闪络。这种输变电设备在工作电压下的污秽外绝缘闪络称为污闪。从污闪机理来看，表面积污与污层湿润是造成污闪的两个不可分割的因素。输变电设备外绝缘表面的污秽程度及污闪情况，除了取决于大气环境污染及污染源的性质外，还与该地区的气象条件密切相关。因此，电力部门在采取种种措施提高输变电设备的耐污能力的同时，还加强与气象部门的合作，分析掌握各种气象因素与污闪事故的关系，从而对防污工作起到积极的指导作用。

研究表明，影响污闪的气象因素主要包括空气湿度、气压、温度、降水和风等。其中，空气湿度的影响最为明显。长期运行经验表明：雾、露、毛毛雨最容易引起绝缘子污闪。图 20.1 为东北某电业局根据气象日志统计得出的各种气象条件下的闪络跳闸百分率。

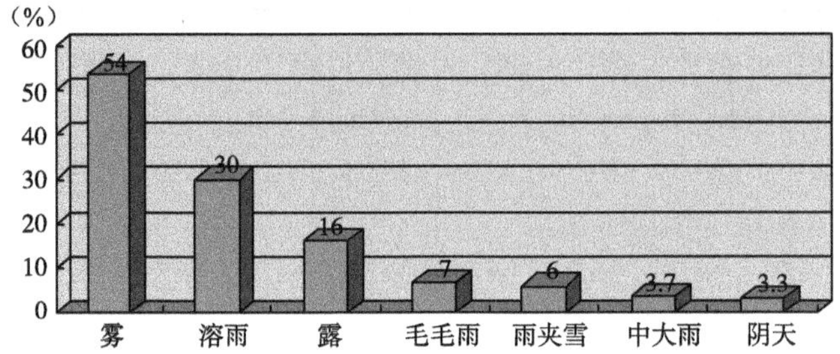

图 20.1　不同气象条件下的闪络跳闸统计

20.4.2.1　湿度因素

绝缘子表面污秽的充分湿润是发生污闪的必要条件之一。水分的湿润将使绝缘子表面污层的电导率增加，从而使其绝缘特性明显降低。当污层达到饱和受潮状态时，其表面电导率达到最大值，外绝缘特性将下降到最低点。因此在各种高湿天气下，绝缘子发生污闪的概率大增。长期运行经验表明：雾、露、毛毛雨最容易引起绝缘子污闪。这些天气条件的共同之处在于它们都具有较高的湿度水平(相对湿度一般在 70%以上，有的甚至达到 100%)，但又没有形成大量的降水。这时候之所以容易发生污闪，是因为在湿度较高的情况下污秽层被充分湿润，使得污层中的电解质完全溶解，但又不致使污层被冲洗掉，从而在绝缘子表面形成一层导电膜。因此，污层的电导率最大，而污闪电压最低。这其中又以雾的威胁性最大。

雾是由大量悬浮在近地面空气中的微小水滴或冰晶组成的气溶胶，是近地面层空气中水汽凝结(或凝华)的产物。其形成主要是由于近地面空气的冷却作用。以河北省为例，雾主要集中出现在 11 月至翌年 2 月，类型以辐射雾为主。最常见的雾层高度为 20～50 m，持续时间可从 1.5 小时到 2～3 天。雾的含水量，即 1 m^3 空气中冷凝成水滴的液态水的克数，一般为 0.2～0.5 g/m^3。雾的含水量越高，持续时间越长，越容易使污秽层充分湿润，输变电设备面临的污闪危险也越大。

从化学特征看，雾水的离子浓度比雨水高得多，这一点在城市中更为突出。有研究表明，城市工业区的浓雾的电导率可达 2000 μS/cm 左右，而城市工业区边缘及邻近农村的浓雾的电导率也可达数百至 1000 μS/cm 以上。加之浓雾的持续时间较长，一般可稳定地维持数日，因此浓雾对绝缘子表面有明显的污染作用。“2.22”污闪事故前，河北南部电网的线路设备大部分在 1 年前的秋冬季进行了清扫，污闪事故后复测发现绝缘子表面污秽增强，除应考虑在冬季期间的积污外，由浓雾带来的湿沉降也使绝缘子表面的污秽度明显增加。

露水是空气中的水分在温度低于周围环境的绝缘子上的冷凝物，通常出现在夜间，特别是每年初夏的凌晨。露与雾一样，也能使绝缘子的上下表面都得到充分的湿润。毛毛雨是稠密而细小的液体降水，强度一般为 0.5～4.0 mm/h，水滴的半径在 50～250 μm 范围内，并且绝大多数为 100～200 μm。毛毛雨的降落速度不大，不超过 1 m/s，持续时间可达数小时以上。毛毛雨对绝缘子表面污层的湿润是逐渐完成的，所以可溶性物质的清洗过程非常缓慢，这一点与上述两种气象条件是相同的。

还应当指出的是，雾与露湿润绝缘子是均匀的，而在毛毛雨下的湿润是不均匀的。在雨水不能直接落到的部位上，绝缘子受潮较大。因此，雾、露湿润下的绝缘子闪络电压要比毛毛雨下的绝缘子闪络电压低得多。有试验表明，强度为 1～30 mm/h 毛毛雨下的污秽绝缘子的闪络电压约比雾湿润时高出 20%～40%。

20.4.2.2　温度因素

绝缘子污层的湿润同样受到温度的影响。这里的温度主要是指绝缘子表面温度与环境温度之间的温度差。温差不同，湿润的方式、速度、均匀程度等也不同，从而造成绝缘子污闪特性的差异。

污层的湿润包括冷凝、水滴碰撞、水分吸附和水珠扩散 4 种方式。当绝缘子表面温度高于环境温度时，形成正温差，污层的湿润由水滴碰撞、水分吸附、水珠扩散引起；当绝缘子表面温度低于环境温度时，形成负温差，则污层的湿润除了由上述三种方式引起外，更重要的一点是空气中的水分被直接冷凝到绝缘子的表面上。正温差越大，湿润的速度越慢，污层越不易受潮；而负温差越大，则污层的湿润就越快也越充分。

运行中的绝缘子，发生污闪的时间一般在潮湿天气的凌晨时分，这时空气的温度已经开始上升，绝缘子的温度则由于其热容比空气大许多而上升缓慢，这时绝缘子的温度低于周围环境温度，形成负温差。若此时空气中的水分充沛，则绝缘子表面的湿润将比较充分，此时其耐污闪的性能最差。

此外环境温度越高，同样的污秽程度绝缘子的污闪电压越低。这是由于温度升高，物质的溶解度增大，电解液黏度降低，离子的运动速度加大，从而使污层电导率明显增加而污闪电压则明显下降。有研究表明，环境温度每升高 1 ℃，污闪电压将下降 0.7%～1%。

20.4.2.3 气压因素

空气中放电电压随空气密度增大而加大，这是由于随着空气密度增加，空气中电子的平均自由行程缩短，电离过程减弱造成的。所以一般而言，高气压下的闪络电压要比低气压时高。对污秽绝缘子闪络特性与气压之间关系的试验研究表明，在其他条件相同的情况下，绝缘子污闪电压随气压的降低而减小，绝缘子污闪电压与气压之间的关系为：

$$U=U_0\left(\frac{P}{P_0}\right)^n,\qquad 0<n<1 \tag{20.1}$$

式中 U_0 为标准大气压 P_0 下的污闪电压，U 为气压 P 下的污闪电压，n 为常数。U_0 和 n 与绝缘子的形状和污秽程度有关。

20.4.2.4 降水因素

降水对大气中的污秽物质有较强的净化作用。就降雨而言，可按雨强分为大雨、中雨、小雨。大雨对污秽地区绝缘子的运行状态是有利的。中雨的雨强也可达 2.5～8.0 mm/h。大雨和中雨的雨强大，可将绝缘子上部表面的可溶盐类冲洗掉，使绝缘子的耐压强度在一定程度上得以恢复，因而很少发生污闪。而毛毛雨和小雨不仅雨强小，水滴半径以及降落的速度也很小，冲洗作用并不明显，这时起主要作用的是对污层的湿润，所以造成的污闪事故较多。

20.4.2.5 风和湍流因素

排入大气的污秽物质在风的输送作用下，便随着大气做水平移动。风速是污染源影响范围的重要参数。随着风速的增大，单位时间从污染源排放出来的污染物被拉长散布，对污秽具有稀释作用。而风向则影响受污范围的趋向，污染区总是在污染源的下风向。通常，污染范围基本上是以污源为起点的扇形范围。

风速的大小并不是十分稳定的，而风向也是有摆动的，风的这种无规则的阵性和摆动叫做大气湍流。大气湍流的结果是使空气各部分得到充分混合，所以进入大气的污秽由于湍流的混合作用而逐渐被分散稀释。当风的阵性和摆动比较猛烈时，大气湍流较强，大气的稀释能力也较强；当大气湍流比较弱时，大气的稀释能力比较弱。

20.4.2.6 逆温因素

一般情况下气温是随高度的升高而降低的，当气温随高度升高而升高时即为逆温。在逆温状态下，大气相对稳定，不利于污染物的扩散和稀释。尤其在冬季夜间，由于大地表面强烈的降温作用或受冷空气的影响，地表及靠近地面的空气大幅降温，使得这个降温层的上部气温高于降温层的气温，出现逆温。这时暖而轻的空气在上面，冷而重的空气在下面，空气结构变得稳定，使接近地面的水汽和污染物不易向上扩散，造成近地层既有丰富水汽又有污秽物可充当水汽凝结核的状态。一旦温度下降就形成对电力设备外绝缘有严重威胁的“脏雾”，极易诱发输变电设备污闪。

由此可见，气象因素与输变电设备的污闪密切相关，为预防和杜绝大面积污闪事故，电力系统的设计、运行及试验等单位应加强对各种气象信息的统计和分析，掌握其中的一般规律。当长时间没有降水时，各种高湿天气及逆温的出现将加重输变电设备的积污，使发生污闪的概率大增，对此应引起高度注意。电力设计单位在进行变电站或输电线路的选址时，应充分考虑有关气象因素，尽量使输变电设备避开污染源的下风处。在污闪事故较多的季节，应加强对各种灾害性天气的监视。可联系气象部门，做好对具有高含水量的浓雾的预报工作，尽可能及早掌握其发生时间和范围。

由于对污(雾)闪与天气要素的定量化关系尚不十分清楚,因此目前有关电网污闪的气象服务仍主要以相对湿度和天气现象预报为主,并在常规天气预报的基础上尝试增加了污(雾)闪潜势预报服务。马鹤年等提出了制作污(雾)闪潜势预报的技术流程(图 20.2),其可行性还需实践的检验。

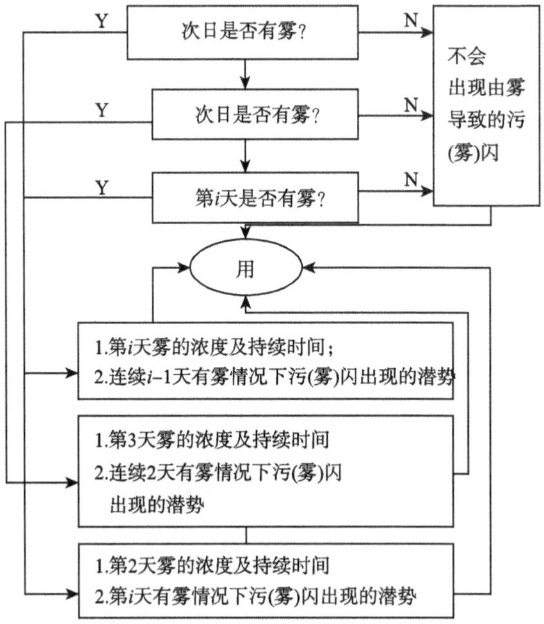

图 20.2 污(雾)闪潜势预报流程图

20.4.3 电线覆冰预报

输电线路覆冰在我国比较广泛,我国许多地方输电线路都曾发生过冰害事故。研究表明,输电线路覆冰事故与当地的年平均雨凇日数和年平均雾凇日数有很好的相关性。因此,在气象部门的电网安全气象保障中,电线覆冰的预报与分析也是一项较为重要的内容。

易于造成电线覆冰的天气主要包括雨凇、雾凇、湿雪、混合凌和霜等。从电线覆冰的气象条件分析,0 ℃以下的温度、具有较高的相对湿度(一般在 85%以上)、具有可使空气中水滴运动的风速(一般大于 1 m/s)是产生覆冰的必要气象条件。目前,国内外学者对输电线路覆冰建立了多种数学模型,如导线覆冰翼型增长模型、覆冰热力学模型等,并根据这些模型提出了不同的覆冰计算公式,如雨凇增长率、导线覆冰强度、冰重增长率、导线覆冰量计算等。气象部门根据以上的气象指标,并结合天气形势分析方法,参考覆冰计算模式,初步建立了电线覆冰气象潜势预报模型。

20.4.3.1 雨凇因素

雨凇密度为 0.6～0.9 g/cm^3,系透明玻璃体,质坚而不易破碎,又称明冰或冰凌。产生的气象条件是气温约在 −3～0 ℃、风速小于 10 m/s、降毛毛雨的天气。气温降低到 −16 ℃有时也可形成雨凇。一般是,风速越大,毛毛雨历时越长,其冰体越大,雨凇越重,危害就越大。

20.4.3.2 粒状雾凇因素

气温约在 −10～−3 ℃,浓雾或降毛毛雨天气,风速 2～10 m/s,在电线迎风面易冻结成粒状雾凇。粒状雾凇凝结速度较快,表面起伏,形状不定,质地疏松较脆,呈现乳白色不透明体,其间含有气泡空隙,密度为 0.1～0.3 g/cm^3。

20.4.3.3 晶状雾凇因素

产生的气象条件是在气温 −20～−10 ℃,微风有雾或轻雾的天气,密度为 0.01～0.08 g/cm^3。冻结速度很缓慢,质地疏松而软,冰体内含空气泡较多,呈白色结晶。多在冬季严寒雾天夜晚形成,无风时结在电线整个表面,而有风时多结在迎风面上。

20.4.3.4 湿雪

雪或雨夹雪降落到温度略高于0 ℃的近地层，稍稍融化变湿，黏附在电线上，便是湿雪。气温降到0 ℃以下可能再冻结，呈现乳白色或灰白色，密度为0.1～0.7 g/cm^3。

20.4.3.5 混合冻结(混合凌)

积冰增长过程中可能有几种类型的积冰交替地在电线上积聚，形成混合冻结，例如，先积聚雾凇，温度升高冰体融化，但未脱落，气温降低又冻成冰层。它外面又可能再积聚雾凇，形成层叠交替的混合冻结，俗称混合凌。其密度因雾凇(或雨凇)所占的比例不同而异，一般为0.2～0.6 g/cm^3。

对电线发生实际影响的往往是密度大而且较厚的雨凇、粒状雾凇及混合冻结。我国南方的湿雪有时也较重。

20.5 风能电厂气象保障

发展逐时风力发电机轮毂高度风的预报方法，建立风能发电预测系统，为合理开发利用风能资源提供科学依据。

在风能开发利用中，气象部门根据对气象条件的分析和预报，分别在风能资源评估、风电场选址、风电场的运营等方面为新能源的利用提供了强有力的支持。

大规模风能资源开发和风电场安全运营必须考虑极端气象环境的影响，如热带气旋的巨大风速以及湍流的急剧变化会对风机产生破坏。根据热带气旋定位和路径预报，及时提供热带气旋强度、移向及大风预报也是风电场预报服务的主要内容。近地层热带气旋风的平均量垂直变化和脉动量变化规律对风机的破坏机理的研究，以及在此基础上开展风电场灾害性天气影响的等级预报，是风电场气象保障与服务的主要发展方向。

20.5.1 风电场运营气象保障

从风电场对气象服务的需求分析，风电场的气象保障服务可从两个方面入手：风机轮毂高度上风能的短期预报；热带气旋、近地面湍流、雷电等灾害性天气的预报。

20.5.2 风能的预报

大多风电厂的风能资源主要关注10，50，70，100或110 m这几个高度上的有效时间平均风，在时间尺度上要求1小时间隔，而理想要求为10分钟间隔，因此气象部门在提供常规气象预报的基础上，要加紧研究上述要素的预报方法。

目前主要采用中尺度模式在70～110 m高度上的输出结果，结合风电场内风的铁塔观测资料，进行统计订正，预报24小时内逐小时的风速变化，再结合风速与发电量的统计模型，制作24小时发电量的预报。国外在这方面已开发了较为成熟的风能预报软件，如丹麦的Prediktor、美国的EWind等风能预报软件。这些软件均是以中尺度模式预报局地风速，再由相关软件计算预报风速基础上的风电场发电量。从风能预报的发展趋势看，采用数值预报模式和发电量统计预报模型相结合的集成系统进行预报，是风电场发电量短期预报的有效方法，提高预报精度的关键是合理地建立适用于近地层风场预报的中小尺度数值预报模式，这正是当前国际上的研究重点和难点问题。

20.5.3 运营安全保障

主要考虑影响风能发电厂的气象灾害和次生灾害的预报预警，气象灾害如强降水、强对流、热带气旋、超警大风、冰冻、雷电、沙尘暴等，次生灾害如洪水、滑坡、泥石流等。

20.5.4 电力生产调度保障

由于电力的特性，风电厂生产的电力要实时并网传输，因此对于电力生产的预报也非常重要，根据目前电力部门的调度计划，气象部门不仅要提供年、季、月等长期预测，还要提供旬、周、3天、1天的中短期预测，预报要素是平均风。电力部门根据这些预报要素估算有关电厂风电的生产能力，合理调度，高效运行。

20.6 核电站气象保障

开展核电站选址建设的气候环境评价，开展对核电安全生产的高影响气象条件及相关灾害（龙卷、热带气旋、暴雨、洪水、泥石流、滑坡等）的预警、预报和服务保障业务，为核电安全运行提供优质服务。

核电站排放的污染物并不比矿物燃料电厂高，所以站址的选择类同于火电厂。由于核电站反应堆内有大量的放射性物质，所以就必须有严格的技术要求，旨在正常情况下保证减少“三废”排放对生物的影响和防止对环境的污染。更重要的是要确保在发生事故情况下居民不受危害。所以核电站选址又有些特殊要求。这里只着重介绍对于环境气象条件的要求。

气象条件是影响选址的一个因素，也是设计必须考虑的因素之一。要求气流通畅，有利于放射性废气的稀释、扩散。一般核电站应按当地最小风向频率的方向，建在城市的下风侧，对新建核电站的厂房和生活福利区的相对位置也应采用同样的原则。如此，在正常运行时，可以减少附近城市居民和电厂职工受放射性照射的危险，发生事故时影响城市和生活区的机会也较少，一定要注意避免将厂址选在地形闭塞、通风不良的深山峡谷之中。

为了确保冷却水的供给，所以必须保证安全水源的要求，即在百年一遇最小流量的情况下也能满足电厂正常运行供水的要求，所以核电站一般建在江边、湖边或海岸边。与此同时还必须估计废热对水生物生态的影响，进出口水的温升、循环水和接纳水体完全混合后的温升以及夏天水温的最高值应不超过防止热污染所要求的标准。为了避免洪水的危害，核电站地基的标高应根据历史上记录的洪水水位决定。在有洪水的情况下，须保证通往外界的道路畅通。核电站的建筑物强度必须能抗高于千年一遇的风速。

核电站正常运行排出的放射性废物的辐射对环境的影响虽然很小，但还是要认真对待，因为还不能绝对排除发生严重影响环境的事故发生。若万一发生事故就可能对居民产生危害。为此要求：

(1)符合国家环境保护、辐射防护等法规和标准，如核电站不得建在城镇生活居住区、水源保护区、名胜古迹与风景游览区、疗养区和自然保护区。

(2)核电站运行（包括正常运行和可预测的小事故）的环境辐射防护标准，国际上通常是按照“合理地尽可能低（ARAL）”的原则制订的，其剂量标准比通常的卫生要求还要低，只要能做到是合理的，就达到尽量减少污染和对居民的辐射的目的了。除此之外，还应具有一定的应急措施。

在核电站周围必须建设自动气象站网和环境监测站网，一旦发现核泄漏，应当立即启动核污染扩散模式，预报核污染物的扩散范围和浓度。

参考文献

韩哲，陈治平，等. 2009. 人工神经网络及其在电力短期负荷预测中的应用研究. 科学技术与工程，**5**：1136-1141

胡二邦，陈家宜. 1999. 核电厂大气扩散及其环境影响评价. 北京：原子能出版社

黄嘉佑. 2007. 气象统计分析与预报方法. 北京：气象出版社

任玉珑，刘焕，等. 2009. 基于熵权法和支持向量机的中长期电力负荷预测. 统计与决策，**14**：46-48

徐延生，张为. 2009. 人工神经网络在电力系统短期负荷预测中的应用. 内江科技，**8**：89

第21章 天气业务平台和产品检验

现代天气预报业务是建立在海量、实时的观测、分析数据基础上的，功能齐全、方便实用、高科技含量的预报业务平台是必不可少的工具，而且随着技术的进步、探测手段的提高、气象理论的发展，必然对预报业务平台提出新的要求。本章详细介绍了国外天气业务平台的发展和国内广为使用的 MICAPS 系统结构及功能，为读者初步了解天气预报业务平台打下基础。同时，本章还介绍了现阶段天气预报业务产品检验的基本方法。

21.1 天气业务平台的功能和结构

21.1.1 功能

预报员正处于信息爆炸的时代，除了各种常规天气图之外，各种数值分析预报产品随着分辨率的提高成几何级数增加，卫星、雷达资料更是汗牛充栋，自动气象站、风廓线、闪电等资料层出不穷。因此，迫切需要开发一个能融合这些资料并具有人机交互功能的天气业务工作平台。美国国家天气局 20 世纪 70 年代开始使用的天气业务工作平台，实际上是一个气象资料和产品的显示系统，90 年代开始使用第二代天气业务平台——高级天气人机交互系统（AWIPS），已经具有比较强的分析和人机交互功能。中国气象台站 80 年代使用的也是一个资料和产品的显示系统，1994 年全国统一组织对气象信息综合分析预报系统（MICAPS）的开发，该系统 1997 年在全国推广应用，成为天气业务的主要工作平台。

天气业务工作平台至少应当具有五类主要功能。第一是气象资料和产品的显示功能，不仅是单种资料或产品的显示、动画、放大、漫游等，而且应当具备多种资料和产品的叠加功能，不仅是机械叠加，而且应当是物理的融合，给出系统科学合理的结构；第二是人机交互的功能，预报员可以在这个平台上任意修改图形等，得到想得到的结果；第三是查询检索功能，预报员可以通过这个平台检索各种历史资料，并给出所需的结果；第四是规范产品的自动生成动能，为了减少预报员制作产品的输入量，只要输入关键词和关键信息就可以得到各种所需要的文本、图表或其他多媒体产品等；第五是综合的分析报警能力，对大量的气象预报、观测数据进行等值线分析、序列统计分析、物理量计算，对重要的天气提供报警能力等。

天气业务工作平台应当是一个开放的平台，在该平台上应当能够制作各种临近预报、短时预报、短期预报和中期预报产品，同时能够不断扩充成为专业气象工作平台。提供与网络和数据库接口，实行模块化和插拔式软件设计，采用通用语言和软件编程，实现跨平台作业。功能齐全，但操作要简单，预报员只需实施最少的操作就可以得到所需的信息，系统响应时间短，尽可能减少预报员等待的时间等等。

21.1.2 结构

预报工作平台采用开放式框架结构，业务平台核心包括图层管理、数据管理、地图管理、可视化、人机交互、数据分析、流程管理和产品生成几个部分，提供气象资料显示与分析、交互预报制作、天气监视、预报预警和服务功能，在核心框架和功能模块基础上发展多个专业版本以适应天气预报会商、中期天气预报、短期天气预报、短时、临近预报、台风、海洋、精细化要素预报等各项业务需求，并可以成为各种业务系统平台开发的基础。

气象观测资料种类越来越多，信息量越来越大，除常规的地面、高空观测外，自动站观测、GPS/MET、风廓线、闪电定位、微波辐射仪等新观测资料的应用，卫星和雷达资料的观测内容、观测密度和信息量都在快速提高，资料显示和综合分析越来越重要，相关研究和开发对充分应用观测资料，提高预报能力非常重要，业务平台需要提供快捷的二次开发能力和功能扩展能力。

业务工作平台可以提供服务器端业务应用、数据环境支持、客户端资料检索、分析和预报制作、产品发布功能，为天气预报业务提供完整业务系统，见功能结构图（图 21.1）。

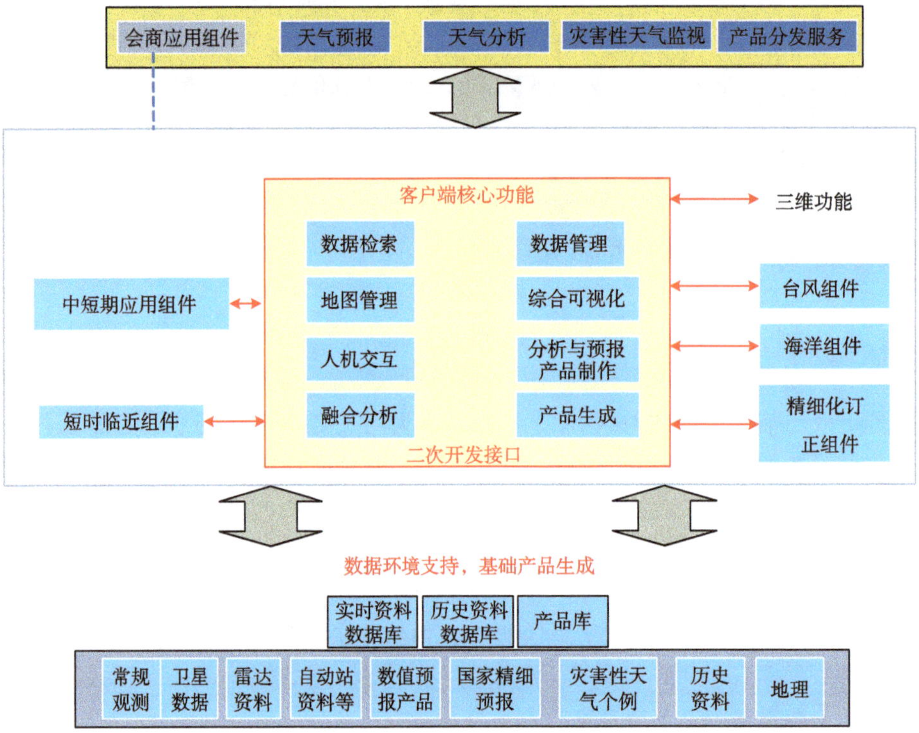

图 21.1 天气业务平台功能结构图

21.2 国外主要天气预报业务系统

21.2.1 美国天气预报业务系统

高级天气交互处理系统（AWIPS，Advanced Weather Interactive Process System）是美国国家天气局（NWS，National Weather Service）地方气象部门的业务预报系统，该系统是一个包括数据服务、应用服务和预报工作站的完整业务平台，预报工作站软件系统主要包括二维显示（D2D）和图形预报编辑器（GFE）两个部分，主要提供气象数据可视化、图形化格点预报编辑功能（Grote 2001，Jason 等 2009）。

美国国家天气局持续开发 AWIPS 系统，每年两次升级版本，重要的升级随时下发。

美国国家环境预报中心(NCEP)使用的版本为N-AWIPS,是与AWIPS完全不同的业务系统软件,该系统采用GEKPAK软件为基础开发,功能上更适合国家级业务使用,不同的业务中心除了使用AWIPS和N-AWIPS外,还有适合各自业务的系统软件。

为了进一步提高业务平台的能力,满足业务不断增长的需求,2005年启动了AWIPS Ⅱ的开发,采用SOA(Service Oriented Architecture)构架,重新设计了软件系统构架,目前已经完成基本开发环境,正在全面移植AWIPS的系统功能,按计划2009年发布AWIPS OB10版本后不再升级目前的AWIPS版本。在新的业务系统框架中,将整合原来的AWIPS和N-AWIPS等多个业务系统为一个统一的平台。该版本将目前业务系统软件的多个组成部分集成到一个界面中。

21.2.2 英国天气预报业务系统

高级天气交互处理系统(Horace和Nimbus)是英国气象局(Met. Office)的业务预报系统。

Horace于1992年第一次发布使用,运行在HP Unix工作站上,并逐步移植到Linux平台上,该系统不断升级,逐步成为成熟的资料显示和交互预报制作系统,包括图形可视化(Graphical Visualization)和交互修改(OSA,On Screen Analysis)两个主要功能组成部分,是目前英国气象局主要的业务系统平台。Nimbus是2000年开始逐步部署的系统,运行在Windows平台上,使用与Horace不同的开发技术路线(采用Visual Basic和Delphi开发),后期在该平台的基础上开发了多个资料显示系统。英国气象局还专门为相关部门开发了资料显示系统,如为北大西洋公约组织(NATO)开发的NAMIS等,NAMIS采用类似Nimbus的技术路线,而Horace和Nimbus也提供其他行业使用。

2006年英国气象局提出OSA结构的下一代业务系统开发计划,目前与IBL软件公司合作开发下一代业务系统。

21.2.3 法国天气预报业务系统

高级天气交互处理系统(Synergie)是法国气象局(Met. France)的业务预报系统,该系统的开发已经有多年历史,20世纪80年代末该系统已经在业务中使用,每年更新一个版本,逐步强化卫星和雷达数据在系统中的应用。

目前法国气象局正在开发新的系统构架,改进分析和显示能力,满足业务发展的需求。

21.2.4 德国天气预报业务系统

高级天气交互处理系统(NINJO)是德国气象局(DWD)的业务预报系统。

该系统是德国气象局开发的天气预报制作人机交互系统,2005年发布1.0版,是建立在新的软件结构基础上的新一代业务系统,客户端平台可以运行在多种操作系统上。目前有多个国家参加到该系统的开发中,并在业务中应用该系统,目前一些欧洲国家开始评估是否需要引进该系统作为业务软件系统。

该系统可以显示各类气象观测资料,进行文本显示、编辑、预报制作以及对各类数据进行监测,出现超出阈值的观测资料即进行报警显示,集成多个强天气预报工具,并提供脚本支持,预报员可以通过简单的脚本进行气象场的运算和处理。

EDA(事件驱动构架)软件框架,仍在不断改进升级,2009年发布1.3版本,加入多线程处理、交互式图形编辑、产品批量生成和自动报警等功能,未来逐步加入WEB服务和更多算法模块。

21.3 MICAPS 3.1 系统

21.3.1 MICAPS 历史

MICAPS(Meteorological Information Comprehensive Analysis and Process System)的中文名称是

气象信息综合分析处理系统，该系统是支持天气预报制作的人机交互系统，通过检索各种气象数据，显示气象数据的图形和图像，对各种气象图形进行编辑加工，为气象预报和服务人员提供一个中期、短期、短时、临近天气预报分析制作的工作平台。

该软件系统由中国气象局组织开发，1996 年发布 1.0，第一次完成集约化的综合资料显示、分析和交互预报制作，并逐步在业务中得到推广应用，成为第一个在全国气象部门业务化运行的自主开发的天气业务预报系统；2002 年发布 2.0，对微机版进行重大升级，增加了个性化需求定义，提供二次开发接口；2005 年国家气象中心开发了基于 Linux 的业务平台，用于台风和强天气监测(李延香等 2001)2007 年 12 月发布 3.0，采用开放式软件框架，增强资料显示和预报交互制作功能，进一步简化二次开发，提供更多的本地化选项。1.0 和 3.0 包含工作站和微机版本，该系统是标准的中国预报员的工作平台，被中央和地方的预报人员使用，国家气象中心使用专用的工作站版本，微机版在省及其以下各级气象业务部门广泛使用。

MICAPS 3.0 采用开放式构架，核心系统提供地图投影、图层管理、模块管理、鼠标消息转发和系统模块接口等功能，资料分析和显示功能模块使用统一的接口，作为系统的外围模块，实现数据显示、交互操作等功能。该系统可以显示的资料种类更多，设置灵活，为本地化提供了更多的选项，方便二次开发。

MICAPS 3.0 仍在继续发展过程之中，2009 年 11 月发布 3.1 版，对系统框架进行优化，提高系统运行效率和稳定性，增强了系统交互预报制作功能，增加可处理显示的观测资料种类，把高数据分析能力，并在 MICAPS 3.0 和 3.1 基础上开发了短时预报系统、中尺度分析系统和台风业务系统，增强了该系统的功能，使其成为其他气象业务系统开发的基础。

下面介绍 MICAPS 3.1 版功能(李月安等 2009)。

21.3.2 MICAPS 3.1 数据

MICAPS 3.1 继承了 MICAPS 1.0 和 2.0 定义的主要数据格式，并对一些数据格式进行了扩展，以实现更多显示属性控制功能，同时对新增的观测数据增加了数据格式定义。

目前 MICAPS 3.1 可以使用的数据格式有：MICAPS 1—19 类数据，支持第 4 类和第 11 类数据在 MICAPS 2.0 中关于等距格点的扩展。

其中 MICAPS 第 1 类数据为地面填图数据格式；第 2 类为高空等压面数据填图格式；第 3 类为通用站点要素数据格式，可以存储单要素和特殊定义的多要素数据；第 4 类为标量格点场数据，可以存储单层单要素经纬度网格数据或等距格点数据；第 5 类为站点探空数据格式，每个站点包含温、压、湿、风等要素资料；第 6 类为传真图数据格式；第 7 类为台风路径数据格式，可以保存定位和各时次台风路径和强度预报资料；第 8 类为城市站点预报数据格式，该类数据可以使用 MICAPS 交互修改；第 9 类为地图数据，MICAPS 3.1 支持没有投影信息的地图数据；第 10 类为综合图数据，MICAPS 对该格式进行了扩展，增强了系统功能，可以在综合图中指定显示该数据时使用的配置文件和显示窗口；第 11 类数据为格点矢量场数据；第 12 类数据为预留的雷达单点图像数据格式，目前没有使用；第 13 类数据为图像类数据，可以保存卫星云图和雷达拼图数据，MICAPS 2.0 对该数据格式进行了扩展，目前 3.1 系统支持 1.0 和 2.0 定义的格式，可以显示兰勃托和麦卡托两种投影的该类数据；第 14 类为交互结果保存数据格式；第 15 类为调色板数据格式，3.1 不再使用该数据格式，各图像显示模块使用新的统一定义格式的调色板；第 16 类数据为预报评分站点数据格式；第 17 类数据为站点信息数据格式；第 18 类为剖面图数据格式，MICAPS 3.1 对该类数据格式进行了扩展，可更灵活地制作剖面图，同时提供其他的剖面图制作方式；第 19 类数据为初始化参数数据格式，MICAPS 3.1 有限支持该数据格式，该数据中定义的其他系统控制功能可以通过各自模块的配置文件完成。

自动站数据：MICAPS 3.1 可以直接使用自动站 Z 文件格式数据，也可以将自动站数据处理为地面填图数据再进行显示。

邮票图数据：MICAPS 2.0 定义的邮票图数据(第 111 类数据格式)，MICAPS 第三版对该格式进行了扩展。

风廓线数据：目前系统支持Z文件格式的风廓线数据。

短时临近模块增加的数据(2008年10月上旬以前发布的版本不包含以下数据类型的显示)：TITAN数据、三维雷达拼图、定量降水估计、定量降水预报等数据(3.0定义的第131类数据格式)。

AMDAR数据(新定义的第31类数据)，闪电定位数据(新定义的第41类数据)，GPS水汽数据(新定义的第42类数据，2008年10月上旬以前发布的版本不包含该数据类型的显示)，雷达基数据和PUP产品数据，卫星AWX格式云图和产品数据以及国家卫星气象中心发布的标称图(HDF格式)数据，也可以支持中规模站接收后处理的GPF云图数据。

地理信息数据，MICAPS 3.1可以显示MICAPS定义的第9类数据格式(非投影后数据)、MIF和SHP格式地理信息数据，为了提高系统运行效率，MICAPS 3.1还定义了一类二进制格式地理信息数据格式用于基本地理信息的显示，MICAPS第三版定义了地形高度数据的格式，并提供显示功能。

目前，MICAPS 3.1完成了DVBS数据处理系统并逐步部署到业务部门使用，该系统提供了更简便的安装配置方式，可以处理大部分DVBS下发的数据，特别加强了中央气象台产品的处理，并可对本地数据进行管理。

21.3.3　MICAPS 3.1的主要功能

本节简要列出MICAPS 3.1具有的基本功能(李月安等2006)：

显示操作：显示区域的移动、放大、缩小。

地理信息显示功能：MICAPS第9类数据、系统新定义的二进制格式数据、地形高度数据、SHP和MIF格式数据、遥感影像图和地理信息分级显示。

MICAPS 3.1的气象资料显示功能：目前可显示MICAPS 1—18类数据(其中第15类数据为调色板格式，目前系统不再使用，第9类数据位地图数据)，地面三线图、一维图、探空和模式剖面图，风廓线资料、雷达基数据、雷达PUP产品、卫星AWX格式云图和产品数据、卫星GPF格式数据、卫星标称图(国家卫星气象中心下发的HDF格式数据)、邮票图数据(第111类数据)、AMDAR数据、闪电数据、GPS水汽数据、第131类格式数据(主要用于短时临近产品的数据格式)。

MICAPS 3.1的交互功能：天气图分析、城市预报订正、精细化预报订正、灾害性天气和气象灾害落区预报、中尺度交互分析、预警信号制作等。

资料检索功能：直接打开数据文件，通过综合图目录和文件检索、菜单检索、拖放打开数据文件或网络数据文件(FTP或HTTP数据)。

格点数据的三维显示功能。

其他功能包括雨量累加、云图动画、批量图片文件生成、动画制作、会商支持、预报管理、历史资料检索等。

21.3.4　MICAPS 3.1系统界面和操作

21.3.4.1　系统界面

MICAPS 3.1系统主界面如图21.2所示，包括标题栏、菜单、工具条、综合图检索、图组切换、交互工具箱、图层管理、图层属性、状态栏和显示区域等几个部分。

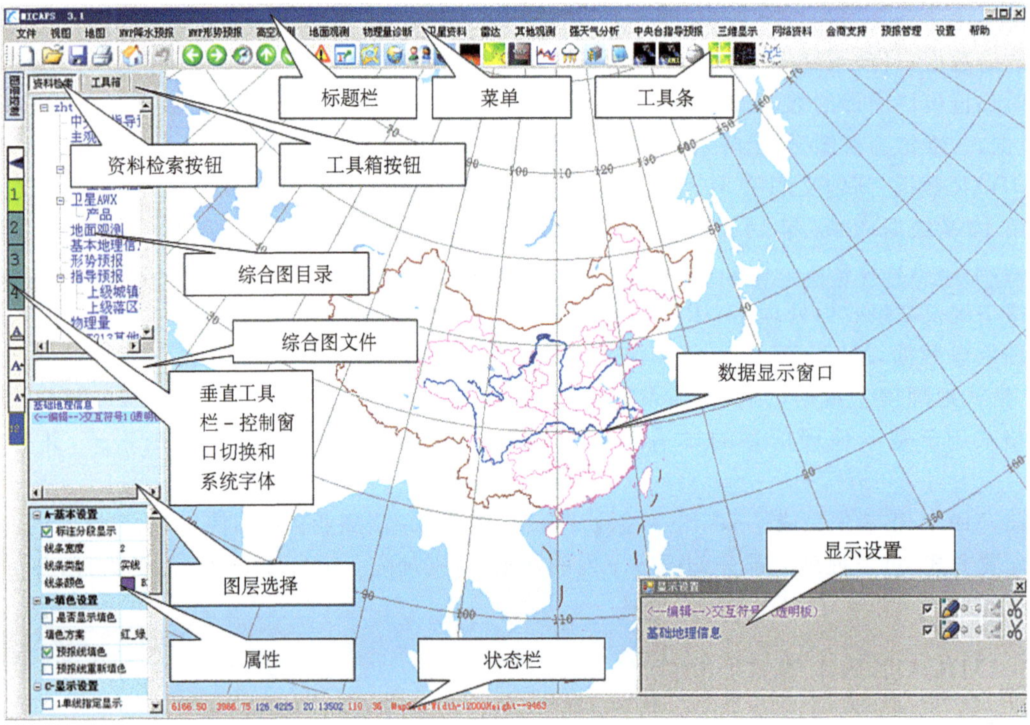

图 21.2　MICAPS 3.1 主界面

(1)菜单

缺省安装系统菜单包括 19 项，分别为文件、视图、地图、NWP 降水预报、NWP 形势预报、高空观测、地面观测、物理量诊断、卫星资料、雷达、其他观测、中央台指导预报、强天气分析、三维显示、互联网资料、会商支持、预报管理、设置、帮助(图 21.3)。

图 21.3　MICAPS 3.1 系统菜单

系统菜单分为两部分，系统菜单的前三项，即文件、视图和地图是基本菜单项，用户无法修改；后面 13 个菜单项用户可以修改或取消，其中地面观测、高空观测、卫星资料、雷达、NWP 降水预报、NWP 形势预报、物理量诊断、预报产品是通过模块 amenu 增加的，可以通过修改该模块下的配置文件进行修改。其他菜单项分别由下列模块添加，如资料检索由功能模块 amenu 添加，网络资料由功能模块 internetdata 添加，会商支持由功能模块 weatherBF 添加，设置和帮助由功能模块 z_help 添加。

(2)系统基本菜单功能

1)文件菜单包含的菜单项

清除：删除已经打开 MICAPS 数据文件。

新建：包含三个子菜单项，分别为交互符号、城市预报、精细化预报订正，分别建立相应的图层，用于绘制预报符号、制作城市预报和订正精细化预报结果。

打开：打开文件，选择该菜单项，出现打开文件对话框，用户可以选择指定文件名后系统将打开该文件(必须是符合系统要求的文件格式)。

保存：保存当前交互层的编辑结果，如果当前编辑层为交互符号，则保存为 MICAPS 第 14 类格式数据；如果为城市预报数据，则保存为第 8 类城市预报数据；当前交互层为精细化预报则保存为该类数据格式。

保存综合图：保存当前打开的文件为一个综合图，即 MICAPS 第 10 类格式数据。

保存图片：保存当前屏幕显示区域为图片，可以保存为 PNG、GIF、JPG 或 BMP 格式，保存方式可以为自动保存，自动生成文件名，保存在系统指定的目录中，只保存 PNG 格式图片，如果不使用自动保存，则需要选择文件路径，输入文件名，可选择保存文件格式。

另存为：另外保存交互结果，可以使用不同的文件名保存。

打印：直接在打印机上打印当前显示区域，由于长宽比不同，打印范围可能和屏幕显示有所不同。

打印预览：可以在屏幕上预览打印结果，可能会和实际输出有所不同。

退出：退出系统，退出系统时不再提示确认。

2)视图菜单包含的菜单项

图层管理：显示或隐藏图层管理窗口。

显示设置：重新显示设置窗口。

显示设置自动缩放：设置显示设置窗口大小是否随打开图层的多少自动缩放，如果该菜单项设置为自动缩放(菜单项前有)，则打开文件较多，显示设置窗口会自动扩大以显示各图层的说明，删除图层后窗口自动缩小。

隐藏属性窗口：设置图层管理和资料检索窗口隐藏。

动画设置：设置动画方式并可启动动画，选择该菜单项将弹出动画设置窗口，动画设置窗口中包括动画方式、动画间隔、动画返回文件数、动画返回天数等设置，可以选择动画方式为按时间或按文件动画，时间动画时文件时间自动同步，文件动画时按照文件名顺序一次显示；动画间隔可以设置动画显示时每幅图显示的时间，单位为 ms；动画返回文件数为动画到最后一个文件后向前自动返回的文件个数，使用文件动画时，所有文件向前返回此处指定的文件数，如果按时间同步动画，则无法从文件名获取时间的文件按此处设置的文件个数返回；动画返回天数，按时间动画时，如果可以从文件名返回日期和时间，则该图层数据返回的天数按照此处的设置返回。

手写板模式：交互绘制线条方式，选择该项后，可以使用手写板模式绘制(可以使用鼠标模拟手写板的操作，也可以直接使用手写板)。

显示图例：绘制时显示图例。

图例设置：设置当前显示的图例。

3)地图菜单包含的菜单项

将当前显示图组的投影方式改为麦卡托投影、兰伯特投影、等经纬度投影、北半球极射赤面投影、南半球极射赤面投影。

改变投影中心：弹出输入对话框，输入新的经纬度位置，作为新的投影中心。

经纬度显示：是否显示经纬线。

显示范围：包含北半球、欧亚和中国三个区域，可以直接设置屏幕显示范围为指定区域，由于屏幕分辨率不同，设置的范围可能会有所不同。

地形：显示分级地形，根据当前地图放大比例，最高可以显示 100 m 分辨率的地形高度。

行政区边界：该菜单项可以读入安装在 C:-MICAPS 3.1-basicGeoInfo 目录下的文件 countyregion.txt，该文件为全国县的封闭边界，读入该文件后，移动鼠标可以在状态栏显示鼠标所在位置所在县的名字。默认不读入该文件，也可以修改系统配置文件，在启动系统时自动读入该文件，使用预警信号制作或离散点行政区填充也会自动读入该数据。

资料检索菜单可以通过菜单配置文件修改，系统提供图形化编辑配置工具。

(3)工具栏

缺省安装的系统工具条如图 21.4 所示，包含 30 个工具按钮，按钮分为两类：基本工具按钮和模块扩展工具按钮。

图 21.4 系统工具条

基本工具按钮为工具条前13个工具按钮，分别是新建交互图层、打开文件、保存图片、打印、返回初始地图状态、交互操作撤销、向后翻页、向前翻页、动画、层次向上、层次向下、监视运行、单屏和四分屏显示切换。

模块扩展工具按钮是相应功能模块添加的工具按钮，包括资料检索、雨量累加、会商组件、WS报显示、模式产品剖面图、模式资料对比及处理显示、模式资料集合、模式单点资料时间变化显示、预警信号制作、历史资料检索、文本编辑、云图动画、AWX云图和产品叠加动画、球面距离与面积计算、邮票图和地图背景颜色切换。

(4)图层控制

图层控制可以通过两种方式实现，一种方法是通过显示设置窗口控制，另外也可以通过左下角属性设置窗口上面的图层选择窗口控制图层。

1)显示设置窗口

显示设置窗口是独立于主窗口的一个顶层窗口(图21.5)。

图21.5 显示设置窗口

显示设置窗口显示当前图组中显示的所有图层的说明，可以通过该窗口设置指定图层的显示、隐藏、属性、动画、删除等操作。

每打开一个文件，如果读取和显示文件正常，则会在该窗口增加一条记录，显示该图层的说明，并包含五个图标，可以针对该层进行操作。

在显示设置窗口中，每个图层包含说明、显示或隐藏、属性、动画、查看和删除按钮。在图层说明上点击鼠标左键，选中该图层，属性窗口中显示该图层属性，如果是可编辑图层(MICAPS第4、8、14类数据和精细化指导预报产品)，则该图层自动进入编辑状态；单击右键取消编辑状态，处于编辑状态的图层不能清除和动画翻页，但可以通过点击删除按钮删除。

点击显示/隐藏按钮，可以设置图层的显示和隐藏状态。点击属性按钮，弹出该层的属性编辑窗口，如果该层不存在属性编辑窗口，则该按钮不可用，显示为灰色。在图层动画按钮上点击鼠标左键，则该图层时间向后移动，显示资料目录中上一时间的资料，点击右键时间向前，显示资料目录中下一时刻的资料。点击查看按钮，使用写字板打开该图层对应的数据文件。点击删除按钮，删除该图层。显示设置窗口关闭后，可以通过选择“视图”菜单的“显示设置”菜单项重新显示。

2)图层选择窗口(图21.6)

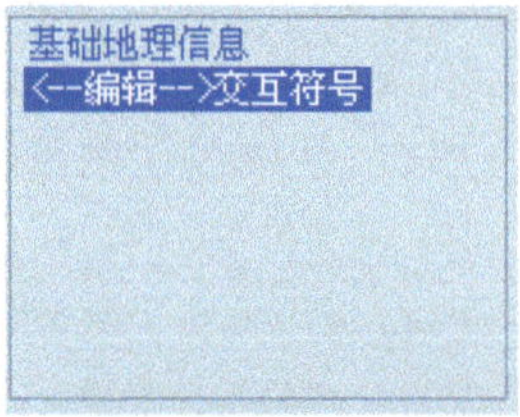

图21.6 图层选择窗口

图层选择是指图层管理窗口中图组选择下面的窗口，该窗口显示当前打开的所有文件的说明。

每打开一个文件，如果读取和显示文件正常，则会在该窗口增加一条记录，可以通过在该说明文字上单击或双击鼠标左或右键完成对该图层的一些操作。

在指定图层说明上双击鼠标左键显示或隐藏该图层，双击右键删除该图层，如果是可编辑图层

（MICAPS 第 4、8、14 类数据和精细化指导预报产品），选择该层后自动进入编辑状态，在该图层说明上点击右键取消编辑状态，图层说明前面自动增加“＜编辑＞”，处于编辑状态的图层不能清除和动画翻页，但可以通过双击右键删除。图层选择窗口下面的属性设置窗口显示当前选择层的属性。

（5）图层属性设置

每种数据的显示方式都可以在界面上进行一些修改，图层选择窗口下方属性窗口中显示当前选择图层所有可以设置的属性。

每类资料显示时在设置窗口内选择一个图层后，该图层的属性设置会显示在该窗口内，且大部分属性（只读属性行显示为灰色，不可修改）可以修改，输入合法值后，该图层的指定属性被修改并立即更新图形显示。

可设置的主要属性主要有字符串、浮点数、整数、打开文件、颜色、布尔型和枚举型数据等七种，前三种可以直接在属性项的输入框中输入字符串；点击打开文件属性则会在右侧显示一个按钮，点击该按钮，打开文件选择窗口，选择文件后，设置相应属性；颜色属性可以通过颜色选择框选择；布尔型数据目前通过选择框选择，鼠标点击更改选择框的选择属性；枚举型属性可以在多个值之间选择，可以通过下拉框选择，也可以通过双击左键实现在可选值间切换。

另外，还可以通过属性窗口设置一些特殊的属性，如打开显示窗口，如地面三线图、地面要素显示设置、T-ln$p$ 图、剖面图等。

显示设置窗口中图层说明的第二个按钮为属性弹出窗口，如果该按钮为灰色，则说明该图层没有可以弹出的窗口，否则，点击该按钮可以弹出针对当前图层的属性设置修改窗口，可以更方便对常用属性进行修改。

21.3.4.2　地理信息显示及底图操作

系统默认安装的基本地理信息数据有海岸线、中国国界、中国省界、中国地区界、中国县界和中国 1～5 级河流数据，可以根据需要进行配置。基本地理信息显示中可以对地图显示进行按照省、流域或自定义的区域进行裁剪。

系统底图的操作使用和 MICAPS 1.0 和 2.0 版基本一致的方式，在漫游的方式下（没有选择交互工具按钮的状态下），按下左键可以漫游地图，双击左键以当前鼠标位置为中心放大地图，鼠标所在位置的经纬度不变，双击右键缩小地图，按下中键移动鼠标可以漫游地图。考虑操作的方便性，增加了鼠标右键拉框放大的功能，在非交互状态下或没有选择具有右键交互功能的交互按钮情况下，按下鼠标右键可以拉框放大，因为图形的长宽比不变，使用右键拉框放大时，结果显示的区域为包含所选区域的最小区域，同时增加了对鼠标滚轮的支持，向前滚动一次滚轮，相当于双击左键一次，向后滚动一次滚轮，相当于双击右键一次。

21.3.4.3　资料检索

资料检索方式保留了 MICAPS 2.0 版的资料检索窗口，增加了动态可配置菜单检索方式，同时增加了左侧综合图目录列表方式检索综合图的方式。

MICAPS 3.1 版增加了数据的拖放打开方式，可以将数据文件拖动到 MICAPS 3.1 版主窗口上，松开鼠标左键，系统将打开该文件，一个可以拖动多个文件。系统增加了直接打开网络资料的功能，可以定义 FTP 或 HTTP 方式下载文件，如果是可以识别的格式，系统将自动打开下载后的文件。

MICAPS 3.1 版的资料检索窗口通过配置文件设置，可以任意增减检索资料的种类和内容，可以设置启动时显示或隐藏资料检索窗口。系统菜单中资料检索部分也是通过配置文件实现的，该文件可以根据需要修改。

21.3.4.4　资料显示

（1）地面资料的显示

地面观测数据可以显示为地面填图，可以通过显示属性控制选择显示的观测要素，也可以显示为地面三线图，显示地面温度、气压、露点和降水时间变化（刘还珠等 1998）。

地面单要素数据(第 3 类数据)可以显示为数字填图、客观分析后分析等值线,可以显示 24 小时变化场,也可以显示单站的时间变化。地面观测数据可以进行基本的统计,计算符合指定条件的站点数。

(2)高空观测资料的显示

探空数据可以显示为各层的填图(第 2 类数据)和探空 T-ln$p$ 图(第 5 类数据),利用第 5 类数据还可以制作水平一垂直空间剖面、单站垂直一时间剖面。等压面资料填图中增加了计算 24 小时或 12 小时变温和变压功能,可以计算该层的比湿,如果当前显示的是 700 hPa 或 850 hPa 资料,还可以计算与 500 hPa 的温度差,可以对高空探测的要素进行客观分析,生成格点场并分析等值线(Cressman 1959, Grote 2001)。T-ln$p$ 图中可以显示探空曲线、风矢端图,并可以表格形式显示层结资料,计算 55 个动力、热力参数,并可将计算结果以 MICAPS 第 3 类数据格式输出到文本文件中。

(3)模式资料显示

数值模式资料的格点场包括标量场(第 4 类数据)和矢量场(第 11 类数据),标量场可以分析等值线、显示填色,可以修改等值线分析间隔,指定分析线值,并可对分析的等值线进行交互修改,矢量场可以显示为箭头、风向杆和流线,其中流线分析密度可以选择不同的分析密度。

在工具栏上选择模式剖面按钮,可以制作模式垂直—水平空间剖面、单点垂直—时间剖面和水平—时间剖面,在工具栏上选择单点资料去向显示按钮,可以指定资料范围内任意多个位置的时间变化曲线,也可以显示不同模式同一位置的时间变化曲线。模式资料可以计算指定时间段的平均场、距平场,也可以计算多个模式的合成场,显示单点时间变化等功能。选择工具栏上的邮票图按钮或打开邮票图数据文件,弹出邮票图显示窗口,可以使用第 4 类数据显示邮票图。

(4)雷达数据显示

新一代天气雷达的基数据和 PUP 产品可以在 MICAPS 3.1 中显示,其中基数据只能在独立窗口中打开显示,PUP 产品可以在主窗口中打开显示,也可以使用弹出的独立窗口显示。系统可以显示 MICAPS 第 13 类格式的雷达拼图数据。

选择雷达菜单中“单站雷达显示”,出现各雷达站的位置,鼠标点击站点,弹出独立显示窗口,可以选择基数据或 PUP 产品显示,独立窗口中显示的平面图像可以在主窗口中显示,在独立显示窗口中,显示基数据时还可以制作任意位置的剖面图。显示的平面雷达资料可以输出为动画文件(AVI 或动画 GIF 格式)。

(5)卫星数据显示

MICAPS 3.1 可以显示多种格式的卫星数据,包括 9210 系统下发的 MICAPS 第 13 类格式数据、AWX 格式数据和 GPF 格式数据;可以显示 AWX 格式的各种卫星产品数据,如云分类、云导风、TBB、OLR 等。

(6)云图动画

MICAPS 3.1 提供了一个云图动画显示和动画制作的功能模块,可以显示 MICAPS 第 13 类数据、AWX 和 GPF 格式云图数据的动画,并可输出为动画 GIF 文件。MICAPS 第三版也可以显示 AWX 云图和产品的叠加动画。

(7)雨量累加

MICAPS 3.1 可以直接并显示雨量累加,累加时间间隔可以为 1 小时、3 小时、6 小时或 24 小时,累加结果可以直接显示在 MICAPS 主窗口上,也可以输出累加结果数据文件。

(8)其他新资料的显示

MICAPS 3.1 版增加了多种新观测资料的显示,如闪电定位、GPS 水汽、风廓线等,同时支持 MICAPS 第二版定义的玫瑰图、饼图数据格式,重新定义了一维图数据格式,增加了 AMDAR 数据格式,可以显示 AMDAR 数据填图和航班起飞或降落时的探空曲线显示,并可与最近探空资料叠加对比显示。

21.3.4.5 交互操作

MICAPS 3.1 的交互操作包括天气符号及线条、中尺度分析、城市预报交互修改和精细化预报订正三部分。

MICAPS 3.1 的天气符号及线条交互操作仍采用了类似 MICAPS 1.0 的交互符号工具箱，操作与 MICAPS 前期版本也基本一致，但增加了交互符号的个数，扩展了部分原有交互符号的功能，增加了对手写屏的支持，增加了交互操作撤销功能。城市预报交互修改可以对单站预报进行修改，也可以对一个区域的所有站点进行修改。精细化预报订正是 MICAPS 3.1 新增加的功能，可以对高时空分辨率多要素预报的精细化预报进行单站、区域修改，并可根据气候分区对站点进行分区，按照分区进行预报订正。

21.3.4.6 会商支持

MICAPS 3.1 提供了会商支持模块，可以通过截取 MICAPS 3.1 显示窗口或屏幕显示内容作为会商使用图片，也可以在会商图片上增加文字、矢量、天气符号、填充天气区域、锋面和槽线等符号，并可输出 PPT 文件，使用 Microsoft Office 播放，也可以保存为会商模块使用的数据格式，使用可独立运行的会商模块播放。系统提供了图片保存、批量图片生成、动画 GIF 输出等功能，可以为会商制作提供更多素材。

21.3.4.7 一维图显示

MICAPS 3.1 可以显示该版本定义的一维图数据格式，可以显示曲线图或直方图，也可以显示散点图。

21.3.4.8 三维图显示

MICAPS 3.1 三维显示模块可以使用第四类格点数据或 Vis5D 格式数据，提供标量场的水平、垂直剖面和三维等值面分析显示、矢量长的水平、垂直剖面和三维轨迹计算，水平和垂直剖面的任意移动，垂直剖面的旋转，地形高度和地理信息的显示，观察区域的旋转、放大、缩小和移动等功能，提供时间动画功能和要素的时间变化显示功能，可以预选定义数据显示任务。

21.3.5 MICAPS 3.1 系统配置和本地化

MICAPS 3.1 系统的功能较多，可显示资料的种类大大增加。然而新增资料大多没有统一的数据格式，也不是下发的数据，因此各地数据环境不同，为了能够在各个地方运行，系统提供了较为灵活的设置，可以使用不同的数据环境。通过修改系统配置和完善综合图定义可以充分发挥 MICAPS 3.1 的功能。

系统配置的内容主要有系统主窗口属性、系统菜单、系统模块默认启动属性等，主系统默认的配置文件为 set.ini，每个模块安装目录下一般有一个 ini 文件，是本模块的配置文件，有些模块（主要是雷达、卫星等图像类显示模块）还有调色板文件、雷达模块等还有站点信息等配置文件，雷达显示模块包含较多的配置文件，大部分配置均可通过图形化界面修改。

21.3.6 MICAPS 3.1 的二次开发

MICAPS 3.1 采用开放式构架，系统模块可以动态加载，方便二次开发。MICAPS 主系统采用 Microsoft C# 语言开发，该语言功能强大，入门快捷，使用该语言进行二次开发可以更好地集中精力解决需要的功能，无需花费较长时间熟悉开发语言和开发环境，同时系统主要算法采用 C/C^{++} 语言开发，保证了系统运行的稳定性和效率。它的主要算法提供了通用接口，二次开发功能模块也可以直接调用系统提供的基本算法函数，简化二次开发。

系统包装了 OpenGL 绘图函数，主系统中使用 OpenGL 绘图，图形质量和绘制效率相对以前版本有很大提高。二次开发功能模块也可以使用这些函数，如果二次开发模块使用自己独立的窗口，还可以使用 Microsoft 开发环境提供的 GDI^{+} 绘图函数进行图形绘制。

二次开发模块可以开发资料显示模块、交互预报制作模块和特殊资料显示或功能模块。二次开发的功能模块与系统提供的默认功能模块在程序结构上处在同一位置，资料显示模块可以在主窗口中显示自己定义格式的数据，显示在系统主窗口的地图上，交互预报制作功能也可以在二次开发模块中实现。目前系统提供了三个具有交互功能的模块，即交互预报制作、城市预报和精细化订正模块；特殊资料显示或功能模块可以实现自己弹出窗口显示，自己定义特殊的操作，如资料检索功能模块，弹出一个窗口，检索到指定数据后，直接打开该数据。风廓线资料显示模块弹出一个自己的显示窗口，独立显示风廓线资料，该资料显示可以和系统主窗口无关。

详细的二次开发说明请参考《MICAPS 3.1 二次开发手册》。

21.4 天气产品检验方法

21.4.1 天气产品检验评估的重要性与作用

检验就是对预报结果和观测结果之间给出定量关系或定性评价。检验评估的作用主要体现在下面两个方面：

21.4.1.1 了解和评价业务预报产品质量的需要

对于业务管理者来说，通过检验评估，可以获知预报的精度以及评价预报质量是否在提高。一组确切而科学的检验数据将有力地为气象部门赢得发展的时间与空间、信任与支持。对于用户来说，可以通过天气产品的检验评估了解天气预报的质量，从而有助于做出正确的决策。

对于预报人员来说，通过对业务预报产品的检验评估，了解业务预报产品的质量，分析预报误差产生原因并加以改进。《美国气象学会通报》(BAMS)杂志主编在一篇编辑导言中讲到："如果要让预报是科学的，就必须进行验证。每一次预报就像是一个科学猜想，而在科学界每一个猜想最终都要被验证。"只有在检验的基础上不断积累预报经验，才能有利于提高天气预报准确率。

21.4.1.2 了解不同数值预报模式产品性能的需要

"以数值分析预报产品为基础，以人机交互系统为主要平台，综合运用各种气象信息和预报方法"的天气预报技术路线，将数值预报放在了至关重要的位置。随着数值预报技术的提高，很少有一个模式能在所有方面超越其他模式，总会出现有些情况下结果很好而另一些情况结果不好的现象。检验可以帮助找到那些预报结果好的方面，在预报实践中更好地加以利用，而对于那些预报结果不好的方面，在预报实践中慎用这些方面的预报结果，以免造成预报失误。同时，预报员把对数值预报产品的检验信息反馈给模式开发人员，也有利于数值预报模式的改进和提高。

21.4.2 天气产品的天气学检验

天气学检验目前主要通过目视观察来了解预报产品性能。以降水为例，通过对预报员综合降水预报或数值模式降水预报和实况的对比，了解模式对雨带范围、大小、轴向、强度等的预报误差，在此基础上订正或改进降水预报。对于形势预报的检验，可以分析不同层次上各个系统，比如西风槽、南支槽、副热带高压或切变线等系统的位置、强度、轴向、移速的误差，了解一个模式或不同模式对上述系统预报的系统性误差，在此基础上订正、改进预报，从而不断提高天气预报准确率。下面给出一个天气学检验的例子。

李延香等(2004)普查 HLAFS 模式对 1998 年长江中下游、东北和三峡库区 3 个主要的洪涝灾区或关键区共 43 次中雨以上降雨过程(其中 8 次大暴雨、16 次暴雨、11 次大雨和 8 次中雨过程)的预报情况，得出：1)就 24 小时暴雨预报而言，约有 40%的暴雨日，HLAFS 预报的暴雨区与实际出现的暴雨区小部分或局地重合；2)HLAFS 预报的主要降雨区的轴向分布 80%以上与实况吻合或基本一致；3)HLAFS预报的主要降雨落区分布 40%以上较实况偏北，一般偏北 1～3 个纬距，少数偏北超过 4 个纬距，预报的暴雨或大暴雨中心强度较实况明显偏弱；4)整体降雨面积偏大、特别是小雨的预报面积过大仍是改进后的 HLAFS 的不足之处；5）HLAFS 的 24 小时预报一般好于 48 小时预报，约 80％的暴雨过程中央气象台 48 小时预报很差。

对于数值预报产品进行中高纬度西风槽的主观分析检验。

21.4.2.1　检验区域和范围

检验欧亚地区中高纬（50°—140°E，35°—60°N）出现的西风槽天气系统（图 21.7）。

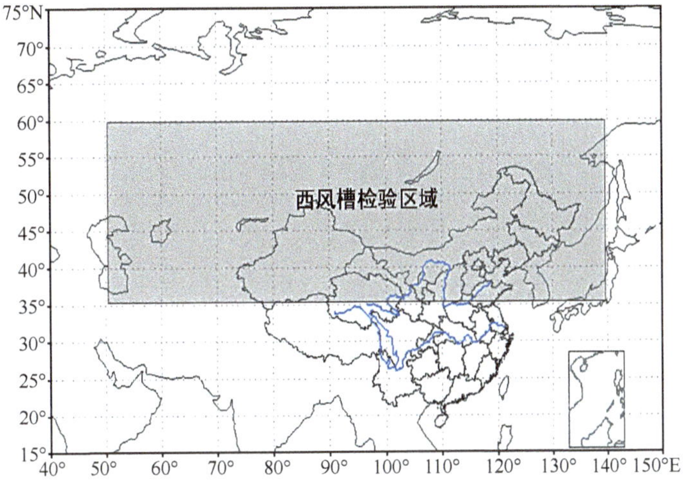

图 21.7　西风槽检验区域

21.4.2.2　检验模式和时效

检验 T213（T639）和 EC 模式 24、48、72 小时预报的西风槽。

21.4.2.3　西风槽强度和位置的确定

通过读取 T213（T639）和 EC 模式 500 hPa 环流形势场上某特征线气旋式弯曲最大点（该处也是风向气旋性切变最大处）的经度和纬度值来确定西风槽的强度和位置。冬半年（10—4 月）以 544 dagpm 为特征线，夏半年（5—9 月）以 560 dagpm 为特征线。

21.4.2.4　预报偏差计算方法及所表征的意义

以预报经度减去实况经度来检验模式对于西风槽位置及移动速度的预报性能。经度预报偏差＞0，西风槽预报位置为偏东，移动速度偏快；经度预报偏差＜0，西风槽预报位置为偏西，移动速度偏慢。

以预报纬度减去实况纬度来检验模式对于西风槽强度的预报性能。纬度预报偏差＞0，西风槽预报纬度偏南，强度偏强；纬度预报偏差＜0，西风槽预报纬度偏北，强度偏弱。

21.4.2.5　西风槽编号方法

对已进入我国境内或已移至我国附近地区并对我国境内天气造成直接影响的西风槽进行编号。编号用 10 位数码，前四位数码表示年份，第 5—8 位表示该西风槽的起编日期（也即零场日期，以下简称 T 日），后两位数码表示 T 日起编西风槽的序号。例如：2007060501。

该西风槽移出 50°—140°E，35°—60°N 区域或消失即可停编。西风槽从起编至停编期间，一直使用此编号，不再更改。

21.4.3　天气产品的统计学检验

统计学检验主要通过统计的方法来实现对预报产品的客观检验。目前，天气产品统计学检验评估常用方法有两分类预报检验、多级预报检验、连续变量检验、概率预报检验等。

天气预报产品的统计检验应当使用尽可能多的实况资料，常规气象要素检验中要充分应用包括自动气象站、雨量站的所有气象站观测资料，特别是精细预报需要用对应空间分辨率的实况资料进行检验；灾害天气和气象灾害预报的检验可应用气象信息员报告、实地调查、社会媒体和政府部门公布的灾情信息等。当然，用于检验的实况资料必须准确无误，目前少数区域自动气象站的资料质量较差，必须进行质量控制之后才能用。

下面介绍天气预报业务中除概率预报检验外的常用统计检验方法，概率预报检验见 21.4.6 节。

21.4.3.1 站点(格点)气象要素预报检验方法

(1)降水

1)降水分级检验和累加降水量级检验

依据中国气象局《关于下发中短期天气预报质量检验办法(试行)的通知》(气发〔2005〕19 号)，评定降水落区预报的 TS 评分、漏报率、空报率、技巧评分。对降水分级检验和累加降水量级检验，

TS 评分：
$$TS_k=\frac{NA_k}{NA_k+NB_k+NC_k} \tag{21.1}$$

漏报率：
$$PO_k=\frac{NC_k}{NA_k+NC_k} \tag{21.2}$$

空报率：
$$FAR_k=\frac{NB_k}{NA_k+NB_k} \tag{21.3}$$

技巧评分：
$$SS_k=TS_k-TS'_k \tag{21.4}$$

式中 NA_k 为预报正确站(次)数、NB_k 为空报站(次)数、NC_k 为漏报站(次)数、ND_k 为无雨预报正确站(次)数(见表 21.1)，TS' 为数值预报或上级指导预报的 TS 评分。对于 24 小时分级降水预报检验，一般取 k 为 1～6，分别代表 0.1—9.9 mm、10.0—24.9 mm、25.0—49.9 mm、50.0—99.9 mm、100.0—250.0 mm、>250.0 mm 降水预报；对累加降水检验，k 为 1～6，分别代表≥0.1 mm、≥10.0 mm、≥25.0 mm、≥50.0 mm、≥100.0 mm、>250.0 mm 降水预报。

表 21.1 降水预报检验分类表

实况＼预报	有	无
有	NA_k	NC_k
无	NB_k	ND_k

此外，国内外常用的降水预报检验统计量还有：

①预报偏差(Bias)检验

$$B=\frac{NA+NB}{NA+NC} \tag{21.5}$$

偏差不比较预报的好坏，只比较预报和观测的相对频率，即只关心是否存在过量预报或预报偏少的问题。大于 1，说明存在过量预报；小于 1，说明预报偏少。

②ETS 检验

$$ETS=\frac{NA-R(a)}{NA+NB+NC-R(a)} \tag{21.6}$$

式中
$$R(a)=\frac{(NA+NB)(NA+NC)}{NA+NB+NC+ND} \tag{21.7}$$

理论上，ETS 吸收了 TS 的优点，同时还避免了随机气候小概率事件评分低的现象。在实际的检验中发现，对于大雨以上的评分与 TS 十分接近。因为作为标准的随机预报也是所做预报的函数，所以，实际 ETS 与预报概率也有一定的相关性。

③准确率检验

$$PC=\frac{NA+ND}{NA+NB+NC+ND} \tag{21.8}$$

此检验量的优点是简单、直观，但由于“消极正确”的权重与“正确”一样，反映不出极端天气的预报准确性。在我国的检验系统中称为预报效率(EH)。对于累加检验而言，其小雨预报的准确率就是我

们通常工作中说到的晴雨预报准确率。

上述检验方法都是把降水分级进行检验。此外，仿照对温度的检验，可以进行降水平均绝对误差检验。

2)平均绝对误差

降水平均绝对误差 R_{MAE} 具体定义为：

$$R_{MAE} = \frac{1}{N}\sum_{i=1}^{N} |F_i - O_i| \tag{21.9}$$

其中 F_i 为第 i 站(次)预报降水，O_i 为第 i 站(次)实况降水。

对于降水数值预报可做空间相关系数和均方根误差检验。

3)空间相关系数

以国内各格点为样本集，求取预报降水与实测降水的相关系数，反映预报降水场与实测降水场的空间分布相关性。

4)空间均方根误差

以国内各格点为样本集，求取预报降水对于实测降水的均方根误差，反映预报降水场与实测降水场的空间总体误差的平均情况，一般给出近 10 天每天的空间均方根误差。

检验中须注意，逐日检验依据当日预报正确站数、空报站数、漏报站数，计算 *TS*、空报率、漏报率、*SS* 等检验统计量，并保存各站每日预报与实况资料；过程、月、季、年检验则要先统计过程、月、季、年的预报正确总站(次)数、空报总站(次)数、漏报总站(次)数，然后计算 *TS*、空报率、漏报率、*SS* 等检验统计量，下文中温度、风等要素的过程、月、季、年检验同此。

业务检验中中央气象台还常把我国分为 8 个区域(刘还珠等，1998)，以检验对不同地区降水预报的情况。这 8 个区域分别为东北区、新疆区、西北地区东部、华北地区、青藏高原中南部、西南地区、长江中下游地区、华南地区(图 21.8)。

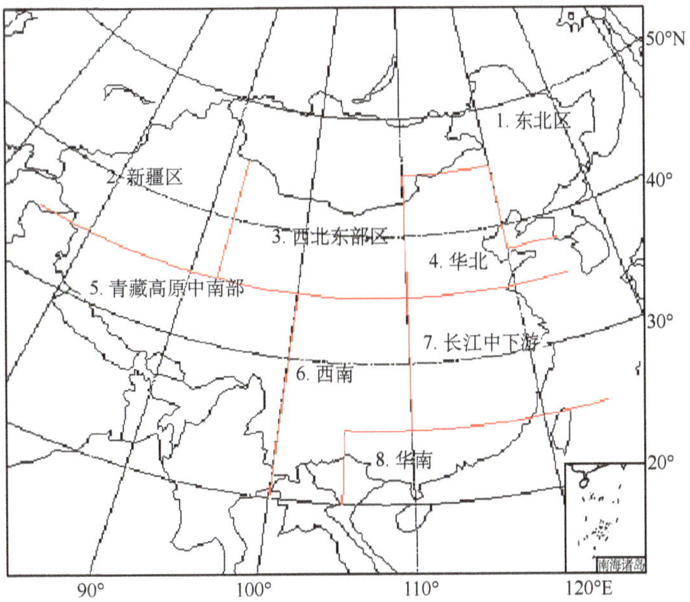

图 21.8　中央气象台降水检验分区

(2)温度

对温度预报，一般进行以下检验：

1)平均绝对误差

$$T_{MAE} = \frac{1}{N}\sum_{i=1}^{N} |F_i - O_i| \tag{21.10}$$

其中 F_i 为第 i 站(次)预报温度，O_i 为第 i 站(次)实况温度，下同。

2)均方根误差

$$T_{RMSE}=\sqrt{\frac{1}{N}\sum_{i=1}^{N}(F_i-O_i)^2} \tag{21.11}$$

3)≤1 ℃(或≤2 ℃)温度预报准确率

$$TT_K=\frac{Nr_K}{Nf_K} \tag{21.12}$$

式中 K 为 1、2,分别代表 $|F_i-O_i|\leqslant 1$ ℃、$|F_i-O_i|\leqslant 2$ ℃,Nr_K 为预报正确的站(次)数,Nf_K 为预报的总站(次)数。

温度预报准确率的实际含义是温度预报绝对误差≤1 ℃(2 ℃)的百分率。

对于数值预报还要进行温度空间相关系数和均方根误差检验。

4)空间相关系数

以国内各格点为样本集,求取预报温度与实测温度的相关系数,反映预报温度场与实测温度场的空间分布相关性。

5)空间均方根误差

以国内各格点为样本集,求取预报温度对于实测温度的均方根误差,反映预报温度场与实测温度场的空间总体误差的平均情况,一般给出近 10 天每天的空间均方根误差。

(3)风向风速

1)风向检验

①风向的平均绝对误差

$$WD_{MAE}=\frac{1}{N}\sum_{i=1}^{N}|F_i-O_i| \tag{21.13}$$

其中 F_i 为第 i 站(次)预报风向,O_i 为第 i 站(次)实况风向,下同。

②≤45°(或≤50°)风向预报准确率

$$WW_K=\frac{Nr_K}{Nf_K} \tag{21.14}$$

其中 K 为 1、2,分别代表 $|F_i-O_i|\leqslant 45°$、$|F_i-O_i|\leqslant 50°$,Nr_K 为预报正确的站(次)数,Nf_K 为预报的总站(次)数。

2)风速检验

①平均误差

$$WS_{ME}=\frac{1}{N}\sum_{i=1}^{N}(F_i-O_i) \tag{21.15}$$

其中 F_i 为第 i 站(次)预报风速,O_i 为第 i 站(次)实况风速。通过平均误差检验可以看出风速预报的系统误差是偏大还是偏小,从而进行系统订正。

②平均绝对误差

$$WS_{MAE}=\frac{1}{N}\sum_{i=1}^{N}|F_i-O_i| \tag{21.16}$$

其中 F_i 为第 i 站(次)预报风向,O_i 为第 i 站(次)实况风向。

3)大风(≥6 级)检验

可以对≥6 级(或大于等于某一级)风速进行 TS 评分、空报率、漏报率检验,详见下面的灾害性天气和气象灾害预报检验方法(21.4.3.2 节)。

(4)湿度

一般进行相对湿度检验。参照温度预报检验,进行以下检验:

1)平均绝对误差

$$RH_{MAE}=\frac{1}{N}\sum_{i=1}^{N}|F_i-O_i| \tag{21.17}$$

其中 F_i 为第 i 站(次)预报湿度,O_i 为第 i 站(次)实况湿度。

2)均方根误差

$$RH_{RMSE}=\sqrt{\frac{1}{N}\sum_{i=1}^{N}(F_i-O_i)^2} \tag{21.18}$$

3)≤10%(或≤20%)湿度预报准确率

$$RH_K=\frac{Nr_K}{Nf_K} \tag{21.19}$$

K 为 1、2,分别代表 $|F_i-O_i|\leqslant 10\%$、$|F_i-O_i|\leqslant 20\%$,Nr_K 为预报正确的站(次)数,Nf_K 为预报的总站(次)数。

湿度预报准确率的实际含义是湿度预报绝对误差≤10%(20%)的百分率。对于数值预报还要进行湿度空间相关系数和均方根误差检验。

4)空间相关系数

以国内各格点为样本集,求取预报湿度与实测湿度的相关系数,反映预报湿度场与实测湿度场的空间分布相关性。

5)空间均方根误差

以国内各格点为样本集,求取预报湿度对于实测湿度的均方根误差,反映预报湿度场与实测湿度场的空间总体误差的平均情况,一般给出近 10 天每天的空间均方根误差。

21.4.3.2 灾害性天气和气象灾害预报检验方法

业务中检验的灾害性天气落区预报产品种类有冰雹、雷暴、雾、沙尘天气(沙尘暴、强沙尘暴)、大风(≥6 级)、高温(≥35 ℃、≥37 ℃、≥40 ℃)、强降温($\Delta T\geqslant 6$ ℃、≥8 ℃、≥10 ℃、≥12 ℃)等。

气象灾害预报是正在发展中的业务,也需要对气象灾害进行分级预报,虽然各地承灾体的脆弱性不同、气象灾害的分级标准不同,但是分级气象灾害预报的检验方法与灾害性天气预报是相同的。

灾害性天气和气象灾害预报检验方法如下:

TS 评分:
$$TS=\frac{NA}{NA+NB+NC} \tag{21.20}$$

漏报率:
$$PO=\frac{NC}{NA+NC} \tag{21.21}$$

空报率:
$$FAR=\frac{NB}{NA+NB} \tag{21.22}$$

式中 NA 为预报正确站(次)数、NB 为空报站(次)数、NC 为漏报站(次)数,见表 21.2。

表 21.2 灾害性天气落区预报检验分类表

实况 \ 预报	有	无
有	NA	NC
无	NB	—

在灾害性天气和气象灾害预报的检验中要特别注意使用所有的观测资料、目击者报告资料和灾害调查资料,当然,对所有得到的实况资料都要进行质量检验。

另外,临近预报产品的检验还应当增加灾害性天气监测率、提前预报时间等项目。所谓灾害性天气监测率是指实时业务预报中发现并做了预报的灾害性天气数目与实际出现的灾害性天气数目之比。由于气象台站空间分辨率不足、观测要素少以及天气雷达观测的局限性(地球曲率的影响、离雷达愈远空间空隙愈大等)等原因,实时业务中总是漏监测一些灾害性天气,需要通过灾害调查才能得到比较完善的灾害性天气资料,因此实时业务中灾害性天气监测率总小于 100%。

所有的检验结果都需要考虑样本数量、观测资料质量对检验结果有效性造成的影响。对于某些情况,比如当极端事件的样本数非常小、或资料表现出较大不确定性、或需要知道某种预报产品是否比其他产品明显好的统计结果时，给出检验结果的误差范围是非常重要的。得到检验结果信度的有用方法有分析、近似或逐步逼近方法等。

21.4.4 天气系统特征量的客观检验

天气系统特征量的客观检验主要是针对数值预报产品的。

21.4.4.1 西风带系统特征量

西风指数：500 hPa 上 65°—155°E 范围每隔 10 个经度 45°N 与 65°N 位势高度差之和。该指数可以反映中高纬度地区环流形势状况，高指数表示环流平直，处于纬向型阶段；低指数表示环流经向度较大，两者转换阶段表示环流处于调整阶段。

$$I = \sum_{\lambda=65}^{\lambda=155(\Delta\lambda=10)} (H_{\lambda(\phi=45)} - H_{\lambda(\phi=65)}) \tag{21.23}$$

40°N 主西风槽指数：从 60°E 到 140°E，每隔 2.5°计算 35°—45°N 纬度带上的平均 500 hPa 位势高度，所得最低值记为西风槽强度指数，最低值所处经度记为西风槽经度位置。

40°N 次西风槽指数：从 60°E 到 140°E，每隔 2.5°计算 35°—45°N 纬度带上的平均 500 hPa 位势高度，所得的次低值且必须满足与最低值处相隔 15 个经度以上，记为次西风槽强度指数，所处经度记为次西风槽经度位置。该指数可以反映影响我国的主要西风带低槽的位置、强度及其移动变化。

21.4.4.2 副热带高压特征量

副热带高压面积：50°—10°N，110°—180°E 范围内，500 hPa 位势高度大于 588 dagpm 格点数之和。

副热带高压强度：50°—10°N，110°—180°E 范围内，若 500 hPa 位势高度大于 588 dagpm 记数 1，大于589 dagpm计数 2，以此类推，累计各格点之和。

副热带高压脊线(120°—140°E)：北纬 50°—10°N，500 hPa 在某一经度上满足①大于 586 dagpm、②东西风切变处两个条件的纬度值记为该经度上的副热带高压脊线。无副热带高压体，记为 0。

副热带高压 120°E 588 dagpm 北界：北纬 50°—0°N，120°E 经度上 588 dagpm 线的最北界处纬度值。

副热带高压西脊点：北纬 50°—0°N，东经 90°—180°E 范围内，大于 588 dagpm 的格点最小的经度值，若脊点在 90°E 西侧，仍记为 90°E。

以上各特征量可以综合反映副热带高压的位置、强度以及移动变化。

21.4.4.3 西南气流指数

低空急流指数：22.5°—32.5°N，110°—125°E 范围 850 hPa 上满足全风速大于 12 m/s 和西南风两条件所有格点风速之和。

最大风速：22.5°—32.5°N，110°—125°E 范围 850 hPa 最大西南风速。

急流中心经纬度：22.5°—32.5°N，110°—125°E 范围 850 hPa 最大西南风所在的经度和纬度。

南风指数：22.5°—32.5°N，110°—125°E 范围 850 hPa 南风格点平均值。

以上各特征量可以综合反映偏南气流的位置、强度以及移动变化，对预报低层切变系统、西南急流系统以及雨区的位置有指示意义(图 21.9)。

21.4.5 中期预报产品检验

中期预报包括逐日要素预报和中期旬降水预报、中期旬温度距平预报等。对于中期逐日要素预报的检验见 21.4.3 节，下面给出中期旬降水预报、中期旬温度距平预报的检验方法。

21.4.5.1 中期旬降水预报检验方法

旬降水量预报检验参照中国气象局《关于下发中短期天气预报质量检验办法(试行)的通知》(气发〔2005〕109 号)中累加降水量级检验方法进行。旬降水量评分统计指标有 *TS* 评分、漏报率、空报率等，具体计算公式如下：

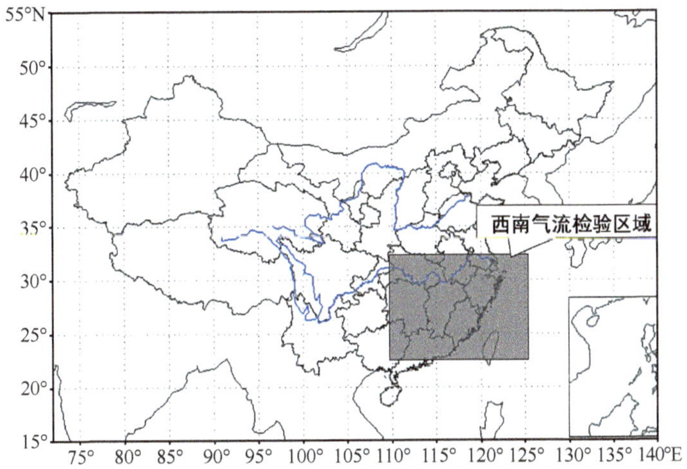

图 21.9 中央气象台西南气流检验区域

TS 评分：
$$TS_k = \frac{NA_k}{NA_k + NB_k + NC_k} \tag{21.24}$$

漏报率：
$$PO_k = \frac{NC_k}{NA_k + NC_k} \tag{21.25}$$

空报率：
$$FAR_k = \frac{NB_k}{NA_k + NB_k} \tag{21.26}$$

式中 NA_k 为预报正确站数，NB_k 为空报站数，NC_k 为漏报站数。其中进行检验的降水量级 k 共分 5 级，依次为 10 mm、25 mm、50 mm、100 mm 和 250 mm。

21.4.5.2 中期旬温度距平预报检验方法

旬温度距平预报检验采用中期现行的业务检验方法进行。具体方法如下：

(1)当预报温度距平与实况温度距平同号或任意一方为零时，某站(i)预报温度距平与实况温度距平之差的绝对值≤2 ℃，该站评分 A_i 记为 1；绝对值>2 ℃，A_i 记为 0.8。

(2)当预报温度距平与实况温度距平异号时，某站(i)预报温度距平与实况温度距平之差的绝对值≥2 ℃，该站评分 A_i 记为 0；绝对值<2 ℃，A_i 记为 0.5。

(3)旬温度距平预报评分为所有站点评分的平均值，计算公式如下：

$$A = \frac{\sum_{i=1}^{n} A_i}{n} \tag{21.27}$$

21.4.6 概率预报产品检验

概率预报系统(PPS)并不预报某种条件下的大气状态，而是预报大气状态(事件)发生的概率分布。目前的天气预报中早已存在了这种事件发生的概率预报，而且具有发展的趋势。世界气象组织 1989 年规定了概率预报产品的检验方法有 Brier(布赖尔)评分、Brier 技巧评分等(皇甫雪官，2002)。同时，集合预报系统也是一种概率预报系统，对集合预报系统中的概率预报产品也可进行 Brier 评分、Brier 技巧评分检验。

21.4.6.1 Brier 评分(BS)

Brier 定义了一种均方概率误差，称之为 Brier 评分：

$$BS = \frac{1}{N}\sum_{i=1}^{N}(f_i - O_i)^2 \tag{21.28}$$

其中 N 为二态分类事件的预报数，f_i 为事件发生的预报概率。如果事件发生 $O_i=1$，事件不发生 $O_i=0$。在这一形式中，评分的取值范围是 0～1，且越小越好，即 $BS=0$ 表示概率预报最佳，预报正确；$BS=$

1，表示评分最差，预报失效。

21.4.6.2 Brier 技巧评分（*BSS*）

经常使用的是 Brier 技巧评分（Brier Skill Score，简称 *BSS*），它是基于 *BS* 定义的，其表达式为

$$BSS=1-BS/BS_{\text{clim}} \tag{21.29}$$

其中 BS_{clim} 为气候 *BS* 评分，且 $BS_{\text{clim}}=\overline{O}(1-\overline{O})$，$\overline{O}$为事件发生的气候频率

$$\overline{O}=\frac{1}{N}\sum_{i=1}^{N}O_i \tag{21.30}$$

BSS 表示了预报对气候预报改进的程度，若 *BS* 评分为气候值，则 $BSS=0$。

21.4.7 天气产品检验评估信息的使用

任何检验评估的结果由于检验评估所用实况资料、预报资料、检验方法等方面的限制，都会有一定的适用范围，在应用时要特别注意这三方面的差别，以免误用检验结果，得出错误的结论。

预报员在使用检验结果时，要了解检验方法所使用检验量的物理意义、使用范围和其局限性。以我国降水检验实践中用得最多的检验评分 *TS* 为例，有人认为，哪个地区降水预报 *TS* 评分越高，哪个地区的预报越好。实际上 *TS* 评分本身与降水概率有很高的相关性，降水概率越高，*TS* 评分越高。如果地区与地区之间降水概率差别很大，用 *TS* 评分是分不出哪个地区预报得好、哪个地区预报得不好的。如果要做比较，只能是针对同一地区不同的预报的比较，或者想办法在消除降水概率的影响以后再做比较。另一方面，在一定范围内，适当增加降水预报的面积有助于提高其 *TS* 评分，因此，仅用 *TS* 评分一个检验统计量是难以科学、客观地衡量降水预报水平的，应结合预报偏差、空报率和漏报率等进行综合检验评估。

检验评估的一些误解来自于对观测资料的应用上。极端天气发生概率非常小，准确预报的难度则非常大，这将直接影响检验结果。极端天气预报的检验在国际上仍是一个难题，有很多相关的研究，我国在这方面还有待加强。

检验评估中的一些误解与预报资料有关。还以降水预报来说，如果一个人值班时赶上较强系统引起的降水过程就容易得到高的降水评分；同样地，在降水集中的汛期值班的强降水评分大多比非汛期值班强降水评分高。所以，要科学、客观评价天气产品质量往往需要很长一段时间的资料。

此外还应注意的是，统计检验并不能代替传统的天气学检验。图 21.10 给出了对同一降水实况两个不同模式预报结果，a 模式降水预报 *TS* 评分为 0，b 模式降水预报 *TS* 评分高于 a 模式的预报，但从预报的可参考性来说却是 a 模式的预报好于 b 模式的预报，预报员在制作预报时，可以根据经验积累并结合天气系统对 a 模式进行适当的订正，而 b 模式预报的可参考性相对地就低于 a 模式的预报了。因此，天气学检验是预报实践过程中提高预报质量的有效方法和途径，也是统计检验最好的补充和说明。

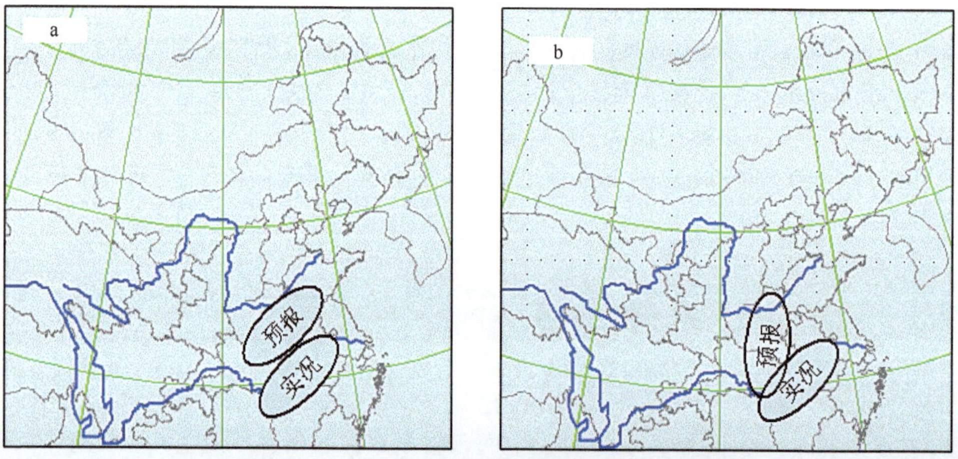

图 21.10 两个不同模式对同一降水实况的预报结果

参考文献

皇甫雪官. 2002. 国家气象中心集合数值预报检验评价. 应用气象学报,**13**(1):29-36

李延香,田华,宗志平. 2001. 从'98特大洪水中看改进的HLAFS数值降水预报的性能. 应用气象学报,**12**(1):118-122

李月安,曹莉,沃伟峰,罗兵. 2006. 强天气监测和潜势预报系统. 应用气象学报,**17**(增刊):141-146

李月安,罗兵,曹莉,等. 2009. MICAPS 3.1用户使用手册. 24-349

刘还珠,黄卓. 1998. NMC与HLAFS降水预报的比较. 气象,**24**(1):47-52

Cressman G P. 1959. An operational objective analysis system. *Mon. Wea. Rev.*, **87**:377-403

Grote H. 2001. A Linux-based Weather Forecasting System for the NWS. *European Working Group on Operational Workstations*(*EGOWS*)

Jason P, Tuell, Steve S, Schotz, Ronla K, Henry, *et al*. 2009. AWIPS Technology Infusion-Status Update, 25*th Conf. on Interactive Information and Processing Systems for Meteorology*, *Oceanography*, *and Hydrology*, Phoenix, AZ, Amer. Meteor. Soc., 8A.1

第22章 预报员在天气业务中的作用

提高天气预报准确率是气象工作的永恒主题之一，它有两个来源：一是提高数值天气分析预报的水平，二是提高预报员的分析预报能力。这二者是什么关系，预报员在天气业务中的作用如何，是值得认真研究的课题。

22.1 预报员面临的形势

在数值天气预报业务问世之前，天气预报是由预报员根据天气学知识先做天气图分析，然后外推天气形势后做出天气预报的。所用的资料就是几张地面和高空图，各级气象台站都是用同样的天气图在做预报，天气预报业务比较单纯，不可能制作精细的预报产品。

数值天气预报业务出现后，情况发生了很大变化，发达国家在20世纪80年代，我国大约在90年代，数值预报对天气形势的预报已经超过了有经验的预报员的预报水平，因此，预报员不再需要用外推的方法做天气形势预报，天气形势预报主要依赖于数值预报，当然，根据检验结果，对数值形势预报的系统误差进行订正是必要的，仍然可以提高形势预报水平，但是，预报员的主要精力集中在天气要素特别是灾害性天气预报上。随着数值天气预报及其解释应用技术水平的不断提高，数值模式和解释应用方法对天气要素预报的准确率不断提高，在这种情况下，预报员在天气预报中的作用问题引起了国内外许多技术和管理专家的兴趣。

另一方面，随着精细化预报和无缝隙发展战略的提出，天气业务产品越来越多，表现在预报站点和预报要素的大大增加，预报的灾害性天气和相关灾害的种类不断增加，灾情收集和评估、临近和短时预报业务的建立，要求台站的天气业务一年365天、一天24小时不间断，监测预报工作量大幅度增加，但是预报员的总量又不可能大幅度增加。

与此同时，预报员面临信息的爆炸，各种数值分析预报产品、雷达卫星等观测资料随时间成指数增加，预报员如何利用这些资料和产品，做好天气业务工作，也成为摆在预报员面前的重要课题。

研究这个问题，对于预报员如何更好地使用数值天气预报和卫星雷达等产品，有所为有所不为，进一步提高天气预报准确率是有益的。

22.2 预报员在天气业务中的作用分析

22.2.1 美国主观与客观预报的对比分析及气象界的讨论

Jeff(2004)统计了2003年7月1日—11月3日四个模式AVN、Eta、MRF、NGM(均为美国环境预报中心的业务模式)的模式输出统计(MOS)预报(AMOS、EMOS、MMOS、NMOS)及其中至少两个模式的 MOS 平均 CMOS 与美国国家天气局预报员最高最低温度预报平均绝对误差(MAE)、降水预报 Brier 评分结果，选择散布在美国各地 30 个站的实况与天气预报台(WFO)的预报结果进行对比分析，分白天和晚上两个时段，分析结果如表 22.1 和表 22.2。

表 22.1　MOS 与预报员温度预报平均绝对误差统计表(°F)*

预报	第一天白天最高气温	第一天夜间最低气温	第二天白天最高气温	第二天夜间最低气温
预报员	2.04	2.26	2.51	2.60
CMOS	2.10	2.10	2.52	2.43
AMOS	2.39	2.31	2.95	2.58
EMOS	2.57	2.30	3.07	2.66
MMOS	2.46	2.31	3.03	2.64
NMOS	2.42	2.48	2.90	2.92

由表 22.1 可见，对于最高气温预报，预报员预报稍好于模式输出统计结果，对于最低温度预报则相反，CMOS 比较明显地好于预报员预报。由表 22.1 还可以看出，CMOS 好于单个模式的 MOS 结果，因此多模式输出产品的集合也是十分必要的。

Jeff(2004)还分析了温度波动较大(一天变温超过 10 °F)时，模式输出统计与预报员预报的结果(表略)，仍然是 CMOS 好于预报员预报，但平均绝对误差比表 22.1 中的数值大 1.0～1.5 °F。

表 22.2　MOS 与预报员降水预报 Brier 评分统计表

预报	第一天白天降水	第一天夜间降水	第二天白天降水	第二天夜间降水
预报员	0.090	0.088	0.100	0.098
CMOS	0.089	0.083	0.098	0.093
AMOS	0.092	0.086	0.101	0.092
EMOS	0.091	0.088	0.104	0.101
MMOS	0.094	0.086	0.102	0.092
NMOS	0.098	0.091	0.108	0.106

由表 22.2 可知，对于降水预报无论 24 小时还是 48 小时、白天还是夜间，CMOS 都好于预报员的预报结果，多模式的集合优于单个模式产品输出统计的结果(Brier 评分值越低表明预报水平越高)。

由以上的对比分析可知，在美国预报员对气温和降水的预报与 CMOS 相比没什么优势，这是预报员在未来天气预报中的作用成为美国气象界热门话题的一个重要原因。当时美国气象学界的主流观点是(Clifford 2004)：未来 10～20 年，由于高分辨率模式预报、中尺度集合预报和模式后处理技术的发展，预报员要超过客观预报水平越来越困难，有的人甚至认为将来的中尺度集合预报将是人不可能超越的。预报员将放弃除临近预报(2 小时之内)之外更长时效的大多数预报，集中精力于临近预报，解释和帮助用户使用大量的气象信息、发展新的创新应用以及与其他环境预测系统的整合、对预报模式进行检验以改进模式和后处理系统等。尽管这种预测未必正确，到目前为止，中尺度数值模式的预报能力虽然有了一定的进步，但是至今仍然不能预报出强对流天气；中尺度集合预报虽然提高了灾害性天气的概率预报水平，但是灾害性天气的预报能力并未实现突破。预报员在灾害性天气的预报方面仍然具有明显的优势。然而，以上 MOS 预报与预报员预报对比分析的结果说明，一是应当加强数值分析预报产品的解释应用工作(包括误差订正)，提高气象要素的预报水平；二是预报员应当将主要精力放在数值预报尚没有预报和预报不够好的项目上，例如灾害性天气预报、对降水预报进行订正等。

22.2.2　中国主观与客观预报的对比分析

中国的情况如何是大家关心的问题。“九五”期间，章国材(2001)主持的“我国天气预报逐级指导技术研究”，在江西和山东两省通过两年半的严格对比试验，得到许多有意义的成果。

---

* °F 为华氏度，非法定计量单位，它取水的冰点为 32 °F，沸点为 212 °F，所以华氏度 x(°F)与摄氏度 y(℃)的换算式为 $[x(°\text{F})-32]\times\frac{5}{9}=y(℃)$

表 22.3 山东省 1998 年 7 月—2000 年 9 月最高气温(T_G)和最低气温(T_D)平均绝对误差对比表(℃)

预报时效(h) / 预报类型	24		48		72		96		120	
	T_G	T_D	T_G	T_D	T_G	T_D	T_G	T_D	T_G	T_D
客观预报方法	1.7	1.7	2.1	1.9	2.3	2.1	2.4	2.2	2.6	2.3
省台主观预报	2.1	2.5	2.6	2.6	2.8	2.9	3.1	2.9	3.3	3.1
省台综合预报	2.2	2.4	2.6	2.6	2.8	2.8	3.1	2.9	3.3	3.1
市台主观预报	2.1	2.1	2.6	2.3	2.9	2.6	3.0	2.7	3.1	2.7
市台综合预报	2.1	2.1	2.6	2.4	2.9	2.7	3.2	2.7	3.3	2.9
县站主观预报	2.1	2.1	2.6	2.3	2.9	2.5	3.1	2.5	3.2	2.6
县站综合预报	2.1	2.2	2.6	2.4	2.9	2.7	3.1	2.7	3.2	2.8

表 22.3 中的客观预报，山东省气象台用的是 T106L19 的模式输出统计(MOS)，江西省气象台用的是卡尔曼滤波方法；所谓主观预报是指不看本课题研制的客观预报方法和上级指导预报的结果，但可以看其他一切气象信息(包括各种 NWP 产品和以前制作的客观预报方法等)所做出的预报；综合预报是参考了本课题研制的客观预报方法和上级指导预报之后所做出的最终的预报。由表 22.3 可以看出，在所有预报时效上，最高、最低气温客观预报方法的平均绝对误差最小，最低温度预报效果好于最高温度预报，随着预报时效的延长，预报水平虽然逐渐降低，但仍然是可用的。各季的分析(表略)结论是一样的，只是春季温度变化较大，最高温度预报 72 小时以后误差较大。江西省台的对比分析结果类似(表略)。对比分析还可以得出其他一些有意义的结论(章国材 2001)。

降水预报比温度预报更为复杂，我们仅给出山东省气象台降水分级客观预报和综合预报 T_S 评分，时段是 1998 年 7 月—2000 年 9 月(章国材 2001)。

表 22.4 山东省气象台降水分级预报 T_S 评分

预报时效 / T_S 评分 / 降水级别	24		48		72		96		120	
	客观预报	综合预报	客观预报	综合预报	客观预报	综合预报	客观预报	综合预报	客观预报	综合预报
晴雨	0.847	0.847	0.786	0.812	0.775	0.773	0.742	0.749	0.694	0.252
中雨	0.134	0.165	0.111	0.113	0.072	0.062	0.061	0.067	0.057	0.062
大雨	0.049	0.158	0.059	0.073	0.033	0.034	0.023	0.003	0.024	0.041
暴雨	0.008	0.073	0.026	0.055	0.016	0.005	0.013	0.000	0.007	0.007

由表 22.4 可以看出，一般来说 24、48 小时预报，降水各个量级预报以预报员的综合预报水平较高，72 小时以后的预报以客观预报水平较高。江西省气象台降水预报评分与此类似。

我们又分析了 2003 年中央气象台降水和温度预报的结果，由于中央气象台预报员仅对 24 小时 MOS 预报结果进行订正，所以表 22.5 仅给出了 2003 年各月及年平均 24 小时最高和最低温度预报的全国平均的平均绝对误差。

表 22.5 2003 年中央气象台最高和最低气温 24 小时预报平均绝对误差(℃)

气温类型	预报类型	1月	2月	3月	4月	5月	6月	7月	8月	9月	10月	11月	12月	年平均
最高气温	预报员	2.1	2.1	2.1	2.3	1.9	1.8	1.6	1.6	1.6	1.7	1.8	1.7	1.9
	MOS	2.2	2.1	2.2	2.2	1.9	1.9	1.8	1.7	1.9	1.9	2.0	2.2	2.0
最低气温	预报员	2.2	2.1	2.1	2.0	1.6	1.6	1.3	1.5	1.6	1.7	1.9	1.9	2.0
	MOS	2.1	2.0	1.8	1.6	1.4	1.2	1.1	1.1	1.3	1.5	1.8	2.1	1.6

由表 22.5 可知，最高气温 24 小时预报预报员高于 MOS，最低气温 24 小时预报 MOS 高于预报员，与上面分析的美国的情况相同(见表 22.1)。

我们将预报员的降水分级预报直接与 T213L31 降水预报进行对比，得到表 22.6(全国平均)。

表 22.6　2003 年 4—12 月中央气象台预报员与 T213L31 降水分级预报 T_S 评分对比表

降雨级	预报时效(h) / 预报类型	24	48	72	96	120
小雨	预报员	0.615	0.553	0.523	0.456	0.425
	T213	0.568	0.548	0.525	0.500	0.476
中雨	预报员	0.249	0.220	0.192	0.134	0.126
	T213	0.208	0.170	0.152	0.121	0.104
大雨	预报员	0.162	0.124	0.099	0.054	0.038
	T213	0.114	0.074	0.058	0.044	0.036
暴雨	预报员	0.105	0.061	0.029	0.010	0.007
	T213	0.063	0.027	0.018	0.013	0.010
大暴雨	预报员	0.049	0.010	0.022	0.000	0.000
	T213	0.020	0.004	0.000	0.000	0.000

由表 22.6 可知，在 72 小时预报时效内，预报员对降水预报有明显的订正能力，72 小时之后这个优势不明显，与“九五”期间我们得到的结论是类似的。与美国相比结论不一样。由于两者评分方法不一样，难以一一对应，二者产生差异的主要原因可能是数值模式系统(包括同化系统)预报水平的差异，也可能是解释应用水平的差异，这些都需要做进一步的分析研究。

总而言之，在目前中国数值天气预报和解释应用(客观预报)水平的条件下，数值预报解释应用产品对最高、最低气温的预报有很高的实用价值，对降水预报有参考价值，预报员对数值预报及其解释应用产品的订正可以提高降水预报水平，特别是在 72 小时时效之内。

22.2.3　精细天气预报对比分析

2008 年北京奥运场馆天气预报和青岛奥帆赛期间海上赛区风向风速预报是目前最精细的业务天气预报，数值预报产品解释应用与预报员的预报水平有什么差别是大家十分关心的一个问题。

从风的预报来看(见图 22.1、图 22.2)，对于北京奥运场馆，用 SVM 方法解释应用数值预报产品后的风向预报准确率与预报员的预报相当；风速预报则以数值预报产品用 SVM 方法解释应用后的平均绝对误差最低。

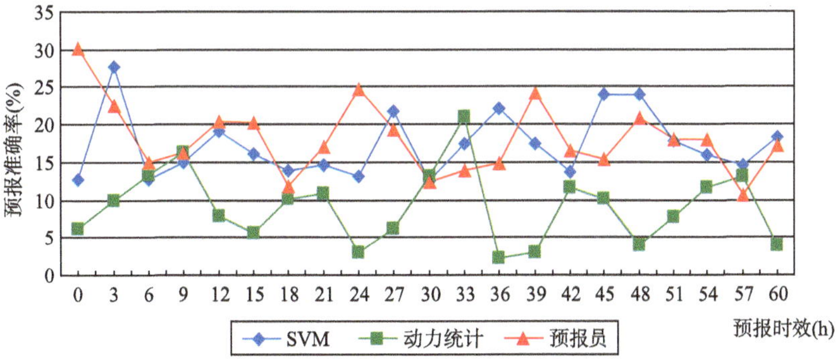

图 22.1　2008 年 8 月 1—26 日北京奥运场馆风向预报准确率

青岛海上赛区 2008 年奥帆赛期间数值模式和预报员的风向风速预报误差则有所不同(见图 22.3)。由图 22.3 可见，无论是风向还是风速预报误差以预报员的最终预报为最低，说明预报员对风向风速有较强的订正能力。海上赛区风的预报有其特殊的困难，海上赛区的风不仅受天气尺度的天气形势的制约，而且由于海陆的热力差异引起的海陆风对其影响很大，目前的数值模式尚不能很好地考虑海陆的热力差异，因此海陆风的预报能力较差，而预报员恰恰能综合考虑这两方面因素对风的影响，因此预报误差最小。另外，我们还可以看到：无论是快速同化产品(RUC)还是动力模式输出统计产品(MOS)并不比数值模式直接输出产品好，说明无论是快速同化系统还是动力统计方法都需要大力改进。

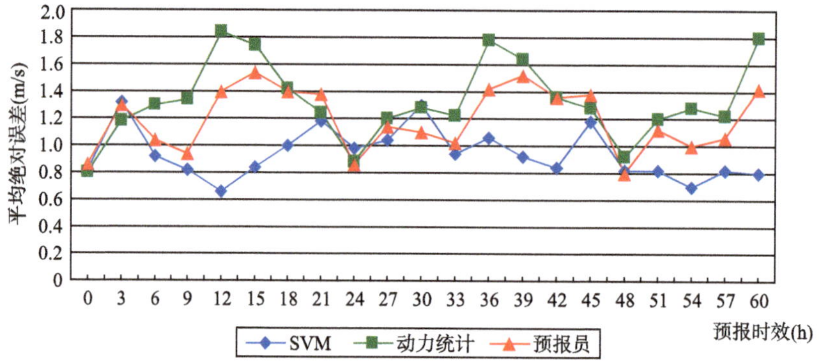

图 22.2　2008 年 8 月 1—26 日北京奥运场馆风速预报平均绝对误差

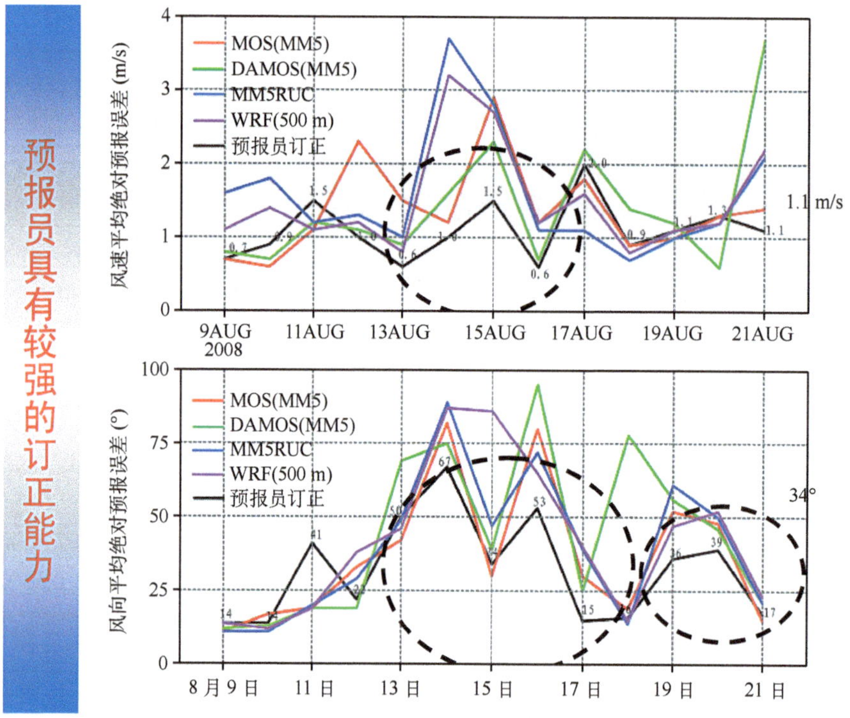

图 22.3　青岛海上赛区 2008 年奥帆赛期间风向风速预报误差

北京奥运场馆的温度预报则不同(见图 22.4),温度预报误差小于等于 2 ℃的百分率,动力统计预报与预报员的预报相当,SVM 方法最差。从相对湿度预报平均绝对误差来看(见图 22.5),预报员的预报稍好一些,但与客观方法相比并没有明显的优势。

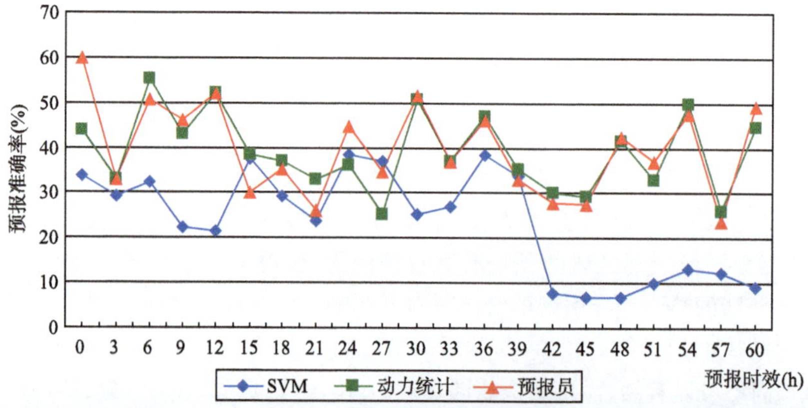

图 22.4　2008 年 8 月 1—26 日北京奥运场馆温度预报准确率(|F−O|≤1 ℃)

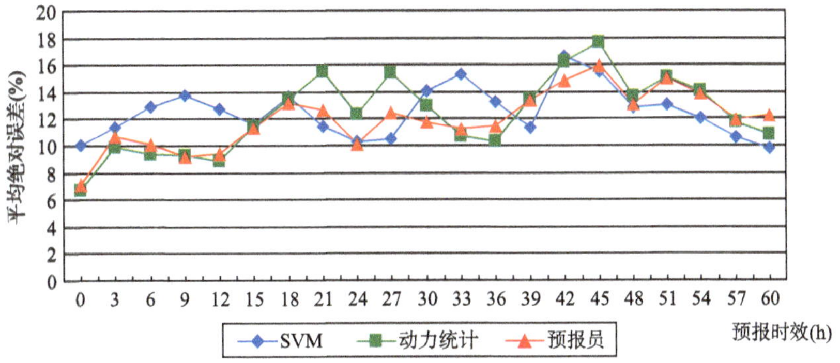

图 22.5 2008 年 8 月 1—26 日北京奥运场馆相对湿度预报平均绝对误差

22.2.4 结论与讨论

预报员在天气预报中的作用问题实质上不是一个理论问题而是一个实践问题，在数值天气预报问世之前，天气预报是由预报员做出来的，随着数值天气预报业务水平的提高，它首先取代了预报员的天气形势预报，随着数值天气要素预报水平的提高，它将逐步取代预报员的一些天气要素的预报，哪些该取代、哪些不能取代必须靠实践去检验。

未来 10～20 年，天气预报将发生三场革命(它们应当是并发的)，第一是中尺度数值天气预报系统的革命，它将同化包括天气雷达在内的可以获得的有用资料，分辨率将达到 1 km，并具有预报灾害性天气的能力；第二是集合概率预报的革命，中短期灾害性天气预报的最终和最大的抓手可能是中尺度集合预报(章国材 2004)，它将在灾害性天气概率预报上发挥主导作用；第三是后加工的革命，目前的 MOS 方法是线性的，基于格点和非线性的后处理方案(例如神经网络)将进一步提高天气预报水平。这三场革命将大大提高中短期天气预报客观定量和精细化水平。但是，即使数值预报精度再提高，也会有一个可预报性的限制，而且对于不同尺度的灾害性天气其可预报的空间和时间可预报性是不同的，精细化预报也只是在一定范围内实现，不可能达到完全精细化的目标，这是由大气运动的混沌性本身决定的。因而人的主观经验分析和判断在将来仍然是重要的。一方面，数值预报将在天气业务中起更重要作用，观测误差、分析同化误差、模式误差和计算误差将永远存在下去，虽然发展了集合预报系统，灾害性天气预报将大大改善，但是，其作用总是有限度的；另一方面，数值预报也会带来一些负面影响，如分辨率不断提高会产生更多的虚假中小尺度系统(如重力波等)，这都需要预报员以主观判断和经验去解决。预报员在灾害性天气的中短期预报上可以发挥重要作用，因为人脑具有无限的创造力，预报员可以在新的基础上进行创新思维，构造新的概念模型，不断解决数值预报尚不能很好解决的问题，以不断提高天气预报水平。

由于人倾向于在一段时间内集中处理少数问题，而气象服务需要的产品品种越来越多、要求越来越高，预报员的人力资源又有限，因此，各级气象台站应该在数值天气分析预报产品的基础上认真研制客观预报方法，不断提高其水平。预报员应当集中精力去做客观预报做不好的事情，认真分析客观预报与主观预报的最佳结合点，在新的人—机交互系统上，认真分析各种资料和产品，并应用自己的经验制作天气产品，使得从总体上提高天气预报水平，不断满足气象服务的需求。

22.3 天气业务发展对预报员素质的要求

面对天气业务快速发展的形势，现代预报员在熟悉责任区内天气气候和灾害特点的基础上，应当具备五大能力：天气分析能力，数值分析预报产品订正和解释应用能力，卫星、雷达等资料的分析应用能力，天气诊断和模拟能力，天气及相关灾害应急响应能力。

天气分析能力是预报员的基本功。一个预报员应当熟悉预报责任区内各种天气系统(包括天气尺度和中小尺度)及其可能产生的天气和成因。目前存在的一个问题是，一些预报员不会画天气图，看不懂天气图上的一些符号从而丢掉了一些宝贵的实况信息，天气分析能力较差，基本上依赖数值预报产品做预报，因此，加强预报员天气分析能力特别是中尺度天气分析能力的培养是一项重要的任务。应当通过人机交互的方式分析包括区域自动气象站的地面天气图，分析地面各种不连续线，并与高空的系统联系起来，建立起灾害性天气系统的立体图像，制作灾害性天气落区预报，长期坚持下去，必能提高自己天气分析的能力。

数值分析预报产品已经成为天气预报的基础，但是它仍然存在许多误差，一个预报员应当掌握各种数值预报产品在预报区内的误差并能订正它，同时还应当具备数值分析预报产品解释应用能力，不仅具备客观定量的解释应用能力，而且能熟练应用天气学和动力气象知识以及自己的天气分析能力，应用数值分析预报产品制作气象要素、天气及相关灾害的预报。

卫星、雷达等资料非常丰富，是天气预报的重要资料，是临近预报的主要工具。一个预报员应当熟悉各种雷达回波和速度场、卫星云系和云型等及其可能产生的天气，并且与影响系统和数值预报有机联系起来，与其他资料一起，构建强天气系统立体和移动的图像。同时还应当做一些统计分析工作，寻找产生各种强天气的阈值或指标，用于强天气的预报，切实改变一些预报员“看图识字”的状况。

预报员还应当具备天气诊断和模拟能力。熟悉各种物理量及其物理意义，能熟练应用各种物理量对天气及天气系统进行诊断分析，给出明晰的天气及天气系统发生、发展、消亡的物理图像和概念模式；能使用中尺度模式对强天气个例进行数值模拟，配合物理量诊断，揭露强天气发生发展的机理。

预报员不仅承担天气预报任务，而且肩负气象服务的职责，特别是天气及相关灾害的预警和应急响应。预报员应当熟悉掌握预报责任区内天气及相关灾害的时空分布特点，具有中期报过程、短期报落区、临近预报明确灾种和强度以及出现的时间和地点的能力，熟悉预警发布渠道和流程，熟悉预警信号的含义，把握预警信号发布的时机；熟悉气象灾害应急预案，能根据应急预案的要求，迅速进入岗位，履行相应的职责。

参考文献

章国材. 2001. 我国天气预报逐级指导技术研究. 北京：气象出版社

章国材. 2004. 中短期天气集合预报问题. 气象, **30**(10):3-5

Clifford M. 2004. The role of human forecasters during the 21st century. *84th AMS Annual Meeting*, 2004.1. Seattle

Jeff B. 2004. Performance of National Weather Service forecasts versus model output statistics. *84th AMS Annual Meeting*, 2004.1. Seattle